U0941213

抚顺石油三厂加氢六十年

中国石油天然气股份有限公司抚顺石化分公司
中国寰球工程公司辽宁分公司 编

中国石化出版社

内 容 提 要

全书涵盖工业装置操作调整、设备、装置的开停技术；加氢裂化催化剂及其化学反应，工艺过程和反应参数；安全环保和分析处理事故的基本方法以及高压下物流性质和技术经济等内容。

本书内容新颖翔实，由浅入深，理论与实际相结合，其学术性与实用性强。可供加氢裂化装置管理人员，操作工人和技术人员使用，也可供炼油行业从事科研、教育的人士阅读和参考，并可作为大专院校学生及研究生的专业参考读物。

图书在版编目(CIP)数据

抚顺石油三厂加氢六十年 / 中国石油天然气股份有限公司抚顺石化分公司，中国寰球工程公司辽宁分公司编. —北京：中国石化出版社，2015.11
ISBN 978-7-5114-3478-4

Ⅰ.①抚… Ⅱ.①中… ②中… Ⅲ.①石油炼制-加氢裂化-化工设备 Ⅳ.①TE966

中国版本图书馆 CIP 数据核字(2015)第 200609 号

中国石化出版社出版发行
地址:北京市东城区安定门外大街 58 号
邮编:100011　电话:(010)84271850
读者服务部电话:(010)84289974
http://www.sinopec-press.com
E-mail:press@sinopec.com
北京富泰印刷有限责任公司印刷
全国各地新华书店经销
*
787×1092 毫米 16 开本 55.5 印张 1409 千字
2016 年 1 月第 1 版　2016 年 1 月第 1 次印刷
定价:300.00 元

《抚顺石油三厂加氢六十年》
编　委　会

《抚顺石油三厂加氢二十五年》
编 委 会

序

石油三厂是我国拥有加氢手段和技术最早的加氢工厂。从1951年恢复生产开始，走过了六十年的辉煌历程，大体经历了四个发展阶段：20世纪50年代，全部依靠三厂自己的人才、技术和催化剂恢复生产，成功加工页岩油汽柴油、煤焦油，当过灯油大王(年生产灯油500kt)，为国民经济建设作出巨大的贡献；20世纪60年代大庆油田发现后，石油三厂与大连化物所等单位一道，攻克大庆减压蜡油加氢裂化难关，实现了技术上的跨越；20世纪70年代，石油三厂成功开发了用加氢法生产润滑油的成套技术，并实现工业化生产，实现了“润滑油转向”；20世纪80~90年代，在国内有关院所的支持下，加氢工艺、技术、催化剂(为引进加氢裂化装置配套生产国产化催化剂)和设备(国内第一台国产热壁反应器在三厂投用)全面与国际接轨，达到国际先进水平，实现了加氢装置的现代化。

据《世界炼油》杂志报道，世界原油平均API度已由2000年的32.5(密度0.8628g/cm^3)降低到2010年32.4(密度0.8633g/cm^3)，并将于2015年API度变为32.3(密度0.8638g/cm^3)，平均硫含量由2000年的1.14%提高到2010年1.19%，并将在2015年到1.25%，因此，一般的原油加工手段已难以适应这种变化。随着经济的发展和人们生活水平的不断提高，环境保护问题已越来越引起人们的关注，环保法规也在日趋严格，炼油企业必须在实现清洁化生产的同时实现生产环境友好等。这些都要求加快加氢工艺技术的进步与发展。

在21世纪前20年，我国将全面建成小康社会，2020年国内生产总值将“翻两番”，这为我国石化工业发展提供了巨大的发展机遇。2012年国内石油消费量达到425Mt，据初步测算，2020年可能达到550~600Mt，而我国是一个油资源短缺的国家，国内石油产量增长有限，石油对外依存度已从2002年的30%上升到2010年的55%及2020年的66%以上。从世界原油资源的形式看，中东是今后石油出口最主要的地区，预计2020年该地区将提供世界原油出口总量的60%。届时，我国从中东地区进口原油比例将达到55%以上，从非洲进口比例争取20%以上，从前苏联地区进口比例争取达到20%左右。美洲的加拿大油砂沥青油和委内瑞拉的重质原油的产量也在迅速的增加。中东和美洲地区大都为含硫或高硫原油，且残炭、硫含量、重金属含量都比较高，炼油企业面临着无法回避的未来形势。

近十年来美国页岩油、页岩气的发展，已对美国炼油行业造成很大的冲击，以致美国已减少了沙特高硫油、尼日利亚油、墨西哥高硫高沥青油的进口，而我国进口原油已升到世界第一位，这样也为我国石油炼制行业带来新的挑战。

对炼油企业来说，常规的炼油技术已不能满足环保的要求，迫切需要一种生产清洁燃料的炼油工艺。在这种背景下，加氢工艺必将得到快速发展，加氢后的产品能够完全满足生产清洁原料的要求，并有进一步开发利用的空间。同时，加氢技术解决了常规二次加工装置受硫含量的制约而无法加工的难题，可以充分灵活加工这些高含硫原油。而且加氢装置的流程灵活，可以为催化重整、乙烯、催化裂化等装置提供原料，还能生产超低硫的柴油燃料；所加工的燃料馏分也非常广，包括减压蜡油、焦化蜡油、脱沥青油及催化柴油等馏分。

从1951年7月31日石油三厂第一套高压加氢装置进油投产，在催化剂的作用下生产出第一批合格的轻质油产品，开启我国采用加氢工艺自己生产轻质油的历史，到2012年原油结构的改变，石化工业的发展必须遵守可持续发展、清洁的生产的原则，用有限的、且质量更差(密度更大，硫含量更高)的原油资源，经济高效地生产更多的环境友好的清洁石油化工产品。而加氢技术作为环境友好的清洁生产技术，因其具有原料适应性强、产品品种多样且质量好、液体产品收率高、生产方案灵活等特点，必将在我国得到更为迅猛的发展和更为广泛的应用。近年来，加氢装置几乎成为炼油必不可少的加工手段，在这种情况下，总结以往的经验，为后来者提供借鉴是非常必要的。

石油三厂60年所走过的加氢道路，遇到和发生过许多事情及典型事例，有着丰富的实际操作经验和管理经验。随着技术的飞速进步，虽然石油三厂的老加氢装置已经落后了，有些资料(如页岩油、煤焦油加氢)已经显得太原始、太粗放、太普通了。但是，正是因为有这些最原始、最粗放、最普通的积累，才能为今天最先进、最高级、最精彩的加氢技术与设备奠定了坚实的基础，才会有今天加氢技术的辉煌。自然科学与社会科学一样，其发展规律都是周而复始、循环上升的。但是每一次循环都不是原地踏步，都会比前一个循环上一个台阶，前进一大步。但是没有前一个循环作基础，就不会有后一个循环的精彩。没有基础就如同无源之水、无本之木。从这个意义上说，那些最原始、最粗放、最普通的技术与最先进、最高级、最精彩技术在本质上是相同的，一致的。

本书到底应该采用什么样的体例来书写，是编写时最为头疼的事情。按时间顺序纵向写，时间线条清晰，但加氢技术资料容易重复且不够系统；按专业划分横向写，资料清晰，但加氢的发展历程不够清晰。为此，经过反复思考，最后决定采用纵横交错混向写的写法，力求既照顾了时间顺序，又突出了资料的系统性。

这些较为详尽、忠于史实的资料虽然不对理论深加论述，也不像科学研究的试验报告那样详细，但这些工业装置运行的实践内容详尽、重点突出、经验丰富，它涵盖了工艺过程、操作技术、化学反应、催化剂以及机械设备等专业知识，特别是对工艺技术应用、催化剂使用性能及合理选择、操作技术等方面进行了重点论述。对从事加氢技术、管理和岗位操作的人员很有价值。“前车之鉴”“后事之师”，这本宝贵资料是几代人积累的厚重财富，是生产实践的指南，不失为加氢生产与安全很好的参考资料，如果能达到这一目的，编者也就非常高兴与满足了。

由于水平有限，经验不足，诚望同行在阅读后，不吝指出书中存在的不足、疏漏和失误。

中国石油天然气股份有限公司抚顺石化分公司

书记

2015 年 12 月

前　言

随着石油产品需求，原油变化和环境保护对油品质量的需求，在石化行业中越来越多的采用了加氢工艺。石油三厂是我国20世纪50年代唯一高压加氢炼厂，是我国加氢技术的摇篮。从1951年恢复生产开始，走过了六十余年的辉煌历程。石油三厂在加氢工艺和设备方面经过了多次大的变革，它涵盖了工艺过程、操作技术、技能，催化剂的开发、研制和选用，化学反应及机械等专业知识，内容丰富，是工业装置运行的实践，是几代人积累的厚重财富，宝贵的生产实践指南。

石油三厂的加氢六十年，与国外同行所走过的道路大同小异，区别仅在于我们总结得比较简单、平淡，而国外则叙述得比我们更细致、精彩罢了。其实，我们所经历的和他们所经历的没有什么两样，得出的结论也完全相同。从这一点上说，我们的加氢工艺与技术毫不逊色于国外，有差距的只是装备水平和催化剂不如国外。因此，编者才愿意花如此大的精力来整理这些资料，也希望它能起到应有的作用。

我公司组织有关人员，在《石油三厂加氢二十五年》一书的基础上，收集了大量的资料，在数据准确，实例典型的基础上，进行反复筛选、修改和补充，完成了《抚顺石油三厂加氢六十年》一书的编写。在原书的基础上补充了大量的新技术、新内容，极具代表性、可读性和实用性。

在编写过程中，经专题讨论和专家审查，特别感谢陈俊武院士、宋文模、黎国磊、李安朴、郭琳、孙忠成等专家提出的宝贵意见和建议，在此表示谢意。

尽管我们作了很大的努力，仍难免有疏漏之处，敬请读者指正。

中国寰球工程公司辽宁分公司

总经理

2015年12月

目　录

第一章 抚顺石化公司石油三厂加氢工业发展概况

我国第一个加氢炼油厂是抚顺石油三厂，它是在新中国成立后在日伪留下设备的基础上恢复、建设和发展起来的。加氢装置是1936年开工建设，1938年试运，1939年试投产的高压加氢装置。在日伪统治时期(当时厂名：石碳液化工厂)，因为技术不成熟和安全状况不佳等原因，装置未能达到设计要求，且生产能力差，装置始终未能正常生产。后来虽然将工艺改为印尼原油的柴油馏分加氢生产航空汽油，1944年最高年产量仅为航空汽油1685t，氧气818580m^3，甲醇220m^3，从未达到设计要求。国民党统治时期，不仅没有恢复生产，而且大量重要设备被倒卖了。

新中国成立后，在党和人民政府的领导下，克服了重重困难，1950年将煤加氢液化改为页岩油加氢工艺，于1951年第一套高压加氢装置恢复生产。经过逐步革新、改造、扩建，把三十年代日伪时期遗留下来的老加氢工厂改造成为能适应生产和科研需要的新加氢工厂。

抚顺石油三厂是我国20世纪50年代唯一高压加氢炼油厂，是我国加氢技术的摇篮。20世纪50年代以抚顺页岩轻油为原料，生产国家急需的航空煤油(和灯用煤油)、汽油和轻柴油，为国防(抗美援朝)和国民经济发展作出了贡献。它共有五套加氢装置，做过加氢精制、加氢裂化、加氢处理(生产润滑油)。20世纪60年代，加氢装置的生产任务主要是加工石油一、二厂的二次加工的轻质油品，其中包括轻汽油、粗汽油、页岩油的热裂化粗汽、柴油和焦化粗汽、柴油等，使用以3581即5058(纯硫化钨)催化剂为主的加氢精制催化剂生产汽、煤、柴等燃料油产品，同期，加氢裂化工艺技术开始在石油三厂开发应用，为馏分油的深度加工提供了广阔的前景。1964年生产灯油超过0.5Mt/a，占全国当时灯油总产量的70%以上。1.20Mt/a常减压蒸馏装置建成投产以后，使一次加工和二次加工基本配套，结束了石油三厂只有二次加工(加氢)的历史。从此，加氢装置的生产任务由二次加工产品的加氢精制，转向常减压含蜡馏分油的加氢裂化和临氢降凝，以生产汽、煤、柴等燃料产品和轻、中质的润滑油产品。与此同时，石油三厂研究所研制成功3762加氢裂化催化剂，在我国首次使用分子筛型的加氢裂化催化剂。适用于加工更重的馏分油的新型加氢裂化催化剂陆续研发并应用成功，1976年将使用近10年之久的219(3652)加氢裂化催化剂实现更新换代，使之适用于加工更重的馏分油。

20世纪70年代，为了开发润滑油生产的新工艺，石油三厂研究所开展了润滑油加氢催化剂的研制。采用氧化铝及无定形硅铝为载体，以钨钼镍为活性金属组元，制备出3714、3715、3722润滑油加氢催化剂，应用于润滑油加氢“一顶三”工艺。采用两段法流程，生产了加氢润滑油产品。用加氢新工艺代替糠醛精制、酮苯脱蜡、白土精制传统的润滑油生产工艺。为了提高润滑油加氢催化剂降凝效果，以β沸石为载体，钼镍为活性金属组分的新型分子筛3731催化剂的研制成功，加氢降凝“一顶三”生产新工艺润滑油又上了个新台阶，为我国润滑油生产闯出了一条新路。20世纪70年代末，石油三厂研制的3792临氢降凝催化剂的成功应用，实现了石油三厂加氢技术的突破，开辟了一段加氢法生产高档轻、中质润滑油的路线。这些新型的燃料—润滑油型加氢工艺，完善并提高了我国加氢技术，进一步提高了加氢装置的竞争能力和经济效益。

20 世纪 70 年代，抚顺石油三厂研究所和抚顺石油化工研究院(FRIPP)从事的加氢裂化技术的研究取得突破，开发出含有少量沸石分子筛的无定形硅-铝载体的非贵金属催化剂代替纯无定形硅-铝催化剂，同时研究了与这种催化剂相适应的硫化、钝化开工工艺。采用单段一次通过的工艺流程，以制取中间馏分油为主，同时联产部分石脑油和润滑油基础料。其主要结果列于表 1-0-1。

表 1-0-1　加氢裂化工业运转对比

催化剂编号	3652	3762	3812
开发时间	20 世纪 60 年代	20 世纪 70 年代	20 世纪 80 年代
催化剂组成			
载体	无定形	无定形/分子筛	无定形/分子筛
金属	W-Ni	W-Ni	W-Ni
原料油	大庆 VGO	大庆 VGO	大庆 VGO
馏程范围/℃	300~480	300~530	300~540
一次运转周期/d	347	573	>776
>320℃单程转化率/%	60	60	60
空速/h^{-1}	1.02	0.956	0.94
床层平均温度/℃			
SOR	425.6	390	393.6
EOR	438	430.8	424.8
平均温升速度/(℃/d)	0.0633	0.0698	0.0360
主要产品分布/%			
总液收	—	98.6	97.2
汽油	—	21.2	25.0
柴油	—	54.2	40.8
>350℃	—	22.2	23.8

从表 1-0-1 可看出，20 世纪 70 年代的含分子筛催化剂 3762、3812 及相应的工艺，与 20 世纪 60 年代首次工业化的 3652 催化剂相比，有了相当大的提高。主要表现为起始温度低，可以加工馏分更重的原料，催化剂的稳定性良好。特别是 3812 催化剂，一次运转周期超过了 776d 仍未再生。但是由于当时中国市场主要需求车用汽油，而国内加工的原油又是大庆低硫石蜡基原油，基于这两个原因，具有投资较低的催化裂化技术就成为生产汽油的主要手段，一直到 20 世纪 80 年代以前，中国一直没有再建新的加氢裂化装置。

20 世纪 80 年代，石油三厂一直是我国炼油工业(主要是加氢和催化剂)科研试验厂，在进行科研生产的同时，在技术改造、完善工艺、扩大能力、提高产品质量等方面做了大量工作。1982 年，为扩大加氢生产能力，石油三厂自行设计建成国产化第一套技术含量高的大型高压加氢装置投产 0.4Mt/a 加氢裂化装置。这套装置吸收了引进装置的新技术、新设备、新材料，采用现代微型仪表控制，实现了工业电视监视和可燃气体自动报警。该装置以一、二厂焦化柴油，或常三、减二、减三线大庆混合蜡油为原料，采用自产 3822 精制催化剂和

3812 加氢裂化催化剂，在 18~20MPa 压力、360~420℃反应温度条件下，进行一段串联一次通过加氢反应，生产优质汽油、-35 号柴油(或 3 号喷气燃料)、0 号柴油、润滑油及脱蜡原料和加氢脱蜡(临氢降凝)的原料油。石油三厂共有 5 套加氢裂化装置和 2 套白油加氢装置。0.4Mt/a 大加氢，主要加工常减压的蜡油；第一、第二、第三套加氢装置加工一、二厂焦化粗柴油；第四套装置加工加氢裂化的尾油。5 套装置全年总加工 1Mt/a 原料油。白油装置每年可出加氢 20kt 白油料，成为食品级白油。1983 年，石油三厂在北蒸馏装置的整体改造中，实现了加氢-稳定-蒸馏联合工艺。

在加氢设备方面，5 套加氢装置共 16 台反应器，除 1 台热壁反应器外，其余 15 台反应器均属冷壁，一部分是 20 世纪 30 年代的老设备，在 20MPa 的压力、400~450℃的高温临氢状态下，累计运行超过 30×10^4h。石油三厂在加氢工艺、设备、技术等方面进行过许多重大的变革，这些变革为其今天在加氢领域中占有一席之地提供了坚实的基础。

总之，抚顺石化公司石油三厂在一些老旧加氢设备条件下，不断进取，不断创新，为我国加氢工艺的发展做出了卓越贡献。面向 21 世纪，将继续发扬科技进步求实创新、拼搏奉献精神，为石油三厂走向新世纪，做出新贡献。

第一节　石油三厂加氢技术发展历程回顾

1951 年 7 月石油三厂修复恢复生产。开始是使用碱煮页岩轻质柴油馏分为原料，由于当时技术水平所限，裂化催化剂不耐氮，所以只能将原料先进行碱煮，这种方案对目前的加氢已无参考意义。因此本书对 1976 年以前的生产除列出年度加工原料产品的性能外，仅将该阶段对目前生产仍有价值部分(特别是页岩油和煤焦油)进行摘录，其他请参阅 1976 年石油三厂出版的《加氢二十五年》。

一、20 世纪 50 年代，石油三厂开始页岩油及煤焦油加氢技术的开发，为加氢技术积累了经验

20 世纪 30 年代日本为了大量掠夺我国资源，解决侵略战争中军用原料的不足，于 1936 年由日本三家公司包建制氢、加氢、压缩三个主要车间，主要设备有：加氢反应器 12 台，换热器 4 台，加热炉 1 台，电热筒 3 台，油泵 6 台，循环压缩机 6 台。设备由日本制妥后运来。日本建此厂是想利用抚顺烟煤为原料，采用德国柏臼斯高压加氢法，经过液相及气相两段加氢制取航空汽油及车用汽油，每套处理能力仅有 $4m^3/h$，作为侵华战争的军用燃料。因为该工艺实施困难，且多次发生爆炸事故，后改为以轻质原油(主要来自南洋群岛的印度尼西亚)为原料进行气相加氢，生产航空汽油和车用汽油。

工厂于 1937 年年底建成，1938 年初开始设备空运，同年 5 月才产出液相生成油（即一段加氢生成油），直到 1941 年 5 月才以液相生成油为原料产出气相生成油(二段加氢生成油即航空汽油的原料)，但产率与一次转化率都很低，循环油量很大，成本高，质量差。开始用的原料煤是抚顺露天矿烟煤，但因露天矿烟煤碳氢比高，试验失败后经当时日伪小型试验证实，认为不宜采用，改用碳氢比较低的抚顺胜利矿煤。1941 年 12 月 8 日，日本帝国主义发动太平洋侵略战争，迫切需要军用燃料油，因而 1943 年 12 月停止液相加氢，采用印度尼西亚苏门答腊岛的天然石油的轻灯油馏分，进行气相裂解加氢，生产航空汽油。1944 年最

高年产量航空汽油仅为1685t、车用汽油1507t，氧气81850m^3，甲醇22.0m^3(当时有日产1m^3甲醇的小规模试验装置，利用剩余气体制造甲醇)。由于多种原因，自建成至日本投降，装置运行一直不正常，只是开开停停。

1945年日本投降后，不但装置没有生产，而且主要设备与器材被盗卖一空，使装置受到严重的破坏。

1948年抚顺解放后，党和人民政府立即着手加氢装置的修复。1950年第一套高压加氢装置恢复建设，在设计中认真总结了日伪时期的经验教训，将煤加氢液化工艺改为页岩油加氢工艺。仅用一年多的时间，1951年7月31日，石油三厂第一套高压加氢装置投产，使用本厂自制的催化剂硫化钼-白土催化剂(1∶9)(代号3521)在20.0MPa、360~460℃、空速0.52h^{-1}条件下进行气相裂解加氢。生产出第一批合格的轻质油产品，开启我国采用加氢工艺自己生产轻质油品的历史。

(一) 页岩1号粗柴油气相加氢

1. 页岩1号粗柴油两段加氢

(1) 页岩1号粗柴油预饱和加氢(即加氢精制)

为了合理利用资源减少加工损失，在碱煮精制1号轻柴油裂解加氢装置投入生产时，便开始了页岩1号粗柴油预饱和加氢的研究工作。1953年进行了试运转，试运转的工艺流程如图1-1-1所示。

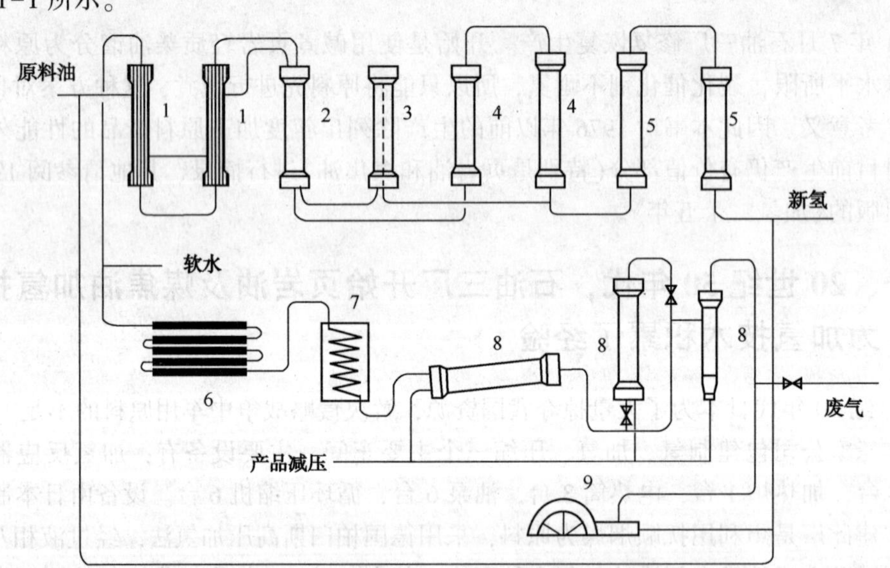

图1-1-1 页岩1号粗柴油预饱和加氢流程图

1—换热器；2—换热器兼半液相反应器；3—半液相反应器；4—反应器；5—电预热器；6—套管冷却器；7—浸没式冷却器；8—产品分离器；9—氢气循环压缩机

页岩1号粗柴油含氮高，因此预加氢催化剂选用了制造简便、加氢性能较强的硫化钼-活性炭催化剂(硫化钼占10%)。操作条件见表1-1-1，原料及产品形状见表1-1-2。

表1-1-1 页岩1号粗柴油预饱和加氢操作条件

操作压力/MPa/(atm)	操作温度/℃	循环氢纯度/%(体积分数)	空间速度/(t/m^3)	氢油比/(Nm^3/m^3油)	氢气耗量/(Nm^3/m^3油)	生成油收率/%(质量分数)
20(200)	360~460	~85	0.68	1600	570	97.2

表 1-1-2　页岩 1 号粗柴油及加氢产品性状

分析项目 / 油品类别	相对密度	恩氏分馏试验/℃							氮/%	硫/%	碘值/(gI_2/100g)	苯胺点/℃	<200℃收率/%
	d_4^{20}	初馏点	10%	30%	50%	70%	90%	终馏点					
1 号粗柴油	0.8465	150	201	241	263	281	317	328	0.94	0.58	54	46.2	—
预饱和加氢生成油	0.7931	63	161	215	249	264	291	330	0.03	—	—	—	22

试运转进行基本顺利，证明硫化钼-活性炭催化剂脱氮能力很强，反应温度在 400~420℃时，产品中含吡咯成分不超过 0.03%，温度降至 360~390℃也不超过 0.07%。产品性质安定，生成油为水白色，长期放置转为淡黄色，且收率高，氢耗量也不大。生成油经碱洗后再分馏，可以生产部分车用汽油。

(2) 页岩 1 号粗柴油预饱和生成油裂解加氢

加氢生成油含氮、氧、硫等杂质极低，因此半液相反应器已无作用，后来在工艺流程中取消了半液相反应器，并相应增设了加热炉。因加热炉还有试验性质，暂时保留了电预热器。其工艺流程图见图 1-1-2 所示。

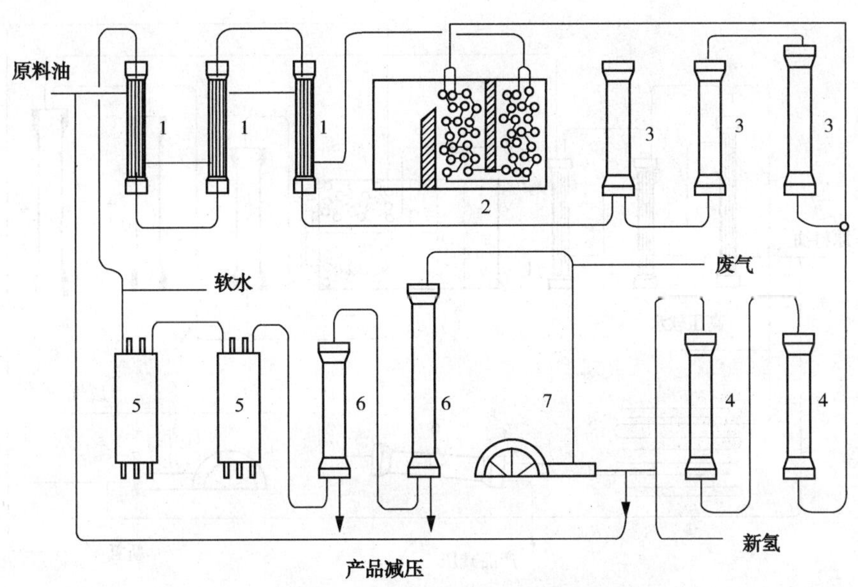

图 1-1-2　页岩粗柴油预饱和生成油裂解加氢流程图

1—换热器；2—加热炉；3—反应器；4—电预热器；5—冷却器；6—产品分离器；7—循环压缩机

在试运转中发现预饱和生成油含硫低，必须加硫，否则催化剂活性衰退很快。而且旧有加热炉能力不够，因此采取了在处理预饱和生成油时，混兑三分之一 1 号轻柴油的措施，从而解决了增硫和热源不足的问题。运转时，空速可达 0.62$l/(m^3 \cdot h)$，氢耗量约 500Nm^3/t 原油。产品仍以车用汽油和灯用煤油为主。航空汽油、航空煤油的试制情况，由于页岩油固有性质的影响，产品质量未见好转，仍存在着辛烷值低，凝点高等问题。

两段加氢由于设备缺陷和部分材质不合格，因而在短期试运转后即停工。后来由于页岩油产量增长，国家迫切需要灯油与轻柴油，又考虑到最大限度发挥设备能力，降低加工费用，从 1955 年开始改为页岩粗柴油一段加氢精制流程。

两段加氢短暂的试运转，特别是预饱和加氢的试运转，为页岩粗柴油精制加氢奠定了基础。

2. 页岩1号粗柴油气相加氢精制

页岩粗柴油通过气相精制加氢，可除去绝大部分的含氧、氮、硫的化合物。烯烃几乎全部加氢，芳烃40%~60%亦转化为环烷烃。因而大大改善产品质量，既可生产车用汽油、灯用煤油和柴油，也可生产轻汽油、航空煤油和柴油。气相加氢精制可以认为是页岩粗柴油较合理的加工方法。

除页岩1号粗柴油外，2号粗柴油、冷榨油、焦化粗柴油，均曾用作气相加氢精制的原料。1955年开始以页岩1号粗柴油为原料，使用硫化钼-活性炭催化剂，在360~470℃、20.3MPa(200atm)下，进行气相加氢精制，制取汽油、灯油和少量重柴油等产品。

(1) 工艺流程

经过不断地改进，工艺流程有了很大改进，如用纯对流式高压加热炉代替了电气预热器；高、中压产品分离器改为卧式，并装上透视式液面计，冷却器也由浸没式改为喷淋式，传热效率及检修操作都较前改进；大部分腾出来的高压容器用作反应器，因而提高了装置生产能力；流程也大为简化。典型工艺流程如图1-1-3所示。

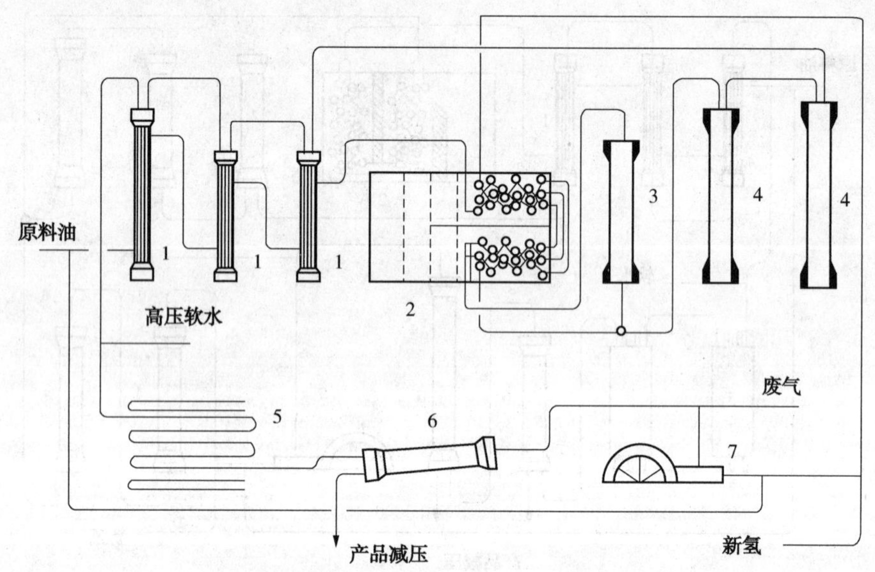

图1-1-3　页岩粗柴油加氢精制流程图

1—换热器；2—加热炉；3—半液相反应器；4—反应器；5—冷却器；6—产品分离器；7—循环压缩机

页岩粗柴油与循环氢混合，经换热器、加热炉及半液相反应器，然后与在加热炉内预热过的新氢进入第一反应器。反应生成物由第二反应器引出，经换热器管束内侧，再经喷淋式冷却器冷至30℃，在高压产品分离器内，生成油与生成气分离。生成油减压至1MPa(10atm)，在中压分离器内放出贫气，再借残压607~810kPa(6~8atm)，将生成油送往蒸馏车间，再分离出油、水和富气。油经碱洗、水洗、蒸馏得成品，废水则送去回收铵盐。生成气大部分重新用作循环氢，由循环氢压缩机送入系统，小部分作为废氢排出，废氢含氢约65%~70%，可送往深冷分离装置回收氢气。

工艺流程仍然保留了半液相反应器。其间曾企图取消半液相反应器，把新氢从换热器送入。但是反应器催化剂层间差压急剧增长，内保温筒，因受外压[大于 1MPa(10atm)]失去稳定而破坏。换热器结焦也严重。后来证明：由于反应器内有时会呈半液相状态，在处理量加大以后，流体流速比以前增长了一倍。加之催化剂本身强度较差，而流体流向是由下向上，催化剂颗粒因跳动而摩擦加剧，导致催化剂粉碎，使得催化剂层间压力急剧增加。而在半液相反应器后部，原料油已全部汽化，反应器中催化剂却不会因流速增大而粉碎。半液相反应器的另一个重要作用是，原料油中易于结焦的二烯烃和部分烯烃在半液相反应器中经过加氢饱和，避免了在加热炉管中结焦。新氢由于它的化学性质和物理状态，加剧了页岩 1 号粗柴油结焦倾向，所以新氢不宜与原料油混合加热。此外新氢中含有 0.5%~1.0%二氧化碳，循环氢中含有 0.1%~0.2%的氨，常温下极易生成碳酸铵盐堵塞管线，所以新氢又不宜在低温时与循环氢混合。因此，必须保留半液相反应器和新氢单独加热的工艺流程。

(2) 正常运转条件

正常运转条件如表 1-1-3 所示。

表 1-1-3　页岩 1 号粗柴油精制加氢操作条件

操作压力/MPa(atm)	操作温度/℃	空间速度/[t/(m^3·h)]	循环氢纯度/%(体积分数)	氢油比/(Nm^3/m^3)	新氢耗量/(Nm^3/t)	产油收率/%(质量分数)
20(200)	360~470	0.9~1.0	65~70	约 1200	305	98

物料平衡如下：

入方		出方	
原料油/kg	1000	生成油/kg	980
新　氢/kg	60.5	废 气/kg	25.3
		贫富气/kg	30.4
		反应水/kg	4.6
		硫化氢/kg	7.9
		氨/kg	12.3
总　计/kg	1060.5	总　计/kg	1060.5

根据工业生产装置多次测定计算结果，反应热为 752~836kJ/kg(180~200kcal/kg)。并在实验装置(7MPa)与工业装置(20MPa)上测定了气体在页岩 1 号粗柴油生成油中的溶解度系数 a，如表 1-1-4 所示。

表 1-1-4　气体在 1 号粗柴油加氢生成油中溶解度系数

装置类别 \ 溶解系数 a	CO_2	CO	N_2	H_2	CH_4	C_2H_6	C_3H_8	C_4H_{10}
工业装置	—	—	0.19	0.24	0.75	0.91	1.63	0.83
实验装置	1.6	0.16	0.13	0.09	0.46	1.8	—	—

由于色层分析的误差，而丙烷、丁烷在加氢精制过程中产量较少，又极易溶解于油中，因此 C_2以上数值，只是近似值，但可帮助估计条件改变后的氢气消耗量，所以仍然列出供参考。页岩 1 号粗柴油及其生成油性状如表 1-1-5 所示。

表 1-1-5　页岩 1 号粗柴油及其产品性状

分析项目 / 油品类别	色泽	相对密度 d_4^{20}	恩氏分馏/℃					<200℃收率/%	酚/%(质量分数)	氮/%(质量分数)	硫/%(质量分数)	苯胺点/℃	磺化值/%	溴价/(gBr/100g)
			初馏点	10%	50%	90%	终馏点							
1 号粗柴油	暗褐	0.8474	162	215	259	308	330	5	3.04	1.03	0.76	50.5	56.6	51
生成油	水白	0.8008	79	184	249	299	330	16	0.28	0.014	0.013	69	19.5	1.95

正常操作的控制指标以控制苯胺点为宜。根据经验，如苯胺点大于 68℃，则加氢各项质量指标均可达到要求。如生产航空煤油，苯胺点必须大于 70℃，才能使芳烃加氢深度达到航空煤油质量要求。在生产灯用煤油时，由于色泽与含氮量有关，曾以小型蒸馏切割灯油色泽小于 5 号色作为控制指标，同时还以生成油的相对密度、<200℃馏分作为控制的参考。

装置运转中要求氢油比不小于 1100，循环氢纯度不小于 65%，硫化氢含量小于(或等于)0.1%，氨含量小于 0.1%，操作温度正常波动范围为±2℃。如生产航空煤油，循环氢纯度应在 70%左右。生产柴油可降到 60%左右。

根据经验，加氢反应温度与空速和循环氢纯度有直接关系。操作工人常用提高循环氢纯度的办法来提高反应温度，特别是半液相反应器温度。

装置正常运转时注入软水量约为原料的 6%，还可因原料不同而适当调整加入的数量。

加氢精制过程，主要是加氢精制反应，当反应器温度急升时，可以换用已加过氢的油品(称为惰性油)。惰性油不再进行加氢精制反应，也不再放出反应热，使得温度因反应热中断而下降。这叫做“换惰性油”降温措施。通常用页岩 1 号粗柴油加氢所得重柴油、柴油或灯油作为惰性油。加氢反应速度因压力下降而减缓。当温度过高、换惰性油或停油也不能降温时，可打开循环氢或废氢放空阀，降低系统压力，即可防止事故的发生。事实证明，除因高温部分管线爆炸或着火外，一般只要将氢气放空即可。

为此，对反应器温度急升规定了如下措施：温度较规定的最高点上升 10~15℃，开动一台氢气循环压缩机单独送入冷氢系统。再上升 10~15℃换惰性油。如再上升 10℃，则可紧急停油。当催化剂层温度达 500~530℃，则应打开氢气放空阀降压。有时措施中紧急停油与开放空阀降压是同时进行的。因为在高温过程中，突然停油的瞬时，反应温度还会上升，远不如注入惰性油安全。

系统差压规定不大于 3.5MPa。否则即应减少循环氢，甚至减油，以保安全。每一反应器压力降不得大于 505kPa(5atm)，否则催化剂容易粉碎，反应器内筒易变形，催化剂筐损坏。

(3) 主要技术改进

在页岩 1 号粗柴油精制加氢的几年运转中，由于不断地改善操作条件，从而大大提高了产量，降低了成本。下面将这方面成果分述如下：

① 适当地降低了循环氢纯度。在系统总压固定的情况下，循环氢纯度的高低，体现了氢分压的变化，直接影响加氢深度和最终产品质量。加氢精制过程氢气消耗占加工费用约 70%。氢气消耗中除化学变化耗去的氢气(对页岩 1 号粗柴油为 180m^3/t)外，还有一部分是由于溶解在产品中和排废气而消耗的。循环氢纯度越高，就使这一部分消耗愈大，使得总的耗氢量增大。适当降低循环氢纯度，兼顾到产品质量与氢气耗量(决定产量与成本)，是一

个重要的问题。

1956 年 2 月在工业装置上，进行了降低循环氢纯度的试验，其结果如表 1-1-6 所示。

表 1-1-6　循环氢纯度与产品质量关系

[操作条件：20.0MPa，403~409℃　空间速度 0.81t/(m^3·h)，氢油比 1100~1200]

循环氢分析/%			加氢生成油分析		
H_2	CH_4	N_2	相对密度 d_4^{20}	苯胺点/℃	溴价/(gBr/100g)
74.5	11.5	13.2	0.7976	68.6	1.406
71.0	11.5	17.2	0.7977	68.7	1.550
67.3	12.0	19.9	0.7992	69	1.603
64.5	12.0	23.2	0.7982	68.2	—
62.3	12.0	25.3	0.8013	67.5	1.551
59.1	12.0	28.8	0.8025	67.6	2.314

表 1-1-6 以相对密度来衡量裂解程度，苯胺点、溴价用来衡量加氢深度。循环氢分析除了了解纯度外，还可知道不纯组分累积的情况。

当循环氢纯度维持 80%左右时，苯胺点 72℃，碘价 0.94(相当于溴价 1.49)。从表 1-1-6可以看出，循环氢纯度降低时，加氢深度随之降低。不过在试验范围内，循环氢纯度大于 60%时，苯胺点与溴价变化幅度都不很大。

在油量固定、减少补给氢气时，排出的废气量就逐渐减少，直至完全不排废气。由于甲烷在油中溶解度大于氮 3~4 倍，所以循环氢中氮含量直线上升，甲烷含量却几乎不变。由于循环氢相对密度增大，试验过程中系统差压增加了 10%左右。如在增加油量及氢气量的同时降低循环氢纯度，后部仍排氮气，则氮含量较低，如循环氢纯度 71%、氮 13%、甲烷等烃类 15%。

循环氢纯度与新氢耗量关系如表 1-1-7 所示。

表 1-1-7　新氢($90\%H_2$)耗量与循环氢的关系

循环氢纯度/%	~80	~78	~75	~70	~65
新氢耗量/(m^3/t 油)	440	400	370	330	300

由上述可见，降低循环氢纯度，可以在送氢量不变的条件下提高加氢装置的处理能力。1956 年石油三厂由于降低循环氢纯度和采取其他节约氢气的措施，在不增加制氢设备的条件下，产品产量比 1955 年增长 79%，从而显著地降低了加氢成本。

工业装置长期运转结果证明，页岩粗柴油生产航空煤油时，循环氢纯度应大于 70%，生产灯油时，应大于 65%，生产柴油时，大于 60%即可。所得产品完全符合要求，催化剂的寿命与活性也能满意。从理论上讲，降低循环氢纯度，就是降低氢分压。因为当时石油三厂加氢精制压力较高，因此，适当降低循环氢纯度并未影响产品质量。

② 适当增大空间速度。在 1956 年前，由于多次增大工业装置的空间速度，从而使各项技术经济定额得到降低。页岩 1 号粗柴油加氢精制的空间速度，逐步增大至 0.6~0.9t/(m^3·h)范围。1956 年又进行了增大空间速度试验。

空间速度增大后，由于处理量增大，氢气消耗量也相应降低。如：维持循环氢纯度 70%，空速 0.82t/(m^3·h)，氢气(纯度 90%)耗量 330Nm^3/t 原油，而维持同样循环氢纯度，空速增至1.10t/(m^3·h)左右，氢气耗量降低到315Nm^3/t原油。主要是溶解与排废气、漏损在氢气耗量中的比例降低了。

在工业装置增大空速的同时，一般也减少了氢油比，主要是希望当处理量增大时，系统压力降不至于增大。经验证明，氢油比适当地由1900Nm^3/t^{3}油调整到1100Nm^3/t^{3}油时，无论在操作上或产品质量上均未遇到困难。因为运转初期由于催化剂活性较强，氢油比应维持较大(如1400Nm^3/m^{3}油左右)，目的是带走反应热，以保证安全。

空速增大后，对产品质量稍有影响。故必须针对不同产品要求，严格规定不同的空速。利用页岩1号粗柴油加氢生产航空煤油，空速一般应控制在0.85t/(m^3·h)以下，生产灯油时，空速一般应控制在0.9~1.0t/(m^3·h)，生产柴油时，空速一般应控制在1.0~1.2t/(m^3·h)。

③ 提高操作压力。采取降低循环氢纯度、氢油比和提高空间速度的措施，固然可获得增大产量，降低成本的效果。但对改善产品质量，延长催化剂寿命将得到相反结果。根据石油三厂高压设备内外径比均在1.3~1.4，有比较可靠安全系数的实际情况，进行了提高压力的实验。

试验是在1958年进行的，处理的原料油是页岩1号粗柴油和气体汽油，后者是按"分段加油"管线直接注入半液相反应器和第二反应器的，二者的比例为7∶3(体积)，采用硫化钼-活性炭催化剂，空间速度为1.05t/(m^3·h)，氢油比维持1200左右，在20.3~21.8MPa(200~215atm)范围内试验结果，如表1-1-8所示。

表1-1-8 操做压力对产品质量的影响

操作压力/MPa(atm)	操作温度/℃	循环纯度/%	油品分析						
			相对密度d_4^{20}	溴价/(gBr/100g)	苯胺点/℃	磺化值/%	硫/%	氮/%	酚/%
混合原油			0.8260	67.5	44.2	42	0.66	0.60	1.86
20.3(200)	440.5	70.5	0.7826	3.47	61.8	15	0.027	0.034	0.182
20.8(205)	439.5	72.4	0.7837	3.09	62.8	15	—	0.0237	0.192
21.3(210)	440.2	73.2	0.7854	3.18	63.0	15	—	0.0311	0.152
21.8(215)	440.4	73.6	0.7810	2.41	—	—	—	0.0198	0.130

显然加氢深度都趋于好转，无论苯胺点、磺化值、溴价、酚含量和氮含量、都说明了这个趋势。

新氢耗量在试验过程变化不大，在320~330m^3/t原油范围内，而循环氢纯度却由70.5%增长到74.8%。说明总压升高，循环氢中不纯组分如甲烷等分压增高，在油中溶解数量增大。

反之，如降低压力至15.0MPa，仍使用硫化钼-活性炭催化剂，在空间速度0.7~0.93t/(m^3·h)范围内，加氢深度较20.0MPa显著降低。

④ 解决了页岩1号粗柴油预热过程中的结焦关键。页岩1号粗柴油小型加氢试验中，即已发现电预热器(约250℃)中结焦严重，工业生产中也发现换热器结焦，传热效率降低。为了维持系统热平衡，不得不在连续运转数月后，停止生产检修换热器，清除换热管上污垢与焦层。清焦前，换热器传热系数仅248~418kJ/(m^2·c·h)[60~100kcal/(m^2·℃·h)]，清焦后，可达668~836kJ/(m^3·c·h)[160~200kcal/(m^2·℃·h)]。两次清焦期间的连续生产时间叫清焦周期。每一次清焦周期总处理量变动不大，约12000~14000t。随着单位时间处理量增大，清焦周期将缩短。如表1-1-9所示。

表 1-1-9　清焦周期与单位时间处理量的关系

平均加油量/(t/h)	清焦周期/h	处理总量/t
3.76	3247	12280
5.1	2418	12290
9.75	1455	14170
9.4	1312	12250

由于延长清焦周期，可以缩短非生产时间，减少检修人力与材料消耗。1955 年以来，进行了分析研究，采取了一些措施，现分述于下：

a. 页岩 1 号粗柴油预热过程结焦原因的分析。首先分析了生产装置中换热器的污物。随温度范围不同，污物有很大差异：小于 150℃区域，污垢为黑褐色类似油泥状物质；150~250℃区域则为疏松有黑色光泽的焦状层；大于 250℃区域则为质地致密黄褐至暗褐色薄层。分析结果表明：结焦温度愈高，污物的氢碳比愈低，亦即缩合产物愈多，污物中氮含量都远高于 1 号和 2 号粗柴油，灰分也随结焦温度上升而增加。有些分析证实灰分中含有 Fe^{2+}。故结焦是一个复杂的物理、化学作用的总和。污物分析如表 1-1-10 所示。

表 1-1-10　换热器污物的分析

取样地点	温度范围/℃	氮/%	碳/%	氢/%	灰分/%	100H/C
第一换热器下部	<100	9.41	41.41	5.69	10.19	13.72
第一换热器上部	100~150	6.11	57.48	5.57	11.69	9.7
第二换热器下部	150~200	3.88	72.69	5.83	13.55	8.01
第二换热器上部	200~250	3.17	69.69	5.72	30.86	8.2
第二换热器	>250	0.99	28.67	1.98	59.27	6.9

考虑到页岩 1 号粗柴油含有 24.2%的烯烃和 24%的非烃，非烃主要由含氮、氧、硫化合物组成，油性不安定，可能是结焦的主要原因，为此，对页岩 1 号粗柴油进行了储藏与加热试验。储藏后，加热 1 号粗柴油胶质都显著增长，试验结果如表 1-1-11 所示。

表 1-1-11　页岩 1 号粗柴油储藏及加热试验

项目	新油	1 周后	2 周后	加热前	加热后
胶质	1.9	3.0	2.4①	1.5	3.4

① 可能是已有沉淀，故胶质分析值减少。

因此又进一步比较了页岩 1 号粗柴油生成的胶质与换热管上的污垢，分析结果证明污垢与胶质的元素组成是很相近的。分析结果如表 1-1-12 所示。

表 1-1-12　1 号粗柴油及其胶质与换热器污垢元素分析

项目	碳/%	氢/%	氮/%	硫/%	氧/%	灰分/%	100H/C
1 号粗柴油	85.3	12.1	0.92	0.56	1.12	微	14.2
1 号粗柴油硅胶吸附胶质	75.5	7.2	5.4	11.9		微	9.55
换-2 焦(有灰)	72.69	5.83	3.88	4.05		13.55	8.18
换-2 焦(无灰)	84.2	6.9	4.6	4.3		—	8.18

可以设想，首先是胶质或大分子物质在换热器表面析出，温度升高胶质时有生成，且析出更多，并有一部分进行缩合反应，生成含氢更少的物质。小于 150℃ 区域主要是胶质析出，150~250℃ 区域缩合反应较显著。大于 250℃ 区域油品迅速蒸发，所携带的机械杂质就沉积在换热器表面。

新氢(90%的 H_2 和 3.5%的 CO)对页岩 1 号粗柴油结焦有特殊的影响，如新氢与原料油混合通过换热器则大量生焦，清焦周期只有循氢与原料油混合加热清焦周期的 1/3 左右。小型结焦实验表明：新氢与原料油结焦速度相当于循环氢与原料油的八倍，但在循环氢中添加 CO 结焦的实验尚未获得满意的结果，故对于新氢促进结焦作用的机理尚待进一步研究。

b. 减轻预热过程结焦的措施。针对上述原因，采取了如下措施：

(a)原料油过滤。1957 年装设了过滤器，旨在除去原料油中机械杂质。过滤器内有圆柱形多孔滤板，原料油在压力下 202~608kPa(2~6atm)通过覆盖在滤板上的滤层，滤掉机械杂质。过滤层采用白布，滤渣为黑褐色油泥状物质，含 25%灰分，余为高分子物质。当过滤器入口压力超高，即切换过滤器，并清除滤渣。采用过滤器后换热器结垢情况并未根本改变，但清焦周期延长了 15%~16%，同时高压油泵单向阀磨损减轻，减少了检修次数。

(b)原料油以惰性气体密闭保护。为了减少原料油储存时胶质的生成，曾在试验装置中以氢气密封原料油容器，原料油结焦速度降低 1/2，焦生成量减少到 7%。工业装置也考虑采用二氧化碳密封原料油罐。

由于污垢中有 Fe^{2+}，故含酚的原料油不宜储存过久，以免生成酚铁，在高压系统以硫化铁状态析出。如考虑酚回收，事先原料油脱酚，效果就更好。

对于新氢结焦，只能从工艺流程上适当安排，避免新氢与原料油在预热过程中混合。

以上措施都没有根本改变页岩粗柴油的性质，只能减缓结焦。根本解决方法，如在结焦温度前预加氢或预叠合，都是有希望的方法，尚待进一步工作。

⑤流程改进——半反(半液相反应器)移至加热炉前。1958 年 4 季度，加氢装置采用了分段加油的工艺流程，解决了页岩气体汽油的结焦问题。但随之产生了换热器传热效率下降、加热炉负荷上升及热源不足的问题。当时根据工人的建议，改进了流程，把半液相反应器移到加热炉前，有效地解决了这个问题。

改进前后工艺流程如图 1-1-4 和图 1-1-5 所示，改进前后平均温度比较见表 1-1-13，系统热量分配见表 1-1-14。

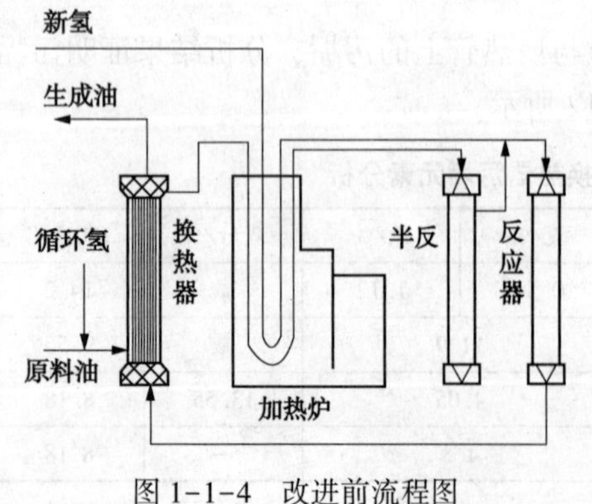

图 1-1-4 改进前流程图

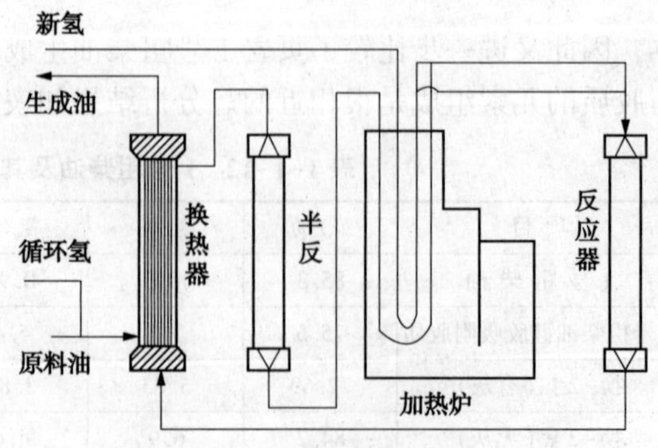

图 1-1-5 改进后流程图

表 1-1-13　改进前后平均温度的比较　　℃

项　目	半反	一反	二反	三反	总平均温度	最高温度	最高温度与平均温差
改装前	364.6	417.1	449.6	464	432.6	467	34.4
改装后	421.7	407.6	449.8	461.2	442.6	464	21.4

表 1-1-14　系统热量分配　　MJ(kcal)

项　目	改进前		改进后	
	每吨原料平均	总　量	每吨原料平均	总　量
热交回收热量	974(233000)	10700(2560000)	995(238000)	9907(2370000)
加热炉供给热量	209(50000)	2307(552000)	242(58800)	2445(585000)
半反给热	89(21300)	983(235200)	360(86000)	3582(857000)
一、二、三反总给热	811(194000)	8899(2129000)	828(198000)	8260(1976000)
加热炉给热占总给热分数/%		9.7		10.1
半反给热占总给热分数/%		4.28		14.8

从表 1-1-14 可知，工艺流程改进后，半反给热占系统的分数，由改进前的 4.28%提高到改进后的 14.8%。达到了有效利用半反的反应热，解决热源不足的问题。由于降低了反应层温度，从而提高了催化剂的平均利用率。

(4)催化剂寿命与产品加工方案

①催化剂寿命。硫化钼-活性炭催化剂虽然加氢活性不如纯硫化钼催化剂，但其热稳定性好，在频繁地更换原料油种类、数量的条件下长期使用，仍得到相当满意的结果，特别是在运转中期反应温度 420~430℃范围内，几乎察觉不出活性衰退迹象。1955 年以来运转实际情况如表 1-1-15 所示。

表 1-1-15　硫化钼—活性炭催化剂实际运转情况

空间速度/[t/(m^3·h)]	循氢纯度/%	原油种类	催化剂生产力/(t/m^3)	运转周期/d
0.61~0.845	75~80	1 号粗柴油为主	2068	187
0.47~0.70	75~80	1 号粗柴油为主	2010	148
0.64~0.905	70~78	1 号粗柴油为主	4010	220
0.78~1.17	69~78	1 号及 2 号粗柴油	4568	212
1.02(平均)	60~65	2 号粗柴油为主	3520	195
1.1(平均)	65~70	1 号粗柴油为主	4530	259

表 1-1-15 所列数据并不是催化剂运转到全部失活的结果。例如 1957 年更换催化剂时，曾取出旧催化剂鉴定过活性，证明催化剂仍有很高活性。按照更换催化剂时运转温度与可能达到温度推算，可达到每立方米催化剂处理 7000t 原料油的水平。运转周期可达到 290d，包括检修时间在内，运转周期将达到一年左右。

②产品加工方案。页岩 1 号粗柴油加氢精制产品具有含硫少、胶质低、酸度小、烯烃少的特点，产品灵活性很大，一般可以切割成车用汽油、灯油及柴油等产品。工厂实际加氢生

成油经碱洗后，按两个方案切割，见表 1-1-16。

表 1-1-16　页岩 1 号粗柴油加工方案

类　别	成　品　收　率　（对加氢生成油）/%(质量分数)			
	70 号车用汽油	灯用煤油	0 号轻柴油	1 号重柴油
灯 油 方 案	7.4	86.6	—	5.5
柴 油 方 案	7.4	59.8	32.3	—

车用汽油受铅性良好，可作高辛烷值特殊用途的车用汽油。其受铅性如表 1-1-17 所示。

表 1-1-17　页岩 1 号粗柴油加氢所得车用汽油受铅性

加铅量/(g/kg 油)	空白	+0.6	+0.8	+0.9	+1.0
马达法辛烷值(MON)	58.4	70.1	72.3	73	74

车用汽油规定铅含量不大于 1.3g，因此加氢所得车用汽油，可制 76 号车用汽油。灯用煤油质量较佳，各项指标如燃灯试验、光度等均良好，唯色度不够稳定。轻柴油仍然保持了页岩柴油十六烷值较高的特点，但含蜡分多，凝固点较高，一般只能作 0 号轻柴油，如欲生产 10 号轻柴油，则在蒸馏切割时，需多切部分轻馏分并入轻柴油中。因此，灯油收率将减少 10%左右，分馏所得含蜡尾油可作 1 号重柴油。经脱蜡并稍加精制后，即可得凝固点-10~-20℃的变压器油。所得软蜡经氧化后，可制作脂肪酸等贵重化工原料。

经过多次试验证明：从页岩 1 号粗柴油加氢精制生成油中可制取 Tc-1 与 T-2 航空燃料，试制出的 Tc-1 航空煤油经多次试车，证明符合规格。页岩 1 号粗柴油加氢试制航空煤油时，原料及生产油性状如表 1-1-18 所示。

表 1-1-18　试制航空煤油时原料油及生成油性状

实 验 编 号	1		2	
	原 料 油	生 成 油	原 料 油	生 成 油
空间速度/[t/(m³·h)]		0.84		0.74
相对密度 d_4^{20}	0.849	0.781	0.842	0.792
恩氏分馏馏程/℃				
初馏点	158	80	161	76
10%	208	168	201	167
50%	261	240	237	225
90%	304	292	274	270
终馏点	325	312	300	308
磺化值/%	51		52	
溴价/(gBr/100g)	50		58	
酚/%	3.04	0.14	4.69	0.15
硫/%	0.56	0.022	0.56	0.01
氮/%	0.94	0.008	0.83	
苯胺点/℃		71.2		66.2

页岩 1 号粗柴油加氢试制航空煤油性状如表 1-1-19 所示。

表 1-1-19　1 号粗柴油所得航空煤油质量情况

项　目	质量数据	Tc-1 航空煤油规格
收　率/%（质量分数）	28.5	—
相对密度 d_4^{20}	0.7880	不小于　0.775
初馏点/℃	146	不大于　150
10%/℃	158	不大于　165
50%/℃	172	不大于　195
90%/℃	195	不大于　230
98%/℃	218	不大于　250
残损值/%	1.5	不大于　2
黏度(20℃)/(mm^2/s)	1.23	不小于　1.25
酸　度/(mgKOH/100mg)	0.1	不大于　1.0
闪　点/℃	37	不小于　28.0
浊　点/℃	<-50	不大于　-50
冰　点/℃	-60	不大于　-60
碘　值/(gI_2/100g)	2.8	不大于　3.5
实际胶质/(mg/100mL)	0.8	不大于　7
芳　烃/%	22	不大于　22
蒸气压	—	—
硫/%	0.01	不大于　0.25
腐　蚀	合格	合格
水溶性酸碱	无	无
灰　分	0	不大于　0.005
机械杂质、水分	无	无

页岩 1 号粗柴油所制航空煤油，其热值均大于规格[42.85GJ/kg(10250kcal/kg)]指标，故表中从略。

为了制取航空煤油，空间速度应≤0.85t/(m^3·h)。加氢深度不够时，碘值和芳烃会超过规格。操作控制上，以终馏点<315℃的 1 号粗柴油为原料，应控制生成油苯胺点>67℃，以<340℃1 号粗柴油为原料时，应控制生成油苯胺点>70℃，才能达到必要的加氢深度。

页岩粗柴油制取航空煤油的关键在于黏度与冰点。为了保证其合格，故限制了航空煤油收率。加氢生成油中适合作 Tc-1 航空燃料的 140~250℃馏分达 50%以上，而合格的成品收率仅 30%左右。

页岩 1 号粗柴油加氢生成油可按以下两方案加工，参见表 1-1-20。

表 1-1-20　页岩 1 号粗柴油加氢生成航空煤油的方案

方案　　　收率/%　　产品名称	石油醚	T-2 航空煤油	70 号车用汽油	Tc-1 航空煤油	灯用煤油	重柴油
Tc-1 航空煤油方案汽油	—	6	—	23.6	36.4	34
煤油方案	1.0	—	28.6	—	36.4	34

(5)页岩1号粗柴油中压气相精制加氢

1957年曾采用硫化钼-活性炭催化剂，在中型试验装置及工业装置上进行试验。中型运转结果表明：在7.0MPa(70atm)及400℃采用0.75kg/(L·h)空间速度，脱氮率42%~58%，脱硫率68%~89%，加氢深度不够，加氢生成油小于220℃馏分性质不安定，不能作为成品，还需与气体汽油混合再度加氢后才能作为成品。大于220℃馏分可作为10号柴油。

工业规模试验结果大致相同，在7.0MPa、空速0.7t/(m^3·h)、温度在416~418℃条件下，脱氮率61%~63%，脱硫率76%~81%。生成油切割后可得10%左右车用汽油，加铅后辛烷值为66，但含胶质高，需轻度酸洗。其余为柴油，可做10号或20号轻柴油，但安定性也不够好，要作为产品，尚需进一步加工。

虽然采用硫化钼-活性炭催化剂7.0MPa(70atm)加氢精制产品收率达98%，耗氢量较20.0 MPa下减少了50%，但由于产品质量差，必须进一步加工，故结果是不够满意的。

中压气相加氢精制装置是原有设备改装而成的，改装后的设备保留了三个反应器、三个换热器、一个加热炉。反应器内部结构没有改动，仍保留有托催化剂的花板及混合板两层，每层有冷氢的引入管，反应器有效容积3.3m^3，装入催化剂量为2.76m^3。催化剂为硫化钼-活性炭(3531)。该催化剂已用过1372h，已处理过原料油约40kt。

中压气相精制加氢试运共进行253h，处理原料油653t，加氢生成油收率98.3%。试运期间曾测定了物料平衡，考察了各项因素，如：温度、压力、空速、氢油比对加氢的影响。结论如下：

① 页岩1号粗柴油在压力为7.0 MPa、11.0 MPa及15.0MPa下，温度为380~440℃，空速0.7~1.5(体积)，氢油比(965~1326)：1，在硫化钼-活性炭催化剂存在下进行中压加氢运转是顺利平稳的。在整个试验期间，系统未发现显著的差压，证明结焦问题并不严重。

② 耗氢量比20.0MPa气压加氢过程显著降低，耗氢量为216~270m^3/t。约较20.0 MPa耗氢量降低50%。

③ 试验表明空速对加氢深度影响较显著，在压力较低的加氢条件下，空速影响更大，在7.0 MPa、空速0.7、平均温度417℃时，脱氮率62%，脱硫率76%~81%。空速自0.7加大至1.5时，脱氮率下降22%，脱硫率下降12.4%，脱酚率下降26.7%。试验表明：空速较高时(0.92)温度影响比较显著，在较低空速下，提高温度对产品质量影响不大。

④ 压力对加氢深度有一定影响，但只有在压力为15.0 MPa以上才变得显著。脱硫率、脱氮率、脱酚率都迅速上升。

⑤ 取7.0MPa气压、空速0.7的加氢生成油洗涤后进行大型切割分馏，所得产品馏程全部能符合规格，但安定性较差。航空煤油胶质、芳烃均高于规格。灯油色度及含硫量均超过规格，轻柴油安定性差。产品收率如下：航煤7.4%、灯油29.5%、轻柴油65.8%。

⑥ 页岩1号粗柴油中压加氢精制反应热为836MJ/kg(200kcal/kg)，反应接触时间为21.4s。根据氢平衡结果表明，原料油加氢后氢含量增加0.48%。

页岩1号粗柴油中压气相精制加氢和质量平衡见表1-1-21。

表1-1-21　页岩1号粗柴油中压气相精制加氢气体分析

氢气名称 / 分析项目	新氢		循环氢		燃料氢	
	%	m^3	%	m^3	%	m^3
CO_2	0.5	3.77	0.3	0.3	0.8	2.93
O_2	0.1	0.75	0.1	0.1	0.1	0.37

续表

分析项目 \ 氢气名称	新氢		循环氢		燃料氢	
	%	m^3	%	m^3	%	m^3
CO	3.2	24.1	3.3	3.3	3.4	12.44
H_2	88.5	666.56	85.0	85.0	82.6	302.66
N_2	5.8	44.5	9.1	9.1	8.9	32.6
C_1	1.9	14.32	2.0	2.0	2.5	9.15
C_2			0.2	0.2	0.9	3.29
C_3					0.7	2.56
合计	100.0	754	100	100	99.9	365.6

物料平衡

入方	kg	%	出方	kg	%
原料油	2570	100.00	生成油	2527	98.30
新氢	156	6.10	高低压废气	102	4.00
			氨	8.85	
			硫化氢	9.05	
			反应水	53.20	
			漏损	25.60	
			损耗	0.30	3.80
合计	2726	106.10	合计	2725.7	106.1

原料油(页岩1号粗柴油)性状见表1-1-22，中压加氢生成油性状见表1-1-23。不同条件下切割的汽油、柴油性状见表1-1-24。

表1-1-22　原料油(页岩1号粗柴油)性状

恩氏分馏/℃				溴价/(gBr/100g)	全氮/%	碱性氮/%	硫/%	酚/%	芳烃/%
10%	50%	90%	终馏点						
212.5	244	281.5	302	56.66	0.260	0.20	0.57	3.662	39.5

表1-1-23　中压加氢生成油性状

压力/MPa(atm)	空速	温度/℃	氮/%	硫/%	酚/%	溴价/(gBr/100g)	苯胺点/℃
7.0(70)	0.7	416	0.228	0.136	1.84	16.75	56.8
11(110)	0.7	414	0.235	0.124	1.80	18.87	56.5
15(150)	0.7	414	0.192	0.125	1.21	15.31	60.6

表1-1-24　不同条件下切割的汽油、柴油性状(空速=0.7)

试料名称	7.0MPa 418℃ 汽油	7.0MPa 418℃ 柴油	15.0MPa 汽油	15.0MPa 柴油	11.0MPa 汽油	11.0MPa 柴油
辛烷值(MON)						
加铅前	54		53			

续表

试料名称	7.0MPa 418℃ 汽油	7.0MPa 418℃ 柴油	15.0MPa 汽油	15.0MPa 柴油	11.0MPa 汽油	11.0MPa 柴油
加铅后	68.9		69.2			
收率/%	14.8		11.5			
相对密度 d_4^{20}	0.7781	0.8272	0.7756	0.828	0.7782	0.8257
初馏点/℃	82	207	64	203	97	197.5
10%/℃	127	220	122	219	130	215.5
50%/℃	159.5	241.5	150.5	241	151	243
90%/℃	182	278	173.5	284	177	287.5
终馏点/℃	200	306	192	322	198.5	328
290℃馏分/%				91.5		92
凝固点/℃		-19.5		-18		-18
闪点/℃		—		85.5		81.5
黏度(20℃)/(mm²/s)		3.19		3.22		3.21
残炭/%						
氧化前		0.0785		0.054		
氧化后		0.20		—		
S/%	0.101	0.1199	0.0775	0.1133	0.069	0.1128
蒸气压/MPa	3.3	—	3.8			
胶质/%	57.8	—	21.7		41.6	

(二)页岩2号粗柴油、中榨油加氢精制

1. 页岩2号粗柴油气相加氢精制

页岩2号粗柴油系页岩油在常减压蒸馏装置中切割的馏程，较1号粗柴油稍重，由于切割效率不高，2号粗柴油相当宽的一段馏程与1号粗柴油重叠，基本的物理化学性质与1号粗柴油相近，加工流程因而也是相同的。

页岩2号粗柴油馏程为180~365℃，超过了常用气相加氢原料的沸点范围，并含有相当数量的蜡，凝固点在+1℃左右，不符合夏用轻柴油规格。因此常先经过冷榨脱蜡，脱蜡油称为冷榨油。冷榨油凝固点为-1℃，其余性质没有改变。2号粗柴油与冷榨油都可用作气相加氢精制的原料。由于加氢精制不能显著降低油品的凝固点，所以更乐于采用冷榨油为原料，为了叙述方便，这里所指的2号粗柴油实际上包括2号粗柴油和冷榨油。2号粗柴油正常运转条件如表1-1-25所示。

表1-1-25 页岩2号粗柴油精制加氢操作条件

操作压力/MPa	操作温度/℃	空间速度/[t/(m³·h)]	循环氢纯度/%	氢油比/(Nm³/m³)	新氢耗量/(Nm³/t)	产油收率/%(质量分数)	催化剂
20.0	360~470	1.0~1.10	60~65	~1200	295	98	硫化钼-活性炭

页岩2号粗柴油，由于馏分较重，沸点较高，半液相反应器内反应热较小，后部反应器

反应热较大，反应热分布比较均匀，控制温度比较方便。整个系统温度梯度较 1 号粗柴油为大。反应热根据工业生产装置测定，为 836~920MJ(200~220kcal/kg)。页岩 2 号粗柴油杂质较多，深度加氢精制比较困难，为此确定以加工生产汽油与轻柴油为目的。故采用较大的空间速度和较低的循环氢纯度。页岩 2 号粗柴油及其加氢产品性状如表 1-1-26 所示。

表 1-1-26　页岩 2 号粗柴油及其产品性状

油品＼性状	色相	相对密度 d_4^{20}	恩氏分馏/℃					<200℃收率/%	酚/%	氮/%	硫/%	苯胺点/℃	磺化值/%	溴价/(gBr/100g)	凝固点/℃
			初馏点	10%	50%	90%	终馏点								
2 号粗柴油	暗褐	0.8629	184	236	288	341	361	1	1.78	1.13	0.79	53	58.5	46	-1
生成油	白至淡黄	0.8138	88	196	274	327	365	11	0.277	0.069	0.026	71	22	3.86	-2

页岩 2 号粗柴油加氢生成油经过水洗、碱洗、蒸馏即可取得 7%车用汽油和 92% 0 号柴油。车用汽油受铅性极为良好，其结果如表 1-1-27 所示。

表 1-1-27　页岩 2 号粗柴油加氢车用汽油受铅性

加铅量/(g/kg 油)	空白	+0.6	+0.8	+0.9	+1.0
辛烷值	59.8	71.6	73.7	74.7	75.3

页岩 2 号粗柴油加氢生成油由于含氮较多，初期生成油为白至淡黄色，放置在空气中颜色即逐步加深，由黄、深黄、棕色至最终变成褐色。因此用硫化钼-活性炭催化剂生产灯用煤油较为困难。

工业装置中测定的物料平衡如表 1-1-28 所示。

表 1-1-28　页岩 2 号粗柴油物料平衡

入方/kg	出方/kg
原料油　1000	生成油　980
新氢　58.5	废气　25.7
	贫富气　20.3
	反应水　2.5
	硫化氢　8.1
	氨　12.9 损失　9.0
总计 1058.5	总计 1058.5

页岩 2 号粗柴油运转时，催化剂活性丧失较 1 号粗轻油稍快，但运转周期仍可维持一年左右。在预热过程，结焦也较 1 号粗柴油严重。

2. 页岩中榨油加氢精制

页岩油绿油经过温榨和中榨脱蜡后，即得中榨油，通常中榨油用作裂化原料油，或用作重柴油。其馏程为 180~420℃，沥青含量不高，榨蜡后机械杂质也不多，适于作为混相全馏分固定床加氢原料。1955 年按照前述流程(图 1-1-3)进行过试验，是用硫化钼-活性炭催化剂，结果如表 1-1-29 所示。

表 1-1-29 中榨油精制加氢操作条件

操作压力/MPa	操作温度/℃	空间速度/[t/(m^3·h)]	循环氢纯度/%	氢油比/(Nm^3/m^3)	新氢耗量/(Nm^3/m^3)	产品收率/%(质量分数)
20.0	420~430	0.49~0.72	78~80	2100	440	97.9

中榨油精制加氢空间速度不宜过大，当空速为 0.49 时，反应温度与 1 号粗柴油空速 0.68 时相当。连续运转时，反应温度上升较快，催化剂寿命显然比 1 号粗柴油短促，如空速由 0.49 提高至 0.72，反应温度几乎提高了 10℃。中榨油轻馏分较少，在半液相反应器反应不多，温升较少。因此需要外界补给的热较多。中榨油加氢生成油为黄绿色，放置后变为褐色。氢耗量及氢油比接近当时 1 号粗柴油的水平。

表 1-1-30 中榨油及其产品性状

性状＼油品	色泽	相对密度 d_4^{20}	恩氏分馏/℃ 初馏点	10%	30%	50%	70%	90%	终馏点	>200℃馏分/%	<300℃馏分/%	氮/%	硫/%	苯胺点/℃	磺化值/%	碘价/(gI_2/100g)
中榨油	褐色	0.9147	175	280	335	335	389	420	—	—	13	0.74	0.62	—	27	49.5
生成油	黄绿	0.8326	70	185	271	271	345	400	—	12.5	43	—	0	73.2	21	—

由表 1-1-30 看出精制深度还不够深，但裂解深度已相当满意，<300℃馏分增加了 30%。中榨油生成油可按以下方案切割，见表 1-1-31。

表 1-1-31 中榨油加氢产品加工方案

油品类别	车用汽油	10 号轻柴油	残油
收率(以生成油为准)/%(质量分数)	6	58	35

车用汽油加铅 1.2mL/kg 后，辛烷值可达 75。10 号轻柴油也完全合格，并保持了页岩轻柴油的优点，十六烷值高达 50 以上，残油凝固点为 19℃，一般适合夏用重柴油规格。

(三) 页岩气体汽油气相加氢精制

页岩气体汽油系油母页岩干馏气体中回收所得的粗汽油。含有大量烯烃及硫化合物以及少量二烯烃，性质极不安定，不能直接用作车用汽油。如采用酸碱精制，则酸洗与再蒸馏损失较大，且含硫量仍难符合国家规格要求。故一般均采用中压(5.0~7.0MPa)气相加氢精制，以制取满意的产品。1957 年以后，石油一厂、二厂开始生产大量页岩气体汽油，当时即利用石油三厂高压气相加氢装置进行加工，并曾按页岩粗柴油加氢精制流程，单独处理或与页岩粗柴油混合处理。但因其性质极不安定，预热过程结焦严重，不能长期运转。以 1 号粗柴油与轻质油按 3∶1 的比例混合加氢时，清焦周期平均不到一个月，最短的仅 20 天。而换用 1 号粗柴油与轻质油按 3∶2 比例混合的原料油时，仅运转 12 天即因系统差压超高而被迫停产。单独处理轻质油时，结焦的情况更严重，仅运转 5 天，热交低温出口温度便由 330℃降低 290℃，最后经过多次试验，采用了“分段加油”方法，克服了结焦的问题，使加氢装置运转得以顺利进行。

1. 页岩气体汽油单独气相精制加氢

页岩气体汽油单独气相加氢精制，其工艺流程、催化剂和操作条件基本与页岩粗柴油气相加氢精制相同。其操作条件及产品性状见表1-1-32和表1-1-33，物料平衡见表1-1-34。

表 1-1-32　页岩气体汽油单独气相精制加氢操作条件

催化剂种类	操作压力/MPa	操作温度/℃	循环氢纯度/%	空间速度/[t/(m³·h)]	氢油比/(Nm³/m³)	工业耗氢量(Nm³/t)	产品收率/%(质量分数)
硫化钼-活性炭	20.0	360~450	270 (原数据有误)	1.15	600~800	256	96.8

表 1-1-33　页岩气体汽油及其加氢生成油性状

油品名称	色泽	相对密度 d_4^{20}	恩氏蒸馏馏程/℃					溴价/(gBr/100g)	氮/%	硫/%	苯胺点/℃	酚/%	磺化值/%
			初馏点	10%	50%	90%	终馏点						
页岩气体汽油	深红	0.7670	54.5	85.5	131.5	198	257.5	75.37	0.14	0.65	25.2	0.26	
加氢生成油	白色	0.7490	54.5	83	128	203.5	266	0.24	0.015	0.039	50.0	0.12	20.7

表 1-1-34　页岩气体汽油气相加氢精制物料平衡

入方/%		出方/%	
原料油	100.0	生成油	96.8
工业氢(90%)	3.54	废氢	1.97
		贫气	2.22
		富气	1.42
		氨	0.17
		硫化氢	0.66
		反应水及损失	0.30
合计	103.54	合计	103.54

在工业装置中，还测定气体汽油加氢反应热为523MJ(125kcal/kg)。

页岩气体汽油精制加氢与页岩粗柴油精制加氢主要不同点在于：

页岩气体汽油精制目的在于脱硫及烯烃加氢饱和，这种反应较脱氮易于进行，在20.0MPa下操作，可允许较大空速，空速在0.83~1.15t/(m³·h)之间变化，产品质量无大影响。同时反应温度约较页岩粗柴油精制加氢低40~50℃，催化剂床层温度380℃时，脱硫可达很深的程度，生成油中含硫仅0.02%~0.03%。

因为烯烃加氢、脱硫等反应，在较低温度即可进行，所以半液相反应器温升比页岩粗柴油高。由于反应热较小，后部反应器温度却低于页岩粗柴油。同样，氢油比也可小一些。

页岩气体汽油含硫多，而含氮少，系统循环氢中硫化氢含量显著增高了。如处理页岩粗柴油，软水加入量为0.084t/t原油，循环氢中硫化氢为0.05%，而处理页岩气体汽油，软水加入量为0.072t/t原油，循环氢中硫化氢却高达0.31%。生成油碱洗时，碱耗量也增加了。显然原料油中氮还原生成的氨，有助于硫化氢、二氧化碳以硫化铵、碳酸氢铵形态除去。故处理含硫高、含氮低的原料油，应注入氨水代替软水，或增加软水用量，以调节循环氢中硫化氢含量。

页岩气体汽油在预热过程中结焦，严重影响装置的连续运转，不仅使换热器效率降低，或加热炉负荷增大，更严重的是系统差压因结焦而急剧增加，运转两周就因压降增至3.5MPa而无法继续运转。检修中发现，换热器温度小于200℃时，管上污垢为易于清扫的红褐色污垢，在空气中易于着火。大于250℃时，污垢为亮黑色油焦，密集管间，极难清扫，为系统差压增大的原因之一。半液相反应器被焦粉及催化剂块所堵塞，由于催化剂层结焦与结块造成反应物料短路，使之局部过热，温度激升，而且催化剂层阻力增加，将使反应器衬筒内外压力不平衡，甚至受外压而损坏，因此页岩气体汽油预热过程结焦，严重影响安全生产，其严重性远超过页岩粗柴油。

页岩气体汽油加氢产品，可切割85%车用汽油和14.5%灯用煤油。车用汽油辛烷值很低，空白辛烷值仅46.5，而气体汽油却为63。按规定加铅后，辛烷值也不到70，只能做56号或66号车用汽油，见表1-1-35。为此页岩气体汽油单独加氢是不适宜的。

表1-1-35　页岩气体汽油所得车用汽油辛烷值

加铅量/(g/kg)	0	0.1	0.3	0.5	1.0	1.5	2.0
辛烷值	46.5	46.5	50.5	55.4	66.7	70	73

2. 分段加油

由于使用页岩气体汽油而导致的系统结焦现象，可分为如下3种：一是低温部分(<150℃)，生焦量较少，只有一层硬皮敷在换热器的管壁上，呈褐色，容易清扫；二是在高温部分(200~280℃)，结焦呈亮晶体、硬而脆，密集于换热器管间，较难清扫，这是系统产生压差和传热效率降低的主要原因；三是半液相反应器催化剂上部密集一层厚约200~300mm焦粉状物质，使流体分布不均，催化剂层中间气流减少，容易发生局部反应温度超高，直接影响安全生产。结焦物分析数据见表1-1-36。

表1-1-36　结焦物分析数据

取样地点	试样外观	胶质/%	沥青/%	固形物/%	固形物元素分析/%				
					C	H	S	N	O
换热器<150℃	褐色	4.08	5.53	90.39	49.3	5.2	12.53	4.71	18.06
换热器200~280℃	黑褐色	2.8	1.94	95.26	65.3	6.07	4.78	4.16	10.32
半反上部	黑色	1.01	2.19	96.8	24.4	1.59	26.43	0.22	0.49

根据表1-1-36数据，初步认为结焦关键在于原料油的性质，而生产过程条件也有很大影响。因而，加强原料油的预处理和改进工艺流程，便成为解决结焦问题的方向。

在原料油预处理工作上，曾试用过原料油过滤，酸洗和混对惰性油等措施。在设备改进方面曾安装过旋风分离器。但均未彻底解决页岩气体汽油结焦的问题。

根据一系列小型及工业装置的试验证明：页岩气体汽油在150~285℃间最容易结焦。为此，设想如果能采用混合加热的方法越过结焦温度，将可能防止结焦。在进一步分析了页岩气体汽油加氢作业时发现：换热器虽严重结焦但处于结焦温度条件下的换热器联结管线及加热炉管中，却从未结焦。从分析比较的结果得知，唯一的差别是油及氢气通过管线流速很高，达10m/s以上，而通过换热器流速不过1m/s。因此气体汽油不通过常用的管壳式换热器，直接在加热炉内加热，或直接送入反应器内。由于在加热炉内流速很高，进入反应器后即可在催化剂上加氢，就可能避免结焦。为了回收反应热以维持系统热平衡，将结焦程度较轻的1号粗柴油注入换热器，将页岩气体汽油从另外的地方(如加热炉或半液相反应器等)

加入而不进入换热器，这就是分段加入不同种类原料油的加氢方法，也即“分段加油”。

最初采用的分段加油流程是把页岩气体汽油直接送入反应器，而页岩粗柴油仍按正常流程送入系统。但是由于冷的分段油，压低了反应器温度，因而页岩气体汽油的处理量受到了限制，同时发现分段加油处的压差逐渐增大，这是由于页岩气体汽油在反应器内迅速汽化，其中少量的大分子物质被析出，缩合成焦层覆盖在催化剂床层上所致。

为了克服上述不正常问题，并适当增加分段油量，又分别在两个反应器入口同时加入页岩气体汽油，但这样无法保证操作的平稳。最后将分段油送入加热炉的入口，并将半液相反应器设置在加热炉的前面，使加入的页岩气体汽油，在加热炉前与半液相反应器出口的流体混合，以越过结焦温度。此时流体中尚存在一部分液体，可防止页岩气体汽油中高分子物质的析出，这就解决了反应器上部因结焦而产生压降过大等问题。至此，分段加油法始告成功。

(1) 工艺流程。页岩气体汽油分段加油流程图如图 1-1-6 所示。

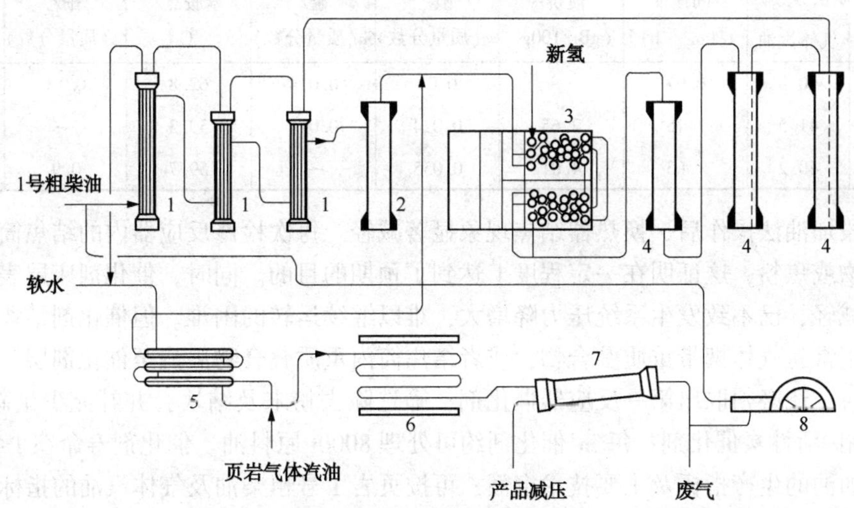

图 1-1-6　页岩 1 号粗柴油及气体汽油分段加油精制加氢流程图

1—换热器；2—半液相反应器；3—加热炉；4—反应器；5—气体汽油换热器；6—冷却器；7—产品分离器；8—氢气循环压缩机

分段加油流程的主要特点为：半液相反应器设在加热炉前，页岩粗柴油仍入换热器，在半液相反应器内预加氢后，始与气体汽油相混。气体汽油直接注入加热炉，或先在套管换热器内与生成油换热后进入加热炉。这样，页岩粗柴油单独入半液相反应器，即可利用其预加氢反应热，维持系统热平衡。而预加氢后的粗柴油的安定性已较好，对易结焦的气体汽油又有一定的稀释作用，气体汽油则越过了最易结焦的换热器(因其流速低，并处于最易结焦的温度范围)。在通过加热炉时流速较大，又有页岩粗柴油稀释，就不会在炉管内结焦。为防止预热过程中可能生成的叠合物在催化剂表面析出，故在第一反应器上部增设了结焦筒。原料油先经蛇管，在结焦筒中部沿切线方向喷入，将叠合物分离后，再由筒上部逸出，然后向下通过催化剂床层。采用上述流程后，换热器结焦大为减轻，克服了气体汽油精制加氢的主要困难，由于气体汽油未经过换热器，减少了热的回收，故加热炉与冷却器的热负荷均相应增大。采用这样的流程，处理混合比为 3∶1 的 1 号粗柴油与气体汽油混合油，空速为 1.1t/($m^3\cdot h$)，清焦周期可达 100d 左右。因而，分段加油是处理页岩气体汽油较好的方法之一。

（2）操作与生产数据

按图 1-1-6 所示流程进行操作时，因半液相反应器位于加热炉前，升温较难。故开始加油时需先加气体汽油。等第一反应器温度达 300℃时，即由加热炉入口加入气体汽油，开始加入量不宜过大，约在 0.04～0.15t/(m^3·h)之间，以后每 1h，增加一次，增加量为 0.15t/(m^3·h)。待半液相反应器温度为 260℃时，即可加入 1 号粗柴油，开始加入量亦不宜过大，和气体汽油一样逐渐增加，直至规定数量为止。减油、停油时需先减、停气体汽油，每 15min 减少量为 0.15t/(m^3·h)。

分段加油时，原料混合比允许有较大的变化，气体汽油含量可在 15%～50%间波动，正常维持在 25%～33%。正常空速以 1.1～1.2 t/(m^3·h)为宜，过高则产品质量较差。不同空速下加氢生成油的质量如表 1-1-37 所示。

表 1-1-37　不同空速对加氢生成油质量的影响

混合比/%（质量分数）		空间速度/	溴价/	氮/	硫/	苯胺点/	酚/	磺化值/
1 号粗柴油	气体汽油	[t/(m^3·h)]	(gBr/100g)	%(质量分数)	%(质量分数)	℃	%(质量分数)	%
59.2	40.8	0.97	—	0.02	0.014	62.8	0.18	18.5
58.5	41.5	1.15	2.65	0.024	0.014	59.3	—	17
59.8	40.2	1.63	4.01	0.055	—	59.7	0.9	19

按分段加油法操作后，换热器结焦现象显著减轻。每次检修反应器内的结焦筒时，发现重质叠合物或焦粉，这证明在一定程度上达到了预期的目的。同时，催化剂床层表面结块现象也有所减轻，已不致发生系统压力降增大，难以继续运转的困难。但催化剂结块可能是由于操作不正常，气体携带重质叠合物，或者结焦筒内重质叠合物溢流至催化剂层。因此每次清焦检修时，还必须取出第一反应器催化剂，筛选除去粉末及结块，并补充少量新催化剂。使用硫化钼-活性炭催化剂，每 m^3催化剂约可处理 8000t 原料油。催化剂寿命在 1 年以上。

分段加油的生产指标及主要技术定额，可按页岩 1 号粗柴油及气体汽油的指标及原料比例进行推算而得。产品质量控制标准与控制方法，亦与 1 号粗柴油相同。

（3）产品方案与技术经济

页岩气体汽油加氢生成油，约可切割出 85%车用汽油与 14.5%灯用煤油。页岩气体汽油若与 1 号粗柴油混合加氢(即分段加油)，其产品方案可按 1 号粗柴油及气体汽油加氢产品指标进行推算。除生产车用汽油、灯用煤油，柴油外，也可生产重整原料油、航空煤油、柴油等。由于页岩油加氢汽油 10%馏出温度常高于规格，影响了车用汽油收率。故将汽油分成轻汽油和油漆溶剂油，即可增加汽油及溶剂油收率，而且车用汽油馏分轻，辛烷值增高，制取同一标号汽油，加铅量可以适当减少。

页岩气体汽油单独加氢所得车用汽油辛烷值较低，按规定加铅后，辛烷值低于 70。页岩气体汽油与 1 号粗柴油混合加氢时，汽油辛烷值可提高到 70 号。

分段加油法处理页岩气体汽油时，主要技术经济定额如表 1-1-38 所示。

表 1-1-38　分段加油法技术经济定额(1 号粗柴油 70%，气体汽油 30%)

项　目	数　量	项　目	数　量
收率/%(质量分数)		主要消耗定额(对原料油)	
加氢生成油收率	97.82	工业氢气/(m^3/t)	293

续表

项　　目	数　　量	项　　目	数　　量
总轻油收率	94.1	蒸汽/(t/t)	1.59
加工总损失率	2.93	工业水/(t/t)	49.1
		电力/(kW·h/t)	246

1960年8月，曾利用页岩1号粗柴油与页岩气体汽油，按一定的混合比例，在20MPa(200atm)下，以纯硫化钨为催化剂，试制航空煤油，操作条件如下：空速0.75~0.8m^3/(m^3·h)、最高点温度435~440℃、总平均温度大于397℃、循环氢纯度大于70%、氢油体积比1600：1到2186：1、页岩1号粗柴油与页岩气体汽油体积比为4~6：1。气相加氢生成油质量如下：相对密度0.7712~0.7792，溴价小于2.2g/100g，苯胺点大于70.5℃，水溶性酸碱中性，颜色水白，分馏后，可以取得合格的TC-1航空煤油，产品收率如下：航空煤油19%~23.3%，汽油13%~16%，灯油38.6%~42.9%，柴油22%~24.8%，在工业蒸馏装置上切割时，控制143~220℃馏分，可以保证航空煤油的冰点和黏度合格。表1-1-39为生成航空煤油的消耗定额。

表1-1-39　生成航空煤油的消耗定额

项目/油品	收率/%	氢耗量/(m^3/m^3)	催化剂/(m^3/m^3)	软水/(t/m^3)	工业水/(t/m^3)	煤气(燃料)/(m^3/m^3)	电/(kW·h/m^3)	蒸汽/(t/t)
TC-1航煤	95.39	662.03	0.000293	0.125	15.82	61	26.7	0.1
一般灯油产品	96.12	519.45	0.000218	0.125	13.1	70.5	26.2	0.1

原料油与加氢生成油的性能如表1-1-40所示，产品质量及收率如表1-1-41所示。

表1-1-40　原料油与加氢生成油比较

项　　目	页岩1号粗柴油	页岩气体汽油	加氢生成油
加油量/(m^3/h)	8.1	1.3	
相对密度d_4^{20}	0.8493	0.7670	0.7852
恩氏分馏试验/℃			
初馏点	166	50	62.5
10%	200	79.5	131
50%	250	124	226
90%	294	201	287
终馏点	309	232.5	320
<200℃馏分收率/%	—	89	36
溴价/(g/100g)	47	65	1.82
苯胺点/℃	50	33.1	71.6
芳香烃/%	—		13
含硫量/%	0.47	0.613	0.0057
酸度/(mgKOH/g)	—	—	0.08
酚/%	2.079	1.06	0.0756

表 1-1-41　产品质量及收率

项　　目	车用汽油	航空煤油	灯用煤油	轻柴油
质量收率/%	13	18.8	42.9	24.8
恩氏分馏/℃				
初馏点	38.5	141.5	179	241
10%	67	160	208.5	—
50%	99	174	237.5	292
90%	127	199	275	320
终馏点	143	—	288.5	350
冰点/℃		-61.5		
20℃黏度/(mm^2/s)		1.27		
酸度/(mgKOH/g)		0.0334		0.334
闪点/℃		37		126
含硫量/%		0.0065		0.0057
灰分/%		0.0005		0.003
硫醇/%		0.0003		
胶质/%		0.8		
芳香烃/%		13.43		
碘价/(g/100g)		2.02		
腐蚀		合格		合格
十六烷值				62.46
备注		相对密度 d_4^{20}		

(4) 小结

分段加油的流程改进，经历七年之久，自改进后共加工气体汽油等轻质油达 100kt 以上，清焦周期由过去的不足 30d 延长到 100d 以上。既节约了清焦过程中的材料消耗，又减轻了繁重的体力劳动。并相应的减少了非生产时间，七年来共增加了有效生产时间 200d 之多。

分段加油措施的实现，为极不稳定的页岩气体汽油的加工找到了出路。不仅保证了产品的质量，节省了大量酸碱的消耗，且大幅度地降低了加工损失率。如果对页岩气体汽油采用酸碱洗涤过程，其加工损失率在 15%左右，而石油三厂采用的加氢精制方法，轻质油的液体收率在 97%以上。

分段加油的工艺流程同样可以适用于性质极不稳定的其他原料的加工过程。

分段加油流程尚存在的缺点是：废热回收率较低，在改进前，由于进料全部与生成物料换热，装置的废热回收率可达 60%左右，而改进后，由于加入气体汽油未经换热器预热，只与一部分经过换热的原料和循环氢混合后直接进入加热炉。因此使废热回收率下降到 45%~50%，并相应地增加了加热炉和冷却器的负荷，这尚有待今后进一步的改进。

3. 页岩热裂化柴油气相加氢精制

为了考察页岩热裂化柴油加氢精制时，在工艺技术上的可能性与经济上的合理性，1963 年 4 月曾在气相加氢装置上，分别采用 3581 及 3531 催化剂，进行页岩热裂化柴油与 1 号粗柴油加氢精制的对比性试验，兹将试验情况总结如表 1-1-42 所示，工艺操作条件及主要经济技术指标如表 1-1-43 所示，原料油与生成油性状如表 1-1-44 所示。

表 1-1-42 试验用原料油性状

项 目	相对密度 d_4^{20}	恩氏蒸馏/℃					小于 300℃馏分/%
		初馏点	10%	50%	90%	终馏点	
热裂化柴油	0.8491	170	217	248	286	308	95.5
1 号粗柴油	0.8500	175	210	252	311	342	86.5
轻质油	0.7704	56	88	129	203	260	—
项 目	硫/%	氮/%	碱性氮/%	溴价/(g/100g)	磺化值/%	苯胺点/℃	凝固点/℃
热裂化柴油	0.51	0.875	0.469	57.24	44.5	49.8	-16
1 号粗柴油	0.63	0.883	0.509	49.7	54.5	43.9	-7.5
轻质油	0.77	0.14	0.038	62.37	51	<28	—

表 1-1-43 工艺操作条件及主要技术经济指标

项 目	3581 催化剂		3531 催化剂	
	1 号粗柴油+轻质油	裂化柴油+轻质油	1 号粗柴油+轻质油	裂化柴油+轻质油
混合比	7.3 : 1.6	7.3 : 1.6	7.3 : 1.6	7.3 : 1.6
操作压力/MPa	20.0	20.0	20.0	20.0
平均温度/℃	450.2	446.3	400.5	397.2
最高点温度/℃	475	475	428	429
循环氢纯度/%	71.1	73.1	70.7	70.8
体积空速	0.76	0.76	0.82	0.82
气油比/(m^3/m^3)	1500	1500	1500	1500
耗氢量/(m^3/t)	518	493	390	380
生成油小于 200℃馏分/%	41.0	36.5	28	24
生成油小于 300℃馏分/%	92	96	91	96
大于 200℃馏分转化率/%	21.5	18.5	7.5	5.1
脱氮率/%	96.3	96.4	98.2	98.2
脱硫率/%	93	98.5	98	98.5

表 1-1-44 原料油与生成油性状

项 目	3581 催化剂				3531 催化剂			
	1 号粗柴油+轻质油		裂化柴油+轻质油		1 号粗柴油+轻质油		裂化柴油+轻质油	
	原料	生成油	原料	生成油	原料	生成油	原料	生成油
相对密度 d_4^{20}	0.8351	0.7796	—	0.7882	0.8375	0.7960	0.8350	0.8000
馏程/℃								
初馏点	75	52	83	60	83	73	75	79

续表

项目	3581 催化剂				3531 催化剂			
	1 号粗柴油+轻质油		裂化柴油+轻质油		1 号粗柴油+轻质油		裂化柴油+轻质油	
	原料	生成油	原料	生成油	原料	生成油	原料	生成油
10%	148	115	179	130	158	158	161	158
50%	241	217	241	222	248	236	240	233
90%	307	293	283	274	306	297	290	281
终馏点	338	332	305	314	339	345	318	325
小于 200℃馏分/%	18	41	17	36.5	19	28	18.5	24.5
小于 300℃馏分/%	88.5	92	95	96	88	91	93	96
硫/%	0.67	0.041	0.56	0.0079	0.62	0.013	0.48	0.0078
氮/%	0.794	0.0294	0.736	0.0268	0.807	0.017	0.738	0.012
碱性氮/%	0.435	0.0155	0.131	0.0073	0.370	0.0059	0.375	0.0039
溴价/(gBr/100g)	57	4.72	59.4	4.7	67.4	2.65	45.4	2.53
磺化值/%	52	16.5	48	18	54	14.5	47	15.5
苯胺点/℃	43.2	62.5	46.6	60.7	46	67.6	46.6	65.8
凝固点/℃	-10.5	—	-19.5	—	—	—	—	—

采用页岩热裂化柴油为原料在气相加氢工业装置上，先后以 3581 和 3531 催化剂进行与 1 号粗柴油加氢精制的对比性试验，初步可以证明：

① 页岩热裂化柴油的理化性质与 1 号粗柴油比较基本上是相近的，两次试验结果表明，裂化柴油进行加氢精制，在工艺上是可行的。与 1 号粗柴油比较，尽管裂化柴油的反应热较小，但其反应热仍足以维持正常运转。此外在操作控制上，也没发现新的困难。

② 页岩热裂化柴油的裂解性能较差，故生成油小于 200℃馏分，较 1 号粗柴油约低 3%~4%，小于 300℃馏分约高 4%~5%；每吨原料油耗氢量也比 1 号粗柴油稍低。

③ 热裂化柴油加氢精制性能与 1 号粗柴油比较无显著差异，其生成油质量较 1 号粗柴油为优。经小型切割所得之汽油及灯油，无论其质量或收率均较 1 号粗柴油所切割者稍优。

4. 页岩粗柴油加氢生成油的性状及组成分析

页岩粗柴油及其生成油的评价需通过蒸馏，一般理化分析，硅胶吸附及元素分析等程序。其中以硅胶吸附分离尤为主要。对于页岩油，由于它含有较多的非烃而影响吸附分离的效果，因之又必须进行如下的预处理。即：

① 除去酸性非烃。用浓度 20%(质量分数)、用量为 20%(体积分数)的氢氧化钾水溶液，在室温下，分 3 次洗涤碱洗油，放出碱渣后即得碱洗油。

② 除去碱性非烃。用浓度 20%(质量分数)，用量为 20%(体积分数)的硫酸水溶液，在室温下，分 3 次洗涤碱洗油，放出碱渣后即得中性油。

③ 用浓度为 85%、用量 1.5%(体积分数)的浓硫酸洗涤中性油，放出酸渣，用碱中和并水洗数次后即得精制油，它可以作为硅胶吸附分离的试样。

分析数据见表 1-1-45~表 1-1-50。

表 1-1-45 原料油全馏分烃族组

油别		烷、环烷/%	烯烃/%	芳烃/%				非烃与胶质/%
				总量	单环	双环	三环	
原料油	1 号粗柴油	37.85	25.12	25.2	11.62	10.89	2.61	9.63
	气体汽油	36.5	19.4	19.4	16.6	2.84	0	5.64
	冷榨油	27.43	34.83	34.83	18.83	9.16	7.31	8.28
生成油	1 号粗柴油：气体汽油=2.7：1	76.6	2.38	19.6	15.1	4.5	0	0.77

注：表中所列的生成油的加氢操作条件为：压力 20.0MPa；操作温度 360~470℃，体积空速 $1.0\sim1.3h^{-1}$；催化剂：硫化钼-活性炭(3531)。

表 1-1-46 原料油窄馏分烃族组成

油别	馏分/℃	烷、环烷/%	不饱和烃/%	芳香烃/%				非烃及胶质/%
				总量/%	单环芳烃	双环芳烃	多环芳烃	
页岩 1 号轻柴油	初馏~200℃	28.2	35	29	29	0	0	6
	200~250℃	35.1	29.8	27.7	16	11.7	0	5.4
	250~300℃	30.9	32.3	28.6	11.9	16.7	0	6.3
	300~终馏点	46.3	16.7	21.46	9.13	6.21	6.12	14.5
页岩轻质油	初馏~150℃	37.3	37.7	18.4	18.4	0	0	5.5
	150~200℃	35.4	36.7	20.5	20.5	0	0	5.5
	200~终馏点	32.1	24.1	33.64	16.74	16.9	0	6.4
页岩冷榨油	初馏~200℃	33.9	37.4	15.3	15.0	0	0	14
	200~250℃	41	25.1	23.8	9	14.8	0	8.1
	250~300℃	31.3	18.9	43.63	33.56	10.07	0	4.96
	300~终馏点	21.4	29.1	35.6	11.3	7.3	17	12.1

表 1-1-47 原料油窄馏分性状(a)

油别	馏分/℃	收率/%	折射率 n_D^{20}	溴价/(gBr/100g)	相对分子质量	C/%	H/%
页岩 1 号轻柴油	初馏~200℃	5.3	1.4473	56.42	135	82.99	12.89
	200~250℃	15.96	1.4628	46.99	160	84	12.58
	250~300℃	36.94	1.4688	38.72	229.7	83.76	12.67
	300~终馏点	43	1.4787	38.66	263.7	84.64	12.38
页岩轻质油	初馏~150℃	55.8	1.4309	53.48	116	83.78	12.74
	150~200℃	25.8	1.4777	58.71	—	—	—
	200~终馏点	18	1.4777	64.23	181.5	85.73	12.38
页岩冷榨油	初馏~200℃	5.81	1.4520	57.56	155.6	83.73	12.24
	200~250℃	16.26	1.4690	49.8	—	83.98	12.06
	250~300℃	33.75	1.4770	49.6	—	84.29	11.68
	300~终馏点	43	—	26.6	—	84.23	11.74

表 1-1-47(b)　原料油窄馏分性状(b)

油别	理化性质	初馏点~200℃(150℃)			200~250℃			150~200℃		250~300℃(200~终馏点)					300℃~终馏点				
		烷、环烷	不饱和烃	单环芳烃	烷、环烷	不饱和烃	单环芳烃	多环芳烃 Ⅰ	多环芳烃 Ⅱ	烷、环烷	不饱和烃	单环芳烃	多环芳烃 Ⅰ	多环芳烃 Ⅱ	烷、环烷	不饱和烃	单环芳烃	双环芳烃	多环芳烃
页岩1号轻油	外观	无色透明	无色透明	浅黄透明	无色透明	无色透明	黄色液体	黄棕色	黄棕色	无色	无色	黄色液体	黄棕色	黄棕色	无色液体	无色液体	黄色液体	黄棕色液体	黄棕色液体
	折射率 n_D^{20}	1.4210	1.4433	1.5009	1.4310	1.4435	1.5070	1.5440	1.5830	1.440	1.4495	1.503	1.5615	1.572	1.4450	1.4450	1.5099	1.5510	1.6040
	溴价/(gBr/100g)	1	95.4	6.6	0	189	50.4	17.6	53.3	1	82.3	49.8	49.7	59.75	0	62.3	48	58.5	64.8
	相对分子质量	141.5	136	—	173	167	145.7	146.5	141	200	199.6	193	180	172	260	248	250.9	243.7	—
	C/%	84.46	85.77	87.6	84.7	86.5	88.15	88.25	87.25	84.31	85.02	87.66	87.52	—	84.21	84.29	—	87.76	87.71
	H/%	13.92	10.89	10.83	14.11	11.7	10.36	9.94	10.65	14.82	13.67	10.19	9.95	—	13.75	13.71	—	10.43	10.65
页岩轻质油	外观	无色液体	无色液体	浅黄色	无色	无色	黄色液体	—	—	无色	无色	黄色	黄棕色	—					
	折射率 n_D^{20}	1.4080	1.4211	1.4940	1.4210	1.4408	1.5089			1.4341	1.4460	1.5124	1.5650						
	溴价/(gBr/100g)	1	116.6	45	0	120.1	30.7			1	88	88.55	93						
	相对分子质量	127.3	98.66	—	—	—	—			183.5	183.8	223.3	—						
	C/%	83.45	85.99	89.21	84.18	86.84	87.96				86	86.97	87.94						
	H/%	14.09	11.48	9.25	14.10	11.02	9.0				11.67	10	9.73						
页岩冷榨油	外观	无色液体	无色液体	黄棕色液体	无色液体	无色液体	黄棕色	黄棕色	—	无色液体	无色液体	黄棕色	黄棕色	黄棕色	无色液体	无色液体	黄棕色	黄棕色	红棕色液体
	折射率 n_D^{20}	1.4235	1.4460	1.5120	1.4380	1.4570	1.5325	1.5858		1.4445	1.4505	1.5015	1.5700	1.5617	1.4530	1.4590	1.5041	1.5490	1.6056
	溴价/(gBr/100g)	1	110	54	1	96.65	48.32	57.4		0	67.3	57.36	63.2	51.5	0	46.4	41.8	14.28	71.5
	相对分子质量				199.5	198	171	—		242	245.5	238.5	303	229	300.2	292.5	299.7	256	248.7
	C/%	84.25	87.98	86.21	84.53	—	87.92	—		84.99	86.31	87.52	—	87.81	85.24	—	—	87.59	—
	H/%	13.87	9.11	10.75	13.87	—	9.73	—		13.12	12.1	9.73	—	9.38	12.95	—	—	8.59	—

表 1-1-48　加氢生成油窄馏分烃族组成

馏分范围/℃	初馏点~122	122~150	150~200	200~250	250~290	290~终馏点
收率/%	11.25	5.36	15.80	20.7	20.6	24.8
烷、环烷烃/%						
烷、环烷总量	86	83.3	78.5	69.2	71.7	77.7
正构烃	—	—	—	14.5	43.8	53.5
异构十环烷	—	—	—	54.7	27.6	24.2
烯烃	0	0	0	2.0	3.4	5.0
芳烃/%						
芳烃总量	13	1.63	20	27.1	22.2	14.5
单环芳烃	13	1.63	20	23.6	13.31	7.0
双环芳烃	0	0	0	3.5	4.34	5.2
三环芳烃	0	0	0	0	4.55	2.3
非烃及胶质	0.1	0.3	0.5	0.77	0.84	1.33

注：原料油为页岩1号粗柴油：页岩气体汽油=2.7：1。

表 1-1-49　加氢生成油窄馏分烃族性状

理化性质	初馏点~122℃		122~150℃		150~200℃		200~250℃		
	烷，环烷	单环芳烃	烷，环烷	单环芳烃	烷，环烷	单环芳烃	烷，环烷	单环芳烃	双环芳烃
外观	无色	无色	无色	浅黄	无色	浅黄	无色	浅黄	黄色
折射率 n_D^{20}	1.4605	1.4810	1.4810	1.4935	1.4290	1.4870	1.4370	1.5170	1.5590
溴价/(gBr/100g)	0	2.16	0	2.0	0	3.24	3	3	6
相对分子质量	105	—	99.3	113.4	104	—	167	153	157.8
C/%	—	—	84.02	87.21	82.91	87.98	83.85	87.69	87.75
H/%	—	—	14.72	10.41	15.12	9.87	14.09	9.87	10.09

理化性质	250~290℃				290℃~终馏点			
	烷，环烷	单环芳烃	双环芳烃	三环芳烃	烷，环烷	单环芳烃	双环芳烃	三环芳烃
外观	无色	浅黄	黄色	黄棕	无色	浅黄	黄色	黄棕
折射率 n_D^{20}	1.4400	1.5130	1.5405	1.5970	1.4460	1.5105	1.5655	1.6100
溴价/(gBr/100g)	3.7	3.7	18	28.7	5.8	4.5	30.6	39.9
相对分子质量	201	202	187.4	149	279.5	233	96.8（原数据有误）	217
C/%	83.81	88.76	88.9	87.79	84.19	87.92	88.82	—
H/%	14.16	9.85	9.30	9.53	14.29	10.25	9.95	—

注：原料油为页岩1号粗柴油：页岩气体汽油=2.7：1。

表 1-1-50　页岩2号粗柴油加氢生成油各窄馏分性状

催化剂类别	3531				3581			
馏分范围/℃	初馏点~200	200~250	250~300	300~终馏点	初馏点~200	200~250	250~300	300~终馏点
收率/%	28	25.4	32.0	12	21.9	21.6	31.2	22.5
馏程/℃								
初馏点	66	215	258	301	57	202	259	296

续表

催化剂类别	3531				3581			
10%	115	223	271	326	104	213	260.5	310
50%	164	235.5	284	342	154	225	272	328
90%	206	248	298	—	194	243.5	290	—
终馏点	233	276	322	—	226	256	303.5	—
含氮量/%	0.016	0.032	0.068	0.073				
溴价/(gBr/100g)	5.4	4.0	2.4	1.10	6.0	7.16	5.6	4.0
折射率 n_D^{20}	1.4380	1.4608	1.4572	—	1.4330	1.4598	1.4614	—
凝固点/℃		-18	+4.5	+28			-3.5	+22
烷，环烷/%								
烷、环烷总量	69	71	82.6	87.5	68.1	68.5	84.0	78.4
其中正构烷	—	24.1	30	70	—	37.5	45.5	49
芳香烃/%	28.8	26.2	16.5	10	29.8	29.5	14.5	17.6
非烃及胶质/%	0.1	0.2	0.5	1.13	0.1	0.3	0.5	2

5. 低温煤焦油液相及气相加氢

(1) 低温焦油高压液相加氢裂解

高压液相加氢裂解，是以高分子的原料，如煤或煤焦油，在液相及粉状催化剂的作用下，经加氢裂解转化为沸点较低的产品。

石油三厂高压液相加氢，是以低温煤焦油重馏分作原料，压力为20.0MPa，温度460~480℃，借悬浮床催化剂作用，进行加氢裂解。加氢产品中小于230℃轻馏分送往甲酚回收装置，作为脱酚原料。230~325℃馏分送往气相加氢装置，大于325℃重油馏分返回高压液相加氢装置，用作循环加氢裂解原料。本装置反应器容积13m^3，按空速0.4t/(m^3·h)计算，处理新鲜重焦油能力为5.2t/h，折合工作原料为13t/h。本装置从1959年5月建成开始试运转，到1960年10月止，有效运转时间计5917h，共处理工作原料43617t。

① 工艺流程。抚顺古城子低温焦油全馏分与液相加氢生成油，按一定比例混合蒸馏后，以大于325℃重油作为工作原料。经高温油泵送到换热器入口，与在残渣换热器中预热的新氢及循环氢混合，通过3个串联的换热器，与高温分离器上部出来的油气和尾气换热，再与循环残渣混合后，进入加热炉。加热后的原料油，依次进入两个串联的反应器中，进行加氢裂解反应。从最后一个反应器上部出来的反应产物，进入高温分离器，油气、尾气与残渣在此分离，从高温分离器上部引出。经换热器、冷却器、最后在高压分离器中分离出尾气与生成油。生成油经两段减压，从中压分离器内分出中、常压气。

从高压分离器内分出的尾气，由循环压缩机吸入，大部分与残渣油换热后送入换热器，一部分用作高温分离器的间接冷却气，另一部分用作冷氢和高温分离器的搅拌冷氢。其余的尾气经减压阀排出系统用作原料气。为防止反应的副产物——铵盐堵塞管道，在冷却器入口注入软化水冲洗。

自高温分离器下部排出的残渣，经换热与冷却后，一次减压到常压，在残渣油槽内逸出残渣气。然后，一部分作为循环残渣送到油泵的搅拌槽内，混入催化剂糊，与工作原料混合后进入加热炉，其余的残渣送往残渣分离装置。用离心机分离为分离油与分离残渣，稀残渣含固体分 10%，送回油泵作循环残渣。

高压液相工艺流程图见图 1-1-7 所示。

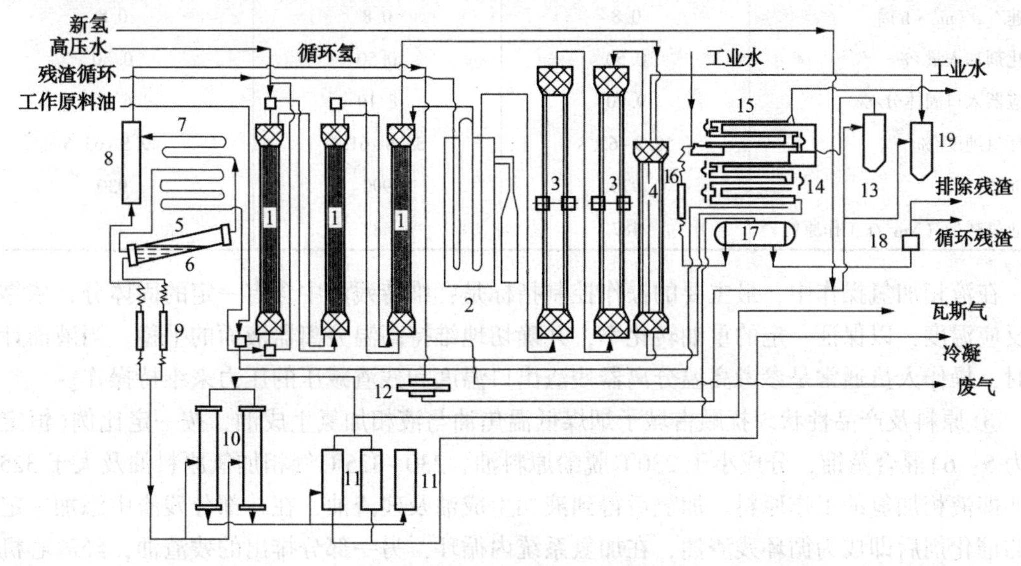

图 1-1-7　高压液相工艺流程图

1—换热器；2—加热炉；3—反应器；4—高温分离器；5—冷凝油冷却器；6—气液分离器；7—循环氢冷却器；8—气液分离器；9—减压；10—中压分离器；11—常压分离器；12—循环泵；13—循环氢分离器；14—残渣换热器；15—残渣冷却器；16—残渣减压；17—残渣分离器；18—残渣泵；19—冷氢分离器

高压液相加氢工艺流程的主要特点是：

a. 原油进加氢生成油分馏塔

b. 催化剂制成糊状连续加入与排出，大部分以残渣油形式循环，保持反应器入口催化剂含量为 6.1%~9.0%。

c. 设立高温分离器，在高温高压下分离残渣油

d. 采用工业氢与循环氢及催化剂糊和残渣油预热后，再分别在换热器和加热炉中与原料油混合，以降低系统压降。

e. 为了有利于加氢生成油和循环氢气的分离，采用中温（~200℃）和常温（~40℃）两段高压分离，这样既解决了循环氢压缩机入口气体温度过高的关键，也解决了加氢生成油流动困难的问题。

② 操作条件。装置处理量对工作原料约为 $10m^3/h$，由于新氢供应不足及油量变动，通常维持在 $5\sim6m^3/h$，循环残渣通常维持在 $5\sim6m^3/h$。

催化剂用量，一般对工作原料为 0.5%~1.0%，表 1-1-51 列出了高压液相加氢的 3 个运转条件。

表 1-1-51　高压液相加氢运转条件

项　目	1	2	3
压力/MPa	20.0	20.0	20.0
温度范围/℃	478~485	480~483	484~488
总平均温度/℃	482	485	486

续表

项　目	1	2	3
空速/[t/(m³·h)]	0.8	0.8	0.8
催化剂加入量/%	0.50	0.50	0.50
反应器入口固体分/%	9.00	8.10	6.10
循环氢纯度/%	58.8~63.8	53.8~61.6	49.5~63.6
氢油比	970	990	930
工业氢耗量/(Nm³/t 工作原料)	487	483	483

在液相加氢操作中，最主要的操作控制指标是：维持残渣中含有一定的固体分，依靠调节反应温度，以保证一定的重油转化率，并确切地维持高温分离器液面的平稳。当液面计失灵时，操作人员通常是参考高温分离器残渣出口温度和残渣减压的压力来维持操作。

③ 原料及产品性状。抚顺古城子烟煤低温焦油与液相加氢生成油，按一定比例(恒定期间为5：6)混合蒸馏，分成小于230℃脱酚原料油，230~325℃气相加氢原料油及大于325℃重油即液相加氢的工作原料。加氢后得到液相生成油及残渣油，在一部分残渣中添加一定数量的催化剂后即成为循环残渣油，在加氢系统内循环，另一部分排出的残渣油，经离心机分离后，得到分离油与分离残渣。前者送回系统循环，后者排出到系统外。

原料氢气为石油三厂所生产之新氢气，加氢后分别得到尾气、中压气、常压气和残渣气。

上述各种油品和气体分析数据，参见表1-1-52和表1-1-54。

表1-1-52　油品分析数据

项　目	煤焦油全馏分	工作原料	循环残渣	工作原料+循环残渣	生成油	生成油<325℃	残渣油	分离油	分离残渣油
固体分/%(质量分数)	0.18	0.07	15	8.0	—	—	1.0	4.13	
沥青/%	5.9	5.0	1.21	6.8	0.27	—	1.14	2.08	2.38
灰分/%	0.084	0.056		—	0.041	0.033	0.030	—	—
真空蒸馏1.3~1.6kPa(10~12Hg残压时)<325℃/%(质量分数)	94.2	92.4	85.3	—	—		65.9	89.0	—
凝固点/℃	26	30	16	—	—	—	18	23	22
元素分析/%(质量分数)									
碳	83.20	86.22	89.26	—	86.55	83.20	89.34	89.26	88.95
氢	9.22	9.10	8.93	—	10.51	10.10	9.46	8.4	8.53
氧	0.75	0.74	0.70	—	0.59	0.53	0.76	0.68	0.65
硫	0.30	0.24	0.10	—	0.10	0.16	0.09	—	—
电位氮/%(质量分数)	—	—	—	—	0.30	0.31	—	—	—
黏度/(mm²/s)									
60℃	390	572	205	—	—	—	313	285	370
80℃	105	250	170	—	—	—	180	170	189
苯胺点/℃	—	—	—	—	20.4	18.7	—	—	—
溴价/(gBr/100g)	—	—	—	—	48.63	77.2	—	—	—
酚/%(质量分数)	—	—	—	—	2.6	5.99	—	—	—
水分/%	0.61	—	—	—	1.6	—	—	—	—

续表

项目	煤焦油全馏分	工作原料	循环残渣	工作原料+循环残渣	生成油	生成油<325℃	残渣油	分离油	分离残渣油
提油分析/%									
10%NaOH	—	—	—	—	34.0	—			
10%H_2SO_4	—	—	—	—	—	4.0	—	—	—
80%H_2SO_4	—	—	—	—	—	9.5	—	—	—
90%H_2SO_4	—	—	—	—	—	32.6	—	—	—
饱和分/%	—	—	—	—	—	20.0	—	—	—
色泽	黑	黑	草绿	—	黄	黑	草绿	草绿	草绿
相对密度(50℃)	1.010	1.017	1.047	—	(20℃) 0.950	(20℃) 0.919	1.051	1.038	1.038
恩氏蒸馏试验/℃									
初馏点	204	315	245	—	189	38	259	248	235
5%	229	—	291	—	161	171	297	295	283
10%	249	—	306	—	197	200	319	314	306
20%	275	—	—	—	242	228	—	—	—
30%	302	—	—	—	272	235	—	—	—
40%	—	—	—	—	294	243	—	—	—
50%	—	—	—	—	312	253	—	—	—
馏分/%(质量分数)									
<200℃	—	—	—	—	10.5	10.0	—	—	—
200~230℃	5.05	—	—	—	17.34	35.82	—	—	—
230~325℃	39.4	5.83	18.5	—	60.63	97.1	19.13	15.75	11.88

表 1-1-53 气体性状

成分	新氢	循环氢(尾气)	中常压分离气体	残渣气
CO_2/%	1.0	0.7	2.2	1.2
O_2/%	0.1	0.1	0.1	0.2
CO/%	2.9	4.9	3.7	4.7
H_2/%	90.9	66.5	33.7	53.7
CH_4/%	1.9	18.4	15.6	16.1
C_2H_6/%		3.0	12.2	5.3
C_3H_8/%		1.4	13.0	4.1
C_4H_{10}/%			3.7	
C_5H_{12}/%			3.7	
相对分子质量	4.30	9.71	23.2	13.7
N_2/%	3.2	10.7	10.1	12.1

表 1-1-54 物料平衡及转化指标

恒定号	1	2	3	总平均
物料平衡				
入方/%				
转化重油	100.0	100.0	100.0	100.0

续表

恒定号	1	2	3	总平均
氢(100%纯度)	3.47	—	3.20	3.41
合计	103.47		103.20	103.41
出方/%				
中油	77.17	81.58	74.78	77.01
气体烃	20.92	—	24.53	22.26
生成水	1.87	1.87	1.87	1.87
硫化氢	0.15	0.19	0.29	0.21
氨	0.49	0.52	0.49	0.49
酚(溶于水中)	0.02	0.03	0.03	0.02
损失	2.85	—	1.21	1.55
合计	103.47	—	103.20	103.41
主要转化指标				
沥青转化率/%	84.2	82.5	86.4	84.6
重油转化率/%	54.48	56.8	61.82	58.88
中油空时产率/%	0.336	0.368	0.372	0.351
液体总收率/%	93.0	93.15	89.78	91.31

根据相关数据，绘制成烟煤低温焦油加工物料平衡流程图，如图1-1-8所示。

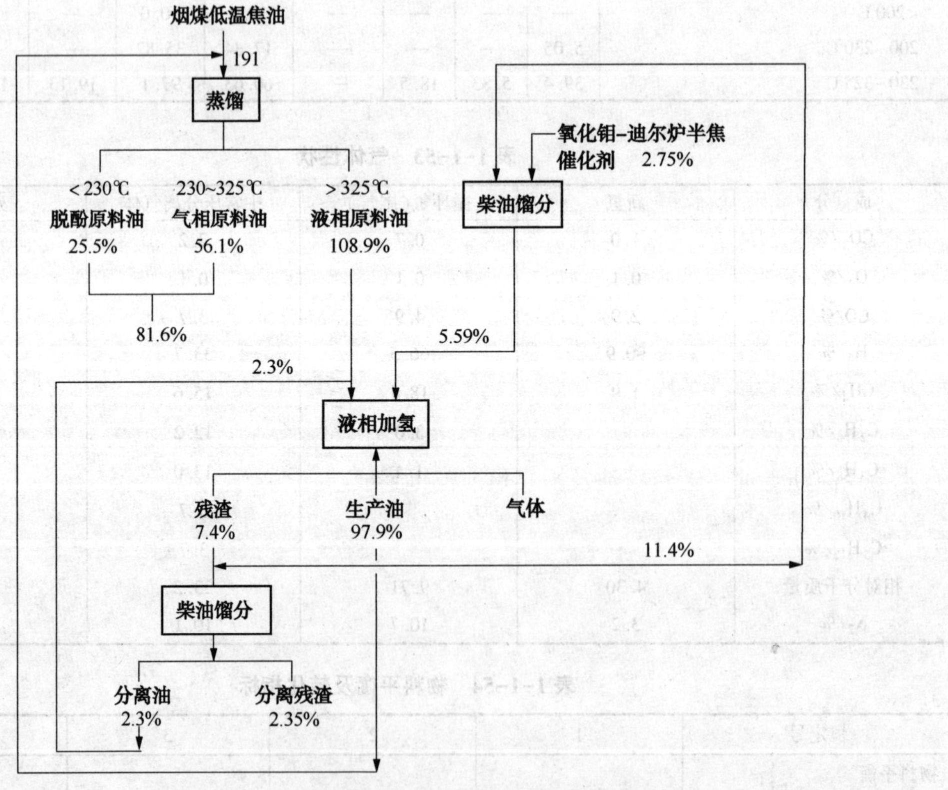

图1-1-8 烟煤低温焦油液相加氢物料平衡流程

④ 小结

a. 以含沥青高达 5%~6%的抚顺古城子烟煤低温焦油>325℃馏分为原料，采用氧化钼以迪尔炉半焦为载体的催化剂，用量为 0.5%（对工作原料），在 482~486℃，总压力 20.0MPa，氢分压 14MPa 及空速 0.8t/(m^3·h)条件下进行液相加氢，氢消耗量为 3.4%（对转化重油），中油收率 77%，气体烃产率 22.5%，沥青转化率 84.6%，重油转化率 56.9%，中油空时产率 0.35t/(m^3·h)。

b. 通过 5719h 运转，累计处理工作原料 43617t，长期运转的实践证明，操作人员已基本掌握了运转规律，特别是控制残渣油固体分，高温分离器液面等较复杂的技术，虽然处理量波动很大，开停比较频繁，但使用含沥青较高的抚顺古城子烟煤低温焦油，仍可顺利地长期运转，不致结焦和堵塞。

c. 液相加氢加工费用，对每吨工作原料为 50.16 元，对每吨转化重油为 88.95 元，对每吨生产重油为 115.5 元，由于煤焦油成本高，中油还需高压气相加氢才能获得合格产品，经济效果不如天然石油。

(2) 低温焦油中压液相加氢裂解

1956 年出现一种在稀释剂及氢存在下沥青质石油热裂解技术。这种技术由于操作压力为 7.0 MPa，一般称为中压液相加氢裂解法。操作温度为 420~450℃，在这个条件下，稀释剂裂解释出的活性氢及经催化剂活化的工作氢抑制了大量结焦，使原料顺利的裂解。过程中只生成少量焦，可随残渣排除，因此油品产率较热裂化，焦化为高。又由于稀释剂供氢及伴随生焦的氢气重分配，氢气耗量，气体烃产率较高压液相加氢裂解为低。实际上兼有两法之长。中压液相加氢裂解产品几乎不含沥青、碳渣，可在中压下经过固定床催化剂加氢精制而得成品。加氢精制可在同一套中压设备内进行，这就节省了氢气动力消耗与热源补给。试验过程中采用四氢萘作溶剂，工业化过程中证明用加氢精制所得轻油(200~220℃)馏分，或含有这种馏分的重汽油，煤油和重柴油作溶剂，也可得到满意效果。

中压液相加氢的流程要求如下：欲进行加工的减压残油需先掺混一定比例的加氢生成油，再和粉状催化剂及氢气混合。然后经换热器和加热炉把进料油混合物在 7.0MPa 下加热至 420~440℃，进料物在反应器内进行加氢反应后，即进入高温分离器，使加氢生成油与催化剂油渣分离。含有催化剂的渣油经冷却、减压后，在离心机内分出的重油，可作燃料油或制备催化剂油糊之用。加氢产品从高压分离器导出，再进行加氢精制，产品可分割为汽油、柴油和轻燃料油，其中柴油馏分占的比例较大，其性质也较稳定。上述流程曾在国外某工业装置上进行过放大试验，以循环中油代替四氢萘，维持工作原料中小于 325℃馏分在 50%左右，不论高沥青油、天然石油及褐煤焦油都得到成功。

中国科学院化物研究所进行了我国各地烟煤低温焦油中压液相加氢试验。选择了四氢萘及高温焦油轻度加氢生成油，低温焦油轻度加氢生成油与烟煤低温焦油轻馏分三种溶剂，证明前者最佳，后者最差。稀释剂好坏与具有饱和碳环的单核、双核芳烃含量多少有关。又比较了铁-迪迪尔炉灰及钼-迪迪尔炉灰两种催化剂，证明后者无论在重油转化率、沥青转化率上都优于前者，而且用较差的溶剂也能顺利运转，中型试验和工业规模试验以抚顺烟煤低温焦油为原料，采用钼-迪迪尔炉灰为催化剂，不另用溶剂，结果也很好。

研究发现，可用中压液相生成油中高级酚作溶剂，不仅如此，高级酚还可转化为低级酚。为低级酚的生产找到新的出路。这是中压液相加氢裂解重大的发展。按此方法，生成油收率达 90.5%，氢(纯度 100%)耗量 1.26%，气体产率仅 8.2%。这就为充分利用我国丰富的烟煤资源，制取液体燃料及化学产品，提供新的途径。

为了进一步取得工业装置试验结果，1958 年石油三厂加氢工人克服了种种困难，在短短的 3 个月时间内，只用了 20 万元的投资，便建成一套年处理量为 20kt 的中压液相加氢工业装置。该装置从 1959 年到 1960 年间累计共运转约 4000h，处理原料油 5676t。在此期间，还进行了重质酚转化为轻质酚的探索性试验。通过试验，初步取得抚顺古城子烟煤低温焦油中压液相加氢的各项转化数据，基本上掌握了操作技术，并解决了若干重大问题。

① 工艺流程。工艺流程如附图 1-1-9 所示。新鲜原料与循环残渣及新催化剂糊在计量槽内混合计量后，用喂油泵及高压油泵加压送进系统，新氢气(或气相加氢废氢气)与循环氢混合后，经油水分离器亦在残渣换热器换热后，再与原料油混合，经油换热器换热，然后进入加热炉，加热至反应温度，进入反应器进行反应。

生成油气及残渣在高温分离器内分离，残渣经残渣换热器换热及残渣冷却器冷却后，减压至常压，送入残渣罐。生成油气经换热器及冷却器冷却后，送入产品分离器，进行油气分离。生成油再经两次减压。先在中压分离器和常压槽分出中压气，然后以常压泵送出装置。产品分离出的气体，大部分由氢气循环压缩机吸入后送往系统内循环，小部分及中、常压气均送入全厂燃料系统。

为了防止生成油中铵盐在冷却器内形成碳酸铵盐结晶而堵塞管线，在冷却器入口注入软水。设备中装设了同位素钴液面计和自动减压装置，以保持高压分离器液面平稳。设备中尚采用了辐射对流式加热炉。

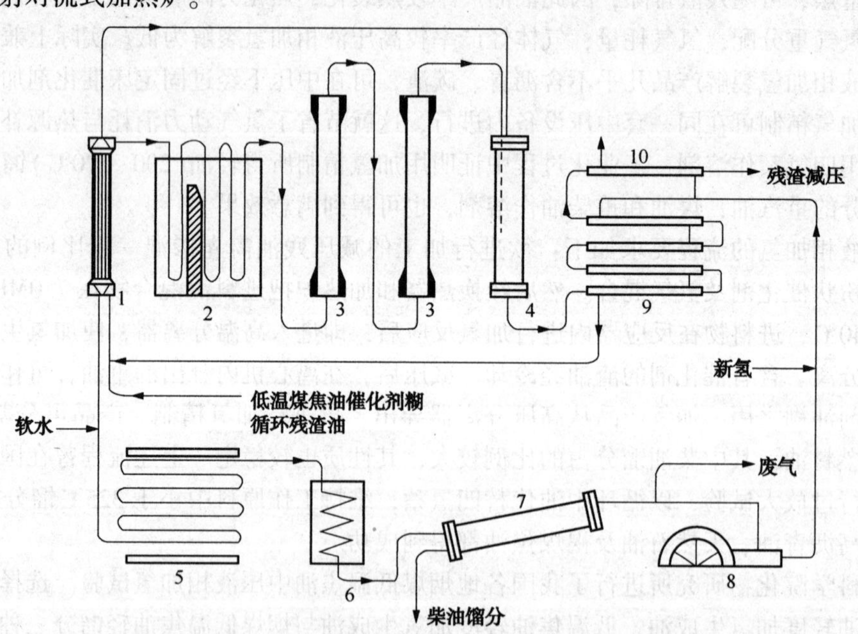

图 1-1-9　抚顺烟煤低温焦油中压液相裂解加氢流程图

1—换热器；2—加热炉；3—反应器；4—残渣分离器；5—淋浴式冷却器；6—浸没式冷却器；7—产品分离器；8—氢气循环压缩机；9—残渣换热器；10—残渣冷却器

② 原料及产品性状。工作原料系抚顺古城子烟煤低温焦油馏分与循环残渣按 3∶1 混合而得。

由于中压液相加氢没有脱氮、脱硫、及芳烃加氢反应，生成油的性质基本上与煤焦油相同，性质不稳定，故不能直接出产品，汽油馏分必须脱酚和酸洗才能合格，柴油馏分由于十六烷值低，残炭高，故质量不能合格。

由于中压液相加氢装置没有单独分馏装置，故与高压液相加氢生成油混合蒸馏，重油作为高压液相加氢原料，中油和脱酚后的汽油馏分再经高压气相加氢，以制取合格产品。

关于原料及产品性状和气体分析结果：见表1-1-55和表1-1-56。

表1-1-55　气体分析结果

项　目	CO_2/%	O_2/%	CO/%	H_2/%	CH_4/%	N_2/%	平均相对分子质量
新氢气	0.5	0.1	3.5	88.2	1.9	5.8	4.37
循环氢	1.0	0.2	3.5	66.5	18.9	9.9	9.34

表1-1-56　原料及产品性状

名　称	全馏分焦油	工作原料(3∶1)	残渣油	生成油
相对密度 d_4^{20}	1.0446	1.0597	—	0.9095
初馏点/℃	166	194	215	114.5
10%馏出温度/℃	238.5	242	324	206.5
90%馏出温度/℃				384.5
<230℃馏分/%	8.0	7.0	—	25
<350℃馏分/%	50.0	48.5	17.5	75
C/%(质量分数)	88.20	83.70	—	83.83
H/%(质量分数)	9.22	9.09	—	10.31
N/%(质量分数)	0.692	0.689	0.766	0.676
S/%(质量分数)	0.254	0.355	0.389	0.115
沥青/%(质量分数)	4.70	4.80	5.31	0.76
固体分/%(质量分数)	0.634	4.14	11.61	—
<300℃馏分分析/%	46(酚45.5)	42	—	40
10%碱抽提出酸性分/%(体积分数)	2	2	—	4
10%酸抽提出之碱性分/%(体积分数)	4	4	—	4
60%硫酸抽提出之弱碱性分/%(体积分数)	10	8	—	4
80%硫酸抽提出的不饱和分/%(体积分数)	29	38	—	20
98%硫酸抽提出芳烃/%(体积分数)	9	6	—	28
抽余物(烷)/%(体积分数)	9	6	—	28
溴价/(gBr/100g)	82.3	59	—	72
<230℃酚含量/%(质量分数)	63.5	—	—	—

③ 操作情况及运转数据。反应器容积为3.4m³，催化剂除初期曾用过气相加氢废弃的硫化钼-活性炭催化剂外，均用自制的氧化钼-半焦催化剂。

工作原料为焦油全馏分与循环残渣油按3∶1组成；操作温度440~460℃，压力7.0MPa，氢分压4.5~5.0MPa，氢油比1000~1500。

运转中情况基本顺利，仅有一次因经验不足，温度高，氢油比小，升温速度快，轻油蒸发迅速，导致结焦，总结操作经验并按上述指标严格控制后，即不再发生。

预热过程结焦也不严重，加热炉温度较高的辐射管中，有薄层疏松焦层，可用空气氧化后，清扫干净。由于油中含有固体分，加热炉弯头磨蚀较严重，深者达 5mm 左右，阀件也有不同程度磨蚀，除尽可能采取硬合金外，减少高压流体流速是一个减轻磨蚀的有效措施。

重质酚转化，只进行了短时间试验，试验中采用两种原料，一种系以煤焦油中、重质酚及煤焦油重油按 1∶1 组成；另一种系以页岩油重质酚及残渣油按 3∶1 组成。进行后一种原料试验时，曾发现残渣油中固体分波动较大，系统阻力增加，减压系统堵塞。

表 1-1-57 列出煤焦油中压 液相加氢及重质酚转化的各两组较典型数据，借以说明具体操作条件及主要运转数据。

表 1-1-57　中压液相重质酚运转数据

过程名称	中压液相加氢		重质酚转化	
编　号	1	2	3	4
操作条件				
压力/MPa	7.0	7.0	7.0	7.0
氢分压/MPa	4.5~5.0	5.0	5.0	4.55
反应平均温度/℃	435~440	459	450	449
空速(对工作原料)/[t/(m³·h)]	0.78	0.965	0.96	1.15
空速(对新原料)/[t/(m³·h)]	0.586	0.705	0.96	—
工作原料中催化剂量/%	1.125	1.5	2.0	3.0
工作原料中固体分量/%	4.14	7.25	3.65	6.81
氢油体积比	1000	700	700	590
工作原料组成	煤焦油、残渣油 3：1	煤焦油、残渣油 3：1	煤焦油重油：高级酚：1：1	高级酚：残渣油 3：1
主要转化指标				
沥青转化率/%	55.9	48.5	73.5	87.1
对新原料沥青转化率/%	76	117	73.5	—
重油收率(对转化重油)/%	36.6	24.1	17.6	48.8
中油收率(对转化重油)/%	47.5	48.2	69.8	64.7
中油空时产率/[t/(m³·h)]	0.051	0.0893	0.0865	0.168
重质酚转化(对原料中高级酚)/%	—	47	32.8	36.7
轻质酚转化(对转化酚)/%	—	17.1	86.0	92.0
轻质酚空时产率/[t/(m³·h)]	0.0187	0.0194	0.0655	0.13
主要经济指标				
工业氢用量/(Nm³/t 新原料)	352	—	—	—
工业氢用量/(Nm³/t 工作原料)	267	—	—	—
总油收率/%(质量分数)	90.5	93.1	95.4	91.9

注：催化剂组成均为氧化钼—迪尔炉半焦。

④ 中压液相装置改用辐射式加热炉。中压液相装置是在 1960 年改用辐射式加热炉的。原设计的中压液相加热炉为对流式，但由于当时材料不能及时供应，为了使装置早日建成，乃将对流式加热炉改为辐射式加热炉。

加热炉为立式方形炉，炉体尺寸为 4890×3425×8869，分辐射室(3000×2435×6355)对流室(2435×450×6835)两部分；炉前按不同高度设置四个火嘴，炉管为 ϕ60/90U 形钢管(Cr5Mo)，管长 6835，共 18 组，其中辐射管 11 组，对流管 7 组。烟道气由一台 25 马力的鼓风机($7000Nm^3/h$)，抽送循环。

两种炉型的投资额等指标列表比较见表1-1-58。

表1-1-58　两种不同炉型各项指标比较

加热炉形式	占地面积/m^2	钢材/t	耐火材料/t	投资额/万元
对流式	60	62	120	25
辐射式	100	12	45	12.6

⑤ 小结

以抚顺古城子烟煤低温焦油为原料，采用氧化钼-半焦为催化剂，用量对新原料为1.5%~2.0%(对工作原料为1.125%~1.5%)，空速0.6~0.7t新鲜原料/(m^3·h)，在450℃，7.0MPa(氢分压4.5~5.0MPa)，氢油比1000左右，可以顺利运转，不致结焦。

在上述条件下，中油空时产率为0.0893 t/(m^3·h)，其中低级酚空时产率0.0283 t/(m^3·h)，沥青总转化率51.2%，新原料沥青转化率达75.1%，总油收率达90%以上。

在上述条件下，中压液相加氢生产油不能制取合格产品，必须经高压气相加氢或酸碱洗涤才能得到合格产品。

利用石油一厂页岩轻油抽提所得重质酚，进行了轻质酚转化探索性实验，初步结果证明，重质酚转化率可达36.7%，轻质酚收率可达90%以上，轻质酚空时产率可达0.13t/(m^3·h)。但由于试验未系统进行，工艺流程尚待进一步研究。

以页岩油为原料的研究工作，虽然做得不多，但已证明，抚顺页岩直馏残油(>420℃馏分)可用中压液相裂解加氢法裂解，在7.0MPa，以铁-迪尔炉灰为催化剂，460℃进行加氢，残油转化率达69%，沥青转化率86%，稀释剂可用页岩油热裂化循环油或其他中油馏分。匈牙利高压研究所试验还证明：抚顺页岩油全馏分经过中压液相加氢裂解和精制加氢，可取得15%车用汽油，18%航空煤油，44%轻柴油。页岩油中含酚很少，低级酚更少，因此采用中压液相加氢裂解与精制加氢串联流程是可能的。但尚须作进一步研究。

(3) 低温焦油中油气相加氢裂解

1959年8月，曾利用气相加氢装置进行了古城子烟煤低温焦油小于325℃馏分的气相加氢试验，原料油为古城子烟煤低温焦油高压液相加氢生成油与原焦油全馏分经混合蒸馏后所得的小于325℃馏分，其中170~230℃馏分为脱酚油。其生产流程如图1-1-10所示，原料油及加氢生成油性状如表1-1-59所示；航空汽油与车用汽油性状如表1-1-60所示。

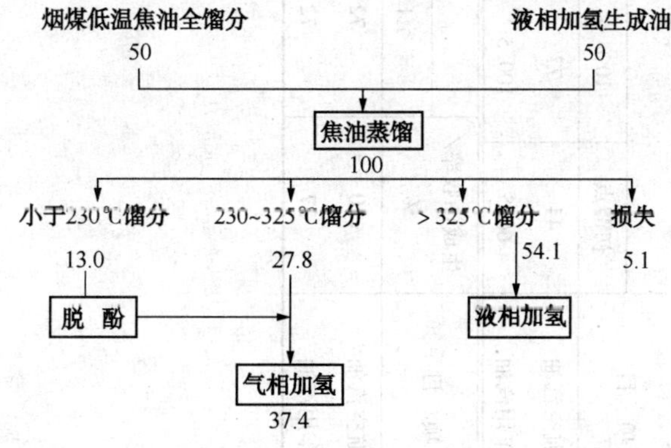

图1-1-10　低温焦油中油气相裂解加氢生产流程示意图

表 1-1-59　原料油及加氢生成油性状

项　目	相对密度 d_4^{20}	恩氏蒸馏/ ℃						磺化值/ %	含酚量/ %	硫/ %	碱性氮/ %	溴价/ (gBr/100g)	酸值/ (mgKOH/100mL)
		初馏点	10%	50%	90%	终馏点	200℃收率/%						
原 料 油	0. 8916	97	155	230	281	305	17	67. 5	26	0. 2	0. 55	46. 4	—
加氢生成油	0. 8415	76	132	205	266	316	47	40	2	0. 02	0. 011	4. 65	0. 12

表 1-1-60　航空汽油与车用汽油性状

项　目	恩氏蒸馏/℃						芳香烃/ %	实际胶质/ (mg/100mL)	硫/ %	低热值/ (Kcal/kg)	相对密度 d_4^{20}
	初馏点	10%	50%	90%	终馏点	残损					
航空汽油	44	77	100	119	133. 5	2	18. 2	0. 8	0. 003	10941	0. 7845
车用汽油	66. 5	100. 5	123. 5	154. 2	180	—	—	0. 8	0. 01	—	—

项　目	生成油收率/ %	辛烷值			蒸汽压/ kPa mmHg	酸值/ (mgKOH/100mL)	冰点/ ℃	碘值/ (gI_2/100g)	水溶性酸碱
		空白	加铅 2. 5g/kg	加铅 3. 3g/kg					
航空汽油	10	72	90	92	2. 14(218)	0. 1	<-60	0. 77	合格
车用汽油	37	72	83(1. 3g/kg)	—	—	0. 12	—	—	—

从上述数据可以认为：

① 古城子烟煤低温焦油小于325℃馏分，用纯硫化钼催化剂，在20.0MPa、平均反应温度400~410℃、空速0.53t/(m^3·h)，氢油比3000∶1、氢分压13.0MPa的操作条件下，通过气相一段加氢，所得加氢生成油，如控制其磺化值在40%左右，含酚量在3%以下时，可以获得符合规格的航空煤油。

② 试制所得航空汽油，其质量符合规格要求，辛烷值空白为72~74，加四乙基铅2.5~3.3g/kg后，辛烷值可分别达到90或92，航空汽油收率为加氢生成油的10%~15%。

③ 试制所得车用汽油，其收率为加氢生成油的36%~40%，辛烷值空白为72~76。

④ 试制的拖拉机煤油，符合高辛烷值拖拉机煤油的质量要求，辛烷值高达52~60(此数据有误——编者注)，其收率对加氢生成油而言为75%~80%。

6. 苯加氢中间放大试验

(1)实验室及中间放大工作概况

苯加氢可在中压或常压下进行。常压加氢的优点是设备简单、投资少、产品纯度高，但镍钴系催化剂易被硫化物中毒，因而原料苯及氢气的纯度，要求很严，一般都需要预精制。中温中压下加氢，设备处理量大，原料苯及氢纯度要求不高，但产品纯度较低，需增加粗环已烷提纯工序。结合石油三厂工业氢质量的具体情况，决定采用石油三厂已工业化生产的3602抗硫催化剂，进行中压加氢。

石油三厂前期实验及中间放大试验结果表明：

a. 采用3602催化剂在条件相似的基础上，系统压力自6.0MPa(5.4MPa氢分压)提高至8.0MPa(7.2MPa氢分压)苯加氢成环已烷的转化率自95%提高至97.7%以上。

b. 随着反应温度的升高，加氢产物中苯含量降低，甲基环戊烷含量升高。当温度升高至360℃以上时，异构化反应显著加深，甲基环戊烷含量自350℃时的0.24%增至3.8%。由此可见反应平均温度应控制在360℃以下。

c. 随着苯加氢氢油体积比自2000∶1增至4000∶1，不但对异构化反应起到抑制作用，同时有利于增加加氢深度，表现在加氢生成物中甲基环戊烷含量由0.48%降至0.0%，环已烷含量97.8%增至98%。本文所列的各次苯加氢运转条件及数据，基本上按上述试验结果选定。苯加氢流程见图1-1-11。

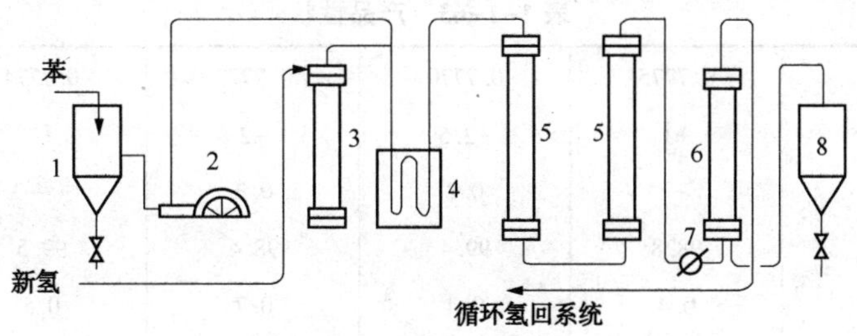

图1-1-11　苯加氢流程图

1—苯计量罐；2—高压苯泵；3—新氢油水分离器；4—加热炉；5—反应器；6—高压分离器；7—冷却器；8—计量罐

原料苯自储罐用离心泵送入苯计量罐，计量后，经高压苯泵加压至8MPa(80atm)进入加热炉。加热至300~310℃后进入内装3602催化剂的反应器。加氢后的粗环已烷经冷却器，在高压分离器分出粗环已烷，经减压至0.2MPa后，入环已烷储罐。减压废气放空或通过水封进入加热炉燃烧。加热炉有 $\phi22\times4\times2100$mm、18-8 不锈钢管 22 根；两个串联的反应器均为 109mm 内径、外径 150mm、高 2.6m，亦用 18-8 不锈钢材制成。两个反应器共装催化剂 40L。

加氢后粗环己烷送至蒸馏工序进行精馏，以提高环己烷纯度。精馏塔用碳钢制成，直径 150mm、高 12064mm、内装瓷环填料，约相当于 30~40 块塔板。

(2)苯加氢试运转

本次运转更换了新的 3602 催化剂 37L，原料改为石油三厂铂重整车间生产的硝化级苯，原料加氢条件及产品性状、物料平衡如表 1-1-61~表 1-64 所示。

表 1-1-61 原料性状

项目	相对密度 d_4^{20}	折射率 n_D^{20}	凝固点/℃	苯含量/%	甲苯含量/%	烷烃含量/%	硫/%
分析结果	0.8767	1.5008	+5.5	99.5	0.25	0.25	<3ppm

表 1-1-62 不同空速下加氢产品性状

压力/MPa	8.0	8.0	8.0	8.0	8.0
反应温度/℃					
最高	306	349	313	312	314
平均	298.3	301.5	298.6	299.8	300
体积空速	0.20	0.20	0.30	0.30	0.40
加油量/(L/h)	7±0.5	7±0.5	10.5±0.5	10.5±0.5	14.5±0.5
液体收率/%	104.2	106.0	106.5	110.5	97.8
原料氢					
H_2/%	89.2	90	89.6	90.0	89.8
CH_4/%	1.9	1.9	1.9	1.9	1.9
废气					
H_2/%	86.6	85.6	87.1	86.9	85.8
CH_4/%	3.8	3.8	3.8	3.8	5.8

表 1-1-63 产品性状

相对密度 d_4^{20}	0.7775	0.7770	0.7772	0.7774	0.7770
凝固点/℃	+1	+2.5	+2	+3	0
苯含量①/%	—	0.2	0.3	—	—
环己烷①/%	98.8	99.4	98.4	99.5	98.5
甲基环戊烷①/%	0.4	0.4	0.7	0.5	1.1
甲基环己烷①/%	0.8	—	0.6	—	痕
折射率 n_D^{20}	1.4268	1.4269	1.4268	1.4267	1.4264

① 系用石油三厂自制热导池式气液色谱仪分析结果。

上述结果是在催化剂初期活性时取得的，反应平均温度在 298~301.5℃，体积空速 0.2~0.4，即使空速达 0.4 时，苯转化率亦达到正常要求的 98%以上，由于采用了高分液面计及盐水冷却等措施后，根据连续 7 天的平均结果，液体收率为 105.6%。

物料平衡

原料苯加入量	238.3kg
原料苯相对密度(d_4^{20})	0.8750
粗环己烷生成量	256.5kg(d_4^{20}=0.7772)
新氢消耗量	440m³(在30℃)
粗环己烷纯度	98.4%
原料苯纯度	99.5%(含甲苯0.25%)
新氢纯度/%	CO_2 O_2 CO H_2 CH_4 N_2
	0.6 0.1 3.5 85.8 3.8 6.4

表1-1-64 物 料 平 衡

物料名称	收入		支出	
	质量/kg	质量分数/%	质量/kg	质量分数/%
原料苯	2082	96		
工业新氢	81.58	4		
粗环己烷			1995	99.20
废气			56.16	2.59
水			8.07	0.3729
损失			104.35	4.80
总计	2163.58	100.00	2163.58	99.96

(3)小结

中型运转结果表明；采用8.0MPa、温度320~370℃、体积空速0.3~0.4h^{-1}、油氢体积比1:(1700~1800)、在石油三厂催化剂车间生产的3602催化剂的存在下，经过2012h连续运转得到凝固点3~4℃的环已烷。环已烷的液体收率为94.7%。由于没有用氢气循环，尾气带走了大量的环已烷，因而液体收率较用循环氢将降低2%~3%。原料氢系用水煤气法生产的工业氢，其中含CO3%左右，氢纯度仅89%~91%。加氢原料可以为工业含硫苯或重整苯但原料苯应不含水分，甲苯含量应小于1%。

二、从20世纪60年代中期，石油三厂采用国内自己研发的3652催化剂加工大庆常减压，馏分油生产汽、煤、柴油

我国大庆油投产以后的1962年，石油三厂用本厂生产的3511、3521 3622催化剂，以大庆含蜡重柴油为原料，生产了车用汽油和灯用煤油。1965年，石油三厂与中国科学院大连化物所合作，开发与生产了我国第一代无定形硅铝催化剂——3652(甲、乙)，成功应用于大庆石化总厂0.4Mt/a加氢装置，标志着我国成为用无定形载体催化剂生产石脑油、喷气燃料和柴油的国家。

1961年石油二厂进行了大庆含蜡重柴油的加氢试验工作。1962年初正式在工业装置上生产，以含蜡重柴油为原料，制取车用汽油、灯用煤油等产品。催化剂先后使用了1:9硫化钼-白土(3521)、1:3硫化钼-白土(3511)及硫化钨-白土(3622)等品种。前后共运转了9个周期，其中6个周期使用3622催化剂。1962年冬，在生产上实现加硫措施后，生产工业基本定型，运转周期最长可达5600h。

1964 年为了满足广大农村灯用煤油日益增长的需要，石油三厂改用大庆焦化轻柴油为原料。大庆焦化轻柴油是大庆渣油经延迟焦化装置加工后生产的粗柴油。用纯硫化钨(3581)催化剂，在 20.0MPa(200atm)、360~450℃、氢油比 $600m^3/m^3$ 的条件下，进行加氢精制。经在工艺上进行了一系列较重大的技术改进后，终于使焦化柴油加氢精制得以正常投产，并使焦化轻柴油加氢精制的空速提高到 $2.8m^3/(m^3 \cdot h)$，并生产出质量合格的车用汽油，灯用煤油及轻柴油等产品。

加氢裂化是 20 世纪 60 年代发展的炼油新工艺，是炼油技术的一个重要发展，它的特点是操作灵活性大，采用不同原料油和操作条件，即可生产各种优质目的产品，产品收率高，产品几乎不含烯烃、硫、氧、氮等杂质，是一种比较先进的深度加工炼制过程。1965 年石油三厂与中国科学院大连化学物理研究所的共同努力下，在石油三厂建设了一套试验用的半工业化的加氢裂化装置。加氢裂化半工业装置正式投产，使用自制的氧化钨-氧化镍-硅铝催化剂(3652)。原料油为大庆 330~490℃ 直馏重柴油，温度为 420~450℃，压力为 15.0MPa，通过加氢裂化生产出合格的铂重整原料油，低冰点航空煤油和低凝固点柴油。

为了配合半工业装置的试运成功，从 1965 年起，首先在石油三厂小型试验装置上进行了大量的试验研究工作，为半工业试验装置提供了大量数据。石油三厂小型试验装置曾对 3652 催化剂进行了长期寿命试验。催化剂寿命试验从 1965 年 2 月开始，累计进行了 6000h。试验结果表明：使用 340~460℃ 大庆含蜡重油，以含一氧化碳小于 0.3%的氢气为原料气，通过一段加氢裂化，3652 催化剂的选择性，异构性均比较稳定。在长期运转的过程中没有发现显著的变化，在 6000h 长期稳定性试验过程中，3652 催化剂的总温升系数为 0.189℃/d。各项产品收率为：轻汽油(石脑油)9.4%，-60℃航空煤油 32%，低凝固点柴油 13%。

大庆原油的发现，要求中国炼油工业必须建立加氢裂化装置，掌握炼油新技术。石油三厂为配合中国第一套大型加氢裂化装置的设计(大庆炼油厂加氢裂化装置 0.4Mt/a)建立了自行研究、自行设计的半工业化加氢裂化装置并运行试验成功，为抚顺设计院(即今洛阳石油化工工程公司)设计大庆炼厂 0.4Mt/a 加氢裂化装置，提供了可靠的设计依据。0.4Mt/a 加氢裂化装置是我国自行开发，设计和建造的第一套大型单段加氢裂化工业装置，其工艺简单，能耗低，主要用于生产喷气燃料，同时尾油可充分利用，标志着我国成为世界上最早掌握单段加氢裂化技术的国家。

3562(219 型)催化剂，是石油三厂与中国科学院大连化学物理研究所于 20 世纪 60 年代开发成功，并用于我国第一套工业加氢裂化装置上。它分为甲、乙两个品种，其区别在于乙载体中直接加入了 10%WO_3，其余均相同。它适用于中等含氮量的大庆含蜡重柴油一段加氢裂化，生产汽油，喷气燃料和低凝固点柴油。该催化剂具有较好的活性、选择性、稳定性。1965 年 2 月，原石油部在抚顺召开了加氢裂化会议，决定在石油三厂进行微型评价与半工业放大试验。在微型试验装置完成了验证评价实验和 2000h 的稳定性试验后，从 1965 年上半年开始，进入了 $1.5m^3$装置的半工业放大试验。经过了 5000h 的运转试验后，于 9 月 16 日在石油三厂完成了 $80m^3$工业催化剂的生产。提供给大庆炼油厂工业催化剂代号为 3652。

(一) 3652 加氢裂化催化剂

1. 微型装置评价试验

(1) 试验目的

验证 3652 甲型单独使用和与 3652 乙型组合使用的效果，据推荐单位(大连化物所)介绍：甲型催化剂在放大颗粒后选择性较差，乙型在放大颗粒后能保持优良裂化选择性。而组合催化剂在空速为0.8h^{-1}时，稳定性要比单用甲型催化剂在空速1.0h^{-1}时为佳。

（2）考察3652催化剂放大的条件下的性能差别

反应条件：空速1.0h^{-1}，氢油体积比1500∶1。评价试验所用催化剂型号、装入量、试验条件列于表1-1-65。

表1-1-65 试验用催化剂与试验条件

实验编号	催化剂类型及批号	装入催化剂		试验条件		
		数量/mL	床层高度①/mm	氢分压/MPa	空速/h^{-1}	氢油体积比
403	219甲型-59	50	230	11.5	1	1500
	219乙型-60	50				
703	219甲型-59	50	200	11.5	1	1500
	219乙型-45	50				
803	219甲型-55	100	220	11.5	1	1500

① 100mL催化剂床层的理论高度为227mm。

2. 原料油与氢气

评价试验初期使用了石油七厂的320~486℃重油馏分，以便和大连化物所结果作比较。800h后换用石油二厂的340~460℃重柴油馏分，两种原油的性状列表于1-1-66中。

表1-1-66 原料油主要性状

原料油性状	石油七厂	石油二厂
相对密度 d_4^{20}	0.8556	0.8577
初馏点/℃	315	339
10%/℃	348	360
30%/℃	369	377
50%/℃	393	398
70%/℃	417	416
90%/℃	452	440
终馏点/℃	485	459
凝固点/℃	+38	+40
总氮/(μg/g)	430	390
碱性氮/(μg/g)	182	200
溴价/(gBr/100g)	5.2	—

原料油在使用前加入0.5%硫。试验所用氢气系加氢车间的循环氢。由于加氢车间各套装置所用的催化剂不同，循环氢的组成，尤其是CO含量不同，其组成如表1-1-67所示。

表1-1-67 氢气组成

组　成	第一套	第二套
H_2/%	70~72	70~75
CO/%	0.1	0.5~1.2
CH_4/%	12	13
N_2/%	14	12
NH_3/(μg/g)	140	280

3. 评价结果

① 表 1-1-68 列出了与大连化物所的实验结果的对比结果。从表中可看出：两者有较大的差别。其原因估计是由于氢气中 CO 及 NH_3 等杂质的影响，由于大连化物所采用的是电解氢，而石油三厂使用工业氢。

表 1-1-68　评价结果比较

数据来源	试验编号	试验累计小时	反应条件				反应结果	
			氢分压/MPa	温度/℃	空速/h^{-1}	氢油体积比	~260℃馏分收率/%(质量分数)	>260℃馏分凝固点/℃
219 甲型催化剂								
三厂	803—8	118	115	410	0.8	2030	47.2	17
大连	363—7	121	115	415	1.0	1980	58.0	13
219 甲型与 219 乙型催化剂组合								
三厂	403—13	151	115	420	1.0		43.0	—
大连	149—20	125	115	413	1.01	2130	56.4	4
三厂	703—23	287	115	420	0.8	2110	48.7	13.5
大连	149—40	291	115	413	0.83	1920	57.5	-6

氢气中的杂质对催化剂裂化活性的影响，可从表 1-1-69 所列数据看出。在运转期间使用 CO 含量较高的氢气，发现催化剂裂化活性显著下降。

原料气中 CO 的影响见表 1-1-69。

表 1-1-69　氢气中杂质对催化剂活性的影响

试验编号	CO 含量/%(体积分数)	反应温度/℃	运转累计/h	生成油馏分分布/%(质量分数)				260~320℃馏分凝固点/℃
				<130°	130~260°	260~320°	<320°	
703-77	0.1	426	1037	13.8	35.3	14.6	63.0	—
703-94	0.8~1.0	426	1208	9.3	26.6	14.1	50.0	-28.9
703-113	0.1	429	1109	13.0	35.9	14.9	63.8	-35.9
403-62	0.1	424	820	12.9	33.9	14.2	61.0	-28.9
403-76	0.8~1.0	424	960	9.2	27.7	13.1	50.0	-26.9
403-95	0.1	430	1156	13.1	32.7	14.1	59.9	-26.9

原料油：大庆 350~460℃馏分，含 0.5%(质量分数)元素硫；操作条件：总压 16.0MPa；试验号 703：空速 0.8h^{-1}，氢油体积比 1900∶1；试验号 403：体积空速 1.0，氢油体积比 1500∶1。

② 按照表 1-1-69 所列的试验条件，控制转化率为 60%(指原料转化成<320°馏分的产品)，所需要的温度。并以此为催化剂的裂化活性，而其产品的凝固点(包括已裂化的 260~320℃馏分和原料未反应的>320℃的部分)来表示催化剂的异构化活性，催化剂的选择性则指达到上述转化率时，液体产品的质量收率及产品中 130~260℃煤油馏分与 130℃轻汽油馏分收率的对比值。

表 1-1-70 所列的数据表明：催化剂的活性与选择性良好。从表 1-1-71 可以看出，催化剂的选择性在裂化深度保持 65%以下时趋于一定值。

表 1-1-70　催化剂活性与选择性

实验编号	裂化活性		异构化活性		选择性	
	温度/℃	转化率/%(质量分数)	凝固点/℃		液体收率/%(质量分数)	煤油/汽油
			260~320℃	>350℃①		
219 甲、乙型(403)	420	59.5	-25.6	+23.0	96.7	2.67
219 甲乙型(703)	420	66.0	-26.5	+23.5	97.3	2.43
219 甲型(803)	420	60.1	-25.2		97.3	2.54

① 用石油二厂原料油结果。

原料油用石油七厂重柴油，反应条件见表 1-1-70(a)。

表 1-1-70(a)　试验用催化剂与试验条件

试验编号	催化剂类型及批号	装入催化剂		试验条件		
		数量/mL	床层高度①/mm	氢分压/MPa	空速/h^{-1}	氢油体积比
403	219 甲型-59	50	230	115	1.0	1500
	219 乙型-60	50				
703	219 甲型-59	50	200	115	1.0	1500
	219 乙型-45	50				
803	219 甲型-55	100	220	115	1.0	1500

① 100mL 催化剂床层的理论高度为 227mm。

表 1-1-71　选择性与裂化深度的关系

裂化深度~320℃转化率/%（质量分数）	产品中馏分分布/%（质量分数）			130~260°馏分与~130°馏分之比
	~130℃	130~260℃	260~320℃	
75.5	18.8	43.7	13.3	2.38
69	16.0	37.1	15.9	2.32
64.6	13.7	36.3	14.6	2.64
60.1	12.1	33.0	15.3	2.72
55.4	11.1	29.6	14.7	2.66
47.4	8.9	24.4	14.1	2.75

4. 稳定性试验

将近 2000h 稳定性试验的数据列于表 1-1-72~表 1-1-75 中。由表中数据可以看出：

① 在经 800h 的 2000h 稳定性过程中(均使用石油二厂原料油)，催化剂的异构化活性略有下降趋势。表现在产品的 260~320℃馏分凝固点升高 4~6℃。

② 从产品的煤油与汽油的比值来看，变化不大。表明了催化剂的选择性，在长期运转中是比较稳定的。但从液体产品收率来看，则略有降低趋势，这可能由于反应温度升高了，气体生成率增加的结果。

表 1-1-72　3652 甲、乙型组合催化剂稳定性试验之一

操作条件：总压 16.0MPa(氢分压 10.5~11.5MPa)；空速 1.0h^{-1}；氢油比 1500：1；原料油中加入 0.5%(质量分数t)元素硫；运转编号：403

运转累计/h	反应温度/℃	生成油馏分分布/%（质量分数）				130~260 馏分冰点/℃	260~320 馏分凝固点/℃	130~260 馏分与<130 馏分之比	原料油
		<130℃	130~260℃	260~320℃	<320℃				
151①	420	11.7	31.3	15.2	58.2	-70.4	-25.6	2.68	石油七厂
253①	420	11.7	30.0	16.2	57.9	-69.4	-27.8	2.59	石油七厂
346	420	11.5	34.0	15.5	61.0	-63.2	-21.7	2.96	石油七厂
770	422	12.1	34.7	14.9	61.7	-64.2	-30.8	2.87	石油二厂
820	424	12.9	33.9	14.2	61.9	-64.7	-28.9	2.63	石油二厂
1244	430	12.9	34.1	13.7	60.7	-63.2	-25.9	2.65	石油二厂
1433	432	13.9	33.7	13.6	61.2	—	-23.8	2.42	石油二厂
1776	436	13.6	32.6	13.4	59.6	—	-26.8	2.40	石油二厂

① 氢油体积比为 2000：1。

表 1-1-73　3652 甲、乙型组合催化剂稳定性试验之二

操作条件：总压 16.0MPa(氢分压 10.5~11.5MPa)；空速(体积)0.8；氢油比(体积)1900：1；原料油中加入 0.5%(质量分数)元素硫；运转编号：703

累计运转/h	反应温度/℃	生成油馏分分布/%（质量分数）				130~260℃馏分冰点/℃	260~320℃馏分凝固点/℃	煤油/汽油馏分	原料油
		< 130℃	130~260℃	260~320℃	< 320℃				
106	410	8.2	27.2	15.3	50.7	-65.7	-24.1	3.3	石油七厂
381	420	12.3	34.5	16.5	63.3	-63.2	-21.3	2.80	石油七厂
621	423	15.0	36.4	15.0	66.4	-66.0	-22.0	2.5	石油七厂
886	426	14.9	37.6	14.3	66.8	-69.2	-33.8	2.5	石油二厂
1057	426	12.6	35.2	15.0	62.8	-65.2	-35.8	2.80	石油二厂
1409	429	13.0	35.9	14.9	63.8	—	-35.9	2.76	石油二厂
1648	429	12.6	35.1	15.9	63.6	—	-29.8	2.79	石油二厂
1885	432	13.7	35.6	15.3	64.6	—	-28.9	2.60	石油二厂
2005	432	14.3	35.9	14.7	64.9	—	—	2.51	石油二厂

表 1-1-74　3652 甲型催化剂稳定性试验之三

操作条件：总压 16.0 MPa(氢分压 10.5~11.5 MPa)；空速(体积)1.0；氢油比(体积)1500：1；原料油中加入 0.5%(质量分数)元素硫；运转编号：803

累计运转/h	反应温度/℃	生成油馏分分布/%（质量分数）				130~260℃馏分冰点/℃	260~320℃馏分凝固点/℃	煤油/汽油馏分	原料油
		< 130℃	130~260℃	260~320℃	< 320℃				
207	415	11.3	29.3	14.0	54.6	-67.2	-22.1	2.59	石油七厂
368	420	15.0	31.2	13.6	59.8	-65.1	-21.7	2.08	石油七厂
547	420	9.7	31.2	15.8	56.7	-62.7	-24.1	3.22	石油七厂
853	428	10.9	30.7	13.3	54.9	-67.2	-29.3	2.81	石油二厂
989	430	12.8	30.0	14.0	56.8	-66.7	-29.0	2.31	石油二厂
1324	436	15.4	34.9	13.1	63.4	—	—	2.27	石油二厂
1635	438	13.9	31.6	13.2	58.7	—	-27.8	2.27	石油二厂
1881	443	14.4	32.7	13.9	61.0	—	-25.1	2.27	石油二厂

表 1-1-75　稳定试验的液体产品收率

套别	反应温度/℃	所用原料油馏程/℃	运转累计/h	液体产品收率/%(质量分数)
403	420	320~480	592	96.7
	425	350~460	780	95.5
	436	350~460	1756	94.4
703	420	320~480	431	97.3
	426	350~460	1027	95.7
	429	350~460	1648	95.8
	432	350~460	2014	94.9
803	423	320~480	747	97.3
	430	350~460	1220	96.0
	443	350~460	1911	94.7

5. *产品性状*

将403、703运转(用石油二厂原料油)的混合生成油，在10L实沸点蒸馏釜(理论塔板数约为10)上切取窄馏分，并调制成煤油、柴油两种产品，其收率及性状列于表1-1-76及表1-1-77中。

由表1-1-76中可见，如以生产煤油为主，一次通过可以取得33%~35%的低冰点航空煤油，质量完全符合规格要求。另外还可以取得12%轻柴油及17%~19%柴油。

由表1-1-77中可见，柴油的产率很高。生产-35℃柴油时为40%，生产-20℃柴油时为50%，同时还可生产25%的汽油。

表 1-1-76　航空煤油产品性状

项　　目	403	703
馏分/℃	125~260	125~260
对原料产率/%(质量分数)	33.7	35.8
对生成油产率/%(质量分数)	35.4	37.5
相对密度 d_4^{20}	0.7812	0.7814
馏程/℃		
初馏	143.5	146
10%	158.5	161.5
50%	192	193
90%	231	233
98%	246.5	251.5
终馏点	249.5	255
馏出量/%(体积分数)	99	99
残损/%(体积分数)	1.0	1.0
芳烃/%(质量分数)	13.7	9.90
碘值/(gI_2/100g)	0.530	0.465
实际胶质/(mg/100mL)	3.0	2.0
冰点/℃	-60.8	-61.8

续表

项　　目	403	703
闪点(闭口)/℃	35.5	42.0
黏度/(mm^2/s)		
20℃	1.532	1.615
-40℃	8.115	8.360

表 1-1-77　柴油产品性状

项　　目	403	703C	703D
馏分/℃	180~350	180~350	180~370
对原料产率/%(质量分数)	40.7	39.3	50.8
对生成油产率/%(质量分数)	42.8	41.2	53.3
相对密度 d_4^{20}	0.8056	0.8010	0.8030
馏程/℃			
初馏点	200	201	203
10%	214	212.5	216.5
50%	250.5	243	261
90%	306.5	295.5	327
95%	318	308	339
终馏点	324	320	345
300℃/%(体积分数)	87.5	92.5	75
凝固点/℃	-32.5	-39.2	-21.5
黏度(20℃)/(mm^2/s)	3.54	3.30	4.43
闪点(闭口)/℃	71	81	85
苯胺点/℃	78.5	79.2	84.5
十六烷值	65	65	68

(二) 3652 催化剂的半工业放大

1965 年 11 月 6 日到 1966 年 3 月 27 日，在加氢车间第四套 1.5m^3 的加氢装置上进行了半工业放大试验，共运转 3220h，处理了原料油 3930m^3。经过这一较长时间的连续运转表明，3652 催化剂具有较好的选择性和异构化性能，并且活性稳定；主要表现在液体收率高，氢耗量较低，气体生成量少，低凝固点的中间馏分收率高，反应热小等特点。通过半工业化放大，为大庆炼油厂提供了一套完整的设计数据。

1. 试验经过

试验用反应器的体积为 1.5m^3，内径 628mm，中部装一碳钢斜锥形塔盘，这种结构是经多次冷模试验后确定的。塔盘以上装 3652 甲型催化剂，分两层，每层之间装 $\phi6\times6$ 磁环填充，共装 0.603m^3。塔盘以下装 3652 乙型催化剂，也分两层，每层之间也用 $\phi6\times6$ 磁环填充，共装 0.622m^3。床层总高为 4130mm，高度与直径之比为 6.65。催化剂为 ϕ5.5mm，长 5.0mm 的圆柱体。沿床层高度用 ϕ39 热电偶保护管测量六点温度。第六点温度在运转 1874h 以前是埋在催化剂层下面 100mm 磁环处，在 1874h 后提高了 250mm，埋入催化剂层内 150mm 处，从而改变了指示不够准确的现象。整个反应器有三层冷氢，第一层冷氢打在第二点温度上，第二层冷氢打在第四点温度上，第三层冷氢打在第五点温度上。为了使原料分配均匀，在反应器入口装一螺旋喷嘴。由于工业氢气中含氨达 300μg/g，对 3652 催化剂不利，因此将工业氢自冷却器入口进入系统与循环氢一起经高压软水洗涤，将含氨量洗至 10μg/g 以下。

经3220h的运转后，拆开反应筒观察，发现热电偶保护管由于积油造成死角而结焦，斜锥形塔盘因为是碳钢材质，所以受硫化氢腐蚀很严重。腐蚀物含硫36.38%，其他是铁。冷氢盘管也同样被腐蚀。喷嘴完好，没有发现结焦现象。催化剂床层没有结焦，催化剂颗粒完整，强度很好。但在卸催化剂时，发现催化剂最底层有ϕ150mm的瓷环结块，经分析黏状物含99.5%碳。

2. 原料油与原料气性状

试验用原料油为石油二厂大庆原油减二线油，加入0.2%~0.3%(质量分数)二硫化碳。氢气为水煤气制氢经铜氨液洗涤的工业氢气，其组成分别列于表1-1-78和表1-1-79中。

表1-1-78 原料油主要性状

相对密度 d_4^{20}	分馏温度/℃					碱性氮/(μg/g)	总氮量/(μg/g)	溴价/(gBr/100g)
	初馏点	10%	30%	50%	95%			
—	321	368	—	409	469	190	380	6.88

表1-1-79 原料氢气组成

组　分	CO	CO_2	H_2	N_2	CH_4	NH_3
体积分数/%	0	0	94.7	3.3	2.0	288μg/g
要求/%(体积分数)	<0.3	<1.2	>94	—	—	<10μg/g

3. 催化剂的硫化

催化剂以金属氧化物状态装入反应器，因而需硫化。硫化油为：1号硫化油，其基油为加氢灯油；2号硫化油其基油为灯油和加氢裂化生成油(按1∶1体积比混合)，基油中均加入1%~2%(质量分数)二硫化碳，硫化油性状见表1-1-80(a)。

表1-1-80(a) 硫化油性状

油　别	相对密度 d_4^{20}	恩氏蒸馏/℃					总氮量/(μg/g)	碱性氮/(μg/g)	溴价/(gBr/100g)
		初馏点	10%	50%	90%	终馏点			
1号	0.8052	178	252	252	297	331	—	2.3	1.67
2号	0.7890	75	241	241	360①	—	—	<1	1.91

① 为馏出89%温度。

注：(1) 作为硫化油组分的加氢裂化生成油要求<320℃馏分≥60%。(2) 吸附用的硅胶量为1.0%(体积，对硫化油)，粒度为ϕ3~ϕ10mm。

硫化条件的主要控制指标为：

压力：15.0MPa；氢油体积比：3000∶1

体积空速：0.5；CS_2加入量：2%~2.3%(体积对硫化油)

循环氢：H_2>80%；H_2S：1.0%±0.2%；NH_3<10μg/g

高压水加入量：10%~15%(进油量)，当循环氢中NH_3<10μg/g时，停注。

升温速度：<18℃/h，以最高点温度控制。

系统升到220℃后加1号硫化油，按升温速度硫化升温到330℃后，换2号硫化油，按升温速度硫化升温到390℃。在390℃稳定8h。此时硫化生成油相对密度一般均稳定在0.75~0.76。当循环氢中H_2S浓度由1.0%升到1.4%左右时硫化完毕。如在390℃时的硫化生成油相对密度小于0.75，则需加大2号硫化油空速至0.750h^{-1}。在390℃稳定期间，交叉进油8h，即前4h进空速0.5的2号硫化油和空速0.25 h^{-1}的原料油；后4h则进空速0.25 h^{-1}的2号硫化油和空速0.5 h^{-1}的原料油。然后停止进2号硫化油，换成全部原料油，并在原料油空速0.5 h^{-1}下调整反应温度，使生成油<320℃馏分转化率达60%±2%。

4. 正常操作及稳定性考察

新催化剂的初期裂解活性很高，若首先在低空速及大氢油比条件下，运转一段时间，将有助于延长催化剂的寿命。因此，在试验中，在体积空速0.5及0.75(氢油比分别为4000：1及3000：1)条件下操作2~3d后再加大油量使空速达到1.0。主要操作指标及结果列于表1-1-80(b)中。

表1-1-80(b)　主要操作指标及结果

空速/h^{-1}	平均反应温度/℃	氢油体积比	转化率/%(<320℃收率)	床层温度差/℃	冷氢用量/(m^3/h)
0.5	396	2900	57.5	20	0
0.75	410.5	3000	60.4	21	99
1.0	420.2	2300	60.2	24.5	107

在试验运转中，因催化剂活性不断下降，需要不断提高反应温度，以维持转化率在60%±2%(指<320℃馏分产率)，此时，生成油相对密度为0.7800~0.7850。

催化剂在半工业装置上，通过了3200h的连续运转，考察了其稳定性，运转结果列于表1-1-80(b)中。由表1-1-80(b)可知：在同样空速下，维持同样转化率时，所需要的反应温度也相应的升高，但生成油的性质，馏分分布比例，基本不变。催化剂的选择性(130~260℃馏分/<130℃馏分)维持在2.0左右，260~320℃馏分的凝固点也长期维持在-30.5℃左右，可知催化剂的裂解选择性及异构化性能是稳定的。

表1-1-81是3652催化剂稳定性的考察。

表1-1-81　3652催化剂稳定性的考察

累计运转/h	56	104	344	564	826	1018	1282	1522	1758	1916	2180	2558	2784	3024	3216
总压/MPa	15	15	15	15	15	15	15	15	15	15	15	15	15	15	15
氢分压/MPa	13.3	12.1	12.6	12.3	11.9	12.4	12.6	12.0	12.2	12.1	12.6	12.2	12.2	12.2	12.2
最高温度/℃	405.5	418	426	434	437		442	432	434	444	446	443	447	451	435
平均温度/℃	397	410.5	420	424	422	425	428	425	429	431	431	429	432	438	436
空速/[m^3/(m^3·h)]	0.5	0.75	1.0	1.0	1.0	1.0	1.0	1.0	1.0	1.0	1.0	1.0	1.0	1.0	1.0
氢油比(体积)	2990	2660	2160	1996	2270	2335	2150	2080	1573	1800	1440	1940	1770	1750	1560
生成油相对密度 d_4^{20}	0.7854	0.7808	0.7896	0.7808	0.7776	0.7794	0.7820	0.7834	0.777	0.7866	0.7858	0.7822	0.7862	0.7882	0.7863
小柱蒸馏收率/%(质量分数)															
<130℃(质量分数)	10.9	13.1	11.8	15.6	16.8	16.7	15.1	14.4	15.6	13.9	14.3	17.14	13.71	14.0	14.57
130~260℃	29.8	32.0	26.8	31.1	34.1	31.0	32.4	32.9	34.4	31.3	33.1	33.6	30.3	29.9	31.3
260~320℃	15.2	15.3	13.0	13.4	12.8	12.3	12.8	14.1	14.7	13.7	14.9	13.7	14.4	15.4	11.9
<320(质量分数)	55.9	60.4	51.6	60.1	63.7	60.0	60.3	61.4	64.7	58.8	62.3	64.4	58.1	59.3	57.7

续表

累计运转/h	56	104	344	564	826	1018	1282	1522	1758	1916	2180	2558	2784	3024	3216
130~260℃冰点/℃	-65.9	-65.5		-63.5	-64.6	-64.6	-60.3	-64.1	-65.6		-66.0	-62.8	-65.3	-62.3	
260~320℃凝固点/℃	-29.5	-31.5		-30	-29.1	-30.7	-29.7	-31.7			-32	-31.5	-32	-29	
选择性	2.74	2.44	2.27	2.0	2.03	1.86	2.13	2.29	2.21	2.25	2.31	1.96	2.23	2.14	2.14

在稳定性试验期间，每1000h均测定一次物料平衡，数据见表1-1-82，从表中结果可见，在全部运转周期内，保持了液体收率高、耗氢量低、气体生成量少的特点，与原研究成果一致。

表1-1-82　物料平衡数据

运转/h	100	1000	2100	3150
加氢空速(体积)	0.73	1.0	1.0	1.0
反应温度/℃(平均)	410.8	420.5	429	434
反应温度/℃(最高)	418	435	445	450
氢油体积比	2750	2300	1500	1760
液体收率/%(质量分数)	98.0	96.2	96.1	95.5
化学耗氢量/%(质量分数)	1.53	1.45	1.30	
气体生成量/%(质量分数)	2.8	3.85	3.70	3.21
循环氢纯度/%(体积分数)	82.3	83.8	82.7	79.2
工业氢耗量/(m^3/t油)	370	230	215	250

在试验期间，还进行了以工业硫黄粉代替二硫化碳与降低氢油比等试验。在原料油中曾加入用筛子(70目)筛过的，用量为0.4%(体积分数)的工业硫黄粉，在512h的长期运转过程中，循环氢中H_2S浓度一般为0.1%~0.2%，催化剂活性良好，所得生成油经碱洗后腐蚀合格，未发现有结焦堵塞等现象。因此，可以认为这一措施是可行的。

在研究期间，已确定加氢裂化工艺过程，氢油体积比宜采用1500：1，在半工业放大试验的初期，由于受装置设备的条件限制，氢油比维持在2300：1(新H_2除去)，为更好地验证研究成果，并结合大型炼油厂的设计要求，在运转64h后曾将氢油体积比降到1500：1。运转结果表明，催化剂的温升速度由0.18℃/d上升到0.224℃/d，对催化剂的生产周期有不利的影响，但即便如此，亦可维持半年左右后，再进行再生。

5. 产品性状

生成油曾先后在试验室的实沸点蒸馏装置上与工业蒸馏装置上分别进行了产品分馏试验，并可以安排以产煤油为主与以产柴油为主的两个生产方案。产品质量见表1-1-83。

方案1　以生产航空煤油为主时。切取130~260℃馏分为航空煤油，收率可达32.6%(质量分数)(对生成油)，冰点为-65.5℃，其余指标完全符合1号煤油规定指标。<130℃轻汽油，可作重整原料，切取其中的60~130℃馏分，在100mL加氢装置上进行铂重整试验，结果表明：在空速为1.0h^{-1}时，芳烃收率达32%(质量分数)。260~340℃(或345℃)馏分与直馏20号轻柴油混兑，可分别得到-20℃与-10℃柴油。

方案2　以生产低凝固点柴油为主。切取180~350℃柴油馏分，凝固点-33℃，是优良的低凝固点柴油，收率可达48.3%(质量分数)(对生成油)。<180℃馏分可做汽油组分，亦可切取合适馏分做重整原料。

表 1-1-83　产品质量

方案类别	1	1	1	1	2
产品名称	1 号煤油①	1 号煤油	-10℃柴油②	-20℃柴油③	低凝柴油
收率%(质量分数)对生成油	32.6	27.6	30.1	28.0	48.3
相对密度 d_4^{20}	0.7836	0.7782	0.8070	0.8094	0.8013
馏程/%					
初馏点	144	144	217	188	196
10%	163	160	—	214	216
50%	195	187	275	260	251
90%	229	224	311	307	298
98%	243	241	95%322	95%317	306
终馏点	244				
黏度/(mm²/s)					
20℃	1.65	1.49	4.95	3.5	4.1
0℃		2.12			
-40℃		6.02			
闪点/℃	34	34	82	69	73
冰点/℃	-65.5	-68.6			
凝固点/℃			-12.5	-20.3	-33
芳烃/%	5.55	7.55			
碘值/(gI/100g)	2.3	0.703			
酸值/(mgKOH/100mL)	2.93	0.33	1.9	3.91	4.48
实际胶质/(mg/100mL)	2.0	1.2	8.0	41.5	
腐蚀(铜片)	合格	合格	合格	合格	合格
灰分/%	0.0065	0.0011			0.0055
水溶性酸	无	无	无	无	
发热量/[GJ/kg(kcal/kg)]		43.28(10353)			
柴油指数			82.3	73.2	82.5
含硫/%		0.0015			
硫醇/%		0.00010			

① 为石油三厂工业蒸馏产品数据，其他为大连化学物理研究所试验实沸点蒸馏数据。

② -10℃柴油系以生成油 260~345℃馏分与直馏-10℃柴油按 1/1(体积)掺配，收率对生成油计算。

③ -20℃柴油系以生成油 260~345℃馏分与直馏-20℃柴油按 0.75/1(体积)掺配，收率为对生成油计算。

上述两个方案的尾油综合利用，以不直接作裂化原料更有利于降低成本。对于尾油利用，通过试验有两个方案：

方案 1　以生产 1 号重柴油为主，见图 1-1-12。

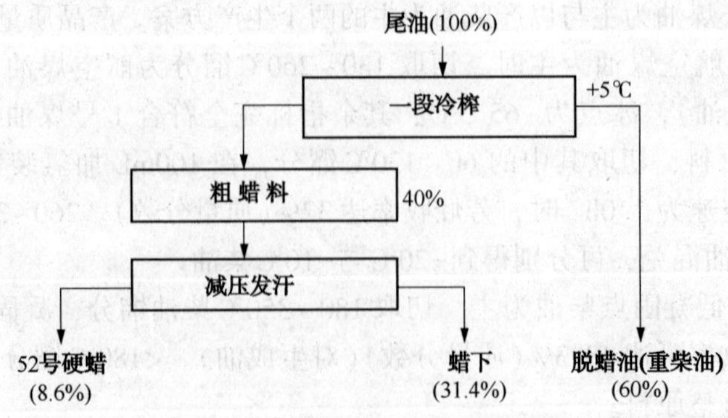

图 1-1-12　生产 1 号重柴油

方案2　以生产润滑油为主，见图1-1-13。

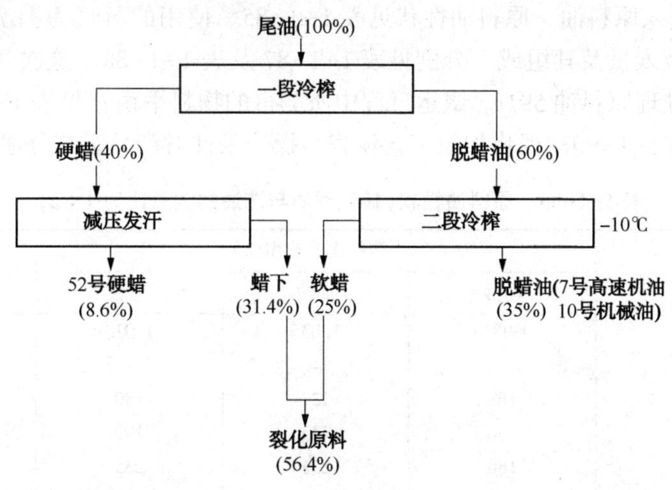

图1-1-13　生产润滑油

6. 小结

① 经过3000h以上半工业放大试验的运转结果表明：催化剂初期活性、选择性、异构性、长期运转的稳定性，以及对加硫黄粉、低氢油比的适应性，均达到原研究成果的水平。

② 这种半液相固定床反应器的结构型式是可行的。

③ 催化剂在反应器压力下硫化，效果良好。

④ 所得各种产品质量优良。

半工业试验将技术用于大庆炼油厂所取得的结果见表1-1-84。

表1-1-84　大庆加氢裂化工业装置运转数据

原料油	大庆直馏VGO	原料油	大庆直馏VGO
馏程/℃	205~457	氢油体积比	1450~1820
密度/(kg/L)	0.8378	空速/h^{-1}	0.8~0.1
碱氮/(mg/g)	62.2	产品收率/%	
催化剂装置/m^3		$<C_4$	—
3652甲	22.46	C_5~130℃	12.9
3652乙	25.54	130~260℃	31.7
反应条件		260~320℃	24.9
压力/MPa	13.6~14.5	转化率/%	69.5
温度/℃	365~450	氢耗/(m^3/t)	200

(三)9号航空煤油的试制

1971年6月，石油三厂接受了燃化部及空军后勤部交给的生产大相对密度9号航空煤油的任务，科研工作是抚顺石油研究院与石油三厂共同完成的。

在认真总结了前几次生产航空煤油的经验教训后，制定了这次开工方案。这次试生产是在加氢第五套装置进行的。仅七天时间，就将装置改装完毕。经过设备冲洗，冲洗条件为：压力18.0~20.0MPa，温度150~160℃，油量2.4m^3/h，冲洗17h后，由减压取样检验证明：油品腐蚀试验已合格。冲洗合格后开始装入催化剂；装置经气密、升压、升温后，即进行催化剂硫化。硫化过程从220℃开始的。硫化油为加氢灯油馏分中加入2%(体积分数)二硫化碳量，硫化期间保持循环氢中硫化氢含量在1%左右，硫化终点温度380℃，历时82h。硫化结果表明：3591 氧化型催化剂，在氢压下采用筒内硫化法，可以取得满意的结果。硫化完毕后，即向系统送入原料油。原料油性状见表 1-1-85。使用的氢气为铜洗氢。其性状见表 1-1-86。催化剂装入量及其组成，分别见表 1-1-87 及表 1-1-88。这次 9 号航空煤油试制累计运转 972h，处理原料油 591t。试运过程中所测得的物料平衡，见表 1-1-89。产品 9 号航空煤油性状见表 1-1-90。现将加氢工艺流程、操作条件对产品影响分述于下。

表 1-1-85　原料油性状(鞍钢酚油与洗油的混兑比为 1：2)

项　　目	第一次试验用油			第二次用油
	酚油	洗油	混合后油	混合油
相对密度 d_4^{20}	0.9844	1.035	1.013	1.026
馏程/℃				
初馏点	168	227	180	174
10%	176	235	199	197
50%	186	251	235	242
90%	233	304	289	275.5
终馏点	250	309	307	296
硫/%	0.23	0.455	0.34	0.3
氮/%	0.54	0.88	0.87	0.875
磺化值/%			98	

表 1-1-86　铜洗氢性状

组成	CO	CO_2	O_2	H_2	N_2	CH_4
含量/%	0	0	0	90.7	7.3	2.0

表 1-1-87　催化剂装入量

项　　目	一反	二反	合计
体积/m^3	1.6	1.6	3.2
质量/kg	1520	1520	3040

表 1-1-88　3591 催化剂组成

金属组成	WO_3	Ni	γ-Al_2O_3
含量/%	26.57	3.66	69.77

在 1971 年 7 月 7 日 8：00~21：00，测定了物料平衡。结果见表 1-1-87。

表 1-1-89　物料平衡

项目	入方		出方	
	kg	%	kg	%
原料油	632	100		
生成油			618.6	98
H_2	94.7	14.9	30.91	4.81
C_1	9.94	1.57	21.58	3.46
C_2			22.13	3.48
C_3			19.56	3.05
C_4			16.31	2.55
损失			7.28	1.12
合计	736.64	116.47	736.64	116.47

a. 化学耗氢：10.11%

b. $C_1\sim C_4$ 收率：12.54%

c. 液体收率：98%

表 1-1-90　9 号油产品性状

项　　目	商定指标	1970 年第一批产品	1970 年第二批产品	1971 年第一批产品	1971 年第二批产品
1. 相对密度 d_4^{20}	0.8810~0.8840	0.8823	0.8824	0.8840	0.8840
2. 馏程/℃					
初馏点	>185	194.5	194	186.5	186
98%馏出温度	≯260	241	240.5	244	242
3. 运动黏度/(mm^2/s)					
20℃	≯3.5	2.96	2.96	3.025	3.015
-40℃	≯23	19.44	19.5	20.98	20.82
4. 酸位/mg KOH/100mL	≯0.5	0.2	0.21	0.23	0.21
5. 闪点(闭口)/℃	≮60	68	65.5	61	60
6. 浊点/℃	未定	—	-19	-20(冰点低于-60)	-20(冰点低于-60)
7. 碘值/(gI_2/100g)	≯2	0.63	0.53	0.75	0.74
8. 芳烃含量/%	≯8	3.76	4.3	6.72	0.96
9. 实际胶质/(mg/100mL)	≯5	1.4	2.0	2.4	无
10. 总硫分/%	≯0.1	0.0014	0.0014	0.0062	0.0063
11. 在总硫分中的硫醇含量/%	≯0.002	—	—	无	无
12. 发热量/[MJ/kg(kcal/kg)]	42.34(10130)	46.04(10136)	42.39(10142)	42.36(10135)	42.40(10143)
13. 水溶性酸和碱	无	无	无	无	无
14. 灰分/%	≯0.005	0.0021	0.0023	0.00058	0.00058
15. 机械杂质	无	无	无	无	无
16. 水分/(μg/g)	≯80	19.4	24.6	48	40
17. 铜片实验	合格	合格	合格	合格	合格
18. 721 添加剂加入量	未定	—	—	万分之三	万分之三

1. 工艺流程

工艺流程与大庆柴油馏分气相加氢时基本相同。简述如下：

经第一换热器换热的循环氢，与原料油混合进入第二换热器加氢生成油换热后，与铜洗氢混合进入加热炉加热。加热后的流体进入反应器进行催化反应。加氢生成油在进入冷却器前，需加入高压软水，以溶解在加氢过程中产生的铵盐。加氢生成油经减压后，经中压分离器到常压槽，使溶解的气体逸出，然后去洗涤和蒸馏装置。从高压分离器出来的大部分气体，经循环氢压缩机升压后，重新送回系统循环使用，其中一部分作为冷氢使用，排掉一部分以控制系统压力，排除气作为燃料气使用。

工艺流程与大庆柴油馏分气相加氢时相同。

2. 操作条件对产品的影响

此次9号航空煤油的试生产，除加大空速试验外，未安排其他试验计划。试生产过程中所做的大型考察工作包括：

(1)不同空速对产品的影响

由表1-1-91看出，由于空速的增加，单位时间内处理量加大，芳烃加氢深度不够。另外由于空速增加，炉出口与二反最高点及一反与二反最高点温差加大。在空速为0.2时，炉出口与二反温差为50℃，一反与二反温差为25℃。在空速为0.3时，炉出口与二反温差达100℃，一反与二反温差达50℃，在较高温度条件下，芳烃产生裂化反应，故产品质量变差。

表1-1-91　不同空速对产品的影响

操作条件及产品性状	1	2	3	4	5
反应压力(总压)/MPa	18.7	18.8	18.9	18.7	19.1
反应最高点温度/℃	401	400	399	433	442
平均反应温度/℃	352.7	359.3	360.8	362.8	359.6
循环氢纯度/%(体积分数)	82.0	80.7	82.0	80.0	81.3
空速/h^{-1}(体积)	0.1	0.2	0.2	0.3	0.3
氢油比(体积)	8600	8900	8400	6800	6800
循环氢中硫化氢/%	0.038	0.032	0.023	—	0.041
生成油相对密度 d_4^{20}	0.8616	0.8596	0.8629	0.878	0.8696
初馏点/℃	110	120	118	105	98
10%/℃	159	160	158	162	151
50%/℃	197	197	197	197	198
90%/℃	228	230	233	235	243
终馏点/℃	259	270	268	289	280
200℃收率/%	54	53	55	—	53.5
磺化值/%	3.5	6	6	15.5	24.5

(2)不同压力对产品的影响

由表1-1-92可知，随氢分压的提高，可以促进加氢反应的进行，从而使难于加氢的芳烃得到加氢，产品质量显著好转。在空速0.1m^3/(m^3·h)的情况下，降低十几个氢分压，产品质量即有明显的变化。在空速0.2m^3/(m^3·h)的情况下，氢分压由15.8MPa降至13.2MPa时，出现了不合格产品。此外，在操作中发现，当系统压力升高时，反应后部温度有下降趋势。而压力降低时则相反。

表1-1-92　不同压力对产品的影响

操作条件及产品性状	1	2	3	4	5	6
反应总压/MPa	16.0	18.8	18.8	18.0	19.1	19.1
氢分压 /MPa	13.2	13.9	15.0	14.3	15.8	16.0
反应最高温度/℃	403	399	395	399	398	390
反应平均温度/℃	357	385.1	357.3	351	360.2	343.3
空速/h^{-1}	0.2	0.2	0.2	0.1	0.2	0.1

续表

操作条件及产品性状	1	2	3	4	5	6
氢油比(体积)	8900	8900	8900	8620	8900	8600
生成油相对密度 d_4^{20}	0.8657	0.8644	0.8620	0.8612	0.8622	0.8612
初馏点/℃	118	112	107	115	115	115
10%/℃	157	158	157	156	161	161
50%/℃	198	198	198	196	197	199
90%/℃	231	235	233	—	232	233
终馏点/℃	270	269	266	—	271	271
200℃收率/%	54	54	53.6	54.5	53	51
磺化值/%	10.25	8	7	5	6	2.5

(3)反应温度对产品的影响

由表1-1-93可知，在空速0.1m³/(m³·h)的条件下，平均温度如相差10℃，产品质量将发生变化。在空速为0.2m³/(m³·h)条件下，平均温度在345~362℃之间，产品质量影响不大。运转证明：对芳烃加氢而言，最惠操作温度为：最高反应温度380~400℃，平均反应温度345~367℃。

表1-1-93　反应温度对产品的影响

操作条件及产品性状	1	2	3	4	5	6
总压力/MPa	18.6	18.7	19.0	18.6	18.5	19.2
反应最高温度/℃	387	401	395	396	399	401
反应平均温度/℃	341.3	352.7	346.5	361.3	367	357.2
空速/h^{-1}	0.1	0.1	0.2	0.2	0.2	0.2
氢油比(体积)	8620	8620	8900	8600	8600	8900
循环氢纯度/%	84	82	83	83	82.7	83.3
循环氢含硫化氢/%	0.026	0.038	0.033	0.025	0.023	0.034
生成油相对密度 d_4^{20}	0.8660	0.8616	0.8661	0.8621	0.8634	0.8688
初馏点/℃	—	110	109	105	—	—
10%/℃	—	159	158	161	—	—
50%/℃	—	197	199	198	—	—
90%/℃	—	228	235	232	—	—
终馏点/℃	—	259	275	266	—	—
200℃收率/%	—	—	—	53	—	—
磺化值/%	8	3.5	6	6.5	10	6.75

3.9号航空煤油试生产时的操作特点

(1) 初加油方法

这次初加油试运，先后采用两种方法。一种是先加0.6m³/h灯油，接着切换0.6m³/h原料油。另一种是一次加0.6m³/h原料油。

实践证明：当切换油操作时，炉出口温度应维持较低，一反、二反温升较缓和。而一次加入原料油时，炉出口需维持较高温度。而一反、二反温度升幅度较大，对安全操作不利。因而在今后操作中，切换油操作较直接加原料油操作更为有利。

(2) 有关反应器温度分布

这次试运过程中，曾在一反最高温度超过二反最高温度条件下操作，发现产品质量较二反最高点温度高于一反最高点温度时为好。其原因估计为：在一反较高温度条件下，对原料油精制有利，由于进一步脱掉氮、硫化合物，避免了由于氮化物的存在，抑制了芳烃加氢反应。另一方面，二反温度较一反低，可避免芳烃裂解。

(3) 减油对操作的影响

试运中曾因换泵在短时间内减油 0.1m^3/h，结果导致一反下降35℃，二反下降25℃。油量恢复后，温度又转入正常，其原因估计为原料油反应热较大，减油时循环氢量未相应减少，因减油导致反应热减少从而使反应温度下降。

(4) 停高压水的影响

在正常生产中曾进行过停加高压水的试验。停水时间共4h，停水期间维持炉出口温度不变条件下，一反下降7℃，二反下降3℃，其原因估计为停水后，因循环氢中氨含量上升抑制了催化剂的活性，从而导致反应温度下降。

(5) 加二硫化碳情况

在正常生产中一直未加二硫化碳，曾进行加二硫化碳的试验，加入量为3L/h，加入后尽管提高了炉出口温度，但反应器温度仍降低3℃。

(四)石油三厂为大庆炼油厂的加氢裂化装置运行提供良好条件

大庆炼油厂的加氢裂化装置是我国自行研究、设计和建设的具有当时先进技术水平的装置。共有两个反应器，年处理能力按一段操作时为0.4Mt/a，按两段操作时为0.28Mt/a，3652催化剂与1966年首次在该装置上使用，最长使用周期是632d。该厂所用催化剂的性状见表1-1-94。

表1-1-94　3652载体和催化剂物化性质及组成

载体		催化剂	
SiO_2/%	25~35	金属组成	W-Ni
Al_2O_3/%	65~75	堆积密度/(kg/L)	0.70~0.85
Na_2O/%	≯0.035	压碎强度/(N/粒)	50~60
Fe/%	≯0.075	比表面积/(m^2/g)	100~160
堆积密度/(kg/L)	0.45~0.55	孔体积/(mL/g)	0.3~0.45
压碎强度/(N/粒)	≮60	粒度/nm	φ6×6
比表面积/(m^2/g)	280~320		
孔体积/(mL/g)	0.65~0.75		
平均孔径/nm	9~12		

3652催化剂它的选择性、异构性、稳定性均较好。原料为大庆330~490℃的直馏重柴油，反应温度为420~450℃，反应压力15MPa，生成油可制出合格的重整原料油(轻汽油)、-60℃航空煤油、低凝固点柴油。

为了适应大庆蜡油深加工的需要，1976年石油三厂研制成功3762加氢裂化催化剂，这个催化剂活性较高、寿命较长、制备工艺简单。比3652催化剂的起始温度低30℃，适合处理沸程为320~530℃的大庆VG0重蜡油。该剂特点是载体中有β沸石和加氟硅铝，产品为汽油、柴油和润滑油。

三、20世纪70年代，石油三厂开发了加氢法生产润滑油基础油的催化脱蜡技术

1971年，石油三厂用新开发的加氢精制催化剂3714、3715和催化脱蜡催化剂3722，以大庆减二、三线VG0为原料，在工业装置上生产出了轻润滑油基础油。接着又开发了催化脱蜡新催化剂3731，1973年在工业装置上成功地生产了轻、中质润滑油基础油，调制了汽

油机油、柴油机油等10多种润滑油产品，并实现了长周期运转。在此基础上，经过多年的研究试验，1973年研制成功以β沸石为载体的3731，1979年又研制成功了以ZSM5为载体的3792催化脱蜡新催化剂以及3762、3812晶型加氢裂化，同样以大庆减二、三线VG0为原料，在工业装置上得到的润滑油基础油凝点在-5℃以下，凝点降低幅度达50℃以上，而以加氢裂化尾油为原料，用3792催化剂进行催化脱蜡，得到的润滑油基础油凝点在-20℃左右，液收可达90%。这些情况表明，我国是世界上最早掌握生产润滑油基础油的催化脱蜡技术并实现工业化的国家之一。

1970年年末，燃化部要求石油三厂利用加氢的工艺生产润滑油。石油三厂立即进行润滑油加氢“一顶三”试验。即用一种加氢工艺代替润滑油生产的老三套工业——酮苯脱蜡、糠醛精制和白土精制三种工艺。于1972年首次在石油三厂工业加氢装置上，投产使用的润滑油加氢催化剂，是以氧化铝及无定形硅铝为载体，加上钨、钼、镍为金属组分的3714、3715及3722号催化剂，采用大庆减二、三线蜡油为原料，生产出了首批润滑油产品，从而结束了石油三厂只能生产燃料油品的历史。

采用3714、3715及3722等石油三厂自制的新型催化剂，以大庆减二、三线油为原料时，在20.0MPa、410℃、空速1.0h^{-1}条件下，可以获得轻质润滑油产品。但由于上述催化剂降凝效果不足，以致不能生产重、中质润滑油且润滑油产品有析蜡现象，该润滑油加氢“一顶三”新工艺尚不够成熟。1973年在3722等催化剂的基础上，在试验室里试制成功一种β沸石为载体以钼镍为金属组分的新型分子筛催化剂，即3731。通过中试放大等大量工作，终于在1973年2月在半工业加氢装置(催化剂容积1.5m^3)上投产。1973年在工业加氢装置(加氢三套催化剂容积15m^3)上一次应用成功。以大庆减二、三线蜡油为进料时，在操作条件为20.0MPa、400℃、空速1.0h^{-1}的条件下，可以生产出车用内燃机油、机械油等十余种润滑油产品，通过工业装置长时期运转证明：新型分子筛催化剂用于大庆蜡油的加氢降凝，无论从催化剂的加氢活性，稳定性等方面都取得了较好的结果。

加氢润滑油“一顶三”工业化装置，自1973年10月投产以来，至1975年8月已连续正常运转26个月之久，共生产14种内燃机油、机械油共3.5万余吨，其间虽屡经空速，原料油，气量和故障处理，开、停工等多种操作条件的变化，而3722、3731催化剂始终保持着较为稳定的活性，产品质量亦比较平稳，为了在“一顶三”装置上做提高空速，试产燃料的试验，于1974年4月至6月上旬在加氢一、三套装置上进行了试生产，结果表明：一段3722催化剂的体积空速可自生产润滑油时的1.0提高到1.5~1.6，二段3731催化剂的体积空速可提高至1.7~2.0。在上述空速的基础上，“一顶三”产燃料油时，汽油的辛烷值比用3652催化剂时略高(达70左右)，多种柴油(-35℃、-20℃农用柴油，10号重柴油)的质量也优于3652，同3652催化剂的液收比较，3652催化剂的液收高于3731，前者为96%，后者仅为86.2%。

由于加氢脱蜡催化剂的择形能力始终未能得到圆满解决，石油三厂从1977年开始研究ZSM系列合成沸石，经过两年的紧张研制，终于在1979年研制成功了ZSM-8分子筛及3792加氢脱蜡催化剂。3792催化剂投入工业运转后，以加氢裂化尾油为原料，以生产轻质润滑油基础油料为主要产品。

抚顺石油三厂20世纪70年代和80年代初期研制开发的加氢裂化催化剂：以SY型分子筛、β分子筛、丝光沸石和ZSM8分子筛为裂化组分开发了3731、3762、3792、3812、3843、3863和3883等催化剂，并进行了工业应用；开发加氢裂化精制催化剂有3722、3822、3823和3904催化剂。

这一时代的催化剂以β沸石、超稳Y沸石为主，其特点是活性高，可生产汽油、喷气燃料、柴油和润滑油，同时针对存在的问题有相应的改进，成型则以打片为主，后发展为挤条，典型代表是3762催化剂。此时还开始了超稳Y沸石的研制，为以后加氢裂化催化剂的发展打下了基础。

抚顺石油三厂及其研究所经过努力相继开发了一批性能优于3652的催化剂，并在石油三厂工业装置上使用，其中较典型的有：

（一）3762催化剂

3652催化剂虽然加氢、异构性能均较好，但初始反应温度较高，从而影响了其使用寿命。3762催化剂即针对这一情况在无定形硅铝载体中添加了氟和β沸石分子筛，为了有相应的加氢性能配合，提高了催化剂中的镍含量，同时为了防止金属含量高的情况下发生聚集，又添加了助剂锡。由于金属含量高，采用浸渍法难以达到，所以该催化剂用共沉法制备的，催化剂的组成及物化性质见表1-1-95。

表1-1-95　3762催化剂组成及物化性质

组　成 物化性质	W-Ni-Sn-F-SiO_2-Al_2O_3	组　成	W-Ni-Sn-F-SiO_2-Al_2O_3
		孔体积/(mL/g)	>0.25
外形/mm	ϕ6×4片	堆积密度/(kg/L)	0.82
比表面积/(m^2/g)	110~160	强度/(N/粒)	150~190

3762催化剂在石油三厂两套工业装置上进行了五个周期的运转。

3762催化剂与3652催化剂相比有如下进步：

在相同条件下反应温度低于30℃，轻油收率为3652催化剂的1.3倍；气体产率低1.75%；氢耗降低5.5%，柴油收率高。但存在氟流失的问题。

20世纪70年代石油三厂首先合成β沸石，相继开发成功我国第一代3762晶型催化剂，其化学组成W-Ni-Sn-β沸石-SiO_2-Al_2O_3-F，为ϕ4mm×4mm片状催化剂，运转周期573d，同时进行了器内再生，再生后催化剂混入33%的新剂，又使用了480d。3762催化剂工业应用结果见表1-1-96。考虑到3762催化剂含氟，在使用和再生过程中流失，同时含锡，组分复杂且成本高，在20世纪80年代初对3762催化剂进行了改进，又研制出了3812催化剂。在压力18MPa、体积空速1.0~1.15h^{-1}、氢油比950~1050、平均温度390~420℃下，加工大庆HAGO+VGO，两个催化剂工业应用结果对比见表1-1-96。

表1-1-96　3812与3762催化剂工业应用结果对比

催化剂	3762	3812	催化剂	3762	3812
原料油	大庆VGO		0号柴油	10.7	11.2
密度/(g/cm^3)	0.8480	0.8571	尾油	36.9	29.8
馏程(初馏点~95%)/℃	318~506	284~531	尾油凝点/℃	23	17
碱性氮/(μg/g)	163	273	一次运转周期/d	573	1028
残炭/%	0.032	0.075	起始平均反应温度/℃	390	393
产品分布/%			末期平均反应温度/℃	430	425
气体	2.9	3.2	提温速率/(℃/d)	0.07	0.03
汽油	23.7	24.7	加工油量/(t油/kg催化剂)	11.03	24.76
-35号柴油	31.8	31.1			

由表 1-1-96 可以看出，3812 催化剂在单程转化率 65%条件下，相近产品分布下，尽管起始反应温度稍高，但稳定性好，同时它具有较好的降凝效果，>320℃馏分凝固点低，是优质润滑油基础油。20 世纪 80 年代先后又推出生产不同目的产品的 3821、3843、3863、3883 等催化剂，3883 催化剂为一种适应加工多种原料，生产不同目的产品的催化剂。它可以加工大庆焦化柴油，生产喷气燃料，活性比 3863 催化剂好，加工大庆 VGO 生产汽油、低凝柴油和润滑油基础油时，活性比 3812 催化剂好。抚顺石油三厂 20 世纪 70 年代以来研制开发的加氢裂化催化剂性能见表 1-1-97。

表 1-1-97　20 世纪 70 年代中期以来抚顺石油三厂研制开发的加氢裂化催化剂特性

催化剂	化学成分	形状、尺寸/mm	堆积密度/(kg/L)	催化功能	开发年代/年	工业应用时间/年
3762	WO_3-NiO-SnO_2/β 沸石-SiO_2-Al_2O_3-F	片 ϕ4×4	0.82~0.90	大庆蜡油高压加氢裂化生产煤、柴油馏分	1976	1976~1983
3812	WO_3-NiO/β 沸石-SiO_2-Al_2O_3-F	片 ϕ4×3~4	0.85~0.90	大庆减压蜡油、高压加氢裂化生产汽、煤、柴油馏分，活性优于 3762	1981	1981~1994
3821	WO_3-NiO/β 沸石-SiO_2-Al_2O_3-F	片 ϕ4×4	0.85~0.88	大庆焦化柴油高压加氢裂化生产汽、煤、柴油	1982	1982~1984
3843	WO_3-NiO/β 沸石-SiO_2-Al_2O_3-F	条 ϕ3×8~12	0.73~0.85	大庆焦化柴油高压加氢裂化生产汽、煤、柴油活性优于 3821	1984	1984~1986
3863	WO_3-NiO/β 沸石-B 沸石-SiO_2-Al_2O_3	条 ϕ3×8~12	0.75~0.85	大庆焦化柴油高压加氢裂化生产喷气燃料，活性优于 3843	1986	1986~1994
3883	WO_3-NiO/β 沸石-B 沸石-SiO_2-Al_2O_3	条 ϕ3×8~12	0.75~0.85	兼有 3812 和 3863 两种催化剂性能	1988	1988~1990

(二)3812 催化剂

3812 催化剂虽较 3652 催化剂在活性、柴油收率方面有所提高，但它含有氟，在运转 2 个月后即损失 60%，导致催化剂组成改变；其次含氟催化剂不宜用水蒸气再生，必须用氮气再生，从而增加了再生成本。为此石油三厂研究所又研制了一种不含氟、锡，用酸洗 β 沸石分子筛取代 β 沸石分子筛，并采用共沉法以改善金属分散的制备方法，制备出 3812 催化剂，该催化剂的组成及物化性质见表 1-1-98。

表 1-1-98　3812 催化剂的组成及物化性质

组　成	W-Ni-SiO_2-Al_2O_3-沸石	组　成	W-Ni-SiO_2-Al_2O_3-沸石
物化性质		孔体积/(mL/g)	>0.2
外形/mm	ϕ4×4 片	堆积密度/(kg/L)	0.86
比表面积/(m^2/g)	180~240		

3812 催化剂在石油三厂第一套 20m^3加氢工业装置上工业应用，并进行多次标定。该剂的特点是：在加工大庆常三至减三线馏分油时，反应温度比 3652 处理常三、减二线时低

30℃，比3762处理常三、减二、减三线油时低10℃；轻油收率高，稳定性好。与3762工业使用的对比数据见前表1-1-96。

(三)3821催化剂

为适应加工大庆原油焦化柴油的需要，石油三厂研究所研制出一种抗氮性能较好的，可将焦化柴油转化为石脑油和低凝柴油的催化剂3821，催化剂的组成及物化性质见表1-1-99。

表1-1-99 3821催化剂组成及物化性质

组　成	W-Ni-SiO_2-Al_2O_3-沸石	组　成	W-Ni-SiO_2-Al_2O_3-沸石
物化性质		比表面积/(m^2/g)	~250
堆积密度/(kg/L)	0.834	孔体积/(mL/g)	>0.25
外形/mm	ϕ1.6条		

该催化剂在石油三厂加氢装置第一套工业装置上使用。

在焦化柴油加氢裂化中，3821催化剂的活性和稳定性明显高于3762催化剂，它用于高氮含量的焦化柴油加氢裂化，具有反应温度低，轻油收率高的特点。

综合以上介绍，20世纪70年代至80年代初国内馏分油加氢裂化催化剂可以概括如表1-1-100所示。

表1-1-100 20世纪70年代至80年代初国内加氢裂化催化剂一览

牌号	特点	原料油	产品	载体	金属组分	工业化时间/年
3762	高压加氢裂化	大庆VGO	汽油、柴油、	β沸石	W-Ni-Sn-F	1976
			润滑油	SiO_2-Al_2O_3		
3792	高压加氢裂化	大庆VGO	汽油、柴油、	ZSM-8	W-Mo-Ni-Sn-Zn	1979
			润滑油	SiO_2-Al_2O_3		
3812	高压加氢裂化	大庆VGO	汽油、柴油、	酸洗β沸石	W-Ni	1981
			润滑油	SiO_2-Al_2O_3		
3821	高压加氢裂化	大庆焦化柴油	石脑油、	酸洗β沸石	W-Ni	1982
			柴油、汽油	SiO_2-Al_2O_3		

新产品研制开发方面：1971年石油三厂开始生产适应严冬地区用的-35号柴油；1975年石油三厂开始生产2号喷气燃料；从1978年到1979年石油三厂先后淘汰66号车用汽油和70号车用油，1979年曾生产过4号喷气燃料油。

下面将这方面的成果归纳叙述如下：

随着各种润滑油的需要量的日益增加和质量要求的日渐提高，用传统老三套工艺生产润滑油，已远远不能满足上述要求。根据燃化部的要求，于1971年石油三厂开展了润滑油加氢"一顶三"的新工艺研究。

(四)3715、3714催化剂的润滑油加氢

石油三厂自1971年初，开展了润滑油加氢"一顶三"的研究与试生产，在八个月的时间里就从试验室的研究，一步跨上了大型工业试验，并且在国庆二十二周年的时候，正式投入了生产。仅1971年的三个月内，用加氢方法就生产了轻质润滑油4166t。

这次工业放大生产是以大庆常三与减二、三线馏分混合油为原料，采用二段串联加氢工艺流程进行的。第一段的催化剂是用硅铝(或氧化铝)做载体以钨钼镍为活性金属组元。在第二段的催化剂中添加了氟化硼酸性组分。加氢生成油通过常压蒸馏，获得了30%~40%左右轻质润滑油，调和出了5号、7号高速机油和25号变压器油，经在沈阳变压器厂和沈阳纺织厂使用试验后，认为基本符合要求。

1. 生产流程

石油三厂采用了固定床两段加氢工艺流程。第一段为加氢精制，使用3713催化剂，主要目的是脱除原料油中的氮、硫、氧等非烃化合物。第二段为加氢降凝，使用3715、3714催化剂(主要用3715催化剂)，目的是使第一段的精制油的蜡分子转化，将高凝点的正构烷烃，选择性地进行加氢异构裂化，成为较轻质油品，并同时保留润滑油的理想组分。

这次放大生产于1971年9月，先在加氢车间第二和第三套工业装置上进行，于1971年11月又将加氢第一套装置进行了改装，工艺流程见图1-1-14。经过压缩的铜洗氢(H_2=91%，N_2=7.3%，NH_3=0.056%)进入加热炉[8.78GJ/h(2.10cal/h)，纯对流式]，并在炉的出口与循环氢、原料油一起由反应器上部进入催化剂床层进行反应。反应混合物经过二个换热器。再进入冷却器和高压分离器。生成油由高压分离器经过减压送到洗涤常压槽；高压分离器分出的气体由一台250马力循氢气压缩机(备车一台)送至换热器低温侧，重新打回系统与原料油混合循环使用。为防止碳酸铵盐类在低温部分结晶析出，堵塞管道，在冷却器入口加入适量的高压软水。

加氢车间的一、二、三套工业装置，除一套多一个热分离器外其他各套虽然反应器及换热器个数不一，设备规格也不一样，但其工业流程基本一致，故各套流程图不一一分述。

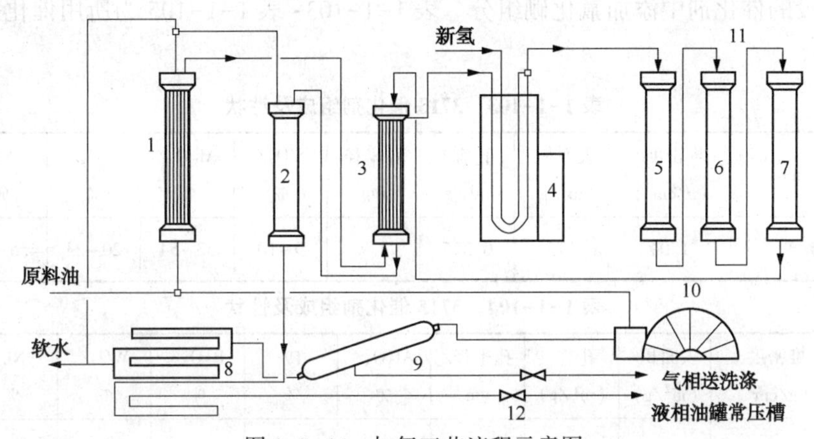

图1-1-14　加氢工艺流程示意图

1—一热交；2—热分；3—二热交；4—加热炉；5—一反；6—二反；7—三反；8—冷却器；9—高分；10—循环压缩机；11—气相减压；12—液相减压

2. 原料油、氢气性状与催化剂种类及性状

(1)原料油性状

这次工业放大生产，系用常三、减二、减三的宽馏分混合油为原料油，其油性见表1-1-101。

表1-1-101　原料油性状

分析项目 / 取样地点	馏程/℃						碱性氮/(μg/g)	凝固点/℃	备注
	初馏点	10%	50%	90%	95%	终馏点			
控制指标	<260℃					<540	<500	<+50	
11月13日207号罐	284	364	430	499	514		232	+44	
12月20日207号罐	323	380	435	500	514		244	+43	

(2) 氢气性状

氢气性状见表 1-1-102。

表 1-1-102　氢气性状

氢气类别		铜洗氢	水洗氢	循环氢	备注
组成/%	CO_2	0	1. 0	H_2S 0. 2~0. 1	
	O_2	0	0. 1	NH_3 0. 04~0. 097	控制<0. 01%
	CO	0	2. 1	0. 4~0. 7	
	H_2	90. 7	87. 0	68~81	
	CH_4	2. 0	1. 9	7~10	
	N_2	7. 3	7. 9	12~21	
控制指标/%	O_2		≤0. 2		
	CO		≤4. 5		
	H_2		≥88	≥70	
	CO_2		<1. 2		

(3) 催化剂种类及性状

第一段与第二段催化剂的载体均为硅铝或氧化铝，活性金属组分亦均为钨、钼、镍。但是，在第二段的催化剂中添加氟化硼组分。表 1-1-103~表 1-1-105 为所用催化剂的组成及性状。

表 1-1-103　3713 催化剂组成及性状

形状及尺寸/mm	堆密度/(g/cm^3)	表面积/(m^2/g)	孔容/(mL/g)	孔半径 nm	SiO_2/%	Al_2O_3/%	WO_3/%	Ni/%	MoO_3/%
圆柱形 ϕ6×4	1. 04	175	0. 325	3. 7	9~10	53~54	20~23	4. 5~5. 5	9~11

表 1-1-104　3715 催化剂组成及性状

形状及尺寸/mm	堆密度/(g/cm^3)	表面积/(m^2/g)	孔容/(mL/g)	孔半径/nm	Al_2O_3/%	F/%	B_2O_3/%	WO_3/%	Ni/%	MoO_3/%
圆柱形 ϕ6×6 ϕ6×4	1. 04	126	0. 32	5. 2	49~51	4~6	7~9	20~23	4. 5~5. 5	9~11

表 1-1-105　3714 催化剂组成及性状

形状及尺寸/mm	堆密度/(g/cm^3)	表面积/(m^2/g)	孔容/(mL/g)	孔半径/nm	F/%	B_2O_3/%	Ni/%	MoO_3/%	Al_2O_3/%	SiO_2/%
圆柱形 ϕ6×9	1. 1	144	0. 196	2. 72	4. 5~5. 0	20~23	4. 5~5. 5	9~11	46~49	2~3

(4) 催化剂充填情况

加氢二套装置共有 3 个反应器，加氢三套共有 4 个反应器。催化剂在个各反应器的充填情况如表 1-1-106 所示。

加氢二套装填催化剂的体积比为：3713 : 3715 : 3714 = 2 : 4 : 1 。第三套装填催化剂的体积比为：3713 : 3715 = 1 : 2。

表 1-1-106 各类催化剂填充情况

反应器 \ 催化剂	一反		二反		三反		四反		合计	
	二套	三套	二套	三套	二套	三套	二套	三套	二套	三套
催化剂种类			3713							
	3713	3713	3715	3713	3715	3715		3715		
			3714							
催化剂量(m^3)			2.21							
	1.92	2.77	2.25	2.29	6.67	4.66		4.62	15.09	14.34
			2.04							

3. 催化剂的硫化及操作

3713、3715、3714 催化剂皆是硫化型催化剂，在使用前须进行硫化，石油三厂所采用的是反应器内硫化方法，其操作要点为：

当催化剂床层以≤40℃/h 的升温速度升到 200℃时进硫化油(用加氢灯油和适量的二硫化碳，碱性氮<10μg/g)，然后继续升温，油量根据情况逐步增加，正常硫化时的体积空速为 1.0h^{-1}，二硫化碳加入量为硫化油的 3%(体积分数)。

升温到 380~390℃恒温 5~6h，控制循环氢的硫化氢含量 0.9%~1.0%；200~380℃的升温速度为<15℃/h。

在 390℃稳定数小时并保持加入一定量二硫化碳，当循环氢中硫化氢浓度由 1.0%升到 1.4%左右时，硫化结束。

工业生产时硫化所需的实际硫量，应至少比理论量高 4~7 倍。

4. 生产条件及其影响

正常生产时，主要控制生成油中>320℃馏分的凝固点(控制在 7~11℃，此时相应的生成油相对密度 d_4^{20} 为 0.75~0.77)，用反应温度来调节。

正常生产时工艺条件为：

压力：　20.0MPa

空速：　0.5~0.75h^{-1}

氢油比：　1500∶1

循环氢纯度：　>70%(含 NH_3<0.01%，H_2S>0.02%)

(1) 反应温度的影响

实验室研究表明：3713 与 3715 催化剂串联时，蜡油在 400~420℃(3713 催化剂)与 435~445℃(3715 催化剂)时，精制和降凝效果最好。而在这次工业化生产中(第三套装置)，3713 平均有效温度在这个范围时，三反、四反的 3715 催化剂靠自然升温，平均有效温度最高只在 420~430℃，未能达到理想的反应温度。

在一定空速条件下，提高和降低反应温度，对润滑油的收率和质量，都有一定的影响。现摘列数据如表 1-1-107 所示。

从表 1-1-107 可见：在催化剂有一定活性水平时，随着反应温度的提高，生成油相对密度与凝固点下降，润滑油收率减少，这说明了裂解反应的加深。

与此同时尚可看出：蜡油加氢裂解时反应热较少，整个催化剂床层温差仅 10~25℃，最高反应温度亦仅较平均反应温度高 10~20℃左右。

为了保持一定的转化率与生成油质量，需要不断提高反应温度。从加氢车间的第三套装置整个生产周期中可以看出：催化剂床层最高温度在420~440℃时，温升较快，总处理量较小，只占整个处理量的11%左右。如表1-1-108所示。

表1-1-107 第三套装置运转数据

温度/℃					
一反平均温度	411.5	407.7	415	432.8	436
二反平均温度	412.8	413	417.8	434.7	438.5
三反平均温度	419.5	422	424.6	447	452.7
四反平均温度	417.3	422.6	425.5	451.3	455.5
总平均温度	415.3	416.2	420.7	441.5	445
循环氢纯度/%	82	82.7	82	77.5	81.8
进油量/(m^3/h)	7.6	7.6	7.6	8.7	8.7
空速/h^{-1}	0.5	0.5	0.5	0.57	0.57
生成油分析					
相对密度 d_4^{20}	0.7600	0.7680	0.7556	0.7517	0.7488
>260℃收率/%	32	46	33	33.5	28
>320℃收率/%	13	18	11	14	12
>320℃馏分凝固点/℃	6	6	4	4	3

表1-1-108 第三套装置反应温度与处理量的关系

系统最高点/℃	<420	425	430	435	440	445	450	455	460	465~468
运转时间/d	2	8	6	1	1	9	11	21	47	48
累计运转/d	2	10	16	17	18	27	38	59	106	154
累计处理量/m^3	336.8	1493.4	1240.4	161.6	339.2	2017.4	2327.4	4743.4	7811.2	8544.6
累计处理量/总处理量/%	1.1	4.8	4.0	0.2	1.1	6.5	7.5	15.3	31.6	27.8
累计分数/%	1.1	5.9	9.9	10.1	11.2	17.7	25.2	40.5	72.1	100

(2)空速的影响

用3713~3715催化剂，以大庆含蜡油为原料，进行润滑油加氢时，在催化剂同一活性水平和保持相同的润滑油收率的情况下，空速由0.5h^{-1}提高至0.75h^{-1}，反应温度需相应提高15~20℃，润滑油馏分的凝固点也有所增加。

当反应温度在425~440℃时，由于空速较高(0.75h^{-1})，催化剂的温升太快，达0.8~1.1℃/d。因此当采用3713~3715(3714)催化剂串联流程，进行润滑油加氢时，体积空速以0.5~0.6h^{-1}为宜。

(3)循环氢纯度与工业氢耗量

循环氢纯度直接影响氢分压并影响生成油质量与氢耗量。氢耗量与循环氢纯度的关系参见图1-1-15。实践证明：降低氢气质量，对催化剂的活性和寿命都有直接影响。可使催化剂的异构性能迅速下降，生成油中的润滑油馏分的凝固点迅速上升。

应该指出：3715、3714催化剂的异构活性较差，主要靠裂化降凝，串联生产因前部温度较高，裂化反应加深，致使干气产量较大，氢耗量较高。工业新氢用量达350m^3/t以上。

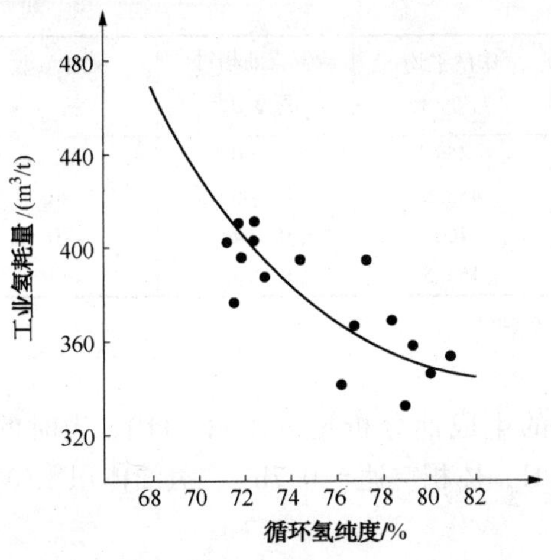

图 1-1-15 氢耗量与循环氢纯度的关系

(4)催化剂寿命和稳定性

由于第二段 3715 催化剂，要求较高的起始温度，并且在生产过程中温升较快，故催化剂寿命较短。第三套装置的 3713 与 3715 催化剂串联加氢的寿命为 155d。以此计算，处理量为 1795t 原料油/m^3 催化剂或催化剂单耗 0.613kg/t 原料油。

在这次工业生产中，因未能用固定的空速来考虑催化剂的稳定性，加上第一段与第二段的催化剂的串联使用，因而催化剂的稳定性只能从两种催化剂的总温升情况来计算，以三套装置的 3713 与 3715 催化剂串联生产周期为例：按床层最高温度计算，其温升系数为 0.343℃/h。如按床层平均温度计算，温升系数为 0.325℃/h。催化剂稳定性的考察见表 1-1-109。

表 1-1-109 3713-3715 催化剂串联加氢在 0.6h^{-1} 空速时的稳定性考察

累计运转/d	床层最高温度/℃	床层平均温度/℃	生成油相对密度 d_4^{20}	>260℃收率/%	>320℃收率/%	>320℃馏分凝固点/℃
45	430	418.5	0.7775	54	33	16
50	452	444	0.7528	29	12	8
55	460	447.4	0.7542	31	15.5	7
60	463	448	0.7596	34	15	7
70	465	452.2	0.7558	29	16	3
75	463	446.3	0.7583	31	16.5	5
80	465	452	0.7637	34.5	19.5	9
85	460	450	0.7703	41	23	16
90	463	449.9	0.7648	34	21	10
95	455	445.5	0.7718	41	25.5	13
100	462	450.7	0.7624	35	20	9
105	457	448	0.7684	39	19.5	11
110	463	453.4	0.7559	29	16	4
115	459	450.5	0.7677	37.5	19.5	11
120	462	453.1	0.7610	32	17	11
125	463	451.4	0.7656	34	21	13
130	462	454.6	0.7300	37	20	10

续表

累计运转/d	床层最高温度/℃	床层平均温度/℃	生成油相对密度 d_4^{20}	>260℃收率/%	>320℃收率/%	>320℃馏分凝固点/℃
137	462	458	0.7705	38.5	23	14
140	465	458.6	0.7651	40	20	13
145	466	460	0.7644	40	28.5	13
152	466	453.5	0.7742	49	24	18

5. 加氢生成油及油品性状

(1) 生成油性状

第三套装置分段取样的生成油分析见表 1-1-110。当时的操作条件为：反应压力：20.0MPa，温度(最高)445℃，体积空速= 0.7h^{-1}，氢油体积比(V)：1200~1400/1，循环氢纯度 76%。

表 1-1-110 生成油性状

项目＼生成油	3713 催化剂生成油	3715 催化剂生成油
相对密度 d_4^{20}	0.8071	0.7589
初馏点/℃	—	47
5%/℃	124	—
10%/℃	178	101
30%/℃	231	161
50%/℃	278	212.5
70%/℃	322	273
90%/℃	369	337
95%/℃	>400	340
终馏点/℃	—	342
碱性氮/%	0.00166	0.00101
溴价/(gBr/100g)	2.281	1.174
硫含量/%	0.0081	—
生成油凝固点/℃	+8	-23
>320℃收率/%	28.7	11
>320℃凝固点/℃	+26	+8

从表 1-1-110 可以看出：大庆宽馏蜡油(320~540℃)经 3713 催化剂反应后，>320℃的收率为 28.7%，凝固点由原料油的 42℃降至 26℃。

3713 生成油再经过 3715 催化剂反应，>320℃收率仅 11%，而凝固点进一步降至 8℃，生成油终馏点由原料油的 544℃降至 342℃前移约 200℃，这说明用 3713、3715 两种催化剂串联加氢，在 20MPa，445℃的反应条件下，加氢裂解深度较大。

(2) 生成油常压蒸馏的物料平衡

加氢生成油经碱洗、水洗、蒸馏切割成所需的馏分。由于加氢生成油较轻，只用常压蒸馏。表 1-1-111 为以洗涤生成油为原料，经常压蒸馏后的物料平衡数据。

表 1-1-111　物料平衡

油品＼项目	馏分范围/℃	收率/%（1）	收率/%（2）
汽油（重整原料）	初馏点~150	20.1	27.5
煤　油	150~260	37.8	39.5
变压器油组分	260~340	31.1	22
高速机油组分	>340	10.0	8.0
重质馏分（常压底油）	>430	—	2.0
损　失		1.0	1.0

表 1-1-111 中的生成油（1）为第三套装置的加氢生成油，当时加氢原料油（常减压蜡油）终馏点较轻为 450℃左右，反应温度 415℃。（2）的生成油为第一、二、三套装置的混合加氢生成油（原料油为常减压蜡油，终馏点在 540℃左右，包括常减三线油在内）。

加氢生成油经碱洗、水洗后送常压塔蒸馏的性状如表 1-1-112 所示。

表 1-1-112　加氢生成油性状

项目		
相对密度 d_4^{20}	0.7592	0.7560
恩氏蒸馏		
初馏点/℃	62	41.5
10%	123	101.5
50%	240	214
90%	340	338.5
160℃馏出量/%	22	31
260℃馏出量/%	57	67
340℃馏出量/%	90	90.50

（3）产品性状

① 汽油馏分

为了保证煤油馏分的闪点合格，将汽油终馏点控制在 150℃左右，其性状如表 1-1-113 所示。

表 1-1-113　性状

馏分范围/℃	相对密度	初馏点/℃	10%/℃	50%/℃	90%/℃	终馏点/℃	辛烷值
初馏点~150	0.6931	34	61	96	125	149	57

将该汽油作重整原料油，其实沸点切割见表 1-1-114。

表 1-1-114　实沸点切割

馏分/℃	数据/%	馏分/℃	数据/%
<60	21.9	>130	7.1
60~130	71.0		

② 重整原料油（60~130℃）族组成

重整原料油（60~130℃）族组成见表 1-1-115。

表 1-1-115 重整原料油(60~130℃)族组成

碳 数	烷 烃/%	环 烷 烃/%	芳 烃/%
C_4	0.4	—	—
C_5	4.9	0.4	—
C_6	18.3	6.4	0.1
C_7	25.2	13.9	0.1
C_8	17.9	12.4	—
合计	66.7	33.1	0.2

③ 煤油馏分性状

煤油馏分性状见表 1-1-116。

表 1-1-116 煤油馏分性状

馏分范围/℃	相对密度 d_4^{20}	初馏点/℃	10%/℃	50%/℃	90%/℃	终馏点/℃	闪点(闭)/℃	色度	黏度/(mm²/s)	凝固点/℃	浑浊/℃
150~260	—	154	167	181	221	262		<1			
160~270	0.7787	166	178	205	240	263	55	<1			
160~270	0.7830	166	180	203	242.5	255	48	—	50℃1.22	-35	<-17

④ 航空煤油 130~260℃馏分实沸点分析

航空煤油 130~260℃馏分实沸点分析见表 1-1-117。

表 1-1-117 航空煤油 130~260℃馏分实沸点分析

相对密度 d_4^{20}	初馏点/℃	10%/℃	30%/℃	50%/℃	90%/℃	98%/℃	冰点/℃	芳烃/%	闪点/℃	黏度(20℃)(mm²/s)	热值/[GJ/kg(kcal/kg)]
0.7768	146.5	164	175.5	191.5	234.5	246.5	-58	5.6	38	1.62	43.5(10400)

⑤ 变压器油组分

变压器油组分见表 1-1-118。

表 1-1-118 变压器油组分①

馏分范围/℃	相对密度 d_4^{20}	初馏点/℃	10%/℃	50%/℃	90%/℃	终馏点/℃	闪点(开)/℃	凝固点/℃	黏度(50℃)(mm²/s)
260~340	0.7941	268	278	296	326	340	131	-9	3.36
260~340	0.7900	269	287	304	337	342	138	-12	3.67
270~340	0.7979	278	284	298	324	338	140	-16	3.64

① 是加氢初期切出的变压器油组分。在加氢中期时该馏分的凝固点有显著降低的趋势。

⑥ 高速机油组分性状

高速机油组分性状见表 1-1-119。

表 1-1-119 高速机油组分性状

馏 分 范 围/℃	相对密度 d_4^{20}	凝 固 点/℃	黏度(50℃)/(mm²/s)	闪点/℃
340~430	0.8045	+7	6.45	>150℃
340~430	0.8071	+6	6.03	175℃

⑦ 常压塔塔底油性状

常压塔塔底油性状见表 1-1-120。

表 1-1-120　常压塔塔底油性状

馏分范围/℃	相对密度	凝 固 点/℃	闪点/℃	黏度(50℃)/(mm^2/s)	备　注
>430℃	0.8111	+22	—	13.32	常三尾油(初馏 390℃)
>430℃	0.8123	+20	210	9.49	
>430℃	0.8173	+10.5	178	6.7	常二尾油(初馏 330℃)

由以上油性分析可看出：除常二线油可生产 10 号变压器油外，其他各线皆不能直接出产品，必须进行调和。各线产品凝固点较高，黏度较小，只能调制一些轻质润滑油。

6. 润滑油产品

(1) 25 号变压器油

基础油：实沸点蒸馏 260～340℃ 馏分，凝固点 -9℃，50℃ 黏度 3.69mm^2/s，闪点 138℃，抗氧剂采用石油六厂生产的 2,6 二叔丁基对甲酚(代号 264)，其凝效果见表 1-1-121，降凝剂的选择见图 1-1-16。

表 1-1-121　25 号变压器油调和后降凝效果

7001 降凝剂	加入量/%(质量分数)	0	0.05	0.08	0.1	0.2	0.3
	凝固点/℃	-9	-12	-16	-26	-44	-43
602 降凝剂	加入量/%(质量分数)	0	0.2	0.3	0.4	0.6	
	凝固点/℃	-9	-19.5	-26	-30	-36	
751 降凝剂	加入量/%(质量分数)	0	0.2	0.4	0.6		
	凝固点/℃	-9	-11	-14	-16		

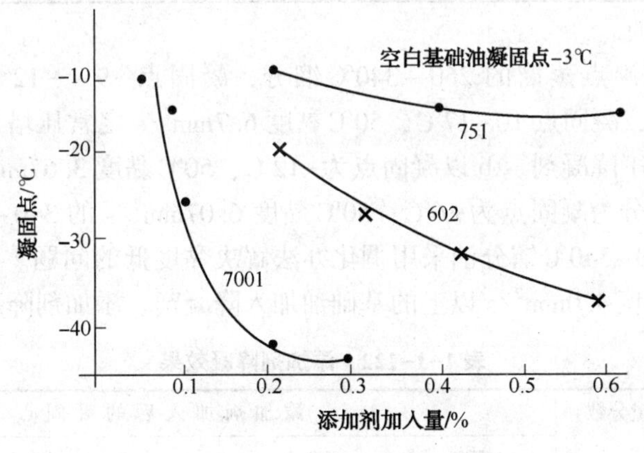

图 1-1-16　降凝剂的选择

由表 1-1-121 可见：7001 对 260～340℃ 变压器油馏分的降凝效果最好，602 次之，751 降凝效果最差。

25 号变压器油调和后质量见表 1-1-122。

台架试验：在 25 号变压器油理化指标通过国家标准的基础上，在沈阳变压器厂进行了使用试验，结果表明，在电气性能等方面均尚满意，但在-6.5℃时发现有析蜡现象。

表 1-1-122 25 号变压器油调和后质量

	变压器油 25号-1			25号变压器油标准
添加剂	类别		抗氧剂 / 降凝剂	
添加剂	代号		264 / 7001	
添加剂	加入量/%(质量分数)		0.2 / 0.1	
调和油质量	黏度(50℃)/(mm^2)		3.69	<9.6
	黏度(20℃)/(mm^2/s)		7.74	
	恩氏黏度(50℃)		1.66	
	恩氏黏度(20℃)		1.27	
	闪点/℃		137	≮140
	凝固点/℃		-26	≯-25
	酸值/(mgKOH/g)		0.07	≯0.03
	灰分/%		0.00262	≯0.005
	机械杂质		无	无
	水溶性酸碱		无	无
	氧化安定性	酸值/(mgKOH/g)	0.0056	≯0.2
	氧化安定性	沉淀物/%	0.069	≯0.05
	介质损失角			
	20℃		0.03	≯0.5
	70℃		—	≯2.5
	击穿电压/kV		43	≯35
	苛性钠抽出物/级		1	≯2
	透明度(5℃)		透明	透明

(2) 5 号高速机油

基础油：ⓐ以实沸点蒸馏的 260～340℃ 馏分，凝固点-9～-12℃，50℃ 黏度 3.67～3.69mm^2/s 为一组分，凝固点 10～17℃，50℃黏度 6.7mm^2/s 之常压塔底重质馏分为另一组分。经调和后再加 751 降凝剂。ⓑ以凝固点为-12℃，50℃黏度 3.67mm^2/s 的 260～340℃馏分为一组分，另一组分为凝固点为+6℃，50℃黏度 6.07mm^2/s 的 340～430℃馏分，调和后加 751 降凝剂。ⓒ260～340℃馏分油采用稠化办法解决黏度低的问题。降凝剂的选择：选择凝固点-1℃、50℃黏度 4.0mm^2/s 以上的基础油加入降凝剂。添加剂降凝效果见表1-1-123。

表 1-1-122 添加剂降凝效果

类别 \ 加入量/%(质量分数)	添加剂加入后的凝固点/℃ 空白	0.1	0.2	0.3	0.4
751 添加剂	-1	-6	-9.5	-11.5	-14.5
602 添加剂	-1	-1	-1	—	—
7001 添加剂	-1	-1	-1	-1	-1

由表 1-1-123 可见，751 添加剂针对 5 号高速机油，凝固点为-1℃的基础油的降凝效果最好，602 及 7001 添加剂都无降凝作用。5 号高速机油成品分析见表 1-1-124。

表 1-1-124　5 号高速机油成品质量

项目＼油品	260~340℃馏分/＞430℃馏分=3/1	260~340℃馏分+1.5%的6911[①]	5号高速机油标准
抗氧化添加剂(264)	0.1%		—
降凝剂(751)	0.3%		
黏度(50℃)/(mm^2/s)	4.44	4.28	4.0~5.1
凝固点/℃	-11.5	-15	≯-10
酸值/(mgKOH/g)	0.0084		≯0.04
灰分/%	0.0024		≯0.005
水分/%	无		无
机械杂质	无		无
水溶性酸碱	无		无
腐蚀	合格		T_3铜片、100℃，3h
色度	合格		不大于100

① 6911 系增黏剂。

5 号高速机油台架试验：用加氢方法生产的理化指标合格的 5 号高速机油从 1971 年 10 月在沈阳毛纺厂 B581 细纱机 13 号机上进行试验以来，经 2 个多月运转试验后，理化指标无明显变化，与原使用石油供应站所供应的锭子油比较，具有下列特点：

① 润滑油性能好。经两个月运转后，油质仍清晰，无浑浊现象，而原来用石油供应站供应的锭子油，运转六个月后，换油时发现油质变坏，呈乳化状，黑灰色，且内含有大量磨损铁屑。这说明加氢油润滑性能良好，对于机械磨损起到保护作用。

② 对金属无腐蚀性。原石油站供应的锭子油，使用六个月后对机件有腐蚀现象，润滑部分表面有黑色斑痕，而石油三厂生产的 5 号高速机油，无腐蚀斑痕。

除上述 25 号变压器油和 5 号高速机油两种产品正式投入生产外，为了进一步摸清油性，为生产寻找更多生产方案，在试验室内试调了如下 10 种产品：

ⓐ 260~340℃馏分油直接作 10 号变压器油，理化指标可符合国家标准。

ⓑ 260~340℃馏分油加入 0.2%，抗氧化剂 264 降凝到 0.2%，可生产 40 号变压器油。110kV 电缆油、电开关油，理化指标，除凝固点偏高和在-20℃时析蜡外，其他指标均通过国家标准。

ⓒ 试调的 2 号电容器油 260~340℃馏分油加入 0.2%7001，0.2%264，6%6911 后作了一般分析，因为稠化后发现有严重沉淀，油样浑浊，故未作进一步考察。

ⓓ 主轴油。车床主轴油，6 号精密车床主轴油的存在问题为在+5~7℃有析蜡现象。2 号、4 号精密车床主轴油，车床主轴油防锈性皆不合格。

ⓔ 高速机油方面。7 号高速机油在 7℃左右有析蜡现象；色度不合格。(5 号高速机油在 3~5℃时有析蜡现象)。

10 种调和产品的质量见表 1-1-125。

表 1-1-125　试验室试调 10 种产品质量

油品名称	10 号变压器油	110kV 电缆油	电开关油	2 号电容器油	7 号高速机油	车床主轴油	2 号精密车床主轴油	4 精密车床主轴油	6 号精密车床主轴油	40 号变压器油
添加剂名称及加入量/%		7001，0.2 264，0.2	7001，0.2 264，0.2	7001，0.2 264，0.2 6911，6	751，0.8 264，0.1					7001，0.2 264，0.2
基础油	260~340℃馏分	260~340℃馏分	260~340℃馏分	260~340℃馏分	260~340℃馏分					260~340℃馏分
黏度 20℃/(mm^2/s)	7.74	7.74	7.74	22.19						7.74
黏度 50℃/(mm^2/s)	3.69	3.69	3.69	9.58	6.00	6.21	1.12	3.66		3.69
凝固点/℃	-12	-44	-44	-32	-11.5	-11	-35 以下	-16		-44
闪点(闭口)/℃	138	138	138	138	147.5	159	130	132		138
酸值/(mg KOH/g)	0.007	0.007	0.007	0.007	0.0084					0.007
灰分/%	0.00262				0.003		无	无		
水分/%	无				无	无	无	无		
机械杂质	无				无	0.0043	0.0021	0.0048		
氧化安定性 酸值/(mgKOH/g)	0.056									
氧化安定性 沉淀物/%	0.069									
水溶性酸碱	无				无	无	无	无		
介质损失角(20℃)	0.03									
击穿电压/kV	43					可合格	可合格	可合格	可合格	
腐蚀铜片					合格	合格	合格	合格	合格	
色度/mm					30					

7. 小结

① 采用 3713 和 3715(或 3714)催化剂两段串联的加氢工艺，以大庆宽馏分减压蜡油为原料，在 20.0MPa 下进行润滑油加氢，可获得轻质润滑油(变压器油，高速机油等)，收率 30%~40%。

② 由于催化剂的选择性较差，尤其是异构性较差，不仅对蜡进行了裂解，同时润滑油的理想组分也遭到了严重破坏。因此，加氢生成油较轻，产品凝固点高，黏度低，仅能生产轻质润滑油。

③ 3713、3715、3714 催化剂加氢的起始温度较高。在 0.5~0.75h^{-1}空速时催化剂最高点温度即达 430℃以上(平均温度 420℃)，从而导致了大量的裂解降凝，润滑油的收率减少，使黏度大幅度的降低。

④ 由于起始温度较高，另外又受设备条件的限制，加热炉的最高温度只能达到 470℃，

所以催化剂的使用寿命较短，催化剂单位处理量很低，并且生产也常常在设备允许的最高温度边缘下运转，威胁安全生产。

⑤ 从运转实践来看，两段串联工艺优缺点，对不同作用的催化剂的活性不能充分发挥。因为反应器之间的温差不易随意调节。如照顾前部精制催化剂的温度要求，则后部的裂解反应达不到要求。如考虑后部异构裂解催化剂的作用，则前部精制催化剂势必要在较高温度下运转，也变成了加氢裂解，致使产品过轻，黏度降低很多。

⑥ 本法生产的25号变压器油和5号高速机油，理化指标已经通过国家标准，但存在析蜡问题。25号变压器油在-6.5℃析蜡，5号高速机油在3~5℃析蜡。可是从沈阳变压器厂和沈阳纺织厂的使用情况来看，析蜡问题并不影响使用性能。5号机油的润滑性能良好。25号变压器油的电气性能等方面是符合要求的。

⑦ 润滑油产品存在不同程度的光安定性不好问题，且馏分愈重沉淀愈多。

(五) 3722催化剂的润滑油加氢

在工业装置上对3713、3714、3715等催化剂进行了全面考察，我们认识到：必须要进一步提高催化剂的异构性能，才能满足生产要求。因此，又做了大量的工作。在制备和评价了200多种催化剂后，发现以氧化铝为载体的3722催化剂具有较好的降凝活性，但因当时氟化硼-乙醚原料未能解决，没进行工业放大试生产。1971年11月，根据燃化部召开的润滑油加氢汇报会精神，对3722催化剂制备工艺进行了改进，在试验室解决了制备过程中的重复性的基础上，在100mL微型装置上进行了2800h的寿命试验和1L装置的1000h的产品方案试验，并于1972年4月进行了工业放大。

1. 作为加氢裂解脱蜡催化剂

(1) 3722催化剂性状

3722催化剂是以氟化硼与氧化铝组合为载体，非贵重金属为金属组分，其性状见表1 1-126。

表1-1-126 工业3722催化剂物化性质

粒度/mm	批次	化学组成/%				表面积/(m^2/g)	孔容/(mL/g)	孔半径/nm	耐压强度/(kg/cm^2)
		WO_3	MoO_3	Ni	F				
φ9×6	4	22.49	9.2	4.45	4.79	86.4	0.179	4.14	175
φ6×6	6	21.2	10.89	4.69	4.66	111.5	0.180	3.23	116
φ6×6	8	21.59	10.50	4.71	5.13	106.7	0.181	3.36	128

(2) 试验室催化剂的寿命试验

实验室解决了催化剂制备过程中的重复性问题(见表1-1-127)，在此基础上，在100mL装置上进行了2800h的寿命试验，在1L装置进行了1000h放大产品方案试验，结果分别列于表1-1-128和表1-1-129中。可以看出这种催化剂在第二段加氢中的稳定性较好，并且在1L放大试验过程中，活性、稳定性显得更好一些。这是由于1L的操作因素影响较100mL为小之故。

试验用的原料油为大庆减二、三线混兑蜡油经3713催化剂加氢的精制油，其性状见表1-1-130：

表 1-1-127　3722 催化剂制备的重复性

催化剂编号	压力/MPa	温度/℃	氢油体积比	体积空速/h^{-1}	生成油中>320℃馏分	
					收率/%（质量分数）	凝固点/℃
101	20.0	425	1500/1	1.0	18.6	+10
120	20.0	425	1500/1	1.0	18.1	+11
114	20.0	420	1500/1	0.5	11.5	+10
144T	20.0	425	1500/1	1.0	21.4	+12

表 1-1-128　3722 催化剂寿命试验

连续运转/h	反应温度/℃	体积空速/h^{-1}	压力/MPa	氢油体积比	生成油中>320℃馏分	
					收率/%（质量分数）	凝固点/℃
800	390	0.5	15.0	1500	37.3	13
1280	405	0.5	15.0	1500	25	14.4
1440	410	0.5	15.0	1500	21.1	11.5
1600	410	0.5	15.0	1500	28.5	13
1760	410	0.5	15.0	1500	30.2	16
1800	425	1.0	15.0	1500	30.2	16
2280	430	1.0	15.0	2000	33.1	15.4
2510	440	1.0	20.0	2000	27.2	15.1
2800	440	1.0	20.0	2000	22.2	13

表 1-1-129　3722 催化剂一立升放大运转结果

运转/h	压力/MPa	体积空速/h^{-1}	温度/℃	氢油体积比	生成油中>320℃馏分	
					收率/%（质量分数）	凝固点/℃
100	15.0	0.5	405	1500/1	24.5	12
200	15.0	0.5	408	2000/1	16.8	9
300	15.0	0.5	410	2000/1	19.4	9
400	15.0	0.5	410	1500/1	14.5	8
500	15.0	0.5	410	1500/1	15.7	9
600	15.0	0.5	410	1500/1	13.4	9
700	15.0	0.5	410	1500/1	16.3	8
800	15.0	0.5	410	1500/1	14.8	9
900	15.0	0.5	410	1500/1	15.6	5
990	15.0	1.0	415	1500/1	15.8	10
1020	15.0	1.0	412	1500/1	14.6	9

表 1-1-130　泵料油性状

恩氏分馏												凝固点/℃	碱性氮/(μg/g)	相对密度 d_4^{20}
初馏点	5%	10%	20%	30%	40%	50%	60%	70%	80%	90%	95%			
254	370	391	417	434	450	467	480	499	517	540	554	+49	81	0.8702

（3）1L 装置产品方案考察

在 1L 运转过程中，分别收集空速为 0.5h^{-1}和 1.0h^{-1}的加氢生成油，考察产品方案。空速 0.5h^{-1}时可以直接取得凝固点低于-25℃的变压器油，而在空速 1.0h^{-1}、切割 260～340℃沸程的凝固点只有-22℃。其他理化指标都符合规格要求。变压器油在上海炼油厂进行台架试验，经过 800h 以上的连续运转，油性稳定。结果列于表 1-1-131～表 1-1-133 中。

原料油：大庆减二、三线混兑馏分 3713 催化剂精制油

加氢条件：15.0 MPa、温度 405～412℃、氢油比 1500/1

表 1-1-131　催化剂 1L 装置加氢产品方案

空速/h^{-1}	0.5				1.0			
沸程范围/℃	初～125	125～260	260～340	340～440	初～125	125～260	260～340	340～440
产 品 名 称	轻汽油	航煤	变压器油	机械油	轻汽油	航煤	变压器油	机械油
收率(对生成油)/%	10	48	27	10	22.3	45.2	21.6	9.3
相对密度 d_4^{20}	0.7114	0.7780			0.7011	0.7766		
冰点/℃		-61				<-60		
凝固点/℃			-26				-21.5	
黏度/(mm^2/s)								
20℃		1.69						
50℃			3.51	8.1			3.37	7.2
灰分/%			0.0216					
酸值/(mgKOH/g)		1.5	0.022					
闪点/℃			137				139	
芳烃/%		5.2						
热值/[GJ/kg(kcal/kg)]		43.40 (10381)						
介质损失角								
25℃			0.0003					
70℃			0.0003					
164h 氧化后：(加 0.2%　264)								
酸值/(mgKOH/g)			0.0485					
沉淀物/%			0.0141					

表 1-1-132　3722 催化剂变压器油台架试验

累计运转/h	100	250	400	500	600	750	800
水溶性酸变化/(mgKOH/g)	0.0078	0.0093	0.0086	0.0093	0.0093	0.0083	0.0093
酸值变化/(mgKOH/g)	0.039	0.042	0.042	0.034	0.039	0.042	0.042

表 1-1-133　3722 催化剂生产的变压器油试验前后质量对比

指标项目	黏度 50℃/(mm^2/s)	凝固点/℃	闪点/℃	酸值/(mgKOH/g)	灰分/%	反应	透明度(50)	水溶性酸	色度/号	钠抽出/级
试验前	3.33	-39	137	0.056	无	中	透明	0.0012	小于1	1
试验后	3.365	-33	135	0.042	0.0078	中	透明	0.0093	1~2	1

(4) 工业 3722 催化剂活性评价

工业 3722 催化剂的活性评价是在接近工业条件下，在 100mL 装置上进行的。所用的氢气为工业装置的循环氢，催化剂首先在反应器中进行高压预硫化，硫化油为石油三厂加氢灯油馏分加入 3.2%(体积分数)的二硫化碳。硫化操作升温速度为：在室温至 200℃范围内控制每小时 40℃±5℃，此时废气为每小时 100L，当升温到 200℃时加入硫化油，体积空速 1.0h^{-1}，氢油比 1000：1，这时升温速度减为(15℃±5℃)/h，温度达到 390℃后恒温硫化 6~8h，取尾气测 H_2S 含量，当尾气中 H_2S 含量达 0.6%以上时硫化完毕，切换原料油，进行活性评价。

活性评价的指标是加氢生产油经小柱切割取>320℃馏分的收率和凝固点作为润滑油加氢降凝活性指标。评价结果列于表 1-1-134 中。

表 1-1-134　工业 3722 催化剂活性评价结果

原料油：大庆减二、三线混兑油经 3713 催化剂加氢精制后碱性氮 81μg/g，凝点+49℃，d_4^{20}=0.8702

运转套次	催化剂采样批号	评价条件				生成油中>320℃馏分	
		压力/MPa	温度/℃	空速 h^{-1}(体积)	氢油比(体积)	收率/%(质量分数)	凝固点/℃
1025	P-1	20.0	425	1.0	1500/1	22.25	+13
1125	P-2	20.0	425	1.0	〃	28.4	+10.2
1026	P-3	20.0	420	1.0	〃	14.5	+4
1216	P-4	20.0	425	1.0	〃	16.7	-1
1028	P-5	20.0	425	1.0	〃	15.4	+11
1218	P-6	20.0	425	1.0	〃	29	+13
1029	P-7	20.0	420	1.0	〃	7.6	-2
		20.0	420	1.0	〃	25.3	+11
1219	P-8	20.0	425	1.0	〃	16.6	+13
1220	P-9	20.0	425	1.0	〃	12.4	+11

工业 3722 催化剂活性评价结果表明活性达到实验室水平。

(5) 工业 3722 催化剂加氢“一顶三”产品方案小型试验结果

为了寻找 3722 催化剂工业使用时不同原料油加氢后所得生成油的性状及产品调和方案。结合石油三厂实际情况，在试验室内对大庆减二、三线精制油，加氢尾油(蒸馏塔底油)，常三线三种原料进行了考察。

① 原料油。原料油性状见表 1-1-135。

表 1-1-135　原料油性状

项　　目	减二、三线油		加氢尾油[①]	大庆常三线油
	精制油	3713 精制后（空速 1.0h^{-1}）		
馏程/℃				
初馏点	294	—	252	357
5%	364	349	246	414
10%	380	368	358	423
30%	414	404	380	436
50%	440	432	412	448
70%	469	466	437	464
90%	515	522	488	509
95%	530	549	511	525
相对密度 d_4^{20}	0.8669	0.8609		
黏度(100℃)/(mm^2/s)	6.01	5.34		4.36
凝点/℃	+47	+46	+36	+47
碱性氮/%	0.029	0.0077	0.0048	0.032
硫/%	0.7515	0.147		
芳烃/%			0.66	

① 加氢尾油系工业加氢装置(一、二、三套)蜡油加氢所产生成油，经常压拔去汽油、灯油之塔底尾油。

由表 1-1-135 可见：减二、三线油经 3713 催化剂精制后脱硫率可达 65%，脱氮率达 73%。其精制效果仍不及经深度加氢后的加氢尾油，精制油中的碱氮含量比加氢尾油中碱氮量高 60%，常三线油因未经过精制处理，杂质含量比精制油和加氢尾油都高得多。因而，从 3722 催化剂的活性、寿命等考虑，三种原料以加氢尾油为最佳，其次是减二、三线精制油，常三线油最差。

② 加氢条件及生成油实沸点切割收率。工业 3722 催化剂加氢是在 100mL 微型装置上进行的，用工业循环氢。生成油切割是在实验室实沸点蒸馏装置上进行的。

从表 1-1-136 可看出，不同的原料油对 3722 催化剂加氢条件、润滑油性质及收率，均有较大的差异。在以加氢尾油为原料时除了反应温度比其他两种原料油低 25℃外，润滑油收率分别比精制油及常三线油高一倍与 20%左右。从生成油切割所得的轻馏分外观色来看，加氢尾油色接近水白，其他两种原料油则均呈淡黄色。

表 1-1-136　3722 催化剂加氢条件及生成油性状

试验编号		1126-1	1126-3		1126-4
原料油		减二、三线精制油	加氢尾油		常三线
加氢条件	压力/MPa	20.0	20.0	20.0	20.0
	温度/℃	430	405	410	430
	空速/h^{-1}(体积)	1.0	1.0	1.5	1.0
	氢油比(体积)	1500	1500	1500	1500

续表

试验编号	1126-1	1126-3		1126-4
生成油性状				
>320℃收率/%	18.7	38.8	25.7	32
>320℃凝点/℃	+16	+8	+2	+25
实沸点切割收率(对生成油)/%				
初馏点~60℃	0.84	1.91	0.8	1.0
60~130℃	16.40	6.45	11.3	8.64
130~165℃	9.62	6.01	7.1(130~160)	8.0
165~310℃	44.76	38.58	40.6(160~310)	35.88
310~340℃	6.18	11.1	10.7	6.8
>340℃	16.1	33.6	24.6	38

③ 几种产品调和方案

以变压器油、高速机油为主的轻质润滑油方案如下。

ⓐ 初馏点~165℃馏分作车用汽油，产品性状见表1-1-137。

表1-1-137　初馏点~165℃馏分性状

加氢原料油	减二、三线精制油	加氢尾油	常三线
收率(对生成油)/%(质量分数)	26.86	14.37	16.74
相对密度 d_4^{20}	0.7221	0.6943	0.7170
恩氏蒸馏/℃			
初馏点	75	55	74.5
10%	92	91	98
50%	116	119	124
90%	141	150	149
终馏点	166	183	170
辛烷值(空白)	<45	<45	<45

从上述结果看，汽油除10%点较高外，其他都能符合规格，辛烷值由于系小型装置产品，油样数量不足，故只测了空白辛烷值。

如将60~130℃馏分作重整原料，则芳烃潜含量偏低。三种原料之芳烃潜含量分析结果见表1-1-138。

表1-1-138　芳烃潜含量分析

原料油	减二、三精制油	加氢尾油	常三线
芳烃潜含量/%	34.3	20.7	35

ⓑ 165~310℃馏分作低凝点柴油

165~310℃馏分性状见表1-1-139。

表 1-1-139　165~310℃馏分性状

项　目	减二、三线精制油	加氢尾油	常　三　线
相对密度 d_4^{20}	0.7905	0.7829	0.7846
馏程/℃			
初馏点	—	189	185
50%	222	232.5	232
90%	277	285	278
终馏点	293	298	293
凝固点/℃	<-35	<-36	<-40
闪点/℃	62	≥71.5	64
黏度(20℃)/(mm²/s)	2.49	2.89　3.23	2.71

ⓒ 265~340℃馏分作变压器油

265~340℃馏分性状见表 1-1-140。

表 1-1-140　265~340℃馏分性状

项　目	减二、三线精制油	加　氢　尾　油	常　三　线
收率/%(质量分数)	18.01	26.97	17.3
黏度(50℃)/(mm²/s)	3.57	3.74	3.4
闪点/℃	137	139	143.5
凝固点/℃	-18	-38	-19
加 0.1%7001 凝固点/℃	<-45	<-45	<-45

从表 1-1-138 可见 265~340℃馏分作变压器油时，从理化指标来看是完全符合规格要求的。但 3722 催化剂加氢变压器油氧化后的酸值与沉淀大大超过了老三套油。经过加入 0.15%醌茜后，变压器油的抗氧化安定性基本上与五厂“老三套”产品相近似。试验结果见表 1-1-141。

表 1-1-141　变压器油氧化安定性考察

油 样 来 源	酸值/(mgKOH/g)	沉淀/%
五厂老三套产品	0.1397	0.00965
3722 加氢“一顶三”变压器油(空白)	25.042	3.6178
3722 加氢“一顶三”变压器油加 0.2%264	0.4135	0.0143
3722 加氢“一顶三”变压器油加 0.2%264 0.15%醌茜	0.2067	0.0103

ⓓ >340℃馏分与 265~340℃变压器油馏分调和，生产 5 号或 7 号高速机油，其性状见表 1-1-142。

表 1-1-142 >340℃馏分与 265~340℃馏分调和油性状

3722 加氢原料油	减二、三线精制油	加 氢 尾 油	常 三 线
265~340℃：>340℃馏分	3：1	3：1	3.5：1
黏度(50℃)/(mm^2/s)	4.48	4.35	4.14
凝点/℃	-2	-8	+4

上述基础油在加入适量的 751 降凝剂及 6911 添加剂稠化后，即可生成 5 号或 7 号高速机油。

方案 2：以加氢尾油为原料，在 1.5h^{-1}空速下，所得生成油调和以 10 号机械油为主的润滑油方案见表 1-1-143。

表 1-1-143 以生产 10 号机械油为主的润滑油方案

项 目	初~170℃汽油	170~340℃ 低凝点柴油	>340℃ 10 号机械油
实沸点切割收率/%	22.2	48.4	24.6
相对密度 d_4^{20}	0.7016	0.7858	
初馏点/℃	69.5	闪点>71.5℃	闪点 195℃
10%/℃	93	凝点<-40℃	凝点+2；加 0.2%751 后为<-20℃
50%/℃	121	黏度(20℃)3.81mm^2/s	黏度(50℃)7.79mm^2/s
90%/℃	151	十六烷值 65	残炭 0.014
终馏点/℃	173	—	—
辛烷值(空白)	45		—
胶质/(mg/100mL)	<2	—	—

所列产品除汽油 10%馏出温度偏高外，其他各项质量均能符合汽油，低凝点柴油，10 号机械油规格。

(6) 3722 催化剂用 3705 催化剂精制油进行异构裂解的工业试验

1972 年 10 月及 1973 年 5 月，在加氢车间第三套装置上进行了两次以 3722 催化剂用 3705 催化剂精制油进行异构裂解的试验，试产 25 号变压器油及 5 号、7 号高速机油。在 4 个反应器内分别装入颗粒为 $\phi6\times6$ 的 3722 催化剂 14920kg 与颗粒为 $\phi9\times6$ 的 3722 催化剂 14840kg。

① 原料油与生成油

原料油为大庆减二、三线蜡油(自然混对比)，在 20.0MPa、425~430℃的条件下使用 3705 催化剂的加氢精制，经热高压分离器拔出气相油(轻馏分)后的液相油，简称 3705 加氢精制油(加氢尾油)。其性状见表 1-1-144。

3705 加氢尾油采用 3722 催化剂，在 20.0MPa、390~440℃、空速 0.65~0.77h^{-1}、氢油比(体积)1500：1 的条件下加氢异构裂解，生成油性状见表 1-1-144。

表 1-1-144　3722 催化剂异构裂解原料油及生成油性状

油　　别	相对密度 d_4^{20}	初馏点/℃	10%/℃	50%/℃	90%/℃	碱氮/(μg/g)	50℃黏度/(mm^2/s)	100℃黏度/(mm^2/s)	凝固点/℃	液体收率/%
减二、三线混对蜡油	0.8356	247	363	423	488	219	—	5.0	+45℃	
3705 加氢尾油	0.8100	191	361	425	500	<30	—	4.35	+44℃	
生成油	0.7650	42	106	372	397	—	7.62	2.68	>320℃ +13	>320℃ 22

② 反应温度

第一次运转时，反应最高温度由 423℃ 升到 429℃ 的时间为 31d，平均温升为 0.193℃/d。

第二次运转时，反应最高温度由 423℃升到 429℃仅为 11d，平均温升为 0.545/d。降凝效果比第一次差。详见表 1-1-145，估计这种差别是由于催化剂的颗粒大小所致。

表 1-1-145　催化剂异构裂解反应温度

油量/(m^3/h)	第一次运转	13.2	13.2	13.2	13.2	13.2	13.2
	第二次运转	11.5	11.5	11.5	11.5	11.5	11.5
总平均反应温度/℃	第一次运转	419.4	417.3	420.6	413.2	420	414.6
	第二次运转	418.5	418.6	418.9	420.4	417	423.8
>320℃馏分凝固点/℃	第一次运转	1	3	-8	-1	-2	-7
	第二次运转	11	12	11	2	12	10

从生成油切取 270~340℃润滑油馏分，第一次运转为 20%~25%，而第二次运转为 15%左右。

③ 生成油实沸点切割情况

生成油切割性状见表 1-1-146。

表 1-1-146　生成油切割性状

		初馏点~270℃/%	270~340℃/%	>340℃凝点/℃	>320℃凝点/℃	50℃黏度/(mm^2/s)
混合生成油	Ⅰ	65	21	14	-12℃	7.63
	Ⅱ	69	19	12	-14℃	7.83

混和生成油在实验室切割后的变压器油馏分性状见表 1-1-147。

表 1-1-147　270~340℃馏分(生产 25 号变压器油)小釜切割数据

项目 馏分范围/℃	收　率/%	凝固点/℃	闪点/℃
270~310	8.8	<-35	
270~320	12.7	-35	
270~330	16.3	-30	
270~340	17.2	-30	14

（7）3722 催化剂作为加氢精制催化剂

石油三厂在进行研究润滑油加氢“一顶三”的加氢降凝催化剂过程中，发现进料中的有机碱性氮化物对催化剂活性影响很大。试验室研究表明：3722 作为加氢精制催化剂，脱氮效果比 3713 催化剂强，采用 3722 作为第一段的加氢精制催化剂，其作用除脱除原料油中的氮、硫、氧等非烃类化合物外，尚可使抗氧化安定性和黏温性能较差的多环芳烃加氢开环或加氢饱和，以改善油品的黏温性能和抗氧化安定性。因而如改用 3722 催化剂所生产的加氢精制油，在 300℃左右经热高压分离器闪蒸后的重馏分作为第二阶段加氢降凝的进料，对第二段催化剂的活性是有利的。

① 3722 加氢精制催化剂的工业化运转。采用 3722 催化剂作为润滑油加氢“一顶三”的第一段加氢精制用的工业化生产是在 1973 年 10 月份开始的。经过一年的运转来看：催化剂活性是稳定的。在起始反应温度 380℃，空速变化频繁：从 0.7~1.4h^{-1}，原料油馏分波动较大：常三线油，减二、三线自然混兑油或纯减三线油交替使用；并在多次开工、停工的条件下，催化剂平均温升速度为 0.128℃/d，脱氮率始终保持在 93%以上，液相和气相生成油收率之和稳定在 98%以上，操作一直比较平稳。选择性亦较好，精制操作条件亦较缓和：床层最高反应温度从起始 380℃上升至 418℃，裂化反应轻微。其液相生成油 100℃黏度稍有降低（约降 1~1.5mm^2/s）。

3722 催化剂作为第一段加氢精制催化剂用的原料油性状见表 1-1-148。

表 1-1-148　加氢精制原料油性状

项　目	Ⅰ		Ⅱ	
相对密度 d_4^{20}	大庆减二、三线自然比混兑油		大庆减三线油	74—10—5
馏程/℃	0.8369	0.8414	0.8440	0.8421
5%				
10%	364	345	初馏点 337	336
30%	381	399	405	399
50%	416	—	445	—
70%	444	451	472	460
90%	476	—	496	—
95%	526	509	536	519
碱氮/（μg/g）	546		549	—
凝点/℃	276	304	303	274
黏度（100℃）/（mm^2/s）	+48	+48	+48	+47
族组成分析/%（质量分数）	6.32	6.19		7.13
烷+环烷				
单芳	84.4			
双芳	9.0			
三芳	4.2			
黏度指数	2.4			
残炭/%	95		0.3	
灰分/%	0.069		0.002	

加氢精制操作条件及生成油性状见表1-1-149。

表1-1-149 加氢精制操作条件及精制油性状

项目		减二线油精制	减三线油精制	减三线油精制	
加氢条件	总压/MPa	20.0	20.0	20.0	
	氢分压/MPa	17.6	16.5	17.5	17.0
	一反平均温度/℃	383	390.8	394	
	二反平均温度/℃	381	398	400.1	
	三反平均温度/℃	386	398	402.9	
	床层最高温度/℃			409	
	总平均温度/℃	383.3	395.6	399	
	空速(体积)/h^{-1}	0.9	1.35	1.15	
	氢油比(体积)	850/1	780/1	1500/1	850/1
生成油性质			热高分液相油	热高分液相油	
	d^{40}		0.8260	0.8247	
	馏程/℃				
	5%	333	349	初馏点 214	—
	10%	354	388	382	
	30%	396	424	427	
	50%	427	450	453	
	70%	461	475	474	
	90%	501	515	508	
	95%	517	527	—	
	碱氮/(μg/g)	20	—	4.33	
	凝点/℃	+47	+46	+46	+48
	100℃黏度/(mm^2/s)	5.23	5.32	5.53	
	族组成/%				
	烷+环烷		92.1		
	单芳		7.1	溴价/(gBr/100g) 2.2	
	双芳		0.5		
	三芳		0.3		
	黏度指数		115		

从表1-1-149可见：3722催化剂用作加氢“一顶三”第一段加氢精制催化剂，在起始反应温度380℃，反应压力20.0MPa(氢分压17MPa)，体积空速0.75~1.4，氢油体积比780~

1500：1 条件下，可将原料油中 300μg/g 之碱性氮脱至 25μg/g 以下，多环芳烃小于 2%，馏程前移 20%~30%，残炭量则由 0.1%降至 0.03%，凝固点无明显变化，仍为+46℃，基本上满足第二段降凝对原料油之要求。

第一段 3722 加氢精制物料平衡见表 1-1-150。

表 1-1-150　3722 加氢精制物料平衡

进料/%		出料/%	
原料油	100	热高分液相生成油	93.0
氢	1.2	热高分气相生成油	5.4
		气态氢	2.3
		损失	0.5
合计：101.2		101.2	

热高分气相油的产品分布（对热高分气相油）

汽油	40%
-35℃柴油	25%
农用柴油	20%
脱蜡原料	14.5%
损失	0.5%

② 小结

ⓐ 采用 Al_2O_3加氟化硼组分为载体，以非贵金属钨-钼-镍为活性组元的 3722 催化剂，作为加氢裂解脱蜡催化剂，其生成油>320℃组分约为 20%，其凝固点为+10℃左右。可调制变压器油，高速机油等轻质润滑油。但 3722 催化剂的选择性和异构性均较差。

ⓑ 采用大庆减二、三线（自然比混兑）及减三线油为原料，经 3722 催化剂加氢精制后，经热高压分离器高压闪蒸拔头后的液相油，为第二段的进料，进行加氢降凝，是生产润滑油的良好原料。

ⓒ 3722 催化剂用为加氢精制原料油，可采取汽油-低凝点柴油-变压器油-高速机油的产品切割方案。

ⓓ 3722 催化剂可以 3705 催化剂的精制油为原料油，去进行异构裂解加氢生产 5 号、7 号高速机油及 25 号变压器油。

（六）3731 催化剂的润滑油加氢

1972 年初，石油三厂进一步开展了润滑油加氢“一顶三”的研究，重点放在第二段的加氢降凝催化剂的研究上。共制备了各种类型的催化剂 331 个，其中无定形硅铝载体催化剂 84 个，Y 型分子筛载体催化剂 191 个，其余为 3722 型催化剂的提高和改进。在微型装置上评选了 167 个催化剂，其中无定形硅铝载体催化剂 34 个，Y 型分子筛载体催化剂 103 个。评选表明：上述类型催化剂选择性很差，液体收率低，降凝效果差。但采用低压高温还原处理的 Y 型分子筛载体催化剂，却具有较好的降凝活性，但重复性与稳定性仍较差。

低压高温还原处理，可导致催化剂表面积炭，达到堵孔的目的。在各种石油烃类中，只有正构的直链烷烃和烯烃的分子直径为 5μm，其他环烷烃、芳烃及异构烷烃的分子直径均大于 5μm。因此，设想一下如果能选用一种孔径为 5μm 并具有高硅铝比、有一定裂化活性的分子筛，就可使混合烃中的正构烷烃选择性裂化，而其他润滑油组分被保留下来。据此，于1972年2月成立了新型分子筛“三结合”攻关小组。经过半年的紧张工作，共合成了70批适用于加氢降凝催化剂用的分子筛载体，找到了产品和质量比较稳定的合成条件。

在解决了催化剂制备过程中重复性的基础上，于100mL微型装置上进行了新型分子筛催化剂的稳定性试验及1L装置的放大试验，并于1973年3月及8月分别进行了两次1.5m^3催化剂装入量的半工业放大实验，取得了完整数据，为1973年10月工业生产取得了一次成功。新型分子筛催化剂于1972年11月正式投入了工业生产。

1. *无定形硅铝载体及Y型分子筛载体催化剂的改进*

用无定形硅铝载体及Y型分子筛载体作为第二段的加氢降凝催化剂的考察工作的试验室结果，列于表1-1-151和表1-1-152。试验所用原料油为大庆原油减二和减三线油，按体积一比一混兑的宽馏分蜡油，经3713催化剂精制后的精制油，其油性见表1-1-153。

表1-1-151　减二、三线原料油及精制油性状

项　　目	减二、三线油	精制油
相对密度 d_2^{40}	0.8806	0.8802
5%/℃	402	370
10%/℃	419	391
50%/℃	482	467
95%/℃	552	554
黏度(100℃)/(mm^2/s)	7.61	6.65
凝固点/℃	+50	+49
碱氮/(μg/g)	240	81
残炭/%	0.101	0.025
族组成/%		
烷+环烷	75.0	83.0
单芳	12.0	12.4
双芳	5.3	2.5
三芳	2.8	0.6
非烃	4.9	1.5

表1-1-152　3722催化剂的改进试验

催化剂组成	>320℃/%		
	反应温度/℃	收率(对生成油)/%	凝固点/℃
(1) 改进氢氧化铝成胶条件			
3722(Al_2O_3-BF_3-W-Mo-Ni)	425	18.4	11
90°正加法成胶	420	15.5	10
0℃倒加法成胶	420	25	19
室温正加法成胶(酸性组分为HF+H_3BO_3)	410	22	20
室温固定pH值连续胶体	410	24	10

续表

催化剂组成	>320℃/%		
	反应温度/℃	收率(对生成油)/%	凝固点/℃
(2) 改变酸性组分			
$Al_2O_3-BF_3$(F3%)$-BPO_4$(5%)-W-Mo-Ni	410	24.2	22
$Al_2O_3-BF_3$(F3%)$-BPO_4$(10%)-W-Mo-Ni	410	24	33
$Al_2O_3-H_3PO_4$($P_2O_5$10%)-W-Mo-Ni	430		蜡
$Al_2O_3-BBr_3$(Br10%)-W-Mo-Ni	430		蜡
$Al_2O_3-BBr_3$(Br15%)-W-Mo-Ni	430	55	29
(3) 改变载体组成			
Al_2O_3(90)-MgO(10)$-BF_3$-W-Mo-Ni	430	30.8	21
Al_2O_3(72)-MgO(28)$-BF_3$-W-Mo-Ni	440	55	31
$MgO-Cr_2O_3-Fe_2O_3$-Ni 共沉	430	28	36
Al_2O_3(90)$-SiO_2$(10)$-BF_3$-W-Mo-Ni	390	18	26
$Al_2O_3-Sb_2O_3-BF_3$-W-Mo-Ni	435	31	22
(4)改变活性组分			
$Al_2O_3-BF_3$(F3%)$-32WO_3-10MoO_3$-7Ni	430	41.5	26
$Al_2O_3-BF_3$(F5%)$-32WO_3-10MoO_3$-7Ni	430	35	24
$Al_2O_3-BF_3$(F10%)$-32WO_3-10MoO_3$-7Ni	430	35	26
$Al_2O_3-BF_3$(F5%)$-7Ni-10MoO_3$	430		蜡
$Al_2O_3-BF_3$(F5%)$-3Ni-2CO-10MoO_3$	430	45.5	29
$Al_2O_3-BF_3$(F5%)$-15WO_3-5Cr_2O_3$	435	30	32

(1) 无定形硅铝载体 3722 催化剂的改进

各种催化剂的评价，是在实验室 100mL 装置上进行的。工艺条件为：压力 20.0MPa，体积空速 1.0h^{-1}，氢油比 1500：1。

从表 1-1-151 的 3722 催化剂改进情况来看，无论从改变活性组分，载体组成或采用双重酸性组分，对加氢降凝效果的改进都较差。但从氢氧化铝的成胶工艺改进方面来看，是有一定成效的。总之，对 3722 型催化剂的改进，都不能实现生产中、重质润滑油的突破。经初步实践证明：这种类型催化剂均属于非选择性裂化，对润滑油理想组分破坏较大，达不到润滑油"一顶三"的预期效果。

(2) Y 型分子筛为载体的催化剂评选

① 采用高压氢气还原开工活性评选：评选条件为：15.0MPa，空速 1.0h^{-1}，氢油比 1000：1

表 1-1-153　Y 型分子筛催化剂高压氢气还原开工活性评选

Y 型分子筛交换类型	反应温度/℃	>320℃/%(质量分数)对生成油	凝固点/℃
Y—NH_4—RE—Ni	410	27	46
Y—NH_4—RE—Cr	400	12~25.6	23~46
Y—NH_4—RE—Ni—Mo	380	30	40~46
Y—NH_4—Cr—Ni—Mo	400	30	40~43
Y—NH_4—HCl—RE	390	8.2	41
Y—水中老化—RE—Cr	420	36	41
Y—EDTA 处理—NH_4—RE—Ni	420	21.5	43
Y—Ca—Cr—Mo	420	41.4	41
Y—NH_4—Ca—Zn—Ni	430	30.7	26
Y—NH_4—Ti—Ni	430	57	43

表 1-1-153 表明：以 Y 型分子筛为载体，在采用不同的交换介质与采用高压氢气还原开工方法所进行的活性评选时，加氢降凝活性亦很差，主要表现在>320℃馏分收率低，凝固点高，没有选择性裂解，因而达不到润滑油“一顶三”的预期效果。

② 采用低压高温还原开工活性评选。从表 1-1-154 可以看出，以 Y 型分子筛为载体，以非贵金属镍或镍钼为活性组分，采用低压高温还原开工，有一定的降凝活性，但与贵金属钯为活性组分比较，选择性相差较大。

③ 采用低压高温还原开工的 Y 型分子筛催化剂的生成油窄馏分性状：表 1-1-155 为 Y 型分子筛 2145 催化剂 Y-NH_4-HCl-RE-540℃-Ni-Mo，采用低压高温还原开工时的生成油性状。运转条件为：8.0MPa、430℃、空速 1.0h^{-1}、氢油比 1000：1。生成油相对密度 d_4^{20} = 0.7010，液收 36%~45%(质量分数)，>320℃馏分 37%(质量分数)(对生成油)，凝固点 +2℃。

表 1-1-154　Y 型分子筛催化剂采用低压高温还原开工时的活性评选

催化剂编号	操作条件				>320℃馏分(对生成油)/%(质量分数)	凝固点/℃
	压力/MPa	温 度/℃	空时速/h^{-1}	氢油比(体积)		
3326①	8.0	420	1.2	1000：1	47~62	-5~+3°
2071	8.0	420	0.8	1000：1	15.3~23	-5~+8
2151	8.0	430	1.0	1000：1	29.5~58.8	+17~23
2100	8.0	420	0.5	1000：1	15~18	+7~+19
2101	8.0	420	0.5	1000：1	16.7~20.5	+19~+26
2148	8.0	430	0.5	1000：1	18.8~25.5	+25~+31
2177	8.0	420	1.0	1000：1	25.6~28.7	+5~+17
2147	8.0	430	0.5	1000：1	9.8~33.2	-8~+2
2145	8.0	430	0.75	1000：1	14.7~30.5	-2~+5

① 3326 为兰炼研究所提供的 Y-NH_4-RE-Pd 催化剂。

表 1-1-155　2145 催化剂生成油各窄馏分性状

实沸点切割/℃	收率/%(质量分数)	黏度/(mm^2/s)		凝固点/℃
		100℃	50℃	
初馏点~200	38.8			
200~260	1.1			
260~320	3.7	1.37	2.92	-42.5
320~340	2.9	2.22	6.56	-13
340~380	4.5	4.46	17.53	-3
380~390	4.34	5.56	24.65	-1
390~410	4.3	6.44	30.54	+1
410~430	5.4	7.43	37.28	+2
430~450	4.1	8.44	42.5	+9
450~470	3.4	9.06	46.02	+11
470~500	3.1	10.02	49.1	+13
500~520	1.4	11.32	94.04	+14

从表 1-1-155 可看出：>400℃馏分的凝固点都>+5℃，说明催化剂对重馏分中的蜡的裂解活性较差，因而达不到生产中、重质润滑油的目的。

2. 新型分子筛催化剂的润滑油加氢

(1) 试验用原料油及其加氢精制过程

新型分子筛催化剂试验用的原料油，为大庆减压宽馏分蜡油。经 3722 催化剂加氢精制后的精制油，油性见表 1-1-156。表 1-1-156 的数据表明精制油的碱性氮小于 35μg/g，稠环芳烃小于 1%。非烃杂质大为减少，烷烃和环烷烃的总和达到 85%以上，脱氮率达到 90%以上，黏度指数有所提高。

表 1-1-156　原料油及精制油性状

项　目	减压蜡油	3722 催化剂 精 制 油	减三线蜡油	3705 催化剂 加氢尾油
加氢条件				
总压力/MPa		20.0		20.0
反应温度/℃		380		410
空速/h^{-1}		1.5		0.75
氢油比(体积)		700/1		1000/1
馏程/℃				
5%	402	350	384	316
10%	411	379	408	355
50%	482	457	485	466
90%	—	522	558	538
95%	552	535	582	553

续表

项　目	减压蜡油	3722 催化剂精制油	减三线蜡油	3705 催化剂加氢尾油
100℃黏度/(mm^2/s)	7.61	7.22	7.14	5.22
凝固点/℃	+49	+47	+48	+48
碱性氮/(μg/g)	240	17~35	300	15
残炭/%(质量分数)	0.165	0.01	0.34	0.03
相对密度 d_4^{20}	0.8806	0.8273①	0.8595	0.8456
组成分析/%				
烷烃+环烷烃	75	85.5	76.1	88.6
单芳	12	10.8	10.5	8.8
双芳	5.3	1.46	4.6	0.7
三环芳烃	2.8	0.85	2.2	1.0
非烃	3.2	1.20	4.9	0.9
脱蜡油凝固点/℃	-15	-16	-23	-23
100℃黏度/(mm^2/s)	9.03	7.66		5.7
黏度指数	95	115		125
加氢液体收率/%(质量分数)	—	98.5		73.7

① d_4^{60} 数据。

表 1-1-156 还列出了用 3705 催化剂加氢裂化尾油(即用大庆减三线蜡油经 3705 催化剂加氢裂化，经热高压分离器闪蒸后的尾油)的性质。该油与 3722 催化剂加氢精制油相似。但是，因系深度裂化后的尾油，饱和烃含量达 88%，100℃黏度下降比较显著。

(2) 新型分子筛催化剂的评选

研究并合成成功的新型分子筛，是属于一种 $a_0=12.59$，夹角为 90°立方晶系的八面沸石。这种新型分子筛经过离子交换处理，以非贵金属为助剂，对润滑油馏分中的正构烷烃，具有优异的选择性裂化活性，可以将凝固点+48℃的大庆减二、三线混合油，经 3722 催化剂精制后的精制油加氢降凝生产出-5℃以下的润滑油组分，其评选结果见表 1-1-157。

表 1-1-157　新型分子筛催化剂评选结果

运转条件：20.0MPa，空速 1.0h^{-1}，氢油比 1000：1。

催化剂编号	反应温度/℃	生成油收率/%(质量分数)	生成油>320℃馏分	
			收率/%(质量分数)(对进料)	凝固点/℃
2165	380	69.7	47.7	-8
2166	380	69.7	42.7	-7
2167	380	58.3	35.4	-12
2168	380	65.5	46.4	-52(原数据有误)
2172	380	61.2	34	-1
2173	380	67.8	38.1	-7
2174	380	66.4	43.8	-8

（3）催化剂稳定性的考察

从 1972 年 4 月末开始，用新型分子筛催化剂进行第二段加氢降凝，得到了很好的效果。在解决催化剂制备重复性的基础上，在微型装置上进行了这种催化剂的稳定性试验。编号 2131 催化剂连续运转超过 9600h，编号 2173 催化剂连续运转超过 6400h。2173 催化剂的稳定性试验结果见表 1-1-158。

从表 1-1-158 可以看出，在第二段使用新型分子筛催化剂，加氢降凝活性是很稳定的。反应温度从 370℃开始，到运转中止，温度约升高 25℃，平均温升速度为 0.09℃/d。在长期运转中，发现第一段加氢精制效果，对这种催化剂的影响较大。试验表明，第一段精制油碱性氮控制在 30μg/g 以下，催化剂的活性稳定在 390~395℃。如碱性氮控制在 35~60μg/g，则活性稳定温度在 405~410℃。因此，第一段原料油的精制效果，将直接影响到第二段加氢降凝活性的稳定性和选择性。但原料油中的碱性氮对催化剂的降凝活性中毒是可逆的。

表 1-1-158　2173 催化剂稳定性试验

运转条件：20.0MPa，空速 1.0h^{-1}，氢油比 1000∶1；原料油：大庆减二、三线混合油经 3722 催化剂精制后的精制油。

连续运转/h	反应温度/℃	生成油收率/%（质量分数）	生成油>320℃馏分	
			收率（对进料）/%（质量分数）	凝固点/℃
40	370	67.8	30.2	−13
160	370	67.8	38.1	−7
250	370	67.8	27.2	−21
500	370	63.2	33.5	−20
700	370	62.8	37.5	−12
1000	370	68.2	39.2	−24
1200	370	68.8	44	−7
1500	380	66.1	21.4	−24
1900	395	73.7	32.7	−11
2700	392	64	26.4	−18
3600	387	66.7	43.3	−1
4600	412	66	47	−13
4900	412	66	39.6	−5
6000	405	60.4	30.7	−13
6400	395	68.1	43.8	−11

（4）1L 装置放大效应考察

新型分子筛催化剂在试验室 100mL 装置上取得新型分子筛催化剂初步稳定性试验的基础上，从 1972 年 6 月份开始，在试验室同时用两套 1L 的加氢装置，进行放大效应的考察工作，包括催化剂降凝活性和中期稳定性试验。

第二段加氢降凝的进料是重蜡油馏分，是属于液相反应。试验初期，曾用内径为 80mm 的反应器，装 1L 催化剂，床层高度约 240mm，高径比只有 3，催化剂降凝效果较差。100mL 装置的反应器内径为 25mL，装 100mL 催化剂，床层高度约 250mm，高径比为 10，催化剂的降凝试验效果较好。因此，由于高/径之比太小，不利于重蜡油在反应器中的分配，容易产生边壁短路和沟流现象。后来改用内径为 50mm 的反应器，催化剂的充填高度为

560mm，高径比为11，降凝效果大大好转。

此外，在1L装置放大效应考察中，发现催化剂的颗粒效应也很明显。如果催化剂颗粒大于4mm，对重蜡油的分配扩散就不利。试验又表明，由100mL装置放大到1L装置后，发现催化剂的反应热较大，床层温度波动较激烈。为了取得与100mL装置相同的降凝效果、需要把氢油比加大到2000：1。提高氢油比，对于新型分子筛催化剂的平稳操作和降凝效果均有很大的改善。当氢油比从1000：1提高到2000：1，在同样的效果下，可相应地降低反应温度5~10℃。

1L装置运转结果见表1-1-159。

表1-1-159　新型分子筛催化剂1L装置运转结果

运转条件：20.0MPa，空速1.0h^{-1}

连续运转/h	反应温度/℃	氢油比(体积)	生成油收率/%(质量分数)	生成油>320℃馏分		备　注
				收率(对进料)/%(质量分数)	凝固点/℃	
28	360	1000/1	75.5	26.8	-7	以3705催化剂加氢尾油为原料油
84	385	1000/1	81	27.2	-8	
252	380	1000/1	79.8	24.2	-6	
400	380	1000/1	77.4	28.4	-17	
700	380	1000/1	82.1	28.6	-7	
900	390	1000/1	76.1	31.1	-8	
1000	390	1000/1	73.8	29.5	-11	
1364	400	1000/1	78.4	27.1	-14	
1560	410	1000/1	74.7	35.1	-2	以3722催化剂精制油为原料油
1600	410	1000/1	79.4	41.3	-2	
1650	410	1000/1	80.6	38.9	-7	
1700	400	1000/1	78.7	37.8	-4	
1800	405	2000/1	78.6	31.5	-12	
1850	405	2000/1	72.8	38.6	-4	

在1L装置稳定性考察期间进行的物料平衡，结果见表1-1-160。

表1-1-160　1L装置运转物料平衡结果

项　　目	物料平衡结果
运转条件	
压力/MPa	20.0
反应温度/℃	370
空速/h^{-1}	1.0
氢油比(体积)	1000/1
生成油收率/%(质量分数)	83.8
化学耗氢/%(质量分数)	2.40
轻质烃产率/(kg/100kg原料)	

续表

项目	物料平衡结果
C_1	微量
C_2	微量
C_3	2.65
异构-C_4	7.30
正构-C_4	2.16
异构-C_5	4.78
正构-C_5	1.68
合计	18.57

从物料平衡标定结果看出，第二段加氢降凝中，生成轻质烃类较多，约为进料的20%～25%(质量分数)，但这些轻质烃类含C_1和C_2极少，而以C_3和C_4的异构物为主。

物料平衡如下：

入方		出方	
原料油	100	生成油	83.8
氢	2.4	轻质烃	18.57
		损失	0.03
合计	102.4		102.40

(5) 半工业放大试验

在试验室的研究基础上，为了取得充分的半工业放大试验数据，指导工业生产，1973年3月和8月，在加氢五套装置上进行了两次半工业放大试验，基本上肯定了试验室的主要研究成果，为工业生产试验一次成功打下了基础。

① 半工业化试验流程。两次的流程基本上是一样的，均采用洗氨直冷器流程，如图1-1-17。所不同的是第一次试验用一个反应器，后部没有洗氨直冷器，第二次开工用两个反应器，后部保留洗氨直冷器，但是没有加水。本流程的特点是：

ⓐ 高凝固点的原料油直接进第二换热器和经第一热交预热的循环氢混合，防止原料油凝固。

ⓑ 在循环氢入第一换热器前，安装一个阀门，以弥补系统短，差压小的缺点，提高冷氢的效果。

ⓒ 循环泵、油泵具有灵活的调节余地。

② 主要设备及反应器的结构。根据试验室的实验结果和加氢生产的经验，凡是进料在液相状态下进入反应床层者，其液体分配均匀与否，是否存在防止局部沟流及边壁效应是反应器内部结构能否达到反应要求的关键。因此在半工业化试验与工业化运转用的反应器，采用如下结构：上部装开孔率30%的强制分配板，中间设置再分配装置，即锥形塔盘，下部采用锥形底。为了加强液体的分配，在上部与下部充填$\phi 6\times 6$瓷环。

第一次试验的反应器高径比为6.28，容量$1.2m^3$；第二次试验的第一反应器高径比为7.22，容量$1.42m^3$；第二反应器高径比为8.00，容量$1.54\ m^3$。每个反应器安装3个冷氢点

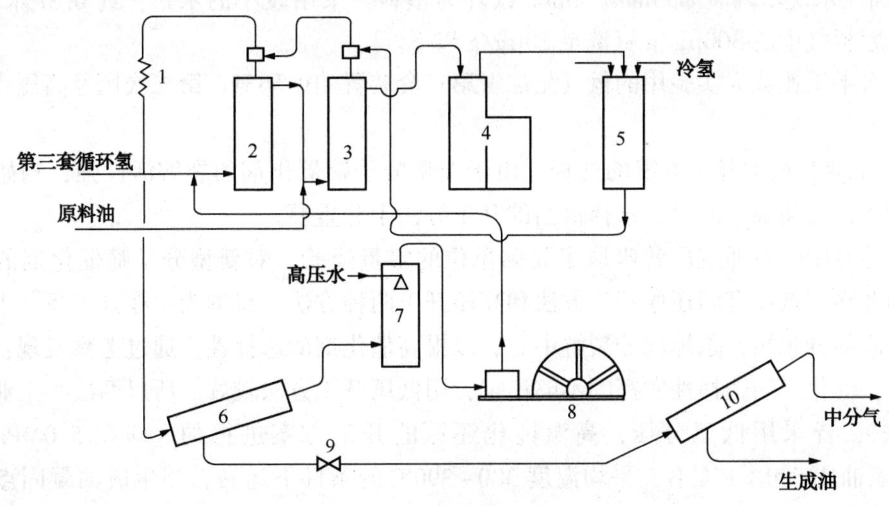

图 1-1-17　半工业试验流程图

1—冷却器；2—换热器 2；3—换热器 1；4—加热炉；5—反应器；
6—高分；7—洗氨直冷器；8—循环泵；9—减压；10—中分

与对称的双侧温热电偶。两个换热器的传热面积分别为 30.2 m^2与 40.6 m^2，加热炉传热面积为 97m^2，总热量为 585kJ/h(140kcal/h)，高压分离器容量为 2 m^3。

③ 原料氢气的选择及处理。试验室一直用的是加氢第三套装置的工业循环氢。其组成见表 1-1-161。石油三厂新氢是水煤气制氢的铜洗氢，含有 300μg/g 的 NH_3和 50μg/g 左右的 CO。在小型试验中发现，这样的铜洗氢对第二段加氢降凝催化剂的活性有抑制作用。

表 1-1-161　加氢车间第三套装置循环氢

组分	H_2	N_2	CH_4	C_2H_6	C_3H_8	iC_4	nC_4	NH_3
含量/%（体积分数）	86.6	10.6	1.2	0.6	0.7	0.2	0.1	17μg/g

为了给工业化放大创造条件，在试验室对铜洗氢中 NH_3和 CO 的影响分别进行了考察：将铜洗氢中 NH_3，在高压下加水洗到 30μg/g 左右和用甲烷化法脱除铜洗氢中微量的 CO(直至 10μg/g 左右)。这两种氢气分别用于第二段的降凝试验。结果表明，铜洗氢中的 NH_3，对新型分子筛催化剂的降凝活性影响很大。微量的 CO 即使不脱除也没有什么明显的影响。

表 1-1-162　铜洗氢及水洗后的铜洗氢

组　分	H_2	N_2	CH_4	NH_3	CO
洗前/%(体积)	88.2	9.8	2.0	约 300ppm	约 50ppm
洗后/%(体积)	88.2	9.8	2.0	<30ppm	约 50ppm

表 1-1-162 为工业铜洗装置软化水洗前后的铜洗氢组成。水洗方法是在 ϕ1000mm×

6000mm 高压水洗塔内装 ϕ35mm×35mm 铁环为填料，采用较小的水量，约 0.3t 水/1000m^3 气即可将原料气中的 300μg/g 氨洗至 20μg/g 以下。

第一次半工业放大实验用的氢气是加氢第三套装置的循环氢。第二次用经高压水洗后的铜洗氢。

④ 半工业化放大开工方案的选择。由于新型分子筛催化剂的裂解活性强，初始反应温度跳动激烈，易超温。所以，选择恰当的开工方法十分重要。

在试验室中，石油三厂曾吸取了兄弟单位的宝贵经验，对新型分子筛催化剂的开工方法，分别考察了低压高温还原开工方法和高压开工两种方法。目的为：在开工条件下，促使催化剂表面部分积炭，杀掉部分裂解中心，以提高催化剂的选择性。通过考察发现：用高压开工方法，催化剂的选择性发挥的不够稳定，用低压开工方法较好。所以两次半工业放大的开工方法，，皆采用低氢分压，高温钝化还原的开工方案进行的。即在 5.0MPa，空速 1.0h^{-1}，氢油比 500：1 左右，平均温度 380~390℃的条件下运转，当生成油凝固点逐步回升到 0℃以上时，作为钝化结束。

钝化结束后，可以停油升压，也可以带油升压。第一次半工业放大试验时，用的是停油升压再加油调整的方法。第二次半工业放大试验时则用带油升压的方法。后者较前者在操作上，较为方便和合理。升到 20.0MPa 后调整反应温度，找到合适的降凝条件。

表 1-1-163 为两次开工钝化进程的概况，表 1-1-164 与表 1-1-165 分别为两次开工时的钝化情况。

表 1-1-163　两次开工钝化进程

步　　骤		时间/h	
		第一次	第二次(以二反新催化剂为准)
升压 0~5.0MPa		5	6.5
升温恒温	常温~120℃	7	9.5
	120℃恒温	4	4.5
	120~150℃	2.5	2
	150℃恒温	2	4
	150~200℃	3.5	二反 150℃恒温一反已到 200℃
200℃进油空速 0.5h^{-1}		3.5	4
200~300℃升温，空速 0.5h^{-1}		11	14
300~340℃		13.5	6
340℃进油(空速 1.0h^{-1})		3	4
340~380℃升温		16.5	22360℃后加大空速 1.5h-1
380~390℃恒温		61	117
合计		129	189.5

第一次钝化用的原料油是减三线 3705 精制油，第二次钝化用的油是常三、减二 3705 精制后的尾油，目的都是为了节省 3722 精制油(第二段用的原料油)。但常三、减二 3705 精制油对催化剂的钝化速度较慢，这是因为馏分较轻，碱性氮较低的缘故。

表 1-1-164　第一次开工钝化阶段运转情况

1973 年 3 月		运转条件					生成油质量		
		压力/MPa	空速/h^{-1}	氢油比(体积)	反应温度/℃		相对密度 d_4^{40}	>320℃馏分收率/%(质量分数)	>320℃馏分凝固点/℃
日	时				最高	平均			
26	16	5.0	0.5	2000	264	251.5	0.8036	52.8	+41
27	8	5.0	0.5	2000	337	313.1	0.7862	34.8	+28
27	16	5.0	1.0	1000	340	326.5	0.7945	47.4	+36
28	8	5.0	1.0	1000	383	353.5	0.7694	33.8	+12
28	19	5.0	1.0	1000	391	366.5	0.7728	32.3	-3
28	24	5.0	1.0	1000	393	367.6	0.7667	26.8	-8
29	6	5.0	1.0	1000	400	374.5	0.7734	34.0	-17
29	20	5.0	1.0	1000	402	384.5	0.7766	36.7	-17
30	8	5.0	1.0	1000	400	384.6	0.7812	39.4	-13
30	12	5.0	1.0	1000	397	385.5	0.7830	40.4	-7
30	15	5.0	1.0	1000	391	382.2	0.7889	43.5	+1
30	18	5.0	1.0	1000	391	384.1	0.7933	48.3	+2
30	19	5.0	1.0	1000	389	378.4	0.7919	49.5	+3

表 1-1-165　第二次开工钝化阶段运转情况

1973 年 8 月		运转条件							生成油质量		
		压力/MPa	空速(对二反)/h^{-1}	氢油比(体积)	一反温度/℃		二反温度/℃		相对密度 d_4^{40}	>320℃馏分收率/%(质量分数)	>320℃馏分凝固点/℃
日	时				最高	平均	最高	平均			
5	10	5.2	0.5	2000	322	317.2	282	280.3	0.7472	22.2	+16
5	14	4.5	0.5	2000	338	331	315	305.6	0.7431	21.4	-8
5	20	5.0	1.0	1000	341	335.6	330	320.7	0.7572	29	+9
6	4	5.2	1.0	1000	353	347.8	347	336.7	0.7452	27	-2
6	16	5.1	1.5	750	370	363.8	389	361	0.7388	23.2	-7
7	16	5.1	1.5	750	385	379.7	392	375.5	0.7557	26.2	-3
8	20	5.0	1.5	750	394	391.2	407	384.9	0.7535	25.6	-12
9	14	5.3	1.5	750	400	396.9	412	391.5	0.7537	28.2	-19
10	20	5.4	1.5	750	400	397.1	399	387.8	0.7594	27.9	-15
11	8	4.9	1.5	750	400	395.6	390	380.7	0.7633	33.4	-8
11	14	5.4	1.5	750	400	394.8	383	377.5	0.8143	66.3	+28①

① 更换 3722 精制油。

(6) 半工业化生成油油性及产品

20.0MPa 压力下生成油混合样性状见表 1-1-166 和表 1-1-167，第一次半工业化试验 20.0MPa 下生成油混合样，在试验室 500L 釜上分馏了 8 次，取得了一致的数据。取第 5 次蒸馏窄馏分数据列于表 1-1-168 中。第三到第 8 釜相应的窄馏分试挑出 11 个产品。调和所得产品馏分范围、产率、主要质量指标见表 1-1-169。

表 1-1-166　第一次半工业化试验 20.0MPa 下生成油性状

相对密度 d_4^{20}	初馏点/℃	10%/℃	20%/℃	30%/℃	40%/℃	50%/℃	60%/℃	70%/℃	80%/℃	90%/℃	95%/℃	碱性氮/(μg/g)
0.7720	—	—	80	109	138	190	250	307	380	432	424	8

>320℃馏分					
收率/%(质量分数)	凝固点/℃	50℃黏度/(mm²/s)	100℃黏度/(mm²/s)	黏度比(ν_{50}/ν_{100})	黏度指数
32	-9	24.73	5.62	4.40	—

表 1-1-167　半工业化试验钝化阶段生成油性状

油样来源	1973 年 3 月 29 日 5 时，采自装置馏出口 压力：5.0MPa，空速 1.0h⁻¹，平均温度 374.4℃，氢比(体积)= 1000 : 1				
油样性状	相对密度 d_4^{40}：0.7734；溴价：1.08gBr/100g >320℃馏分收率 31.7%(质量分数)；50℃黏度：31.7mm²/s 100℃黏度：6.4mm²/s；黏度比 4.9；凝固点-20℃ 平均液体收率 76%(质量分数)				
馏分范围/℃	累计收率/%(质量分数)	50℃黏度/(mm²/s)	100℃黏度/(mm²/s)	黏度比	凝固点/℃
液体烃	15.37				
<197	57.77	(辛烷值 74.4)			
197~360	73.57				
360~380	76.17	7.25	2.52	2.92	-25
380~400	78.42	11.24	3.62	3.08	-17
400~420	81.12	16.54	4.23	3.92	-15
420~440	83.6	25.59	5.52	4.63	-14
440~460	86.7	35.59	6.69	5.32	-14
460~480	90.82	53.03	8.89	5.95	-16
480~500	90.04	68.0	10.90	6.42	-17
500~520	97.00	77.31	12.12	6.35	-17
520~540	98.93	85.81	13.29	6.45	-15
540~560	100				
>360℃润滑油总收率(对生成油)/%	26.43				

表 1-1-168 第一次半工业化 20.0MPa 压力下生成油混合样窄馏分性状

馏分范围/℃	收率/%(质量分数)	累计收率/%(质量分数)	20℃黏度/(mm^2/s)	50℃黏度/(mm^2/s)	黏度比	黏度比	黏度指数	凝固点/℃	闪点/℃	相对密度 d_4^{20}
液态烃	13.45	13.45								
初馏点~40	2.9	16.35								
40~60	10.4	26.75								
60~130	14.2	40.95								
130~170	7.9	48.85								0.7121
170~180	1.08	49.93								0.7672
180~270	14.36	64.29							55	0.7822
270~300	2.57	66.86	6.43	3.0					130.5	0.8140
300~330	1.91	68.77	9.88	4.21				-29	143	0.8590
330~360	3.21	71.97	18.28	6.40				-14	164	0.8630
360~390	4.78	76.76		9.91	3.13	3.1		-8	183	
390~420	3.95	80.71		15.54	4.07	3.8		-6	200	
420~440	6.18	86.89		31.84	6.47	4.9	60	-10	215	
440~470	5.01	91.90		50.79	8.83	5.7	60	-22	242.5	
470~500	4.7	96.60		68.19	11.28	6.0	80	-25	268	
500~530	2.5	99.10		86.53	13.49	6.4	80	-20	270	
>530	0.9	100.0		127.98	18.59	6.9	95	-18		

表 1-1-169(1) 第一次半工业化试验 20.0MPa 压力下产品分布及质量

名称	馏分范围/℃	产率/%(质量分数)	凝固点/℃	闪点/℃	黏度/(mm^2/s)	添加剂
车用汽油	<180℃	35.0				
-35℃柴油	3~5 釜 180~300 6 釜 180~310 7 釜 180~300 8 釜 180~310	 20.9 16.0 18.2	-35			
-25℃变压器油	4 釜 305~405 5 釜 300~330 6 釜 310~340 7 釜 300~360	— 1.9 3.0 5.6	— -29 -27 -29	— 143 135.5 134.5	$\nu_{20℃}/\nu_{50℃}$ 9.88 4.21 10.81 4.46 9.9 4.29	(264) 0.3%
8 号稠化机油	3 釜 310~360 5 釜 330~360 8 釜 310~360	5.5 3.2 3.4	-14	144 164	4.5 6.4	未加
10 号机械油	5 釜 360~420 6 釜 340~420 7 釜 360~420 8 釜 360~400	8.7 7.2 8.94 10.6	-7 -10 -8	183 158 177	$\nu_{50℃}$ 12 $\nu_{50℃}$ 9 $\nu_{50℃}$ 9	751 降凝剂 0.5%

续表

名　称	馏分范围/℃	产率/% (质量分数)	凝固点/℃	闪点/℃	黏度/ (mm^2/s)	添加剂
22号透平油	4釜405~445 4釜445~465 5釜420~440 6釜400~430 7釜420~440	 6.2 5.75 8.44	-12 -15 -10 -7 -10	198 215 201 223	$\nu_{50℃}$ 19.39 45.5 31.8 19.33 26.6	(264) 0.3% (751) 0.3%
30号透平油	3釜400~440 440~480 6釜430~460 8釜400~450	9.7 10.9 6.85 6.6	 -19 -4 -16	187 223	$\nu_{50℃}$ 13.9 43.9 39.0	(264)0.3%
46号透平油	7釜440~500 8釜400~450	10 6.6	-16 -11	248 213	ν_{50} 52.08	(264) 0.3%
10号汽油机油	4釜445~525 5釜440~470 5釜470~500 460~480 6釜480~500	 5.01 4.7 4.57 4.77	-20 -22 -25 -22 -24	238 242 268	$\nu_{100℃}$ 10.3 8.8 11.3 9.7 12.3	(694)　2% (6411)0.25%
11号柴油机油	8釜450~490 8釜490~430	6.9 8.7	-22 -21	238 263	$\nu_{100℃}$ 9.0 $\nu_{100℃}$ 12.03	(694)　3% (6411)　0.5%
14号柴油机油	3釜500~530 5釜500~530 6釜500~530 7釜500~530	3.5 2.5 1.1 3.9	-25 -20 -23 -26	 270 285	$\nu_{100℃}$ 14.1 $\nu_{100℃}$ 13.5 $\nu_{100℃}$ 15.48 $\nu_{100℃}$ 14.1	(694)　3% (6411)　0.5%
9号压缩机油	>530℃釜底油 (过滤后)		-19		$\nu_{100℃}$ 17~18	

表 1-1-169(2)　混合样调和后的产品质量(加添加剂后)

名　称	馏分范围/℃	产　品					
		凝固点/℃	闪点/℃	50℃黏度/ (mm^2/s)	100℃黏度/ (mm^2/s)	黏度比	酸值/ (mgKOH/g)
25℃变压器油	310~340	-25	142	4.68			0.0068
8号　稠化机油	310~360	-21	150	4.75	1.88	2.53	0.0067
10号　机械油	340~420	-16	168	9.83			0.010
22号　透平油	400~430	-16	202	23.0			0.010
30号　透平油	440~380	-10	208	29.10			0.010
46号　透平油	440~500 400~450	-16	228	47.87			0.010
10号　汽油机油	470~500	-20	234	58.81	10.0	5.9	0.187
11号　柴油机油	490~530	-19	242.5	65.32	10.80	6.5	0.50

续表

名　称	馏分范围/℃	产　品					
		凝固点/℃	闪点/℃	50℃黏度/（mm^2/s）	100℃黏度/（mm^2/s）	黏度比	酸值/（mgKOH/g）
14号　柴油机油	500~530	-30	275	91.94	14.07	6.6	0.447
9号　压缩机油	>530 釜底油经过滤后	-17	280	131.29	18.60		0.0067

第二次半工业化试验的20.0MPa压力下，生成油性状及产品分布见表1-1-170。新型分子筛催化剂3731的试验，除了得到润滑油产品外，还得到相应数量有价值的气体产品，其产率约占25%（质量分数），气体组成见表1-1-171。

表1-1-170　第二次半工业化试验生成油性状

馏分/℃	收率/%（质量分数）	50℃黏度/（mm^2/s）	100℃黏度/（mm^2/s）	黏度比 ν_{50}/ν_{100}	凝固点/℃
初馏点~190	35.2				
190~270	5.34				
270~360	8.15	2.62			-45
360~400	11.0	10.75	2.83	3.8	-18
400~440					-8
440~480	10.3	31.28	5.0	6.25	-8
480~520	12.0	67.80	10.48	6.45	-5
>520	7.6	96.25	13.30	7.20	-4

表1-1-171　半工业化3731催化剂生成气组成

项　目		第一次试验	第二次试验
操作条件	压力/MPa	20.0	20.0
	空速/h^{-1}	1.0	0.6
	平均温度/℃	385	398.5
	最高温度/℃	400	420
	床层温差/℃	23	29
	氢/油（体积）	5000	4400
生成气组成/%（体积）	H_2	17.1	15.2
	N_2	1.9	4.4
	CH_4	0.5	—
	C_2H_6	1.9	1.7
	C_3H_8	26.3	28.2
	iC_4H_{10}	30.5	21.5
	nC_4H_{10}	12.0	13.5
	iC_5H_{12}	8.9	11.5
	nC_5H_{12}	0.9	4.5

（7）半工业化试验总结

① 通过两次半工业化放大试验，证明润滑油加氢"一顶三"的道路是可行的。3731 新型分子筛催化剂可以在生产装置上实现工业化，特别是第二次试验和工业化条件更加接近，为今后工业化放大创造了有利条件。

② 在半工业化实验时，反应床层有较大温差是正常的，这是加氢裂化反应固有的特点。在以往的加氢催化剂（如 3705，3722，3652 等）床层也都有温差；但是这个温差并不妨碍整个床层催化剂作用的发挥。对新型分子筛催化剂则不然，两次的半工业化试验都有最高点温度，都有大温差。用一个反应器时，最高点温度在下部，用两个反应器时，最高点温度在第二反应器的下部，最高点温度和前一层之间的温度几乎占整个床层温差的一半，因此严重的妨碍着整个催化剂作用的发挥。为什么会在反应器的最后部分形成最高点温度？分析认为：

第一，是由这个催化剂的特性所决定的。通过两次半工业化试验，证明 3731 催化剂的裂解活性是很强的。能够把凝点+49℃、终馏点 530℃、含蜡 33%的重蜡油，大于 320℃馏分的凝固点降到-5℃以下，就证明了这一点。另外，其液收低（一般为 75%左右），气体产率高（一般在 25%左右）更证明了这一点。由于其裂解性强，相应的加氢反应也是激烈的，因此耗氢大，放热多是这个催化剂的特点。如果没有一定的流速和足够的热载体把反应热及时导出，造成热的积累，这样就加剧裂解和加氢反应的进行，势必在反应器后部形成一个高温点。

第二，和床层的物料分配状况与循环氢量有关系。对于以液相为主的反应，物料分配均匀与否是很关键的。如果分配不好，不仅催化剂不能全部发挥作用，而且油流比较集中的部位反应就比较激烈，容易造成局部过热，循环氢量小是导致分配不好，形成最高点深度点的主要原因之一。

第三，是床层所处的位置所决定的。第一次试验用一个反应器，最高点温度在下部。认为是系统短，流速变化影响大造成的。第二次用个两个反应器，结果在第二反应器下部仍然出现了最高点。由于他们都处在最后部，受操作条件的影响较大。压力、减压、尾气排放（送分离）和冷氢在允许的范围内变化时，这点温度都随着发生相应的变化，而其他温度几乎没有变化，这是和它所处的地位直接相关的。

③ 实践证明 3731 催化剂活性高、稳定性好。在两次试验中的调整过程中最高点温度都曾达到过 440℃。调整正常后，最高点温度回到 400℃左右，仍能发挥其降凝活性。

需要说明的是，第二次半工业化放大试验时，第一反应器的催化剂是第一次试验用过的。已经经过一次钝化，已经运转 752h。再进行 3722 精制，该催化剂在反应器内封密放置 98 天。在第二次试验中，这部分旧催化剂经掏出检查后，又重新装了进去，并另补了 0.2m^3 新催化剂。经分析旧催化剂的积炭为 11.97%，而在小型试验时，在同样条件下积炭为 10%左右。新旧催化剂的分析见表 1-1-172。

表 1-1-172　第一次半工业化试验前后催化剂分析

项　目	物化性质			积炭量/%	备　注
	表面积/（m^2/g）	孔容/（mL/g）	平均孔半径/nm		
运转前	240~250	0.229~0.267	1.9~2.1	—	
运转后	75.9	0.114	3.0	11.97	反应器上部混合样
运转后	89.4	0.115	2.57	11.62	反应器中部

在第二次试验中，在 1.0h^{-1}空速下尽管平均温度已达到 410℃，但仍得不到理想的降凝效果。在第一反应器出口取样分析后，发现第一反应器催化剂活性不好。按照所装催化剂的容量估计，原料油经过第一反应器后，凝固点一般应能降低将近一半。但是几次取样结果表明只能降低 1/3。为什么第一反应器的催化剂活性衰退了呢？分析认为：

第一，是由于氨中毒。在第二次试验中，进入 20.0MPa 后，在空速 0.9 h^{-1}、氢油比 2400：1、平均温度 405℃时，降凝活性较为稳定。这时，由于原料油碱性氮比较高，又未加高压水，并且铜洗后的水洗因水源不足而循环使用，致使循环氢中的氨含量超过 100μg/g 达 50h 之久，最高达到 192μg/g，待把氨洗下来之后，催化剂的活性再也重复不了氨含量高之前的活性。这是氨对催化剂的减活起了作用。根据小型试验的经验，氨对 3731 催化剂的活性是有抑制作用的，但是活性一般还是可以恢复的。至于是否完全恢复，需要多少时间才能恢复，尚待进一步作工作。总而言之，氨含量高对 3731 催化剂的活性是有害的。

第二，原料油中碱性氮含量高 ，对催化剂也有毒化作用。在第二次半工业化试验时，由于对原料油中碱性氮的认识不足，一度放宽了控制指标，结果给第二段的降凝，带来很大困难。碱性氮含量高的原料油不仅使反应温度高，而且不利于充分发挥催化剂的作用。特别是旧催化剂装在前部先和高碱性氮的原料油接触，从而毒化了催化剂的活性。

第三，由于第一反应器反应温度低。考虑到 3731 催化剂活性比较强，如采用活性稍差的旧催化剂，将有利于反应温度的控制，因此把旧催化剂放在第一反应器。但由于第二反应器的新催化剂活性高，当第一反应器的温度提高后，就可使第二反应器的温度急升多倍，因此，这就限制了旧催化剂的提温。当时第一反应器的平均温度只提到 414℃，而这一温度对需较高反应温度的高碱性氮含量的原料油是偏低的。

第四，经过两次钝化，使催化剂活性有了一定程度的衰退。由于两次钝化，时间都较长，不仅杀掉了催化剂的初活性，而且对催化剂的正常活性也有所损伤。在第二次钝化过程中，第一反应器的平均温度高达 397℃，即充分显示了上述现象。

通过这次运转我们认为：原料油的碱性氮和循环氢中的氨含量必须按指标严格控制。考虑到催化剂的合理使用，旧催化剂最好放到后部。

④ 关于氢油比。氢油比这个概念包括了几层含义：其一是足够的氢油比才能把反应热带出；其二是在一定的反应器内适当的氢油比才会有合理的流速与停留时间；其三是适当的氢油比才能有助于物料的均匀分配。

通过两次半工业化试验，我们深感氢油比对 3731 催化剂的加氢降凝反应是一个很重要的参数。在第一次试验时，当氢油比达到 5000：1 才取得了较好效果。当氢油比减到低于 3000：1 时降凝效果就差。在第二次试验中，氢油比达 3000：1 左右时，才取得了较好的效果。实践证明，对新型分子筛催化剂来说，氢油比用来提高流体流速带走反应热的作用是主要的，因此氢油比不能太小。

另外，也不能排除氢油比影响分配和停留时间的作用。在第一次试验的钝化阶段，氢油比约 1000：1，整个钝化过程是理想的。但是到了 200 气压，氢油比增至 3000：1 以上，结果就不理想。当氢油比增大到 5000：1，达到了钝化时的停留时间，结果又变的理想了。这种情况似乎证明是适当的停留时间起了作用。

至于增大氢油比对改善物料分配的作用，则是非常明显的。在两次试验中，加大氢油比对缩小床层温差，避免最高点温度，都有明显的作用。这说明流体分配有所改善。

⑤ 关于冷氢。必须注意冷氢的使用量。当用量过大时，不仅不利于平稳操作，并且使

用冷氢部位的催化剂的作用不能得到发挥，冷氢用量大了，减少了系统的氢油比，直接影响了物料分配，特别是对直径比较小的反应器。

第一次半工业化试验时，由于用了第五层的冷氢，使该部分的催化剂（近乎 1/3 的催化剂）不能有效地发挥作用。在第二次的试验中，用冷氢控制了温度，尽管取得了一定的降凝效果，但是质量不够稳定。

由此可见，采用适当的氢油比与尽可能少的冷氢量对消除最高温度点，做到合理使用催化剂是很重要的。

⑥ 关于原料油。试验室结果表明，减二、三线原料油经 3722 催化剂精制后，当碱性氮控制在 30μg/g 以下时，3731 催化剂的起始温度是 380~390℃。在第二次半工业化试验中，原料油中的碱性氮达 40μg/g，平均反应温度就高 10℃。因此在第一段的精制油中的碱性氮含量应该作为一个重要指标加以控制。

⑦ 关于新氢与循环氢。必须严格控制氨含量。

⑧ 关于物料分配问题。液相反应物的物料分配问题，特别是在流速较小时，分配问题表现的更为突出。因此在反应器内采取有效的分配设施是必要的。

⑨ 对 3731 催化剂来说，能够在 1.0h^{-1} 的空速下稳定运转。空速的变化，一般有如下规律。

当生成油相对密度很轻时（d_4^{20}<0.72），提高空速是有利的。

当生成油相对密度较大，而反应温度又不允许再提高时，降低空速是有利的。

⑩ 循环氢带油问题。由于 3731 催化剂的裂解反应较深，生成大量的气体，所在的循环氢中含有相对分子质量较大的烃类化合物较多。因此出现了循环氢带油现象（特别是当反应温度较高时）。循环氢带油的条件是：

ⓐ 生成油凝固点高（+25℃以上），在高压分离器内有水的情况下，容易发生乳化，造成带油。

ⓑ 高压分离器的温度较高（>50℃）也容易带油。

ⓒ 系统反应温度也较高也会造成带油。

因而在运转过程中应避免上述异常情况的发生。

（8）工业试生产

① 催化剂。在小型装置通过 9600h 稳定性试验和两次半工业化放大试验所取得的较好结果的基础上，于 1973 年 10 月在加氢第三套装置上进行了工业化放大试生产。其工艺流程见前面图 1-1-14。催化剂的装填情况见表 1-1-173。

表 1-1-173　第二段催化剂分布

反应器规格/mm	高径比(*H/D*)	催化剂床层高度/mm	催化剂体积/m^3	催化剂质量/t
1330×190×7900	5540/788=7.04	5410	2.58	1.625
1330×190×7900	5540/788=7.04	5480	2.50	1.575
1270×190×10500	8600/818=10.5	8600	3.97	2.50
1270×190×10500	8600/818=10.5	8600	3.97	2.50
			13.0	8.20

② 5.0MPa 钝化开工与带油升压。根据半工业化放大的经验，为了更好发挥新型分子筛催化剂的初活性和选择性；工业化放大仍然先用 5.0MPa 钝化的方法开工。

5.0MPa 钝化开工是在低压高温条件下进行的，能防止局部超温并通过对催化剂活性中心部分积炭来调节金属中心和酸性中心的比例，有利于选择性加氢裂解的进行。

钝化开工原料油为大庆减二，三线蜡油经 3722 催化剂精制后的精制油。

钝化分 4 个阶段进行：

ⓐ 200~340℃，0.5h^{-1}空速升温钝化阶段。升温速度 10~15℃/h；氢油体积比 1000∶1。控制指标：生成油相对密度 d_4^{20}<0.78；>320℃馏分凝固点<-5℃。

ⓑ 340~400℃，1.0h^{-1}空速升温钝化阶段。升温速度<7℃/h；氢油体积比 500∶1；控制指标：生成油>320℃馏分凝固点<-5℃。

ⓒ 1.0h^{-1}空速恒温钝化阶段。平均温度 380℃±3℃；最高点温度不大于 400℃；空速 1.0h^{-1}；氢油体积比 500∶1；控制指标：生成油>320℃馏分凝固点<-5℃。

ⓓ 钝化完成指标。在催化剂床层平均温度 380℃条件下，生成油大于 320℃馏分凝固点由 0℃以下逐步升到 0℃以上，并且连续出现两个分析结果后，即认为钝化完成。

ⓔ 0MPa 钝化过程数据见表 1-1-174，5.0MPa 钝化阶段物料平衡见表 1-1-175。

表 1-1-174　5.0MPa 钝化数据

加油累计时间/h	床层总平均温度/℃	循环氢		体积空速	氢油体积比	生成油分析		
		H_2/%	NH_3/(μg/g)			d_4^{20}	>320℃/%	凝固点/℃
10	250	90.2	0	0.37	1200∶1	0.8402	53.5	+17
34	307.7	83.9	0	0.65	750∶1	0.7622	36.3	-10
52	325.9	78.0	0	1.0	500∶1	0.7854	53.0	+28
100	361.0	78.0	0	1.0	500∶1	0.7748	45.7	-6
156	379.1	82.4	0	1.0	500∶1	0.7589	42.9	-4
160	378.5	83.6	0	1.0	500∶1	0.7630	45.4	+5
162	378.6	82.5	0	1.0	500∶1	0.7612	43.2	+5

表 1-1-175　5.0MPa 钝化阶段物料平衡

入方/%(质量分数)		出方/%(质量分数)	
原料油	100	生成油	81.0
耗氢	1.45	气态烃	20.15
		其中：	
		C_1，C_2	0.63
		C_3	4.18
		iC_4	7.50
		nC_4	3.61
		iC_5	2.68
		nC_5	1.55
		损失	0.3
总计	101.45	总计	101.45
化学耗氢/(Nm^3/t 原油)		162.5	

这次的钝化过程与小型半工业化试验时的趋势是一致的，但降凝活性出现的早，持续时间长，每一个温度都能稳定一段时间，在平均温度350℃及380℃下稳定时间最长，分别为38h和48h。在钝化过程中四个反应器总平均温度不超过380℃±3℃，但每个反应器每层温度都达到380℃，因此，钝化进行的比较充分，为20.0MPa取得较好的降凝效果打下了基础。5.0MPa开工程序图及开工曲线图见图1-1-18和图1-1-19。

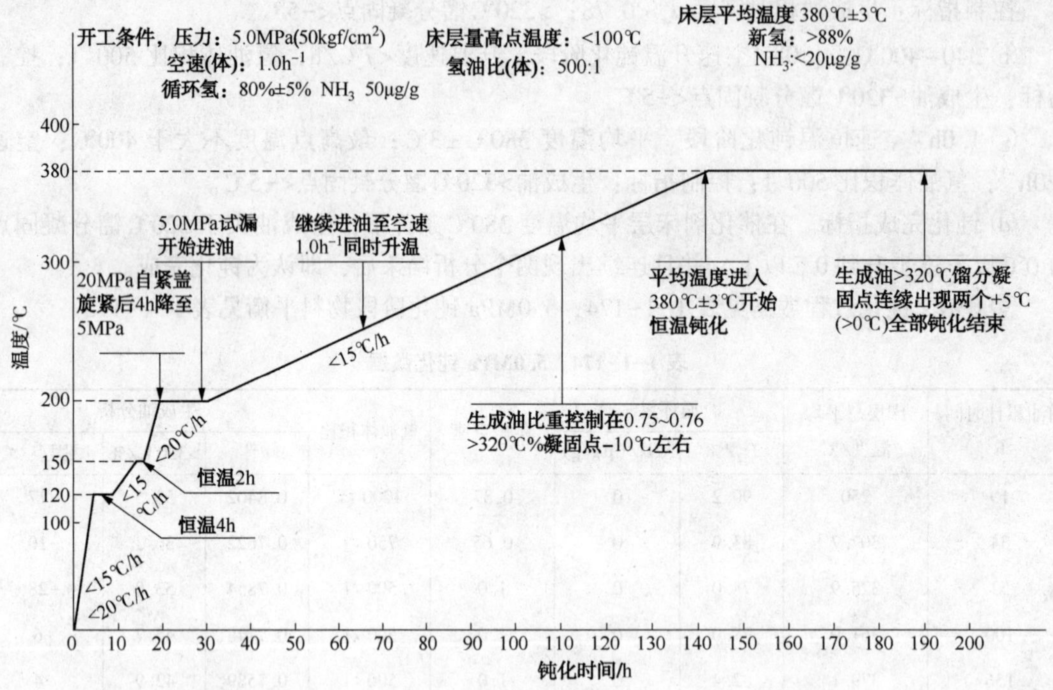

图1-1-18 润滑油加氢“一顶三”工业试生产5.0MPa开工曲线图

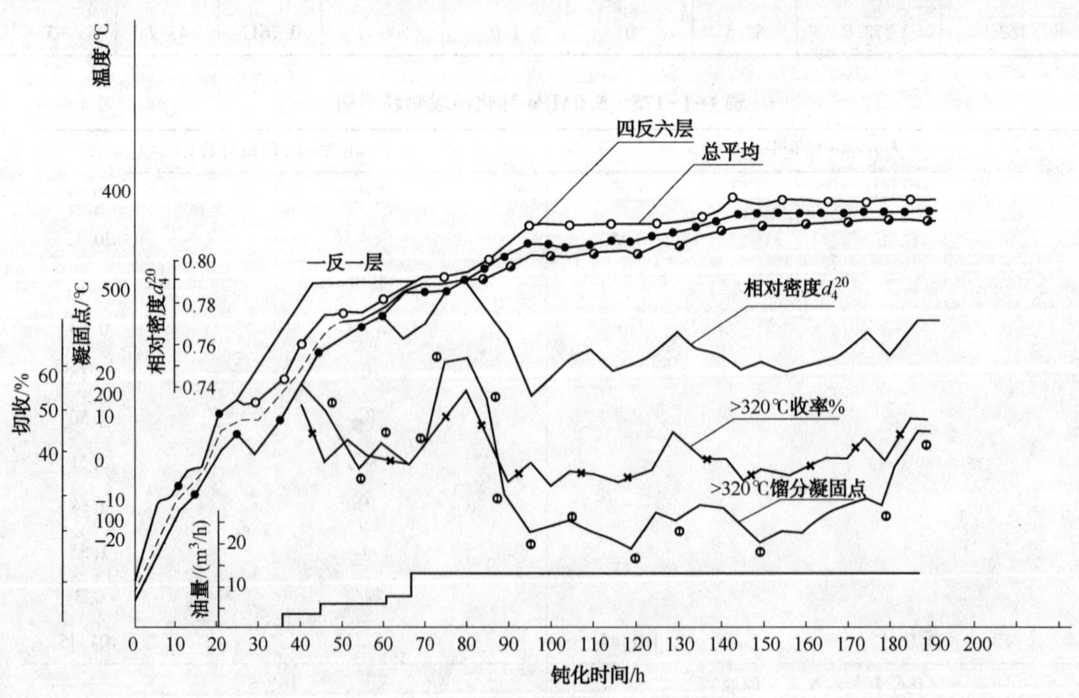

图1-1-19 加氢三套3731开工程序图

钝化阶段生成油，由于汽油诱导期较短和产品不够稳定，故重新进行了加氢处理。5.0MPa 钝化生成油油性见表 1-1-176~表 1-1-178。

带油升压和初活性调整：钝化结束后，把空速减到 0.75h^{-1}，并开始升压，在系统压力达 13.0MPa 时，催化剂床层温度为 359℃，生成油大于 320℃馏分凝固点为-5℃，在钝化完成后第 9h，系统压力达 20.0MPa，床层平均温度 350℃时，大于 320℃馏分凝固点为-16℃。至此即进入 20.0MPa 正常运转。

表 1-1-176　5.0MPa 钝化生成油窄馏分油性

取样来源	1973 年 10 月 13 日加氢第三套装置馏出口取样，5.0MPa，平均温度 380℃，空速(体积)1.0h^{-1}，氢油比 500：1				
油样性状	相对密度 d_4^{20} 0.7570 碱氮 4μg/g 溴价 0.7033gBr/100g >320℃收率 36.5%(质量分数)		黏度 ν_{50}44.9mm^2/s，ν_{100}8.35mm^2/s 黏度比 5.38 平均液收 81%(质量分数) >320℃凝固点-17℃		
馏分范围/℃	收率(对生成油)/%(质量分数)	ν_{50}/(mm^2/s)	ν_{100}/(mm^2/s)	黏度比(ν_{50}/ν_{100})	凝固点/℃
液态烃					
初馏点~190	33				
190~270	6.8				
270~300	2.3	3.16			-50℃以下
300~360	4.4	7.47	2.46	3.04	-31
360~400	3.9	15.37	3.94	3.9	-21.5
400~440	9.95	39.2	6.86	5.7	-29.5
440~480	7.65	81.0	11.83	6.8	-27
480~520	7.15	83.50	13.30	6.3	-17
>520	4.27	134.3	19.76	6.8	+2.5
	>360℃馏分(润滑油)总收率 32.9%(质量分数)				

表 1-1-177　钝化过程的汽油、柴油性状

油类	辛烷值	十六烷值	d_4^{20}	初馏点/℃	10%/℃	20%/℃	30%/℃	40%/℃	50%/℃	60%/℃	70%/℃
汽油	61	—	0.7052	33	64	73	81	90	100	110	123.5
柴油	—	76.5	0.8420	148	208	219	232	245	258.5	273.5	291

油类	80%/℃	90%/℃	终馏点/℃	诱导期/min		ν_{20}/(mm^2/s)	10%蒸余物残炭/%	闪点(闭口)/℃	腐蚀	凝固点/℃	苯胺点/℃
				空白	加(264)0.02%						
汽油	136.5	146	195	480	4000 以上						
柴油	306	323	338			4.37	0.022	72	合格	-46	48.3

表 1-1-178　钝化过程的灯油性状

油品	馏分范围	点灯试验烟点/mm	闪点/℃	馏程(270℃)/%	终馏点/℃	水溶性酸碱
灯油	190~300	22	66	90	297	无
灯油	190~270	不合格	65	—	276.5	无

③ 20.0MPa 下催化剂活性考察及标定数据。第二段加氢降凝投产后，为了全面考察新型分子筛催化剂的稳定性和选择性，每月全面标定 1~2 次；并对其油品进行评价。标定结果见表 1-1-179。

表 1-1-179　加氢"一顶三"第二段 3731 催化剂工业化生产运转数据

运转条件：20.0MPa，0.8h^{-1}空速，催化剂床层平均温度稳定在 360℃以下；原料油；减三精制油

时间	年—月—日	1973-10-28	1974-1-15	1974-2-1	1974-3-1	1974-4-1	1974-8-17
运转条件	压力/MPa	200	200	200	200	200	200
	氢分压/MPa	168	160	156	164	162	158
	一反平均温度/℃	366.1	374	383.5	382	393.2	396
	二反平均温度/℃	365.6	373.7	382.5	383	392	395
	三反平均温度/℃	374	383.8	393	392	402.3	406
	四反平均温度/℃	380.1	392.3	398.8	402.5	406.5	413
	最高反应温度/℃	388	405	403	406	418	420
	总平均温度/℃	369	381	389.4	389.2	398.5	402.5
	空速/h^{-1}(体积)	1.01	1.01	1.01	1.09	1.01	1.01
	氢油比(体积)	1670∶1	1700∶1	1700∶1	1500∶1	1700∶1	1700∶1
生成油性状	相对密度 d_4^{20}	0.7742	0.7530	0.7530	0.7670	0.7750	0.7727
	溴价/(gBr/100g)		10.4	13.4	11.56	10.6	
	>320℃收率/%(质量分数)	39.2	31.6	28.8	38.9	42.6	36
	凝固点/℃	-5	-13	-13	-17	-14	-6
	100℃黏度/(mm^2/s)	8.36	5.72	5.7	6.8	7.08	6.18
	50℃黏度/(mm^2/s)	44.8	25.1	24.9	33.15	35.4	29.0
	黏度比	5.35	4.4	4.2	4.88	5.02	4.7
	黏度指数	75	85	85	80	80	
	<190℃汽油辛烷值	68	72	72	74	73	

在此阶段，温度平稳，没有明显上升，较实验室推荐的平均温度低 12~15℃，床层温差 20℃，没有突出的最高温度点。温度分布比较理想，但黏度比较高，约在 6.2~7.0，后将生成油的>320℃馏分凝固点由原来的-10~-20℃提高至-5~-10℃则黏度比亦相应地降至 5.5~6.0。

在稳定条件下，对反应过程亦进行了热平衡标定和计算，其反应热为 421.60MJ/kg（100.86kcal/kg 原料油）。

空速提至 1.1h^{-1}催化剂床层平均温度由 360℃提至 370℃，生成油>320℃馏分收率和凝固点均达试验室水平，但反应温度仍比小型装置推荐的低 10℃，说明 3731 催化剂的初活性是稳定的。

从标定数据可以看出，催化剂的稳定性是较好的，一年来催化剂床层最高点温升速度仅为 0.227℃/d，床层温度由运转初期的 360℃升至 420℃，看来催化剂至少可用一年以上，较原加氢裂化催化剂寿命约可提高一倍以上。

从选择性来看，3731 催化剂脱蜡降凝活性一直很好，但裂解性能随着反应温度的提升有所增加，液体收率由初期 84%降至目前的 75%~77%，相应气态烃收率由 16%上升至 24%（见表 1-1-180~表 1-1-182）。

表 1-1-180　减二、三线 3722 精制油，3731 加氢裂化物料平衡，28/10-1973

进料/%（质量分数）		出料/%（质量分数）	
原料油	100	生成油	84.0
氢	2.1	气态烃	16.3
（折合纯氢 235Nm³/t 原料油）		其中：C_1 约 0.0173	
		C_2 约 0.166	
		C_3 约 3.589	
		iC_4 约 6.541	
		nC_4 约 2.268	
		iC_5 约 2.840	
		nC_5 约 0.901	
		损失约 1.8	
合计 102.1		102.1	

表 1-1-181　减三线 3722 精制油，3731 加氢降凝物料平衡 1/4-1974

进料/%（质量分数）		出料/%（质量分数）	
原料油	100	生成油	79
氢	2.77	气态烃	23.1
		其中：C_1 约微量	
		C_2 约 0.27	
		C_3 约 5.99	
		iC_4 约 7.64	
		nC_4 约 4.08	
		iC_5 约 5.6	
		nC_5 约 1.52	
		损失约 0.69	
合计 102.77		102.77	

表 1-1-182　减二、三线 3722 精制油 3731 加氢降凝物料平衡 17/8-1974

进料/%（质量分数）		出料/%（质量分数）	
原料油	100	生成油	75.00
氢	2.83	气态烃	26.73
		其中：C_1 约 0.03	
		C_2 约 0.25	
		C_3 约 7.21	
		iC_4 约 6.32	
		nC_4 约 5.12	
		iC_5 约 4.26	
		nC_5 约 3.54	
		损失约 1.10	
合计 102.83		102.83	

3731催化剂工业运转产品分布情况，生成油实沸点切割的窄馏分性状及气体分析见表1-1-183~表1-1-185。

表1-1-183　3731催化剂工业化运转产品分布情况　%

产品	对生成油收率	对二段进料油收率	对一段进料油收率
液态烃	9.5	7.23	6.72
汽油	27.0	20.9	19.41
-35℃柴油	16.2	12.55	11.68
轻质润滑油	25.2	19.52	18.15
中质润滑油	21.6	16.85	15.56
损失	0.5	0.45	0.39

表1-1-184　减二、三线精制油，3731生成油实沸点切割性状

馏分范围/℃	收率/%（质量分数）	累计/%（质量分数）	50℃黏度	100℃黏度	黏度比	凝固点/℃	闪点/℃	残炭/%	灰分/%	酸值/（mgKOH/g）
初馏点~190	32.7	辛烷值68			诱导期335min					
190~270	6.48	39.18								
270~300	1.57	40.75	2.98				121			
300~360	4.43	45.18	6.42	2.26	2.8	-22	145		0.001	0.046
360~400	5.29	50.47	13.6	3.67	3.7	-9	178	0.0038	0.001	0.025
400~440	9.3	59.77	29.2	4.18	7	-5.5	207	0.0025	0.0018	0.0077
440~480	12.3	72.1	91	12.5	7.3	-22.5	235	0.0055	0.0016	0.008
480~520	8.96	81.06	95	13.92	6.8	-13	259	0.068	0.0014	0.015
>520	6.31	87.37	129	19	6.8	4	299	0.35	0.0018	0.026
气体	12.73	100								

表1-1-185　3731催化剂工业运转时的气体分析数据　%(体积分数)

时间 / 项目 / 气体	28/10—1973			1/4—1974			17/8—1974		
	溶解气	循环氢	新氢	溶解气	循环氢	新氢	溶解气	循环氢	新氢
H_2	21.2	83.2	93.6	15	81.2	93.5	12.2	77.0	90.4
N_2	2.4	11.3	6.1	2.0	13.2	6.2	2.1	12.7	9.6
C_1	0.2	0.2	0.3	—	0.4	0.1	0.3	1.0	
C_2	0.7	0.2		1.6	0.4	0.2	1.7	0.8	
C_3	21.4	2.2		26.0	3.0	—	27.8	5.1	
iC_4	28.7	1.9		26.8	1.3		23.9	2.2	
nC_4	10.3	0.5		14.1	0.5		14.6	1.2	
iC_5	11.2	0.5		10.2			11.5		
nC_5	3.9	—		4.3			5.9		
NH_3	—	—					—		

(9) 3731 催化剂工业化生产的润滑油性状

① 产品理化性状。对工业生产所得加氢降凝生成油中馏程大于360℃润滑油的各个窄馏分进行了考察，生成油>320℃馏分的凝固点与黏度比，润滑油各窄馏分的凝固点与黏度比的相互关系如图 1-1-20 所示。

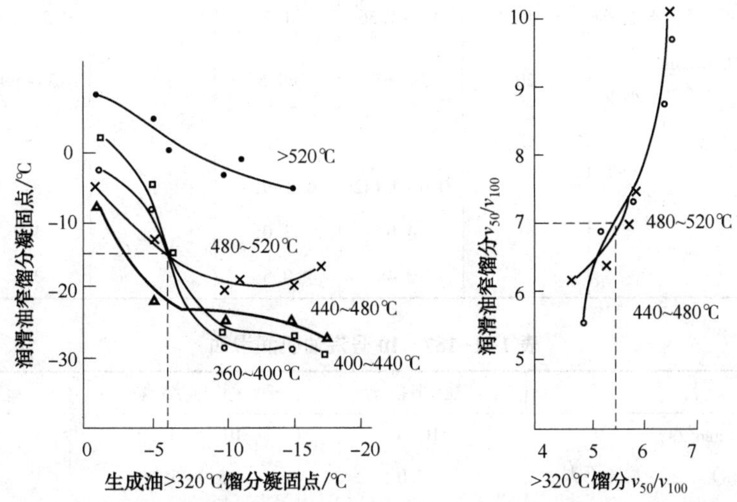

图 1-1-20　工业试生产所得生成油>320℃馏分与润滑油窄馏分关系图

从图 1-1-20 可以看出，如果调制内燃机油，加氢降凝生成油>320℃馏分的凝固点应控制在-6~10℃，而黏度比则应控制在 5.5 以下(控制在 5.2 以下较为稳妥)。

将加氢降凝生成油，切割为不同的窄馏分，按其性质调成各种产品，其理化指标数据分别见表 1-1-186~表 1-1-191。所列分析结果表明，由 3731 催化剂加氢降凝的生成油所调配的各种润滑油产品的理化指标，均符合规格要求。

表 1-1-186　11 号柴油机润滑油与 14 号柴油机润滑油

类　别		11 号柴油机润滑油			14 号柴油机润滑油		
项　目		质量指标	实际结果	老工艺成品	质量指标	实际结果	老工艺成品
运动黏度(100℃)/(mm^2/s)		10.5~11.5	10.9~11.45	10.96	13.5~14.5	13.97~14.4	14.02
运动黏度比(v_{50}/v_{100})	不大于	6.5	5.9~6.3	5.31	7.0	6.26~6.74	5.84
酸值(未加添加剂)/(mgKOH/g)	不大于	0.1	0.0031~0.01	0.0216	0.1	0.001~0.01	0.0216
残炭(未加添加剂)/%	不大于	0.4	0.12~0.17	0.224	0.55	0.12~0.17	0.354
灰分/%							
未加添加剂时	不大于	0.005	0.0016~0.003		0.006	0.0028~0.003	0.0015
加添加剂后	不小于	0.25	0.59~0.68	0.0016	0.25	0.03~0.65	0.52
闪点(开口)/℃	不低于	205	225~235	230	210	230	234
凝固点/℃	不高于	-15	-18~-20	-17	0	-12~-19	-4.7
水溶性酸碱							
加添加剂后	不大于	中性或碱性	中性	中性	中性或碱性	中性	中性
机械杂质/%							
加添加剂后	不大于	0.01	0.0031~0.0067	0.0038	0.01	0.003~0.0088	0.0037

续表

类别 项目		11号柴油机润滑油			14号柴油机润滑油		
		质量指标	实际结果	老工艺成品	质量指标	实际结果	老工艺成品
水分/%	不大于	痕迹	痕迹	痕迹	痕迹	痕迹	痕迹
腐蚀度/(g/m^2)	不大于	13	0.3~1.36	1.2	13	0.5~1.97	0.87
热氧化安定性(250℃)/min	不小于	20	39~67	80.5	25	39~60	135
糠醛或酚		无		无	无	无	无
751添加量/%			0.0~0.142	0.8~1.1			
694添加量/%			4.0	3.0		4.0	3.0
6411添加量/%			0.4	0.5		0.4	0.5

表1-1-187　10号汽油机润滑油

项目		质量指标	实际结果	老工艺成品
运动黏度(100℃)/(mm^2/s)		10~12	10.65~11.97	11.17
运动黏度比(ν_{50}/ν_{100})	不大于	7.0	5.9~6.31	5.33
残炭(未加添加剂)/%	不大于	0.35	0.17	0.199
酸值(未加添加剂)/(mgKOH/g)	不大于	0.15	0.005	0.0216
灰分/%				
未加添加剂时	不大于	0.02	0.003	0.0016
加添加剂后	不小于	0.25	0.51~0.65	
水溶性酸或碱				
加添加剂后		中性和碱性	中性	中—碱
机械杂质/%				
加添加剂后	不大于	0.01	0.0034~0.0048	
水分/%		痕迹	无~痕迹	痕迹
闪点(开口)/℃	不低于	200	230	243
凝固点/℃	不高于	-15	-20~-22	-16
腐蚀度/(g/m^2)	不大于	10	0.23~0.5	
浮游性/级	不大于	2.5	2.0~2.5	
751添加量/%			0.00~0.02	0.9
694添加量/%			3.0	2.0
6411添加量/%			0.3	0.25

表1-1-188　13号压缩机油

项目		质量指标	实际结果	老工艺成品
运动黏度(100℃)/(mm^2/s)		11~14	12.48	12.47
酸值(未加添加剂)/(mgKOH/g)	不大于	0.15	0.0039	0.025
抗氧化安定性(氧化后沉淀)/%	不大于	0.3	0.3	0.0068

续表

项　　目		质量指标	实际结果	老工艺成品
灰分/%				
未加添加剂时	不大于	0.015	0.002	
水溶性酸或碱		无	无	无
机械杂质	不大于	0.007	无	无
水分/%		无	无	无
闪点(开口)/℃	不低于	215	224	250(原数据有误)
腐蚀度/(g/m^2)	不大于	60	1.76	42.8(原数据有误)
6411 添加量/%			0.4	

表 1-1-189　白油原料

项　　目		10 号白油原料		30 号白油原料	
		质量指标	实际	质量指标	实际
运动黏度(50℃)/(mm^2/s)		7~13	7.17~10.6		25.8~38.55
凝固点/℃	不高于	-5	-5~ -9		-5~-8
残炭/%	不大于	0.15	0.0062~0.031		0.025~0.04
灰分/%	不大于	0.007	0.0020~0.052		0.0020~0.034
水溶性酸碱		无	无		无
酸值/(mgKOH/g)	不大于	0.14	0.0014~0.0062		0.0062~0.097
机械杂质/%	不大于	0.005	无		无
水分		无	无~痕迹		无~痕迹
闪点(开口)/℃	不低于	160	162~174		187~124
腐蚀(T_3 铜片，100℃，3h)		合格	合格		合格

表 1-1-190　50 号机械油

项　　目		质量指标	实际结果	老工艺成品
运动黏度(50℃)/(mm^2/s)		47~53	47.8~51.38	51.26
凝固点/℃	不高于	-10	-15	-17
残炭/%	不大于	0.3	0.023~0.095	0.111
灰分/%	不大于	0.007	0.0016~0.0038	0.003
水溶性酸碱		无	无	无
酸值/(mgKOH/g)	不大于	0.35	0.004~0.01	0.08
机械杂质/%	不大于	0.007	无	无
水分		无	无	无
闪点(开口)/℃	不低于	200	209~230	230
腐蚀(T_3 铜片)		合格	合格	合格
色度/mm				5
264 添加量/%			0.02	
751 添加量/%			0.0~0.089	

表 1-1-191　22 号透平油性状

项　　目		质量指标	实际结果
运动黏度(50℃)/(mm^2/s)		20~23	23
酸值/(mgKOH/g)	不大于	0.02	0.01
闪点/℃	不小于	180	202
凝固点/℃	不大于	-15	<-20
抗氧化安定性沉淀物/%	不大于	0.1	—
灰分/%	不大于	0.005	0
抗乳化度/min	不大于	8	4.9
反应		无	无
机械杂质/%		无	无
苛性钠抽出/级	不大于	2	—
透明度(5℃)		透明	—

② 内燃机油台架试验和行车试验。由加氢降凝生成油调制的 10 号车用机油和 14 号柴油机油，与老三套工艺生产的同类产品同时进行了浮游机评定和 1105 单缸试验。此外，对 10 号车用机油又进行了行车试验。行车试验是采用国产解放牌卡车一共行驶 15000km，机油没有更换。试验结果分别列于表 1-1-192~表 1-1-194。

表 1-1-192　内燃机油台架测试结果

油　　别	10 号车用机油		14 号柴油机油	
样品编号	加氢	老三套工艺成品	加氢	老三套工艺成品
添加剂品种及用途	694　3% 6411　0.3%		694　4% 6411　0.3% 751　0.2%	
浮游性试验/级	0.5~1.5	2	1	1~2
1105 单缸试验				
清洁评分/分	6.85	10.82	5.65	8~9
铝片腐蚀/(g/m^2)	0.4	1.0~1.3	0.92	1.0~1.3
机油耗量/[g/(hp·h)]	6.11	5.6	4.99	5.2

表 1-1-193　10 号车用机油行车试验中理化指标的变化

行车里程/km	500		1000		15000	
样品编号	加氢	老三套工艺成品	加氢	老三套工艺成品	加氢	老三套工艺成品
质量变化情况						
运动黏度(100℃)/(mm^2/s)	10.42	10.35	10.25	10.70	10.1	10.5
黏度比(ν_{50}/ν_{100})	6.2	5.55	6.5	5.4	6.4	5.5
残炭/%(质量分数)	0.49	0.407	1.18	1.51	1.09	1.44
酸值/(mgKOH/g)	0.0628	0.05	0.281	0.69	0.324	0.66
灰分/%	0.31	0.234	0.892	0.59	0.93	0.41

续表

行车里程/km	500		1000		15000	
样品编号	加氢	老三套工艺成品	加氢	老三套工艺成品	加氢	老三套工艺成品
水溶性酸碱	无	无	无	无	无	无
机械杂质/%	无	无	无	无	0.03	0.03
水分/%	痕迹	痕迹	—	—	0.03	0.02
闪点(开口)/℃	222	246	—	—	240	214
凝固点/℃	-18	-14	-15	-15	-19	-18

表 1-1-194　行车试验检查结果

项　　目	加　氢　油	老三套工艺成品
汽缸磨损值/mm	0.072	0.013
活塞清洁性评分/分	3.86	1.68
活塞环矢量/g	0.550	0.6133
活塞抗磨性/mm	0.022	0.022
曲轴磨损值/mm	0.0035	0.004
曲轴瓦磨损值/g	0.2253	0.1235
连接杆磨损值/g	0.5	0.7
生成油泥量/g	137.0	230.5
机油耗量/(g/km)	5.4	3.1

由所列数据可以看出，浮游机和 1105 单缸试验以及行车试验的结果都说明：除 10 号车用机油耗油量较高外，加氢产品的性能均可达到甚至超过老三套工艺的产品。

(10) 讨论

① 关于加氢过程中油品化学组成的变化。用加氢工艺生产润滑油，可使油品中的烃结构发生深刻的变化。表 1-1-195 列出了加氢过程中油品化学族组成的变化情况，表中数字说明：大庆减压宽馏分蜡油经第一段 3722 催化剂加氢精制后，稠环芳烃有所下降，而烷烃和环烷烃相应增加，与此同时黏度指数亦有所增高。由红外法结构分析得出的 C_N 值由 17.7%增加到 29.7%，这是由于芳烃加氢饱和成环烷烃的速度大于环烷烃开环反应速度的结果。但当精制油通过第二段加氢降凝后，稠环芳烃含量反而增加，黏度增高，黏度指数下降，这是加氢降凝的一个特点。

加氢降凝和溶剂脱蜡的过程原理是不一样的。加氢降凝过程必须在较高的温度和较高的压力下，通过选择性的加氢裂化，使正构烷烃裂化。溶剂脱蜡则是在冷冻的温度下，除去结晶析出各种组分，其中也包括带有侧链的烷烃。两个过程虽然有这样的差异，但却都是除去大体上相似的烃类，因此所得油品族组成的变化也应相似。但是提高操作的苛刻度以进一步降低加氢油的凝固点，就会引起加氢油的黏度提高，以致两种过程所得产品的黏度和黏度指数显示出较大的差别。这是在加氢降凝的同时把部分润滑油理想组分也裂解掉了所致。

表 1-1-195　加氢过程中油性变化

试　　样	减压宽馏分蜡油溶剂脱蜡后	一段加氢精制油溶剂脱蜡后	一段加氢精制油加氢降凝后
凝固点/℃	-3	-3	-5
黏度/(mm^2/s)			
100℃	7.28	6.35	8.77
50℃	34.1	26.3	45.5
黏度指数	97	110	75
烃族组成分析/%(质量分数)			
烷烃+环烷烃	67.5	84.5	79.2
单环芳烃	15	13.5	15.9
双环芳烃	7.2	0.8	2.0
多环芳烃	4.8	0.6	1.3
非烃	5.5	0.6	1.6
结构分析(红外法)/%			
C_A	13.5	5.1	5.9
C_P	68.8	65.3	57.5
C_N	17.7	29.7	36.6

由表 1-1-195 可以看出，加氢降凝油和溶剂脱蜡油的凝固点相近，但前者的 C_P 值比后者显著降低，而 C_N 值又与分子结构中—$(CH_2)_n$($n\geqslant4$)链的长短有关，因此 C_P 值的降低只能是与环状分子中长侧链($n\geqslant4$)的断裂有关。由于长侧链的断裂，分子的平均环数增多，所以油品的黏度增高，黏度指数降低。产生这种情况的原因，推测可能是由于所用的新型分子筛孔径偏大(为 0.7~0.8nm)，除了正构烷烃外，一部分带侧链的环状化合物也被裂解掉了，影响了润滑油的质量，也影响了油品的收率。另外，也可能在沸石笼子结构外表面附近的活性位上产生一些侧链断裂反应，在高压条件下，这种活性位的作用更为突出。

因此，为了弥补加氢降凝油黏度指数下降的缺点，可采用糠醛抽提，除去低黏度指数的组分。另一方面，在一段加氢中提高加氢深度，尽量将多环芳烃去掉，提高黏度指数，使二段加氢降凝油黏度指数回跌的幅度缩小，或者将二段加氢降凝催化剂沸石笼子结构外表面上的活性位削弱，进一步提高分子筛对正构烷烃的选择性，以达到降凝及控制侧链断裂副反应的目的。后面这种方法是实现加氢工业生产较高黏度指数润滑油的根本途径，看来也是可行的。

加氢脱蜡润滑油的质量见表 1-1-196。

表 1-1-196　内燃机油的质量

项　　目	加氢脱蜡油	老三套
理化分析		
黏度(100℃)/(mm^2/s)	11.25	11.2
黏度指数	80	102
凝固点/℃	-20	-16
闪点/℃	230	243

续表

项　目	加氢脱蜡油	老三套
残炭/%(质量分数)	0.17	0.2
酸值/(mgKOH/g)	0.005	0.022
发动机试验		
清洁评分/分	6.85	10.82
铝片腐蚀/(g/m^2)	0.4	1
机油耗量/[g/(hp·h)]	6.1	5.6
行车试验(15000km)		
汽缸磨损值/mm	0.072	0.013
活塞清洁评分/分	3.86	1.68
活塞环失重/g	0.55	0.61
活塞抗磨性/mm	0.022	0.022
曲轴磨损值/mm	0.004	0.004
连杆磨损值/g	0.5	0.7
轴瓦磨损值/g	0.22	0.12
机油耗量/(g/km)	5.4	3.1

加氢过程中油品组成结构的变化：见表1-1-197。

表1-1-197　油品组成结构变化

项　目	原料油(溶剂脱蜡前)	精制油(溶剂脱蜡油)	精制油(加氢脱蜡后)
凝固点/℃	-3	3	-5
黏度/(mm^2/s)			
100℃	7.28	6.35	8.77
50℃	34.1	26.3	45.0
黏度指数	97	110	75
烃族组成分析/%(质量分数)			
烷+环烷烃	67.5	84.5	79.2
单环芳烃	15.0	13.5	15.9
双环芳烃	7.2	0.8	2.0
多环芳烃	4.8	0.6	1.3
非烃	5.5	0.6	1.6
结构分析(红外法)/%			
C_A	13.5	5.1	5.9
C_P	68.8	65.3	57.5
C_N	17.7	29.7	36.6

② 关于加氢油颜色的安定性。加氢油的特点是：对添加剂的感受性好，热安定性好，油的外观颜色好，但是颜色安定性则较差，尤其是在紫外光照射下，颜色更不安定，见表1-1-198。

表 1-1-198　变压器油光安定性考察结果

编号	1	2	3	4	5
产品	加氢	加氢	加氢	加氢	老三套工艺
添加剂	无	“264”约 0.2%	“264”约 0.2% 醌茜约 0.05%	加氢、硅胶 精制	
光照时间/h	透明率/%				
8	99	98	86.5	100	94.5
96	84	87	—	93	92
200	54	72	86	82.6	80
248	43	69	85.5	79	75.5
360	15	44	72	54.5	58
424	浑浊	浑浊	浑浊	浑浊	浑浊
透光系数	0.00307	0.0015	0.00042	0.00167	0.0013

表 1-1-198 列出了加氢变压器油光安定性的考察结果。试验表明，从加氢降凝生成油切割的变压器油的光安定性不如老三套工艺所生产的油，但加入添加剂后，光安定性有所好转。

在光安定性考察试验中，使用 125W 的紫外光，在 70℃±5℃下，距光源 36cm 处，让油受到连续照射。以油品透光率的变化即透光系数(f)为考察指标。

$$透光系数 f=\frac{1}{出沉淀的时间}\times\frac{光照开始时的透光率—出现沉淀前的透光率}{中间透光率}$$

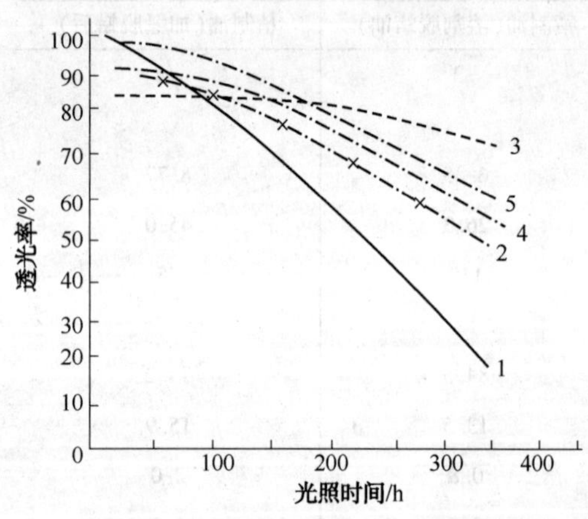

图 1-1-21　变压器油光安定性考察

1—加氢空白油；2—加氢加“264”0.2%；3—加氢“264”0.2%和醌茜 0.05%；4—加氢加硅胶精制油；5—老工艺所产油(五厂)

由表 1-1-198 及图 1-1-21 可见：加氢产品加“264”及醌茜复合添加剂的安定性最好，f 值最小，未加添加剂的空白加氢产品安定性最差，f 值最大。

近年来，润滑油加氢工艺迅速发展，加氢油的光安定性问题，日益引起大家重视，经过探讨，初步认为加氢油光安定性不好的原因是：部分加氢的稠环芳烃是产生沉淀的原始物质，具有芳香结构又具有环烷结构的烃类是不稳定的，芳烃结构虽然比较稳定，但烷烃部分较易氧化，以致引起整体氧化，该氧化物以沉淀的形式析出。因此，要解决加氢油的安定性问题可以考虑下面三个途径：

ⓐ 采用进一步加氢的方法，从加氢油中除去不安定部分，但是从加氢油性质的变化考察结果可知，经加氢降凝后，采用环芳烃显著增加，再加氢还可能出现部分加氢的芳烃结构物。因此也可考虑采用溶剂抽提或别的精制方法除去不安定部分，这是目前正在探讨中的一个方面。

ⓑ 添加高效的抗光抗氧化添加剂，这也可能是一种有效的方法，对变压器油组分采用“264”和醌茜复合添加剂后，在同样的光照条件下，安定性大大好转，甚至超过了老工艺所生产的油。

ⓒ 最理想途径是开发一种活性更好的精制催化剂，使其具有将稠环芳烃全部加氢饱和成环烷烃，不存在半饱和烃，这一问题有可能彻底解决。

(11) 小结

① 以大庆减二、三线自然混兑油或减三线油为原料，采用两段加氢流程，第一段用3722催化剂加氢精制，第二段用3731新型分子筛催化剂加氢降凝，经工业化运转一年多，所取得之内燃机油，机械油等产品，通过使用结果表明，基本上达到老三套工艺同类型产品质量水平，故用加氢工艺代替传统润滑油生产的白土精制，溶剂精制和溶剂脱蜡三个工艺过程是可行的。润滑油加氢工艺的开发成功，为润滑油的生产，特别是高档润滑油基础油的生产开辟了一条新路，无疑是十分可贵的。

② 通过试验室小型寿命试验及一年多的工业化运转证明：3731新型分子筛催化剂的降凝活性是稳定的，选择性亦是较好的。

③ 加氢降凝过程中的分解产物，大部分是汽油和轻质烃，中间馏分较少。所产生的轻质烃类含有 C_1 和 C_2 气体极少，主要成分是 C_3 和 C_4；异构体尤多，可作为石油化工的原料。

④ 应当指出，用3731催化剂加氢降凝所得润滑油馏分的收率还比较低，油品的安定性和黏度指数还不够好，有待今后进一步研究提高。

1979年，石油三厂又研制成功ZSM-8分子筛，并试验成功3792催化剂。1980年在半工业装置上试用成功，实现了润滑油加氢工艺流程一段化，成为石油三厂的定型工艺，结束了只生产燃料油的历史。

四、从20世纪八九十年代，石油三厂的加氢工艺全面与国际接轨，达到或接近国际先进水平，实现了加氢工艺的现代化

从20世纪90年代开始，石油三厂开发出了新型加氢降凝催化剂3902，它是由改性后的ZSM-5分子筛等为复合载体，浸以活性金属组分而成。该催化剂以处理加氢未转化油生产轻、中质润滑油基础油为主产品，无论是生成油液收还是基础油收率均较以前几种催化剂有所提高。同时择形异构化技术开始用于工业装置从直馏轻蜡油生产低凝点柴油，接着石油三厂又用于从加氢裂化尾油生产高黏度指数润滑油基础油。石油三厂开发的以ZSM-8为酸性组分的催化剂，成为炼油厂生产低凝油品的重要手段。

抚顺石油三厂采用加氢裂化-择形裂化的联合工艺，生产润滑油基础油的原则流程见图1-1-22。

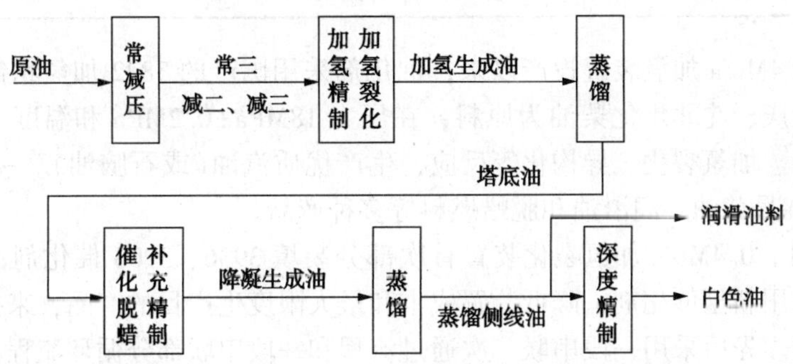

图1-1-22 抚顺石油三厂润滑油生产工艺原则流程图

石蜡基原油经常减压蒸馏得到常三、减二、减三线蜡油，进加氢裂化加工，生成油经再蒸馏后的尾油再经择形裂化(催化脱蜡)生产不同黏度等级的润滑油基础油。根据不同牌号

的润滑油产品要求，对基础油进行补充精制或深度精制，以此来改善基础油的色度和光安定性，并生产白油产品。所得基础油凝点低、黏度指数高、低温流动性好、杂质含量低。择形裂化装置工业运转结果和润滑油基础油性质分别见表 1-1-199 和表 1-1-200。

表 1-1-199　抚顺石油三厂择形裂化生产的基础油性质

基础油	100SN	150SN	250SN
密度(20℃)/(g/cm^3)	0.8436	0.8476	0.8495
馏程/℃			
初馏点	357	308	414
95%	428	495	555
凝固点/℃	-42	-22	-9
黏度/(mm^2/s)			
40℃	18.65	33.8	55.58
100℃	3.8	5.8	8.3
黏度指数	99	110	120

表 1-1-200　抚顺石油三厂择形裂化生产的基础油的工业运转结果

项　目	数据	项　目	数据
加氢裂化尾油进料性质		>320 馏分	
密度(20℃)/(g/cm^3)	0.8247	收率/%	74.3
馏程/℃	236~454(95%)	凝固点/℃	-25
硫/氮/(μg/g)	59/10	黏度/(100℃)/(mm^2/s)	4.92
凝固点/℃	20	润滑油基础油料收率/%	
黏度/(100℃)/(mm^2/s)	3.4	N_5	12.93
主要工艺条件		≤75SN	7.17
平均反应温度/℃	318	100SN	15.25
体积空速/h^{-1}	1.45	150SN	20.45
总压力/MPa	18	≥200SN	11.87
氢油体积比	765	合计/%	67.67

石油三厂 0.4Mt/a 加氢装置投产以来，催化剂采用国产的 3822 加氢精制催化剂，以大庆直馏蜡油及大庆、沈北焦化柴油为原料，在压力 18MPa±0.2MPa 和温度 360~420℃条件下进行加氢精制、加氢裂化、异构化等反应，生产优质汽油(或石脑油)。-35 号柴油(或 3 号喷气燃料)、0 号柴油、润滑油和脱蜡燃料等多种产品。

1997 年 9 月，0.4Mt/a 加氢裂化装置首次部分装填 3936、3903 催化剂，目的是适应市场经济变化，选用新型催化剂，降低装置成本和最大限度生产目的产品，来提高装置市场竞争力及经济效益。先后采用一段串联一次通过流程和一段串联部分循环流程，为增产 0 号柴油、-10 号军柴、-35 号柴油或喷气燃料进行生产运转。1998 年 4 月份 0.4Mt/a 加氢裂化装置全部更换为石油三厂催化剂厂生产的抚顺石油化工研究院研究的高活性 3936、3903 催化剂。3936 加氢精制催化剂适应于加氢裂化一段精制；3903 是以超稳沸石分子筛为酸性组分，含有钨镍金属活性组分的中油型加氢裂化催化剂，用浸渍法制得。从而降低了装置生产成本，增加了装置生产灵活性，提高了装置经济效益。

2005年石油三厂为了优化产品结构，适应油品市场需求变化，0.4Mt/a高压加氢装置使用了3936加氢精制催化剂和FC-14单段加氢裂化催化剂，加工石油一厂、石油二厂轻蜡油，对焦化柴油进行加氢改质，以最大量生产优质低凝柴油和航煤组分。柴油产品收率高、质量好、凝点低、很好地满足了用户需求，实现了最大量增产中间馏分油和低凝柴油产品的目的。

详细内容见本章第三节、第四节和第五节。

第二节　石油三厂加氢裂化工艺发展简介

一、历年来工艺流程的改进

石油三厂的加氢装置是在伪满时期遗留下来的旧加氢装置的基础上组建起来的，历年来对加氢装置不断地进行了改造，满足了生产和科研的需要。

工艺流程的改进主要有以下几个方面：

1. 装置的热源

为了将原料油与氢气充分加热至反应需要的温度，必须采用加热的方式来补助换热器热量不足。解放初期，加氢装置的热源是靠电热筒加热氢气，而原料油只经过换热器换热，然后靠电热筒加热了的氢气混合进入反应器，进行反应。其缺点是耗电量大、热负荷小，电炉丝经常被烧断。这样一直影响加氢装置的处理能力。直到1956年，才取消了电热筒的加热方式，改为用管式纯对流加热炉，作为加氢装置的热源。原料油和氢气一起经过加热炉加热后，进入反应器进行反应。这种炉型具有加热条件缓和，炉管受热均匀，调节手段灵活等优点。由于热源问题的解决，为加氢装置提高处理能力和安全生产提供了有利条件。

为了提高热回收效率，1981~1983年加氢各套加热炉先后安装空气预热器，同时对各套烟道循环风机进行更换，有效地回收了烟道余热，提高了加热炉热效率。

1984年0.4Mt/a加氢裂化装置投产，采用了箱式辐射炉，使加热炉热效率进一步提高。

2. 冷换设备的改造

1982年加氢二套第一次使用空冷，继而加氢大套、一套、四套使用空冷器。与水冷比较，具有通风良好、减少腐蚀、节约用水、易于清扫等优点。

1984年为了控制并减少换热器结焦，安装了4台焦柴过滤器。

3. 高压容器内保温

由于反应器内反应温度一般在400℃以上，而高压反应器因材质限制只能在300℃以下进行使用。因此高压容器内保温选用什么样的材料也是保证安全生产和增加处理能力的因素之一。在日伪时期，采用双层内保温筒，大大影响了反应器内催化剂的装入容积，降低了设备处理能力。解放后采用单层内保温筒，内保温层采用了矿渣棉，这样反应器催化剂装入容积有所增加，但由于内衬筒经常变形，绝热效应变化较快，而且施工时作业条件恶劣，因此于1965年后改为蛭石内保温。（由矾土水泥、陶粒、蛭石配比而成），经过几年来生产实践证明，蛭石内保温只要在制作时施工细致、配比得当及养生烘干条件合适，在保温性能和耐用年限方面都已超过矿渣棉。

4. 反应器内部结构的改进

0.4Mt/a 加氢裂化装置隔热衬里改造：1987 年和 1988 年两年有 4 次因壁温超高而停工。因此，冷壁反应器隔热衬里运转周期是加氢裂化装置能否长周期正常生产的关键。0.4Mt/a 加氢装置反 101 内部塔盘构件是靠 8 根白钢柱支承的。由于白钢膨胀系数大，正常生产时因温度变化而伸缩移动，与隔热衬里发生挤压与摩擦，从而损坏内衬里，缩短了衬里的使用时间。反 101 内衬里最短一次运转周期仅 24d。为了解决内衬里失效的问题，将原反 101 三层冷氢塔盘去掉两层，只留中间一层，并在塔盘处的隔热衬里上加 6mm 厚的白钢衬筒。这样，即使反应器内构件与衬里直接摩擦，也能有效地减轻隔热衬里的损坏程度。

解放前，反应器内芯子是多层花板结构，这样既减少了反应器内催化剂装入容积，又增加了系统阻力，解放后在生产实践中，根据生产工艺需要，逐步将多层花板内芯子改进为单层花板、冷氢花篮等形式。1971 年把原来的花板结构改为反应器入口加开孔率 30% 的溢流形的分配时和催化剂床层之间对流体进行再分配的斜塔盘，同时在反应器底部增设了锥形底，从而更适合于加氢反应的要求。

5. 增添高压热分离器

自 1971 年 9 月开始进行润滑油加氢“一顶三”试运以来，加氢一套作为加氢精制段，由于生成油含蜡多，凝固点高，在冷高压分离器内直接进行油气分离，生成油直接洗涤，因为精制油的凝固点高而非常困难，并且在精制过程中必然会发生轻度裂化反应，产生的少量轻质油也需要分离掉，防止将这些轻质油携带到降凝段原料油中，影响降凝段润滑油的液收和切收。为此，在加氢一套的换热器后部适当位置增加一个热高压分离器，加氢精制生成油经过与原料油换热后，在 170~200℃ 进入热高压热分离器进行高压闪蒸，将呈气相状态的馏分油(称为气相油)与循环气，从这里分离出去，经过冷却器然后进入高压分离器，使气相油与循环气分离。油经减压后，通过中压分离器送洗涤常压槽，分馏生产油品。将呈液相的馏分油(称为液相油)直接从热高分分离出去，再经冷却、减压、中压分离器后送至精制原料油罐。采用热高压分离器流程后，较好地解决了因生成有凝固点高不易分解和洗涤的矛盾，适应了润滑油加氢“一顶三”新工艺的需要。

6. 增加大反应器，加粗管线直径

过去各套加氢装置均存在着反应器数量多、有效容积小、系统长、压力降大等缺点。至 1971 年，为了加大催化剂容积，重新增加了五台 ϕ1000mm×15000mm 的反应器，使各套催化剂装入容积有了增加。催化剂容积扩大后，需要相应加粗系统管线的直径，将原有的 ϕ70mm/102mm 的管线改为 ϕ109mm/152mm，这样便减少了系统差压。

7. 新鲜氢气统一分送、统一分气

自从加氢装置投产以来，各套加氢装置所用新鲜氢气均是每套单独用一条新氢管线送气。直至 1964 年 8 月，经过反复实践后，新氢改为自压缩机出口通过一条管线同时送往各套加氢装置，用调整尾气排放量(送分离)来调节新氢流量、压力，实现了新鲜氢气的统一分气。这样不但节约了不少高压管线，也能合理使用新氢压缩机，既节约了人力、物力，又方便操作。

8. 半液相反应器的取消

在以大庆粗柴油(焦化柴油)馏分进行气相加氢时，为了避免加热炉炉管结焦，使反应温度平稳，降低加热炉的热负荷，在换热器之间增加了一台半液相反应器，较好地解决了上述问题。但从 1971 年 9 月，改为润滑油加氢“一顶三”工艺以后，由于所用原料油馏分较重，烯烃中容易聚合生焦的物质减少，半液相反应器已不再起到上述作用了。因此从1971年9月各套的半液相反应器先后都取消了。

9. 分段油的取消

在气相加氢过程中，由于原料油中部分轻质油品在200~300℃之间易结焦，若原料油全部按流程走向，则流经换热器时恰好是轻油结焦区。为了减少换热器结焦，将轻质原料油直接加在加热炉入口处。其余原料油混合后进入加热炉，这种加入方法就叫“分段油”法。这样一方面减少了换热器中的结焦，延长换热器的使用期，另一方面也能提高加氢处理量。因此“分段油”的方法，在当时曾起了较大的作用。但从1971年9月，进行润滑油“一顶三”工艺以后，由于所用原料油馏分较高，分段油已不再起到上述作用了。因此从1971年9月起，各套的“分段油”也先后相继取消了。

10. 水冷却器改为空气冷却器，改进原料油过滤器：

1987年和1988年两年中，石油三厂加氢装置将加氢生成油喷淋式水冷却器改成空气式冷却器，解决了夏季冷却出口温度超高而影响加工量的问题。同时改进了原料油过滤器结构，改善了过滤效果。减轻了换热器结焦及一反上部催化剂床层结焦覆盖程度，延长了运转周期，从而保证各套加氢装置年开工天数为300d左右。

11. 1989年和1990年两年中加氢裂化装置技术改造情况如下：

（1）用立式高压分离器代替卧式高压分离器

卧式高分具有截面积大，有利于气、液分离的优点；但卧式高分对进料量变化影响的灵敏度小，不如立式高分截面小、液层深、进料量变化对液面的影响大，调节控制灵敏。1990年0.4Mt/a加氢装置增加一台立式高压分离器(简称高压)，原卧式高分做第二高分，减少循环氢带液的问题。1991年第二套高分由卧式改为立式，容积增大近7m^3，分离效果大大改善。

（2）热壁反应器投用

由于冷壁反应器内隔热衬里失效引起器壁温度超高的故障经常发生(冷壁反应器壁温控制小于300℃)。解决这一问题的唯一办法就是采用热壁反应器。1989年6月，我国自己生产的第一台加氢裂化热壁反应器在石油三厂0.4Mt/a装置上投入使用，经过一年多的生产运行，于1990年6月对筒体进行全面理化检验，各项机械性能和理化性质指标完全达到设计标准，满足了生产要求。热壁反应器的投用，在彻底解决壁温超高的问题的同时，较冷壁反应器提高了容积效率30%左右。

（3）加热炉火嘴燃烧区增设耐火砖花墙

目前国内加氢裂化装置多采用辐射型加热炉。由于火嘴设计和催化剂运转到末期等原因，加热炉炉管壁温超高现象时有发生。0.4Mt/a装置到了运转末期，由于换热器传热系数因结焦而下降，催化剂活性降低需要增加供热量，致使加热炉炉管壁温时常超过工艺指标(小丁500℃)。曾多次改变火嘴的喷孔直径和角度都不见效果。经考察分析，认为引起炉管壁温超标的主要原因除热负荷增加外，石油三厂燃料气系统压力偏低，火燃发软造成火焰舔管。为此在火嘴周围增设一定高度的耐火砖花墙来阻隔火嘴燃烧瓦斯的火焰长度。经过两年多的生产验证，有效地解决了炉管壁温超标问题。

12. 1991年和1993年加氢装置技术改造及再生催化剂的使用

（1）1100kW高压离心油泵的改造和投用：

0.4Mt/a加氢装置使用的1100kW高压离心油泵是1984年由日本引进的，该泵流量为

$91 \sim 100m^3/h$。而装置的处理量为 $60m^3/h$，要靠阀门节流来调节回流，能量损失较大。1992 年 4 月对 1100kW 高压离心泵的叶轮进行了改造，缩小了叶轮直径，使泵的最大流量降至 $60m^3/h$。投入使用后，运行非常稳定，电机工作电流下降 25A，每年节电 1776.7kW·h，节约价值人民币 530 万元。

（2）离心式循环压缩机的投用

离心式压缩机是 0.4Mt/a 加氢裂化装置的核心设备，20 世纪 80 年代初由美国埃劳特公司引进比较先进的 SBHPG4-25MBH 型透平压缩机组，它以 3.5MPa 蒸汽动力。由于当时石油三厂中压蒸汽锅炉没有建成，没能及时投用，1991 年初石油三厂对搁置 10 年之久的透平压缩机进行了检测，并对辅助系统进行了改造，更新和完善了自动控制仪表，增设了计算机故障诊断及检测系统。1991 年 10 月试车成功投入生产。该机最大流量达 $1.0\times10^5m^3/h$，而且流量可以调节，为装置的“安、稳、长”运行提供了保障。

（3）再生催化剂的使用

1992 年 6 月，将加氢装置运转了两年的 3822、3812 和 3722 催化剂进行了器外再生。再生后的催化剂在 1993 年 6 月装入该装置的一反和三反，同时补充了少量新催化剂。该再生催化剂运转至 1993 年年底，运行了 194d，处理焦化柴油 184.144kt，催化剂寿命达到 3.307 t/kg，温升系数为 0.04℃/d，生成油小于 200℃馏分收率大于 30%，接近新催化剂的水平。

13. 1994~1995 年加氢装置技术改造情况

（1）新增加两台 55kW 高压软水泵

原有的两台高压软水泵互为备用，因使用时间过长，腐蚀较严重，该两台水泵漏水问题得不到根治。经过研究决定新增加两台 55kW 的高压软水泵，送水量由原来的 $6.0m^3/h$ 变为 $4.5m^3/h$，既满足了生产工艺的需要，又节约了大量软水。该水泵于 1994 年 5 月投入生产，每年节约价值人民币 14 万元。

（2）加热炉空气预热器翅片管更新

0.4Mt/a 加氢裂化装置加热炉空气预热器，因腐蚀严重造成热效率严重下降。1994 年检修中对空气预热器进行了改造，投用后节能效果显著，排烟温度降低 60℃，加热炉热效率提高了 3 个百分点，每年可节约燃料气 384t。

（3）380kW 高压油泵配置滑盖调速器

400kt/a 加氢裂化装置 380kW 5 号高压油泵为往复式柱塞泵，为使其在装置低负荷中投入并能调节油量，在 1994 年年底为该泵配置了 HC_4A 滑盖离合调速器，投用后每年可节电价值人民币 5 万元。

（4）原料油的混合加工

为了适应生产需要，使装置操作灵活，稳定，在高压离心油泵的缓冲罐入口又投用了一套自控入油系统，使装置实现按比例地混合加工两种或三种原料。同时，在原料罐抽出泵的出口又更新了原料流量计，采用了德国西门子公司的质量流量计，提高了计量准确性。

（5）装置运行中循环压缩机的切换

0.4Mt/a 加氢裂化装置配有透平离心式压缩机一台和往复式压缩机两台。以往离心式压缩机并入系统的切换过程中，需要将装置中的原料油停掉以确保装置的安全。经过细致的研究制定了一套带油切换的方案，并在几次实施过程中逐步得到完善，缩短了换车时间，保证了平稳安全生产。

(6) 装置废氢改入储罐回收再利用

以前，因为石油三厂的氢气是水煤气制氢，纯度低，杂质(主要是氮气)含量高，加氢装置的循环氢纯度已经很低了，排出的废氢无法再利用，只能烧掉。使用轻油制氢的氢气后，循环氢纯度大幅度提高。加氢装置排出的高纯度(氢含量在88%以上)废氢再全部进入了瓦斯系统，作为燃料烧掉，不仅热值低，价值较高，烧掉很是浪费。为此，将废氢收集到20000m^3的气罐内储存，再加压返输入加氢裂化装置，这样既方便了压力调整又节约了大量氢气。此项目于1995年3月投入使用后，使装置氢气单耗每吨油减少6m^3。每年节约价值人民币1000万元。

14. 装置扩建改造及工艺改进

1979年至1980年对加氢四套进行了扩建和改造后，以适应3792临氢降凝催化剂进行临氢降凝放大试验的需要，生产出各种机械油、白油料及软麻油料。

1984年8月结合石油三厂具体情况，设计建成了0.4Mt/a加氢裂化装置，使石油三厂的加氢技术提高到一个新的水平。在开工中采用干法预硫化工艺，此后其他各套也采用干法预硫化。干法预硫化比湿法硫化具有硫化效果好、H_2S污染少、CS_2浪费少等优点。

1989年为了对生成油进一步脱色加氢四套增加一台后精制反应器，第二年成功的对3902临氢降凝催化剂进行了临氢降凝放大试验。

1994年为了扩大白油、润滑油等基础油的来源，对加氢二套改造为临氢降凝装置，将一反应器改为后精制反应器，采用3792催化剂进行生产，运转考察中取得了较好效果。

1997年加氢大套填装抚顺研究院研制石油三厂催化剂分厂生产的3936、3903型催化剂，并投入生产。

1998年为了减小安全隐患，512型循环氢压缩机报废，透平-离心式循环氢压缩机投用。

2000年8月加氢三套进行改造后，对北京石科院研制的RN-20(3982)、RT-25(3983)型催化剂进行工艺放大实验。

为了防止新氢中的微量CO_2和脱氮反应生产氨反应生产碳酸盐结晶堵塞管线，在冷却器入口注入一定量的高压软水，有时为了调整循环氢中的NH_3含量，适当调整高压软水的用量。

为了避免紧急放空时换热器芯子内外压力差增大把芯子憋漏和在特殊情况下调节系统差压，在循环压缩机出口至冷却器入口设有旁路管线。

为了防止停新氢时把新氢预热段烧坏，在循环压缩机出口至新氢管线接有混氢管线。

二、节能技术改造与机泵革新

1981年，在加氢二套和加氢四套加热炉上安装了空气预热器，热效率由65%提高到74%。

1983年，石油三厂在加氢一套工艺加热炉上采用了热管空气预热器，回收热量937MJ/t(224Mcal/t)，加热炉热效率提高了27%、老四套加氢装置加热炉的四台大功率风机(500kW 3台、200kW 1台)，进行调整，改为6台小容量风机，既能保证生产又能降低电耗，按调整前后标定测算，每年可节电4.51GW·h(度)。

1984年，加氢一套、加氢三套加热炉上安装了热管空气预热器，使两套装置加热炉热效率达到 80%。

1983 年，石油三厂北蒸馏装置的整体改造，实现了加氢-稳定-蒸馏联合工艺，取消了中间罐，形成了密闭硬连接，减少了热损失，实现了动力热联合。装置能耗由 988MJ/t(236Mcal/t)下降到 817MJ/t(195Mcal/t)年节油 2400t，年回收液态烃 8000t。

1990 年，改造高压油泵从日本购进四台 520kW 高压离心泵。

1992 年 6 月对老套减压阀组进行异位改造，增设新式的减压阀门，解决了生产上不安全的隐患。

1992 年，0.4Mt/a 加氢装置增设由清华大学设计的透平压缩机检测及事故诊断系统，经过安装调试并入系统使用，为透平压缩机的安全运行提供了保障。

1994 年为了油量的调节方便和节约能源，380kW 5 号往复泵增设滑差离合器。

为了发挥石油三厂加氢优势，从 1983 年 2 月至 1984 年 8 月投资 2874 万元，建设了 0.4Mt/a 加氢裂化装置。该装置的设计和建设成功地结合了石油三厂的实际，应用了国外先进技术，为提高和发展我国加氢技术提供了经验。于 1990 年又进行改造，改造后新增了一台热壁反应器，新增了一台高分及热交芯子，提高了处理能力，为进一步提高加氢装置的经济效益创造了条件。该装置每年可创利税 4000 万元。

1984 年，石油三厂利用闲置的旧设备，并投资 109 万元建成了年加工能力 5000t/a 的白油加氢装置。1987 年又利用辽宁省建行贷款对白油加氢装置进行了改造。改造后装置能力扩大到 15kt，增加利税 1064 万元。

石油三厂完成了加氢老套装置安全隐患治理工程：石油三厂老套装置，因为大部分设备是在日伪时期遗留的。高压容器和厂房等存在严重隐患及缺陷，对安全生产威胁极大。在中国石化总公司、抚顺石化公司重视和支持下，石油三厂用了四年的时间完成了加氢老装置隐患治理工程，完成总投资约 2760 万元。主要完成了高压水泵动迁安装、高分、换热器各 2 台购置安装、4M20 新氢压缩机一台购安、循环氢压缩机及厂房增安改造等。治理后，老加氢装置安全状况得到了改善。

石油三厂先后建设了污水单塔汽提装置、硫磺回收装置、污水均质缶工程等环保项目，先后被评为省、市环保先进企业及全国百家环保示范企业之一。

（一）中压加氢装置 D203 酸性水技术改造

抚顺石化公司石油三厂 1.20t/a 中压加氢装置 2002 年投产，试车一次成功。但因酸性水排放系统涉及压力低，只能在装置内直排，无法汇在一起直接排放到石油三厂硫黄装置中去，形成一个新的污染源。

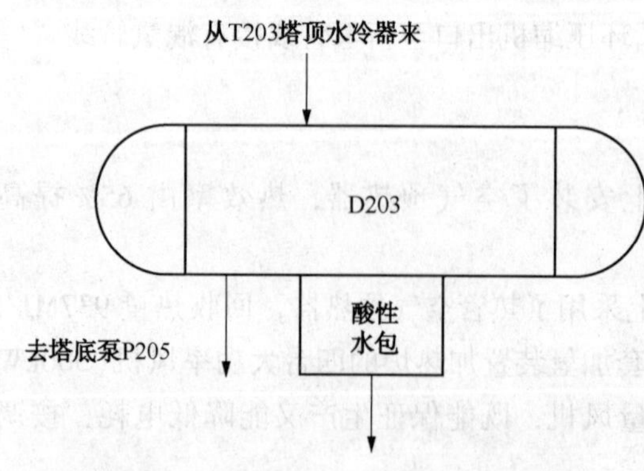

图 1-2-1　D203 酸性水现场直排示意图

1. 存在的问题及改造措施

中压加氢装置 D203 酸性水由于设计压力较低，为 0.041MPa，而装置内其他酸性水排放压力均大于 0.5MPa，因此，D203 酸性水无法直接与其他酸性水直接排放到石油三厂硫黄装置中去，只能现场直排，见图 1-2-1。这样不仅污染了环境，而且对岗位巡查人员有极大危害。

酸性水排放环保监测数据见表 1-2-1。

表 1-2-1　酸性水排放环保监测数据　　mg/L

排放点名称	排放去向	排放量/(t/h)	pH	石油	硫化物	氰化物	挥发酚	COD	氨氮	悬浮物
D203 塔顶回罐	装置内现场直排	0.5	9.1	4.41	9039.2	0.08	9.26	2173.3	6864.8	59.08

从表 1-2-1 可以看出，D203 酸性水的硫化物含量最高达 9039.2mg/L，而实际装置硫化物含量国家考核标准为小于 10mg/L，所以对环境对人体有极大的危害。因此，在 2003 年时对 D203 酸性水直排系统进行改造，见图 1-2-2。

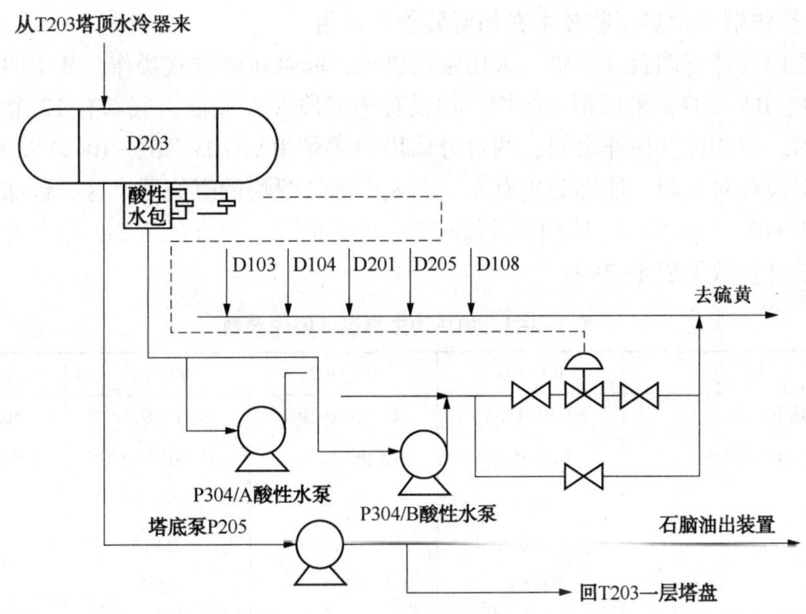

图 1-2-2　D203 酸性水现场直排示意图

2. 经济效益

① 环境效益见表 1-2-2。

表 1-2-2　环境效益　　mg/L

排放点名称	排放去向	排放量/(t/h)	pH	石油	硫化物	氰化物	挥发酚	COD	氨氮	悬浮物
D203 塔顶回罐	装置内现场直排	0.5	9.1	4.41	9039.2	0.08	9.26	2173.3	6864.8	59.08
经硫磺车间单塔气提装置处理后污染物浓度/(mg/L)			9.0	<1.0	4.01	<0.004	<8.0	17.25	10.02	<5.0
少排污染物/(kg/h)					4.52			10.86	3.43	

② 经济效益。全年中压加氢装置按 8000h 开工(设计值)计算：

ⓐ 回收硫磺。4.28×8000/1000=34.24t，每吨按 700 元计算，可创效益为 34.27×700=2.3968 万元

ⓑ 液氨量产量。10.86×8000/1000=86.88t，每 t 按 700 元计算，可创效益为 86.88×700=6.0816 万元

ⓒ 减少污水运行成本 0.5×8000×2=0.8 万元(每吨成本按 2 元计算)

全年共创效益为 9.4128 万元。该项工程共计投资 10 万元，如果全年满负荷生产当年即可收回全部投资。环境效益更为显著。

3. 小结

通过技术改造，提高了装置的生产能力，达到了污染物减排的目的。

通过此次技术改造，提高了员工保护环境意识，促进了装置技术进步，为企业带来了经济效益、环境效益和社会效益。

(二) 加热炉烟气余热回收技术在加氢装置的应用

加氢装置原设计有四台加热炉，采用强制供风，联合排烟方式操作，其中两台循环氢加热炉 BA-101、BA-102，采用箱式结构，均设有辐射段和对流段，底部有 12 个强制通风的平火焰燃烧器，仅能以气体作燃料，两台分馏塔再沸炉 BA-103、BA-104，采用筒式结构，也均设有辐射段和对流段，底部分别有 6 个和 8 个油气混烧的燃烧器。这四台加热炉由一台公用的鼓风机 GB-103A/B 提供冷的助燃空气，烟气通过一个直径为 2m 的公用烟道排入烟囱。加热炉设计参数见表 1-2-3。

表 1-2-3 加热炉主要设计操作参数

炉　号	BA-101	BA-102	BA-103	BA-104
全炉热负荷/[GJ/h(Gcal/h)]	60.19(14.4)	45.56(10.9)	38.12(9.12)	50.16(12.0)
燃料总供热/[GJ/h(Gcal/h)]	(17.455)	72.96(12.9)	44.60(10.67)	59.36(14.2)
热效率/%	82.5	84.5	85.5	84.5
燃料种类	气	气	气/油	气/油
燃料量/(kg/h)	1850	1310	1117	1267
排烟温度(设计/实际)/℃	377/378	333/339	282/306	302/361
过剩空气系数	1.20	1.20	1.30	1.30
理论空气量 Lo(质量)/(kg/kg)	11.54	11.57	14.147	14.147

原设计各加热炉排烟温度较高，由于工艺介质要求的加热温度升高，使得各加热炉的负荷增加，排烟温度进一步升高，特别是循环氢加热炉 BA-101 和 BA-102，4 台加热炉烟气温度分别为 378℃、339℃、306℃和 361℃，这样就造成了很大的余热损失。经计算排烟热损失达 8636kW，占加热炉总热负荷(53976kW)的 16%左右，加上炉体本身的热损失，使得加热炉的平均热效率只有 81%左右，若将排烟温度降到 180℃，即可回收热量 4230kW 左右，提高了加热炉效率 5%~7%，不但可以节约可观的燃料，同时还可以有效改善 BA-103、BA-104 烧油时的操作状况。

尽管不断采取措施以提高加热炉效率，如改造火嘴，炉壁采用新的耐火材料，控制烟气氧含量，优化加热炉操作等，但效果有限，在长期运行中，由于原料换热器结垢，原料预热温度下降，循环氢加热炉 BA-101/BA-102 炉管壁温时有超过 565℃设计值的现象。

加热炉热管系统在长周期运行后漏风的问题越来越严重，热管系统的运行主要存在以下问题：

① P1901 阀门关闭不严，存在泄漏，部分高温烟气直接排入烟囱造成热量损失。

② 部分热管工质泄露，热效率下降。

③ 余热回收系统的部分管道接头处破损漏风，造成热管的热效率下降。

④ 共用烟道的保温材料破损严重，热损失增加。

⑤ 热管换热器 EA198 冷热侧之间的密封效果下降，由于 GB109 出口的助燃空气压力大于烟气的压力，造成大量的空气漏入烟气中，既增加了 GB108/109 的负荷，同时也降低了热管的热效率。

⑥ 热管上积聚了污垢造成热管的传热效果下降，降低了热管系统的热效率。

综上所述，有必要采取措施，回收部分烟气余热，达到节能降耗的目的。

1. 余热回收装置的设计方案及实施

(1) 设计原则及方案

改造设计的原则是在不改动原加热炉本身结构及外部工艺系统的情况下，通过增加余热回收装置回收加热炉的排烟余热，用来加热进加热炉的助燃空气，从而达到节能的目的。

设计方案是将高温烟气从排烟总管上引出，通入空气预热器，放出热量后经引风机抽送至总烟道排入烟囱放空。为此，原主烟道上需要加入一个电动蝶阀用于隔断冷、热烟气或作为切换旁路时使用。助燃空气由鼓风机送入空气预热器，吸收烟气放出的热量后经助燃空气总管分配至 4 台加热炉。

改造的供风系统增设快开风门，在鼓风机停电或故障情况下能联锁快速打开，使加热炉保持自然通风燃烧状态。主烟道上新增加电动蝶阀，可保证在引风机故障时联锁打开，使加热气走旁路，从而保证加热炉的正常安全运行。

(2) 热管式空气预热器工作原理

热管受热侧吸收废气热量，并将热量传给工质(液态)，工质吸收热量后以蒸发或沸腾的形式转变为蒸汽，蒸汽在压差作用下上升至放热侧，同时冷凝成液体放出气化潜热，热量传给放热侧的冷流体，冷凝液依靠重力回流到受热侧。由于热管内部抽成真空，所以工质极易蒸发与沸腾，热管流动迅速，热管在冷热两侧均装设翅片，以增强传热(见图 1-2-3)。

(3) 施工安装过程

于 1996 年 11 月开始施工，1997 年 6 月装置大检修前先后完成各主要设备基础施工，设备就位，部分风道与钢结构预制。1997 年 6~8 月装置大检修期间，拆除原鼓风机 GB103A/B，在此位置上安装新增引风机 GB108，并对主烟道和助燃空气风道进行改造。1997 年 8 月初完成设备单试、联运，8 月 5 日投运。

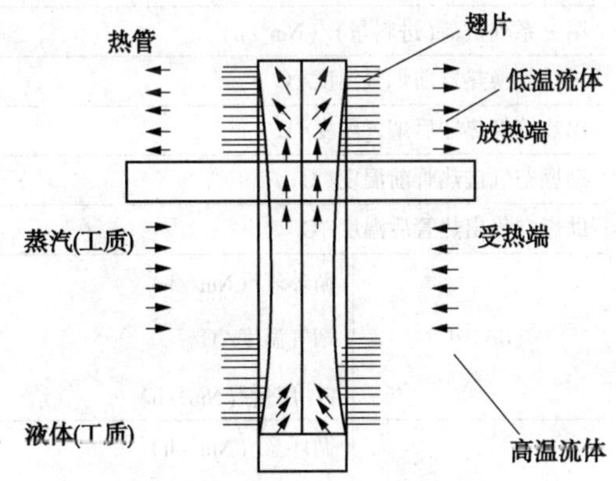

图 1-2-3　热管工作原理图

(4) 工艺流程说明

四台加热炉烟气混合后从主烟道上新增的 PV1901 碟阀前引出，约 350℃的烟道气导入热管换热器热端，放出热量后温度降至 190℃，然后由引风机 GB108 抽出送到 PV1901 阀后主烟道，从烟囱排空。常温下的冷空气(约 20℃)由鼓风机 GB109A/B 增压后先送入蒸汽预热器 EA199 预热到 60~80℃，以防止冷空气进入热管产生的露点腐蚀。预热后的空气进入热管换热器冷端，与烟道气换热被加热到 230℃左右，分配到 4 台加热炉作助燃空气。助燃空气支管上装有手动滑阀，可调节各炉的进风量。为了防止热管翅片积灰，除将主烟道引至地面，在空气预热器前拐弯处设置一段盲管，滞留一部分烟灰外，还在热管空气预热器上设置了超声波吹灰器，定期吹灰确保换热器的换热效果(具体工艺流程见图 1-2-4)。

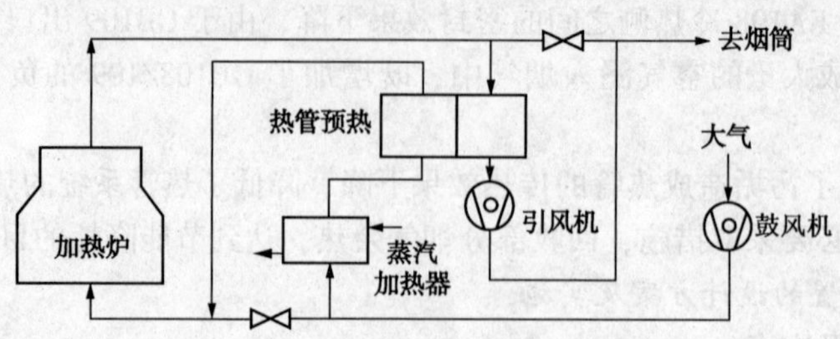

图 1-2-4　加氢裂化装置烟气余热系统示意图

2. 运行分析

(1) 投运过程

于 1997 年 8 月初完成设备单试、联运，8 月 5 日投运。首次投运前，由于部分仪表尚不完善，故采用老流程点火升温。首先将 PV1901 蝶阀手动调节到打开位置，将余热回收装置走旁路。启动鼓风机 GB109 对各加热炉膛进行吹扫，测爆合格后点燃小火嘴，升温至正常运行。8 月 14 日投用空气预热器，使空气预热器 EA199 出口空气温度调整到 80℃后，再投用热管预热器；打开热管预热器的进出口蝶阀，启动引风机 GB108，将烟道气压力调整到设计值。整个余热回收装置的投用过程较顺利。

(2) 运行情况

余热回收装置投运两年来，运行可靠，各工艺参数达到或接近设计值，对系统进行测试，节能效果明显，实测操作数据见表 1-2-4。

表 1-2-4　余热回收装置投用前后加热炉操作数据对比

项　目		余热回收前	余热回收后
第一系列负荷(进料量)/(Nm^3/h)		175	175
第一系列负荷(进料量)/(Nm^3/h)		125	125
进热管换热器前烟气温度/℃		380	325
出热管换热器后烟气温度/℃		—	170
助燃空气进热管前温度/℃		常温	85
助燃空气出热管后温度/℃		—	170
BA101	循环氢/(Nm^3/h)	163000	161000
	烟气温度/℃	378	367
	FG 用量/(Nm^3/h)	925	708
BA102	循环氢/(Nm^3/h)	120000	119200
	烟气温度/℃	339	327
	FG 用量/(Nm^3/h)	710	523
BA103	循环氢/(Nm^3/h)	460	460
	烟气温度/℃	306	280
	FG 用量/(Nm^3/h)	730	560

续表

项　目		余热回收前	余热回收后
BA104	循环氢/(Nm^3/h)	460	460
	烟气温度/℃	361	334
	FG 用量/(Nm^3/h)	1095	840
GA108 电流/A		—	31
EA199 蒸汽/(kg/h)		—	300

通过表 1-2-4 的数据可以看出，余热回收装置投用后，各加热炉的运行工况有了明显改观。首先各加热炉的烟气温度由 378℃、339℃、306℃、361℃降到了 367℃、327℃、280℃、334℃；炉出口混合烟气由平均 360℃降到了 325℃，烟气排除温度为 170℃，经计算，目前各加热炉的热效率平均为 87%，即余热回收装置的投用，使得加热炉的热效率提高了近 6%；其次，各加热炉的燃料消耗有了明显的降低，燃料气总用量由原来的 3460Nm^3/h 降到了 2631Nm^3/h，取得了较好的经济效益。

另外，由于余热回收装置的投用，循环氢加热炉 BA-101/102 的管壁温度由投用前的平均 545℃降到了目前的 525℃，有利于加热炉的安全运行。

(3) 加强热管系统的查漏、堵漏工作。

针对加热炉余热回收热管系统的运行状态，加强了对热管系统的查漏和堵漏工作，对加热炉共用烟道的保温材料进行了重新更换，减少了热量的损失。对热管的接头进行了检查，对存在泄漏的部位通过补焊和充填保温材料减少了热管的漏风量。

(4) 对热管系统进行了检修

2006 年 3 月，利用停车消缺的机会对热管系统进行了全面的检修，对现场的阀门全部进行了更换，恢复了阀门的调节功能，更换了 P1901 执行机构，恢复了 P1901B 电动执行机构，提高了热管系统的运行稳定性。

打开 EA198 换热器将其中的热管全部抽出进行清理和修复工作，在打开热管后发现 EA198 中间的密封面间隙较大，因此造成漏入的空气量较大，这是造成热管热效率低的主要原因。经过分析有可能是由于热管底部的定位孔中有杂物导致热管在安装的过程中不能到位造成中部密封面处的间隙过大。由于 EA198 的下部没有人孔无法进入内部检查，于是在 EA198 下部割开了一个人孔，进去检查后发现和当时分析的一样，由于下部的杂物较多而且多年未进行过清理造成 EA198 的密封效果降低，产生漏风。对 EA198 底部和热管进行清理后回装。EA198 中热管密封面失效原因如图 1-2-5 所示。

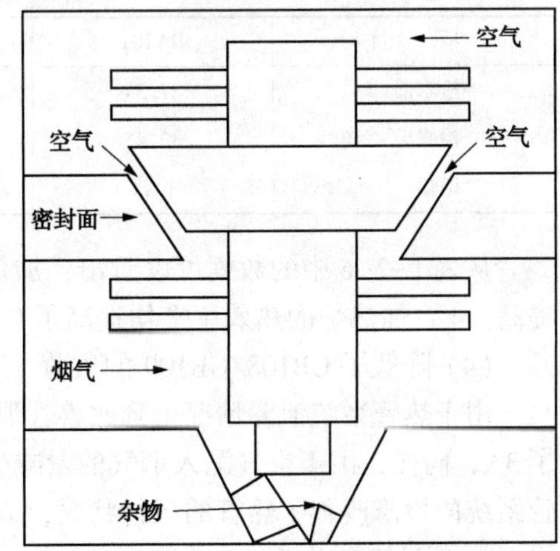

图 1-2-5　EA198 热管密封面失效示意图

3. 装置运行效果

(1)余热回收热管系统的运行状况得到改善

通过对加热炉热管系统阀门和执行机构的更新提高了热管系统的运行稳定性和自动化程度，减少了高温烟气的泄漏量，提高了加热炉和热管系统的热效率。可以实现加热炉热管系统在线切出检修目的。

(2) 热管系统的漏风情况得到改善

经过检修后运行一个月对热管系统的运行情况进行了标定，具体数据见表 1-2-5。

表 1-2-5　热管检修前后运行参数变化

项　目	进口氧含量/%	出口氧含量/%	进口温度/℃	出口温度/℃	漏风系数
检修前	9	14	235	135	1.2
检修后	5	11.1	290	170	0.74

从表 1-2-5 中数据可以看出，经过检修后余热回收系统的运行状况得到了改善，进入 EA198 的烟气氧含量均有大幅下降，假设加热炉理论烟气量为 Q，烟气中的氧含量为 4%。热管前漏风量为 q_1，热管后的漏风量为 q_2，通过计算可得检修前的漏风量为：

$$(Q+q_1)\times 9\% = Q\times 4\% + q_1\times 21\%$$

解得 $q_1 = 0.42Q$

$$(1.42Q+q_2)\times 14\% = 1.42Q\times 9\% + q_2\times 21\%$$

解得 $q_2 = 1.01Q$

因此，检修前总的漏风量为 $q_1+q_2 = 1.43Q$

同样，假设检修后热管前的漏风量为 q_3，热管后为 q_4。

$$(Q+q_3)\times 5\% = Q\times 4\% + q_3\times 21\%$$

解得 $q_3 = 0.06Q$

$$(1.06Q+q_4)\times 11\% = 1.06Q\times 50\% + q_4\times 21\%$$

解得 $q_4 = 0.64Q$

因此，检修后总的漏风量为 $q_3+q_4 = 0.7Q$。通过计算可以看出，检修前后加热炉热管系统的漏风量减少了 $1.43Q-0.7Q=0.73Q$，约 50%。热管进口温度提高了 55℃，助燃空气的预热温度提高了 35℃，说明热管系统的密封情况得到改善，空气的漏量大幅减少。

(3) 加热炉的热效率提高

加热炉的运行效率均有一定程度的提高，具体数据见表 1-2-6。

表 1-2-6　热管检修前后加热炉效率变化数据

项　目	BA101	BA102	BA103	BA104
检修前	81.34	80.77	84.27	83.78
检修后	82.45	81.38	84.93	84.68
增幅	1.11	0.61	0.66	0.9

从表 1-2-6 中的数据可以看出，加热炉余热回收系数经过检修后加热炉的热效率均有提高。4 台加热炉的热效率平均提高了 0.82%。

(4) 降低了 GB108/GB109 的负荷

由于热管系统泄漏情况得到改善，泄漏减少，在装置正常生产时 GB 109 工作电流减少了 3A，同样，由于空气漏入烟气的量减少，GB 108 的工作电流也降低了 3A。通过对这次热管系统的检修改善了热管的运行状况，节约了大量的电能。

4. 装置运行效益

加热炉热效率提高 0.82%，按每月可以节约 0.82%的燃料气来计算，每年节约的燃料

气量为 $1500Nm^3/h×0.82×24h×365d=107784Nm^3$，1t 燃料气的价格按 1500 元计算，则每年燃料气节约的费用为 $1.3kg/m^3×107.748km^3/a×1500$ 元=210109 元。

由于漏风量减少，GB108/GB109 的电流下降了 3A，则每年可以节约电量 6000V×3A×8640h=155520kW·h，按 1kW·h 电的费用为 0.5 元计，则每年节约电费 0.5×155520=77760 元，扣除检修费用 3.4 万元，则每年产生的经济效益=210109+77760-34000=253868 元。

5. 小结

① 经过运行证明，烟气余热回收技术在加氢装置上应用是必要的，改造设计可行，运行可靠，达到了预期目的。

② 烟气余热回收的应用，改善了加氢装置加热炉的运行工况，管壁温度的降低，延长了加热炉炉管的使用寿命，为加热炉长周期安全运行提供了保障。

③ 通过改进 EA198 的密封面可以降低空气漏入高温烟气的现象，提高加热炉余热回收系统的效率。

④ 对加热炉的一次风门进行改造，将其改为密封蝶阀的形式，可以减少助燃空气的泄漏，提高预热空气的利用率，降低热管系统鼓风机 GB109 和引风机的工作负荷。

⑤ 该技术的应用成功为其他加热炉的节能改造积累了经验，取得较好的社会经济效益。

三、加氢工艺生产总结及技术分析

（一）加氢工艺技术指标

① 一~四套技术指标见表 1-2-7。

② 0.4Mt/a 加氢装置技术指标见表 1-2-8。

③ 1951~2007 年历年来加氢装置处理原料品种，操作条件及产品性状见表 1-2-9。1950~1975 年来加氢装置主要技术经济指标见表 1-2-10。

表 1-2-7　加氢工艺技术指标

一~四套技术指标

项　目	技术指标	备　注
加热炉燃烧室温度/℃	<1200	纯对流炉
加热炉分配室温度/℃	<600	
加热炉出口温度/℃	<470	从炉管材质要求
循环风机入口温度/℃	<350	
高压容器壁温度/℃	<300	冷壁容器
冷却出口/℃	30~40	夏季
	35~55	冬季
置换指标 O_2/%（体积分数）	氮气置换<1.0；氢气<0.6	
氮气纯度/%（体积分数）	N_2>99	
减压压力/MPa（kgf/cm^2）	<3.0（<30）	各套生成油进稳定系统
中分压力/MPa（kgf/cm^2）	<3.0（<30）	各套生成油进稳定系统
尾气排放（送分离）压力/MPa（kgf/cm^2）	<0.8（<8）	各套生成油进稳定系统

续表

项　目	技术指标	备　注
系统最高压力/MPa(kgf/cm^2)	<20(<200)	各套生成油进稳定系统
正常操作压力/(新氢)/MPa(kgf/cm^2)	180(180±2)	新 H_2 压力
氢油比/(m^3/m^3)	焦化柴油≮600∶1	各套生成油进稳定系统
循环氢纯度/%(体积分数)	≥75	
加热炉烟道气 CO/%(体积分数)	<0.1	
升降压速度/(MPa/h)	≯1	
循环 H_2 中 H_2S/%(体积分数)	0.02~0.1	300~1500 mg/m^3
燃烧气压力/MPa	0.025~0.035	
循环 H_2 中 NH_3/(mg/m^3)	≯200	

表 1-2-8　0.4Mt/a 技术指标

项　目	技术指标	备　注
辐射室管壁温度/℃	<550	
辐射室火墙温度/℃	<835	
床层最高温度/℃	<460	
反应器壁温/℃	<300	
换 103 壁温/℃	<300	
换 102 壁温/℃	<300	
空冷出口温度/℃	25~45	
系统最高压力/MPa(kgf/cm^2)	20(200)	
系统操作压力(新 H_2)/MPa(kgf/cm^2)	18(180±2)	
新氢含氧/%(体积分数)	<0.2	
氮气置换含氧/%(体积分数)	<1.0	
氢气置换含氧/%(体积分数)	<0.6	
氮气纯度/%	>99.0	
减压压力/MPa(kgf/cm^2)	<30(<300)	
低分压力/MPa(kgf/cm^2)	<2.5(<25)	
送分离压力/MPa(kgf/cm^2)	<0.8(<8)	
送分离旁路压力/MPa(kgf/cm^2)	0.25(<2.5)	
瓦斯罐压力/MPa(kgf/cm^2)	0.35(<3.5)	
系统差压/MPa(kgf/cm^2)	3.5(<35)	
循环氢纯度/%(体积分数)	>88	
循环氢中 H_2S/%(体积分数)	0.02~0.1	
循环氢中 NH_3/(mg/L)	50~250	
氢油比/(m^3/m^3)	1∶1500	
烟道气 CO/%(体积分数)	<0.1	

表 1-2-9　历年来加氢装置处理原料品种、操作条件及产品性状

序　号		1	2	3	4	5	6
生 产 年 月		1951	1953	1954	1954	1955	1955
原　料		页岩矸煮 1 号轻柴油	页岩酸矸精制 1 号轻柴油	库页岛灯油、中油	中亚细亚粗灯油	页岩 1 号粗柴油	页岩 2 号粗柴油
催 化 剂		3521	3511	3511	3511	3531	3531
催化剂组成		1∶9 硫化钼-白土	1∶3 硫化钼-白土	1∶3 硫化钼-白土	1∶3 硫化钼-白土	硫化钼-活性碳	硫化钼-活性碳
加 工 方 法		高压加氢裂化				高压加氢精制	
加氢条件	压力/MPa	20.0	20.0	20.0	20.0	20.0	20.0
	温度/℃	360~460		400	418	360~470	360~470
	空速/[t/(m³·h)]	0.52	0.41	0.67	0.54	0.9~1.0	1.0~1.1
	循氢纯度/%	~60	~80	86.5	82.7	~70	~65
	氢油比/(m³/m³)	2660	1700	1085	1050	~1200	~1200
	耗氢量/(m³/t)						
原料性状	相对密度 d_4^{20}	0.8172	0.8258	0.8382	0.8115	0.8474	0.8629
	恩氏分馏/(℃)						
	初馏点	154	198	166	139	162	184
	10%	212	226.5	188	172.5	215	236
	50%	249	250	288	288	292	288
	90%	309	297	290	294	308	341
	终馏点	320	311	342	307	330	361
	硫含量/%(质量分数)	0.4	0.45	0.105	0.022	0.76	0.79
	氮/%(质量分数)	0.03	0.2	—	—	1.03	1.13
	溴价/(gBr/100g)		—	—	—	—	—
	苯胺点/℃	64.4	—	54	—	50.5	46
	碘值/(gI_2/100g)	59.2	74.4	51.9	30	81	93
	可磺化物/%			21		50.5	58.5
	酚/%(质量分数)					3.04	1.78

续表

序号		1	2	3	4	5	6
生产年月		1951	1953	1954	1954	1955	1955
原料		页岩矸煮1号轻柴油	页岩酸矸精制1号轻柴油	库页岛灯油、中油	中亚细亚粗灯油	页岩1号粗柴油	页岩2号粗柴油
催化剂		3521	3511	3511	3511	3531	3531
催化剂组成		1∶9硫化钼-白土	1∶3硫化钼-白土	1∶3硫化钼-白土	1∶3硫化钼-白土	硫化钼-活性碳	硫化钼-活性碳
产品性状	相对密度 d_4^{20}	0.7503	0.7555	0.7684	0.7120	0.8008	0.8138
	恩氏分馏初馏点/℃	44	47	38	30	79	88
	10%	77.5	96.5	76	50	184	196
	50%	195	188	165	114	249	274
	90%	279	257.5	248	217	299	327
	终馏点	303	309	285	238	330	365
	硫含量/%(质量分数)	0.01	0.01	—	—	0.013	0.026
	氮/%(质量分数)	—	—	—	—	0.041	0.069
	溴价(gBr/100g)	—	—	—	—	—	—
	苯胺点/℃	—	—	—	—	69	71
	碘值/(gI_2/100g)	1.8	2.0	8.5	—	3.1	6.14
	可磺化物/%	—	—	10	—	19.5	22
	酚/%(质量分数)	—	—	—	—	0.28	0.277
收率及产品分布	生成油液收/%(质量分数)	93	96	94.9	90.7	98	98
	<200℃/%	52.5	57.5	—	86.5	16	11
	对生成油收率汽油/%	43.9	51.5	48.5(航汽)		7.4	7.0
	灯油/%	56.1	48.5	15		86.6(59.8)	—
	0℃柴油/%			33.9(航煤)		(32.3)	92.5
	重柴油/%					5.5(6)	
主要工艺指标							
催化剂寿命周期/d		~90	~114			259	
1m³催化剂处理量/t		~1100				4530	
备注							

续表

序号		7	8	9	10	11	12
生产年月		1955	1955	1957	1958	1959	1959～1960
原料		页岩冷榨油	页岩中榨油	页岩 1 号粗柴油	页岩气体汽油	烟煤低温焦油中油	低温焦油全馏分
催化剂		3531	3531	3531	3531	3561	3592
催化剂组成		硫化钼-活性碳	硫化钼-活性碳	硫化钼-活性碳	硫化钼-活性碳	纯硫化钼	三氧化钼-半焦
加工方法		高压加氢精制		中压加氢精制	高压加氢精制		高压液相裂解加氢
加氢条件	压力/MPa	20.0	20.0	7.0	20.0	20.0	20.0
	温度/℃	430	420～430	415.5	360～450	410	480～486
	空速/[(t/(m³·h)]	0.63	0.49～0.72	0.7	1.15	0.53	0.8
	循氢纯度/%	80.8	78～80	87	70	65	70
	氢油比/(m³/m³)	2400	2100	1335	600～800	3000	930～990
	耗氢量/(m³/t)			270			480
原料性状	相对密度 d_4^{20}	0.8733	0.9147	0.8210	0.7670	0.8916	(Ⅰ) (Ⅱ) d_4^{50} 1.010 1.017 初 204 315 5%(质量分数) 229 — 10%(质量分数) 249 — 20%(质量分数) 275 — 30%(质量分数) 302 — S%(质量分数) 0.30 0.24 C%(质量分数) 83.2 86.2 H%(质量分数) 9.22 9.10 O%(质量分数) 0.75 0.74 水分/% 0.61 — 黏度(60℃) 390 572 沥青/% 5.9 5.0 灰分/% 0.084 0.051 固体分/%(质量分数) 0.18 0.07 <325℃/%(质量分数) 34.2 32.4 <230℃/%(质量分数) 7.05
	恩氏分馏/℃						
	初馏点	198	175	153	54.5	97	
	10%	251	280	213	85.5	115	
	50%	307	361	244	131.5	230	
	90%	346	426	282	198	281	
	终馏点	363	—	302	257.5	305	
	硫含量/%(质量分数)	0.58	0.62	0.57	0.64	0.2	
	氮/%(质量分数)	—	0.74	0.62	0.14	0.55	
	溴价/(gBr/100g)	94.3	—	56.7	75.37	46.4	
	苯胺点/℃	50.5	49.5		25.2		
	碘值/(gI_2/100g)	—	27	芳烃/% 39.5			
	可磺化物/%	—	—	33.6	0.26	26	
	酚/%(质量分数)	—					

续表

序号		7	8	9	10	11	12
生产年月		1955	1955	1957	1958	1959	1959~1960
原料		页岩冷榨油	页岩中榨油	页岩1号粗柴油	页岩气体汽油	烟煤低温焦油中油	低温焦油全馏分
催化剂		3531	3531	3531	3531	3561	3592
催化剂组成		硫化钼-活性碳	硫化钼-活性碳	硫化钼-活性碳	硫化钼-活性碳	纯硫化钼	三氧化钼-半焦
加工方法		高压加氢精制		中压加氢精制	高压加氢精制		高压液相裂解加氢
产品性状	相对密度/d_4^{20}	0.8100	0.8326	0.8148	0.7490	0.8415	0.8950
	恩氏分馏/℃						
	初馏点	79	70	138	54.5	76	89
	10%	194	185	201.5	83	132	197
	50%	275	310	244	128	205	312
	90%	334	400	287	203.5	266	—
	终馏点	357	—	323	266	316	—
	硫含量/%(质量分数)	0.01	0.02	0.136	0.039	0.02	0.01
	氮/%(质量分数)	—	—	0.228	0.015	0.011	0.30
	溴价/(gBr/100g)	25.94	—	16.75	0.24	4.65	46.83
	苯胺点/℃	74	73.3	58	50.0		20.4
	碘值/(gI_2/100g)	—	—				—
	可磺化物/%		21	芳烃%23.5	20.7		—
	酚/%(质量分数)		—	1.84	0.12	2	2.6
							沥青/%(质量分数)0.27
							灰分/%(质量分数)0.041
							水分/%(质量分数)1.6
收率及产品分布	生成油液收/%(质量分数)	98	97.9	98.3	96.8		91.31
	<200/℃%	① ②	12.5	8.5	—		10.5
	对生成油收率 汽油/%	7.8 8.2	6.0	4.2	83	30~40	<230℃/%(质量分数)17.34
	灯油/%	— 56	10℃柴油50.8	29.9	16		<325℃/%(质量分数)60.63
	0℃柴油/%	91.7 —	残油35.6	10℃柴油65.8			
	重柴油/%	— 35.2					
主要工艺指标				①脱氮率42%~58% ②脱硫率68%~89%		①催化剂加入量/%0.50 ②反应入口固体分/%9.0 ③沥青转化率/%84 ④重油转化率/%58 ⑤油空时产率/%0.35	
催化剂寿命周期/d							
每m^3催化剂处理量/t							
备注						(Ⅰ)低温焦油全馏分 (Ⅱ)工作原料： 全馏分：液相生成油 大于325℃重馏分=5：6(质量分数)	

续表

	序　号	13	14	15	16	17
	生产年月	1959~1960	1960	1961	1962	1963，5
	原　料	低温焦油全馏分	页岩1号粗柴油+气体汽油	大庆含蜡重柴油	新氢+水煤气合成甲醇	工业异辛烯
	催化剂	3592	3531	3511	3623	3591
	催化剂组成	三氧化钼—半焦	硫化钼—活性碳	硫化钼—白土	ZnO-Cr_2O_3	W-Ni-γ-Al_2O_3
	加工方法	中压液相裂解加氢	高压加氢精制	高压裂解加氢	合　成	高压加氢精制
加氢条件	压力/MPa	7.0	20.0	20.0	20.0	18.0
	温度/℃	440~460	360~470	464	360~410	325~350
	空速/[t/(m³·h)]	0.78(对工作原料)	1.0~1.3	0.41	5800	0.9
		0.59(对新鲜原料)				
	循氢纯度/%	68~70	~60	70~75	H2+CO>70%	77
	氢油比/(m³/m³)	1000	~800	2500~3000		4000
		352(对新鲜原料)				
	耗氢量/(m³/t)					189
原料性状	相对密度/d_4^{20}	(Ⅰ)　(Ⅱ)　(Ⅲ)	0.8196	0.8220		0.7293
	恩氏分馏/℃					
	初馏点	1.0446　—　1.0597	65	267	H2/CO=2.3~2.4	90
	10%	166　215　194	110	296		104
	50%	239　324　242	229.5	325		109
	90%	—　—　—	298.5	366		116
	终馏点	—　—　—	326.5	395		97.5%馏出温度/℃ 133
	硫含量%(质量分数)	—　—　—	0.69	0.024		S/%　0.003
	氮/%(质量分数)	S/%(质量分数)　0.254　0.389　0.355	0.583	0.013		N/%　0.0057
	溴价/(gBr/100g)	C/%(质量分数)　88.20　—　83.70	—	13.6		1.4180
	苯胺点/℃	H/%(质量分数)　9.22　—　9.09	38.4	95.6		折光率 n_d^{20}
	碘值/(gIa/100g)	N/%(质量分数)　0.692　0.766　0.698	92.7	—		
	可磺化物/%	沥青/%　4.7　5.31　4.8	39			溴价/(gBr/100g)　172
	酚/%(质量分数)	固体分/%　0.634　11.61　4.74				蒸气压/kPa(mmHg)　116(87)
		<230℃/%　8.0　—　7.0				相对分子质量　143
		<350℃/%　50.0　17.5　48.5				酸度　6.019
		<230℃/%中酚含量63.5				空白辛烷值　83
						烯烃/%(质量分数)　92.8
						非芳烃/%(质量分数)　7.2
						胶质/%　5.4

续表

	序　　号	13	14	15	16	17
	生　产　年　月	1959～1960	1960	1961	1962	1963，5
	原　　料	低温焦油全馏分	页岩1号粗柴油+气体汽油	大庆含蜡重柴油	新氢+水煤气合成甲醇	工业异辛烯
	催　化　剂	3592	3531	3511	3623	3591
	催化剂组成	三氧化钼—半焦	硫化钼—活性碳	硫化钼—白土	$ZnO-Cr_2O_3$	W-Ni-γ-Al_2O_3
	加　工　方　法	中压液相裂解加氢	高压加氢精制	高压裂解加氢	合　　成	高压加氢精制
产品性状	相对密度 d_4^{20}	0.9095	0.7334	0.7467	0.7921	0.7070
	恩氏分馏/℃					
	初馏点	114.5	59	32	64.64	62
	10%	206.5	103	77	64～67℃馏出	102
	50%	—	206	216	量　98%	108
	90%	384.5	292	316	酸值　0.066	115
	终馏点	—	343	345	含醚量0.34%	97.5%　135
	硫含量/%(质量分数)	0.115	0.014	0.011	醛酮含量0.14%	S/%　0.003
	氮/%(质量分数)	0.676	0.024	0.004	硫含量：无	蒸汽压　209
	溴价/(gBr/100g)	72	—	2.8	外观：淡绿色	酸值0.086
	苯胺点/℃	C/%　83.83	59.3	81.5	实际胶质痕迹	
	碘值/(gI_2/100g)	H/%　10.31	4.31			烷烃%(质量分数)　95
	可磺化物/%	沥青/%　0.76				非芳，芳烃/%(质量分数)　5
	酚/%(质量分数)					沉降胶质　无
收率及产品分布	生成油液收/%(质量分数)	90.5～93	97.5	47	30.5% (粗甲醇)	97.5
	<200℃/%	—	47.5	32.6		
	对生成油收率：汽油/%	<230℃/%　25	41	37.5		
	灯油/%	<350℃/%　75	47			
	0°柴油/%		—			
	重柴油/%		11.5			
	主要工艺指标	①沥青转化率55.9% ②对新鲜原料的沥青转化率76% ③重油转化率36.6% ④轻质酚转化17.1%				
	催化剂寿命周期/d	工作原料中催化剂含量1.125%	348	102		
	每米 m^3 催化剂处理量/t		5700	935		
	备　　注	(Ⅰ)全馏分 (Ⅱ)残渣油 (Ⅲ)工作原料 全馏分：残渣油=3：1				

续表

顺号		18	19	20	21	22
生产年月		1963	1964	1964	1965，10	1965，11
原料		页岩热裂化柴油(7.3)十轻质油(1.6)	苯	大庆焦化轻柴油	Ⅳ型催化裂化柴油	热裂化汽油：热裂化柴油：焦化汽油：焦化柴油=30：31.5：13.5：25(质量)
催化剂		3581	3602	3581	3581	3581
催化剂组成		WS_2	硫化钨—硫化镍	WS_2	纯硫化钨	纯硫化钨
加工方法		高压加氢精制	中压加氢	高压加氢精制	加氢精制试生产2号、3号、4号低相对密度航煤	
加氢条件	压力/MPa	20.0	8.0	20.0	20.0	20.0
	温度/℃	446	298~301	380~470	360~400	360~378
	空速/[t/(m^3·h)]	0.62	0.2~0.3	2.07	1.3(体)	1.5~2.0(体)
	循氢纯度/%	73	85~87	70	大于75	大于70
	氢油比/(m^3/m^3)	1500	1800	660	1100~1200	800~1100
	耗氢量/(m^3/t)		440		394	
原料性状	相对密度/d_4^{20}	0.8491	0.8767	0.8134	0.8734	0.7717
	恩氏分馏/℃					
	初馏点	170	n_D^{20} 1.5008	108.5	182	50
	10%	217	凝固点/℃ +5.5	209.5	214	91
	50%	248	苯含量/% 99.5	252	258	205
	90%	286	甲苯含量% 0.25	300	308	291
	终馏点	308	烷烃/% 0.25	318.5	终馏点/℃ 324	317
	硫含量/%(质量分数)	0.51	硫/(μg/g) <3	0.058	溴值/(gBr/100g) 36.87	溴价/(gBr/100g) 54.3
	氮/%(质量分数)	0.875		0.08	磺化值/% 50.25	磺化值/% 28
	溴价/(gBr/100g)	57.2		35.5		
	苯胺点/℃	49.8		65.2		
	碘值/(gI_2/100g)	—				
	可磺化物/%	44.5				
	酚/%(质量分数)					
产品性状	相对密度/d_4^{20}	0.7882	0.7774	0.7880	0.8206	0.7663
	恩氏分馏/℃					
	初馏点	60	凝固点/℃ +3	74.5	76	60
	10%	130	环己烷/% 99.5	186.5	186	100
	50%	222	甲基环戊烷/% 0.5	239.5	234	205

续表

顺号		18	19	20	21	22
生产年月		1963	1964	1964	1965，10	1965，11
原料		页岩热裂化柴油(7.3) 十轻质油(1.6)	苯	大庆焦化轻柴油	Ⅳ型催化裂化柴油	热裂化汽油：热裂化柴油： 焦化汽油：焦化柴油= 30：31.5：13.5：25(质量)
催化剂		3581	3602	3581	3581	3581
催化剂组成		WS_2	硫化钨—硫化镍	WS_2	纯硫化钨	纯硫化钨
加工方法		高压加氢精制	中压加氢	高压加氢精制	加氢精制试生产 2 号、3 号、4 号低相对密度航煤	
产品性状	90%	274	n_D^{20} 1.4267	294.5	297	286
	终馏点	314		319	终馏点 325	317
	硫含量/%(质量分数)	0.0079		0.0013	溴价 1.03	溴价<2.5
	氮/%(质量分数)	0.0268		0.004	磺化值 16.75	
	溴价/(gBr/100g)	4.7		1.08		
	苯胺点/℃	60.7		75.5		
	碘价/(gI_2/100g)	—				
	可磺化物/%	18				
	酚/%(质量分数)					
收率及产品分布	生成油液收/%(质量分数)		环已烷液体收率		生成油液收率 98.3%	60~280℃4 号航煤组分
	<200/℃%	36.5	94.2%	40	其中汽油 1.1%	[对生成油收率 84.65%(质量分数)]
	对生成油收率					
	汽油/%	5.0		86.5	3 号煤油组分 62.5%	
	灯油/%	81.5			塔底 0℃柴油 34.6%	
	0℃柴油/%	—				
	重柴油/%	13				
主要工艺指标					加氢 3 号煤油组分：直馏煤油=55：45 调合后可生产 3 号煤油	
催化剂寿命周期/d					催化剂已使用 120d， 已处理过原料油 48000t	
每 m^3 催化剂处理量/t						
备注					Ⅳ型催化裂化原料为大庆直馏重馏分加 20%焦化蜡油	(1)加 33 号添加剂 0.155% (2)4 号航煤收率系大型生成油在 10L 实沸点装置上之切割收率

续表

顺号		23	24	25	26	27	
生产年月		1965, 11	1965~1966	1970, 12	1970, 12	1970, 12	
原料		热裂化汽油：热裂化柴油：焦化汽油：焦化柴油=30：31.5：13.5：25(质量)	大庆重柴油	大庆粗轻油	大庆蜡油	大庆蜡油	
催化剂		3581	3652	3705	3705	3705	
催化剂组成		纯硫化钨	W-Ni-SiO_2-AL_2O_3	W-Mo-Ni-Re-Y-分子筛	W-Mo-Ni-Re-Y-分子筛	W-Mo-Ni-Re-Y-分子筛	
加工方法		加氢精制试生产3号、4号、2号低相对密度航煤	加氢裂化	汽油化	汽油化	高压加氢精制	
加氢条件	压力/MPa	20.0	15.0	20.0	20.0	20.0	
	温度/℃	370~388	420~455	385~430	400~408	400~465	
	空速/[t/(m^3·h)]	1.5~2.0(体积)	1.0	1.0~2.0	1.0~1.5	0.75~1.5	
	循环氢纯度/%	大于75	大于80	70~75	大于75	>75	
	氢油比/(m^3/m^3)	800~1100	1500~2000	800~1500	1200	1500	
	耗氢量/(m^3/t)		250				
原料性状	相对密度/d_4^{20}	0.7717	控制指标：	0.8202	0.8201	(Ⅰ)	(Ⅱ)
	恩氏分馏/℃					0.8354	0.8598
	初馏点	45	初馏点	195	195	280	5%384
	10%	91	330±10℃	234	289	382	408
	50%	205	50%	273	381	435	485
	90%	292	400±10	323	95% 470	509	558
	终馏点	317	95%	346	凝固点/℃26℃	—	95%582
	硫含量/%(质量分数)	溴价54.3	470±15	—	碱氮 0.016	凝固点/℃ 48	48
	氮/%(质量分数)	磺化值28.3		200/(μg/g)		碱氮/(μg/g) 300	300
	溴价/(gI_r/100g)			24.8			
	苯胺点/℃						
	碘值/(gI_2/100g)						
	可磺化物/%						
	酚/%(质量分数)						
产品性状	相对密度/d_4^{20}	0.7663	生成油控制指标：	0.7373	0.7594	0.8120	0.8456
	恩氏分馏/℃						
	初馏点	58	<320℃转化率	生成油中	>320℃凝固点	187	5%316
	10%	100	不小于60%	初馏点~155℃馏分	28.4℃	342	355

续表

顺　号	23	24	25	26	27
生　产　年　月	1965，11	1965~1966	1970，12	1970，12	1970，12
原　料	热裂化汽油：热裂化柴油： 焦化汽油：焦化柴油 =30：31.5：13.5：25(质量)	大庆重柴油	大庆粗轻油	大庆蜡油	大庆蜡油
催　化　剂	3581	3652	3705	3705	3705
催化剂组成	纯硫化钨	W-Ni-SiO_2-AL_2O_3	W-Mo-Ni-Re-Y-分子筛	W-Mo-Ni-Re-Y-分子筛	W-Mo-Ni-Re-Y-分子筛
加　工　方　法	加氢精制试生产3号、4号、 2号低相对密度航煤	加氢裂化	汽油化	汽油化	高压加氢精制
产品性状： 50% 90% 终馏点 硫含量/%(质量分数) 氮/%(质量分数) 溴价/(gBr/100g) 苯胺点/℃ 碘值/(gI_2/100g) 可磺化物/% 酚/%(质量分数)	205 286 317 溴价<2.5		①收率39.18% ②相对密度：0.7019 ③辛烷值67	碱氮 0.0014%	442　466 513　538 95%552 凝点/℃32　48 碱氮/(μg/g)　15 8.87
收率及产品分布： 生成油液收%(质量分数) <200℃/% 对生成油收率汽油/% 灯油/% 0℃柴油 重柴油/%	140~230℃2号航煤收率 27%~28%(质量分数)	9.4% -60°航煤32% 低凝点柴油13%	总液收98%(体) <200°%50.5 <300°%87	总液收/%(体积分数)91.4 <200℃/%36.3 200~320℃/%　21.1 >320℃/%　34	<300℃/%23.3
主要工艺指标					脱氮率 (Ⅰ)大于93%(Ⅱ)大于93%
催化剂寿命周期(d)	催化剂已使用154d处理原料油58900t，单位催化剂处理原料5775t/m^3催化剂	催化剂总温升系数 0.189/d			运转220d后脱氮率 仍大于90%
每m^3催化剂处理量/t					
备　注	(1)产品馏程除汽油10%馏出温度卡边外，余均有潜力 (2)产品收率较低	半工业化试验			(Ⅰ)减二、三线(320~560℃) (Ⅱ)减三线(340~580℃)

续表

	顺　　号	28	29	30	31	32
	生　产　年　月	1971，2	1971，6	1971，11	1972，4	1972，4
	原　　料	大庆常压渣油	酚油+洗油	大庆常三、减一，二，三线混合油	大庆减二，三线混合油	大庆减三线
	催　化　剂	3531	3591	3713：3715=1：2(体)	3722	3722
	催化剂组成	硫化钼-活性炭	W-Ni/r-Al_2O_3	W-Mo-Ni-SiO2-Al_2O_3 W-Mo-Ni-r-Al_2O_3	W-Mo-Ni-BF_3-η-Al_2O_3	W-Mo-Ni- BF_3-η-Al_2O_3
	加　工　方　法	沸腾床加氢裂解	高玉裂解加氢制9号煤油	润滑油一顶三	润滑油加氢精制	
加氢条件	压力/MPa	15.0	18.8	20.0	20.0	20.0
	温度/℃	400~420	400	415~445	380~425	400~410
	空速/[t/(m^3·h)]	2.0(渣油)	0.2	0.5~0.75	1.0~1.4	0.75~1.15
	循环氢纯度/%	大于75	大于80	大于70	75~85	75~85
	氢油比/(m^3/m^3)	1600~1700	8900	1400	1200~1500	1000
	耗氢量/(m^3/t)				134	
原料性状	相对密度/d_z^{20}	0.8650　(50℃)	1.026	0.8470	0.8369	0.8440
	恩氏分馏/℃					
	初馏点	<350°%　8.76	174	284	5%　364	337
	10%	350~550℃/%　15.6	197	364	381	405
	50%	>550℃/℃　43.9	242	430	444	472
	90%	运动黏度(50℃)/(mm^2/s)　3.48	276	499	526	536
	终馏点	沥青/%　0.188	296	95%　514	95%　546	95%　54.9
	硫含量/%(质量分数)	矽胶胶质/%　12.8	0.3	碱氮/(μg/g)　232	碱氮/(μg/g)　272	碱氮/(μg/g)　303
	氮/%(质量分数)	C/%　85.9	0.875	凝点/℃　+44	凝点/℃　+48	凝点/℃　48
	溴价/(gBr/100g)	H/%　13.04	磺化值98		ν_{100}/(mm^2/s)6.32	残炭/%　0.3
	苯胺点/℃	S/%　0.11			黏度指数　95	灰分/%　0.002
	碘值/(gI_2/100g)	N/%　0.24				
	可磺化物/%	灰分/%　0.04				
		水分/%　0.2				
	酚/%(质量分数)	Fe、Ni/%　<0.1				
		V/%　<0.001				
产品性状	相对密度/d_4^{20}	(Ⅰ)　(Ⅱ)	生成油	(Ⅰ)　(Ⅱ)	液相油	液相油
	恩氏分馏/℃	0.8229　0.8686	0.8596	0.8076　0.7589	0.8260	0.8199
	初馏点	90　<350/%168	初馏点　120℃	5%124　—	333	214
	10%	218.5　350~550℃%43.2	10%　160℃	178　101	354	361
	50%	305　>550℃/%39.0	30%　183	278　212.5	427	429

续表

顺　号	28	29	30	31	32
生产年月	1971，2	1971，6	1971，11	1972，4	1972，4
原　料	大庆常压渣油	酚油+洗油	大庆常三、减一，二，三线混合油	大庆减二，三线混合油	大庆减三线
催化剂	3531	3591	3713∶3715=1∶2(体)	3722	3722
催化剂组成	硫化钼-活性炭	W-Ni/r-Al_2O_3	W-Mo-Ni-SiO2-Al_2O_3 W-Mo-Ni-r-Al_2O_3	W-Mo-Ni-BF_3-η-Al_2O_3	W-Mo-Ni-BF_3-η-Al_2O_3
加工方法	沸腾床加氢裂解	高压裂解加氢制9号煤油	润滑油一顶三	润滑油加氢精制	
产品性状 90% 终馏点 硫含量/%(质量分数) 氮/%(质量分数) 溴价/(gBr/100g) 苯胺点/℃ 碘值/(gI_2/100g) 可磺化物/% 酚/%(质量分数)	200℃/% 13　S/%0.121 300℃/% 36　>550℃转化率 12.0(对原料) <350℃/% 49.1　<350℃质量： ①溴价　17.12 ②碱氮/%　0.021 ③S/%　0.059	50%　197 70%　212 95%　242 终馏点　270 磺化值 6	369　337 95%>400　340 终馏点　342 碱氮%0.0017　0.00101 溴价 2.281　1.174 S%0.008　— 凝固点/℃+8　-23 >320℃/%28.7　11 >320℃凝点　+26+8	501 517 碱氮/(μg/g)　20 凝固点/℃47 ν_{100}(mm^2/s)5.23 黏度指数 115	498 — 碱氮/(μg/g)　16.0 凝固点/℃46 ν_{100}/(mm^2/s)5.52 残炭/%0.032 灰分/%0.0005
收率及产品分布 生成油液收率/%(质量分数) <200℃/% 对生成油收率　汽油/% 灯油/% 0℃柴油 重柴油/%		<200℃/%53 生成油中： 9号煤油 40%~45% 汽油 40%~50% 柴油 10%	重整原料 20.1% (初~150℃) 煤油 37.8% (150~260℃) 变压器油 (260~340)31.1% 高速机油组分 10% (>340℃) 常压底油余量	热分液相生成油 收率 93.0%(质量分数) 热分气相生成油 收率 5.4% 气态烃 2.3%	
主要工艺指标	催化剂粒度 0.08820mm				
催化剂寿命周期/d					
每 m^3 催化剂处理量/t					
备　注	半工业化试验结果 (Ⅰ)汽相生成油 (Ⅱ)混合生成油		①一、二反装 3713 三、四反装 3715 ②(Ⅰ)为 3713 催化剂之生成油(二反出口取样)； (Ⅱ)为四反出口取样		

续表

顺号		33	34	35	36	37	38
生产年月		1973，10	1974~1975	1974~1975	1974~1975	1974，5	1974，5
原料		大庆减二、三线 3705 精制油	大庆减二、三线 3722 精制油	大庆减三线 3722 精制油	大庆减三线 3705 精制油	大庆常三、减二线混合油	大庆常三、减二线 3722 精制油
催化剂		3731	3731	3731	3731	3722	3731
催化剂组成		Mo-Ni-新型分子筛	Mo-Ni-新型分子筛	Mo-Ni-新型分子筛	Mo-Ni-新型分子筛	W-Mo-Ni-F-η-Al_2O_3	Mo-Ni-新型分子筛
加工方法		润滑油加氢一顶三				加氢一顶三装置产润滑油	
加氢条件	压力/MPa	20.0	20.0	20.0	20.0	20.0	20.0
	温度/℃	400~430	380~430	380~430	380~430	400~411	386~406
	空速/[(t/(m^3·h)]	1.0	1.0	1.0	1.0	1.5	1.68
	循环氢纯度/%	大于 80	大于 80	大于 80	大于 80	大于 70	大于 70
	氢油比/(m^3/m^3)	1500	1600	1600	1500	670	730
	耗氢量/(m^3/t)	251	240	277	288		186
原料性状	相对密度/d_4^{20}	0.8120	0.8260	0.8218	0.8456	—	— —
	恩氏分馏/℃						
	初馏点	191	5%/333	—	5%/316	5%/394	5% 318
	10%	361	354	351	355	412	10% 356
	50%	425	427	443	466	466	50% 432
	90%	500	501	506	536	528	90% 504
	终馏点	—	95%517	—	95%553	—	95% 510
	硫含量/%(质量分数)	ν_{100}/(mm^2/s) 4.35	碱氮/(μg/g) 20	碱氮/(μg/g) 13.74	碱氮/(μg/g) 15	碱氮/(μg/g) 106	ν_{100}/(mm^2/s) 3.59
	氮/%(质量分数)	凝点/℃ +44	凝点/℃ +47	凝点/℃ +46	凝点/℃ +48	凝点/℃ 38.5	S/% 0.007
	溴价/(gBr/100g)		ν_{100}/(mm^2/s) 5.23	ν_{100}/(mm^2/s) 4.95	ν_{100}/(mm^2/s) 5.22	ν_{100}/(mm^2/s) 3.69	碱氮/(μg/g) 4
	苯胺点/℃		黏度指数 115		残炭/% 0.03	S/% 0.08	凝点/℃ 38.5
	碘值/(gI_2/100g)					残炭/% 0.037	残炭/% 0.0025
	可磺化物/%					灰分/% 0.0035	灰分/% 0.001
	酚/%(质量分数)						
产品性状	相对密度/d_4^{20}	0.7650	0.7742	0.7750	0.7720	热分液相油	0.7680
	恩氏分馏/℃						
	初馏点	42	凝点/℃ -5	溴价 10.6	20% 80	5% 318	溴价/(gBr/100g) 14.70
	10%	106	ν_{100}/(mm^2/s) 8.36	ν_{50} 35.4	50% 190	10% 356	碱氮/(μg/g) 1.6
	50%	372	ν_{50}/(mm^2/s) 44.8	ν_{100} 7.08	60% 250	50% 432	凝点/℃ +16
	90%	397	黏度比 5.35	黏度比 5.02	70% 307	90% 504	ν_{100}/(mm^2/s) 3.75

续表

顺　号	33	34	35	36	37	38
生产年月	1973，10	1974~1975	1974~1975	1974~1975	1974，5	1974，5
原　料	大庆减二、三线 3705 精制油	大庆减二、三线 3722 精制油	大庆减三线 3722 精制油	大庆减三线 3705 精制油	大庆常三、减 二线混合油	大庆常三、减二线 3722 精制油
催化剂	3731	3731	3731	3731	3722	3731
催化剂组成	Mo-Ni-新型分子筛	Mo-Ni-新型分子筛	Mo-Ni-新型分子筛	Mo-Ni-新型分子筛	W-Mo-Ni-F-η-Al_2O_3	Mo-Ni-新型分子筛
加工方法	润滑油加氢一顶三				加氢一顶三装置产润滑油	
产品性状 终馏点 硫含量/%(质量分数) 氮/%(质量分数) 溴价/(gBr/100g) 苯胺点/℃ 碘值/(gI_2/100g) 可磺化物/% 酚/%(质量分数)	ν_{50}/(mm^2/s)7.62 ν_{100}/(mm^2/s)2.68 凝点/℃+13	黏度指数 75 <190°馏分 辛烷值/68	凝点/℃-14 黏度指数 80 <190/℃馏分辛烷值 73	80%　380 90%　432 95%　454 ν_{50}/(mm^2/s)24.73 ν_{100}/(mm^2/s)5.62 黏度比/4.40 凝点/℃-9 碱氮/(μg/g)8	95%　510 ν_{100}/(mm^2/s)3.59 S/%0.007 碱氮/(μg/g)4 凝点/℃38.5 残炭/%0.0025 灰分/%0.001	黏度指数　100 黏度比　3.39 >320℃/%38.1 n_D^{20}　1.4752 ν_{50}12.7
收率及产品分布 生成油液收/%(质量分数) <200℃/% 对生成油收率汽油/% 灯油/% 0℃柴油 重柴油/%	生成油中： >320℃/%22 270~340℃/% 17.2 (变压器油组分)	液收　84% 其中： 汽油 27% -35 柴油 16.2% 轻质滑油 25.2% 中质滑油 21.6%	液收 79% 生成油中： 汽油(<190℃) 30.21% 灯油　9.23% 300~360℃　4.47% 360~480℃　23.41% 480~500℃　8.1% >520℃　6.4%	液收 78%(质量分数) 其中<180℃　49.93% 180~270℃　14.36% 270~360℃　7.69% 360~470℃　19.92% 470~530℃　7.2% >530℃　0.9%		液收 86.2%(质量分数) 其中初~190℃ 27.6% 190~300℃　12.1% 300~360℃　8.5% 360~440℃　23.76% 440~520℃　7.88% >520℃　0.42% 损失　19.96%
主要工艺指标	精制油碱氮要求<25(μg/g)	精制油碱氮要求<25(μg/g)	精制油碱氮要求<25(μg/g)	精制油碱氮要求<25(μg/g)		精制油碱氮要求<25(μg/g)
催化剂寿命周期/d						催化剂寿命估计 11/2 年以上(3652 在空速 1.0 时仅 10 个月左右)
每 m^3 催化剂处理量/t						
备　注					原料油经 3722 精制后所得热分液相油作为顺号 38 的原料油	与 3652 相比液收低约 10 个单位，生成油溴值高一倍，灯油点灯试验亦同 3651 均不合格

续表

序号	39	40	41	42	43	44	45	46	
生 产 时 间	1976-1983	1981-1994	1982-1984	1984-1986	1988-1994	1988-1990	1980	1998	
原料	大庆 VGO	大庆 VGO	大庆焦柴	大庆焦柴	大庆焦柴	大庆 VGO(B) 大庆焦柴(A)	加氢裂化尾油 大庆 VGO	大庆焦柴 大庆蜡油	39.83：58.06
催化剂	3762	3812	3821	3843	3863	3883	3792	3903	3936
催化剂组成	Si-Al β 分子筛 W-Ni-Sn	SiO_2 Al_2O_3 β 分子筛	Si-Al β 分子筛 W-Ni	Si-Al-W-Ni	Si-Al β 分子筛 H-丝光沸石-W-Ni	Si-Al β 分子筛 ZSM-5-W-Ni	ZSM-8 Si-Al W-Mo-Ni-Sn	W-Ni $SiO_2-Al_2O_3$	Mo-Ni-P $SiO_2-Al_2O_3$
加工方法					加氢裂化		以加氢尾油为原料(3722 催化剂)或直接使用大庆 VGO	两剂串联	
催化剂寿命/d	537	1028	483	915					
每 kg 催化剂处理油量/t	11.03	24.76			16.8				
备注		精制催化剂为 3722 裂化催化剂 3812		一反装 3822 $50m^3$ 二反装 3843 $50m^3$		一反装 3722 $6m^3$ 二反装 3883 $6m^3$ 三反装 3883 $6m^3$		精制催化剂 3936 与之串联	
加氢条件 压力/MPa	15	19	15(氢分压)	15(氢分压)	18.0	18.0	17.9	16.4(氢分压力)	
加氢条件 温度/℃	402~428℃	405~414℃	398~429℃	388~429℃	398~400℃	395~394℃	尾油 VGO 344 419	三反 363	一反 346 二反 357
加氢条件 空速/[t/(m^3·kg)]	1.0	1.06	1.8	1.8	1.4	14.2~15.9 (此数据有误)	1.6	0.31	0.31
加氢条件 循环氢纯度/%		84			82				
加氢条件 氢油比/(m^3/m^3)		1000	700	700	650		725	1102	1102
加氢条件 耗氢量/(m^3/t)							0.96% 1.6%	2.13%	2.13%

续表

序号		39	40	41	42	43	44	45	46	
生产时间		1976-1983	1981-1994	1982-1984	1984-1986	1988-1994	1988-1990	1980	1998	
原料		大庆 VGO	大庆 VGO	大庆焦柴	大庆焦柴	大庆焦柴	大庆 VGO(B) 大庆焦柴(A)	加氢裂化尾油 大庆 VGO	大庆焦柴 大庆蜡油	39.83 : 58.06
催化剂		3762	3812	3821	3843	3863	3883	3792	3903	3936
催化剂组成		Si-Al β 分子筛 W-Ni-Sn	SiO_2 Al_2O_3 β 分子筛	Si-Al β 分子筛 W-Ni	Si-Al-W-Ni	Si-Al β 分子筛 H-丝光沸石-W-Ni	Si-Al β 分子筛 ZSM-5-W-Ni	ZSM-8 Si-Al W-Mo-Ni-Sn	W-Ni $SiO_2-Al_2O_3$	Mo-Ni-P $SiO_2-Al_2O_3$
原料的性质	相对密度	0.8480	0.857	0.8237	0.8236	0.8220	A　B (焦柴)(VGO)	0.8326　0.8660	大庆焦柴 0.8166	大庆 VGO 0.8095
恩氏蒸馏	初馏点	318	284	183	197	184		336	180	279(5%)
	10%					231		312　394	223	305
	50%			278	282	278		499	273	363
	90%					329		519	321	420
	95%	506	531			348		498　527		434
	终馏点			342	349				399	
	S/(μg/g)			1282				860	1040	480
	N/(μg/g)	163	273	680	709	589.08		17　684	505.8	81.76
	溴价/(gBr/100g)			33.1	39.1	38.8		246	33.54	
	苯胺点/℃									
	碘值/(gI_2/100g)									
	可磺化物/%									
	酚/%									
	残炭/%	0.032	0.075					0.13		0.087

续表

序号		39	40	41	42	43	44	45	46	
生产时间		1976-1983	1981-1994	1982-1984	1984-1986	1988-1994	1988-1990	1980	1998	
原料		大庆 VGO	大庆 VGO	大庆焦柴	大庆焦柴	大庆焦柴	大庆 VGO(B) 大庆焦柴(A)	加氢裂化尾油 大庆 VGO	大庆焦柴 大庆蜡油	39.83 : 58.06
催化剂		3762	3812	3821	3843	3863	3883	3792	3903	3936
催化剂组成		Si-Al β 分子筛 W-Ni-Sn	SiO_2 Al_2O_3 β 分子筛	Si-Al β 分子筛 W-Ni	Si-Al-W-Ni	Si-Al β 分子筛 H-丝光沸石- W-Ni	Si-Al β 分子筛 ZSM-5-W-Ni	ZSM-8 Si-Al W-Mo-Ni-Sn	W-Ni $SiO_2-Al_2O_3$	Mo-Ni-P $SiO_2-Al_2O_3$
加工方法						加氢裂化		以加氢尾油为原料(3722 催化剂)或直接使用大庆 VGO	两剂串联	
产品性质	恩氏蒸馏/℃ 初馏点					58				
	恩氏蒸馏/℃ 10%					129				
	恩氏蒸馏/℃ 50%					239				
	恩氏蒸馏/℃ 90%					308				
	恩氏蒸馏/℃ 终馏点					334				
	S/(μg/g)									
	N/(μg/g)									
	溴价/(gBr/100g)									
	苯胺点/℃									
	碘值/(gI_2/100g)									
	酚/%									
产品分布	气体	2.9	3.2	2.7	3.0					
	汽油	23.7	24.7	26.3	32.2					
	-35℃柴油	31.8	31.1	45.4	48.7					
	0 号柴油	10.7	11.2	25.6	16.1					
	尾油	36.9	29.8							

续表

序号	39	40	41	42	43	44	45	46	
生产时间	1976-1983	1981-1994	1982-1984	1984-1986	1988-1994	1988-1990	1980	1998	
原料	大庆 VGO	大庆 VGO	大庆焦柴	大庆焦柴	大庆焦柴	大庆 VGO(B) 大庆焦柴(A)	加氢裂化尾油 大庆 VGO	大庆焦柴 大庆蜡油	39.83：58.06
催化剂	3762	3812	3821	3843	3863	3883	3792	3903	3936
催化剂组成	Si-Al β 分子筛 W-Ni-Sn	SiO_2 Al_2O_3 β 分子筛	Si-Al β 分子筛 W-Ni	Si-Al-W-Ni	Si-Al β 分子筛 H-丝光沸石-W-Ni	Si-Al β 分子筛 ZSM-5-W-Ni	ZSM-8 Si-Al W-Mo-Ni-Sn	W-Ni SiO_2-Al_2O_3	Mo-Ni-P SiO_2-Al_2O_3
加工方法					加氢裂化		以加氢尾油为原料(3722催化剂)或直接使用大庆 VGO	两剂串联	
尾油凝固点/℃	23	17							
起始温度/℃	390	393	398	388	398				
末期温度/℃	430	425	432	429	400				
原料油凝点/℃							22　48		
提温速度/(℃/d)	0.07	0.03			0.03		0.02　0.04		
生成油凝固点/℃							-22　-7		
>320℃液收/%							62.6　49.5		
收率和产品分布					<200℃30% <320℃79% 航煤冰点<-53℃	生成油 0.7763 <200℃31% <280℃82%	生成油 0.8063 <200℃28% <322℃47.1%	生成油收率 85.31%　74.97%	常顶 50~151℃ 13.03% 常一 145~223℃ 16.5% 常二 200~319℃ 29.5% 常三 210℃以上 27.30% 常底 285℃以上 10.92%

续表

	序号	47	48	49	50		51	52	53	54	55
	生产时间	1988	1988	1993	2000		2001	2001	2004	2005	2007
	原料	大庆 VGO	大庆 VGO	大庆 VGO	大庆 VGO	大庆 VGO	大庆焦柴	大庆 VGO	大庆 VGO	大庆 VGO	克拉玛依常渣
	催化剂	3822	3824	3872	RN-20	RT-25	3996 +FC-14	3936 +FC-14	3902	3872	石油大学拟均相催化剂
	催化剂组成	Mo-Ni-P-Si-Al	Mo-Ni-P-Si-Al	Ni-SB Al_2O_3	WO_3-NiO		Mo-Ni-P-SiO_2		ZSM-5-γ-Al_2O_3-Si-Al	HP-Al_2O_3-Ni	
	加工方法	加氢精制与加氢裂化串联		润滑油加氢			加氢精制串联加氢裂化	加氢精制串联加氢裂化	以加氢尾油为原料精制剂 3722 降凝剂 3902	以加氢生成油的润滑油馏分符合黏度 13.5～17 和 24.5～28（40℃）原油为原料	
	催化剂寿命/d										
	每 kg 催化剂处理油量/t										
	备注	只进行了短期运转和标定未能取得寿命试验数据 两种催化剂串联使用各装 $6m^3$			两种催化剂串联操作只进行了短期运转未取得寿命试验数据		精制剂 3996 等共装入 $75.03m^3$ 与 Fc-14 $70.28m^3$	裂化剂装入量 $49.69m^3$（与 3936 串联 $49m^3$）			
加氢条件	压力/MPa	17	17	15±0.2	总压 16.3	14.5（氢分压）	氢分压 14.3	氢分压 14.0 15.0MPa（总压）	18	14.4（氢分压）	10.8
	温度/℃			200～260℃	364	380	一反 341 二反 369		308		427.6
	空速[t/(m^3·kg)]			0.2～0.8	0.94		总 SV0.6	总 SV06	1.45	1.5	
	循环氢纯度/%	91	91	800	88.95%						84.94
	氢油比/(m^3/m^3)	2260	2260		1000	730	1100	765	800		696.8
	耗氢量/(m^3/t)	2.2%	以加氢生成油为原料	1.4%		176		1.28%		0.803（总） 0.485 （新鲜原料）	

续表

序号		47	48	49	50		51	52	53	54	55
生产时间		1988	1988	1993	2000		2001	2001	2004	2005	2007
原料		大庆 VGO	大庆 VGO	大庆 VGO	大庆 VGO	大庆 VGO	大庆焦柴	大庆 VGO	大庆 VGO	大庆 VGO	克拉玛依常渣
催化剂		3822	3824	3872	RN-20	RT-25	3996 +FC-14	3936 +FC-14	3902	3872	石油大学拟均相催化剂
催化剂组成		Mo-Ni-P-Si-Al	Mo-Ni-P-Si-Al	Ni-SB Al_2O_3	WO_3-NiO		Mo-Ni-P-SiO_2		ZSM-5-γ-Al_2O_3-Si-Al	HP-Al_2O_3-Ni	
加工方法		加氢精制与加氢裂化串联		润滑油加氢			加氢精制串联加氢裂化	加氢精制串联加氢裂化	以加氢尾油为原料精制剂 3722 降凝剂 3902	以加氢生成油的润滑油馏分符合黏度 13.5~17 和 24.5~28(40℃)原油为原料	
原料的性质	相对密度	0.8509		润滑油馏分以黏度为 13.5~17(100℃)和 24.5~28(40℃)原料为原料	0.8438		0.8204	0.8358	0.8247	0.8570	
原料的性质	恩氏蒸馏 初馏点	271					162	260	236		
原料的性质	恩氏蒸馏 10%	351			310		219	350	312	386	
原料的性质	恩氏蒸馏 50%	436			370		273	410		422	
原料的性质	恩氏蒸馏 90%	517			469		330	448	438	471	
原料的性质	恩氏蒸馏 95%	533					340	450	454	479	
原料的性质	恩氏蒸馏 终馏点	720			528		347				
原料的性质	S/(μg/g)	543			756		900	477	59	<1	
原料的性质	N/(μg/g)				406		1024	178	<125		
溴价/(gBr/100g)											
苯胺点/℃											
碘值/(gI_2/100g)											
可磺化物/%											
酚/%											
残炭/%		0.01			0.11		0.19				

续表

序号	47	48	49	50		51	52	53	54	55
生产时间	1988	1988	1993	2000		2001	2001	2004	2005	2007
原料	大庆 VGO	大庆 VGO	大庆 VGO	大庆 VGO	大庆 VGO	大庆焦柴	大庆 VGO	大庆 VGO	大庆 VGO	克拉玛依常渣
催化剂	3822	3824	3872	RN-20	RT-25	3996 +FC-14	3936 +FC-14	3902	3872	石油大学擬均相催化剂
催化剂组成	Mo-Ni-P-Si-Al	Mo-Ni-P-Si-Al	Ni-SB Al_2O_3	WO_3-NiO		Mo-Ni-P-SiO_2		ZSM-5-γ-Al_2O_3-Si-Al	HP-Al_2O_3-Ni	
加工方法	加氢精制与加氢裂化串联		润滑油加氢			加氢精制串联加氢裂化	加氢精制串联加氢裂化	以加氢尾油为原料精制剂 3722 降凝剂 3902	以加氢生成油的润滑油馏分符合黏度 13.5~17 和 24.5~28(40℃)原油为原料	
产品性质 恩氏蒸馏 初馏点		63	生产 15 号和 26 号白油产品控制紫外吸光度≯0.1		81		55	37		
10%		112			134		125	78		
50%		262			337		245	368		
90%					435		335			
终馏点					503		352(95%)			
S/(μg/g)			易碳化物合格		23		82	<4 碱氮<1		
N/(μg/g)		8.4			17		5.2			
溴价/(gBr/100g)										
苯胺点/℃					78.1					
碘值/(gI_2/100g)										
酚/%										
产品分布 气体	<177℃	23.8%				二反精制与裂化剂混装				
汽油	177~300℃	21.0%								
-35℃柴油	300~350℃	11.0%								
0 号柴油	>350℃	38.6%								
尾油										

续表

序号	47	48	49	50		51	52	53	54	55
生 产 时 间	1988	1988	1993	2000		2001	2001	2004	2005	2007
原料	大庆 VGO	大庆 VGO	大庆 VGO	大庆 VGO	大庆 VGO	大庆焦柴	大庆 VGO	大庆 VGO	大庆 VGO	克拉玛依常渣
催化剂	3822	3824	3872	RN-20	RT-25	3996 +FC-14	3936 +FC-14	3902	3872	石油大学拟均相催化剂
催化剂组成	Mo-Ni-P-Si-Al	Mo-Ni-P-Si-Al	Ni-SB Al_2O_3	WO_3-NiO		Mo-Ni-P-SiO_2		ZSM-5-γ-Al_2O_3-Si-Al	HP-Al_2O_3-Ni	
加工方法	加氢精制与加氢裂化串联		润滑油加氢			加氢精制串联加氢裂化	加氢精制串联加氢裂化	以加氢尾油为原料精制剂 3722 降凝剂 3902	以加氢生成油的润滑油馏分符合黏度 13.5~17 和 24.5~28(40℃)原油为原料	
尾油凝固点/℃										
起始温度/℃	363.7	370.7								
末期温度/℃										
原料油凝点/℃								20		
提温速度/(℃/d)										
生成油凝固点/℃									-12	
>320℃液收/%								66.2		
收率和产品分布	<82℃ 3.6% 82~132℃ 10.2% 132~260℃ 24.3% 260~350℃ 16.8% >350℃ 38.6%				<65℃ 4.78% 65~135℃ 12.44% 135~280℃ 12.14% 280~360℃ 33.34% >360℃ 36.8%	石脑油 2.71% 航煤 15.74% 底凝柴油 35.77% 柴油 15.55% 常底 27.45%	<150℃ 17.8% 150~250℃ 40.6% 250~360℃ 27.2% >360℃ 14.4%	生成油收率 86.0% >320℃ 74.3% 汽油 11.17%	生产 15 号和 20 号白油产品控制紫外吸光度≯0.1 碳化合物合格	C5-180℃ 6.16% 180 ~360℃ 45.46% 360 ~500℃ 6.52% >500℃ 40.41%

表 1-2-10　1951-1975 年历年来加氢装置主要技术经济指标

年份	1952	1953	1954	1955	1956	1957	1958	1959	1960	1963	1964	1965	1966	1967	1968	1969	1970	1971	1972	1973	1974	1975
处理量增长率/%	100	115	233	423	798	923.2	978	1146	1345	1186	1318	2772	3797	1851	1157	2517	2300	1502	1218	1967	1955	1700
生成油收率/%（质量分数）	93.17	93.3	96.07	98.07	98.45	98.5	97.82	97.8	92.24	95.7	97.68	99.5	99.2	99.03	97.9	—	—	98.5	91.5	96.4	92.8	93.3
加工总损失率/%	8.84	9.32	5.77	2.72	2.24	2.24	2.93	4.69	1.19	1.93	1.15	0.82	0.66	1.85	1.65	1.56	1.09	1.84	1.70	1.32	1.66	1.14
加工费用/(元/t 原料油)	153	188	129	98	64	59	67.6	—	—	—	94.89	76.98	43.43	—	—	—	—	—	—	62.88	56.90	34.21
主要消耗指标																						
无烟煤(焦炭)/(t/t 原料油)	0.584	0.537	0.406	0.30	0.262	0.236	0.229	0.255	0.356	0.442	0.233	0.158	0.149	0.167	0.272	—	—	0.346	0.33	0.246	0.257	0.191
氢气/(Nm^3/t 原料油)	701	697	532.5	464	331	306	293	295	361	389	332	214	188	236	415	—	—	320	357.4	245	243	184
蒸汽/(t/t 原料油)	6.68	6.80	3.92	2.69	2.34	1.14	1.59	1.3	2.4	1.96	1.84	1.17	0.04	0.05	0.06	—	—	0.11	0.14	0.023	0.027	0.034
工业水/(t/t 原料油)	269.8	225.2	142.3	84.7	54.8	42.4	49.1	54	63	65	56.8	42.8	9.5	29.7	25.5	—	—	10.7	8.93	7.72	8.1	9.9
电力/(度/t 原料油)	989	1141	662.5	464	281	228	246	222	277	279	266	181	25.3	242	42.5	—	—	47.1	86.9	46.7	46.2	52.9
上缴利润增长率/%	100	—	1000	1644	3336	3451	4000	3247	3877	—	—	4615	8570	2700	1540	3530	2830	2290	1300	3540	3120	2500
加工方法	气相裂解		加氢精制															加氢裂化		润滑油加氢一顶三		

注：因原料影响，1961 年和 1962 年年数字无代表性，故不做对比。

（二）1987~1995 年石油三厂加氢裂化装置生产总结及技术经济分析

1. 1987~1988 年生产总结

（1）加氢装置设计能力和实际加工量

加氢裂化装置是石油三厂唯一的二次加工手段。其中 400kt/a 加氢裂化装置加工本厂常减压蒸馏蜡油，加氢第一、第二、第三套装置加工石油一厂、石油二厂的焦化粗柴油，加氢四套加氢装置主要加工加氢裂化后未转化的尾油。由于石油三厂加氢裂化装置处理能力大，常减压蒸馏装置只能提供 300kt/a 原料，二次加工原料不足，每年需外购的原料量约占 50%。各装置负荷不满，并且实际加工量受到外购的原料影响，波动幅度较大。这五套加氢装置可分为 3 种工艺条件，即常减压蜡油加氢裂化，焦化粗柴油加氢裂化和尾油临氢降凝，均为一段串联一次通过的流程。各套装置采用不同类型的催化剂和工艺条件，以达到生产不同的石油产品的目的。1987 和 1988 年的实际加工量见表 1-2-11。

表 1-2-11 各加氢裂化装置实际加工量 $10^4 t/a$

装　置	设计加工量	1987 年	1988 年
		实际加工量	实际加工量
一套	18	17.75	15.91
二套	18	13.79	16.13
三套	13	12.61	11.44
四套	11	13.07	11.05
0.4Mt/a 装置	40	29.84	30.00
合计	100	87.01	84.49

（2）工艺流程特点。

各套加氢装置除 0.4Mt/a 装置是 1984 年新建投产的以外，其他几套均是经多年改造和扩建的老加氢装置。老加氢装置与 0.4Mt/a 装置均采用一段串联工艺流程，但换热流程不同。老装置是油、氢混合换热，循环氢和原料一起经过加热炉；0.4Mt/a 装置是油、气分别换热，原料油不经加热炉。加热炉只加热新氢和循环氢，减少了系统的压力降。并采用了高压离心油泵，辐射型加热炉等先进设备和计算机专家指导系统，优化了操作条件。

（3）原料和产品的种类及性质

① 原料的种类及性质见表 1-2-12。

② 蜡油加氢裂化的产品收率及性质分析见表 1-2-13。

③ 焦化粗柴油加氢裂化产品收率及性质分析见表 1-2-14。

④ 尾油加氢裂化产品收率及性质分析见表 1-2-15。

⑤ 新氢和循环氢组成分析见表 1-2-16。

表 1-2-12 原料种类性质分析

原料性质	大庆原油减压蜡油	焦化粗柴油	尾　油
相对密度 d_4^{20}	0.8509	0.8152	0.8268
馏程/℃			
初馏点	271	193	286
10%	351	231	344

续表

原料性质	大庆原油减压蜡油	焦化粗柴油	尾　油
30%	406		358
50%	436	279	379
70%	472		405
90%	517	330	457
95%	533	346	471
凝固点/℃	44	-6	26
总氮/(μg/g)	543	889	
碱氮/(μg/g)		387	4
含硫/%	0.072	0.1188	0.0014
溴价/(gBr/100mg)		17.6	
胶质/(mg/100mL)		86.7	
残炭/%	0.01	0.03	0.015

表 1-2-13　蜡油加氢裂化产品收率及性质

项　目	生成油	<130℃	130~280℃	280~320℃	320~350℃	>350℃	<170℃	170~320℃	>320℃
相对密度 d_4^{20}	0.7785	0.6891	0.7781	0.8111	0.8130	0.8296	0.7061	0.7968	0.8202
收率/%(质量分数)		13.2	29.2	8.6	11.6	29.7	20.2	30.8	41.3
馏程/℃									
初馏点	47	53	140	273.5	311	369	50	188	322
10%	105	67.5	162	281	316	383	73.5	201	338
30%	200	76.5	180	284	320	394	91.0	218	355
50%	295	87	203	287	323	401	108	238	376
70%	351	99	224.5	290	326	419	125	262	399
90%		112	248	296	331	448	145.5	285	441
95%				300	333	463	155	294	459
98%		140.5	261						
凝固点/℃				-17	7.5	33		-37	29
碱氮/%	0.0004								
含硫/%	0.006					0.011			
酸度/(mgKOH/100g)		0.66	3.86	4.0	2.97		0.71		
闪点(开口)/℃			40	136	159			70	
冰点/℃			-53						
黏度(20℃时)/(mm^2/s)			1.75	6.67	11.06				
碘值/(gI_2/100g)			0.53						
芳烃/%			6.133						

表 1-2-14　焦化粗柴油加氢裂化产品收率及性质

项　　目	生成油	<170℃	<220℃	135~240℃	170~270℃	220~300℃	>300℃
相对密度 d_4^{20}	0.7616	0.7214	0.7478	0.775	0.7901	0.8029	0.8154
收率/%		26.2	52.7	40.2	45.7	29.4	14.3
馏程/℃							
初馏点	68	71	78	163	194	234	298
10%	121	90	105	173	200	237	301
30%	230	123	170	196	215	247	308
90%	290	156	212	215	238	262	328
95%	309			225	244	267	335
终馏点		174	223				
胶质/(mg/100mL)		72					
酸度/(mgKOH/100g)		0.577	0.536	1.03			
凝固点/℃					-35	-21	-9
冰点/℃				-55			
芳烃/%				8.08			
闪点/℃				49	72		
含硫/(μg/g)	100	<60		<60			
碱氮/(μg/g)	3						

表 1-2-15　尾油加氢裂化产品收率及性质

项　　目	生成油	<170℃	170~300℃	300~350℃	350~400℃	400~450℃	450~470℃	>470℃
相对密度 d_4^{20}	0.7962	0.6601	0.827	0.836	0.839	0.842	0.849	0.850
收率/%		10.5	5.3	18.8	7.0	26.1	7.5	11.7
馏程/℃								
初馏点	34	35	178					
10%	78	47	201					
30%	334							
50%		63	249					
90%		89	275.5					
95%			282					
终馏点		123						
凝固点/℃				<-50	-50	-37	-24.5	-1
碱氮/%	0.0002							
含硫/%	0.0048							
残炭/%								0.006
黏度/(mm^2/s)								
20℃时			3.2					
40℃时				7.29	12.54	17.82	31.38	56.29
100℃时					3.00	3.76	5.41	8.30
酸值/(mg KOH/100mL)		1.88	0.139	0.016	0.007	0.097	0.005	0.016

表 1-2-16 新氢和循环氢的组成 %

组 成	新氢			循环氢	
	铜洗氢	轻油制氢	混合氢	0.4Mt/a 装置	老加氢装置
H_2	93.6	95.6	95.6	91.0	78.4
N_2	3.97	0.35	1.63	0.46	14.46
C_1	2.43	4.05	2.77	6.73	5.99
C_2				0.25	0.19
C_3				0.65	0.33
iC_4				0.49	0.21
nC_4				0.21	0.23
iC_5				0.51	0.04
nC_5				0.06	0.05
$H_2S/(mg/m^3)$				280	120

（4）物料平衡

① 焦化粗柴油加氢裂化装置的物料平衡见表 1-2-17，生成油的组分分析见表 1-2-18。

② 蜡油加氢裂化装置的物料平衡见表 1-2-19，生成油的组分分析见表 1-2-20。

③ 尾油临氢降凝装置物料平衡见表 1-2-21，尾油临氢降凝生成油的组分分析见表 1-2-22。

表 1-2-17 焦化粗柴油加氢裂化装置物料平衡 10^4t

1987 年		1988 年	
入方	原料油 37.2541(100.00%) 氢 气 0.5588 (1.50%) 合 计 37.8129	入方	原料油 38.10 (100.00%) 氢 气 0.5715 (1.50%) 合 计 38.6715
出方	生成油 35.48 (95.24%) 溶解气 1.13 废 氢 0.356 加工损失 0.3469 合 计 37.8129	出方	生成油 36.785 (96.55%) 溶解气 1.22 废 氢 0.324 加工损失 0.3425 合 计 38.6715

表 1-2-18 焦化粗柴油加氢裂化生成油的组分分析 %(质量分数)

1987 年		1988 年	
生成油	100	生成油	100
汽 油	7.94	汽 油	4.58
石脑油	9.94	石脑油	14.62
染料溶剂油	0.5	染料溶剂油	0.98
灯 油	2.95	灯 油	0.76
35 号柴油	25.09	35 号柴油	34.48
0 号柴油	32.35	0 号柴油	27.66
化工轻油	0.99	化工轻油	—

续表

1987 年		1988 年	
-10 号军用柴油	12.65	-10 号军用柴油	12.71
航　煤	5.73	航　煤	4.03
塔底组分	0.12	塔底组分	0.17
裂化轻油	0.08	裂化轻油	0.09
燃料气	1.33	燃料气	0.94
损　失	0.55	损　失	0.5

表 1-2-19　蜡油加氢裂化装置物料平衡　10^4/t

1987 年		1988 年	
入方	原料油　38.18(100.00%) 氢　气　0.623(1.63%) 合　计　38.81	入方	原料油　35.52(100.00%) 氢　气　0.5861(1.65%) 合　计　36.11
出方	生成油　37.77(98.93%) 溶解气　0.5885 废　氢　0.127 加工损失 0.3245 合　计　38.81	出方	生成油　34.97(98.45%) 溶解气　0.6499 废　氢　0.142 加工损失 0.3481 合　计　36.11

表 1-2-20　蜡油加氢裂化生成油组分分析　%(质量分数)

1987 年		1988 年	
生成油	100	生成油	100
汽　油	14.84	汽　油	4.15
石脑油	5.10	石脑油	21.47
染料溶剂油	0.75	染料溶剂油	0.29
灯　油	1.77	灯　油	0.61
航　煤	6.18	航　煤	10.02
35 号柴油	13.46	35 号柴油	12.85
0 号轻柴油	4.57	0 号轻柴油	3.17
机油组分	6.70	机油组分	6.04
2 号重柴油	0.12	2 号重柴油	—
塔底尾油	26.57	塔底尾油	26.48
脱蜡料	9.62	脱蜡料	11.72
液态烃	0.84	液态烃	1.68
燃料气	1.33	燃料气	0.97
化工轻油	7.54	化工轻油	—
一10 号军用柴油	0.06	一10 号军用柴油	0.05
损　失	0.55	损　失	0.5

表 1-2-21　尾油临氢降凝装置的物料平衡　10^4/t

1987 年		1988 年	
入方	原料油　11.62(100.00%) 氢　气　0.1743(1.50%) 合　计　11.7943	入方	原料油　10.8984(100.00%) 氢　气　0.1635(1.50%) 合　计　11.062
出方	生成油　11.37(97.85%) 废　氢　0.023 加工损失　0.0965 高压溶解氢 0.3058 合　计　11.7943	出方	生成油　10.24(93.96%) 废　氢　0.0214 加工损失　0.0996 高压溶解氢 0.701 合　计　11.062

表 1-2-22　尾油临氢降凝生成油的组分分析　%(质量分数)

1987 年		1988 年	
生成油	100	生成油	100
汽　油	11.61	汽　油	2.34
石脑油	—	石脑油	7.62
一线机油组分	13.81	一线机油组分	15.38
二线机油组分	12.93	二线机油组分	16.62
塔底机油组分	33.39	塔底机油组分	32.97
35 号柴油	0.94	35 号柴油	3.42
液态烃	22.60	液态烃	16.24
燃料气	4.17	燃料气	4.83
损　失	0.55	损　失	0.58

(5) 各项消耗

① 1987 年各加氢裂化装置消耗见表 1-2-23。

② 1988 年各加氢裂化装置消耗见表 1-2-24。

③ 1987 年、1989 年焦化粗柴油加氢裂化装置加工费及单位成本见表 1-2-25。

④ 1987 年、1989 年尾油临氢降凝装置加工费及单位成本见表 1-2-26。

⑤ 0.4Mt/a 加氢裂化装置加工费及单位成本。1987 年、1988 年 400kt/a 加氢裂化装置加工费及单位成本见表 1-2-27。

表 1-2-23　1987 年各加氢裂化装置消耗

消　耗	一套	二套	三套	四套	400kt/a 装置
生产天数	339	323	343	337	327
新氢/(m^3/t 原料)	149	190.63	217.633	184.534	258.58
燃料气/(kg/t 原料)	15.238	18.471	17.432	14.205	12.437
工业水/(t/t 原料)	6.298		7.147		
高压洗涤水/(t/t 原料)	0.089	0.073	0.079	0.09	0.08
电/(kW·h/t 原料)	23.553	22.26	23.597	23.297	23.937
蒸汽/(kg/t 原料)	0.057	0.052	0.059	0.056	0.057
催化剂/(kg/t 原料)	0.112	0.1598	0.1645	0.104	0.15
能耗/(MJ/t 原料)	1142.25	1219.16	1244.72	1066.49	1003.58

表 1-2-24　1988 年各加氢裂化装置消耗

消　　耗	一套	二套	三套	四套	400kt/a 装置
生产天数	315	330	296	339	332
新氢/(m^3/t 原料)	155	161	191	198	246
燃料气/(kg/t 原料)	13.04	12.92	15.63	14.72	11.98
工业水/(t/t 原料)	3.14		11.29		
高压洗涤水/(t/t 原料)	0.044	0.0478	0.0574	0.0467	0.06996
电/(kW·h/t 原料)	22.24	21.996	21.51	22.01	22.395
蒸汽/(kg/t 原料)	0.0565	0.0568	0.058	0.057	0.0586
催化剂/(kg/t 原料)	0.089	0.084	0.118	0.071	0.1779
能耗/(MJ/t 原料)	1018.69	998.45	1156.99	1074.62	970.06

表 1-2-25　焦化粗柴油加氢裂化装置加工费及单位成本

项　　目	1987 年			1988 年		
	数量	单价/(元/t)	总价/万元	数量	单价/(元/t)	总价/万元
辅助材料						
3722 催化剂/kg	28188		156.41	6000		2.547
3822 催化剂/kg	32550		130.20	10510		50.448
3812 催化剂/kg	9510		52.3	5000		27.50
3863 催化剂/kg	4000		24.00	10500		65.1
液氨/kg				2300		0.115
二硫化碳/t	14.84		3.1164	16.30		3.63
小计			366.0263			149.07
燃料气/t	6776.222	30	20.33	5945.752	30	17.8372
动力						
工业水/t	1530833	0.093	14.24	1789545	0.18	32.2118
高压洗涤水/t	35895	0.67	2.405	21212	0.66	1.3999
电/(kW·h)	10433945	0.093	97.0357	9546530	0.102	97.3746
蒸汽/t	25312	12.41	31.4122	22016.28	12.41	27.3222
小计			145.093			158.31
生产工人工资			12.577			15.9449
职工福利基金			1.073			1.5777
折旧费			107.9824			83.5022
大修理基金			118.1057			108.8888
车间经费			284.3875			195.0025
车间加工费合计			1055.575			730.1333
车间单位加工费/(元/t)			28.33			17.02
原　料						
工业氢/$\times10^4m^3$	6313.7412		1216.0513	7154.49		1249.75

续表

项　　目	1987 年			1988 年		
	数量	单价/(元/t)	总价/万元	数量	单价/(元/t)	总价/万元
精制氢/$\times10^4m^3$	1797.5875		447.33	108.54		26.619
原料油/t	449049.81		9296.891	429028.9		8995.76
小计			10960.27			10272.13
车间总成本费			12015.845			11002.26
车间单位成本/(元/t)			267.58			256.45

表 1-2-26　尾油临氢降凝装置加工费及单位成本

项　　目	1987 年			1988 年		
	数量	单价/(元/t)	总价/万元	数量	单价/(元/t)	总价/万元
辅助材料						
3722 催化剂 kg	2590		16.528	9789.87		53.844
二硫化碳/t	1.234		0.259	4.0		0.84
小计			16.787			54.684
燃料油/t	190.3	304	5.791			
燃料气/t				1626.397	30	4.8792
动　力						
工业水/t	403924	0.093	3.7565			
高压洗涤水/t	8664	0.67	0.5805	5163	0.66	0.3408
电/kW·h	2525186	0.093	23.4842	2430652	0.102	24.7926
蒸汽/t	6086	12.41	7.6762	6247	12.41	7.7525
小计			35.4974			32.886
生产工人工资			4.5305			4.5413
职工福利基金			0.4999			0.8877
折旧费			25.2048			30.5718
大修理基金			27.5677			36.296
车间经费			41.9315			50.501
车间加工费合计			157.81			215.247
车间单位加工费/(元/t)			14.58			21.755
原料						
工业氢/$\times10^4m^3$	2025		421.4967	2194.18		
精制氢/$\times10^4m^3$	69.667		17.3366			383.28
原料油/t	108232.65		1760.8165	98940.95		1698.2355
小计			2199.6498			
车间总成本费			2357.4598			2296.76
车间单位成本/(元/t)			217.82			232.13

表 1-2-27　400kt/a 加氢裂化装置加工费及单位成本

项　目	1987 年			1988 年		
	数量	单价/(元/t)	总价/万元	数量	单价/(元/t)	总价/万元
辅助材料						
3822 催化剂/kg	2000		8.081	14475		133.511
3812 催化剂/kg	41000		176.7481	36894		183.877
二硫化碳/t	33000		7.0422			
小计			191.8713			317.388
燃料气/t	3549.467	30	10.6484	3455.727		10.3672
动力						
高压洗涤水/t	24401	0.66	1.6105	20356	0.66	1.3435
工业水/t	1288	0.093	0.012			
蒸汽/t	15493	12.41	19.2268	16763	12.41	20.803
电/kW·h	6781236	0.093	63.0655	6441362	0.102	65.702
小计			83.9148			87.849
生产工人工资			6.3825			8.803
职工福利基金			0.6294			1.1607
折旧费			187.5145			154.547
大修理基金			205.094			196.6692
车间经费			182.571			130.5023
车间加工费合计			868.625			916.3134
车间单位加工费/(元/t)			31.514			35.025
原料						
工业氢/$\times10^4m^3$	4847.13		933.619	3040.26		531.072
精制氢/$\times10^4m^3$	2003.9		298.672	4008.0		982.963
原料油/t	275631.406		3480.68	261614.211		3245.1127
小计			4712.971			4759.1477
车间总成本			5581.596			5675.4611
车间单位成本/(元/t)			202.5			216.94

2. 1987 年和 1988 年技术经济分析

(1) 加工工艺及产品经济分析

外购原料性质见表 1-2-28。

表 1-2-28　外购原料性质

相对密度	初馏点/℃	10%/℃	50%/℃	90%/℃	终馏点/℃	凝固点/℃	碱性氮/(μg/g)
0.8728	242	276	407	456	507	27	671.33

加氢裂化装置具有加工劣质原料油的能力及产品质量好的优势。但需要纯度较高的氢气，致使加氢成本较高，经济效益难以与其他加工手段相比。加氢裂化装置是石油三厂唯一的二次加工手段，蜡油加氢裂化装置每加工一吨原料油可创利税 170 元左右。加氢裂化未转

化的尾油经临氢降凝生产高质量润滑油，又使每吨原料加工利税提高了5~60元。因此，采用加氢裂化—临氢降凝工艺，即燃料-润滑油型产品方案，是石油三厂利用加氢裂化技术优势，增加经济效益的途径之一。

(2) 加工费技术分析

1987年焦化粗柴油加氢裂化和尾油临氢降凝的单位加工费都比1988年高。从加工费构成可以明显的看出，影响1987年加工费偏高的因素主要是催化剂费用增加，因为1987年大检修时更换新催化剂量较大，摊入加工费中的催化剂费过多。此外，通过对加工质量较差的外购原料时的加工费核算发现，因催化剂运转周期缩短，催化剂单耗增加，原料油单位加工费中仅催化剂一项就增加8~17元/t原料。

(3) 化学耗氢量

石油三厂3种加氢裂化工艺条件的化学耗氢顺序为蜡油加氢裂化>尾油临氢降凝>焦化粗柴油加氢裂化。但近几年来焦化柴油加氢裂化装置的产品分布发生了变化，产品中航煤收率提高了10%左右。轻油组分的增加使化学耗氢也明显增加，即由原来的1.3~1.4kg氢气/100kg原料增加到1.4~1.6kg氢气/100kg原料。尾油临氢降凝装置的化学耗氢也随着产品凝点降低而增加。但是，这两种加氢工艺的化学耗氢虽然有所增加，但加氢裂化装置的工业氢总耗并没有发生明显增加。其原因是：采用轻油制氢的氢气代替水煤气氢气以后，循环氢中氮气含量降低，氢纯度上升，基本不用排放尾气(循环氢)就可以保证循环氢的氢气纯度。这样工业氢总耗的三大部分(化学耗氢、溶解氢、排废氢)中，排废氢部分大幅度减少，节省了部分新氢，就出现了虽然化学耗氢增加，但工业总耗氢并未增加。

(4) 综合经济分析

石油三厂五套加氢装置年开工率均在90%以上。由于本厂的原料供需相差较大，加氢裂化装置年处理量达不到设计值，每年需外购50%的原料。从1987年、1988年各套加氢裂化装置的生产情况看，年加工负荷在80%~90%之间。临氢降凝装置和焦化粗柴油加氢裂化装置加工负荷较大，蜡油加氢裂化装置年加工负荷较低。但就加工每吨原料经济效益比，蜡油加氢裂化装置利税为170元，焦化粗柴油加氢裂化只有蜡油加氢裂化的60%左右，尾油临氢降凝装置经济效益虽然比蜡油加氢裂化装置好，但原料不足也影响效益。对比表1-2-23和表1-2-24可以明显看出，加氢裂化装置的各项消耗与装置加工量及开工率成正比关系。0.4Mt/a加氢裂化装置，年加工负荷只有设计的75%，但各项消耗均少于其他几套加氢裂化装置，其原因是大型加氢装置，设备效率高、动力消耗低、热损少。而老加氢装置设计规模小，设备多而小，比较分散，能量损失大，并且很容易因为设备故障造成非计划停工。每次开停工都损耗大量的动力和能量，直接影响各项消耗指标。因此，保证加氢裂化装置安全、稳定、长周期、满负荷运转，是达到少投入多产出的根本措施。

综上所述，石油三厂加氢裂化1987年和1988年两年来运转正常，经济效益较好，尤其在加工劣质原料，生产高档产品方面，充分体现出加氢裂化工艺技术的优势。但是，要想利用加氢裂化技术创造更大的经济效益，还要在降低氢气成本，开发高档润滑油，化工油品方面进行探索。并利用石油三厂拥有多套加氢裂化装置和采取多种工艺条件的优势，在实际生产和科研开发中，逐渐形成自己的优势。

3. 1989~1990年

石油三厂加氢裂化的能力为1.0Mt/a，可以加工常减压蜡油，焦化粗柴油及加氢裂化未转化油(尾油)等原料，生产汽油、石脑油、航空煤油、柴油、润滑油基础油等多种产品；

生产弹性大，灵活性强，可根据原料及产品方案的变化，选择不同类型的催化剂和工艺条件，生产各类优质石油产品。

(1) 生产总结

① 生产概况。近几年，石油三厂加氢裂化装置每年加工原料量约为850kt，其中常减压蜡油300kt，外购蜡油30~50kt，未转化油10kt，焦化粗柴油400kt。由于受外购蜡油和焦化粗柴油供应条件的影响，两年来生产负荷波动较大。1989~1990年两年的实际加工量见表1-2-29。

表1-2-29 各加氢裂化装置的实际加工量　Mt/a

项　目	设计能力	实际加工量	
		1989年	1990年
加氢Ⅰ套	0.18	0.1545	0.1493
加氢Ⅱ套	0.18	0.1671	0.1611
加氢Ⅲ套	0.13	0.1162	0.1086
加氢Ⅳ套	0.11	0.1145	0.1015
400kt/a加氢裂化装置	0.40	0.3077	0.2946
合计	1.00	0.8600	0.8151

② 生产条件。根据生产需要，针对各装置的技术特点，分别进行了相应的技术改造。先后完成了400kt/a装置的立式高分。热壁反应器投用和老4套装置冷却系统改造(喷淋式水冷改空冷)，换热器壳体更换，高中压分离器更换，新建高压离心泵系统等。而稳定了生产操作，优化了生产条件，进一步提高了装置的运转水平。各装置生产条件见表1-2-30。

表1-2-30 各加氢裂化装置生产条件

生产条件	蜡油加氢裂化装置	焦化粗柴油加氢裂化装置	未转化油(尾油)加氢裂化装置
原料油			
原料油名称	大庆常三、减二、减三线蜡油	焦化粗柴油	加氢裂化未(尾油)转化油
相对密度 d_4^{20}	0.8504	0.8210	0.8100
馏程/℃			
初馏点	303	198	305
终馏点	531	355	489
总氮/%			<10
碱氮/%	0.024	0.0485	
含硫/%	0.078	(溴价)36.09	
生成油			
相对密度 d_4^{20}	0.7670	0.7650	0.7900
馏程/℃			
初馏点	51	50	35
10%			93
50%	281		
终馏点		323	
收率/%(体积分数)			

续表

生产条件	蜡油加氢裂化装置	焦化粗柴油加氢裂化装置	未转化油(尾油)加氢裂化装置
<200℃	30~38	29~35	
<280℃		78~84	
<320℃	65~74		
凝固点/℃			
<320℃	10~19		
>320℃			-20~-30
操作条件			
系统压力/MPa	18	18	18
精制温度/℃	380~390	380~390	360~370
裂化温度/℃	400~410	420~435	365~385
精制体积空速/h^{-1}	2.23	7.25	7
裂化体积空速/h^{-1}	1.02	1.82	1.73
总体积空速/h^{-1}	0.72	1.47	1.34
氢油体积比	1500∶1	700∶1	800∶1
新氢纯度/%	97	95	95
循环氢纯度/%	92	80	83
循环氢含 NH_3/(mg/m^3)	100~180	80~100	20
循环氢含 H_2S/(mg/m^3)	100~200	50~80	10~20

③ 原料油和产品性质。原料油性质见表 1-2-31，焦化粗柴油加氢裂化产品性质见表 1-2-32，蜡油加氢裂化产品性质见表 1-2-33，未转化油加氢裂化产品性质见表 1-2-34，新氢循环氢组成见表 1-2-35。

表 1-2-31　原料油性质

项　　目	大庆常减压蜡油	焦化粗柴油	未转化油(尾油)
相对密度 d_4^{20}	0.8520	0.8165	0.8385
馏程/℃			
初馏点	270	186	62
10%	330	225	332
30%	370	254	380
50%	405	280	408
70%	445	304	433
90%	512	330	473
95%(终馏点)	526	348	489
凝固点/℃	43		20

续表

项　　目	大庆常减压蜡油	焦化粗柴油	未转化油(尾油)
总氮/(μg/g)	386	613	7
碱氮/(μg/g)	175	414	
含硫/%	0.0613	0.0940	0.00015
溴价/(gBr/100g)	1.9	34.87	
胶质/(mg/100mL)		91	
残炭/%	0.13	0.028	0.03
黏度(100℃)/(mm^2/s)	4.32		4.25

表 1-2-32　焦化粗柴油加氢裂化产品性质

项　　目	生 成 油	馏分/℃			
		<130	130~240	240~270	>270
收率/%(质量分数)		9.9	39.1	16.4	28
相对密度 d_4^{20}	0.7378	0.6993	0.7738	0.7937	0.8041
馏程/℃					
初馏点	47	60	158	236	276
10%	123	74.5	171	239	282
30%	200	83.5	184	242	286
50%	232	91	198	245	293
70%	262	101	208	247	301
90%	303	114	220	253	318
95%	321	138.5		257	328
98%(终馏点)			232		
凝固点/℃				-27	-9
闪点/℃			44		
冰点/℃			-49		
黏度(20℃)/(mm^2/s)			1.6		
碱氮/%	0.0003				
含硫/%	0.0062				

表 1-2-33　蜡油加氢裂化产品性质

项　　目	生 成 油	馏分/℃							
		<130	130~230	230~270	270~350	>350	<170	170~270	>270
收率/%		16	22.7	9.3	23	21	24.8	23.2	44
相对密度 d_4^{20}	0.7741	0.6924	0.7685	0.8053	0.8154	0.8237	0.7113	0.7921	0.8244
馏程/℃									
初馏点	43	52	145	236.5	279	349	63	183.5	273
10%	94.5	71	155	240.5	293	364	83.5	195	298
30%	172	80.5	166	243	299	372	98	204.5	316

续表

项目	生成油	馏分/℃							
		<130	130~230	230~270	270~350	>350	<170	170~270	>270
50%	262	92.5	178	246	305	383	113.5	217	340
70%	325	102	191.5	250	313	402	130	231	368
90%	350	115.5	207.5	256.5	322	445	148	248	399
95%				260	327	463		254.5	434
98%(终馏点)		(135)	219				(169)		
凝固点/℃	-7				-4	+16		-50	+7
总氮/(μg/g)	2								
含硫/%						0.0061			
酸值/(mgKOH/100mL)	0.0065								
残炭/%						0.002			
闪点/℃				105	147.5	214		67	164
冰点/℃				-41					
黏度(20℃)/(mm^2/s)	1.75			3.45	8.55	3.89(100℃)		2.23	2.48
芳烃/%			3.69						
溴价/(gBr/100g)	0.68								
碘值/(gI_2/100g)			0.77						
酸度/(mgKOH/100g)					1.66				

表 1-2-34　未转化油(尾油)加氢裂化产品性质

项目	生成油	馏分/℃						
		<170	170~300	300~350	350~400	400~450	450~470	>470
收率/%(质量分数)		6.6	5.9	12.2	7.6	26	10.8	15.4
相对密度/d_4^{20}	0.7913	0.6655	0.8205	0.8248	0.8267	0.8307	0.8376	0.8426
馏程/℃								
初馏点	44	50	213					
10%	92	58	243					
20%	309							
30%	345	63	233					
50%		68.5	250					
70%		75.5	262					
90%		91	276					
95%			280					
98%(终馏点)		(119)						
凝固点/℃					-41	-32	-19	+3
碱氮/%	0.0002							

续表

项　目	生成油	馏分/℃						
		<170	170~300	300~350	350~400	400~450	450~470	>470
含硫/%	0.0076							
酸度/(mgKOH/100g)		2.78	8.05					
酸值/(mgKOH/100mL)				0.02	0.008	0.004	0.004	0.006
黏度/(mm^2/s)								
20℃			3.41					
50℃				6.37	11.89	16.45	25.84	43.55
100℃				1.93	2.97	3.65	4.83	7.14

表 1-2-35　新氢循环氢组成

%

项　目	新　氢			循环氢	
	铜洗氢	轻油氢	混合氢	40×10^4 Mt/a 装置	各老装置
H_2	94	95.6	95	92.8	81.6
N_2	4.47	1.92	2.1	0.81	6.96
C_1	1.53	2.48	2.9	4.93	2.35
C_2				0.19	0.38
C_3				0.49	3.41
iC_4				0.41	1.92
nC_4				0.15	1.18
iC_5				0.12	1.60
nC_4				0.10	0.60
H_2S/(mg/m^3)				185	108
平均相对分子质量	3.3764	2.8464	2.952	3.6318	8.9972

④ 物料平衡。焦化粗柴油加氢裂化装置物料平衡见表 1-2-36，蜡油加氢裂化装置物料平衡见表 1-2-37，未转化油加氢裂化装置物料平衡见表 1-2-38。

表 1-2-36　焦化粗柴油加氢裂化装置物料平衡

项　目	1989 年	1990 年
入方/(Mt/a)		
原料油	0.3932(100.00%)	0.396917(100.00%)
氢气	0.008735(2.22%)	0.009096(2.29%)
合计	0.401935	0.406013
出方/(Mt/a)		
生成油	0.379941	0.382138
溶解气	0.016682	0.017192
废氢	0.00153	0.00169
加工损失	0.003782	0.004993

续表

项　　目	1989 年	1990 年
合计	0. 401935	0. 406013
成品占生成油产率/%		
汽油	5. 92	5. 91
石脑油	13. 08	15. 61
染料溶剂油	1. 35	1. 18
灯油	0. 5	
-35 号柴油	31. 56	25. 70
0 号柴油	23. 47	22. 59
化工轻柴油	0. 21	
-10 号军用柴油	17. 35	23. 07
航空煤油	5. 04	4. 66
-50 号军用柴油		0. 02
加氢裂化轻油		0. 08
燃料气	1. 02	1. 19
损失	0. 5	0. 49

表 1-2-37　蜡油加氢裂化装置物料平衡

项　　目	1989 年	1990 年
入方/(Mt/a)		
原料油	0. 36041(100. 00%)	0. 320708(100. 00%)
氢气	0. 009664(2. 68%)	0. 009199(2. 87%)
合计	0. 370074	0. 329907
出方/(Mt/a)		
生成油	0. 354437	0. 317809
溶解气	0. 010413	0. 008094
废氢	0. 001630	0. 001024
加工损失	0. 003594	0. 00298
合计	0. 370074	0. 329907
成品占生成油产率/%		
汽油	6. 23	7. 17
石脑油	15. 37	14. 05
染料溶剂油		0. 31
灯油		
航空煤油	10. 56	9. 05
-35 号柴油	16. 62	18. 06
0 号柴油	3. 87	9. 00
机油组分	4. 57	3. 15

续表

项　目	1989 年	1990 年
2 号重柴油		
塔底未转化油	26.36	24.50
脱蜡料	12.72	11.60
LPG	2.07	1.74
燃料气	1.03	0.84
-10 号军用柴油	0.1	0.06
损失	0.5	0.5

表 1-2-38　未转化油(尾油)加氢裂化装置物料平衡

项　目	1989 年	1990 年
入方/(Mt/a)		
原料油	0.106379(100.00%)	0.095434(100.00%)
氢气	0.002724(2.56%)	0.002557(2.68%)
合计	0.109103	0.097991
出方/(Mt/a)		
生成油	0.099866	0.089361
溶解气	0.008107	0.007541
废氢	0.000292	0.000168
加工损失	0.000938	0.000921
合计	0.109103	0.097991
成品占生成油产率/%		
汽油	3.26	
一线机油组分	14.05	
二线机油组分	18.82	64.53
塔底机油组分	35.51	
石脑油	7.31	11.76
-35 号柴油	3.26	6.23
LPG	9.71	13.68
燃料气	7.58	3.30
损失	0.50	0.50

⑤ 消耗。1989 年各装置消耗见表 1-2-39，1990 年各装置消耗见表 1-2-40。

表 1-2-39　1989 年各套装置消耗

项　目	Ⅰ套	Ⅱ套	Ⅲ套	Ⅳ套	40×10^4 Mt/a 装置
年运行天数/(d/a)	316	328	323	334	333
新氢/(m^3/t)	176.67	171.28	192.22	204.49	226.93
燃料气/(kg/t)	13.74	13.81	14.04	14.20	15.12

续表

项　目	Ⅰ套	Ⅱ套	Ⅲ套	Ⅳ套	40×10[4] Mt/a 装置
工业水/(t/t)	0. 522	0. 522	3. 34	0. 522	0. 522
高压洗涤水/(t/t)	0. 057	0. 05	0. 055	0. 05	0. 063
电力/(kW·h/t)	23. 71	21. 67	21. 86	21. 97	22. 13
蒸汽/(t/t)	0. 042	0. 042	0. 042	0. 042	0. 043
催化剂/(kg/t)	0. 1638	0. 036	0. 194	0. 022	0. 1314
能耗/(MJ/t)	992. 69	988. 92	1054. 65	1009. 01	1052. 14

表 1-2-40　1990 年各套装置消耗

项　目	Ⅰ套	Ⅱ套	Ⅲ套	Ⅳ套	40×10[4] Mt/a 装置
年运行天数/(d/a)	319	325	310	333	328
新氢/(m^3/t)	198. 64	199. 69	206. 06	217. 49	249. 36
燃料气/(kg/t)	12. 83	13. 20	12. 85	13. 38	14. 09
工业水/(t/t)			6. 18		
高压洗涤水/(t/t)	0. 094	0. 088	0. 094	0. 092	0. 128
电力/(kW·h/t)	23. 14	22. 90	22. 51	22. 69	19. 79
蒸汽/(t/t)	0. 051	0. 051	0. 050	0. 051	0. 053
催化剂/(kg/t)	0. 08	0. 084	0. 037	0. 069	0. 077
能耗/(MJ/t)	991. 07	1003. 49	1009. 87	1008. 43	1008. 47

⑥ 加工费及单位成本。焦化粗柴油加氢裂化装置加工费及单位成本见表 1-2-41，未转化油加氢裂化装置加工费及单位成本见表 1-2-42，蜡油加氢裂化装置加工费及单位成本见表 1-2-43。

表 1-2-41　焦化粗柴油加氢裂化装置加工费及单位成本

项　目	1989 年		1990 年	
	数量	总价/万元	数量	总价/万元
一、辅助材料				
1. 催化剂/kg				
3836	15600	114. 7218		
3722	17930	110. 6375	5985	39. 7174
3883			6000	51. 7062
3863			7500	68. 8499
3822			7000	62. 9005
2. CS_2/kg	4485	5. 4977	4820	1. 3200 (此处数据有误)
小计		230. 857		224. 494
二、燃料/t				
燃料气	6061. 708	18. 1857	5498	16. 4927

续表

项　　目	1989 年		1990 年	
	数量	总价/万元	数量	总价/万元
三、动力				
工业水/t	14951471.58	17.0493	679992	9.5199
高压洗涤水/t	24556	2.5264	38285	3.7902
电力/kW·h	9594322	124.7263	9765534	146.483
蒸汽/t	18390	21.6634	21269	26.6926
小计		165.9653		186.4857
四、生产工人工资		18.1312		19.0963
五、职工福利基金		1.9551		2.0411
六、折旧费		87.809		62.3779
七、大修理基金		111.7569		109.9247
八、车间经费		262.7047		317.7573
车间加工费合计		897.3643		938.6697
车间单位加工费/(元/t)		22.824		24.56
九、原料				
工业氢/km^3	0.07925	1495.15	0.08420	1799.0893
原料油/Mt	0.39317	8518.767	0.396917	9005.1265
小计		10013.917		10804.2158
十、车间总成本		10911.2813		11742.8855
车间单位成本/(元/t)		237.1836		295.85

表 1-2-42　未转化油(尾油)加氢裂化装置加工费及单位成本

项　　目	1989 年		1990 年	
	数量	总价/万元	数量	总价/万元
一、辅助材料				
催化剂/kg				
3892	2520	32.4548		
3822			4000	33.9040
3902			3000	28.9965
2. CS_2/kg	7314	1.5359	2600	0.8469
小计		33.9907		63.7474
二、燃料/t				
燃料气	1625.94	4.8778	1357	4.0173
三、动力				
高压洗涤水/t	5826	0.6002	9355	0.9261
电力/kW·h	2515506	32.7016	2301705	34.5256
蒸汽/t	4832	5.6921	5178	6.4984

续表

项目	1989年		1990年	
	数量	总价/万元	数量	总价/万元
小计		38.9939		41.9501
四、生产工人工资		4.8616		4.5971
五、职工福利基金		0.4907		0.4918
六、折旧费		27.3503		68.1655
七、大修理基金		34.8095		56.2214
八、车间经费		67.038		75.8534
车间加工费合计		212.4125		315.044
车间单位加工费/(元/t)		19.9675		35.25
九、原料				
工业氢/km^3	0.02341	441.636	0.02206	471.4477
原料油/Mt	0.106379	1797.4462	0.095424	1640.3397
小计		2239.0822		2211.7874
十、车间总成本		2451.4947		2426.8314
车间单位成本/(元/t)		245.4784		254.43

表 1-2-43　蜡油加氢裂化装置加工费及单位成本

项目	1989年		1990年	
	数量	总价/万元	数量	总价/万元
一、辅助材料				
催化剂/kg				
3822	44910	498.9098		
3812	17380	331.5094	22700	223.6259①
CS_2/kg	5909	2.7181	22070	8.8494
小计		833.1373		232.4753
二、燃料/t				
燃料气	4651	13.9557	4152	12.4566
三、动力				
高压洗涤水/t	23370	2.2582	37739	3.7362
电力/kW·h	7108549	106.8111	5054414	87.5162
蒸汽/t	13255	15.0144	15683	19.6822
小计		118.6837		110.9346
四、生产工人工资		13.2103		13.1145
五、职工福利基金		1.3092		1.4039
六、折旧费		155.5384		200.0622
七、大修理基金		197.9582		254.6246

续表

项　　目	1989 年		1990 年	
	数量	总价/万元	数量	总价/万元
八、车间经费		173.2995		219.3288
车间加工费合计		1507.0923		1044.4005
车间单位加工费/(元/t)		41.8161		32.86
九、原料				
工业氢/km^3	0.03364	634.6307		864.5389
精制氢/km^3	0.03628	1047.6952		953.1846
原料油/Mt	0.360410	5132.6125		5086.9687
小计		6814.9384		6904.9922
十、车间总成本		8322.0307		7949.3927
车间单位成本/(元/t)		234.7958		247.87

① 此组数据有误。

⑦ 生产总结

1989 年和 1990 年两年，加氢装置完成加工量分别是 86×10^4 和 82×10^4t，为设计负荷的 82%~86%。各套装置均未满负荷运转；其中蜡油加氢裂化装置加工负荷比较低，原因是常减压原油加工量不足，外购原料市场又比较紧张，尤其是 1990 年石油三厂 15×10^4t/a 常压渣油催化裂化装置开工后，与加氢裂化装置争原料油。1990 年加氢裂化总加工量比 1989 年减少 4×10^4t，下降了 4.65%。1989 年和 1990 年两年 5 套装置平均运转天数分别为 326.8d 和 323d，开工率在 95%~98%，一年除去一个月的大检修时间，因设备故障造成的非计划停工仅一两次。由于石油三厂有 5 套装置，原料的加工能力弹性大，短期停一套装置，不会影响生产计划的完成。

(3) 经济分析

① 加工工艺路线。1989 年和 1990 年两年来，石油三厂利用加氢裂化工艺条件灵活的特点，根据市场需要，及时生产畅销对路的产品取得了较好的经济效益。1990 年亚运会前期，国家急需航空煤油，石油三厂承担了 3×10^4t 航空煤油的生产任务。以焦化粗柴油为原料，采用高产航煤的 3863 催化剂，不但完成了这一任务，而且使加工每吨焦化粗柴油的效益增加了 15 元。

另外，根据东北地区四季分明的特点，在夏季降低反应温度多产 0 号和−10 号柴油，到了冬季，适当改变工艺条件，增产−35 号和−50 号柴油。这样根据季节的不同需要，生产适季产品，不但解决了厂内储、运、销的畅通问题，而且在季节畅销产品政策中赢得了效益，充分体现出加氢技术在炼油行业的竞争优势。

② 加工费。1989 和 1990 两年加氢裂化加工费对比见表 1-2-44。

表 1-2-44　1989 和 1990 加工费对比

项　　目	蜡　　油		未 转 化 油		焦化粗柴油	
	加工量/Mt	加工费/(元/t)	加工量/Mt	加工费/(元/t)	加工量/Mt	加工费/(元/t)
1989 年	0.3604	41.82	0.1064	19.97	0.3932	22.32
1990 年	0.3207	32.86	0.0954	35.25	0.3969	24.56
1990~1989 年	−0.0397	−8.96	−0.011	+15.28	+0.0037	+1.74

1990 年，未转化油(尾油)和焦化粗柴油加氢裂化单位加工费比 1989 年高的主要原因在催化剂消耗，动力消耗和车间经费三部分上升。蜡油单位加工费的较大幅度降低原因主要在催化剂消耗费用的下降。由此看来，有效保护催化剂的活性，延长催化剂运转周期，进一步加强节能措施是控制加工费的主要手段。

③ 氢耗。1990 年比 1989 年氢耗有较大幅度的增加。氢耗增大的主要原因在原料油裂化深度加深，化学耗氢的增加。1990 年蜡油加氢裂化生成油小于 320℃ 馏分的体积收率较 1989 年提高了 2.31 个百分点，焦化粗柴油加氢裂化生成油小于 200℃ 馏分的体积收率提高了 2.07 个百分点。第二个原因是往复式循环氢压机由于使用年限较长，气缸密封性差，密封泄漏较严重。尤其是 0.4Mt/a 装置的循环氢压缩机，是 20 世纪 60 年代产品，技术落后，泄漏比较严重，最甚时每小时泄漏氢气达 500 m^3，致使氢耗增加。

④ 小结。1989 年和 1990 年，国内成品油市场越来越紧张，1990 年石油三厂被迫从苏联购进部分杂油原料以补充加氢裂化装置原料的不足。这部分原料按小于 20%的比例掺炼，加工后的产品质量差，轻油收率低，而且反应器床层压力降上升较快，在大检修拆卸催化剂时，二、三反催化剂都结成黏块，很难卸出。估计这部分机杂油料中含有高分子添加剂。

由石油一厂、石油二厂供应的焦化粗柴油，在储运过程中与空气长时间的接触，生成较多胶质(胶质含量约为 86mg/100mL)。这些胶质引发换热器结焦和一反上部结块，严重影响装置运转周期。解决或减少焦化粗柴油原料中的胶质势在必行。

石油三厂加氢裂化装置的经济效益也受炼油行业经济效益滑坡的影响也有所下降，但在生产优质中间馏分产品和润滑油基础油方面，仍然体现出加氢裂化工艺技术的优势。

装置生产灵活性，提高了装置经济效益。2005 年石油三厂为了优化产品结构，适应油品市场需求变化，0.4Mt/a 高压加氢装置使用了 3936 加氢精制催化剂和 FC-14 单段加氢裂化催化剂，加工石油一厂、石油二厂轻蜡油，对焦化柴油进行加氢改质，以最大量生产优质低凝柴油和航空煤油组分。柴油产品收率高、质量好、凝点低，很好地满足了用户需求，实现了最大量增产中间馏分油和低凝柴油的目的。

第三节　消化、吸收、引进技术改造加氢装置

一、石油三厂自行设计和营建的我国第一套技术含量高，大型加氢装置 0.4Mt/a 加氢裂化

(一) 0.4Mt/a 加氢裂化装置建设

在洛阳石化公司工程公司的协作下，石油三厂设计室自己设计的 0.4Mt/a 加氢裂化装置 1984 年一次投产成功。该装置借鉴国内外先进的加氢技术，并结合石油三厂实际和生产经验，确定了 0.4Mt/a 加氢裂化工艺流程，见图 1-3-1。

设计年处理大庆常三、减二、减三、蜡油 0.4Mt/a，使用自产的 3822 催化剂为精制催化剂，3812 催化剂为裂化催化剂，在压力为 18~19MPa，温度 380~420℃ 条件下一次通过，生产汽油(石脑油)、-35℃ 低凝柴油、0 号柴油和润滑油料。

该装置既采用我国高压加氢经验，又消化吸收引进装置的先进技术，为发展我国高压加氢技术的发展作出了一定贡献。

这些新技术新设备主要是：

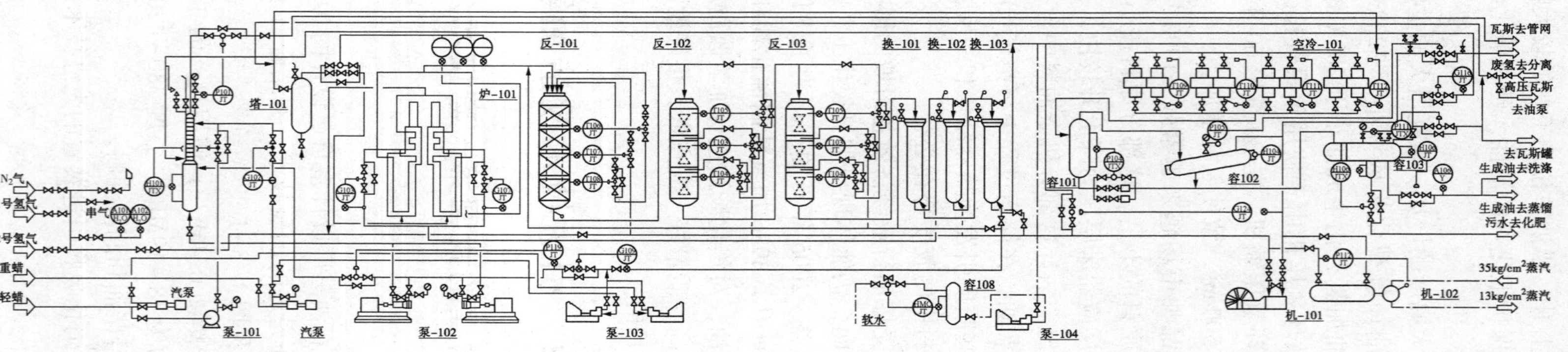

图例					⊘	⊗	○	⊖				
名称	调节伐(风关)	调节伐(风开)	表面式热偶	热电偶	压力表	变送器	就地安装仪表	仪表室安装仪表	仪表引线	蒸汽	软水	油管线
图例	X	Z	J	T	H	G	P	T				
名称	报警	记录	名称	调节(仪表功能)	液位	液量	压力	温度	消音器	直通伐	止回伐	
	仪　表　图　例								工艺管线图例			

图1-3-1　40×10^4t/a加氢裂化工艺流程图

① 在加氢裂化反应前增加精制反应器，并采用一段串联的反应流程。

② 采用了原料油、循环氢分别换热，加热炉只加热循氢的加热流程。

③ 采用泡罩分配盘、急冷箱等反应器内部结构，制造了 ϕ1800mm×18000mm 的锻焊结构，且侧壁有孔的反应器，并成功地改造了 ϕ2100mm×22000mm 的双层热套反应器的内部结构。

④ 采用了双辐射的循环氢方箱炉，使炉管表面热强度达到 158.85MJ/(m^2·h)［38000kcal/(m^2·h)］。

⑤ 采用了美国引进的 25MBHg 型离心式循环压缩机，由背压蒸汽透平机驱动。

⑥ 从日本引进最大排量 100m^3/h，最高扬程 2650m 的高压离心泵。

⑦ 从日本引进了可调式高压注硫泵和注氨泵，实现了催化剂干法硫化和注氨钝化的。

⑧ 从日本购进 286t 大口径高压合金钢管和 533 件各种规格的高压管件；管道连接用焊接方法代替了传统的法兰连接方法。

⑨ 采用了日本毛件、西安仪表厂组装的电三型仪表和从日本引进的高压调节阀，实现了反应器入口温度、高分液面、床层温度等一系列自动调节。

⑩ 采用了工业电视，对易燃易爆部位实现巡回检测；安装可燃气体报警装置，随时检测各部位可燃气体的泄漏。

由于大量采用了新技术、新设备、新型仪表，使装置的技术水平基本达到 20 世纪 70 年代中期的国际水平。加上与 0.4Mt/a 加氢裂化配套的蒸馏装置建设费(800 万元)，总设计投资 4108.1 万元。

(二) 0.4Mt/a 装置投产与标定

1. 装置投产

1984 年 8 月 18 日装置投产试生产，加氢精制催化剂为石油三厂自产 3822 催化剂，加氢裂化催化剂为自产的 3812 催化剂。原料油为石油三厂常减压装置的常三、减二、减三宽馏分蜡油，运转 80d 以后，混兑 4.5~9.6 m^3/h 的石油一厂混合蜡油(约占总进料的 1/10~1/5)。工业氢气为石油三厂轻油制氢装置提供的，纯度为 96%~97%的氢气。装置不排废氢，循环氢纯度高达 90%以上，在总压 18.0~18.5MPa，氢分压 16.0MPa 以上，氢油比(1500~2000)：1，精制空速 2.3~3.0/h，裂化空速 0.86~1.1/h，精制平均温度 381~389℃，裂化平均温度 395~405℃的操作条件下<200℃生成油转化率(体)稳定在 35%~40%，<320℃转化率在 68%~76%(体积分数)。见表 1-3-1。

扩初设计是基于抚顺地区原料平衡，石油三厂加氢总能力 1.0Mt/a(蜡油料 0.4Mt/a，焦化粗柴油可达 0.6Mt/a)，保留原有三套加氢装置，以加工蜡油原料为主，也考虑到加工焦化粗柴油的可能。本装置加氢尾油不循环，除生产汽油(石脑油)、柴油外，300~400℃馏分作脱蜡原料，以生产优质润滑油、白油。

2. 装置标定

装置建成投产后运转半年，设备运转正常，操作条件平稳。1985 年 3 月 21~22 日进行了加氢-蒸馏装置联合标定，取得物料平衡及各项消耗的实际数据。标定结果及核算数据分别介绍于后：

① 标定时间。1985 年 3 月 21 日 6：00~22 日 6：00 共 24h。

② 工艺条件。系统总压：18.0MPa(表压)，循环氢纯度：91%(体积分数)，氢分压：16.38MPa，新氢用量：10000Nm^3/h，循环氢量：85000Nm^3/h，总进料量：53.7m^3/h，43.946t/h，其中石油一厂混合蜡油 9.6m^3/h，空速(体积)：精制 2.86h^{-1}，裂化 1.04h^{-1}，氢油比(体积)，1800：1。

表 1-3-1　0.4Mt/a 加氢裂化装置试运转情况考察

日期(年·月·日)	累计运转天数/d	加热炉出口温度/℃	反101						反102			原料油/(m^3/h)			累计加工量/m^3	处理量/(t油/kg催化剂)	循环氢量/(m^3/h)	高分压力/MPa	新氢纯度/%	循环氢纯度/%	升温系数/(℃/d)	
			精制			裂化			裂化			轻蜡	重油	总量							精制	裂化
			入口温度/℃	出口温度/℃	平均温度/℃	入口温度/℃	出口温度/℃	平均温度/℃	入口温度/℃	出口温度/℃	平均温度/℃											
1984.10.10	20	380	378	385	381.87	382	391	385	391	400	394.40	56.5		56.5			80000	16	98	91		
1984.10.20	30	373	378	388	382.08	389	391	387.67	389	403	394.45	56.5		56.5			86000	16.4	95	87		
1984.10.30	40	379	380	393	384.58	392	399	391.3	389	406	399.61	56.5		56.5			75000	16.5	97	91		
1984.11.11	50	381	382	396	388.25	396	401	395.9	396	411	402.28	46.7		46.7			76000	16.7	97	91		
1984.11.20	59	380	383	394	387	386	400	393	394	410	400.2	48.2		48.2			77000	16.7	97	92		
1984.11.30	69	378	382	392	386	383	397	389.3	389	411	400.7	48.2		57.2			74000	16.4	98	93		
1984.12.10	88	378	382	390	385	393	399	390.89	389	410	400.3	48.2	4.5	52.7			86000	16.7	97	92		
1984.12.20	98	381	383	394	385.25	396	400	392.69	394	411	402.71	52.7	4.5	57.2	75555	1.022	78000	16.6	98	91		
1984.12.30	108	382	382	394	386	394	400	393.56	395	412	401.33	52.7	4.5	57.2	87063	1.177	84000	16.3	96	90		
1985.1.10	120	390	384	328	388.33	396	402	396.33	396	416	405.22	48.2	9.0	57.2	99674	1.348	76000	16.4	97	91	0.0646	0.1078
1985.1.20	130	388	384	394	387	395	401	395	396	416	404	48.2	4.5	52.7	112940	1.527	79000	16.4	97	91		
1985.1.30	140	397	384	397	388	395	400	396.14	396	416	403.28	38.6	9.0	47.6	123217	1.666	74000	16.4	97	92		
1985.2.10	150	398	384	393	387	393	400	394	392	412	403.1	52.7		52.7	133772	1.809	77000	16.3	98	91		
1985.2.20	160	398	384	397	387.5	394	401	395.2	394	415	405.5	56.5		56.5	140061	1.915	80000	16.3	97	90		
1985.2.28	168	400	382	393	387.5	396	400	394.11	398	416	405.6	56.5		52.7	158405	2.142	82000	16.5	97	90		
1985.3.10	178	409	386	395	387.75	396	400	395.37	396	418	406.4	48.2	4.5	52.7	168124	2.272	79000	16.6	98	91		
1985.3.20	188	408	386	397	389.58	396	403	398.13	400	419	406.2	43.1	9.6	52.7	179809	2.432	79000	16.5	97	90		
1985.3.30	198	407	387	397	389.1	397	403	398.38	400	420	406.7	46.7	4.5	51.2	191846	2.595	79000	16.3	97	90	0.0111	0.0215

③ 原料油、生成油性状见表1-3-2。

表1-3-2 原料油，生成油性状

项目/名称	相对密度 d_4^{20}	初馏点/℃	10%/℃	30%/℃	50%/℃	70%/℃	90%/℃	95%/℃	凝固点/℃	碱性氮/%	总氮/%	含硫/%	100℃黏度/(mm^2/s)	溴价(gBr/100g)
混合原料油	0.8572	263	371		443		521	535	44	0.0291	0.0570	0.0796	5.12	
生成油	0.7748	47	109	195	273	350	482			0.0003				1.274

④ 气体分析见表1-3-3。

表1-3-3 气体分析

项目	新氢	循环氢	溶解气	低分气	低压气	液态烃
H_2/%	95.6	91.0	65.0	74	41	
N_2/%	0.35	0.46	0.43	0.43	1.61	
C_1/%	4.05	6.73	12.72	16.95	11.19	1.0
C_2/%		0.25	1.35	1.07	3.08	2.5
C_3/%		0.65	4.78	2.99	23.32	30.2
iC_4/%		0.49	5.36	2.25	10.35	41.4
nC_4/%		0.21	2.82	0.78	7.93	21.5
iC_5/%		0.51	2.89	0.76	0.64	3.4
nC_5/%		0.06	1.58	0.37	0.29	
C_6/%			3.07	0.40	0.54	
H_2S/(mg/m^3)		280				<5

⑤ 加氢装置化学平衡见表1-3-4。

表1-3-4 加氢装置化学平衡

入方	出方
原料油 100 化学耗氢 1.76	生成油 97.38 生成气 3.77 其中：H_2S 微量；C_2H_6 0.25 NH_3 微量；C_3H_8 1.10 CH_4 微量；C_4H_{10} 1.71 C_5H_{12} 0.71
合计 101.76	损失 0.61 合计 101.76

⑥ 装置物料平衡总表见表1-3-5。

表 1-3-5　装置物料平衡总表 3-1-5

入方			出方		
物料	kg/h	%	物料	kg/h	%
原料油	43946	100	废氢		
新氢	1233.3	2.81	中压气	670.3	1.53
			低压气	233.3	0.54
			液态烃	750.0	1.72
			石脑油		27.33
			染料溶剂油	1429.2	3.35
			-35 号柴油	8850	20.24
			0 号柴油	7116.7	16.19
			冷榨脱蜡原料	5887.5	13.4
			塔底尾油	7404.2	16.85
			损失	730.6	1.66
合计	45179.3	102.81		45179.3	102.81

⑦ 各线产品物化性状见表 1-3-6。

表 1-3-6　各线产品物化性状

项目 油品	相对密度 d_4^{20}	初馏点/℃	10%/℃	30%/℃	50%/℃	70%/℃	90%/℃	95%/℃	终馏点/℃	50℃黏度/(mm^2/s)	闪点/℃	凝固点/℃
汽油	0.7031	42	66	84	108	131	159		186			
助染剂	0.7693	143	166	173	178	183	185		217			
-35 号柴油	0.7827	187	217	232	246	262	284		302		62	-37
0 号柴油	0.8190	277	294	301	307	311	319		330		145	-5
脱蜡料	0.8017	287	336	347	355	369	385	394	405	8.66	166	16
尾油	0.8112	302	340	377	399	427	471	493		11.33	170	21

（三）3822 和 3824 加氢裂化催化剂工业试运转总结

自 20 世纪 70 年代末国外引进的四套联合加氢装置相继投产以来，石化总公司决定，由抚顺石化研究院和抚顺三厂共同为引进装置开发国产化催化剂，以替代进口催化剂，并列入"六·五"国家攻关项目。

石油三厂和抚顺石化研究院密切合作，积极攻关，终于研究开发出了 3822、3823、3824、3825 四种催化剂，顺利通过了工业试生产。试生产产品经抚顺石化研究院 A-2 装置评价证明，其活性、选择性、强度等各项指标均赶上了相应的美国 HC-F、HC-B、HC-16 和 HC-14 催化剂水平，并于 1985 年 11 月通过了石化总公司的技术鉴定。

为了给茂名石油工业公司等引进装置提供试运转数据，石油三厂用大庆 VGO 进行了 3822 和 3824 催化剂的工业化试运转。结果证明，该催化剂的各项操作指标和理化性能均重复了实验室评价数据，可供引进加氢裂化装置使用。

1. 试运转装置概况

石油三厂加氢三套装置(处理能力 150kt/a)由 3 台催化剂容积为 $6m^3$ 的反应器组成。为配合工业试运转考察，模拟了引进装置的工艺流程，甩掉第三反应器，只保留两个反应器，使精制段和裂化段的空速满足引进装置的比例要求。同时，在精制段出口增设高温取样器，以随时分析和控制精制后生成油的总氮含量，确保试运转达到引进装置的开工要求。

2. 试运转装置工艺流程简介

原料油(大庆常三、减二和减三线混合蜡油)与循环氢经高压油泵送至加氢裂化系统，与循环氢依次进入1、2、3换热器的壳层换热，然后进加热炉，在炉出口与在加热炉单独加热后的新氢混合，进入精制反应器(一反)，在3822催化剂床层上进行反应。精制生成物进入裂化反应器(二反)，在3824催化剂床层上进行加氢反应。反应生成物依次进入三台换热器的管程，与原料油、循环氢换热，降到200℃以下。并在冷却器中冷却到<40℃后进入高压分离器进行气、液分离。循环氢分出后，经循环氢压缩机返回系统。生成油从高压分离器底部出来，经过减压系统后，压力降至2.5MPa以下，再到分馏系统进行产品分割。

3. 催化剂物化性状及装置装填情况

① 催化剂装填方式。由于试运装置两台反应器比较小，有效内径仅840mm，因此，这次催化剂装填采用一般装填方法。将催化剂装入储槽内，吊到反应器顶部进行装填。装填前，先在反应器底部铺上了3层各80~100mm高的ϕ20mm、ϕ15mm和ϕ10mm瓷球，然后把卸料袋放到离料面1~1.5m处，开始装填催化剂。随着料层的不断升高，逐步提高卸料袋口与料面的距离在1~1.5m之间。装填时，反应器中各塔盘上均用ϕ25mm的瓷环铺盖。装填完毕时，在催化剂上部装填ϕ25mm瓷环，其层高为200mm。

② 反应器催化剂装填尺寸。两台反应器催化剂装填料位尺寸相同，如图1-3-2所示。

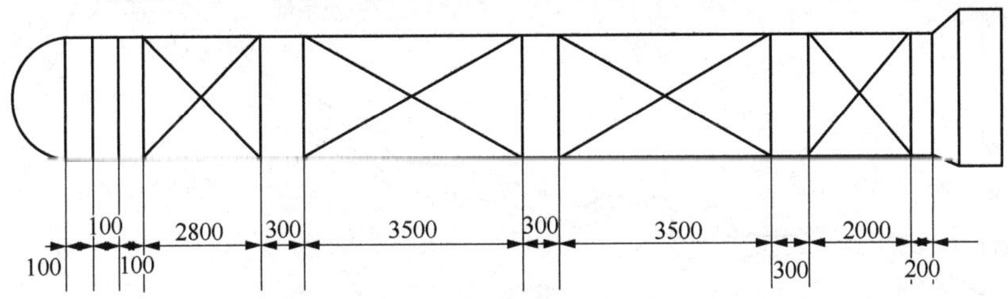

图1-3-2 反应器催化剂装填尺寸

注：图中尺寸单位为mm

③ 催化剂装填量。催化剂装填量分布见表1-3-7。

表1-3-7 催化剂装填情况

项目	名称	装填量		规格	备注
		m^3	t	mm	
一反	3822	6.00	4.50	ϕ1.6	自然断裂
二反	3824	6.00	4.56	ϕ1.6	自然断裂

④ 本次装填催化剂的物化性质见表1-3-8。

表1-3-8 催化剂物化性质

催化剂名称	化学组成/%					孔容/(mL/g)	比表面积/(m^2/g)	堆积密度/(g/100mL)	形状
	MoO_3	NiO	P	SiO_2	Na_2O				
3822	19.10	3.93	3.88	3.40		0.35	199	75	三叶草条
3824	17~21	5.5~6.5	1.3~2.5	9~15	<0.2	0.33~0.4	260~320	72~82	圆柱条

4. 开工

① 系统置换。首先用纯度为99%的氮气对系统进行置换，合格再进行氢气吹扫合格。

② 升压。由于加氢反应器均为冷壁反应器，所以在系统置换合格后，按以下升压速度控制升压：0~5MPa 用 1h，5~11MPa 用 1h，11~16MPa 用 1h。

压力升至 3MPa 时，启动循环氢压缩机循环升压，同时吹扫置换加热炉管内的气体。

③ 升温脱水。循环氢压缩机启动正常，系统压力升至 16MPa，全面检查系统无问题后，加热炉点火，按要求的升温速度进行催化剂升温脱水。脱水结束后，做好硫化准备。

④ 硫化。经调整，一反最高点温度 177℃（上部）、系统压力 15MPa、循环氢气量 $12600m^3/h$ 时，以 70kg/h 的流率向系统加入 CS_2，并以 4~6℃/h 的速度提温。注硫后 14h，系统尾气中 H_2S 浓度 $880mg/m^3$；16h 后 H_2S 浓度达到 0.3%，H_2S 已穿透催化剂床层。当一反最高点温度升到 228℃时(此时二反最高点 218℃)，开始恒温硫化。在 230℃恒温硫化期间，系统中 H_2S 浓度一直在 0.5%~1.2%之间。230℃恒温硫化 8h 结束后，继续以 4~6℃/h 的速度提温，同时调节 CS_2的流率，控制 H_2S 浓度在 0.5%~1.0%之间。当一反最高点温度升温到 290℃(中部)时，以 6~10℃/h 的速度升温。经 26h 提温，一反最高点温度升到 370℃(中部)，中上部 340℃，系统 H_2S 浓度 1.0%，循环氢量 $14400m^3/h$ 时开始恒温硫化。370℃恒温硫化 8h，一反最高点温度 368℃，二反 347℃，系统中 H_2S 浓度 1.8%，此时整个硫化过程结束。硫化曲线见图 1-3-3。

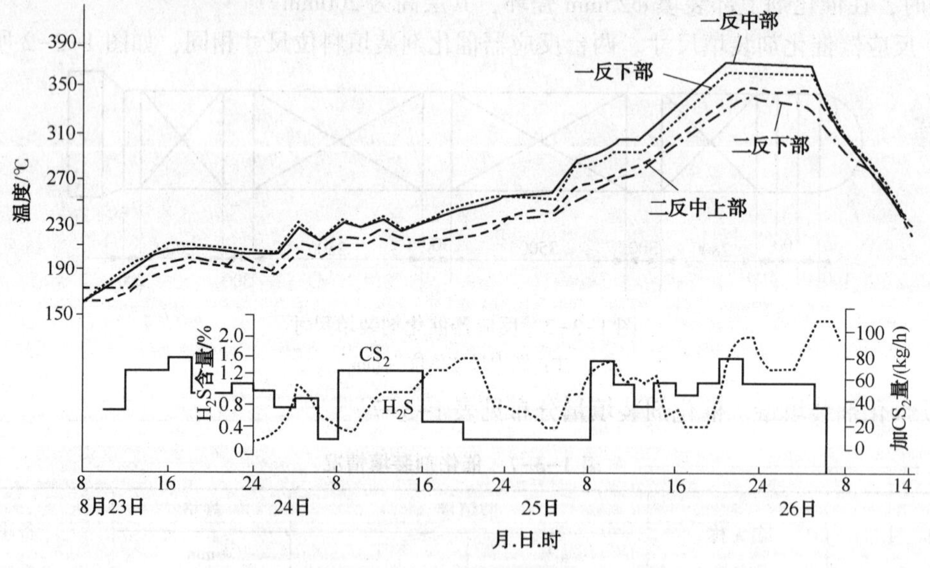

图 1-3-3　催化剂硫化曲线

硫化过程共用 66h，总计加入 $CS_2$1213.7L，系统中 H_2S 浓度最高达 2.0%，硫平衡情况见表 1-3-9。

从硫平衡中得知，催化剂吸硫用 $CS_2$884.4kg，本次共装 3822 催化剂 4500kg，3824 催化剂 4560kg，理论耗硫量 1060.7kg，催化剂实际吸硫率为 83.37%。

⑤ 氨化。硫化以后，以≤20℃/h 的速度降温。当一反最高点温度降到 154℃、二反 151℃、系统压力 13MPa、循环氢气量 $12600m^3/h$ 时，开始加入低氮油。油量加到总体积空速达 $0.5h^{-1}$以后，以 15kg/h 的流率向系统注入无水液氨，同时加 0.9t/h 高压水。注氨后，按≤15℃/h 的速度提温，并调节 CS_2加入量，保证系统中 H_2S 浓度在 0.1%~0.2%之间。氨

化期间，曾因低氮油带水而中断氨化 4h；恢复氨化后又因氨量小而造成高压注氨泵送量不正常；将注氨量增加到 30kg/h 后，送量保持均匀。

表 1-3-9　硫化过程硫平衡

入方/kg		出　方/kg	
CS_2		CS_2	
1213.7		系统残留	157
		系统泄漏	122.3
		水携带	50
		催化剂吸收	884.4
合计	1213.7	合计	1213.7

注氨 23h 后(包括注氨不正常时间)，系统尾部高压分离器水中氨浓度为 1056mg/L。24h 氨浓度升到 2912mg/L，这时一反最高点温度 214℃，二反 209℃，H_2S 浓度 0.17%。将注氨量减到 25kg/h，继续以≤15℃/h 的速度提温。水中氨浓度达 3514mg/L 时。注氨量减到 7.5kg/h。当高压分离器水中氨浓度升到 5264mg/L 时说明氨吸附已完成，钝化可结束。氨化共用 34h。注氨 206.15kg。

⑥ 切换原料油。调整系统操作，使一反最高点温度升到 321℃，二反 314℃，压力 17.2MPa，注氨量 7.5kg/h，H_2S 浓度 500mg/L，氨浓度 2436mg/L，循环氢量 15000m^3/h，然后开始进油。开始时先进低氮油，空速 1.0h^{-1}时，同时加 0.48h^{-1}空速的蜡油(对裂化催化剂)，并同时开始提温。加油后 1h，一反出口精制油总氮含量 30mg/L。经过调整操作条件，4h 后一反出口精制油总氮量降到 10mg/L，又过一小时总氮降到 7mg/L，符合继续换油条件。停 0.48h^{-1}空速的低氮油，增加 0.48h^{-1}空速的蜡油，蜡油总量加到 0.96h^{-1}的空速以后，将无水液氨停掉，同时停掉剩余的低氮油。

换油结束后，继续调整温度，当一反最高点温度升至 370℃(平均 361.9℃)，二反 388℃(平均 368.5℃)时，生成油转化率指标达到合格。合格时的操作温度及生成油质量见表 1-3-10。

表 1-3-10　操作温度及生成油质量

一反温度/℃		二反温度/℃		生成油性质				
					>350℃	生成油产品分布/%		
最高	平均	最高	平均	d_4^{20}	凝固点/℃	<200℃	<320℃	<350℃
370	363.4	380	368.6	0.7855	45		56	67
372	363.9	382	370.7	0.7749	40	38	57	69
369	362.6	383	370.3	0.7700	42	35	57	68

5. 标定

以大庆 VGO 为原料，在精制生成油含氮<10mg/L，裂化生成油<350℃转化率>60%时，对装置进行了一次全面工艺标定。标定时的工艺条件、原料油和生成油性质、气体组成、产品质量及物料平衡见表 1-3-11～表 1-3-15。

表 1-3-11 工艺条件

项目	数值	项目	数值
系统压力/MPa	17	反应精制温度/℃	
循环氢纯度/%(体积分数)	91	最高	377
循环氢量/(m^3/h)	12600	最低	369
新氢量/(m^3/h)	168	平均	372
原料油量/(m^3/h)	5.8	反应裂化温度/℃	
体积空速/h^{-1}		最高	383
精制	0.96	最低	353
裂化	0.96	平均	369
氢油体积比	2260 : 1		

表 1-3-12 原料油和生成油性质

项 目	原料油	生成油	项 目	原料油	生成油
相对密度 d_4^{20}	0.8509	0.7810	90%	517	
馏程/℃			95%	533	
初馏点	271	63	凝固点/℃	44	
10%	351	112	总氮/(μg/g)	543	8.4
30%	406	176	含硫/(μg/g)	720	
50%	436	262	残炭/%	0.01	
70%	472	349			

表 1-3-13 气体组成 %

组 分	新 氢	循 环 氢	溶 解 气
H_2	96.4	90.8	44
CH_4	1.6	2.68	0.65
C_2H_6	2.0	5.43	18.23
C_3H_8		0.07	1.97
iC_4H_{10}		0.40	9.00
nC_4H_{10}		0.31	10.29
iC_5H_{12}		0.12	4.92
nC_5H_{12}		0.14	5.15
C_6H_{14}		0.08	2.13
H_2S/(mg/m^3)		950	3.16
溶解量/(mL/g)			33.62

表 1-3-14 物料平衡

入方/kg		出方/kg	
原料油	100	生成油	96.8
化学耗氢	2.2	气体	4.8
		损失	0.6
合 计	102.2	合 计	102.2

表 1-3-15　产品分布及质量

项目 \ 馏分	<82℃	82~132℃	132~260℃	260~350℃	132~282℃	282~350℃	<177℃	177~300℃	300~350℃	>350℃
收率(占生成油)%(质量分数)	3.6	10.2	24.2	16.8	28.0	14.8	23.8	21.0	11.0	38.8
相对密度 d_4^{20}	0.64	0.7268	0.774	0.807	0.778	0.808	0.731	0.794	0.810	0.829
馏程/℃										
初馏点	49	92	145	264	148	284	69	195	300	354
10%	53	97	159	284	161	295	94	205	311	376
30%	57	100	170	292	173	303	107	213	314	408
50%	61	104	183	299	191	308	121	227	316	428
70%	65	109	202	308	216	314	129	244	320	456
90%	70	117	227	321	244	324	154	266	327	493
95%	76	120		326		327	161	273	330	506
终馏点(98%)	94	140					179			
凝固点/℃				2		6.5		-38	9.5	
冰点/℃			<-58		-51					
闪点(闭口)/℃			40	7.26	42	8.21		72		
黏度(20℃)/(mm²/s)			1.51		1.64			2.64	9.51	4.46(100℃)
芳烃含量/%			3.71		3.60					
硫醇性硫/%			0.001		0.001					
碘值/(gI_2/100mL)			0.47		0.38					

6. 小结

① 这次工业试运转的开工程序均按照引进加氢裂化装置的开工程序进行。硫化过程采用干法硫化，经硫平衡计算，催化剂的实际吸硫达到理论计算值的 83.37%，可以认为硫化基本完全。

由于氨化过程注氨比较顺利，虽然中间因低氮油含明水，曾暂停几小时，但后因妥善处理，氨化比较顺利成功，因此在原料油切换过程中操作比较平稳，换油比较顺利。

② 本次试运转采用大庆 VGO，此前石油三厂研究所使用大庆 VGO 进行了小型试验，工业试验结果，重复了小型实验结果，而且在<350℃转化率的相同条件下，精制、裂化温度均有所降低，同时证明了以下两点：

ⓐ 由于大庆 VGO 与胜利 VGO 相比，原料油中的硫氮比分别是：720/543 和(3500~4300)/700，欲使精制生成油含氮<10mg/L 和单程<350℃转化率≥60%，精制反应温度要比裂化反应温度高 5~10℃；

ⓑ 实验室用同一装置，同一催化剂进行胜利 VGO 加氢裂化试验结果，与 A-2 装置评价结果重复，精制温度比裂化温度低 5℃左右。工业运转与小试结果对比见表 1-3-16。

表 1-3-16　小试和工业运转结果对比

项　目	小　试		工业运转
原料油	大庆常三和减二、三线油	胜利减二线油	大庆常三和减二、三线油
体积空速/h^{-1}			
精制	1.0	1.0	0.96
裂化	1.0	1.0	0.96
反应温度/℃			
精制	380	375	375
裂化	370	380	369
反应压力/MPa	16(氢分压)	16	15.55(氢分压)
气油体积比	1500	1500	2260
精制生成油总氮/(mg/L)	6	10	8.4
生成油<350℃转化率/%(质量分数)	64.5	67.2	61.2

③ 循环氢中 H_2S 含量对精制催化剂的脱氮活性和裂化催化剂的裂化活性均有较明显的影响，大庆油含硫量低，因此采取了间断补硫措施。系统中 H_2S 浓度低于 300mg/m^3时，催化剂活性呈下降趋势，H_2S 浓度大于 500 mg/m^3时催化剂活性发挥正常，所以系统中 H_2S 浓度控制在 500~1000mg/m^3之间比较合理。

④ 为了考察催化剂的强度及几何形状对系统压降的影响，在连接第三个反应器后，对系统压差进行了考察，并与 1987 年在同样生产条件下系统压差进行对比，其结果说明，装入 3824 催化剂以后，在相同进料量及氢油比条件下系统压差比 1987 年装 3812 催化剂高 0.1MPa 左右，这主要因为 3824 催化剂是 ϕ1.6mm 小条，而 3812 催化剂是 4mm×4mm 片状，纯属几何形状不同引起压差稍有增加。

在本次试验过程中，由于处于全场大检修结束后的全厂初开工过程，条件波动频繁，几经升压降压和升温降温，但是从系统压差考察结果看，该催化剂的强度是良好的，经得起在正常生产中出现的一些操作条件发生较大波动的考验。

⑤ 工业试运转结束后，将催化剂卸出进行筛分、磨耗、强度等分析，其结果均达到催化剂鉴定质量指标。

(四) 3936/3903 催化剂在 0.4Mt/a 加氢装置上的应用

石油三厂 0.4Mt/a 加氢裂化装置自 1984 年建成投产以来，一直使用 3722、3812 等催化剂。随着炼油技术发展及市场需求的变化，迫切要求选用新型催化剂，以降低装置成本和最大限度生产目的的产量，来提高装置市场竞争力及经济效益。

1997 年 9 月 0.4Mt/a 加氢裂化装置首次部分装填 3936、3903 催化剂，先后采用一段串联一次通过工艺流程和一段串联部分循环流程，增产 0 号柴油、-10 号军柴、-35 号柴油或喷气燃料。

1998 年 4 月 0.4Mt/a 加氢裂化装置全部更换为 3936、3903 催化剂，降低装置生产成本，增加了装置生产灵活性，提高了装置经济效益。

1. 催化剂物化性质

3936、3903 加氢催化剂是由抚顺石油化工研究院开发、石油三厂催化剂厂生产的高活性加氢催化剂。3936 加氢精制催化剂适应于加氢裂化一段精制，3903 是以 USY 沸石分子筛为酸性组分，含有钨镍金属活性组分的中油型加氢裂化催化剂，用浸渍法制得。两个催化剂性质见表1-3-17。

表1-3-17 催化剂化学组成及物化性质

项 目	3936	3903
形状	ϕ3 三叶草	ϕ3 三叶草
化学组成	$Mo-Ni-P/SiO_2-Al_2O_3$	$W-Ni/SiO_2-Al_2O_3$
堆积密度/(g/mL)	0.88~0.94	0.75~0.85
比表面积/(m^2/g)	>160	>260
孔容/(mL/g)		>0.28
压碎强度/(N/mm)	>20	>14.7
磨耗/%		<1.5

2. 工业应用

(1) 首次工业情况

根据石油三厂研究所微型实验结果，3936精制段平均温度为381~391℃，3903裂化段平均温度为360~390℃。为了解决前部精制段反应温度较高，后部裂化段反应温度较低的矛盾，采用了降低精制空速，增大裂化空速的办法。1997年9月0.4Mt/a加氢装置首次装填3936加氢精制催化剂53.1t3903加氢裂化催化剂20.6t，及部分3722、3822催化剂。这样有利于两个催化剂反应温度的平稳，催化剂活性得到充分发挥，较好的解决了催化剂匹配问题，使开工一次成功。

开工过程中存在的一些问题是，该套加氢裂化装置为一段串联流程，只有一个循环氢加热炉；循环氢压缩机为512往复式，送气量为60000m^3/h左右，精制和裂化催化剂床层温度无法分别控制，致使温度控制难度较大。如在切换原料油时，由于催化剂初活性较高，温升过快，造成设备泄漏等问题，两次进油都未成功。被迫将系统降压到10.0MPa，床层温度降到180℃才顺利进油。

(2) 采用一段串联部分循环工艺流程增产低凝柴油

1997年底，为增产低凝柴油，降低裂化空速，连接原来甩掉的第三反应器，三反重新制作了内衬筒后，装填3812加氢裂化催化剂。

开工后3903催化剂表现出活性较高的特点，为此，采用焦化柴油进行低温钝化来控制操作温度。采用一段串联部分循环工艺流程，回炼塔底油生产-35号低凝柴油，也提高了装置经济效益。

(3) 全部更换3936、3903催化剂

经过不断摸索，在逐步熟悉了3936、3903催化剂性能和使用经验后，1998年4月石油三厂0.4Mt/a加氢裂化装置全部更换了3936加氢精制催化剂和3903加氢裂化催化剂，主要加工焦化柴油和蜡油。催化剂装填及生产情况见表1-3-18~表1-3-22。

表1-3-18 催化剂装填情况

反 应 器	催化剂型号	装填重量/t	装 填 时 间
一反	3936	42.15	1997.9
二反	3903	36.00	1998.4

续表

反应器	催化剂型号	装填重量/t	装填时间
三反	3903	27.60	1998.4
总量		105.75	
精制剂量		42.15	
裂化剂量		63.60	

表 1-3-19 操作条件

催化剂牌号	3936/3903	3722/3812
时间	1998年7月29日	1995年1月1日
油量/(t/h)	50	50
品种	焦柴+蜡油	焦柴
一反入口温度/℃	336	333
一反高点温度/℃	355	401
一反平均温度/℃	346	368
二反高点温度/℃	362	411
二反平均温度/℃	357	390
三反高点温度/℃	366	420
三反平均温度/℃	363	396
总平均温度/℃	355	385
氢油体积比	1102	1070
空速/h^{-1}	0.31	0.48
高分压力/MPa	16.4	17.4
系统压差/MPa	1.0	0.6
新氢量/(m^3/h)	5100	8500
循环氢量/(m^3/h)	50000	45000

表 1-3-20 原料油分析

项目	5003号焦柴	6号蜡油
取样时间	1998年7月29日12：00	1998年7月29日12：00
密度(20℃)/(g/cm^3)	0.8166	0.8095
馏程/℃		
初馏点	180	279(5%)
10%	223	305
50%	273	363
90%	321	420
终馏点	339	434(95%)
碱性氮/(μg/g)	505.83	81.76
溴价/(gBr/100g)	33.54	
凝固点/℃		29

续表

项　　目	5003 号焦柴	6 号蜡油
硫含量/(μg/g)	1040	480
残炭/%		0.087
水分/%	0.1	0.2

表 1-3-21　各线产品分析

取样时间	1998 年 7 月 29 日 12：00				
	常顶	常一	常二	常三	常底
密度(20℃)/(g/cm³)	0.7015	0.7680	0.7865	0.7984	0.8028
馏程/℃					
初馏点	50	145	200	210	285
10%	67	156	219	273	308
30%	85	162	232	310	338
50%	98	167	247	328	352
70%	108	174	266	344	
90%	121	187	282		
95%		193	305		
终馏点	151	223	319		
凝固点(冰点)/℃		<-53	-21	14	20
闪点/℃		37	72	62	135
黏度/(mm²/s)			3.29(20℃)	3.46(40℃)	7.44(40℃)

表 1-3-22　物 料 平 衡

入　　方			出　　方		
项目	流量/(t/d)	分数/%	项目	流量/(t/d)	分数/%
焦化柴油	321	39.83	常顶	105	13.03
蜡油	468	58.06	常一线	133	16.50
氢气	17	2.11	常二线	238	29.53
			常三线	220	27.30
			常底	88	10.92
			容-1 干气	5	0.62
			容-3 干气	5	0.62
			容-4 瓦斯	3	0.37
			液化气	0	0.00
			损失	8	0.99
合计	806	100	合计	806	100

3. 小结

从 1997 年 9 月 0.4Mt/a 加氢裂化装置首次使用 3936、3903 催化剂以来，共处理原料油 53411t，主要为焦化柴油，掺少量常减压蜡油。新催化剂的应用，有以下特点：

① 反应温度比原来降低 30℃，缓解了装置存在的反应壁温超高、加热炉管壁温超高等问题。

② 处理焦化柴油和蜡油转化率高，产品结构分布较好。

③ 催化剂活性和稳定性较好，为中油型催化剂。从蒸馏各线产品分布来看，喷气燃料和柴油收率高达 73%，瓦斯和干气产率为 0.99%，塔底油收率仅为 10.9%。说明该催化剂具有较高的中间馏分收率和较低的气体产率和塔底油收率；催化剂活性和稳定性较好。

④ 该催化剂的使用，可以进一步增加企业的生产灵活性。根据市场需求，通过调整操作参数，夏季可以生产 0 号柴油；冬季回炼塔底油增产-35 号柴油，同时还可以兼顾生产喷气燃料。

⑤ 新催化剂使用也存在一些问题，主要是由于塔底凝点较高，如果多产低凝柴油必须进行回炼。

(五) 0.4Mt/a 加氢装置应用 FC-14 催化剂的效果

FC-14 催化剂是抚顺石油化工研究院为满足增产优质低凝柴油的需要而开发的一种高活性多产柴油加氢裂化催化剂，可以在高压或中压加氢裂化条件下将劣质减压馏分油最大量地转化为高价值的中间馏分油，或用劣质柴油加氢改质异构降凝增产柴油。产品不仅收率高，而且凝点低，能满足最大增产优质低凝柴油的需要。

到 2002 年，抚顺石化公司石油三厂 0.4Mt/a 加氢装置使用的催化剂寿命已经达到 20t 油/kg 催化剂，而且催化剂粉碎严重，装置压差增大，需要更换催化剂。根据抚顺石化分公司和石油三厂优化产品结构，和市场需求，石油三厂希望对焦化柴油进行加氢改质，以最大量生产优质低凝柴油和航煤调和组分。为此，抚顺石油三厂经过多次技术讨论后决定，使用 3996 加氢精制催化剂和 FC-14 加氢改质催化剂。工业运转结果表明：FC-14 催化剂用于焦化柴油加氢改质，柴油产品收率高，质量好，凝点低，很好地满足了用户需求，实现了最大量增产中间馏分油和降低柴油产品凝点的目的。

1. 催化剂的装填与硫化

(1) 催化剂装填。0.4Mt/a 加氢装置的 R101 反应器有两个床层，R102 和 R103 反应器各有三个床层。本次催化剂装填方案为：R101 第一床层顶部装填再生后的精制剂 3722，下部装填再生精制剂 3936，第二床层装填再生精制剂 3936 和 3996；R102 反应器的第一床层装填精制剂 3996，第二床层装填精制剂 3996 和改质催化剂 FC-14，第三床层装改质催化剂 FC-14；R103 反应器装填改质催化剂 FC-14。

催化剂装填于 2002 年 10 月 25 日开始，10 月 27 日结束。R101 共装填精制剂(再生 3722，再生 3936，新 3996) 44.0t；R102 共装填精制剂(新 3996) 20.7t，改质催化剂(FC-14) 17.25t；R103 共装填改质催化剂(FC-14) 24.15t。各床层催化剂装填比较均匀，达到预期目的。具体装填情况见表 1-3-23～表 1-3-25。

表 1-3-23 R101 反应器催化剂装填情况

床 层	装填物	高 度/mm	体积/m^3	重量/t	堆积密度/(t/m^3)
一床层	ϕ13 瓷球	440	1.14	1.25	1.10
	3722 再生剂	3800	12.24	10.4	0.85
	3936 再生剂	4150	12.63	12.0	0.95
	ϕ6 瓷球	200	0.568	0.66	1.16

续表

床　层	装填物	高 度/mm	体积/m^3	重量/t	堆积密度/(t/m^3)
二床层	ϕ13 瓷球	200	0.58	0.64	1.10
	3936 再生剂	3500	8.47	7.2	0.95
	3996 催化剂	6197	17.35	14.4	0.85
	ϕ6 瓷球	200	0.69	0.80	1.16
合计	ϕ13 瓷球	640	1.72	1.84	2.2
	ϕ6 瓷球	200	1.258	1.46	2.32
	3722 再生剂	3800	12.24	10.4	0.85
	3936、3996 再生剂	7650	21.1	19.2	1.8
	3996 催化剂	6197	17.35	14.4	0.85

表 1-3-24　R102 反应器催化剂装填情况

床　层	装填物	高 度/mm	体积/m^3	重量/t	堆积密度/(t/m^3)
一床层	ϕ13 瓷球	60	0.91	1.0	1.10
	3996 催化剂	6750	16.94	14.4	0.85
	ϕ6 瓷球	200	0.58	0.675	1.16
二床层	ϕ13 瓷球	100	0.34	0.375	1.10
	3996 催化剂	3100	7.4	6.3	0.85
	FC-14 催化剂	3100	7.4	6.3	0.83
	ϕ6 瓷球	200	0.58	0.675	1.16
三床层	ϕ13 瓷球	300	0.91	1.0	1.10
	FC-14 催化剂	5180	13.91	10.95	0.83
	ϕ6 瓷球	100	0.26	0.3	0.16
合计	ϕ13 瓷球	460	2.16	2.375	3.30
	ϕ6 瓷球	500	1.42	1.08	2.48
	3996 催化剂	9850	24.34	20.7	1.70
	FC-14 催化剂	8280	21.31	17.25	1.66

表 1-3-25　R103 反应器催化剂装填情况

床　层	装填物	高 度/mm	体积/m^3	重量/t	堆积密度/(t/m^3)
一床层	ϕ13 瓷球	60	0.114	0.125	0.10
	FC-14 催化剂	4620	8.86	7.35	0.83
	ϕ6 瓷球	100	0.201	0.23	1.16
二床层	ϕ13 瓷球	60	0.14	0.15	1.10
	FC-14 催化剂	5270	9.76	8.1	0.83
	ϕ6 瓷球	200	0.39	0.45	1.16
三床层	ϕ13 瓷球	60	0.114	1.125	1.10
	FC-14 催化剂	5630	10.48	8.7	0.83
	ϕ6 瓷球	100	0.19	0.225	1.16

续表

床　层	装填物	高 度/mm	体积/m^3	重量/t	堆积密度/(t/m^3)
合计	ϕ13 瓷球	180	0. 368	0. 388	2. 3
	ϕ6 瓷球	400	0. 781	0. 905	3. 48
	FC-14 催化剂	15520	29. 1	24. 15	2. 49

(2) 催化剂硫化

本次催化剂硫化使用的硫化剂为二甲基二硫(DMDS)。2002 年 11 月 1 日，加氢装置具备硫化条件，并于 16：00 开始注硫进行催化剂硫化。11 月 5 日 20：00 时硫化结束，历时近 76h。此次硫化共耗二甲基二硫(DMDS) 17. 697t，催化剂上硫率约为 83. 37%。具体硫化过程如图 1-3-4 所示。

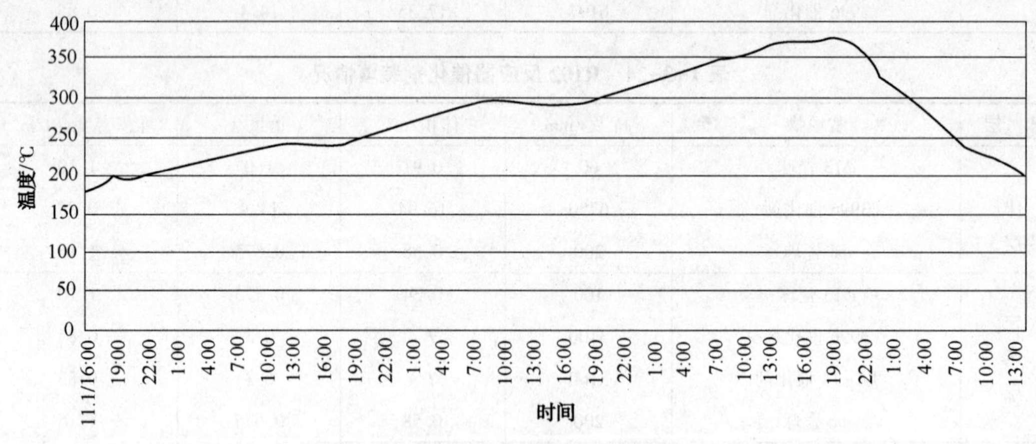

图 1-3-4　实际硫化温度曲线

2. 催化剂标定

加氢装置一次开气成功转入正常生产后，运转平稳，产品分布和产品性质均较好达到要求。为全面考核 FC-14 催化剂的使用性能，于 2002 年 12 月下旬对 FC-14 催化剂进行工业应用的标定。标定期间原料性质、主要操作条件、产品分布和产品性质见表 1-3-26～表 1-3-29。为便于对比，表 1-3-28 最后一列还列出了换剂前的产品分布情况。

表 1-3-26　原料油主要性质

名　　称	焦化柴油	名　　称	焦化柴油
密度/(g/cm^3)	0. 8204	酸度/(mgKOH/100mL)	3. 94
馏程/℃		水分/%	痕迹
初馏点	162	残炭/%	0. 19
10%	219	黏度(20℃)/(mm^2/s)	4. 171
30%	248	碳/%	86. 48
50%	273	氢/%	13. 33
70%	301	硫/(μg/g)	900
90%	330	氮/(μg/g)	1024
95%	340	实际胶质/(mg/100mL)	121
终馏点	347	芳烃/%	21. 1
凝固点/℃	-7		

表 1-3-27　主要操作条件

项　　目	数　　据	项　　目	数　　据
高分压力/MPa	14.3	R103 反应器平均温度/℃	383
入口气油比	730	进油量/(t/h)	67
R101 入口温度/℃	318	总体积空速/h^{-1}	0.6
R101 反应器平均温度/℃	341	氢耗/(Nm^3/t)	176
R102 反应器平均温度/℃	369		

表 1-3-28　物料平衡及产品分布

换剂后					换剂前产品分布
入　　方		出　　方			
项　　目	流量/(t/d)	项　　目	流量/(t/d)	收率/%	收率/%
焦化柴油	1536.3	常顶石脑油	41.7	2.71	13.17
氢气	46	常一线航煤	249	15.74	32.26
		常二线柴油	566	35.77	6.25
		常三线柴油	246	15.55	16.08
		常底柴油	434	27.43	19.29
		干气	19.7	1.24	
		瓦斯气	10.5	0.66	
		损失	15.4	1.0	
合计	1582.3	合计	1582.3	100	

表 1-3-29　各馏出口产品主要性质

项　　目	石脑油	一线航空煤油	二线柴油	三线柴油	常底柴油
密度/(g/cm^3)	0.6938	0.7780	0.7963	0.7997	0.8075
馏程					
初馏点	30	104	181	202	232
10%	56	165	217	230	267
30%	76	181	230	247	288
50%	90	198	244	263	301
70%	106	214	262	280	314
90%	151	244	289	305	331
95%	—	263	301	318	340
终馏点	181	281	313	324	347
冰点/℃		-41			
烟点/mm		35			
闪点/℃			79	81	
凝固点/℃			-23	-15	-3
硫/(μg/g)		1.0	1.0	1.0	

续表

项　　目	石脑油	一线航空煤油	二线柴油	三线柴油	常底柴油
芳烃/%			0.7	0.6	1.8
十六烷值			66.4	67.8	
黏度/(mm^2/s)		1.744	3.195	3.942	
实际胶质/(mg/100mL)			4.0	3.0	

从表1-3-27~表1-3-29可见，在高分压力14.3MPa，入口气油体积比730∶1，总体积空速0.6h^{-1}，R101/R102/R103平均反应温度为341℃/369℃/383℃等条件下，石脑油收率仅为2.71%，航空煤油和柴油总收率高达94.49%。其中一线航空煤油收率为15.74%，二线柴油收率为35.77%，三线柴油收率为15.55%，常底柴油收率为27.43%。一线航空煤油冰点-41℃，烟点35mm，可作优质3号航空煤油调和组分；二线柴油闪点79℃，凝点-23℃，含硫量1.0μg/g，芳烃0.7%，十六烷值66.4，是优质的-20号柴油或做优质低凝柴油的调和组分；三线柴油闪点81℃，凝固点-15℃，硫含量1.0μg/g，芳烃0.6%，十六烷值67.8，20℃黏度3.942 mm^2/s，实际胶质3.0 mg/100mL，是优质-10号军用柴油或做优质低凝柴油的调和组分；常底柴油凝点-3℃，芳烃1.8%，可用于调和生产0号柴油。

从表1-3-28所列换剂前后产品分布对比数据可以看出，换剂前常顶石脑油收率较高，为13.17%，而换剂后常顶石脑油收率仅为2.71%，降低了10.46%，说明此次换剂达到增产中间馏分油，尤其是低凝柴油的目的。由于要控制三线柴油胶质的含量，故将部分馏分压入塔底，使常底柴油收率略高。

以上试验结果表明，FC-14催化剂用于焦化柴油加氢改质，不仅氢耗低，液收高，航空煤油和柴油产品收率高，质量好，而且柴油产品的凝点也有明显降低。

由于工业装置分馏塔各侧线馏分有明显重叠，因此为更精确地反映FC-14催化剂的反应性能，对标定期间低分生成油进行了实沸点蒸馏，结果见表1-3-30和表1-3-31。

表1-3-30　标定低分油实沸点蒸馏结果

产品分布/%	指　　标	产品分布/%	指　　标
<138℃石脑油	4.5	260~320℃轻柴油	35.2
138~260℃航空煤油	46.3	>320℃重柴油	13.6

表1-3-31　低分油实沸点蒸馏各馏分主要性质

馏　　分	<138℃	138~260℃	260~320℃	138~320℃	>320℃
密度/(g/cm^3)		0.7872	0.8039	0.7944	
馏程/℃					
初馏点	35	149	254	170	
10%	67	187	268	204	
30%	84	204	274	227	
50%	97	215	279	246	
70%	110	225	286	266	
90%	134	241	297	288	
95%	157	247	303	297	

续表

馏　分	<138℃	138~260℃	260~320℃	138~320℃	>320℃
终馏点	166	262	307	303	
芳潜/%	39.7				
冰点/℃		-37			
烟点/mm		33			
闪点/mm		43	123 (原数据有误)	56	
凝固点/℃			-13	-24	5
芳烃/%		0.8	1.3	1.4	1.4
十六烷值			71.4	65.9	75.6

3. 经济效益分析

换用 FC-14 催化剂后，不仅满足了增产优质中间馏分油，尤其是低凝柴油的需要，而且还带来了显著地经济效益，吨油增效高达 115.88 万元。换剂前后经济效益对比情况见表 1-3-32。

表 1-3-32　0.4Mt/a 加氢装置换用 FC-14 催化剂前后经济效益对比

项　　目	价格/[元/(t·kW·h)]	换剂后消耗及产品分布/t	换剂后费用或收入/元	换剂前消耗及产品分布/t	换剂前费用或收入/元
原 料		1582	3，389，576.00	1586	3405304
焦化柴油	2089	1536	3，208，704.00	1536	3，208，704.00
氢 气	3932	46	180，872.00	50	196，600.00
动力消耗			93，183.31		105，175.00
燃料气[①]	677	26，894	18，207.24	3，646，214	24，684.87
电	0.38	37762.34	14，349.69	46644.26	17，724.82
软 水	5	53.788	268.94	222.04	1，110.20
蒸 汽	75	791	59，325.00	793	59，475.00
一次水	1.74	20.566	35.78	618.54	1，076.26
工业水	0.24	4152.75	996.66	4599.4	1，103.86
产品		1567.76	3，797，976.53	1568.08	3，647，701.35
瓦斯气	677.00	30.06	20，349.27	40.28	27，272.54
常顶石脑油	2009.00	42.87	86，130.25	197.46	396，691.11
常一线航煤	2433.00	249.01	605833.54	511.64	1，244，828.88
常二线柴油	2619.00	565.88	1，482，043.39	99.13	259，608.38
常三线柴油	2451.00	246.00	602，948.45	413.63	1，013，804.19
常底柴油	2306.00	433.94	1000671.64	305.94	705，496.26
经济效益					
毛利总额			315，217.22		137，222.35

续表

项　目	价格/[元/(t·kW·h)]	换剂后消耗及产品分布/t	换剂后费用或收入/元	换剂前消耗及产品分布/t	换剂前费用或收入/元
吨油毛利			205.22		89.34
吨油增效	换 FC-14 催化剂后吨油增效 115.88 元(价格均为现行不含税价)				

① 此组数据有误。

4. 小结

① FC-14 催化剂具有加氢精制，加氢裂化和异构改质三重功能，用于焦化柴油加氢改质，不仅航空煤油和柴油产品收率高，质量好，而且柴油产品凝点明显降低，适度调整改质反应温度，即能满足市场对产品需求的季节性变化。

② FC-14 催化剂具有反应温度容易控制，操作平稳，操作难度小等特点。

③ FC-14 催化剂工业运转结果与实验室结果吻合较好，达到预期效果，取得了显著的经济效益。

(六) 利用 FC-14 催化剂加工蜡油以增产低凝柴油的生产技术总结

石油三厂 0.4Mt/a 高压加氢装置加工石油一厂、石油二厂轻蜡油、以平衡全公司蜡油平衡及增产低凝柴油。为全面了解掌握装置负荷生产后存在问题，装置于 2005 年 4 月 19 日至 21 日进行了 48h 工业标定，下面是对这次工业标定的总结。

1. 标定说明

标定期间装置原料油的加工量为 45t/h；高分压力：14.0~15.0MPa；氢油比 1100∶1；生成油小于 320℃馏分，收率按 80%~85%控制。产品石脑油终馏点按不大于 170℃控制，常一线按照 3 号航煤单产条件(即单产：密度(20℃)：≮0.7752g/cm^3，终馏点≯298℃，闪点(闭口)：≮38℃，冰点：≯-47℃，银片腐蚀≯1 级)控制，常三线凝固点按≯-10 控制。

2. 标定目的

标定装置各单元的实际操作参数；标定装置生产的灵活性；标定装置加工蜡油的物料平衡、产品性质，为以后制定生产方案提供依据；标定装置加工蜡油的能耗情况、装置主要的计量仪表、设备的使用情况等；标定装置存在的问题。

3. 标定结果及分析

标定期间蜡油比例：二厂北蒸馏减一线：南蒸馏减零线：北蒸馏常三线=20∶34∶22(%)。蜡油终馏点 448℃、凝固点 28℃、硫含量 850μg/g、氮含量 477 μg/g、残炭 0.0064%，符合工艺指标，此种原料属于低硫氮型原料，避免了由于生产过程中循环氢中硫化氢含量低而进行补硫操作来保持催化剂活性情况的发生。

标定期间 0.4Mt/a 高压加氢装置以二厂蜡油为原料，氢气来自轻油制氢，原料处理量为 45t/h，一反平均温度为 362℃，二反平均温度为 376℃，三反平均温度为 379℃，高分压力为 14.5MPa，氢油比为 1124∶1，氢耗 196.6Nm^3/t；生成油硫，氮含量分别为 13 μg/g、1.03 μg/g，一反平均温升为 27℃，二反平均温升为 18℃，三反平均温升为 18℃，脱硫率达到 98.47%，脱氮率达到 99.78%，说明一反精制催化剂仍具备较高的活性，该催化剂在精制方案下进行产品质量合格，产品收率比较理想。从收率上和生成油凝点来看裂化催化剂 FC-14 具有良好的裂化、异构降凝性能。

标定数据，装置加工轻蜡油，柴油组分凝固点低、收率高，无尾油生产。装置处理能力已达到45t/h，生成油中<320℃收率达到80%左右，<150℃收率达到17.8%。与抚顺石油化工研究院小试时<150℃收率31%相比减少了13.2%，柴油收率比抚顺石油化工研究院小试时增加了13.2%，达到了增产柴油的目的。从生成油实沸点切割质量数据看，>150℃柴油组分的95%点为363℃、凝点为-32℃，无尾油产生，可作为优质的柴油调和组分。

本次标定加氢能耗为32.83kg标油/t，比装置加工焦柴时有所增加，主要原因有：

① 装置处理量较加工焦柴时低15t/h(加工焦柴时处理量60t/h)。

② 由于加工蜡油后油品性质变重，装置原水伴热管线均改为蒸汽伴热，增加了一部分蒸汽消耗。

③ 装置原料由焦化柴油变为蜡油后，一反入口温度由320℃提到355℃，燃料气消耗增加。

标定结果及分析见表1-3-33~表1-3-42。

表1-3-33 加氢原料分析

项目	原料1	原料2
密度/(kg/m³)	830.9	835.8
馏程/℃		
5%	250	239
10%	275	260
50%	358	350
90%	410	410
终馏点	448	445
凝点/℃	28	28
碱性氮/(μg/g)	244.0	178.3
残炭/%	0.0052	0.0064
硫含量/(μg/g)	850	
氮含量/(μg/g)	477	

表1-3-34 反应系统主要操作条件

项目名称	位号	生产指示值	标定值		
原料油入装置量/(t/h)	G104	45	45	45	45
换101低出/℃	T266	334	322	321	320
换102低出/℃	T227	298	292	293	294
脱氧塔压力/MPa		0.2	0.2	0.2	0.2
循压机差压/MPa		0.32	0.64	0.32	0.32
阻垢剂注入浓度/(μg/g)		100	100	100	100
炉西管壁温度/℃	T113	482	510	531	539
加热炉出口温度/℃	T102	377	390	392	402
反应器入口温度/℃	T101	352	355	357	357
一反二层温度/℃	T198	351	350	353	357

续表

项目名称	位　号	生产指示值	标定值		
一反8层温度/℃	T210	371	370	370	370
一反11层温度/℃	T216	377	376	375	377
二反入口温度/℃	T105	373	370	375	374
二反2层温度/℃	T306	370	370	368	370
二反5层温度/℃	T314	385	380	387	381
二反8层温度/℃	T323	379	379	378	379
二反8层温度/℃	T324	380	376	378	378
三反入口温度/℃	T109	374	372	378	371
三反2层温度/℃	T168	375	372	373	378
三反5层温度/℃	T179	380	376	377	378
三反8层温度/℃	T187	385	380	380	380
空冷出口温度/℃	T112	41	59	57	61
软水流量/(t/h)	G111	4.5	4.5	4.5	4.5
新氢总量/(m^3/h)	G1103	8500	8600	8500	8400
炉东新氢/(m^3/h)	G121	4600	4600	8200	4200
炉西新氢/(m^3/h)	G122	5200	4500	4600	5400
循氢流量/(m^3/h)	G105	63000	60000	58000	58000
炉东循氢/(m^3/h)	G106	29000	27000	28000	30000
炉西循氢/(m^3/h)	G107	30000	27000	30000	28000
瓦斯流量/(t/h)	G115	0.45	0.41	0.44	0.43
新氢压力/MPa		15.4	14.7	14.7	14.7
高分压力/MPa	P109	14.5	14.5	14.5	14.5
中分压力/MPa	P111	1.72	1.72	1.72	1.72
减后压力/MPa		1.72	1.72	1.72	1.72
高分液面/%		42	45	45	45
生成油相对密度		0.7790	0.7716	0.7798	0.7714
<320℃收率/%		83	86	79	79

表1-3-35　装置的物料平衡

数　据		考核标定值		
		48h总量	t/h	%
入　方	原料油	2126.4	44.3	97.88
	氢气	41800Nm³	0.958	2.12
	合计	2172.4	45.258	100
出　方	生成油	2172.4	45.258	100
	合计	2172.4	45.258	100

表 1-3-36 生成油实沸点切割数据

馏　　分	收率/%	累计收率/%	抚研小试数据收率/%	抚研小试数据累计收率/%
<150℃	17.8		31	
150~250℃	40.6	58.4	39.0	70.0
250~320℃	27.2	85.6	12.6	82.6
>320℃	14.4	100	17	99.6

表 1-3-37 生成油实沸点切割质量数据

项　　目	生　成　油	>150℃柴油	150~320℃柴油
密度/(kg/m³)	0.7776		
初馏点	55	176	
5%	98	195	
10%	125	206	
30%	195	240	
50%	245	276	
70%	290	315	
90%	335	354	
95%	352	363	
氮含量/(μg/g)	5.2	6.0	
硫含量/(μg/g)	82	20	
凝点/℃		-32	-37 以下

表 1-3-38 装置的能耗

内　　容	标定值/(t/h)	换算系数/kg 标油	能耗/kg 标油
3.5MPa 蒸汽	19.5	88	37.92
1.0MPa 蒸汽	-14	76	-23.51
循环水	248	0.1	0.55
软化水	6	2.3	0.30
燃料气	0.45	860	8.55
电/kW·h	1448	0.282	9.02
合计		32.83 千克标油/吨进料	

表 1-3-39 航煤产品性质

项　目(所用原料)	常一线	常一线	常一线
十六烷值	49	46	53
馏程/℃			
初馏点	158	145	153
10%馏出温度	175	164	184
50%馏出温度	190	181	204
90%馏出温度	220	213	219

续表

项　目(所用原料)	常一线	常一线	常一线
95%馏出温度	229	223	223
终馏点	251	238	251
闪点(闭口杯法)/℃	40	35	42
冷滤点/℃	-40 以下	-40 以下	-40 以下
凝固点/℃	-40 以下	-40 以下	-40 以下
硫含量/(μg/g)	<1	<1	<1
运动黏度(20℃)/(mm^2/s)	1. 63	1. 48	1. 90
铜片腐蚀(50℃, 3h)/级	1 级	1 级	1 级
色度/号	<0. 5(赛+30)	<0. 5(赛+30)	<0. 5(赛+30)
密度(20℃)/(kg/m^3)	774. 6	771. 6	779. 0
实际胶质/(mg/100mL)	0. 8	0. 4	1. 6
银片腐蚀/级	1	2	1
烟点/mm	>40	>40	35
冰点/℃	-53 下	-53 下	-53 下
硫醇硫/(μg/g)	0. 0012	0. 0008	0. 0012
硫含量/(μg/g)	<1	<1	<1
氮含量/(μg/g)	<1	<1	<1
芳烃含量/%	1. 27	0. 97	1. 59
正构烷烃含量/%	11. 8	14. 08	11. 8

表 1-3-40　柴油产品性质

项　目	常三线	常三线
十六烷值	63	60
馏程/℃		
初馏点	242	227
10%馏出温度	259	238
50%馏出温度	269	251
90%馏出温度	295	267
95%馏出温度	332	275
终馏点	351	292
冷滤点/℃	-20	-29
凝点/℃	-22	-33
硫含量/(μg/g)	<1	<1
运动黏度(20℃)/(mm^2/s)	5. 67	3. 75
铜片腐蚀(50℃, 3h)/级	1	1
色度/号	<0. 5	<0. 5
密度(20℃)/(kg/m^3)	802. 6	801. 3

续表

项　　目	常三线	常三线
实际胶质/(mg/100mL)	8.4	10.8
闪点(闭口杯法)/℃	>80	80

表 1-3-41　主要产品性质

项　　目	汽　油	汽　油	汽　油	常　底	常　底	常　底
色度/号				<0.5	<0.5	<0.5
氧化安定性/(mg/100mL)				0.71	0.66	0.51
铜片腐蚀(50℃，3h)/级				1	1	1
运动黏度(20℃)/(mm^2/s)				14.23	11.02	10.90
溴价/(gBr/100g)	0.72	0.54	0.60			
硫含量/(μg/g)	19	14	4.4	<1	<1	<1
冷滤点/℃				-6	-8	-15
凝点/℃				-7	-10	-16
闪点(闭口杯法)/℃				>80	>80	>80
馏程/℃						
初馏点	30	28	32	270	248	250
10%馏出温度	54	52	50	306	284	287
50%馏出温度	100	96	94	346	330	325
90%馏出温度	130	123	134	373	369	361
95%馏出温度	138	128	142	383	383	371
终馏点	151	160	163			385
密度(20℃)/(kg/m^3)	688.0	691.5	687.7	815.2	812.3	814.6

表 1-3-42　石脑油族组成

名　称	北　汽								
	2005-04-19			2005-04-20			2005-04-21		
项目	烷烃	环烷	芳烃	烷烃	环烷	芳烃	烷烃	环烷	芳烃
C_3	1.1			0.6			0.5		
C_4	10.0			7.3			7.6		
C_5	18.9	0.5		18.2	0.5		18.2	0.3	
C_6	20.8	5.4	0.1	20.8	6.1	0.1	20.9	5.9	0.1
C_7	19.9	11.7	0.1	21.2	13.5	0.1	21.0	13.4	0.1
C_8	9.9	2.1	0.4	9.3	1.6	0.4	9.6	2.0	0.4
C_9									
C_{10}									
C_{11}									
总计	79.7	19.7	0.6	77.7	21.7	0.6	77.8	21.6	0.6

表 1-3-43 内部收益

项目	收率/%	数量	单价/(元/t)	金额/万元
一、原料/t		34050		8519.1
蜡油/t		32400	2500	8100
石脑油/t		1650	2540	419.1
二、加工费/万元				1203.32
制氢/万元				309.91
加氢大套/万元				704.65
后分馏/万元				188.76
三、销售收入/万元		34050		11146.61
瓦斯/t	2.5	851.25	1064	90.573
液化气/t	0	0	2080	0
石脑油/t	17	5788.5	2540	1470.279
-10 号柴油/t	80	27240	3519	9585.756
损失/t	0.5	170.25	0	0
四、正常运行毛利/万元				1264
五、开停工费用/万元				159.95

标定期间，对后部各馏分塔各线进行了分析：石脑油的芳烃潜含量平均为 19.86%，与蜡油小试芳潜 30.2%相比相差很多，是优质的乙烯裂解原料。常一线从产航空煤油条件看，有一个闪点 35℃，有一个银片 2 级，这与加氢反应深度有关，如果条件稳定，常一线可以单独生产航煤或者作为航煤调和的组分。从产-35 号柴油条件看，黏度和闪点稍差一些，指标分别为 1.63mm²/s 和 40℃，但可作为-35 号柴油调和组分。分子筛脱蜡，正构烷烃含量 12.56%，不适合产分子筛料。北三线可以单独生产-20 号柴油，或者作为-20 号柴油调和组分。常底 95%馏出温度为 383℃，高于合格柴油 365℃指标，但其他柴油指标均合格，可以作为 0 号柴油调和组分。

从产品质量来看，实现了加工蜡油，增产低凝柴油的目的。

4. 系统经济效益测算

按标定数据核算后，吨油效益为 372 元，月效益为 1264 万元。2005 年剩余加工蜡油加工量 22.68 万吨，全年效益：372×226800＝8434 万元。

(七) 0.4Mt/a 装置技术改造的现状

装置的扩初设计基于抚顺地区原料平衡确定加氢能力 1.0Mt/a(蜡油料 0.4Mt/a，焦化粗柴油可达 0.6Mt/a)。0.4Mt/a 加氢装置技改情况如下：

① 原设计卧式高分，源于液面量大，液层线对进料变化影响小，调控迟钝，故改成立式。

② 1989 年 6 月，我国自己设计制造的国产第一台热壁反应器，在石油三厂 0.4Mt/a 加氢裂化装置投入使用。不但解决了冷壁筒壁温易于超高的问题，同时又较冷壁筒提高了 30%的容积效率。

③ 1981 年由美国引进的离心式循环压缩机(埃劳特公司透平压缩机)，当时因无 3.5MPa 蒸汽，闲置 10 年后，于 1991 年 3.5MPa 蒸汽正式供给后投入使用。其最大流量为

0.1Mm³/h。

④ 1984年由日本引进的1100kW高压离心油泵小时流量过大，白白浪费能量，1992年4月对该泵进行缩小叶轮直径，使最大流量降至60m³/h。投产后运转平稳，电机工作电流下降25A，每年节电1776.7kW·h。

消化吸收引进装置技术特点，结合我国实际情况和可能，石油三厂主要采用了下列先进措施。

ⓐ 原料油处理。石油三厂加氢原料来自一、二厂(焦化)，在运输和储存时，由于与空气接触，在完善原料过滤措施同时，增设原料脱氧塔。流程如图1-3-5。

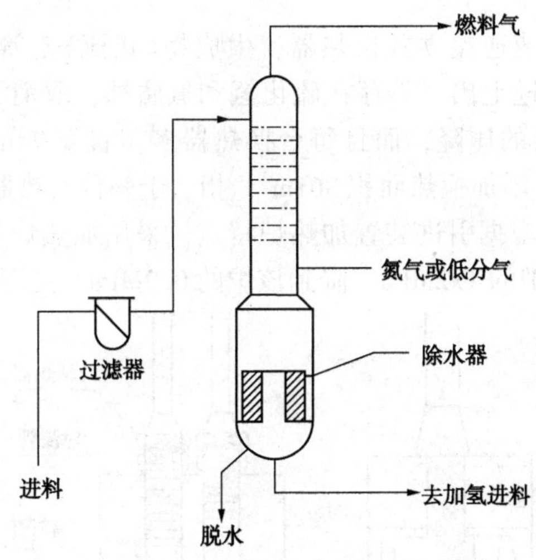

图1-3-5　脱氧塔流程示图

原料油从塔顶部进入，从塔下部吹入氢气，将油中溶解的空气(氧气)吹出。吹气量约为进料量的70~80倍(体积)，塔顶压力0.12~0.15MPa。投入脱氧塔后，结焦有明显减弱。

为了防止进料把水带入反应系统，在脱氧塔底部设置了脱水设施-不锈钢破沫网。它可使原料油携带的水聚集起来，从塔底部脱出。因此，该塔具有脱氧和脱水两种用途。

ⓑ 原料油、循环氢分开换热。引进装置有40%~60%的热尾油循环，加氢反应系统生成物热量富裕，使低分生成油与反应生成物进行高低压换热，把反应生成物的温度降低到足够低的程度(见图1-3-6)。石油三厂加氢装置，原料油一次通过，原料油、循环氢与生成物多次换热，使生成物的热量回收到足够低的程度，因此不增设高低压换热器。(见图1-3-7)。

这种利用多次低温位物流与生成物换热，提高了换热效果，生成物换热后温度比设计下降了20~30℃；加热炉的热负荷由43.89GJ/h(相当于0.4Mt/a)，减少到36.37GJ/h(相当于0.6Mt/a)。

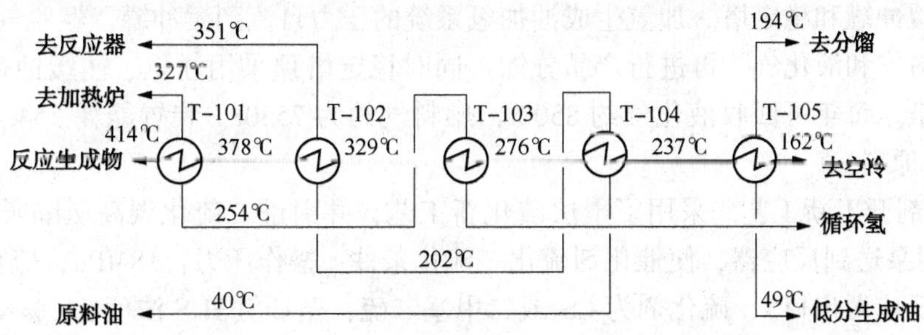

图1-3-6　引进装置加氢反应部分换热流程

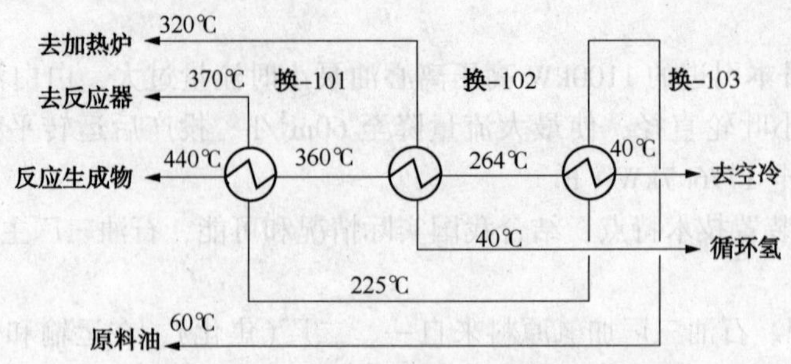

图 1-3-7　本装置加氢反应部分换热流程

本装置三个换热器为纯逆流立式换热器，生成物(热流)走管程，上进下出，原料油、循环氢(冷流)走壳程，下进上出。不存在硫化氢和氢腐蚀，取消了内保温，增加换热面积 139m³。同时减少了换热器的压降，而且每台换热器多布管束 74m²，三台共增加换热面积 222m²。以上两种措施共计增加换热面积 361m²，相当于一台换热器的面积(480m²)

ⓒ 加热炉加热氢气。根据引进装置加热炉特点，采用加热炉只加热循环氢和新氢，使加热炉部分压力降由梯形炉的 1.2MPa，降到该炉的 0.2MPa，见图 1-3-8。

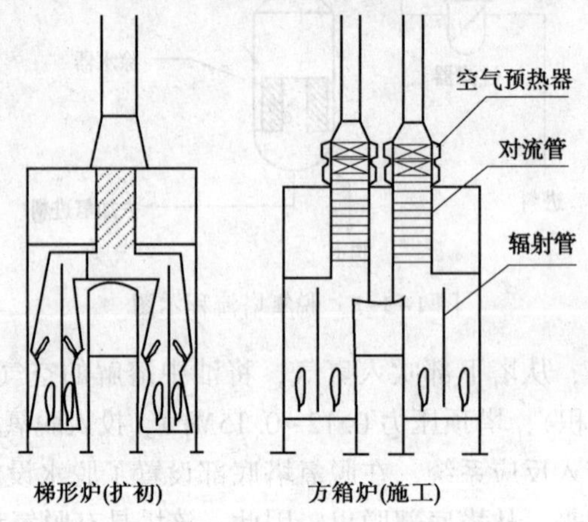

图 1-3-8　加热炉设计方案

ⓓ 精制裂化一段串联。原料油中的氮化物(尤其是碱氮)常影响裂化催化剂活性，要求较低氮含量进料(<10μg/g)。为此，在裂化反应器前设置能力较大的精制反应器，以脱除原料中的氮化物、硫化物。精制裂化直接串联，简化流程方便操作，便于调整产品结构，延长运转周期和催化剂寿命。

ⓔ 实现加氢-蒸馏直联。石油三厂加氢系统一直沿用老的工艺流程—加氢与后部的分馏分离，该流程能源消耗高、损失大、污染重。为了实现加氢-蒸馏直接串联，在北蒸馏装置增设了原料缓冲罐和稳定塔。加氢生成油加氢系统的压力自流到缓冲罐，经脱气、脱水入稳定塔回收燃料气和液化气，再进行产品分馏。同时稳定塔顶采用注氨、注缓蚀剂代替液碱。消除环境污染。每年可回收液化气约 8500t，燃料气约为 7530t，装置能耗 354.46MJ/t 原料(84.8Mcal/t 原料)。

ⓕ 催化剂开工新工艺。采用了干法硫化新工艺，并引进二硫化碳高压隔膜泵。硫化剂(CS_2)直接用泵送到反应器，使催化剂硫化。硫化条件：操作压力：18MPa，硫化终止温度：370℃(裂化反应器出口)，硫化剂为 CS_2 或二甲基二硫，循环氢 H_2S 浓度 0.1%~1.0%(体积分数)，硫化初期温度：175℃(精制反应器入口)。

钝化采用在低氮油中加入钝化剂-无水液氨钝化催化剂新技术，即将一定量的无水液氨，随低氮油一起注入到反应器中，使催化剂中分子筛和一些较强的表面活性中心暂时被抑制。不至于发生较强的裂解反应。采用这种钝化方法使开工周期大为减短，而且安全可靠。

ⓖ 反应器内部结构。反应器是装置的主要设备。反应器的内部结构形式十分关键。

精制反应器为 ϕ2100mm×22000mm(T. L-TL)，是1975年我国首次采用双层热套箍式制造的高压加氢反应器，内筒为20CrMo9厚85mm，外筒为18MnMoNb，高强度钢，厚75mm。由于原设计没有考虑催化剂塔盘的支撑措施，在施工时设计为四个催化剂床层，催化剂塔盘用沿内壁，8根不锈钢柱支撑，上两段可装精制催化剂28.4m^3，下两段装裂化催化剂23.18m^3，冷氢和热电偶却从反应器顶部插入，顶层还设有催化剂防污篮筐。裂化反应器为 ϕ1800mm×18000mm(T. L-TL)，厚140mm，系采用锻造结构的高压加氢反应器，筒体为2 1/4Cr-1Mo，壁内设隔热衬里，分三个催化剂床层，塔底支撑在内壁支撑台上，冷氢和热偶都采用侧壁开口，可装裂化催化剂27.11m^3。

催化剂床层间选用了支撑格栅、冷氢箱和气液分配盘。

ⓗ 立足国内，引进关键设备和材料，提高装置水平。装置操作条件苛刻，压力18~20MPa，温度450℃，又处于氢介质和硫化氢腐蚀，对设备和材料的选用提出了严格要求，设备和材料能立足国内解决。如装置所需20多个大口径高压阀门，立足国内沈阳高压阀门厂试制。

有些设备和材料国内无法解决，如离心式循环氢压缩机、离心式加氢进料泵、高压注硫注氨泵、大口径高压合金钢管和不锈钢管线、管件都是依靠进口解决的，几台关健性的高温高压调节阀和控制仪表，也是引进的，保证了装置的安全操作。

加氢裂化装置流程见图1-3-9。

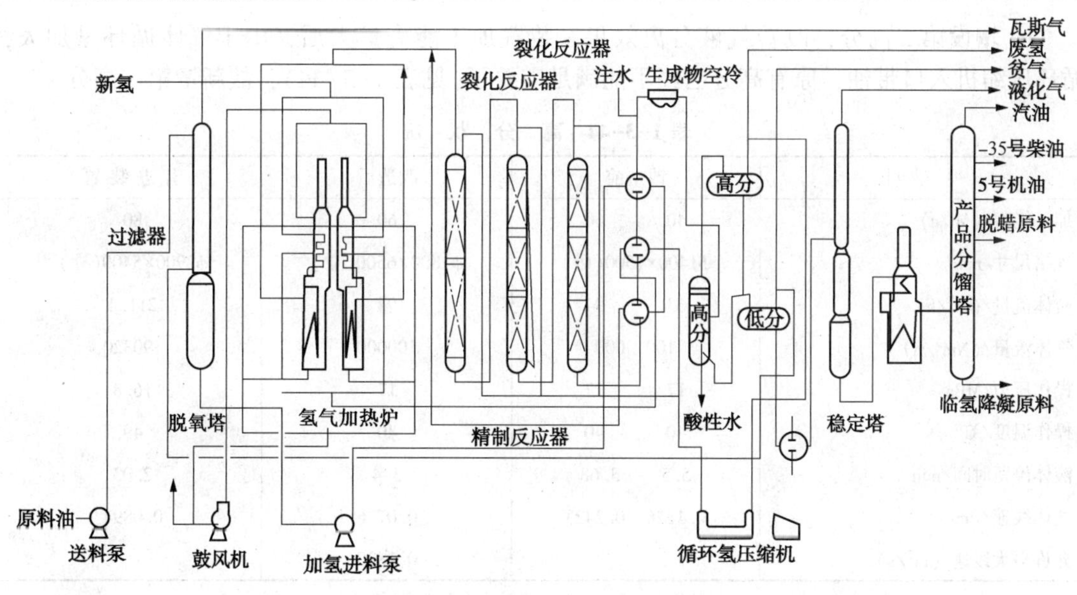

图1-3-9 加氢裂化装置流程图

1987年，根据石化总公司的指示，该装置年加工能力扩充到0.6Mt/a，加工焦化粗柴油，增设一台热壁式反应器，现已竣工投用。这些措施包括：

a. 增设热壁加氢反应器。新增热壁加氢反应器列入国家重点攻关项目进行试制。其规格 ϕ1800mm×22000mm，壁厚160mm，筒体采用锻焊结构，没有纵焊缝，材质为2¼Cr1Mo，内壁堆焊 1Cr18Ni9Ti 和 Cr20Ni22，防止高温下硫化氢腐蚀。器内分 3 个催化剂床层，分配盘等内件支撑在内壁的支撑台上，冷氢热偶、催化剂卸料口全侧壁开口。

序号	项　目	改造前		改造后		茂名引进装置	
		蜡油	焦化柴油	蜡油	焦化柴油	设计	实际
1	处理能力/(Mt/a)	0.4	0.6	0.4	0.6	0.8	
2	精制反应器			22000			
	规格尺寸/mm	φ2100×22000(上两层)		φ2100×22000(全部)		φ2845×19856	
	催化剂型号	3822		3822		HC-F	
	催化剂数量/m^3	18.4		50		121.38	
	空速/h^{-1}(体积)	3.19	4.95	1.14	1.78	0.941	
3	裂化反应器						
	规格尺寸/mm	φ2100×22000(下两层)		φ1800×22000(热壁)		φ3150×11828	
		φ1800×18000(冷壁)		φ1800×18000(冷壁)		φ3200×12250	
	催化剂型号	3812	3843	3812	3843	HC-16	
	催化剂数量/m^3	23.18		49.39		94.14	
	空速/h^{-1}(体积)	1.14	1.78	0.76	1.18	1.14	
4	后处理						
	催化剂型号					HC-B	
	催化剂数量/m^3					12.4	
	空速/h^{-1}(体积)					15.0	

b. 增设第二高分，改善气液分离效果。装置加工能力扩大后，由于气体循环量加大，循环压缩机入口带油，原有高分已经不能满足需要了(见表 1-3-44)，故新增第二高分。

表 1-3-44　高　分　状　况

项　　目	改造前		改造后	引 进 装 置
加工能力/(Mt/a)	40	60	60	80
规格尺寸/mm	φ1400×7500(卧)		φ1800×6500(立)	φ2900×5400(立)
液体流量/(m^3/h)	63	94	94	211.4
气体流量/(Nm^3/h)	100，000		100000	190320
操作压力/MPa	17	17	17	16.8
操作温度/℃	40	40	40	49
液体停留时间/min	5.5	3.68	3.4	2.03
气体线速/(m/s)	0.1826	0.2423	0.0736	0.0894
允许最大线速/(m^2/s)			0.1820	

规格为 φ1800mm×6500mm，壁厚 130mm，筒体采用锻造。并由原气液两相分离改为气、油、水三相分离，原卧式高分作第二高分，防止压缩机入口带液。

c. 增设循环氢加热炉空气预热器，提高热效率。在空气预热器管内设置扰流子，增大管内空气气流转速和速度，提高传热系数。

每台空气预热器由 418 根 φ40mm×1.5mm×2250mm 扰流子组成，单台换热面积 115m^2。

投用后使排烟温度由350~380℃，降到190~200℃，回收热量5.6GJ/h，提高热效率10%以上。

ⓘ 开发微机监测系统，提高装置管理水平。在"西北工大"的合作下，开发了微型计算机监测系统。该机的主要功能有：工艺数据的采集、整理、图像显示和打印，工艺过程的数据监测、计算和打印报表、各工艺数据的安全报警、危险预报、还有工况显示、历史回顾、事故诊断及处理指令、过程优化等。

该机不但具备引进装置的全部功能，又增加了不少新功能。目前终端实现计算机控制。

投运后，经过改进使装置达到了引进装置的水平，为我国高压加氢技术的发展进行了有益的探索。

(八) 石油三厂0.4Mt/a加氢裂化装置生产总结(1991~1995年)

石油三厂0.4Mt/a加氢裂化装置是我国国产化的第一套大型高压加氢裂化装置。自行设计、自行施工，技术水平比较先进。该装置1984年7月投产试运，采用国产的3822加氢精制催化剂和3812加氢裂化催化剂，以大庆直馏蜡油及大庆、沈北焦化柴油为原料，在压力(18±0.2)MPa和温度360~420℃条件下进行加氢精制，加氢裂化和异构化等反应，生产优质汽油(石脑油)，-35号柴油(或3号航空煤油)、0号柴油、润滑油和脱蜡原料等多种产品。

1. 装置运转情况

(1) 生产概况

1991~1993年，该装置累计开工981d，开工率为98.1%，加工焦化柴油0.57256Mt，大庆直馏蜡油0.41161Mt。期间非计划停工三次。1991~1993年装置实际加工量及开工情况见表1-3-45和表1-3-46。

表1-3-45 1991~1993年加工量及开工天数

项　目	1991	1992	1993	1994	1995	合计	平均
开工天数/d	336	326	319	239	349	1597	319
焦化柴油处理量/kt	53.48	218.91	306.17	188.2	215.9	976.66	195.322
蜡油处理量/kt	276.81	108.34	26.46	5.96	53.01	470.59	94.118
催化柴油处理量/kt				1.724	18.90	20.62	10.31
总加工量/kt	330.29	327.25	326.63	195.9	287.8	1467.87	293.574
非计划停工/次	1	1	1	1	1	5	2
非计划停工天数/d	1	6	5				

表1-3-46 历年加工量及开工天数

项　目	1991	1992	1993	累计	平均
开工天数/d	336	326	319	981	327
焦化柴油处理量/t	53.48	218.91	300.17	572.56	190.85
蜡油处理量/kt	276.81	108.34	26.46	411.61	137.20
总加工量/kt	330.29	327.25	326.63	984.17	328.06
非计划停工/次	1	1	1	3	1
非计划停工天数/d	1	6	5	12	1

1994~1995 年装置累计开工 588d，开工率为 89.1%，两年合计加工原料油 483.7kt，其中焦化柴油 404.1kt，直馏蜡油 58.98kt，催化柴油 20.62kt，曾有非计划停工两次。

1994~1995 年装置实际加工及开工情况见表 1-3-47。

表 1-3-47　1994~1995 年加工量及开工天数

项　目	1994	1995	合计	平均
开工天数/d	239	349	588	294
焦化柴油处理量/kt	188.2	215.9	404.1	202.1
蜡油处理量/kt	5.968	53.01	58.98	29.49
催化柴油处理量/kt	1.724	18.90	20.62	10.31
总加工量/kt	195.9	287.8	483.7	241.8
非计划停工天数/d	1	1	2	1

(2) 装置达标情况

该装置 1991 年申请参加了石化总公司装置达标活动。通过参加达标，促进了装置技术水平和管理水平的提高，1992~1993 年连续两年实现装置全面达标。具体指标见表 1-3-48。1994 年和 1995 年因装置负荷率不足，连续两年未实现装置全面达标。具体指标情况见表 1-3-49。

表 1-3-48　0.4Mt/a 加氢裂化装置达标情况

项　目	考　核	指标完成情况		
	指标	1991	1992	1993
开工天数/d	300	336	326	319
加工量/(Mt/a)	计划	0.3303	0.3273	0.3266
负荷率/%	80	82.58	81.83	81.65
液收/%	97	99.00	99.01	98.99
装置能耗/(GJ/t)	2.51	2.36	2.39	2.28
加工损失率/%	1.66	1.48	1.63	1.44
非计划停工/次	<2	1	1	1
上报总公司事故/次	0	0	0	0

表 1-3-49　0.4Mt/a 加氢裂化装置达标情况

考核项目	年指标	1994	1995
开工天数/d	≥330	239	349
加工量/(kt/a)	计划	195.931	287.864
负荷率/%	≥80	48.98	71.96
液收/%	≮96	97.50	98.58
装置能耗/(MJ/t)	1017.39	1021.58	963.39
加工损耗/%	≤1.2	0.94	0.90
排污合格率/%	≥93	99.4	98.85
设备完好率/%	>95	96	99.46

续表

考核项目	年指标	1994	1995
日升温/(℃/d)	≤0.1	0.044	0.034
非计划停工天数/d	≤2	1	1
上报事故起数	0	0	0

(3) 生产操作条件

加氢裂化装置主要操作条件见表1-3-50。

表1-3-50 加氢裂化装置主要操作条件

项 目	操作条件	项 目	操作条件
精制催化剂	3822	精制段出口	370~390
裂化催化剂	3812	精制段平均	350~380
精制体积空速/h^{-1}	0.90~0.70	裂化段入口	370~380
裂化体积空速/h^{-1}	0.70~0.55	裂化段出口	390~420
氢油体积比	1000	裂化段平均	380~390
反应温度/℃		新氢压力/MPa	18.0±0.2
精制段入口	320~370	系统压力降/MPa	0.7~1.2

(4) 原料油的性质及产品性质

原料油性质见表1-3-51，新氢及循环氢组成分析见表1-3-52，焦化柴油加氢裂化产品性质见表1-3-53，直馏蜡油加氢裂化产品性质见表1-3-54。

表1-3-51 原料油性质

项 目	直馏蜡油	焦化柴油
相对密度 d_4^{20}	0.8568	0.8119
馏程/℃		
初馏点	280	176
10%	337	219
30%	371	243
50%	400	271
70%	430	294
90%	478	314
终馏点		323
凝点/℃	44	
总氮/(μg/g)	1020	1390
碱氮/(μg/g)	178	363
硫/(μg/g)	178	720
溴价/(gBr/100g)		23.60
金属含量		
Fe/(μg/g)	0.058	1

续表

项　　目	直馏蜡油	焦化柴油
Ni/(μg/g)	0.031	痕量
Cu/(μg/g)	<0.5	痕量
V/(ng/g)	<40	
Na/(ng/g)	0.86	

表 1-3-52　新氢及循环氢组成分析

项　　目	轻油氢	重整氢	循环氢
H_2/%	96.54	91.00	91.00
N_2/%	0.10		0.43
C_1/%	3.36	4.52	7.39
C_2/%		3.08	0.43
C_3/%		0.91	0.37
i-C_4/%		0.13	0.25
n-C_4/%		0.11	0.14
平均相对分子质量	2.50	4.01	3.64
密度/(kg/m^3)	0.11	0.18	0.16

表 1-3-53　焦化柴油加氢裂化生成油馏分性质

项　　目	生成油	<130	130~230	230~280	>280	<170	170~280	280~300	>300
收率/%(质量分数)		12	38	31	14	20	61	7	7
相对密度 d_4^{20}	0.7657	0.7167	0.7659	0.7905	0.7986	0.7167	0.7830	0.7956	0.8036
馏程/℃									
初馏点	60	63	148	231	280	63	180	271	296
10%	123	85	164	236	286	85	199	277	305
30%	189	99	176	240	289	99	208	279	308
50%	222	116	186	244	294	116	222	280	310
70%	248	129	197	249	300	129	234	284	314
90%	280	148	208	257	311				
95%	295			260	318				
98%(终馏点)		(165)	220						
凝点/℃				-29			-41	-15	-13
总氮/(μg/g)	3								
碱氮/(μg/g)	1.3								
硫/(μg/g)	9								
酸值/(mgKOH/100mL)		0.809	2.33	3.56		0.856			
闪点(闭口)/℃			40	100	138.5				
溴价/(gBr/100g)	0.21								
黏度(20℃)/(mm^2/s)			1.48	3.27		2.29	5.55	8.87	

表 1-3-54　直馏蜡油加氢裂化生成油馏分性质

项　　目	生成油℃	<130	130~280	280~320	320~350	>350	<170	170~320	>320
收率/%(质量分数)		15.5	32.5	7.4	9.3	28.8	23.4	32	38.1
相对密度 d_4^{20}	0.7993	0.6927	0.7809	0.8168	0.8184	0.8320	0.7093	0.7984	
馏程/℃									
初馏点	50	47	147	271	304	326	55	185	300
10%	106	67.5	159	278	309	345.5	79.8	198	320
30%	182.5	79.5	181.5	282.5	313	358	93	216	342
50%	268	89	202	284.5	316	379	117	234	359
70%	334	101	223	286.5	319	400	126	254.5	384
90%	351(75%)	113.5	247	293	326	443	146.5	276	427
95%				297	331	461		284.5	441
98%(终馏点)		132	(263)				163		
凝固点/℃				-19	-1	-17		-41	13
总氮/(μg/g)	1								
碱氮/(μg/g)	0.14								
硫/(μg/g)	24								
酸值/(mgKOH/100mL)		0.809	2.33	3.56		0.856			
闪点(闭口)/℃			42.5					71	
胶质/(mg/100mL)		6.8					6.4		
黏度(20℃)/(mm^2/s)				6.62	10.61			2.82	
冰点/℃			-55						

(5) 装置各项消耗及加工成本

装置各项消耗、加工费及单位成本如表 1-3-55。

表 1-3-55　装置加工费用及单位成本

项　　目	1994 年		1995 年	
	数量	价值/万元	数量	价值/万元
辅助材料				
3812 催化剂/t	23.00	269.57	22.73	289.5
CS_2/kg	761	1.1423		
工业氢/km^3	42536	1493.03	58763	3325.99
一次水/t	3711	1.1588	10353	0.9317
软水/t	27622	11.0489	39521	15.8083
小计		1775.95		3632.23
原料				
原料油/kt	195.9	22180.7133	287.8	36346.1728
燃料动力				

续表

项目	1994 年		1995 年	
	数量	价值/万元	数量	价值/万元
瓦斯/t	2303	6.9093(原数据有误)	3347	57.8158(原数据有误)
电/kW·h	6460852	214.3435	8237768	296.559
蒸汽/t	7221	33.9387	10980	65.880
小计		255.1915		420.2548
工资		51.0062		91.8152
福利		8.4222		8.6988
制造费用		460.9572		904.2795
车间总成本		24732.238		41403.448
单位成本		0.1262		0.1439
加工费		0.0130		0.0176

(6) 小结

1991~1993 年 3 月加氢裂化装置分别完成处理量 330.29kt、327.25kt 和 326.63kt。是设计负荷的 81%~83%，均未达到满负荷运转，主要原因有：

ⓐ 常减压蒸馏装置原油加工量不足。

ⓑ 外购原料不足。

ⓒ 石油三厂 1990 年投产的 0.15Mt/a 催化裂化装置与加氢装置争原料。

ⓓ 由于运输原因，造成产品堵罐，被迫临时降量生产。

ⓔ 由于轻油制氢或重整装置故障，产氢量不足，被迫降量生产。

1994~1995 年，由于石油三厂常减压装置原油加工量不足和外购原料市场紧张以及制氢装置故障的影响，两年中加氢裂化装置处于低负荷运转之中，各项指标因而受到较大影响；两年中该装置处理石油一、二厂焦化柴油 0.40401Mt。由于焦化柴油质量差、成本高，从而影响了该装置的经济效益；1994 年 4 月大检查中在第二反应器中装入了 18t3812 再生催化剂，经过一年半时间的运转，情况良好。1995 年全年没有进行停工大检修，实现了装置两年一修的目标；两年中热交换器共换芯清扫三次，高温热氢吹扫两次。(催化柴油因结焦，采用高压加氢裂化的办法处理)。

2. 技术工作

(1) 原料油混合加工

为了适应生产实际的需要，使装置操作灵活、稳定，在高压离心油泵的缓冲罐入口又投用了一套自控入油系统，使该装置使用高压离心油泵有比例地混合加工两种或三种原料成为可能。另外，在原料罐抽出泵出口又更新了原料流量计，采用了德国西门子公司的质量流量计，提高了计量准确性。

在三种原料蜡油、焦化柴油、催化柴油的混合加工过程中以及各种原料的相互切换过程中，不断调整操作条件并积累了一定的操作经验。

(2) 装置运行中循环压缩机的切换

装置配有透平离心式压缩机一台和往复式压缩机两台。在以往离心式压缩机并入系统切换过程中，需将装置中的原料油放掉以确保装置的安全。经过细致的研究制定出一套带油切换方案，并在实施过程中逐步得到完善，缩短了换车时间，保证了平稳生产。

(3) 装置废氢的改入罐返输

原装置排出的废氢全部进入瓦斯系统作为燃料烧掉。废氢体积热值低、氢含量88%以上，价值较高，烧掉很是浪费。所以与纯度为94.5%以上大流量的新氢混合，完全符合质量要求，故在调整压力的排废氢操作中将废氢排入20000m³的储罐再加压返输入加氢裂化装置，这样既方便了压力调整又节约了大量氢气。此项目于1995年3月投用后使装置氢气单耗每吨油减少6m³。年节约价值1000万元。

(九) FC-14 催化剂的利用

利用FC-14催化剂加工蜡油，改变加氢工艺，合理运用催化剂，为企业创收更高的经济效益。利用FC-14催化剂加工蜡油，增产市场急需低凝柴油

1. 使用FC-14催化剂加工蜡油以增产低凝柴油的技术方案研究

为确保抚顺石油化工公司2005年全年9.8Mt原油加工任务的顺利完成，充分发挥石油三厂原油二次加工方面的优势，内挖潜力，增产增效，决定启动石油三厂0.4Mt/a高压加氢装置，使用3996加氢精制催化剂和FC-14单段加氢裂化催化剂，加工石油一厂、石油二厂轻蜡油，以平衡全抚顺石化公司的蜡油，增产高档厚利产品低凝柴油产品。

为充分发挥0.4Mt/a高压加氢装置的优势，为工业生产方案提供依据，石油三厂于2004年2月和5月先后两次委托抚顺石油化工研究院在该院中型加氢试验装置上进行了加工轻蜡油的模拟试验。试验采用相同的催化剂及反应流程，模拟工业装置现有操作条件，加工指定的蜡油原料，考察各种原料比例混合后的产品性质和收率分布。

2. 不同原料性质对比分析

样1：二厂南蒸馏常四线；南蒸馏减零线；一厂东蒸馏常四线；东蒸馏减一：一厂脱蜡油－15.4：7.7 46.2：15.4：15.4(%)

样2：二厂四线：一厂焦化蜡油＝40.5：59.5(%)

样3：二厂南蒸馏常四线：南蒸馏减零线：二厂脱蜡油＝50：25：25(%)

原料性质对比分析(见表1-3-56)：

① 样1与样3基本原料性质基本相同，为较好的加氢裂化原料组分。

② 样2的碱性氮及硫很高，分别达到1609μg/g和1029μg/g，属于低硫高氮原料，在操作中势必注入一定的硫才可保证循环氢硫化氢含量，保持催化剂活性。

③ 样2由于有焦化蜡油组分，装置原料系统无氮封，无自动反冲洗过过滤器，原料容易氧化生成胶质，并在催化剂上结焦积炭，同时焦化蜡油携带的焦粉影响装置的长周期运行。

表1-3-56　不同原料性质的对比

原料油名称	样1	样2	样3
密度(20℃)/(g/cm³)		0.8507	0.8575
馏程/℃			
初馏点		230	244
30%		332	345
30%		364	373
50%		374	392
70%		385	415

续表

原料油名称	样 1	样 2	样 3
90%		400	445
95%		414	454
终馏点		425	467
黏度(50℃)/(mm^2/s)	7.900	7.844	8.130
凝点/℃	30	29	26
酸值/(mgKOH/g)	0.01	0.09	0.01
残炭/%	<0.01	0.02	<0.01
S/(μg/g)	833	1029	808
N/(μg/g)	181	1609	269
C/%	86.09	86.78	86.78
H/%	13.81	13.48	13.61

3. 加氢裂化主要工艺条件比较

从主要操作条件来看，用3936、3996加氢精制催化剂和FC-14单段加氢裂化催化剂加工蜡油，在系统总压力14.7MPa，裂化反应温度平均为390℃时，蜡油原料的转化率达到了90%，说明FC-14催化剂具有很高的活性。按样1、样3加工无尾油产生，柴油组分可作为合格产品直接出厂，是理想的低凝产品调和组分。从产品收率来看FC-14催化剂具有良好的产品选择性，理想的柴油组分收率高，石脑油收率低。

按样3比例加工蜡油不但具有氢耗低($169m^3/t$ 油)；气体收率低(3.3%)；石脑油收率低(31%)；柴油组分收率高(67.14%)的特点，而且没有尾油产生，对柴油产品调和带来诸多方便，见表1-3-57。

表1-3-57　加氢裂化主要工艺条件比较

原料油	样 1		样 2		样 3	
工艺流程	单程通过		单程通过		单程通过	
反应器	R-1	R-2	R-1	R-2	R-1	R-2
催化剂	3996	FC-14	3996	FC-14	3996	FC-14
质量空速/h^{-1}	0.77	1.21	0.77	1.21	0.77	1.21
氢油体积比	700∶1	1000∶1	700∶1	1000∶1	700∶1	1000∶1
反应总压/MPa	14.7		14.7		14.7	
反应温度/℃	370	390	380	400	370	390
>380℃单程转化率/%	~>90		~>84		~>90	
收率/%						
H_2S+NH_3	0.11		0.31		0.12	
C_1~C_2	0.31		0.36		0.28	
C_3~C_4	4.38		1.79		2.9	
<150℃石脑油	36.94		11.68		31	
150~280℃航煤	43.95		19.53(-250℃)		39(-250℃)	

续表

原料油	样 1	样 2	样 3
工艺流程	单程通过	单程通过	单程通过
>150℃柴油	59.77(可做合格产品)	87.4(95%385℃)	67.14(可做合格产品)
C_5^+液收/%	96.71	99.08	98.14
化学氢耗/%	1.51	1.54	1.43
>380℃	无	15.91	无

4. 不同原料主要产品性质对比

不同原料主要产品性质对比见表 1-3-58～表 1-3-60，产品收率及价格见表 1-3-61。

表 1-3-58　<150℃重石脑油产品主要性质对比

编　　号	样 1	样 2	样 3
密度(20℃)/(g/cm³)	0.7000	0.7063	
馏程/℃			
IBP	43	39	
10%	72	71	
30%	90	92	
50%	104	106	
70%	118	119	
90%	139	136	
95%	152	144	
终馏点	159	159	
组成分析%			
烷烃	73.6	64.3	69.8
环烷烃	26.0	34.8	30.2
芳烃	0.4	0.9	
芳潜/%	24.7	33.2	

表 1-3-59　150～280℃喷气燃料主要性质对比

编　　号	样 1	样 2(-250℃)	样 3(-250℃)
密度(20℃)/(g/cm³)	0.7731	0.7814	0.788
馏程/℃			
初馏点	153	161	174
10%	174	178	189
30%	185	189	194
50%	200	200	214
70%	219	212	253
90%	244	227	265
98%	253	232	285(此数据有误)

续表

编　　号	样 1	样 2(-250℃)	样 3(-250℃)
终馏点	262	242	
黏度(20℃)/(mm^2/s)	1.824	1.7958	2.17
冰点/℃	<-60	<-60	<-53
闪点/℃	51	49	58
烟点/mm	45	36	33
芳烃/%(体积分数)	1.0	2.1	4.55
正构烷烃/%		18.30	7.06

表 1-3-60　>150℃柴油组分性质对比

编　　号	样 1	样 2	样 3
密度(20℃)/(g/cm^3)	0.7838	0.8100	0.8031
馏程/℃			
初馏点	139	165	174
10%	178	214	195
30%	197	272	229
50%	222	317	249
70%	261	345	289
90%	326	370	339
95%	347	385	348
终馏点	363	390	360
黏度(50℃)/(mm^2/s)	2.771	6.831	3.99
凝点/℃	<-40	-4	-22
闪点/℃	64	72	68
残炭/%	<0.01	0.03	
十六烷值指数	58.0	65.1	59

表 1-3-61　产品收率及价格

项　　目	收率/%	价格/(元/t)
气 体	0.4	800
液化气	2.9	2080
石脑油	31	1828
-20 号柴油	65.2	3005
合计		产品平均 2589

5. 效益测算

开动高压加氢装置按样 3 加工蜡油组分后效益测算，蜡油组分价格按 1900 元/t 计算，氢气价格按照 200 元/t 原料计算，0.4Mt/a 加氢装置处理量按 45t/h 计算，收率见表 1-3-61。

根据中石油抚顺石化公司“千万吨炼油”改造方案，启动石油三厂 0.4Mt/a 高压加氢装置，利用 FC-14 催化剂加工石油一厂、二厂混合蜡油后，抚顺分公司月效益 720×45×(2589-1900-200)= 1584 万元。

6. 小结

石油三厂0.4Mt/a高压加氢裂化装置，以轻蜡油为原料，使用FC-14单段加氢裂化催化剂，结果表明：

① 实验表明三种原料产品重石脑油芳潜分别为24.7%、33.2%和30.2%。样1可做乙烯原料和化工溶剂油，样2、样3是理想的重整原料。

② 三种原料的150~280℃(150~250℃)煤油组分都可用于调和生产3号喷气燃料产品，但样2、样3组分(150~250℃)总正构含量分别为18.3%和7.06%，不能作为分子筛脱蜡装置原料，但该组分是优质的低凝柴油调和组分。

③ >150℃柴油组分，样1、样3凝固点分别达到-40℃和-22℃，是优质的低凝柴油产品调和组分，样2不能作为合格产品直接出厂，只有将>380℃组分切除后作为-20号柴油调和组分，但同时约有15.91%的尾油产生，此尾油组成较重，无法直接调和成柴油出厂，选择原料时尽量避免此种原料做加氢原料。

④ 尾油是优质的蒸汽裂解制乙烯原料。

通过以上分析，蜡油按样3比例即二厂南蒸馏常四线：南蒸馏减零线：二厂脱蜡油＝50：25：25作为高压加氢原料进行生产，可最大限度地发挥FC-14催化剂的特点，达到增产低凝柴油，不生产尾油的目的，做到效益最大化，同时平衡了抚顺石化分公司蜡油，确保抚顺石化分公司2005年全年原有加工任务顺利完成。

二、石油三厂1.20Mt/a中压加氢装置建成投产，取代了陈旧的老加氢装置与设备

2002年7月，石油三厂1.2Mt/a中压加氢装置投产，由原来设计加工催化裂化柴油为主，同时少量加工焦化柴油改为主要加工焦化柴油，间断加工催化柴油，冬季采用改质生产方案，生产低凝柴油、重柴油及石脑油；夏季采用精制生产方案，生产柴油组分及石脑油。

（一）中压加氢装置简介

装置设计处理能力为1.2Mt/a，设计开工时数为8000h/a，设计精制空速为1.5h^{-1}，裂化空速2.0h^{-1}，精制氢油比为800：1(体积)，裂化氢油比为1000：1(体积)。

装置由反应和分馏两大系统组成。反应系统包括原料部分，反应部分、新氢部分及注氨、注硫部分，其中反应部分有反应进料加热炉F-101，加氢精制反应器，加氢裂化反应器，高压换热器，高压分离器和低压分离器。分馏系统包括脱丁烷塔T-201、脱乙烷塔T-202、产品分馏塔T-203、柴油汽提塔T-204。装置设计原料为催化柴油和焦化柴油。催化柴油和焦化柴油进料比例为86：14，设计处理量为150t/h。

装置所用氢气来自石油三厂氢气系统管网，由轻油制氢装置和重整装置提供。

装置采用日本横河公司的CENTUMCS3000集散控制系统(DCS)，用于装置的过程控制和管理数据的采集、记录、保存、实施高级优化控制。

由于加氢装置操作复杂、危险因素多，相应设计了较为复杂的控制系统。为了保证安全操作，确保人身及设备的安全，装置设置了7个单元的自动保护系统ESD：装置事故紧急减压联锁系统；循环氢压缩机自动保护联锁系统；新氢压缩机自动保护联锁系统；加氢进料泵自动保护联锁系统；反应进料加热炉自动保护联锁系统；脱丁烷塔底重沸炉自动保护联锁系统；产品分馏塔进料加热炉自动保护联锁系统。

工艺流程及说明见图1-3-10和图1-3-11。

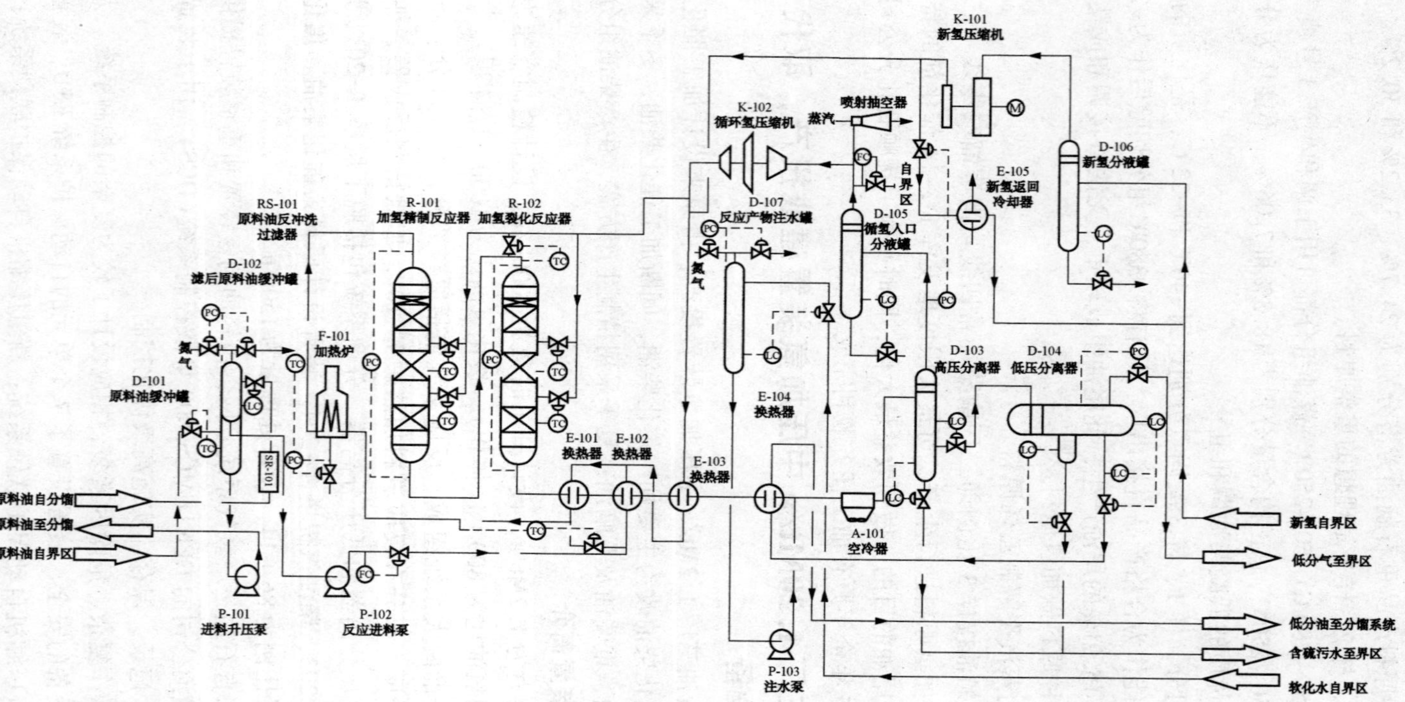

图1-3-10　石油三厂中压加氢精制装置反应单元流程图

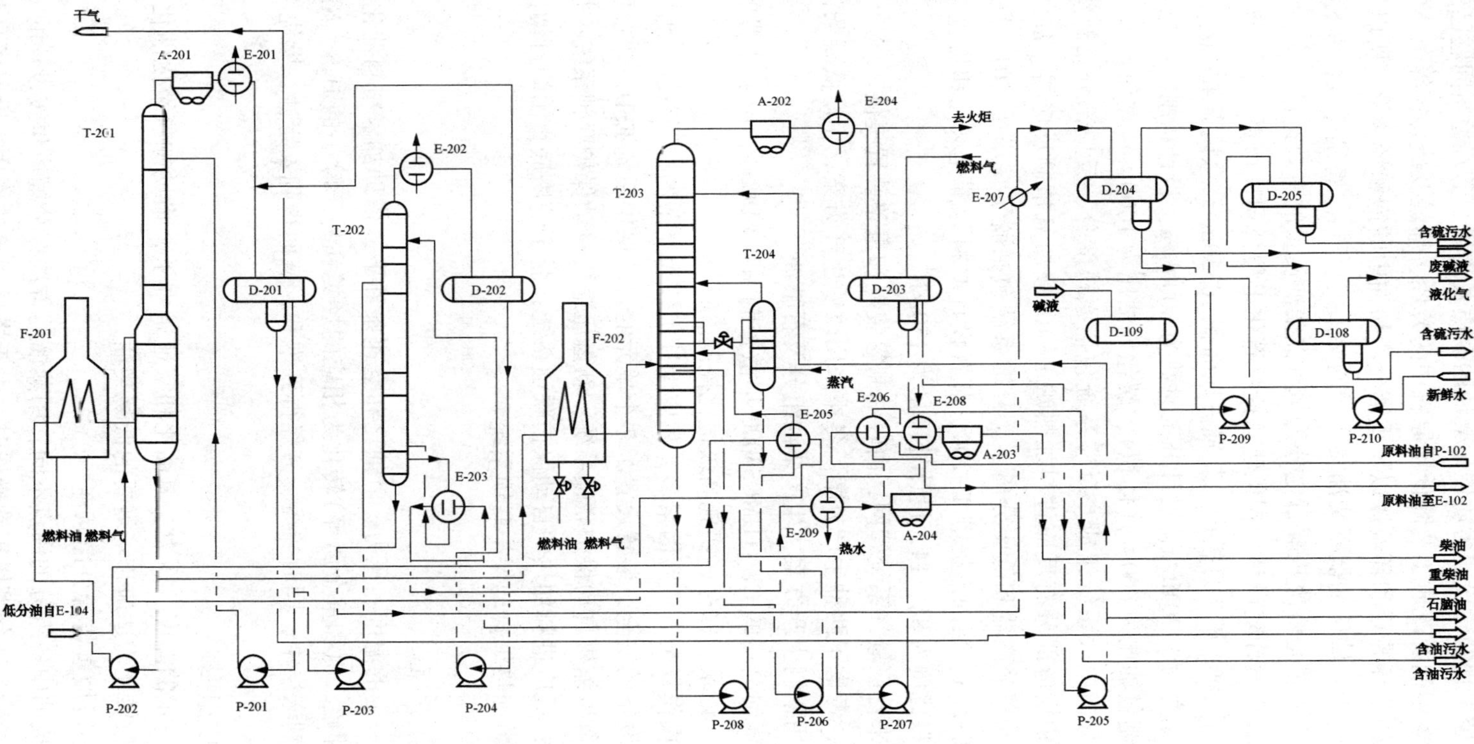

图1-3-11 石油三厂中压加氢精制装置分馏单元流程图

（二）1.20Mt/a 中压加氢精制装置

中压加氢精制及改质是一项改善油品质量的重要技术。随着我国渣油催化裂化技术的发展和大型乙烯、芳烃工程的建设，劣质催化柴油的改质及乙烯、芳烃原料问题已经引起了更多的重视。中压加氢精制及改质工艺降低了原料中的芳烃、烯烃及硫、氮等杂质的含量，增加了石脑油产品中的单环芳烃和环烷烃以及重馏分产品油中的饱和烃含量。所以生产高芳潜的优质重整原料和高十六烷值的低凝柴油及优质的 乙烯裂解料。特别是柴油新标准的执行，中压加氢精制及改质工艺是解决抚顺石化分公司重催柴油质量的有效途径。

该装置由抚顺石化设计院设计，吉化建、抚顺石化工程公司、市建二公司施工。装置于2001 年 9 月建成，于 2002 年 7 月投产。装置占地面积 $10350m^2$，总投资 4.6 亿元。

装置设计处理能力为 1.20Mt/a，设计开工时数为 8000h/a，设计精制空速为 $1.5h^{-1}$，裂化空速 $2.0h^{-1}$，精制氢油比为 800：1(体积)，裂化氢油比为 1000：1(体积)。

装置由反应和分馏两大系统组成。反应系统包括原料部分、反应部分、新氢部分及注氨、注硫部分，其中反应部分有反应进料加热炉 F-101、加氢精制反应器、加氢裂化反应器、高压换热器、高压分离器和低压分离器。分馏系统包括脱丁烷塔 T-201、脱乙烷塔 T-202、产品分馏塔 T-203、柴油汽提塔 T-204，装置设计原料为催化柴油和焦化柴油。催化柴油和焦化柴油进料比例为 86：14，设计处理量为 150t/h。

装置所需氢气来自厂氢气系统管网，由轻油制氢装置和重整装置提供。

装置在设计上，考虑了两种生产方案。冬季采用改质生产方案，生产低凝柴油、重柴油及石脑油。夏季采用精制生产方案，生产柴油组分及石脑油。

装置采用日本横河公司的 CENTUMCS3000 集散控制系统（DCS），用于装置的过程控制和管理数据的采集、记录、保存，实施高级优化控制。

由于加氢装置操作复杂、危险因素多，相应设计了较为复杂的控制系统。为了保证安全操作，确保人身及设备的安全，装置设置了 7 个单元的自动保护系统 ESD：装置事故紧急泄压联锁系统；循环氢压缩机自动保护联锁系统；新氢压缩机自动保护联锁系统；加氢进料泵自动保护联锁系统；反应进料加热炉自动保护联锁系统；脱丁烷塔底重沸炉自动保护联锁系统；产品分馏塔进料加热炉自动保护联锁系统。

1. 基本原理

(1) 加氢精制工艺原理

加氢精制是在一定的温度、压力、氢油比和空速条件下，借助加氢精制催化剂的作用，把油品中的杂质(即硫、氮和重金属等)转化为相应的烃类和易于除去的 H_2S、NH_3 和 H_2O，金属则截留在催化剂床层中，同时烯烃、芳烃得到饱和，从而得到安定性、燃烧性能较好的优质产品。

(2)加氢改质工艺原理

加氢改质是在一定的温度、压力、氢油比和空速条件下，借助加氢裂化催化剂的作用，将较重的催柴及焦柴转化为适应市场需要的低凝柴油。

(3)催化柴油中压加氢装置分馏原理

分馏是利用生成油中各组分的沸点不同，用蒸馏的方法在分馏塔里按设计的方案，把它们分离成为所需的产品。在分馏塔正常操作时，由于塔顶回流的作用，沿着塔高建立了两个梯度，即温度梯度和浓度梯度。由于这两个梯度的存在，在每块塔板上，由下向上的较高温度和较低轻组分浓度的气相与由上而下的较低温度和较高轻组分浓度的液相互相接触，进行传质和传热，达到平衡而产生新的平衡的气、液两相，气相中的轻组分和液相中的重组分得到提浓。如此经过多次的气、液相逆流接触，最后在塔顶得到较纯的轻组分，在塔底得到较纯的重组分。

2. 工艺流程及说明

(1)反应部分工艺流程

来自罐区的原料油，首先进入原料油缓冲罐 D-101，脱除原料中的游离水后，经原料油升压泵 P-101 升压，经过柴油/原料油换热器 E-206，与柴油换热至 110℃，再经自动反冲洗过滤器 SR-101 除掉原料油中的杂质后，进入滤后原料油缓冲罐 D-102。D-101、D-102，用氮气进行密封，防止与空气接触。

自 D102 来的原料油，经反应进料泵 P-102 升压后，进入生成油/原料油换热器 E-102 与反应生成物换热。从循环氢压缩机 K-102 来的循环氢和与新氢压缩机 K-101 来的新氢混合后，进入生成油/混氢换热器 E-103 与反应生成物换热，再与经 E-102，换热后的原料油混合，进入生成物/混合进料换热器 E-101 与生成物换热。然后进入反应进料加热炉 F-101，加热后经加氢精制反应器 R-101 进行加氢精制反应，将原料油中的硫、氮化合物氢解，烯烃、芳烃饱和，并脱除原料中的金属杂质。精制生成物进入加氢裂化反应器 R-102，进行适度加氢裂化反应。精制反应器和裂化反应器各床层温度通过控制入反应器的冷氢量来进行调节。

加氢裂化反应的生成物从 R-102 出来后，依次进入 E-101、E-102、E-103、E-104，分别与进料混合物、原料油、混氢和低分油进行换热。在 E-104 和 A-101 前注入高压软水，以洗掉加氢生成物中硫化氢和铵盐，防止其沉积在管线和空冷器的管束中造成堵塞。然后进入反应生成物空冷器 A-101，经冷凝冷却后进入高压分离器 D-103，进行气、油、水三相分离。其气体经循环氢压缩机 K-102 升压后循环使用，分离出的含硫污水送厂内单塔汽提装置处理，加氢生成油经减压后入低压分离器 D-104。从 D-104 分出溶解气至燃料气管网，低分油经反应生成物/低分油换热器 E-104 换热后，至分馏部分。

从轻油制氢装置和连续重整装置来的氢气，经新氢压缩机入口分液罐 D-106 脱液后进入新氢压缩机 K-101。新氢压缩机共三台，满负荷运行时两开一备，每台压缩机可单独进行 0%、50%、和 100%负荷操作，K-101 升压后的新氢与 K-102 送出的循环氢混合，作为反应混氢。多余部分经新氢返回冷却器 E-105 冷却后返回 D-106，以调节反应部分压力。

来自脱盐水装置的软化水进入软化水注水罐 D-107，经反应产物注水泵 P-103 升压，注入反应产物空冷器 A-101 入口或 E-104 入口。

为缓解反应系统换热器结垢，在反应进料泵 P-102 入口可以注入阻垢剂。

新催化剂开工，采用干法硫化和低氮油液氨钝化。硫化剂为二甲基二硫(DMDS)，由注硫泵 P-104 从注硫罐 D-109 抽出，送入 F-101 入口。液氨从液氨罐 D-108 或液氨槽车抽出，经注氨泵 P-105 升压后注入裂化反应器 R-102 入口。

(2)分馏部分工艺流程

低分生成油经反应生成物/低分油换热器 E 104 换热后，进入分馏部分，先经中段回流换热器 E-205 换热后，进入脱丁烷塔 T-201(24 层)。脱丁烷塔底设重沸炉 F-201 为塔提供热源，并用塔底循环泵 P-202 进行循环加热。塔顶组分经塔顶空冷 A-201 及水冷 E-201 冷凝冷却后，进入塔顶回流罐 D-201，用塔顶回流泵 P-201 向塔顶打回流，以控制塔顶温度。D-201 气体经压控后进入燃料气系统。D-201 液体经脱乙烷塔进料泵 P-203 升压后打入脱乙烷塔 T-202(9 层)。脱乙烷塔顶组分经水冷 E-202 进入塔顶回流罐 D-202，用塔顶回流泵 P-204 进行塔顶全回流操作，控制塔顶温度和调节回流罐液位。D-202 排出的气体排入脱丁烷塔顶 D-201 出口，与 D-201 不凝气一起排入燃料气管网。脱乙烷塔底组分经重沸器 E-203，与产品分馏塔底油换热后，返回塔内。脱乙烷塔塔底出的液化气经冷却器 E-207 冷却后，进入液化气碱洗罐 D-204，用碱泵 P-209 对 D-204 中碱液进行循环。液化气经碱洗后，在碱洗罐出口用注水泵 P-210 注入新鲜水，以溶解液化气碱洗操作中携带的碱液。水洗后的液化气进入液化气沉降罐 D-108，对液化气携带的水洗水进行沉降分离，然后作为合格产品送出装置。

从脱丁烷塔底排出的塔底油经分馏塔进料加热炉 F-202 加热后，进入分馏塔 T-203(39 层)。分馏塔顶的气体经分馏塔顶空冷器 A-202 冷凝和分馏塔顶水冷器 E-204 冷却后，进入分馏塔顶回流罐 D-203。D-203 气体排入厂低压瓦斯管网，D-203 液体经塔顶回流泵 P-205 送出，一部分作为分馏塔顶回流外，其余部分作为石脑油送出装置。分馏塔侧线组分(22、24 层)进入汽提塔 T-204(1 层)，T-204 用过热蒸汽进行汽提操作，轻组分返回产品分馏塔(21 层)，塔底馏出物经 E-206、E-208 分别与原料油、热水换热，然后进入柴油空冷器 A-203 进行冷却，最后经柴油油过滤器 SR-201 和柴油聚结器 SR-202 过滤、脱水后出装置。分馏塔设中段回流经回流泵 P-206 从 28 层塔盘抽出，进入 E-205 与低分油换热，返回 25 层塔盘。塔底重柴油经塔底泵 P-208 抽出，与脱乙烷塔重沸器 E-203 和重柴油/热水换热器 E-209 换热，再经重柴油空冷器 A-204 冷却后，作为柴油调和组分送出装置。

装置平面图见图 1-3-12。

(三) 原材料及“三剂”规格要求

1. 原料油

中压加氢装置原料油来自石油一厂、二厂、三厂的 4 套催化裂化装置的催化柴油(其中以二厂重催为主)和石油一厂、二厂的焦化柴油。

原料油主要性质见表 1-3-62。

表 1-3-62 原料油主要性质

名　称	催化柴油	焦化柴油	催柴：焦柴=86：14
密度(20℃)/(g/m^3)	0.8549	0.8159	0.8506
馏程/℃			
初馏点	170	162	172
10%	200	212	204
30%	221	244	228
50%	252	273	261
70%	301	300	300
90%	352	328	349
95%	371	338	368
终馏点	378	347	374
运动黏度(20℃)/(mm^2/s)	3.657	3.925	3.997
凝点/℃	1	-2	1
闪点/℃	71	50	71
碘值/(gI$_2$/100g)	47.61	49.18	47.7

续表

名　　称	催化柴油	焦化柴油	催柴：焦柴=86：14
实际胶质/(mg/100mL)	245	62.4	229
腐蚀/级	1	1	1
色度/号	4	8	8
十六烷值	39.4	64	39.9
残炭/%	0.14	0.14	0.14
S/N/(μg/g)	1100/836	673/968	945/845
芳烃指数(BMCI值)	40.5	21.1	37.6

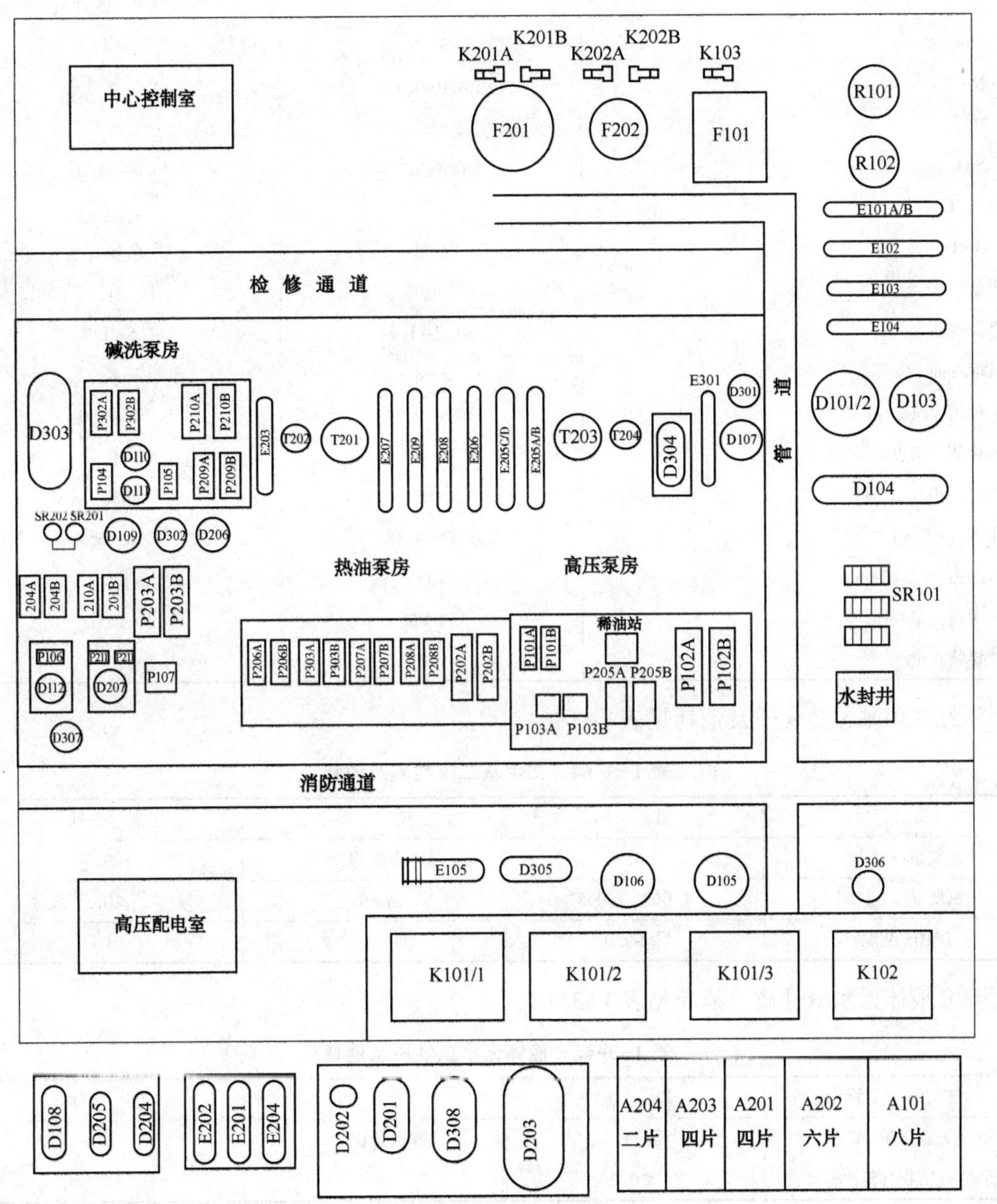

图 1-3-12　石油三厂中压加氢精制装置平面图

2. 新氢

该装置所用氢来自石油三厂产氢 30000Nm³/h 制氢装置和产氢 15000Nm³/h 的重整装置。

3. 化工原料性质及消耗

① 催化剂性质及消耗见表 1-3-63。

表 1-3-63 催化剂性质及消耗

名　　称	精制催化剂	裂化催化剂
催化剂牌号	3936	3905
组成/%(质量分数)		
WO_3		22.0~25.0
MoO_3	23~26	
NiO	4.0±0.4	4.0~5.5
P	2.8±0.2	
SiO_2	0.4(Si)	46.0~54.0
Na_2O		<0.2
Al_2O_3	余量	余量
形状	三叶草	圆柱体
直径/mm	ϕ1.2~1.4	ϕ1.5~1.7
长度/mm	3~8	3~8
堆积密度/(g/mL)	0.88~0.94	0.70~0.80
稀相装填密度/(g/mL)	0.78~0.82	0.68~0.72
比表面积/(m^2/g)	≥160	≥380
孔容/(mL/g)	0.32~0.38	≥0.25
压碎强度/(N/mm)	>25	≥130
一次装入量/m^3	134.065	91.133
需要装入量/t	110	65

② 二甲基二硫性质及消耗见表 1-3-64。

表 1-3-64 二甲基二硫性质及消耗

项　目	指　标	项　目	指　标
数量/(t/次)	45	沸点/℃	109.7
密度 d_4^{20}/(g/mL)	1.062~1.065	水/%	≤0.1
DMDS 纯度/%	≥99.0		

③ 液体无水氨性质及消耗见表 1-3-65。

表 1-3-65 液体无水氨性质及消耗

项　目	指　标	项　目	指　标
氨含量/%	≥99.8	数量/(t/次)	10
残留物含量/%	≤0.2		

④ 碱液性质及消耗见表 1-3-66。

表 1-3-66　碱液性质及消耗

项　目	指　标	项　目	指　标
氢氧化钠含量/%	≥42	数量/(t/半年)	100

4. 主要操作条件

主要操作条件见表 1-3-76~表 1-3-69。

表 1-3-67　主要操作条件(一)

项　目	精制反应器 R-101		裂化反应器 R102	
	初期	末期	初期	末期
入口温度/℃	312	376	366	397
出口温度/℃	368	406	378	409
入口压力/MPa	10.8	10.5		
保护剂	FZC-102A、FZC-103			
后处理催化剂		3936		
空速/h^{-1}	1.5	1.3		
精制催化剂	3936			
裂化催化剂		3905		
精制空速/h^{-1}	1.5			
裂化空速/h^{-1}		2.0		
氢油比	800 : 1	1000 : 1		

表 1-3-68　主要操作条件(二)

项　目	控制指标	项　目	控制指标
1. 反应产物空冷器 A-101		压力/MPa	9.5
入口温度(初期/末期)/℃	150/135	5. 低压分离器 D104	
入口压力(初期/末期)/MPa	9.58/9.58	温度/℃	49
2. 原料油缓冲罐 D101		压力/MPa	2.1
进料量/(kg/h)	150000	6. 循环氢压缩机 K102	
温度/℃	60	出口温度/℃	69
压力/MPa	0.30	出口压力/MPa	11.9
3. 滤后原料油缓冲罐 D102		7. 新氢压缩机 K101	
温度/℃	110	入口温度/℃	40
压力/MPa	0.30	入口压力/MPa	1.2
4. 高压分离器 D103		出口温度/℃	105
温度/℃	45	出口压力/MPa	12

表 1-3-69　主要操作条件(三)

项　目	脱丁烷塔 T201	脱乙烷塔 T202	产品分馏塔 T203	柴油汽提塔 T204
进料量(初期/末期)/(kg/h)	147193/151833	3934/6242	139425/142538	
进料温度/℃	201/206	40	228/290	

续表

项　目	脱丁烷塔 T201	脱乙烷塔 T202	产品分馏塔 T203	柴油汽提塔 T204
塔顶温度/℃	72/76	50/64	137/135	186/196
塔底温度/℃	287/294	114/119	253/258	
塔顶压力/MPa	1.5	3.25	0.07	0.086
塔顶回流比(对进料)	0.28	0.7	0.56	
中段回流循环比(对进料)			1.04	

5. 产品质量控制指标

(1) 石脑油

石脑油质量控制指标见表1-3-70。

表1-3-70　石脑油质量控制指标

项　目	轻石脑油	石　脑　油
馏分范围/℃	<65	65~165
密度(20℃)/(g/cm^3)	0.6518	0.7543
馏程/℃		
初馏点/%		71
10%		99
30%		111
50%		122
70%		136
90%		152
95%		160
终馏点		170
折射率/n_D^{20}	1.3745	1.421
C/H/%(质量分数)	83.85/16.15	85.7/14.3
溴价/(gBr/100mL)		0.35
组成分析/%(质量分数)		
烷烃	87.4	36.5
环烷烃	10.6	47.7
芳烃	2.0	15.8
芳烃潜含量/%(质量分数)		60.8

(2) 柴油

柴油质量控制指标见表1-3-71。

表1-3-71　柴油质量控制指标

项　目	低凝柴油	重柴油	柴油调和组分
馏分范围/℃	165~320	>320	>165
密度(20℃)/(g/cm^3)	0.8002	0.8048	0.8009
馏程/℃			

续表

项　目	低凝柴油	重柴油	柴油调和组分
初馏点	175	322	171
10%	193	327	194
30%	202	330	205
50%	213	334	220
70%	231	340	247
90%	266	353	307
95%	280	363	332
终馏点	289	375	347
黏度/(mm^2/s)			
20℃	2.137	5.087	2.55
50℃	1.333	2.1(100℃)	1.554
凝点/℃	-48	20	-13
闪点/℃	67	>165	68
铜片腐蚀/级	1	1	1
酸值/(mgKOH/100mL)	1.66	0.04	1.77
10%残炭/%(质量分数)	<0.01	0.10	0.11
颜色/号	<0.5	—	<2.3
S/N/(μg/g)	<5.0/<1.0	<5.0/<1.0	<5.0/<1.0
C/H/%(质量分数)	86.2/13.8	85.43/14.57	85.82/14.18
烷烃/%(体积分数)	83.2		83.7
烯烃/%(体积分数)	0.6		0.6
芳烃/%(体积分数)	16.2		15.7
十六烷值	51.9		54.4
碱性氮/(μg/g)	<1.0	<1.0	<1.0
乙酸法残余物/%(质量分数)	<0.05	<0.05	<0.05

6. 关键设备和设备一览表介绍

K-102循环氢压缩机部分的任务是将高分出来的氢气经循环氢入口分液罐分液后进入压缩机，从9.5MPa增压到11.7MPa，供给加氢精制和裂化作反应氢，也作为两个反应器的急冷氢。

压缩机系统的流程说明如下：

① 氢气系统。由高分分离出来的循环氢进入压缩机入口，经压缩后从压缩机出口进入系统。另外为了防喘振，从压缩机出口有一条管线引到空冷入口。

② 蒸汽系统。从管网来的1.0MPa蒸汽在界区脱水后进入汽轮机驱动汽轮机做功，乏汽进入真空冷凝器，冷凝水用水泵送出装置，为抽出不凝汽及保持凝汽器真空度设有抽真空系统。

③ 润滑油系统。油从油箱引出经油泵升压分两路，一路入冷却器和过滤器供给压缩机和汽轮机各轴承及高位油罐；另一路经过滤后供给速关组合等，回流合入油箱。

④ 干气密封。从压缩机出口引出一部分经精滤后进入压缩机轴封，流出气体由管线引出去火炬，另外为防止润滑油进入密封腔，另设有缓冲气和隔离气体。

设备一览表见表 1-3-72。

表 1-3-72 设备一览表

流程图编号	设备名称	规格和结构特征	操作条件		
			介质	温度/℃	压力/MPa
F-101	反应进料加热炉	14419-11.6-ϕ168.3(翅)/168.3 立管立式炉	油气、H_2、H_2S	376	11.5
F201	脱丁烷塔底重沸炉	17699-2.0-ϕ168(钉)/ϕ168 圆筒形加热炉	油、油气	327	1.8
F202	分馏塔进料加热炉	988-1.1-ϕ168(钉)/ϕ168 圆筒形加热炉	油、油气	291	1
R101	加氢精制反应器	ϕ3600×36923×135	油气、H_2、H_2S	397	11.1
R102	加氢裂化反应器	ϕ3600×24646×130	油气、H_2、H_2S	409	10.6
T201	脱丁烷塔	ϕ2400/ϕ3000×43222×22/26	液态烃、石脑油、柴油、硫化氢	294	1.55
T202	脱乙烷塔	ϕ1600×27376×26	C_1~C_4	119	3.25
T203	产品分馏塔	ϕ3600×44312×16/14	石脑油、柴油、蒸汽	258	0.07
T204	柴油汽提塔	ϕ1800×16400×10	油气、柴油、蒸汽	196	0.086

另有冷换器 26 台、容器 22 台、其他设备 37 台。

7. 装置物料平衡

装置物料平衡见表 1-3-73。

表 1-3-73 装置物料平衡

项目	物料名称	质量分数(对原料)/%	kg/h	10^4t/a
入方	焦化柴油	14.62	21930	17.54
	催化柴油	85.38	128070	102.46
	工业 H_2	2.71	4036	3.24
	软化水	5.33	8000	6.4
	合计	108.04	162036	129.64
出方	含硫干气	2.96	4447	3.56
	液化气	4.0	6005	4.8
	石脑油	26.67	40000	32.00
	低凝柴油	57.53	86000	34.4
	柴油组分	68.34	102531	41.01
	重柴油	10.81	16531	6.61
	含硫污水	5.46	8186	6.54
	损失	0.61	867	0.72
	合计	108.04	162036	129.64

水、电、汽系统示意图见图 1-3-13。

8. 1.2Mt/a 催化柴油中压加氢装置三剂及消耗

石油三厂 1.2Mt/a 催化柴油中压加氢装置采用抚顺石油化工研究院开发研制的催化剂，抚顺石油三厂生产的精制催化剂为 3936，裂化催化剂为 3905，保护剂选用 FZC-102A 和 FZC-103，硫化剂为 DMDS。

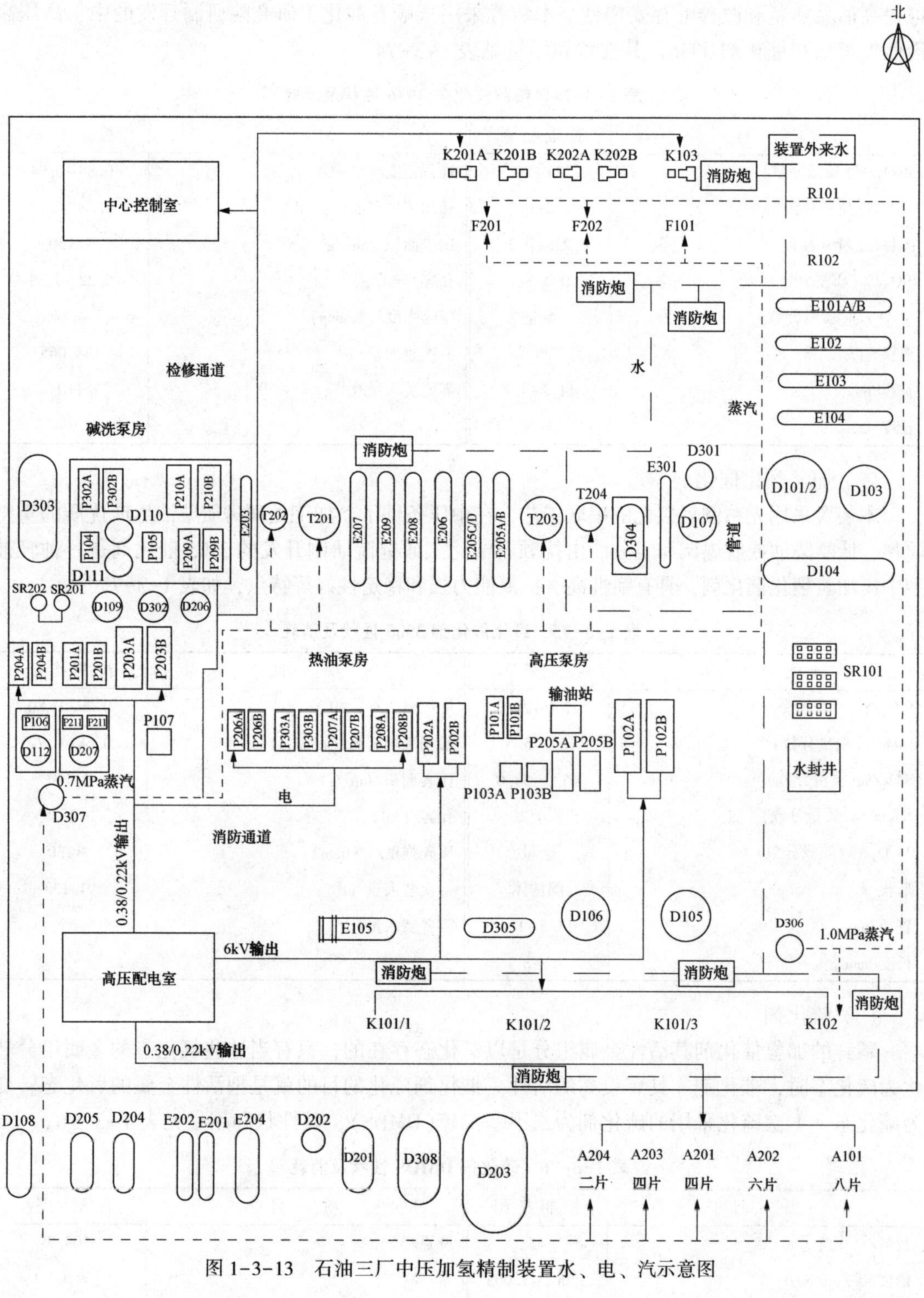

K201A K201B K202A K202B K103 装置外来水
中心控制室 消防炮 R101
F201 F202 F101
R102
消防炮 消防炮
E101A/B
E102
水 E103
检修通道 蒸汽
E104
碱洗泵房
消防炮 D301
E301
D303 P302A P302B P210A P210B T204 D101/2 D103
D110 E203 T202 T201 E207 E209 E208 E206 E205C/D E205A/B T203 D304 D107
P104 P105 P209A P209B 管道
D111 D104
SR202 SR201 D109 D302 D206
热油泵房 高压泵房 SR101
P204A P204B P201A P201B P203A P203B
输油站
P106 P211 P211 P107 P206A P206B P303A P303B P207A P207B P208A P208B P202A P202B P101A P101B P205A P205B P102A P102B 水封井
D112 D207
0.7MPa蒸汽 P103A P103B
D307 电
消防通道
0.38/0.22kV输出
D106 D105
E105 D305 D306 1.0MPa蒸汽
6kV输出
高压配电室 消防炮 消防炮
消防炮
K101/1 K101/2 K101/3 K102
0.38/0.22kV输出
消防炮
D108 D205 D204 E202 E201 E204 D202
D201 D308 D203
A204 A203 A201 A202 A101
二片 四片 四片 六片 八片

图 1-3-13　石油三厂中压加氢精制装置水、电、汽示意图

（1）加氢精制催化剂

中压加氢精制降低了原料中的多环芳烃、烯烃及硫、氮等杂质的含量，对二次加工柴油可提高油品质量和改善贮存安定性。本装置采用抚顺石油化工研究院研制开发的中、高压高活性加氢精制催化剂 3936，其性状和用量见表 1-3-74。

表 1-3-74　精制催化剂 3936 性状及消耗

项　目	控制指标	项　目	控制指标
MoO_3/%(质量分数)	23~26	堆积密度/(g/mL)	0.88~0.94
NiO/%(质量分数)	4.0±0.3	稀相装填密度/(g/mL)	0.78~0.82
P/%(质量分数)	2.8±0.2	比表面积/(m^2/g)	≥150
SiO_2/%(质量分数)	0.4(Si)	孔容/(mL/g)	0.32~0.38
Al_2O_3/%(质量分数)	余量	压碎强度/(N/mm)	≥25
形状	三叶草	一次装入量/m^3	134.065
直径/mm	ϕ1.2~1.4	需要装入量/t	110
长度/mm	3~8		

（2）加氢裂化催化剂

本装置采用先精制后裂化的串联工艺，在中压条件下，加工处理劣质柴油生产优质的重整原料、低凝柴油或航煤调和组分。由抚顺石油化工研究院研制开发的 3905 催化剂是一种轻油型中压加氢裂化催化剂，具有活性高、抗氮能力强和稳定性好等特点，如表 1-3-75 所示。

表 1-3-75　裂化催化剂 3905 性状及消耗

项　目	控制指标	项　目	控制指标
WO_3/%(质量分数)	22.0~25.0	堆积密度/(g/mL)	0.70~0.80
NiO/%(质量分数)	4.0~5.5	稀相装填密度/(g/mL)	0.68~0.72
SiO_2/%(质量分数)	46.0~54.0	比表面积/(m^2/g)	≥380
Na_2O/%(质量分数)	<0.2	孔容/(mL/g)	≥0.25
Al_2O_3/%(质量分数)	余量	压碎强度/(N/mm)	≥130
形状	圆柱体	一次装入量/m^3	91.133
直径/mm	ϕ1.5~1.7	需要装入量/t	65
长度/mm	3~8		

（3）硫化剂

新鲜的加氢催化剂其活性金属组分是以氧化态存在的，只有当这些氧化态的金属组分转化为硫化态时，催化剂才具有较高的活性。催化剂硫化的目的就是把活性金属的氧化态转变为硫化态。本次硫化采用的硫化剂为二甲基二硫(DMDS)，其性状和用量见表 1-3-76。

表 1-3-76　硫化剂 DMDS 性状及消耗

项　目	控制指标	项　目	控制指标
数量/(t/次)	45	沸点/℃	109.7
密度 d_4^{20}/(g/mL)	1.062~1.065	水/%	≤0.1
DMDS 纯度/%	≥99.0		

(4) 液氨和碱液

① 液体无水氨。硫化后的3905催化剂具有较高的加氢裂化活性，易发生“飞温”，故在进原料油前，须先加入低氮油和无水液氨，对催化剂进行“钝化”。无水液氨性质及用量见表1-3-77。

② 碱液。脱乙烷塔分离出的液化气含有部分的硫化氢等酸性气体，必须通过碱洗去除其中的酸性气体，本装置使用氢氧化钠溶液作为碱洗溶液，其浓度及用量见表1-3-77。

表1-3-77 液氨和碱液性状及消耗

项 目	控制指标	项 目	控制指标
液体无水氨		碱液	
数量/(t/次)	10	数量/(t/半年)	100
氨含量/%	≥99.8	氢氧化钠含量/%(质量分数)	≥42
残留物含量/%	≤0.2		

(5) 惰性瓷球

惰性瓷球用于支撑和覆盖催化剂，要求无酸性、无有害杂质及灰尘等。由于瓷球的不同作用，需要不同规格的瓷球。瓷球的具体规格及用量见表1-3-78。

表1-3-78 瓷球性状及消耗

项 目	控制指标	项 目	控制指标
瓷球		组成和性质/%(质量分数)	
一次用量/m^3		Al_2O_3	≥70
$\phi3$	8.1	Fe_2O_3	≤0.9
$\phi6$	16.0	CaO	≤1.0
$\phi13$	10.6	Na_2O	≤1.5
$\phi19$	10.6	K_2O	≤2
合计	45.3	焙烧温度/℃	>1200
抗压力/(kg/cm^3)	>1500		

(6) 保护剂

由于加氢原料中含有较大量的烯烃，为了减缓一反顶部因烯烃快速加氢饱和反应而造成局部剧烈放热造成催化剂结焦的现象，在反应器入口处装填一部分FZC-102A、FZC-103保护剂，该保护剂可以完成部分烯烃(尤其是二烯烃)加氢反应，减少主催化剂的积炭，同时保护剂还具有一定的脱金属、残炭的能力，从而保护主催化剂，延长催化剂运转周期。本装置选用保护剂FZC-102A和FZC-103装填在一反上部，其性状及用量见表1-3-79和表1-3-80。

表1-3-79 保护剂FZC-102A性状及消耗

项 目	控制指标	项 目	控制指标
MoO_3/%(质量分数)	6.0~8.0	比表面积/(m^2/g)	150~220
NiO/%(质量分数)	1.5~2.5	孔容/(mL/g)	0.50~0.65
装填比例(体积)	1	压碎强度/(N/mm)	≥3.0
形状	拉西环	堆密度/(g/mL)	0.56~0.62

项　目	控制指标	项　目	控制指标
粒径/mm	ϕ4.9~5.2	一次装量/m^3	3.91
内径/mm	ϕ2.2~2.4	一次装量/t	2.0
长度/mm	3~10		

表 1-3-80　保护剂 FZC-103 性状及消耗

项　目	控制指标	项　目	控制指标
MoO_3/%(质量分数)	6.0~8.0	比表面积/(m^2/g)	150~220
NiO/%(质量分数)	1.5~2.5	孔容/(mL/g)	0.50~0.65
装填比例(体积)	2	压碎强度/(N/mm)	≥3.0
形状	拉西环	堆密度/(g/mL)	0.56~0.62
粒径/mm	ϕ3.3~3.6	一次装量/m^3	7.84
内径/mm	ϕ1.0~1.2	一次装量/t	4.0
长度/mm	3~8		

(四) 1.20Mt/a 柴油中压加氢装置分馏系统改造及生成分子筛脱蜡原料标定

1. 装置存在问题及改进措施

① 中压加氢装置原料为纯焦化柴油时，精制生产方案下具备生产分子筛脱蜡原料的条件，但由于 1.20Mt/a 中压加氢装置分馏塔只设计轻柴油一个侧线，产分子筛料时分馏塔各侧线和塔底取热比例不同及各机泵和冷换设备能力不匹配，装置在工艺上无法生产分子筛料，需进行改造。

② 中压加氢装置在精制生产方案下满负荷生产，原料换罐过于频繁，达不到要求的沉降时间，加上焦化柴油在源头和入中压加氢原料罐前没有过滤设施或氮封，携带的焦粉和氧化成物进装置后，造成 P101 泵入口过滤器易堵，使过滤器反冲洗频率较高，导致加工损失率上升。需在源头上增加过滤器、氮封等措施解决焦粉等杂质携带问题。

③ 中压加氢装置原料无论是催化柴油还是焦化柴油都不能存储太长时间，否则由于两种油品的不稳定性，加上储罐没有氮封，接触氧后的生成物造成过滤器冲洗频率较高，即使 3 组过滤器全部投用，也无法使装置达到设计处理能力。需增加过滤器组数。

④ 原设计中压加氢装置原料靠自压入装置，实际生产中没有实现，需要开泵输送才能满足生产需要。

⑤ 随着抚顺石化公司物料平衡的不断变化，要求中压加氢必须具备灵活的生产条件，即可按不同比例加工焦化柴油和催化柴油分馏系统也能适应不同的生产方案。但由于本次标定执行加氢精制生产方案，对裂化部分的设备(输送能力、取热能力等)能力匹配是否满足不同比例原料、不同加工深度的生产方案，没有进行考核，只能看以后的实际生产数据。

⑥ 全面改造中压加氢装置，使得该装置具备在不同原料下可生产分子筛脱蜡原料油、-10号军用柴油组分的能力。

2. 1.20Mt/a 中压加氢装置分馏系统改造

(1) 改造的背景与意义

1.20Mt/a 中压加氢装置，原设计原料比例是催化柴油：焦化柴油为 86：14，开精制方案生产 0 号柴油，开改质方案是生产石脑油和低凝柴油，但不能生产航煤。2003 年按抚顺石化公司生产情况，石油一厂、二厂焦化装置已完成改扩建后，使得中压加氢装置的原料发生了较大的变化。中压加氢装置原料焦化柴油的比例可以不大于50%。

石油三厂研究所小试结果表明可以生产航煤组分。在1.20Mt/a中压加氢装置开工后，加氢生成油部分引至北蒸馏装置进行试生产航煤调和组分获得成功。但由于北蒸馏装置是按加工0.4Mt/a加氢生成油设计的，造成切割精度不好，重叠严重。同时将中压加氢生成油引至北蒸馏装置生产航煤调和组分，造成一个加氢系统、两个分馏系统生产，能耗浪费较大。石油三厂分子筛脱蜡装置抽余油闪点不合格，而不能单独生产航煤，需要与分子筛脱蜡装置拔头油调和，但拔头油产量有限，限制了航煤产量。因此急需由1.20Mt/a中压加氢装置的分馏系统直接生产航煤调和组分，以扩大航煤生产能力，满足市场对航煤的需要。

另外，由于分子筛料不足，直接影响两套分子筛脱蜡装置能力的发挥和下游装置(烷基苯)的原料供应。根据抚顺石化公司生产需要，1.20Mt/a中压加氢装置原料变化后，原料将以全焦化柴油或以焦化柴油为主，每年约为0.7~0.9Mt。在此情况下，加氢生成油中含有的40%左右的165~265℃馏分的合格分子筛脱蜡装置原料，必须提炼出来。

综上所述，对石油三厂1.20Mt/a中压加氢装置的分馏系统进行改造，将分馏塔再增设两条侧线，便于在不同的方案下，生产分子筛脱蜡原料或航煤组分、-35号柴油、-30号柴油、-20号柴油、-10号柴油、0号柴油等产品，以适应灵活调整产品方案的需要。改造后能力可达1.40Mt/a，对原料和产品的适应性更加灵活。

改造工程于2003年10月~2003年12月施工建设，2004年1月投料生产。

(2) 原料来源及性质

按照抚顺石化公司目前生产计划安排，生产2.06Mt/a柴油原料，其中0.85Mt/a焦柴和0.55Mt/a催柴由石油三厂1.20Mt/a中压加氢装置加工，生产柴油、航煤及分子筛料等产品。中压加氢装置的原料焦化柴油的比例可以大于50%，现两种原料油的比例为5∶5(质量)。其性质见表1-3-81。

表1-3-81 原料性质

原料油名称	焦化柴油	催化柴油
原料油量/(t/h)	87.5	87.5
密度(20℃)/(kg/m^3)	815.9	843.2
馏程(ASTM D86)/℃		
初馏点	162	149
10%	212	192
30%	244	210
50%	273	235
70%	300	274
90%	328	320
终馏点	347	348
S/(μg/g)	673	890
N/(μg/g)	968	777
凝固点/℃	-2	-16
黏度(20℃)/(mm^2/s)	3.925	2.751

续表

原料油名称	焦化柴油	催化柴油
10%蒸余物残炭/%(质量分数)	0.14	0.06
碘值/(gI_2/100g)	49.2	42.0

(3) 生产规模及产品

装置改造后，生产规模为1.40Mt/a(以处理量计)，年开工时数为8000h。同时采用两种不同的产品方案。其一为50%焦柴深度裂化生产航煤，工艺流程沿用原有的工艺，物料平衡见表1-3-82。

表1-3-82 物料平衡(方案一)

项目	名称	质量分数/%(对原料)	kg/h	$\times10^4$t/a
入方	焦化柴油	50	87500	70
	催化柴油	50	87500	70
	工业氢	2.37	4153	3.32
	合计	102.37	179153	143.32
出方	干气+损失	2.83	4953	3.96
	液化气	3.37	5900	4.72
	石脑油	13.86	24260	19.41
	航煤	32.49	56850	45.48
	-20号柴油	23.34	40850	32.68
	-10号柴油	13.36	23380	18.70
	0号	13.12	22960	18.37
	合计	102.37	179153	143.32

其二为100%焦柴浅度裂化生产分子筛脱蜡原料、分馏系统三塔流程改为只使用产品分馏塔分馏，物料平衡见表1-3-83。

表1-3-83 物料平衡(方案二)

项目	名称	质量分数/%(对原料)	kg/h	$\times10^4$t/a
入方	焦化柴油	100	175000	140
	工业氢	1.16	2028	1.62
	合计	101.16	177028	141.62
出方	干气+损失	1.23	2158	1.72
	石脑油	2.49	4350	3.48
	调和油	2.74	4800	3.84
	分子筛料	26.77	46848	37.48
	-10号柴油	40.00	70000	56.00
	0号柴油	27.93	48872	39.10
	合计	101.16	177028	141.62

两种不同产品方案的产品分馏塔均增加两条侧线，生产五种产品。

(4) 工艺技术

① 主要工艺条件

50%焦柴深度裂化生产航煤的分馏系统主要工艺操作条件见表1-3-84。

表1-3-84 主要工艺操作条件(方案一)

项 目	操作条件	项 目	操作条件
脱丁烷塔塔顶压力/MPa(绝对)	1.5	产品分馏塔塔顶压力/MPa(绝对)	0.171
脱丁烷塔塔顶温度/℃	80	产品分馏塔塔顶温度/℃	115

100%焦柴浅度裂化分子筛分馏系统的主要操作条件见表1-3-85。

表1-3-85 主要工艺操作条件(方案二)

项 目	操作条件	项 目	操作条件
产品分馏塔塔顶压力/MPa(绝对)	0.171	产品分馏塔塔顶温度/℃	144

② 装置工艺流程。分馏部分在原有的基础上，增加了两条侧线，相应的增加二线汽提塔、三线汽提塔、二线换热器及空冷器、三线换热器及空冷器、二线抽出泵、三线抽出泵等设备。

第一方案为脱丁烷塔、脱乙烷塔、产品分馏塔三塔流程。低分油从反应系统入分馏系统，经过与产品分馏塔中段回流换热后，进入脱丁烷塔、塔顶产出的液化气去脱乙烷塔和碱洗水洗系统，生产质量合格液化气产品。脱丁烷塔底馏出物进入产品分馏塔，石脑油从产品分馏塔顶排出，经冷凝冷却后去分馏塔顶回流罐，除回流外，多余的出装置作为重整原料；一线抽出-35号柴油或航煤组分，然后，进入一线汽提塔、经一线抽出泵、再与一线原料油换热后，由一线空冷器冷却后，出装置；二线抽出-20号柴油，经过二线汽提塔、二线抽出泵，再与第二线原料油换热后，进入二线空冷器冷却后，出装置去储罐；三线抽出10号柴油，经过三线汽提塔、三线抽出泵，再与第三线原料油换热后，进入三线空冷器冷却后，出装置去储罐；塔底生产0号柴油或5号柴油，与原流程不变。

第二方案为产品分馏塔。低分油从反应系统入分馏系统，一路与产品分馏塔中段回流换热；另一路与产品分馏塔塔底产品换热，然后与低分油汇合一起去脱丁烷塔重沸炉加热，再进入产品分馏塔进料加热炉加热后，入产品分馏塔，塔顶仍产石脑油，一线生产调和油，二线生产分子筛脱蜡料，三线生产-10号柴油，塔底生产0号柴油。

两个方案的产品分馏塔部分的过程基本相同，只是第二方案的塔底产品要与低分油换热，而第一方案的塔底产品作一线汽提塔重沸器和脱乙烷塔重沸器的热源。另外，第二方案一线产品不与原料油换热，直接用空冷取热。

(5) 小结

① 本次改造完成后，可使石油三厂中压加氢装置得到充分发挥作用，增加了产品的种类，提高了企业经济效益新的增长点；

② 本次改造完成后，所需原料由抚顺石化公司统一规划、统筹安排，原材料供给有保障；

③ 本次改造在原装置上改造实施，不新增土地；厂内现有公用工程和基础设施完备并有富裕能力，有利于降低项目投资，缩短改造周期；

④ 建成投产后，按照方案一运行，年均销售收入48350.8万元，年均总成本费用

45171.01万元，年均所得税后利润1422.08万元。全部投产所得税后内部收益率为54.77%，投资利润率为70.63%。投资利税率为105.81%，静态投资回收期为2.82年。具有比较好的经济效益；按照方案二运行，年均销售收入28248.2万元，年均总成本费用19132.14万元，年均所得税后利润3706.46万元。全部投资所得税后内部收益为131.69%，投资利润率为184.09%，投资利税为303.35%，静态投资回收期为1.76年。具有比较好的经济效益。

(五) 中压加氢装置改造后标定

1. 中压加氢分馏改造结果简述

本次中压加氢装置是在只有一条侧线的基础上进行调整改造，便于在不同的方案下，生产分子筛脱蜡原料或航煤组分及柴油等产品。以适应今后灵活调整产品的需要。

(1) 原料和产品

本装置主要原料为抚顺石化分公司焦化柴油、催化柴油。主要产品为分子筛料、柴油或航煤组分、柴油。

(2) 工艺技术特点

本装置加氢反应分两种，生产分子筛料的方案为加氢精制，生产航煤组分方案为加氢改质。

(3) 工艺流程简述

改造项目：

ⓐ T203侧线上移，由原来的22层、24层抽出改到12层、14层抽出。

ⓑ T204塔底增加热虹吸E211。

ⓒ 原先E209(重柴/热水)换热器拆除，更换为E210(柴油/原料油)换热器。

ⓓ 调整换热流程，在生产分子筛料方案时，E205中段回流不开，用塔底柴油与低分油进行换热。

ⓔ 空冷A203、A204出入口增加4条跨线，以解决生产分子筛料和生产航煤方案时调换空冷流程。

ⓕ F201与F202出入口盲板切换，以解决生产分子筛料方案时甩F202，实现单炉流程。

ⓖ 新增两台热油泵P208，解决原先塔底泵送量小的问题。

(4)新增设备

E211(T204塔底再沸器)、E210(原料-塔底油换热器)、P208C/D(T203塔底柴油泵)、FV1230(原料入E206自控)、FV1231(原料入E210自控)、TV1283B(塔底油入E211旁路自控)、LV1206(重柴油出装置更换)

(5) 生产分子筛料方案流程

低分油从反应部分来，进入分馏部分，首先与产品分馏塔底柴油换热(E205)，然后由加热炉(F201)加热进入产品分馏塔，塔顶气体经塔顶空冷器、后冷器进入塔顶回流罐，回流罐中气体进厂内气体管网后至脱硫装置，回流罐中液体经塔顶回流泵升压后，一部分作为塔的回流，另一部分作为石脑油产品出装置。侧线分子筛料进入汽提塔后，由汽提塔底油泵升压进入E206原料油/一线油、E208采暖水/一线油换热器、A204空冷器，经换热后出装置。塔底柴油与低分油换热(E205)，然后与一部分原料油换热(E210)，再经塔底空冷器(A203)冷却后出装置。

2. 标定

(1) 标定目的

① 标定装置各单元的实际操作参数。

② 标定装置生产的灵活性。

③ 标定装置改造后产分子筛料的物料平衡、产品性质，为以后制定生产方案提供依据。

④ 标定装置改造后产分子筛料的能耗情况、装置主要的计量仪表、设备的使用情况等。

⑤ 标定装置存在的问题

(2) 标定时间及生产方案

① 标定时间。2005 年 4 月 13 日 10：00~2005 年 4 月 15 日 10：00

② 生产方案。浅度裂化方案，反应温度以保证生成油氮含量不大于 10ppm 为最低控制下限，其余操作条件做相应调整。

ⓐ 标定原料。石油一厂、二厂焦化柴油，原料油的加工量为 120t/h。

ⓑ 产品指标。石脑油终馏点按不大于 190℃控制，侧线分子筛脱蜡原料：初馏点 160~170℃，分子筛脱蜡原料：95%点≯265℃，重柴：闪点(闭口)≮55℃

(3) 参加标定单位

生产运行处、加氢车间、质量检查中心、计量中心、油库车间、研究中心等。

(4) 标定结果

① 原料分析见表 1-3-86。

表 1-3-86　加氢原料分析

项　　目	原料 1	原料 2
罐号	5002	5004
密度/(kg/m^3)	819.9	817.0
馏程/℃		
初馏点	164	163
10%	200	208
50%	264	266
90%	327	321
终馏点	349	348
凝点/℃	-7	-8
碱性氮/(μg/g)	426.62	439.73
溴价/(gBr/100g)	36.41	33.44
总硫含量/(μg/g)	1000	
总氮含量(μg/g)	814	

② 主要操作条件。反应部分操作参数见表 1-3-87。

表 1-3-87　反应部分操作参数

项目名称	位　　号	单　　位	设计值	标定值			
原料油入装置量	FIQ1111	t/h	150	121	120	120	120
原料油温度	TI1111	℃	60	27	39	39	28

续表

项目名称	位号	单位	设计值	标定值			
换热后原料油温度	TI1258	℃	110	91	96	97	88
D101 压力	PIC1101	MPa	0.3	0.1	0.1	0.1	0.1
D102 压力	PIC1102	MPa	0.3	0.27	0.27	0.27	0.27
阻垢剂注入浓度		μg/g	100	120	120	120	120
自动反冲洗差压	PDI1111A	MPa	0.2	0.067	0.66	0.71	0.071
自动反冲洗差压	PDI1111B	MPa	0.2	0.073	0.67	0.69	0.078
自动反冲洗差压	PDI1111C	MPa	0.2	0.072	0.71	0.68	0.076
E101 管程入口温度	TI1147	℃	296	346	346	347	344
E101 管程出口温度	TI1113	℃	409	223	228	229	221
E101 壳程入口温度	TI1119	℃	222	158	163	163	157
E101 壳程出口温度	TI1118	℃	342	281	282	283	277
E102 管程出口温度	TI1114	℃	247	218	223	224	217
E102 壳程入口温度	TI1120	℃	110	94	102	103	93
E103 管程出口温度	TI1115	℃	212	189	193	193	187
E103 壳程入口温度	TI1121	℃	67	67	67	67	65
循环氢入口 E103 流量	FIA1117	Nm^3/h	130000	75218	73959	75574	75961
E104 管程出口温度	TI1116	℃	135	125	127	127	122
E104 壳程出口温度	TI1122	℃	163	134	148	150	125
R101 入口温度	TIC1101	℃	376	310	311	311	304
R101 一床层上温度	TI1133B	℃		315	315	316	307
R101 一床层下温度	TI1134B	℃		320	319	320	310
R101 二床层上温度	TI1135B	℃		323	323	324	314
R101 二床层下温度	TI1136B	℃		319	319	320	309
R101 三床层上温度	TI1137C	℃		353	354	354	342
R101 三床层下温度	TI1138B	℃		365	365	365	355
R101 出口温度	TI1139	℃	397	364	364	365	355
R102 入口温度	TI1140	℃	397	343	341	341	340
R102 一床层上温度	TI1141B	℃		346	345	345	342
R102 一床层下温度	TI1142B	℃		344	344	344	341
R102 二床层上温度	TI1143B	℃		344	343	344	340
R102 二床层下温度	TI1144B	℃		347	346	347	343
R102 三床层上温度	TI1145A	℃		343	342	343	340
R102 三床层下温度	TI1146B	℃		346	346	347	344
R102 出口温度	TI1147	℃	409	346	346	347	344
R101 入口压力	PI1116	MPa	11.1				
R101 出口压力	PI1117	MPa	10.6				
R102 入口压力	PI1119	MPa	10.6				

续表

项目名称	位号	单位	设计值	标定值			
R102 出口压力	PI1120	MPa	10.2				
R102 入口冷氢流量	FI1116	Nm³/h		26396	27807	28112	20185
R101 精制催化剂空速			1.5	1.09	1.09	1.09	1.09
R102 裂化催化剂空速			2.0	1.85	1.85	1.85	1.85
精制段氢油比			800：1	523	518	521	528
A101 入口温度	TI1116	℃	135	125	127	127	122
A101 出口温度	TIC1108	℃	45	43	43	43	43
循环氢纯度	AI1102	%	88	92.49	92.49	91.69	91.69
K102 入口压力	PI2110	MPa		8.46	8.54	8.55	8.43
K102 出口压力	PI2110	MPa	12.0	9.90	9.99	10.02	9.91
K102 出入口差	PI1122	MPa		1.44	1.46	1.48	1.48
K102 入口流量	FIC2110	Nm³/h		118682	119894	120017	122062
K102 反飞动流量		Nm³/h		29901	25111	26481	32036
K102 出口温度	TIA2111	℃		61.4	61.6	61.6	61.3
K102 1.0MPa 蒸汽消耗量	FIQ1124	t/h	11.25	10.4	10.3	10.4	10.3
K102 1.0MPa 蒸汽温度	TIA1148A/B	℃	250	275	275.7	277.1	276
K102 1.0MPa 蒸汽压力	PI1123	MPa	1.0	1.10	1.09	1.10	1.09
D107 压力	PIC1104	MPa		0.05	0.05	0.05	0.05
D103 压力	PIC1105	MPa	9.5	8.453	8.541	8.55	8.439
D104 压力	PIC1106	MPa	2.1	1.51	1.5	1.5	1.50
低分油流量	FIC1103	T/h	151.833	121	125	124	121
D106 入口压力	PI1107	MPa	1.3	1.03	1.03	1.03	1.03
D106 入口温度	TI1149	℃	40	23.5	17.8	20.6	15.5
重整氢入装置量	FIQ1127	Nm³/h		16218	15777	15947	14820
新氢入系统量	FI1122	Nm³/h		16678	16752	16789	16567
新氢返回冷却器流量	FI1128	Nm³/h		12528	12429	13088	14282

③ 分馏部分操作参数

项目名称	位号	单位	设计值	标定值			
T203 进料量 1 路	FIC1201	t/h		21	24.5	21.8	22
T203 进料量 2 路	FIC1202	t/h		22	23.7	23.4	24
T203 进料量 3 路	FIC1203	t/h		27	21.4	19.8	19
T203 进料量 4 路	FIC1204	t/h		19	22.7	22.0	23
T203 顶回流量	FIC1217	t/h	76	51	57.4	57.5	56
T203 顶压力	PIC1205	MPa	0.171	0.17	0.15	0.15	0.15
T203 顶温度	TIC1206	℃	157	136	132	132	131
T203 进料温度	TI1243	℃		303	304	306.8	304

续表

项目名称	位号	单位	设计值	标定值			
T203 底温度	TIC1205	℃	286	291	291	292	292
T203 汽提蒸汽量	FICA1218	t/h		0.64	0.7	0.68	0.68
T203 石脑油	FIQ1220	t/h	1.5	0	2.6	1.6	3.2
T203 柴油		t/h	92	75	81	78	77
T204 分子筛料流量	FIQ1224	t/h	55	37	42	42	41
T204 汽提蒸汽量	FIC1221	t/h		0.63	0.63	0.62	0.63

④ 物料平衡见表 1-3-88。

表 1-3-88 物料平衡

数据		考核标定值		
		48h 总量/t	流量/(t/h)	质量分数/%
入方	原料油	5782	120	97.95
	氢气	578208m^3	2.5	2.05
	合计	5880.294	122.5	100
出方	石脑油	100	2	1.71
	分子筛料	1824	38	31
	重柴油	2848	80.2	65.5
	低分气	40041m^3	0.242	0.19
	低压瓦斯	67.27	1.4	1.1
	损失	29.40	0.61	0.5
	合计	5880.294	122.5	100

⑤ 公用工程消耗见表 1-3-89。

表 1-3-89 公用工程消耗

序号	内容	标定值/(t/h)	48h 总量/t
1	1.0MPa 蒸汽	10.5	504
2	0.7MPa 蒸汽	3	144
3	新鲜水		0
4	循环水	1800	86400
5	软化水	7	336
6	冷凝水	-10	-480
7	氮气	341	16368
8	净化风	540	25920
9	燃料油	1.1	52.8
10	燃料气	1.7	81.6
11	电(单位 kWh/h)	4022	193056

⑥ 消耗见表 1-3-90。

表 1-3-90 装置能耗

内 容	标定值/(t/h)	换算系数 kg 标油/t 原料	能耗/kg 标油/t 原料
1.0MPa 蒸汽	10.5	76	6.51
0.7MPa 蒸汽	3	76	1.86
新鲜水		0.17	0.00
循环水(回水)	1800	0.1	1.47
软化水	7	2.3	0.13
冷凝水	-10	3.4	-0.28
燃料油	1.1	1000	8.98
燃料气	1.7	860	11.93
电	4022	0.282	9.26
合计	39.87kg 标油/t 进料		

⑦ 加热炉效率见表 1-3-91。

表 1-3-91 加热炉烟气分析及热效率(反平衡)

名 称	烟气分析/%			排烟温度/℃	过剩空气系数	设计炉效率/%	实际炉效率/%
	CO	CO_2	O_2				
F101							
F201		9.0	5	190	1.39	88.5	88.94

⑧ 主要中间产品性质

ⓐ 生成油分析数据见表 1-3-92。

表 1-3-92 生成油分析数据

项 目	低分油	
	样 1	样 2
密度/(kg/m³)	807.8	801.8
馏程/℃		
初馏点	147	135
10%	195	195
30%	230	230
50%	260	261
70%	291	291
90%	321	323
95%	334	334
终馏点	344	347
硫含量/(μg/g)	8.7	9.9
氮含量/(μg/g)	7.6	8.1

ⓑ 生成油实沸点切割数据见表 1-3-93。

表 1-3-93　生成油实沸点切割数据

馏分/℃	收率/%	累计收率/%	备　注
<165	3.3	3.3	
165～265	53.0	56.3	
265～320	30.3	86.3	
>320	13.3	99.9	

ⓒ 气体分析数据见表 1-3-94。

表 1-3-94　气体分析数据

项　　目	新氢	循环氢	低分气	燃料气
H_2/%	94.11	89.52	77.26	33.86
空气/%				19.66
CH_4/%	3.48	9.23	18.94	34.87
CO/%				0
CO_2/%				0
C_2H_4/%				0.51
C_2H_6/%	1.61	0.79	3.07	8.94
H_2S/(mg/m^3)	120	350	1250	0.03%
C_3H_6/%				0.19
C_3H_8/%	0.48	0.16	0.49	1.15
异丁烷/%	0.20	0.19	0.15	0.35
异丁烯/%				0.03
正丁烷/%	0.12	0.11	0.09	0.23
反丁烯Ⅱ/%				0
顺丁烯Ⅱ/%				0
C_5 以上/%				0.18
NH_3/(mg/m^3)		400	500	

⑨ 主要产品性质见表 1-3-95。

表 1-3-95　主要产品性质

项　　目	石　脑　油		塔 底 柴 油	
	样 1	样 2	样 1	样 2
密度/(kg/m^3)	709.9	708.4	827.6	831.3
馏程/℃				
初馏点	38	38	209	214
10	81	78	256	252
30	99	96	285	283
50	110	105	304	306
70	120	116	320	321

续表

项　　目	石　脑　油		塔底柴油	
	样 1	样 2	样 1	样 2
90	135	130	341	342
95	155	140	346	354
终馏点	163	154	—	—
色度/号			<1.0	<1.0
硫含量/(μg/g)	1.4	4.3	15.6	15.0
酸值/(mgKOH/100mL)			0.08	0.08
10%蒸余物残炭/%(质量分数)			0.0026	0.0013
灰分/%(质量分数)			0.0008	0.0008
铜片腐蚀(50℃，3h)/级			1	1
黏度(20℃)/(mm^2/s)			6.92	6.89
凝固点/℃			7	7
冷滤点/℃			8	7
闪点(闭环杯法)/℃			>80	>80
十六烷值			60	59

⑩ 侧线产分子筛料性质分析见表 1-3-96。

表 1-3-96　侧线产分子筛料性质分析

项　　目	侧　　线	
	样 1	样 2
C(分布)/%		
C_7	0.03	0.05
C_8	0.39	0.65
C_9	1.98	2.44
C_{10}	4.43	4.70
C_{11}	6.50	7.51
C_{12}	6.51	7.25
C_{13}	6.37	6.77
C_{14}	6.21	6.02
C_{15}	4.47	3.87
C_{16}	0.71	0.99
C_{17}	0.06	0.07
C_{18}	0.05	0.04
C_{19}	0.05	0.04
C_{20}	0.05	0.04
正构烷烃含量/%	37.81	40.44
溴指数/(mgBr/100g)	284	283

续表

项目	侧线	
	样 1	样 2
硫含量/(μg/g)	<1	<1
氮含量/(μg/g)	<0.5	<0.5
芳烃含量/(μg/g)	14.92	13.31

⑪ 侧线按柴油分析见表 1-3-97。

表 1-3-97 侧线按柴油分析

项目	侧线	
	样 1	样 2
密度/(kg/m^3)	792.6	785.5
馏程/℃		
初馏点	166	162
10%	185	182
30%	202	196
50%	215	209
70%	229	223
90%	247	242
95%	253	251
终馏点	270	269
色度/号	<0.5	<0.5
酸值/(mgKOH/100mL)	0.04	0.04
10%蒸余物残炭/%(质量分数)	0.0014	0.0013
灰分/%(质量分数)	0.0008	0.0008
铜片腐蚀(50℃, 3h)/级	1	1
黏度(20℃)/(mm^2/s)	2.00	1.92
凝点/℃	-30 下	-30 下
冷滤点/℃	-40 下	-40 下
闪点(闭口杯法)/℃	68	58
十六烷值	52	54

⑫ 石脑油族组成见表 1-3-98。

表 1-3-98 石脑油族组成 %

名称	石脑油					
	2005-04-14			2005-04-15		
项目	烷烃	环烷	芳烃	烷烃	环烷	芳烃
C_3	0.6			0.5		
C_4	2.4			2.2		
C_5	6.2	1.1		6.4	1.0	

续表

名　称	石　脑　油					
	2005-04-14			2005-04-15		
项　目	烷烃	环烷	芳烃	烷烃	环烷	芳烃
C_6	11.4	6.4	1.1	11.1	6.8	0.5
C_7	14.5	12.0	1.4	14.2	12.3	1.7
C_8	22.0	10.7	1.7	21.6	10.5	2.3
C_9	5.8	2.0		6.0	2.1	
C_{10}	0.5	0.2		0.5	0.3	
C_{11}						
合计	63.4	32.4	4.2	62.5	33.0	4.5

⑬ 环保情况见表 1-3-99。

表 1-3-99　含硫污水分析

项　目 / 时　间	油/(mg/L)	氨氮/(mg/L)	硫化物/(mg/L)
2005 年 4 月 14 日	14.54	18913	15028
2005 年 4 月 15 日	16.98	20329	15830

⑭ 根据抚顺石化公司的整体生产安排，石油三厂 1.20Mt/a 催化柴油中压加氢装置加工纯焦化柴油，同时利用后分馏装置生产分子筛料。石油三厂中压加氢装置加工全焦化柴油时，自中分生成油进行了取样，经过研究所实沸点切割分析，中压加氢在加工全焦化柴油时所生产分子筛料占 42.55%，C_{10}~C_{14} 占分子筛料收率为 37.7%。石油三厂加氢系统生产分子筛料的工艺路线。是将中压加氢的分馏系统停掉，从中压加氢的低分，将加氢生成油送到北蒸馏，利用北蒸馏的稳定塔将中压加氢生成油的硫化氢蒸掉，再将油送到常压塔分馏出的一线、二线油作为分子筛料出装置。

石油三厂 1.2Mt/a 催化柴油中压加氢装置 100%加工焦化柴油，生产分子筛料期间经济效益："以二线油收率 38%计标，每小时生产分子筛料 70t/h×38%=26.6t/h. 以每吨分子筛料每小时增效 300 元计标：300 元/t×26.6t/h=7980 元/h，这样生产分子筛料期间每月增效：7980 元/h×24h×30=574.56 万元，由此，取得可观的经济效益。

3.1.2Mt/a 中压加氢装置的设计物料平衡、能耗、主要操作条件和产品

(1) 装置的物料平衡

装置的物料平衡见表 1-3-100。

表 1-3-100　装置的物料平衡

项　目	物 料 名 称	质量分数/%(对原料)	kg/h	$\times10^4$t/a
入方	焦化柴油	14.62	21930	17.54
	催化柴油	85.38	128070	102.46
	工业 H_2	2.71	4036	3.24
	软化水	5.33	8000	6.4
	合计	108.04	162036	129.64

续表

项目	物料名称	质量分数/%(对原料)	kg/h	$\times10^4$t/a
出方	含硫干气	2.96	4447	3.56
	液化气	4.0	6005	4.8
	石脑油	26.67	40000	32.00
	低凝柴油	57.53	86000	34.4
	柴油组分	68.34	102531	41.01
	重柴油	10.81	16531	6.61
	含硫污水	5.46	8186	6.54
	损失	0.61	867	0.72
	合计	108.04	162036	129.64

(2) 装置能耗。

装置能耗见表1-3-101。

表1-3-101 装置能耗

序号	项目	小时耗量		耗能指标		能耗/($\times10^4$MJ/a)
		单位	数量	单位	数量	
1	循环水	t	2136	MJ/t	4.1868	7154.40
2	新鲜水	t	12	MJ/t	7.5632	72.61
3	软化水	t	8	MJ/t	10.47	67.01
4	电	kW	6836.55	MJ/kW·h	12.56	68693.65
5	1.0MPa蒸汽	t	15.17	MJ/t	3181.97	38616.38
6	净化风	Nm^3	400	MJ/Nm^3	1.67	534.4
7	燃料气	kg	3755	MJ/kg	41.868	125771.47
8	凝结水	t	-11.25	MJ/t	309.823	-2788.41
9	合计					238221.51
10	单耗	1985.18MJ/t原料(47.41kg标油/t原料)				

(3) 原料油和氢气

① 原料油。1.20Mt/a催化柴油中压加氢装置原料油来自石油一厂、石油二厂、石油三厂的4套催化裂化装置的催化柴油和石油一、二厂的焦化柴油，其中一、二厂的原料通过管输至三厂演武油库，分别输入四台5000m^3的储罐内。见表1-3-102。

表1-3-102 原料来源

原料表	数量/($\times10^4$t/a)	原料表	数量/($\times10^4$t/a)
石油一厂焦化柴油	14.8	石油二厂催化柴油	73.3
石油二厂焦化柴油	2.75	石油三厂催化柴油	10.95
石油一厂催化柴油	20.7	总计	122.5

② 氢气。本装置所用新氢来自石油三厂的轻油制氢装置和连续重整装置。轻油制氢装置在原有的基础上进行了扩能，并采用先进的PSA提纯氢气技术。见表1-3-103和表1-3-104。

表 1-3-103 轻油氢组成

名　称	H_2	N_2	CH_4	CO_2	CO
组成/%	97.4	0.24	2.36	2μg/g	6μg/g

表 1-3-104 重整氢组成

名　称	H_2	CH_4	C_2H_6	C_3H_8	iC_4H_{10}	nC_4H_{10}	H_2S	NH_3	含水
组成/%	90.89	5.58	2.71	0.72	0.08	0.02	250μg/g	75μg/g	150μg/g

(4) 操作条件(初期)

① 反应部分

ⓐ 原料油缓冲罐(D-101)

进料量　150t/h

温度　60℃

压力　0.1MPa

ⓑ 滤后原料油缓冲罐(D-102)

温度　110℃

压力　0.3MPa

精制反应器(R-101)

入口温度　312℃

出口温度　368℃

入口压力　10.8MPa

ⓒ 保护剂　FZC-102A 和 FZC-103

精制催化剂　3936　精制空速　1.5h^{-1}(体积)

氢油比　800∶1(体积)

ⓓ 裂化反应器(R-102)

入口温度　366℃

出口温度　378℃

入口压力　10.4MPa

裂化催化剂　3905　裂化空速　2.0h^{-1}(体积)

后处理催化剂　3936　空速为　13.0h^{-1}(体积)

氢油比　1000∶1(体积)

ⓔ 反应产物空冷器(A-101)

入口温度　135℃

入口压力　9.58MPa

ⓕ 高压分离器(D-103)

温度　45℃

入口压力　9.50MPa

ⓖ 循环氢压缩机

出口温度　69℃

出口压力　11.9MPa

ⓗ 低压分离器

温度　49℃

压力　2.1MPa

ⓘ 新氢压缩机

入口温度　40℃

入口压力　1.2MPa

出口温度　105℃

出口压力　12.0MPa

② 分馏部分

ⓐ 脱丁烷塔(T-201)

进料温度　201℃

塔顶温度　72℃

塔底温度　287℃

塔顶压力　1.5MPa

塔顶回流比　0.28

ⓑ 脱乙烷塔(T-202)

进料温度　40℃

塔顶温度　50℃

塔底温度　114℃

塔顶压力　3.25MPa

塔顶回流比　0.7

ⓒ 产品分馏塔(T-203)

进料温度　288℃

塔顶温度　137℃

塔底温度　253℃

塔顶压力　0.071MPa

塔顶回流比　0.56

中段回流循环比(对进料)1.04

ⓓ 柴油汽提塔(T204)

塔底温度　196℃

塔顶压力　0.086MPa

(5) 不同焦柴与催柴比例下原料油、产品性质

由于装置开工期间的原料配比及今后的原料配比与设计值发生变化，抚顺石化研究院按100%焦柴、焦化柴油比催化柴油6∶4、焦化柴油比催化柴油5∶5分别作为原料进行了模拟计算，结果如下。

① 原料为100%焦化柴油见表1-3-105~表1-3-108。

表1-3-105　原料性质

原料名称	焦化柴油	原料名称	焦化柴油
密度(20℃)/(g/cm^3)	0.8159	S/(μg/g)	673
馏程/℃		N/(μg/g)	968

续表

原料名称	焦化柴油	原料名称	焦化柴油
初馏点/10%	162/212	凝点/℃	-2
30%/50%	244/273	黏度(20℃)/(mm^2)	3.925
70%/90%	300/328	残碳/%(质量分数)	0.14
终馏点	347	碘值/(gI_2/100g)	49.18

表 1-3-106 反应条件

装置负荷	100%	
反应器	R_1	R_2
催化剂	3936	3905
反应氢压/MPa	8.0	
体积空速/h^{-1}	1.5	2.0
气油比	800	1000
反应温度/℃	335	367
精制油氮/(μg/g)	3~6	

表 1-3-107 产品分布

产　　品	W%(对原料)	产　　品	W%(对原料)
NH_3+H_2S	0.19	165~328℃	52.92
C_1/C_2	0.24/0.40	>165℃	60.45
$C_3/iC_4/nC_4$	1.88/3.04/1.57	>280℃	15.79
<65℃	9.21	>320℃	7.53
65~165℃	23.87	化学耗氢	1.85
165~280℃	44.66		

表 1-3-108 产品性质

项　　目	<65℃	65~165℃	165~280℃	165~320℃	>165℃	>280℃	>320℃
密度(20℃)/(g/cm^3)	0.6432	0.7387	0.7803	0.7833	0.7849	0.7893	0.7912
馏程/℃							
初馏点/10%		70/97	174/190	176/194	176/202	291/300	319/324
30%/50%		109/119	199/210	209/222	216/232	306/313	326/328
70%/90%		134/151	223/241	241/271	253/299	321/334	331/341
终馏点		170	267	288	336	346	346
S/(μg/g)	<1.0	<1.0		<5.0	<5.0	<5.0	<5.0
N/(μg/g)	<1.0	<1.0		<1.0	<1.0	<1.0	1.0
芳烃/%(体积)			14.0				
冰点/℃			-50				
烟点/mm			30				
凝点/℃				-46	-11	14	22
十六烷值				59	60	79	
相关指数(BMCI 值)							0.6

② 焦化柴油比催化柴油 6∶4 的原料见表 1-3-109~表 1-3-111。

表 1-3-109　反应部分操作条件

原　料　油	焦化柴油∶催化柴油=6∶4	
装置负荷	90%	
反应器	R1	R2
催化剂	3936	3905
反应氢压/MPa	8.0	
体积空速/h^{-1}	1.35	1.8
气油比	800	1000
反应温度/℃	333	367
精制油氮/ppm	3~6	

表 1-3-110　产 品 分 布

产　　品	W%(对原料)	产　　品	W%(对原料)
NH_3+H_2S	0.20	165~328℃	56.61
C_1/C_2	0.20/0.34	>165℃	64.44
$C_3/iC_4/nC_4$	2.47/2.61/1.35	>280℃	15.79
<65℃	7.71	>320℃	7.83
65~165℃	22.52	化学耗氢	1.84
165~280℃	48.65		

表 1-3-111　产 品 性 质

项　　目	<65℃	65~165℃	165~280℃	165~320℃	>165℃	>280℃	>320℃
密度(20℃)/(g/cm^3)	0.6475	0.7466	0.7911	0.7905	0.7914	0.7879	0.7923
馏程/℃							
初馏点/10%		70/98	174/191	176/194	173/198	291/301	321/325
30%/50%		110/121	199/209	207/218	211/227	306/314	328/330
70%/90%		135/152	221/239	237/268	250/302	323/339	335/347
终馏点		170	267	289	345	371	376
S/(μg/g)	<1.0	<1.0		<5.0	<5.0	<5.0	<5.0
N/(μg/g)	<1.0	<1.0		<1.0	<1.0	<1.0	1.0
芳烃/%(体积)			17.0				
冰点/℃			-49				
烟点/mm			27				
凝点/℃				-45	-10	14	22
十六烷值				57	59	77	
BMCI 值							0.9

③ 焦化柴油比催化柴油 5∶5 的原料见表 1-3-112~表 1-3-114。

表 1-3-112　反应部分操作条件

原料油	焦化柴油：催化柴油=5：5	
装置负荷	90%	
反应器	R_1	R_2
催化剂	3936	3905
反应氢压/MPa	8.0	
体积空速/h^{-1}	1.35	1.8
气油比	800	1000
反应温度/℃	334	368
精制油氮/ppm	3~6	

表 1-3-113　产品分布

产　品	W%(对原料)	产　品	W%(对原料)
NH_3+H_2S	0.21	165~320℃	57.19
C_1/C_2	0.190/0.33	>165℃	65.37
$C_3/iC_4/nC_4$	2.36/2.49/1.29	>280℃	15.79
<65℃	7.35	>320℃	8.18
65~165℃	22.30	化学耗氢	1.89
165~280℃	49.58		

表 1-3-114　产品性质

项　目	<65℃	65~165℃	165~280℃	165~320℃	>165℃	>280℃	>320℃
密度(20℃)/(g/cm^3)	0.6455	0.7483	0.7933	0.7921	0.7928	0.7905	0.7946
馏程/℃							
初馏点/10%		71/98	174/191	176/194	172/197	291/301	321/326
30%/50%		110/121	199/208	206/217	210/225	307/314	328/331
70%/90%		135/152	220/239	236/268	249/302	324/340	336/348
终馏点		170	267	289	345	371	376
S/(μg/g)	<1.0	<1.0		<5.0	<5.0	<5.0	<5.0
N/(μg/g)	<1.0	<1.0		<1.0	<1.0	<1.0	1.0
芳烃/%(体积分数)			17.7				
冰点/℃			-50				
烟点/mm			27				
凝点/℃				-46	-11	14	22
十六烷值				56	58	76	
相关指数(BMCI值)							1.9

4. 小结

① 标定期间 1.20Mt/a 中压加氢装置以焦化柴油为原料，氢气为重整氢，生产方案属浅度裂化方案。原料处理量为 1.20t/h，单耗为 100Nm³/t，一反平均温度为 336℃，高分压力为 8.5MPa，生成油硫、氮含量分别为 8.7μg/g、7.6μg/g，一反平均温升为 54℃，脱硫率达

到99.13%，脱氮率达到99.06%，说明一反精制催化剂仍具备较高的活性，该催化剂在精制方案下运行产品质量合格，产品收率比较理想。

② 本次标定仍然采用在二反入口打冷氢的方法压制床层温度，冷氢量达到26396Nm³/h，该方法长期操作使得裂化催化剂在长期低温状态下可能对催化剂造成一定伤害，具体对裂化催化剂活性影响到什么程度，只能在改裂化方案下对裂化段各层上升情况做具体判断。

③ 经过本次工艺流程改造，实现了焦化柴油加氢精制生产分子筛脱蜡原料的目的，处理能力已达到120t/h，分子筛脱蜡原料收率达到31%，C_{10}~C_{14}有效组分含量在32.25%，是合格的分子筛脱蜡原料，满足了本厂两套分子筛脱蜡装置的原料供应。

④ 原料氢气耗量除满足油品达到精制效果需要的化学氢耗外，高压溶解在生成油的气体减压后排除损失一部分氢气，在本次标定中低分气氢气含量在77%，直接入高压瓦斯系统造成资源浪费，同时由于其热值低使得燃料单耗上升。

⑤ 本次由于是分馏系统改造后首次开工，产品的收率及产品的质量是关键考察的目标。从石脑油的组成上来看是良好的重整原料，分子筛料的C_{10}~C_{14}有效组分含量在32.25%，其中溴价、硫、氮含量均达到合格要求，是良好的分子筛脱蜡原料；柴油的十六烷值到达60(欧Ⅳ标准为≮51)，密度达到827kg/m³(欧Ⅳ标准为≯845)，馏程(95%)为346℃(欧Ⅳ标准为≯360℃)，硫含量达到15.6μg/g(欧Ⅳ标准为≯50)，已经超过了欧Ⅳ标准，是优质的低硫清洁燃料。

⑥ 本次开工，切换了F201、F202出入口的盲板，T201、F202、P202停运，实现了只开一炉(F201)一塔(T203)的流程，减轻了操作工的劳动强度，节约了电及燃料的消耗。

⑦ 本装置的大循环线可从后分馏的柴油及分子筛料循环线入D101，在原料量不足的情况下，为保证后分馏的四路进料不偏流，可以进行循环操作。

⑧ 三剂使用情况：R101共装填3936精制催化剂99.6t，脱金属剂FZC102A 1.15t，FZC103共4.41t，R102共装填3936精制催化剂11.4t，3825裂化催化剂3t，3905裂化催化剂61.85t，均达到设计的要求。阻垢剂注入量为120μg/g，超过了设计的100μg/g，从E101低出温度来看，换热效果不错，温度由2003年6月24日标定时296℃降低至目前283℃，温度仅下降13℃，表明采用自动反冲洗过滤器提高原料洁净度，采用卧式换热器和持续注入阻垢剂是保证换热器不结焦的良好要素，是保证装置长周期运行的有力措施。

⑨ 本次开工解决了D203含硫污水直接排入下水的问题，新增加一台含硫污水泵将D203含硫污水直接送出，减轻后部水处理系统的影响。

⑩ 能耗分析：标定期间的生产方案属于浅度裂化方案，没有完全甩掉R102，表格中设计值没有填写。本次标定中压加氢能耗为39.9kg标油/t，按目前原料工艺流程实现精制要求，装置能耗还会下降，主要是R102没有甩掉，不能实现纯精制，另外加工量满负荷为150t/h，目前加工量仅为120t/h，能耗还应有所减少。另外通过能耗表中可以看出，燃料消耗占能耗53%，其中瓦斯占30%，燃料油占22%，今后节能降耗工作的重点应在加热炉三门一板的调整上。同时由于中压加氢装置K101还负责为两套分子筛脱蜡装置提供新氢，电耗也有所上升。

⑪ 加热炉：标定期间F201的热效率为88.94%，已经达到了设计值88.8%。但由于F101炉进出物料温差只有10℃左右，炉热负荷很低，热效率也不能做到很好的调节和控制，因此燃料消耗也很大。

⑫ 换热器：由于本次是后分馏系统改造生产分子筛料的首次开工，在原先方案下中压

加氢生成油直接由低分直接送北蒸馏不同，它是生成油经过 E104、E205 两次换热后入加热炉，换热的温度达到 240℃，充分回收了热量，与直送北蒸馏相比节约了燃料消耗，降低了加工成本。E206 和 E208 换热的平均温差达到 57℃和 85℃，表明换热器换热效果不错，生产分子筛料该方案是经济可行的。

⑬ 空冷能力：本次改造在空冷出入口各增加两条跨线以适应生产分子筛料方案和生产航煤方案的空冷流程。A203 总共 4 台风机，柴油量 81t/h 时运转两台风机，变频为 59%，冷后温度为 50℃，还有两台风机余量。A204 共两台风机，分子筛料 42t/h 时，两台风机同时运转，变频为 0%，冷后温度为 25℃。从标定结果上来看，进入夏季后，A203 及 A204 都有余量，装置能够维持生产。

三、2002 年用老加氢装置的旧设备建设了一套 50kt/a 悬浮床稠油加氢试验装置

（一）50kt/a 悬浮床渣油加氢工业试验装置建设的意义和背景

中国石油股份公司委托中国石油大学重油加工国家试验室开发的悬浮床渣油加氢工艺技术，经过十几年的开发工作，已经拥有了专利催化剂，并先后针对辽河稠油的常压渣油、新疆稠油的常压渣油和中东含硫原油的常压渣油进行了小型试验，并对辽河稠油常压渣油进行了中试。结果表明：采用中国石油大学重油加工国家实验室开发的悬浮床加氢工艺和催化剂。采用尾油部分循环和在线加氢精制技术，轻质油收率高。产品不需要进一步脱硫、脱氮，质量好。由于该成果已通过中国石油股份公司组织的鉴定，经经济分析表明：采用该工艺具有投资少，经济效益好的优点；为了尽快将该技术成果应用到工业生产上，解决稠油的深加工难题，将潜在的效益变为现实的效益，降低工业化过程中可能存在的风险，中油股分公司决定利用抚顺石化公司石油三厂已有旧装置，改造成为我国国内第一套悬浮床渣油加氢工业试验装置。

利用石油三厂已有的加氢三套和部分已拆加氢四套设备以及南蒸馏(小套)旧设备，按照石油大学悬浮床加氢大于 360℃尾油循环、在线加氢工艺和催化剂，石油大学提供的设计基础数据。

1. 建设的必要性和意义

(1) 建设的背景

炼油技术发展至今，企业的经济效益已越来越依赖于渣油深度加工，而采用不同的渣油加工工艺，其投资和受益，特别是轻质油收率相差极大。选择和开发投资相对较小，轻质油收率相对较高的渣油加工路线，是各企业正在积极探索的重大课题。到目前为止，虽然已经有了重油催化、延迟焦化和固定床渣油加氢等几种成熟可靠的渣油加工技术，但这几种技术各有优缺点，又各具局限性：延迟焦化：虽然工艺技术成熟，投资少，但具有汽、柴油收率低、气体和焦碳产量大的缺点，况且当渣油中金属含量高或含硫高时，所产焦碳灰分大或含硫高，市场销售困难，售价也低。同时，建设焦化需要配套建设减压蒸馏、制氢、汽柴油的加氢精制和相应的蜡油催化等装置，投资大。特别是在国外纷纷将加氢变成油的今天，采用把油变成焦炭技术，方向不对；渣油催化：渣油催化工艺成熟可靠，汽、柴油收率较高，投资也低，但该工艺对渣油质量要求较高，对于含 Ca、Ni、V 较高的劣质渣油，不仅产品收率大幅度下降，生焦量增加，而且 Ca 还会使流态化的催化剂结块，装置无法正常生产。同时，催化裂化产品分布中，汽油收率高，柴油收率低，汽柴油达不到质量要求，还需要进一

步加工。

当渣油中硫含量过高(如加工中东油的渣油时)，汽柴油中的硫含量都超标，而汽油加氢脱硫又要损失辛烷值。因此，渣油催化技术应用也受到一定限制。

固定床渣油加氢：固定床渣油加氢技术成熟可靠，轻油+重油的产品收率高，质量好，但该技术要求渣油中的金属含量小于200μg/g，当金属含量大于200μg/g时，就需要脱金属催化剂的在线置换或前置移动床，投资将进一步加大，很难承受，而轻油收率却较低，因为一般固定床渣油加氢的转化率都低于50%(质量分数)，大量的重油仍然需要进一步加工。

从国内炼油企业来看，不仅有辽河和新疆克拉玛依这样金属含量高的劣质常压渣油，难以采用上述已有工艺进行有效的加工，而且随着进口原油迅速增加(2010年我国进口原油依存度已达到55%)，越来越多的中东等地区高含硫劣质渣油，特别是加拿大沥青油(高含沥青质)和委内瑞拉重质原油的低成本加工问题已经摆在了我们的面前。因此，尽快开发成功新的，低成本有效加工劣质渣油的加工工艺，刻不容缓。

中国石油股份公司早在十年前，就以战略眼光投巨资先后委托抚顺石油化工研究院和中国石油大学重油加工国家实验室开展悬浮床渣油加氢技术和催化剂的研究，中国石油大学已经取得了较好的效果，先后针对辽河稠油的常压渣油、新疆克拉玛依稠油的常压渣油和中东(巴士拉和卡塔尔)含硫原油的常压渣油进行了小型试验，并对辽河稠油的常压渣油进行了中型试验，取得了令人满意的结果。根据小试和中试结果所做的经济评价表明，石油大学开发的悬浮床渣油加氢裂化工艺具有投资少，渣油转化率高，轻油收率高、柴/汽比高和产品质量好。石油三厂50kt/a悬浮床渣油加氢工业试验装置就是在上述背景下，利用石油三厂已有旧加氢装置改造后，进行的第一步工业放大，以证实小型和中型试验结果，并在工业化的最小规模之上，来检验大规模工业装置可能存在的问题以及进行一些工程技术的开发。

(2) 建设的必要性和意义

本装置试验成功，并重复小试和中试结果后，不仅使中国石油股份公司拥有一项为自主知识产权的重大炼油技术，而且也为辽河原油常压渣油、新疆克拉玛依稠油常压渣油和中东高含硫常压(或减压)渣油的低成本加工开辟出一条新途径，并将对我国劣质渣油资源的优化利用，国家环境保护政策的贯彻落实和降低投资，增加企业的经济效益都具有重大意义。

2. 50kt/a悬浮床渣油加氢工业试验装置建设

本装置是采用石油大学开发的悬浮床加氢裂化，蜡油循环和在线加氢精制技术，生产石脑油、柴油及蜡油的工业试验装置；反应器采用清华大学、石油大学、中科院过程所与SEI共同确定的方案；同时采用石油大学开发的旋液分离器进行油渣的液固分离。

(1) 装置特点

① 本装置是国内首次采用石油大学开发的悬浮床加氢裂化、蜡油循环在线加氢精制技术的工业试验装置(在线加氢精制在石油三厂装置上了，但未作试验)。为了保证技术的可靠性和完成克拉玛依炼油厂常压渣油油品的悬浮床加氢工业试验，确定考查蜡油循环方案；新鲜进料：循环蜡油为50∶50。

② 在工艺流程设计上，尽可能利用石油三厂原有装置和设备，节省投资。

③ 本装置分馏部分利用石油三厂原来的旧装置，反应部分新设计。

本装置公称设计规模为：50kt/a(新鲜进料)，年开工按8000h计。

(2) 装置组成

本装置主要包括悬浮床加氢的装置部分和装置内的公用工程设施。加氢装置部分包括反应，分馏部分、催化剂配制系统及助剂注入系统，具体如下：

① 反应部分。常压渣油与催化剂、助剂混合后脱水，悬浮床加氢，循环氢升压、高压换热(加热)与冷却、悬浮床生成油的在线加氢及相应气液分离等；

② 分馏系统。低压换热(加热)与冷却、稳定塔、常压塔及减压塔和抽真空系统；

③ 催化剂配制系统及助剂配制系统；

④ 装置排除的含硫污水，含硫气体分别考虑送全场已有的污水汽提和气体脱硫设施统一处理，本装置不单独处理。

⑤ 由于采用凝胶催化剂作为悬浮床加氢催化剂，因而不存在催化剂再生问题。

催化剂、硫化剂：本装置常压渣油悬浮床加氢催化剂采用凝胶催化剂(UPC-21)。该催化剂由石油大学重油加工国家试验室提供。装置中的在线加氢精制催化剂采用抚顺石油化工研究院3996加氢精制催化剂(暂不上)。本装置悬浮床加氢催化剂采用助剂作为硫化剂，该助剂由石油大学重油加工国家试验室提供生产方法，本装置内设置助剂配制罐。固定床在线加氢精制催化剂开工时采用二甲基二硫醚(DMDS)作硫化剂。

(二) 50kt/a悬浮床渣油加氢工业试验装置概况

1. 设计和施工状况

该装置由中国石化北京设计院设计，采用石油大学(华东)的重油悬浮床加氢技术。由中油七建、抚顺第三工程公司施工。自2002年10月开始动工，到2004年6月25日竣工。

2. 装置规模

本装置占地面积：反应部分占地面积1909.5米^2；蒸馏部分在原南蒸馏(小套)内部改造，故不新增加占地。设计规模为：5×10^4t/a(新鲜进料)，年开工按8000小时计算。装置投资：6852.33万元(含外汇116.35万美元)

3. 主要设备概况

反应器	2台(新增1台)
加热炉	5座(新增2座)
塔 器	8座(新增3座，其中一座暂不上)
换热器	24台(新增1台)
空冷器	9片(新增4片)
容器	21台(新增14台)
压缩机	2台
泵	50台
其他小型设备	6台(新增6台)

本装置共需设备127台。

利用石油三厂已有的加氢三套和部分已拆加氢四套设备以及南蒸馏(小套)旧设备，按照石油大学提供的悬浮床加氢裂化、大于360℃尾油循环、在线加氢工艺和催化剂基础设计工艺包，设计反应器至热高压分离器部分的基础设计，其中包括悬浮床反应器内件设计的工艺包，原拟由美国HTI公司提供。

4. 装置特点

本装置是国内首次采用石油大学开发的悬浮床加氢，蜡油及尾油循环的工业试验装置。为了保证技术的可靠性和完成多种油品的悬浮床加氢工业试验，初步确定考察渣油(或稠油)及渣油(或稠油)+处理后的尾油循环方案。

(1) 工艺原理

采用石油大学开发的悬浮床加氢裂化、尾油循环技术、生产石脑油、柴油及蜡油的工业试验装置；反应器采用清华大学推荐的方案 A－环流反应器及北京设计院推荐的方案 B；同时采用石油大学开发的旋液分离器进行油渣的液固分离。

(2) 工艺特点

该装置是在高温、氢压和少量高活性、高分散水溶性催化剂(催化剂的加入量约为1000μg/g，最大粒度不超过3~5μm对设备不存在磨损问题，而且成本较低)存在下的临氢热裂化工艺；具有如下的特点：

① 原料的适应性强。重油悬浮床加氢工艺适应加工劣质的高残炭、高金属稠油或渣油。

② 采用高活性的拟均相催化剂与助剂及其分散技术。少量的水溶性催化剂与原料油在管线剪切分散硫化，使催化剂可以均匀分散在原料油中。

催化剂与助剂的主要作用：①在有催化剂存在下，抑制渣油的缩合生焦反应；②催化剂具有一定程度的脱硫活性；③助剂具有良好的防结焦能力和对生成的焦具有良好的分散功能。

③ 采用新型的上下排料环流反应器。

反应器内液体流速达到40~50cm/s，流速快，传热传质效果好，反应温度均一；通过下排料，将生成的焦炭从反应器底部排出，大大缓解了焦炭在反应器内的沉积。

④ 轻质油收率高，产品质量好。

本工艺的轻质油收率高，尤其是柴油收率高于50%，经过在线加氢精制后，轻质油品质量好，硫与氮含量一般低于50ug/g。

⑤ 工艺流程短，加工方案灵活

与渣油固定床加氢相比，本工艺制采用两个反应器，实现渣油的深度转化，因而加工流程较短，装置一次性投资少，运转成本低。

(3) 工艺指标

① 原料指标

克炼常压渣油与调和后的辽河常压渣油化学组成性质见表1-3-115。

表1-3-115 原料指标

项目	克拉玛依常压渣油	调和后的辽河常压渣油
密度(20℃)/(g/cm^3)	0.9442	0.93~0.95
黏度(100℃)/(mm^2/s)	108.7	80~130
黏度(50℃)/(mm^2/s)	2378	2000~2500
残炭/%(质量分数)	7.0	6.0~8.0
灰分/%(质量分数)	0.085	0.05~0.10
凝点/℃	2.0	0~10
酸值/(mgKOH/g)	5.5	
元素组成		
C/%(质量分数)	86.40	
H/%(质量分数)	12.46	
H/C 原子比	1.73	1.65~1.75

续表

项　　目	克拉玛依常压渣油	调和后的辽河常压渣油
S/%(质量分数)	0.13	
N/%(质量分数)	0.41	
金属含量/(μg/g)	368	
Ni/(μg/g)	11.8	
V/(μg/g)	0.35	
Fe/(μg/g)	10.2	
Ca/(μg/g)	346	
SARA 组成		
饱和分/%(质量分数)	50.4	
芳香分/%(质量分数)	22.2	
胶质/%(质量分数)	27.2	
C7-沥青质/%	0.20	<1.0
馏程/℃		
初馏点	235	>260
10%	349	>350
20%	401	
30%	436	
40%	479	
50%	530	

克拉玛依常压渣油悬浮床加氢工业试验开工方案及产品分布见表 1-3-116。

表 1-3-116　开工方案及产品分布

方案编号	方案一	方案二
循环方式	蜡油循环	蜡油+未脱渣油循环
反应温度/℃	445	455
氢分压/MPa	10.0	10.0
氢油比	1200/1	1200/1
总体积空速/(L/h)	1.0	1.0
新鲜原料体积空速/(L/h)	0.60	0.50
循环蜡油体积空速/(L/h)	0.40	0.32
循环尾油体积空速/(L/h)	0	0.18
产品分布(占新鲜原料)/%(质量分数)		
甲烷	0.62	1.10
乙烷	0.38	0.90
乙烯	0.03	0.05
丙烷	1.05	1.89
丙烯	0.31	0.35

续表

方案编号	方案一	方案二
循环方式	蜡油循环	蜡油+未脱渣油循环
丁烷	1.29	2.41
丁烯	0.25	0.75
H_2S	0.07	0.10
NH_3	0.20	0.25
C5~180℃馏分收率/%	15.3	21.4
180~360℃馏分收率/%	40.9	61.6
C5~360℃馏分收率/%	56.2	83.0
<360℃馏分收率/%	60.4	90.8
360~524℃馏分收率/%	19.4	1.2
>524℃尾油收率/%	21.5	9.7
化学耗氢/%	1.3	1.7

② 氢气。本装置需要的补充氢气，由石油三厂氢气系统统一供重整氢，其组成见表1-3-117。

表1-3-117 补充氢气组成

组分	H_2	C_1	C_2	C_3	$CO+CO_2$	合计
组成/%(体积分数)	90.0	5.0	3.0	2.0	<200μg/g	100.0

③ 辅助材料见表1-3-118。

表1-3-118 悬浮床加氢二号催化剂的性质

项目	主催化剂	助催化剂
颜色	蓝色	黑色
形态	固体粉末	油状液体
沸程/℃		>350
稳定性	日晒风化	良好
黏度(50℃)/(mm^2/s)		75.8
黏度(80℃)/(mm^2/s)		26.5
密度(20℃)/(g/cm^3)	~2.000	~0.8000
水中溶解度/%(质量分数)	~13	不溶
毒性	无	无
危险等级	属非危险品	属非危险品
可燃性	不可燃	可燃
包装	2.5kg袋装	170kg铁桶包装
存储条件	密封、防潮	通风、防晒、防雨

④ 催化剂：本装置使用的常压渣油悬浮床加氢催化剂和助剂由石油大学重油加工国家实验室提供。

⑤ 硫化剂：本装置悬浮床加氢催化剂采用的硫化剂由石油大学重油加工国家实验室提供生产方法，中油抚顺分公司石油三厂内部生产。

（三）工业试验

以辽河混合稠油为原料，采用蜡油循环方案，进行1~3个月的工业试验，取得标定数据。悬浮床加氢主要操作参数：循环比(蜡油+脱渣尾油/新鲜进料)：50：50

总体积空速：$1.0h^{-1}$；反应温度：425~445℃；氢分压：10.0MPa；氢油体积比：(600：1)~(800：1)。

装置稳定运行，产品分布如下：石脑油+柴油馏分：55%~70%(质量分数)；蜡油馏分：5%~15%(质量分数)；尾油馏分：10%~25%(质量分数)。

经济效益：综合经济指标好于同规模延迟焦化装置。

工业试验共有三个阶段：

1. 第一阶段工业化试验暴露出的问题及解决措施

第一阶段进行了两次工业化试验：第一次：2004年11月22日~12月10日。克拉玛依常压渣油一次通过方案，期间进行了48h标定，后由于反应器局部超温，为确保装置安全，装置停工；第二次试验：2005年10月30日~11月4日。蜡油循环方案，试验达到预标定条件后，利旧的高压进料泵密封反复泄漏，无法满足平稳进料，使装置操作条件波动较大，反应器下排料阀前管线结焦堵塞，装置被迫停工。

第一次工业试验取得的成果见表1-3-119。

表1-3-119　第一次工业试验成果

取得效果	①通过试验打通了工艺流程，证明了工艺的可行性 ②取得了工业试验数据，与中试结果进行了对照，产品分布及产品性质等结果与中试相当 ③考察了装置设备、仪表及控制方案
问题	①由于加热炉热负荷偏小，使装置处理量达不到设计负荷 ②反应器液位显示失真 ③催化剂与原料混合效果差 ④反应器内构件过于复杂、反应器内局部过热等因素而造成的结焦问题 ⑤利旧的高压换热器存在安全隐患
整改措施	①提高原料油与氢气加热炉热负荷 ②对反应器液面计进行了改造，增加了一套量程范围为反应器全部高度的大压差液位计 ③完善催化剂、助催化剂、硫化剂混合分散系统 ④进料方式由气液分进改成气液混进，进料喷嘴作了改进，大大简化反应器底部结构，同时将原来的三段导流筒改为一段 ⑤更新存在安全隐患的两台高压换热器

2. 第二阶段工业试验

(1) 试验的主要目的

实现5×10^4t/a重油悬浮床加氢工业化试验装置存在预定试验条件下持续稳定运行，取得标定数据。

(2) 第二次工业化试验取得的成果

第二次工业化试验取得的成果见表1-3-120。

表 1-3-120 第二次试验成果

取得效果	①通过试验打通了蜡油循环的工艺流程，证明了蜡油循环方案是可行的 ②考察主要设备(加热炉热负荷、高压换热器、进料喷嘴)改造效果 ③考察了器外混氢的可行性 ④考察了大差压液位计测量环流反应器液位的可行性
问题	①高压进料泵密封反复泄漏，无法保证平稳进料 ②原料油加热炉配氢系统存在问题，氢气无法配入加热炉，导致炉管内壁严重结焦 ③反应器的下排料量偏低，导致下排料阀经常处于关闭状态 ④由于催化剂剪切分散泵负荷偏大，经常出现剪切泵的电机跳闸现象，导致催化剂分散效果达不到考核指标
整改措施	①完成高压进料泵密封填料的技术攻关与改造，确保装置运转中进料稳定 ②增加氢气原料油加热炉和氢气加热炉的压控阀，保证两炉的压力平衡，确保原料油加热炉配氢量，并对炉管进行烧焦 ③反应器下排料阀前注入急冷油，提高下排料阀的流通量 ④增加两台原料油分散剪切泵，降低原有剪切泵的负荷，改善催化剂分散硫化效果

3. 第三阶段进行蜡油循环方案试验

第三阶段工业试验进度较好，完成了本试验任务。从 2007 年 10 月 29 日反应温度达到 430℃至 11 月 30 日停工，总计运行 32 天，装置运行平稳，并于 11 月 9 日 14：00~12 日 14：00 完成了在 11MPa、430℃条件的克拉玛依常压渣油蜡油循环方案 72h 标定，11 月 15 日切换到辽河油，11 月 22 日 14：00~11 月 25 日 14：00 完成了在 11MPa、425~430℃条件下的辽河常压渣油油循环方案 72h 标定。从 4 月 1 日~11 月 30 日，共计 8 个月时间，项目经历了技术改造方案的制定、设计、施工、开工，圆满完成了长周期试验任务，进行了两次标定，取得了试验数据，反应器底部无结焦，达到了预期的目的。

(1) 装置运行期间的主要操作条件

① 催化剂部分。主催化剂 290kg/h，助催化剂 25kg/h，硫化剂 75kg/h，催化剂分散后原料油含水量不高于 0.2%(质量分数)，高压釜评价生焦率克拉玛依常压渣油≤2.3%，辽河常压渣油 4%~5.6%。

② 反应部分。原料油进料量为 6t/h，循环蜡油量为 4 t/h，反应器进料量为 10 t/h。循环氢流量为 7500m^3/h，配氢量为 3500 m^3/h，F101 入口温度 100℃、出口温度 420℃，原料油加热炉 F101 管壁温度(最高点)不大于 470℃，炉膛温度接近 800℃。F102 入口温度 186℃，出口温度 250℃，反应空速为 0.8h^{-1}，氢油比为 700：1，反应器平均温度 425℃，压力为 11MPa。系统压差为 2.1MPa。下排料阀 LV2102A 开度 5%，下排料阀 LV2102B 开度 1%。

③ 分馏部分。稳定炉 F103 出口温度 120℃，常压炉 F104 出口温度 260℃，减压炉 F105 出口温度 380℃，减压塔操作压力 90KPa，D109 减压尾油(>480℃)中的甲苯不溶物(离心法)含量小于 2.0wt%。

(2) 两次标定数据和数据分析

① 克拉玛依常压渣油标定对比分析。克拉玛依常压渣油第二阶段(2006 年与第三阶段(2007 年)工业化试验的操作条件与产物分布对比见表 1-3-121。

表 1-3-121 克拉玛依常中第二与第三阶段工业化试验产物分布的比较

项目	第二阶段工业试验	第三阶段工业试验
反应温度/℃	430.0	427.6
反应压力/MPa	11.232	10.838
氢分压/MPa	9.743	9.206
氢油比/(Nm^3/m^3)	723	696.8
总体积空速/h^{-1}	0.81	0.803
新鲜原料体积空速/h^{-1}	0.50	0.485
C_1~C_2/%(质量分数)	0.44	0.65
C_3~C_4/%(质量分数)	0.72	0.76
C_5~180℃/%(质量分数)	5.66	6.16
180~360℃/%(质量分数)	51.57	45.46
石脑油与柴油的收率/%(质量分数)	57.23	51.62
360~500℃/%(质量分数)	3.93	6.52
>500℃/%(质量分数)	37.64	40.41
>480℃尾油中的甲苯不溶物	1.82	1.89

表中的数据表明，在基本相近的反应苛刻度下(>480℃尾油中的甲苯不溶物基本相同)，两次工业试验的石脑油与柴油的总收率相差5.61%，尾油收率相差2.77%。主要原因是由于第三阶段工业试验所用的克拉玛依常压渣油原料性质发生了部分改变，100℃的黏度从180.7mm^2/s增加到198.4mm^2/s，残炭从7.0%增加到8.14%，正庚烷沥青质含量从0.2%增加至1.15%，H/C原子比从1.73降至1.66。说明第三阶段所用的克拉玛依常压渣油的裂化性能比第二阶段差，从而也就导致第三阶段工业试验时轻质油收率比第二阶段低，而尾油收率高。

② 辽河常压渣油标定见表1-3-122和表1-3-123。

表 1-3-122 主要操作参数

参数	设计值	操作值
平均反应温度/℃	440~455	428.1
冷高分出口氢分压/MPa	10.0	11
氢油比/(Nm^3/m^3)	800~1200	650
总进料体积空速/h^{-1}	1.0	0.8
新鲜原料体积空速/h^{-1}	0.5	0.4

表 1-3-123 标定物料平衡数据

	进出料名称	平均进出料量/(t/h)	百分率/%(质量分数)
进料	辽河常压渣油	6.193	97.41
	催化剂与助剂	0.0487	0.77
	耗氢量	0.116	1.82
	总进料	6.358	100

续表

	进出料名称	平均进出料量/(t/h)	百分率/%(质量分数)
出料	干气	0.042	0.66
	液化气	0.079	1.23
	硫化氢	0.008	0.12
	石脑油(C_5~180℃)	0.172	2.71
	柴油馏分(180~360℃)	2.123	33.38
	轻质油 C_5~360℃)	2.295	36.10
	蜡油	1.034	16.26
	减压尾油	2.901	45.62
	合计	6.358	100

辽河常压渣油的汽柴油收率 36.10%

2007 年两次标定数据简要总结分析如下：

从原料加入量可以看出，原料油占总进料量的 97%~98%，催化剂(包括不含水的主催化剂、助催化剂以及硫化剂)只占 0.8%左右，在相近的反应温度下，辽河常压渣油的氢耗量明显高于克拉玛依常压渣油。

从产物分布来看，两种原料油的干气低于 1.0%，液化气收率约为 1.0%，在中等反应苛刻度下，这两种原料油的干气与液化气收率均比较低。克拉玛依常压渣油的石脑油与柴油收率为 51.62%，而辽河常压渣油只有 36.10%，这两者相差明显，这进一步证明了在相同反应温度下，辽河常压渣油比克拉玛依常压渣油难于裂化，两种原料油的柴汽比很高。克拉玛依常压渣油的蜡油收率 6.52%，尾油收率为 40.41%，而辽河常压渣油的蜡油收率为 16.26%，尾油收率 45.62%，这表明反应温度较低时，辽河常压渣油悬浮床加氢即使采用蜡油循环，也有相当量地蜡油不容易裂化，尾油的外甩量也更高，经济性较差。因而，要想使辽河常压渣油悬浮床加氢工艺具有比较高的经济效益，必须提高反应温度，使蜡油与尾油收率尽可能降低。

(四) 相关数据

1. 原料和产品

① 克拉玛依常压渣油蜡油循环试验的操作条件及产品分布见表 1-3-124。

表 1-3-124　操作条件及产品分布

方案编号	方案一	方案二
反应类型	环流反应器	环流反应器
运转时间/h	120	120
反应温度/℃	450	450
氢分压/MPa	10.0	10.0
氢油比/(Nm^3/m^3)	800/1	800/1
循环比(循环料对新鲜料)	40/60	40/60

续表

方案编号	方案一	方案二
总体积空速/h^{-1}	1.0	1.0
新鲜原料体积空速/h^{-1}	0.6	0.6
催化剂浓度/(μg/g)	3700	900
产物分布(占新鲜料)		
C_1~C_4 气体/%(质量分数)	6.7	8.1
C_5~180℃馏分/%(质量分数)	17.2	19.2
180~360℃馏分/%(质量分数)	41.9	47.4
C_5~360℃馏分/%(质量分数)	59.1	66.6
<360℃馏分/%(质量分数)	65.8	74.7
360~524℃馏分/%(质量分数)	12.1	4.9
<524℃馏分/%(质量分数)	77.9	79.6
>524℃馏分/%(质量分数)	23.1	21.8
氢耗/%(质量分数)	1.0	1.4

② 半成品、成品指标。本装置各产品性质见表1-3-125~表1-3-136。

表1-3-125　未精制石脑油馏分(初馏点180℃)组成和性质

项　　目	方案一		方案二	
	设计值	设计范围	设计值	设计范围
密度(20℃)/(g/cm³)	0.75	0.74~0.76	0.76	0.75~0.77
硫/(μg/g)	140	80~200	160	100~220
氮/(μg/g)	350	200~500	370	220~550
烃族组成/%(质量分数)				
正构烷烃	14.65	13~16	15.15	13~17
异构烷烃	25.45	24~27	25.86	24~28
环烷烃	20.20	18~22	21.02	19~23
芳香烃	6.25	4~8	6.44	4.5~9.0
烯烃	33.45	30~36	31.53	31~38
恩氏蒸馏/℃				
初馏点	49	45~55	48	45~55
10%	94	90~100	96	90~100
30%	118	115~125	120	115~125
50%	136	130~140	137	130~140
70%	149	145~155	151	145~155
90%	172	168~175	171	168~175
终馏点	196	190~210	198	190~210

表 1-3-126　未精制的柴油馏分(180~360℃)性质与组成

项　目	方案一		方案二	
	设计值	设计范围	设计值	设计范围
密度(20℃)/(g/cm^3)	0.85	0.83~0.88	0.86	0.84~0.88
黏度(20℃)/(mm^2/s)	8.8	7.5~9.5	9.2	8.0~10.0
黏度(40℃)/(mm^2/s)	3.3	3.0~4.5	4.1	3.5~5.0
苯胺点/℃	62.3	58~66	62.4	57~63
十六烷值	49.6	47~52	49.5	46~50
酸值/(mgKOH/100mL)	30.64	28~33	30.52	29~34
凝固点/℃	-38	-35~40	-39	-36~41
闪点/℃	70	60~80	73	65~85
碘值/(gI$_2$/100mL)	47.9	45~51	48.8	46~52
残炭/%(质量分数)	<0.01	<0.01	<0.01	<0.01
元素组成				
C/%(质量分数)	86.28	85.95~86.55	86.30	85.95~86.55
H/%(质量分数)	13.44	13.25~13.65	13.51	13.25~13.65
H/C 原子比	1.86	1.82~1.90	1.87	1.82~1.90
硫/(μg/g)	355	300~450	372	300~450
氮/(μg/g)	1684	1500~2000	1734	1500~2000
恩氏蒸馏/℃				
初馏点	179	175~183	178	175~183
10%	219	215~225	217	215~225
30%	242	235~245	240	235~245
50%	267	263~270	266	263~270
70%	295	290~300	294	290~300
90%	333	328~340	334	328~340
终馏点	360	350~370	362	350~370

表 1-3-127　未精制蜡油馏分(260~524℃)的性质与组成

项　目	方案一		方案二	
	设计值	设计范围	设计值	设计范围
密度(20℃)/(g/cm^3)	0.95	0.94~0.97	0.95	0.93~0.96
黏度(100℃)/(mm^2/s)	8.1	7.5~9.5	7.8	6.5~8.5
黏度(40℃)/(mm^2/s)	66.3	60~70	54.3	51~58
残炭/%(质量分数)	0.015	0.05~0.20	0.05	<0.1
凝点/℃	10	8~16	9	7~12
C/%(质量分数)	87.64	87.5~87.95	87.42	87.2~87.9
H/%(质量分数)	11.21	10.95~11.3	11.56	11.40~11.8
H/C 原子比	1.52	1.5~1.65	1.58	1.52~1.72

续表

项目	方案一		方案二	
	设计值	设计范围	设计值	设计范围
S/%(质量分数)	0.13	0.08~0.18	0.15	0.8~0.20
N/%(质量分数)	0.6	0.55~0.70	0.58	0.40~0.70
总金属含量/(μg/g)	1.67	1.3~2.0	1.62	1.3~2.0
Ca/(μg/g)	0.64	0.50~0.70	0.56	0.50~0.70
Fe/(μg/g)	0.55	0.44~0.70	0.61	0.44~0.70
Ni/(μg/g)	0.30	0.25~0.35	0.29	0.25~0.35
V/(μg/g)	0.03	0.01~0.05	0.02	0.01~0.05
Na/(μg/g)	0.15	0.10~0.20	0.14	0.10~0.20
四组分组成/%(质量分数)				
饱和分	57.86	55~60	59.88	58~63
芳香分	31.22	28~33	27.54	25~30
胶质	10.89	8~13	12.58	8~14
nC_7沥青质	0.0	0.0	0.0	0.0
馏程(ASTMD5307)/℃				
初馏点	298	290~310	304	290~310
10%	352	340~360	356	340~360
30%	391	380~400	398	380~400
50%	411	400~420	414	400~420
70%	432	420~440	433	420~440
90%	472	460~480	476	460~480
终馏点	522	510~530	520	510~530

表 1-3-128 >524℃外甩尾油性质与组成

项目	方案一		方案二	
	设计值	设计范围	设计值	设计范围
密度(20℃)/(g/cm^3)	1.0	1.01~1.07	1.05	1.005~1.06
残炭/%(质量分数)	25.23	22~28	27.93	25~31
灰分/%(质量分数)	0.88	0.75~0.95	0.96	0.86~1.05
黏度(100℃)/mPa·s	2950	2800~3100	5780	5600~5900
黏度(120℃)/mPa·s	1150	1100~1200	2140	2050~2250
凝点/℃	>50	>50	>50	>50
甲苯不溶物/%(质量分数)	4.5	2.8~5.6	4.3	2.5~4.5
C/%(质量分数)	87.32	87.1~87.6	87.41	87.2~87.9
H/%(质量分数)	10.06	9.85~10.25	9.92	9.85~10.25
H/C 原子比	1.37	1.25~1.45	1.35	1.24~1.44
S/%(质量分数)	0.24	0.20~0.30	0.23	0.16~0.28

续表

项目	方案一		方案二	
	设计值	设计范围	设计值	设计范围
N/%(质量分数)	1.06	0.7~1.1	0.95	0.58~1.05
总金属含量/(μg/g)	2860	2500~3300	2965	2800~4000
Ca/(μg/g)	930	800~1050	915	800~920
Fe/(μg/g)	1390	1300~1440	1480	1350~1500
Ni/(μg/g)	460	400~510	470	350~500
V/(μg/g)	16	14~18	12	10~13
Na/(μg/g)	64	60~70	88	80~95
四组分组成/%(质量分数)				
饱和分	26.02	25~27	23.45	22~26
芳香分	27.84	26~29	28.12	26.5~29.0
胶质	32.49	30~34	33.35	32~35
正庚烷不溶物	13.65	13~15	15.08	14~16
馏程(ASTMD5307)/℃				
初馏点	468	460~480	475	460~480
10%	505	500~151	509	500~515
20%	531	520~540	528	520~540

表 1-3-129　两个实验方案的循环油的性质

实验方案	方案一	方案二	
油样名称	循环蜡油	循环蜡油	循环尾油
密度(20℃)/(g/cm^3)	0.95	0.95	1.03
黏度(120℃)/(mm^2/s)			1980
黏度(100℃)/(mm^2/s)	8.1	7.8	5360
黏度(80℃)/(mm^2/s)	10.42	11.76	
黏度(50℃)/(mm^2/s)	35.02	40.35	
黏度(40℃)/(mm^2/s)	66.3	54.3	
残炭/%(质量分数)	0.015	0.05	26.93
凝点/℃	10	9	>50
馏程(ASTMD5307)/℃			
初馏点	298	304	472
10%	352	356	500
30%	391	398	520
50%	411	414	
70%	432	433	
90%	472	476	
终馏点	522	520	

表 1-3-130　外甩尾油的黏度及调和柴油后尾油的性质

油样名称	实验方案一	实验方案二
密度(20℃)/(g/cm³)	1.0221	1.0511
减压尾油黏度/mPa·s		
100℃	2950	5780
120℃	1150	2140
进储罐调和油黏度(60℃)/mPa·s		
调和油①(减压尾油/柴油，1∶0.5，体积)	165.0	
调和油②(减压尾油/柴油，1∶1，体积)	47.3	75.5
调和油③(减压尾油/柴油，1∶2，体积)	19.5	33.0
调和油④(减压尾油/柴油，1∶3，体积)		15.7
进储罐调和油密度(20℃)/(g/cm³)		
调和油①(减压尾油/柴油，1∶0.5，体积)	0.9657	
调和油②(减压尾油/柴油，1∶1，体积)	0.9343	0.9313
调和油③(减压尾油/柴油，1∶2，体积)	0.8997	0.9070
调和油④(减压尾油/柴油，1∶3，体积)		0.8837
调和用柴油性质		
黏度(20℃)/(mm²/s)	5.5	
凝点/℃	0	

表 1-3-131　精制后石脑油馏分(初馏~180℃)组成和性质

项　　目	克炼石脑油馏分		中东石脑油馏分	
	IBP80℃	80180℃	IBP80℃	80180℃
密度(20℃)/(g/cm³)	0.6643	0.7579	0.6671	0.7487
API 度	81.5	55.2	80.6	57.5
C/%(质量分数)	83.65	85.00	84.26	84.97
H/%(质量分数)	16.02	14.90	16.81	14.88
S/(μg/g)	0.04	3.87	3.54	19.33
N/(μg/g)	<0.01	<0.01	<0.01	<0.01
烃族组成/%				
正构烷烃	37.87	22.28	50.75	35.83
异构烷烃	42.87	38.87	33.15	32.67
环烷烃	0.82	1.07	0.81	0.88
芳香烃	13.62	27.41	13.59	21.52
烯烃	4.82	10.37	1.70	9.10
恩氏蒸馏/℃				
初馏点	35.6	68.3	36.1	81.1
10%	49.4	109.4	50.6	113.9
30%	54.4	123.3	56.1	126.1

续表

项　目	克炼石脑油馏分		中东石脑油馏分	
	IBP80℃	80180℃	IBP80℃	80180℃
50%	58.9	135.0	60.6	137.8
70%	63.9	145.6	66.1	150.0
90%	70.0	160.6	72.8	164.4
终馏点	81.1	181.1	86.1	179.4

表 1-3-132　克拉玛依常压渣油精制前后柴油馏分(180~360℃)组成和性质

项　目	精制前 180~360℃	精制后 180~220℃	精制后 220~360℃
密度(20℃)/(g/cm^3)	0.8468	0.7926	0.8597
黏度(20℃)/(mm^2/s)	8.79		
黏度(40℃)/(mm^2/s)	3.16		
苯胺点/℃	62.2		
十六烷值	49.6		52.1
酸值/(mgKOH/100mL)	30.64	<2.68	2.68
凝点/℃	-38	<-50	-50
残炭/%(质量分数)	0.01	0.00	0.00
闪点/℃	69		110
碘值/(gI_2/100mL)	47.3		
实际胶质			25.6
元素组成			
C/%(质量分数)	86.28	85.23	85.85
H/%(质量分数)	13.43	14.58	14.09
H/C 原子比	1.85	2.04	1.96
S/(μg/g)	354.6	7.78	22.52
N/(μg/g)	1683.1	<0.01	37.1
恩氏蒸馏/℃			
初馏点	179	172.2	205.6
10%	218.5	186.7	257.2
30%	241.5	192.8	278.9
50%	267.5	197.2	300.0
70%	294.5	201.7	321.1
90%	333.0	210.0	347.8
终馏点	360.0	216.1	353.9

表 1-3-133　中东常压渣油精制前后柴油馏分(180~360℃)组成和性质

项　目	精制前 180~360℃	精制后 180~220℃	精制后 220~360℃
密度(20℃)/(g/cm^3)	0.8706	0.7963	0.8482
黏度(20℃)/(mm^2/s)	3.30		
黏度(40℃)/(mm^2/s)	2.24		
苯胺点/℃	60.4		

续表

项　　目	精制前 180~360℃	精制后 180~220℃	精制后 220~360℃
十六烷值	40		52.1
酸值/(mgKOH/100mL)	9.27	<2.95	2.95
凝点/℃	-8	<-48	-48
残炭/%(质量分数)	<0.01	<0.01	<0.01
闪点/℃	63		110
碘值/(gI_2/100mL)	31.5		
实际胶质			65.4
元素组成			
C/%(质量分数)	85.8	85.65	85.94
H/%(质量分数)	13.32	14.36	13.98
H/C 原子比	1.85	2.00	1.94
S/(μg/g)	16258	46.58	354
N/(μg/g)	406.8	<0.01	16.0
恩氏蒸馏/℃			
初馏点	190.0	172.2	221.1
10%	217.5	189.4	258.3
30%	241.5	195.0	277.8
50%	265.7	198.9	296.1
70%	290.0	202.8	316.7
90%	324.8	208.9	338.9
终馏点	358.6	213.9	348.9

表 1-3-134　克拉玛依常压渣油悬浮床加氢产物蜡油精制前后的性质与组成

项　　目	精制前 360~500℃蜡油	精制后 360~524℃蜡油
密度(20℃)/(g/cm^3)	0.9156	0.9042
黏度(100℃)/(mm^2/s)	6.00	7.5
黏度(40℃)/(mm^2/s)	49.45	55.1
残炭/%(质量分数)	0.08	0.06
凝点/℃	9	-13
碘值/(gI_2/100mL 油)		
H/C 原子比	1.73	1.77
S/(μg/g)	790	600
N/(μg/g)	4600	1000
碱性氮/(μg/g)	1390	
总金属含量/(μg/g)	2.32	2.29
Ca/(μg/g)	0.80	0.78
Fe/(μg/g)	1.01	1.05
Ni/(μg/g)	0.46	0.42
V/(μg/g)	0.05	0.04

续表

项　目	精制前360~500℃蜡油	精制后360~524℃蜡油
四组分组成/%(质量分数)		
饱和分	74.7	78.29
芳香分	17.8	16.32
胶　质	7.5	5.36
nC_7沥青质	0.0	0.03
模拟蒸馏流程		
初馏点	261	373.3
10%	323	385
30%	366	399.4
50%	400	415
70%	432	433.3
90%	471	471.1
终馏点	520	520.0

表1-3-135　中东常压渣油悬浮床加氢产物蜡油精制前后的性质与组成

项　目	精制前360~500℃蜡油	精制后360~524℃蜡油
密度(20℃)/(g/cm³)	0.9333	0.9002
黏度(100℃)/(mm²/s)	5.64	5.07
黏度(40℃)/(mm²/s)	40.72	30.45
残炭/%(质量分数)	0.08	0.06
凝点/℃	31	16
碘值/(gI_2/100mL油)	6.59	
H/C原子比	1.59	1.69
S/(μg/g)	30100	18700
N/(μg/g)	1800	800
碱性氮/(μg/g)	640	
总金属含量/(μg/g)	1.96	1.61
Ca/(μg/g)	0.61	0.55
Fe/(μg/g)	0.38	0.32
Ni/(μg/g)	0.87	0.69
V/(μg/g)	0.1	0.05
四组分组成/%(质量分数)		
饱和分	54.64	58.13
芳香分	37.91	35.65
胶　质	7.45	6.22
nC_7沥青质	0.0	0.00
模拟蒸馏馏程/℃		
初馏点	307	374.4
10%	362	381.7

续表

项　　目	精制前 360~500℃蜡油	精制后 360~524℃蜡油
30%	391	393.3
50%	410	412.2
70%	429	446.1
90%	457	471.7
终馏点	515	494.4

表 1-3-136　悬浮床加氢尾油性质与组成

项　　目	克拉玛依尾油	中东尾油
尾油馏分组成	>524℃	>524℃
密度(20℃)/(g/cm^3)	1.0240	1.0875
凝点/℃	35	52
残炭/%(质量分数)	29.95	43.82
灰分/%(质量分数)	1.97	1.17
运动黏度(100℃)/(mm^2/s)	3042	2988(121℃)
运动黏度(80℃)/(mm^2/s)	12643	554(140℃)
甲苯不溶物/%(质量分数)	7.51	3.21
元素组成		
H/C 原子比	1.34	1.17
S/(μg/g)	8600	51200
N/(μg/g)	10800	6000
碱性氮/(μg/g)	4750	1870
总金属含量/(μg/g)		
Ca/(μg/g)	1687	114
Fe/(μg/g)	6160	8433
Ni/(μg/g)	2426	2104
V/(μg/g)	3	171
四组分组成/%(质量分数)		
饱和分	35.16	17.61
芳香分	22.45	38.55
胶　质	23.22	21.45
正庚烷沥青质	19.17	22.30
模拟蒸馏流程		
初馏点	457	421
10%	506	472
20%	530	494
30%	551	515
40%		541

2. 主要工艺设备

主要工艺设备见表 1-3-137。

表 1-3-137 主要工艺设备

序号	设备编号	设备名称	数量	操作条件		规格	材质	重量/t	备注
				压力/MPa	温度/℃				
一、反应器									
1	R-101	悬浮床加氢一段反应器	1	13.0	450	ϕ1600×12000	2.25Cr1Mo1/4V 堆焊	90	新增
2	R-102	在线加氢精制反应器	1	12.8	400	ϕ1000×15280	20Cr Mo9	45	37 号三套三反
		小计	2					135	
二、加热炉									
1	F-101	循环氢加热炉	1	13.3	450	原炉负荷 8.778G/h(2.10Gcal/h) 实际负荷 5.06GJ/h(1.21Gcal/h)	炉管：氢气 ϕ50×76		加氢三套加热炉
2	F-102	稳定塔底重沸炉	1	1.1	320	原炉负荷 11.286GJ/h(2.70Gcal/h) 实际负荷 11.357GJ/h(2.717Gcal/h)			原稳定炉炉-2
3	F-103	常压炉	1	0.7	360	原炉负荷 14.63GJ/h(3.50Gcal/h) 实际负荷 0.903GJ/h(0.216Gcal/h)			原常压炉炉-1
4	F-104	减压炉	1	0.5	350	原炉负荷 20.9GJ/h(5.0Gcal/h) 实际负荷 0.836GJ/h(0.20Gcal/h)			原减压炉炉-3
5	F-105	反应进料加热炉	1	13.3	400	负荷(1.40Gcal/h)			新增
		小计	4						
三、塔器									
1	C-101	脱水塔	1	0.45	250	ϕ800×15000 18 层浮阀塔盘	不锈钢	7.5	新建(在下部)
2	C-102	稳定塔	1	1.1	250	ϕ1400/ϕ2400/ϕ3400/×33245 40 层单流浮阀，板间距 600mm	20g	43	原稳定塔塔-1

续表

序号	设备编号	设备名称	数量	操作条件		规格	材质	重量/t	备注
				压力/MPa	温度/℃				
3	C-103	常压塔	1	0.05	350	ϕ1800×19658 进料段以上18层浮阀塔盘，进料段以下4层泡帽塔盘，板间距600mm，双溢流	A3	20	原常压炉
4	C-104	常压侧线汽提塔	1	0.05	230	ϕ800×5450 6层单流泡帽塔盘	A3	4	原常-侧塔 塔-3/1
5	C-105	减压塔	1	40mmHg	350	ϕ1800/ϕ3400/ϕ1800/×32954 进料段以下规整填料拆除，改为筛孔盘（4层）	A3 新增	247 1.5	原减压塔
6	C-106	循环氢脱硫塔	1	11.7	50	ϕ600×7000 散堆填料，填料高度4m	不锈钢16MnR（HIC） 其中：ss填料0.4m^3	8.5	新增
7	C-107	汽提塔	1	0.4	300	ϕ800×10000 10层浮阀塔盘	C.S	5	新增 与C-101重叠
		小计	7						
四、冷换设备									
1	E-101	热高分气/混和氢换热器	1	管：12.5 壳：13.7	400 250	ϕ800×7200 $A=105m^2$	壳体：35CrNi2MoA 管束：1Cr18Ni9Ti	27	14号四套一交换器
2	E-102	在线加氢反应产物/混氢进料换热器	1	管：12.0 壳：13.3	400 300	ϕ800×7200 $A=101m^2$	壳体：35CrNi2MoA 管束：1Cr18Ni9Ti	27	12号三套二交换器
3	E-103	脱水塔顶水冷器	1	管：0.4 壳：0.2	40 180	FL-700-130-25-4 $A=130m^2$		5	原常顶换换-1
4	E-104/A，B	稳定塔顶水冷器	2	管：0.4 壳：0.8	40 70	FR700-130-25-4 $A=130m^2$		4	原稳顶冷冷-1/1，2 （PID：冷-2/1，2）

续表

序号	设备编号	设备名称	数量	操作条件		规格	材质	重量/t	备注
				压力/MPa	温度/℃				
5	E-105	常压塔顶水冷器	1	管：0.4 壳：0.1	40 70	BJS800-16-170-6/25-2 $A=180m^2$		7	原常顶冷 冷-2/1，1
6	E-106	柴油水冷器	1	管：0.4 壳：0.7	40 150	FR500-65-25-4 $A=65m^2$		3	原常一换换-2 （PID：换-2）改水冷
7	E-107	减一中水冷器	1	管：0.4 壳：0.9	40 150	FB400-30-40-4 $A=30m^2$		3	原减一中换 换-7，2（PID： 换-18/1，2）
8	E-108	在线加氢反应产物/冷低压分离器	1	管：11.8 壳：1.3	360 320	$\phi1120\times7200$ $A=101m^2$	壳体：35CrNi2MoA 管束：1Cr18Ni9Ti		16号四套二交
9	E-109	减二线水冷器	1	管：0.4 壳：0.8	40 287	FR500-55-25-4 $A=55m^2$		3	原减二冷 冷-6（PID：冷-6）
10	E-110	减压塔底水冷器	1	管：0.4 壳：0.8	40 287	ASE700-150/19-25-4 $A=150m^2$		5.0	原减底冷 冷-8（PID：冷-5）
11	E-111	减压塔顶水冷器	1	管：0.4 壳：0.5	40 150	FLB700-130-25-4 $A=130m^2$		5.0	原减顶冷 冷-4/1（PID：冷-9）
12	E-112	减压塔顶一级抽真空水冷器	1	管：0.4 壳：0.01	40 150	AJS600-100/25-25-4 $A=100m^2$		4.0	原减顶冷 冷-4/2（PID：冷-10）
13	E-113	减压塔顶二级抽真空水冷器料换热器	1	管：0.4 壳：0.1	40 150	AJS500-65/25-25-4 $A=65m^2$		3	原减顶冷 冷-4/3（PID：冷-11）
14	E-114	汽提塔顶水冷器	1	管：0.4 壳：0.17	40 280	AFS500-65-25-4 $A=65m^2$		3	原减一冷 冷-5（PID：冷-5）

续表

序号	设备编号	设备名称	数量	操作条件		规格	材质	重量/t	备注
				压力/MPa	温度/℃				
15	E-115	在线加氢反应产物/原料油换热器	1	管：11.8 壳：0.4	290 200	DS=500mm，B=300mm，ϕ19 管 A=55m^2，L=4.5 2 管程，U 型管	管箱：2.25Cr1Mo 堆焊 管程：TP321 壳程：C.S		新增
16	E-116	汽提气蒸汽加热器	1	管：0.6 壳：1.0	200 350	BJS500-2.5-55-6/25-2		2.795	新增
		小计	17						
五、空冷器									
1	A-101/A，B	反应产物空冷器	2			F×9×3-6 4540/194 220III A=238m^2	20g	9×2	原四套空冷器
2	A-102/A，B	稳定塔顶空冷器	2			P9×3-4 3020/129 25RIIa A=129×2　22KW×2		6.5×2	冷-9/1，2 （PID：冷-1/1，2）
3	A-103/A，B	常压塔顶空冷器	2			P9×3-4 3020/129 25RIIa A=129×2　22KW×2		6.5×2	冷-10/1，2 （PID：冷-12/1，2）
4	A-104	汽提塔顶空冷器	2			GP9×2-4-84 6S-23 4/L-IIa 构架：GJP9×4B-30/2F 风机：G-BF30HK-VS15	C.S C.S	4.53×2 5.516 1.685×2	新增(哈空调)
		小计	8 片						
六、容器									
1	D-101	原料油缓冲罐	1	0.7	90	ϕ2000×6000(切)立	C.S	4.0	新增
2	D-102	催化剂罐	1	0.4	40	ϕ1800×5400(切)立	ICr18Ni9Ti	0.8	新增

续表

序号	设备编号	设备名称	数量	操作条件		规格	材质	重量/t	备注
				压力/MPa	温度/℃				
3	D-103	原料油脱水塔顶罐	1	0.4	50	φ1200×3000(切)立	C.S	1.0	新增
4	D-104	热高压分离罐	1	12.8	430	φ1000×90×15300	21/4Cr-1Mo	45.8	50号四套三反
		新增				修改内件结构由HTI提供	0Cr18 Ni10Ti	1	
5	D-105	冷高压分离罐	1	12.0	50	φ1150×75×6000	A1	31.5	32号三套高分
6	D-106	冷低压分离罐	1	1.5	50	φ2200×9260×28	20g	18	原容-1
7	D-107	热低压分离罐	1	1.2	395	φ2200×9260×28	15 Cr MoP(H)+18-8复合板	18	新增
8	D-108	稳定塔顶回流罐	1	1.0	40	φ2000×7116×16	16MnR	7	原容-2
9	D-109	常压塔顶回流罐	1	0.1	70	φ2600×7456×26	16MnR	16	原容-5
10	D-110	减压塔顶大气罐	1	0.1	40	φ1400×6830×6	A3	3	原容-6
11	D-111	循环油缓冲罐	1	常	40	φ1600×3000(立)	C.S	1.2	新增
12	D-112	汽提塔顶回流罐	1	0.6	40	φ1200×3000(立)	C.S	1.0	新增
13	D-113	催化剂配制罐	2	常压	常温	φ2200×3300	玻璃钢衬里		新增
14	D-114	反应进料缓冲罐	1	0.8	270	φ2000×6000(切)			新增
15	D-115	脱水塔底缓冲罐	1	0.8	200	φ3400×10000(切)			新增
		小计	16						

续表

序号	编　号	设备名称	泵　型　号	数量/台	流量/(m^3/h)	扬程/m	轴功率/kW	电机型号	电机功率/kW	备　注
七、泵										
1	P-101A/B	原料油泵	50AYII-60×2B	2	11	90	7.7	$YB160M_1$-2	11	原减一中回流泵
2	P-102A/B	反应进料泵	FPSP-16/15	2	16		72	$YB315M_2$-10	90	新增
3	P-103	悬浮床加氢一段反应器循环泵		1	(93)		50			进口专用泵
4	P-104A/B	DEA 贫液注入泵		2	2.0		38		55	原 55KW 水泵
5	P-105A/B	脱水塔顶油泵	40YII-40×2B	2	5.4	60	2.9	YB112M-2	4	原常二泵
6	P-106A/B	稳定塔顶回流泵	80MY-100×2CD	2	40	125	26	$YB200L_1$-2	30	原稳顶回流泵 泵-1 (PID：泵 2/1，2)
7	P-107A/B	稳定塔底重沸炉泵	150MY150BII	2	155	110	61.2	YB280S-2	75	原稳底泵 泵-2 (PID：泵 2/1，2)
8	P-108A/B	常压塔顶回流泵	65YI-100	2	25	100	17.6	$BJO_2$71-2	22	原常顶回流泵
9	P-109A/B	柴油泵	40YII-40×2B	2	5.4	60	2.9	$BJD_2$32-2	4	原常一泵 泵-4 (PID：泵 7/1，2)
10	P-110A/B	常底泵	65YII-100×2B	2	22.0 2.6	150	21.4	$YB200L_1$-2	30	原减压进料泵-5 (PID：泵 10/1，2)
11	P-111A/B	减顶油泵	40YII40×20	2	4.9	49	2.2	YB112M-2	4	原减顶泵 泵-6 (PID：泵 11/1，2)
12	P-113A/B	减一中泵	40YII40×2	2	6.5 1.2	80	4.5	$YB132S_2$-2	7.5	原减三中回流泵 泵-12 (PID：泵 17/1，2)

续表

序号	编　号	设备名称	泵　型　号	数量/台	流量/(m^3/h)	扬程/m	轴功率/kW	电机型号	电机功率/kW	备　注
13	P-115A/B	减二线油泵	40YII40×2	2	6.25	80	4.6	YB132S_2-2	7.5	原减二泵 泵-8(PID：泵)
14	P-116	减底泵	50YII60×2	2	12.5	120	11.8	YB160L-2	18.5	原减二中回流泵
15	P-119	汽提塔顶回流泵	50YII-40×2	2	6.25	80	4.6	YB132S_2-2	7.5	新增
16	P-120	汽提塔底泵	50YII-60×2B	2	11	89	8.34	YB160M_2-2	11	原减一泵
17	P-121	轻蜡油在线 加氢进料泵		2	4.5		42		55	原55kW1号，2号
18	P-117	高压注水泵		2	1.2		9.2		11	原11kW泵加变频
19	P-118	注催化剂泵	J-Z320/25-III	2	0.32		1.5	配防爆电机 符合 dIICT4	3	新增
20	PM-101	多级剪切泵		2	8 3.8	30	18/台		22/台	3个运行1个备用
21	P-122	脱水塔底泵	50YII-60×2B	2	11	89	8.34	YB160M_1-2	11	新增
22	P-123	催化剂配制泵	65AY30A	2	23	20	3	YB100L-2W	4	不锈钢耐腐蚀 新增
23	P-125	油剂循环泵	50AY30A	2	10	20	2.2	YB100L-2W	4	不锈钢耐腐蚀 新增

序号	编　号	设备名称	型号	操作压力/MPa	操作温度/℃	入口流率/(Nm^3/h)	轴功率/kW	驱动机功率/kW
八		压缩机						
1	K-102/A，B	循环氢压机(原机房内供加氢三套的氢压机压缩机)	2D25.5~2/175	11.65(入口) 13.7(出口)	40(入口) 70(出口)	3 2.2	155×2	185×2

附件1 2007年悬浮床装置消耗情况

序号	名称	截止2007年11月30日消耗			截止2007年12月实际消耗			本年累计		
		数量	单价	金额	数量	单价	金额	数量	单价	金额
1	原料/t	6025.93	2926.35	17634003.08	532.64	2909.26	1549580.76	6558.57	2924.97	19183583.84
2	柴油/t	632.46	4115.00	2602585.25	56.00	4115.00	230440.00	688.46	4115.00	2833025.25
3	氢气/t	296.00	5505.01	1629482.96	24.00	5505.01	132120.24	320.00	5505.01	1761603.20
4	渣油/t	5097.467	2629.14	13401934.87	452.64	2629.14	1187020.52	5550.11	2628.59	14588955.39
6	燃料消耗/t	2916.00	300.00	874800.00	496.80	300.00	149040.00	3412.80	300.00	1023840.00
7	瓦斯/t	2916.00	300.00	874800.00	496.80	300.00	149040.00	3412.80	300.00	1023840.00
8	动力消耗/t			3267222.14			898482.94			4165705.08
9	新鲜水/t	72343.00	2.11	152476.48	11167.00	2.13	23752.19	83510.00	2.11	176228.67
10	循环水/t	1386597.00	0.30	415975.00	292787.00	0.30	87836.10	1679384.00	0.30	503815.20
11	脱盐水/t	11573.00	15.00	173595.00	1989.00	15.00	29835.00	13562.00	15.00	203430.00
12	电/kW·h	600040.00	0.44	261790.94	289120.00	0.50	143963.96	889160.00	0.46	405754.90
13	热水/t	58000.00	1.50	87000.00	22000.00	1.50	33000.00	80000.00	1.50	120000.00
14	蒸汽(10kg)/t	10913.00	188.18	2053598.91	6384.00	73.20	467311.98	17297.00	145.74	2520910.89
15	工业风/km^3					—	—	—		—
16	仪表风/km^3	290.00	150.00	43500.00	130.00	150.00	19500.00	420.00	150.00	63000.00
17	氮气/km^3	283.00	280.15	79281.71	115.00	280.15	93283.71	398.00	433.58	172565.42
18	三剂							—		—
19	人员费			2810457.24			580700.93			3391158.17
20	其他费用/元			2271449.53			11707621.75			13979071.28
21	成本合计/元			26857931.99			14885426.38			41743358.37
22	产品产量/t							6559.00	2827.12	18543113.47
23	瓦斯/t							209.00	1062.00	221958.00
24	石脑油(C_5~180℃)/t							64.58	4683.00	302437.51
25	柴油(180~360℃)/t							232.00	4114.53	954570.96
26	稀释柴油							632.46	2850.00	1802511.00
27	尾油+蜡油(重油)/t							5354.96	2850.00	15261636.00
28	损失/t							66.00		
29	悬浮床总投入金额/元									23200244.90

3. 小结

采用石油大学重油加工国家实验室开发的悬浮床加氢裂化、尾油循环和在线加氢精制技术，利用抚顺石化公司石油三厂由闲置的加氢设备和南蒸馏(南小套)装置，改造建设成功5×10^4t/a悬浮床渣油加氢裂化实验装置，于2005年建成，但因种种因素没有投入运行，该装置一直闲置。

50kt/a悬浮床渣油加氢工业试验装置工艺流程见图1-3-14~图1-3-18。

(五) 小结

① 第三阶段工业化试验的主要目的是考察装置能否实现较长周期(确保1个月，力争3个月)的平稳运转以及采用该技术是否适合于加工辽河常压渣油。运转结果表明，装置在中等反应苛刻度下，实现32天的运转。工业化试验标定结果与试验室基本吻合，装置停工检查，反应器内无结焦，证明该工艺在此条件下是可以实现较长周期运转的。

② 克拉玛依常压渣油悬浮床加氢第三阶段工业化试验的汽柴油收率为51.62%，尾油收率为40.41%，实验室评价结果的汽柴油收率50.36%，尾油收率为40.22%，工业化实验与试验室评价结果相当吻合。由于克拉玛依常压渣油性质与第二阶段相比有所变化，导致第三阶段克拉玛依常压渣油悬浮床加氢工业试验的轻质油收率比第二阶段工业试验低5.61%。克拉玛依常压渣油的第三阶段工业化试验的石脑油与柴油的总收率达到了预期的目标。

③ 辽河常压渣油悬浮床加氢第三阶段工业化试验的汽柴油收率为36.10%，尾油收率为45.63%，实验室评价结果的汽柴油收率为40.83%，尾油收率为45.19%，工业化试验与实验室评价结果基本上也是吻合。辽河常压渣油的第三阶段工业化试验预期目标值分别是：石脑油与柴油总收率的是43.3%~57.8%，尾油收率为35.2%~42.3%，工业化试验结果与预期的目标值还有一定的差距，主要是由于辽河常压渣油工业化试验的反应苛刻度偏低。为使辽河常压渣油的悬浮床加氢工艺具有更好的经济性，需要在更高的反应苛刻度下进行试验确保取得更高的轻质油收率，并结合辽河石化公司现有的焦化装置，采用悬浮床加氢与延迟焦化的组合工艺技术。

④ 辽河常压渣油油试验过程中催化剂分散效果超过了预定的控制指标，需要进一步在实验室进行原因分析。

⑤ 长周期运转结果再一次证明上下排料环流反应器的环流液速高，返混效果好，反应温度均一，从工业反应器与实验室反应器结焦状况对比，环流反应器具有正放大效应，表明环流反应器适合重油悬浮床加氢技术；采用液相下排料方式以及下排料阀前注急冷油的措施，是保证环流反应器底部结焦的关键。

综上所述，重油悬浮床加氢技术工业化试验完成了克拉玛依常压渣油与辽河常压渣油悬浮床加氢蜡油循环方案的长周期运转，为下一阶段这两种渣油悬浮床加氢工艺的产业化奠定了扎实的基础。

本装置建成，试运成功，不仅使中国石油股份公司拥有一项自主知识产权的重大炼油技术，而且也为辽河原油常压渣油、新疆克拉玛依稠油常压渣油和中东高含硫常压(或减压)渣油的低成本加工开辟了一条新途径，并将对我国劣质渣油资源的优化利用、国家环境保护政策的贯彻落实和降低投资，增加企业经济效益具有重大意义。

此工业试验虽按合同要求完成，但寿命试验的时间太短，不能肯定长期运转。还有一点是致命的问题，即原料油加工要损失1.36%，因此推广使用、建设大型生产装置还要慎重。

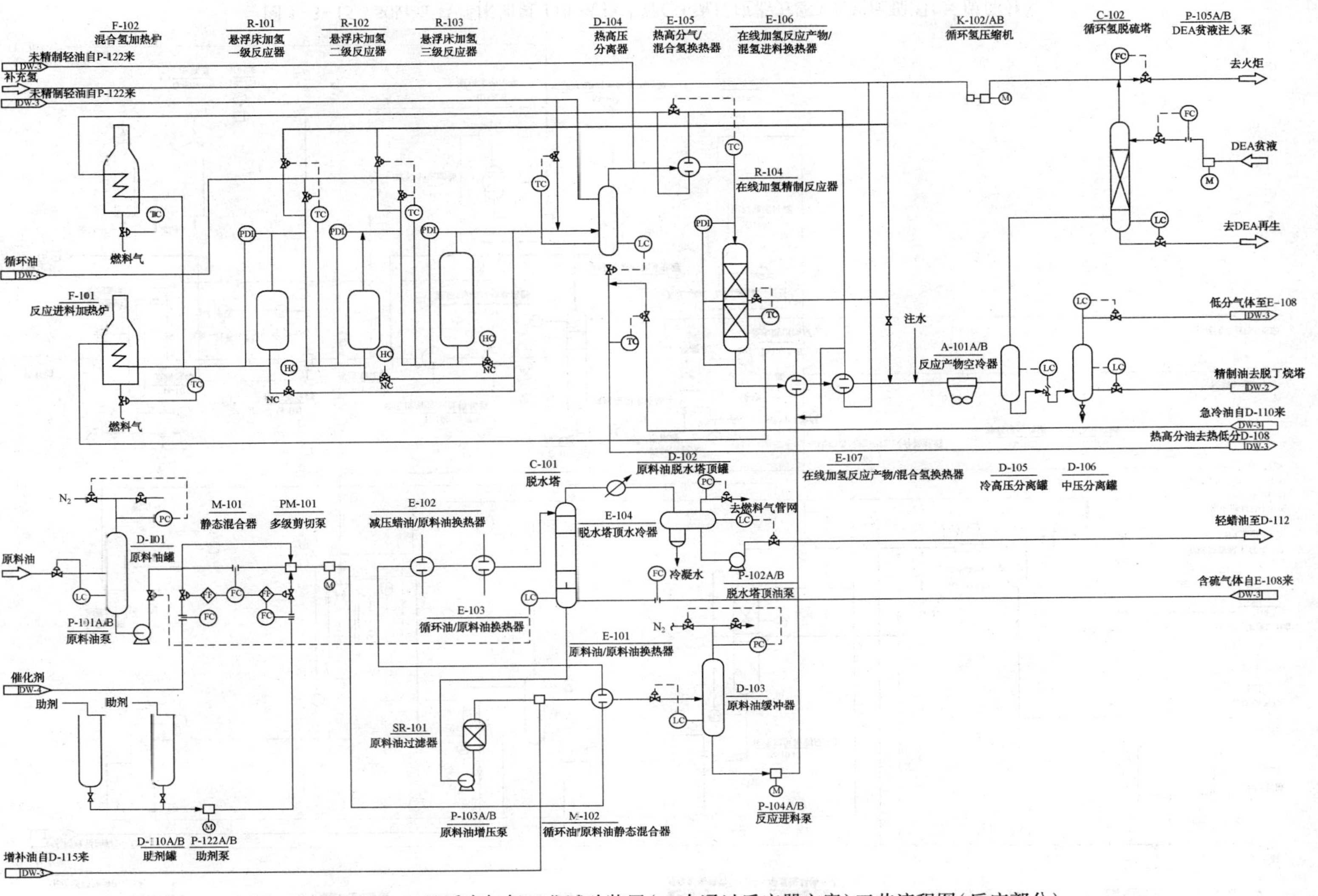

图 1-3-14　50kt/a 悬浮床加氢工业试验装置(一次通过反应器方案)工艺流程图(反应部分)

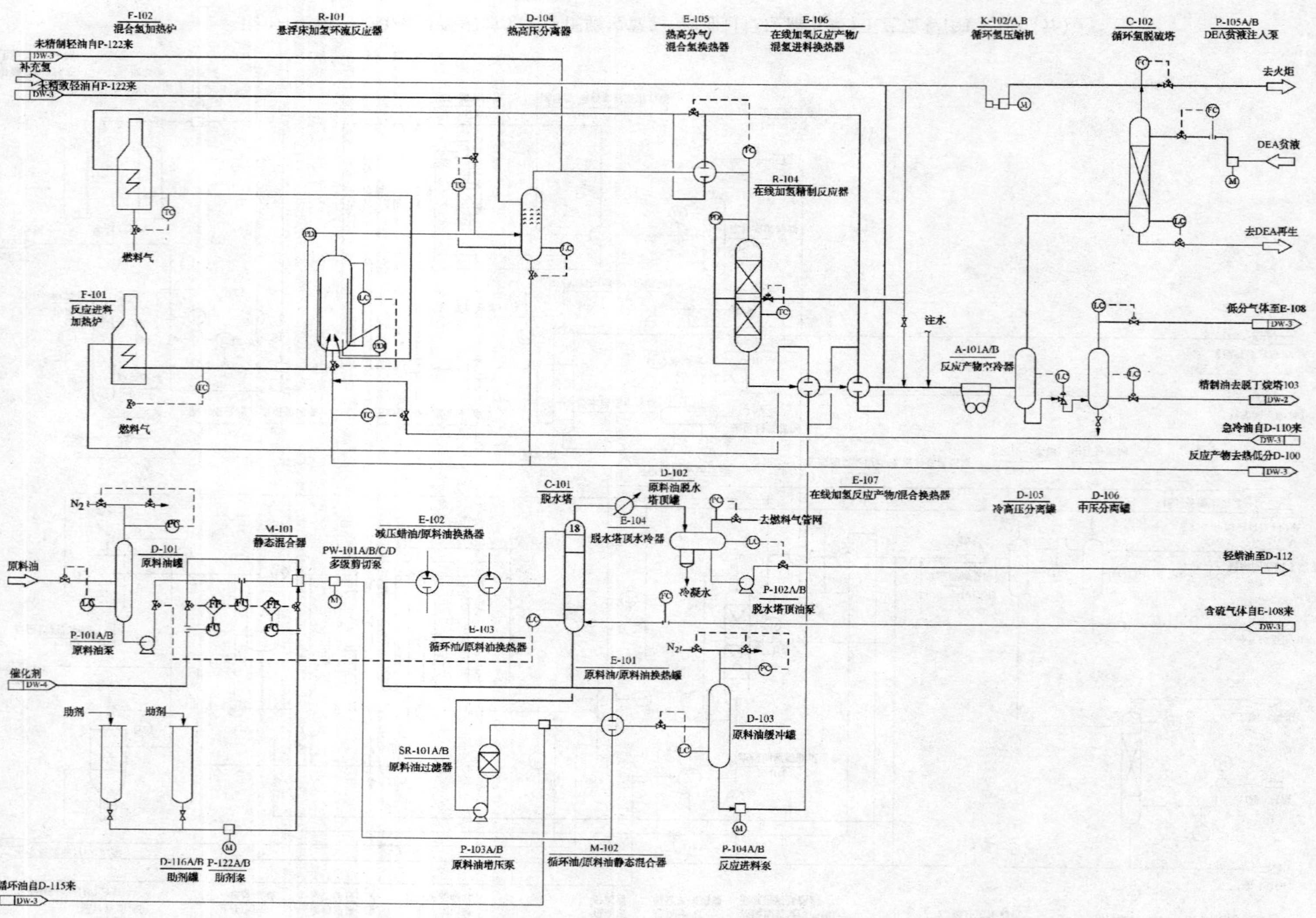

图 1-3-15 50kt/a 悬浮床加氢工业试验装置(环流反应器方案)工艺流程图(反应部分)

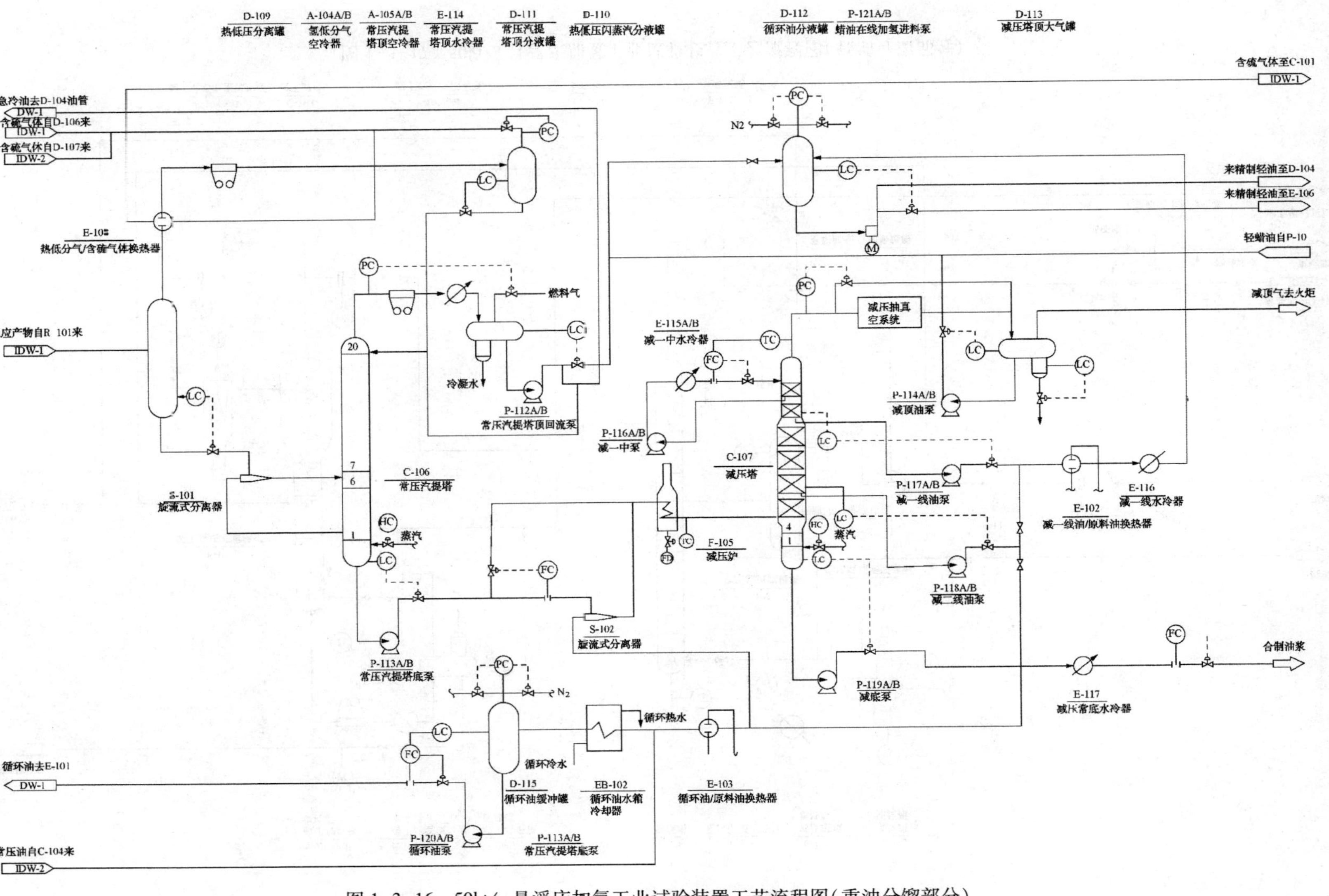

图 1-3-16 50kt/a 悬浮床加氢工业试验装置工艺流程图(重油分馏部分)

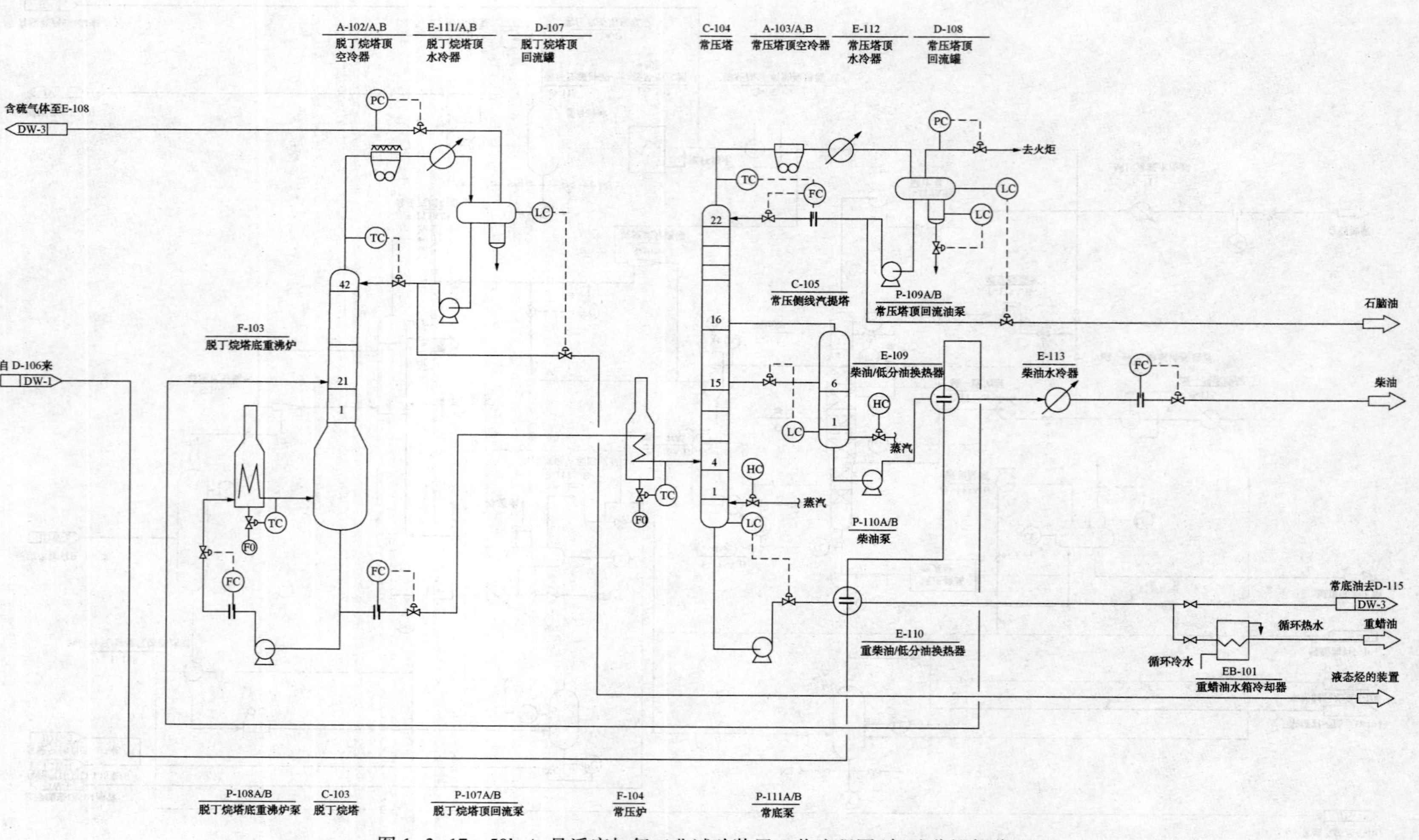

图 1-3-17　50kt/a 悬浮床加氢工业试验装置工艺流程图(轻油分馏部分)

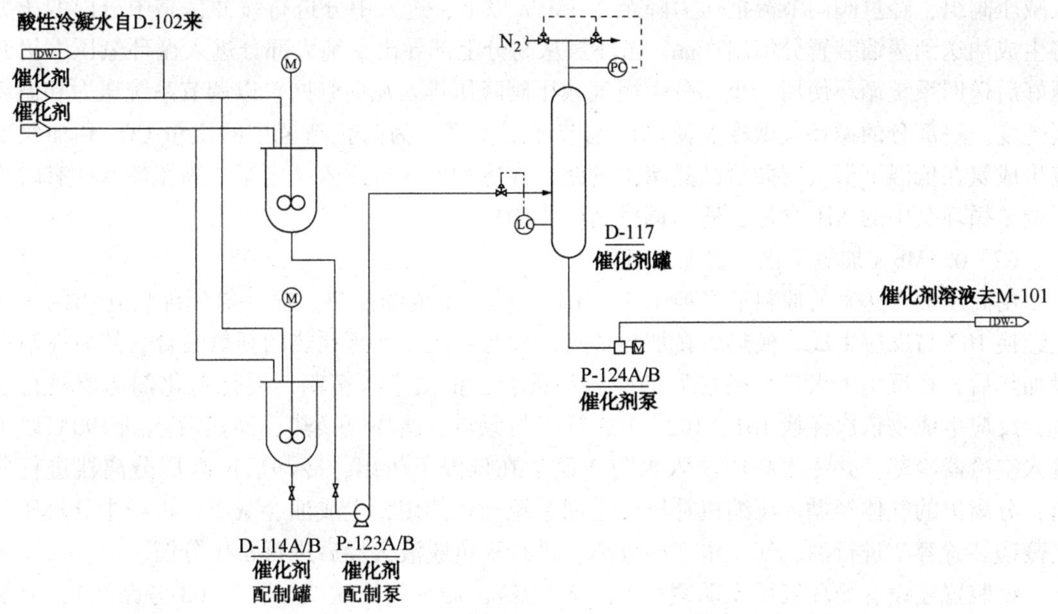

图 1-3-18　50kt/a 悬浮床加氢工业试验装置工艺流程图(催化剂配制及分散部分)

第四节　石油三厂加氢装置简介

一、工艺概述

1. 加氢装置的地位与任务

石油三厂有 5 套加氢装置。它的任务是采用一段串联流程，在高温和高压下，使用加氢精制、加氢裂化、临氢降凝催化剂，将馏分宽、相对密度大、凝固点高的重质原料油转化为轻质燃料油和润滑油，将劣质的焦化柴油转化为优质汽、煤、柴油产品。

加氢一、二、三套及装填加氢精制和加氢裂化催化剂对大庆原油的常三、减二、减三线油进行加氢裂化，生成油经蒸馏装置以生产汽油(或石脑油)、煤油、柴油(或机械油)，也可以加工石油一厂、二厂的焦化粗柴油生产优质的汽、煤、柴油等产品。加氢四套装填加氢精制催化剂和临氢降凝催化剂，对加氢裂化尾油进行加氢降凝，以生产轻质和中质润滑油及白油原料油。

2. 工艺流程

(1) 一、二、三、四套原加氢装置工艺流程

石油三厂老四套加氢装置虽然设备规格各套有所不同，催化剂容积有所差异，但工艺流程基本一致。原料油用低压泵将原料油储罐抽出，送至高压泵的入口，升压后送至各套加氢装置。原料油在第一换热器入口与循环压缩机送来的循环氢混合，一起在换热系统中与反应生成物逆流换热，冷流走壳程，热流走管程，换热后的原料油循环氢进入加热炉加热。由新氢压缩机送来的新氢在加热炉新氢预热段预热后在加热炉出口与加热后原料油、循环氢混合，一起进入串联的反应器，在催化剂床层上进行一系列反应。反应后的生成油、生成气和循环氢进入换热器与原料油、循环氢换热后，进入冷却器冷却至 40℃以下，在高压分离器内进行油气分离，高压分离器液用 C_S^{137} 放射性同位素液面计控制，生成油从下部引出，进

入减压阀组，经过阀门节流把压力降至2.5MPa以下，进入中分进行缓冲，靠中分内的压力将生成油送到蒸馏装置分馏出产品。循环氢从高分上部导出，绝大部分进入循环氢压缩机升压好后送回系统循环使用，小部分由尾气减压阀降压排入瓦斯管网，以调节系统压力和循环氢纯度。一部分的循环氢做冷氢使用以调节床层温度，为防止新氢中的微量 CO_2 和加氢反应生成氨在低温下形成碳酸盐结晶堵塞管路，在冷却器入口注入一定量的高压软水。有时为了调整循环氢中的 NH_3 含量，适当调整高压水用量。

(2) 0.4Mt/a 加氢裂化装置工艺流程

由高压油泵送来的原料油经换103、101与反应生成物换热。循环氢压缩机送出的循环氢经换102与反应生成物换热后在加热炉对流段与对流段上部预热的新氢混合，然后在辐射段加热后，在反101入口与换热后的原料油混合，依次进入精制，裂化催化剂床层进行反应，反应生成物依次经换101、102、103管程与原料、循环氢换热，换热后达到190℃以下进入空冷器冷却，并注入高压注入水防止氨盐在低温下析出，冷却后由高压分离器进行分离，分离出的气体经循环压缩机补压后送回系统循环使用，生成油经减压，再经中分直压到北蒸馏装置容7进行油、气、水三相分离，进行稳定脱液去烃后进行常压分馏。

该装置还设有循环氢反飞动线(即系统旁路)，循环氢反吹线(即换103旁路线)，混氢线等副线。

3. 装置的自动化仪表与在线分析仪表

由于加氢装置处在高温(390~455℃)、高压催化剂作用下进行连续生产，而且经常受到外界各种条件波动的影响，要想实现平稳操作，除了操作人员具有较高操作水平和严格执行岗位责任制外，关键部位必须实施仪表自动化控制。加氢装置设有炉出口串级自动调节，高分液位自动控制，冷氢自动调节和尾气自动排放，同时装有循环氢纯度在线分析仪和原料油相对密度在线测定仪，分述如下：

(1) 自动化控制仪表

① 加热炉出口温度串级调节。为了保证原料油，要求氢气入反应器的温度平稳。为使反应温度的平稳，加氢装置采用炉出口与分配室温度串级调节，串级流程如下：主调节器炉出口温度，当操作人员给定一个参数，而炉出口热偶测得的实际温度与给定温度相比较，就会产生一差值，便是主调节器的输出信号，这个差值又成为副调节器的给定信号，这个给定信号与分配室热偶测来的实际值相比较，又得到一个差值，这便是副调节器的输出信号。副调节器输出的电信号经过电气转换器，将之变为一个相应的风信号，以推动燃料气自动阀的气动薄膜来调节燃料气自动阀的开度。0.4Mt/a 加氢裂化装置因换热流程不同，炉出口串级调节方案也不同，其炉出口自动控制方案为：以反101入口温度为主调参数，炉出口为副参数，炉膛温度为第二级调节参数，然后调节瓦斯阀。为了防止仪表风突然停止造成炉温超高，燃料气自动调节阀选用风开阀，停风时调节阀关闭将燃料气切断，改为手动调节。

② 高分液面自动控制。高分液面保持稳定，有利于气液分离，防止生成油串入循环氢压缩机造成事故和循环氢减压出来浪费氢气。加氢装置根据处理凝固点较高的含蜡馏分油的特点采用 C_S^{137} 放射性同位素液面调节器进行控制。其基本原理是：在高分上部装有一个 C_S^{137} 放射源，均衡地放射一定量的γ射线，在高分底部装有一个计数管，它根据液位高低不同所接受射线强弱不同而给出一个大小变化的电信号，电信号经过一次放大器放大，传到调节仪表，一是能在记录仪上显示液位高低，二是与液位给定值进行比较，产生一个差值，这个差值输入电气转换器，变为一个相应的信号(风信号)再去调节减压自动阀的开关程度，以

控制生成油的流出量，维护液面的稳定。为了防止高压串低压，减压自动阀选用风关阀。

③ 反应温度自动控制。加氢裂化过程发生一系列多相催化反应，均为放热反应，为了保证反应温度平稳，缩小床层温差，在反应器发生后部床层冷氢自动控制。控制原理是：床层高点温度给出一个特定参数，热偶测来的实际信号与之比较产生一个差值，这差值经过电气转换器，变为一个风信号，把冷氢阀打开，以调节床层温度。冷氢自动选用风开阀。

④ 系统压力自动控制。为了保证加氢系统在规定的压力下平稳操作，选择系统内某特定部位(通常选用高分压力)的压力为给定压力，利用压力调节，自动调节尾气排放量的大小，保证系统压力平衡。

⑤自动泄压。尾气排放管线是低压管线，不能超过0.8MPa压力，但由于某些特殊情况，尾气开放阀突然开大，或者阀门调节不当，致使压力超高，在管线上装有自动放空阀，当管线压力达到0.8MPa时，自动放空阀打开以保证压力不会超高。

(2) 在线分析仪表

① 循环氢在线氢纯度分析。循环氢纯度高低与系统氢分压高低有直接关系，同时又是加氢裂化反应深度的主要操作参数和重要控制标志，为了及时使操作人员了解系统循环氢纯度的变化情况，在加氢系统中安装了循环氢纯度在线分析仪。

循环氢纯度在线分析仪的工作原理是利用氢气比 N_2、CH_4、C_2H_6 等气体的导热系数高7~8倍的特点，让循环氢通过一个电桥，由于氢气导热快，使电桥的电阻丝温度降低，破坏了电桥的平衡，有一个与被测气体相对应的电流通过电桥，接入指标记录仪，随着循环氢中氢纯度的变化，流出电流亦在变化，从而较为准确地测量和记录了加氢系统的循环氢纯度变化。

② 原料油及生成油密度在线分析。原料油的质量变化直接影响着反应温度的变化和生成油质量，而原料油的质量变化最直观的参数是原料油相对密度，由于加氢原料油罐经常处于不满罐状态以及生成油质量变化频繁的特点，加氢装置安装原料油相对密度测量仪。该相对密度仪采用比较先进的单摆式相对密度计，显示部分采用集成电路，将电信号转变为数字形式显示。其工作原理是：在原料油低压泵出口管线上增加一个节流阀，一部分原料油流过摆式测量仪时，摆式测量仪的摆在不停地摆动，当流入的油品密度变化时，摆的震动频率便发生了变化，这时摆的另一端输出一个变化的脉冲信号，经过一级放大器放大后，再经过转换器变成毫伏信号，然后再经过高频放大器放大，输送出较强的信号进入集成电路，转换成数字形式进行显示。生成油密度测量仪表与原料油密度相同，较其复杂的是：首先要将油、水、气三相分离好，分离后的油再进密度仪测量。

加氢装置仪表自动化将随着加氢工艺的发展，逐步完善、提高，如今已全部实现了DCS控制。

二、加氢设备简介

加氢工艺过程是在高温、高压氢气和催化剂存在的条件下进行的，要在比较苛刻的工艺条件下完成一系列化学反应，必须拥有能满足工艺的要求，确保安全生产。这些设备包括工艺设备：加氢反应器、换热器、加热炉、冷却器、高、中压分离器、过滤器及其工艺管道、阀门等。机泵设备：新氢压缩机、循环氢压缩机，循环鼓风机、高压油泵(高压往复柱塞泵、高压离心泵)，高压水泵和低压油泵等。分别简述如下：

(一) 加氢反应器

加氢反应器是加氢装置的主要设备，原料油和氢气在18MPa的压力、390~460℃反应温度条件下，在反应器内催化剂床层上进行一系列化学反应，从而得到所需要的产品。

石油三厂加氢装置使用的反应器筒体由 35CrNi2Mo、20CrMo9、2.25Cr1Mo 等抗氢钢制成。日伪时期遗留的反应器都是整体锻造的，0.4Mt/a 加氢裂化装置的(一反)热壁反应器，为第一重型机械厂制造的，是 20 世纪 70 年代兰石厂制造的反应器，是卷板焊接的。石油三厂加氢反应器的密封形式分四类：第一种为自紧式密封(日伪遗留)，第二种为平垫密封(日伪遗留)，第三种为双锥密封，第四种八角密封。这几种密封形式中第三种结构比较简单，装卸比较方便，密封性能较好。除 0.4Mt/a 加氢裂化装置一反为热壁反应器外，其余均为冷壁反应器(新建成的 1.20Mt/a 中压加氢的反应器亦为热壁反应器)。

为了保证冷壁反应器筒体的长期安全使用，筒内装有隔热衬里，保持壁温≤300℃以下运行，隔热衬里有两种形式：一种为在筒体与 Cr18Ni9Ti 衬筒之间捣固 75~80mm 厚的蛭石矾土混凝土，另一种为不带衬里的大颗粒珍珠岩保温层。经工业运转证明，后者强度高，耐冲刷，做第一反应器衬里尤为适宜。

随着我国机械行业技术水平的提高，热壁加氢反应器已于 1989 年在石油三厂 0.4Mt/a 加氢裂化装置投用，热壁反应器将逐步更新代替一些年久陈旧的冷壁反应器。

反应器内部结构随加氢工艺条件变化而变化。为了适应加工重油的半液相加氢反应器流体分配要求均匀的特点，老加氢装置在反应器入口装有溢流或强制分配板，在催化剂床层之间每隔 3~4m 安装一层对流体再分配的斜锥塔盘，底部装有夹角 40°~50°的锥形体。在反应器内部还装有调整温度的冷氢和测量温度的热电偶，冷氢和电热偶是从上端盖引入。这些结构对于内径 ϕ800~1000mm 反应器来说，基本能够满足加氢的工艺要求，而 0.4Mt/a 加氢装置的 ϕ2100mm 和 ϕ1800mm 反应器采用上部有入口扩散器，泡帽分配器，中间有急冷氢箱和泡帽分配器，底部有油气收集器。(ϕ1800mm 反应器冷氢热偶管从侧壁插入)。反应器规格型号见表 1-4-1。

表 1-4-1　反应器规格型号

套别	流程编号	规格 外经×高×厚/mm	材质	密封形式	筒体质量/t	安装年限	有效容积/m^3
一套	一反	ϕ1330×7900×190	35CrNi2Mo	自紧形式	42	1951.7	2.5
	二反	ϕ1330×15750×190	35CrNi2Mo	自紧形式	106	1937	5.2
	三反	ϕ1330×15750×190	35CrNi2Mo	自紧形式	106	1937	5.2
	四反	ϕ1330×15460×190	$2\frac{1}{4}$Cr1Mo	双锥式	37	1974.4	6.0
二套	一反	ϕ1270×10520×135	35CrNi2Mo	法兰平垫	47	1956.9	4.0
	二反	ϕ1270×10520×135	35CrNi2Mo	法兰平垫	47	1956.9	4.0
	三反	ϕ1180×15220×90	$20CrMo_9$	双锥式	37	1975.8	6.0
	四反	ϕ1180×15460×90	$2\frac{1}{4}$Cr1Mo	双锥式	37	1975.8	6.0
三套	一反	ϕ1180×15460×90	$2\frac{1}{4}$Cr1Mo	双锥式	37	1980.9	6.0
	二反	ϕ1180×15220×90	$20CrMo_9$	双锥式	37	1971.9	6.0
	三反	ϕ1180×15220×90	$20CrMo_9$	双锥式	37	1972.3	6.0
四套	一反	ϕ1330×7900×190	35CrNi2Mo	自紧式	42	1952.12	2.5
	二反	ϕ1260×7900×180	35CrNi2Mo	自紧式	38	1937	2.2
	三反	ϕ1180×15460×190	$20CrMo_9$	双锥式	37	1981.5	6.0

续表

套别	流程编号	规格 外经×高×厚/mm	材质	密封形式	筒体质量/t	安装年限	有效容积/m^3
五套	一反 二反	ϕ2420×22200×160 ϕ2080×18000×140	$20CrMo_9$ 外层 $18MnMoN_6$ $2\frac{1}{4}Cr1Mo$	双锥式 双锥式	280.6 设备总质量 176.6 设备总质量	1984.7 1984.7	50 27
0.4Mt/a 高压加氢	热壁加氢 反应器	内径 1800×长度 22000×壁厚 150	$2\frac{1}{4}Cr1Mo$	堆焊 347	220t	1989.5	

反应器结构见图 1-4-1～图 1-4-3。

(二)加热炉

加热炉是用来将换热后的原料油、循环氢、新鲜氢气加热到反应所需要温度的热设备。为了保证加氢装置的长期、安全、平稳运行，加氢一、二、三、四套采用大量烟气循环的纯对流式加热炉，这种炉型加热条件缓和，炉管受热均匀，调节手段灵活。由于炉管表面热强度较低，在1Cr18Ni9Ti 炉管上焊有大量翅片，以增大传热面积。

该炉型炉体由燃烧室、混合室、分配室、对流室四部分组成。炉管材质为1Cr18Ni9Ti 成 U 型弯管悬挂在对流室内，上部用法兰连接。原料油与循环氢在原料加热段加热，新氢在最后一个对流室后部的预热段预热，在炉出口原料油、循环氢、新氢混合进入反应器。

燃料气进入火嘴后与靠炉膛负压从空气入口吸入的空气混合后在燃烧室内燃烧，燃烧后生成的高温烟气 800～1000℃与循环风机送来的循环烟气(300℃)在混合室内进行混合。然后借助分配室内的台阶状自然分配设施使同一截面上的流体分布均匀后，在对流室内对高压管内流体对流传热供热后的烟道气由循环烟气风机抽出循环使用。

风机出口的循环烟道气分为三路，主路进入混合室，一支路进入燃烧室(称为循环旁路)，另一路则由烟道排出。在风机入口，入混合室，入燃烧室，入烟道均有碟型翻板调节。为了保证炉体耐火砖的寿命，燃烧室温度<1200℃(热偶保护管顶端离炉壁 30～50mm)，为了延长炉管使用寿命，分配室温度控制<600℃。

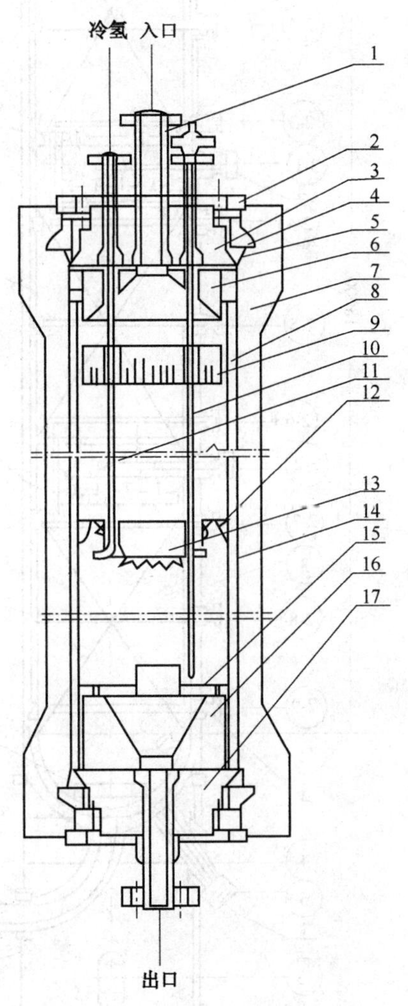

图 1-4-1　自紧式反应器结构图

1—引出管；2　紧箍法兰；3　上盖；4—四块瓦；5—密封圈；6—上保温盖；7—筒体；8—保温材料；9—分配板；10—热电偶；11—冷氢；12—斜塔盘架；13—斜塔盘；14—内保温筒；15—下花板；16—下锥体；17—下盖

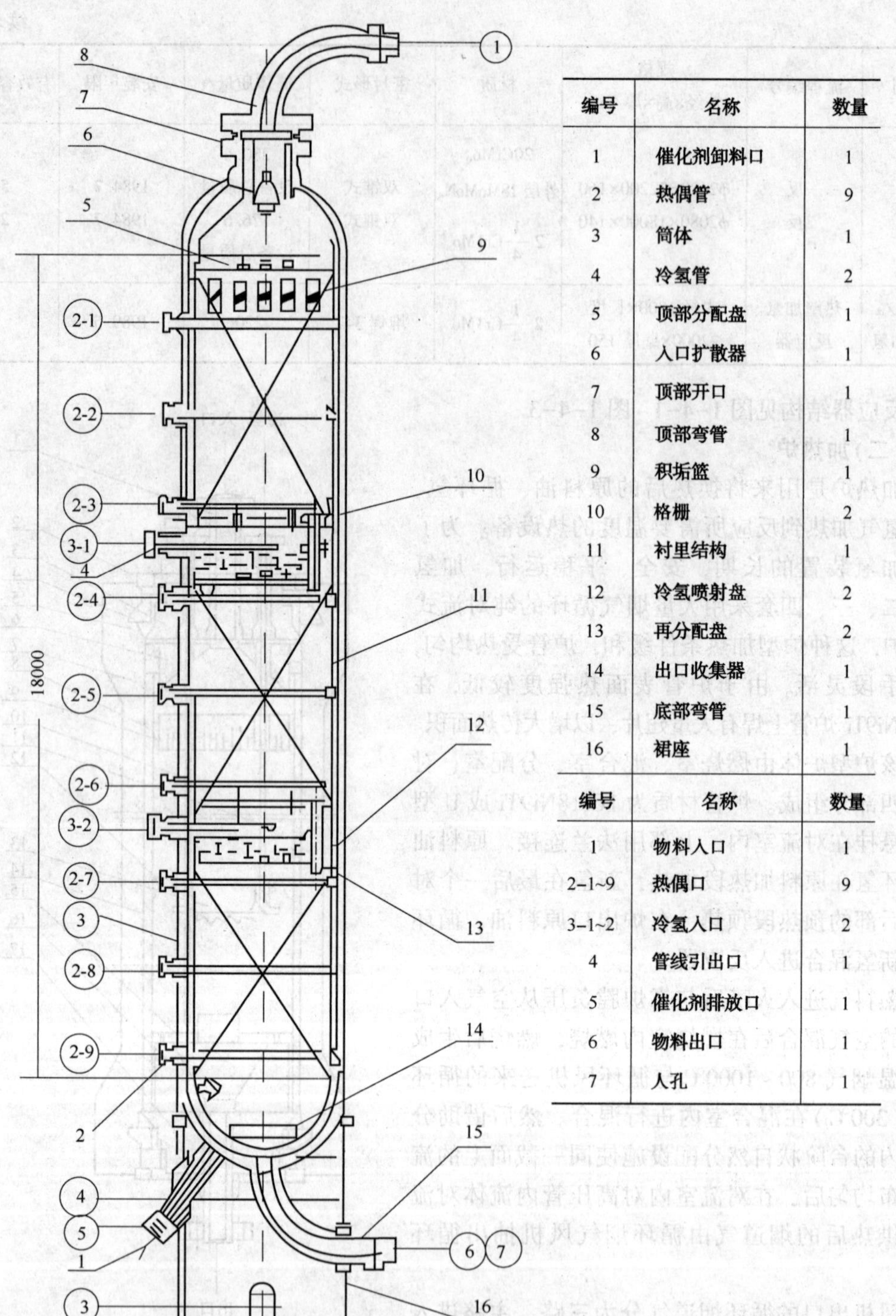

编号	名称	数量
1	催化剂卸料口	1
2	热偶管	9
3	筒体	1
4	冷氢管	2
5	顶部分配盘	1
6	入口扩散器	1
7	顶部开口	1
8	顶部弯管	1
9	积垢篮	1
10	格栅	2
11	衬里结构	1
12	冷氢喷射盘	2
13	再分配盘	2
14	出口收集器	1
15	底部弯管	1
16	裙座	1

编号	名称	数量
1	物料入口	1
2-1~9	热偶口	9
3-1~2	冷氢入口	2
4	管线引出口	1
5	催化剂排放口	1
6	物料出口	1
7	人孔	1

图 1-4-2　加氢大套(三反)裂化反应器结构示意图

0.4Mt/a 加氢裂化装置采用箱式辐射炉，炉管为 U 形管，联成一排挂在炉膛正中央，炉底两排 8 个瓦斯火嘴冲上燃烧，从两边对炉管进行辐射传热，顶部装有靠对流传热的翘片管，以回收烟气热量。新氢从对流室顶部入炉加热到一定温度后在对流室下部与换热后的循环氢混合，经过几排管对流传热后进入辐射管进行辐射传热，使炉出口达到要求温度。为了

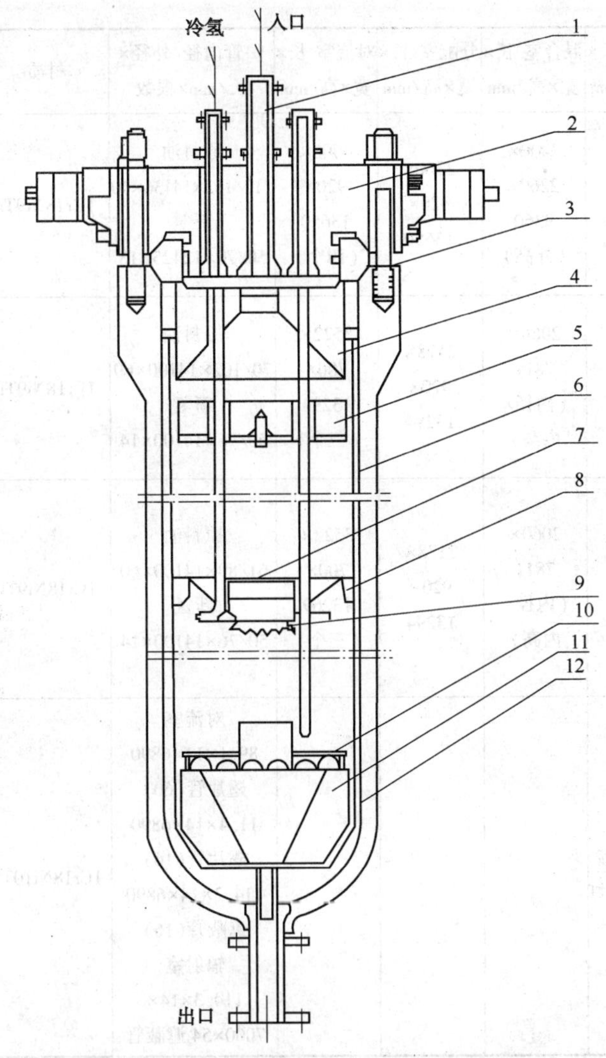

图 1-4-3　双锥密封平垫式反应器结构图

1—引出管；2—上端盖；3—胀圈；4—上保温盖；5—分配板；6—内保温筒；7—冷氢；8—斜塔盘托架；9—斜塔盘；10—下花板；11—下锥体；12—保温层

保证炉管的安全使用，要求炉管最高壁温≯550℃。

箱式辐射炉与纯对流炉相比具有投资少、占地面积小、热效率高等一系优点，主要技术指标见表 1-4-2。

表 1-4-2　加热炉主要技术指标

套别	形式	燃烧室 长×宽×高/mm	混合室 长×宽×高/mm	分配室 长×宽×高/mm	对流室 长×宽×高/mm	炉管内径/外径×长/mm×根数	材质	热负荷/(MJ/h)	风车电机/kW
一套	纯对流	φ1900×9360（外径×外高）	3400×2260×9360（外高）	2260×920×13620	4000×920×13650（四个）	原料油 109/152×14136×60 新氢 40/60×14125×12 40/60×14125×6	1Cr18Ni9Ti	1.17×10⁴	100 2台（原设计为500kW一台）

续表

套别	形式	燃烧室 长×宽×高/mm	混合室 长×宽×高/mm	分配室 长×宽×高/mm	对流室 长×宽×高/mm	炉管内径/外径×长/mm×根数	材质	热负荷/(MJ/h)	风车电机/kW
二套	纯对流	ϕ1900×9360（外径×外高）	3400×2260×9360（外高）	2260×920×13650	4000×920×13650（四个）	原料油 112/152×14136×60 新氢 50/70×12425×18	1Cr18Ni9Ti	1.17×10^4	135 2台（原设计为500kW一台）
三套	纯对流	2000×1800×8100	2060×7811（内径×内高）	2178×920×13294	3522×700×13294（三个）	原料油 70/102×14100×60 新氢 50/76×14100×14	1Cr18Ni9Ti	8.79×10^3	135 1台（原设计为200kW一台）
四套	纯对流	2000×1800×8100	2060×7811（内径×内高）	2178×920×13294	3522×700×13269（三个）	原料油 61/89×14100×60 新氢 50/76×14100×14	1Cr18Ni9Ti	8.79×10^3	100 40 各1台（原设计为200kW一台）
0.4 Mt/a 加氢装置	箱式辐射	16个火嘴 16个长明灯				对流室 89.1×11×6890 翅片管(60) 11.4×14×6890 翅片管(16) 114.3×14×6890 遮蔽管(16) 辐射室 114.3×14×7000×54 遮蔽管	1Cr18Ni10Ti	3.64×10^4	无

纯对流式加热炉结构见图 1-4-4。

（三）换热器

换热器是用来回收生成油，循环氢所带出的热量，用来加热原料油、循环氢的设备，石油三厂加氢装置所用换热器为立式管壳浮头式高压换热器。

高压筒体为壳程，筒体材质分三种：一种为第一重型机器厂制造的 20 号钢筒，另一种为日伪遗留的材质为 $35CrNi_2Mo$ 的整体锻造筒，0.4Mt/a 加氢装置使用的换热器是由兰石厂用钢板卷焊制成。筒内有不锈钢衬里和 30mm 厚的蛭石混凝土保温层，管束由 1Cr18Ni9Ti 钢管制成，悬挂在筒盖上。壳程流体为原料油和循环氢，其流向自下而上，管程流体为反应器出来的高温流体，生成油，生成气及循环氢，其流向为从管束内自上而下流动，流到浮头盖，由中心管返回，自上部溢出。加氢一、二、三、四套装置各有 2~3 台换热器，换热面积 200~300m^3，原料油、循环氢可由 50℃加热到 330℃左右，生成油、气，循环氢可由 400~450℃降至 200℃以下，总传热系数为 620~1047kJ/(m^2·h·℃)[150~250kcal/(m^2·h·℃)]。管束：多由 ϕ20mm×3mm、ϕ22mm×4mm 的 1Cr8Ni9Ti 钢管与若干块折流板组装而成。折流板分圆环及圆缺两种(前一种效果好)管束悬挂在上端盖上，管束随温度变化可以自由胀缩，

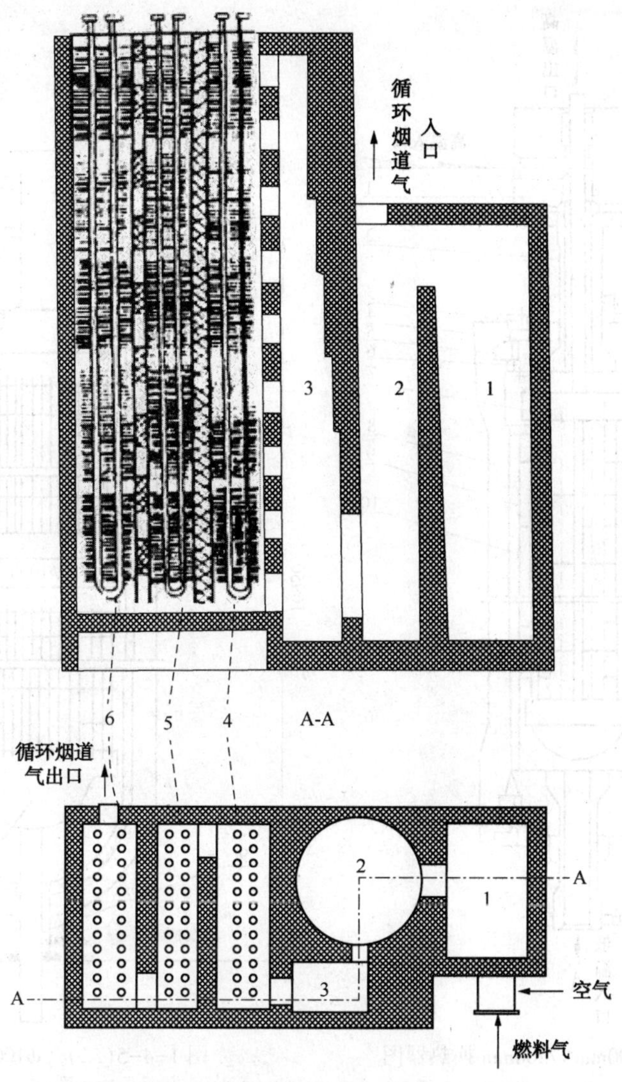

图 1-4-4　纯对流式加热炉结构示意图

1—燃烧室；2—混合室；3—分配室；4—第一对流室；5—第二对流室；6—第三对流室

受热时不致扭曲变形，管束内外易于密封。

管程、壳程之间压力差不超过 3.5MPa，以免密封石棉盘根，管束及焊缝泄漏串油。

加氢 0.4Mt/a 装置换热器外壳是兰石厂卷焊的 ϕ1000mm×15000mm 高压筒，管束是用螺栓固定，悬挂在筒盖上，下端由溢流管插入引出管。冷流是从底部进入换热器，从上部旁侧引出，热流从顶部流入，顺管束下流，从底部中心管导出。换热器结构见图 1-4-5(一)和图 1-4-5(二)。

各套高压换热器规格见表 1-4-3。

浮头式换热器内芯的结构与材质如下：

石油三厂多年的使用经验证明，浮头式内芯在生产运行中受热或冷却时，可以自由膨胀或收缩而不致弯曲变形，既能确保管束内外的良好密封性，并且方便于检修，只需拆卸上盖即可顺利吊出内芯进行清焦。

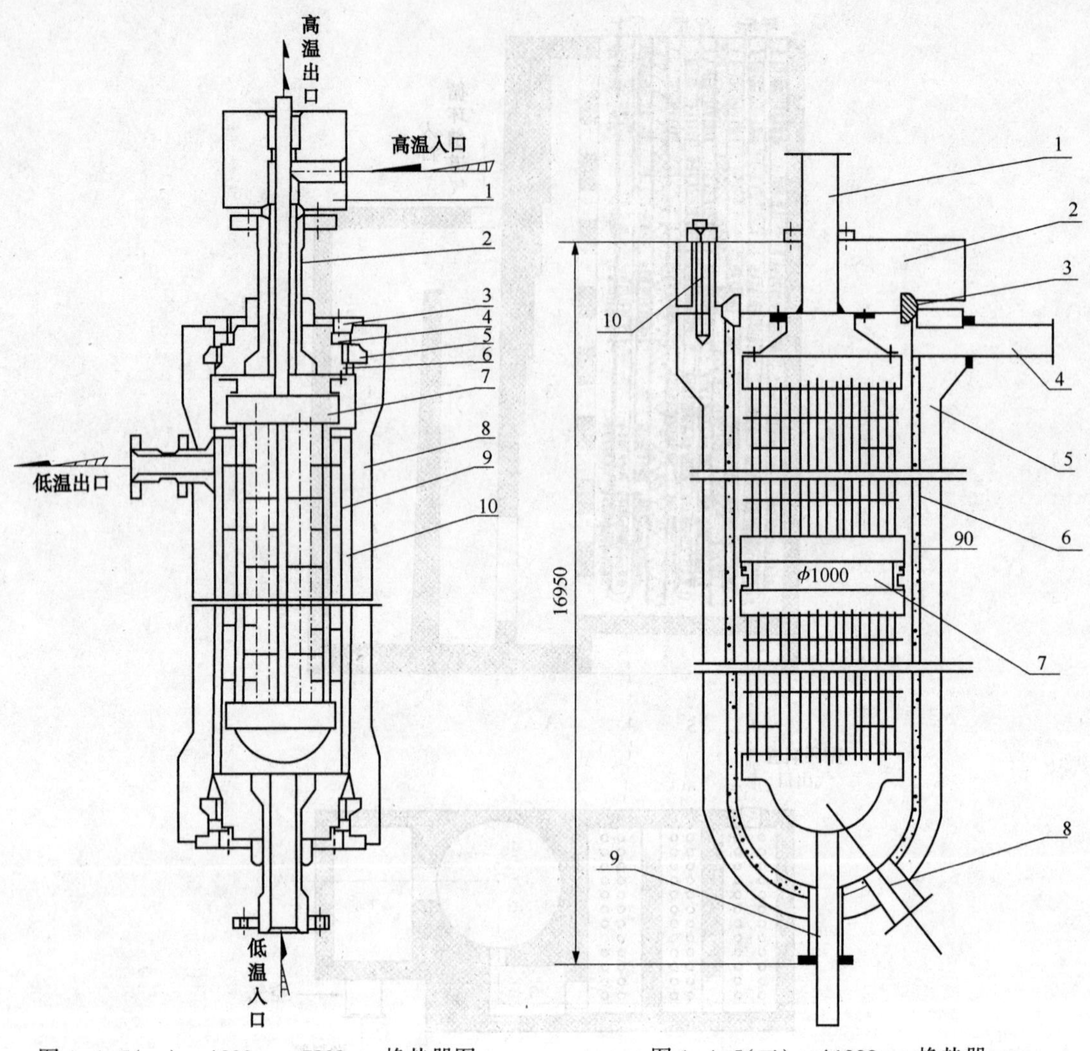

图 1-4-5(一) ϕ800mm×7200mm 换热器图

1—方铁；2—引出管；3—紧盖法兰；4—上盖；5—四块瓦；6—胀圈；7—芯子；8—筒体；9—内保温筒；10—保温材料

图 1-4-5(二) ϕ1000mm 换热器

1—管程入口；2—大盖；3—双锥密封圈；4—壳程出口；5—筒体；6—保温衬里及衬筒；7—换热器内芯子；8—壳程入口；9—管程出口；10—主螺栓

表 1-4-3 高压换热器规格

套别	工艺编号	名称	外筒规格/mm	换热面积/m²	密封形式	材质	筒重/t	安装年限
一		一热交	ϕ954×15000×77	193	双锥式	内 20 号外 CrV	25	1965.8
		二热交	ϕ1120×7200×160	105	自紧式	35CrNi2Mo	27	1937.6
二		一热交	ϕ954×15000×77	193	双锥式	35CrNi2Mo	25	1966.10
		二热交	ϕ1120×7200×160	105	自紧式	35CrNi2Mo	27	1941
三		一热交	ϕ1120×7200×160	105	自紧式	35CrNi2Mo	27	1952
		二热交	ϕ1120×7200×160	105	自紧式	35CrNi2Mo	27	1937
		三热交	ϕ1120×7200×160	105	自紧式	35CrNi2Mo	27	1937
四		一热交	ϕ1120×7200×160	105	自紧式	35CrNi2Mo	27	1937
		二热交	ϕ1120×7200×160	105	自紧式	35CrNi2Mo	27	1937

续表

套别	工艺编号	名称	外筒规格/mm	换热面积/m²	密封形式	材质	筒重/t	安装年限
五	换-101	一热交	ϕ1180×15000×90	554	自紧式	2.25Cr1Mo	55	1984.7
	换-102	二热交	ϕ1180×15000×90	554	自紧式	2.25Cr1Mo	55	1984.7
	换-103	三热交	ϕ1180×15000×90	693	自紧式	2.25Cr1Mo	55	1984.7

换热器内芯(见图 1-4-6)由固定管板、浮头管板、管束、拆流板、溢流管及浮头盖等主要部件组合而成为一个整体。它们都与高温流体接触，因而其材质为 1Cr18Ni9Ti 不锈钢。几百根内径自 14~25mm 的奥氏体不锈钢无缝钢管穿过每隔 500~600mm 距离的拆流板而焊在固定管板与浮头管板上。管束中心有一根直径较粗的溢流管，它穿过并焊接在固定管板上，其一端露出管束外作为换热后的生成油的引出管，另一端则通过管束而焊接在浮头管板上。

在换热器内芯装入换热器筒壳之前，先将管束与工字联接件和筒端盖等部件用螺栓连接在一起。再固定管板与工字联接件，工字连接件与筒端盖以及浮头管板与浮头盖间都使用油石棉绳盘根代替原来的软钢垫片，盘根上涂以石墨粉。它在螺栓拧紧时，其体积能被压缩到原有体积的 30%~50%。为确保换热器在高温及温差变化大的情况不致发生泄漏现象，对这些盘根的压紧程度与均匀程度是十分重要的。为此，在拧紧螺栓时，通常采用千分尺测量来检查并调整压紧后的盘根间距以达到均匀的压紧；并且对管程系统进行 3.5MPa 的水压试验。(换热器的最高使用差压不允许超过 3.5MPa)

反应生成油由上部套管间的环形空间进入，由溢流管向上引出，出入套管间也用油石棉绳密封，并用特制的透镜形垫圈压紧管下的石棉绳。这种高压垫还起着高压和内部装置的密封作用，这种密封结构简单，检修操作方便，代替了原有的内外压盖的密封形式。过去的密封形式，常发生压盖丝扣磨损与原料油串入生成油的泄漏现象。在填石棉盘根时要注意逐层填实，并稍多填些，然后压紧圈即可。

换热器经一段时期的运行后，常常被一些杂物所堵，既影响换热效率并且增大系统差压。通常换热器内被堵杂物在

(1) 壳程：①原料油中带有的杂物，②结焦；(2)管程：①少量催化剂粉末，②少量结焦，③从反应器内带来的少量碎瓷环片。

因此，一般经过一个周期的运转后要进行一次彻底的清扫。其清扫的方法：首先用矽钢片清除管束外的结焦，然后用蒸汽进行吹扫所有油泥杂物。至于管程内的清扫是先用蒸汽吹扫，然后用八号钢丝进行逐根管子的清理，倘遇有堵塞情况时，则用电钻接上八号钢丝进行机械钻通，最后再用蒸汽吹扫干净。彻底堵死的加丝堵焊死后甩掉，堵死超过 10%时须更新。

(四) 冷却器

1. 蛇型喷淋式水冷却器

冷却器是用来冷却换热后的加氢生成油，生成气、循环氢的老设备。将经过换热器换热后的加氢生成物由 200℃冷却到 20~40℃。石油三厂老加氢装置原均采用蛇形喷淋式水冷却器。其优点是通风良好，用水量较低，易于清扫。即使水质较差，也能维持长期运转。缺点是这部分低温热源没有得到充分回收。水冷器的冷却管线大部分为碳钢管制成，考虑到冷却入口温度随油量、气量温度条件变化较大，在冷却入口安装 2~3 耐高温的 1Cr18Ni9Ti 钢管，

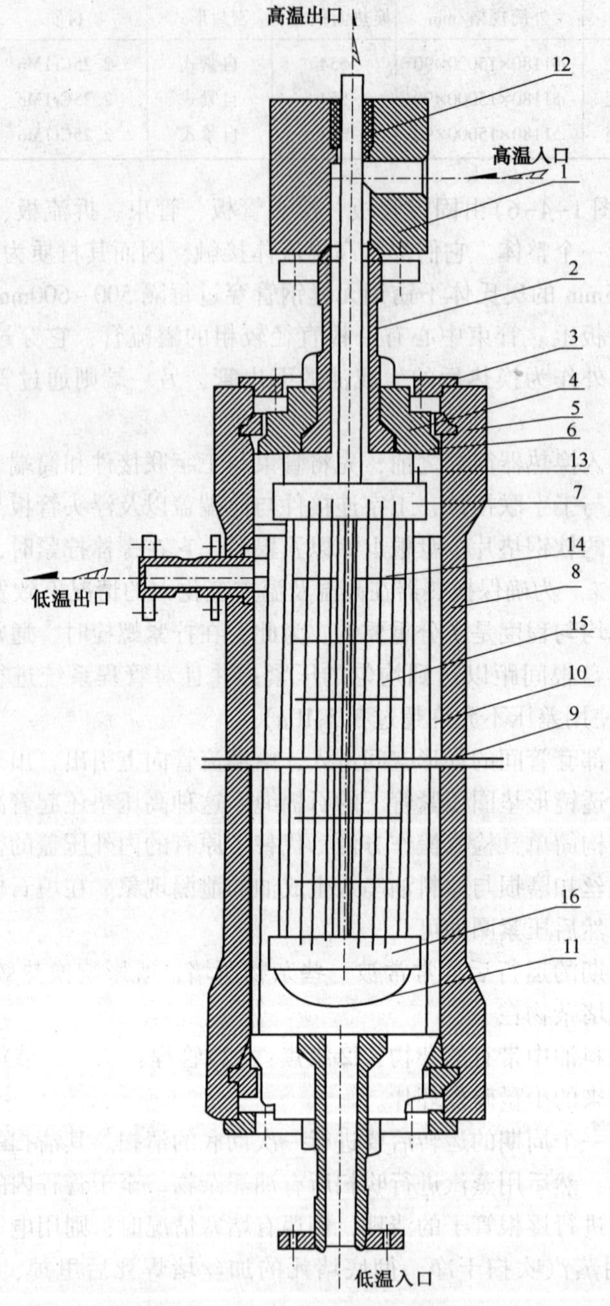

图 1-4-6　浮头式高压换热器

1—方铁(三通)；2—引出管；3—紧盖法兰圈；4—上盖；5—四合环；6—密封圈；7—圆空管板；8—筒体；9—内保温筒；10—保温材料；11—浮头盖；12—油石棉盘根；13—工字联接件；14—折流板；15—管束；16—浮头管板

为了减少冷却器的压力降，一般制成三路并联，冷却管的全部法兰连接、法兰螺栓均由碳钢制成。

为了防止新氢中的CO_2与反应生成的NH_3反应生成碳酸氢铵盐在80℃以下结晶堵塞冷却管线，或循环氢中氨含量过高抑制反应温度，造成系统压力降增大，在冷却器入口注入一定量的软化水洗氨。

表 1-4-4 为冷却器规格。

表 1-4-4 冷却器规格

套别	名 称	形 式	规 格		冷却面积/m^2	电机/kW
			内径/外径×长×根数/mm	材质		
一套	冷却器	空冷	×9×3-6-190-22J-234/LⅡ	20 号	194×2	三台
二套	冷却器	空冷	15/25×8700×$\frac{2867}{126}$×120Ⅱ	Cr5Mo	128×4	17 三台
三套	冷却器	喷淋式水冷	61/89×6500×96	1Cr18Ni9Ti	238	
四套	冷却器	空冷	F×9×3-6 $\frac{4540}{194}$220Ⅲ	20 号	194×2	三台
五套	冷却器	空冷	P9×3-6 $\frac{4540}{194}$220RⅢ	碳钢	194×8	30 八台

2. 空冷器

1982 年加氢二套首次在加氢装置使用空冷，继而 0.4Mt/a 加氢装置、四套、一套也使用空冷器。二套空冷器是由 ϕ25mm×5mm 的 Cr5Mo 的钢管制成，管束四片并串联，顶部两片人字形安装，下部两片立式安装。内有三台 17kW 风机。上部两片为干式空冷，底部两片为湿式空冷，夏季温度较高的，用喷水装置喷软化水，降低冷却出口温度，达到冷却效果。

四套空冷器也是由 ϕ25mm×5mm 的钢管制成，管束并串，其结构为人字型安装，每面有六扇百叶窗进行调节，内有三台 17kW 风机。当冷却出口温度过高时，可将百叶窗，空冷风机全部打开，来达到冷却效果。0.4Mt/a 加氢装置的空冷器全部为碳钢管制成，8 片均水平安装，用 8 台 30kW 风机鼓风，8 片出入口均有调节阀调节，来达到冷却效均匀。

高压冷却器的结构如图 1-4-7 所示。

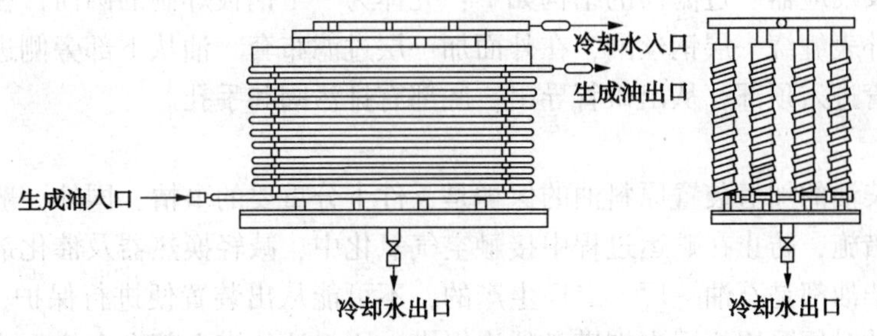

图 1-4-7 高压冷却器的结构

(五)高、中压容器、过滤器、脱氧塔

1. 高压分离器(简称高分)

高压分离器的作用是将冷却后的生成油与循环氢进行分离，通过液面自动控制，达到既不让液体串入循环氢压缩机，也不能使循环氢从减压阀跑掉。

一、二、三套高分都是碳钢制成的高压筒，端盖为法兰密封，加氢四套高分为 35CrNiMo 钢材整体锻造筒体，端盖为自紧式密封。筒内装有向上弯的入口管和气体引出管。由于高分容积小，油气分界面较小，为了扩大油气分界面，高分按与水平线成 5 度角安装

(卧式)。加氢高分是由哈尔滨锅炉厂用钢板卷焊制成。有两个高分;第一个为立式高分,第二个现亦改为立式高分。

高分的液面计使用的 C_e^{137} 液面计,安全可靠。

各套高压分离器规格见表 1-4-5。

表 1-4-5 高压分离器规格

套别	工艺编号	型式	规格	数量	操作条件		材质
			外径×长度×壁厚/mm		温度/℃	压力/MPa	
一		法兰式	ϕ1150×6000×75(高分)	1	40	18.5	A-1
二		法兰式	ϕ1150×6000×75(高分)	1	40	18.5	A-1
三		法兰式	ϕ1150×6000×75(高分)	1	40	18.5	A-1
四		法兰式	ϕ1400×7500×106(高分)	1	40	18.5	A-1
五	容-102	法兰式	ϕ2600×9400×36(高分)	1	40	18.5	2.25Cr1Mo
		法兰式	ϕ2600×9400×36(低分)	1	40	2.2	16MnR

2. 中压分离器(简称中分)

中分的作用是将在高压下溶解于生成油中的大部分贫气组分,在中分压力下从生成油中逸出。而大部分富气组分仍溶于油中,在低分中分出。中分气(贫气)做燃料使用,低分气(富气)可做民用液态烃和化工燃料。

石油三厂原四套装置中分仅起缓冲罐作用,中分的作用在蒸馏车间稳定装置的容-1 进行。0.4Mt/a 加氢装置的中分在 2.0MPa 气压下进行分气,底部脱水包靠液面控制自动脱水,中分液面靠自动控制将生成油减出中分。

3. 原料油过滤器

由于原料油在贮运过程中带入一定量的机械杂质,含有不饱和烃的油贮存过程中烯烃与溶于油的氧反应生成胶质。过滤器的作用就是除去油中的机械杂质及沉淀胶质,防止这些物质带入换热器及反应器。过滤器的结构如下:壳体为一个钢板焊制的圆筒,在顶部安装若干根筛管、筛管外表缠绕一层钢丝网,在外面加一层过滤布套。油从下部旁侧进入过滤器,透过滤布,从筛管进入顶部,从出口管导出。底部有排污阀和手孔。

4. 脱氧塔

处理焦化柴油的加氢装置原料油的保护是一件十分重要的事情,国外一般采用原料油罐惰性气体保护措施,防止在贮运过程中接触空气氧化中,减轻换热器及催化剂床层结焦。石油三厂的焦化柴油都是石油一厂、二厂生产的,不可能从出装置便进行保护,因此 0.4Mt/a 在加氢装置设计时便采用八层泡帽塔盘的汽提塔,原料油从塔上部自上往下流,中分气自下往上吹,以便将溶于油中的氧气提出去。同时此塔还有下述功能,在底部装有破沫脱水器,起到脱水作用,又由于下部容积较大,还可以作为高压离心油泵的流量调节回流罐。

5. 缓冲罐

是离心泵的主要辅助设施,它设有压控系统,作用在于定压,泵回流及在停油后能保持一段时间的缓冲作用。

6. 高压工艺管道

高压工艺管道是加氢设备的主要组成部分。由于加氢工艺管道处于高温、高压、且有氢气、硫化氢、氨等腐蚀介质作用,不仅对材质要求严格,而且必须经过严格的理化检验方能使用。

石油三厂制定了《高压工艺管道管理规程》，对于临氢条件下不同温度范围的材质使用做了明确的规定：<200℃为低碳钢管，201～350℃使用 Cr5Mo 钢管，350～480℃使用 1Cr18Ni9Ti 钢管。高压管道与紧固件材质要求见表 1-4-6。

表 1-4-6　高压管道及紧固件材质

介质温度/℃	管道、管件、垫片、盲板	紧固件		
		法兰	螺栓	螺母
30～200	20 号	25 号、30 号	25 号、30 号	20 号
201～350	Cr5Mo	35CrMoA40MnVB	35CrMoA40MnVB	35 号
350～480	1Cr18Ni9Ti	$25Cr_2MoV40MnVB$	$25Cr_2MoV40MnVB$	35CrMoA40MnVB

7. 高压机泵设备

加氢装置的高压机泵设备主要有：高压油泵(往复式、离心式高压水、循环氢压缩机、往复式、离心式)等。高压油泵、高压水泵的用途是：低压泵自原料油罐抽出，专线送至高压油泵入口，经高压油泵升压后，送入加氢高压系统。

① 高压水泵状况见表 1-4-7。

表 1-4-7　各套水泵在用机泵情况

型号规格	电机功率/kW	流量/(m^3/h)	柱塞根数	柱塞直径/mm	送水方式	套别	备注
11kW	11	1.2	3	φ30	全	一、二、三	三台
55kW	55	2.0	3	φ30	全	四	一台
$3W-6B_3$	55	6.0	3	φ30	全	大	二台
$3W-6B_3$	55	4.5	3	φ30	全	大	二台
55kW	55	1.4	3	φ44	单、双、全	一、二、三、四	一台

② 往复式高压油泵使用情况见表 1-4-8。

表 1-4-8　往复式泵使用情况

名称	油量/(m^3/h)	柱塞根数	柱塞直径/mm	送油方式	套别	设有入口管					
						1号	2号	3号	4号	循环	焦柴
55kW 1号	4.5	3	28	全	二、三	V	V	V	V	V	
55kW 2号	4.5	3	28	全	二、三	V	V	V	V	V	
55kW 3号	4.5	3	28	全	一、四、大	V	V	V	V	V	
55kW(新)	6.0	3	27	全	三、四	V	V	V		V	V
90kW 1号	9.6	3	42	单、双、全	一、二、三	V	V	V		V	V
90kW 2号	9.6	3	42	单、双、全	一、三	V	V	V		V	V
90kW 3号		3	24	单、双、全	、二、四	V	V	V	V	V	
90kW	9.6	3	42	全	一、二、三						
110kW(新)	9.6	3	42	全	一、四、大	V	V	V	V	V	
180kW 1号	18.8	5	44	全	一、二、三						
180kW 2号	18.8	5	44	全	一、二、三						

续表

名称	油量/(m^3/h)	柱塞根数	柱塞直径/mm	送油方式	套别	设有入口管					
						1号	2号	3号	4号	循环	焦柴
380kW 1号	20	3	54	全	一、二	V	V	V		V	
380kW 2号	20	3	54	全	一、二	V	V	V		V	
380kW 3号	30	3	65	全	大	V				V	V
380kW 4号	30	3	65	全	一、三、大	V			V	V	
110kW	9.6	3		全	三、四	V	V	V		V	V

③ 高压离心油泵使用状况见表 1-4-9。

表 1-4-9　离心油泵使用状况

名称	油量/(m^3/h)	套别
520kW 1号	30	一
520kW 2号	30	二
520kW 3号	30	三
520kW 4号	30	四
1100kW 1号	70	大
1100kW 2号	70	大

(六) 循环氢压缩机

往复式循环压缩机的作用是补偿氢气通过系统产生的压力降。其特点是操作压力高，压缩比较小。

往复式压缩机主要由 4 部分组成：动力部分(电动机)、传动部分(大轮、曲轴、连杆)、工作部分(气缸及活塞)和机座部分。

在加氢反应过程中，对反应起作用的是氢分压。而大量循环氢的存在，可以保持一定的氢分压，使加氢反应容易进行，并且有利于排除反应热，保持催化剂床层温度平稳。循环氢还起保护催化剂的作用，能防止和减少催化剂表面积炭。石油三厂加氢装置共有 8 台往复式循环压缩机，和一台离心式压缩机。见表 1-4-10(不包括 1.20Mt/a 的装置)。

表 1-4-10　循环压缩机规格

套别	机号	功率/kW	气缸直径/mm	拉杆直径/mm	冲程/mm	转数/(r/min)	容积效率/(m^3/h)	高压下行程容积/(m^3/h)	高压下吐出容积/(m^3/h)	流量/(Nm^3/h)
1	1	185	200	80	300	125	90	116	104.6	16400
1.4	2	185	200	80	300	124	90	115	103.5	16200
2	3	185	200	80	300	124	90	115	103.5	16200
2.3	4	185	200	80	300	124	90	115	103.5	16200
3	5	185	200	80	300	124	90	115	103.5	16200
4	6	185	200	80	300	124	90	115	103.5	16200
大	512	630	ϕ165	ϕ70	320	300			360	64800
大	512	630	ϕ165	ϕ70	320	300			360	64800
大	离心式	1345				7000~15000				100，000

加氢装置采用的循环氢压缩机为单缸双作用往复式活塞压缩机，用异步电动机带动。压缩比一般不大，约为 1.5~1.2，出口压力差在 3.5MPa 以下，行程数约为 125~150 次/min，循环压缩机送气量的增减，由机体或管路上的旁路阀来调节。开启旁路阀后，一部分循环氢气直接由机体出口返回入口。但这样循环调节量不宜过大，否则将引起压缩机体发热。为了弥补这个缺陷，已将旁路出口管线直接引入冷却器入口处，这样可以根据需要随意调节，解决了气缸发热问题。即使如此，正常操作，尽量不用旁路调节气量，因为开旁路后，气量多少受其他因素影响，不利于平稳操作。

对于循环氢压缩机曾采用增大活塞直径，增加行程数等措施，使送气能力显著提高，同时机体出口差压，也由原来 3.0MPa 提高到 3.5MPa。

其他设备见表 1-4-11。

表 1-4-11　其他设备

序号	设备名称	流程编号	规格及结构特点	材质	数量	介质	温度/℃	压力/kPa(kgf/cm²)	备注
1	原料油脱氧塔	塔-101	ϕ1200/ϕ2400×19700	A3R	1	氢气柴油	60	245(2.5)	加氢五套
2	原料油过滤器	容-101	ϕ800×1250	A3	4	原料油	60	392(4)	加氢五套
3	高压注水贮罐	容-108	ϕ2000×3500(立式)	A3R	1	软水	40	常压	加氢五套
4	软水贮罐	容-302	ϕ1000×5400×8	A3R	1	软水	40	常压	加氢五套
5	注硫罐	容-303/1~3	ϕ1400×4000×6	A3R	3	CS_2	40	294(3)	加氢五套
6	燃料气分液罐	容-501	ϕ1000×5400×8	A3R	1	燃料气	60	147(1.5)	加氢五套
7	净化空气分液罐	容-502	ϕ1000×3380×8	A3R	1	空气	常温	392(4)	加氢五套

第五节　白油加氢装置

一、装置简介

白油加氢装置是石油三厂生产装置之一，现有两套白油加氢装置。该装置是在较高压力(15.0MPa)和适当温度(180~260℃)下，以大庆蜡油加氢裂化尾油加氢降凝生产的滑油馏分为原料，使用白油加氢精制催化剂在氢压下经一系列精制化学反应，除去油中氧、氮、硫化物、稠环芳烃及微量金属杂质，提高油品品质，制取各种型号的系列精制白油产品。

白油加氢一套装置 1980 年兴建，1983 年投入试运行，石油三厂设计所设计，石油三厂建安公司施工建设。设计能力 5kt/a。1984 年投入生产，1987 年扩建技术改造，装置能力达到 15kt/a。

随着白油产品开发，国内外白油市场需要不断扩大，1993 年由石油三厂设计所设计，石油三厂建安承建的白油加氢装置(二套)建成试运投产，装置能力仍是 15kt/a。

一、二套白油加氢装置规模、工艺路线完全相同，合计加工能力达到 3kt/a，占地面积 10010m²，建筑面积 1602m²，固定资产 709.7 万元。

主要产品有：食品医药级、化妆级、工业级白油三大系列，型号有：15 号、26 号、32 号等各种黏度范围牌号的精制白油产品。

二、基本原理

白油加氢就是使白油原料在适宜的氢压和反应温度条件下，在催化剂作用下进行加氢精制反应，以得到优质产品的过程。石油三厂白油加氢采用的精制催化剂有 3872、3842、NCG 和 HTC-400 型。

白油加氢精制催化剂主要由镍、钯活性金属组成。白油加氢原料是经过多次加氢后的加氢润滑油切割馏分，再进行深度加氢精制。除去油品中剩余的不饱和稠环芳烃和微量的氧、氮、硫化物，金属杂质，提高油品的稳定性、光安性及色泽、气味等(白油的特性指标)，因为没有裂化反应发生，工艺条件比较缓和，很少发生裂化反应，液体产品收率很高，理论收率等于或大于 100%。

白油加氢精制反应主要是不饱和稠环芳烃氢解变成环烷烃或开环变成烷烃，以及硫、氧、氮化物的加氢脱出，微量金属有机化合物的加氢分解脱除等、金属杂质则吸附存留于催化剂中。以上反应过程是放热反应，但热效应较低。

白油加氢精制催化剂是以氧化铝作载体，活性组分为金属镍。制作过程有两种方法：一是混镍，二是浸镍。现多用浸镍方法。白油加氢催化剂现在是一次性使用，其再生活化工艺尚处于研究实验阶段。

三、工艺流程

本装置以加氢润滑油馏分为白油原料。白油原料自原料罐，用低压油泵抽出，送至高压油泵(进料泵)入口，经升压到 16MPa 后送到加氢装置系统中。原料油入换-2 与生成物料二次换热。由循环氢压缩机来的循环氢与新氢混合后入换-1 和生成物料一次换热升至 80~90℃，再入分子筛脱水器，脱水后的氢气在干燥器出口与换热器后原料油混合进入第一加热炉，加热至所需反应温度入第一反应器，由一反下部出来进第二加热炉，再入第二反应器。反应物料与氢气在反应温度 200~260℃(3872 催化剂)，反应压力 15MPa 等条件下，进行深度加氢精制化学反应。反应后的生成物料及剩余氢由第二反应器下部出来进入第一换热器(换-1)第二换热器(换-2)分别与氢气和原料油换热后，再入高压冷却器冷却至 20~35℃后进入高压分离器进行生成油与循环氢分离。高压分离器分离出来的气体大部分入循环压缩机入口，经循环压缩机升压后，重新送回系统循环使用。由高压分离器分离出来的生成油经减压，压力降到 0.4MPa 以下进入低压分离器。分离出的溶解气入低压瓦斯管网，生成油经脱水后进入白油成品罐中。为防止紧急放空时差压过高，保护换热器和催化剂，在压缩机出口至冷却器入口间设置系统大旁路。为减少新氢中饱和水，设置新氢脱水器。新氢脱水后入系统，在压缩机前部与循环氢混合入系统(工艺流程见图 1-5-1)。

1. 操作参数

3872 催化剂对白油原料加氢精制操作参数见表 1-5-1。

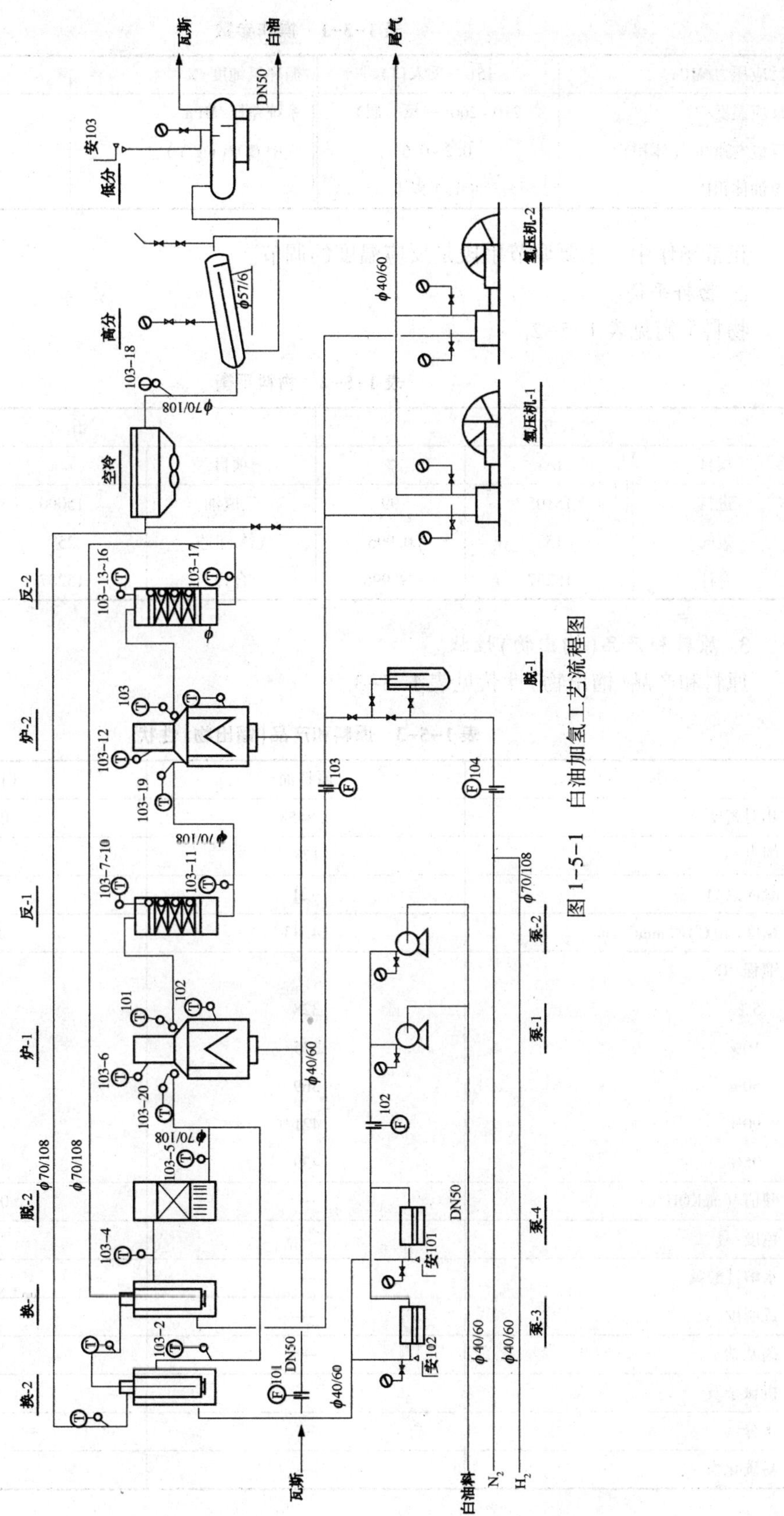

图 1-5-1　白油加氢工艺流程图

表 1-5-1　操作参数

反应压力/MPa	15(一反入口)	循环氢纯度/%	>95.5
反应温度/℃	210~260(一反一层)	系统差压/MPa	<2.5
反应空速/h^{-1}(体积)	0.2~0.6	气中 CO/(mg/L)	<30
氢油体积比	800∶1 以上		

正常操作中，主要调节手段是反应温度的调节。

2. 物料平衡

物料平衡见表 1-5-2。

表 1-5-2　物料平衡

入方			出方		
项目	t/a	%	项目	t/a	%
进料	15105	99	生成油	15000	98.315
氢气	152	0.996	气体+损失	257	1.684
合计	15257	99.996	合计	15257	99.999

3. 原料和产品(馏出物)性状

原料和产品(馏出物)性状见表 1-5-3。

表 1-5-3　原料和产品(馏出物)性状

项　目	原料油	白油产品
相对密度 d_4^{20}	0.8458	0.8430
闪点/℃	178	177
凝固点/℃	-21	-22
黏度(40℃)/(mm^2/s)	14.43	14.30
馏程/℃		
5%	328	318
10%	335	328
50%	369	367
90%	421	410
95%	439	422
酸值/(mgKOH/g)	—	0.0034
色度/号	—	<1
水溶性酸碱	—	合格
透明度	—	合格
硝基萘	—	合格
机械杂质	—	合格
水分	—	合格
易碳化物	—	合格

4. 物耗及能耗

(1) 物耗(小时量):

蒸汽 0.37t，水 22t，电 27.54kW·h，燃料气 33.2kg。

(2) 物耗(吨耗)

物耗见表 1-5-4。

表 1-5-4 物耗

汽	0.461	t/t
水	27.4	t/t
电	33.7	kwh/t
燃料	41.5	kg/t

(3) 能耗

能耗见表 1-5-5。

表 1-5-5 能耗 MJ/t(10^4kcal/t)

汽	1464.2(35.03)	夏季能耗	2271.7①
水	114.5(2.74)	冬季能耗	3735.9
电	422.5(10.11)	年平均能耗	3003.8(71.86)
燃料	1734.7(41.5)	41.5	

① 夏季无蒸汽消耗。

5. 曾用过的白油原料油性状

曾用过的白油原料油性状见表 1-5-6。

表 1-5-6 曾用过的白油原料油性状

	15#料	26#料	32#料
相对密度 d_4^{20}	0.8400	0.8400	0.84~0.83
闪点/℃	>165℃	>165	>180
黏度(40℃)/(mm²/s)	13.5~17	24.5~28	>32
水分/%	无	无	无
机械杂质/%	无	无	无

6. 主要白油加氢催化剂性状

主要白油加氢催化剂性状见表 1-5-7。

表 1-5-7 主要白油加氢催化剂性状

催化剂牌号	3842	3872
化学组成		
Ni/%(质量分数)	39~42	<20
Al_2O_3/%(质量分数)	40~45	余量
物化性质		
孔容/(mL/g)	≮0.34	≮0.26

续表

催化剂牌号	3842	3872
比表面积/(m^2/g)	≮260	≮170
堆密度/(g/cm^3)	0.84	0.9
压碎强度(g/cm)	>10	≮12
磨耗/%(质量分数)	<6	-
外形/mm	条 φ2-3~8	φ1.8-2~6
活性指标		
易碳化物	合格	合格
紫外吸光度	≯0.1	≯0.1

7. 白油原料油质量指标

白油原料油质量指标见表 1-5-8。

表 1-5-8　白油原料油质量指标

项目	质量指数	项目	质量指数
芳烃/m(质量分数)	不大于 8%	机杂水分	无
硫化物/(μg/g)	不大于 10	氢气纯度/%	不小于 95.5
闪点/℃	不大于 170	CO/(mg/L)	不大于 30

8. 白油加氢装置工艺卡片

(1)任务与目的

以加氢生成油滑油馏分为原料，使用白油加氢精制催化剂，在一定温度和较高氢分压下，加氢精制、制取优质白油产品。

(2)动力供应条件

工业水压力>0.2MPa

外供工业蒸汽压力≥0.8MPa

外供电电压：220V、380V

(3)白油原料

白油原料见表 1-5-9。

表 1-5-9　白油原料

项目	15 号	26 号
黏度(40℃)/(mm^2/s)	13.5~17	24.5~28
闪点(开口)/℃	>165	>165
凝固点/℃	-8 以下	-8 以下
机械杂质/%	无	无
水/%	无	无
色度/号	<9	<9

(4) 工艺控制指标

厂控指标：反应压力≯15.2MPa

车间控制指标：反应温度<260℃

反应压力：15MPa±0.2MPa

反应温度：当班指示温度±3℃

空速：0.2~0.6h^{-1}(体积)

氢油比：800:1

(5) 产品质量

产品质量见表1-5-10。

表1-5-10　产品质量

项目	15号	26号
黏度(40℃)/(mm^2/s)	13.5~17	24.5~28
闪点/℃	>165	>165
凝点/℃	≯-2	≯-2
颜色/(赛氏号)	>+30	>+30
水溶性酸碱	无	无

食品级白油除上述项目外，还需做易碳化物分析，通过为合格食品级白油。

(6)环保控制指标

污水含油：<50mg/L；厂房噪声：<85dB。

设备一览见表1-5-11，转动设备见表1-8-12。

表1-5-11　设备一览

编号	名称	规格(直径×厚度×高度)/mm
BY01	一套第一反应器	ϕ900×180×7900
BY02	一套第二反应器	ϕ900×180×7900
BY03	一套分子筛脱水罐	ϕ400×90×7000
BY04	一套循环氢换热器	ϕ400×90×7000
BY05	一套原料油换热器	ϕ400×90×7000
BY06	一套高压分离器	ϕ800×7200×90
BY07	一套高压新氢脱水罐	ϕ400×80×6105
BY08	一套低压分离器	ϕ1400×22×43448
BY09	二套第一反应器	ϕ950×190×7900
BY10	二套第二反应器	ϕ950×190×7900
BY11	二套分子筛脱水罐	ϕ800×4080×75
BY12	二套循环氢换热器	ϕ600×75×9520
BY13	原料油换热器	ϕ324×93×10000
BY14	二套高压分离器	ϕ1000×75×7100
BY15	二套低压分离器	ϕ1200×3666×8
BY16	二套新氢脱水罐	ϕ1000×75×6000

表1-5-12　转动设备

编号	设备名称	台数	型号	性能参数		
				流量/(m^3/h)	出口压力/MPa	转数/(r/min)
机1.2	35Hp循环机	2	往复式	16	23	125
机3.4	75Hp循环机	2	往复式	32	23	155
泵5.6	11kW进料泵	2	3DS-1/20	1	20	85
泵7.8	15kW进料泵	2	3DS-1.8/200	1.8	20	195

续表

编号	设备名称	台数	型号	性能参数		
				流量/(m^3/h)	出口压力/MPa	转数/(r/min)
泵 11.12	22kW 进料泵	2	3D-2.5/200I	2.5	20	300
泵 3.4	一套喂料泵	2	1.5kW-1.3	4.5	39m(扬程)	1490
泵 1.2	塔底泵	2	1.5kW-1.3	4.5	39m(扬程)	1490
泵 9.10	二套喂料泵	2	32W-30	2.88	30m(扬程)	2900
泵 13.14	原料搅拌泵	2	65Y-100	25	110m(扬程)	2950

四、白油加氢装置主要设备

白油加氢装置主要设备有：加氢反应器、自紧式高压、换热器(换-1，换-2)、分子筛脱水器、高压、分离器和平面布置见图 1-5-2~图 1-5-7。

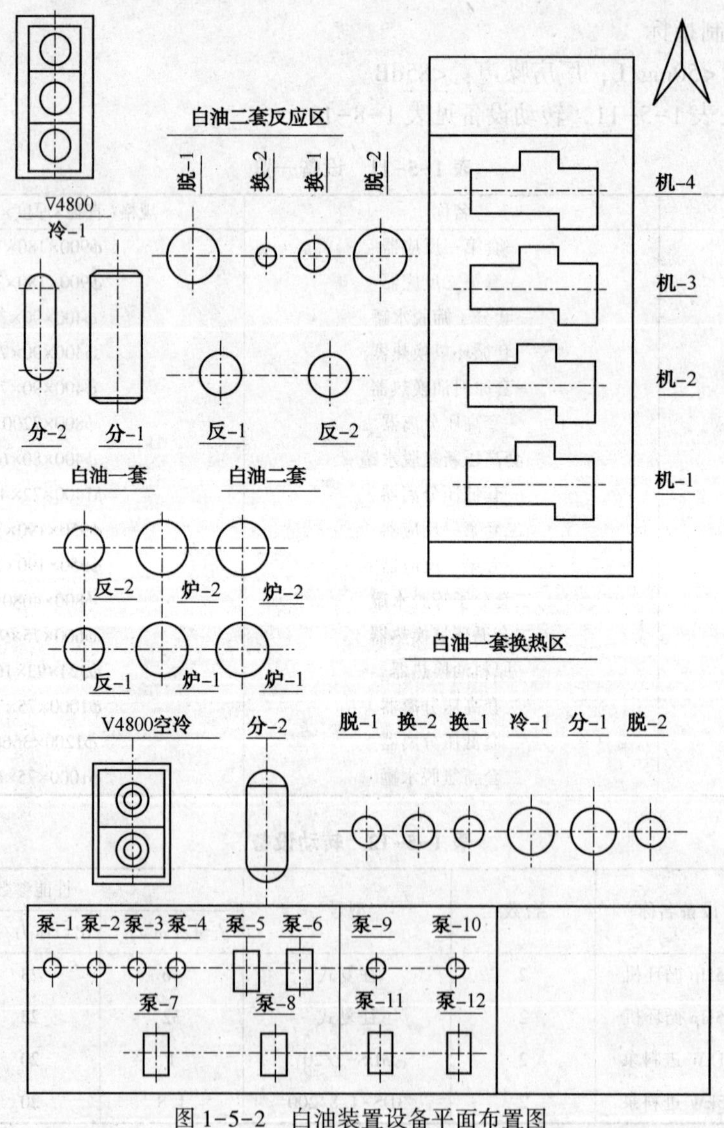

图 1-5-2　白油装置设备平面布置图

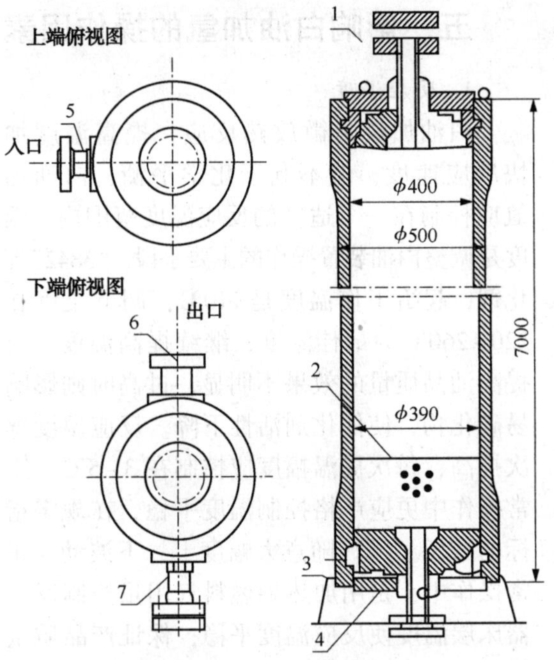

图 1-5-3　分子筛脱水器

1—上引出管；2—过滤圈；3—下引出管；4—筒体底座；5—侧引出管；6—侧引出管；7—侧引出管

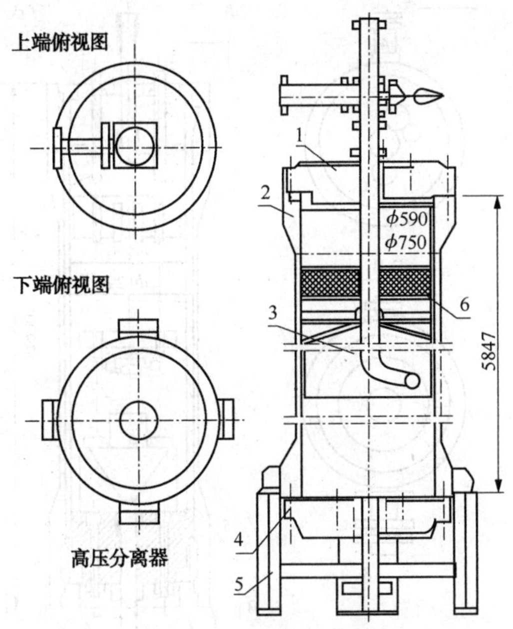

图 1-5-4　高压分离器

1—上盖；2—筒体；3—切向进料管；4—下盖；5—支腿；6—除沫器

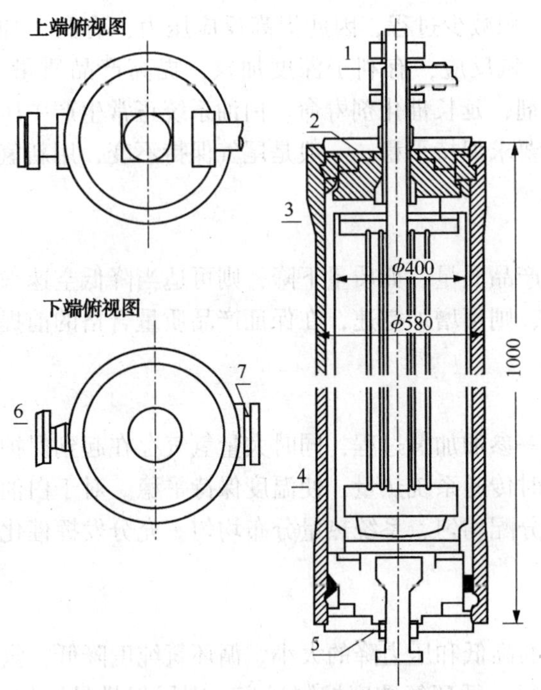

图 1-5-5　自紧式高压换热器(换-1)

1—三通；2—上引出管；3—热交换器芯子；4—芯子头盖；5—下引出管；6—死堵棒；7—下侧引出管

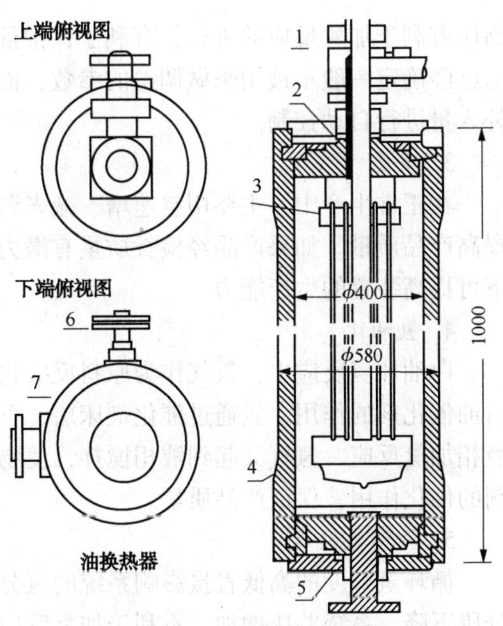

图 1-5-6　自紧式高压换热器(换-2)

1—三通；2—上引出管；3—热交芯子；4—芯子头盖；5—下引出管；6—筒侧引出管；7—下侧引出管

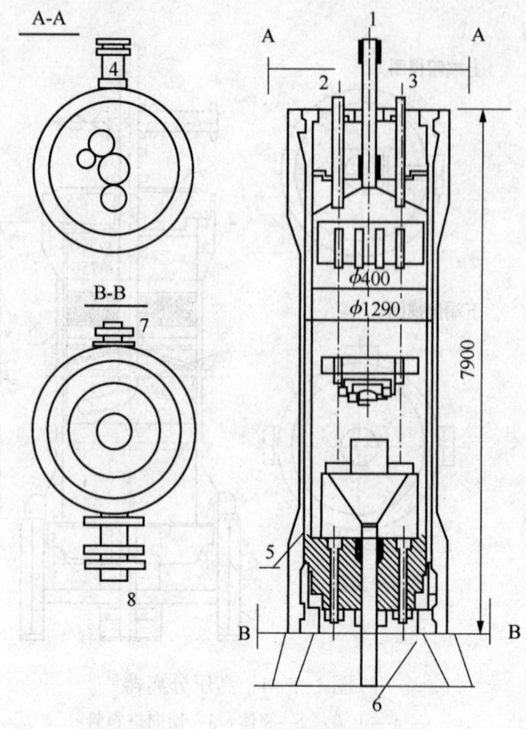

图 1-5-7 加氢反应器

1—反应器入口引出管；2—冷氢引出管；3—冷氢引出管；4—筒侧压力点；5—死堵棒；6—反应器出口引出管；7—死堵棒；8—引出管

五、影响白油加氢的操作因素

1. 反应温度

白油加氢是微放热反应，提高温度加快反应速度，但不利于化学平衡，白油加氢应控制在一个适度的反应温度范围内，温度是调整白油装置操作的主要手段。“3842”催化剂，起始工作温度是 210℃，调节温度在 220~260℃为最佳温度，继续提高温度，对提高油品质量的效果不明显，过高时则影响易碳化物，使催化剂活性下降。反应温度逐次提高，每次提温幅度应控制在 3~5℃，正常操作中更应严格控制温度平稳，在规定指标的±2℃，不许随意大幅度上、下波动。正常操作中，是用加热炉燃料气用量控制反应器床层温度使反应温度平稳，保证产品质量合格。

2. 反应压力

对白油加氢来说，反应压力不仅是总压力，而且更重要的是氢分压，加氢反应是体积减少过程，因此提高反应压力，有利于加氢反应，有利于深度加氢，提高产品质量。高压有利于加氢反应的进行，有利于保护催化剂，延长催化剂寿命。白油系统正常生产中压力已经确定一般不被用来做调整的参数，而是要求保持平稳。一般是尾气保持不变，用新氢补入量进行自动控制。

3. 空速

在正常生产中，主要用空速增、减来调节产品质量，如质量下降，则可适当降低空速来提高产品质量。如果产品经检查质量有潜力时，则可增加空速，在保证产品质量合格的前提下可提高装置的生产能力。

4. 氢油比

白油加氢反应中，氢气作为原料反应物之一参加加氢过程，同时大量氢气存在起到保护白油催化剂的作用。氢通过催化剂床层，可及时传递系统热量，使温度保持平稳。对于白油液相加氢反应，氢气又起到液相搅拌，使物料分配均匀、系统热量分布均匀。充分发挥催化剂的催化作用，保证产品质量。

5. 循环氢纯度

循环氢纯度的高低直接影响系统的氢分压的高低和压力降的大小。循环氢纯度降低，氢分压下降，系统差压增加，不利于加氢反应进行，循环氢纯度控制过高，则尾气排量增加，氢气浪费大，不太经济。因此系统循环氢纯度要控制在需要的范围内。

第六节 石油三厂制氢装置简介

一、概述

氢气是加氢的重要原料之一，氢气是由制氢装置生产的。石油三厂先后使用过的制氢装置有：水煤气制氢装置、重油制氢装置、轻油制氢装置和连续重整装置。制氢装置是加氢装置不可或缺的配套装置。

解放初，石油三厂只有三套焦炭水煤气制氢装置，总产氢能力9600Nm³/h，经过技术改造，单炉产氢能力由3200Nm³/h提高到6800Nm³/h，总制氢能力达到27200Nm³/h。1976年重油制氢装置投产后，制氢能力再增加10000Nm³/h。1982年石油三厂实际小时生产氢气量达到25000Nm³/h。1983年轻油制氢装置建成投产后，制氢能力再增加20000Nm³/h。此时焦炭水煤气制氢和重油制氢装置都陆续淘汰。1990年连续重整装置建成投产后，产氢能力再增加15000Nm³/h。

石油三厂水煤气制氢装置是日伪时期遗留下来的石井式间歇法水煤气制氢装置，共有3套。水煤气制氢装置的原料是焦炭或无烟煤。水煤气制氢装置是石油三厂早期唯一的制氢装置，在石油三厂加氢历史中发挥了不可替代的作用。后来，随着轻油制氢、连续重整装置的相继问世，这种效率低、损失大、氢气纯度不高、原料供应紧张的水煤气制氢装置，才在20世纪七八十年代后逐渐被重油制氢、轻油制氢装置所代替。

为了解决原料不足问题，也为了增加氢气产量，满足不断发展的生产需要，从20世纪70年代开始，石油三厂自己开发成功重油制氢技术(即用重油制造的水煤气)及成套设备，并实现工业化生产。重油制氢技术的知识产权属石油三厂所有。

为了提高氢气质量，增加产量，20世纪80年代初开始建设轻油制氢装置，1982年建成投产，设计生产能力为20000Nm³/h，轻油制氢装置在连续重整装置建成投产前，是石油三厂的主要生产氢气的装置。为了提高氢气产量、降低成本，石油三厂对轻油制氢装置进行了一系列的技术改造。

1990年，石油三厂连续重整装置建成投产后，加氢装置用的氢气主要靠连续重整装置提供，不足部分由轻油制氢装置补充。为了提高氢气质量，提高效率，降低成本，轻油制氢装置的氢气净化系统改为变压吸附(PSA)。随着连续重整装置的扩能改造(由0.4Mt/a改造到0.6Mt/a)，产氢能力大大增加，完全可以满足加氢装置的需要，此时，轻油制氢装置也随之关掉。

二、制氢装置简介

(一) 焦炭或无烟煤水煤气制氢装置——石井式水煤气发生炉

水煤气制氢技术虽然已经老旧、落后了，但是对于产煤大国的我国，用煤制氢(或制合成气)仍然具有一定的应用价值。为此，这里仍然要对水煤气制氢装置做一些介绍。

1. 制氢技术

以焦炭或无烟煤为原料，在石井式水煤气发生炉内按固定的程序、间歇式地发生水煤气。

原料(也是燃料)在空气中燃烧加热、达到一定温度时将空气切换成水蒸气，使炽热的煤(C)与水蒸气(H_20)发生反应，生成氢气(H_2)和一氧化碳(CO)；温度降低，反应结束后，继续用蒸气吹扫、置换，继续加热。如此循环不已，制造我们需要的水煤气。此时的水煤气中氢气(H_2)+一氧化碳(CO)的浓度达到85%以上。

主要反应是：$C+H_2O \rightarrow H_2+CO-Q$

水煤气制造过程分为5个阶段：吹风、吹净、上吹(产气)、下吹(产气)、二次上吹(产气)。可以用自动操纵机或程序控制器控制。

2. 水煤气发生装置工艺卡片

水煤气发生装置的工艺卡片见表1-6-1。

表1-6-1 水煤气发生装置工艺卡片

1. 任务及目的	以焦炭或无烟煤为原料(燃料)生产 $CO+H_2 \geq 89\%$ 的水煤气
2. 动力供应条件	蒸汽压力≥490kPa(5kgf/cm²)；工业水压力≥245kPa(2.5kgf/cm²)；电力380V、220V
3. 原料质量指标	原料工业分析：含水分6%~8%；挥发分0.5%~1.0%；灰分11%~13%；固定碳>88%；灰熔点 T_2>1450℃；转鼓指数>290kg；粒度>40mm(<40mm≯3%)
4. 工艺操作指标	厂控指标：炉出口温度450~650℃；炉底温度≤250℃；水套压力196~245kPa(2.0~2.5kgf/cm²)；车间控制指标：风量25000~35000m³/h；吹风时间57~63s；灰盘转速60~1200mm(正常状况)；蒸汽上行7.5~9.5t/h；下行4~6t/h；吹风气中CO≤10%；洗涤塔温度：夏季≤50℃；冬季≤30℃
5. 产品质量控制指标	$CO+H_2 \geq 89\%$；$O_2 \leq 0.2\%$
6. 消耗定额及主要技术经济指标	气化率1550m³/t焦炭；蒸汽0.85~0.9t/h；软水0.9t/km³气；工业水10t/km³气

3. 水煤气发生装置物料平衡表

水煤气发生装置物料平衡表1-6-2。

表1-6-2 水煤气发生装置物料平衡表 kg

入方		出方	
冶金焦	4500	灰渣	749
冶金焦含水	1750	带出物	236
蒸汽	4930	水煤气	5430
空气	15930	吹风气	19800
空气含水	855	水蒸气	1750
合计	27965	合计	27965

注：以一台半炉小时耗炭量4.5t计算。

4. 焦炭(或无烟煤)制水煤气质量

焦炭(或无烟煤)制水煤气质量情况见表1-6-3。

表1-6-3 焦炭制水煤气质量 %(体积分数)

成分	H_2	CO	CO_2	N_2	CH_4	O_2
含量	48~50	38~43	3~5	5~6	1~3	≤0.2

关于水煤气变换和氢气的净化，在介绍完重油制氢装置后，再一并介绍。

（二）重油制氢装置

为了应对焦炭供应紧张问题，石油三厂于1970年开始开发重油制氢技术，并进行600Nm^3/h的装置试验。1976年建成并投产两套各5000Nm^3/h的重油制氢装置。该装置对石油三厂是有贡献的。

1. 基本原理

重油制氢装置是以减压渣油、蜡油及水蒸气为原料，在碱性耐火物为载体的镍系催化剂存在的条件下进行催化裂解反应和水煤气反应制取油水煤气（即用重油制造的水煤气）的过程。

由于在裂解过程中，需要吸收大量的热量。故在整个工艺过程中，如何提高反应温度，回收热量是非常重要的。所以在制气过程中，分为两步进行，现简述如下：

第一步是蓄热。分两部分，大部分的热是用空气和重油完全燃烧所获得的。燃烧后的烟气显热储存于耐火砖和催化剂中，少量的热量是催化剂中镍氧化放出的，直接储于催化剂中。

$$C_mH_n+\left(m+\frac{n}{4}\right)O_2+\left[3.76\left(m+\frac{n}{2}\right)N_2\right]\longrightarrow mCO_2+\frac{n}{2}H_2O+\left[3.76\left(m+\frac{n}{2}\right)N_2\right]+Q$$

［约41.8MJ/kg重油（10000kcal/kg重油）］　　(1)

$$2Ni+O_2\longrightarrow 2NiO+3.02MJ/kg(722.3kcal/kg) \quad (2)$$

另外，制气时沉积在催化剂上的碳进行燃烧时也放出热量储存于催化剂上。

$$C+O_2\longrightarrow CO_2+408MJ/mol(97650kcal/mol) \quad (3)$$

此外，在制气过程中所产生的NiS进行氧化也放出一部分热量。

$$2NiS+3O_2\longrightarrow 2NiO+2SO_2+Q \quad (4)$$

反应(4)除了放出一定热量外，还是催化剂的再生过程。所以储热法催化造气可以处理极易积炭的减压渣油和高含硫原料。

装置的生产能力除了催化剂的性能外，主要地取决于蓄热能力。

第二步是制气。用水蒸气取出耐火砖中的蓄热，自身过热到800～1000℃，然后与被雾化的重质油接触，在高温空间和催化剂表面上开始烃类的裂解，生成的低分子烃和水蒸气之间发生广义的水煤气反应，生成含氢和一氧化碳为主的煤气，同时催化剂被还原。总的反应可以概括如下式：

$$C_mH_n+mH_2O\xrightarrow[850-950℃]{\text{Ni 催化}}mCO+\left(m+\frac{n}{2}\right)H_2-Q[\text{约}(600kcal/m^3\text{ 煤气})] \quad (5)$$

$$\left(2n+\frac{m}{2}\right)NiO+C_nH_m\longrightarrow\left(2n+\frac{m}{2}\right)Ni+nCO_2+\frac{m}{2}H_2O-232.4kJ/kg(55.6kcal/kg)(\text{镍}) \quad (6)$$

以上反应均为吸热过程。上列反应式可以看做是一系列的顺次反应。

① $$C_nH_{2n+2}\longrightarrow C_mH_{2m}+C'_mH'_{2m}(m+m'=n) \quad (7)$$

② $$C_mH_{2m}+C'_mH'_{2m}+m'H_2O \longrightarrow C_mH_{2m+2}+m'CO+2'_mH_2 \quad (8)$$

③ $$C_mH_{2m+2}+C'_mH_{2m}+nH_2O \longrightarrow nCO+2nH_2 \quad (9)$$

④ 副反应是生成高分子烃——焦油和炭黑的结果。

若反应进行到(7)项为止，则制得以烯烃为主的化工原料气；进行到(8)项为止，则制得民用煤气；进行到(9)项为止则得合成气，相对密度 0.3~0.35，热值<12.5MJ/m^3(3000kcal/m^3)，含氢约60%，含一氧化碳约30%，其余为甲烷、二氧化碳、氮等组成。

反应的深度决定于反应条件——温度、催化剂、停留时间、压力、水蒸气和重油之比值，其中最主要的是温度和停留时间。

重油催化裂解制取油水煤气，就是选用一定的催化剂在850~950℃、适当进油空速[0.4~0.45h^{-1}(体积)]及适当水油比[0.7~2.4(质量)]的条件下取得的。

反应条件的选择要满足两方面的要求：热平衡——催化剂床层温度在固定的范围内波动；催化剂活性的平衡——在各个周期内保持同样的平均活性。

温度高时，对烃类分解和水蒸气的转化反应都有利，一般说来，温度每升高10℃，裂化速度增加1倍，蒸汽转化反应速度也急速增大。

从增加生产能力和降低煤气中甲烷含量两方面来说，都希望提高反应温度。但是，欲达到纯热裂解并使煤气中甲烷含量<2%的要求，反应温度至少应达到1200℃以上。这样就对燃烧室的耐火材料要求更高。在有催化剂存在的情况下，反应温度可以降低到900~950℃。

使用镍催化剂时，能促进水煤气反应，使用碱性催化剂(MgO、CaO等)时，催化剂的电子有阻止碳粒子变大的作用，即使碳粒子微粒化，对水煤气反应起物理促进作用。因此重油造气使用碱性耐火物为载体浸镍的催化剂较为合适。

使用催化剂可以降低反应温度，促进烃类转化为水煤气的反应。但由于烧炭过程中不可避免地要将一部分催化剂表面上积炭烧去，而其本身镍被氧化，生成氧化镍。在制氢气过程中，该部分氧化镍将与氢气和一氧化碳进行还原反应，在反应过程中，自身耗费了一部分有效气体(H_2+CO)，因而影响了氢气的产量。

由于催化剂是由氧化铝、氧化镁和镍组成的，周期性的烧炭，很易使氧化铝和镍在高温及氧气存在的条件下，化合成镍铝尖晶石(不具有催化活性)，这样，就会逐步减少活性镍的含量，影响气化率和造气能力。尖晶石的产生使镍被氧化铝所结合而导致酸溶性镍减少。本装置在催化裂解制氢试验中发现，废催化剂中酸溶性镍含量大大下降，就进一步验证了这个结论。

在运行过程中，由于一部分烃类缩合生成的炭黑复盖于催化剂表面上，同时又由于原料油中硫与催化剂中的镍化合成硫化镍(也不具有催化活性)。因此，必须用烧炭的措施，把催化剂表面上的积炭用高温空气烧掉。与此同时，使硫化镍转化为氧化镍。

在固定床反应炉中，上、下层的反应条件差别很大，对此，可用含氧浓度较低的烟气较长时间和正、反应两个方向进行烧炭，也可以想办法把床层分为两段等等。

影响重油制氢工艺过程的因素除了上述采取适当措施保持催化剂的表面洁净和保持金属镍的含量外，还有以下两个因素。

其一，改变反应深度最常用而且有效的方法，是改变接触时间，通常用空速即原料油体积流量(m^3/h)与催化剂容积(m^3)之比值(h^{-1})来衡量。空速愈小，反应得愈深，则水煤气反应愈完全。但是降低空速就会减少生产能力。所以，通常在一定条件下，只要质量合格，就尽量加大空速，以充分发挥装置的潜力和提高生产能力。空速的大小取决于装置的蓄热能力和催化剂的平均活性。

其二，改变制氢时所用的蒸汽量，即所谓用过程蒸汽量也是常用的手段。它的质量流率(kg/h)和制气油质量流率(kg/h)的比值简称水油比。对反应过程中的影响也很大。水油比大时：①反应系统中油蒸汽分压降低有利于分解反应，不利于缩合生焦反应，所以一般来说，水油比大，炭黑产量低，而气化率高；②甲烷在系统中分压低，有利于反应向降低甲烷方向进行。最终产品气体中甲烷较低；③一氧化碳变换反应较深，最终产品气体中二氧化碳和氢含量升高，而一氧化碳降低。但是，水油比也不能太大，太大了反应物料在系统内(与催化剂接触)时间短，也会导致反应不彻底，烯烃、甲烷增多，热损失大，会降低装置生产能力和热效率。水油比太小则相反，甲烷转化不完全，副产品炭黑增多。依据经验，一般水油比在1.0~1.5之间较为适宜。

2. 工艺流程及说明

重油制氢工艺见图1-6-1。

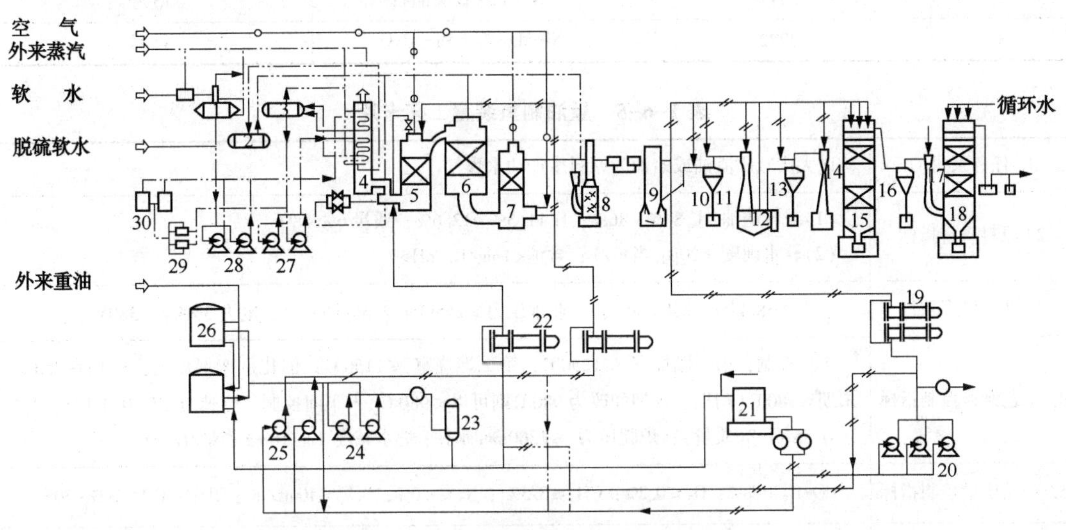

图1-6-1　重油造气装置工艺流程图

1—气罐；2—稳定罐；3—汽包；4—废热锅炉；5—蒸预器；6—转化器；7—空预器；8—冒烟气；9—油洗立管；10—旋风分离器；11—文氏管洗涤器；12—洗气箱；13—2号旋风分离器；14—第一文氏管；15—油洗塔；16—3号旋风分离器；17—汽抽子；18—水洗塔；19—换3；20—油洗泵；21—集油箱；22—油加热器；23—稳压罐；24—制气油泵；25—加热泵；26—渣油罐；27—循环泵；28—给水泵；29—加药泵；30—加药罐

重油制氢工艺采用了间歇蓄热、烧炭(即催化剂的再生)及制气等三个过程。整个操作过程分8个阶段，可以用自动操纵机或程序控制器控制。

① 底吹(安全停车状态)。由空气预热器(器-3)顶部进入蒸汽，把可能残存于炉内的煤气置换出系统，由主烟囱放空，防止加热进空气时发生爆炸。另外，无论进行到哪个阶段，自动停车(底吹)后，再往下进行一般没有危险。

② 加热。空气和加热重油由蒸汽预热器(器 1)顶部进入进引起燃烧，所产生的高温烟气将蓄热砖加热后入废热锅炉(炉-1)经主烟囱放空。

③ 加热—烧炭。加热开始适当时间后，由反应器下部进入空气，经催化剂层烧去积炭并提高其温度后，入蒸汽预热器顶部与加热烟气相混合而排空。

④ 反加热。关主烟囱，使加热烟气流经催化剂层，经空气预热器由副烟囱放空。主要

是为了提高催化剂上层温度。

⑤ 反烧炭。流向同反加热，停加热油，同上流程。主要烧催化剂上层积炭。

⑥ 顶吹。吹扫蒸汽由蒸汽预热器下部进入，将反烧炭烟气置换出去。

⑦ 制气。过程蒸汽由蒸汽预热器下部进入，经蓄热砖过热后，与顶部的雾化重油相遇，折流入转化器(器-2)、在催化剂表面上反应生成煤气，经空气预热器(塔-3)由煤气阀依次进入1号旋风分离器(旋-1)、文丘里管洗涤器(文-1)、洗气箱(容-4)、2号旋风分离器(旋-2)、蒸汽喷射器、油洗塔(塔-1)、水洗塔(塔-2)、出口水封入气柜。

⑧ 顶吹。停制气油(流程同制气阶段)。

重油制氢使用的催化剂详见表1-6-4，重油制氢装置工艺卡片见表1-6-5。

表1-6-4　重油制氢用催化剂性状

序号	催化剂编号	催化剂组成	曾用名
1	3704	Ni-Mg-Al 尖晶石	44号
2	3711	Ni-Mg-Al 尖晶石	75号
3	3772	Ni-Mg-苦土粉-Al_2O_3	82号

表1-6-5　重油制氢装置工艺卡片

1. 任务及目的	以大庆减压渣油或蜡油为原料生产油水煤气
2. 原料质量指标	(1)减压渣油：C 84%~86%；H 11.5%~12.6%；残炭 6%~8% (2)软水硬度 <20μg 当量/L；含油<1mg/L；pH>7
3. 动力供应条件	蒸汽≥588kPa(6kgf/cm^2)；工业水压力≥245kPa(2.5kgf/cm^2)；电力3300V、380V
4. 工艺操作控制指标	工厂控制：第一燃烧室 ≤1250℃；第二燃烧室 ≤1150℃；催化剂床层温度：初期≤980℃；末期≤980℃(初期、末期如改为980℃则可以≤980℃)；车间控制：空速 0.35~0.45h^{-1}；水油比 0.85~1.8(质量)；炉膛压力 ≤1300mm 水柱；炉水碱度 12~18mg 当量/L
5. 产品质量控制指标	$CO+H_2$≥88%；O_2≤0.2%；CH_4≤3.5%；N_2≤4.0%；炭黑≤10mg/m^2；其中：CO：29%~30%
6. 消耗定额及主要技术经济指标	总油汽化率 ≥1800m^3/t 渣油；催化剂一次装入 15m^3；软水 ≤1.3t/km^3；工业水 ≤10t/km^3；电力 <132度/km^3；蒸汽 ≤1.72t/km^3；能耗：290kg 标油/1000Nm^3

重油制氢装置物料平衡见表1-6-6。

表1-6-6　重油制氢装置物料平衡　t/h

入方		出方	
1. 蜡油、渣油	3.6	1. 油水煤气	6500m^3/h(相当于14.6)
2. 外供蒸汽	8	2. 水蒸汽	5.96
3. 软化水	9	3. 损失	0.04
合计	20.6	合计	20.6

3. 重油制氢装置平面图及设备一览表

① 重油制氢装置平面图见图1-6-2。

② 设备一览表(见表1-6-7和表1-6-8)

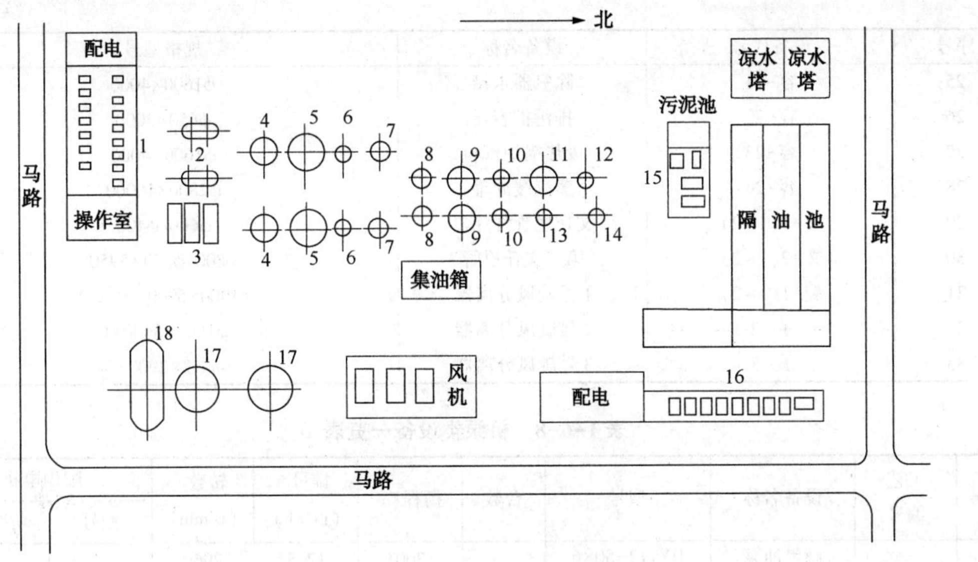

图 1-6-2 重油造气装置平面图

1—油泵房；2—除氧器、汽包；3—换热器；4—蒸预器；5—转化器；6—空预器；7—立管；8—旋风离器；9—洗气箱；10—二旋风分离器；11—油洗塔；12—三旋风分离器；13—水洗塔；14—切断水封；15—污油泵房；16—水泵房；17—重油罐；18—蒸汽缓冲罐

表 1-6-7 炉、塔、换、容器类设备一览表

序号	设备代号	设备名称	规格型号
1	换-1	制气油加热器	FH-500-65-25-2Ⅱ
2	换-2	加热油加热器	FH-500-65-25-2Ⅱ
3	换 3(1~2)	循环油换热器	FA800-180-16-4Ⅱ B=200
4	炉-1	废热锅炉	G=8t/h，1.57MPa(16kgf/cm^2)
5	器-1(1~2)	蒸汽预热器	$\phi_{内}$ 4000/ϕ5346×12592
6	器-2(1~2)	转化器	$\phi_{内}$ 5200/ϕ6576×15775
7	器-3(1~2)	空气预热器	$\phi_{内}$ 2500/ϕ3396×12598
8	塔-1	油洗塔	ϕ2600×15600×12
9	塔-2	水洗塔	ϕ1800×14450×8
10	罐-1、2	重油储罐	300m^3
11	容-1	重油缓冲罐	ϕ500×2000
12	容-2	集油箱	5000×2800×2300
13	容-3(1~2)	副烟囱分水器	ϕ1500/ϕ600×18000(A3F)
14	容-4(1~2)	洗气箱	ϕ3000×3300×8(A3F)
15	容-5(1~2)	立管油封	ϕ1000×6550(A3)
16	容-6(1~2)	一旋液封罐	ϕ250×2400
17	容-8(1~2)	二旋液封罐	ϕ520×1800×4
18	容-9	油洗塔液封罐	ϕ620×1500×4
19	容-10	水洗塔液封罐	ϕ700×1450×4
20	容-11	切断水封	ϕ2200×1500×6
21	容-12	切断水封的水封罐	ϕ520×1400×4
22	容-13	大煤气管水封罐	ϕ520×1400×4
23	容-18	回流油罐	ϕ1200×3355×6
24	容-19	高压油罐	ϕ1200×3323×14

续表

序号	设备代号	设备名称	规格型号
25	容-21	除氧器水箱	ϕ1600×4000
26	容-22	排污扩容器	ϕ650×2000
27	容-23	废热锅炉汽包	ϕ1600×4000
28	容-24	蒸汽缓冲罐	ϕ2800×10000
29	文-1(1~2)	文丘里管洗涤器	ϕ600/ϕ400
30	文-2(1~2)	第一文丘里管	ϕ800/ϕ320×5950
31	旋-1(1~2)	1 号旋风分离器	ϕ1900×5900×6(A3)
32	旋-2	2 号旋风分离器	ϕ1800×5600×6
33	旋-3	3 号旋风分离器	ϕ912×2900×6

表 1-6-8　机泵类设备一览表

序号	工艺编号	设备名称	型号	台数	扬程/m	排量/(m^3/h)	转数/(r/min)	配用电机	
								型号	功率/kW
1		制气油泵	$DY_1$12-50×6		300	12.5	2960		40
2		加热油泵	$DY_1$12-50×6		300	12.5	2960		40
3		循环油泵	100Y-120×2		240	100	2950		160
4		锅炉给水泵	DG25-50×5		250	25	2950		40
5		加药泵	1DB-0.005/25		250	0.005	1380		0.6

4. 运行情况举例

1983 年，两套重油制氢两套联合运行。期间，对产量、质量和消耗等情况，作了标定与考察。

(1)产量

东套(4 月 3 日)4417m^3/h；

西套(3 月 31 日)6533m^3/h；

(2)质量

产品质量情况见表 1-6-9。

表 1-6-9　重油制氢装置所产水煤气质量　　%

时　间	项目	CO_2	O_2	CO	H_2	CH_4	N_2	CO+H_2
4 月 3 日	东套	8	0.6	15.2	63.7	5.5	7	78.9①
4 月 3 日	西套	4.2	0.3	24.5	62	5.1	3.9	86.5

① 东套已运转 6 个月，为催化剂末期，质量较差。

(3) 消耗

消耗情况见表 1-6-10。

表 1-6-10　消耗情况

项　目	单套运行	两套联合运行
软水/(t/km^3)	—	1.1
工业水/(t/km^3)	—	6.3
蒸汽/(t/km^3)	2.78	1.89
燃料油/(t/km^3)	0.07	0.07
电/(度/km^3)	143	73

从表 1-6-10 数据可见，因为两套重油制氢装置用同一个公用系统，开单套时各项消耗很高，两套联合运行，动力设备可以充分发挥作用，电耗明显下降。但是，两套装置长期联合运行时，公用系统上存在一些问题，如回水管径小，供水压力低，凉水泵腐蚀严重且没有备泵，油洗泵油量不够等需要加以解决。

另外，两套重油制氢装置联合运行，因为所产水煤气的 CO 含量降低，变换温度不好控制，但是，岗位操作人员采取各种措施，保证了正常生产和气体的质量。重油制氢装置单套生产时，变换装置主要生产数据见表 1-6-11。

表 1-6-11　重油制氢装置单套生产时变换装置的情况

分套	项目＼时间	3 月 11 日	12 日	13 日	14 日	15 日	16 日	17 日	18 日	19 日	20 日	平均
二套	小时处理量/m^3	8810	9040	9040	9040	9040	9040	9040	8090	8590	8590	8882
	床层温度/℃	520	531	534	532	534	535	531	534	533	536	532
三套	小时处理量/m^3	8320	3280	8300	8280	8280	8280	8100	8690	7870	8280	8268
	床层温度/℃	512	518	517	514	516	518	508	510	504	510	513
二、三套混合	原料气含 CO/%	34. 2	34	35. 3	34	34	36. 1	34. 9	33. 5	34	34. 3	34. 3
	变换气含 CO/%	2. 7	2. 5	2. 4	2. 3	2. 5	2. 4	2. 5	2. 5	2. 3	2. 3	2. 4
	耗蒸汽/(t/km^3)	0. 75	0. 74	0. 71	0. 67	0. 64	0. 68	0. 71	0. 63	0. 6	0. 64	0. 68

两套重油制氢装置联合生产时，变换装置的生产情况见表 1-6-12。

表 1-6-12　两套重油制氢装置联合运行时变换装置的情况

分套	项目＼时间	3 月 21 日	22 日	23 日	24 日	25 日	26 日	27 日	28 日	29 日	30 日	平均
二套	小时处理量/m^3	7910	8590	8590	8590	8230	8230	8200	7800	7600	8410	8219
	床层温度/℃	532	534	530	528	531	538	527	526	521	527	529
三套	小时处理量/m^3	8280	8280	8280	7590	8280	8280	7200	7720	7800	7340	7905
	床层温度/℃	518	504	505	504	506	506	495	502	501	498	503
二、三套混合	原料气 CO/%	31. 1	31. 3	31. 1	32	30. 9	30	30. 5	30. 6	30. 4	30	30. 8
	变换气 CO/%	2. 3	2. 1	2. 2	2. 1	2. 4	2. 2	2. 1	2. 1	2. 3	2. 3	2. 2
	耗蒸汽/(t/km^3)	0. 64	0. 47	0. 47	0. 50	0. 55	0. 54	0. 58	0. 52	0. 61	0. 61	0. 55

从以上数据可以看到，21~30 日（两套重油制氢装置联合运行时），变换原料气 CO 含量比 11~20 日（重油造气开单套时）降低了 3. 5%，在平均小时处理量减少 1026m^3 的情况下，变换床层温度可以平稳控制，质量合格，变换气 CO 平均由 2. 4%降低为 2. 2%，蒸汽平均单耗由 0. 68t/km^3 降低为 0. 55t/km^3。

重油制氢装置的能耗为 198kg 标油/1000Nm^3。

（4）运转周期

重油制氢装置连续运转周期突破半年。检修后的重油制氢装置于 1977 年 12 月 6~1978 年 6 月 6 日，用减三线重蜡油制气，用渣油加热，采用油水洗净化流程，共进行 27486 个循环连续运转，运转周期突破 6 个月，创最好水平。反应温度已达到 950℃，生成气中 CH_4 含量为2.8%~3.3%。在焦炭原料供应严重不足的情况下，重油制氢实现双炉生产，有力地保证了加氢装置的氢气供应。

(5)催化剂末期装置运转情况

1978年5月28~29日对催化剂末期装置运转情况进行了标定，标定情况如下。

催化剂：3711重油制氢催化剂。

① 原料油性状与元素分析结果见表1-6-13和表1-6-14。

表1-6-13 原料油性状

油品	油品来源	馏程/℃				相对密度 d_4^{20}
		10%	30%	50%	90%	
制气油	减三重蜡	446	479	497	551.5	0.8753

表1-6-14 原料油、燃料油元素分析结果

油名	C	H	O	N	S	灰分	C/H	残炭	水份
制气油	86.23	12.88	—	0.1027	0.0423			0.757	无
加热油	86.06	11.53	—	0.2751	0.0799	—		11.07	微

② 标定数据。空速：0.38h^{-1}，水油比：1.58(质量比)，汽化率：总油汽化率：2478Nm^3/t，制气油汽化率：3114Nm^3/t，发生量：5241Nm^3/台炉。

③ 气体质量见表1-6-15。

表1-6-15 气体质量 %

时 间	CO_2	O_2	CO	H_2	CH_4	$CO+H_2$	催化剂床层下加热末温度℃
5.28	7.8	0.02	20.0	64.4	4.1	84.4	944
5.29	8.1	0.1	21.3	63.9	3.7	85.2	951

气体中炭黑含量：5~10mg/m^3(净化后)

气体中含：C_2H_4：129mg

C_3H_6：26.4mg

苯：10mg/m^3

萘：—

④ 消耗指标及成本情况见表1-6-16。

表1-6-16 消耗指标及成本情况

项 目		单耗/(t/km^3)	单位成本	
			元/km^3	占总额/%
原料油	加热油	0.083	3.83	3.974
	制气油	0.321	38.53	40.079
蒸汽		2.06	10.84	11.257
工业水		19.7	2.17	2.257
软水		1.67	0.43	0.463

续表

项　目	单耗/(t/km³)	单位成本	
		元/km³	占总额/%
催化剂	0.78kg	17.16	17.855
电	215 度	10.75	11.185
管理经费和人工费		12.41	12.93
合计		96.11	100

⑤ 小结

ⓐ 标定结果。该催化剂连续运转 6 个月，已进入末期。标定结果显示，制气油每循环为 228L，加热油为 64L，加热油占总油的 23.3%。制气油汽化率为 3114m³/t 油，与催化剂初期活性相比下降了 20.2%。催化剂末期制气油汽化率下降的原因，是由于炭黑生成量的大幅度增加。催化剂初期的炭黑生成量为 22.9g/m³，而末期标定时炭黑生成量高达 63.5g/m³，为初期炭黑生成量的 2.77 倍。说明催化剂末期的非催化反应增加。

ⓑ 催化剂寿命分析。在汽化反应的过程中，催化剂存在于氧化和还原两种状态的交替之中，即 NiO-NiO. MgO 和 Ni-NiO-$NiOAl_2O_3$之间的亚稳态平衡。同时，还会存在着 Ni 向尖晶石上的扩散。生成固态体的温度越高，则还原的温度就越高。当达到某一临界温度以后，亚稳态平衡遭到破坏，催化剂活性下降。因此，要求催化剂长期在适宜的较低温度下运转，有利于催化剂寿命的延长，而该温度范围应进一步探索。由此可见，烧炭过程是操作的关键，如烧炭不彻底，就会发生超温。因此，烧炭与积炭在每一循环中的平衡是延长催化剂寿命的关键。据此，通过将催化剂床层减薄、降低起始反应温度、严格控制提温速度，取得了一定的效果。

ⓒ 制气成本。按当时的原材料价格计算，制气成本为 96.11 元/km³，尚有进一步降低的潜力。

ⓓ 炭黑净化。关于炭黑净化问题，属于在技术上存在问题较多的一项，有待今后研究解决。

(三) 水煤气的变换与氢气的净化处理

无论石井式水煤气发生炉制造的水煤气，还是重油制氢装置制造的水煤气，都只是制氢的原料气，需要进一步加工，才能制得工业氢气。加工的方法是变换和净化处理。在石油三厂，这两种水煤气是一起进行变换与净化处理的。

变换：石油三厂共有三套变换装置，一、二套是日伪时期建设的，原设计能力为 4000Nm³/h，后来改造到 6000Nm³/h 和 9000Nm³/h，1965 年建设第三套变换装置，能力为 8000Nm³/h，总变换能力为 23000Nm³/h。

变换装置的作用是：水煤气在催化剂作用下，继续与水蒸气反应，将一氧化碳(CO)变换为氢气(H_2)和二氧化碳(CO_2)。石井式水煤气发生炉制造的水煤气的一氧化碳(CO)含量在 38%~43%，而重油制氢制造的水煤气的一氧化碳(CO)含量只有 29%~30%，一氧化碳(CO)含量较低时，单独进行变换操作比较困难。但是与焦炭水煤气混和处理，一氧化碳(CO)含量得到保证，变换操作也比较正常。变换后的气体(称为变换气)中氢气的浓度达到 62%以上，其余主要是二氧化碳(CO_2)，还有少量的甲烷、氮(N_2)和一氧化碳(CO)。

变换的主要反应是：　　$CO+H_2O \rightarrow H_2+CO_2-Q$

变换装置的能耗为51kg标油/1000Nm^3。

变换气组成见表1-6-17，变换的物料平衡见表1-6-18。

表1-6-17　变换气组成　%

成分	H_2	CO_2	CO	N_2	CH_4	O_2
含量	62	29~30	≤3.0	3.5~4.5	1.6	≤0.1

表1-6-18　变换的物料平衡　Nm^3

入方	出方
变换气 14458.44	H_2 10020.04 放出总量 4438.04 其中 CO_2 2953.04 H_2回收排气 688.4 放油水排气 796.6
总计　14458.44	总计　14458.44

氢气净化：石油三厂的氢气净化工艺是对变换气进行压力水洗和铜氨液洗涤。变换气在升压过程中，当压力为1.2~1.5MPa时，用水对之洗涤，利用二氧化碳(CO_2)在水中的溶解度比氢气大54倍的特性，将其中的二氧化碳(CO_2)吸收掉，得到水洗氢气，浓度可达到近90%。水洗氢质量情况见表1-6-19。

表1-6-19　水洗氢质量　%

成分	H_2	CO_2	CO	N_2	CH_4	O_2
含量	86~90	≤2.5	≤3.0	4~6	2.0	≤0.2

继续用铜氨液($Cu[NH_4])_2$在高压下进行洗涤，在压力达到加氢需要的20.0MPa压力时，进行铜氨液高压洗涤，利用低价铜氨液(醋酸亚铜络二氨)与一氧化碳(CO)反应生成高价铜氨液(一氧化碳醋酸亚铜络三氨)的机理，将3%左右的一氧化碳(CO)大部分吸收掉。同时，低价铜氨液还具有吸收氧(O_2)和硫化氢(H_2S)的能力，可将氧(O_2)和硫化氢(H_2S)除掉。最后得到纯度大于94%的工业氢气。铜洗氢质量情况见表1-6-20。

表1-6-20　铜洗氢(工业氢气)质量　%

成分	H_2	CO_2	CO	N_2	CH_4	NH_3
含量	92.8	≤0.2	≤0.5	5.0	1.5	≤20mg/L

日伪时期和解放初期，因为当时还没有铜氨液高压洗涤技术，石油三厂就用水洗后的粗氢气为原料氢气。20世纪50年代后期，开始采用铜氨液进行洗涤，把一氧化碳(CO)吸收掉，才提高了氢气的质量与纯度。

(四) 轻油制氢装置

1. 概述

为了增加制氢能力、提高氢气质量，采用新技术，淘汰落后工艺，石油三厂于1978年开始设计、建设轻油制氢装置，1979年3月开始施工，1982年12月竣工，1983年5月7日正式投产。该装置采用烃类-水蒸汽转化制氢工艺，生产95%以上纯度的工业氢。设计生产能力为 20kNm^3/h。生产工艺过程分成五个单元，即原料脱硫、烃类-水蒸气转化、一氧化碳变换、二氧化碳脱除、甲烷化反应。生产出的氢气供给本厂加氢装置使用。

原料最初设计由石油二厂提供液化气 40kt/a、燃料气由石油一厂提供焦化气 32kt/a，由于管线尚未建成，作出如下改变：石油三厂自己建设汽油拔头装置，拔头的轻汽油作为原料。但是，轻油制氢装置开工后发现，使用常顶直馏汽油和加氢汽油的混合油的拔头油，因为汽油全部拔头后，石油三厂的汽油 10%点就不合格了。综合考虑石油三厂拥有瓦斯(燃料气)凝缩油的实际，将轻油制氢原料改为瓦斯(燃料气)凝缩油或轻质加氢汽油。燃料气改用石油三厂的液化气和不凝气。实践证明，这样的改变不仅是合适的，而且产生了良好的经济效益。1988 年后，因为加氢工艺的改变，使瓦斯凝缩油没有了，开始使用加氢轻质汽油作原料。

在轻油制氢装置开工过程中，充分利用石油三厂老制氢系统的条件，将轻油制氢装置开工过程中生产的变换气，通过不同途径，或者进气柜，或者进压缩机，直接进入原制氢系统加以利用，杜绝了放空，减少了浪费。这在其他企业是做不到的。

在轻油制氢生产初期，为了寻找最佳操作条件，有针对性地解决生产中存在的诸多矛盾和问题，对装置进行了一系列的技术改造。主要有：

① 改变原料油、燃料气，将加氢汽油拔头油改为瓦斯凝缩油，燃料以稳定气为主，以液化石油气作补充。

② 鉴于加氢原料的含硫量较低，取消了氧化锰和钼、钴加氢脱硫反应器。

③ 原设计轻油制氢装置开工使用 1000kW 的 4M-16 压缩机循环，改为利用重整试验装置闲置的 280kW 循环压缩机，实现日节电 1.5 万 kW·h。

④ 改进了贫液换热流程，降低了贫液温度，提高了低变气入塔温度；原料泵增加回流冷却系统，解决了输送凝缩油或液态烃时而抽空问题。

⑤ 通过对 57-40 和 SL-1 转化催化剂的标定，碳空速只能达到 454h^{-1}，只有设计值的 60%，而出口集合管温度则高达 818℃。吸取茂名石化的经验，决定改用辽河化肥厂生产的 RKNR 转化催化剂，替代了齐鲁化肥厂生产的 57-40 和 SL-1 转化催化剂，解决了提高产氢能力、催化剂对原料的适应性、转化温度过高和催化剂使用寿命短等问题。

⑥ 决定更换日本横河技术、西安仪表厂生产电三型仪表，提高自动化水平。

⑦ 完成了单炉开、停工的流程设计与改造。

根据加氢的需要，石油三厂于 20 世纪 90 年代对制氢装置进行扩能改造，又增加一台炉，将制氢能力提高 50%。2001 年，根据抚顺石化分公司“十五”规划总耗氢将超过 50000Nm^3/h 的实际，对轻油制氢装置进行技术改造。取消传统的氢气净化工艺，采用变压吸附(PSA)氢气净化技术。结合国内现有同类装置的生产经验，确定本装置的新工艺流程。共分为五部分，即原料脱硫部分、转化部分、中变及热回收部分、PSA 净化部分和装置内公用工程部分。

该装置的生产能力达到设计要求，并且成为石油三厂的主要氢气来源。

2. 基本原理和工艺流程

(1) 轻油制氢的基本原理

① 原料与处理。对原料进行预处理，通过加氢、脱硫，将原料中的硫含量降低到小于 0.3μg/g。

② 烃类水蒸气转化。经过预处理的原料，进行烃类水蒸气转化反应，主要反应是制取

轻油水煤气：

$$C_nH_{2n}+H_2O \longrightarrow nCO+(2n+1)H_2+Q$$

③ 变换处理。变换处理是将轻油水煤气中的一氧化碳(CO)转化为氢(H_2)和二氧化碳(CO_2)，得到变换气。变换气再进行净化处理，即得到工业氢气。

净化处理首先要脱出二氧化碳(CO_2)。传统的脱出二氧化碳(CO_2)工艺是本菲尔特溶液吸收法，本菲尔特溶液由碳酸钾、五氧化二钒和二乙醇胺组成，其中碳酸钾为吸收剂，二乙醇胺为活化剂，五氧化二钒为缓蚀剂。碳酸钾吸收二氧化碳(CO_2)生成碳酸氢钾，该反应为可逆反应，吸收二氧化碳(CO_2)的本菲尔特溶液经过减压和加热进行再生，将二氧化碳(CO_2)放出，本菲尔特溶液循环使用。近些年开发的先进的净化技术是变压吸附(PSA)净化法。中变气经变压吸附(PSA)，将氢气与其他杂质气体分开，将氢气提浓，氢气的纯度可以达到99.9%以上。

变压吸附的基本原理是：利用吸附剂对气体的吸附容量随压力变化而变化、同一吸附剂对不同气体的吸附能力不同的特性进行分离。吸附剂在选择吸附的条件下，加压吸附气体中的杂质组分，减压脱附这些杂质组分而使吸附剂得到再生，氢气作为弱的吸附组分通过床层。不同组分在分子筛上吸附强度的顺序：$H_2O>CO_2>CH_4>H_2$。多床变压吸附的意义在于保证在任何时候都有同数量的吸附床处于吸附状态，使产品连续不断地输出；保证适当的均压次数，使产品有较高的回收率。

(2)采用变压吸附(PSA)净化工艺的轻油制氢装置工艺流程

① 原料的预精制。自装置外来的轻石脑油经原料油泵(P-102/1~4)升压后，与氢气混合进入中变气-原料油换热器(E-2301)，升温至380℃，进入原料脱硫部分。首先进入加氢反应器(R-2101)，通过加氢使有机硫转化为无机硫。然后进入氧化锌脱硫反应器(R-2101A、B)，脱除大部分有机硫和硫化氢。精制后的原料硫含量小于0.3μg/g，作为水蒸气转化的原料。

② 烃类水蒸气转化。预精制后的原料，按水碳分子比5:1的比例与2.5MPa的中压水蒸气混合，再经转化炉(F-2201)对流段预热到500℃，进入转化炉辐射段，在转化制氢催化剂的作用下，发生水蒸气和烃的转化反应。高温转化气(出口温度为800℃)经转化气-中压蒸气发生器(E-2201)与锅炉水换热后，温度降至360℃，进入中变气热回收部分。

③ 中温变换。转化气(中压蒸汽发生器来的360℃的转化气)进入中温变换反应器(R-2301)，在催化剂作用下发生变换反应，将转换气中的CO含量降至3%以下。中变气经中变气-原料油换热器(E-2301)、中变气—低压蒸汽发生器(E-2302)、中变气-除氧水换热器(E-2303)、脱盐水预热器(E-2304)进行热交换，回收部分余热后，进入中变气空冷器(EA-2301)及中变气水冷器(E-2305)降至40℃，经分水器分水后进入变压吸附(PSA)系统进行净化。

④ 变压吸附(PSA)净化。变换气在压力约为1.6MPa、温度约40℃时进入变压吸附(PSA)界区，首先经原料气气液分离罐(V-2401)脱出机械水后，进入PSA-CO_2/R工段。该工段采用8-3-3/V工艺，主要脱除大量的CO_2，所得解吸气Ⅰ热值很低，直接放空。从吸附塔出口得到的半产品气进入PSA-H_2工段，该工段采用10-3-4/P工艺，提纯得到合格的产品氢气。所得的解吸气Ⅱ，进入解吸气稳压混合罐。解吸气Ⅱ热值较高，稳压后进入厂低压瓦斯气柜，经增压机升压后并入厂高压瓦斯管网。解吸气Ⅱ氢气含量在25%左右，经计算，约有12%的氢气随解吸气Ⅱ进入燃料气烧掉了。

轻油制氢脱碳的老系统——本菲尔特溶液脱碳后得到的粗氢气中，还含有少量的一氧化碳(CO)和二氧化碳(CO_2)，这些气体对加氢催化剂有毒害作用，需要脱出。办法是甲烷化，即在镍催化剂作用下，将一氧化碳(CO)和二氧化碳(CO_2)加氢变成甲烷：

$$CO+2H_2 \longrightarrow CH_4+H_2O+Q$$

$$CO_2+4H_2 \longrightarrow CH_4+2H_2O+Q$$

这两个反应都是放热反应，在实际操作中需要防止超温。

采用变压吸附(PSA)净化技术净化时，因为一氧化碳(CO)和二氧化碳(CO_2)等杂质气体已经在变压吸附(PSA)时被分离掉了，故不再需要做甲烷化处理。

3. 石油三厂轻油制氢装置生产技术总结举例

石油三厂烃类水蒸气制氢装置于1983年5月正式投产，1987~1988年、1991~1993年的生产数据显示：轻油制氢装置的产氢量占全厂总产氢量的75%以上，是全厂生产氢气的主力装置。

(1) 生产能力与产品性质

装置设计制氢能力为20000Nm³/h。设计的产品氢气组成、传统脱碳工艺的产品氢气组成和变压吸附生产的氢气组成见表1-6-21。

表1-6-21 轻油制氢生产的氢气质量 %

成　分	H_2	($CO+CO_2$)/mg/L	CH_4	N_2
传统法设计值	94.5	≤100	≤3.5	≤0.2
传统脱碳法氢	97.0	≯60	≤2.1	≤0.1
PSA法氢	99.9	≤20	≤0.1	-

(2) 制氢原料和燃料情况

装置使用的制氢原料，1987年以前，主要为石油三厂瓦斯(燃料气)凝缩油及加氢液化石油气，1988年后主要为加氢轻汽油及加氢液化石油气。燃料为液化石油气与加氢后稳定装置的不凝气，其性质见表1-6-22。

表1-6-22 制氢装置使用原料和燃料性状

项目	平均相对分子质量	H/C比	组成/%											
			H_2	N_2	C_1	C_2	C_3	C_4	C_5	C_6	C_7	C_8	C_9	H_2S
瓦斯凝缩油	81.5	2.18					1.5	13.2	29.45	28.15	1.74	9.6	0.7	60mg/L
液化石油气	52.03	2.59			0.1	2.6	37.7	58.5	1.1					<5mg/L
干气	34.6	2.85	30.4	1.56	8.17	1.94	22.3	28.48	3.36	0.79				62mg/L

(3) 1987年和1988年度生产数据汇总

1987年度石油三厂制氢装置生产运行稳定，产纯氢量创历史最高水平，达12112.8t，折合工业氢139.196×10⁶Nm³。生产每1000Nm³工业氢能耗下降到6.718GJ。产纯氢率达到4498.59N m³/t原料，其中凝缩油产纯氢(标)率为4359.82Nm³/t，液化石油气产纯氢率为4736.55Nm³/t。产品氢质量：纯度为96.58%，($CO+CO_2$)残余量<100mg/L，甲烷产量<3.5%。

1988年度生产形势继续较好，全年产纯氢量为11015.9t，折合工业氢126.466×10⁶Nm³，生产每1000N m³工业氢能耗下降到6.566GJ。产氢率达到4535.82Nm³/t原料。其中轻汽油产纯氢率为4452.26NJm³/t，液化石油气产纯氢率为4790.52Nm³/t。产品氢质量见表1-6-23。

表 1-6-23 轻油制氢的产品氢气质量

成分	H_2	$CO+CO_2$	CH_4
含量/%	96.63	<100mg/L	<3.5

主要操作数据见表 1-6-24~表 1-6-29。

表 1-6-24 主要部位平均操作温度 ℃

年度	ZnO 脱硫床层	东台转化炉			西台转化炉			中变反应器		
		床层	出口	炉膛	床层	出口	炉膛	入口	上床	下床
1987	350	616	722	934	613	730	925	364	384	361
1988	346	616	734	951	617	739	960	369	384	367

表 1-6-25 装置压差 MPa

年度	装置总压差		东台转化炉		西台转化炉	
	范围	平均	范围	品均	范围	平均
1987	0.92~1.06	1.04	0.13~0.17	0.16	0.11~0.16	0.158
1988	0.91~1.08	1.05	0.13~0.21	0.18	0.11~0.18	0.162

表 1-6-26 其他操作条件

年度	水碳比	碳空速/h^{-1}	转化率/%	中温变换率/%
1987	5.19	679.42(最高)	91.18	71.59
1988	5.54	650.15(最高)	90.87	72.36

表 1-6-27 各类催化剂使用寿命 h

项目	3641	3831	Z403H	B110-2
1987 年	26105	12906	12906	20438
1988 年	3028	4542	3300	4542

表 1-6-28 原料性状

项目	相对密度 d_4^{20}		平均相对分子质量		含硫/(μg/g)		终馏点/℃	
	1987 年	1988 年	1987 年	1988 年	1987 年	1988 年	1987 年	1988 年
凝缩油、汽油	0.6594	0.6852	88.01	85.35	16.7	56	57	166
液化石油气	—	—	39.04	52.0	35.0	36	—	—

表 1-6-29 气体质量分析(年平均值)

项目	原料气含硫/(μg/g)	转化气含甲烷/%		中变气含 CO/%
		东台转化炉	西台转化炉	
1987 年	<0.1	3.11	2.42	2.45
1988 年	<0.1	2.62	2.36	2.77

(4) 1991~1993 年主要生产数据汇总

1991 年装置进行了净化系统 CO_2 低温热能回收、低变气冷凝水回收利用、单炉开、停工系统建立等一系列技术改造，初步形成了自己的工艺特点，使装置工艺操作更加灵活、合理，取得了良好的经济效益。

1991~1993 年原料主要性质见表 1-6-30，主要操作条件见表 1-6-31，装置使用催化剂情况见表 1-6-32。

表 1-6-30　原料(轻汽油)主要性质

项　目	相对密度	平均相对分子质量	氢碳比	硫含量/(μg/g)	终馏点/℃
1991 年	0.6781	91.44	2.20	48.2	168.2
1992 年	0.6401	87.05	2.10	45.0	158
1993 年	0.6209	69.53	2.24	42.0	150

表 1-6-31　主要操作条件

项　目	水碳比	最高碳空速/h^{-1}	转化率/%	中温变换率/%
1991 年	5.44	693.50	91.07	72.47
1992 年	5.40	675.91	90.30	71.36
1993 年	5.34	678.42	91.08	74.95

表 1-6-32　催化剂使用情况

催化剂牌号	3641	3831	Z403H	B113
使用部位	加氢反应器	脱硫反应器	转化炉	中温变换反应器
装填量/t	8.5	2.1	11	30
主要组分/%	MoO_3 12 Co 1.7	ZnO　99 S<0.05	Ni 25 MgO 64 Al_2O_3 11	Fe_2O_3 80±2 Cr_2O_3 9±2 S<0.02
生产厂家	石油三厂	石油三厂	辽河化肥厂	辽河化肥厂

石油三厂轻油制氢装置的工艺流程图、PSA-CO_2 吸附流程图、PSA-H_2 吸附流程图、装置平面布置图分别见图 1-6-3～图 1-6-6。

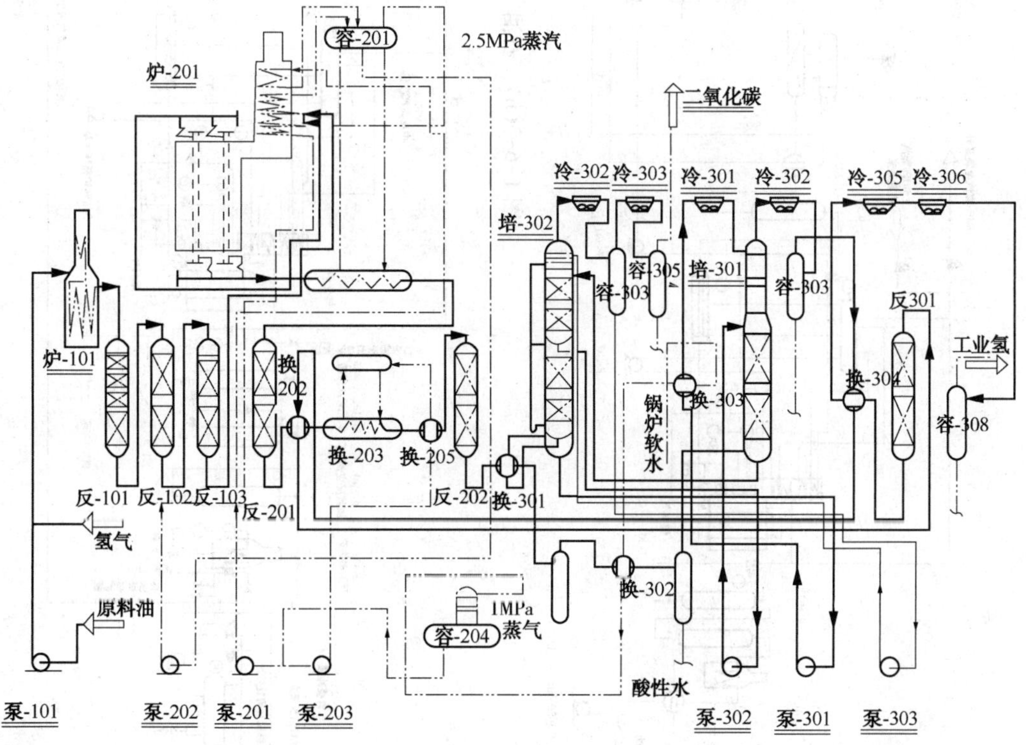

图 1-6-3(a)　轻油制氢装置工艺流程图

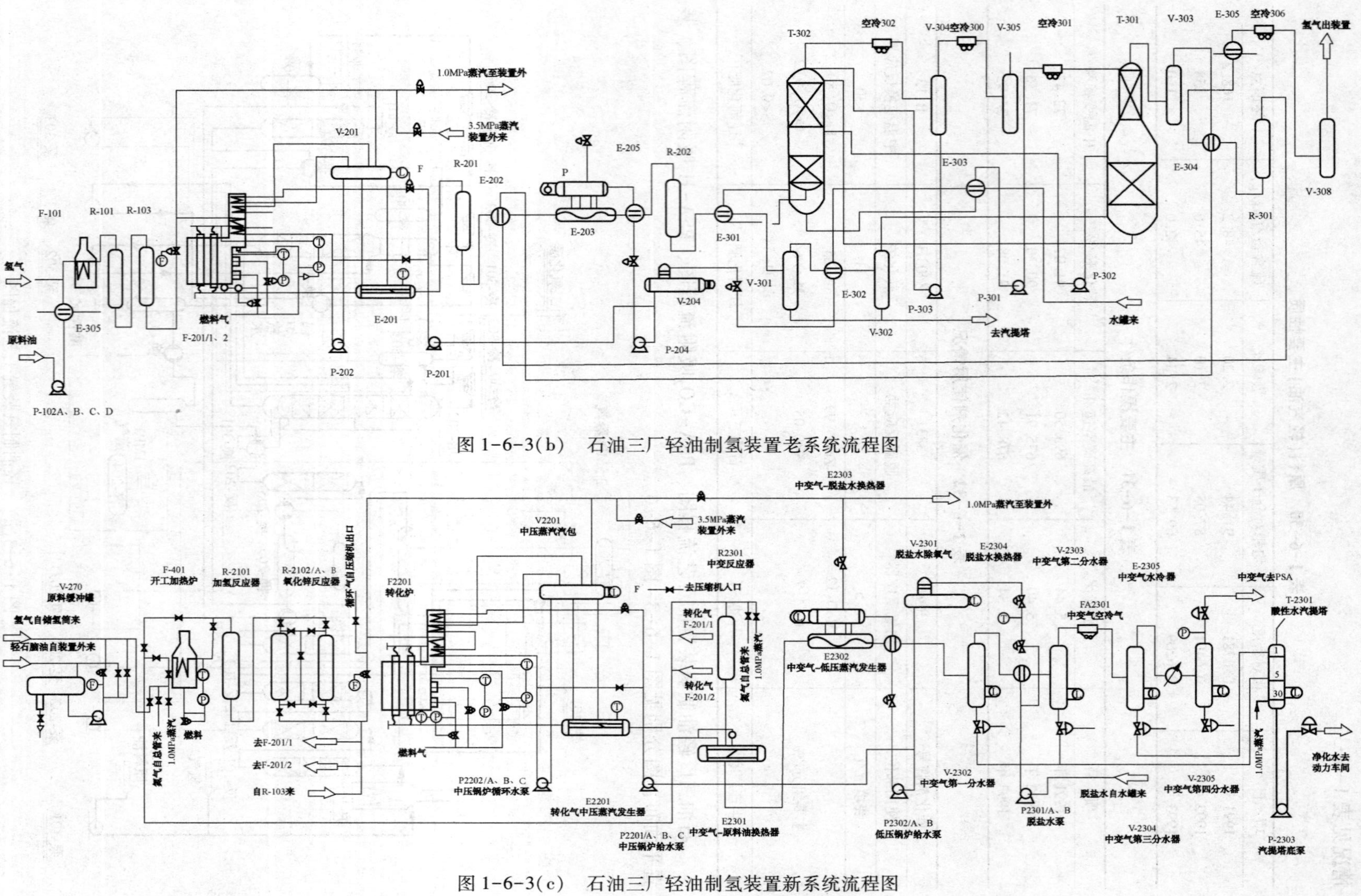

图 1-6-3(b)　石油三厂轻油制氢装置老系统流程图

图 1-6-3(c)　石油三厂轻油制氢装置新系统流程图

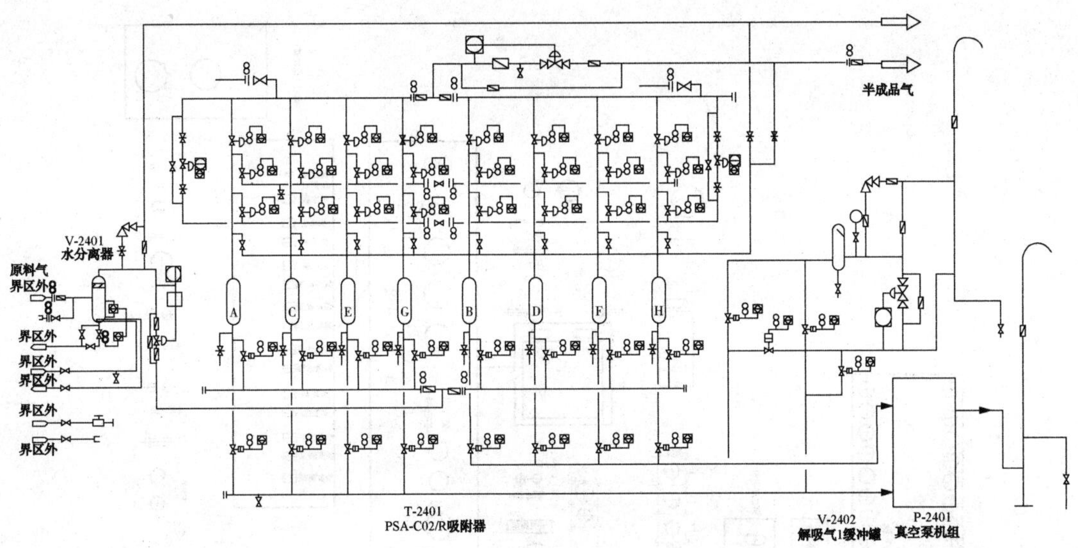

图 1-6-4　石油三厂轻油制氢装置 PSA-CO_2流程图

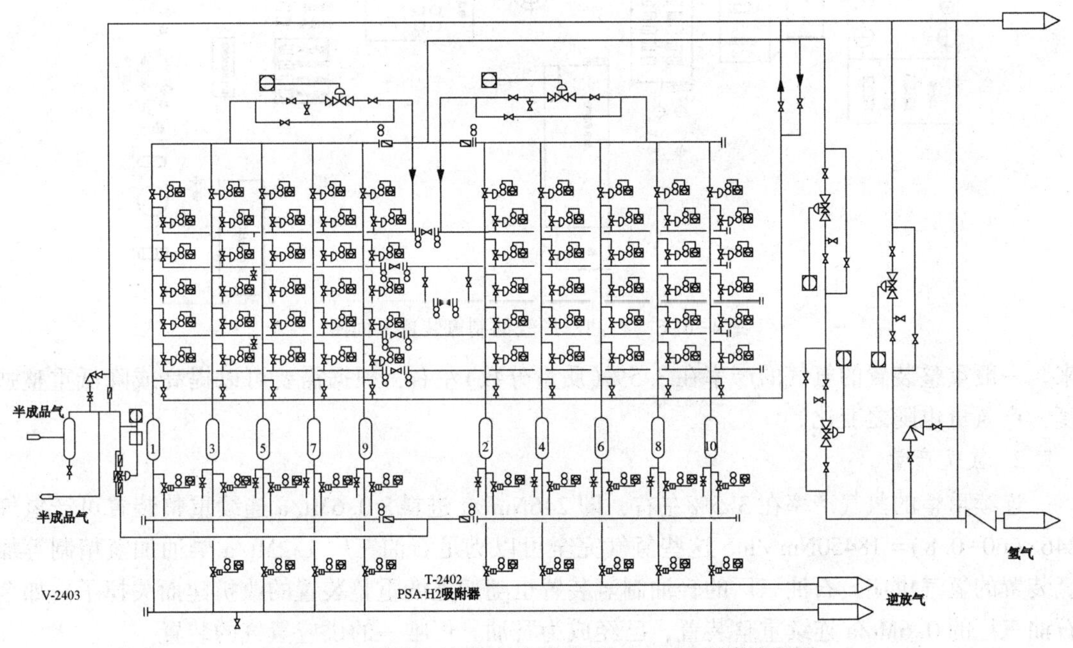

图 1-6-5　石油三厂轻油制氢装置 PSA-H_2吸附流程图

(五) 副产氢气的连续重整装置

为了提高汽油的辛烷值，或者为了增产芳烃，发展下游产业。或者为了副产氢气，为加氢装置提供氢气来源。一般炼油企业都建有催化重整装置。过去的催化重整装置多为固定床催化重整。现在技术进步了，大都建设连续重整装置。石油三厂 0.4Mt/a(已经改造到 0.6Mt/a)连续重整装置是 1990 年建成投产的，采用法国 IFP 技术，使用石油三厂自己生产的催化剂。

1. 基本原理

直馏汽油或石脑油中的烃类分子在催化剂的作用下，进行重新排列或转化为新的分子结构，如发生环烷烃脱氢；烷烃异构化、环化、脱氢等反应，生产芳烃。同时有氢气产生出

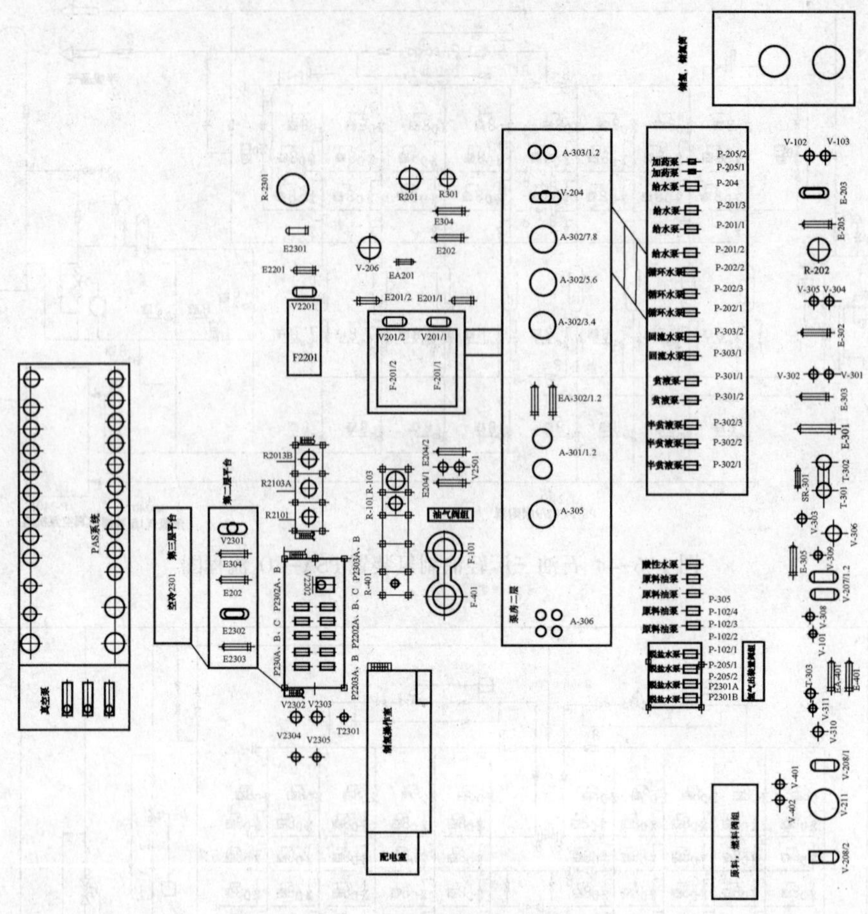

图1-6-6　石油三厂轻油制氢装置平面图

来。一般重整装置的氢气的产率在3.5%(质量分数)左右，根据需要可以提高或降低重整强度，产氢量也随之变化。

2. 氢气产量

连续重整的氢气产率在3.5%左右，即246Nm³/t进料，0.6Mt/a连续重整装置可产氢气246×(60÷0.8)=18450Nm³/h。这些氢气完全可以满足石油三厂1.2Mt/a柴油加氢精制等加氢装置的氢气供应。石油三厂的轻油制氢装置也随着连续重整装置的改扩建而关掉了。如今石油三厂的0.6Mt/a连续重整装置，已经成为石油三厂唯一的供应氢气的装置。

连续重装置有很强的操作灵活性，适当提高操作的苛刻度，氢气的产量就可以达到提高的目的。这里选了两组连续重整装置氢气的组成数据，见表1-6-33。重整氢中虽然含有一定量的低碳烃，因为在加氢的压力下，这些低碳烃大部分可以被液化，不影响加氢循环氢的纯度，既不影响氢分压。因此，重整氢的纯度和质量完全可以满足加氢装置的使用要求。

表1-6-33　连续重整装置氢气组成　　%

成　分	H_2	CH_4	C_2H_6	C_3H_8	C_4H_{10}	C_5
含量1	92.4	1.4	2.8	2.0	1.1	0.3
含量2	95.39	2.90	0.90	0.43	0.30	0.08

第二章 石油三厂炼制天然原油加氢工艺过程开发及工业应用

第一节 大庆柴油馏分气相加氢

一、大庆含蜡重柴油气相裂解加氢

1961 年石油三厂开始加工大庆原油的重馏分油，由于没有热裂化装置，故着手研究含蜡重柴油的加氢，通过试验，证明大庆原油 290~400℃含蜡重柴油馏分(以下简称含蜡油)作为加氢裂解原料，因此，1962 年初，即拿出一套加氢装置加工含蜡油，以生产汽油、灯油等产品。先后使用过 1∶9 硫化钼-白土，1∶3 硫化钼-白土及 3622 催化剂。前后共运转 9 个周期，其中 6 个周期使用 3622 催化剂。1962 年冬实现加硫措施后，生产工艺基本定型，这里着重介绍 3622 催化剂加氢裂化的运转情况：

加氢裂解所用的原料油，主要是大庆原油 280~400℃直馏重柴油馏分，及一部分页岩粗轻油加氢生成油的塔底残油，通常是混合处理。原料油性状如表 2-1-1 所示。

表 2-1-1 原料油性状

相对密度 d_4^{20}	馏程/℃					总氮/%	硫/%
	初馏点	10%	50%	90%	终馏点		
0.8220	267	296	325	366	395	0.013	0.024

原料油中含硫量较低，使用硫化钨催化剂在长期运转中有脱硫失活的危险，为了保持催化剂的活性，在运转中，需向原料中添加约 0.15%(质量分数)二硫化碳，采用加硫措施后，运转周期延长了一倍以上，生成油 200℃馏分也增加了一倍左右。加硫前后对 3622 催化剂的影响见于表 2-1-2。

表 2-1-2 3622 催化剂加硫前后的对比

项 目	运转周期	空速/h^{-1}	生成油<200℃馏分/%	有效生产时间/h	单位催化剂处理量/(t/m^3)
未加硫	4	0.47	22.1	1177	447
加硫	6	0.48	43.6	2441	935

1. 操作条件及油品分析

加氢裂解使用 3622 催化剂，在 20.0MPa 压力下运转，体积空速<0.6h^{-1}，氢油比 2500~3000。

催化剂的初期反应温度 380℃，随着催化剂活性的降低，需逐渐提升反应温度，在上述操作条件下，催化剂温升约 0.5℃/d，当最高温度达到 475℃(平均温度约 460℃)，即需重新更换催化剂。原料油中二硫化碳添加量约 0.15%，通常是控制循环氢中硫化氢含量；初期规定 0.06%~0.1%，末期规定为 0.08%~0.12%。

加氢生成油的质量控制指标，初期为<200℃馏分大于 42%，后期为<300℃馏分大于 74%，生成油相对密度控制在 0.750~0.760 间。

使用的工业氢气，由于未通过铜氨液洗涤工序，故一氧化碳含量较高，见表 2-1-3，含蜡油加氢裂解 9 个运转周期比较见表 2-1-4，操作条件与油品分析见表 2-1-5。

表 2-1-3　新氢组成

新氢组成	CO_2	O_2	CO	H_2	CH_4	N_2
含量/%	0.6	0.1	3.3	89.0	1.9	5.1

表 2-1-4　含蜡油加氢裂解 9 个运转周期比较

运转周期	1	2	3	4	5	6	7	8	9
催化剂	1∶9 (MoS_2-白±)	1∶3 (MoS_2-白±)	1∶3 (MoS_2-白±)	3622	3622	3622	3622	3622	3622
有效运转时间/h	985	1095	1085	1177	1185	2441	1664	1057	5636
末期平均温度/℃	446	451	452	464	461	465	466	468	463.7
停产原因	计划检修	加热炉出口达 475℃	达 470℃	催化剂温度达 473℃	计划检修	催化剂温度达 475℃	达 475℃	达 475℃	达 470℃
空速/h^{-1}(平均)		0.58	0.58	0.47	0.50	0.48	0.49	0.60	0.50
平均 200℃馏分/%	19.6	24.9	27.9	22.1	41.6	43.1	43.4	43.7	43.9
液体收率/%	97.8	96.6	96.4	96	94.1	93.1	93.9	93	94
单位催化剂处理/(t/m^3)	426	517	475	449	400	935	670	653	2510
加硫情况	未	未	未	未	中期加硫	加硫	加硫	加硫	加硫

2. 催化剂性状

原料油中氮化物能导致 3622 催化剂中毒，并显著降低加氢裂解反应活性，原料油含氮量对反应温度及生成油轻馏分的影响，见图 2-1-1 所示。

为保证长期正常运转，必须严格控制页岩加氢残油的混对比例，使原料油含氮量控制在适当范围内，实际操作中控制不高于 0.03%。

为了考察原料油中不同含氮量对 3622 催化剂的影响，曾在装有 3622 催化剂，处理含蜡油的加氢装置上，进行了一系列的试验。试验方法为每天定时取样分析，通过减压分馏，以考察终馏点温度。

将这些数据加以整理后，可以在产品质量不变(200℃馏分收率基本上稳定)，原油馏程不变(终馏点温度基本上稳定)的基础上，求得含氮量与反应温升速度的对应关系，对于催化剂在连续运转过程中，由于活性衰退而导致的温升，不另作校正。

考察了 1963 年 10~12 月的数据，可得出如下结论：

① 当原料油中含氮量突然增加时，反应温度亦随之陡升，其温升速度为 3~3.5℃/d，即在 370~390℃温度区间，氮含量每增加 0.01%，约需提高 6~10℃的反应温度来补偿，以使生成油具有相同的裂解深度与产品质量。

表 2-1-5　含蜡油裂解加氢操作条件与油品分析

时间	压力/[MPa(kgf/cm^2)]	循环氢纯度/%	平均温度/℃	空速/h^{-1}	催化剂	循环氢 H_2S/%	油品分析	相对密度 d_4^{20}	初馏点/℃	10%/℃	50%/℃	90%/℃	终馏点/℃	<200℃/%	<300℃/%	<350℃/%	总氮/%	总硫/%	苯胺点/℃	溴价/(gBr/100g)
1963 年 11 月	19.6 (200)	70.5	394.4	0.485	3622	0.0616	含蜡油	0.8220	267	296	325	366	395				0.013	0.024	95.6	—
							生成油	0.7464	32	77	216	316	345	47	79	80	0.004	0.011	81.5	
1964 年 1 月	19.6 (200)	74	415.6	0.510	3622	0.0515	含蜡油	0.8242	281	300	328	370	394				0.017	0.017	95	13.6
							生成油	0.7524	41	83	220	328	356	46	73.5	77.5	0.004	0.0095	87.5	2.8
1964 年 3 月	19.6 (200)	76.5	433	0.490	3622	0.0638	含蜡油	0.8123	263	286.5	317	360	389				0.022	0.027	96	3.85
							生成油	0.7570	37	88	245	327	355	40.5	74.5	81	0.009	0.009	83.2	1.54

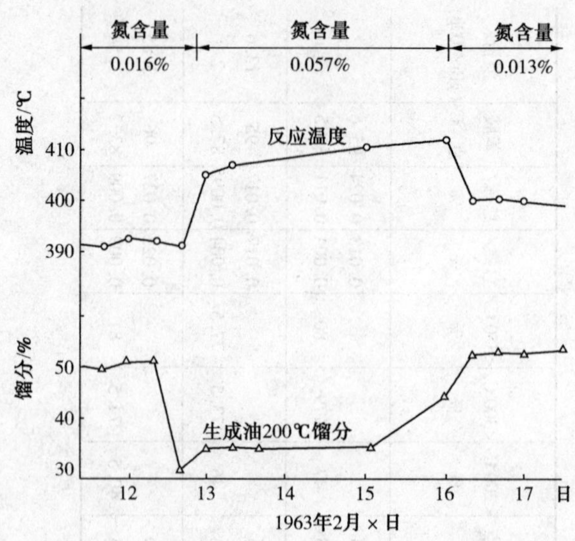

图 2-1-1　原料油中氮含量对 3622 催化剂的影响

② 反应温度已经升高以后，原料油中的氮含量虽再降低，反应温度亦无法降回到原来的温度，但可以维持操作平稳。

③ 在反应温度较高时，催化剂的抗氮性能有所改善，这主要表现在 393~400℃温度区间，原料油中含氮量为 0.02%，而连续运转 19d，反应温度按照 0.27℃/d 的温升速度平稳上升。

3. 小结

① 大庆 290~400℃含蜡重柴油，在 3622 催化剂作用下，在 20.0MPa 压力，380~475℃，空速 0.5、氢油比 2500~3000 条件下，加硫 0.15%(质量分数)条件下，可全部转化为<350℃轻质油品。生成油收率可达 93.3%，其中<200℃馏分可达 43.3%，可切割成汽油、灯油等产品。各项主要技术指标如表 2-1-6 所示。

表 2-1-6　主要技术经济定额

加氢液体总收率/%	洗涤损失/%	蒸馏损失/%	200℃馏分切割收率/%	300℃馏分切割收率/%	汽油/%	灯油/%	循环油/%
93.36	0.2	0.5	75	97.5	32.6	37.1	29.6

② 3622 催化剂，在原料油加硫 0.15%，并控制含氮量小于 0.03%条件下，催化剂寿命为 2441h，催化剂处理油量 935t/m³。

③ 含蜡油耗氢量为 312Nm³/t，加工费为 103.86 元/t，利润为 83.69 元/t，技术经济上是比较合理的。

二、大庆焦化轻柴油气相精制加氢

大庆焦化轻柴油是大庆渣油经延迟焦化装置加工后生成的粗柴油，性质极不稳定，虽经酸碱洗涤及再蒸馏处理后，安定性仍不符合要求，不能直接作为商品。因此应寻找合适的加工方法进行加工。

随着农村需用灯油数量的日益增长，而石油三厂近两年以页岩轻柴油为原料生产的灯油在质量上还存在一些问题，因此如何增产优质灯油，便成了摆在三厂面前的一个课题。为此我们组织了三结合小组，对各种原料油及催化剂都进行了试验。找到了以大庆焦化轻柴油或裂化柴油馏分为原料，在20.0MPa压力下，用3581催化剂加氢精制的方法，可以生产出质量优良的灯油。

试验室过关的成果，往往在大型装置上会遇到意想不到的问题。开始在气相在加氢第三套装置上进行放大试验，试验条件如下：压力20.0MPa，最高温度398℃，平均反应温度356℃，空速0.86h^{-1}，氢油体积比790，循环氢纯度85%。以焦化轻柴油为原料，通过气相精制加氢生产灯油的工艺是可行的。其反应热约为292.6kJ/kg(70kcal/kg)，仅为页岩轻柴油的1/3，因加热炉负荷不足，反应温度下降，处理量维持不住，致使第一次大型试验失败。第二次改在气相加氢第一套装置上进行试验，这次虽然热源问题得到解决，但油量只加到8.1m^3，系统压差便达到4.2MPa，按操作规程，系统压差不应超过3.5MPa，因此第二次试验也没有成功。经检查，发现换热系统管道已被氯化铵结晶及催化剂粉所堵塞，所以第三次、第四次、第五次…一直做了9次反复试验。在这期间曾发现冷却器管线在1个月内连续11次发生裂纹的事故。为了弄清结焦的原因，从大型试验搬回到小型试验，从一套搬回三套，重新进行试验。经过15次历时7个多月的反复试验，终于找到了原因：流程上缺少半液相反应器，装催化剂方法不当等。在操作方面由于焦化轻柴油反应热较小，故增加了加热炉的负荷，当空速提高后加热炉负荷显得不足，一度影响操作。大庆焦化轻柴油的反应温度控制较页岩油为易，用冷氢量较少，约800m^3/h，约为页岩油的1/2，不需要大量的过剩氢作为热载体，和大量冷氢带走热量，故氢油比也较页岩油相应的降低300m^3/t。

氢耗量较小，实际约180m^3/t，比页岩轻柴油约减少60%，但焦化轻柴油含硫量较低，长期运转会造成催化剂脱硫而丧失活性，故必须采用加硫措施，维持循环氢中一定的硫化氢浓度，以保证催化剂长期稳定生产。

在处理大庆焦化轻柴油期间，由于空速逐渐提高，冷却器能力也感到不足，虽然采取了定期清扫与加大水量等措施，但仍多次被迫减油，最后藉清焦检修期间，增加了四排冷却管，提高了冷却效率，才使问题得到解决。与此同时，又相应地增大了软水注入量，以防止碳酸氢铵的堵塞。

整个试验过程就是在试验、失败、再试验……不断的实践中逐步认识了矛盾，解决了矛盾。使加氢一套装置的加油量由9.9m^3/h提高到25m^3/h，最后达到37m^3/h。加氢二套加油量由11m^3/h提高到23m^3/h。产品质量比1964年有所提高。汽油诱导期由1964年的2480min提高到3455min，灯油色度自1964年的1~3号色提高至小于1号色。达到了长期、稳定、优质、高产的局面。

1. 工艺流程

工艺流程如图2-1-2所示。由铜氨液洗涤装置送来的精制氢气(简称新氢)，经新氢入口阀送入加热炉的新氢预热段，加热到300℃左右，与来自半液相反应器，经过预加氢的大庆焦化轻柴油混合后进入第一反应器。

由高压油泵送来的焦化轻柴油与循环氢混合后，进入串联的三个换热器壳程和循环氢一起与加氢生成油换热。换热后，进入半液相反应器，使其中不稳定组分在半反中进行预加氢，以防止在加热炉及反应器内结焦，然后同页岩轻质油混合后送入加热炉，加热到所需的温度后与预热后的新氢混合进入串联的三个反应器，在催化剂的作用下，进行加氢反应。由于放出大量反应热，使反应温度逐渐升高，适当的循环氢(简称冷氢)可用以调节催化剂层温度。

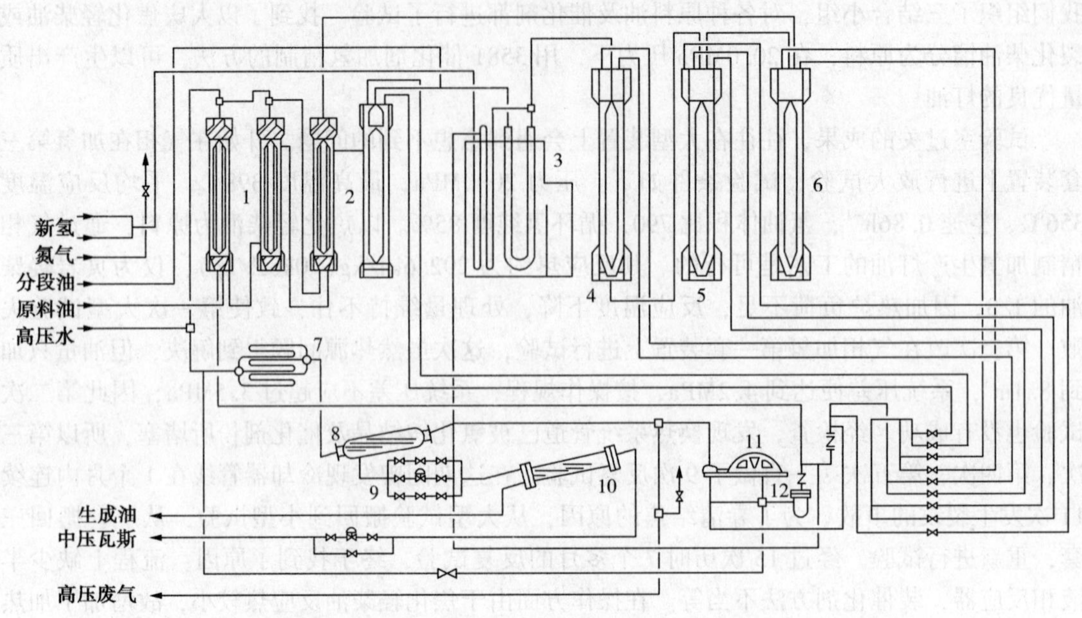

图 2-1-2　大庆焦化轻柴油气相加氢精制工艺流程

1—热交；2—半液相反应器；3—加热炉；4—反应器；5—二反应器；6—三反应器；7—冷却器；8—高压分离器；9—减压；10—中压分离器；11—压缩机；12—循环氢分离器

反应产物——加氢生成油与过剩氢，一起顺序通过三个串联式换热器管程，与原料油及循环氢气换热后，温度可降至 200℃左右，为了防止碳酸氢铵等结晶堵塞管线，在冷却器前，向生成油内注入适量的软水，生成油被冷却到 35℃以下，接着在高压分离器中与过剩氢气分离。

由高压分离器中分离出来的气体简称循环氢，其中大部分经过循环氢循环压缩机时升压后，重新送回系统循环使用，循环氢的大部分与原料油混合后，经过换热器重新进入反应器，另一部分作为冷氢用来控制反应温度。一小部分作为废氢排出用作燃料气使用，用以调节系统压力和循环氢纯度。

加氢生成油经减压后，进入中压分离器，在小于 1.2MPa 下逸出一部分溶解的气体(简称中压废气)，也送入燃料气系统。加氢生成油借中压分离器的压力压送到洗涤装置，接着在常压油槽将溶解的部分气体(简称常压废氢)逸出送往燃料气系统。

在正常操作时，系统压力的控制，过去是取第二反应器作为标准压力，要求控制在 20.0MPa±0.2MPa 范围内，目前自动控制。高分液面采用放射性同位素 Co^{60}的液面计，射源与接收器均装在分离器内，计数管根据液面高低接收的 γ-射线强弱不同，将其转变为频率和射线强弱成比例的电脉冲频率传入 зПд-32 电位计，按一定液面高度自动调节，中压分离器液面采用沉筒式液面计，根据液位，自动调节。

为保证换热器不漏，作到安全运转，系统总压差不得大于 3.5MPa，故在总出入口设置自动调节装置，当系统压差大于规定值时，仪表会自动跳开使部分气体回到入口。物料平衡和气体分析见表 2-1-7 和表 2-1-8。

2. 原料及生产油性状

评价方法主要有：蒸馏、一般理化分析、硅胶吸附及元素分析，表 2-1-9 为焦化轻柴油及其加氢生成油的一般性状。

表 2-1-7　大庆焦化轻柴油加氢精制物料平衡

入方			出方		
项目	kg/h	%	项目	kg/h	%
原料油	30，283	100.00	生成油	30，071	99.30
铜洗氢气	371	1.22	氢气	67	0.22
二硫化碳	19	0.06	C1	239	0. 78
			C2	162	0.54
			C3	156	0.52
			C4	99	0.30
			硫化氢	12	0.04
			损失	17	0.05
合计	30673	101.28	合计	30823	101.75

表 2-1-8　大庆焦化轻柴油精制加氢的气体分析　%

项　目	CO_2	O_2	CO	H_2	N_2	H_2S	C_1	C_2	C_3	C_4
铜洗氢	0	0	0	94.0	4.0	—	2.0	—	—	—
循环氢	0	0.1	0	74.2	18.7	0.03	4.7	1.5	0.8	0
中常压废氢	0.7	0.1	0	47.3	14.6	—	21.9	7.9	5.2	23

表 2-1-9　焦化轻柴油及其加氢生成油性状

油品种类	色泽	相对密度 d_4^{20}	恩氏分馏流程/℃					溴价/(gBr/100g)	总氮/%(质量分数)	碱性氮/%(质量分数)	含硫量/%(质量分数)	凝固点/℃	苯胺点/℃
			初馏点	10%	50%	90%	终馏点						
大庆焦化轻柴油	暗褐	0.8134	168.5	209.5	252	300	318.5	35.5	0.08	0.0708	0.058	-18.7	65.2
精制加氢生成油	水白	0.7880	74.5	186.5	239.5	294.5	319	1.08	0.004	0.0007	0.0013		75.5

焦化轻柴油全馏分及窄馏分烃族组成见表 2-1-10～表 2-1-15。

表 2-1-10　焦化轻柴油全馏分烃族组成

烃族	烷、环烷烃	不饱和烃	芳香烃			非烃及胶质
			总量	单环芳烃	多环芳烃	
含量/%	52.5	24.7	18.9	10	8.9	24.3

表 2-1-11　焦化轻柴油窄馏分烃族组成

馏分/℃	收率/%(体积分数)	烷、环烷/%	不饱和烃/%	芳香烃/%				非烃及胶质
				总量	单环芳烃	双环芳烃	多环芳烃	
初馏点～180℃	6.6	45	32.9	20	20	0	0	0.1
180～200	11.1	48.7	32.9	17.4	17.4	0	0	0.1
200～230	20.6	51	27.1	18.2	12.3	5.9	0	0.9
230～260	16.1	50.7	26.4	18.1	11.7	6.4	0	1.54
260～290	32.1	56	20.9	29.7	15.8	2.9	1.0	1.8
290～310	9.9	57	15.8	21.6	3.3	14.4	3.95	2.48
>310	1.4	50	11.6	35.7	3.0	24.5	8.2	0.8①
损失	2.3							

① 没有分离的部分进入多环芳烃内。

表 2-1-12　焦化轻柴油窄馏分的性状

馏分/℃		初馏点~180	180~200	200~230	230~260	260~290	290~310	310~终馏点
收率/%		6.6	11.1	20.6	16.1	32.1	9.9	1.4
馏程/℃	初馏点	148.5	180	209.5	235.5	266	281	—
	10%	157.5	185	213.5	241.5	272	303	—
	50%	168.3	192	220	247	280	308	—
	90%	183	204	233	258	292	313	—
	终馏点/℃	205	219	247	271	303	322	—
	相对密度 d_4^{20}	0.7700	0.7879	0.8037	0.8171	0.8316	0.8465	0.8807
相对分子质量		150	166.5	171	204.5	239.5	253	322
折射率 n_D^{20}		1.4341	1.4451	1.4512	1.4583	1.4661	1.4762	—
溴价/(gBr/100g)		65.03	54.85	43.68	36.97	28.62	23.13	—
含S量/%		0.023	0.023	0.035	0.045	0.072	—	—
含N量/%		0.0082	0.011	0.011	0.019	0.043	0.104	—
碱性N/%		0.011	0.0133	0.0136	0.029	0.0314	0.086	—

表 2-1-13　生成油全馏分烃族组成及性状

烃类别	含量/%	溴价/(gBr/100g)	相对密度 d_4^{20}	折光率 n_D^{20}	相对分子质量
烷，环烷烃	91.5	0.65	0.7959	1.4426	231
其中：正构烃	23.1				
异构烃十环烷烃	68.4				
芳香烃	7.2				
其中　单环	6.5	15.4		1.5139	185
双环	0.7				
非烃及胶质	0.7				

表 2-1-14　生成油窄馏分性状

项目	窄馏分/%							
	<130℃	130~180℃	180~200℃	200~230℃	230~260℃	260~290℃	290~310℃	>310℃
收率/%(体积分数)	1.6	3.02	5.04	19.1	22.4	18.3	14.8	15.8
馏程/℃								
初馏点		124	164	189.5	221	251	277	292.5
10%		136	175	137.5	229	259.5	283	311.5
50%		155.5	184	207	240	267.5	291	318.5
90%		180	199	225	258	284	303.5	332
终馏点		195	214	241	273	295	312.5	349.5
折射率 n_D^{20}	1.4093	1.4269	1.4344	1.4401	1.4468	1.4510	1.4532	—
相对密度 d_4^{20}	0.7336	0.7659	0.7791	0.7937	0.8041	0.8125	0.8153	0.8185
相对分子质量	115	127	150	159	192	225	249	285
溴价/(gBr/100g)	0.83	1.1	0.64	0.83	1.48	2.05	2.25	2.22
烷、环烷/%	85.9	87.5	86.5	86	89.2	89	89.8	92.3

续表

项目	窄馏分/%							
	<130℃	130~180℃	180~200℃	200~230℃	230~260℃	260~290℃	290~310℃	>310℃
正构烷/%					17.3	20.3	23.9	28.2
异构烃和环烷/%					69.0	66.4	63.6	62.5
芳香烃/%	10.4	9.8	11.2	10.8	9.6	10.1	9.4	7.1
单环/%					8.7	8.9	8.9	6.2
双环/%					0.9	1.2	0.5	0.9
非烃及胶质/%					0.51	0.4	0.8	0.5

表 2-1-15 生成油窄馏分烃族性状

馏分/℃	烃 族	溴价/(gBr/100g)	折光率 n_D^{20}	相对密度 d_4^{20}	相对分子质量
180~200	烷，环烷烃	0.11	1.4285	0.7701	154
	单芳烃	8.6	1.5082	0.9130	113
200~230	烷，环烷烃	0.07	1.4335	0.7801	167
	单芳烃	8.11	1.5112	—	143
230~260	烷，环烷烃	0.56	1.4409	0.7931	222
	单芳烃	12.1	1.5130	0.9231	190
260~290	烷，环烷烃	0.53	1.4451	0.8091	224
	单芳烃	11.9	1.5135	—	205
290~310	烷，环烷烃	0.35	1.4479	0.8053	250
	单芳烃	18.3	1.5211	0.9274	218
>310	烷，环烷烃	0.25	1.4491	0.8074	282
	单芳烃	15.9	1.5178	0.9018	245
全馏分	混合烃	1.11	1.4470	0.8310	225

3. 主要技术改进

在焦化轻柴油加氢精制试运过程中，进行了若干项技术改进。由于技术改进的投产，使系统压差降低，并提高了处理能力。兹将各项改进分述如下：

（1）解决了3581催化剂中含氯及含钠量高的问题

根据表2-1-16分析结果可以看出，1960年进厂的钨酸中钠含量及氯含量比1964年进厂钨酸高数倍。用1960年钨酸与1964年钨酸制备的催化剂比较，钠含量及氯含量高达十余倍。

表 2-1-16 钨酸与3581催化剂分析结果 %

杂质含量 / 钨酸类别	钨酸		3581 催化剂	
	Cl_2	Na_2O	Cl_2	Na_2O
1960年进厂钨酸	3.5	2.0	0.68	0.48
1964年进厂钨酸	0.37	0.08	0.043	0.02
试剂钨酸	0.03	0.32		
捷克5058催化剂(组成与3581相同)			0.18	0.08

由于3581催化剂中含有氯化铵等杂质，当系统温度升高后，氯化铵逐渐升华，随油气串到后部与原料油换热后，降低了温度。凝聚为固体后附着在换热器内，引起了局部阻力增大，迫使装置停止运转。催化剂含钠量的增高，则直接影响了催化剂的活性。

根据上述情况，我们更换了质量合格的钨酸原料，终于解决了 3581 催化剂中含有氯化铵及催化剂活性不高的问题。

(2) 改进装催化剂工具

过去装催化剂时，使用一条长的帆布口袋，将催化剂从 15m 高处倒入反应器内，让催化剂自由降落到器底，产生了很大的撞击力，使部分催化剂的棱角碰掉与碰碎。大检修中检查发现第二、第三两个反应器上部两层催化剂的损坏率占 11.8%，而下部两层催化剂的损坏率达 26.5%。开汽后曾发生压差增大或催化剂粉末堵塞管线等事故，为解决这些问题，将装催化剂桶改为吊桶式，吊桶尺寸为 ϕ200mm×800mm 的活底小桶，上面用绳子拴好将催化剂吊入反应器内，一提外桶催化剂就自动脱落，这样装法虽速度较慢，但防止了催化剂碰摔与破损现象，并在催化剂装入后分别用氮气吹扫，以吹净粉末，经采取上述措施后彻底消除了因催化剂粉碎堵塞管子等问题。

(3) 解决了原料油与新氢共热时结焦的关键

大庆焦化轻柴油在加热炉管中与新氢混合后的缩合生焦，也是增大压降的原因之一。结焦发生在第一反应器上部，呈分散状态。这与页岩轻柴油在加热炉管中和新氢混合后的结焦现象很相似。为考察大庆焦化轻柴油产生差压的原因，曾在实验室小型加氢装置进行了与新氢、循环氢共热试验。其结果如表 2-1-17 所示。

表 2-1-17 焦化轻柴油与氢气共热试验

性　质	焦化轻柴油	与新氢共热后
相对密度 d_4^{20}	0.8181	0.8215
初馏点/℃	199	197
50%/℃	272	271
终馏点/℃	339	340
溴价/(gBr/100g)	30.2	26.2
胶质/(μg/100μg)	83.8	197~257

由表 2-1-17 可知，当焦化轻柴油与新氢共热时，胶质增高几乎达两倍之多，找到了导致结焦的原因。在工艺上将新氢气混油地点由加热炉的入口改为出口。从而解决了大庆焦化轻柴油与新氢气共热时的结焦问题。

(4) 加大了空间速度

由于大庆焦化轻柴油含氮量仅 0.08%，远较页岩轻柴油 0.94% 为低，故进行加氢精制时可在保证灯油质量的条件下加大空速。体积空速已到达 2.8h^{-1}，使用 3581 催化剂，以大庆焦化轻柴油为原料，不同空速下的油品质量情况列于表 2-1-18。

表 2-1-18 焦化轻柴油精制加氢在不同空速下的生成油性状

编　号	1	2	3	4	5	6	7	8
加油量/(m³/h)	12.2	15.6	18.5	20.8	23.7	26.6	33.5	37
操作压力/MPa	20.0	20.0	20.0	20.0	20.0	20.0	20.0	20.0
平均温度/℃	378	379	382	382	387	395	350.6	356.4
空速/h^{-1}(体积)	0.75	0.96	1.13	1.28	1.45	1.64	2.44	2.8
循环氢纯度/%	73.5	73.1	74.5	71.8	75.8	72.5	69.1	74.2
氢油比	1740	1360	1150	1020	900	800	746	660
催化剂	3581	3581	3581	3581	3581	3581	3581	3581

续表

编　号	1	2	3	4	5	6	7	8
生成油分析								
相对密度 d_4^{20}	0.7833	0.7824	0.7851	0.7885	0.7939	0.7935	0.7936	0.7885
恩氏蒸馏/℃								
初馏点	61	61	63	62	85	72.5	63	74.5
10%	176	175	174.5	180	192.5	194	148.5	186.5
30%	205.5	205	207	215.5	221	221.5	—	216.5
50%	225	225.5	226	239.5	244	245	243	239.5
70%	245.5	245.5	246.5	264	268.5	269	—	265
90%	279	279.5	279	296.5	299	302	306.5	294.5
终馏点	313	314	319	326.5	330	328	332.5	319
200℃馏出量/%	25	25	26	22	14.5	15.5	24	17
300℃馏出量/%	95.5	96	94.5	92.5	91	89.5	87.5	92.2
全氮/%			0.00106	0.00124	0.00139	0.00140	0.0019	0.004
全硫/%					0.013	0.012	0.0061	0.0013
磺化值/%	7.1		8.5		10.1	11.9		7.2
溴价/(gBr/100g)		0.516	0.585	0.637	0.685	0.714	1.05	1.08
碱性氮/%			5.55×10^{-4}	7.36×10^{-4}	4.96×10^{-4}	7.28×10^{-4}	0.94①	7.0×10^{-4}

① 此数据有误。

表 2-1-19　灯油馏分的性状

编　号	规格	2	3	4	5	5	6	6
灯油收率/%（体积分数）		84.4	83.8	76.4	84.4	85.4	86.3	89.3
相对密度 d_4^{20}	≯0.840	0.7915	—	—	0.7986	0.7981	0.7983	0.7987
恩氏蒸馏/℃								
初馏点			170	174	174.5	170	173	168.5
10%		195.5	179.5	200	202.5	200.5	204.5	202
50%		225	227	235.5	241	242.5	243	245.5
90%		270.5	272	280.5	291.5	290.5	290	292.5
终馏点	≯310	298	300	312.5	315.5	318	314	317
270℃馏量/%	≮70	89.5	89	84		75		76
浊点	≯-12	-14		-15	-13	-11.5	-13	-11.5
含硫/%	≯0.10					0.00914		0.00875
无烟高度/mm	≮20			32		30		31
点灯试验								
灯芯	不结灯芯					不结		不结
8h 后高度	≮15					165		165
灯罩情况	无附物					无		无
耗油量/h						117.5		117
照 8h 后透明率	>67	86.5	89	87.5		93		>100

（5）将一反改为半反

换用大庆焦化轻柴油生产后，由于装置长期处于满负荷条件下运转，出现了加热炉热源供不足的问题，限制了处理量的提高与换热器清焦周期的延长，使换热器效率显著下降，系统压降也随之上升，被迫提前停气清焦。拆开换热器后发现，换热器、加热炉及反应器均有结焦现象。其中第一换热器上端约 1/2 有褐色焦质，第二换热器整个管束结满黑色硬质焦块，第三换热器结垢较少，加热炉管有 2～3mm 厚的焦质层，一反上部催化剂层也结有 300mm 深的硬焦质，产生结焦的原因估计是原料油烯烃发生缩合反应所致。为彻底解决这一难题，采取将第一反应器改为半液相反应器的措施，半反内装入硫化钼—活性炭催化剂，使原料油在进入加热炉前，使易于反应的烯烃类物质先在半反内发生予精制反应，同时脱除原料油中氮、硫、氧等杂质。经采取上述措施后，不仅减少了加热炉负荷，解决了热源不足的问题。同时彻底解决了原料油换热器、加热炉与反应器上部结焦的关键，保证了正常生产。

（6）改进了加硫措施

生产实践证明，原料油中含硫低时，将不利于硫系催化剂的长期稳定运转，催化剂会因硫的流失而失活。采取加硫措施可以提高加氢深度，使反应温度降低，试验表明，在同样操作条件下，加硫前催化剂温升为 1.0℃/d，加硫后温升降低为 0.4℃/d。而加氢深度仍然不变。大庆焦化轻柴油含硫较低，故采取了加硫措施。起初加入粉状元素硫，由高压油泵入口加入，加入量为每米^{3}原料油 0.2L。加硫后循环氢中的硫化氢明显上升，对保证加氢催化剂活性有一定作用。但因生成油中，游离硫不易洗净，直接影响产品质量。后改加入液体二硫化碳，加入量为每立方米原料油 0.43L，效果十分显著，克服了加入元素硫的缺点，同时摸索出一套控制分段加硫的方法。以循环氢含硫化氢的浓度高低，作为控制指标，经常保持循环氢中的硫化氢含量在 0.04%～0.08%左右；根据需要增减。经采取上述措施后，有效保护了催化剂的活性，不但提高了加氢深度，同时延长了运转周期。

由于页岩轻质油内含硫量达 0.613%，故为了增大处理量减少二硫化碳耗量，可采用多加页岩轻质油以节约二硫化碳耗量的措施。

（7）解决系统压降增大的问题

随着处理量逐渐加大，因为有些不够粗的管线使系统压降增高，限制了处理量再次增加。为了进一步加大空速，通过试验，我们找出了压降大的部位，并采取相应加粗的措施：

首先将三个换热器溢流管由 ϕ50/55 改粗为 ϕ60/66，并相应将方铁盘根箱由 ϕ108 扩至 ϕ128，使流速由 20m/s 减至 15m/s。同时取消了第二换热器。换热器引出管也由 74mm 改粗为 77mm。

将高压分离器气体出口管线，由 ϕ50/76 改粗为 ϕ70/108。循环压缩机出入口与三通等，也由 ϕ20/42 改为 ϕ50/76。改装后，在同样条件下，可减差压降约 20%，为加大空速创造了条件。

（8）预饱和工段加热炉改为串联

石油三厂预饱和加氢装置加热炉共有 U 形管 14 对，原设计为两排并联，在生产操作中，当油量少时，常发现两排并联管内流速不匀，流速低的温度过高，容易引起结焦，使管线阻力增大，结果形成结焦的恶性循环，最后至完全堵死。另一排管则承担着全部热负荷，这样不但降低了热效率，而且因管内壁结焦，温度过高，引起炉管脱碳，严重威胁安全生产，因此，每当两排炉管温度差大于 30℃时，就得停工进行清焦。炉管长 21m，又有弯头，清焦时劳动强度很大，还不容易清除干净，使生产受到影响。

1960 年根据裂化工段加热炉的经验，把全部炉管改为串联，新氢管线单走，从而克服了上述缺点，保证了安全生产。

表 2-1-20　预饱和工段加热炉改进前后数据

改进情况＼项目		炉管规格/mm	串联和并联	截面/m^2	新氢，循氢/(m^3/h)	油量/(m^3/h)	流速/(m/s)
裂化工段加热炉管		ϕ46/60	两排并联	0.0032	10.500	14.5	12.2
预饱和工段加热炉	改进前	ϕ60/76	两排并联	0.00518	8，900	11.5	6.58
	改进后	ϕ60/76	串联	0.00259	8，900	11.5	13.17

预饱和工段加热炉改为串联后，炉管差压虽增加了 0.3MPa，但不影响装置的正常运转，自从改为串联后，未发现炉管结焦的现象，经验证明，炉管内流体速度大于 6m/s 时，可采用并联，小于上述规定时，最好改为串联。

改进前后流程图见图 2-1-3。

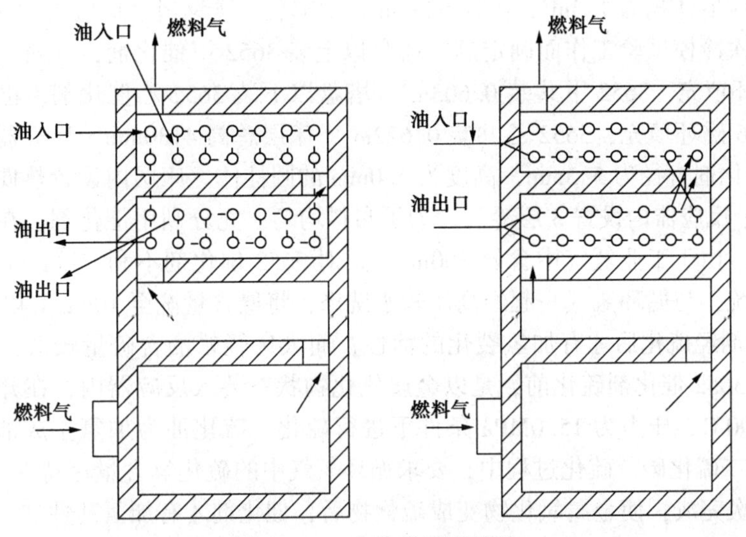

图 2-1-3　改进前后流程图

第二节　大庆直馏重柴油加氢裂化

加氢裂化是实现最大限度地提高炼厂的轻油收率的有效途径。它的特点是操作灵活性大，可以采用不同原料油，改变操作条件，即可生产各种优质目的产品。特别是加氢裂化所生产的主要产品中，汽油是良好的铂重整原料油。航空煤油的冰点在-60℃以下，柴油的凝固点可达-50℃，尾油经脱蜡后可制取润滑油。

1965 年石油三厂为了实现加氢裂化新技术，自行研究设计建成了一套半工业试验装置。为了配合半工业装置的试运，从 1965 年起，在小型试验装置上进行了大量的试验研究工作，为半工业试验装置提供了大量数据。根据石油部指示，石油三厂小型试验装置曾对大连化物所研制的加氢裂化催化剂进行了长期寿命试验，以便在大庆炼油厂新建的加氢裂化装置上使用。催化剂寿命试验从 1965 年 2 月开始，累计进行了 6000h。试验结果表明，使用 340～

460℃大庆含蜡油为原料，以含一氧化碳小于0.3%的氢气为原料气，用大连化物所研制的219催化剂(即以后工业化的3652催化剂)通过一段加氢裂化，进行寿命试验，考察其选择性、异构性。在长期运转的过程中没有发现异常变化，在6000h长期稳定性试验过程中，3652催化剂的总温升系数为0.189℃/d。各项产品收率为：轻汽油9.4%，-60℃航空煤油32%，低凝点柴油13%。

从1965年11月到1966年11月，加氢裂化半工业装置共进行了五次试运，试运情况如下。

一、第一次加氢裂化试运

石油三厂加氢裂化半工业试验装置的第一次试运，从1965年11月6日开始进油，到1966年3月27日止，共运转3220h。试运目的是验证3652加氢裂化催化剂的活性与稳定性。本周期共处理原料油3930米^3，经过这一较长时间的连续运转表明，3652催化剂具有较好的选择性、异构化性能及稳定性。这主要表现在液体收率高、氢耗量低、气体生成量少，及低凝固点的中间馏分收率高。

试验用反应器体积为1.5m^3，内径628mm，中部装一碳钢斜锥形塔盘。这种结构是经过大量研究和多次冷模试验工作而确定的。塔盘以上装3652甲催化剂，分两层装，每层之间装有$\phi6\times6$磁环填充，3652甲共装0.603m^3。塔盘以下装3652乙催化剂，也分两层，每层之间也用$\phi6\times6$磁环填充，3652乙共装0.622m^3，床层总高4130mm，反应器高度与直径之比为6.65，催化剂直径为5.5mm，高度为5.0mm的圆柱体。床层内设置热偶六处，可测量6点温度。整个反应器内设置3层冷氢。为了布料均匀，充分利用催化剂，在反应器入口装一螺旋喷嘴口。由于工业氢气中含氨300mg/L，对3652催化剂不利，因此工业氢气自冷却器入口进入系统，与循环氢气一起经高压软水洗涤，将氨含量洗至10mg/L以下。

3652催化剂经硫化后才有加氢裂化的活性，而大庆轻蜡油含硫量较低，不能满足催化剂的要求，而3652催化剂硫化前，是以金属氧化物状态装入反应器内，在开工前，需要在温度为220~390℃，压力为15.0MPa条件下进行硫化，硫化油为加氢生成油加入1%~2%(质量分数)的二硫化碳，硫化过程中，要求循环氢气中的硫化氢含量保持在1.0%左右。硫化过程要求一次完成，使金属氧化物变成硫化物后，催化剂才有加氢活性。

为节约二硫化碳用量，降低生产成本，试运期间曾进行过降低加硫量的试验。即将加硫量由0.5%降低到0.2%~0.3%(体积分数)，经2458h长时间的运转，未发现催化剂活性有下降现象。因此认为：按0.2%的加硫量，维持循环氢中硫化氢浓度为0.2%~0.3%时，可以保证催化剂的长期运转。

加氢裂化工艺过程在研究期间，曾采用加硫黄粉的措施。这次试运后期曾进行过以工业硫黄粉代替二硫化碳的试验，所用硫黄粉为山西阳泉硫黄粉厂的工业产品，按0.4%的用量，用70目筛子筛入加热到70℃的油罐中，然后，搅拌30min使全部溶入油中，形成含硫为0.4%浓度的硫糊，再稀释到硫含量为0.2%的浓度，作为加氢裂化原料送入装置。在1861小时长期运转过程中，循环氢气中硫化氢浓度一般为0.1%~0.2%。催化剂活性良好，所得生成油经碱洗后腐蚀合格。因之认为：以工业硫黄粉代替二硫化碳这一措施是可行的。

在稳定试运期间，每1000h做一次标定，数据见表2-2-1。

表 2-2-1　加氢裂化半工业化试验第一次运转数据

测定日期	1965 年 11 月 11 日	1965 年 12 月 15 日	1966 年 2 月 7 日	1966 年 3 月 24 日
累计运转/h	100	1000	2100	3150
加氢空速(体积)/h^{-1}	0.73	1.0	1.0	1.0
反应温度(平均)/℃	410.8	420.5	429	434
反应温度(最高)/℃	418	435	445	450
氢油体积比	2750	2300	1500	1760
液体收率/%(质量分数)	98	96.2	96.4	95.5
化学耗氢量/%(质量分数)	1.53	1.45	1.30	—
气体生成量/%(质量分数)	2.8	3.85	3.70	3.24
循环氢纯度/%	82.3	83.3	82.7	79.2
氢耗量/(m^3/t)	370	230	215	250

由表 2-2-1 可见，3652 催化剂加氢裂化过程，在全部生产周期内，保持了液体收率高，耗氢量低，气体生成量少的特点。

3652 催化剂(ϕ5.5×5)在半工业装置上，经过了 3200h 的试运，结果(见表 2-2-2)表明：在同样空速条件下，维持同样转化率时，所需要的反应温度也随着时间而相应的升高，但生成油的性质，如馏分分配比例基本保持不变，催化剂的选择性(130~260℃/<130℃)维持在 2.0~2.3 间。260~320℃馏分的凝固点也长期维持在-30.5℃左右，可见 3652 催化剂的初期活性、选择性及异构性能是稳定的。温升系数按最高点温度计算为 0.23℃/d，按平均温升计算为 0.17℃/d。与小型试验装置 6000h 寿命试验的温升系数 0.189℃/d 相接近，按此推算，一批催化剂约可连续运转半年后，方才需要再生。而这种半液相固定床反应器内部的结构是可行的。催化剂在反应器内压力下硫化效果良好，加氢裂化过程所得各种产品质量合格，这次试运达到了预期的效果。

表 2-2-2　3652 催化剂长期稳定性运转结果

累计时间/h	104	1018	1522	2180	2784	3216
总压/MPa	15.0	15.0	15.0	15.0	15.0	15.0
氢分压/MPa	12.1	12.4	12.2	12.6	12.2	12.2
最高温度/℃	418	—	432	446	447	435①
平均温度/℃	410.5	425	425	431	432	436
空速/h^{-1}	0.75	1.0	1.0	1.0	1.0	1.0
氢油比(体积)	2660	2335	2080	1440	1770	1560
生成油小柱分馏/%(质量分数)						
<130℃	13.1	16.7	14.4	14.3	13.7	14.57
130~260℃	32.0	31.0	32.9	33.1	30.3	31.3
260~320℃	15.3	12.3	14.1	14.9	14.4	11.9
<320℃	60.4	60.1	61.4	62.3	58.1	57.7
130~260 冰点	-65.5	-64.6	-64.1	-66	-65.3	—
260~320 凝固点	-31.5	-30.7	-31.7	-32	-32	—
选择性	2.44	1.86	2.29	2.31	2.23	2.14

① 此数据有误。

二、第二次加氢裂化试运

由于第一次试运的3652催化剂颗粒小，仅 ϕ5.5×5，取得的数据表明：将来在工业装置内使用时，反应器的床层压力降可能较大，不利于生产，为解决这一问题，决定在原装置上更换大颗粒的3652催化剂(ϕ9×6)。目的为考察 ϕ9×6min 催化剂的初期活性、选择性及稳定性的情况。

加氢装置仍采用第一次试运所用同一套装置，催化剂的装填方法、测温部位，冷氢位置，力求与第一次试运装置一致。由于 ϕ9×6 催化剂的堆积密度较 ϕ5.5×5 催化剂为小，故二者重量约差16.8%。

加氢裂化催化剂在压力下的硫化过程，仍在反应筒内进行。与第一次试运不同之处，这次使用加氢裂化生成油全馏分作为硫化油。而第一次试运由于没有加氢裂化生成油而采用加氢灯油作为硫化油。从硫化的催化剂，活性的逐渐形成和运转结果来看，证明用加氢裂化生成油作为硫化剂在工业装置上是可行的。

通过试运，从3652催化剂(ϕ9×6)在半工业装置上加氢裂化取得的数据表明：ϕ9×6 催化剂，无论在初期活性、选择性或稳定性方面均较 ϕ5.5×5 催化剂为差。如 ϕ9×6 催化剂仅运转两个月，最高反应温度即达460℃。而第一次试运的 ϕ5.5×5 催化剂，在连续运转五个月后，最高温度仅450℃。催化剂稳定性差的原因主要是催化剂颗粒大，堆积密度小，同样体积的催化剂装入的质量少所致。不仅在稳定性方面，而且在产品质量方面也有差异。如在 ϕ9×6 催化剂所产航空煤油芳烃含量高达14.53%。而 ϕ5.5×5 催化剂所产航空煤油芳烃含量仅7.5%。

三、第三、四、五次加氢裂化试运

第二次试运表明，石油三厂工业化生产的首批 ϕ9×6 加氢催化剂，在半工业装置上运转结果：生产周期很短，只有两个月左右。当时估计催化剂稳定性差的原因为颗粒度大所致。为证实上述原因，于1965年7月，又工业生产一批 ϕ6×6 的3652催化剂，并在1.5m^3 半工业装置上进行第三次试运。但这次试运结果，不但生产周期大为缩短，仅连续运转392h，最高温度即达450℃，而且出现了催化剂床层温度分布反常，温差大等现象。为了弄清问题，接着于8月19日，在半工业装置内又换了一批 Φ6×6 的3652催化剂，进行第四次试运。但这次试运只连续运转了137h，出现的现象基本重复了第三次试运的情况。

第三、四次试运仍采用第一次试运所用同一套装置。催化剂的装填方法，测温部位，冷氢位置力求与第一次试运装置一致。

总结第三、四次试运结果与第一次试运相比较，有很大差别。主要表现在：

① 催化剂活性随空速加大而显著变差，对温度不敏感，稳定性很差。

② 在运转中，床层温差大，最高达40℃。

③ 生成油颜色在运转初期已变为绿色，产品柴油凝固点显著升高，选择性变差。

第三、第四试运的失败，说明还没有真正的找到试运转中存在的问题。通过两次停工开筒检查，终于找到了试运失败的主要原因是：液体(油)分布不匀所致，由于流体分配不均，油多的部位氢油比小。因而产生温差大，局部过热，导致温度分布反常。而高空速的液相部分，原料油转化深度不足，未转化的原料重迭在产品中，造成柴油凝固点升高，而低空速气相部分二次裂解严重，表现出产品选择性变差。

造成液体分配不匀的原因，通过认真总结及作了相应的冷模试验，终于找到了下列各点：

① 喷头倾斜。冷模试验表明，喷头对于流体在反应器内的分配，起着决定性的作用。第三、第四试运停工检查，发现喷头倾斜4.5°，这对分配将产生不良影响。

② 床层顶部催化剂颗粒大。催化剂层也能改善流体的分布状况，试验表明：颗粒越小，分配越好。在第一、五次试运中，在床层顶部装入颗粒为2～4mm的催化剂约150mm厚，这个小颗粒催化剂层对改善流体分配有很大好处。而第三、四次试验未装小颗粒催化剂。

③ 催化剂下沉。解体时发现，催化剂床层有明显的下沉现象，这样就加大了催化剂与喷头的距离，使一部分油喷到筒壁，造成分配不匀，而第五次装催化剂时，预留了40mm的下沉余量。

针对上述问题，又认真总结了第三、四次试运中的经验教训，采取了十一项相应的措施，并于9月18日，在原半工业试验装置上进行第五次试运，试运条件与第一次试运相同。装入3652催化剂仍为$\phi 6\times 6$mm，在空速$1.0h^{-1}$，氢油比2000∶1的条件下共运转300余h。试运结果与第一次试运比较见表2-2-3。

表2-2-3　第五次试运与第一次试运的结果比较

粒度/mm	空速(体积)/h^{-1}	起始温度/℃		终止温度/℃		运转时间/h	温升系数℃/d	
		最高	平均	最高	平均		最高	平均
$\phi 5.5\times 5$	1.0	431	422	433	424	192	0.25	0.25
$\phi 6\times 6$	1.0	430	419	431	421	300	0.61	0.24

由上列结果可看出：工业生产$\phi 6$mm×6mm催化剂的初期稳定性重复了$\phi 5.5$mm×5mm催化剂的结果。在第五次试运稳定期间，曾进行了物料平衡标定，其结果如表2-2-4所示。

表2-2-4　第五次试运期间的物料平衡

项　　目	kg	对原料/%	kg	对原料/%
原料油	1035	100		
生成油			975	94.2
气体				
氢气	18.92	1.83	7.35	0.71
C_1	2.89	0.28	10.62	1.025
C_2			9.08	0.877
C_3			13.17	1.272
C_4			11.95	1.155
C_5			5.22	0.504
损失			24.42	2.367
合计	1058.81	102.11	1058.81	102.11

注：气体生成量：4.553%；化学耗氢量：1.12%。

第五次半工业放大试验过程表明：

① 工业生产的$\phi 6\times 6$催化剂在初期活性、选择性、异构性、初期稳定性等方面，均与$\phi 5.5\times 5$催化剂放大结果是一致的。

② 通过这次试验，进一步验证了这种半液相固定床反应器的结构是合宜的。但在运转前，必须采取一系列旨在保证反应筒液体分配均匀的措施。

③ 不同粒度催化剂压力降测定结果表明：随着催化剂颗粒度的增加，床层压力降减少。在氢油比相近的条件下，$\phi5.5\times5$ 压力降为：19.22kPa（0.196kgf/cm^2），$\phi6\times6$ 压力降为 10.10kPa（0.103kgf/cm^2），$\phi9\times6$ 压力降为 74.53kPa（0.076kgf/cm^2）。见表 2-2-5。

表 2-2-5　不同粒度催化剂压力降比较

催化剂颗粒度/mm	$\phi5.5\times5$	$\phi6\times6$	$\phi9\times6$
平均反应温度/℃	427	429.1	423
总压/MPa	151	151	151
空速/h^{-1}	1.0	1.0	1.0
氢油体积比	1660	1630	1950
油量/（m^3/h）	1.23	1.24	1.22
气量/（m^3/h）	2040	2010	2380
反应器内径/m	0.62	0.62	0.62
反应器截面积/m^2	0.302	0.302	0.302
空塔线速度/（m/s）	0.0354	0.0326	0.0407
压力降/（kgf/cm^2）	0.196	0.103	0.076

注：此压力降为总压力降，未减掉空筒压力降。

第三节　大庆蜡油及焦化柴油 3705 汽油化催化剂精制

一、3705 汽油化催化剂的加氢精制

石油三厂原有加氢裂化催化剂，汽油化选择性皆较差，为了满足当时汽油消费高速增长的需要，1970 年开始研究汽油化催化剂。

首先研制了具有活性高，抗毒性强和选择性好的 Y 型分子筛。它的研制成功，为石油三厂生产含沸石催化剂奠定了良好的技术基础。

1970 年石油三厂进行了 3705 汽油催化剂的研制与放大，从催化剂的研究，评选，到催化剂的放大、制备，直至工业放大，总共只花了九个月，做到一次试验成功。3705 催化剂的科研成果是石油三厂研究所和北京石油学院教师参加石油三厂“三氢会战”时共同攻关所取得的成果。

1970 年，石油三厂和北京石油学院加氢裂化催化剂攻关小组，仅用几个月的时间，就胜利完成了直接用水玻璃和铝酸钠合成 Y 型分子筛的试验。Y 型分子筛具有活性高，抗毒性强，选择吸附性好等特点，但成本高，工艺复杂，且生产量少满足不了工业生产需要。为了解决 Y 型分子筛合成的工业化问题，攻关小组昼夜奋战连续进行了 50 多次试验，终于打破了硅溶胶的老工艺，在工业装置上实现了 Y 型分子筛的合成工艺。其研制成功标志着石油三厂催化剂生产，开始由无定形氧化物向合成沸石过渡。

在 Y 型分子筛工业合成的基础上，又开展了汽油化催化剂（3705）的研制工作，仅用九个多月的时间，就成功的完成了汽油化催化剂试验。通过工业装置试运证明：3705 催化剂在相同条件下，以焦化轻柴油为原料的裂化活性为原 3581 催化剂的一倍以上，是 6434 催化

剂的两倍以上。3705 催化剂的工业运转寿命也超过了 3581 催化剂。这种分子筛汽油化催化剂的试制成功，为加氢裂化工艺的发展提供了技术支持。

3705 催化剂在相同条件下，以焦化柴油为原料的裂化活性(以<200℃馏分收率为指标)，是同类型的3581 催化剂的一倍以上。这种催化剂不但活性高，还表现出抗毒性强，活性、稳定性高，工业运转寿命(以每米³催化剂处理原料吨数为指标)超过了寿命最长的 3581 催化剂的 20%以上，并且产品质量亦有提高。

二、催化剂组成及物化性状

3705 催化剂采用了 50%的 Y 型分子筛，通过用稀土金属交换后，用浸渍法浸渍钨钼镍金属组分的方法制得。其堆积密度为 0.87~1.00g/cm³。

① Y 型分子筛的组成见表 2-3-1。

表 2-3-1 Y 型分子筛的组成

批号	Al_2O_3/%	SiO_2/%	Na_2O/%	H_2O/%	SiO_2/Al_2O_3(摩尔比)
35	21.34	44.99	4.45	29.22	3.5
42	21.63	45.48	6.60	26.29	3.8
44	17.88	43.40	9.59	29.13	4.15
45	22.93	51.20	11.02	14.85	3.8
47	21.61	43.69	7.09	27.61	3.45

② 催化剂的金属含量分析数据摘列见表 2-3-2。

表 2-3-2 3705 催化剂的金属组分

批号	WO_3/%	MoO_3/%	Ni/%	NaO_2/%	批号	WO_3/%	MoO_3/%	Ni/%	NaO_2/%
2	12.93	11.45	3.21	-	7	13.52	14.14	2.56	0.149
4	12.19	12.18	3.10	-	8	12.30	11.03	2.54	0.192
6	17.31	11.55	2.95	-	9	14.83	10.42	2.64	0.160

③ 催化剂成品质量见表 2-3-3。

表 2-3-3 3705 催化剂性状

指标 \ 数据 \ 性质	催化剂组成及其性质								催化剂初活性		
	WO_3/%	MoO_3/%	Ni/%	Re^{3+}/%	Na_2O/%	表面积/(m^2/g)	孔容积/(mL/g)	孔半径/nm	反应温度/℃	生成油相对密度 d_4^{20}	<200℃馏分油收率/%
实验室打浆法	14.2	6.8	3.8	4.3	1.04	215.8	0.280	2.59	400	0.7417	57
实验室浸渍法⁻¹	11.35	7.24	3.39	4.22	0.837	136.3	0.180	2.44	400	0.7444	59
车间放大混合样(1-125 桶)	11.63	9.95	2.65	3.92	0.86	142.5	0.172	2.41	410	0.7487	55
实验室浸渍法⁻²	11.02	6.41	3.88	4.85	1.014	—	—	—	400	0.7303	62
车间放大混合样(126~251 桶)	11.47	10.32	3.18	3.1	0.92	142.5	0.175	2.46	410	0.7498	49.5

注：试验室浸渍法-1，为催化剂车间交换钙后的第一批锭，在实验室交换锦州稀土，并浸渍金属后的样品。

试验室浸渍法-2，为催化剂车间交换钙后在试验室交换上海稀土，并浸渍金属后的样品。

④ 几种催化剂的初活性对比。选择原有同类型的 3581、3622、3652 催化剂，在微型装置上的评价结果，与 Y 型分子筛加氢裂解汽油化 3705 催化剂的结果作对比。以小于 200℃ 馏分收率作为裂化活性指标，其相对收率见表 2-3-4。

表 2-3-4　3705 催化剂与同类型催化剂的活性评价对比

运转编号	催化剂名称	催化剂主要成分	反应温度/℃	生成油相对密度 d_4^{20}	生成油的<200℃收率/%	裂化活性相对比较	
204-3	3652(甲)	25%SiO_2-75%Al_2O_3 35%$WO_3$5%NiO	410	0.7920	8	14.5	—
303-4	3622	10%WS_2+90%白土 用 HF 处理	410	0.7895	23	41.8	—
201-4	3581	纯 WS_2	410	0.7770	27.5	—	—
201-6	3581	纯 WS_2	410	0.7678	42	76.4	100
310-68/72	3705(大样)	50%Y 分子筛+50% Al_2O_3 11.63% WO_3，9.95%MoO_3 2.65%Ni	410	07487	55	100	131

⑤ 工业化放大的 3705 催化剂样品的稳定性试验。为了鉴定催化剂的活性、稳定性，在 100mL 微型装置上进行了 1000h 寿命试验，其结果见表 2-3-5。从表 2-3-5 结果可见，催化剂的活性、稳定性良好。

表 2-3-5　3705 催化剂微型装置稳定性试验结果

恒定号	运转/h	反应温度/℃	生成油相对密度 d_4^{20}	<200℃馏分收率/%
1	6	400	0.7832	27
4~18	107	400	0.7592	45.5
25	150	410	0.7478	52.5
32~33	198	410	0.7432	55.5
65~69	414	410	0.7457	54
89~91	546	410	0.7445	51
104~106	636	410	0.7440	54.5
146~148	888	410	0.7400	55
160~162	1000	410	0.7415	50

三、3705 催化剂工业放大试验

Y 型分子筛加氢裂解汽油化 3705 催化剂研制成功后，于 1970 年 12 月 25 日，开始在加氢车间第二套工业装置上进行了放大试验。试验至 1971 年 7 月底，由于装置大检修，试验暂告一段落。另外，由于这次试验的同时，兼有生产任务。所以，常因生产安排上的种种原因造成试验条件变化较大，较频繁。如：原料油、氢气质量波动，油量变化，并且时间比较紧迫。因此，试验系统性比较差。试验的情况汇总如下。

(1) 试验装置主要设备与流程

3705 催化剂工业放大试验流程见图 2-3-1。

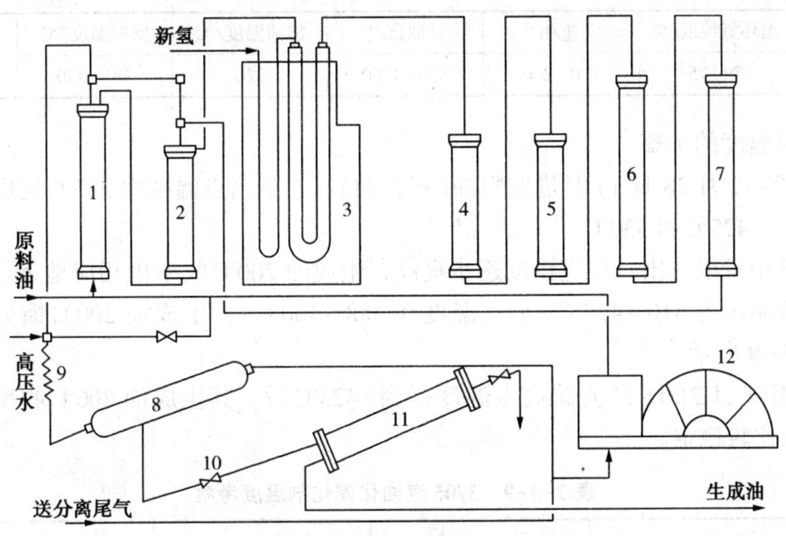

图 2-3-1　3705 催化剂工业放大试验示意流程

1—一热交；2—二热交；3—加热炉；4—一反；5—二反；6—三反；7—四反；8—高分；9—冷却器；10—减压；11—中发；12—循环压缩机

装置流程与前面各章的流程一样，即经过压缩的铜洗氢进入加热炉，与循环氢气原料油一起加热后进入催化剂床层进行反应，反应产物经与循氢，原料油换热后经冷却进入高压分离器，生成油经过减压后，至中压分离器送到洗涤常压槽，分出的气体由一台 250 马力循环氢压缩机升压后送至换热器低温侧，在系统内循环使用。为了防止铵结晶的生成，在冷却器入口注入高压软水。

从 1970 年 12 月 25 日开始开始生产试验以来，连续运转 5424h，处理原料油 66080t(其中粗轻油 47250t，混合油 6980t，粗汽油 5140t，蜡油 6730t)。到 1971 年 7 月末，已经达到平均 9114t/m^{3}催化剂。

(2) 试验原料及主要工艺条件

试验的原料油主要是石油二厂及大庆炼厂的焦化柴油(粗轻油)馏分，及常三线、减一、二、三线的 195~470℃的蜡油馏分。所采用的原料油性质见表 2-3-6。

表 2-3-6　原料油性状

名称	相对密度 d_4^{20}	溴价/(g/100g)	氮含量/(μg/g)	凝固点/℃	馏程/℃					
					初馏点	10%	50%	90%	95%	终馏点
粗轻油	0.8202	24.8	200	—	195	234	273	323	—	346
蜡油	0.8201	—	162	+26	195	289	381	446	470	—

氢气主要采用铜洗氢，其成分见表 2-3-7。

表 2-3-7　铜洗氢分析

H_2/%	CH_4/%	N_2/%	NH_3/(mg/L)	CO/(mg/L)
88.2	2.0	9.8	<30	约 50

主要工艺操作条件如表 2-3-8 所示。

表 2-3-8 工艺操作条件

压力/MPa	循环氢纯度/%	空速/h^{-1}	氢油比/V	加油温度/℃	反应温度/℃	硫化氢/%
20.0	70~75	1.0~2.0	800~1500	320	385~430	0.03~0.1

（3）反应温度的考察

自 1970 年 12 月 28 日 14 时进原料油(粗轻油)后，最高点温度由 385℃先后提到 390℃、400℃、410℃、425℃和 430℃。

实际考察中可以看出：反应温度逐步提高，生成油 200℃收率也相应地逐步提高。尤其是最高点反应温度为 410~425℃(平均温度在 388~400℃)，生成油 200℃馏分收率显著上升。如表 2-3-9 所示。

从 1971 年 1 月 21 日 11 点最高点温度提到<425℃后，其生成油 200℃收率仍能保持在 35%以上，且比较稳定。

表 2-3-9 3705 汽油化催化剂温度考察

项目 \ 时间/月日	12.29	12.30	1.5	1.6	1.19	1.21	1.22	1.23	2.9	2.12	2.13
空速/h^{-1}	1.96	1.96	1.82	1.82	1.82	1.82	1.82	1.82	1.82	1.82	1.82
最高点温度/℃	390	390	400	400	410	425	425	425	425	425	425
平均温度/℃	375.4	380.5	387.2	384	388.5	398	399.6	398.6	394.5	409.2	398.5
生成油 200℃馏分收率/%	39	33	39.5	33	38	52	51	43	38	40	41

（4）空速影响生成油 200℃收率情况考察

在反应温度最高点为 400℃、410℃和 425℃的情况下分别作了改变空速的试验，考察生成油<200℃馏分收率。从表 2-3-10 的试验过程可看出：

① 当反应最高温度在 400℃以下，空速≤2.0 时，生成油 200℃馏分收率很低。

② 当反应最高温度在≤410℃，尤其是达到<425℃时，且其空速保持在≤2.0 时，生成油的 200℃收率能达到 35%以上，且较稳定。

③ 如空速接近或大于 3.0 时，无论温度在 410℃或 425℃，其收率均比较低。

表 2-3-10 改变空速的考察

项目 \ 时间/年月日	1971.1.7	1971.1.7	1971.1.3	1971.1.3	1971.1.1	1971.1.1	1971.1.2	1971.1.19	1971.1.19	1971.1.15	1971.1.16
空速/h^{-1}	1.82	1.82	2.32	2.32	2.36	2.36	2.36	1.82	1.82	2.32	2.32
最高点温度/℃	400	400	400	400	400	400	400	410	410	410	410
平均温度/℃	389	388.2	390.4	389.5	378	385.5	388.8	388.5	391.4	396.9	393.9
生成油 200℃收率/%	21	16.5	13	12	21.5	26	23	38	37	20	22
项目 \ 时间/年月日	1971.1.16	1971.1.14	1971.1.15	1971.2.13	1971.2.14	1971.2.14	1971.2.2	1971.2.2	1971.2.16	1971.2.16	
空速/h^{-1}	2.32	2.89	2.89	1.46	1.46	1.46	1.82	1.82	2.62	2.62	
最高点温度/℃	410	410	410	425	425	425	425	425	425	425	
平均温度/℃	394.2	396.2	395.6	399	406.6	398.1	403	403.3	394.7	394.2	
生成油 200℃收率/%	22.5	13.5	13	52	49	56.5	40.5	42	26	23	

从上面可以看出3705催化剂具有较强的裂化能力，但其加氢性能(用生成油色度来比较)相应来讲较差。可以由如下三方面看出：

ⓐ 从生成油色度(以此衡量加氢深度)与<200℃馏分来看，色度上升时，转化率基本上是稳定的。如表2-3-11所示。

表2-3-11 3705汽油化催化剂加氢生成油色度考察

项目＼时间/年月日	1971.2.1	1971.2.1	1971.2.2	1971.2.2	1971.2.3	1971.2.3	1971.2.3	1971.2.4
空速/h^{-1}	1.82	1.82	1.82	1.82	1.82	1.82	1.82	1.82
最高点温度/℃	425	425	425	425	425	425	425	425
平均温度/℃	403	399.5	403	404.9	402	403.5	389.3	397.3
生成油色度/号	0	0	0.73	0.74	0.66	<0.5	0.08	0
生成油200℃收率/%	32.5	36	40.5	38.5	39	37.5	31	36
原料油罐号	206	206	205	205	201	201	215	215

ⓑ 在空速为1.82，最高点温度<425℃，平均温度在399℃左右的条件下，生成油200℃馏分收率提高，生成油相对密度下降，如表2-3-12所示。

表2-3-12 空速1.82、平均温度399℃时，生成油相对密度与200℃收率的关系

生成油相对密度 d_4^{20}	0.7754	0.7668	0.7576	0.7498	0.7373
生成油200℃馏分收率	30.5	35.5	40.5	45.5	50.5

ⓒ 从运转的实际情况来看，当最高点温度<400℃时，操作很平稳，反应温度变化很小，即使在原料油质量差别很大的情况下，使用3581催化剂的第一套与第三套装置的反应温度显示了较大的变化，而本套装置的温度却仍变化不大。当反应最高温度变化逐步加大时，尤其当反应最高温度<425℃后更为显著。这时，后部反应床层温度变化更大。曾几次采用提高前部温度的方法来提高平均温度以减少温差。但当前部温度提高后，后部反应温度的变化相当剧烈。

ⓓ 原料油质量变化的影响

试验所用的原料油(焦化柴油)的来源系石油二厂与大庆炼厂两处，两处的质量不同。发现由于原料质量的波动，影响生成油200℃馏分收率。当原料油相对密度、馏程越轻，溴价越小时，其生成油200℃馏分收率就增加，反之就减少。现将比较结果列于表2-3-13。

表2-3-13 原料油质量变化的影响

加氢条件：空速：1.82；最高点温度：<425℃；压力：20.0MPa；催化剂：3705

项目＼时间/月日		2.9	2.10	2.11	2.12	2.13
平均温度/℃		391.5	397.5	396.6	409.2	398.5
200℃馏分收率/%		38	57	27.5	40	41
原料油性状	油罐号	202	205	201	207	207
	相对密度 d_4^{20}	0.8205	0.8130	0.8233	0.8188	0.8188
	初馏点/℃	199	179	172	205	205
	50%/℃	273	252	269	276.5	276.5
	终馏点/℃	341	338	341	348	348
	溴价/(gBr/100g)	17.5	13.3	30.9	13.53	13.53

(6) 汽油产品质量

汽油质量见表 2-3-14。

表 2-3-14　汽油质量

项目	时间/月日	1.22	2.15	4.2	4.3
压力/MPa		20.0	20.0	15.0	15.0
最高反应温度/℃		421	420	422	425
平均温度/℃		396.1	398.7	407.8	410.7
空速/h^{-1}		1.82	1.5	1.5	2.0
气油比(体积)		1290∶1	1290∶1	1167∶1	843∶1
生成油性质	总收率/%	98	98	96	98
	<200℃馏分收率/%	50.5	42	46.5	45
	<300℃馏分收率/%	87	88	89	89
	相对密度 d_4^{20}	0.7373	0.7581	0.7489	0.7668
	溴价/(gBr/100g)	—	—	0.92	0.9
	汽油馏分				
	初馏点~130℃				
	辛烷值 MON			65	
	收率/%				
	初馏点~140℃ d_4^{20}		0.6987		
	辛烷值 MON		67	66	
	收率/%		29.5		
	初馏点~155℃ d_4^{20}	0.7019			
	辛烷值 MON	67		63.5	64
	收率/%	39.18			
	初馏点~165℃ d_4^{20}		0.7155		
	辛烷值 MON		64		
	收率/%		41.2		

用 3705 催化剂，以焦化柴油为原料时，通过改变操作条件，对产品质量进行考察。根据生成油在小釜切割所得的汽油，辛烷值在 63~67 之间，尚未达到 70，因此欲做航空汽油基油还有距离。见表 2-3-14。

(7) 大庆蜡油(190~470℃)馏分加氢试验

为了考察 3705 催化剂对大庆蜡油馏分的加氢裂化和异构化性能，曾以石油二厂常减压的 190~470℃蜡油馏分进行了试验。试验结果表明：催化剂的裂化活性尚可满足要求，但异构性较差，生成油品>320℃馏分的凝点与原料比较，不但未降，并且还有所上升。原料油性状见表 2-3-15。加氢条件及生成油质量见表 2-3-16。

(8) 催化剂的强度

在试验过程中，由于其他生产装置的影响，试验条件(如油量与气量等)经常变化。试验系统压力在 20.0~15.0MPa，温度在 430~390℃，油量在 26.1~6.4m^3/h，循环氢纯度在

82.7%~49.7%的范围内波动。系统压差始终随油量的增加而增加，随油量的减少而减少。特别是在1971年6月初，做蜡油加氢裂化试验时，原料油馏分变重，反应由气相变为半液相状态，但经760h运转也未发现有异常的差压增长现象，保持在1.9~2.1MPa之间。经拆卸出催化剂检查，发现粉碎现象不严重。这些情况皆说明以50%Y型分子筛与50%氧化铝为的汽油化3705催化剂的强度，虽平均正面耐压为6.8MPa左右，在工业应用上基本是可行的。

表2-3-15 原料油性状

相对密度 d_4^{20}	初馏点/℃	10%/℃	50%/℃	95%/℃	凝固点/℃	碱性氮/%
0.8201	195	289	381	470	26	0.0162

表2-3-16 大庆蜡油加氢试验结果

项目 \ 时间/年月日		1971.6.19	1971.6.20	1971.6.23	1971.6.24
压力/MPa		19.0	18.8	18.4	18.2
最高反应温度/℃		419	420	419	425
平均温度/℃		400.9	402.5	406.1	407.7
空速/h^{-1}		1.0	1.5	1.5	1.5
气油比(体积)		1290:1	1167:1	1167:1	1167:1
生成油性质	d_4^{20}	0.7594	0.7812		
	总收率/%(体积分数)	91.4	94.5		98.8
	<200℃/%	36.3	24.8	32.8	17.8
	200~320℃/%	21.1	22.5	24.5	32.2
	>320℃/%	34	47.2	34.3	42.9
	>320℃凝固点/℃	28.4	28.5	30.5	31.5
	碱性氮/%	0.00142			

(9) 3705汽油化催化剂与3581催化剂活性比较

3581(即纯硫化钨催化剂5058)催化剂是属于性能较好的一种加氢催化剂，其裂化活性也较高。但是3705汽油化催化剂与3581催化剂相比，在相似条件下的工业评价结果表明：3705的裂化活性更为优越。以生成油中<200℃馏分收率作为裂化性能的指标来对比，3705催化剂约为3581催化剂的2倍左右。对比结果列于表2-3-17。

表2-3-17 3705催化剂与3581催化剂的对比结果

催化剂 \ 项目	操作条件					生成油收率/%		裂化活性(以<200℃%为指标)
	最高温度/℃	平均温度/℃	压力/MPa (kgf/cm²)	空速/h^{-1}	氢油比	<200℃	<300℃	
3705催化剂	416	398.2	19.6(200)	1.2	1300:1	58	93.5	263
	408	391	19.6(200)	1.82	860:1	41	92	—
3581催化剂	419	396	19.6(200)	1.07	1130:1	22	88	100
	449	419	19.6(200)	1.15	730:1	44	85	—
原料油	大庆焦化柴油							

四、加氢精制活性和稳定性的考察

在增产汽油的同时，发现3705催化剂的加氢精制性能也比3851催化剂好，脱氮率在90%以上。因此，在蜡油加氢试产润滑油的两段加氢过程中，第一套加氢装置用3705催化剂进行大庆常三、减二、减三线的加氢精制（浅度裂化），以提取27%~45%的汽、灯、柴油和50%~60%的尾油（碱性氮脱到<30μg/g）。尾油作为第二段加氢降凝（用3722、3731等催化剂）的原料。

（1）原料油

原料油为石油三厂常减压装置处理大庆原油时的常三、减二线（300~480℃馏分）油和减二、减三线（320~560℃）油。其性状见表2-3-18。

表2-3-18 原料油性状

馏分 \ 项目	相对密度 d_4^{20}	碱性氮/（μg/g）	凝固点/℃	馏程/℃				
				5%	10%	50%	90%	95%
常三、减二线	0.8255	250	38	223	345	400	461	—
减二、减三线	0.8354	300	48	280	382	435	509	—
减三线	0.8595	300	48	348	408	485	558	582

（2）主要工艺操作条件

所用氢气成分见表2-3-7，运转条件见表2-3-19。

表2-3-19 工艺操作条件

压力/MPa	循环氢纯度/%（体积分数）	空速/h^{-1}			氢油比（体积）	反应温度/℃	H_2S/%（体积分数）
		常三、减二	减二、减三	减三			
20.0	65~75	≤1.5	≤1.0	≤0.75	1000~1500：1	390~465	0.03~0.1

（3）加氢精制活性考察

① 加氢精制的主要目的是脱除原料油中的氧、硫、氮等化合物和使烯烃、多环芳烃饱和，以改善油品的性质，而其中以脱除氮为最困难。因此，在生产时控制油的碱性氮<30μg/g，作为精制性能的指标。

由表2-3-18可见，原料油中的碱性氮，一般在250~300μg/g左右。正常的情况下，处理各种原料油，在不同空速时的生成油的碱性氮均低于30μg/g，有时低达8~9μg/g。由表2-3-20可见，3705催化剂对各种原料油，在不同空速的情况下，脱氮率均能达到90%以上。

表2-3-20 3705催化剂的精制活性

项目 \ 空速 \ 原料油	常三、减二线（300~480℃）			减二、三线（320~560℃）			减三线（340~580℃）	
	原料油	1.4h^{-1} 生成油	1.0h^{-1} 生成油	原料油	1.0h^{-1} 生成油	0.75h^{-1} 生成油	原料油	0.75h^{-1} 生成油
相对密度 d_4^{20}	0.8255	0.8010	0.8198	0.8354	0.8120	0.8228	0.8598	0.8456
凝固点/℃	+38		+35	+48	32	34	48	48
碱性氮/（μg/g）	250	8.76		300	8.87	8.0	300	15

续表

项目 \ 空速 \ 原料油	常三、减二线(300~480℃)			减二、三线(320~560℃)			减三线(340~580℃)	
	原料油	$1.4h^{-1}$ 生成油	$1.0h^{-1}$ 生成油	原料油	$1.0h^{-1}$ 生成油	$0.75h^{-1}$ 生成油	原料油	$0.75h^{-1}$ 生成油
馏程/℃ 初馏点	223	156	180	280	187	160	5% 384	5% 316
10%	345	332	342	382	342	324	408	355
50%	400	395	395	435	442	389	485	466
90%	461	467	457	509	513	462	558	538
95%							582	552
<300℃转化率/%		35.3	37.2		23.3	22.5		

② 3705催化剂精制性能的稳定性亦很好，经220d(5280h)的运转，脱氮率仍在90%以上。运转结果见表2-3-21。

表2-3-21　3705催化剂稳定性的考察

运转时间/h \ 项目	原料油	空速(体积)/h^{-1}	平均反应温度/℃	脱氮率/%	<300℃馏分转化率/%
250	减二、三	0.75	406	93.4	22.5
750	常三、减二	0.75	384	92.7	37.0
1250	常三、减二	0.75	386	96.1	37.5
1900	常三、减二	1.0	406	97.2	36.9
3000	减二、三	0.75	414	94.2	23.3
3500	常三、减二	1.0	404	91.2	37.1
4500	减二、三	1.0	421	92.5	24.2
5000	常三、减二	1.5	413	93.0	35.3
5160	常三、减二	1.3	412	91.5	38.1

③ 3705催化剂的裂化性能，一般用生成油<300℃馏分转化率来表示。表2-3-20和表2-3-21还列出了处理常三、减二线(300~480℃)或减二、三线(320~560℃)油时的<300℃馏分转化率。当其他条件不变时，提高空速，则<300℃馏分转化率将降低；随着后期反应温度的升高，<300℃馏分转化率也逐渐提高。

五、小结

① 3705加氢裂化汽油化催化剂具有活性高，抗毒性强等的特点。

② 3705催化剂的加氢裂化活性大大超过原有同类型的3581催化剂。按生成油中<200℃馏分收率指标来衡量，当用焦化柴油为原料时，在相近的反应条件下，约为3581催化剂的一倍左右。其工业使用寿命也超过原有最长的3581催化剂20%以上。从蜡油加氢试验结果来看，3705催化剂的选择性强。但从生成油中>320℃馏分的凝固点来看，其异构性能是差的。

③ 根据3705汽油化催化剂工业放大所进行的5424h的运转实践，最佳操作条件是：原料油为大庆焦化柴油，反应压力为20.0MPa，体积空速≤$2.0h^{-1}$，氢油体积比1000:1，反应最高温度410~430℃，反应床层平均温度>395℃，生成油中<200℃馏分收率可达50%左右。

④ 工业放大制备的 3705 汽油化催化剂的活性较试验室制备的有一定差距，起始反应温度高 10℃。

⑤ 3705 催化剂的精制性能比同类型的 3581 催化剂好，脱氮率在 90%以上。

第四节　二次加工裂化柴油的加氢处理

一、劣质催柴、焦柴的加氢精制

劣质催化裂化柴油的共同特点是密度大，硫、氮和芳烃含量高，十六烷值低，储存安全性差，直接调入商品柴油中，将严重影响产品质量。这种劣质柴油的精制难点主要是芳烃含量高，十六烷值低，燃烧性能极差。我们知道芳烃含量、苯胺点与十六烷值分别有良好的线性关系，因此降低芳烃含量是提高催化柴油十六烷值的有效途径。

在常规加氢条件下，要大幅度降低芳烃含量是不可能的，这与热力学性质有关，选择鲁宁管输焦化柴油和江汉掺炼减渣催化柴油加氢精制的结果作一比较和说明，结果见表 2-4-1～表 2-4-4。

表 2-4-1　二种劣质柴油的性质及其常规加氢精制条件

原料油名称	焦化柴油	掺炼渣油催化柴油
碘值/(gI_2/100g)	31.9	19.5
色度	8.0	3.5
实际胶质/(mg/100mL)	393	201
S/(μg/g)	8262	6584
黏度(20℃)/(mm^2/s)	3.73	4.89
凝点/℃	-20	-5
闪点(闭)/℃	74.4	95.8
十六烷值	48.2	15.1
馏程/℃		
50%	253	272
90%	292	335
终馏点	305	351
碱氮/(μg/g)	460	115
乙酸法残余物/%	2.71	0.9

表 2-4-2　劣质催化柴油常规加氢精制结果

劣质柴油	辽河 FCC 柴油	管输 30%掺渣 FCC 柴油
氢分压/MPa	6	3
温度/℃	360	348
空速/h^{-1}	1.5	1
脱硫率/%	97.2	96.7
脱氮率/%	85.8	79
十六烷值		
原料	33	29
产品	37.5	35

表中数据表明：

① 催化柴油加氢精制，其脱硫率、脱胶质率都比较高，脱氮率随温度、压力变化影响较大，碱性氮含量随温度、压力的升高而减少。烯烃饱和率相当高，在92%~98%范围内。虽然精制油十六烷值较高可与低十六烷值的柴油调合。结果表明焦化柴油加氢精制可以获得优级品轻柴油。

② 掺炼渣油催化柴油的加氢精制，杂质的脱除率随温度升高而增加，其中脱氮率随温度变化较大。压力对各类杂质的脱除也为正作用，特别是胶质脱除率对压力较为敏感，为降低实际胶质含量应在较高压力下操作。十六烷值通过加氢精制的方法有所增加，但远不能达到轻柴油的规定指标。

表 2-4-3　劣质柴油常规加氢精制结果

原料油名称	掺炼25%减渣的催化裂化柴油			掺炼32%减渣的催化裂化柴油			大庆焦化柴油		鲁宁管输焦化柴油	
油品名称	原料油	生成油		原料油	生成油		原料油	生成油	原料油	生成油
反应氢压/MPa	-	2.94	5.88	-	2.94	5.88	-	5.88	-	5.88
体积空速/h^{-1}	-	1	2	-	1	2	-	2	-	2
催化剂	-	FH-5	FH-5	-	FH-5	FH-5	-	FH-5	-	FH-5
反应温度/℃	-	340	340	-	340	340	-	360	-	360
氢油体积比	-	600	600	-	600	600	-	700	-	700
油品性质										
相对密度 d_4^{20}	0.9104	0.8828	0.8762	0.8973	0.8744	0.8693	0.8256	0.8161	0.833	0.8121
馏程/℃										
初馏点	218	202	198	219	203	203	202	198	192	171
10%	242	233	229	237	227	229	232	232	228	223
50%	268	260	258	269	264	262	278	280	261	257
90%	318	310	308	327	323	323	327	325	303	303
95%	329	323	325	341	339	342	336	336	314	315
终馏点	336	342	338	347	352	351	342	345	323	323
碱性氮/(μg/g)	82.7	0	0	97.3	1.3	1	523	23.2	869.4	108.2
总氮/(μg/g)	585.7	15.7	21.1	837	61.7	12.5	904	57	1424	128.6
硫/%	0.74	0.06	0.04	0.46	0.03	0.03	0.079	0.002	0.063	0.006
实际胶质/(mg/100mL)	204.6	37.6	21.4	208.4	11.6	3.8	97.2	2.2	311.4	1.8
溴价/(gBr/100g)	16.2	1.2	1.19	30.2	0.9	1	34.9	0.86	38.2	0.75
十六烷值	31	35	38	29	33	35	48	56	45	53
乙酸法残余物/%	-	0.06	0.06	-	0.08	0.08	-	0.03	-	0.08

为进一步说明加氢精制对柴油十六烷值的影响，把一些劣质柴油加氢精制的生产数据列于表2-4-2和表2-4-3来进一步说明常规的加氢精制条件下不能大幅度地降低芳烃含量。

从表2-4-2中可以看出劣质催化柴油的中压加氢精制，脱硫率均在95%左右，脱氮率为80%左右，颜色和贮存安全性有较大改善，但十六烷值仅提高4.5~6个单位，距离要求还差甚远。

从表2-4-3可以看出劣质柴油的中压加氢精制，无论何种原料，其脱硫、脱氮、脱胶质及烯烃饱和效果都很好，均符合要求，且作为油品安定性指标的乙酸法残余物含量都可达到0.1%以下，满足柴油产品安定性的要求，但值得注意的是十六烷值仍达不到要求。表2-4-3还显示出操作后压力的提高会进一步改善精制效果，包括十六烷值得进一步提高。

焦化柴油是二次加工柴油中安全性最差的油品，但其十六烷值却很高，所以焦化柴油的加氢主要是改进油品的安全性。因此，正如前述，用一般加氢精制工艺加工焦化柴油可获得优级品轻柴油。因为十六烷值提高的幅度很小，仅为4~8个单位，所以对于十六烷值过低的催化柴油是不能精制成合格的柴油产品。

表2-4-4　石油三厂FCC装置掺渣60%渣油运行结果(处理量按230kt/a)

项　　目	标定原料	原设计值	柴油产品
油品	60%大庆减渣+40%辽河蜡油	50%大庆常渣+50%蜡油	60%掺渣FCC柴油
相对密度 d_4^{20}	>0.9021	0.8976	0.8825
馏程—℃			
初馏点	354	272	196
10%		357	218
20%	413	435	—
30%		472	238
47%	—	547	—
50%	—	—	259
90%	—	—	332
终馏点	—	—	340
350℃馏出—%	<1	—	—
500℃馏出—%	29	—	—
520℃馏出—%	38	—	—
100℃黏度—(mm²—s)	40.49	31.52	—
凝固点—℃	48	38	-5
残炭%(质量分数)	4.52	4.7	—
硫含量—%(质量分数)	0.13	0.14	0.15
胶质—(mg—100mL)	—	—	147.2
闪点—℃	—	—	79
十六烷值	—	—	25

二、石油三厂催化柴油的加氢精制

石油三厂FCC装置年处理量由150kt/a，扩建到500kt/a后，掺渣量也由30%(实际生产中掺减渣30%，设计按掺常渣50%)提高到了70%。原料的来源情况是：石油三厂1Mt/a常减压装置生产的减压渣油0.4Mt/a，除去自用渣油80kt/a，还剩余0.32Mt/a，再加上FCC装置自产的30kt/a油浆，总共有减压渣油0.35Mt/a；常减压蜡油只能提供65kt/a，为满足0.5Mt/a FCC装置生产的需要，还要外购25kt/a的渣油和60kt/a的蜡油。这样FCC装置处理蜡油0.125Mt/a，渣油0.375Mt/a。当时石油三厂自产的FCC柴油如表2-4-4所示。

表2-4-5表示出蜡油掺入减压渣油后对催化裂化柴油质量的影响。即随着掺炼量的逐渐增加，十六烷值逐渐下降，颜色逐渐变差。

表 2-4-5 辽河劣质柴油混合原料中压加氢精制

油　　品	辽河催化柴油	辽河(催+焦)柴油 1.5∶1	辽河焦化柴油	(催+焦)混合料柴油产品
相对密度d_4^{20}	0.8863	0.8388	0.8460	0.8597
馏程/℃				
初馏点	210	194	1	1
10%	233	220	1	1
50%	281	265	261	262
90%	332	312	323	329
终馏点	349	330	334	334
硫/%	0.41	0.29	0.205	0.01
总氮/(μg/g)	389	1172	466	114
溴价/(gBr/100g)	18.6	35	25.1	2.57
实际胶质/(mg/100mL)	39.8	113.2	58.4	30.0
十六烷值	30	49.2	46	50
工艺条件				
空速/h^{-1}(体积)				1.41
氢油比(体积)				577
温度/℃				330
压力/MPa				5.6
催化剂				RN-1

石油三厂 FCC 装置每年生产出掺渣的劣质催化裂化柴油 0.105Mt/a，这些劣质柴油需要采用加氢的办法来处理，因为即使应用十六烷改进剂，十六烷值也只能提高 3~4 单位，不能彻底解决问题。采用直馏柴油或其他优质柴油调和在生产中也有一些实际困难。这种劣势柴油是单一原料加工，较好方法是采用缓和加氢裂化(其特点是转化率低，使用精制和裂化催化剂根据要求的目的产品来选择转化率其范围一般 15%~45%)。

表 2-4-4 列出了石油三厂 FCC 装置改造前 60%掺渣的标定数据。从表 2-4-4 数据可以看出，其柴油产品的胶质含量和十六烷值都需要较大的改善，装置改造后开工，其质量还会随着掺渣量的增大则变得更差。胶质含量的大幅度降低是可以通过加氢精制得以实现的，但是其十六烷值即使通过一般的加氢精制也只能提高 4~6 个单位，不能把它提高到 40 以上。

采用缓和加氢裂化，由于原料本身就是轻油馏分，不仅裂化难度不大，而且产物中有优质重整原料和高辛烷值组分，可为重整装置提供部分原料，而产物中的未转化油就是优质轻柴油。

因为原料中所含多环芳烃大部分已被裂化饱和，所以若以生产轻柴油为主要目的，则转化率应控制在使柴油十六烷值达到 40 以上，如果以增产航煤为主要目标，则转化率应控制在使航煤馏分(160~260℃)芳烃含量(烟点)合格即可，具体可根据市场需求情况做一些适应性调整。至于化学耗氢，若以生产柴油为主，则仅比加氢精制多出 0.4%~0.5%。

劣质催化裂化柴油中含近 50%的芳烃，低压或中压加氢精制只能使多环芳烃的第二个及第三个稠环饱和，生成单环芳烃，不能使产品的十六烷值大幅度地提高，而且氢耗并不低。如果提高氢分压，是可以提高芳烃转化率的有效办法，因为芳烃加氢饱和的速度随反应压力的提高而成倍地提高。也就是说采用高压加氢精制是可以把劣质柴油转化为优质柴油的。如 RN-1 催化剂在氢分压 12.0MPa 以上时芳烃转化率可达到 70%。十六烷值可提高 14 个单位。但是压力的提高会使操作费用大大增加，显然优势不如缓和加氢裂化。

采用缓和加氢裂化，由于原料本身是轻油馏分，不仅裂化难度不大，而且产物中有优质重整原料和高辛烷值组分，可为重整装置提供部分原料，而产物中的未转化油是优质轻柴油。缓和加氢裂化可在中压条件下使含硫、氮、氧等非烃化合物转化成烃类，使大部分芳烃转化成优质的重整原料。

无论是高压加氢精制还是缓和加氢精制，石油三厂在设备上都具备条件，而缓和加氢裂化在经济上的优势是明显的。

三、催化柴油与焦化柴油混合中压加氢精制

石油三厂有多年加工大庆焦化柴油的历史，每年处理了 0.33Mt/a 左右，主要是通过高压加氢裂化生产汽油、煤油和柴油。大庆焦化柴油也属劣质柴油，其碱性氮含量、烯烃含量以及胶质含量都比较高，但其芳烃含量较低，因而其十六烷值比较高，一般在 48 以上。这样 0.105Mt/a 的掺渣催化柴油与 0.33Mt/a 的焦化柴油按 1:3 的比例混合加工，那么，加工难度就会大大降低，操作条件就会变得非常缓和，因为与掺渣催化柴油相比，混合原料的胶质含量会大幅度的降低，而十六烷值却会大幅度地上升。石油三厂前往锦西炼厂，对 0.8Mt/a 加氢精制装置进行了调查，有关数据列于表 2-4-5。

石油三厂的催化柴油和石油三厂焦化柴油的油品性质(取之于正常生产阶段)，选用加氢大套混炼焦化柴油和催化柴油，在中压下，取得较好精制效果。详见表 2-4-6。

表 2-4-6　胜利催化柴与焦化柴油的混合中压加氢精制结果

原　　料	胜利催化柴油	胜利焦化柴油	(催+焦)混料	柴油产品	三厂催柴	二厂焦柴
d_4^{20}	0.9076	0.8515	0.8877	0.8743	0.8838	0.8261
馏程/℃						
初馏点	185	199	168	189	192	201
10%	225	224	222	221	221	243
50%	274	272	275	270	264	285
90%	340	319	338	337	330	327
终馏点	360	337	360	356	342	345
S/%	0.52	1.1	0.64	0.02	0.14	0.108
胶质/(mg/100mL)	139.8	288	255.4	21.6	67.6	40
溴价/(gBr/100g)	/	72.3	19.49	4.86	/	30.44
碱氮或总氮/(μg/g)	/	/	1601	810	/	520
闪点/℃	85	/	74	84	93	82
十六烷值	33	51.1	43	50	26.5	48.7
凝点/℃	-6	-7	/	/	-5	-3

小结

① 石油三厂 FCC 装置改造后，其催化柴油安定性差，十六烷值过低。仅仅依靠常规的中、低压加氢精制不能解决问题。大庆焦化柴油安定性较差，但十六烷值却较高，焦化柴油经常规加氢精制可获得优级品轻柴油。

② 随着残渣量的增加，催化柴油的质量下降。单纯地以这种劣质的催化柴油作为原料需要采用缓和加氢裂化工艺才能满足产品质量的需要。采用高压加氢精制也可以解决问题，

但不如缓和加氢裂化经济。

③ 催化柴油和焦化柴油的混合可使原料的性质得到较大的改善。石油三厂加氢大套混炼 1:3 的催柴、焦柴混合油，采用中压加氢精制便可生产出合格的柴油产品且还可灵活地调整操作条件，最大限制地降低加工费用。

四、3863 催化剂在石油三厂的工业应用——焦化柴油加氢裂化、增产航煤低凝柴油及石脑油

3863 催化剂是一种转型加氢裂化催化剂，主要用于焦化柴油加氢裂化，增产航煤、低凝柴油及石脑油。该催化剂 1986 年在石油三厂加氢装置上使用，工业运转证明，该催化剂的性能优于前几代催化剂。主要成分有：WO_3、NiO、沸石、SiO_2、Al_2O_3。1992 年 6 月加氢一套装置使用再生 3863 催化剂处理焦化柴油，装置累计运转 311 天。共处理原料油 0.122Mt。再生后的 3863 催化剂的活性、稳定性和寿命等性能均能满足工艺要求，显示出再生剂的工业应用价值和可行性，为加氢催化剂的再生利用提供了依据。

1. 再生催化剂的物性及装填情况

首次再生的 3863 催化剂为 1990 年检修中装入加氢两套反应器的新催化剂，1991 年检修时卸出，由石油三厂服务公司进行器外再生的催化剂，其再生前后的物性数据如表 2-4-7，再生剂的装填情况如表 2-4-8，再生剂的活性评价如表 2-4-9 所示。

表 2-4-7 3863 再生剂再生前后物性分析

项目	再生前	再生后			
		1 号	2 号	3 号	4 号
强度/(N/nm)	14.46	18.75	21.69	18.68	>12
S/%	5	1.46	1.79	2.04	
C/%	10.43	0.28	0.41	1.49	-
WO_3/%(质量分数)	18.4	18.95	19.62	19.72	18~24
Ni/%(质量分数)	3.96	4.39	-	4.38	4~6
孔容/(cm^3/g)	0.25	0.29	0.28	0.26	0.4
比表面/(m^2/g)	183	207	-	-	-

注：再生方法是采用氮气作稀释气体(热载体)的再生过程。

表 2-4-8 3863 再生剂加氢一套 1993 年装填情况

催化剂 / 反应器	型号	规格/mm	重量/t	装填比/(t/m^3)	体积/m^3
一反	3722(新)精制	ϕ6×6 片	5.16	1.025	5.034
	3863(再生)裂化	ϕ3 条	0.629	0.838	0.75
二反	3863(再生)裂化	ϕ3 条	2.828	0.838	3.375
	3863(利旧)裂化	ϕ3 条	1.395	0.93	1.5
三反	3863(再生)裂化	ϕ3 条	3.771	0.838	4.5
	3863(利旧)裂化	ϕ3 条	1.395	0.93	1.5
精制			5.16		5.034
裂化			10.018		11.625
总量			15.178		16.659

表 2-4-9　再生剂活性(微型)评价数据

工艺条件	总压/MPa	16						
	空速/h^{-1}	1						
	油气体积比	1∶1000						
	反应温度/℃	400						
原料油性质	大庆焦化柴油(石油二厂)							
馏程/℃	初馏点	10%	30%	50%	70%	90%	95%	相对密度 d
	199	231	254	276	300	326	337	0.8244
评价结果								
生成油馏分	0~130℃		55					
收率/%	130~240℃		32					

根据再生前后的数据，可以看出催化剂的积硫、积炭量均有很大降低，金属含量及强度也较明显提高，再生剂的活性恢复较好，再生效果达到预期目的，再生剂各项指标均得到改善。

1993 年检修放出筛选后重新利用的 3863 加氢裂化催化剂，质量为 2.79t($3m^3$)，再生剂质量为 7.228t($8.625m^3$)，精制催化剂质量 5.16t($5.034m^3$)。

根据再生前后的数据，可以看出催化剂的硫、积炭量均有很大降低，金属含量及强度也较明显提高，再生剂的活性恢复较好，再生效果达到预期目的，再生剂各项指标均得到改善。

2. 催化剂的硫化

1992 年 6 月，加氢一套装置开工，催化剂硫化采用干法硫化。系统在经过升温、升压，床层 200℃恒温后，做好准备工作，打开加热炉入口加硫阀，开始硫化、硫化过程、硫化温度与 H_2S 浓度曲线如图 2-4-1。

本次硫化历时 30h，其中注 CS_2 时间为 14h，CS_2 总计耗量为 1900L，理论耗硫量为 1365.1L，见表 2-4-10。

硫化过程，实际 CS_2 耗量超过理论耗量 40%，完全可以满足硫化要求。

硫化初期由于系统新氢压力降低，影响硫化反应的进行，造成加硫后数小时 H_2S 浓度高达 3%~5.4%，从温升曲线(见图 2-4-1)分析，实际温升曲线基本与计划温升曲线吻合。

表 2-4-10　催化剂理论耗硫量

催化剂名称	二硫化碳单耗/(L/t 催化剂)	耗 CS_2 量/L
3722(新)	111.9	571.4
3863(再生)	65.9	476.2
3863(利旧)	113.2	317.5
合计		1365.1

3. 装置运转情况

加氢一套更换再生 3863 催化剂后，1992 年 6 月开工至 1993 年 5 月，共运转 311d，累计加工原料油 0.122Mt。

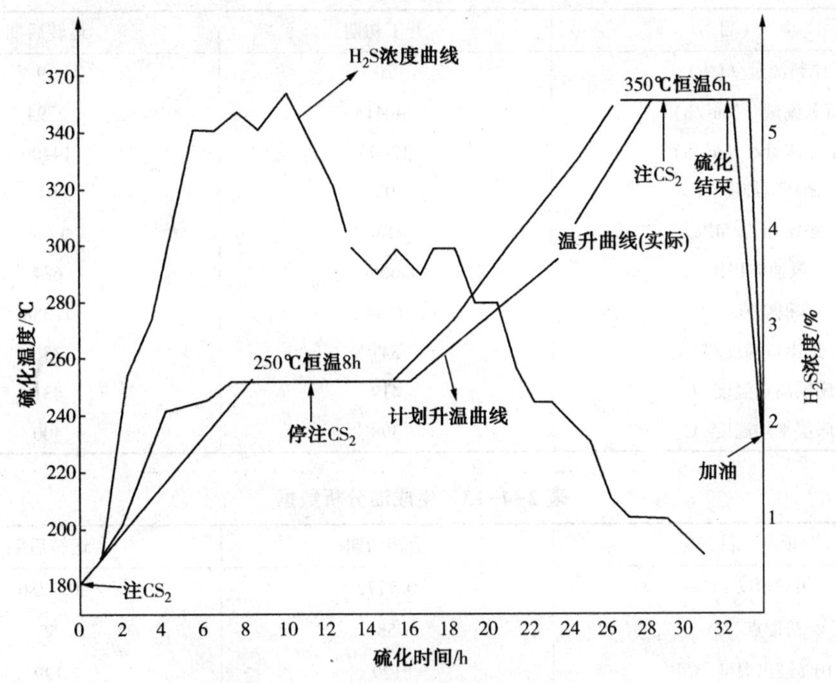

图 2-4-1　硫化温度与 H_2S 浓度曲线

① 原料油性质。装置运转初期、后期的原料油性质见表 2-4-11。

② 操作条件。装置运转初期、后期的操作条件见表 2-4-12。

③ 生成油性质。装置运转初期和后期的生成油分析数据见表 2-4-13。

4. 再生 3863 催化剂的活性和稳定性评价

(1) 再生 3863 催化剂的活性

在满负荷情况下，再生剂的反应初活性温度比新 3863 催化剂开工温度高 2℃，床层高点温度 419℃，平均温度 398℃，生成油<200℃馏分收率>30%，主要产品航煤冰点<-53℃。与新 3863 催化剂产品指标-活性标准对比见表 2-4-14。

表 2-4-11　原料油性质

项　　目	运转初期	运转后期
焦化柴油		
相对密度 d_4^{20}	0.822	0.817
馏程/℃		
初馏点	184	188
10%	231	227
50%	278	268
90%	329	319
95%	348	339
碱性氮/(μg/g)	589.08	489.06
溴价/(gBr/100g 油)	38.8	33.78

表 2-4-12　操作条件

项　　目	开工初期	运转后期
原料油量/(t/h)	20	19
新氢流量/(Nm^3/h)	4041	2794
循环流量/(Nm^3/h)	12600	14400
循环氢纯度/%	92	91
系统压力/MPa	18	17.8
氢油体积比	665	684
体积空速/h^{-1}	1.44	1.388
炉出口温度/℃	341	356
床层高点温度/℃	419	431
床层平均温度/℃	398	400

表 2-4-13　生成油分析数据

项　　目	运转初期	运转后期
相对密度 d_4^{20}	0.7772	0.7786
初馏点/℃	58	55
10%馏出温度/℃	129	129
50%馏出温度/℃	239	239
90%馏出温度/℃	308	300
终馏点/℃	334	326
<200℃馏分/%	30	29
<320℃馏分/%	79	82
损失/%	2	2
航煤冰点/℃	<-53	<-53

表 2-4-14　再生剂活性与产品活性指标比较

比较项目		3863 产品活性指标	再生 3863 活性
工艺条件	压力/MPa	15.7	18
	温度/℃	400	400
	体积空速/h^{-1}	1	1.44
	氢油体积比	1000	650
		180~350℃	180~350℃
原料油		大庆焦化柴油	大庆焦化柴油
溴价/(gBr/100g)		35	38.8
		<200℃馏分	<200℃馏分
生成油/%		>28	>30
冰点/℃		<-50	<-53

根据表 2-4-14 中的数据比较可知，再生 3863 催化剂的活性指标<200℃馏分收率>30%，并且其主要产品航煤的冰点达到-53℃，均超过新 3863 催化剂的产品标准要求。再

生效果很好，完全可以达到装置工业生产的工艺要求。

(2) 再生剂的稳定性

这批首次再生的3863催化剂投运至1993年加氢一套装置停工检修时，共加工原料油 12.2×10^4t，开工天数311天，再生剂寿命为16.8t原料油/kg催化剂。装置初开工至后期床层温升情况如下，以加工焦化柴油数据为基准。

炉出口温升速率：5℃/100d。床层高点温升速率：3℃/100d。床层平均温度温升速率：3.6℃/100d。催化剂床层高点温升速率为0.03℃/d，按催化剂末期反应温度为435℃计，首次再生的3863加氢催化剂第一周期可以运转两年。

装置运转后期，床层高点(三反七层)温度达431℃，接近指示温度435℃，这是由于一反精制催化剂失活，温度升高所致，1993年检修时更新了一反精制催化剂，高点温度得到降低。

从温升情况和单位催化剂的加工量看，首次再生的3863催化剂的稳定性是可靠的。

5. 小结

① 再生3863催化剂首次在加氢一套装置上使用，获得成功，效果良好。其生成油<200℃馏分收率>30%，其主要产品航煤的冰点达到-53℃，其活性指标均超过3863催化剂产品质量标准，完全可以满足加氢装置工业生产需要。

② 加氢一套累计运转311d，加工量为0.122Mt，催化剂累计寿命达16.8t原料油/kg催化剂。催化剂床层温升速率为0.03℃/d，按催化剂末期温度为345℃计，首次再生的3863催化剂第一周期可以运转两年。

③ 工业运转证明首次再生的3863催化剂的活性、稳定剂及其各项物化指标均达到符合新3863催化剂的产品质量标准，完全可以满足工业生产要求，表明加氢催化剂的再生利用是可行的，并且性能可靠，前途广泛。

第五节 加氢裂化系列催化剂开发和应用二十年

一、加工大庆重蜡油增产中间馏分产品催化剂

石油三厂在20世纪50年代初期恢复生产时，就开始研制和生产加氢裂化催化剂。曾使用 MOS_2-活性白土组分的3511和3521两种催化剂，单段流程加工经过碱煮精制以及酸碱洗涤精制的页岩柴油。1962年加工大庆原油的290~400℃馏分直馏柴油时，也曾采用了 WS_2-HF-活性白土组分3622型催化剂。这些以天然硅酸铝为的加氢裂化催化剂抗氮性能很差，由于采用单段加氢裂化工艺流程，催化剂极易被原料油中氮化物中毒而失活。因此一个运转周期分别为100天和半年左右。20世纪60年代中期为了适应加工大庆蜡油原料需要，采用中国科学院大连化物所科研，石油三厂生产的合成硅酸铝为浸渍钨镍金属组分的3652催化剂。3652催化剂的活性、稳定性和抗氮性能较天然硅酸铝催化剂有较大的提高，但对单段流程加工310~510℃馏分大庆减压蜡油时，一个运转周期最长300~400天。1970~1971年期间，采用由石油三厂与北京石油学院研制生产的以氨、稀土交换的Y型沸石和氧化铝结合的，添加钨、钼、镍金属组分的3705型催化剂工业运转200多天，分别加工过大庆减压蜡油和焦化柴油。3705催化剂抗氮性能强，裂化活性、稳定性好、汽油收率高，但中间馏分选择性很差，不能完全满足生产的要求。

20 世纪 70 年代以来，随着石油三厂加氢装置加工大庆减压蜡油原料量逐渐增多，并且要求增产中间馏分油品，原有催化剂活性低，运转周期短，不能满足生产要求。1975 年开始，集中较强的科研力量，通过几年技术攻关，先后完成了 3762 和 3812 两种性能优越加氢裂化催化剂的研制和生产。3762 催化剂除本厂使用外，还供大庆石化总厂加氢裂化装置使用；3812 催化剂自开发成功后在加氢装置上逐步取代了 3762 催化剂，一直在石油三厂加氢装置上使用。此后又陆续研制、生产了 3821、3843、3863、3883 等催化剂。

20 世纪 70 年代中期以来石油三厂研制开发并在工业装置上使用过的加氢裂化催化剂特性列入表 2-5-1 中。

表 2-5-1　20 世纪 70 年代中期以来石油三厂研制开发的加氢裂化催化剂特性

催化剂名称	化学成分	形状尺寸/mm	堆积密度/(kg/L)	催化功能	开发年代	工业应用时间/年
3762	$WO_3-NiO-SnO_2$/β 沸石－$SiO_2-Al_2O_3-F$	片 ϕ4×4	0.82~0.90	大庆减压蜡油高压加氢裂化生产汽、煤、柴油馏分	1976	1976~1983
3812	WO_3-NiO/β 沸石－$SiO_2-Al_2O_3-F$	片 ϕ4×3-4	0.85~0.90	大庆减压蜡油高压加氢裂化生产汽、煤、柴油馏分，活性优于 3762	1981	1981~1994
3821	WO_3-NiO/β 沸石－$SiO_2-Al_2O_3-F$	片 ϕ4×4	0.85~0.88	大庆焦化柴油高压加氢裂化生产汽、煤、柴油	1982	1982~1984
3843	WO_3-NiO/β 沸石－$SiO_2-Al_2O_3-F$	条 ϕ3×8~12	0.73~0.85	大庆焦化柴油高压加氢裂化生产汽、煤、柴油活性优于 3821	1984	1984~1986
3863	WO_3-NiO/β 沸石－B 沸石－$SiO_2-Al_2O_3$	条 ϕ3×8~12	0.75~0.85	大庆焦化柴油高压加氢裂化增产航空煤油，活性优于 3843	1986	1986~1994
3883	WO_3-NiO/β 沸石－B 沸石－$SiO_2-Al_2O_3$	条 ϕ3×8~12	0.75~0.85	兼有 3812 和 3863 两种催化剂性能	1988	1988~1990

现分别介绍如下：

1. 3762 加氢裂化催化剂

1975 年下半年开始，根据对多产中间馏分油产品加氢裂化催化剂需具有酸性适当、加氢性能强、较大孔容和较大比表面积的原理要求，采用不同制备路线进行了广泛的研制工作。用半年时间，通过几十次试验，研制出一种性能好，制备简单 762-12 号催化剂。它是用钨、镍、锡为加氢组分，氟、硅铝和 β 沸石为复合，用一次共沉淀法制备。在取得试验室重复结果和 3000h 稳定性试验以及油品性能考察结果后，1976 年 5 月进行催化剂放大生产，工业催化剂编号为 3762。1976 年 9 月中旬投入工业加氢装置运转，采用单段一次通过流程加工大庆直馏减压蜡油。1980 年 9 月对运转 573d 的第三周期 3762 催化剂进行反应器内再生，活性恢复 90%以上。长期工业运转证明：3762 催化剂具有裂化活性好，轻油转化率高，中间馏分油选择性好，能处理馏程 300~530℃ 大庆重蜡油等优点，一次运转周期可达 600 天左右。加工大庆减压蜡油，在 15MPa、体积空速 $1.0h^{-1}$、反应温度 400~450℃ 条件下，其单程转化率可达70%(质量分数)，生成油收率可达90%以上，中间馏分油收率可达50%左右。可生产汽油20%~22%，-35号柴油33%~35%，0号柴油15%~17%。工业运转结果列于表2-5-2。

表2-5-2　3872催化剂工业运转结果(单段一次通过)

<table>
<tr><td colspan="3">催化剂</td><td colspan="2">新催化剂</td><td colspan="2">工业再生催化剂①</td></tr>
<tr><td rowspan="4">工艺条件</td><td colspan="2">运转天数/d</td><td>20</td><td>573</td><td>20</td><td>480</td></tr>
<tr><td rowspan="2">反应温度/℃</td><td>最高</td><td>422</td><td>444</td><td>425</td><td>447</td></tr>
<tr><td>平均</td><td>402</td><td>428</td><td>404.5</td><td>431</td></tr>
<tr><td colspan="2">体积空速/h^{-1}</td><td>1.0</td><td>1.0</td><td>1.0</td><td>1.0</td></tr>
<tr><td rowspan="6">原料油性状</td><td colspan="2">密度(20℃)/(g/cm^3)</td><td>0.8550</td><td>0.8505</td><td>0.8565</td><td>0.8478</td></tr>
<tr><td rowspan="3">馏程/℃</td><td>5%</td><td>232</td><td>—</td><td>—</td><td>—</td></tr>
<tr><td>50%</td><td>390</td><td>414</td><td>402</td><td>424</td></tr>
<tr><td>95%</td><td>469</td><td>517</td><td>501</td><td>520</td></tr>
<tr><td colspan="2">凝固点/℃</td><td>+40</td><td>+45</td><td>+40</td><td>+45</td></tr>
<tr><td colspan="2">碱氮/(μg/g)</td><td>180</td><td>201</td><td>178</td><td>239</td></tr>
<tr><td colspan="3">生成油收率/%(质量分数)</td><td>98.96</td><td>—</td><td>—</td><td>97.8</td></tr>
<tr><td rowspan="5">产品分析/%(质量分数)</td><td colspan="2"><170℃</td><td>23.7</td><td>30.9</td><td>22.6</td><td>26.1</td></tr>
<tr><td colspan="2">170~310℃</td><td>33.8</td><td>27.8</td><td>22.4</td><td>31.7</td></tr>
<tr><td colspan="2">310~370℃</td><td>17.0</td><td>15.8</td><td>22.0</td><td>9.6</td></tr>
<tr><td colspan="2">>370℃</td><td>22</td><td>18.3</td><td>18.1</td><td>(310~350℃)24.6
(原数据有误)</td></tr>
<tr><td colspan="2">>320℃凝固点/℃</td><td>+23</td><td>—</td><td>—</td><td>—</td></tr>
</table>

① 1/3新剂+2/3再生剂。

2. 3812加氢裂化催化剂。

由于3762催化剂组成中含有氟组分，在使用和再生过程中，氟会逐渐流失，除降低催化剂酸性功能影响活性外，而且对高压设备也会造成腐蚀。同时催化剂中还有金属锡，组分比较复杂，使生产成本增高，因此，自1980年开始进行了改进研究。经过近一年时间的攻关，于1981年上半年研制成功了性能更优越7021型加氢裂化催化剂。它是以钨、镍为加氢组分，采用特殊处理过的β沸石和硅铝为复合，先用硅-铝-硅分步沉淀制备，再用分步沉淀法附载金属方法制备。由于金属组分与酸性之间的匹配好，保证了加氢功能与酸性功能的较好平衡，使催化剂具备良好的反应性能。经过试验室4000h寿命试验表明，其活性、稳定性、选择性以及相应的油品性能均与3762催化剂相仿，而且汽油、石脑油收率均比3762催化剂高。由于催化剂不含锡和氟，生产成本降低，制备流程简单，同时避免了3762催化剂存在的缺点。1981年8月完成了20t催化剂工业生产(编号3812)，随即投入工业加氢装置运转。经多年工业使用表明：3812催化剂除有3762催化剂优点外，还具有更高的加氢裂化活性、稳定性以及对重馏分降凝效果，生成油>320℃馏分的凝固点较3762催化剂低很多，有利于提高产品质量、油品产率。工业运转一个运转周期可达3年，1992年开始采用再生催化剂，活性恢复到90%以上。3812催化剂再生技术开发成功后，逐渐取代了3762催化剂，一直在工业生产中应用。运用结果见表2-5-3和表2-5-4。

表 2-5-3　3812 催化剂工业运转结果(单段一次通过)

	运转天数/d	12	190	595	630
工艺条件	原料油种类	大庆常三减二	大庆常三减二减三	大庆常三减二减三	大庆常三减二减三
	体积空速/h^{-1}	1.0	1.1	1.15	1.06
	氢油比(体积)	1050∶1	1000∶1	950∶1	1000∶3
	操作压力/MPa	19.0	19.0	18.0	18.0
	循环氢纯度/%	73	75	81	84
	最高床层温度/℃	422	433	432	430
	平均床层温度/℃	405.2	415.5	418	414
	循环氢中 H_2S/%	0.022	0.025	0.020	0.024
原料油性状	馏程(初沸~95%)/℃	278~490	286~520	284~531	338~518
	凝固点/℃	+39	+44	+45	+43
	总氮/(μg/g)	311	627	582	451
	碱氮/(μg/g)	175	209	273	197
生成油性状	收率/%(质量分数)	97.6	97.6	96.7	96.2
	<170℃	24.8	24.6	30.8	31.2
	170~320℃	35.4	36.5	38.2	33.2
	>320℃	34.8	36.5	30.1	31.4
	>320℃凝固点/℃	+15	+16	+17	+18

表 2-5-4　3812 与 3762 催化剂工业运转结果比较(单段一次通过)

催化剂	3762	3812
不经再生一次运转周期/d	573	1028
起始平均反应温度/℃	390	393
终了平均反应温度/℃	430	425
加工油量/(t 油/kg 催化剂)	11.03	24.76
原料油性状(大庆蜡油)		
密度(20℃)/(g/cm^3)	0.8480	0.8571
沸程/℃		
初馏点	318	284
50%	411	453
95%	506	531
碱氮/(μg/g)	163	273
凝固点/℃	+39	+45
残炭/%	0.032	0.075
产品分布/%(质量分数)		
气体	2.9	3.2
汽油	23.7	24.7
-35 号柴油	31.8	31.1
0 号柴油	10.7	11.2
尾油	36.9	29.8

二、加工焦化柴油原料的加氢裂化催化剂

1. 生产汽、煤、柴油产品的3821和3843催化剂。

20世纪80年代初，石油三厂开始加工劣质的大庆焦化柴油。由于油中含氮量高达1000ppm以上，使用蜡油加氢裂化活性较高的催化剂加工大庆焦化柴油，失活速度较快，一个运转周期仅314天，累计寿命9.27吨油/公斤剂，给生产带来很大困难。为了解决生产急需，1981年下半年开始着手新催化剂研制工作，直至1982年上半年首先研制出一种性能较好的3821催化剂。该催化剂以钨、镍为金属组分，高β沸石含量、硅铝为，先用硅铝溶液沉淀制备后，再以分步沉淀法附载金属组分制成。1982年9月投入工业应用。工业运转结果证明：3821催化剂具有较好的抗氮性能和加氢裂化活性。在氢压15MPa、体积空速1.8h^{-1}、平均反应温度398～432℃，氢油体积比700∶1条件下，单段流程加氢裂化可得26.3%石脑油、45.4%～35℃柴油、25.6%0号柴油，生成油液收率96%以上，一次运转周期483d，累计寿命16.1t油/kg剂。

为了进一步提高催化剂活性水平，1983年开始继续进行催化剂改进，提高研究工作，经过一年时间的大量工作，研制开发成功活性和稳定性能更好的3843型催化剂，用pH摆动法合成含β沸石大孔硅铝后，用浸渍钨镍金属溶液制成。1984年4月催化剂放大生产，同年7月投入加氢裂化装置工业化应用。达到与3821催化剂相同的产品收率情况下，平均反应温度比3821催化剂低3～10℃，一次运转周期可达900d，累计寿命21.5t油/kg剂，活性和稳定性均优于3821催化剂，基本上解决了催化剂抗氮性能差、运转周期短、经济效益低的问题。

2. 增产3号航空煤油的3863催化剂

随着航空煤油需要量日益增加，为了增加航空煤油的产量，提高加工经济效益，1985年开始又继续进行增产航空煤油催化剂的研制开发工作。通过数十次实验结果证明，以钨、镍为加氢组分，3843干胶加入适量β沸石和B沸石为，通过挤条成型浸渍制成了性能良好的3863催化剂。1986年7月投入大型加氢装置工业化运转。采用一段串联流程，一反装入3722加氢精制催化剂，二、三反装3863加氢裂化催化剂。工业运转表明：3863催化剂由于内含有两种沸石成分，对焦化柴油显示出较好的降凝性能。3843催化剂130～240℃航煤收率仅有31.6%，且冰点指标卡边；3863催化剂135～240℃航煤收率达40.2%，冰点低于-35℃，若将冰点控制在-52℃，航煤收率比3843催化剂可提高10个百分点。若按生产柴油方案看，3843催化剂>270℃馏分只能生产0号柴油；3863>270℃馏分可生产-10号柴油。长期工业运转表明：3863催化剂具有活性高、稳定性好、航煤收率高和再生性能好等优点。1992年开始采用工业再生催化剂后，一次运转周期已达到2年，3863催化剂一直是加工大庆焦化柴油比较理想的催化剂。自1986年被生产采用后，逐渐取代3843催化剂为生产服务。

三、适应加工多种原料油的多用途3883催化剂

由于加氢裂化装置加工大庆重质蜡油和焦化柴油等不同原料油，而现有的几种加氢裂化催化剂均是针对某种特定原料油的加工需要研制的产品，这就给原料经常变化的需要造成许多困难。为了增加加氢装置加工不同原料油的灵活性，研制一种既能加工重质蜡油，又能加工焦化柴油原料的多用途加氢裂化催化剂是十分必要的。石油三厂研究所自1987年开始，经过一年多时间研制成功一种性能较好的HC-87-71型加氢裂化催化剂，可以满足上述要求，它是用含β沸石和B沸石的大孔硅铝挤条成型浸钨镍金属制成。通过1600h寿命实验结果表明，满足了加工大庆蜡油和大庆焦化柴油两种原料以及所需产品要求。1988年初进

行催化剂放大生产(编号 3883)，1988 年 6 月 18 日在加氢裂化装置进行工业化生产使用。工业运转采用一段串联加氢流程，一反填装 3722 加氢精制催化剂，二、三反装 3883 加氢裂化催化剂，生产运转中分别以大庆重蜡油和焦化柴油进行考察。工业运转(见表 2-5-5 和表 2-5-6)表明：3883 催化剂具有较好的裂化和异构化活性。加工焦化柴油时轻油收率和 3 号航煤产率与 3863 催化剂相当；加工大庆蜡油时，<320℃轻馏分收率可达 50~60%，比 3812 催化剂低 10%左右，但是>320℃馏分油的凝固点与 3812 催化剂水平相当，这为增产临氢降凝装置原料油多产润滑油，创造了条件。

表 2-5-5　3821 和 3843 催化剂工业运转结果

催化剂		3821	3843
一个周期运转天数/d		483	915
运转条件	氢分压/MPa	15.0	15.0
	起始平均反应温度/℃	398	388
	终了平均反应温度/℃	432	429
	体积空速/h^{-1}	1.8	1.8
	氢油比(体积)	700∶1	700∶1
加工油量/(t 油/kg 剂)		16.1	21.5
原料油性状大庆焦化柴油	密度(20℃)/(g/cm^3)	0.8237	0.8236
	沸程/℃		
	初馏点	183	197
	50%	278	282
	终馏点	342	349
	溴价/(gBr/100g)	33.1	39.1
	总氮/(μg/g)	1282	—
	碱氮/(μg/g)	680	709
生成油收率/%(质量分数)		96.0	97.0
产品分析/%(质量分数)	气体	2.7	3.0
	汽油	26.3	32.2
	-35 号柴油	45.4	48.7
	0 号柴油	25.6	16.1

表 2-5-6　3863 催化剂工业运转结果

催化剂		新 3863		1992 年再生 3863	
运转时间/d		43	306	10	307
运转条件	操作压力/MPa	17.19	17.5	18.0	18.11
	床层最高温度/℃	412	430	418	424
	平均温度/℃	393	401	395	401
	总空速/h^{-1}	1.00	1.45	1.20	1.3
	氢油比(体积)	1000∶1	800∶1	900∶1	860∶1
	循环氢纯度/%	84	81	91	88
	寿命/(t 油/kg 剂)	—	11.32	—	12.04
	温升系数/(℃/d)		0.03		0.02

续表

催化剂		新 3863		1992 年再生 3863	
焦化柴油原料	密度(20℃)/(g/cm³)	0.8130	0.8150	0.8190	0.8165
	馏程/℃	200~347	192~344	188~345	187~377
	碱氮/(μg/g)	393	502	563	440
	溴价/(gBr/100g)	36	34	36	34
生成油性状	密度(20℃)/(g/cm³)	0.7768	0.7723	0.7682	0.7662
	<200℃/%(质量分数)	31	30	33	34
	<280℃/%(质量分数)	80	78	85	80

3883 催化剂作为裂化催化剂用于二、三反应器。体积空速系指加氢裂化的空速。催化剂的装填量：一反：3722，6.00m^3；二反：3883，6.00m^3；三反：3883，6.00m^3。

四、小结

20 年来，石油三厂为了生存发展需要，集中较强的科研技术力量，研制开发成功了性能较好的沸石，并以 β 沸石以及其他多种沸石组合为载体，研制成功了一系列具有中国特色的加氢裂化催化剂。不仅反应性能优越，而且抗氮性能也较好，一个运转周期可达 2~3 年，满足了加工不同种类原料油和生产不同产品的要求，充分发挥了加氢技术力量优势，促进了生产发展，不仅保证石油三厂增效，而且也促进了我国加氢技术的发展。如表 2-5-7 ~ 表 2-5-9 所示。

表 2-5-7　3863 与 3843 催化剂工业运转结果比较

催化剂		3863	3843
运转时间/d		74	688
运转条件	氢分压/MPa	14.68	14.35
	氢油比(体积)	884 : 1	720 : 1
	循环氢纯度/%	82.8	82.0
	进料空速(体积)		
	精制段	8.27	7.40
	裂化段	1.55	1.85
	床层温度/℃　最高	423	437
	精制平均温度/℃	372.8	379.0
	裂化平均温度/℃	404.2	413.4
焦化柴油原料油性状	密度(20℃)/(g/cm³)	0.8220	0.8236
	馏程/℃	187~341	192~344
	碱氮/(μg/g)	653	663
	总氮/(μg/g)	926	957
	溴价/(gBr/100g)	35.4	33.8
生成油收率/%(质量分数)		97.3	97.4

续表

催化剂		3863	3843
产品分析	航煤、石脑油、方案/%		
	3号航煤/%	17.2	14.7
	收率/%(质量分数)	40.2	31.6
	-20号柴油	24.7	–
	-10号柴油	14.3	49.4
	柴油、汽油、方案/%		
	-35号柴油	26.2	21.4
	收率/%(质量分数)	45.7	41.0
	-10号柴油	24.0	—
	0号柴油	—	33.6

表 2-5-8　3883 与 3863 催化剂工业运转结果对比(大庆焦柴作为原料)

催化剂		3883		3863	
累计运转时间/d		110	330	100	330
运转条件	床层最高温度/℃	420	415	428	424
	床层平均温度/℃	390	395	395	395
	体积空速/h^{-1}	1.59	1.59	1.45	1.39
	操作压力/MPa	18.0	18.0	17.8	17.9
生成油性状	密度(20℃)/(g/cm^3)	0.7756	0.7763	0.7750	0.7760
	初馏点/℃	42	57	64	57
	终馏点/℃	334	328	327	331
	<200℃/%(质量分数)	34	31	34	33
	<280℃/%(质量分数)	81	82	81	82

表 2-5-9　3883 与 3812 工业运转结果比较(大庆重质蜡油为原料)

催化剂		3883		3812	
累计运转时间/h		500	660	500	660
运转条件	床层最高温度/℃	421	413	426	421
	总平均温度/℃	395	394	407	404
	体积空速/h^{-1}	1.42	1.42	1.34	1.18
	操作压力/MPa	18.0	18.0	19.0	19.0
生成油性状	密度(20℃)/(g/cm^3)	0.7989	0.8063	0.7735	0.7734
	<200℃/%(质量分数)	30	28	41	—
	<320℃/%(质量分数)	54	47	67	68
	>320℃凝固点/℃	18	16	15	17

第六节　润滑油加氢新工艺的开发

一、石油三厂加氢法生产润滑油基础料

石油三厂采用高压加氢法生产润滑油基础料已经有二十年的历史了。这期间由于对催化

剂和生产工艺进行了不断的改进、完善、油品质量得到提高，调和品种不断增多。加氢法生产的基础油具有很好的低温流动性和黏温性能，对添加剂感受性好，硫、氮含量低、饱和烃含量高。目前生产的轻、中质基础油 75SN、100SN、150SN、200SN 黏度指数 VI 分别达到 100、110、116、120，凝点分别为-26℃、-16℃、-13℃、-10℃。

(一) 基础油生产工艺

大庆原油经常减压分馏后，常三、减二、减三线含蜡油，用石油三厂自己研制的催化剂 3822 与 3812 串联，并在 0.4Mt/a 加氢裂化装置上使用。前者 3822 加氢精制催化剂以 $\gamma-Al_2O_3$ 为载体，钼镍等金属为活性组分，使加氢裂化原料油中氮脱至 10μg/g 以下，后者 3812 催化剂以硅铝和酸化 β-分子筛为以钨等金属为活性组分，使加氢裂化生成油小于 320℃ 馏分转化率不小于 60%。加氢生成油经蒸馏后，可得到直切滑油料、冷榨滑油料及加氢尾油，加氢裂化工艺特点是灵活性大，改变工艺条件就可以调节产品结构以适应市场需求。在润滑油滞销时，提高加氢生成油<320℃转化率，多产石脑油，喷气燃料。需要生产润滑油时，可降低转化率来多产润滑油料。

加氢降凝装置所用原料油通常是加氢裂化尾油和冷榨脱蜡的软蜡混合油，如遇蜡油过剩或需要液化气时，原料中也可以混入少量减二线蜡油，只要较大幅度地提高反应温度即可。

加氢降凝工艺是以加氢尾油为原料通过精制催化剂 3722 与降凝催化剂 3902 串联馏程得到的降凝生成油，降凝生成油经蒸馏后产出不同黏度牌号的润滑基础油料。根据不同润滑油产品要求，可对基础油料进行补充精制或深度精制，以此来改善基础油的色度和光安定性，也可以生产出白色油产品。加氢过程进出料性状见表 2-6-1，润滑油基础油料性状见表 2-6-2，白色油产品性状见表 2-6-3。

表 2-6-1　加氢过程进出料性状

项　目		加氢裂化	加氢降凝	加氢精制
		3822-3812	3722-3902	3872
进料	密度(20℃)/(g/cm³)	0.8486	0.8206	0.8410
	馏程/℃			
	初馏点	371	210	314.5
	10%	330	298	340
	50%	390	331	366
	90%	472	401	406
	95%	485	426	416
	硫/(μg/g)	630	18	<1
	氮/(μg/g)	970	2	<1
	凝固点/℃	+43	+17	-43
	运动黏度			
	40℃/(mm²/s)	(50℃)12.49	(50℃)5.68	14.12
	100℃	4.01	2.28	
	残炭/%			

续表

项　目			加氢裂化	加氢降凝	加氢精制
			3822-3812	3722-3902	3872
出料	密度(20℃)/(g/ cm^3)		0.7583	0.8139	0.8414
	馏程/℃				
	初馏点		43	60	313
	10%		94		340
	50%		223	325	366
	90%		(80%)351	(70%)335	408
	95%				418
	凝点(>320)/℃		18	-25	-43
	硫/(μg/g)		11	2	
	氮/(μg/g)		3	1	
	易碳化物(食品级)				合格
	紫外吸光度	275nm			0.0181
		295mm			0.011
		300mm			0.010

表 2-6-2　润滑油基础油料性状

项　目	直切滑油料	冷榨滑油料	75SN	100SN	150SN	200SN
密度(20℃)/(g/cm^3)	0.8100	0.8270	0.8436	0.8450	0.8496	0.8529
馏程/℃						
初馏点	260	259	291	357	336	387
10%	267	324	313	376	387	422
50%	275	354	329	403	418	443
90%	295		375	420	463	494
95%	299	397	385	435	476	502
运动黏度						
40℃/(mm^2/s)	3.77	8.29	14.18	20.38	30.01	38.29
100℃		2.38	3.33	4.24	5.36	6.32
黏度指数		104	104	113	113	114
闪点(开)/℃	119	160	183	173	214	231
色度(ASTM D1500)/号	<0.5	<1	0.5	<1.5	1.5	3
残炭/%	0.0014	0.014	0.0010	0.001	0.001	0.004
酸值/(mgKOH/g)	0.0023	0.0023	0.0033	0.0033	0.0033	0.0033
蒸发损失/%				26	18.5	6.8
凝固点/℃	-20	-5	-32	-18	-16	-16

表 2-6-3 白色油性状

项目		15 号	26 号	32 号	38 号
运动黏度/(mm^2/s)					
40℃		15.08	26.59	32.30	37.78
100℃		3.44	4.93	5.68	6.29
颜色(赛波特)/号	≥	+30	+30	+30	+30
凝固点/℃		-26	-13	-11	-17
闪点(开)/℃		196	222	228	233
易碳化物(食品级)		合格	合格	合格	合格
紫外吸光度					
275nm		0.0158	0.0376	0.0360	0.0320
295nm		0.0530	0.0490	0.0510	0.0500
300nm		0.0540	0.0470	0.0540	0.0480

(二) 加氢降凝催化剂的发展

石油三厂发挥加氢优势，由单纯的燃料型向燃料-润滑油型的方向发展。在加氢降凝催化剂的研制中开发出一代新品种催化剂，使润滑油基础油收率、品种和质量不断提高，石油三厂加氢降凝技术的发展大致可以分为四个阶段。

第一阶段：开发出以 β 沸石为载体的加氢降凝催化剂 3731，采用了加氢精制和加氢降凝工艺，于 1973~1975 年进行了工业生产。对降凝生成油的润滑油收率 46.8%，>320℃凝点-5℃。

第二阶段：20 世纪 70 年代末期开发了以 ZSM-8 中孔沸石等复合载体，多种金属组分为活性组分的 3792 催化剂，该催化剂具有择形裂解重油的特点，又具有异构化反应性能，在 1980 年实现了工业化，3792 催化剂的应用使润滑油基础油收率(对加氢尾油降凝生成油)提高到 63.85%，>320℃馏分凝点-15~-20℃，但该剂成本高。

第三阶段：1990 年开发了 3902 催化剂取代了 3792 催化剂，改性后的 ZSM-5 分子筛等复合载体，浸以活性金属组分而成，该剂仍以加氢尾油为原料，生产轻、中质润滑油基础油等产品，无论是生成油液收和基础油收率均较 3792 催化剂有一定提高，使石油三厂加氢润滑油生产技术又前进了一步。

第四阶段的研究开发以生产重质润滑油为主要目的，推出新一代降凝催化剂，实验室代号 90-35，该催化剂制备工艺简单，能一段法处理大庆减三线重质蜡油，可生产出中、重质润滑油基础料，90-35 催化剂经微型 1900 小时评价，生成油集合样 > 320℃润滑油收率 63%，凝点-16℃，可填补石油三厂 350SN、500SN 润滑油基础料的空白。此催化剂由于生产任务的改变，未在加氢车间工业化使用。

各阶段开发的加氢降凝催化剂工业运转结果见表 2-6-4。降凝催化剂 3792 与 3902 工业运转润滑油基础油性状对比见表 2-6-5。

由表 2-6-4 可以反映出：

① 进料为加氢尾油，3902 催化剂较 3792 催化剂反应温度低，润滑油总收率提高 3%~5%。

② 进料为蜡油，3792 催化剂较 3731 催化剂润滑油收率提高 17%，3792 可处理减二线蜡油，且前者较后者润滑油收率提高 13%，>320℃馏分凝点下降-5~-10℃。

表 2-6-4　几种加氢降凝催化剂运转结果

项　目		工业运转				
		3731	3792		3902	3792
	平均反应温度/℃	398.5	344	419	308	410~420
	原料油名称密度(20℃)/(mm²/s)	蜡油(精)	加氢尾油	蜡油	加氢尾油	减二线蜡油
	馏程/℃	0.8456	0.8325	0.8660	0.8247	
	初馏点	(5%)316		336	236	
	10%	355	312	394	312	363
	15%	466		449	374	422
进料性能	90%	538		519	438	486
	95%	553	498	527	454	503
	凝固点/℃	+48	22	+48	+20	
	碱性氮/(μg/g)	15		246	5	
	总氮/(μg/g)		17	684	<12	
	残炭/%	0.03		0.13		
	硫/%			0.086	0.0059	
	运动黏度(100℃)/(mm²/s)	5.22	3.42	6.24		
	切收/%	42.6	73.4	66	77	
	凝固点/℃	−14	−22	−7	−25	−5~−11
生成油>320℃馏分油性状	运动黏度/(mm²/s)					
	50℃	35.4		26.1		
	100℃	7.08	5.31	6.17	4.92	
	润滑油收率/%		62.6	49.5	66.2	50
	入方：原料油	100	100	100	100	100
	化学耗氢/(kg/100kg)	2.77	0.96	1.60	1.28	
物料平衡	出方：生成油	79.0	85.31	74.97	86.00	65
	气态烃	23.1	15.06	26.51	14.74	
	损失	0.69	0.57	0.125	0.54	
	N5/%			12.93		
	≤75SN	25.2	11.85	7.17		
润滑油料产品收率/%	100SN	21.6	17.98	15.25		
	150SN			20.45		
	200SN		34.02	11.87		
	润滑油料合计/%	46.8	63.85	67.67		

表 2-6-5　3792 催化剂与 3902 催化剂 工业运转润滑油基础油料性状对比

项　目	3792			3902				
蒸馏侧线	一线	二线	塔底	减顶	减一	减二	减三	减底
基础料(组分油)	N7	100SN	150SN	N7	N10	100SN	150SN	250SN
运动黏度/(mm²/s)								

续表

项　目	3792			3902				
40℃	6.28	18.14	32.83	7.49	11.05	18.65	33.80	55.58
100℃		3.79	5.63	1.7	2.8	3.8	5.8	8.3
黏度指数		97	110	93	94	98	110	120
闪点(开)/℃	134	204	225	130	171	197	228	243
凝固点/℃	<-65	-32	-12	<-60		-42	-22	-9
酸值/(mgKOH/g)	0.014	0.0028	0.0028	0.0028	0.0028	0.0028	0.0028	0.0028
硫/%(质量分数)	0.0050	0.0048	0.0056		0.0046	0.0046	0.0075	0.0075
总氮/(μg/g)	2	1	1			1	1	1
密度(20℃)/(g/cm^3)	0.8450	0.8480	0.8520	0.8456	0.8436	0.8436	0.8476	0.8495
馏程/℃								
初馏点	(5%)238	269	343	266	307	357	398	414
10%	262		359	297	347	379	419	449
15%	320	379	417	322	365	398	447	490
90%	356	412	477	349	390	422	480	504
95%	366	420	488	358	396	428	495	555
折射率(20℃)	1.4670	1.4683	1.4703	1.4670	1.4662	1.4660	1.4680	1.4700
族组成/%								
饱和烃	88.02	94.01	95.39	94.88	95.77	96.98	96.73	97.85
芳香烃	11.87	5.71	4.37	3.96	2.9	2.98	2.72	1.97
非烃	0.10	0.28	0.24	0.04	0.04	0.02	0.07	0.18

由表 2-7-5 可以反映出；由于降凝催化剂的发展、更新，使基础油料生产，由开始时 150SN 发展到可生产出 200SN 基础料，各馏分侧线所得油料凝点下降，烷烃饱和度增加。

(三) 改造蒸馏装置生产窄馏分的润滑油调和组分

调和组分的性状与蒸馏塔分离效率有关，石油三厂减压蒸馏塔太大，因处理量小，存在着馏分重叠度较大问题，造成各馏分油沸程较宽，影响基础油质量，为此对蒸馏塔进行了缩径改造。塔径由原来的 3400mm 缩至 2400mm，并且将浮阀塔盘改为规整的填料。改造后，较好的解决了存在的上述问题。

特别是 75SN、100SN 轻质油料馏程范围降低到 80℃左右，<75SN 闪点由原来的 134℃上升到 145℃，75SN 由原来的 183℃上升到 187℃，使轻质油料符合 HVIW 油料新标准见表 2-6-6。

表 2-6-6　蒸馏塔改造后生成油物性

项　目	减一	减二	减三	减四
密度(20℃)/(g/cm^3)	0.8390	0.846	0.8515	0.8496
馏程/℃				
初馏点(初馏)	202	317	409	429
10%	216	350	422	442
50%	257	380	446	465

续表

项　目	减一	减二	减三	减四
90%	284	400	486	515
95%	290	405	496	520
运动黏度/(mm^2/s)				
40℃	8.04	15.56	44.78	60.37
100℃	2.31	3.49	6.93	8.87
黏度指数	97	99	111	123
闪点(开)/℃	145	187	241	268
凝固点/℃	-46 以下	-46	-20	-7
酸值/(mgKOH/g)	0.02	0.024	0.0045	0.0045
残炭/%	0.001	0.001	0.003	0.004

(四) 基础料补充精制及润滑油产品开发

石油三厂基础油具有以下特点:

① 凝点低，75SN 凝点可达-46℃，200SN 凝点-20℃。

② 低杂质含量，硫、氮含量小于 2μg/g。

③ 芳烃含量低，饱和烃含量高，基础油黏度指数较高，100SN、150SN、200SN 黏度指数 110~120。

④ 低温流动性好，如高档润滑油 15 号航空液压油低温流动性-54℃，运动黏度要求不大于 2500mm^2/s，加剂后，在满足其他指标和要求后，-54℃运动黏度为 1832mm^2/s，加剂后黏度变化见表 2-6-7。

表 2-6-7　加剂后黏度变化

项　目		15 号航空液压油部分质量指标	基础油(加剂后)
运动黏度/(mm^2/s)			
100℃	不小于	4.9	5.19
40℃	不小于	13.2	13.35
-40℃	不高于	600	420.8
-54℃	不高于	2500	1832

⑤ 添加剂感受性好，抗氧剂在基础油中加入 0.3%，可使氧化安定性(旋转氧弹法) 150℃达到 235min，加入 0.3%降凝剂可使基础油凝点由-22℃降低到-46℃，运动黏度(100℃)mm^2/s 为 4.3 基础油料中加入 4%~5%的黏度指数改进剂可使黏度(100℃)mm^2/s 提高到 7.6~8.5。

虽然加氢法基础油具有许多优点，但它还存在着安定性差的缺点，基础油料在日光灯下照射一周左右，有红色沉淀产生，解决这一问题，石油三厂采用了补充精制的方法，该工艺可使基础油芳烃全部脱除，并能深度脱氧、脱硫、脱单环芳烃，使杂环化合物分解。该工艺可用于生产高收率的白油产品，满足色度和稳定性要求。

石油三厂在基础油补充精制的生产中，曾首先应用了本厂研制并生产的第一代白油催化剂 3842，后来使用 3872 催化剂，历时 8 年时间。3872 催化剂较宜处理轻质油料，随着中质油料的生产，从1992年起补充精制分别选用了国外A(HTC)及国内B(NCG)催化剂进行工业生产，由于催化剂的孔结构分布较广泛，使它们具有处理轻、中重质油料能力，可生产出食品级白色油。经生产实践证明应用A、B作为基础油料的补充精制催化剂能够满足现有工艺对产品质量的要求，主要技术指标时色度及稳定性。表2-6-8列出了150SN在同等工艺条件下分别经3872、A(HTC国外催化剂、B(NCG国内催化剂)催化剂进行补充精制后油料的稳定性，明显看出，A、B催化剂处理中质油料时精制效果较好，精制后的油料经2个月日光灯照射，没有发生变化，主要结果见表2-6-9。

表2-6-8　不同精制催化剂进行油料补充精制效果(实验室结果)

项　　目	3872	NCG	HTC
颜色(赛波特号)	+30	+30	+30
易碳化物(食品级)	不合格	合格	合格
紫外吸收度/mm			
275	0.1404	0.0231	0.0399
295	0.3050	0	0.035
300	0.3050	0	0.028
日光灯照射2个月	红色沉淀	白透明	白透明

表2-6-9　补充精制进出料性状(实验室结果)

项　　目	进料	出料
运动黏度(40℃)/(mm²/s)	38.47	38.46
凝点/℃	-18	-16
闪点(开)/℃	231	234
色度	(SY2211)12	(赛波特)+30
总氮/(μg/g)	2	
硫/(μg/g)	1.5	(硫化物)通过
折射率 $n_D^{15.5}$	1.4690	1.4613
密度(20℃)/(g/cm³)	0.8437	0.8442
馏程/℃		
初馏点	381	
10%	418	412
50%	451	445
90%	500	501
95%		
破乳化(54℃)/min	15~25	1~3
族组成/%		
饱和烃	97.4	99.9
芳香烃	2.5	0.1
非烃	0.1	
日光下照射	7~10d出现沉淀	3个月无变化

表 2-6-9 表明，油料经过补充精制后，芳烃得到了全部饱和，破乳化时间减少，色度由棕色变为水白色，杂质进一步脱除，稳定性得到进一步提高。

在此基础上，石油三厂推出新型的白油催化剂，工业牌号 3942，该产品在 1995 年 9 月初装入装置，该催化剂制备工艺简单，成本低，具有较大的孔容：0.48mL/g 和大的比表面积：245m^2/g。应用 3942 催化剂进行补充加氢精制，在较低的反应温度 200~220℃，较大空速下：0.4~0.5h^{-1}，可产出食品级白油，3942 经微型加氢装置运转结果见表 2-6-10。

石油三厂基础油料经补充精制，可生产出理想的润滑油料，这种基础油料只要配伍合适，可调配各种高新技术润滑油产品，石油三厂润滑油产品见表 2-6-11。

表 2-6-10　3942 催化剂精制油料结果

项目			200SN	75SN
进料	运动黏度/(mm^2/s)			
	40℃		39.15	14.18
	100℃		6.28	3.33
	凝固点/℃		-17	-32
	色度(ST2211)		11	3.5
	闪点(开)/℃			183
	硫/(μg/g)		1.5	0.7
	氮/(μg/g)		2	1
	密度(20℃)/(g/m^3)		0.8527	0.8436
	馏程(初馏点~95%)/℃		386~486	291~385
	族组成分析(芳烃)/%		2.0	4.3
出料	易碳化物(食品级)		合格	合格
	紫外吸收值/mm			
	275		0.0671	0.0406
	295		0.0780	0
	300		0.0750	0
	色度(赛波特号)	≥	+30	+30

表 2-6-11　石油三厂润滑油产品

序号	油品名称	质量标准
1	25 号、45 号变压器油	GB 2536—90
2	针织机油	协议标准
3	10 号航空液压油	协议标准
4	15 号航空液压油	国家军用标准
5	8 号液力传动油	达到国内先进水平
6	6 号液力传动油	符合铁道部标准
7	HV22，32HS22，32 液压油	符合中石化总公司制定的 L-HV、L-HS 液压油暂定技术条件
8	L-HG 液压油	SH 0352—92
9	N32 导轨油	SY 1288—82

续表

序　号	油品名称	质量标准
10	数控机床油	符合中石化总公司颁布的《产品质量赶超国际先进水平技术条件》要求
11	5W/30(CD/SF)，10W/30(CD/SF)多级内燃机油	符合 API
12	10W/40(CD/SF)，15W/40(CD/SF)	
13	汽轮机油	GB11120-89
14	23 号冬季车轴油	
15	L-HL32 号液压油	GB11118-89
16	夏季车轴油	SH0139-92
17	冷冻机油	SH0349-92
18	HL-32 号通用机床油	执行协议标准
19	8 号稠化机油	SP1157
20	二冲程汽油机油	
21	防锈油	SH0367-92
22	导热油	
23	潜艇外部系统液压油	MIL-H-17672
24	聚苯乙烯油性剂	达到美国道化公司美国柯斯顿公司白矿油标准
25	15 号食品级白油	GB4853-94
26	32 号食品级白油	
27	优质螺杆空压机油	
28	主轴油	SH0017-90

石油三厂将继续努力，进一步完善“加氢法”润滑油工艺技术，不断开发新型催化剂，使基础油质量油新的突破，产品种类不断增加。以适应我国科技发展需要。

二、催化脱蜡催化剂开发和应用的回顾

用催化脱蜡(又称临氢降凝、加氢降凝等)方法生产润滑油是 20 世纪 70 年代发展起来的一种炼油新工艺。它是在临氢条件下，通过选择性裂化和异构化反应，将油料中高凝固点正构烷烃转化为凝固点较低的润滑油馏分。以代替传统的老三套(溶剂脱蜡、溶剂精制、白土精制)润滑油生产工艺。它的优点不仅是工艺过程较为简单，原料油来源广泛，而且润滑油黏度指数较高、凝点低、添加剂感受性能好，是生产优质高档润滑油基础油料的较好的工艺方法。

20 世纪 60 年代以来，国外许多公司相继开展了润滑油催化脱蜡工艺的研究工作。70 年代末以后，英国石油公司(BP 法)，美国飞马公司(MLDW)法和日本出光兴产公司的润滑油催化脱蜡工艺相继实现工业化生产，这些催化脱蜡工艺的技术关键均是采用了特有性能较好的催化剂。

为实现重质原料用加氢法生产润滑油，提高炼厂经济效益的目标，20 世纪 70 年代初，石油三厂就开展了大庆减压蜡油用加氢精制-催化脱蜡法生产润滑油工艺和催化剂的研究工作。1971~1972 年，先后开发成功了 3715 和 3722 两种催化剂并投入了工业生产，获得了轻质润滑油产品。1973 年完成了含 β 沸石的 3731 型催化剂研制开发，1973~1975 年在工业装

置上连续运转570d，生产出轻、中质润滑油产品数万吨。1979年又开发出3792型一段法催化脱蜡催化剂。1980年3月投入工业运转，使润滑油产品收率和质量均得到更大的提高，直到1990年6月为止，共使用十年时间，在不断改进的基础上，1990年开发出制备工艺简单、成本低，润滑油收率更高和经济效益更好的3902型催化剂，1990年6月投入工业运转，以加氢裂化尾油(未转化油)为原料，相同工艺条件下生成油收率较3792型催化剂提高2%~3%。为生产重质润滑油需要，在完成3902型催化剂工业生产后，1990年四季度开始，在总结了3792和3902催化剂基础上，随着催化剂不断更新换代，使催化脱蜡生产润滑油工艺技术水平和经济效益不断提高。

（一）含氟化硼酸性组分氧化铝系列催化剂

1971年初，根据原燃化部指示，石油三厂开展了润滑油加氢“一顶三”新工艺和催化剂的研制工作。由于领导重视关怀和攻关试验组全体同志共同努力，仅经过半年多时间就完成了原料油加氢精制3713和催化脱蜡3715两种催化剂的研制。这两种催化剂均是以钨-钼-镍为活性金属组元，前者用无定形硅铝为，后者是以含氟化硼酸型组元的氧化铝为，同年9月进行了工业放大试生产。润滑油加氢工业生产是采用精制—脱蜡两段固定床加氢串联流程。第一段加氢精制3713催化剂主要脱除原料油中氮、硫等非烃化合物，第二段催化脱蜡3715催化剂使第一段精制油料中较高凝点正构烷烃转化成低凝点组分。工业生产时用大庆常三与减二、三线混合油为原料，加氢生成油经过常压蒸馏装置获得30%~40%左右轻质润滑油基础油料，调和出5号、7号高速机油和变压器油(25号)，经在沈阳变压器厂和沈阳纺织厂使用试验后，认为基本符合要求。

通过3715催化剂工业运转，发现3715催化剂脱蜡效果很差。因此，又在实验室内进行试验研究工作。通过改变氧化铝制备工艺方法，并用氟化硼乙醚代替原有用硼酸-氟氢酸为酸性组分制备了3722型催化剂，并完成中、小型装置上加氢工艺试验，降凝活性和润滑油料收率有了一定提高，1972年4月进行工业放大试生产，见表2-6-12和表2-6-13。

为了寻找3722催化剂工业使用时不同原料油加氢所得生成油性状及产品调合方案，结合工厂实际，在实验室内对大庆减二、三线精制油、加氢尾油(蒸馏塔底油)，常三线三种原料油进行考查，常三线油因含氮高效果差。生成油中大于320℃馏分凝点一般+10℃左右，只能调制一些轻质润滑油品种，见表2-6-14。

试生产也表明：3715和3722催化剂，由于采用酸性氧化铝，催化剂内部微孔孔径大，催化脱蜡选择性和异构化活性均很差。不但对原料油中高凝点烷烃进行裂解，同时一些润滑油理想组分也受到严重破坏，主要靠深度加氢裂化达到降凝。生成油较轻，润滑油收率低，产品凝点高、黏度低、无法生产较重润滑油料。同时由于催化剂抗氮性能差，操作温度高。使用周期寿命也很短，工业上无法长时期使用。

表2-6-12 催化剂特征

催化剂 \ 分析 \ 组成	化学组成	物化性状			
		形状 尺寸/mm	堆密度/ (g/cm^3)	表面积/ (m^2/g)	孔容/ (mL/g)
3713型	$WO_3-MoO_3-NiO-SiO_2-Al_2O_3$	圆柱形 ϕ6×4	1.04	175	0.33
3715型	$WO_3-MoO_3-NiO-F-B-Al_2O_3$	圆柱形 ϕ6×4	1.04	126	0.32
3722型	$WO_3-MoO_3-NiO-F-B-Al_2O_3$	ϕ6×4-6	1.00	110	0.18

表 2-6-13　3713-3715 催化剂工业装置串联加氢运转结果

累计运转天数/d	床层平均温度/℃	生成油>320℃收率/%(质量分数)	生成油>320℃馏分凝固点/℃
43	418.5	33	+16
70	452.2	16	+3
85	450	23	+16
105	448	19.5	+11
125	451.4	21.0	+13
140	458.6	20.0	+13
152	453.5	24.0	+18

工艺条件：原料油；大庆减二、三线和常三线混合油，凝固点+44℃；碱氮 240μg/g；催化剂装填体积比 3713∶3715＝1∶2；压力 20PMa；空速 0.6h^{-1}(体积)：气油比 1500∶1，氢纯度 77%。

表 2-6-14　3722 催化剂加氢条件及生成油性状

试验编号		1126-1	1126-3		1126-4
原料油性状	种类	减二、三线精制油	加氢尾油		常三线
	馏程/℃	349~549	252~511		257~401
	凝点/℃	+46	+36		+37
	碱氮/(μg/g)	77	48		140
	硫/%	0.147			
加氢条件	总压力/MPa	20	20	20	20
	温度/℃	430	405	410	430
	空速/h^{-1}(体积)	1.0	1.0	1.5	1.0
	气油比(体积)	1500∶1	1500∶1	1500∶1	1500∶1
生成油性状	>320℃收率/%	18.7	38.8	25.7	32
	>320℃凝固点/℃	+16	+8	+2	+25
	实沸点切割收率/%(质量分数)				
	(对生成油)				
	初馏点~60℃	0.84	1.91	0.8	0.1
	60~130℃	16.40	6.44	11.3	8.64
	130~165℃	9.62	6.01	7.1(130~160)	8.0
	165~310℃	44.76	38.58	40.6(160~310)	35.88
	310~340℃	6.18	11.1	10.7	6.8
	>340℃	16.1	33.6	24.6	

(二) 含 β 沸石催化剂

为了提高催化脱蜡催化剂的选择性和润滑油产品收率，1972 年初便开始着手进行新型沸石实验研究工作。通过一年多的时间，除完成一种新型高硅铝比沸石的研究外，并开发成功以 β 沸石为含有钼镍金属组分 3731 型催化剂。经过小型 6400h 稳定性考查和一立升中型放大试验，并取得中型放大生成油调制润滑油产品等一系列数据，较 3722 催化剂有较大提高。1973 年 10 月在石油三厂第一套和第三套两加氢装置上采用加氢精制-催化脱蜡两段串联流程投入工业生产。直至 1975 年为止共计运转 570d，生产出轻中质润滑油产品。工业运转表明，所得润滑油料黏度指数和收率也均未达到要求指标，同时也影响生产装置加工量。为了简化催化脱蜡工艺流程，提高加氢装置生产能力，1974 年开发成功了 β 沸石为催化脱蜡，钼-锌组分 7438 型一段法催化脱蜡催化剂。7438 型催化剂不用加氢精制油，直接加工大庆减压蜡油原料，经过小型 2500h 稳定性试验和 1L 中型放大油品考察，润滑油收率虽有提高，但黏度指数偏低 10 个单位，同时由于一段法原料油裂解深度不够，重质润滑油凝固点偏高。另外，由于杂质含量高，催化脱蜡运转温度高，工业装置操作有一定困难，故未实现工业生产。

为了进一步提高润滑油催化脱蜡技术水平，在实现了 3731 催化剂加氢工业生产的同时，在实验室内继续不断改进两段法催化脱蜡催化剂性能，研制成功了 3742 型复合催化剂(见表 2-6-15)。它是以大孔 $\gamma-Al_2O_3$ 和 β 沸石为，钼镍为金属活性组分的两段法催化脱蜡催化剂，制造生产成本低。经过 2100h 小型试验和中型放大试验，结果表明：润滑油黏温性能和副产品汽油安定性能有了改善，但是润滑油收率并不高。1974 年 12 月，完成催化剂工业生产任务后，由于产品结构调整原因，未投入工业运转。

表 2-6-15　含 β 沸石催化剂特性

催化剂型号	化学成分	形状和尺寸/mm	堆密度比/(g/cm^3)	孔容/(mL/g)	开发年代	工业运转时间
3731	MoO_3-Ni-β 沸石	φ6×4	0.85	0.23	1973 年 2 月	1973~1975
3742	MoO_3-NiO-β 沸石-Al_2O_3	φ6×4	0.84	0.28	1974 年 12 月	-

通过实践证明：含 β 沸石催化剂，β 沸石虽然是高硅铝比沸石，活性稳定、异构化活性和裂解活性较无定型强。但由于沸石内部孔径 0.7~0.8nm 偏大，较一般直链烷烃分子 0.5nm 大得多。因此，在催化脱蜡过程中，原料中除正构石蜡外，一部分带侧链的环状化合物也进入 β 沸石孔内部进行裂化反应，遭到破坏，影响润滑油理想组分遭到破坏，影响润滑油的质量和收率。

催化脱蜡过程中，3731 型催化剂和 3742 型催化剂均采用两段加氢流程；第一段加氢精制脱除原料油中氮和硫化物，同时使稠环芳烃饱和。试验所用原料油为大庆减二、三线油按体积 1:1 混对宽馏分油，经 3722 催化剂加氢精制后的油品，其碱性氮小于 35μg/g，稠环芳烃小于 1%，非烃杂质大为减少，烷烃和环烷烃总和达到 85% 以上，氮脱除率达到 90% 以上，黏度指数有所提高。3731 催化剂还用过 3705 催化剂加氢裂化尾油，原油与 3722 催化剂加氢精制油相似，但因是深度裂化尾油，饱和烃达到 88%，而黏度下降显著，7438 催化剂用大庆减二、三线 1:1 混合油为原料。

原料油及精制油性状见表 2-6-16。

表 2-6-16　原料油及精制油性状

项　目		减压蜡油	3722 催化剂精制油	3705 催化剂加氢尾油
馏程/℃	5%	402	350	316
	10%	411	379	355
	50%	482	457	466
	90%	—	522	538
	95%	552	535	553
黏度/(mm^2/s)				
100℃		7.61	7.22	5.22
凝固点/℃		+49	+47	+48
碱性氮/(μg/g)		240	17~35	15
残炭/%(质量分数)		0.165	0.01	0.03
密度(20℃)/(g/cm^3)		0.8806	0.8273 (60℃)	0.8456

续表

项　目		减压蜡油	3722 催化剂精制油	3705 催化剂加氢尾油
组成分析/%	烷烃+环烷	75	85.5	88.6
	单环芳烃	12	10.8	8.0
	双环芳烃	5.3	1.46	0.7
	三环芳烃	2.8	0.85	1.0
	非烃	3.2	1.2	0.9

3731 催化剂、3742 催化剂 1L 装置运转结果见表 2-7-17 和表 2-7-18。

表 2-6-17　3731 催化剂 1L 装置运转结果

运转条件：总压力 20MPa，氢纯度 75%~80%，空速 1.0h^{-1}

运转/h	反应温度/℃	气油比（体积）	生成油收率/%（质量分数）	生成油>320℃馏分		备注
				收率/%（质量分数）对进料	凝固点/℃	
28	360	1000∶1	75.5	26.8	-7	原料油 3705 精制油
84	385	1000∶1	81.0	27.2	-8	
252	380	1000∶1	79.8	24.2	-6	
400	380	1000∶1	77.4	28.4	-17	
700	380	1000∶1	82.1	28.6	-7	
900	390	1000∶1	76.1	31.1	-8	
1000	390	1000∶1	73.8	29.5	-11	
1364	400	1000∶1	78.4	27.1	-14	
1560	410	1000∶1	74.7	35.1	-2	原料油 3722 精制油
1600	410	1000∶1	79.4	41.3	-2	
1650	410	1000∶1	80.6	38.9	-7	
1700	400	2000∶1	78.7	37.8	-4	
1800	405	2000∶1	78.6	31.5	-12	
1850	405	2000∶1	72.8	38.6	-4	

表 2-6-18　3742 催化剂 1L 装置运转结果

运转时间/h	反应温度/℃	生成油收率/%（质量分数）	生成油>320℃馏分		备　注
			收率/%（质量分数）对进料	凝固点/℃	
64	370	80.5	35.2	-20	原料油：3722 精制油
140	380	90.5	36.4	-12	
192	380	87.0	38.9	-21	
240	377	83.5	37.8	-16	
320	377	89.0	46.5	-1	
376	377	87.3	37.6	-1	
460	377	88.0	23.3	-15	
540	377	92.0	43.5	-3	
640	377	83.2	39.5	-2	
704	377	84.2	30.8	-21	

实验条件：总压力 20MPa，氢纯度 75%~80%，氢油比 1000∶1，空速 1.0h^{-1}。

3731 催化剂工业化生产运转数据见表 2-6-19，产品分布见表 2-6-20。

表 2-6-19　3731 催化剂工业化生产运转数据

时间	年．月．日		1973.10.28	1974.1.5	1974.2.1	1974.3.1	1974.4.1	1974.8.17
运转条件	总压力/MPa		20.0	20.0	20.0	20.0	20.0	20.0
	氢分压/MPa		16.8	16.0	15.6	16.4	16.2	15.8
	一反平均温度/℃		366.1	374.0	383.5	382.0	393.2	396.0
	二反平均温度/℃		365.6	373.7	382.5	383.0	392.0	395.0
	三反平均温度/℃		374.0	383.8	393.0	392.0	402.8	406.0
	四反平均温度/℃		380.0	392.3	398.8	402.5	406.5	413.0
	最高反应温度/℃		388.0	405.0	403.0	406.0	418.5	420.0
	总平均反应温度/℃		369.0	381.0	389.4	389.2	398.5	402.5
	空速(体积)/h^{-1}		1.01	1.01	1.01	1.09	1.01	1.01
	气油比(体积)		1670:1	1700:1	1700:1	1500:1	1700:1	1700:1
生成油性状	密度(20℃)/(g/cm^3)		0.7742	0.7530	0.7530	0.7670	0.7750	0.7727
	溴价/(gBr/100g)			10.4	13.4	11.56	10.6	
	>320℃馏分收率/%		39.2	31.6	28.8	38.9	42.6	36.0
	凝点/℃		-5	-13	-13	-17	-14	-6
	黏度/(mm^2/s)	100℃	8.36	5.72	5.7	6.8	7.08	6.18
		50℃	44.8	25.1	24.9	33.15	35.4	29.0
	黏度指数		75	85	85	80	80	
	<190℃汽油辛烷值		68	72	72	74	73	
	原料油		减三精制				减三精制	
物料平衡/%	入方	原料油					100	
		氢					2.77	
	出方	生成油					79.0	
		气态氢					23.1	
		损失					0.69	

表 2-6-20　3731 催化剂工业运转产品分布

产　品	对生成油收率/%（质量分数）	对二段进料油收率/%（质量分数）	对一段进料油收率/%（质量分数）
液态氢	9.5	7.23	6.72
汽油	27.0	20.9	19.41
-35℃柴油	16.2	12.55	11.68
轻质润滑油	25.2	19.52	18.15
中质润滑油	21.6	16.85	15.65
损失	0.5	0.45	0.39

（三）含 ZSM 型沸石催化剂

1. 3792 催化剂

为了达到润滑油产品高液体收率、高润滑油收率、高黏度指数、低凝点、安定性好的“三高一低一好”目标，在 1973~1975 年实现了 3722、3731 催化剂加氢精制—催化脱蜡两段加氢流程生产润滑油工业化后，为了进一步改善催化脱蜡润滑油基础油料质量和收率，从1978年开始，石油三厂又进行含ZSM型沸石催化剂的研制工作。经过两年时间，研制开发成功选择性良好的ZSM型新沸石和催化脱蜡效果较好的3792催化剂。1980年3月3792催化剂在加氢装置正式投入工业化运转，润滑油产品收率和质量均得到明显提高。直到1990年6月改换新的催化脱蜡催化剂为止，3792催化剂在石油三厂工业装置上共计使用10年时间，生产各种润滑油基础油和白油原料数十万吨，为三厂取得了较大的经济效益。

3792催化剂是以新ZSM型沸石和硅铝复合含WO_3-MoO_3-Ni-Zn-Sn多金属活性组分的催化剂。新ZSM型沸石具有硅铝比高，每部晶格间孔径小、吸附性和选择性好的特点；较硅铝异构性能好(见表2-6-21)。因此，3792催化剂既具有择形裂解重油特点，又具有较强异构化反应特性。由于催化剂同时具有、裂化和脱蜡等多种功能，因此原料油既可以是加氢裂化未转化尾油，又可以是大庆直馏减压蜡油，成品油黏度指数和收率较3731催化剂有显著提高。1980年，除以大庆直馏减压蜡油一段法工业生产外，多以加氢裂化未转化尾油和尾油掺入蜡油混合原料进行工业生产。以加氢裂化尾油为原料时，生成油液收85%~90%(质量分数)，润滑油总收率达55%~60%(质量分数)，凝固点可达-20℃。原料油终馏点530℃左右，大庆减二、三线混合油，生成油液收75%(质量分数)左右，>320℃馏分凝点可达-5℃以下，润滑油收率达40%(质量分数)以上。

表2-6-21　3792催化剂特性

化学成分	形状和尺寸/mm	堆比/(g/cm^3)	孔容/(mL/g)	使用条件		开发年代	工业运转时间
				原料	产品		
WO_3-MoO_3-NiO-SnO_2-Zn-沸石-Si-Al	φ4×3~4	0.77~0.83	≥0.15	大庆直馏蜡油，加氢裂化尾油	轻、中质润滑油	1979年	1980~1990年

由于3792催化剂催化脱蜡生产的润滑油基础油料具有凝点低、黏度指数较高、杂质含量低、低温流动性能好和对添加剂感受性好等特点，能调制出多种不同用途的轻中质优质润滑油产品。近年来，石油三厂与国外有关部门合作，已开发调制了几种中、高档润滑油产品。有些产品质量水平已经达到或者超过20世纪80年代末国际同类产品水平。

经过工业试验证明，用加氢裂化尾油作为催化脱蜡原料，与大庆减压蜡油作原料相比，具有操作条件缓和、润滑油收率高、产品质量好等特点。因此形成了石油三厂加氢-催化脱蜡联合工艺生产润滑油基础油的工艺过程。

3792催化剂1L中型装置运转结果见表2-6-22。

表2-6-22　3792催化剂1L中型装置运转结果

运转时间/h	反应温度/℃	生成油性状		
		液收/%(质量分数)	润收/%(质量分数)	>320℃凝固点/℃
40	410	70.5	52.7	-5
80	410	74.5	55.9	-4
181	410	69.2	51.2	-5
208	410	64.3	47.2	-5
272	410	71.5	52.4	-4

续表

运转时间/h	反应温度/℃	生成油性状		
		液收/%(质量分数)	润收/%(质量分数)	>320℃凝固点/℃
392	410	83.2	62.4	-2
512	410	75.4	59.5	-6
608	410	71.5	59.0	-3
728	410	70.6	60.0	-1
824	410	64.7	49.7	-5
平均	410	71.5	52.1	-4

原料油：大庆减二线蜡油；馏程：10% 365℃，50% 434℃，95% 524℃；凝点+44℃，残炭 0.087%，碱氮 210μg/g。

操作条件：压力 20MPa，空速 1.0h^{-1}，气油比 2000∶1(体积)，氢纯度 75%~80%(体积)。

2. 3902 型催化剂

3792 催化剂的投入工业应用，虽然使润滑油催化脱蜡工艺水平上了一新台阶，但工业运转表明，裂化性能还是偏高，气体产量大，影响生成油液收和润滑油收率进一步提高。同时，由于催化剂金属组元多，制造工艺过程复杂，生产成本高。1990 年开发成功 3902 型催化剂，取代了 3792 催化剂。它是采用一种由新工艺方法结合并经过特殊处理的新型 ZSM 沸石为主体，加入适量大孔硅铝和氧化铝干胶挤条成型后，再经浸钨镍金属活性组分制备工艺而制成的。由于沸石吸附选择性好，催化剂酸性功能和加氢活性功能匹配，达到较好平衡，孔分布得到改善。3902 催化剂具有高的活性和选择性，催化脱蜡生成油和润滑油收率得到提高。3902 催化剂于 1990 年 6 月代替了 3792 催化剂投入工业运转后，以加氢裂化尾油为原料，以生产轻中质润滑油基础油料为主要产品。催化剂活性好，反应温度较 3792 催化剂低 5~7℃。相同工艺条件下，生成油液收和润滑油收率较 3792 催化剂高 2%~3%，化学耗氢量减少，产气量低，产品凝固点和黏度与 3792 相当。加工每吨原料油所创造的经济效益大于 3792 催化剂。3902 催化剂自 1990 年代替 3792 催化剂投入工业后，一直在石油三厂继续使用，历时 4 年，效果较好。见表 2-6-23~表 2-6-31。

表 2-6-23　3792 催化剂各种工艺条件下工业运转结果

	标定编号	Ⅰ	Ⅱ	Ⅲ	Ⅳ	Ⅴ	Ⅵ
	油料原	尾油	尾油	尾油	尾油	减二、三线	减二、三线
工艺条件	空速(体积)/h^{-1}	1.0	1.5	2.0	1.5	0.77	1.0
	总压力/MPa	19.2	19.2	19.2	15	19.0	19.0
	最高反应温度/℃	290	291	300	299	419	433
	平均反应温度/℃	278	284.5	291.5	289	407	419
	循环氢纯度/%	77~79	80~82	77~80	74~80	71~73	71~74
	氢油体积比	1000	950	750	800	1950	1500
性质原料油	馏程/℃	383~506	283~506	250~497	262~495	297~552	336~526
	碱性氮/(μg/g)	13	13	6	9	272.7	272.7
	凝固点/℃	21	21	22	22	48	49

续表

	标定编号		Ⅰ	Ⅱ	Ⅲ	Ⅳ	Ⅴ	Ⅵ
生成油>320℃馏分性质	收率/%(质量分数)		80.2	73.5	82.8	81.0	69.0	70.0
	黏度(50℃)/(mm²/s)		13.74	12.85	12.71	14.31	25.61	25.03
	黏度指数		118	117	118	108	100	92
	凝固点/℃		-20	-22	-13	-15	-7.5	-13
物料平衡/%(质量分数)	入方	原料油	100	100	100	100	100	100
		化学耗氢	0.28	0.59	0.61	0.81	1.51	1.60
		m^3/t(标)	99	70	73	91	171	179
	出方	生成油	88.3	91.0	90.26	89.5	75.73	74.97
		气态烃	12.12	9.38	10.11	10.98	25.689	26.505
		损失	0.4	0.21	0.24	0.33	0.147	0.125

表 2-6-24 加氢裂化尾油催化脱蜡润滑油基础油的性质

分析项目		65 号中性油	100 号中性油	150 号中性油
黏度/(mm²/s)				
40℃		7.14	21.57	32.83
100℃			4.3	5.63
黏度指数			105	110
色度(ASTM D1500)		<0.5	<1.0	<1.5
凝固点/℃		-60	-32	-14
闪点/℃		138	206	220
硫/(μg/g)		<1	<1	<1
氮/(μg/g)		<1	<1	<1
残炭/%(质量分数)		-	0.0021	0.0064
酸值/(mgKOH/g)		0.002	0.0028	0.0028
API 度		35.18	34.59	33.81
密度(20℃)/(g/cm³)		0.8396	0.8457	0.8510
折射率(n_D^{20})		1.4670	1.4683	1.4703
馏程/℃				
初馏点		250	330	335
10%		285	360	390
50%		330	390	435
90%		360	425	490
95%		365	430	510
族组成/%(质量分数)	饱和烃	88.02	94.01	95.39
	单环芳烃	10.71	5.44	3.62
	双环芳烃	1.12	0.10	0.31
	多环芳烃	0.05	0.07	0.44
	胶质	0.01	0.28	0.24
环分析(红外法)/%	C_A	10.31	6.70	5.19
	C_N	27.32	21.73	19.59
	C_P	62.37	71.56	75.22

表 2-6-25　催化剂特性比较

项目 \ 名称	金属组成	物化性状				
		比表面积(m^2/g)	孔容/(mL/g)	孔直径/nm	堆密度(g/mL)	强度/(N/cm)
3902	WO_3-Ni-沸石-Si-Al	280	>0.15	1.5	0.72~0.82	798
3792	WO_3-Mo_3-Ni-SnO_2-ZnO-沸石-Si-Al	275	≥0.15	1.2	0.77~0.83	798

表 2-6-26　催化剂初活性比较

项目 \ 名称	反应温度/℃	空速/h^{-1}	液收/%（质量分数）	生成油>320℃		润收/%（质量分数）
				收率%（质量分数）	凝点/℃	
3902	280	1.43	≥80	>85	<-15	>60
3792	310	1.43	75	80	<-20	60

表 2-6-27　3902 催化剂工业装置运转标定工艺条件

项　目		标 定 条 件
原料油		加氢裂化尾油
系统压力/MPa		18
氢油比(体积)		850∶1
循环氢纯度/%		89
硫化氢浓度/(mg/m^3)		5
空速(体积)/h^{-1}		
精制		6.7
裂化		1.4
后精制		7.0
反应温度/℃		
精制	最低	300
精制	最高	308
裂化	最低	300
裂化	最高	319
总平均		308

表 2-6-28　3902 催化剂工业运转标定原料油和生成油性质

项　目		原料油	生成油
密度(20℃)/(g/cm^3)		0.8247	0.8049
馏程/℃	初馏点	236	37
	10%	312	78
	30%	348	331
	50%	374	368
	70%	398	
	90%	438	
	95%	454	
凝固点/℃		20	
碱性氮/(μg/g)		<5	<1
总氮/(μg/g)		<12	<4
硫/(μg/g)		59	1

表 2-6-29　3902 催化剂工业运转生成油产品分布及窄馏分性质

项目 \ 馏分/℃		<127	127~300	300~350	350~400	400~450	450~470	>470
收率%/(质量分数)		3.22	6.09	13.79	2.13	22.28	15.61	23.89
馏程/℃	初馏点	55	206					
	10%	66	226					
	30%	70	243					
	50%	73.5	254					
	70%		265					
	90%	80.5	276					
	95%	99	280					
	终馏点	126						
凝固点/℃					−45	−40	−23	−10
酸度/(mgKOH/g)		11.65	5.84					
密度(20℃)/(g/cm^3)		0.6708	0.8237					
黏度/(mm^2/s)								
40℃				6.58	11.24	14.36	21.81	38.81
100℃				1.98	2.82	3.34	4.46	6.56

表 2-6-30　3902 催化剂和 3792 催化剂工业运转结果对比

项　目		3792	3902
工艺条件	最高反应温度/℃	348	326
	平均反应温度/℃	330	318
	体积空速/h^{-1}	1.6	1.45
	总压力/MPa	17.9	18.0
	氢油比(体积)	725	765
生成油及产品	液体收率/%(质量分数)	83.5	86.0
	>320℃馏分凝固点/℃	−23	−22
	>320℃馏分收率/%(质量分数)	72.0	74.3
	>320℃馏分黏度/(mm^2/s)		
	40℃	17.1	16.8
	100℃	5.31	4.92
	汽油/%(质量分数)	11.16	11.17
	N_5/%(质量分数)	11.85	12.93
	75SN/%(质量分数)	–	7.17
	N_{15}/%(质量分数)	17.98	–
	100SN/%(质量分数)	–	15.25
	N_{32}/%(质量分数)	34.02	–
	150SN/%(质量分数)	–	20.45
	200SN/%(质量分数)	–	11.87
	生成气/%(质量分数)	15.54	14.31
	损失/%(质量分数)	0.54	0.54
化学耗氢/(kg/100kg)		1.47	1.28

表 2-6-31　催化剂初活性对比

催化剂名称	反应温度/℃	生成油液收/%（质量分数）	>320℃馏分收率/%（质量分数）	>320℃馏分凝固点/℃
3902	400	59	76.0	-17
3792	400	59	76.5	-13

压力 16MP，气油比 2000∶1(体积)，空速 1.0h^{-1}，原料油：大庆减二线蜡油。

(四) 小结

润滑油催化脱蜡工艺技术的关键是催化脱蜡催化剂水平高低。石油三厂通过二十多年努力探索试验，研制开发出一代一代催化剂新品种，质量不断创新，大大促进催化脱蜡工艺技术的发展，使润滑油收率、品种和产品质量不断提高。为石油三厂发挥加氢优势，由单纯的燃料型企业向燃料—润滑油型企业方向发展，合理地利用本厂有限的原料资源，为提高装置的加工能力和经济效益做出了重大贡献。同时，也为国内加氢法生产润滑油基础油开辟了一条新的工艺路线。

三、润滑油临氢降凝装置运转 10 年

20 世纪 80 年代初，石油三厂研制的 3792 临氢降凝催化剂首次在 50kt/a 加氢裂化装置上试生产运转成功。为石油三厂加氢裂化技术发展开辟了新的领域。3792 催化剂通过选择性加氢裂化反应，可以将加氢裂化尾油(未转化油)加工成高档轻质润滑油基础油，组成了燃料—润滑油型新的加氢裂化技术，使加氢尾油的宝贵资源得以充分利用，并提高了加氢裂化装置的经济效益。

(一) 装置改造及工艺流程完善情况

3792 催化剂第 1 周期是在反应器容积为 6m^3第四套装置(加氢降凝)上进行的，第 2 周期在原装置上增加了一台反应器，使催化剂容积扩大到 12m^3。在这两个周期生产过程中，没有单独的专用生成油蒸馏装置，而是将生成油减压后存入储罐，积累足够适量后与加氢裂化生成油在一套蒸馏装置上进行切换操作，得到汽油及润滑油产品，这样做使轻烃损失大，(进储罐前的气体进燃料气系统了，在储罐内储存时轻轻挥发掉了)，产品收率始终不准确。从第 3 周期开始，先后建成包括稳定塔、常压塔和减压塔的整套蒸馏装置，使加氢和蒸馏在工艺流程上形成了硬联接，完善了临氢降凝工艺过程，轻烃和气体得到充分回收。同时为了脱除混合原料中的氮化物，在 3792 催化剂前部增设一台精制反应器，内装 3722 型加氢精制催化剂，以供在原料油中对掺混直馏蜡油时进行加氢精制。

第 5~第 6 周期，临氢降凝改到加氢第 3 套装置上进行，加工能力增加到 120kt/a，第 8 周期又回到改造后的加氢第 4 套装置，一直运转到第 10 周期结束。

在 10 个周期运转过程中，临氢降凝技术不断完善。从单独一种催化剂流程发展到加氢精制—加氢脱蜡串联流程，尤其是 1988 年，为了改善润滑油的色度，在 3792 催化剂后部增设了后精制反应器，内装 3822 型加氢精制催化剂，作为油品的后精制之用。完善后的工艺见图 2-6-1，但是由于后精制空速过大，流程不尽合理，后精制温度偏高，且无法控制，所以后精制没有达到预期效果，生成油色度反比原来降低 3~5 个单位(国标)，未能达到接近无色要求。

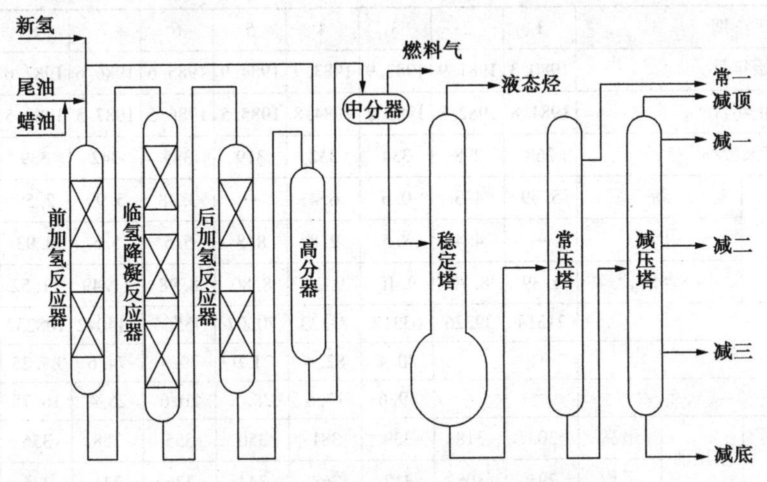

图 2-6-1 润滑油临氢降凝工艺流程示意图

（二）装置运转情况

3792 催化剂于 1980 年 3 月首次在工业装置上投入运转，至 1990 年 5 月初被新一代 3902 催化剂所代替，前后共运转了 10 个周期，所谓周期是指石油三厂年度大检修，装置停工即作为一个周期。在停工检修期间，催化剂卸出过筛后重新装入反应器中使用，同时根据损失量和淘汰量补入一部分新鲜催化剂。所以，除第一周期外，每个周期都是新旧催化剂混合使用。淘汰下来的旧催化剂一般都经过二个周期或更多周期的运转，报废后不再经过烧焦恢复使用。曾在实验室做了再生试验，表明再生后催化剂活性基本达到新鲜催化剂活性水平。但由于工业装置上没有再生条件，且器内再生对装置和系统腐蚀较大，因而没有进行工业化再生。催化剂如能进行再生复活，催化剂寿命将进一步延长，催化剂单耗将进一步降低。

表 2-6-32 列出了 10 个周期运转的重要数据，表 2-6-33 列出各周期的标定数据。10 个周期共处理原料油 811. 5kt，消耗新鲜催化剂 29. 05t，催化剂单耗为 0. 035kg 催化剂/t 原料油。根据美国“烃加工”杂志发表数据，国外加氢裂化催化剂单耗为 0. 02lb/bbl 原料油，折算为 0. 064kg 催化剂/t 原料油，由此可见，3792 催化剂活性水平是较高的。

加氢裂化尾油在临氢降凝过程中，直链烷烃的蜡分子通过选择性加氢裂化反应，生成轻质烃类，主要是：C_3~C_4烃类产品，不但为石油三厂轻油制氢提供廉价原料，而且在全厂燃料气平衡中起到很重要的作用，在加工的原料中，80%~90%为加氢裂化尾油，其余 10%~20%为直馏蜡油。混对加工蜡油除了使装置满负荷，主要目的是增加液态烃产量和润滑油产品黏度，以满足全厂燃料和特殊产品要求。

在装置运转过程中，由于原料油质量多变，使操作条件变化频繁，反应温度升降幅度较大。当原料油全尾油改成混入一定比例直馏蜡油时，数小时内反应温度需提高 50~70℃，反之亦然。即使如此，在 10 年运转中，未发生过超温放空事故，而且始终保持生成油>320℃馏分的凝固点在-10℃以下。

表 2-6-34 列出了临氢降凝生成油经常减压蒸馏后，得到的各馏分性状。常压塔一线油为柴油组分，也可用作滑油料，减压各线均作为滑油基础油。

表 2-6-32　3792 催化剂工业运转各周期数据

周　期			1	2	3	4	5	6	7	8	9	10
开始年月			1980.3	1981.9	1982.9	1983.9	1984.9	1985.6	1986.6	1987.6	1988.6	1989.6
终止年月			1981.8	1982.8	1983.8	1984.8	1985.5	1986.5	1987.5	1988.5	1989.5	1990.5
运转天数/d			268	298	334	332	319	345	342	339	334	333
催化剂更换情况/t	新		5.39	4.3	0.6	6.4	—	3.48	5.99	2.59	6.81	0.6
	旧		—	4.4	8.5	2.8	8.8	5.5	5.5	8.93	4.23	11.26
	合计		5.39	8.70	9.10	9.20	8.80	8.98	11.49	11.52	11.04	11.86
加工量累计/t			21314	39226	63317	73323	70507	95564	114042	108232	114478	101452
其中：尾油/%					80.4	82.4	71.9	79.4	74.6	83.25	81.94	81.61
蜡油/%					19.6	17.6	28.1	20.6	25.4	16.75	18.06	18.39
反应温度/℃ 初期	全尾油	最高	303	318	339	381	350	355	358	356	352	359
		平均	291	306	312	368	344	336	341	336	336	339
	混合油	最高		422	414	421	419	409	418	402	397	398
		平均		407	410	408	397	391	392	378	361	369
反应温度/℃ 末期	全尾油	最高	401	407	380	399	382	390	381	380	380	382
		平均	394	400	360	385	360	372	357	357	370	372
	混合油	最高		437	440	443	440	430	417	413	414	437
		平均		423	422	431	428	412	402	398	390	409
产品收率(对原料油)/%												
汽油					12.1	10.1	11.5	13.2	11.3	9.4	9.3	10.4
柴油					7.6	10.1	9.3	10.7	0.9	3.2	2.8	5.5
润滑油					46.6	47.3	46.5	48.7	58.7	61.5	59.7	56.8
干气												
液态烃①					33.7	32.5	32.7	27.4	29.1	25.9	28.2	27.3

① 其中干气仅占 3%~5%。

表 2-6-33　3792 催化剂工业运转标定数据

项目	年份	1981	1982	1983	1984	1985	1986	1987	1988	1989	1990
原料	原料种类	混油	尾油	混油	混油	混油	尾油	尾油	尾油	尾油	混油
	密度 ρ_{20}/(g/cm³)	0.8473	0.8218	0.8369	0.8375	0.8403	0.8221	0.8231	0.8325	0.8274	0.8380
	馏程(10%~95%)/℃	383/517	327/492	351/491	336/491	341/497	318/496	306/501	319/498	340/486	332/489
	氮含量/(μg/g)	121	12	58.5	51	121	14	15	17	9	7[注1]
	凝固点/℃	41	21	31	28	32	20	24	22	22	19[注2]
	黏度(100℃)/(mm²/s)	4.99	3.39	3.78	3.48	4.53	3.41	3.51	3.42	3.97	4.25
工艺条件	最高反应温度/℃	432	387	405	425	431	372	403	353	362	407
	平均反应温度/℃	421	370	393	411	415	361	389	344	349	392
	体积空速/h^{-1}	0.9	1.42	1.12	1.14	1.02	1.09	1.06	1.12	1.56	1.64
	氢分压/MPa	13.76	14.36	14.40	14.58	15.30	15.12	14.82	14.25	15.64	14.33
	氢油比（体积）	900	750	870	900	1300	1200	1200	1200	784	720

续表

项目 \ 年份		1981	1982	1983	1984	1985	1986	1987	1988	1989	1990
生成油性质	密度 ρ_{20}/(g/cm^3)	0.8107	0.7978	0.8009	0.8019	0.7965	0.7982	0.8011	0.8020	0.7913	0.8139
	馏程(初馏点~70%)/℃	35/441 (50%)	37/392	35/432	35/441	31/431	36/386	35/391	34/396	44/388	60/469
	液收/%	81.77	89.31	88.13	86.12	82.30	88.82	86.42	85.36	84.50	83.55
	>320℃凝固点(馏分)/℃	-12	-16	-18	-22	-14	-19	-18	-22	-23	-22
	>320℃收率/%(质量分数)	64.7	78.8	72.8	71.00	63.2	74.3	72.8	73.4	72.00	74.00
	>320℃黏度/(mm^2/s)										
	40℃	18.2								16.45	
	100℃	5.1								4.88	
物料平衡/%(质量分数)	原料	100	100	100	100	100	100	100	100	100	100
	化学耗氢	1.52	0.97	1.21	1.32	1.48	0.91	0.96	0.94	0.97	1.29
	生成油	81.77	89.37	88.13	86.12	82.32	88.82	86.42	85.31	84.9	84.12
	生产气	19.28	11.03	12.07	14.59	18.76	11.48	14.15	15.06	15.54	16.7
	损失	0.47	0.57	0.38	0.61	0.42	0.61	0.39	0.57	0.53	0.47
	工业氢耗量(标准态)/(m^3/t)	225.7	152.3	178.2	183.6	214.7	163.3	171.2	168.2	169.4	201.4
	生产装置	四套	四套	四套	四套	三套	三套	三套	四套	四套	四套

表 2-6-34　3792 润滑油临氢降凝产品性状

油品名称	汽油组分	柴油组分	减顶	减一线	减二线滑油料	减三线	减底
相对密度(20℃)	0.6623	0.8399	0.8456	0.8436	0.8436	0.8476	0.848
馏程/℃							
初馏点	39	260	266	306	357	398	414
10%	45	274	297	347	378	419	449
50%	61	298	323	365	398	447	490
90%	168	326	349	380	422	480	544
终馏点	199	337	–	–	–	–	–
凝固点/℃		<-50	<-50	<-50	-42	-22	-9
色度(ASTM D-1500)			<0.5	<0.5	<0.5	0.5	1.5~2.0
黏度/(mm^2/s)							
40℃		5.2	7.5	11.3	18.7	33.8	55.6
100℃			1.7	2.8	3.8	5.8	8.3
黏度指数			93	80	98	110	120
闪点/℃		120	132	171	197	228	243

（三）小结

临氢降凝装置 10 年来工业运转说明，3792 催化剂运转成功，使石油三厂加氢裂化技术实现了突破，它不仅使加氢裂化尾油得到了合理的利用，摆脱了加氢裂化尾油只能再次循环裂化生产燃料油的束缚，而且开辟了加氢法生产高档轻质润滑油的路线。这种新型的燃料—润滑油型加氢裂化工艺，完善了我国加氢裂化技术，进一步提高了加氢裂化装置的竞争能力和经济效益。

四、润滑油加氢新工艺的开发几个阶段

从1971年初到1980年，石油三厂用了10年时间，经过三个阶段，最终开发成以3792催化脱蜡催化剂为代表的、一段法加氢脱蜡新工艺。

第一阶段(1971~1972年)，试制成功以氧化铝及无定型硅铝为，钨、钼、镍为金属组分的3713、3714、3715及以氧化铝为的3722加氢精制催化剂。工艺上开发了两段法加氢，1971年底在工业装置放大试运。

第二阶段(1973~1975年)，研制成功β分子筛、β分子筛和氧化铝为的3731加氢脱蜡催化剂，加氢工艺仍为两段法，在加氢三套装置上实现工业化生产。

第三阶段(1977~1981年)，研制成功ZSM系列沸石，并研制成功以ZSM-8、无定形硅铝为的3792加氢脱蜡催化剂。1980年3月在加氢四套工业装置上进行一段法试运转，原料油既可是加氢裂化尾油，也可以是大庆减压蜡油或者加氢尾油与大庆减压蜡油按任意比例的混合油。该法一直运转了十多年，无论基础油或润滑油产品，多年来一直受到用户、国内外研究者、工商业者的重视和好评。

(一) 两段法加氢脱蜡工业实践

3713和3715催化剂两段串联工艺作为用加氢法生产润滑油基础油有了初次探索，还是有一定价值的。

但3713和3715催化剂两段串联工艺的实践证明问题较多，且基本不能生产优质的润滑油基础油而很快即被淘汰，因此这里不予介绍。下面只将精制段使用3722催化剂，裂化段使用3731催化剂的两段串联工艺简要介绍如下。

1. 原料油的预精制

工艺流程与一般加氢装置相同，只是精制反应后面增加一个高温分离器，顶部分出的气态物料(称气相油)经冷却后进入冷高分进一步分离为循环氢和液体轻质油，前者循环回反应段，后者送蒸馏。热高分器底部分出的液相精制油(称液相油)冷却后送贮罐，作为第二段加氢降凝的进料。

原料油为402~552℃的大庆VGO，经3722催化剂，在16~18MPa氢分压、1.0~1.5h^{-1}体积空速、320~420℃反应温度和770:1的氢油体积比条件下，加氢精制，得到的油品与原料性状列于表2-6-35中。

表2-6-35 原料油与精制油性状与产率

项目	原料油	精制油	项目	原料油	精制油
相对密度 d_4^{20}	0.8806	0.8273	组成/%(质量分数)		
馏程/℃			烷+环烷	75	85.5
5%	402	350	芳烃：单环	12	10.8
10%	411	379	双环	5.3	1.5
50%	482	457	三环	2.8	0.9
95%	552	535	非烃	3.2	1.2
凝固点/℃	+49	+48	产率/%(质量分数)		
碱性氮/(μg/g)	240	<10	C_1~C_4		2.5
残炭/%(质量分数)	0.165	0.01	<350℃轻油		5.4
黏度(100℃)/(mm^2/s)	7.61	7.22	>350℃精制油		93.0

2. 加氢脱蜡(临氢降凝)

精制油为进料。两段法加氢脱蜡工业运转见表 2-6-36。

表 2-6-36 两段法加氢脱蜡工业运转

时间/年.月.日	1973.10.28	1974.1.15	1974.4.1	1974.8.17
运转条件				
氢分压/MPa	16.8	16.0	16.2	15.8
平均温度/℃	369	381	398.5	402.5
空速(体)/h^{-1}	1.01	1.01	1.01	1.01
氢油比(体积)	1670∶1	1700∶1	1700∶1	1700∶1
生成油分析				
相对密度 d_4^{20}	0.7742	0.7530	0.7750	0.7729
溴价/(gBr/100g)	-	10.4	10.6	-
>320℃馏分收率/%(质量分数)	39.2	31.6	42.6	36
凝固点/℃	-5	-13	-14	-6
黏度/(mm^2/s)				
100℃	5.7	5.72	6.8	6.18
50℃	24.9	25.1	33.6	29.0
黏度指数	82	81	76	72
化学耗氢/%(质量分数)	2.1	-	2.77	2.83
产率/%(质量分数)				
C_1	0.02		微	0.03
C_2	0.17		0.27	0.25
C_3	3.59		5.99	7.21
iC_4	6.54		7.64	6.32
nC_4	2.27		4.08	5.12
液体产品/%	87.7		84.1	82.8

加氢脱蜡的主要反应是长链的正构烷烃的深度裂解，但与此同时一部分环状烃的长侧链[$-(CH_2)_n$，$n\geqslant4$]也被断裂降解，表现为石蜡烃含量(C_p)显著降低，由 65.3%降到 57.5%。芳烃环和环烷环则相应地因浓缩而增多。这些反应最终导致烃分子密度增高，表现为加氢脱蜡油的黏度增高，而黏度指数下降。解决问题途径是改善沸石的选择性，尽量保存环烷环上的长侧链(即润滑油理想组分)不被断裂。采用 ZSM 沸石为基础的复合催化剂可以使上述目的得到实现。

3. 加氢脱蜡润滑油的质量

内燃机油的质量见表 2-6-37。

表 2-6-37 内燃机油的质量

项　目	加氢脱蜡油	常规油
理化分析		
黏度(100℃)/(mm^2/s)	11.25	11.2
黏度指数	80	102
凝固点/℃	-20	-16

续表

项　　目	加氢脱蜡油	常规油
闪点/℃	230	243
残炭/%(质量分数)	0.17	0.2
酸值/(mgKOH/g)	0.005	0.022
发动机试验		
清洁评分	6.85	10.85
铅片腐蚀/(g/m²)	0.4	1.0
机油耗量/(g/Hp·h)	6.1	5.6
行车试验(15000km)		
气缸磨损值/mm	0.012	0.013
活塞清洁评分	3.86	1.68
活塞环失重/g	0.55	0.61
活塞抗磨性/mm	0.022	0.022
曲轴磨损值/mm	0.004	0.004
连杆磨损值/g	0.5	0.7
轴承磨损值/g	0.22	0.12
机油耗量/(g/km)	5.4	3.1

4. 加氢过程中油品化学结构的变化

油品组成结构的变化见表 2-6-38。

表 2-6-38　油品组成结构的变化

项　　目	原料油(溶剂脱蜡后)	精制油(溶剂脱蜡油)	精制油(加氢脱蜡后)
凝固点/℃	-3	-3	-5
黏度/(mm²/s)			
100℃	7.28	6.35	8.77
50℃	34.1	26.3	45.0
黏度指数	97	110	90
烃族组成/%(质量分数)			
烷+环烷	67.5	84.5	79.2
芳烃			
单环	15.0	13.5	15.9
双环	7.2	0.8	2.0
三环	4.8	0.6	1.3
非烃	5.5	0.6	1.6
结构分析/%			
C_A	13.5	5.1	5.9
C_P	68.8	65.3	57.5
C_N	17.7	29.7	36.6

表 2-6-38 数据说明，原料油经过一段精制后，芳烃环结构有显著变化。C_A值由 13.5%降至 5.1%，尤其多环芳烃被深度加氢饱和为环烷，使 C_N值由 17.7%增至 29.7%。由于精制条件比较缓和，仅有轻微的烷烃裂解，所以 C_P值变化不大，由 68.8%降至 65.3%。

（二）一段法加氢脱蜡的工业实践

一段法加氢脱蜡是采用 ZSM 型分子筛与硅铝复合制成的 3792 加氢脱蜡催化剂，通过一段加氢完成加氢脱蜡的工艺过程。该流程自 1980 年 3 月工业放大运转成功后，曾用加氢裂化尾油、大庆常三、减三蜡油为原料，进行若干次试验，完全重复了实验室结果。至此，一段加氢脱蜡工艺放大实践全部完成，并转入正常工业生产。

1. 3792 催化剂性状

3792 催化剂，是由 ZSM 分子筛，无定型硅铝和钨、钼、镍金属组成。它不仅有降凝作用，还有加氢精制作用，其物化性状见表 2-6-39。

表 2-6-39　3792 催化剂的物化性状

项目 批号	比表面积/(m^2/g)	孔容/(mL/g)	孔径/nm	ZSM-8 分子筛/%		耐压/(kg/粒)
				正己烷吸附	环己烷吸附	
2	214	0.19	1.8	11.0	5.2	>80

2. 3792 催化剂的开工

根据催化剂的组成，采用湿式硫化法开工。硫化在 18MPa 操作压力下进行，用加氢(低含氮)煤油做硫化油，CS_2做硫化剂。硫化油性状见表 2-6-40。

表 2-6-40　硫化油性状

相对密度d_4^{20}	初馏点/℃	10%/℃	50%/℃	90%/℃	终馏点/℃	碱氮/(μg/g)	S/%
0.7887	157	178	208	255	282	0	0.003

3. 活性调整

考虑到该催化剂初次放大，因此，在初活性期间先用加氢裂化尾油(大庆 VGO 加氢裂化生成油的常压蒸馏塔底油)做原料进行调整，逐步掌握规律后，再切换蜡油并进行几种条件试验，之后转入正常生产。

4. 工业化生产情况

3792 一段法加氢脱蜡试验成功之后，即转入工业化生产阶段。根据试验和最佳工艺流程要求，最好以加氢裂化尾油做原料最合适。当全厂燃料气和液化气不足时，适当在尾油中混合一定比例的大庆 VGO，以生产 NT-N32 机械油或白油料、乃至 75SN~150SN 的基础油，同时副产气体作燃料气平衡全厂瓦斯。

（1）工业生产的工艺条件。ⓐ操作压力：18.0MPa；ⓑ氢分压：13.5~14.8MPa；ⓒ床层最高温度：350~435℃；ⓓ床层平均温度：340~425℃；ⓔ体积空速：0.9~1.5h^{-1}；氢油比(体积)：700∶1~1200∶1。

（2）工业生产的原料油，加氢裂化尾油与大庆减压蜡油性状见表 2-6-41。

（3）工业生产的物料平衡。原料通过加氢脱蜡装置，反应生成油减压到 1.5MPa 后，送至南小套蒸馏装置的中分，分出干气后进入稳定塔脱除液化气，然后在常压塔分馏。塔顶产汽油，一线产轻质润滑油(或 65SN)，二线产 100SN 基础油，塔底产 150~200SN 基础油或 N32 机械油的调和组分。处理加氢裂化尾油时，物料平衡见表 2-6-42。

表 2-6-41　加氢裂化尾油与大庆减压蜡油性状

进料种类	加氢裂化尾油	大庆 VGO
进料性状		
密度d_4^{20}	0.8267	0.8660
馏程/℃		
10%	343	394
50%	401	449
90%	487	519
95%	506	527
凝固点/℃	+21	+48
碱性氮/(μg/g)	10	245
残炭/%(质量分数)	0.02	0.13

表 2-6-42　原料为尾油，加氢脱蜡的物料平衡　　%(质量分数)

入方		出方	
原料油	100	汽油组分	13.61
新氢	1.56	一线滑油组分	16.38
		二线滑油组分	18.62
		塔底滑油组分	33.39
		液化气	16.24
		干气	2.84
		损失	0.48
合计	101.56		101.56

（三）开发出来的润滑油产品

由于加氢脱蜡基础油低温黏度好，添加剂感受性和热稳定性好，所以这期间石油三厂调制成功一大批润滑油。

石油三厂利用 100SN、150SN 中性油调制出各种标号的低倾点液压油和液力传动油，多级内燃机油，解决东北地区一贯依靠西北低凝点原油生产的润滑油，并部分地取代了进口，正在不断显示其优越性。

1. 基础油性状及其对添加剂的感受性

表 2-6-43 列出加氢脱蜡法生产的三种中性油性状。数据表明，硫、氮杂质含量很低，这是稳定性好的前提条件。中性油的倾点低，而且对降凝剂和黏度指数改进剂等添加剂的感受性好，可以满足低温流动性好的要求。

表 2-6-43　加氢脱蜡法生产润滑油基础油物化性状

性状 \ 油别	65 号中性油	100 号中性油	150 号中性油
黏度/(mm^2/s)			
40℃	7.14	21.57	32.83
100℃	–	4.31	5.63
黏度指数	–	105	110
色度(ASTM-D1500)	<0.5	<1.0	<1.5

续表

性状＼油别	65 号中性油	100 号中性油	150 号中性油
凝固点/℃	<-60	-32	-14
闪点/℃	138	206	220
硫/(μg/g)	<1	<1	<1
氮/(μg/g)	<1	<1	<1
残炭/%(质量分数)	-	0.0021	0.0064
酸值/(mgKOH/g)	0.002	0.0028	0.0028
API 度	35.18	34.59	33.81
相对密度d_4^{20}	0.8396	0.8467	0.8510
折射率n_D^{20}	1.4670	1.4683	1.4703
馏程/℃			
初馏点	250	330	335
10%	285	360	390
50%	330	390	435
90%	360	425	490
95%	365	430	510
族组成/%			
饱和烃	88.02	94.01	95.39
单环芳烃	10.71	5.44	3.62
双环芳烃	1.12	0.10	0.31
多环芳烃	0.05	0.07	0.44
胶质	0.10	0.28	0.24
环分析(红外法)/%			
C_A	10.31	6.70	5.19
C_N	27.32	21.74	19.59
C_P	62.37	71.56	75.22

(1) 降凝效果。北京石科院在开发 QE 级 5W/30 和 CD 级 10W 内燃机油的工作中，通过各种降凝剂对不同基础油的降凝效果进行考察，认为只有选用石油三厂的 150SN 才能调出倾点合格的产品。表 2-6-44 和表 2-6-45 数据表明，用溶剂脱蜡油最好的情况，凝点只能降到-35℃，很难满足-42℃以下的要求。用加氢油仅需少量(0.3%以下)降凝剂就可得到倾点-40℃的油品。

表 2-6-44　降凝剂对各种中性油的降凝效果

降凝剂及用量/%＼凝固点/℃＼中性油		大庆油 100SN(老三套油)	大庆油 150SN(老三套油)	加氢油 150SN
	0	24	9	-22
T602	0.1			-37
	0.3	-30	-23	-40
	0.5	-33	-25	-43
	0.7	-34	-25	

续表

降凝剂及用量/% \ 凝固点/℃ \ 中性油		大庆油 100SN（老三套油）	大庆油 150SN（老三套油）	加氢油 150SN
T801	0.1			−35
	0.3	−23	−20	−46
	0.5	−25	−23	−48
	0.7	−27	−23	
T803	0.1			−42
	0.3	−35	−25	−48
	0.5	−30		
	0.7	−33		

表 2-6-45　降凝剂的降凝效果(加入光亮油)

基础油 \ 凝固点/℃ \ 降凝剂/%	T　602				T　803				T801			
	0.1	0.3	0.5	0.7	0.1	0.3	0.5	0.8	0.1	0.3	0.5	0.8
三厂　150SN	−40	−42	−43		−45	−45	−48		−35	−45	−45	
高桥　100SN(老三套油)		−23	−30	−30		−32	−32	−35		−24	−26	−27

(2)低温流动性。高档润滑油要求基础油有良好的低温流动性。如 10WCD 级柴油机油不允许加入黏度指数改进剂，还必须满足−20℃黏度不大于 3500MPa·s 的要求。表 2-6-46、表 2-6-47 列出几种中性油的低温性能，由表列数据看出，加氢中性油的低温性能可满足调制上述内燃机油的要求，还有一定余力，而溶剂脱蜡油则不可能，或非常卡边。

表 2-6-46　基础油与低温性能的关系

基础油	加氢 150SN		大连 150SN（老三套油）		大连 150SN 36% 上海 100SN 54% （均为老三套油）	
项目 \ 结果	100%	加 10% 150BS	100%	加 10% 150BS	100%	加 10% 150BS
运动黏度(100℃)/(mm^2/s)	5.24	6.39	5.09	6.21	4.59	5.43
40℃	28.76	39.89	28.96	39.85	26.53	32.49
黏度指数	114	110	103	102	101	101
凝固点/℃	−17	−14	−12	−12	−20	−16
低温黏度(−20℃)/MPa·s	1500	2100	1990	2600	1700	2400

表 2-6-47　加氢中性油的低温性能(已加入功能复合剂)

基础油	150SN	100SN	$\frac{150SN}{100SN}=\frac{1}{1}$	5W/30 多级油指标
黏度添加剂及用量	T604 4%	T604 4%	A6565 7.5%	
倾点/℃	−40	<−43	<−43	≯−40

续表

基础油	150SN	100SN	$\frac{150SN}{100SN}=\frac{1}{1}$	5W/30 多级油指标
黏度(100℃)/(mm^2/s)	10.27	11.92	10.57	9.3~12.5
低温黏度(-25℃)/MPa·s	5000	1825	1740	≯3500
边界泵送温度/℃	-30℃通过	-30℃通过	-30℃通过	-30

(3) 氧化安定性用ASTM D943方法测定了加氢中性油的抗氧化性，结果列于表2-6-48。数据表明，不加抗氧化剂时，由于自身天然抗氧化组分被破坏，所以抗氧化性能差；但加抗氧化剂后，由于加剂的感受性好，只须添加少量抗氧化剂(0.3%~0.5%)即可满足ASTM D943的要求。

表2-6-48 加氢中性油的抗氧化性能(ASTM D943试验)

时间/h 酸值/(mgKOH/g) 油样	0	220	400	1000	1500	2000
工业白油不加剂	0.002	2.6(185h)				
工业白油调制成的HL液压油(含T501 0.3%)	0.0079	0.053	0.071	0.259	0.212	0.1

(4) 紫外光安定性。加氢油品对紫外光不安定的问题，采用后加氢补充精制和添加抗光剂的双重方法解决，有着极明显的效果，详见表2-6-49。

表2-6-49 加氢油的抗紫外光安定性(密封瓶阳光直射)

油样 结果 项目	150SN		后加氢的150SN	
	空白	加剂	空白	加剂
混浊时间/d	3	25	5	3个月不出沉淀
出沉淀时间/d	4	26	7	

(5) 抗磨性和防锈性。加氢油品无论燃料油，还是润滑油皆有抗磨性差的缺点，解决方法是选择合适的抗磨剂，表2-6-50和表2-6-51介绍了加氢油对抗磨剂和防锈剂的良好感受性。

表2-6-50 不同抗磨剂对加氢油抗磨性的效应

抗磨剂 四球试验	150SN 空白	T406 0.03%	T405 0.3%	T202 1.2%
PB值/kg	45	55	80	85
D_{30}^{40}/mm				0.42

表2-6-51 加氢中性油添加防锈剂的效果加T746剂0.03%

试剂 结果	60 SN		100SN		150SN	
	空白	加剂	空白	加剂	空白	加剂
钢棒锈蚀情况	严重	无锈	严重	无锈	严重	无锈

2. 石油三厂利用加氢降凝产品

石油三厂利用加氢降凝基础油研制出三十余种中、高档润滑油，其中 SG/CD-10W/30 和 SF/CC-10W/30~40 两种内燃机油，1988 年通过美国阿莫科公司评定的 API 标准全部台架试验，并得到合格证书，从此填补了我国 SG/CD-10W/30 级油的空白。为节省篇幅计，这里只将研制成功各系列润滑油名称罗列如后，不作解释。

(1) 液压油系列润滑油

ⓐ10 号航空液压油；ⓑL-HS_{22} 低温液压油；ⓒ6 号液力传动油；ⓓL-HS32 低温液压油；ⓔ8 号液力传动油；ⓕHV-32 低凝液压油；ⓖ10 号低凝液压油；ⓗHS-32 低凝液压油；ⓘ通用机床 HL 液压油；ⓙN32 通用机床油(液压)；ⓚ N32 低凝液压油；ⓛ数控机床液压油；ⓜ N46 低凝液压油。

(2) 内燃机油(多级)

ⓐSD/CC-10W/30；ⓑSF/CD-10W/30；ⓒSF/CD-5W/30；ⓓSG/CD-10W/30；ⓔSF/CC-10W/30-40。

(3) 压缩机油

ⓐ回转式螺杆空气压缩机油；ⓑL-DAH-A32 空气压缩机油；ⓒL-DAH-A46 空气压缩机油。

(4) 冷冻机油

ⓐ13 号冷冻机油；ⓑ13 号专用机油；ⓒ25 号冷冻机油。

(5) 白色油

ⓐ高黏度白油；ⓑN32 化妆级白油；ⓒ仪表油。

(6) 变压器油

-45 号变压器油。

五、加氢裂化-催化脱蜡生产高质量润滑油基础油新工艺

高级润滑油的生产除了受配方、添加剂和调合手段等影响外，主要取决于润滑油的基础油的质量，即基础油必须有很好的低温流动性和黏温性能。我国生产的润滑油基础油主要有两大类，即石蜡基基础油和环烷基基础油。用传统的润滑油生产工艺(即溶剂精制、酮苯脱蜡、白土处理等)生产的这两大类基础油，前者粘温性能好而低温流动性较差；后者低温流动性好而粘温性能差。因此必须通过化学反应来脱除润滑油中的非理想组分及杂质元素，同时改变基础油中一些分子结构，才能达到调制高档润滑油质量的指标。

1989 年，石油三厂催化脱蜡工艺生产的基础油与美国 AMOCO 公司的添加剂调制出了 SG/CD 级通用内燃机油，并通过了美国 API 台架试验，获得了 API 批准生产 SG 级油的许可证。台架实验结果证明，以石油三厂催化脱蜡工艺生产的基础油调制的 SG 级油不仅全部符合 API 标准，而且有些项目的结果还相当好。

下面对石油三厂加氢裂化-催化脱蜡润滑油基础油生产工艺、基础油的特性及高档润滑油产品开发情况作一介绍。

(一) 加氢裂化-催化脱蜡润滑油基础油生产新工艺

1. 催化脱蜡工艺的开发

20 世纪 70 年代，随着对润滑油升级换代要求的提高，国外推出了生产较高黏度指数和较低凝点基础油的催化脱蜡工艺，并逐步应用于润滑油的生产过程。

石油三厂自20世纪70年代初便开始进行催化脱蜡生产润滑油的研究开发工作，并于1973年实现了加氢精制-催化脱蜡生产润滑油的工业化生产，第一代催化脱蜡催化剂中添加了一定量的β-沸石。

为了进一步提高催化脱蜡基础油的质量和收率，石油三厂又开发了以人工合成择型沸石为的型号为3792的第二代催化加氢脱蜡催化剂，并于1980年3月投入了工业化运转。由于该催化剂兼有精制、裂化和脱蜡等多种功能，因此原料油既可以是加氢裂化未转化油(尾油)，又可以是大庆直馏蜡油。3792催化剂工业试验时各种工艺条件考察结果列于表2-6-52。

表2-6-52　3792催化剂在各种工艺条件下的标定数据

标定编号	1	2	3	4	5	6	7
工艺条件							
原料油	未转化油	未转化油	未转化油	未转化油	大庆油减二、三线蜡油	大庆油减二、三线蜡油	大庆油常三、减二线蜡油
空速/h^{-1}	1.0	1.5	2.0	1.5	0.77	1.0	1.0
压力/MPa	19.2	19.2	19.2	15.0	19.0	19.0	19.0
最高反应温度/℃	290	291	300	299	419	433	413
平均反应温度/℃	278	284.5	291.5	289	407	419	387
循环氢纯度/%	77~79	80~82	77~80	74~80	71~73	71~74	77~80
氢/油(体积比)	1000	950	750	800	1950	1500	1500
原料油性质							
馏程/℃	283~506	283~506	250~497	262~495	297~552	336~526	332~499
碱性氮/(μg/g)	13	13	6	9	272.7	272.7	165.4
凝点/℃	21	21	22	22	48	49	39
生成油大于320℃馏分性质							
收率/%	80.2	73.5	82.8	81.0	69.0	70.0	78.0
黏度(50%)/(mm^2/s)	13.74	12.85	12.71	14.31	25.61	25.03	-
黏度指数	118	117	118	108	100	92	-
凝固点/℃	-20	-22	-13	-15	-7.5	-13	-8
物料平衡							
入方							
原料油/%	100	100	100	100	100	100	100
化学耗氢/%	0.82	0.59	0.61	0.81	1.51	1.60	1.53
化学耗氢量/(Nm^3/t)	99	70	73	91	171	179	171
出方							
生成油/%	88.3	91.0	90.26	89.5	75.73	74.79	76.2
气态烃/%	12.12	9.38	10.11	10.98	25.689	26.505	25.1
损失/%	0.40	0.21	0.24	0.33	0.147	0.125	0.23
产品分布(对生成油)/%							
<190℃	10.95(170℃)	9.12(170℃)	9.35(170℃)	9.57(170℃)	19.20	13.48(170℃)	17.67
100~300℃	7.95(330℃)	2.09	2.10	2.69	5.40	5.55	4.18

续表

标定编号	1	2	3	4	5	6	7
300~330℃	–	5.86	10.49	8.29	4.75	2.08	3.52
330~350℃	3.04	5.73	5.88	5.46	3.06	2.65	4.70
350~400℃	19.10	23.36	20.87	20.39	12.30	13.7	19.57
>400℃	–	47.32	46.79	47.0	–	49.74	–
400~450℃	25.60	–	–	–	16.37	–	18.40
450~500℃	15.0	–	–	–	22.9	–	13.97
>500℃	7.8	–	–	–	10.0	–	5.50
损失	5.56	6.52	–	6.6	–	–	–

2. 加氢裂化-催化脱蜡联合工艺工业运转情况

经工业试验证明，加氢裂化未转化油(尾油)作为催化脱蜡原料，比用大庆油 VGO 作原料具有操作条件缓和、润滑油收率高、质量好等特点，因此，石油三厂将加氢裂化-催化脱蜡联合工艺作为生产润滑油基础油的工艺过程。

(1) 大庆 VGO 的加氢裂化

首先将大庆 VGO(含部分辽河 VGO，馏程 300~540℃)在石油三厂加氢裂化装置上进行加氢裂化。加氢裂化催化剂是三厂自己研制生产的 3812 催化剂。该催化剂抗氮能力强，并有一定的降凝功能。加氢裂化生成油经分馏后，可获得汽油(或石脑油)、喷气燃料(或低凝柴油)、N_7润滑油组分、冷榨脱蜡原料(经冷榨脱蜡后可以产 N10 润滑油组分)及未转化油(尾油)。此工艺过程较传统的精制过程有以下优点：

① 原料的灵活性大。传统生产工艺是通过抽提分离把非理想组分作为抽出物去掉，理想组分保留在抽余油中来提高黏度指数。而加氢裂化则是通过下述三种反应来进行分离的：把低黏度指数组分裂化变为低沸点组分；通过催化剂的异构化功能使部分正构烷烃转化为异构烷烃；通过芳烃的饱和与开环反应，使低黏度指数分子重新排列，变为高黏度指数组分。

由于上述优点，所以石油三厂加氢裂化进料以大庆 VGO 为主，同时掺炼辽河 VGO (5%~20%)，所得的基础油的性质稳定。

② 工艺灵活性大。采用加氢裂化的另一好处是用改变工艺条件来调节产品结构以适应市场的需求。在润滑油滞销时，可多生产石脑油和喷气燃料。在原料不足时，又可以用降低转化率的办法来多产润滑油脱蜡料，保证润滑油的最大产量。

③ 加氢裂化过程能直接生产部分轻质基础油。由于使用的加氢裂化催化剂对油有一定降凝功能，因此加氢裂化生成油不仅能生产喷气燃料和低凝柴油，而且还能生产部分优质锭子油的基础油，同时相应降低下一工序催化脱蜡过程的苛刻程度。

(2) 加氢裂化未转化(尾油)油的催化脱蜡

上述加氢裂化未转化油(尾油)在另一套加氢装置上进行催化脱蜡。该工艺采用石油三厂自己开发的含人工合成的择型沸石的催化脱蜡催化剂，加氢裂化未转化油(尾油)中蜡分子在该催化剂上进行选择裂解，转化为气体和轻油 组分，而润滑油的理想组分保留下来，变为低凝点、高黏度指数的润滑油组分。加氢脱蜡生成油经分离后得到 65SN、100SN、150SN 基础油组分、LPG 和汽油调和组分。该工艺的技术特点是：

① 使用的催化脱蜡催化剂兼有精制、裂化和脱蜡多种功能，因此在蜡分子选择裂化的

同时，部分烃分子结构也得到改变，变成了润滑油理想组分，并降低了油品的凝点而且黏度指数亦得到相应的提高。

② 加氢脱蜡催化剂降凝活性较强，可将凝点为40℃的大庆蜡油馏分经催化脱蜡后得到凝点为-10℃以下的润滑油组分。因此，纯加氢裂化未转化油(尾油)加氢脱蜡时条件相当缓和，而且生成油液收率和润滑油的收率均较高。

③ 有较强的生产灵活性。在未转化油原料充足时，全部处理未转化油，取得最大润滑油收率，在未转化油原料不足且厂内LPG需要量大时，可在未转化油进料中掺炼部分直馏蜡油，这时需要相应调整反应温度就完全能够保证生成油>320℃馏分的凝点在-20℃以下。加氢裂化及催化脱蜡工艺条件及产品收率列入表2-6-53。

表2-6-53　润滑油加氢工艺条件

工艺条件	加氢裂化	加氢脱蜡	加氢精制
催化剂	3812	3792	3872
氢分压/MPa	16.2	14.4	14
温度/℃	390~430	330~380	220~260
氢/油(体积比)	1200	700	800
原料性质			
相对密度d_4^{20}	0.8571	0.8308	0.8570
馏程/℃			
10%	331	331	386
50%	453	401	422
90%	-	475	471
95%	531	506	479
总氮/(μg/g)	469		<1
碱氮/(μg/g)	273		
硫/(μg/g)	580		<1
凝固点/℃	45	21	-12
C_1+C_2/%	0.4	0.5	
C_3+C_4/%	21	16.2	
汽油/%	23.4	15.4	
航空煤油/%	23.5	-	
直切润滑油料/%	8.8	(N_7)15.1	
榨蜡油/%	13.6	(N_{15}) 18.0	
未转化油/%	28.2	34.8	

(二) 加氢裂化-催化脱蜡润滑油基础油的性质

在加氢裂化-催化脱蜡生产润滑油基础油工艺过程中，不仅稠环芳烃、蜡分子和非烃类分子被深度脱除，而且相应油品的黏温性能亦得到提高，所以此种基础油与其他工艺生产的基础油有许多不同点。石油三厂加氢脱蜡生产的基础油物化性质列于表2-6-54。石油三厂与国内外几种基础油基础数据比较列于表2-6-55。

表 2-6-54　润滑油加氢脱蜡生产的基础油物化性质

项　目	直切滑油料（老三套油）	冷榨滑油	65SN	100SN	150SN
黏度/(mm²/s)					
40℃	3.81	9.16	7.14	21.57	32.83
100℃				4.31	5.63
黏度指数				105	110
色度/号	<0.5	<1.5	<0.5	<1.0	<1.5
凝固点/℃	-13	-5	<-60	-32	-14
闪点/℃	114	158	138	206	220
硫/(μg/g)			<1	<1	<1
氮/(μg/g)			<1	<1	<1
残炭/%(质量分数)	0.0014	0.0014	-	0.0021	0.0064
酸值/(mgKOH/g)	0.0023	0.0023	0.002	0.0028	0.0028
API 度	-	-	35.18	34.59	33.81
密度(20℃)/(g/cm³)	0.8241	0.8357	0.8396	0.8427	0.8510
折光指数n_D^{20}	-	-	1.4670	1.4683	1.4703
馏程/℃					
初馏点	246	278	250	330	335
10%	264	333	285	360	390
50%	285	368	330	390	435
90%	307	400	360	425	490
95%	314	414	365	430	510
族组成/%(质量分数)					
饱和烃			88.02	94.01	95.39
单环芳烃			10.71	5.44	3.62
双环芳烃			1.12	0.10	0.31
多环芳烃			0.05	0.07	0.44
胶质			0.10	0.28	0.24
环分析(红外线)/%					
C_A			10.31	6.70	5.19
C_N			27.32	21.73	19.59
C_P			62.37	71.56	75.22

表 2-6-55　石油三厂加氢法生产基础油与国外基础油质量对比

项　目	100SN			150SN			
	石油三厂加氢法	大连石化公司溶剂精制	出光兴产溶剂精制	石油三厂加氢法	大连石化公司溶剂精制	出光兴产溶剂精制	出光兴产加氢处理
黏度(100℃)/(mm²/s)	4.3	4.058	4.135	5.63	5.285	5.163	5.375
黏度指数	105	103	102	110	101	105	150①
色度/号	<1.0	<0.5	<0.5	<1.5	<0.5	<0.5	+30(赛波特)
凝固点/℃	-32	-	-	-14			
倾点/℃	-	-12.5	-17.5	-12.5	-	-15	-20
酸值/(mgKOH/g)	0.0028	0.01	-	0.0028	0.01	<0.01	<0.01

续表

项目	100SN			150SN			
	石油三厂加氢法	大连石化公司溶剂精制	出光兴产溶剂精制	石油三厂加氢法	大连石化公司溶剂精制	出光兴产溶剂精制	出光兴产加氢处理
硫/%(质量分数)	<1(ppm)	0.01	0.21	<1(ppm)	0.04	0.11	0.0002
氮/(μg/g)	<1	51	15	<1	43	19	<3
折射率 n_D^{20}	1.4683	1.4747	1.473	1.4703	1.4801	1.4769	1.4721
密度(15℃)/(g/cm³)	-	0.8637	0.8608	-	0.8736	0.8639	0.8621
馏程/℃							
初馏点	330	303	330	335	321	351	360
10%	360	367	380	390	399	405	400
50%	390	399	419	435	423	434	442
90%	425	443	458	490	449	469	481
95%	430	453	466	510	454	479	491
环分析/%(质量分数)							
C_A	6.70	3.1	3.8	5.19	4.7	4.5	0.6
C_N	21.73	32.1	28.9	19.59	31.4	27.9	32.1
C_P	71.56	64.8	67.6	75.22	63.9	67.6	67.3

① 此数据有误。

加氢裂化-催化脱蜡工艺生产的基础油具有以下特征：

1. 凝固点低

由于催化脱蜡效果好，润滑油基础油均有较低的凝点，以 100SN 为例，它的凝点在-30℃以下，这是其他方法生产的中性油所不能及的。

2. 黏度指数高

由于催化脱蜡是一种化学过程，造成了润滑油分子结构的变化，使得基础油黏度指数高，100SN 和 150SN 黏度指数均在 100 以上。

3. 杂质元素含量低

由于该工艺是在较高的氢分压下进行的，因此，硫、氮等非烃类化合物中的杂质元素均被最大限度脱除。因此各中性油的酸值含量极低，仅有万分之几个单位，硫，氮含量要低于 1ppm，这是用其他工艺生产的基础油所不可及的。

4. 对添加剂的感受性好

由于杂质元素脱除得相当干净以及分子结构的特殊，催化脱蜡基础油对添加剂的感受性极好。无论对降凝剂、增黏剂和黏度指数改进剂，还是对抗氧化剂和防锈剂等均有良好的感受性。以对降凝剂感受性为例，研究部门曾对不同工艺生产的基础油用几种不同降凝剂进行了对比试验，试验结果表明，溶剂脱蜡基础油的凝点虽然降到了-35℃。但要满足倾点-40℃以下却十分困难，而催化脱蜡基础油，仅需要加少量降凝剂即可得到倾点-40℃以下的油品。

5. 低温流动性好

无论是调制高档内燃机油，还是高档液压油都需要基础油有良好的低温流动性。如调制 CD 级柴油机油不允许加入黏度指数改进剂，还必须满足-20℃黏度大于 3500mPa · s 的要求；调制5W-30SE级以上汽油机油虽允许加入黏度指数改进剂，但也必须满足-25℃黏度不大于3500mPa·s的要求。催化脱蜡中性油的低温流动性能可以满足调制上述两种内燃机油的要求，而溶剂脱蜡中性油则十分困难。

6. 氧化安定性虽然较差，但容易改变

在加氢裂化-催化脱蜡工艺过程生产的油品因为一些天然抗氧化组分被破坏，油品的抗氧化性能变差。但是加氢脱蜡中性油对抗氧化剂的感受性很好，尤其是经过加氢精制后，只需加入少量抗氧化剂(0.3%~0.5%)即可有好的抗氧化安定性。

7. 紫外光安定性差，但也可以改善

催化脱蜡基础油存在对紫外光不安定的问题，这个问题可以采用加氢精制和添加抗光剂的双重方法来解决。

(三)产品的开发与评价结果

石油三厂用加氢裂化-催化脱蜡联合工艺生产的基础油，与国外有关部门合作，开发调制了多种高档的润滑油产品，有些产品的质量水平已经达到或超过20世纪80年代末国际同类产品水平。

1. SG/CD级多级内燃机油

1989年石油三厂与美国阿莫科添加剂公司合作，用石油三厂催化脱蜡基础油和阿莫科添加剂，调出了SE/CC、SG/CD级多级通用内燃机油，由美国按API标准进行了台架评价试验。评价结果表明，添加剂量为6%左右的SG级油不但全部符合API标准，而且有些关键项目结果相当理想，以黏度增加率一项为例，试验条件中规定温度为40℃，试验时间为63h，试验经过23h，黏度增加率仅为20%，而且在以后的试验时间内，黏度不再增加，黏度变化曲线几乎是一条水平直线。这表明用催化脱蜡基础油调制的内燃机机油挥发性低、油性稳定。又如在油泥评定项目中，油滤网堵塞为零，证明油泥生成量极少，证明油的氧化安定性好。

2. HV-22/32、HS-22/32低温液压油的开发

石油三厂以催化脱蜡基础油调制的HV-22/32、HS-22/32低温液压油，分别在吉林板石沟铁矿和海拉尔热电厂红远公司进行使用试验，并分别于1989年5月和1990年7月通过中国石化总公司的技术鉴定。认为该油品具有优良的高低温性能，低温冷启动性及剪切稳定性，并有良好的挤压抗磨性、抗氧化安定性、水解安定性、破乳性、空气释放性和抗泡性，达到20世纪80年代国际先进水平。

此外，石油三厂还用催化脱蜡基础油研制开发了6号、8号液力传动油，10号低凝液压油，RS-32螺杆空气压缩机油等国内稀缺产品，均已通过技术鉴定，并投入批量生产，并用于国外引进或国内新研制的机械设备上，受到用户的好评。

六、加氢裂化未转化油生产高质量润滑油基础油及白色油

(一) 基础油生产工艺

石油三厂以大庆常三、减二、减三蜡油为原料在0.4Mt/a加氢裂化装置上，使用石油三厂研制的加氢精制-加氢裂化催化剂处理。加氢精制催化剂以γ-Al_2O_3为载体，钼等为活性组分，使精制后油料中氮脱至10μg/g以下，加氢裂化催化剂以硅铝和酸化β-分子筛为载体，以钨等为活性组分，使加氢裂化目的产品为汽油、喷气燃料，-35号轻柴油。加氢裂化未转化油占加氢裂化生成油约30%。

利用加氢裂化未转化油生产的润滑油基础料具有很好的低温流动性能，且对添加剂感受性好，硫、氮含量低，饱和烃含量高，可以调和中、高档润滑油。生产出的轻、中质润滑油基础油 75SN、150SN、200SN 黏度指数分别达到 100、110、116、120，凝点分别为-26℃、-16℃、-13℃、-10℃。此种基础油经补充精制式深度精制，使基础油芳烃饱和并深度脱氧、脱硫、脱氮，使杂环化合物分解，用于生产化妆级、食品级白油。

利用加氢裂化未转化油生产出的润滑油基础油调配的润滑油产品已经部分取代了进口油品，并正在不断显示其优越性。

以加氢裂化未转化油为原料，主要工艺是加氢裂化生成油经蒸馏后，拔出汽、煤、柴馏分油，塔底加氢未转化油作为催化脱蜡进料。在加工能力为 0.12Mt/a 的加氢装置上，通过催化脱蜡催化剂处理使油料发生选择性加氢裂化和异构化反应，将高凝点烃类转化为凝点低的润滑油基础油。根据需要，可对基础油料进行补充精制或者深度精制，改善基础油的色度和光安定性，以及生产白色油产品的需要。工艺过程见图 2-6-2，进出料性质见表 2-6-56。

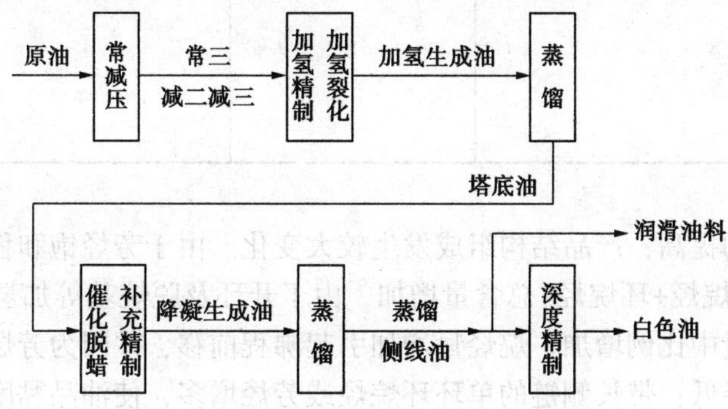

图 2-8-2　石油三润滑油生产工艺路线图

表 2-6-56　加氢过程进出料性质

	项　目	加氢裂化	加氢降凝	加氢精制
入料	密度(20℃)/(g/cm^3)	0.8486	0.8206	0.8410
	馏程/℃			
	初馏点	271	210	314.5
	10%	330	298	340
	50%	390	331	360
	90%	427	401	406
	95%	485	426	416
	硫/(μg/g)	630	18	< 1
	氮/(μg/g)	970	2	< 1
	凝固点/℃	+43	+17	-43①
	运动黏度/(mm^2/s)			
	50℃	12.49	5.68	(40℃)1.12
	100℃	4.01	2.28	3.36
	族组成分析/%			104
	烷烃	84		98
	非烃	3.1		0.1
	芳烃	12.9		1.9

续表

项目		加氢裂化	加氢降凝	加氢精制
出料	密度(20℃)/(g/cm³)	0.7581	0.8139	0.8414
	馏程/℃			
	初馏点	43	60	313
	10%	94		340
	50%	223	325	366
	90%	(80%)351	(70%)335	408
	95%			418
	硫/(μg/g)	11	2	
	氮/(μg/g)	3	1	
	凝固点(>320℃馏分)/℃	+18	-25	-43②
	易碳化物(食品级)			合格
	紫外吸光度			
	275nm			0.0181
	295nm			0.011
	300nm			0.010

①② 此数据有误。

随着加氢深度的提高，产品结构组成发生较大变化。由于芳烃饱和程度增加，芳烃总含量降低，使饱和烃(烷烃+环烷烃)总含量增加，由于开环及脱烷基等加氢裂化反应增加，使单环芳烃在芳烃总量中比例增加。烷烃量增加引起沸程前移，并因为芳烃量的减少和侧链的断裂，使油品黏度降低；带长侧链的单环环烷烃或芳烃增多，使油品黏度指数增加；大分子裂化成低沸点小分子，使润滑油的收率降低。随着加工深度增加，油品的密度、残炭及杂质含量降低。总之，上述加氢过程主要的反应包括芳烃加氢、开环、异构化、裂化、脱硫、脱氮和脱烷基。通过这些反应使得产品——润滑油具有基础油高黏度指数、低凝点、低杂质含量。基础油性质见表 2-6-57。

表 2-6-57　润滑油基础料性质(成品罐)

项　目	75SN	100SN	150SN	200SN
密度(20℃)/(g/cm³)	0.8426	0.8450	0.8496	0.8529
流程/℃				
初馏点	291	357	360	387
10%	313	376	387	422
50%	329	403	418	443
90%	375	420	463	494
95%	385	435	476	502
凝固点/℃	-32	-18	-16	-16
运动黏度/(mm²/s)				
40℃	14.18	20.38	30.01	38.29
100℃	3.33	4.24	5.36	6.32
黏度指数	104	113	113	114
闪点(开)/℃		183	214	231
色度(ASTM D1500)	0.5	<1.5	1.5	3

续表

项　　目	75SN	100SN	150SN	200SN
残炭/%	0.001	0.001	0.001	0.004
酸值/(mgKOH/g)	0.0033	0.0033	0.0033	0.0033
蒸发损失/%		26	11.5	6.8

(二) 加氢裂化未转化油催化脱蜡生产润滑油基础油

石油三厂采用催化脱蜡工艺生产润滑油基础油已经有数 10 年的历史。经过长期的生产实践，该工艺在不断改进、不断完善，使润滑油基础油产品质量和数量都在不断提高。

20 世纪 70 年代末石油三厂加氢未转化油通过本厂研制的 ZSM-8 型中孔沸石与无定形硅、铝复合为载体，活性组分为钨、钼、镍、锌多金属组分的 3792 降凝催化剂加氢处理，使润滑油基础油收率(对加氢未转化油)达到 63.85%，大于 320℃馏分凝点达到-15~-20℃，可生产出小于或等于 150SN 润滑油基础料。

20 世纪 90 年代初期，石油三厂开发出了新型加氢降凝催化剂，工业牌号 3902，它由改性后的 ZSM-5 分子筛等复合载体，浸以活性金属组分而成。该催化剂以处理加氢未转化油生产轻、中质润滑油基础油为主产品，无论是生成油液收率均较前种催化剂有所提高。润滑油总收率提高约 3%~5%，大于 320℃馏分凝固点下降-5℃，基础油料由生产 150SN 发展到可生产出 250SN，各馏分侧线所得油料凝固点下降，烷烃饱和度增加。表 2-6-58 和表 2-6-59 列出了 3902 催化剂工业运转结果。

表 2-6-58　3902 催化剂工业运转结果

进料性能(加氢未转化油)		出料性能(生成油)	
密度(20℃)/(g/cm³)	0.8247	液收/%(质量分数)	86.0
馏程/℃		>320℃馏分	
初馏	236	凝固点/℃	-25
10%	312	运动黏度(100℃)/(mm²/s)	4.92
50%	374	润滑油料产品收率/%	
90%	438	N_S	12.93
95%	454	≤75SN	7.17
硫/%	0.0059	100SN	15.25
氮/(μg/g)	10	150SN	20.45
凝固点/℃	20	≥200SN	11.87
运动黏度(100℃)/(mm²/s)	3.4	润滑油料合计/%	67.67

表 2-6-59　3902 催化剂工业运转润滑油基础油性质(馏出口)

项目 \ 蒸馏侧线	减　顶	减　一	减　二	减　三	减　底
基础料(组分油)	N7	N10	100SN	150SN	250SN
密度(20℃)/(g/cm³)	0.8456	0.8436	0.8436	0.8476	0.8495
馏程/℃					
初馏点	266	307	357	398	414
10%	297	347	379	419	449

续表

项目 \ 蒸馏侧线	减顶	减一	减二	减三	减底
50%	322	365	398	447	490
90%	349	390	422	480	504
95%	358	396	428	495	555
凝点/℃	<-60		-42	-22	-9
运动黏度/(mm^2/s)					
40℃	7.49	11.05	18.65	33.80	55.58
100℃	1.7	2.8	3.8	5.8	8.3
黏度指数	93	95	99	110	120
闪点(开)/℃	130	171	197	228	243
残炭/%	0.001	0.001	0.001	0.003	0.004
酸值/(mgKOH/g)	0.0028	0.0028	0.0028	0.0028	0.0028
折射率(20℃)	1.4670	1.4662	1.4660	1.4680	1.4700
总氮/(μg/g)			1	1	1
硫/%(质量分数)		0.0046	0.0046	0.0075	0.0075
族组成/%					
饱和烃	94.88	95.77	96.98	96.73	97.85
芳香烃	3.96	2.9	2.98	3.20	1.97
非烃	0.04	0.04	0.02	0.07	0.18

加氢裂化未转化油采用催化脱蜡加氢工艺生产出的润滑油基础油具有以下特点：

① 凝固点低。75SN 凝固点可达-46℃，150SN 凝固点为-20℃。

② 芳烃含量低，饱和烃含量高，基础油黏度指数高。100SN、150SN、200SN 黏度指数 100~120。

③ 杂质含量低。硫、氮含量小于 2μg/g。

④ 低温流动性好。如高档润滑油 15 号航空液压油低温流动性-54℃，运动黏度要求不大于 2500mm^2/s，加剂后在满足其他指标和要求后，-54℃运动黏度为 1832 mm^2/s，加剂后黏度变化见表 2-6-60。

⑤ 添加剂感受性好。抗氧剂在基础油中加入 0.3%，可使氧化安定性(旋转氧弹法) 150℃达到 235min，加入 0.3%降凝剂可使基础油凝固点由-22℃降低到-46℃，运动黏度 100℃为 4.3mm^2/s 的基础油料加入 4%~5%的黏度指数改进剂使运动黏度 100℃提高到 7.6~8.5mm^2/s。

表 2-6-60　基础油加剂后黏度变化

项目 \ 名称		15 号航空液压油部分质量标准	基础油(加剂后)
运动黏度/(mm^2/s)			
100℃	不小于	4.9	5.19
40℃	不小于	13.2	13.35
-40℃	不高于	600	420.8
-54℃	不高于	2500	1832

（三）补充精制与深度精制

虽然未转化油经催化脱蜡生产出的润滑油基础油具有许多优点，然而它存在着光安定性差的缺点，基础油料在日光下照射一周左右有红色沉淀产生。这是由于加氢油中稠环芳烃加氢所生成的中间产物（即部分加氢饱和的多环芳烃）所致，虽然含量不多，但其性质极不安定，在紫外光作用下，油色变深及产生沉淀。石油三厂采用了补充精制的办法，在降凝后装添了补充精制催化剂时得加氢基础油性能得到改善。表2-6-61列出了1995年11月补充精制生产标定数据。

表2-6-61　催化脱蜡—补充精制生产润滑油料标定数据

项目＼蒸馏侧线	减一	减二	减三	减底
基础油（组分油）	N7	75SN	150SN	150SN
密度（20℃）/（g/cm³）	0.8432	0.8424	0.8476	0.8510
馏程/℃				
5%		350	370	387
10%	307	355	386	392
50%	317	373	419	415
90%	331	391	446	445
95%	338	399	450	453
凝点/℃		-40	-13	-9
运动黏度/（mm²/s）				
40℃	7.19	14.41	31.01	30.05
100℃	2.09	3.35	5.72	5.27
黏度指数		101	120	113
闪点（开）/℃	145	178	214	216
硫/（μg/g）	<1	<1	<1	<1
族组成/%				
饱和烃	98.7	98.2	98.3	96.8
芳烃+非烃	1.3	1.7	1.6	3.2
颜色（赛波特）	+30	+29	+22	+18
紫外光照射8h	无变化	无变化	无变化	无变化

表2-6-61表明了采用补充精制工艺使基础油中杂质进一步脱除，芳烃进一步饱和，颜色得到改善，油料稳定性加强。这种工艺的油品由于硫已小于1μg/g，可做为生产食品级白色油的进料。

石油三厂深度精制进行白色油的生产曾采用3872催化剂，历时8年时间，3872催化剂较适宜处理轻质油料的生产。随着中质油料的生产，从1992年起白油精制分别选用了国外A及国内B催化剂进行生产。由于催化剂的孔结构分布较广泛（见表2-6-62），使它们具有处理轻、中、重质油料能力，可生产出食品级白色油。石油三厂白色油性质见表2-6-63，深度精制进出料性质见表2-6-64。

表 2-6-62　A、B 催化剂组成及物性

催化剂	A	B
组成分析 Ni/%	19	44
物化分析		
孔容/(mL/g)	0.25	0.29
孔径/nm	7.8	5.35
表面积/(m^2/g)	129	217
孔分布/%		
2.0~5.0nm	19.57	42.8
5.0~10.0nm	27.60	42.0
10.0~15.0nm	15.85	7.1
15.0~20.0nm	6.87	3.7
20.0~30.0nm	12.48	3.3
30.0~40.0nm	7.81	1.1
40.0~50.0nm	5.31	
>50.0nm	4.51	

表 2-6-63　白色油性质

项目 \ 牌号	15 号	26 号	32 号	38 号
运动黏度/(mm^2/s)				
40℃	15.08	26.59	32.30	37.78
100℃	3.44	4.93	5.68	6.29
颜色(赛波特)　≥	+30	+30	+30	+30
凝固点/℃	-26	-13	-11	-17
闪点(开)/℃	196	222	228	233
易碳化物(食品级)	合格	合格	合格	合格
紫外吸收值/nm				
275	0.0158	0.0376	0.0360	0.0320
295	0.0530	0.0490	0.0510	0.0500
300	0.0540	0.0470	0.0540	0.0480

表 2-6-64　深度精制进出料性质

项　目	进　料	出　料
密度(20℃)/(g/cm^3)	0.8437	0.8442
馏程/℃		
初馏点	381	379
10%	418	412
50%	451	445
95%	500	501
凝点/℃	-18	-16
运动黏度/(mm^2/s)		

续表

项　目	进　料	出　料
40℃	38.47	38.46
折射率 $n_{15.5}$℃	1.4690	1.4613
颜色(赛波特)	(SY2211)12	+30
闪点(开)/℃	231	234
总氮/(μg/g)	2	硫化物通过 SH/T0136
硫/(μg/g)	1.5	
破乳化(54℃)/min	15~25	1~3
族组成/%		
饱和烃	97.4	99.9
芳香烃	2.5	0.1
非烃	0.1	
日光下照射	10d 开始有沉淀	3个月无变化

由表 2-6-64 可见，油料经过深度精制后，芳烃得到了全部饱和，破乳化时间减少，色水白，改善了油品的氧化安全性、光安定性。此种油品在室温阴凉处放置 3 年无色变，稳定性得到极大的提高。

总之，石油三厂加氢未转化油经催化脱蜡生产出的润滑油基础油通过补充精制或深度精制，可生产出理想的润滑油料及白色油。此种基础油料只要配伍合适，可调配各种高档润滑油产品。

(四) 石油三厂采用加氢裂化-择形裂化的联合工艺生产润滑油

原则流程见图 2-6-2，石蜡基原油经常减压蒸馏得到常三、减二、减三线，然后进加氢裂化加工，生成油经蒸馏后，拔出汽、煤、柴油，塔底油进择形裂化，生成油经再蒸馏后生产不同黏度等级的润滑油基础油。根据不同牌号的润滑油产品要求，对基础油进行补充精制或深度精制，以此来改善基础油的色度和光安定性，并生产白油产品。所得基础油凝点低，黏度指数高，低温流动性好，杂质含量低。择形裂化装置工业运转结果和润滑油基础油性质分别列于表 2-6-65 和表 2-6-66。

表 2-6-65　抚顺石油三厂催化脱蜡生产基础油的工业运转结果

项　目	数　据	项　目	数　据
加氢裂化尾油进料性质		>320℃馏分收率/%	74.3
密度(20℃)/(g/cm³)	0.8247	凝点/℃	-25
馏程/℃	236~454(95%)	黏度(100℃)/(mm²/s)	4.92
硫/氮/(μg/g)	59/10	润滑油基础油料收率/%	
凝固点/℃	20	N_5	12.93
黏度(100℃)/(mm²/s)	3.4	≤75SN	7.17
主要工艺条件		100SN	15.25
平均反应温度/℃	318	150SN	20.45
体积空速/h^{-1}	1.45	≥200SN	11.87
总压力/MPa	18.0	合计/%	67.67
轻油体积比	765		

表 2-6-66　抚顺石油三厂催化脱蜡生产的基础油性质

基础油	100SN	150SN	250SN
密度(20℃)/(g/cm³)	0.8436	0.8476	0.8495
馏程/℃			
初馏点	357	308	414
95%	428	495	555
凝固点/℃	−42	−22	−9
黏度/(mm²/s)			
40℃	18.65	33.80	55.58
100℃	3.8	5.8	8.3
黏度指数	99	110	120

择形裂化生产润滑油基础油是技术上一项重大突破，相比传统的溶剂脱蜡具有投资及加工成本低、灵活性大等优点。在20世纪90年代中期其应用达到巅峰。由于催化脱蜡催化剂具有相对较强的抗杂质中毒能力，脱蜡效果好，目的产品收率高达95%~97%；而且工艺流程简单，投资较少，采用的分子筛生产成本低于目前采用的择形异构化分子筛，因此，择形裂化生产润滑油基础油的应用仍然有广阔的发展空间。

应用前景：

加氢裂化尾油富含直链烷烃，芳烃、烯烃含量极低，硫、氮含量很少，黏温性质好，是择形裂化的理想材料。以大庆、胜利、管输和中东四种不同原油VGO加氢裂化尾油为原料，进行择形裂化生产润滑油基础油的试验。石油三厂生产实验结果表明，尽管加氢裂化原料、操作条件、尾油性质及择形裂化所得>320℃基础油收率不同，但凝点降低的幅度却较大，杂质含量低，黏度适中，残炭低，是比较理想的白油和轻中质润滑油基础油料，经过补充精制可以生产白油和多种润滑油产品。

近年来随着我国国民经济持续高速发展，各种石油产品的需求快速增长。其中，柴油的需求一直居各种石油产品之首，而且保持强劲的增长势头。而受加工原油品种与加工流程的制约，我国大多数炼厂的原油产品结构中一直存在着柴汽比低的问题，柴油的产量受到馏分油凝点的限制，特别是在我国东北和西北的寒区，低凝点柴油生产的矛盾尤为突出，也成为制约北方炼油企业经济效益的“瓶颈”问题。与此同时，随着环保法规日益严格对油品质量的要求也越来越高。因此，提高低凝点柴油的质量和产量，满足市场需求，仍将是备受企业关注的问题之一。

但由于择形裂化是通过将高凝点正构烷烃裂化成小分子来达到降凝的目的，因而不可避免地造成收率的损失，也不能提高黏度指数，这成为制约其大量工业应用的主要原因。尽管很多研究机构也在不断尝试开发新的工艺，如开发新一代催化剂、原料油中添加少量降凝剂烯烃共聚物等，但随着择形异构化技术的开发成功，催化脱蜡在脱蜡方法的重要性正逐步被择形异构化所取代。对于石蜡基润滑油馏分的择形裂化来说，脱蜡后不仅黏度指数降低，基础油收率也较低，因而更适用择形异构化技术进行脱蜡。而对于含蜡较少、凝点相对较低的环烷基油料，由于择形裂化催化剂具有相对较强的抗杂质中毒能力，脱蜡效果好，目的产品收率达95%~97%，而且工艺流程简单，投资较少，所采用的分子筛生产成本低于目前采用的择形异构化分子筛，因此，择形裂化生产润滑油基础油的应用仍然有广阔的发展空间。

七、石油三厂加氢脱蜡工艺生产润滑油基础油方法获得国家专利

由抚顺石化公司石油三厂开发的一种加氢脱蜡工艺生产润滑油基础油方法获得国家专利，专利公开号为CN1091150A，这是石油三厂近年来获得的又一国家专利。

该发明的目的是这样实现的，利用原油中的减压含蜡油(300~510℃馏分)及其经加氢裂化后的尾油，在临氢条件下，使用条形催化剂，原料不经单独精制过程，直接进行加氢脱蜡的一段法加氢脱蜡，该过程的反应产物经分馏后，除副产一部分分液化气和汽油外，其余均可作为调制低倾点润滑油的基础油。该专利的应用具有十分可观的经济效益和社会效益。

第三章　石油三厂加氢催化剂的研制与生产及其再生

第一节　概　述

一、石油三厂催化剂厂(现为抚顺石化公司催化剂厂)简介

石油三厂催化剂厂(现为抚顺石化公司催化剂厂是 1999 年公司分离重组时从石油三厂分离出来的)是我国生产炼油催化剂的最早厂家，有 50 多年的催化剂生产历史。现在的催化剂厂有两个厂区，占地 $16.5\times10^4m^2$，拥有 6 套大型工业生产装置，可生产七大系列。100 多种催化剂，年生产能力 4700t。产品除公司和石油三厂自用外，还畅销全国 40 多家石油化工企业。催化剂厂除可生产炼油工业使用的各种加氢精制、加氢裂化、加氢降凝、催化重整、催化裂化干气制乙苯等催化剂外，还可以为引进的大型石化装置生产二甲苯异构化、碳二加氢等催化剂。该厂以技术先进、质量可靠、品种齐全并具有完善先进测试，评价手段而闻名全国。目前已成为我国生产石油化工催化剂品种多、规模大的主要基地之一。

催化剂厂坚持“质量第一，用户第一”的方针，积极推行全面质量管理和其它现代化管理方法，狠抓产品质量，坚持“以质量求生存，以品种求发展”方针。在其所生产的 113 种催化剂中，有 24 种产品分别荣获国家质量金奖 1 个，部省优质产品奖 5 个，国家科技进步奖 3 个，中国石化总公司科技进步奖 12 个，抚顺市科技成果奖 3 个。

催化剂厂不断完善经营机制，强化全面质量管理，坚持技术改造，发展横向联合，促进催化剂国产化，先后同北京石油科学研究院、抚顺石化研究院、大连化物所、中国科技大学、北京石油大学等 16 家科研院所和高等院校通力合作，共同研制生产出多种新型催化剂。20 个世纪 80 年代以来，在有关科研部门的配合下，加快了替代进口催化剂的研制与生产，有 20 余种催化剂实现了国产化，产品质量赶上和超过国外同类催化剂水平，为国家节省大量外汇，为炼油化工企业带来了显著的经济效益。

在对外交往中，石油三厂催化剂厂一贯本着平等互利的原则和“重合同，讲质量，守信誉”的方针，为振兴石化而竭诚努力。

注：本章只论述加氢精制和加氢裂化使用的催化剂。

二、依靠科技进步，满足市场需求

20 世纪 50 年代初，为了满足本厂自用加氢催化剂的需要，在日伪时期遗留催化剂工场的基础上，建立了催化剂车间，生产 3581(5058)、3511、3622(6434)、3641 等催化剂。1958 年，为适应催化重整技术发展需要，在北京石油科学研究院的技术支撑下，在石油三厂建设了年产 100t 的 586 重整催化剂车间，专门生产铂重整催化剂。1966 年初，为了给大庆炼油厂新建的加氢裂化装置配套生产加氢裂化催化剂，在石油三厂建成了一套年产 80t 催

化剂工业生产装置，生产大连化物所研制的无定形硅铝载体的3652甲乙(219甲乙)催化剂，从此开始，石油三厂催化剂产品走出厂门，走向全国。1985年为了满足中国石化总公司所属企业对催化剂的需求，给催化剂生产更大的自主权，抚顺石化公司决定成立石油三厂催化剂分厂。1992年中石化总公司决定投资1.2亿元(其中石化总公司拨款8000万元)在石油三厂建设炼油化工催化剂生产基地，使催化剂生产能力达到1700t/a，实现催化剂国产化的战略目标。石油三厂抓住这个机遇，按照立足国内技术，引进关键设备，开发新品种，提高产品质量，扩大生产规模，改善操作环境，提高环保水平，满足国内和引进生产装置对催化剂的需求，实现催化剂国产化。2005年与美国UOP公司合作建设的3000t/a加氢、重整催化剂厂(名字叫北方催化剂厂，并已合并在催化剂厂内)建成投产。

经过多年的不懈努力，催化剂厂与中国石化石油化工科学研究院(石科院)、抚顺石油化工研究院(抚研院)、UOP、大连化学物理研究所(大化所)、中国石油化工研究院(中油石化院)和石油大学等科研单位通力合作，不仅承担了国内石化企业所需要催化剂的生产任务，还出色的完成了为引进装置催化剂国产化的配套生产。催化剂厂经过多年不断的技术更新和技术改造，目前催化剂厂已形成了生产加氢精制、加氢裂化、催化重整、异构化、干气制乙苯、脱氢和硫保护床吸附剂等七大系列、共计70余种催化剂产品，并提供配套使用的脱氯剂、脱砷剂，以及部分分子筛产品，可基本满足国内炼厂对加氢及贵金属催化剂的需求。

到目前为止，催化剂厂的产品市场占有率为：加氢精制催化剂占17%，加氢裂化催化剂占19%，连续重整催化剂占84%，固定床重整催化剂占58%，二甲苯异构化催化剂占58%。这些国产催化剂在引进装置上长期应用表明；其活性、稳定性和选择性均达到国外同类催化剂水平。其中二甲苯异构化催化剂甚至超过国际先进水平。催化剂厂在催化剂满足国内市场需求和国产化上做出了重要贡献，取得了可喜成效。

继1996年石油三厂催化剂分厂第一次销往美国6t β分子筛产品以来，催化剂分厂不断更新市场观念，树立市场竞争意识，通过ISO9000质量认证，用国际质量标准严格要求。于1997年5月28日按期保质保量完成生产10tβ分子筛销往美国市场。

1. 搞好新品种开发

(1)加氢裂化催化剂

先后与抚研院合作，开发生产了3824(替代HC-16)、3825(替代HC-14)3902(替代HC-26)等替代进口品种，其质量及技术性能达到国外同类产品水平。到目前为止，我国20世纪80年代引进的四套大型加氢裂化装置，已先后采用国产催化剂。尤其是镇海石化总厂的加氢裂化装置，从装置设计到催化剂使用全部国产化，并达到了一次试运成功，是我国在加氢裂化工艺技术上的一次飞跃。

石油三厂高压加氢选择蜡裂解工艺技术，采用由ZSM-8高硅沸石与无定形硅酸铝复合制得的3792催化剂，以加氢裂化尾油及大庆减压馏分油为原料生产基础油。1990年石油三厂将新研制的3902催化剂实现工业化，以改性ZSM-5与硅酸铝复合制得，基础油收率可提高5%以上。操作条件为：反应温度360~430℃；反应压力14.7MPa；空速0.5~1.5h^{-1}；氢油比(体积)800~1500；氢耗0.5%~1.6%。

(2)加氢精制催化剂。

为了配合加氢裂化装置预加氢精制的需要，先后与科研单位开发了3822(替代HC-F)、3823(替代HC-B)、3936(替代HC-K)等催化剂，这些催化剂在活性和稳定性等方面都达到国外同类产品水平。3936催化剂已在茂名应用了40t，1997年还为燕化公司提供95t。

(3) 临氢降凝催化剂

该催化剂分有胺法(3862)和无胺法(3881，已应用于齐鲁公司、大连公司、克拉玛依炼油厂等。对增产低凝柴油效果很好，并分别获得中石化科技进步一、二等奖。

2. 抓好换代产品生产

石油三厂催化剂厂不断贯彻科技兴厂的方针，把科技开发工作放在首位，注重人才培养，成立了技术开发科，设专人与科研单位配合搞新品种实验，随时解决生产中存在问题，不断改进工艺，让科研单位满意，让用户放心。

3. 努力实现催化剂国产化

搞好催化剂装置整体技术改造，是石化总公司实现催化剂国产化的一项主要措施，也是推动石油三厂发展的一个关键环节。整个工程分三期进行。改造中，除了引进部分关键设备，如挤条机、混料机、罗茨风机外，还选用了国内先进的GKG热风炉干燥设备以及过滤设备，并参照国外生产工艺，提高了催化剂生产连续化，机械化水平，减少了劳动强度，改善了劳动环境。同时还完善了分析、评价、检测等手段，改造后的催化剂厂不仅扩大了产量，增加了品种，同时也完善和提高了催化剂制造手段和技术水平，提高了装置的适应能力和应变能力，有利于产品的更新换代，对提高产品质量，降低消耗，使催化剂产品质量完全可以达到国外同类催化剂水平，大大增强了市场竞争能力。

第二节　石油三厂加氢裂化催化剂的研制与开发

一、石油三厂20世纪60年代开发和研制的加氢催化剂

石油三厂是我国最早的以加氢工艺为主的炼油厂，早在20世纪50年代就开始研制和生产加氢催化剂。1951年石油三厂以活性白土为载体，载MoS_2的3511、3521催化剂，用于加工经过碱精制的页岩柴油加氢精制。1962年生产了WS_2-HF-活性白土的3622催化剂，用于大庆的直馏柴油(290~400℃)的加氢裂化。这些催化剂是以硫化物形式生产的，催化剂装入反应器中，用氢气直接开工。这些以天然硅酸铝为载体的加氢裂化催化剂耐氮性能差，又采用单段一次通过的加氢裂化工艺流程，催化剂很容易被氮中毒失活，运转周期只有3~6月。

为了适应加工大庆原油的需要，石油三厂催化剂车间成功的放大了有大连化物所和抚研院研制的两种以合成无定形硅酸铝为载体，以WO_3-NiO或MoO_3-NiO为加氢组分的加氢裂化催化剂，牌号分别为219(即3652)和107。1966年在石油三厂新建的80t/a的219加氢催化剂装置生产了以合成硅酸铝为载体，浸渍W-Ni金属组分的3652催化剂80m^3，首次在大庆炼油厂0.4Mt/a加氢裂化装置上应用，该催化剂加工310~480℃大庆VGO，运转周期300~400d。这是我国第一代无定形中油型加氢裂化催化剂。此后，又研制了氟化氧化铝和氟化硅酸铝为载体的加氢裂化催化剂。这些催化剂既可以用于润滑油料加氢处理，也可以用于加氢裂化原料的预处理，如以氟化氧化铝为载体的3722催化剂，至今仍在单段串联加氢裂化装置中作为加氢精制催化剂使用。

石油三厂早期生产的一段加氢催化剂有3652、3661等，其代表催化剂为3652，其性能与当时国际水平相近。在此期间所研制生产的加氢催化剂见表3-2-1。

表 3-2-1　加氢催化剂一览

序号	编号 部编	厂编	曾通名称	用途	组成
1		3511	1：3 硫化钼白土	加氢裂化	MoS_2-白土
2		3521	1：9 硫化钼白土	加氢裂化	MoS_2-白土
3		3531	活性炭	加氢精制	MoS_2-活性炭
4		3561	纯硫化钼	加氢精制	MoS_2
5		3571	10927	液相加氢	Fe-半焦
6		3581	5058	加氢精制	WS2
7	1 号加氢精制	3591	8376	加氢精制	W-Ni-r-Al_2O_3
8		3602	8152	苯加氢	WS_2-NiS
9		3621	2062	加氢精制	Mo-SiO_2-Al_2O_3(球)
10		3622	6434	加氢裂化	WS_2-白土
11		3631	SA83127	加氢精制	W-Mo-Ni-F- Al_2O_3
12	1 号、2 号加氢裂化	3652 甲乙	219 甲；219 乙	加氢裂化	W-Ni-SiO_2-Al_2O_3
13		3661	107	加氢裂化	Mo-Ni-SiO_2-Al_2O_3
14		3662	642	沸腾床加氢裂化	Mo-Ni-SiO_2-Al_2O_3
15		3671	219 甲担体压片	加氢预精制	Mo-Ni-SiO_2-Al_2O_3
16		3672	219 乙担体压片	加氢裂化	W-Mo-Ni-SiO_2-Al_2O_3
17	4 号加氢精制	3673	528	加氢精制	Mo-Co-Ni-γ-Al_2O_3
18		3691	6971；6020	加氢精制	Mo-Fe-γ-Al_2O_3
19		3702	17 号	椰子油加氢	Cu-Zn-Cr
20		3705	Y 型分子筛	加氢裂化	W-Mo-Ni-CaReH-Y-分子筛-Al_2O_3
21		3712	22 号	重油加氢裂化	W-Mo-Ni-CaReH-Y-SiO_2-Al_2O_3
22		3713	6941	润滑油加氢精制	W-Mo-Ni-SiO_2-Al_2O_3
23		3714	169	润滑油加氢精制	W-Mo-Ni-F-B-SiO_2-Al_2O_3
24		3715	148	润滑油加氢精制	W-Mo-Ni-F-B-ζ-Al_2O_3
25		3722	101	润滑油加氢	W-Mo-Ni-B-F-ζ-Al_2O_3
26		3723	7104 高硅铝分子筛	加氢裂化	W-Mo-Ni-CaReHy-SiO_2-Al_2O_3
27		3731	新型分子筛	润滑油加氢	Mo-Ni-新型分子筛
28		3733	铁钼	润滑油加氢精制	Mo-Fe-r-Al_2O_3
29		3742	复合分子筛	润滑油加氢	Mo-Ni- Al_2O_3-新型分子筛
30		3753		润滑油一段加氢	Zn-Mo-新型分子筛
31		3756	33 号沸腾床	原油精制	Mo-Co-SiO_2-Al_2O_3

219 型(工业牌号 3652)催化剂，用于我国第一套工业加氢裂化装置上。它分为甲、乙两个品种，其区别在于乙载体中直接混入了 10%WO_3，其余均相同。物化性质、载体和组成见表 3-2-2。

表 3-2-2　3652 载体和催化剂物化性质及组成

载体		催化剂	
SiO_2/%	25~35	金属组成	W-Ni
Al_2O_3/%	65~75	堆积密度/(kg/L)	0.70~0.85
Na_2O/%	≯0.035	压碎强度/(N/粒)	50~60

续表

载体		催化剂	
Fe/%	≯0.070	比表面积/(m^2/g)	100~160
堆积密度/(kg/L)	0.45~0.55	孔体积/(mL/g)	0.3~0.45
压碎强度/(N/粒)	≮60	粒度/nm	$\phi6\times6$
比表面积/(m/g)	280~320		
孔体积/(mL/g)	0.65~0.75		
平均孔径/nm	9~12		

大庆炼油厂的加氢裂化装置是我国自行研究、设计和建设的具有当时先进技术水平的装置。共有两个反应器，年处理能力一段操作时为0.4Mt。两段操作时为0.28Mt，3652催化剂于1966年首次在该装置上使用，最长使用周期是632d。表3-2-3列出了该装置的运转数据。

表3-2-3　大庆加氢裂化工业装置运转数据

原料油	大庆直馏VGO	氢油体积比	1450~1820
馏程/℃	205~457	空速/h^{-1}	0.8~1.0
密度/(kg/L)	0.8179~0.8378	产品比率/%	
碱氮/(μg/g)	62.2	$<C_4$	—
催化剂装量/m^3		C_5~130℃	12.9
3652甲	22.46	130~260℃	31.7
3652乙	25.54	260~320℃	24.9
反应条件		转化率/%	69.5
压力/MPa	13.6~14.5	氢耗/(m^3/t)	200
温度/℃	365~450		

二、20世纪70年代和80年代初期开发和研制的加氢催化剂

20世纪70年代和80年代初，石油三厂以Y型分子筛、β-分子筛、丝光沸石和ZSM-8分子筛等为裂化组分，开发了3731、3762、3792、3812、3843、3863和3883等催化剂，并进行了工业应用。20世纪70年代和80年代催化剂科技成果见表3-2-4，重大科技成果有七项。20世纪80年代后期又开发了3722、3822、3823和3904催化剂，用于不同加氢裂化工艺。进入90年代，石油三厂开发了3843、3863、3883催化剂，并在工业装置上使用。

表3-2-4　70年代和80年代石油三厂催化剂科技成果一览表

序号	成果名称	研制单位	协作单位	研制时间/年	鉴定时间	应用推广及获奖情况
1	3622加氢裂化催化剂	石油三厂		1961~1962		本厂自用，1964年获市技术革新奖
2	3722加氢精制催化剂	石油三厂		1971~1972		本厂自用，获市、省、部优质奖
3	3762加氢裂化催化剂	石油三厂		1975~1976	1980年通过石油部鉴定	大庆炼油厂和本厂自用，获石油部科技一等奖，市优质品奖，国家科技进步三等奖

续表

序号	成果名称	研制单位	协作单位	研制时间/年	鉴定时间	应用推广及获奖情况
4	ZSM型分子筛合成	石油三厂		1977~1978		本厂自用，用于研制加氢降凝催化剂
5	3792润滑油加氢降凝催化剂	石油三厂		1978~1979		获石油部科技一等奖
6	3822重油加氢精制脱氮催化剂	石油三厂		1980~1984	1985年通过中石化总公司鉴定达引进HC-F催化剂水平	茂名石化等企业用，获石油化工总公司科技进步一等奖
7	3823重油加氢精制	石油三厂		1980~1984	1985年通过中石化总公司鉴定达引进HC-B催化剂水平	茂名石化等企业用，获石油化工总公司科技进步一等奖
8	3812加氢裂化催化剂	石油三厂		1980~1981	1984年通过中石化总公司抚顺石化公司鉴定	本厂自用，获石油部科技成果二等奖、市科技一等奖、国家科技进步三等奖
9	3821加氢裂化催化剂	石油三厂		1980~1982	1984年通过中石化总公司抚顺石化公司鉴定	本厂自用，获抚顺市科技成果一等奖、中石化总公司科技成果二等奖
10	3842精制催化剂	石油三厂		1984		本厂自用
11	3531加氢精制催化剂	石油三厂		1953		本厂自用
12	3561加氢精制催化剂	石油三厂		1954		本厂自用
13	3581加氢精制催化剂	石油三厂		1958		大庆炼油厂和本厂自用
14	3591加氢精制催化剂	石油三厂		1969		本厂自用
16	3665予加氢精制	石油三厂		1966		本厂自用
17	3511加氢裂化催化剂	石油三厂		1951		本厂自用
18	3521催化剂	石油三厂		1952		本厂自用
19	3591催化剂	石油三厂		1959		本厂自用
20	3652加氢裂化催化剂	大连化学物理研究所	石油三厂	1965		大庆炼油厂和本厂自用
21	3705加氢裂化催化剂	石油三厂	北京石油学院	1970		本厂自用
22	3713加氢裂化催化剂	石油三厂		1971		本厂自用
23	3714加氢裂化催化剂	石油三厂		1971		本厂自用
24	3715加氢裂化催化剂	石油三厂		1971		本厂自用

续表

序号	成果名称	研制单位	协作单位	研制时间/年	鉴定时间	应用推广及获奖情况
25	3731 临氢择形加氢裂化	石油三厂		1973		本厂自用
26	3843 加氢裂化催化剂	石油三厂		1984		本厂自用
27	Y 型分子筛	石油三厂	北京石油学院	1970		本厂用
28	A 型分子筛	石油三厂		1970		自用
29	β 沸石	石油三厂		1972~1973		自用和出口
30	ZSM-8 分子筛	石油三厂		1979		自用

有关加氢裂化催化剂介绍如下：

1. 3762 加氢裂化催化剂

该催化剂由石油三厂于 1975 年开始研制，1976 年 6 月在催化剂生产装置上试生产获得成功，同年 9 月在石油三厂加氢三套装置上正式投入使用。第一批催化剂运转 535d，累计处理油量 169kt。该催化剂具有起始温度低，寿命长，处理原料油馏分宽等优点。到 1978 年底，使用该催化剂多加工减三线重蜡油 50kt，为国家增加利润 385 万元。

该催化剂具有较好的再生性能，于 1980 年在工业装置上进行了反应器内的再生试验，再生后催化剂的初活性比新催化剂初始温度高 3~5℃。

该催化剂的综合技术性能不低于美国联合油公司的 HC-16 催化剂。

催化剂的组成为：钨-镍-锡为加氢组分；硅-铝-氟、分子筛为载体、工艺条件：压力 15MPa；温度 400~500℃，空速 1.0h^{-1}；原料油为：ⓐ大庆减压蜡油；ⓑ胜利油、任丘油和辽河油的减二线馏分油。

1979 年 10 月由石油工业部科技局主持下召开了“3762 催化剂总结会”，于 1980 年荣获石油部重大科技成果一等奖，1985 年荣获科技成果三等奖。

2. 3792 临氢降凝催化剂

该催化剂由抚顺石油三厂于 1978 年开始研制，1979 年实现工业化，1980 年投入该厂加氢第四套装置工业运转。

该催化剂的载体为无定型硅酸铝与 ZSM 型分子筛复合单体，金属组分为钨-钼-镍-锡-锌。反应条件为：温度 420℃，压力 15MPa；体积空速 1.0h^{-1}。适应的原料油为：大庆减二、三线蜡油，常三减二线蜡油和加氢裂化未转化油(尾油)，以及上述三种油料的混兑油料。

该催化剂可将终沸点为 530℃，凝固点为+45℃以上的大庆减压蜡油进行临氢脱蜡，使生成油大于 320℃馏分的凝固点降到-5℃以下，降凝幅度为 50℃以上。生成油收率为 77%，润滑油收率为 40%。凝固点-5℃以下，黏度指数为 92，100℃运动黏度为 5.94mm^2/s。与 3731 相比，生成油液收率提高 5.6%，润滑油收率提高 4.2%，润滑油黏度指数提高 37 个单位。该催化剂处理加氢裂化未转化油时，生成油收率为 85%~90%，润滑油收率可达 60%以上，凝固点可达-15℃以下。

经过 6 年的工业运转使用，催化剂累计寿命达 33t 油/kg 剂。每年可加工 0.1Mt 原料油。每年可为国家增加效益 1500 万元。

用ZSM型分子筛制造临氢降凝催化剂在国内尚属首创。1982年获石油工业部重大科技成果一等奖。

3. 3812加氢裂化催化剂

该催化剂由石油三厂于1980年开始研制，1981年在该厂0.1Mt/a氢装置上进行工业放大试验，1984年在该厂0.4Mt/a加氢裂化装置上使用。

该催化剂是以无定型硅酸铝和2%酸处理的β分子筛为载体，用分步沉淀技术载附钨-镍加氢组分制成的。放大试验和工业运转表明，该催化剂与3762催化剂相比，其温度稳定性得到很大改善，运转周期延长2倍，一次运转周期长达三年，达到目前国外同类催化剂水平。可以处理大庆减压蜡油(终沸点540℃)，在15MPa氢压、体积空速$1.0h^{-1}$、反应温度400~445℃的条件下，进行一段法加氢裂化，其单程转化率可达65%~70%，生成油收率可达96%以上，汽油收率可达24.7%，-35号低凝柴油收率可达31.1%，0号柴油收率可达11.2%，冷榨脱蜡料为9.8%，塔底尾油为19.6%(对进料)。催化剂的温升系数为0.04℃/d，其累计寿命为2.5t原料油/kg剂。

1983年获石油工业部重大科技成果二等奖。1985年获国家级科技进步三等奖。

4. 3821加氢裂化催化剂

该催化剂由石油三厂于1980年开始研制，1982年10月实现工业化。

它是由无定型硅酸铝和10%β分子筛组成复合载体，用分步沉淀技术载附金属组分钨-镍而制成的，以焦化柴油为原料油的加氢裂化催化剂。运转结果表明，该催化剂加工高氮含量的焦化柴油，具有较好的抗氮性能和加氢裂化性能，在15MPa氢压、体积空速1.7~$1.8h^{-1}$反应温度405~445℃、氢油体积比700：1的条件下，可得26.3%的石脑油，45.4%的-35号柴油，26%的0号柴油，生成油收率96%以上，一次运转周期为813d，催化剂累计寿命达18.1t油/kg剂。

该催化剂实现工业化应用后，于1984年在《石油炼制》杂志第10期上发表了《焦化柴油加氢裂化》的技术论文。

1984年由中国石油化工总公司抚顺石油化工公司组织鉴定。于1984年获抚顺市科技成果一等奖、中国石油化工总公司重大科技成果二等奖，1985年获国家科技进步三等奖。

5. 3822加氢精制催化剂

该催化剂为国家科委“六五”期间攻关项目。由抚顺石油三厂于1980年7月研制，并于1985年在加氢工业装置上应用。1985年11月，通过中国石油化工总公司发展部主持的鉴定。其主要技术条件为：

组成成分：$Mo-Ni-P-SiO_2-Al_2O_3$，三叶草型。工艺条件：温度为390℃；压力为16MPa(H_2：95%)；空速为：$1.0h^{-1}$。原料油：923减压蜡油与焦化蜡油，按9：1混合，初馏点264℃，95%点511℃，总氮为1610μg/g，碱氮为750μg/g。生成油：总氮10μg/g，脱氮率为98%(为全循环中型数据)。

6. 3823加氢精制催化剂

该催化剂属国家科委“六五”期间攻关项目。由石油三厂于1980年7月开始研制，1982~1984年进行工业化试生产，1985年进行中型装置全循环试验，其水平与国外同类催化剂(HC-B)相当，1985年11月通过中国石油化工总公司发展部的鉴定。

其主要技术条件为：

组成成分：$Mo-Ni-P-SiO_2-Al_2O_3$。

工艺条件：温度 380℃；压力 16MPa；空速为：5.0h^{-1}（体积）。

原料油：大庆焦化柴油。

初馏点：211℃，95%：352℃。

硫：950μg/g；碱氮：650μg/g。

生成油：碱氮：110μg/g，脱氮率：82.9%，硫：89μg/g；脱硫率：89.5%。

7. 3673 催化剂

3673 催化剂系石油三厂生产的润滑油加氢补充精制催化剂，效果良好，能够产出高、中档润滑油的基础油，产品在市场非常走俏。

3673 催化剂的活性金属由 Co-Mo-Ni 组成，载体为 γ-Al_2O_3，该剂具有较好的活性和选择性，同时还有稳定性好、机械强度高等特点。3673 催化剂的物理化学性质见表 3-2-5。

3673 润滑油加氢补充精制催化剂，主要以处理辽河减二线与减三线馏分为主，同时处理大庆减二线、减三线、减四线和减压渣油，主要操作条件见表 3-2-6。

表 3-2-5　3673 催化剂的物理化学性质

项　目	3673 催化剂	控制指标
物理性质		
堆积密度/(g/m^3)	0.78	0.7~0.8
比表面积/(m^2/g)	196	>180℃
粒度/mm	ϕ6×6	ϕ5~6×5~7
形状	圆柱形	
颜色	瓦灰色	
强度/(N/粒)	76	≮56.9
孔容/(mL/g)	0.24	>0.2
化学组成/%		
CoO	3.14	2.9~3.4
MoO_3	11.6	10~13
NiO	7.41	7~8.5
Al_2O_3	77.85	—

表 3-2-6　加氢补充精制装置主要操作条件

原料油	辽河原油减二、三线	大庆原油		
		减二、三线	减四线	减压渣油
反应温度/℃	230	250	260	290
反应压力/MPa	2.5	2.5	3	3
空速/h^{-1}	1.5~2.5	1.5~2.0	1.5~1.8	1
氢油体积比	>100	>100	>100	>100

3673 催化剂具有较好的加氢活性和稳定性，生产实践证明，能够生产符合质量要求的润滑油基础油，而且有较好的再生性，再生后的催化剂活性和稳定性与新催化剂相当，同时具有强度高和抗波动的特点。表 3-2-7 和表 3-2-8 是加氢装置在全装新催化剂和部分装新催化剂及再生催化剂的两种情况下的标定数据对比。

表 3-2-7　新催化剂与再生催化剂理化性质对比

项　　目	新催化剂	再生后催化剂
化学组成/%		
CoO	3.14	3.13
NiO	7.41	7.29
MoO_3	11.6	11
物理性质		
强度/(N/粒)	76	70
粒度/mm	$\phi6\times6$	$\phi6\times6$
孔容/(mL/g)	0.24	0.198
比表面积/(m^2/g)	196	173

表 3-2-8　新催化剂与再生催化剂评价数据对比

项　　目	原料（辽河减三线）	新催化剂	再生后催化剂
颜色（ASTM D-1500）	6	3	3.0^{+}
黏度指数	71	72	71
凝固点/℃	-13	-12	-12
酸值/(mgKOH/g)	0.026	0.011	0.012
碘值/(gI_2/100g)	9.03	7.31	7.35
硫/%	0.0543	0.0482	0.0462
氮/%	0.0091	0.0083	0.008
残炭/%	0.012	0.008	0.008

三、20 世纪 80 年代后期及以后研制和开发的国产化加氢催化剂

20 世纪 80 年代，为了配合给引进的四套大型加氢裂化装置生产配套催化剂，实现催化剂国产化，石油三厂配合抚顺石化研究院生产了 3822、3823、3824、3825 催化剂，替代引进的 HC-F、HC-16、HC-B、HC-14 催化剂。3822、3823、3824、3825 国产催化剂的化学组成、物化结构及技术对比参数列于表 3-2-9(国产催化剂和引进催化剂，因生产批号和取样地点不同，分析结果稍有不同，现以中国石化总公司发展部 1988 年 8 月编写的“国内外催化剂性能对比资料汇编”提供的资料为准)，国产催化剂和引进的联合油公司催化剂机械强度对比列于表 3-2-10，在功能和使用方面的优缺点列于表 3-2-11 ~表 3-2-14。

表 3-2-9　3822、3823、3824、3825 催化剂与 HC-F、HC-16、HC-B、HC-14 催化剂物化形状

项　　目	精制催化剂		后精制催化剂		裂化催化剂		裂化催化剂	
	3822	HC-F	3823	HC-B	3824	HC-16	3825	HC-14
化学组成/%								
MoO_3	20.12	18.94	17.17	15.62	19.12	17.77	14.01	14.4
NiO	4.3	3.14	3.6	3.01	5.95	5.24	4.63	4.8
P	3.69	3.24	1.58	1.43	1.63	2.19		
SiO_2	3.4	0.29	3.75	3.6	10.8	10.30	40	40.08
Al_2O_3							32	28.79
比表面积/(m^2/g)	196	187	220	275	298	296	517	503
孔容积/(mL/g)	0.38	0.38	0.49	0.45	0.364	0.325	0.3	0.26

续表

项　目	精制催化剂		后精制催化剂		裂化催化剂		裂化催化剂	
	3822	HC-F	3823	HC-B	3824	HC-16	3825	HC-14
堆积密度/(g/mL)	0.76	0.78	0.71	0.74	0.75	0.78	0.71	0.79
压碎强度/(kg/cm)	1.52	1.59	2.36	2.37	2.26	2.29	1.76	1.69
磨耗/%(质量分数)					0.58	0.57	0.43	0.45
外形	三叶草	三叶草	圆柱条	圆柱条	圆柱条	圆柱条	圆柱条	圆柱条
平均直径/mm	ϕ1.28	ϕ1.28	ϕ1.6	ϕ1.6	ϕ1.49	ϕ1.62	ϕ1.5	ϕ1.7
平均长度/mm	3~10	3~10	4~6	4~9	3~10	4.96	5	3.9

表 3-2-10　3822、3823、3824、3825 催化剂与 HC-F、HC-16、HC-B、HC-14 催化剂机械性能

催化剂牌号	生产厂家	外　型	机械强度/(kg/mm)	
			规格要求	实测
3822	抚顺石油三厂	三叶草　ϕ1.28mm		1.52
HC-F	联合油公司	三叶草　ϕ1.28mm		1.59
3823	抚顺石油三厂	圆柱条　ϕ1.6		2.36
HC-B	联合油公司	圆柱条　ϕ1.6		2.37
3824	抚顺石油三厂	圆柱条　ϕ1.49	> 1.5	2.26
HC-16	联合油公司	圆柱条　ϕ1.62	> 1.05	2.29
3825	抚顺石油三厂	圆柱条　ϕ1.5		1.76
HC-14	联合油公司	圆柱条　ϕ1.7		1.69

表 3-2-11　3822、3824 和 3823 催化剂与 HC-F、HC-16、HC-B 催化剂联合评价结果

催化剂(R_1/R_2)	3822/3824、3823	HC-F/HC-16、HC-B
原料油(胜利 VGO : CGO)	9 : 1	9 : 1
反应温度(R_1/R_2)/℃	388.7/382.9	389.7/384
反应总压力/MPa	16	16
液时空速(R_1/R_2)/h^{-1}	1.10/1.36、17.63	1.10/1.36、17.63
氢油体积比(R_1/R_2)	950/1200	950/1200
一反出口总氮/(μg/g)	8	9
单程转化率/%(体积分数)	60	60
氢耗量(对原料油) /%(质量分数)	2.99	2.98
液体收率(对原料油)/%(质量分数)	93.23	93.26
产品收率(对原料油)/%(质量分数)		
气态烃	8.14	8.23
<82℃轻石脑油	8.67	8.58
82~132℃重整原料油	18.18	17.44
132~238℃航煤	37.48	37.59
238~350℃柴油	28.9	29.65

表 3-2-12　国产 3822、3825、3823 与 HC-F、HC-16、HC-B 催化剂联合评价结果

催化剂(R_1/R_2)	3822/3825、3823	HC-F/HC-14、HC-B
原料油	胜利减二线油	胜利减二线油
反应温度(R_1/R_2)/℃	380/361	380/363
反应总压力/MPa	15	15

续表

液时体积空速(R_1/R_2)/h^{-1}	0.95/1.76、14.46	0.95/1.76、14.46
氢油体积比(R_1/R_2)	900/1400	900/1400
一反出口总氮/(μg/g)	2	2
单程转化率/%(体积分数)	60	60
氢耗量(对原料油)/%(质量分数)	3.3	3.23
液体总收率(对原料油)/%(质量分数)	82.37	82.59
产品收率(对原料油)/%(质量分数)		
气态烃	21.46	20.97
<65℃轻石脑油	19.68	21.18
85~117℃重整原料油	62.29	61.41

表 3-2-13 国产 3822、3824 和 3823 催化剂联合评价产品主要性质

性质	重整原料 82~132℃		航空煤油 132~238℃		柴油 238~350℃	
催化剂	国产	引进	国产	引进	国产	引进
相对密度 d_4^{20}	0.727	0.7295	0.7818	0.7814	0.8	0.024
馏程/℃						
初馏点/10%	97/103.5	98/103.5	150/160	151/159	256/265	257/270
30%/50%	106.5/109	106/108	168/178	166/177	273/285	278.5/294
90%/终馏点	119.5/129.5	117.5/127	208/229	208/220	324/335	328/336
组成/%(质量分数)						
烷烃	43.8	43.5				
环烷烃	54.6	55				
芳烃	1.6	1.5	3.7(V)	3.8(V)		
芳烃潜含量/%	53.1	53.4				
总硫/(μg/g)	<1	<1	<10	<10	<20	<20
总氮/(μg/g)	<1	<1	<1	<1	<1	<1
冰点(凝点)/℃			<-62	<-62	(-21)	(-12)
黏度(20℃)/(mm²/s)			1.43	1.44	6.21	6.77
无烟火焰高度/mm			38	36		
十六烷值					70	70

表 3-2-14 国产 3822、3825 和 3823 催化剂联合评价产品主要性质(石脑油馏分)

	重整原料油主要性质	
催化剂(R1/R2)	3822/(3825、3823)	HC-F/(HC-14、HC-B)
相对密度 d_4^{20}	0.7278	0.729
馏程/℃		
初馏点	66.5	73
10%	97	97.5
30%	112	109.5
50%	127.5	122
90%	158	154.5
终馏点	178	180
总硫/(μg/g)	<1	<1
总氮/(μg/g)	<1	<1

续表

重整原料油主要性质		
组成/%(质量分数)		
烷烃	63.4	63.9
其中 C_4+C_5/C_6	3.5/8.3	2.4/7.6
$C_7/C_8/C_9\sim C_{11}$	12.8/13.9/24.9	13.1/15.2/25.6
环烷烃	34.8	34.2
其中 C_5/C_6	12.6	12.6
$C_7/C_8/C_9\sim C_{10}$	7.4/9.9/14.8	7.8/10.7/13.1
芳烃	1.8	1.9
芳烃潜含量/%(质量分数)	34.65	34.26

3822、3823、3824、3825国产催化剂，1985年由中国石化总公司主持进行了技术鉴定，认为其物化性质和反应性能均已达到美国同类催化剂的水平。国产催化剂还曾在石油三厂工业装置和荆门炼油厂进行过试用，效果均较好。国产催化剂在A2中试加氢装置上的运行结果及美国联合油催化剂的对比结果列于表3-2-11。从表中可以看出，国产催化剂的性能已全面达到引进催化剂的水平。产品喷气燃料、柴油和重整原料的性质也基本相同。而且喷气燃料的燃烧性能较好，循环油的凝点较低，这说明国产催化剂的异构化性能较好。所以，它完全可以用于引进的加氢裂化装置。

国产的4种催化剂和引进的催化剂机械强度都很好，现将机械强度对比结果列于表3-2-10。

(摘引自“国内外催化剂性能对比资料汇编”，中国石化总公司发展部1988年8月)。对催化剂机械强度的要求是根据床层承受的静压力(包括催化剂、瓷球自重和结焦后的增重)以及在2.1MPa/分紧急降低压力(放空)时施加给催化剂床层压力两者的总和，再加一定的裕量。所以，催化剂机械强度如果已达到规格要求，则在工业装置上使用应该不会有什么问题。由表3-2-10可以看出，国产催化剂和引进催化剂实测的机械强度均超过联合油公司规格要求约一倍左右。特别是3824和3825催化剂的直径比国外同类催化剂稍小，但实测机械强度并不低，可以说是比较满意的。

另外，国产3824和3822催化剂均在石油三厂和荆门炼油厂工业装置上试用过，均认为机械强度良好。荆门炼油厂曾于1988年从反应器内将3822和3824催化剂卸出，并用筛孔1.0mm的筛子重新过筛。结果筛下物不足1%(质量分数)，细粉也很少。催化剂重新装入反应器后，压差未见增加。这更说明国产催化剂机械强度良好。即使催化剂经过再生后，机械强度会有所降低，也不会影响实际的使用性能。

需要注意的是，催化剂吸水后，机械强度会急剧降低，所以应严加管理。凡是被水浸泡过的催化剂，一定不要装入反应器中。对于已经严重吸水受潮的催化剂，应通知现场技术服务人员确认的处理办法进行处理。另外，在硫化过程中要控制升温速度和露点，以防催化剂吸水碎裂。

国产催化剂的机械强度很好，完全满足引进的大型加氢裂化装置催化剂装填设施和要求，可以使用帆布套管和挡板的金属竖管进行装填。催化剂的自由堕落高度限制不大于3m，也可以采用密相装填技术。

3822和3824催化剂已经在荆门炼油厂中压加氢装置及石油三厂加氢裂化装置中使用

时，其工业装填密度列于表3-2-15。

表3-2-15 工业装填密度

装置	工业装置密度/(kg/m^3)			
	3822	HC-F	3824	HC-16
荆门炼油厂中压加氢裂化	662		620	
抚顺石油三厂加氢裂化	750		760	
茂名石油工业公司加氢裂化		705		703
金陵石化公司加氢裂化		704		710

荆门炼油厂用的3822和3824催化剂装填密度较小，其主要原因是催化剂生产厂的挤条成型设备当时还未配套，成品剂条太长，弯曲不直。另外装料管距反应器料面太近，较长的条状催化剂没能在催化剂装填时自然断裂，所以催化剂床层的空隙较大，催化剂装填密度较小。后将催化剂卸出，进行重新装填。3822和3824催化剂的装填密度分别达到800kg/m^3和690kg/m^3。目前，石油三厂催化剂厂已引进全套催化剂成型设备，催化剂的外型尺寸、长度和弯曲度，基本上和国外同类型催化剂相同。所以新生产的催化剂工业装填密度应基本和国外相同。

四、国产化加氢裂化催化剂的有关技术

引进的HC-F、HC-14、HC-16、HC-B催化剂和国产化的HC-F、HC-14、HC-16、HC-B催化剂，对循环氢中硫化氢含量有无具体限制？长期或短期低于限制值时，对催化剂的活性和寿命影响程度？国产催化剂要求又是如何？这些问题都需要回答。

1. 循环氢中的硫化氢

硫化氢达到一定浓度就能使催化剂的金属组分保持在硫化态。催化剂的活性，特别是脱氮活性与系统硫化氢含量高低有密切关系。硫化氢含量高，有利于脱氮反应，在保证催化剂为硫化态的基础上，硫化氢含量与反应温度形成一个平衡，硫化氢含量高，则反应温度低，硫化氢含量低，则反应温度要提高一些。循环氢中硫化氢含量和脱氮活性的关系如图3-2-1所示。

循环氢中硫化氢的含量主要取决于原料油中硫、氮的含量，当然也和工艺流程和操作参数有关。国产3822、3825、3824、3823催化剂和HC-F、HC-14、HC-16、HC-B催化剂，都是以钼-镍为加氢组分的硫化型催化剂，都要求循环氢中硫化氢含量保持在较高的水平。循环氢中硫化氢的浓度对于加氢精制催化剂的脱氮活性影响最大。对于总压力8MPa以上的加氢裂化装置，硫化氢浓度在0.1%(体积分数)左右是比较合适的。但实际上0.05%(体积分数)和0.1%(体积分数)在短期内是看不出有多大差异的。有些加氢裂化装置，例如美国得克萨斯州炼厂，由于原料油硫含量低，所以在硫化氢低于0.05%(体积分数)的条件下运转。在正常操作条件下，硫化氢含量即使更低一些，也不会使硫化态的金属还原为金属态。但是，加氢精制催化剂的脱氮活性则有可能降低，特别对于加氢精制反应器顶部的催化剂影响更大。因为这时原料油中的硫还未能全部转化为硫化氢，所以床层中的硫化氢分压较低，循环氢中的硫化氢含量增加不多。因此，当循环氢中的硫化氢含量太低时，脱氮活性的降低就比较明显。但下部的催化剂床层，由于原料油中的硫化物已经转化得比较彻底，这里局部的硫化氢浓度较循环氢明显升高，故与上部催化剂相比加氢活性高，受循环氢中硫化氢含量的影响也较小。至于循环氢中硫化氢浓度的限制值，只能给出一个范围。根据联合油公司的

经验，循环氢中硫化氢含量保持在0.05%~0.1%(体积分数)，应是催化剂保持高加氢活性稳定运转的低限。如果提高到0.5%(体积分数)以上，活性还会更高一些，但是高的幅度不会太大(可参看图3-2-1)。另外当循环氢中硫化氢含量过高时，要考虑设备的腐蚀问题。

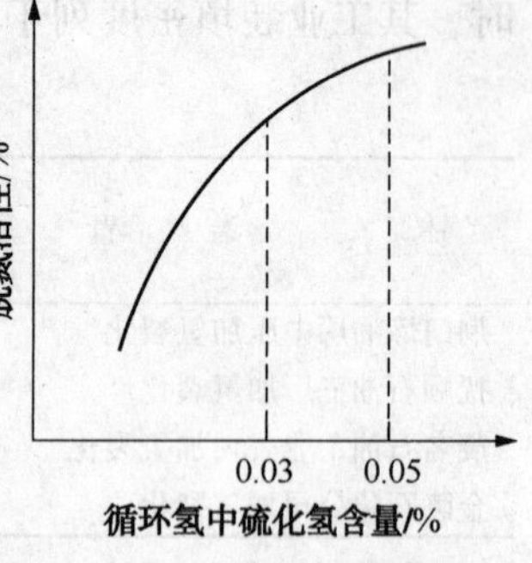

图3-2-1　循环氢中硫化氢含量和脱氮活性的关系

循环氢中硫化氢含量如果长期在200μg/g左右，那么，催化剂的加氢活性就要降到较低的水平。若降至100μg/g或更低时，催化剂的活性就很难长期保持。

抚顺石油三厂的经验是：循环氢的硫化氢含量以300~600μg/g为较好，这时，3822和3824催化剂的活性可以正常发挥。如果低于200μg/g，则催化剂的活性就有衰退现象。这主要是由于大庆VGO硫含量低，仅有0.072%(质量分数)，达不到保持催化剂活性的硫化氢含量的最低要求。因此，采取了补加二硫化碳的措施，使硫化氢含量能维持在300~600μg/g。荆门炼油厂中压加氢裂化也有类似经验。该装置使用了3822和3824催化剂，但总压力为8MPa。这时循环氢中的硫化氢浓度需要保持在200~400μg/g,才能保持催化剂活性，达到长期稳定运转。但由于所用的原料南阳重柴油硫含量低，仅有0.05%~0.06%(质量分数)，所以采取连续补加二硫化碳40~50kg/d的办法，使循环氢的硫化氢含量保持在200~400μg/g。稳定运转了2000h，活性还是可以稳住的，反应温度基本没有上升。

茂名石化公司加氢裂化装置(引进技术)开工不久，即改用胜利和大庆混合(质量比7∶3)VGO，硫含量降至0.44%(质量分数)左右，循环氢中硫化氢含量0.08%~0.15%(体积分数)，已运转了六年多，催化剂的性能较令人满意。上海石化总厂加氢裂化装置(引进技术)，一直使用大庆和鲁宁管输混合原油(质量比7∶2)VGO，硫含量仅有0.11%(体积分数)左右，循环氢的硫化氢含量0.05%~0.12%(体积分数)，已经运转了3年多，催化剂的活性也令人满意。

以上实例说明，虽然各加氢裂化装置循环氢的硫化氢含量有所差异，但均取得了较满意的效果，主要与所用原料的硫、氮含量有关。虽然原料硫含量低使循环氢的硫化氢浓度和催化剂的加氢脱氮活性有所降低，但由于原料油的氮含量相应地降低了，所以对脱氮活性的要求也降低了，因此也取得了较满意的结果。总之，循环氢中硫化氢的含量对加氢精制催化剂的加氢活性影响很大。由于各装置所用的原料的硫、氮含量和工艺操作条件均不同，对催化剂脱氮活性的要求也不尽相同，所以很难对硫化氢浓度提出准确的限制与要求，而只能提出一个大致的范围，即最好能保持在0.05%~0.1%(体积分数)或更高些。而对各装置来说，则应根据具体的条件，通过试验优化，确定每一套装置循环氢中硫化氢浓度的最佳范围。

2. 循环氢中的氨

(1) 国产催化剂对循环氢浓度的要求和对原油杂质的限制

加氢裂化反应过程生成的氨(由原料油中的氮化物转化而来的)，对有酸性组分组成的催化剂裂化活性有抑制作用，因为氨可使活性中心暂时中毒。固体酸对氨的吸附是可逆的。当环境条件改变后，吸附在酸性中心上的氨又可慢慢脱附，裂化活性从而得到恢复。国产3824、3825催化剂和国外HC-16、HC-14催化剂一样，都含有固体酸性组分分子筛，对氨很敏感。一般来说，循环氢中的氨含量如小于40μg/g，对催化剂的活性不会有明显影响。如果超过40μg/g，就有影响，石油三厂过去曾用含H-Y沸石的催化剂在压力为8MPa下进行过试验。开始时，循环氢的氨含量为40μg/g左右，运转正常。后因水泵故障，停了软化水，结果氨含量上升到400μg/g。反应温度提高约10℃，方能维持氨含量较低时相同的裂化率。后来注水量恢复正常，经过约100h，催化剂的活性才恢复到正常水平。另一实例是3824、3822催化剂在16MPa的压力下加工胜利VGO，其循环氢中氨浓度的影响见图3-2-2。

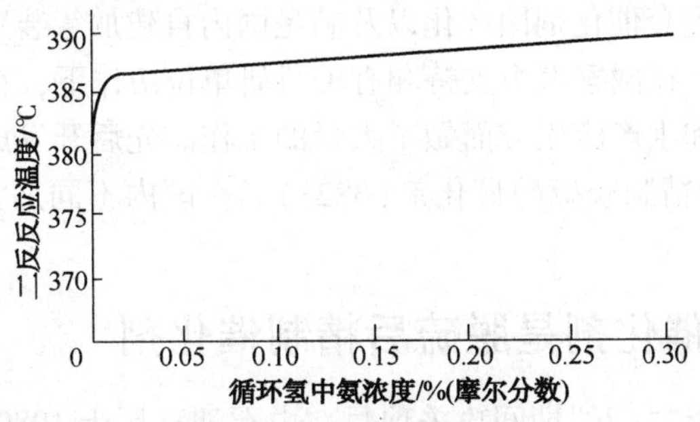

图3-2-2 氨浓度与催化剂活性(反应温度)的关系

循环氢中氨含量升高的原因有：

① 原料油氮含量升高；

② 进料量提高，但没有相应增加洗涤用软化水量；

③ 注水泵故障造成洗涤用软化水量减少或停止后，使反应生成的氨在循环氢中滞流量增加；

④ 和废氢排放量有关。解决的办法是，根据原料油的氮含量和进料流率相应调整洗涤用软化水量。

(2) 国产催化剂对原料杂质含量的限制

① 原料油金属含量和氮含量。原料油中的金属杂质会沉积在精制反应器顶部床层。铁和镍等虽然对催化剂活性不会造成伤害，但会增加反应床层的压力降，所以要加以限制，钒和砷等会使催化剂永久中毒，不能再生，所以更要注意。对于这些杂质的限制，国产催化剂和引进催化剂是相同的。$Cu+Ni+V<2\mu g/g$；$Na<1\mu g/g$ ；$Fe<2\mu g/g$；$Pb<0.2ng/g$；$As<0.5ng/g$；$Cl<2\mu g/g$

②原料油的硫、氮含量的限制与工艺流程、反应条件有关。例如，采用一段法工艺流程，在压力为8和17MPa时，原料油的硫、氮含量要求如下：

反应总压力/MPa	8	17
硫/%(质量分数)	最小约0.1 最大1①	最小约0.12 最大1①
氮/%(质量分数)	<0.12	<0.18

① 硫含量高对国产催化剂和引进催化剂的活性都有利无害．但硫化氢和氨能形成硫化氨，影响系统的压降；而且要考虑空气冷却器和脱戊烷塔顶的腐蚀问题，故硫含量太高时，应增加循环氢脱硫设施。

③ 新氢杂质含量应尽量降低，这样不仅可提高工业氢气的纯度，还可以提高催化剂的加氢活性。因为某些杂质如一氧化碳和二氧化碳等含量过高，会降低催化剂的活性。某些杂质如氯和氨会生成氯化铵，它比硫化氨更容易在系统中形成固体结晶，增加系统压降。我国加氢裂化装置所用的氢气，重整氢所占的比例很小。上海石化总厂加氢裂化装置使用的新氢，虽然重整氢比例稍高一点，但也没有达到构成威胁的程度。

新氢杂质含量应控制在：$CO+CO_2\ngtr 20mg/L$；$Cl\ngtr 2mg/L$。

第三节 加氢裂化装置用加氢精制系列催化剂的开发和应用

为了实现引进装置配套催化剂国产化以及满足国内自建加氢装置所需催化剂，石油三厂自20世纪80年代以来，在国家大力支持和有关科研单位协作下，在加氢裂化装置所需精制系列催化剂的研制开发和生产应用方面做了大量的工作。先后开发成功原料油预精制脱氮催化剂(3822和3904)和后精制脱硫醇催化剂(3823)。在国内不同加氢裂化装置上投入使用，取得了很好的效果。

一、3823加氢催化剂是脱硫后精制催化剂

该催化剂属国家科委"六五"期间攻关项目。由石油三厂于1980年7月开始研制，1982年至1984年进行工业化试生产，1985年进行全循环中型装置评价，其水平与国外同类催化剂(HC-B)相当。1985年11月由中国石油化工总公司发展部主持鉴定。其组成为：Mo-Ni-P-SiO_2-Al_2O_3。工艺条件：温度380℃；压力16MPa；空速5.0h^{-1}(体积)。原料油：大庆焦化柴油。初馏点：211℃，95%：352℃。硫：950μg/g；碱氮：650μg/g。生成油：碱氮110μg/g，脱氮率：82.9%。硫：89μg/g，脱硫率：89.5%。

3823催化剂是为引进装置配套开发的后精制脱硫催化剂，与3822催化剂同时列为"六五"期间国家重点科技攻关项目。要求研制催化剂性能达到引进HC-B催化剂水平。研制工作从1980年三季度开始，到1984年完成了1.5t规模放大试生产任务，产品质量经测试和活性试验结果，达到了引进的同类催化剂HC-B的水平。经过使用试验表明，3823催化剂不仅适用于高压加氢精制，而且对新疆油减压润滑油馏分在3.0MPa压力下加氢补充精制也取得了满意的结果，并为装置设计提供了全部数据。1989年为茂名炼油厂生产11t催化剂，用于引进大型加氢裂化装置，取得好的效果。1985年11月，3823与3822催化剂一起通过了中国石化总公司组织的技术鉴定。表3-3-1~表3-3-3是3823催化剂的有关数据。

表3-3-1 3823催化剂理化指标

项 目	催化剂	
	HC-B(进口)	3823(工业生产)
化学组成/%		
MoO_2	15.62	17.17
NiO	3.01	3.6
SiO_2	3.6	3.75
P	1.43	1.58
物化性状		
晶相	γAl_2O_3	γAl_2O_3
长度/mm	4~9	4~9
直径/mm	1.6	1.6
堆积密度/(g/mL)	0.74	0.71
比表面积/(m^2/g)	275	220
孔容/(mL/g)	0.45	0.49
破碎强度/(N/mm)	23.2	23.1

表 3-3-2　3823 催化剂与 HC-B 催化剂在单管小型加氢装置上活性对比试验结果

催化剂	HC-B 生成油性状			工业 3823 生成油性状		
运转时间/h	碱性氮/(μg/g)	硫/(μg/g)	溴价/(gBr/100g)	碱性氮/(μg/g)	硫/(μg/g)	溴价/(gBr/100g)
1~48	58	89	1.72	48	98	1.61
48~96	136	45	1.57	91	—	1.98
96~144	119	44	1.83	78	81	2.03
144~240	84	38	1.99	106	110	2.29
240~288	97	121	1.98	83	50	2.28
288~336	104	99	2.22	87	56	1.87
337~384	162	73	2.59	75	—	1.76
385~432	117	91	2.52	100	87	2.03
433~480	143	90	2.33	93	—	2.25
481~528	100	—	2.22	139	79	2.48
529~576	91	58	2.21	142	100	2.29
577~624	100	—	2.22	156	104	2.64
625~672	117	90	2.33	136	—	2.71
673~720	110	98	2.18	165	130	2.64
721~768	149	100	2.79	116	120	2.52
816~864				97	97	1.9
865~912				91	—	2.94
913~960				108	67	2.55
961~1002				136	62	2.25
平均值	113	89	2.16	110	89	2.4
脱碱性氮率/%	82.2			82.6		
脱硫率/%		91.2			91.2	

注：试验条件，原料油大庆焦化柴油；硫 1020μg/g，碱性氮 635μg/g，溴价 39.4gBr/100g。氢分压 15.0MPa，体积空速 5.0h^{-1}，氢油体积比 1500/1，反应温度 380°C，氢气一次通过。

表 3-3-3　全循环中型装置联合试验结果

原料油	胜利 VGO：CGO=9：1		胜利 VGO：CGO=9：1	
反应器	R1	R2	R1	R2
催化剂	—	HC-16	—	3824
后精制催化剂	—	HC-B		3823
反应温度/℃	—	384.0	—	382.9
反应总压力/MPa	16.0		16.0	
循环氢纯度/%(体积分数)	95.5		96.5	
体积空速/h^{-1}		1.36		1.36
后精制空速/h^{-1}		17.63		17.63
氢油体积比	1200：1		1200：1	
R1 反出口氮含量/(μg/g)	9.0	9.0	8.0	
单管转化率/%(体积分数)		60.0		60.0
液体产品收率(对原料)/%		93.26		93.23
产品硫含量/(μg/g)				

续表

原料油	胜利 VGO：CGO＝9：1	胜利 VGO：CGO＝9：1
<82℃轻石脑油	<1	<1
82~132℃重整原料	<	<1
132~282℃喷气燃料	<10 总硫，<10 硫醇性硫	<10 总硫，<10 硫醇性硫
282~350℃柴油	<20	<20

二、3822 催化剂(原料油预精制脱氮催化剂)

3822 加氢精制催化剂由国家科委列为"六五"攻关项目。石油三厂于 1980 年 7 月研制，1985 年在加氢工业装置上应用，1985 年 11 月，由中国石油化工总公司发展部主持鉴定。其主要技术条件为：

组成部分：Mo-N_i-P-SiO_2-Al_2O_3，三叶草型。

工艺条件：温度 390℃；压力 16MPa；$H_2$95%；空速 1.0h^{-1}。

原料油：胜利减压蜡油与焦化蜡油，按 9：1 混合，初馏点 264℃，95%点 511℃，总氮为 1610μg/g，碱氮为 750μg/g。

生成油：总氮 10μg/g，脱氮率 98%(为全循环中型数据)。

1984 年试生产了 28t 催化剂，工业产品催化剂活性、稳定性和主要物化指标达到了引进催化剂水平，能满足高中压加氢裂化原料油预精制脱氮要求。1985 年为荆门炼油厂 0.25Mt/a中压加氢裂化装置生产催化剂 40t。

1984 年末，3822 与 3812 催化剂串联在石油三厂新建 0.40Mt/a 加氢裂化装置投入使用；1988 年 6 月和 11 月，3822 与 3824 加氢裂化催化剂串联，分别在石油三厂 0.15Mt/a 高压加氢裂化装置和荆门炼油厂中压加氢裂化装置投入工业运转，均取得较好的结果。

(1) 工业催化剂化学组成和物化分析

数据列于表 3-3-4。

(2) 单管装置上活性试验

3822 催化剂的主要任务是对加氢裂化进料进行加氢精制脱氮，使进料油中氮含量低于 10μg/g，是评价催化剂活性的唯一标准。试验是在反应器内径 25mm，总长 1.8m 的小型加氢装置上进行的。100mL 催化剂用 1.5~2.0mm 粒度瓷块稀释混装，床层总长 720cm；胜利炼厂 VGO：CGO＝9：1 混合油为原料性状，见表 3-3-4，活性评价用原料油性状见表 3-3-5。

表 3-3-4　3822 催化剂理化数据

催化剂	HC-F(进口)	3822(工业生产)
化学组成/%		
MoO_3	18.94	20.12
NiO	3.14	4.30
SiO_2	0.29	3.40
Na_2O	0.098	0.03
Fe	0.025	0.04
P	3.24	3.69
外形尺寸		
长度/mm	3~10	3~10

续表

催化剂	HC-F(进口)	3822(工业生产)
直径/mm	1.28	1.28
外型	三叶草	三叶草
堆积密度/(g/mL)	0.78	0.76
比表面积/(m^2/g)	187	196
孔容/(mL/g)	0.38	0.38
破碎强度/(N/mm)	15.6	14.9

表 3-3-5 活性评价用原料油性状

编号	密度(20℃)/(g/cm^3)	馏程/℃					总氮/(μg/g)	残炭/%(质量分数)	硫/%(质量分数)
		初馏点	10%	50%	90%	95%			
1号	0.8912	282	379	439	497	512	1659	0.16	0.42
2号	0.8819	292	380	439	488	499	1470	0.16	0.43

氢气为纯度95%~96%的工业新氢；进料油体积空速1.0h^{-1}；总压力16.0MPa；气油体积比1500∶1；反应温度为388~392℃，氢气一次通过。用微库仑仪分析生成油总氮含量。3822催化剂经过2000h运转，活性稳定，达到HC-F催化剂水平，结果见表3-3-6。

表 3-3-6 3822与HC-F催化剂活性对比试验结果

3822催化剂				HC-F催化剂			
累计时间/h	平均反应温度/℃	生成油总氮/(μg/g)	原料油	累计时间/h	平均反应温度/℃	生成油总氮/(μg/g)	原料油
1~72	389.8	5.1	1号	1月24日	389.8	4	1号
73~144	390.6	7.2	1号	25~48	389.8	5.7	1号
145~244	390.5	7.7	1号	49~72	389	10	1号
245~320	390.2	3.3	1号	73~96	388.3	9.3	1号
321~417	390.1	4.8	1号	97~120	390	10.4	1号
418~463	390.1	6.5	1号	121~152	390.3	9.9	1号
493~513	390.9	9	1号	177~200	389.6	8	1号
538~586	389.7	7	1号	225~321	391.8	9.3	1号
587~634	389.6	8	1号	322~370	393	6	1号
667~810	390.8	8	1号	370~410	393	6.2	1号
811~1342	391.8	4	1号	419~515	393	6.8	1号
1343~1552	386.9	6.2	2号				
1561~1952	387	7	2号				
1953~1977	390	8	1号				
1978~2000	390.7	9	1号				

（3）一段串联高压加氢裂化工业运转情况

根据中国石化总公司"加速催化剂国产化进程"的要求，考查国产催化剂工业运转性能，1984年国产3822催化剂曾与3812加氢裂化催化剂串联，在石油三厂0.4Mt/a加氢裂化装置上进行了长期运转；1988年6月3822催化剂再次与3824加氢裂化剂串联，在石油三厂0.15Mt/a加氢裂化装置上，模拟引进加氢裂化的工艺流程进行一次通过加氢裂化运转试验。3822与3824催化剂按1∶1采用一般装填法，精制和裂化反应器内各装6m^3催化剂。由于胜利VGO原料油供应困难，用含氮量550μg/g、馏程270~540℃的大庆VGO为原料。通过一个月运转表明，3822催化剂在氢分压15.0MPa，体积空速1.0h^{-1}，反应平均温度371~

374℃条件下，精制油总氮含量达到小于 10μg/g，满足了工艺要求指标。所用原料油性状及运转结果分别于表 3-3-7 及表 3-3-8。

表 3-3-7　原料油性状

密度（20℃）/（g/m³）	馏程/℃					总氮/（μg/g）	硫/（μg/g）	凝固点/℃
	初馏点	10%	50%	90%	95%			
0.8509	271	351	436	517	533	543	720	44

表 3-3-8　运转工艺条件和反应结果

项目		数值
催化剂	精制	3822
	裂化	3824
反应压力/MPa		16.5
体积空速/h^{-1}	精制	0.96
	裂化	0.96
反应平均温度/℃	精制	371~374
	裂化	368~374
气油体积比		2400~2500
循环氢纯度/%（体积分数）		92~94
预精制生成油总氮/（μg/g）		6.8~9.6
裂化生成油密度（20℃）/（g/cm³）		0.7806~0.7884
裂化生成油小柱分馏/%（质量分数）		
<177℃		23.8
177~300℃		21.0
300~350℃		11.0
>350℃		38.6

（4）一段串联中压加氢裂化工业运转情况

荆门炼油厂新建加工能力 0.25Mt/a，压力 8.0MPA 中压加氢裂化装置是国内第一套。以南阳重柴为原料，采用 3822 和 3824 催化剂一段串联工艺流程，生产汽、煤、柴油及石脑油等产品，1988 年 11 月开工到 1989 年停工检修共运转 2000h，反应温度基本未提升。生产期间精制油总氮含量控制不小于 3.0μg/g，催化剂活性稳定，重复了中、小试验结果（见表 3-3-9 及表 3-3-10）。

表 3-3-9　南阳重柴油主要性质

密度（20℃）/（g/cm³）	馏程/℃					总氮/（μg/g）	硫/（μg/g）	凝固点/℃
	初馏点	10%	50%	90%	95%			
0.8425	201	314	357	402	429	465	386	25

表 3-3-10　工艺条件和生成油分析结果

装置类型	工业装置	中型试验装置
催化剂		
精制	3822	3822

续表

装置类型	工业装置	中型试验装置
裂化	3824	3824
反应总压力/MPa	7.0~7.6	6.0~7.0
循环氢纯度/%(体积分数)	90~92	93~95
进料量/(t/h)	27~30	0.000296(原数据有误)
进料体积空速/h^{-1}		
精制	0.85~1.0	0.98
裂化	1.9~2.2	2.06
平均反应温度/℃		
精制	381~385	381
裂化	371~375	377
气油体积比	770~860	860
预精制油总氮/(μg/g)	>3.0	>3.0
裂化生成油密度(20℃)/(g/ m^3)	0.756~0.760	0.757~0.760
裂化生成油小柱分馏/%(质量分数)		
<180℃	34~36	35~37
180~320℃	38~42	40~43
>320℃	22~25	21~24

三、3904 重油加氢精制脱氮催化剂的技术开发

1. 技术开发

1986 年 7 月国家科委确定把“开发重油加氢裂化新技术”列为“七·五”科技攻关重点项目，并由抚顺石化公司石油三厂负责高活性重油加氢脱氮催化剂的研制和生产任务。要求新催化剂活性水平要比 3822 催化剂提高 25%以上。

根据攻关项目的要求，经过大量实验工作，制备了性能较好的含硅氧化铝载体；然后用钨、钼、镍和磷为活性组分，研制成功一种新型的脱氮性能高的加氢精制催化剂——H 型催化剂。通过以胜利高含氮减压蜡油为原料，进行 2000h 的活性评价实验，证明该催化剂具有脱氮活性高和稳定性好的特点，脱氮活性比 3822 催化剂提高 30%，能满足对加氢裂解工艺原料油预处理的要求。

1990 年 2~5 月，H 型催化剂进行了工业放大试生产。工业生产的催化剂(编号 3904)重复性好，质量稳定且其生产工业可行。工业催化剂在单管加氢试验装置上，在两种不同的试验条件下进行了评价，一是以胜利 VGO 为原料，二是以胜利 VGO/胜利 CGO=9/1 的混合蜡油为原料，共连续运转 4415h，活性和稳定性均较好。比 HC-F 催化剂反应温度低 10℃以上，与 HC-K 催化剂水平相当。在抚顺石油化工研究院 3L 中型加氢裂化全循环装置上运转表明，相同条件下比 HC-F 催化剂相对脱氮活性提高 28%，达到了国家“七五”科技攻关指标要求，1990 年 12 月正式通过中国石化总公司组织的技术鉴定。

2. 工业放大试验

1990 年上半年，3904 催化剂由石油三厂催化剂厂生产 5.0t 在 0.15Mt/a 加氢裂化装置上投入使用。试生产证明，生产工艺可行，产品质量稳定，活性高，强度好，达到了预期的目标。

(1) 工业催化剂化学组成和物化性状分析

对工业放大试生产催化剂的化学组成和物化性状进行了分析，结果重复了小型试验指

标，而且强度明显提高。分析结果见表 3-3-11。

表 3-3-11　工业催化剂化学组成和物化性状分析结果

样品号	1	2	3	4	5
化学组成/%					
WO_3	18.65	19.97	19.74	20.12	18.47
MoO_3	10.13	9.81	10.23	11.82	11.31
Ni	2.50	2.70	2.60	2.80	2.60
P	2.69	2.75	3.14	3.16	3.12
物理性状①					
形状	三叶草条形	三叶草条形	三叶草条形	三叶草条形	三叶草条形
孔容/(mL/g)	0.30	0.29	0.30	0.30	0.31
比表面积/(m^2/g)	181	224	194	192	237
孔径/nm	6.6	5.2	6.2	6.3	5.2
强度/(N/cm)	213	189	192	209	209
堆积密度/(g/mL)	0.87	0.87	0.88	0.87	0.89

① 各样品催化剂粒度均为 $\phi(1.2\sim1.3)\times(3\sim8)$mm。

（2）3404 催化剂与 3822 催化剂和 HC-K 催化剂主要物化性质比较

在中国科学院大连化学物理研究所的协作下，对三种催化剂进行了一些重要物化性状测定，测定数据见表 3-3-12~表 3-3-14。结果表明：

① 3904 催化剂的孔分布比 3822 有较大改善。10.0nm 以上的孔数量约提高 10%，而且其孔结构与 HC-K 相类似，开阔状的孔占优势。

② 3904 催化剂所含 W、Mo、Ni、P 元素在载体上的分布比 3822 的均匀，与 HC-K 相似。

表 3-3-12　三种催化剂的表面孔结构

样品	S_{BET}/(m^2/g)	S_{CUM}(ad)/(m^2/g)	S_{CUM}(de)/(m^2/g)	孔分布/%		
				<5nm	5.1~10.0nm	10.1~60.0nm
HC-K	127	100	181	9	14	77
3822	142	182	229	18	31	51
3904	105	108	147	18	23	59

表 3-3-13　氧化态催化剂的 NH_3 吸附和脱附

样品	NH_3吸附量/(mmol/g)	酸强度分布/%		
		弱	中	强
3904	0.34	70	23	7
3822	0.35	67	24	9
HC-K	0.31	76	18	6

表 3-3-14　硫化态样品的酸性质

样品	NH_3吸附量/(mmol/g)	酸强度分布/%		
		弱	中	强
3904	0.23	67	24	9
3822	0.31	63	25	12
HC-K	0.29	63	27	10

③ 在硫化态 3904 催化剂的酸强度分布中，弱酸中心所占百分比高于 HC-K 和 3822；强酸中心所占百分比与 HC-K 接近，但低于 3822，这有利于加氢脱氮反应产物 NH_3的脱除。

总之，在孔结构及孔分布，活性元素分布，催化剂表面化学吸附性质和酸性等物化特性方面，3904 比 3822 有较大改善，与 HC-K 较接近。

（3）工业 3904 催化剂的活性试验

为考察工业生产的 3904 催化剂质量，除对催化剂进行比较全面的物理化学测试外，还多次进行了催化剂的单管装置活性评价试验，以及在引进全循环中 3L 中型加氢裂化装置上的反应性能考察。

以胜利 VGO 以及 VGO 与 CGO 按 9/1 混合的蜡油为原料，在不同工艺条件下连续运转了 4415h，结果表明活性稳定，反应性能良好；相同工艺条件下比 HC-F 催化剂反应温度至少降低 10℃，与 HC-K 催化剂水平相当。

以混合蜡油为原料，在全循环中型装置上与 HC-F 催化剂对比运转，证明 3904 催化剂比 HC-F 催化剂的脱氮活性提高 28%。

① 单管装置上的活性试验

（a）活性评价方法及原料。评价装置催化剂装填和运转条件同实验室小试条件，原料油性质列于表 3-3-15。

表 3-3-15　原料油性质

原料油	胜利 VGO	混合油(胜利 VGO/CGO=9/1)
密度(20℃)/(g/mL)	0.8816	0.8817
馏程/℃		
初馏点	291	297
10%	359	359
30%	396	398
50%	423	422
70%	448	422
90%	483	481
95%	503	508
总氮/(μg/g)	1270	1588
硫/%	0.41	0.41
残炭/%	0.087	0.10
凝点/℃	42	42

（b）试验内容和结果：在一次通过装置上，除进行 3904 活性和稳定性试验以及不同反应条件下催化剂的性能试验外，同时还与 HC-F 和 HC-K 两种催化剂一起进行了活性对比试验。试验结果分别列于表 3-3-16～表 3-3-18。

表 3-3-16　HC-F 催化剂活性试验结果

运转时间/h	反应温度/℃	生成油总氮/(μg/g)	运转时间/h	反应温度/℃	生成油总氮/(μg/g)
1～96	380	5.0	345～424	380	9.0
97～192	380	7.2	425～512	380	7.0
193～280	380	7.5	513～584	380	7.3
281～344	380	—			

注：原料油为胜利 VGO。

表 3-3-17　HC-K 催化剂活性试验结果

运转时间/h	反应温度/℃	生成油总氮/(μg/g)	运转时间/h	反应温度/℃	生成油总氮/(μg/g)
1~78	370	4.0	401~456	375	7.5
78~100	370	5.4	457~560	375	6.3
101~232	370	5.4	561~648	375	9.0
233~304	370	5.0	649~700	375	8.3
305~400	370	7.2			

注：运转 400h 以前原料油为胜利 VGO，401h 以后为胜利 VGO+CGO。

表 3-3-18　3904 催化剂活性试验结果

运转时间/h	反应温度/℃	生成油总氮/(μg/g)	运转时间/h	反应温度/℃	生成油总氮/(μg/g)
1~152	370	2.3	2313~2496	375	6.6
153~240	370	4.8	2497~2584	375	3.2
241~304	370	—	2585~2656	375	4.6
305~472	370	3.1	2657~2720	375	—
473~592	370	5.5	2721~2840	380	4.0
593~688	370	5.2	2841~2992	380	6.2
689~784	370	5.3	2993~3104	380	5.1
785~1136	370	—	3105~3264	380	6.2
1137~1240	370	5.8	3264~3344	380	—
1241~1352	370	6.0	3345~3491	380	3.1
1353~1448	370	5.9	3492~3592	380	5.0
1449~1568	370	—	3593~3664	380	5.1
1569~1632	370	5.0	3665~3736	380	5.4
1633~1744	375	3.4	3737~3896	380	5.1
1745~1856	375	2.8	3897~4064	380	5.3
1857~1944	375	3.8	4065~4185	375	5.0
1945~2056	375	4.5	4186~4290	375	4.0
2057~2135	375	4.0	4291~4415	375	6.0
2136~2312	375	—			

注：(1) 除在第 1633~3491h 期间原料采用胜利 VGO+CGO(9/1) 以外，其余时间均采用胜利 VGO；

(2) 除在 3492~4064h 期间，空速为 1.26h^{-1}，气/油比为 1000 外，其余时间空速为 1.0h^{-1}，气/油比为 1500。

② 全循环中型加氢裂化装置上的活性试验。试验是在抚顺石油化工研究院 3L 全循环中型试验装置上进行的。催化剂的装入量和装填方式参考加氢装置中试报告。加氢精制反应器装入 1.2~1.3mm 三叶草条形 3904 催化剂 250ml，用 500ml 粒度为 1.5~2.0mm 的经高温焙烧过的惰性氧化铝小球稀释后分四段装入。

试验所用原料油与评价 HC-F 催化剂的相同，均为胜利 VGO 与 CGO 按 9/1 混合的蜡油，不同的是试验所用的 2 号油较评价 HC-F 催化剂的 1 号油总氮含量更高一些，原料油性质见表 3-3-19。

注：以一级反应动力学公式表示相对脱氮活性：

$$相对脱氮活性 = \frac{\lg(N_t/N_p)}{\lg(N_{tt}/N_{pt})} \times 100$$

式中，N_{tt} 和 N_{pt} 分别代表采用参比催化剂时原料和产品的含氮量；N_t 和 N_p 分别代表采用其他催化剂时原料和产品的含氮量。

全循环中型加氢试验共计运转 750h，催化剂的活性稳定在相同工艺条件下，对比 HC-F 催化剂的活性试验结果见表 3-3-20。

表 3-3-19 全循环中型加氢试验原料油性质

原料油编号	1号	2号	原料油编号	1号	2号
密度(20℃)/(g/cm³)	0.8979	0.8861	70%	450	455
馏程/℃			90%	488	490
初馏点	288	305	95%	508	513
10%	366	372	总氮/(μg/g)	1610	1715
30%	404	403	残炭/%(质量分数)	0.218	0.08
50%	430	433	硫/%(质量分数)	0.63	0.53

表 3-3-20 3904 催化剂与 HC-F 催化剂活性评价对比

催化剂	HC-F	3904	催化剂	HC-F	3904
试验编号	A_2-08	A_2-34	氢/油体积比	950	950
取样时间/h	428~812	680~741	循环氢纯度/%	95.5	96.6
工艺条件			反应温度/℃	389.7	389.8
原料油	1号	2号	原料油总氮/(μg/g)	1610	1715
反应压力/MPa	16.0	16.0	生成油总氮/(μg/g)	9.0	2.2
体积空速/h^{-1}	1.1	1.1	相对脱氮活性	100	128

全循环中型加氢装置的活性试验说明，以胜利混合蜡油为原料，在同一装置上，在相同的工艺条件下运转，3904 催化剂比 HC-F 催化剂相对脱氮活性提高 28%，达到脱氮活性提高 25%的预期攻关目标。

四、FSN-1 重油加氢精制催化剂(FN-1 系抚研院科技成果)

FSN-1 该催化剂于 1993 年在抚顺石油三厂催化剂厂进行了吨级工业放大(工业牌号为 3936)。工业放大结果表明，该催化剂制备工艺流程简单、合理、所得中间产品及成品催化剂物化性质均达到规定指标要求，重复了试验室结果。之后，又在实验室小型加氢装置和 A_2中型装置上对工业放大催化剂的活性，稳定性进行了评价，结果表明，FSN-1(3936)催化剂的物化性质和使用性能已完全到达 HC-K 催化剂的水平。

FSN-1 催化剂于 1994 年 4 月通过了石化总公司组织的技术鉴定。与会专家一致认为，该催化剂达到了国外同类催化剂的先进水平，可以进行工业生产和应用。茂名石化公司加氢裂化装置决定用 FSN-1 催化剂。

1. FSN-1 催化剂的物化性质

表 1 列出了 FSN-1 催化剂的物化性质。由表 3-3-21 可见，FSN-1 催化剂具有比较大的比表面积和孔容，这样，不仅使催化剂具有较高的活性，而且再生性能好。此外，该催化剂还有堆积密度适度中，压碎强度高，摩擦损耗小的优点。采用异形挤条，可以减小床层压力降。

表 3-3-21 FSN-1 催化剂规格

项　目	规　格	项　目	规　格
化学组成	Mo-Ni-P	长度/mm	3~8
物理性质		堆积密度/(g/mL)	0.88~0.95
孔容/(mL/g)	0.32~0.38	压碎强度/(N/mm)	>25
比表面积/(m^2/g)	>160	摩擦损耗/%(质量分数)	<1.2
形状	三叶草或四叶草	烧炭/%(质量分数)	<2
颗粒直径/mm	1.1~1.4	外观	颜色均匀、条直、光滑完整

2. FSN-1 重油加氢精制催化剂的活性及稳定性评价

(1)实验部分

① 200mL 小型加氢装置评价试验：氢气为脱氧脱水的电解氢，纯度为 99%，试验用原料油主要为胜利 VGO 混兑部分 CGO(9：1)，其编号为 893，在进行稳定性实验中还使用了辽河 VGO 和九江 VGO，原料油主要性质见表 3-3-22。

表 3-3-22　评价用原料油主要性状

项　　目	胜利 893	辽河 VGO	九江 VGO
密度/(g/cm^3)	0.8848	0.9237	0.8845
馏程/℃			
初馏点	315	238	237
10%	386	346	327
50%	459	443	402
90%	528	518	478
终馏点	564	559	532
残炭/%(质量分数)	0.15	0.20	0.07
S/%(质量分数)	0.5	0.21	1.07
H/%(质量分数)	12.92	12.64	
C/%(质量分数)	83.86	86.95	
N/%(质量分数)	0.190	0.204	0.082
族组成/%(质量分数)			
烷烃	30.9		
环烷烃	18.9		
芳烃	46.0		
胶质	4.2		

② A_2 中型评价试验。评价所用的原料分别为扬子 VGO：HGO=3：1(体积)胜利 VGO：CGO=9：1(质量)及伊朗 VGO：胜利 VGO=6：4(质量)，主要性质见表 3-3-23。

表 3-3-23　A_2 中型装置评价用原料油主要性质

项　　目	扬子	胜利	伊朗：胜利
	VGO：HGO=3：1(V)	VGO：CGO=9：1(W)	VGO：VGO=6：4(W)
密度(20℃)/(g/cm^3)	0.8782	0.9053	0.9017
馏程/℃			
初馏点	223	273	297
10%	299	365	354
50%	400	433	428
90%	478	486	498
终馏点	518	522	543
族组成/%(质量分数)			
烷烃	30.3	19.2	22.9
环烷烃	38.6	43.4	38.1
芳烃	28.5	33.5	35.9
胶质	2.6	3.9	3.1
凝固点/℃	31	32	33
残炭/%(质量分数)	0.03	0.12	0.1
S/%(质量分数)	0.43	0.61	1.45
N/(μg/g)	1847	1900	1425
C/%(质量分数)	86.15	86.20	85.74
H/%(质量分数)	12.86	12.83	12.66
关联指数(BMCI 值)	34.09	43.27	38.25

（2）结果和讨论

实验室 FSN-1 加氢精制催化剂的活性和稳定性评价：评价试验是在 200mL 小型加氢装置上进行的。

① FSN-1 加氢精制催化剂的加氢脱氮性能。在氢压 14.7MPa 条件下考察了 FSN-1 催化剂的加氢脱氮性能，并在相同条件下与参比催化剂 HC-K 进行了对比，结果见表 3-3-24～表 3-3-26。可以看出，在操作条件下处理终馏点 564℃，氮含量 1900μg/g 的劣质原料油时，FSN-1 催化剂具有优良的脱氮活性，脱氮率达 99.8%，与 HC-K 催化剂的脱氮性能相同，完全能满足加氢裂化段催化剂对精制油的要求。

② FSN-1 催化剂稳定性试验结果。在活性评价相同的条件下，对 FSN-1 催化剂进行了连续 2000h 的稳定性评价试验。评价条件与结果见表 3-3-27。

表 3-3-24　FSN-1 催化剂的孔结构表征

项　　目	数　据	项　　目	数　据
比表面积/(m^2/g)	169	40～80nm	72.7
孔容/(mL/g)	0.360	8.0～100nm	9.6
平均孔径/nm	85	100～150nm	6.0
孔分布/%(体积分数)		>150nm	4.8
<40nm	6.9	40～100nm	82.3

表 3-3-25　FSN-1 催化剂与参比催化剂低温氧吸附和透射电镜

项　　目	低温氧吸附量/(μmol/g)	透射电镜表征结果		
		硫化结晶对角线/(L/nm)	单位面积/μm^2	平均层数
FSN-1	79	3.9	52	1.7
参比催化剂	56	5.1	14	2.2

表 3-3-26　FSN-1 催化剂与 HC-K 催化剂活性对比①

项　　目	HC-K(取自茂名)		FSN-1	
采样时间/h	88～264	88～344	88～536	88～576
生成油密度/(g/cm^3)	0.8440	0.8497	0.8504	0.8475
生成油氮含量/(μg/g)	6.4	4.6	3.6	4.9
脱氮率/%(质量分数)	99.7	99.8	99.8	99.7

①原料油为胜利 893，操作条件：氢压 14.7MPa，空速 1.0h^{-1}，温度 387℃，氢油体积比 1000。

表 3-3-27　FSN-1 催化剂 2000 小时稳定性试验

运转编号	1	2	3	4	5	6	7	8
采样时间/h	88～256	256～576	576～816	816～1136	1136～1376	1376～1496	1496～1656	1656～2000
原料油	胜利 893	胜利 893	胜利 893	辽河油	辽河油	九江油	九江油	胜利 893
氮含量/(μg/g)	1900	1900	1900	2040	2040	817	817	1900
工艺条件								
压力/MPa	14.7	14.7	14.7	15.0	15.0	6.4	6.4	14.7
温度/℃	387	387	387	395	385	388	386	387
空速/h^{-1}	1.0	1.0	1.0	0.8	0.5	0.8	0.8	1.0

续表

运转编号	1	2	3	4	5	6	7	8
氢油体积比	1000	1000	1000	1100	1100	800	800	800
精制油密度/(g/cm^3)	0.8450	0.8475	0.8499	0.8739	0.8739	0.8614	0.8614	0.8516
精制油氮含量/(μg/g)	2.8	4.2	5.6	3.8	3.8	19.4	19.4	8.0
脱氮率/%	99.8	99.8	99.7	99.8	99.8	97.6	97.6	99.6

由表 3-3-27 可以看到，在 2000h 评价试验中，FSN-1 催化剂经历了高压、中压条件以及胜利 893 和九江 VGO 多种原料。对胜利 893 原料，在压力为 14.7MPa，空速为 $1.0h^{-1}$，反应温度 387℃条件下，脱氮率稳定在 99.6%到 99.8%，证明该催化剂的稳定性优良。

③ FSN-1 工业放大催化剂活性和稳定性评价结果。在 200mL 小型加氢装置上对工业放大 FSN-1 催化剂活性和稳定性进行了评价，以胜利 VGO 混兑部分 CGO(9∶1)为原料，采用一次通过工艺流程。评价结果表明，工业放大后的 FSN-1 催化剂活性达到了 HC-K 催化剂的水平。在 2360h 寿命试验中，反应温度不变，精制油氮含量不大于 10μg/g，满足了加氢裂化原料油的要求，表明 FSN-1 催化剂具有良好的稳定性。

④ 工业放大 FSN-1 催化剂 A_2中型试验结果。A_2中型加氢裂化装置是 20 世纪 80 年代从美国联合油公司引进的加氢裂化评价装置，该装置具有很大的灵活性，不仅可以对加氢裂化工艺进行研究，而且可以对加氢精制和加氢裂化催化剂进行单独评价。经茂名、扬子、金山及镇海加氢裂化装置开工和 A_2中型模拟实验对比证明，A_2中型加氢裂化试验装置的评价结果可以代表工业装置的实际情况。FSN-1 催化剂工业放大后在 A_2中型装置上进行了评价，评价结果表明，工业放大催化剂的活性完全达到了HC-K催化剂的水平。

3. 小结

(1) FSN-1 催化剂是一种重油加氢精制催化剂，具有孔分布集中、孔容及比表面积大、堆积密度适中、强度高，金属分布均匀等特点；

(2) 200mL 小型试验装置评价结果表明，实验室 FSN-1 催化剂和工业放大 FSN-1(3936)催化剂都具有优良的活性和稳定性，完全能满足加氢裂化对精制油的要求；

(3) A_2中型装置评价结果表明，工业放大的 FSN-1(3936)催化剂的活性完全达到了 HC-K 催化剂的水平。

五、RN-20/RT-25 催化剂在石油三厂加氢裂化装置上的工业应用

RN-20、RN-25 催化剂是由中国石化石油化工科研究院(以下简称石科院)于 1997 年开发成功、石油三厂催化剂厂生产的高活性加氢催化剂，RN-20 加氢精制催化剂适用于加氢裂化一段精制，RT-25 是以硅酸铝分子筛为酸性载体，含有 Mo、Ni 金属活性组分的加氢裂化催化剂。

中型试验结果表明，该催化剂体系在较低温度下能达到高转化率、高的中间馏分油收率，产品性质优良。RN-20 催化剂于 2000 年 9 月在抚顺石化分公司石油三厂加氢三套(0.15t/a 加氢裂化)装置上工业应用，一次开发成功。该催化剂自 2000 年 9 月份开工至 2001 年 5 月份标定以来，累计加工原料 52070t，其中累计加工焦柴 30591t，大庆直馏蜡油 21479t。

1. 催化剂的装填、预硫化与装置开工

该装置采用单段串联一次通过流程，催化剂的物化性质见表 3-3-28，催化剂的装填严

格按照石科院的要求进行，催化剂具体填装情况见表3-3-29~表3-3-31。

表3-3-28 催化剂的物化性能

项　　目	出厂规格		
催化剂牌号	RN-20	RT-25	RG-1
催化剂名称	加氢精制	加氢裂化	保护剂
化学组成/%			
WO_3	≥2.50	≥18.0	≮5.5
NiO	≥2.6	≥4.0	（MoO_3）≮1.0
助剂	≥2.5	≥0.6	—
比表面积/(m^2/g)	≥100	≥260	≮180
孔体积/(mL/g)	≥0.24	≥0.26	≮0.26
压碎强度/(N/mm)	≥18	≥20	≮12
催化剂功能	脱硫、脱氮、脱胶质、芳烃饱和	开环裂化	烯烃饱和脱金属

表3-3-29 第一反应器催化剂装填(从上而下)

装填物	高度/mm		装填体积/m^3		重量/kg
	预计	实际	预计	实际	实际
ϕ20瓷球	150	150	0.081	0.081	100
ϕ12瓷球	100		0.054		180(原数据有误)
ϕ6瓷球	100	300	0.054	0.108	20
ϕ3.4RG-1	1000	1400	0.541	0.757	390
ϕ2.3RN-20	1320	1355	0.714	0.733	672
冷氢内构架及支撑瓷环					
ϕ2.3RN-20	2950	2950	1.596	1.596	1463
冷氢内构架及支撑瓷环					
ϕ2.3RN-20	4445	4445	2.405	2.405	2204
冷氢内构架及支撑瓷环					
ϕ2.3RN-20	2460	2460	1.331	1.331	1220
ϕ6瓷球	150	150	0.081	0.081	100
ϕ10瓷球	150	150	0.081	0.081	100
ϕ20瓷球	300		0.162		160

表3-3-30 第二反应器催化剂装填表(从上而下)

装填物	高度/mm		装填体积/m^3		重量/kg
	预计	实际	预计	实际	实际
ϕ20瓷球	150	150	0.081	0.081	100
ϕ10瓷球	100	150	0.054	0.081	100
ϕ6瓷球	100	130	0.054	0.070	100
ϕ2.3RN-20	1690	2095	0.914	1.133	998
冷氢内构架及支撑瓷环					
ϕ2.3RN-20	1210	1265	0.655	0.684	602
ϕ2.3RT-25	2230	2175	1.098	1.098	949
冷氢内构架及支撑瓷环					
ϕ2.3RT-25	4875	4885	2.638	2.642	2131
ϕ2.3RN-20	110	100	0.060	0.054	48
冷氢内构架及支撑瓷环					
ϕ2.3RN-20	890	890	0.482	0.482	432

续表

装填物	高度/mm		装填体积/ m^3		重量/kg
	预计	实际	预计	实际	实际
ϕ6 瓷球	150	150	0.081	0.081	100
ϕ10 瓷球	150	150	0.081	0.081	100
ϕ20 瓷球	300		0.162		160

表 3-3-31 催化剂实际装入总表

填装物质	高度/mm	装填体积/ m^3	填装总重/kg	堆比/kg · m^3
ϕ3.4RG-1	1400	0.757	390	515
ϕ2.3RN-20	15560	8.418	7639	907
ϕ2.3RT-25	7060	3.819	3080	806

催化剂经脱水干燥，降温至床层最高温度点在 150℃以下，引氢气至反应系统进行置换，合格后反应器入口温度升至 175℃时注入二硫化碳，进行干法硫化，此次硫化历时 63h，共耗二硫化碳 1002.6kg，硫化升温曲线见图 3-3-1。

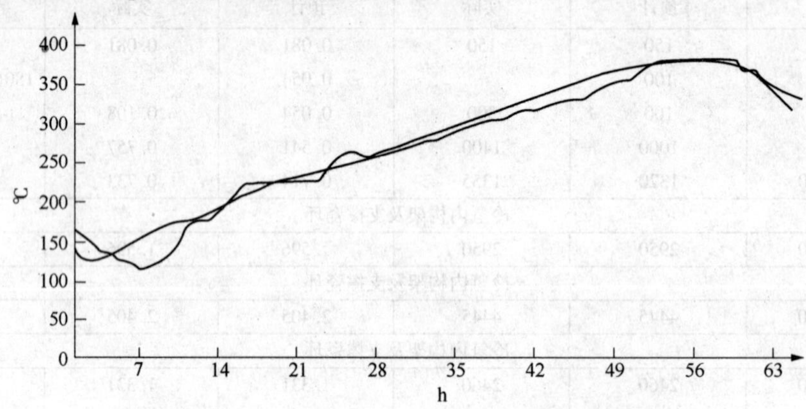

图 3-3-1 RN-20、RN-25 催化剂硫化升温曲线

硫化结束后，降低反应器入口温度至 150℃，系统缓慢升压至正常操作压力时，以 $5m^3/h$的速度引入低氮油，待吸附热温度过反应器后，再加量至 $10.15m^3/h$，同时加入 3~$4m^3/h$ 的软水，精制段入口温度升至 320℃，裂化段入口温度升至 310℃后钝化结束。

钝化结束后低氮油切换成 $9.6m^3$轻蜡、$6.0m^3/h$ 焦柴，空速达到 $1.28h^{-1}$，最高反应温度 385℃，压力为 17.4MPa，氢油比为 649 : 1。换油方案及操作条件见表 3-3-32。

表 3-3-32 RHC 标定换油方案及操作条件

原料油	柴油/轻蜡	柴油/重蜡	焦柴/重蜡	混合油
压力/MPa	15	15	15	15
进油量/(m^3/h)	9.6/9.6	9.6/6.0	6.0/9.6	9.6
反应温度/℃				
一反入口温度	327	327	335	357-360
精制平均温度	375	375	375	375
裂化平均温度	380	380	380	380
入口氢油比	900	900	900	900

2. RN-20、RT-25 催化剂的标定

RN-20、RT-25 催化剂于 2000 年 9 月份开始工业应用以来，累计至 2001 年 5 月 24 日，除去原料不足，设备检修等原因停工 103d 外，累计开工 161d，开工率为 61%，累计加工原料油 52070t，催化剂平均寿命为 4.91t/kg。

在处理石油三厂轻蜡和焦柴过程中，使用 RN-20、RT-25 催化剂，采用一段串联流程，工艺简单，反应温度低、缓解了装置存在的反应器壁温、加热炉炉管壁温超高等问题，同时生产方案灵活，可生产重整料，优质柴油，喷气燃料，润滑油基础油，且氢耗较低，为石油三厂降低加工成本，增加经济效益做出了一定贡献。

RN-20、RT-25 催化剂在工业应用期间于 2001 年 5 月 22 日进行标定，标定的原料性质见表 3-3-33，标定期间主要操作条件及加氢生成油性质见表 3-3-34，气体性质见表 3-3-35，物料分布见表 3-3-36，生成油馏分分布与性状见表 3-3-37。

表 3-3-33　标定原料油的性状

原料油	常三	减二	减三	VGO
比例%	32	33	35	100
密度/(g/cm³)	0.8248	0.8413	0.8661	0.8438
S/(μg/g)	419	675	899	756
N/(μg/g)	73	151	775	460
凝固点/℃	18	24	46	32
残炭/%	<0.02	<0.02	0.30	0.11
C_5不溶物/%	<0.01	<0.01	0.01	0.02
C_7不溶物/%	<0.01	<0.01	0.01	0.02
馏程(ASTM D-1160)/℃				
10%	287	317	402	310
50%	335	364	445	370
90%	385	400	499	469
终馏点	456	464	536	528

表 3-3-34　标定操作条件及生成油性质

标定操作条件		生产油性质	
时间	5月24日9：00	硫/氮/(μg/g)	23/17
反应进料量/(m³/h)	9.6	凝固点/℃	25
体积空速/h^{-1}	0.94	苯胺点/℃	78.1
反应器入口气体流量/(Nm³/h)	9600	C_5不溶物%	0.05
新氢流量/(Nm³/h)	806	C_7不溶物%	0.04
反应器入口气油比/(Nm³/m³)	~100	馏程(ASTMD-1160)/℃	
炉出口温度/℃	354	初馏点/5%	81/93
精制催化剂床层平均温度/℃	364	10%/20%	134/199
裂化催化剂床层平均温度/℃	380	30%/50%	329/377
反应系统压力/MPa	16.3	70%/80%	394/411
氢分压/MPa	14.5	90%/终馏点	435/503

表 3-3-35　标定气体的组成　　　　%(体积分数)

	新氢	循环氢		溶解气
H_2	93.19	98.44	原数据有误	32
C_1	4.15	8.23		18.4
C_2	2.02	1.07		10.5
C_3	0.55	0.68		16.6
C_4	0.06	0.43		22.5
C_5	0.03	0.15		—
H_2S/(μg/g)	200	50		—
NH_3/(μg/g)	0	20		—

表 3-3-36　生成油馏分分布　　　　%

产品方案	夏季方案	冬季方案
化学氢耗	1.40	1.40
H_2S/NH_3	0.08/0.06	0.08/0.06
C_1/C_2	0.17/0.27	0.17/0.27
C_3/C_4	0.41/1.09	0.41/1.09
<65℃轻石脑油	4.78	4.78
65~135℃重石脑油	12.44	
65~160℃重石脑油		14.93
135~280℃喷气燃料	11.94	
160~320℃低凝柴油		18.91
320~360℃0 号柴油组分		23.88
280~360℃0 号柴油	33.34	
>360℃尾油	36.82	36.82
小计	101.40	101.40

表 3-3-37　生成油馏分性状

馏分范围/℃	<65	65~135	65~160	135~280
密度/(g/cm^3)	0.6579	0.7133	0.7145	0.7818
(S/N)/(μg/ g)	<0.5/<0.5	<0.5/<0.5	<0.5/<0.5	19/2.3
苯胺点/℃				64.9
烟点/mm				30.1
芳烃/%(体积分数)				4.1
冰点℃				<-50
芳烃潜含量/%		34.78	28.39	
折射率 n_D^{20}	1.3812	1.3996	1.4015	1.4339
馏程(ASTMD-86)/℃				
10%	33	83	85	155
50%	48	100	106	184
90%	63	117	135	221
馏分范围/℃	160~320	280~360	320~360	>360
密度/(g/cm^3)	0.8058	0.8186	0.8210	0.8242
(S/N)/(μg/g)	10/1.2	7/1.7	29/5	15/—
凝固点/℃	-38	3	9	39
苯胺点/℃	72.8	89.7	96.4	111.5
芳烃/%	5.0(体积分数)	<5.0	<5.0	3.4

续表

馏分范围/℃	<65	65~135	65~160	135~280
折射率 n_D^{20}	1.4460	1.4538	1.4550	1.4650
馏程(ASTM D-86)/℃				
10%	190	270	309	372
50%	242	312	330	403
90%	285	338	354	462
十六烷指数	54.1	63.6	65.3	
相关指数 BMCI 值				7.0

由上述表中数据可见，在标定原料和操作条件下，氢耗为 1.4%，<135℃轻重石脑油产率 17.2%，135~360℃中间馏分产率 45.28%，尾油 36.82%。气体产率仅为 2.08%，总液体产品收率为 99.32%。

由生成油的性质可知，通过高压加氢裂化 RHC 技术可以生产出超低硫、低氮、低芳烃的产品。产品中轻石脑油密度低，氢含量高，几乎不含硫氮等杂质，是理想的乙烯或制氢原料。重石脑油硫氮含量低，芳潜 34.78%，可作为重整料；产品中喷气燃料馏分质量优良，硫氮含量极低，均小于 5mg/g，冰点<-50℃，芳烃含量只有 4.1%(体积分数)，烟点高达 30mm，远远超过了 3 号喷气燃料的指标要求，可作为合格的 3 号喷气燃料出厂。280~360℃柴油馏分的硫含量仅为 7mg/g，氮含量低，芳烃含量低于 5%，十六烷指数高达 63.6，这些指标远超过世界燃料规范Ⅲ类油要求。由于馏分切割点偏重，因此凝固点为 3℃，如稍加调整，可得到 0 号优质柴油产品直接出厂。

在冬季生产时，可得十六烷指数 53、芳烃含量小于 5%、硫含量低于 10mg/g、凝固点为-38℃的优质低凝柴油产品。

尾油的质量好，硫氮含量低，BMCI 值小于 10，是优质的蒸汽裂解制乙烯原料。

标定时，也发现如下问题：生成油硫、氮含量较高分别为 23mg/g、17mg/g 高于中试的 8mg/g、6mg/g；尾油颜色尽管比原料油略有改善，但仍然较黑，产品分布不很理想，其中喷气燃料的收率为 11.94%，低凝柴油的收率为 18.9%。

3. 小结

通过对 RN-20、RT-25 催化剂在石油三厂 150kt/a 加氢裂化装置近半年时间的工业实际运转考察和标定可以得出以下结论：

(1) 采用石科院的 RHC 新型高压加氢裂化技术在石油三厂加氢装置上可以产出优质的加氢产品。石脑油可用于重整料，喷气燃料可以达到 3 号喷气燃料标准的要求，柴油产品可以达到世界燃油规范Ⅲ类柴油标准的要求，尾油可作为优质的乙烯料。

(2) 在氢分压 14.5MPa，精制/裂化平均温度 364/380℃，总体积空速 1.0h^{-1}，氢油体积比约 1000 的工艺条件下，可以将含减三线 30%的重质蜡油原料加氢裂化，轻质油收率达到 65%以上，液体产品收率达到 99%以上，气体产率低，化学氢耗为 1.4%，表明催化剂有高的裂化活性和轻质液体产品选择件。

(3) RN-20、RT-25 催化剂具有反应温度低容易控制、操作灵活、平稳、难度小等特点。

(4) 从此次标定结果也可看出生成油中硫，氮含量较高，说明此次标定中 RN-20 除硫氮能力一般，且生成油中油馏分收率不高为 45.2%。这除了催化剂本身的原因外，还主要与本次标定中原料油 VGO 的性质有关，经石科院分析原料中携带少量渣油组分而致使胶质、沥青质等加氢难以转化物资进入系统，导致加氢生成油颜色较深，硫、氮含量较高，同时对最终产品分布产生较大影响。

只通过一次标定还不能完全对此催化剂作出定性的结论，如要对 RN-20. RT-25 催化剂进行全面的了解、认识，还需做进一步的研究考察。

第四节　石油三厂加氢裂化催化剂开发及应用

一、3824(4201)中油型加氢裂化催化剂的应用

针对“六五”期间我国引进联合油公司建成的 4 套加氢裂化装置和国内陆续新建的加氢裂化装置对配套催化剂的迫切需求，国家科委组织了抚顺石化研究院与石油三厂，抓紧对加氢脱氮、脱硫醇加氢精制催化剂与增产目的产品为石脑油或中间馏分油的加氢裂化催化剂进行研制的要求。1985 年 11 月石化总公司组织了技术鉴定，认为中油型 3824(4201)及石脑油型 3825(4301)催化剂的物化性状，初期活性、选择性、稳定性已达到了国外目前广泛采用的同类催化剂水平，可以投入工业生产和使用。

1982 年及 1984 年对 3824(4201)选择性中油型加氢裂化催化剂分别进行了工业放大试验与工业试生产，两次放大催化剂的物化性质、活性、选择性和稳定性均重复了实验室结果。1985 年在荆门炼油厂中压加氢裂化装置上试用，完全达到小型与中型实验结果。1988 年又生产了 3. 3t 供石油三厂自用。1989 年石油三厂已与茂名石化公司签订定购催化剂合同。从此，3824 催化剂进入了工业化实用阶段。

1. 4201 型加氢裂化催化剂的研制。

4201 型催化剂用于减压馏分油加氢裂化生产中间馏分油(航煤、轻柴油)等，要求催化剂具有中等酸性、加氢活性高，表面积大，适当孔容，孔直径集中在 5~10nm，要在氨和硫化氢气氛中进行反应，对环烷烃，芳烃破坏能力强。同时要求催化剂制备工艺简单、收率高、粒度小、强度高等。

2. 4201 加氢裂化催化剂工业放大与生产。

4201 催化剂于 1982 年在石油三厂进行了工业放大试验，1984 年进行了工业放大试生产，1985 年又为炼油厂生产了 22t 催化剂，1989 年为茂名石油公司生产 120t。4201 催化剂工业放大与生产编号为 3824。

(1) 3824(4201)催化剂物化性质。表 3-4-1 列出了实验室、工业放大、工业试生产与工业生产的催化剂物化性质。从表 3-4-1 数据可以看出工业放大与生产的催化剂完全能重复实验室结果，催化剂成品收率 95%以上。

(2) 3824(4201)催化剂初活性评价，催化剂初活性评价是在 200mL 装置上，以相同的开工与硫化条件，用胜利减二线油混对 10%焦化蜡油为原料，在同一反应条件下，采用一段串联一次通过流程，连续运转 500h 以上，以一反精制油氮含量控制在小于 10μg/g 和二反生成油小于 350℃馏分占生成油 60%左右所需的反应温度来评价催化剂活性，以 132~350℃和<132℃作为催化剂中间馏分油选择性的评价。由于各次取的原料油性质稍有差异，使催化剂反应温度有些波动。初活性的评价见表 3-4-2。

表 3-4-1　3824(4201)催化剂物化性质

编　　号	G43-1	3824-Ⅰ	3824-Ⅳ	3824-Ⅵ
	实验室	工业放大	工业试生产	工业生产
生产规模/(kg/批)	0.4	25	60	60~90
产量/t	—	0.25	1.3	22
化学组成/%				
MoO_3	20.34	20.87	17.77	19.2
NiO	5.55	6.0	5.66	5.95
P	1.35	1.66	1.51	1.63
SiO_2	10.01	11.61	—	—
Al_2O_3	53.17	51.89	—	—
Fe_2O_3	0.011	0.01	0.013	0.022
Na_2O	0.034	0.088	0.03	—
物理性质				
灼烧减重/%(500℃，1h)	1.76	1.56	2.84	3.3
磨耗/%	0.89	0.32	0.39	0.58
平均长度/mm	—	4.19	-	3~10
平均直径/mm	1.53	1.59	1.40	1.49
平均压碎强度/(kg/cm)	21.8	23	20	22.6
堆积密度/(g/100mL)	79.9	80	77.2	77.8
孔容/(mL/g)	0.364	0.341	0.386	0.364
表面积/m^2	297	297	301	320

表 3-4-2　3824(4201)催化剂初活性评价

催化剂编号	G43-1	3824-Ⅰ	3824 Ⅳ	3824-Ⅶ
	实验室	工业放大	工业试生产	工业生产
原料油	胜利减二线油：焦化蜡油=9：1			
馏程/℃	309~500	319~512	307~521	307~521
氮/(μg/g)	1300	1400	1450	1450
残炭/%	0.1	0.14	0.11	0.11
氢分压/MPa	14.8			
体积空速/h^{-1}	1.5			
氢油比	1500			
精制油氮含量/(μg/g)	<10	7.5	2.0	7.7
R2 反应温度/℃	380	382	380	382
产品分布/%				
<82℃馏分	5.4	6.4	5.0	5.2
82~132℃馏分	11.7	13.5	12.6	11.0
132~282℃馏分	34.2	34.4	36.1	32.8
282 350℃馏分	10.8	10.8	14.2	11.2
<350℃馏分	62.1	65.1	67.9	60.2
<132℃馏分	2.63	2.27	2.86	2.72
液体收率%	—	94.1	93.6	94.3

表 3-4-3 3824-I 催化剂稳定性试验

序号	1	2	3
标定时间/h	332　420	1528　1632	5072　5176
原料油	胜利减二线油：焦化蜡油=9：1		
操作条件			
氢分压/MPa	14.8		
氢油比	1500		
体积空速/h^{-1}	1.5		
反应温度/℃	381	382	386
精制油氮含量/(μg/g)	3.9	9.2	2.4
实沸点蒸馏收率/%			
<82℃馏分	6.0	6.4	7.0
82~132℃馏分	12.1	13.5	13.2
132~282℃馏分	34.2	34.4	34.4
282~360℃馏分	14.0	13.6	13.1
<360℃馏分	66.3	67.9	67.7
132~360℃/<132℃	2.66	2.41	2.35

表 3-4-4 茂名工业装置标定用的原料油性质(VGO/CGO=9/1)

项目	数值	项目	数值
相对密度 d_4^{20}	0.8979	硫/%(质量分数)	0.63
馏程/℃		氮/(μg/g)	1610
初馏点	288	碳/%(质量分数)	85.73
10/30	366/404	氢/%(质量分数)	12.74
50/70	430/450	凝固点/℃	42
90/95	488/508	残炭/%	0.218
终馏点	526		

(3) 3824(4201)催化剂稳定性试验，用实验室合成的 G43-1 进行了 1565h 连续运转，没有提温。以后又对工业放大 3824-1 催化剂进行了长达 5200h 连续运转，在不同时间内三次用含 10%焦化蜡油的胜利减二线油进行标定，结果见表 3-4-3，催化剂连续运转 216d 床层温度提高 3.5℃，平均温升 0.023℃/d(规定<0.056℃/d)。预测该催化剂稳定性良好，产品性质差异不大，符合规格要求。

(4) 3824(4201)催化剂一般串联全循环流程与国外同类催化剂对比，在成套引进的 3L 中型全循环加氢裂化装置上，以工业生产的加氢精制催化剂 3822、3823 及工业试生产的加氢裂化催化剂 3824-Ⅳ，以茂名工业装置 1984 年标定所用的原料油(见表 3-4-4)，模拟工业装置的条件试验，连续运转了 800h，结果见表 3-4-5。由表 3-4-5 和表 3-4-6 可以看出，国产 3824 催化剂在活性、选择性，产品性质等方面都不低于国外同类催化剂水平，足以说明引进的加氢裂化装置完全可以使用国产催化剂替代进口催化剂。

表 3-4-5 国产催化剂与国外同类催化剂运转结果对比

实验编号	A2-09-II	A2-08-II	茂名 0.8Mt/a 装置
运转时间/h	466~789	428~812	
原料油	胜利 VGO/CGO=9：1		

续表

实验编号	A2-09-II		A2-08-II		茂名 0.8Mt/a 装置	
反应器	R1	R2	R1	R2	R1	R2
催化剂	3822	3824	引进催化剂			
后精制催化剂		3823	引进催化剂			
反应温度/℃	388.7	382.9	389.7	384	381	386
反应压力/MPa	15.7		15.7		17.4	
循环氢纯度/%	96.4		95.5		95.35	
体积空速/h^{-1}	1.1	1.36	1.1	1.36	0.935	1.114
氢油体积比	950	1200	950	1200	1127	1568
后精制空速/h^{-1}		17.63		17.63		14.7
RI 出口氮含量/(μg/g)	8.0		9.0		9.26	
循环氢中氨/(μg/g)	72		80		—	
单程转化率/%(体积分数)	60		60		60	
氢耗量/%(质量分数)	2.99		2.98		3.02	
液体产品收率/%(质量分数)	93.23		93.26		94.3	

表 3-4-6　一段串联联合评价产品分布与主要产品性质

17%柴油方案	A2=09=II	A2=8=II	茂名炼油厂工业装置
产品产率/%(质量分数)			
气体产品	3.87	3.89	3.19
<82℃轻石脑油	11.69	11.82	16.45
82~132℃重整原料	18.18	17.44	13.15
132~282℃航煤	49.32	49.90	42.99
282~350℃柴油	17.06	17.34	21.65
中间馏分油收率	66.38	67.24	64.64
轻石脑油			
相对密度 d_4^{20}	0.6000	0.6730	0.6175
族组成/%(质量分数)			
异构烷烃	56.1	53.6	57.48
正构烷烃	23.0	22.2	18.2
碳五环烷烃	20.58	23.68	19.86
碳六环烷烃	—	—	3.93
芳烃(苯)	0.02	0.02	0.51
其他	0.3	0.5	—
重石脑油			
相对密度 d_4^{20}	0.727	0.7295	0.7376
族组成/%(质量分数)			
烷烃	43.8	43.5	—
环烷烃	54.6	55.0	—
芳烃	1.6	1.5	—
芳烃潜含量/%	53.1	53.4	—
航空煤油			
相对密度 d_4^{20}	0.7858	0.7865	0.7801
冰点/℃	-57	-58	-55
闪点/℃	40	42	41
芳烃/%(体积分数)	2.9	4.5	2.25

续表

17%柴油方案	A2=09=II	A2=8=II	茂名炼油厂工业装置
无烟火焰高度/mm	39	37	38
溴价/(gBr/100g)	0.197	0.211	—
柴油			
相对密度 d_4^{20}	0.8020	0.8046	0.8035
闪点/℃	170	156	115
凝固点/℃	−12	−5	−8.3(倾点)
十六烷值	76	76	—

表 3-4-7 石油三厂加氢三套加氢裂化装置试验

催化剂(R1/R2)3822/3824 操作条件		实沸点蒸馏收率/%
氢分压/MPa	14.8	<82℃馏分 3.6
氢油比	2260	82~132℃馏分 10.2
体积空速/h^{-1}	0.96/0.96	132~260℃馏分 24.2
反应温度/℃	372/369	260~350℃馏分 16.8
R1 精制油含氮/(μg/g)	<10	<350℃馏分 54.8
R2 生成油相对密度	0.7810	>350℃馏分 38.6

表 3-4-8 3824 催化剂处理大庆 VGO 产品性质

重整原料(82~132℃)		冰点/℃	−58
相对密度 d_4^{20}	0.7268	闪点/℃	40
氮/(μg/g)	2	芳烃/%	3.71
硫/(μg/g)8		烟点/mm	—(原资料无数据)
芳烃潜含量/%(质量分数)	47.2	轻柴油(260~350℃)	
航空煤油(132~260℃)		凝固点/℃	2
相对密度 d_4^{20}	0.7749	闪点/℃	140

石油三厂在加氢三套加氢裂化装置上进行了 3822、3824 催化剂在高压下工业试运转，所用的原料为大庆原油的常三、减二、减三线混合油，操作条件见表 3-4-7(由于装置条件所限，未能按引进加氢裂化装置操作条件运转)，产品性质见表 3-4-8。

(1) 3824 中油型加氢裂化催化剂制备工艺简单，配料准确，粒度小，收率高，可用于工业生产。

(2) 3824 型催化剂含有一定量的热稳定性和抗氨稳定性好的超稳沸石及大孔 r-Al_2O_3，适用于一段串联加氢裂化工艺，反应温度低，中间馏分油收率高，稳定性好，催化剂可以再生使用。物化性状，初期活性、选择性、稳定性已达到了国外目前广泛采用的同类催化剂水平。

(3) 3824 型催化剂还具有广泛的适应性，它不仅可以加工处理胜利原油的减压馏分油，还可以加工劣质重质原料，如大庆原油的焦化蜡油和调和油，孤岛原油的减压蜡油，生产航煤以及柴油和重整原料。

二、3973 多产柴油加氢裂化催化剂在石油三厂工业应用

柴油作为马达燃料，主要用于压燃式内燃机。由于压燃式内燃机具有热效率高、功率大等特点，因此近年来得到更加广泛的应用，促使市场对柴油的需要量急剧增长。同时，随着环保要求的进一步提高和环境保护意识的不断增强，对柴油质量还提出了更高的要求，一方面要求降低硫含量和芳烃含量，另一方面则要求进一步提高十六烷值。

加氢裂化技术是重油轻质化的主要手段之一，具有对原料适应性强，操作灵活性大，液体产品收率高，目的产品选择性好，以及质量好等特点，已成为当前重油深度加工生产优质清洁柴油的最有效手段。加氢裂化技术的关键在于加氢裂化催化剂，因此必须尽快开发出一种多产柴油的新型加氢裂化催化剂，以满足国内市场需求，并不失时机地打入国际市场，提高集团公司在国际上的知名度和竞争能力。为此，抚顺石化研究院开发出了一种实验室编号为4323的高选择性多产柴油加氢裂化催化剂，石油三厂工业生产牌号为3973。该催化剂在反应压力15.7MPa，氢油体积比1240：1，体积空速0.92h^{-1}，反应温度415℃等条件下，用于典型伊朗VGO单段一次通过加氢裂化时，<371℃单程收率约70%。其中138~249℃喷气燃料馏分收率为21.35%，249~371℃柴油馏分收率为36.98%。若折算成100%转化，则喷气燃料收率为29.4%/32.63%(体积分数)，柴油收率为50.91%/54.95%(体积分数)，喷气燃料+柴油(即中间馏分油)总收率为80.31%/87.58%(体积分数)。与茂名石化公司加氢裂化装置使用的3824催化剂(相当于UOP公司HC-16催化剂)、金陵石化公司加氢裂化装置用的3903催化剂(相当于UOP公司HC-26催化剂)以及齐鲁石化公司SSOT加氢裂化装置用的ICR-126催化剂相比，3973催化剂喷气燃料+柴油总收率要提高10%以上。

3973催化剂于1997年8月在抚顺石化公司石油三厂催化剂厂进行了放大实验，工业放大催化剂3973经物化性质分析及活性评价结果表明，其物化性质和催化性能均重复了实验室研制的结果，符合推荐指标要求，说明3973催化剂制备工艺可行，技术成熟，重复性好。3973催化剂稳定性实验和应用实验结果表明，它具有良好的活性和稳定性，可满足工业装置生产优质中间馏分油和润滑油基础油的使用要求，该剂于1997年10月在抚顺石化公司石油三厂催化剂厂投入生产，共生产催化剂成品16.2t，并于1997年11月初在抚顺石化公司石油三厂150kt/a加氢裂化装置上首次工业应用，开汽一次成功，取得良好效果。

1. 3973 实验室制备的3973催化剂主要物化性质

实验室制备的3973催化剂主要物化性质见表3-4-9，由表3-4-9可见，实验室制备的3973催化剂重复性好，具有很高的机械强度，可满足工业装置使用的要求。

表3-4-9　实验室制备的3973催化剂主要物化性质及推荐指标

催化剂编号	4323-1	4323-2	4323-3	推荐指标
化学组成/%				
WO_3	23.7	24	23.2	20.0~25.0
NiO	5.5	5.4	5.4	5.0~6.5
SiO_2	19.1	19	19.3	17.0~22.0
Al_2O_3	余量	余量	余量	余量
Na_2O	<0.1	<0.1	<0.1	<0.2
物理性质				
条长/mm	3~8	3~8	3~8	3~8
直径/mm	1.51	1.48	1.52	1.40~1.60
孔容/(mL/g)	0.335	0.327	0.326	>0.300
比表面积/(m^2/g)	156	138	138	>130
堆积密度/(g/cm^3)	0.91	0.92	0.91	0.87~0.97
压碎强度/(N/cm)	222	236	228	>180
磨耗/%	<1.0	<1.0	<1.0	<1.5
灼烧减重/%	<2.0	<2.0	<2.0	<3.0

2. 3973 催化剂工业放大

3973 催化剂于 1997 年 8 月 21 日至 26 日在抚顺石化公司石油三厂催化剂厂进行了放大实验。其中载体投料 230kg，最终生产出催化剂成品 320kg，收率高达 95%以上。其主要物化性质见表 3-4-10。

表 3-4-10　3973 工业放大催化剂主要物化性质

催化剂编号	3973-1	3973-2	3973-3	推荐指标
化学组成/%				
WO_3	24.5	24.0	23.8	20.0~25.0
NiO	5.7	5.5	6.0	5.0~6.5
SiO_2	19.8	20.2	20.8	17.0~22.0
Al_2O_3	余量	余量	余量	余量
Na_2O	<0.1	<0.1	<0.1	<0.2
物理性质				
条长/mm	3~8	3~8	3~8	3~8
直径/mm	1.46	1.50	1.49	1.40~1.60
孔容/(mL/g)	0.321	0.302	0.313	>0.300
比表面积/(m^2/g)	143	138	151	>130
堆积密度/(g/cm^3)	0.95	0.93	0.93	0.87~0.97
压碎强度/(N/cm)	268	253	248	>180
磨耗/%	<1.0	<1.0	<1.0	<1.5
灼烧减重/%	<2.0	<2.0	<2.0	<3.0

由表 3-4-10 可见，工业放大 3973 催化剂质量稳定，物化性质重复了实验室小试结果，符合推荐指标要求，说明 3973 催化剂制备工艺可行，技术成熟，重复性好。

3. 3973 催化剂性能评价

3973 催化剂性能评价是在带有气体循环的引进小型加氢实验装置上进行的。所用原料油有伊朗 VGO(1)和伊朗 VGO(2)，其主要性质见表 3-4-11。试验采用单段单列一次通过工艺流程。

表 3-4-11　原料油主要性质

原料油名称	伊朗 VGO(1)	伊朗 VGO(2)	大庆 VGO
密度(20℃)/(g/cm^3)	0.9049	0.9027	0.8456
馏程(ASTMD 86)/℃			
初馏点/10%	277/377	288/347	248/316
30%/50%	414/444	392/424	359/389
70%/90%	469/510	455/494	420/464
95%/EBP	530/548	514/536	483/500
碳/氢/%	85.77/12.56	86.28/12.04	86.17/13.71
硫/氮/%	1.50/0.17	1.55/0.13	0.08/0.04
凝固点/℃	36	30	33
残炭/%	0.15	0.11	0.02
折射率/n_D^{70}	1.487	1.4865	—
酸值/(mgKOH/g)	0.03	0.16	—
胶质/%	1.2		—

(1) 3973 工业放大催化剂与实验室(4323)催化剂对比评价

使用硫氮含量较高，馏分较重的伊朗 VGO(1)原料油，在相同条件下对 3973 工业放大催化剂和 4323 实验室催化剂进行了对比评价，其结果见表 3-4-12 和表 3-4-13。

表 3-4-12　3973 工业放大催化剂与 4323 实验室催化剂评价结果对比

催化剂	3973	4323
原料油	伊朗 VGO(1)	
反应压力/MPa	15.7	
氢油体积比	1240：01：00	
体积空速/h^{-1}	0.92	
反应温度/℃	415	
C_5^+ 液收/%	98.28	97.37
化学氢耗/%	1.9	2
单程通过产品分布/%		
气体(C_1+C_2)	0.67	0.95
液化气(C_3+C_4)	1.15	1.88
轻石脑油(C_5~82℃)	3.03	3.02
重石脑油(82~138℃)	6.63	6.62
喷气燃料(138~249℃)	18.42	17.68
柴油(249~371℃)	30.62	30.67
尾油(>371℃)	39.64	39.38
中间馏分油	49.04	48.35
<371℃单程收率/%	58.7	57.99
折成 100%转化产品收率/%(体积分数)		
中间馏分油总计	81.25/88.37	79.76/86.87

由表 3-4-12 可见，在反应压力 15.7MPa、氢油体积比 1240：1、体积空速 0.92h^{-1}等相同工艺条件下，当反应温度均为 415℃时，使用 3973 催化剂和 4323 催化剂，<371℃单程收率基本一样，分别为 58.70%和 57.90%，说明 3973 工业放大催化剂的活性达到实验室催化剂的水平。另外，从表 3-4-12 还可以看出，3973 工业放大催化剂单程通过中间馏分油(即喷气燃料+柴油)的收率为 49.04%，折算成 100%转化时中间馏分油收率为 81.25%，比 4323 催化剂分别高 0.69%和 1.49%，表明 3973 工业放大催化剂的中油选择性很好，完全能够达到实验室的水平。

由表 3-4-13 可见，使用 3973 工业放大催化剂和 4323 实验室催化剂所得产品性质基本一致。其中重石脑油芳烃潜含量分别为 65.1%和 64.8%；喷气燃料烟点分别为 22mm 和 23mm，冰点均<-60℃；柴油凝点分别为-7℃和-10℃，十六烷指数分别为 54.5 和 55.0；尾油的 BMCI 值均为 10.0。

表 3-4-13　3973 工业放大催化剂与 4323 实验室催化剂加氢裂化产品主要性质对比

催化剂	3973	4323
重石脑油		
P/N/A/%	31.3/58.9/9.8	31.6/59.1/9.3
芳烃潜含量/%	65.1	64.8
喷气燃料		
冰点/℃	<-60	<-60
烟点/mm	22	23

续表

催化剂	3973	4323
闪点/℃	45	
芳烃/%(体积分数)	15.7	12.6
萘系烃/%(体积分数)	0.16	
柴油		
凝固点/℃	-7	-10
十六烷指数	54.5	55
尾油		
凝固点/℃	38	36
氮/(μg/g)	1.5	1.5
BMCI 值	10	10

以上结果表明，3973 工业放大催化剂，性能完全重复了实验室小试的结果，再次说明 3973 催化剂工业放大效果理想，技术成熟，重复性好。

（2）3973 催化剂活性和中油选择性

只有活性和选择性好，能满足使用要求的催化剂才能有工业应用的价值。以较典型的伊朗 VGO(2)为原料，在反应压力 15.7MPa，氢油体积比 1240：1，体积空速 0.92h^{-1}等条件下，对 3973 催化剂进行了性能评价，并参照加工伊朗油工业装置不同切割方案，对生成油进行了实沸点切割，具体结果见表 3-4-14 和表 3-4-15。

表 3-4-14　3973 催化剂单段一次通过加氢裂化试验结果

原料油	伊朗 VGO(2)	
反应压力/MPa	15.7	
氢油体积比	1240：01：00	
体积空速/h^{-1}	0.92	
反应温度/℃	415	
C_5^+ 液收/%	97.45	
化学氢耗/%	2.09	
循环氢纯度/%(体积分数)	92.35	
切割方案	方案 1	方案 2
单程通过产品分布/%		
气体(C_1+C_2)	0.88	0.88
液化气(C_3+C_4)	1.85	1.85
轻石脑油	(C_5~82℃) 3.84	(C_5~93℃) 4.04
重石脑油	(82~138℃) 8.01	(93~165℃) 11.39
喷气燃料	(138~249℃) 21.35	(165~277℃) 25.82
柴油	(249~371℃) 36.98	(277~385℃) 33.49
尾油	(>371℃) 27.37	(>385℃) 22.81
单程收率/%	70.18	74.74
产品收率/%(质量分数)/%(体积分数) (折算成 100%转化)		

续表

原料油	伊朗 VGO(2)	
均剩方案	方案 1	方案 2
轻石脑油	5.29/6.97	5.23/6.80
重石脑油	11.03/13.29	14.76/17.48
喷气燃料	29.40/32.63	33.45/36.56
柴油	50.91/54.95	43.39/46.81
中馏分油统计	80.31/87.58	76.84/83.37

由表 3-4-14 可看出，当反应温度为 415℃时，<371℃单程收率为 70.18%，<385℃单程收率为 74.7%，C_5^+液收率高达 97.45%。其中，138~249℃和 165~277℃喷气燃料馏分的单程收率分别为 21.35%和 25.82%；249~371℃和 277~385℃柴油馏分的单程收率分别为 36.98%和 33.49%；两种切割方案单程通过中间馏分油(即喷气燃料+柴油)总收率分别为 58.33%和 59.31%，折算成 100%转化时中间馏分油总收率分别为 80.31%(质量分数)/87.58%(体积分数)和 76.84%(质量分数)/83.37%(体积分数)。由此可见，3973 催化剂具有适宜的活性和很高的中油选择性。

表 3-4-15　3973 催化剂单段一次通过加氢裂化产品主要性质

切割方案	方案 1	方案 2
重石脑油		
P/N/A/%	32.0/58.1/9.9	30.6/57.5/11.9
芳烃潜含量/%	64.6	66.4
喷气燃料		
冰点/℃	<-60	-56
烟点/mm	21	20
闪点/℃	49	65
芳烃/%(体积分数)	15.4	18.2
萘系烃/%(体积分数)	0.15	0.33
柴油		
倾点/℃	-15	-6
十六烷指数	57.1	58.3
尾油		
氮/(μg/g)	1.5	1.5
BMCI 值	9.1	8.9

由表 3-4-15 可见，两种切割方案重石脑油的芳烃潜含量分别为 64.6%和 66.4%，是优质的催化重整原料；喷气燃料的冰点分别为<-60℃和-56℃，烟点分别为 21mm 和 20mm，萘系烃分别为 0.15%(体积分数)和 0.33%(体积分数)，可作为 3 号喷气燃料；柴油的倾点分别为-15℃和-6℃，十六烷指数分别为 57.1 和 58.3，是优质柴油或柴油调和组分，尾油的 BMCI 值分别为 9.1 和 8.9，氮含量均为 1.5 μg/g，既可以循环裂解最大量生产轻质油品，也可以作为优质蒸汽裂解制乙烯原料或生产润滑油基础油原料。

(3) 3973 催化剂活性稳定性试验

只有稳定性好的催化剂才有工业应用的可能性。为此，以伊朗 VGO(2)为原料，对 3973

催化剂进行了 2000 多小时的稳定性试验，试验结果见表 3-4-16 和表 3-4-17。

表 3-4-16　3973 催化剂单段一次通过稳定性试验结果

运转时间/h	424-496	2472-2552
原料油	伊朗 VGO(2)	
反应压力/MPa	15.7	
氢油体积比	1240：01：00	
体积空速/h^{-1}	0.92	
反应温度/℃	415	416
平均提温速率/(℃/d)	0.01	
单程通过产品分布/%		
轻石脑油	3.84	4.07
重石脑油	8.01	7.50
喷气燃料	21.35	21.28
柴油	36.98	36.61
尾油	27.37	27.50
单程收率/%	70.18	69.46

表 3-4-17　3973 催化剂单段一次通过稳定性试验产品主要性质

运转时间/h	424-496	2472-2552
重石脑油		
P/N/A/%	32.0/58.1/9.9	31.8/56.9/11.3
芳烃潜含量/%	64.6	64.9
喷气燃料		
冰点/℃	<-60	<-60
烟点/℃	21	21
闪点/℃	49	43
芳烃/%(体积分数)	15.4	17.3
萘系烃/%(体积分数)	0.15	0.24
柴油		
倾点/℃	-15	-15
十六烷指数	57.1	56.7
尾油		
凝固点/℃	31	26
氮/(μg/g)	1.5	1.5
BMCI 值	9.1	9.6

由表 3-4-16 和表 3-4-17 可见，3973 催化剂的活性稳定性很好，平均提温速率仅为 0.01℃/d。另外，稳定性试验期间产品分布和产品性质也没有明显变化。重石脑油芳潜 64.6%~64.9%，喷气燃料烟点 21mm，芳烃 15.4%~17.3%(体积分数)，柴油倾点-15℃，十六烷指数 56.7~57.1，质量都较好。尾油 BMCI 值低(9.1~9.6)，是理想的蒸汽裂解制乙烯进料或生产润滑油基础油原料。

4. 3973 催化剂应用研究

为了加快 3973 催化剂的工业应用，参照抚顺石油三厂 150kt/a 加氢裂化装置的工况，以大庆 VGO 为原料(主要性质见表 3-4-11)，对 3973 催化剂进行了应用试验研究。结果表明，3973 催化剂能较好地满足石油三厂的需要，特别是生产高质量润滑油的需要。试验结果见表 3-4-18。

表 3-4-18　3973 催化剂用于大庆 VGO 单段一次通过加氢裂化试验结果

原料油	大庆 VGO	原料油	大庆 VGO
反应压力/MPa	18	重石脑油	
氢油体积比	750：01：00	烷烃/环烷烃/芳烃/%	42.9/54.8/2.3
工业体积空速/h^{-1}	1.2	芳烃潜含量/%	57.1
反应温度/℃	420	喷气燃料	
循环氢纯度/%(体积分数)	85	密度(20℃)/(g/cm)	0.8027
循环氢中硫化氢/%(体积分数)	0.02	冰点/℃	-48
C_5^+ 液收/%	98.87	闪点/℃	61
化学氢耗/%	1.31	烟点/mm	28
<350℃单程收率%	65.83	芳烃/%(体积分数)	6.6
干气/%	0.61	萘系烃/%(体积分数)	0.13
液化气/%	1.70	柴油	
<130℃轻石脑油/%	9.51	凝固点/℃	-4
130~170℃重石脑油/%	6.47	十六烷值	72.2
170~260℃喷气燃料/%	19.91	尾油	
260~350℃柴油/%	29.94	BMCI 值	2.1
>350℃尾油/%	33.04	尾油脱蜡油收率/%	72.9
		脱蜡油黏度指数	139

从表 3-4-18 数据可以看出，在反应压力 18.0MPa(氢分压 15.3MPa)，氢油体积比 750：1，工业体积空速 1.2h^{-1}，反应温度 420℃等条件下，<350℃单程收率为 65.83%，中间馏分油(喷气燃料+柴油)收率为 49.85%，液收高达 98.87%。其中，轻石脑油收率 9.51%；重石脑油收率 6.47%，芳烃潜含量 57.1%，是催化重整生产芳烃的理想原料；喷气燃料收率 19.9%，冰点-48℃，烟点 28mm，芳烃 6.6%(体积分数)，符合 3 号喷气燃料规格要求；柴油收率 29.94%，凝点-4℃，十六烷值 72.2，是优质柴油或柴油的调和组分；尾油收率 33.04%，BMCI 值 2.1，是很好的蒸汽裂解制乙烯原料。另外，尾油脱腊油收率高(72.9%)，黏度指数很高(139)，是极好的润滑油基础油。以上试验结果表明，3973 催化剂能很好地满足石油三厂的需要，特别是生产高质量润滑油的需要。

5. 小结

(1) 3973 催化剂以 3903 无定型硅铝为裂化组分，以钨镍为加氢组分，采用载体水热处理浸渍金属的方法制备，具有很好的机械强度和催化性能。

(2) 3973 催化剂制备选用已工业化的廉价原料，原料来源广泛，生产成本低，无特殊环保问题。

(3) 3973 催化剂工业放大试验结果表明，工业放大 3973 催化剂产品质量稳定，物化性质和催化性能完全重复了实验室催化剂 4323 的小试结果，符合推荐指标要求，说明 3973 催化剂制备工艺可行，技术成熟，重复性好，抚顺石化公司石油三厂催化剂厂现有装置设备条件即可满足 3973 催化剂工业批量生产的要求。

(4) 3973 催化剂性能评价试验和应用试验结果表明，3973 催化剂有适宜的活性，很高的中油选择性，很高的液收和很好的活性稳定性，可满足增产柴油的需要。3973 催化剂加氢裂化所得各馏分产品质量好，尾油是极好的润滑油基础油生产原料，特别适合在以多产中间馏分油和(或)多产高质量润滑油为目的产品的企业使用。

6. 3973 加氢催化剂在石油三厂的工业应用

3973 催化剂是新型生产柴油单段一次通过加氢裂化催化剂。该催化剂经抚顺石油三厂加氢三套(150kt/a加氢裂化装置)工业运转一年时间的考查，累计加工原料油125kt，其中加工焦化柴油1.2万吨，大庆直馏蜡油11.3kt，该催化剂表现出良好的抗碱性氮能力和良好的中油选择性，产品液收高达99%，耗氢量较低。

(1) 开工

① 开工准备。装置开工时所用原料为焦化柴油、常三、减二直馏蜡油(主要性质见表3-4-19)，氢气为轻油制氢装置的高纯度氢，开工使用的硫化剂为二硫化碳，催化剂的主要物化性质见表3-4-20。

表3-4-19 原料油主要性质

项　目	焦化柴油	腊油
密度(20℃)/(g/cm)	0.8273	0.8456
馏程/℃		
初馏点/10%	203/238	248/316
30%/50%	259/281	359/389
70%/90%	305/332	420/464
95%/终馏点	342/351	483/500
黏度/(mm^2/s)		
20℃	4.812	
50℃		8.511
100℃		3.090
凝固点/℃	-4	33
残炭/%	0.17	0.02
酸价值/(mgKOH/100mL)	2.00	0.04
十六烷值	59.7	
实际胶质/(mg/100mL)	84.4	
碘值/(gI_2/100mL)	40.54	
S/(μg/g)	988	600
N/(μg/g)	1212	422
C/%	86.31	86.26
H/%	13.47	13.73

表3-4-20 3793催化剂主要物化性质

项　目	数　据	项　目	数　据
化学组成/%		物化性质	
WO_3	24.16	孔容/(mL/g)	0.302
NiO	5.82	比表面积/(m^2/g)	138
		压碎强度/(N/cm)	200
		长度/mm	3-8
		直径/mm	2.5

② 3973催化剂的装填：该装置采用单段串联一次通过工艺流程，有三个串联的反应器全部装入3973催化剂，前部未装填加氢精制催化剂，后部未装填后精制催化剂，催化剂具体装填情况见表3-4-21。

表3-4-21 催化剂装填情况

反应器	装填体积/m^3	装填量/t	堆积密度/(t/m)
一反	6.13	5.7	0.93
二反	5.81	5.4	0.93
三反	5.32	4.95	0.93
合计	17.26	16.05	

（2）装置运转情况

① 运转情况。3973 催化剂从 97 年 11 月开始投入工业应用，统计至 99 年 3 月 30 日为止，除去原料不足，设备检修原因停工 164d 外，累计运转 346d，开工率 68%，累计加工原料油 125kt，催化剂加工原料油为 7.79t/kg，催化剂温升系数 0.04℃/d。

从试验阶段积累的数据看，3973 催化剂初始活性不是很高，但活性稳定性相当好。在加工原料品种、空速、氢油比、反应压力不变的情况下，经过一年的工业运转，催化剂平均反应温度提高了 9℃，产品转化率基本没有变化，催化剂抗氮能力较强，并且具有很高的中油选择性。

② 3973 催化剂的标定。3973 催化剂在工业试验期间分别于：1997 年 11 月 14 日、1998 年 2 月 20 日、1998 年 11 月 15 日和 1999 年 2 月 13 日共进行了四次标定。主要操作条件、物料平衡及产品分布、产品性状、>350℃尾油性质、气体性质及组分分析见表 3-4-22～表 3-4-28。

表 3-4-22　标定期间主要操作条件

项　目	第一次	第二次	第三次	第四次
时间	1997.11.14	1998.2.20	1998.11.15	1999.2.13
原料油	蜡油	蜡油	蜡油	焦化柴油
催化剂加工原料油/(L/kg)		1.47	5.78	7.79
温升系数/(℃/d)		0.17	0.04	
空速/h^{-1}	1.11	1.25	1.11	0.90
温度/℃				
炉出口	397	405	412	359
一反入口	396	404	410	358
床层平均	414	426	423	400
床层高点	425	441	437	413
操作压力/MPa	17.4	17.8	17.6	16.4
系统压降/MPa	2.5	3.0	2.0	2.0
氢油比(体积分数)	811 : 1	701 : 1	861 : 1	1081 : 1
新氢单耗/(Nm^{-3}/t)	175	180	174	146
循氢中 H_2S/NH_3/(mg/m^3)	240/10	60/20	10/30	100/30
生成油<200℃收率/%	25	25	20	11
生成油<320℃收率/%	65	64	57	—
液收/%	98.8	98.6	98.9	99.5

表 3-4-23　物料平衡　　%

项　目	第一次	第二次	第三次	第四次
入方				
原料油	100	100	100	100
氢气	1.7	1.75	1.73	1.35
出方				
气体	2.44	3.15	2.78	1.35
石脑油	15.98	19.02	18.52	4.70
3 号喷气燃料	19.91	21.57	16.89	—
柴油	29.94	31.10	28.13	95.00
尾油	33.04	26.51	35.03	—
损失	0.39	0.40	0.38	0.30
合计	101.70	101.75	101.73	101.35

表 3-4-24　石脑油性状

项　目	第一次	第二次	第三次	第四次
密度(20℃)/(g/cm^3)	0.7353	0.7304	0.7279	0.7403
馏程范围/℃	38/175	37/180	36/181	40/193
组成/%				
烷烃	47.8	57.16	51.3	41.05
环烷烃	50.6	37.15	45.5	52.65
芳烃	1.6	5.69	3.2	6.30

表 3-4-25　柴油性状

项　目	第一次	第二次	第三次	第四次
密度(20℃)/(g/cm^3)	0.8029	0.8020	0.8012	0.7975
馏程范围/℃	267/325	273/331	266/329	170/345
黏度(20℃)/(mm^2/s)	6.923	6.659	6.793	
凝固点/℃	-7	-11	-4	-5
闪点/℃	137	132	134	77
酸度/(mgKOH/100mL)	1.63	2.88	2.11	
芳烃/%	4.8	8.6	6.7	
碘值/(gI$_2$/100g)	0.2	0.22	0.48	
胶质/(mg/100g)	46.8	59.6	46.4	
十六烷值	68.2	69.7	72.2	62
残炭/%	0.02	0.01	0.02	

表 3-4-26　3#喷气燃料性状

项　目	第一次	第二次	第三次	第四次
密度(20℃)/(g/cm^3)	0.8037	0.8003	0.8027	0.7981
馏程范围/℃	173/263	167/261	183/270	171/267
冰点/℃	-51	-50	-48	-34
闪点/℃	68	60	61	77
烟点/mm	29	31	28	
芳烃/%(体积分数)	7.8	9.2	6.6	
铜片腐蚀	1	2	3	2

表 3-4-27　加工腊油>350℃尾油性状

项　目	第一次	第二次	第三次
密度(20℃)/(g/cm^3)	0.8130	0.8132	0.8133
馏程范围/℃	329/473	340/463	333/461
黏度/(mm^2/s)			
50℃	8.517	7.799	8.400
100℃	3.109	2.905	3.128
凝固点/℃	21	14	27
酸值/(mgKOH/100mL)	0.01	0.02	0.01
残炭/%	0.01	0.01	0.01
S/(μg/g)	32.6	18.3	12.0
N/(μg/g)	25	2.5①	18.5
脱蜡油收率/%	75.8	72.9	
黏度/(mm^2/s)			
50℃	12.12		12.72
100℃	3.268		3.363
黏度指数(VI)	144		139
倾点/℃	-9		-6

① 此数据有误。

表 3-4-28　中分气体产品性质及组成分析

项　　目	第一次	第二次	第三次
时间	1997. 11. 14	1998. 2. 20	1999. 2. 13
原料油	蜡油	蜡油	焦化柴油
平均相对分子质量	27. 46	18. 47	8. 42
组成/%			
H_2S/(mg/m^3)		1000	1600
H_2	51. 75	49	72
C_1	10. 11	21	18. 0
C_2	8. 75	7. 4	4. 2
C_3	11. 60	11. 1	3. 4
iC_4	6. 34	3. 2	0. 7
nC_4	6. 07	3. 0	0. 8
iC_5	3. 27	2. 1	0. 1
nC_5	2. 05	1. 0	0. 2
C_6	0. 06	1. 0	0. 1
N_2		1. 2	0. 5

从标定结果看，前三次标定原料为蜡油石脑油时收率偏高，为15%~20%，中间喷气燃料和柴油馏分收率为50%左右，但喷气燃料馏分铜片腐蚀难以保证合格。第四次标定是以焦化柴油为原料，操作条件相对比较缓和，平均温度为400℃左右，新氢耗量比较低，石脑油收率较少，而柴油组分收率高达95%，此催化剂是夏季大量生产0号柴油组分非常理想的催化剂。从加工蜡油生产出尾油的情况看，经溶剂脱蜡处理后，脱蜡油收率高达72%~76%，而且黏度指数大于130，说明该催化剂具有良好的异构化性能。

(3) 小结

通过对3973催化剂在石油三厂$15×10^4$t/a加氢裂化装置一年来的工业实际运转考察和标定可以得出以下结论：

① 3973催化剂具有良好的中油选择性，较强的稳定性和抗碱性氮等杂质的能力。

② 加工焦化柴油液收高，产品质量稳定，柴油产品十六烷值高，新氢单耗低，适合夏季大量生产0号和5号柴油组分，适应当前增产柴油形势的需要。

③ 该催化剂具有加氢精制、加氢裂化和异构化的三重功能，用其加工蜡油生产的尾油，是理想的润滑油基础油原料，具有收率高，黏度指数高，质量稳定等特点。

④ 该催化剂由于以无定形硅铝为载体，活性稳定，开工时操作条件比较平稳，具有反应温度容易控制，操作难度小的特点。

⑤ 该催化剂的工业运转结果与实验室运转结果比较吻合，收到了比较理想的效果。如果对该催化剂组成进行适当调整，提高催化剂的初始活性，降低催化剂的初始反应温度，可以大大延长催化剂的使用寿命，将会收到更加理想的效果。

三、3902新型临氢降凝催化剂在石油三厂加氢装置的应用

石油三厂采用临氢降凝工艺生产润滑油已有多年历史。临氢降凝装置以加氢裂化尾油(未转化油)为原料，在16MPa氢压下，通过催化剂的作用，选择性的将原料油中蜡分子裂解或异构，从而达到降低油品凝固点，提高黏度指数的目的。由于在选择性加氢裂化过程中，同时会发生一些副反应，使气态烃增加，因此，如何控制副反应发生，是提高产品液收

的关键。石油三厂在3792降凝催化剂的基础上，经过多年的研究，又新研制出3902降凝催化剂。该催化剂通过小试和工业运转证明，其加氢活性好，在工艺条件相同的情况下，生成油液收比3792催化剂提高2%~3%(质量分数)，各种润滑剂产品质量均能达到标准，具备工业装置生产运转的使用条件。

1. 3902催化剂工业装置试运转情况

3902催化剂于1990年6月在110kt/a工业装置上进行试生产运转。已连续运转380d，共加工原料油117.2kt，催化剂累计寿命9.76t/kg催化剂。

（1）工业装置催化剂装填情况

催化剂装填情况见表3-4-29。

表3-4-29　各反应器催化剂装填情况

流程编号	催化剂名称	规格/mm	装填量/kg	备注
一反	3722	φ6(片)	2610	
二反	3722(上)	φ6(片)	360	
	3902(下)	φ3(条)	5010	长短未整形
三反	3902(上)	φ3(条)	3960	
	3792(下)	φ6(片)	1200	旧剂
四反	3822	φ1.6(条)	1650	
合计	3722		2970	
	3822		1650	
	3902		8970	
	3792		1200	

（2）催化剂开工硫化

3902催化剂工业试运转开工时，采用湿法对催化剂进行预硫化。当催化剂床层温度升高到200℃，系统压力升到18MPa，开始加硫化油。硫化油同时携带1%~2%(体积分数)的二硫化碳，硫化油体积空速达到0.5~0.7h^{-1}，二硫化碳流量加到300L/h，以≤10℃/h的速度升温，同时控制系统中硫化氢浓度在0.5%~1.0%之间。催化剂床层温度升到290~300℃，开始恒温硫化，当系统中硫化氢浓度连续四次大于1.0%(最高达1.8%)，床层温度后移，生成油相对密度降到0.7710，硫化结束。

催化剂预硫化过程共用25h，实际加入二硫化碳3038kg，比理论耗硫量(1625.6kg)多46.49%。

催化剂预硫化情况见表3-4-30。

表3-4-30　3902催化剂工业试验预硫化运转情况

项目 \ 日期 / 时间累计		6月16日21点至6月17日0点									
		1	4	7	10	13	16	19	22	23	25
温度/℃	加热炉出口	199	206	198	248	255	265	273	270	268	250
	一反最高点	198	205	198	252	266	278	289	274	274	251
	二反最高点	191	213	200	248	262	285	288	273	282	250
	三反最高点	180	209	200	231	256	293	299	272	285	252
	四反最高点	170	200	192	226	254	290	295	270	278	244

续表

日　期	6月16日21点至6月17日0点									
时间累计 / 项　目	1	4	7	10	13	16	19	22	23	25
系统压力/MPa	18	18	18	18	18	18	18	18	18	18
循环氢流量/(m^3/h)	12500	9500	10500	13500	10250	10420	13860	12060	12240	10800
硫化油量/(m^3/h)	3.2	7.6	14.4	14.4	14.4	14.4	14.4	14.4	14.4	8.7
循环氢中的H_2S浓度/%	0	0.1	0.4	0.2	1.3	1.6	0.4	0.8	1	0.4
CS_2加入量/(L/h)	30	110	200	280	300	250	230	100	50	0
生成油密度(20℃)/(g/cm^3)				0.7938	0.792	0.7844	0.7112	0.7796	0.7808	0.7796
新氢流量/(m^3/h)	2800	1760	2000	1900	2000	2300	3000	1850	2100	1700

(3)切换原料油

硫化结束后，将二硫化碳停掉，将床层温度降到230℃，系统中硫化氢浓度控制<0.1%，按1：1比例分步切换原料油。原料油切换完毕，开始提温找条件。当系统压力达到17.8MPa，最高点温度295℃，总平均温度253℃，体积空速1.2h^{-1}时，生成油>320℃，馏分收率为69%时，凝固点<-15℃，各线产品质量均达到工业试运转考查标准。见表3-7-31和表3-4-32。

表3-4-31　硫化油性质

密度(20℃)/(g/cm^3)	馏程/℃					碱性氮/(μg/g)	凝固点/℃	总氮/(μg/g)
	初馏点	10%	50%	90%	终馏点			
0.7963	209	227	242	270	298	<3	<-25	<10

表3-4-32　二硫化碳性质

外观	沸点/℃	密度(20℃)/(g/cm^3)	蒸发残渣/%	产品级别
无色透明液体	45.8~46.6	1.264	≤0.01	工业级

2. 催化剂预硫化硫平衡

(1) 催化剂理论耗硫量(见表3-4-33)

通过硫平衡计算，这次硫共注入二硫化碳3038kg，催化剂实际吸硫1293.98kg，吸硫率为79.6%。

表3-4-33　催化剂理论耗硫量

催化剂名称	装填重量/kg	耗二硫化碳/kg	催化剂名称	装填重量/kg	耗二硫化碳/kg
3722	22970	641.52	3902	8970	806.3
3822	1650	176.78	合计	13590	1625.6

(2) 催化剂硫平衡

催化剂硫平衡见表3-4-34。

表3-4-34　催化剂硫平衡

入方/kg	出方/kg
二硫化碳(CS_2)3038	催化剂吸硫(CS_2)1293.98 装置存硫量(CS_2)163.20 系统残余硫量(CS_2)374.25 生成水携带硫量(CS_2)0.984 生成油携带硫量(CS_2)1205.586
合计3038	合计3038

3. 工业装置试运转标定

① 装置标定的工艺条件见表 3-4-35~表 3-4-37。

② 化学平衡见表 3-4-38。

③ 物料平衡见表 3-4-39。

④ 3902 催化剂与 3792 催化剂对比情况见表 3-4-40。

⑤ 生成油产品分布及窄馏分油性质见表 3-4-41。

表 3-4-35 标定工艺条件

项　　目	标定条件	项　　目	标定条件
原料油	加氢裂化尾油	后精制	7.0
系统压力/MPa	18	反应温度/℃	
氢油体积比	850：1	精制最低	300
循环氢纯度%	89	最高	308
硫化氢浓度/(mg/m^3)	5	裂化最低	300
体积空速/h^{-1}		最高	319
精制	6.7	总平均	308
裂化	1.4		

表 3-4-36 原料油、生成油标定性状

项　目 ＼ 名　称	原料油	生成油
密度(20℃)/(g/cm^3)	0.8247	0.8049
馏程/℃		
初馏点	236	37
10%	312	78
30%	348	331
50%	374	368
70%	398	
90%	438	
95%	454	
凝固点/℃	20	
碱性氮/(μg/g)	<5	<1
总氮/(μg/g)	<12	<4
含硫/(μg/g)	59	1

表 3-4-37 气体组成分析

组成(体积分数)/% ＼ 名称	新氢	循环氢	溶解氢
H_2	96.2	92	26.4
N_2	2.5	4.48	1.58
CH_4	1.5	3.17	2.87
C_2H_6		0.17	0.62
C_3H_8		0.03	27.8
iC_4H_{10}		0.05	11.99
nC_4H_{10}		0.01	14.11
iC_5H_{12}		0.01	5.4
nC_5H_{12}			5.89
C_6H_{14}			3.66

表 3-4-38　化学平衡

入方/kg	出方/kg
原料油 100	生成油 86.00
化学耗氢 1.28	生成气 14.74
	其中：CH_4 0.17
	C_2H_6　0.07
	C_3H_8　4.59
	C_4H_{10}　5.68
	C_5H_{12}　3.05
	C_6H_{14}　1.18
	损失　0.54
合计 101.28	合计 101.28

表 3-4-39　物料平衡

入方/kg	出方/kg
原料油 299376	生成油 252400
新氢 178	其中：汽油 42000
	一线滑料 54300
	二线滑料 40400
	塔低滑料 114700
	液态烃 31200
	瓦斯 7600
	损失 8354
合计：299554	合计 299554

表 3-4-40　3902 催化剂与 3792 催化剂对比

项目＼名称	3792	3902
工艺条件		
最高反应温度/℃	348	326
平均反应温度/℃	330	318
体积空速/h^{-1}	1.6	1.45
总压/MPa	17.9	18
氢油体积比	725	765
生成油及产品		
液收/%(质量分数)	83.5	86
>320℃馏分凝固点/℃	-23	-22
>320℃馏分收率/%	72	74.3
>320℃馏分		
黏度/(mm^2/s)		
40℃	17.10	16.8
100℃	5.31	4.92
汽油%	11.16	11.17
N_5/%	11.85	12.93
75SN/%		7.17
N15/%	17.98	—
100SN/%		15.25

续表

项目 \ 名称	3792	3902
N32/%	34.02	
150SN/%		20.45
200SN/%		11.87
生成气/%	15.54	14.31
损失/%	0.57	0.54
化学耗氢/(kg/100kg)	1.47	1.28

表 3-4-41 生成油产品分布及窄馏分油性状

项目 \ 馏分	<127℃	127~300℃	300~350℃	350~400℃	400~450℃	450~470℃	>470℃
收率/%(体积分数)	3.22	6.09	13.79	2.13	22.28	15.61	23.89
馏程/℃							
初馏点	55	206					
10%	66	226					
30%	70	243					
50%	73.5	254					
70%		265					
90%	80.5	276					
95%	99	280					
终馏点	126						
凝固点/℃				-45	-40	-23	-10
酸值/(mgKOH/mL)	11.65	5.84					
密度(20℃)/(g/cm³)	0.6708	0.8237					
黏度/(mm²/s)							
40℃			6.58	11.24	14.36	21.81	38.81
100℃			1.98	2.82	3.34	4.46	6.56

4. 结语

(1) 3902 催化剂与 3792 催化剂比较

从工业运转情况和表 3-4-40 中数据可以看出，3902 催化剂工业装置试运转结果是成功的，在相同工艺条件下，该催化剂的液体产品收率比 3792 催化剂高 2%~3%，化学耗氢减少 1.9kg/t 原料油，产品凝固点和黏度与 3792 催化剂相当，气体产率低。说明 3902 催化剂加氢活性和降凝选择性好。因此，每吨原料提高产值 27.42 元，每年增加经济效益 246.8 万元，每年节省氢气 171t，降低加工费用 39.78 万元。

(2) 催化剂活性

3902 催化剂已运转 380 余天，加工原料油 117.2kt，催化剂累计寿命 9.76t/kg，催化剂生产运转空速 1.4~1.6h^{-1}(体积)，反应温度 330~340℃(全尾油)，平均温度 320~330℃，比 3792 催化剂低 5~7℃，温升系数为 0.023℃/t，预计该催化剂一周期可运转 2~2.5 年。

(3) 催化剂开工

3902 催化剂开工采用湿法进行预硫化，由于催化剂活性较强。当硫化到 300℃时，生成油相对密度明显下降，已有裂化反应发生，故将硫化温度降到 280~290℃。这时催化剂预硫化效果有一定影响，如采用干法硫化，就会提高催化剂的吸硫率。

四、ZSM-5沸石在加氢裂化——择形裂化生产润滑油基础油催化剂中的应用

择形裂化和择形异构化统称为加氢脱蜡，在我国又称为临氢降凝，是属于加氢裂化的一种工艺过程。择形异构化技术源于20世纪60年代。70年代中期，择形裂化技术开始用于工业装置，用直馏轻蜡油直接加氢生产低凝点柴油，接着在70年代末期，又在工业装置上用减压蜡油直接加氢生产润滑油。80年代开发了贵金属沸石双功能催化剂，90年代，择形异构技术开始用于工业装置从直馏轻蜡油生产低凝点柴油，接着又用于从加氢裂化尾油生产高黏度指数润滑油基础油。

抚顺石油三厂于20世纪70年代初开展加氢法生产润滑油工艺的研发，随后完成两段法择形裂化技术的工业试验，70年代中后期，石油三厂成功合成ZSM-5沸石并制成催化剂，工业化了加氢裂化—择形裂化—加氢精制联合工艺，处理大庆减压馏分油及加氢尾油，生产优质润滑油基础油。(见图3-4-1)。

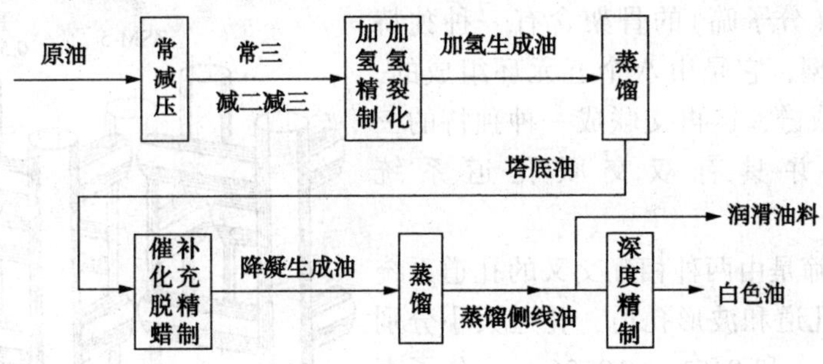

图3-4-1　抚顺石油三厂润滑油生产工艺原则流程图

石油三厂采用加氢裂化-择形裂化的联合工艺，生产润滑油的原则流程见图3-4-1。石蜡基原油经常压蒸馏得到常三、减二、减三线，然后进加氢裂化加工，生成油经蒸馏后拔出汽、煤、柴油，塔底尾油进择形裂化，生成油经再蒸馏后生产不同黏度等级的润滑油基础油。根据不同牌号的润滑油产品要求，对基础油进行补充精制或深度精制，以此来改善基础油的色度和光安定性，并生产白油产品。择形裂化装置工业运转结果和润滑油基础油性质分别列于表3-4-42和表3-4-43。

表3-4-42　抚顺石油三厂择形裂化生产基础油的工业运转结果

项　目	数　据	项　目	数　据
加氢裂化尾油进料性质		>320℃馏分	
密度(20℃)/(g/cm^3)	0.8247	收率/%	74.3
馏程/℃	236~454(95%)	凝固点/℃	-25
硫/氮/(μg/g)	50/10	黏度(100℃)/(mm^2/s)	4.92
凝点/℃	20	润滑油基础油料收率/%	
黏度(100℃)/(mm^2/s)	3.4	N_5	12.93
主要工艺条件		≤75SN	7.17
平均反应温度/℃	318	100SN	15.25
体积空速/h^{-1}	1.45	150SN	20.45
总压力/MPa	18	≥200SN	11.87
氢油体积比	765	合计/%	67.67

表 3-4-43　抚顺石油三厂择形裂化生产的基础油性质

基础油	100SN	150SN	250SN
密度(20℃)/(g/cm³)	0.8436	0.8476	0.8495
馏程/℃			
初馏点	357	308	414
95%	428	495	555
凝固点/℃	-42	-22	-9
黏度/(mm²/s)			
40℃	18.65	33.80	55.58
100℃	3.8	5.8	8.3
黏度指数	99	110	120

ZSM-5 沸石是一种人工合成的高硅沸石，它具有一些独特和重要的化学反应及催化性质，可应用于柴油脱蜡降凝、甲苯歧化、二甲苯异构化和烷基化合成乙苯或二甲苯等催化剂上，并对甲醇合成高辛烷值汽油具有优异催化特性。

ZSM-5 沸石(分子筛)的骨架含有一种独特的连接四面体构型，它是由八个五元环组成的，是一些单元连接成链，链再交联成一种独特的三维骨架结构，并具有双交联孔道系统(见图 3-4-2)。

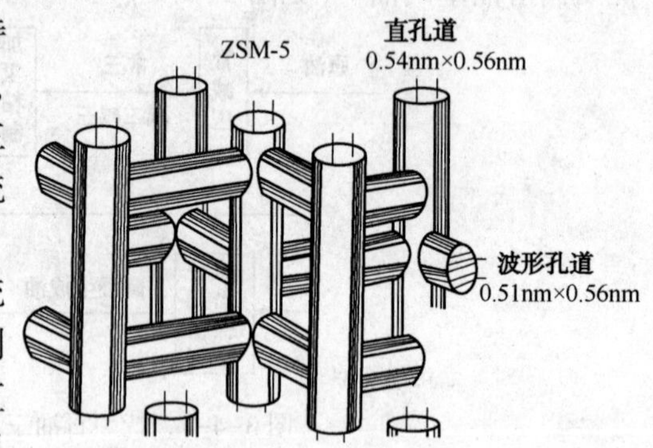

图 3-4-2　ZSM-5 分子筛的孔道体系

ZSM-5 分子筛是由两种相互交叉的孔道系统组成，即直线形孔道和波形孔道，孔道大小分别为 0.54nm×0.56nm 和 0.51nm×0.56nm，分子直径小于 0.56nm，倾点较高的长直链烷烃，带甲基的短支链烷烃和长链单烷基苯能够进入孔道，与活性中心接触，被裂化为小分子烃，而倾点较低的多支链异构烷烃，多支链单环烷烃，多环烷烃和多环芳烃都因不能入孔道而不发生反应。

择形裂化，是在含择形分子筛的催化剂和氢气存在下，通过择形分子筛的形状选择作用，将原料油中高凝点正构烷烃及类正构烷烃裂解成低凝点烃分子，从而降低油品凝点或倾点的过程，也称为催化脱蜡。择形裂化的技术关键是采用具有择形作用的分子筛催化剂，可采用的分子筛有丝光沸石、毛沸石、ZSM-5 等，其中 ZSM-5 分子筛的应用最广泛，技术最成熟。

择形裂化反应过程中，一方面由于受 ZSM-5 沸石特殊孔道的限制，只允许分子直径小于 0.56nm 的正构烷烃或带侧链的异构烷烃进入沸石孔道并与活性中心接触被裂化为低分子烃类，其他大分子异构烷烃、环烷烃、芳烃因不能进入孔道而不发生反应，另一方面，正构烷烃裂化遵循正碳离子反应机理，按照 β 位断链的原理，原料轻蜡油中烷烃裂化的最终生产物主要是 $C_5 \sim C_{10}$ 的正构烷烃和烯烃最小的分子为 $C_3 \sim C_4$ 的烷烃和烯烃。因此，择形裂化的产品除了低凝点的宽馏分柴油或柴油组分外，还副产部分汽油和液化气(15%~40%)，尽管总液体收率可以达到 90%~95%以上，柴汽比高达 2.0~2.5 以上，甚至高达 3.0~4.0，但毕竟降低了柴油收率，也影响了它的推广应用。

抚顺石油三厂开发了择形裂化生产润滑油基础油的工艺技术，采用 ZSM-5 沸石型催化剂，可加工减压馏分油，溶剂精制油及加氢尾油等进料，在得到相同倾点的基础油时，产品收率和黏度指数均比用丝光沸石催化剂高，因此，工业上得到了推广应用。接着，1982 年后石油三厂又开发了以 ZSM-8 为酸性组分的催化剂 3792，实现了工业应用，可作为炼油厂生产低凝油品的催化剂。

ZSM-8 型分子筛具有特殊的孔结构和高裂解活性的双重功能的作用，是一种含有机胺离子的硅铝酸盐晶体，晶体结构属四方晶系，其主孔道是筒状的十氧环结构，孔径约在 0.7nm 左右，分子筛晶体较大，并有优越的催化活性和稳定性，可适用于选择性催化裂化，是润滑油降凝催化剂的载体(如 3792 催化剂)。

正因为 ZSM-5 沸石对正构烷烃分子的裂化反应，具有很高的选择性以及明显的抗结焦作用，直到目前为止，水平较高的择形裂化生产，低凝点柴油和润滑油基础技术，都是采用以 ZSM-5 沸石为载体并载有少量非贵金属的催化剂。ZSM-5 沸石的酸性中心大多是强酸，正构烷烃在较低的温度下进行裂化反应，排除了热裂化反应，因而 $C_1 \sim C_2$ 气体产率很低。蜡油择形裂化的产物主要是低分子烷烃，烯烃和烷基苯，大约 50%的裂化产物是小于 C_5 馏分，其余 50%是汽油馏分，择形裂化催化剂表面载有加氢组分 NiO，经过开工的硫化过程转化为 NiS，它是一种较弱的加(脱)氢活性中心，对择形反应具有以下作用：

① 脱氢作用使一部分烷烃在进入孔道前就转为烯烃，而烯烃极易生成正碳离子，是使催化脱蜡反应温度较低的一个重要原因。

② 加氢作用延缓了催化剂表面缩合积碳反应的发生，使催化剂的裂化活性能够保持稳定。

③ 加氢活性不强，裂化产品中的烯烃含量较高，因而汽油辛烷烃值较高，同时耗氢量极低。而且由于在择形裂化过程中基本没有烯烃加氢饱和反应，所以该工艺是一个轻度吸热反应，在绝热固定床反应器中会产生一定的温降。

ZSM-5 沸石的孔口接近圆形，特别适用于中馏分油和减压蜡油(重中性油料和光亮油料)的脱蜡。另外，ZSM-5 孔结构的三维特性，对抗结焦和减活也有明显作用。因此，直到目前，水平较高的催化脱蜡生产低凝点柴油和润滑油基础油，都采用以 ZSM-5 沸石为载体基质的催化剂。

择形裂化生产润滑油基础油的反应机理与生产低凝点柴油的反应机理相同，因为都是采用以 ZSM-5 沸石为基质的催化剂。

五、复合催化剂加氢裂化工业生产总结

(一) 前言

为了开辟焦化蜡油的合理加工途径，更好地利用现有的加氢裂化工业生产装置，增产-35号柴油或石脑油，需要开发出一种能加工焦化蜡油混合原料油的复合催化剂。

复合催化剂是由抚顺石化公司石油三厂生产，用于处理高氮，多焦粉的焦化蜡油和减压馏分油(加氢裂化)，它具有较好的加氢精制活性、较强的加氢裂化活性和好的稳定性，适合单段一次通过加氢裂化工艺流程。1983 年 8 月下旬，把 19.85t 复合催化剂装入年加工能力为 120kt/a 的加氢一套加氢裂化反应器，进行预硫化后转入工业性试生产。

1. 催化剂组成和催化剂装填

由主体精制催化剂 1246 和主体加氢裂化催化剂 3762，按 20%~80% 1246 催化剂与 80%~20% 3762 催化剂配成复合催化剂。

催化剂配成后，分装于反应器6层筛板上，最上和最下层分别垫入和填装一定高度的瓷环。

2. 催化剂的预硫化

复合催化剂为硫化型催化剂，硫化的好坏直接影响着催化剂的催化活性和稳定性，所以要严格按要求进行。

反应器经气密与热旋紧后，参照试验室硫化条件，在200℃时进行含 CS_2O、72%（体积分数）的硫化油硫化，待循环氢中出现0.2% H_2S 时，开始按每小时小于5℃的速度，升温到300℃恒温硫化，维持300℃恒温硫化14h。硫化过程中操作压力15MPa，空速0.8h^{-1}，每小时测定一次循环氢中 H_2S 含量，2h测一次硫化油密度和馏程，并控制循环氢中 H_2S 含量为1.0%±0.2%，总硫化时间为31h。硫化结束升温到320～340℃时，切换原料油，逐渐转入正常生产，正常生产时原料油中不加硫。

硫化油是用加氢煤油加入0.72V% CS_2 溶液配制成的硫化油。性质见表3-4-44。

表3-4-44　硫化油性质

项　　目	硫化前硫化油	硫化后硫化油	项　　目	硫化前硫化油	硫化后硫化油
密度（20℃）/（kg/m³）	785.6	710.4	全馏分/%	99	89
馏程/℃			含硫量/%	0.72	0.05
初馏点	179	39	凝固点/℃	-51	<-51
10%	197	90	碱性氮/（μg/g）	3	<1
50%	217	200	溴价/（gBr/100g）	1.2	0.7
90%	244	234	闪点/℃	71	40
终馏点	271	271			

3. 原料油性质

焦化蜡油和减二线蜡油分别由焦化蜡油罐和常减压蒸馏装置转入60m³原料罐，在高压油泵入口处混合后进入系统，其混合体积比为1∶1。混合组成及性质见表3-4-45。常三线油和减一线油混合原料，其混合体积比为4∶6，组成及性质见表3-4-46。

表3-4-45　焦化蜡油和减二线油混合原料性质

项　　目	1983年9月 原料油	1984年5月 原料油	1984年7月 原料油	1985年5月 原料油
密度（20℃）/（kg/m³）	856.6	854.6	859.4	858.9
馏程/℃				
初馏点	210	242	206	198
10%	336	343	359	356
30%	366	369	380	379
50%	383	384	396	394
70%	402	403	416	414
90%	422	427	443	436
终馏点	448	452	472	470
凝固点/℃	30	32	35	33
含蜡量/%	24.8	26.3	28.3	27.3
含硫量/%	0.10	0.10	0.14	0.18
硅胶胶质/%	2.6	3.1	4.1	4.4
碱性氮/（μg/g）	616	631	581	564

续表

项　　目	1983年9月 原料油	1984年5月 原料油	1984年7月 原料油	1985年5月 原料油
溴价/(gBr/100g)	9.3	11.7	8.3	9
运动黏度/(mm^2/s)				
50℃	9.64	9.86	10.45	11.37
100℃	3.24	3.3	3.47	3.58
残炭/%	0.23	0.26	0.24	0.2
酸值/(mgKOH/100mL)	0.82	0.86	0.98	0.86
族组成/%				
烷烃+环烷烃	79.4	78.9	76.4	77.7
单环芳烃	9.5	10.5	9.6	8.8
双环芳烃	3	3.1	3.4	2.9
多环芳烃	6.3	5.6	6.7	6.8
胶质	1.6	1.7	3.4	3.2
合计	99.8	99.8	99.5	99.4
重金属含量/(μg/g)				
Fe	2.6	2.52	2.81	2.42
Ni	0.02	0.03	0.03	0.02
Cu	0.06	0.09	0.09	0.07
V				

表 3-4-46　常三线油和减一线油混合原料性质

项　　目	1983年9月 原料油	1984年5月 原料油	1984年7月 原料油	1985年5月 原料油
密度(20℃)/(kg/m^3)	835.8	835.3	835.8	836.1
馏程/℃				
初馏点	204	230	208	215
5%	273	286	261	272
10%	295	302	288	301
30%	321	319	339	337
50%	353	350	355	355
70%	379	372	370	372
90%	394	382	391	394
终馏点	442	421	432	435
凝固点/℃	25	24	23	24
运动黏度/(mm^2/s)				
50 ℃	6.68	6.32	6.56	6.41
100℃	2.57	2.45	2.43	2.42
硫含量/%(质量分数)	0.09	0.1	0.06	0.05
蜡含量/%(质量分数)	28.6	28.1	30.2	29.4
残炭/%(质量分数)	0.18	0.14	0.15	0.15
碱性氮/(μg/g)	110	100	68	67
硅胶胶质/%(质量分数)	1.9	2	1.9	2
烃类组成/%(质量分数)				
烷烃+环烷烃	87.4	86.2	88.2	88.7
单环芳烃	4.6	5.6	4.4	4.6
双环芳烃	3.9	4.1	3.8	4

续表

项　　目	1983 年 9 月原料油	1984 年 5 月原料油	1984 年 7 月原料油	1985 年 5 月原料油
多环芳烃	2.7	2.5	2.1	1.7
胶质	1	1.1	1	0.9
合计	99.6	99.5	99.5	99.9
重金属含量/(μg/g)				
Fe	1.52	1.38	1.42	1.86
Ni	0.02	0.02	0.02	0.03
Cu	0.06	0.04	0.07	0.08
V				

(二) 复合催化剂工业运转情况

从 1983 年 8 月到 1990 年 12 月末累计生产 620d，加工各种原料油 291947t。基中加工焦化蜡油和减二线油混合料 135d，处理原料油 49200t，反应温度 403~407℃，小于 350℃馏分油收率 70%~73%，加工常三线油和减一线油混合料 165 天，加工原料油 70440t，反应温度 378~382℃或 405℃，转化率 70%~75%；加工焦化柴油 288d，处理原料油 172307t，反应温度 389~404℃；用加氢末转化油为原料生产工业白油 32 天，精制原料 3500t。

虽然在加工焦化蜡油混合原料油时，因 60m^{3}原料油罐过小，供料不稳，液面经常波动，焦化蜡油混入量有时高达 65%；高压分离器仪表阀漏等原因造成停工 17 次，这些对复合催化剂活性的影响均不太明显，表明复合催化剂有较佳的适应性。当反应平均温度 403℃时，生成油密度为 770~790kg/m^3，小于 350℃馏分油收率达 70%，液体收率 96%(质量分数)以上，生成油溴价小于 2gBr/100g，碱性氮一般小于 10μg/g，比色小于或等于 0.5 号。

1. 工艺条件及产品收率

工业运转中的主要工艺条件如下：加工焦化蜡油混合原料时：操作压力为 13.4~14.2MPa，氢油体积比为 1300~1800：1，液时空速为 0.78~1.02h^{-1}，反应平均温度为 403~407℃

加工常三线和减一线油混合原料时：操作压力为 13.4~14.4MPa，氢油体积比为 1200~1600：1，液时空速为 1.08~1.6h^{-1}，反应平均温度为 378~405℃

1983 年 8 月至 9 月，1984 年 5 月至 7 月和 1985 年 3 月至 5 月，复合催化剂加氢裂化处理焦化蜡油和减二线油混合料(各占 50%)时，分别对工艺条件和产品收率进行 3 次标定及核算。1986 年 10 月及 1990 年 8 月加工常三线油(40%)和减一线油(60%)混合料期间进行了两次标定核算。核算的实际工艺条件见表 3-4-47，产品分布见表 3-4-48。工业氢、循环氢和富气的分析见表 3-4-49。

表 3-4-47　加氢和分馏实际操作的工艺条件

项　　目	1983 年 8 月	1983 年 9 月	1984 年 6 月	1984 年 7 月	1985 年 3 月	1985 年 4 月	1985 年 5 月	1985 年 7 月	1986 年 10 月	1990 年 8 月
反应压力/MPa	14.1	13.9	14	13.9	13.9	13.9	13.9	14.2	13.4	13.5
新氢纯度/%	95.8	95.7	95.8	95.3	95.7	96.0	96.9	96.6	95.8	96.0
液时空速/h^{-1}	0.82	0.82	0.82	0.82	0.82	0.82	1.02	1.38	1.08	1.06
氢油体积比/(m^3/m^3)	1840	1820	1780	1720	1730	1825	1541	1509	1560	1568
工业氢耗/(m^3 H_2/m^3 油)	213	240	237	214	236	225	248	259	265	250

续表

项　目	1983年8月	1983年9月	1984年6月	1984年7月	1985年3月	1985年4月	1985年5月	1985年7月	1986年10月	1990年8月
反应床层温度/℃										
最高	431.0	430.0	430.5	422.0	427.0	424.2	432.0	410.0	430.0	427.0
平均	402.4	402.6	402.5	403.2	403.4	403.3	407.4	382.4	404.5	401.6
温差	40.9	40.0	40.5	24.0	25.0	24.5	29.0	46.0	28.5	25.4
分馏塔塔顶温度/℃	119	120	120	140	142	142	144	134	146	148
分馏塔19层(一线)温度/℃	193	207	202	218	226	223	219	217	228	219
分馏塔二线温度/℃	256	214	268	254	248	251	258	248	240	234
分馏塔底温度/℃	279	291	285	294	293	294	296	276	275	278
空冷器出口温度/℃	37	39	38	55	55	54	55	56	56	60
塔顶回流量/(t/h)	13.0	12.5	12.8	12.8	12.5	12.7	12.5	9.8	10.2	10.2
循环氢含 H_2S/%	0.01	0.01	0.01	0.04	0.06	0.08	0.07	0.09	0.08	0.09
循环氢含 NH_3/(μg/g)	92.4	75.4	83.9	78.0	92.0	85.0	76.0	23.4	41.0	23.6
循环氢纯度/%	78.5	77.5	78.0	77.0	78.0	77.5	77.0	78.2	78.9	79.0
生成油密度(20℃)/(kg/m^3)	772.0	774.8	773.3	781.8	782.0	782.4	783.7	787.5	743.9	743.8
生成油溴价/(gBr/100g)	2.6	2.4	2.5	1.3	1.2	1.3	1.2	1.2	1.8	1.7
生成油碱性氮/(μg/g)	66.0	65.0	65.5	2.0	2.6	2.3	3.0	3.0	1.6	0.9

表 3-4-48　加氢裂化产品分布

项　目	1983年8月	1983年9月	1984年7月	1985年3月	1985年5月	1985年7月	1986年10月	1990年8月
反应平均温度	402.0	403.0	403.0	403.0	407.0	382.4	404.5	401.6
液时空速/h^{-1}	0.82	0.82	0.82	0.83	1.02	1.38	1.08	1.06
产品收率/%(质量分数)								
石脑油(初馏点~180℃)	33.6	34.3	31.6	31.4	31.4	35.5	40	43.8
-35号柴油(180~300℃)	21.2	21.7	26.7	26.6	24.8	21.6	21.6	22.5
中柴油(300~350℃)	17.1	15.5	13.3	14	14.2	13.1	12	12.6
重柴油(>350℃)	25.5	25.9	26.1	25.7	27.2	26.7	25	18.9
转化率(<350℃)/%(质量分数)	71.9	71.5	71.6	72	70.4	70.2	73.6	78.4
气体及损失/%(质量分数)	2.6	2.5	2.3	2.3	2.4	3.1	1.4	2.7
生成油液收/%(质量分数)	97.4	97.5	97.7	97.9	97.6	96.9	98.6	97.3

注：加工常三线油和减一线油混合原料时，生成油与加氢二套生成油一起进蒸馏塔，故各种产品收率为两套装置生成油的平均收率。

表 3-4-49　各种气体分析结果

气体名称	H_2/%	H_2S/%	C_1/%	C_2/%	C_3/%	C_4/%	C_5/%	C_6/%	酸性气/%	$(CO+CO_2)$/(μg/g)	NH_3/(μg/g)	N_2/%
1983年												
工业新氢	95.8	—	3.3							257		0.4
循环氢	78.1	0.01	3.5	2.7	44.4	4.6				—	64	1.7
分102富气	42.6	0.01	24	5.4	12.1	12.4	1.9	0.1	0.2			1.5
容308高压气	7.6		31	21.2	13.9	8.3	1.9	0.1	0.3			0.7
容504低压气	11.3		29.9	9.1	22.7	22.5	3.3	0.2	—			0.6
1984年												
工业新氢	96.9		3.0							150		0.1

续表

气体名称	H_2/%	H_2S/%	C_1/%	C_2/%	C_3/%	C_4/%	C_5/%	C_6/%	酸性气/%	$(CO+CO_2)$/(μg/g)	NH_3/(μg/g)	N_2/%
循环氢	82.5	0.01	8.7	1.7	3.2	2.8	0.7				47	
分102富气	44.3	0.01	17.9	4.8	14.1	14.2	2.9	0.5	0.4			
容308高压气	8.6	0.01	30.0	21.0	14.1	8.4	1.8	0.1	0.3			
容504低压气	18	0.01	24.6	9.4	20.9	20.5	5.6	0.6	0.4			

2. 产品质量

生产期间不仅对工艺条件和产品收率等进行标定核算，同时，对石脑油馏分、-35号轻柴油等，分别采样分析，结果分别列入表3-4-50~表3-4-53。由于加工焦化蜡油混合原料的生成油量只能满足蒸馏塔加工能力的1/3，因此分馏效果不好，致使产品馏分重叠，柴油凝点偏高。由各表看出，复合催化剂加工含50%焦化蜡油混合料加工常三线及减一线混合料时，不仅能制得31%~43%(质量分数)的合格石脑油，还能得到21.2%~26.7%(质量分数)的合格-35号轻柴油等。

表3-4-50 石脑油性状

项目	1983年9月 石脑油	1984年7月 石脑油	1985年5月 石脑油	1986年10月 石脑油	1990年8月 石脑油
密度(20℃)/(kg/m³)	696.4	715.1	716.2	724.1	698.8
馏程/℃					
初馏点	33	51	49	53	46
10%	56	75	74	78	61
30%	82	96	97	101	94
50%	107	116	117	121	109
70%	128	140	138	136	128
90%	157	165	167	161	157
终馏点	176	191	188	189	184
外观	水白色	水白色	水白色	水白色	水白色
颜色，赛波特号	28	28	30	30	30
烷烃+环烷烃/%(体积分数)	95.5	93.6	94.5	94.0	95.0
烯烃/%(体积分数)	0.5	0.6	0.8	0.9	0.7
芳烃/%(体积分数)	4	5.8	4.7	5.1	4.3
砷含量/(μg/g)	< 1	1	1	1	< 1
铅含量/(μg/g)	3	3	4	3	3
硫含量/%	0.04	0.09	0.08	0.01	0.01
碱性氮/(μg/g)	2	2	1	1	< 1
实际胶质/(mg/100mL)	0.8	0.8	0.6	0.6	0.4
酸值/(mgKOH/100mL)	0.1	0.1	0.1	0.1	0.1

表3-4-51 -35号轻柴油性状

项目	1983年9月 轻柴油	1984年7月 轻柴油	1985年5月 轻柴油	1986年10月 轻柴油	1990年8月 轻柴油
十六烷值	61	67	64	71	70
密度(20℃)/(kg/m³)	802.5	808.1	809	800.6	800.6
馏程/℃					
初馏点	180	186	167	166	167

续表

项　　目	1983年9月 轻柴油	1984年7月 轻柴油	1985年5月 轻柴油	1986年10月 轻柴油	1990年8月 轻柴油
10%	202	209	204	185	191
30%	215	223	227	204	206
50%	232	237	241	235	226
70%	245	255	262	247	245
90%	268	282	282	264	267
终馏点	303	310	318	298	301
凝点/℃	-41	-38	-31	-37	-36
浊点/℃	< -30	-30	-31	-31	-30
闪点/℃	60	69	63	60	60
10%蒸余物残炭/%(质量分数)	0.006	0.007	0.006	0.006	0.006
氧化残渣(16h)/%(质量分数)	0.71	0.8	0.76	0.69	0.68
反应	中	中	中	中	中
腐蚀(50℃, 3h)	合格	合格	合格	合格	合格
运动黏度/(mm^2/s)					
20℃	2.65	2.05	3.02	3.05	3.01
50℃	1.65	1.82	0.85	1.94	1.89
灰分/%	0.003	0.006	0.004	0.007	0.006
机械杂质	无	无	无	无	无
水溶性酸碱	无	无	无	无	无
含硫/%	0.01	0.05	0.02	0.02	0.03
酸值/(mgKOH/100mL)	0.1	0.3	0.1	0.2	0.1
实际胶质/(mg/100mL)	1.4	1	1.2	1.2	1.8
比色(ASTMD1500)/号	< 1	< 1	< 1	< 1	< 1

表 3-4-52　中柴油性状

项　　目	1983年9月 中柴油	1984年7月 中柴油	1985年5月 中柴油	1986年10月 中柴油	1990年8月 中柴油
十六烷值	74	73	74	75	75
密度(20℃)/(kg/m^3)	828.3	824.5	822.8	817.4	817.9
馏程/℃					
初馏点	230	220	228	238	239
10%	275	270	268	264	252
30%	301	297	289	278	274
50%	309	306	298	288	298
70%	316	314	312	300	313
90%	327	329	319	317	326
终馏点	342	350	348	338	346
凝点/℃	+5	+4	-2	-3	-1
闪点/℃	105	98	120	116	120
10%蒸余物残炭/%(质量分数)	0.01	0.01	0.01	0.01	0.01
氧化残渣(16h)/%(质量分数)	1.86	1.74	1.8	1.67	1.64
反应	中	中	中	中	中
腐蚀(50℃, 3h)	合格	合格	合格	合格	合格
运动黏度/(mm^2/s)					
20℃	8.05	8.06	8.25	7.78	7.69

续表

项　　目	1983 年 9 月 中柴油	1984 年 7 月 中柴油	1985 年 5 月 中柴油	1986 年 10 月 中柴油	1990 年 8 月 中柴油
50℃	4.23	4.14	4.30	4.01	3.98
灰分/%(质量分数)	0.006	0.003	0.002	0.003	0.002
机械杂质	无	无	无	无	无
水溶性酸碱	无	无	无	无	无
含硫/%	0.02	0.02	0.02	0.01	0.01
酸值/(mgKOH/100mL)	0.6	0.4	0.4	0.2	0.1
实际胶质/(mg/100mL)	29.6	28.7	29.0	26.9	26.4

表 3-4-53　尾油(未转化油)性状

项　　目	1983 年 9 月 中柴油	1984 年 7 月 中柴油	1985 年 5 月 中柴油	1986 年 10 月 中柴油	1990 年 8 月 中柴油
密度(20℃)/(kg/m^3)	836.8	832.2	833.6	820.3	820.8
馏程/℃					
初馏点	307	252	241	226	228
10%	354	297	289	306	305
30%	383	324	321	334	332
50%	398	330	329	350	346
70%	413	339	331	365	362
90%	436	349	346	386	380
终馏点	448	374	374	396	398
凝固点/℃	30	>28	29	18	17
闪点/℃	>120	>120	>120	>120	>120
10%蒸余物残炭/%(质量分数)	0.03	0.03	0.03	0.03	0.03
反应	中	中	中	中	中
运动黏度(20℃)/(mm^2/s)	9.10	8.15	8.25	7.98	7.85
含硫/%(质量分数)	0.07	0.03	0.02	0.03	0.03
含蜡/%(质量分数)	28.6	26.9	24.2	21.8	20.9
残炭/%(质量分数)	0.03	0.01	0.02	0.01	0.01

3. 反应温度及转化率对比

用工业运转的复合催化剂，在试验室进行了 100mL 加氢裂化装置的评价，评价使用的原料油，原料油配比及工艺条件与工业加氢裂化装置相同，在维持转化率相近的情况下，工业装置反应平均温度比试验室反应温度低 10℃以上，3000mL 小型加氢装置和工业生产装置结果列于表 3-4-54。因为分馏塔顶负荷所限，控制加氢裂化转化率为 70%左右，以保证塔的正常使用。

表 3-4-54　试验装置和工业装置反应温度和转化率情况

项　　目	1983 年试验装置	1983 年 8 月 工业装置	1983 年 9 月 工业装置	1984 年 7 月 工业装置
反应平均温度/℃	420	403	403	407
液时空速/h^{-1}	0.8	0.8	0.8	1.02
生成油液收/%(质量分数)	94.7	97.4	96.7	96.6
生成油密度(20℃)/(kg/m^3)	771.9	779.4	782.0	788.7
转化率(<350℃馏分)/%(质量分数)	73.3	73.9	73.2	70.0
>350℃馏分油收率/%(质量分数)	26.7	26.1	26.8	30.0

4. 反应器床层温升

在长达620d的工业运转过程中，加工焦化蜡油混合料135d，提温3~5℃，加工常三线和减一线混合原料165d，提温3~4℃。其余为加工焦化柴油和生产工业白油时间，到1990年12月末催化剂反应床层的平均温度为404~405℃。

催化剂加氢精制活性和加氢裂化活性一直比较好，没有进行催化剂的再生，表明复合催化剂的活性和稳定性好。

（三）经济效益

按分馏系统低负荷生产（380kt/a能力装置只加工120kt/a）时实际的水、电、汽、风消耗和工资、设备折旧资金及车间经费等，计算加工50%焦化蜡油混合原料油，每年能多收利润（比加工常三线和减一线混合原料油）890万元。

（四）小结

① 工业运转结果表明复合催化剂对原料油具有较好的适应性，适合单段一次通过的生产工艺流程。

② 复合催化剂处理焦化蜡油混合原料时，工业生产和实验室在转化率相同时，工业生产装置的反应平均温度比试验室中试的反应温度低10℃以上。

③ 在加工焦化蜡油50%的混合原料油和相应的工艺条件下，石脑油收率31%~40%（质量分数），-35号轻柴油收率21%~26%（质量分数）；在加工常三线和减一线混合原料油和相应的工艺条件下，石脑油收率35%~43%（质量分数），产品质量达到同类产品质量指标要求。说明复合催化剂具有较好的加氢精制活性和较强的加氢裂化活性。

④ 复合催化剂加氢裂化处理过各种混合原料油，在20多个月的生产中，每吨催化剂加工14884t原料油，催化剂一次使用寿命已有两年。

⑤ 复合催化剂加氢裂化处理50%焦化蜡油的混合原料油，不仅为焦化蜡油的合理加工开辟了一条新途径，也创造出明显的经济效益，每年能多创（比加工常三线和减一线混合料）利润896万元。

第五节　加氢催化剂的再生

一、加氢催化剂的失活

加氢催化剂同所有加氢催化剂一样，在使用过程中，由于诸多因素的影响，其活性会逐渐下降直至最终失活。除非因某些突发性的干扰因素或严重违章操作，催化剂的失活是一个连续的、缓慢的过程。通过产物一些相关质量指标的控制分析，可以跟踪催化反应的动态，有时可捕捉到一些催化剂失活的迹象。在通常情况下，一般通过提高反应温度，可以补偿催化剂的活性损失，确保加氢达到预期的转化深度和产品质量。一般来说，加氢催化剂失活的主要原因不外乎是生焦积炭、中毒及老化。积炭是催化剂最常见的失活原因。

在生产过程中，催化剂由于积炭的沉积而逐渐失活，研究揭示催化剂的积炭机理及结焦催化剂的特征，对于催化剂的开发和有效使用具有其指导意义。

催化剂生焦积炭是开工至运转末期的操作过程中，长期高温作用的结果。这一方面是加氢原料中含有重质的组分，吸附在催化剂表面上，如果没有充分氢解，将覆盖在催化剂的活性中心上，并逐渐积累、缩合成大分子的细微颗粒，占据催化剂的有效孔道，减少催化剂的表面积和孔容积；另一方面是操作条件不当或环境的影响，使得加氢精制和裂化过程的副反应增加，从而加剧了加氢催化剂生焦的倾向。尽管生焦的机理不尽相同，其结构也不一样，但诸多因素协同作用的最终后果，会导致催化剂活性降低而逐渐失活。催化剂因积炭失活的速度取决于原料油的性质，操作条件的苛刻程度。催化剂本身固有的特性和突发事故的影响。

二、失活加氢催化剂的再生

石油三厂曾对失活加氢催化剂的再生做了一些工作，现概述如下：

（一）3652 加氢裂化催化剂的再生

实验室小型装置 3652 加氢裂化催化剂的再生及再生后的稳定试验如下：

将原小型试验用的 3652 型催化剂(经 6000h 稳定性试验后，反应温度达到 465℃，催化剂表面产生积炭，活性衰退)为使催化剂恢复其活性，使用空气和氮气作介质进行催化剂筒内再生。再生后并继续进行了 1000h 的稳定性试验。这次试验是在中国科学院大连化物研究所的协助下，于 1966 年 4 月进行的。

1. 再生方法

3652 型催化剂筒内再生时，分别用下列①~③的气体分三个阶段进行。

① 含氧 2. 5%的氮气；

② 含氧 3. 8%的氮气；

③ 空气作再生介质。

操作条件：压力 0. 8MPa；最高温度 500℃；进气量/催化剂 = 500/1（体积）试验期间，在不同温度范围内，分别进入上述三种气体，操作过程列于表 3-5-1。再生过程中，定期取尾气进行分析，分析结果列于表 3-5-2。

表 3-5-1　再生操作方法

温度/℃	再生介质	升温速度/(℃/h)	在指定时间内稳定时间
0~200	含氧 2. 5%的氮气	50±5	200℃稳定 2h
200~400	含氧 2. 5%的氮气	15±3	400℃稳定 2h
400~480	含氧 3. 8%的氮气	10±3	480℃稳定 12h
480~500	空气		尾气中不含有 CO_2 为止

表 3-5-2　再生尾气分析结果

运转累计/h	再生温度/℃	尾气分析/%（体积分数）	
		CO_2	O_2
5	200	0	1. 0
10	250	0. 6	1. 0
22	390	0. 8	0. 1
29	470	1. 8	0. 6
36	480	2. 8	0
50	490	0. 4	19. 5
52	490	0. 2	20. 3
63	500	0	20. 5

由表 3-5-2 结果看出：当再生温度达到 240~250℃时，催化剂中积炭开始发生氧化反应，尾气中二氧化碳含量逐渐增加。当温度达到 480℃时，尾气中 CO_2 增高到 2. 8%左右，

经一段稳定时间后，CO_2 含量开始下降，直至到零，此时再生终止。前后累计时间为36h。

2. 再生后3652型催化剂筒内硫化

硫化是以半工业试验装置的加氢裂化生成油，经水洗三次，以氯化钙脱水后，加2%二硫化碳作为硫化油。其硫化条件为：压力15MPa；空速0.5h^{-1}(体积)；氢油比1000：1(体积)。硫化期间，在提高温度的同时进行尾气中硫化氢分析。当温度到400℃，尾气中硫化氢含量达1.0%左右即可。

3. 再生后3652型催化剂稳定试验

试验时仍用大庆含蜡重油为原料油，而以加氢裂化半工业试验装置的循环氢为氢气，其性状和组成分析见表3-5-3及表3-5-4。

试验期间，仍以生成油<320℃馏分收率达60%为控制指标。再生前后两个周期活性对比列于表3-5-5。

表3-5-3 原料油性状

相对密度 d_4^{20}	凝固点/℃	碱性氮/(μg/g)	馏程/℃				
			初馏点	10%	50%	90%	终馏点
0.8577	+40	200	339	360	398	440	459

表3-5-4 氢气组成

组分	H_2	CO	CH_4	N_2
含量/%(体积分数)	84.0	0	10.0	5.8

表3-5-5 3652型催化剂再生前后活性对比

再生前			再生后		
运转累计时间/h	操作温度/℃	生成油<320℃馏分/%(质量分数)	运转累计时间/h	操作温度/℃	生成油<320℃馏分/%(质量分数)
319	420	58.2	130	428	58.0
869	424	56.7	180	430	56.0
1086	427	54.7	400	432	55.8
1274	430	57.7	450	434	58.2
1457	432	58.2	470	437	58.5
1596	434	56.6	915	439	55.6

操作条件：氢分压10.5~11.0MPa；空速1.0h^{-1}(体积)；氢油体积比为1500：1。从表中结果看出，再牛后，以同样操作条件，可使反应温度恢复到428℃，约恢复了37℃，再生后的活性比新催化剂约差8℃，温升系数约为0.33℃/d，比新催化剂失活速度快0.1℃/d左右。

4. 产品评价

在稳定试验期间，曾取生成油混合样，在10L实沸点蒸馏釜切取窄馏分，调配成航空煤油和柴油产品，其产品性状见表3-5-6。

表 3-5-6 产品评价结果

油 类	煤油	柴油	油 类	煤油	柴油
收率/%(生成油)	26.2	47.5	终馏点	238	329
相对密度 d_4^{20}	0.7928	0.8447	冰点/℃	-65.7	
恩氏蒸馏/℃			黏度(20℃)/(mm^2/s)	1.57	4.12
初馏点	153	201	芳烃/%	14.3	—
10%	167	216	热值/[MJ/kg(Mcal/kg)]	84.787(10.284)	—
50%	191	362	凝固点/℃		-34.5
90%	220.5	318	苯胺点/℃		81.2
95%	227	325	十六烷值		57.6

5. 小结

(1) 经 6000h 运转，反应温度达 465℃的旧 3652 加氢裂化催化剂采用氮气和空气作介质，在筒内进行烧炭再生试验，在压力稳定条件下，可以顺利完成再生试验工作。

(2) 从再生后 1000h 的稳定试验结果可以看出：在同样操作条件下，使反应温度恢复到 428℃，约恢复了 37℃，其活性比新催化剂约差 8℃，温升系数为 0.33℃/d，其液体收率仍可达到 97.5%(重)。

(3) 再生后催化剂仍能获得航空煤油和低凝点柴油。其中煤油芳烃含量 14.3%，虽比再生前降低，但与前一周期的初期活性相比，仍偏高。

(二) 半工业生产装置 3652 加氢裂化催化剂的再生试验

为了考查 3652 加氢裂化催化剂的再生性能及验证试验室再生条件，为大庆炼厂加氢裂化装置的催化剂再生工作提供条件。1966 年 2 月，石油部召集石油三厂、大连化物所、抚顺石油设计院、抚顺石油研究所开会决定：对经 3200h 加氢裂化寿命试验的 3652 催化剂，进行筒内再生试验。再生试验采用水蒸气—氮气二段法进行催化剂再生。此法主要优点为：在不增添设备情况下，能减轻亚硫酸对高压设备的腐蚀，且氮气用量较少。再生试验是在 1.5m^3加氢裂化半工业试验装置上进行的。实际实验时间仅用 11 天。

催化剂再生过程包括以下三个阶段，即加热炉烧焦，水蒸气再生及氮气再生。

氮气再生原定在 0.8MPa 下进行，但因循环气量较少，加热炉出口与反应器入口间管线热损失太大，将 350~400℃再生阶段压力提高到 5.0MPa，450℃阶段又提到 9.0MPa。尽管采取提高压力的措施，但最高温度仅达 450℃(原定 500℃)。

为考查氮气再生期间亚硫酸对高压设备之腐蚀作用，进行了腐蚀试验，再生后催化剂按原试验条件进行加氢裂化试验，并做物化性质分析，作为对催化剂再生效果之鉴定。

1. 试验方法

(1) 设备及流程简述

此次再生试验，除增设一台低压(0.6MPa)空气压缩机外，均使用原加氢装置的所属设备。二段再生流程如图 3-5-1 及图 3-5-2 所示。

低压空气与水蒸气在加热炉入口处混合后，经加热炉加热到预定之温度，自反应器顶部进入，再生后之尾气即放入大气。为判断再生过程之进行情况，在反应器出入口均设有取样点，可定时进行 O_2、CO_2等之分析。因气体系空气与蒸汽之混合物，故取样点处装有小冷凝器，可同时进行气相与液相组成分析。

再生气中氧浓度可用空气量之变化调节之。空气压缩机保持一定的操作压力，压力超高或气量太大时，可将多余空气排空。此阶段在常压下进行。

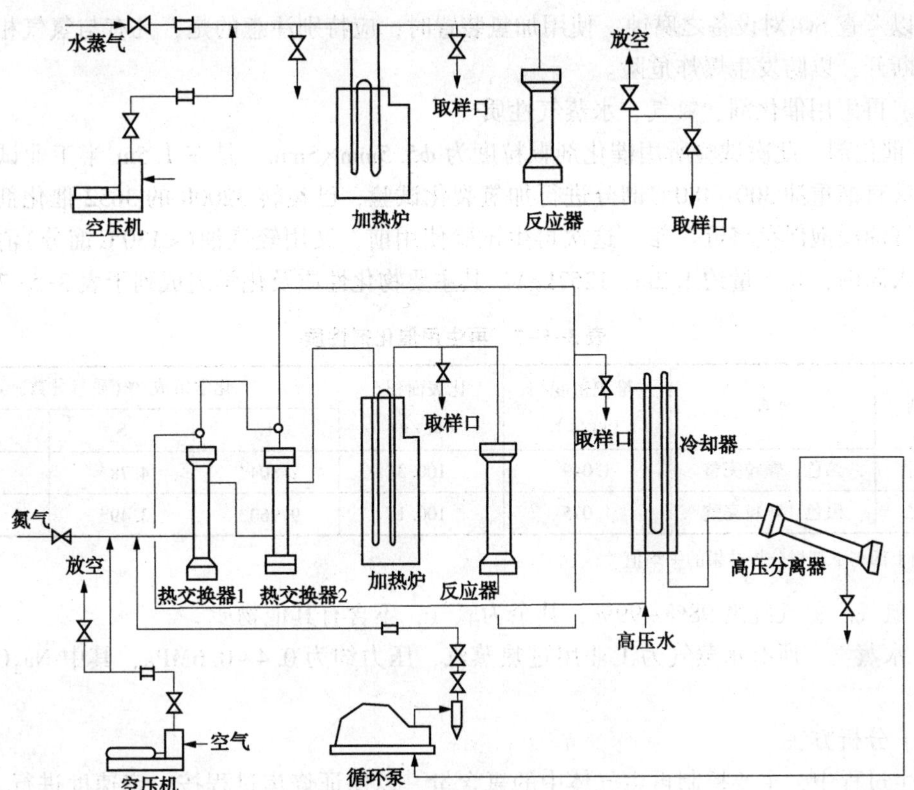

图 3-5-1　水蒸气再生阶段流程

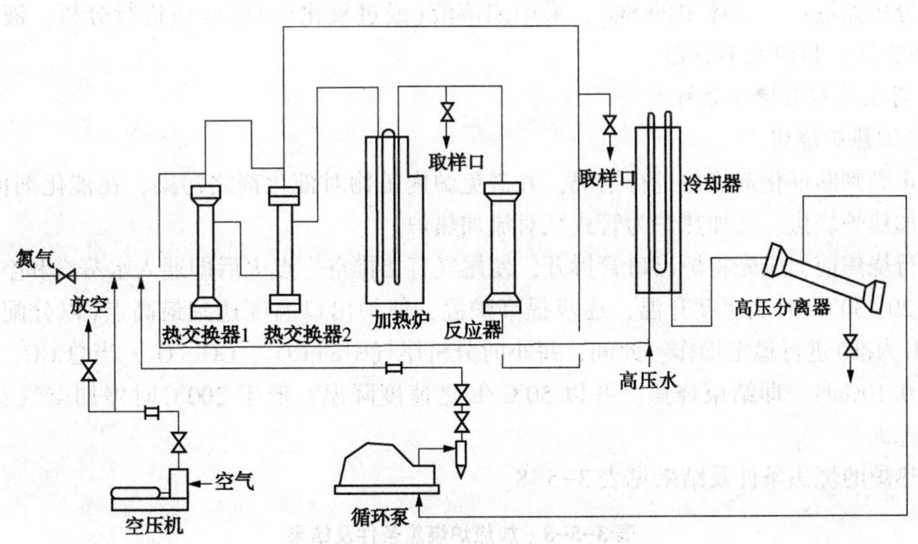

图 3-5-2　氮气再生阶段流程

氮气再生流程与原加氢流程完全相同，见氮气再生流程图。空气与氮气在第一换热器下部混合后，经第二换热器到加热炉，然后进入反应器，自反应器出来之高温气体，经换热器与冷却器冷却后，在系统中进行循环使用。为避免循环气体中 SO_2浓度太高，可在冷却器之入口处打入高压软水。

在冷却器出入口处，各放三个材质为 12Cr5Mo、长 20mm、直径 12mm 特别的柱状腐蚀试样，以考查SO_2对设备之腐蚀。使用加氢装置时，应特别注意的是，凡有与氢气相连之管线均应断开，以防发生爆炸危险。

(2) 再生用催化剂、氮气、水蒸气性质

① 催化剂。此次试验所用催化剂颗粒度为ϕ5.5mm×5mm，是在1.5m^3半工业试验装置上用大庆直馏重油300~480℃馏分进行加氢裂化试验，已运转3200h的3652催化剂。取出后，用灯油浸泡保存将近一年。这次再生试验使用前，又用轻汽油(<130℃馏分)清洗，干后才装入筒内，装入量约1.2m^3(1257kg)。其主要物化性质及化学组成列于表3-5-7。

表3-5-7 再生用催化剂性质

催化剂	外观	堆积密度/(kg/L)	比表面积/(m^2/g)	化学组成/%(质量分数)		
				C	S	H
3652-甲	黑色、颗粒完整	1.049	100.3	7.804①	4.78①	1.32
3652-乙	黑色、颗粒完整	1.075	100.1	9.960①	3.49①	1.28

① 为上部与下部样分析结果的平均值。

② 氮气。氮气纯度98%~99%，其余为氧气，不含有其他物质。

③ 水蒸气。所有水蒸气为工业用过热蒸汽，压力约为0.4~0.6MPa，其中Na_2O含量<10μg/g。

(3) 分析方法

再生过程中，主要控制再生气体中的氧含量，以保证烧焦过程按一定速度进行。此外，为判断过程进行情况，亦分析了尾气中的CO_2、CO、SO_2组分。其中O_2、CO_2、CO可用奥氏气体分析器进行。气体中的SO_2，采用碘溶液(或过氧化氢)吸收法进行分析。液体中的SO_2分析方法，目前尚不成熟。

2. 再生过程与情况分析

(1)加热炉烧焦

为正确判断催化剂烧焦进行情况，并避免炉内脏物对催化剂之污染，在催化剂再生前，先进行加热炉烧焦。此加热炉为管式纯对流加热炉。

进行烧焦前，应先将炉出口管拆开，使尾气直接排空，点火后即通入水蒸汽和空气，然后再以20~30℃/时之速度升温，逐步提高炉温，使炉出口温度达到最高点(以分配室不超过600℃为准)进行稳定操作。此间，每小时分析尾气中的CO_2、CO、O_2，当总CO_2、CO总含量为0.10%时，即结束烧焦。并以50℃/h之速度降温，低于200℃时停加空气及蒸汽，加热炉熄火。

加热炉的烧焦条件及结果见表3-5-8。

表3-5-8 加热炉烧焦条件及结果

炉管内径/mm	蒸汽量/(kg/h)	空气量/(m^3/h)	最高温度/℃		尾气(不冷凝气)中CO_2含量/%(体积分数)		烧焦时间/h
			分配室	炉出口	平均	终至	
60	300~350	90	595	535	0	0	20

(2) 水蒸气再生

① 先用氮气循环升温。当催化剂床层温度过低时，若直接通入水蒸气会冷凝成水，易

引起催化剂之粉碎，为避免这一现象发生，在水蒸气进入前，先用氮气进行循环升温，使催化剂预热到水蒸气不会冷凝之温度，再通入水蒸气。

循环升温时，启动循环氢压缩机，其总气量约 500m³/h，系统压力为 0.6~1.5MPa。当催化剂床层温度最高点达 171℃，最低点达 122℃时，停止循环氢压缩机运转，并通入蒸汽。

在升温过程中，催化剂床层温差(递降)起初为 70℃，当反应器入口温度达 160℃时，床层第一点温度已高于入口，温差亦开始减小，说明此时已有氧化反应发生。

因循环气量减少且炉出口至反应器入口间管线较长(约 20m)，使炉出口与反应器入口温差很大，并随温度升高而加大，使催化剂床层无法继续升温到预定温度(250℃)，故需在较高压力下，进行升温。

加热炉出口与反应器入口温度关系见表 3-5-9。

表 3-5-9　加热炉出口与反应器入口温度关系

加热炉出口温度/℃	加热炉入口温度/℃	温差/℃
300	102	198
356	118	238
400	139	261
435	151	284
460	160	300

② 水蒸气再生。水蒸气用量为 200~275kg/h(即 170~230kg/h/m³ 催化剂)，空气用量为 20~35m³/h，反应器入口处气体中氧浓度约为 1.5%。

反应器入口温度达 179℃时，即加入空气。因氧化反应之发生，催化剂床层最高点温度已由入口移至第一层，与入口形成温差。继续提高入口温度又下移到第二层，此时床层温差已达 60℃，为避免温度上升过快，随即压低入口温度，但床层温差并无减少趋势，说明此时反应进行相当剧烈。随后，保持入口温度在 200~230℃之间进行操作，床层最高点温度则逐层下移，温差为 90~115℃，最高点温度变化范围为 340~350℃。各层催化剂均经历最高点后，温度开始下降，温差亦逐渐缩小。

根据小型再生试验结果，在 350℃以前主要进行烧硫反应，可烧去催化剂中总硫量的 70%左右。

为证实这一阶段已经结束，继续提高入口温度到 320~330℃，但床层温差只有 10~20℃，尾气气体中二氧化硫浓度已减少到 0.1%，而二氧化碳却增到 6.0%，说明烧硫反应接近结束，烧炭反应已经开始发生。因此，没有必要继续进行操作。水蒸气再生总计进行 14h。

(3) 氮气再生

氮气再生阶段按反应器入口温度划分为 350℃、400℃、450℃、480℃和 500℃五个阶段进行操作(480℃及 500℃阶段因设备条件限制未能进行)。主要操作条件为：压力，当入口温度在 350℃、400℃时为 5.0MPa，450℃时为 9.0MPa。循环气量在 350℃、400℃时为 1200~1300m³/h，450℃时为 2350m³/h。空气加入量：在 350℃、400℃时为 30~40m³/h，450℃时为 70m³/h，反应器入口气体中氧浓度约 0.6%。操作过程主要控制反应器入口温度与催化剂床层最高点温差，一般保持 40~60℃。除运转后期加入 0.6m³/h 高压软水数小时外，其余时间均未加高压软水。

① 350~400℃阶段。当反应器入口温度达 330℃时通入约 35m³/h 的空气。数小时后，

第二层温度即超过入口而上升到400℃。同时，系统中二氧化碳浓度亦逐渐上升。保持入口温度340~350℃，进行稳定操作，催化剂床层之最高点逐层下移。当最高点温度通过第六点后，即逐渐提高入口温度进行400℃阶段再生操作。此间反应器入口温度为390~410℃，除第五、六层温度到460℃外，其余各层温度为415~440℃。由于生成的二氧化碳的积累，循环气中二氧化碳最高浓度已达16%，二氧化硫为2.5g/m³。

② 450℃再生阶段(实际为440℃)。在400℃操作时，加热炉出口温度已达495℃，炉出口至反应器入口之温差达80~90℃，按规定要求炉出口温度不得超过500℃。因此，欲继续提高入口温度必须提高压力，籍以增加循环气量，减少温差。根据设备的可能将反应压力升到9.0MPa进行操作。提高压力后，循环气量增加到2300m³/h，维持加热炉出口温度495~499℃，此时反应入口温度已达440℃，但催化剂床层最高点温度仅为450℃，温差只有10℃。为使燃烧继续进行，即打入0.6m³/h高压软水，以洗去二氧化碳等物，提高氧浓度。加水4h后，系统中氧浓度已上升到8.9%，但上述情况并无好转，床层温差反而继续缩小到2℃左右。且进、出口二氧化碳，氧气浓度已趋平衡，说明此时氧化反应进行很慢，而欲烧去残存的积炭，尚需继续提高温度，此阶段总共进行62h，再高的再生温度未进行。

根据加热炉材质情况，继续提高温度或操作压力均不可能，因此试验无法继续按原订计划在480℃及500℃下进行再生。

3. 再生后催化剂性能鉴定

(1) 催化剂物化性质

试验结束后，即打开反应器之顶盖检查，结果发现：

① 催化剂床层表面形成一坑，其中心下沉约185mm，坑直径约400mm，床层铺平后其表面下沉约60mm。

② 床层顶部催化剂破碎较多，(颗粒度多为1~2mm)且外观发黑。

除进行上述观察外，并取样进行分析并与新催化剂进行对比，见表3-5-10。

表3-5-10　再生后催化剂性质

催化剂类别	催化剂外观	堆积密度/(kg/L)	比表面积/(m^2/g)	刀口法耐压强度(kg/粒)	组成/%(质量分数)	
					碳	硫
新鲜	浅黄色 颗粒度完整	0.815(甲) 0.760(乙)	154(甲) 162(乙)	大于6.0(甲) 大于6.0 (乙)	0	0
再生后	黄褐色 颗粒度完整	0.860(甲) 0.8360(乙)	115.0(甲) 112.5(乙)	9.0(甲) 10.0(乙)	0.902(甲) 0.980(乙)	0.925(甲) 0.965(乙)

由表3-5-10数据看出，催化剂因受高温及水蒸气作用，表面积炭已有显著减少。由于再生温度较低(450℃)，催化剂上仍存有少量焦炭(约0.9%)及硫(约0.9%)，欲烧残存之炭，硫则应进一步提高再生温度。

3652催化剂虽经3200h加氢裂化长期运转及较高温度下再生，但其强度仍达到了新催化剂水平(>6kg/粒)。

(2)再生过程的3652催化剂在1.5m³半工业装置上进行加氢裂化试验。

此次试验流程、原料油、催化剂装入量及装填方式，催化剂硫化方法等均按照第一次加氢裂化放大试验进行。试验主要目的是考查再生后催化剂的活性及初期稳定性，故运转时间较短仅356h(空速1.0运转222h)。主要情况如下：

① 原料。此次试验所用的原料油仍为石油二厂直馏大庆重柴油(即轻蜡油)，主要性状见表3-5-11。

表3-5-11 原料油主要性状

原料油来源/原料油性状	石油七厂	石油二厂	原料油来源/原料油性状	石油七厂	石油二厂
相对密度 d_4^{20}	0.8656	0.8577	90%	452	440
初馏点	315	339	终馏点	485	459
10%	348	360	凝固点/℃	+38	+40
30%	369	377	总氮/(μg/g)	430	390
50%	393	398	碱性氮/(μg/g)	182	200
70%	417	416	溴价/(gBr/100g)	5.2	—

试验用的1号、2号硫化油分析见表3-5-12。

表3-5-12 硫化油性状

油别	相对密度 d_4^{20}	恩氏蒸馏/℃					总氮量/(μg/g)	碱性氮/(μg/g)	溴价/(gBr/100g)
		初馏点	10%	50%	90%	终馏点			
1号	0.8052	178	252	252	297	331	—	2.3	1.67
2号	0.7890	75	241	241	360	—	—	<1	1.91

注：(1)作为硫化油组分的加氢裂化生成油要求<320℃馏分≥60%。

(2)吸附用的硅胶量为1.0%(体积，对硫化油)，粒度为$\phi3\sim\phi10$mm。

此次试验使用的氢气仍为石油三厂的铜氨液洗涤氢。纯度为94%~95%，不含一氧化碳等有害组分。运转过程中循环氢纯度维持在80%左右。

② 催化剂硫化。当催化剂床层温度升到228℃时即进入1号硫化油0.6m³/h，同时分次加入二硫化碳到1.5m³/h，2h后，循环气中出现硫化氢，且浓度逐渐上升。温度达332℃时即改进2号硫化油，加入量仍为0.6m³/h。由于反应温度的升高及催化剂活性的形成，硫化生成油的相对密度逐渐减小，说明硫化油已发生裂解。为防止硫化油深度裂解会对催化剂带来不利影响，故在385℃加大进油量到0.9m³/h，此后在385~395℃间进行稳定操作。此间，生成油相对密度已稳定在0.74左右，表明催化剂硫化已经完成。故在稳定4h后，温度391℃时开始进原料油。至此硫化过程即告结束。

硫化期间主要操作条件为：压力(总压)：15.0MPa，循环气量2500m³/h，硫化油空速0.5~0.75h^{-1}，循环气中H_2S浓度为0.8%~1.5%(体积分数)。高压水量0.6m³/h。

从这次硫化过程中催化剂床层温度变化规律，硫化生成油相对密度减小情况(最小达0.73)及重油加氢裂化初活性来看，可以认为：此次硫化是成功的。同时亦说明再生后催化剂完全可按新催化剂硫化方法进行硫化。

③ 催化剂初期活性及稳定性考查。硫化结束后，即改进重油，先后在0.5h^{-1}及0.75h^{-1}空速条件下运转4d后，即加大油量到1.2m³/h。此时操作条件为：压力15.0MPa，平均反应温度324℃，体积空速1.0。试验结果如表3-5-13所示。

表3-5-9最后一栏列入了新催化剂的初期活性，当转化率维持60%时，再生后催化剂需提高到424℃，而新鲜催化剂则为417℃，两者相差7℃左右。由此可知，再生后催化剂活性损失约7℃。根据大连化物所试验结果，再生后催化剂活性下降5℃，而工业再生后下降7℃，说明此次再生结果基本上重复了小型试验结果，得到了预期的效果。

表 3-5-13　再生后 3652(ϕ5.5mm×5mm)催化剂初期活性及稳定性

日期	67 年 5 月 11 日 0.00	15 日 8.00	16 日 0.00	17 日 16.00	19 日 16.00	21 日 8.00	22 日 16.00	23 日 16.00	24 日 8.00	1965 年 11 月 13 日 16.00 新催化剂
反应条件										
平均反应温度/℃	402.5	414.0	425	424	424	423	425	424	425	417
反应压力/MPa	15.0	15.0	15.0	15.0	15.0	15.0	15.0	15.0	15.0	15.0
体积空速/h^{-1}	0.5	0.75	1.0	1.0	1.0	1.0	1.0	1.0	1.0	1.0
氢油比	3900∶1	2700∶1	2000∶1	2000∶1	2000∶1	2000∶1	2000∶1	2000∶1	2000∶1	2330∶1
运转时间/h	—	131	147	187	235	275	307	339	356	184
生成油相对密度 d_4^{20}	0.7852	0.7842	0.7876	0.7769	0.7898	0.7840	0.7892	0.7880	0.7917	0.7768
小柱分馏%(质量分数)										
初馏点~130℃	13.3	13.7	15.3	13.5	13.4	14.0	12.5	13.6	12.3	14.3
130~260℃	32.5	30.9	31.8	29.7	29.9	31.3	28.9	28.9	28.1	34.1
260~320℃	16.8	16.0	14.9	15.0	14.3	14.5	14.2	14.2	17.6	14.9
>320℃	62.6	60.6	62.0	58.2	57.6	59.8	55.6	56.7	58.0	63.2
130~260℃冰点/℃		-67.2				-65.2			-63.7	
260~320℃凝固点/℃		<-35				—			—	

从表 3-5-13 还可以看出：维持转化率在 60%左右，经 356h 运转，平均反应温度没有上升，因此，可以认为再生后初期稳定性良好。

由产品分布来看，催化剂选择性亦很好，航煤+柴油与汽油之比大都为 2.2~2.5。

④ 生成油产品分布及性状评价。空速 1.0 的生成油于实沸点装置上切割所得的各馏分收率与产品性状见表 3-5-14~表 3-5-17。

表 3-5-14　实沸点切割收率

馏分/℃	含量(对生成油)/%(质量分数)	馏分/℃	含量(对生成油)/%(质量分数)
<60	1.47	260~350	24.88
60~130	13.15	<350	71.00
130~180	10.61	>350	26.70
130~260	31.50	总收率/℃	97.70
180~350	45.77		

表 3-5-15　油品性质　重整原料(60~130℃)性状

组分	占原料分数/%(质量分数)	组分	占原料分数/%(质量分数)
甲基戊烷 2,3-二甲基丁烷	2.6	C_5环戊烷	0.58
3-甲基戊烷	1.87	甲基环戊烷	3.47
正己烷	5.6	环己烷	1.26
2,2-二甲基戊烷 2,4-二甲基戊烷	0.68	Σ二甲基环戊烷	5.02
2-甲基己烷	5.22	甲基环己烷	2.61
2,3-二甲基戊烷	1.68	乙基环戊烷	1.25
3-甲基己烷	5.5	C_8环烷烃	22.51

续表

组分	占原料分数/%(质量分数)	组分	占原料分数/%(质量分数)
3-乙基戊烷	2.22	苯	0.5
正庚烷	6.18	甲苯	1.9
C_8烷烃	28.34	二甲苯	1.0

表 3-5-16　油品性质——航煤、柴油等产品性状

油品名称	130~260℃ 航　煤	180~320℃ 低凝柴油	260~350℃ 柴　油	>350℃ 尾　油
相对密度 d_4^{20}	0.7820	0.805		
恩氏蒸馏/℃				
初馏点	154	201		
10%	167	214		
50%	192	251		
95%	231	309		
98%	238	314(终馏点)		
冰点/℃	-66.5	—		
凝固点/℃	—	<-35	-17	+20
闪点/℃	+46	+85		
酸值/(mgKOH/100mL)	2.23	5.04		
芳烃/%	12.3	—		
碘值/(g I_2/100g 油)	1.5	—		
黏度(20℃)/(mm^2/s)	1.574	3.255		
0℃	2.229	—		
-40℃	4.917	—		
热值/[kJ/g(kcal/g)]	43.2(10.355)	—		

表 3-5-17　族组成分析结果(原料)　　　　%(质量分数)

碳数	烷烃		环烷烃		芳烃	总计
	正构	异构	五员环	六员环		
C_5			0.58			0.58
C_6	5.6	4.48	3.47	1.26	0.5	15.31
C_7	6.18	15.30	6.27	2.61	1.9	32.26
C_8	28.34		22.51		1.0	51.85
总计	59.90		36.70		3.4	100.00

芳烃潜含量(质量分数)：37.52%；总环烷烃量(质量分数)36.70%。

4. 小结

① 采用水蒸气——氮气法在450℃对3652催化剂进行了再生试验，再生后的催化剂加氢裂化运转结果表明：维持相同转化率时的反应温度与新催化剂比较，再生后催化剂升高7℃，但其初期活性、稳定性、选择性及主要产品性质均达到了新催化剂水平。

② 在加氢裂化试验中，催化剂床层温度正常，物料分配均匀，无沟流现象发生。说明虽在(1.5m^3装置)再生期间催化剂层有的下沉，但并不影响其分配效果。

③ 氮气再生期间，冷却器有明显的腐蚀现象发生。计算结果表明，腐蚀速度均为

2.47mm/a。(值得注意的是：每年只能再生 2~4 次，总经历时间约为 15~20d。)

④ 在利用高压加氢设备进行催化剂筒内再生时，若系统压力过低，循环气量太少，则由于加热炉热量难于带出及加热炉出口至反应器入口间管线热损失较大，使反应器难于到达预定之再生温度。故需在较高压力下进行再生，这一问题需要注意。

(三) 1980 年 9 月石油三厂在 120kt/a 加氢装置内进行催化剂再生试验

加氢装置在设计时，虽已考虑到催化剂失活后的再生功能，但往往考虑以装置的生产功能为主，而催化剂再生功能并不十分完美。因此，装置内催化剂再生时，即使具备条件，操作起来也极其困难。石油三厂曾于 1980 年 9 月在 120kt/a 的加氢裂化装置内进行催化剂再生试验，再生过程中，由于高压加氢装置气体容积小，为保证足够的气剂比，系统压力控制在 5~6MPa，整个再生过程是在中压下进行，当时为了防腐蚀已开始在热交出口注液 NH_3来防腐蚀。

再生后催化剂各项活性指标恢复到 90%以上，设备有腐蚀现象，高温区合金钢材质腐蚀率为 0.01~0.013mm/a，低温区碳钢材质腐蚀率为 0.66mm/a。由此可见，装置内进行催化剂再生，虽然采取各种防腐手段，但设备腐蚀依然存在，而且再生时操作条件苛刻，极易损坏设备。

(四) 石油三厂利用 20kt/a 重整装置部分设备改造成的催化剂再生装置，从 1992 年开始，已先后进行了 3 批加氢裂化催化剂再生。

1. 再生装置工艺流程

再生装置是利用石油三厂重整 20kt/a 重整装置部分设备改造而成，再生时所用氮气由抚顺氧气厂供给(氮气纯度 99%)氮气经压缩机压缩后送至贮氮筒中，然后经干燥再与空气混合，一起与换热后的循环气经过加热炉加热，加热到所需温度进入催化剂再生反应器，对催化剂进行烧焦，再生气体进入换 1.2 管层，然后进冷 1、2、3 管层，冷却到<35℃，循环气进入分离器，分离器的气体通过循环增压机增压后重新返回系统，少量液体和尾气经减压后排出装置。

再生过程中，为了减少对设备腐蚀，需要在再生反应器出口注氨，注氨采用差压法。由氮气阀组接管线到氨罐，采用系统前后的压差，将液氨加到再生反应器出口。同时利用碱泵，向冷却器入口注入 10%浓度的碱液，这部分碱液可以循环使用。图 3-5-3 为再生装置示意流程图。

2. 再生设备

再生装置设备情况见表 3-5-18。

3. 催化剂再生

(1) 催化剂再生前预处理

这次再生催化剂是 3863 催化剂，3863 催化剂是加工焦化粗柴油原料的加氢裂化催化剂，这批催化剂于 1990 年大检修装入加氢二套，共运转一年时间，总计加工原料油 15.98×10^4t，催化剂累计寿命达 13.32t/kg，最高反应温度达 440℃。

为清除催化剂表面的重油和轻烃，在装置停工过程中，系统压力 18MPa，床层温度 350℃，加灯油进行恒温冲洗，恒温冲洗 4h，将灯油停掉，温度降低到 330℃，热氢吹扫 4h，上述工作结束后，将床层温度降到安全温度后，把催化剂从反应器内卸出，筛去催化剂粉末后装入再生器中。在筛选过程中有大量催化剂粉末被筛出，约占催化剂总量的 10%。

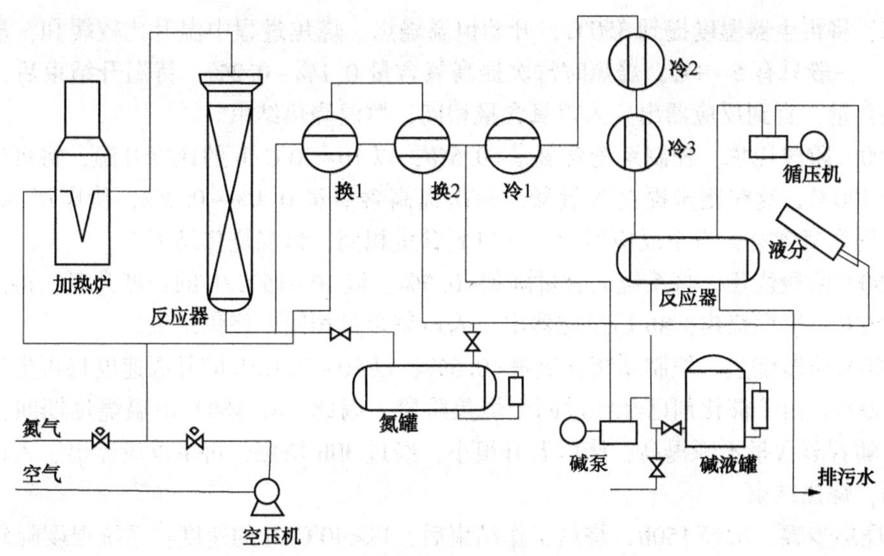

图 3-5-3　再生装置工艺流程示意图

表 3-5-18　再生装置设备情况

序号	设备名称	介质	数量	操作条件	
				温度/℃	压力/MPa
1	加热炉	N_2循环气	1	550	0.5
2	再生反应器	N_2空气、循环气	1	480	0.5
3	换热器	尾气、NH_3	2	460	0.5
4	冷却器	尾气、NaOH	2	150~300	0.5
5	空压机	空气	1	50	0.6
6	干燥器	H_2、空气	2	常温	0.6
7	气液分离器	N_2、碱液	1	常温	0.5
8	循环压缩机	N_2、尾气	2	常温	0.6
9	液氨罐	NH_3	1	常温	1.6
10	油气分离器	N_2、尾气	1	常温	0.6
11	配碱罐	NaOH	1	常温	0.6
12	废碱罐	NaOH	1	常温	常压
13	储氮筒	N_2	1	常温	3.0
14	缓冲罐	空气	1	常温	常压

(2) 催化剂再生

催化剂装填工作结束后，用氮气对装置进行吹扫、气密，合格后，加热炉开始点火升温，升温速度控制 10~20℃/h，系统压力 0.6MPa。分 5 个温度阶段对催化剂进行烧焦，见表 3-5-19。各阶段烧焦情况如下：

① 300℃阶段烧焦。将再生反应器入口温度提到 298℃，开始向系统送入空气，空气量控制在 10~15m^3/h，加入空气同时，密切注意床层温度情况，控制入口氧含量<0.5(体积分数)，进空气后，在反应器上层有 20~30℃的温升，很快平稳，温升维持在 5~10℃/h。在加入空气后，开始在反应器出口注氨，冷却器入口注碱。300℃恒温烧焦 68h，出入口 CO_2 和 O_2含量基本平衡，床层没有温升，此阶段烧焦工作结束。

② 350℃阶段烧焦。300℃恒温烧焦结束后，维持系统中氧含量不变，以 10~20℃/h 的

速度升温，将再生器温度提到350℃，开始恒温烧焦，烧焦过程中温升比较缓和，最高温度10~20℃，一般只有5~8℃，烧焦时每次提高氧含量0.1%~0.2%，待温升结束后，再进一步提高氧含量，直到反应器出、入口氧含量相同，恒温烧焦结束。

③ 400℃阶段烧焦。控制系统含氧量<0.5%，以10~20℃/h的速度升温，将再生反应器温度提到400℃，这时逐步提高含氧量，每次提高含氧量0.1%~0.2%，待床层温升过后，再进一步提高氧含量，直至反应器出、入口氧含量相同，恒温烧焦结束。

④ 450℃阶段烧焦。将系统氧含量降到<0.5%，以10~15℃/h的速度升温，再生反应器温升到450℃，恒温烧焦，8h后反应器出、入口氧含量相同，烧焦结束。

⑤ 460℃阶段烧焦。控制系统含氧量<0.5%，以10~20℃/h的升温速度将再生反应器温度升到460℃，由于催化剂已经经过四个烧焦阶段，因此，在460℃恒温烧焦期间，温升变化较慢，随着氧含量不断提高，床层温升很小，经过30h烧焦，再生反应器出、入口氧含量基本相同，烧焦结束。

5个烧焦步骤，历经150h，烧焦工作结束后，以<40℃/h的速度将系统温度降到<40℃，全部再生工作完成。

表3-5-19　再生操作条件

项目 阶段	反应器温度/℃		系统压力/MPa	循环气/(m^3/h)	气体分配/%						
					反应器入口			反应器出口			
	最高	平均			O_2	CO_2	SO_2	O_2	CO_2	SO_2	SO_3
300℃	305	287	0.52	1150	0.4	0.42	0.01	0.2	0.43	0.02	0
350℃	352	342	0.5	1500	0.61	0.61	0.47	0.1	0.67	0.56	0
400℃	400	384	0.5	1500	1.5	2.15	0.12	0.55	2.54	0.047	0
450℃	450	439	0.56	1550	1.52	1.6	0.31	0.3	1.7	0.47	0
460℃	460	441	0.54	1650	1.5	1.93	0.47	0.7	1.98	0.23	0

4. 再生催化剂运转考查

这次再生的3863催化剂共9.6t，从再生前后催化剂组成分析见表3-5-20，从再生前后催化剂组成分析看，再生后催化剂金属含量和比表面积均达到新催化剂控制指标，烧焦除碳率达85.7%以上，说明催化剂积炭基本烧掉。再生后9.6t催化剂于1992年大检修期装入加氢一套工业装置中，由于再生催化剂量不够，补充1.8t旧3863催化剂。自1992年6月份开工至1993年，再生催化剂已运转70d，加工原料油28956t，初期反应温升系数0.06℃/d。

(1) 再生催化剂物化分析

(2) 研究所小试评价

① 评价工艺条件。总压16MPa；空速1.0h^{-1}；氢油体积比1000∶1；反应温度400℃。

表3-5-20　再生前后催化剂组成分析

项　目	指　标	再生前	再生后		
			上	中	下
强度/(N/mm)	>11.76	14.46	18.75	21.69	18.68
含硫/%		5.0	1.46	1.76	2.04
含碳/%		10.43	0.28	0.41	1.49
WO_3/%	18~22	18.4	18.95	19.62	19.72
Ni/%	4~6	3.96	4.39	—	4.38
孔容/(cm^3/g)	>0.40	0.25	0.29	0.28	0.26
比表面积/(m^2/g)	>190	183	207	233	245

② 原料油分析见表 3-5-21。

表 3-5-21　原料油分析

相对密度 d_4^{20}	馏程/℃						
	初馏点	10%	30%	50%	70%	90%	95%
0.8244	199	231	254	276	300	326	337

③ 评价结果。生成油馏分收率 0～130℃ 46%(体积分数)；130～240℃ 34%(体积分数)。

(3) 工业装置运转考查

再生催化剂装在加氢一套二、三反中，一反装的是新 3722 催化剂。催化剂开工采用干法硫化，硫化后催化剂投入工业生产，经过近 30 天的试运考查，在总空速 1.8h^{-1}(体积)，最高反应温度 426℃，总平均温度 392℃的情况下，生成油<200℃收率达<33%(体积分数)，相当于新催化剂活性水平。

5. 小结

(1)再生催化剂的物化性能

采用低压氮气循环再生技术再生的催化剂，催化剂积碳由 10.43%降到 1.49%(最大)，烧碳率达 85%以上，再生后催化剂金属含量、比表面积均达到新催化剂指标。

(2) 再生后催化剂活性考查

再生催化剂投入工业运转至今已 70 余天，加工原料油 28956t，初期温升系数为 0.06℃/d，在操作压力、氢油比，进油空速等工艺条件相同，原料油性质基本一致的情况下，生成油<200℃馏分收率达 33%(体积分数)，床层平均温度比新催化剂高 3℃，最高点温度高 4℃，但是<280℃馏分收率比新催化剂高 1%，说明再生催化剂不象新催化剂那样有过多的表面酸性，催化剂选择性有所改善，见表 3-5-22。

表 3-5-22　新催化剂与再生催化剂对比

项　目	新催化剂	再生催化剂	项　目	新催化剂	再生催化剂
运转天数/d	35	32	最低	392	393
体积空速/h^{-1}	1.84	1.92	总平均	409	412
系统压力/MPa	18	18	温升系数/(℃/d)	0.07	0.06
氢油体积比	714	680	生成油收率%(体积分数)		
新氢纯度/%	98	97.5	<200℃	34	33
反应温度/℃			<280℃	80	81
最高	425	429			

(3) 注氨、注碱

为了解决再生过程中产生的酸性介质对设备的腐蚀，在再生反应器出口和空冷器入口采取了注氨，注碱措施，由于本次再生过程中 SO_2、SO_3产生的较少，故注氨量较少。

(4) 低压氮再生技术的应用

采用低压再生技术恢复催化剂的活性，解决了装置器内再生设备造成腐蚀难题，更有效地增加了装置的生产时间。同时由于再生时在较低压力下进行，降低了能耗，减少了再生成本。再生后催化剂活性恢复达 90%以上，完全可以满足生产要求。

第四章　石油三厂高压高温临氢设备维护

第一节　概　述

石油三厂加氢工艺是在高温高压下进行的。其装置的主要设备包括：反应器、换热器、加热炉、高压分离器、中压分离器、冷却器、氢气压缩机、循环氢压缩机以及高压油泵与高压水泵等。反应器、换热器、高、中压分离器和冷却器等都设置在五个没有顶盖的高压室内（指原加氢装置，见图 4-1-1）。各高压室之间和它们与操作室之间都有 1m 厚钢筋混凝土浇注的隔墙保护。反应器上部见图 4-1-2，高压室上部见图 4-1-1。

图 4-1-1　高压室一角

图 4-1-2　高压反应器顶部结构图

加氢操作工人在隔墙外的操作室内，凭借仪表及装有延长杆的高压阀来进行操作。在高压室上部，设置有一架扬程为 24.5m 重 75t 桥式吊车，用于高压加氢装置有关设备与管道的安装与检修。

氢气压缩机设置在距高压加氢装置一二百米的厂房内；循环氢压缩机集中设置在高压室的西侧的循环压缩机厂房。高压油泵房在高压室的东侧，厂房屋顶为整体捣制楼面。

由于加氢工艺本身的特点，决定这些设备的操作条件都相当苛刻，或处于高温高压、氢气环境下，或处于常温高压的氢气氛中，而且有的设备的进料物流中还有硫化氢和氨等一些带有腐蚀性的介质，因而容易对设备与管道造成腐蚀或损伤。特别是由于有氢气存在，一旦泄露的话，与空气混合达到爆炸极限引起爆炸及发生二次灾害。其严重后果不堪设想。

此外，这些设备由于使用条件苛刻，制造技术要求就很高，其价格相对较昂贵，一般上述这些设备的费用约占整个装置建设投资 30%~40%，所占比例很可观。所以对于这些设备的设计必须给予极大地重视，并要求满足以下几点：

① 首先应满足工艺过程各种运行方案与工况的要求；

② 使用可靠性；

③ 在结构上应便于维修和检修，且所需时间短；

④ 投资较低。

石油三厂加氢装置自运行以来，一直采取工艺，设备并重的方针，干部和工人都自觉遵守这一规则，特别是技术管理人员安排工艺生产同时安排好设备管理，多年来严格执行，从不失偏。

加氢装置的设备，在日伪时期运转时间短暂，因为经常发生事故，技术也不成熟，无法正常生产，只是勉强开开停停。直到解放后，加氢装置恢复重建，才达到了长期运行。通过实践与探索，不断探究与改造，认真总结经验和教训，才使加氢装置逐渐稳定下来，并实现长周期安全运行。如加氢装置热源，日伪时期是电加热，采用两台高压反应器作为氢气的电预热筒(简称电热筒)串联起来做加热器。后来改用管式纯对流式加热炉，直到今天的辐射式加热炉，既保证了安全又提高了热效率，彻底解决了加氢装置的热源难题；又如加氢反应器，由日伪遗留的是整体锻造式反应器，容积小、重量大、制造复杂、筒体容易存在制造缺陷，它的结构也比较复杂。后来采用了单层卷焊式反应器，逐步替换日伪遗留的整体锻造式反应器。无论是技术水平还是装置生产能力得到了很大的提升。这些重大的改造，既保证了加氢装置的长周期安全运行，又保持了加氢工艺技术的持续发展。

石油三厂之所以能在加氢这一领域重大技术研发上取得如此丰硕成果，源于在国家的政策支持及研发、设计、生产部门通力合作的结果。

为了节省篇幅，对加氢设备主要着重叙述高温高压加氢反应器，而对其他高压设备，如纯对流式高压加热炉、高压冷却器、……循环氢气压缩机等不一一赘述，可参阅本书第一章第四节和石油三厂的“加氢二十五年”内部资料。

第二节　石油三厂高温高压加氢装置的主要设备

加氢反应器是加氢装置的主要设备。原料油和氢气在20.0MPa压力、380~465℃的条件及催化剂的作用下，在反应器内进行加氢精制和裂化等化学反应，从而得到所需产品。

石油三厂原有5套加氢装置，反应器共16台，均为冷壁反应器。后进行装置扩能改造和隐患治理等，增加了一台热壁加氢反应器。

一、石油三厂高压加氢反应器

石油三厂使用的加氢反应器为固定床反应器。固定床反应器是指在反应过程中，气体和液体反应物流经反应器中的催化剂床层时，催化剂床层保持静止不动的反应器。固定床反应器按反应物料流动状态又分为鼓泡床、滴流床。滴流床反应器适用于多种气-液-固三相反应，在石油加氢装置大量的应用；鼓泡床反应器适用于少量气体和大量液体的反应，有很高的液-气比，气体的气泡形成运动，气体与液体混合充分，温度分布均匀，适合温度敏感的反应。

加氢反应器，按壳体允许使用的温度高低，可分为两种：一种叫“热壁”反应器，另一种叫“冷壁”反应器。热壁反应器没有内隔热层，筒壁温度与内部反应温度相差不大；冷壁反应器内衬有隔热层，由于隔热层的作用，筒壁温度远低于内部反应温度。冷壁反应器由于筒壁温度较低(300℃以下)，H_2和H_2S腐蚀速度大大下降，所以对钢材要求没有热壁反应器那么高，但施工比较复杂，对内壁检查也不方便。热壁反应器器壁相对不易产生局部过热现象，从而可以提高使用的安全性。而冷壁反应器在使用过程中隔热衬里较易损坏，热流体渗到壁上，导致器壁超温，使安全生产受到威胁或被迫停工。热壁反应器可以充分利用反应器的容积，其有效容积利用率(系反应器中催化剂装入体积与反应器容积之比)可达80%～90%，而冷壁结构一般只有50%～65%。热壁反应器施工周期较短，生产维护较方便。但由于"热壁"反应器是在较苛刻的条件下运行，所以对钢材要求高。

石油三厂继大庆之后投产了单板卷焊冷壁反应器和与兰州石油化工机械厂(以下简称兰石厂)等单位试制了套箍式加氢冷壁反应器，并首创了我国高压管道超声波检测技术。在兄弟单位的密切合作下，1984年国内成功制造了第一台主体材质为2.25Cr-$1M_0$+TP347堆焊层，内径1.8m，切线长度22m，设计压力20.6MPa，设计温度450℃的锻焊结构热壁加氢反应器。该反应器的成功设计和研制填补了国内的空白，标志着我国已经掌握现在加氢反应器的设计、制造、检测技术。

石油三厂加氢装置共有5套，年加氢能力达1Mt，见表4-2-1。

表4-2-1　石油三厂加氢装置各套生产能力

名　称	生产能力/(kt/a)		日处理量/(t/d)			投产日期
	设计	现有	最大	最小	最佳	
加氢一套	120	165	530	428	480	1939
加氢二套	95	140	525	428	420	1975
加氢三套	115	140	525	428	420	1939
加氢四套	60	70	203	180	210	1976
加氢五套	400	400	1350	1050	1200	1984

(一) 冷壁加氢反应器

石油三厂加氢装置冷壁反应器的规格见表4-2-2。

反应器有整体锻造和单层卷板焊接。整体锻焊是伪满时期遗留下的。材质为$35CrNi_2MoA$(日本钢号为SNCM)，化学成分与力学性能见表4-2-3及表4-2-4。另一种是单层卷板焊接反应器，1970年兰州石油化工机器厂制造。材质为德国钢种20CrMo9与16CrMo9.3及美国钢种$2\frac{1}{4}$Cr-1Mo。

表4-2-2　石油三厂反应器规格

筒号	名称	容积筒容/m³	筒自重/t	塔盘个数	制造厂家	高压筒		内衬筒		内保温层	
						外径×壁厚×高/mm	材质	外径×壁厚×高/mm	材质	材料	厚度/mm
6	一套一反	7.0	106	3	日伪	ϕ1330×190×15750	$35CrNi_2MoA$	ϕ800×4×14660	18-8	矾土水泥、珍珠岩、蛭石、砂	75
7	一套二反	7.0	106	3	日伪	ϕ1330×190×15250	$35CrNi_2MoA$	ϕ800×6×14150	18-8	矾土水泥、珍珠岩、蛭石、砂	75
47	一套三反	7.0	106	3	兰石	ϕ1180×90×15460	20CrMo9	ϕ800×6×14400	1Cr18Ni9Ti	矾土水泥、珍珠岩、蛭石、砂	75
2	二套四反	5.1	45	2	日伪	ϕ1270×135×10520	$35CrNi_2MoA$	每节ϕ840×4×1200	18-8	矾土水泥、珍珠岩、蛭石、砂	80

续表

筒号	名称	容积筒容/m^3	筒自重/t	塔盘个数	制造厂家	高压筒		内衬筒		内保温层	
						外径×壁厚×高/mm	材质	外径×壁厚×高/mm	材质	材料	厚度/mm
1	二套一反	5.1	45	2	日伪	φ1270×135×10520	$35CrNi_2MoA$	每节 φ840×4×1200	18-8	矾土水泥、珍珠岩、蛭石、砂	80
39	二套二反	6.5	55	3	兰石	φ1180×90×15540	20CrMo9	φ840×6×13400	18-8	矾土水泥、陶粒、蛭石	80
48	二套三反	7.0	55	3	兰石	φ1180×90×15540	$2\frac{1}{4}$ Cr1Mo	φ840×4×14450	18-8	矾土、珍珠岩、蛭石、砂	80
49	三套一反	7.0	45	3	兰石	φ1180×90×15390	$2\frac{1}{4}$ Cr1Mo	每节 φ840×4×1200	18-8	矾土水泥、珍珠岩、蛭石、砂	80
38	三套二反	7.0	45	3	兰石	φ1180×90×15280	20CrMo9	φ840×6×14250	1Cr18Ni9Ti	矾土水泥、珍珠岩、蛭石、砂	80
37	三套三反	7.0	45	3	兰石	φ1180×90×15280	20CrMo9	φ840×6×14000	1Cr18Ni9Ti	矾土水泥、珍珠岩、蛭石、砂	80
4	四套一反	3.3	43.2	2	日伪	φ1330×190×7900	$35CrNi_2MoA$	φ840×6×6850	18-8	矾土水泥、陶粒、砂石	75
36	四套二反	7.0	45	3	兰石	φ1180×90×15000	20CrMo9	无	无	矾土矾土、珍珠岩	75
50	四套三反	7.0	44.6	3	兰石	φ1180×90×15770	20CrMo9	无	无	矾土矾土、珍珠岩、蛭石、砂	75
反 101	大套一反	50	280	3	兰石	$\phi_{内2}$2420×160×22200	内 20CrMo9×85 外 18MnMoNb×75	内筒无数据	内筒无数据	矾土水泥、陶粒、珍珠岩	100
反 103	大套三反	27	176	2	兰石	$\phi_{内2}$2080×140×18000	$2\frac{1}{4}$ Cr1Mo	内筒无数据	内筒无数据	矾土水泥、陶粒、珍珠岩	100
反 102	大套二反	50	180	2	第一重型机械厂	外径×壁厚×高 $\phi_{内2}$1800×150×30400	筒体:封头 $2\frac{1}{4}$ Cr1Mo 堆焊层衬里:1Cr18Ni9Ti	无	无	外保温为岩棉	80

表 4-2-3　石油三厂加氢反应器及配套设施的钢材的化学成分

钢种	化学成分/%											用途
	C	Mn	Si	P	S	Cu	Ni	Cr	Mo	V	其他	
$SNCM_1$	0.27/0.35	0.60/0.90	0.15/0.35	<0.030	<0.030	<0.035	1.60/2.00	0.60/1.00	0.15/0.30			日伪反应筒与换热器外筒

续表

钢种	化学成分/%											用途
	C	Mn	Si	P	S	Cu	Ni	Cr	Mo	V	其他	
A_1	0.33/0.39	0.66/0.76	0.15/0.35	<0.035	<0.035		0.30/0.40	1.03/1.69	0.11/0.13	0.18/0.2		捷克制低温筒
16CrMo9.3	0.12/0.20	0.30/0.50	0.20/0.40	<0.035	<0.035			2.20/2.50	0.30/0.40			兰石机械厂制反应筒
20CrMo9	0.16/0.24	0.30/0.50	0.20/0.40	<0.035	<0.035		0.50/0.80	2.20/2.50	0.25/0.35			兰石机械厂制反应筒
11416.1	0.15/0.20	0.47/0.56	0.20/0.23	0.021/0.040	0.026/0.029		0.02/0.03	0.07/0.09				捷克制绕带式筒内筒
CrV	0.16/0.18	0.93/1.00	0.25/0.27	0.017/0.020	0.015/0.019			0.85		0.14		捷克制绕带式的绕带筒
20	0.15/0.25	0.35/0.60	0.17/0.37	≤0.045	≤0.045		≤0.3	≤0.3				垫圈
25	0.25/0.30	0.50/0.80	0.17/0.37	≤0.045	≤0.045		≤0.3	≤0.3				管线
30	0.25/0.35	0.50/0.80	0.17/0.37	≤0.045	≤0.045		≤0.3	≤0.3				法兰、螺栓、螺帽
30CrMo	0.25/0.33	0.40/0.70	0.17/0.37	≤0.035	≤0.030		≤0.40	0.8/1.10	0.15/0.25			法兰、螺栓、螺帽
25Cr2MoV	0.22/0.29	0.40/0.70	0.17/0.37	≤0.035	≤0.030		≤0.40	1.50/1.80	0.25/0.35	0.15/0.30		法兰、螺栓
$2\frac{1}{4}$Cr-1Mo	≤0.15	0.30/0.60	≤0.10	≤0.012	≤0.015	≤0.15	≤0.20	2.00/2.50	0.90/1.10			
12Cr5Mo	≤0.15	≤0.60	≤0.5	≤0.030	≤0.030		≤0.50	4.0/6.0	0.4/0.6			管线
18Cr3MoWV	0.15/0.20	0.30/0.40	≤0.40	≤0.030	≤0.030			2.5/3.0	0.40/0.60	0.05/0.15	W 0.4/0.6	加热炉弯头
20Cr3MoWV	0.19/0.24	0.30/0.40	≤0.40	≤0.030	≤0.030			2.5/3.0	0.35/0.45	0.70/0.85	W 0.35/0.45	加热炉弯头
1Cr18Ni9Ti	≤0.12	≤2.0	≤0.8	≤0.035	≤0.030		8.0/11	17/19			Ti 5×(c-0.02)/0.8	管线

表 4-2-4 石油三厂加氢反应器钢材的力学性能

钢种	热处理	σ_b/(kgf/mm^2)	σ_s/(kgf/mm^2)	δ/%	ϕ/%	α_K/(kgf/mm^2)	H_B
$SNCM_1$		>85	>70	>20	>55	>10	248~302
A_1		61/65	37/39	>20	43/51	≥6	

续表

钢种	热处理	σ_b /（kgf/ mm^2 ）	σ_s /（kgf/ mm^2 ）	δ / %	ϕ/ %	α_K /（kgf/ mm^2 ）	H_B
16CrMo9. 3	920/970℃空，650/730℃回	55/65	≥35			≥6	
20CrMo9	910/940℃空，600/680℃回	65/80	≥45	≥15		≥4	
11416. 1		43/48	28/32	43/50		25/30	
CrV		66/72	53/57	23/25			
20	900℃正火	≥40	≥24	≥25	≥55	≥5	≤156
25	880℃正火	≥43	≥26	≥22	≥50	≥5	≤170
30	870℃正火	≥48	≥28	≥20	≥50	≥4	≤179
30CrMo	880℃油，560℃回	≥95	≥75	≥11	≥45	≥8	≤229
$25Cr_2MoV$	850℃油，630℃回	≥100	≥90	≥14	≥45	≥8	≤229
12Cr5Mo	850℃油，650℃回	≥70	≥50	≥18	≥40	≥6	≤207
18Cr3MoWV	920/940℃空，680/730℃回	70/85	≥45	≥14	≥73	≥6	200/240
$2\frac{1}{4}$ Cr−1Mo	920±10/930±10℃空，637/690℃回	$\sigma_{0.2}$ ≥32. 0	53/70	σ_4 ≥19	≥40	≥7. 8	≤220
20 Cr3MoWV	1020/1050℃空，690/730℃回	80/95	≥50	≥14	≥50	≥6	240/280
1Cr18Ni9Ti	1000/1100℃水	≥54	≥22	≥40	≥60	≥6	≤170

石油三厂加氢装置 1984 年前使用的反应器全部是冷壁反应器。冷壁反应器是在设备内壁设置非金属隔热层，有些还在隔热层内衬不锈钢套筒。由于有内隔热层，可使反应器的设计壁温降至 300℃以下，因而就可以选用 15CrMoR，内壁也不用堆焊不锈钢了，从而大大降低了制造难度和费用。但由于冷壁反应器的隔热层占据内壳空间，减少了反应器容积的利用率，浪费了材料。另外，冷壁反应器内的非金属隔热层在介质的冲刷下，或在温度的变化中易损坏，操作一段时间后可能就需要修理或更换，且施工和修理费用较高。如果在操作时衬里脱落，衬里脱落处及其附近的反应器器壁就会超过设计温度，从反应器的外部看，该处的变色漆就会变色。由此造成了反应器的不安全隐患，严重时甚至造成装置的被迫停产。

（二）石油三厂高压加氢反应器端盖密封

原加氢装置所有高压反应器的端盖密封共有以下三种：

1. 伍德式楔形垫圈自紧式密封

伪满遗留下来的高压容器绝大部分属于这种密封结构（见图 4−2−1），它主要由端盖、四合环、密封圈和筒体顶部的四大部件组合而成。由于端盖受筒内流体压力的作用而向外推移时，使端盖的球面与密封垫圈的斜面构成紧密的线接触，遂引起这个斜面上产生分力。它一方面促使垫圈与筒壁压紧，另一方面又使它压向固定的四合环。这就使四大零件构成了一个密封的整体。在较低压力下，即使有泄漏现象发生，升压后亦能得以自动消除，故被称为自紧式密封。它在开气以前的预紧是依靠外力和牵制螺栓来完成。

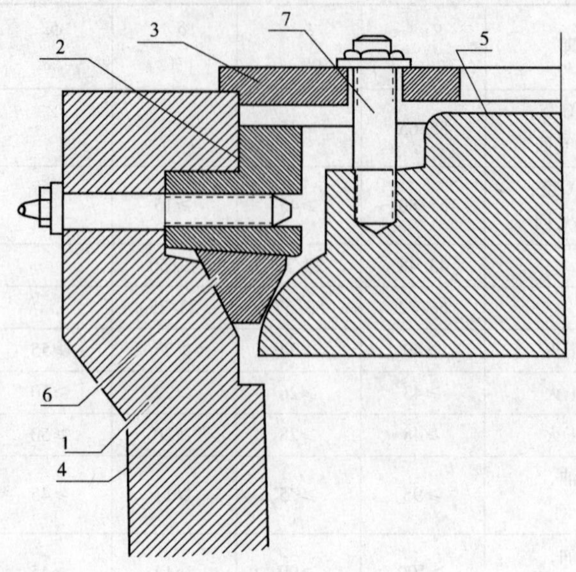

图 4-2-1　伍德式楔形垫圈密封结构

1—筒体；2—四合环；3—法兰圈；4—凸缘；5—端盖；6—密封圈；7—牵制螺栓

这种密封结构的优点是：

① 能承受较高压力，压力越大，紧密程度越高。

②与锯齿形垫圈密封相比，可省去许多大螺栓的装卸。端盖的尺寸亦相应地有所缩小，有利于端盖的装卸。例如，直径 950mm 的高压筒，以人工操作仅 3~4h 即可顺利完成装卸。

但它的缺点是：

① 密封结构复杂，零件多。对密封圈、端盖及筒体顶部间的接触面要求很高的加工精度。这些接触面受流体介质，特别是硫化氢的腐蚀，容易影响密封，这样就需要对它进行加工修复。对于旧筒来说，这种加工技术显得比新制筒更困难的多。

② 虽然减少了头盖的面积，但其厚度需增厚，占去了筒体内的部分有效空间。

③ 装卸时，必须让端盖下降一定高度落在筒体顶部的凸缘上，才能装卸四合环与密封圈等零件。因此筒内装填催化剂时，必须留出这部分空间，这不仅又一次降低了筒体内空间的有效利用率，并且给在这空间部位的筒壁上采取有效的降低壁温或覆盖防腐措施带来了一定的困难，致使所有处于高温下的反应器在该区域内的腐蚀现象最为严重。因此，近年来这种结构已不受欢迎，正在逐步淘汰中。

这类密封的所有四合环，按原设计都由通过筒体顶部的螺栓以固定住。石油三厂历来为了方便装卸起见，一直废弃这螺栓而不用，因而四合环的安装位置并不受这些螺栓的限制。事实上，通过多年的实践经验说明不用这四个螺栓来固定四合环是完全可行的。

四合环的材质与筒体相同，为 35CrNi2Mo。而密封圈的材质为了防止腐蚀以及提高塑性，一直采用 1Cr18Ni9Ti 奥氏体不锈钢。

2. 双锥半自紧式密封

石油三厂所有捷克进口与兰州石油化工机械厂制造的高压筒都属于这种密封结构(见图 4-2-2)。它主要由端盖、双锥密封环、筒体顶部及铝垫片四大部件组合而成。端盖圆柱面铣有若干条纵向沟槽。当筒内压力上升时，介质通过这些沟槽进入双锥环与端盖的环形间隙中使密封环径向扩张，迫使双锥面上的铝垫片被压紧在端盖与筒体顶部的斜面上，这样就是构成了径向的自紧作用。为了防止由于预紧而使密封环发生过份的变形，在端盖与密封环内表面之间保留着一定的间隙 δ 。它控制在每 100mm 的筒体内径不超过 0.05mm 的范围内，为了保证密封性，密封圈的锥面上设置有 0.7~1mm 厚的铝垫片。并且在密封环的锥面上各开有两个半径为 1~1.5mm，深为 1mm 的环形槽。密封环安装在端盖的斜面上时，主要依靠支撑板与螺钉支承住。

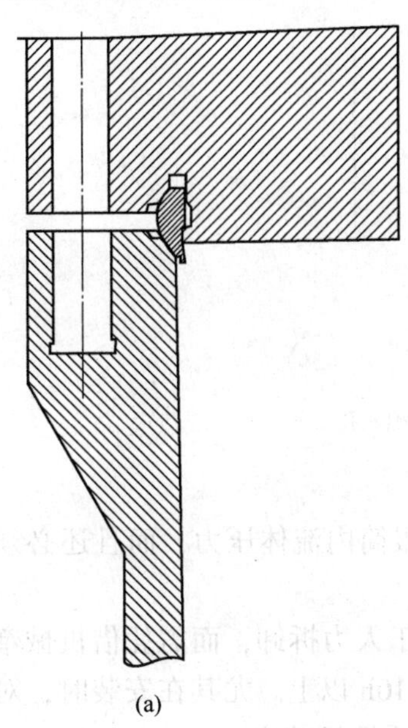

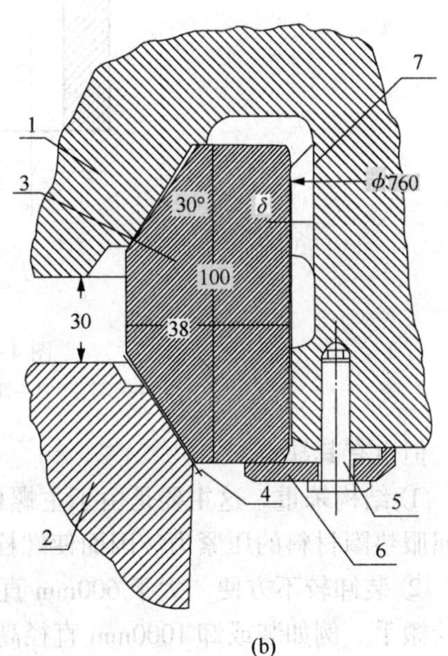

图 4-2-2　双锥半自紧式密封

1—端盖；2—筒体顶部；3—双锥密封环；4—铝垫片；5—螺钉；6—支撑板；7—沟槽

双锥密封环的材质，捷克筒为 A_1（化学成分与机械性能见表 4-2-2），兰州石油化工机械厂制筒为 1Cr18Ni9Ti 不锈钢（化学成分与机械性能见表 4-2-3）。

双锥密封的优点如下：

① 由于密封环的径向自紧作用，在压力、温度波动下，密封性能良好。

② 主螺栓预紧力比平垫密封的预紧力要小。

③ 筒内空间可以得到充分利用。

④ 克服了伍德式密封的筒体顶部的筒壁难以采取降温与防腐措施的缺点。

（3）锯齿形垫圈密封。

1955 年从四平调进石油三厂的反应器属于这类密封。其结构形式如图 4-2-3 所示。它属于强制性密封。锯齿形垫圈放在筒盖与筒体顶部精度加工的密封面间。在螺栓予紧力作用下，接触面之间的不平处，亦即是在介质可能漏出的间隙或孔道处，被挤压后塑性变形的垫圈材料所填充，从而达到了密封。它的特点是垫片与端盖、筒体间的间隙较小，以避免垫片被挤压后向外侧挤出而影响密封。

这种密封形式的主要优点如下：

① 结构简单。垫圈及密封座合面加工容易。

② 筒体容积的有效利用率较高。

③ 筒体顶部亦易于采取防腐措施。

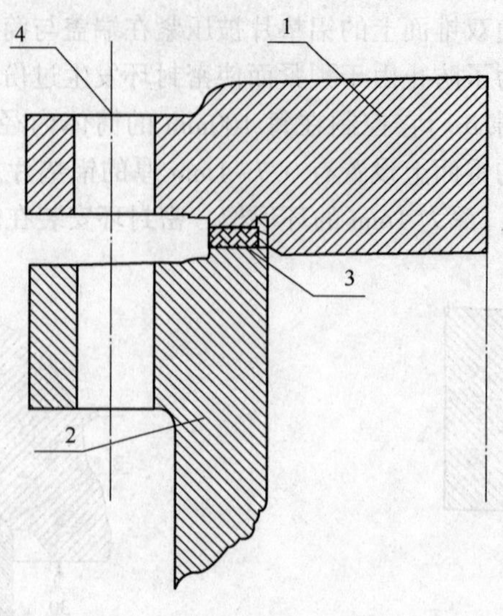

图 4-2-3　锯齿形垫圈密封

1—端盖；2—筒体；3—锯齿形垫圈；4—主螺栓孔

但也有其缺点：

① 结构笨重。这主要是由于主螺栓的拧紧力不仅要克服筒内流体压力，而且还必须克服屈服垫圈材料的压紧力。因而使螺栓尺寸显得格外粗大。

② 装卸较不方便。大于 600mm 直径的高压筒往往不易于人力拆卸，而需凭借机械牵引螺栓搬手。例如装或卸 1000mm 直径高压筒的端盖一般需时 10h 以上。尤其在安装时，对各主螺栓的给力必须十分细致地均匀、对称。这是达到密封的重要环节之一。

③这种密封结构，一旦发生漏气，必须先行降压才能旋紧。这种密封圈的材质，要求其硬度不能高于筒体，否则容易损坏筒体接触面。石油三厂常用密封圈的材质为 1Cr18Ni9Ti 不锈钢。

（三）引出管

在高压加氢反应器或其他高压容器上常有许多开孔，用以导入或引出流体，或引入热电偶及压力表管等。这些开孔极大多数都开设在端盖上，有时亦开在筒壁上。为了避免筒内介质流体与容器金属直接接触以致筒壁温度超过允许设计温度或影响筒壁的腐蚀，通常都设有各种不同密封形式的引出管插入开孔内。石油三厂所采用的引出管(“卷焊”和“热壁”反应器出入管直接焊接在筒体上，不用引出管)大致有以下几种：

1. 锥面密封引出管(见图 4-2-4)

它多用于端盖上，引出管用 1Cr18Ni9Ti 不锈钢锻件加工制成，其一端车螺纹配法兰与配管联接。另一端则加工成角度不同的两个球型面，它与端盖内壁加工而成的锥面互相对应配合。主要依靠这个锥面上的线接触而达到高压下的自紧密封。因此对于这些球型面和锥面的加工精度要求较高，为▽7~9。图中螺帽与垫圈起着开气前予紧引出管的作用。

这种结构的特点：

(a) 它是球型面自紧式密封，而不是依靠垫圈、法兰与螺栓。因而在端盖顶面上所占的位置不多，有利于开孔较多的端盖。

(b) 密封性能较好。

(c) 引出管可以自由拆卸。

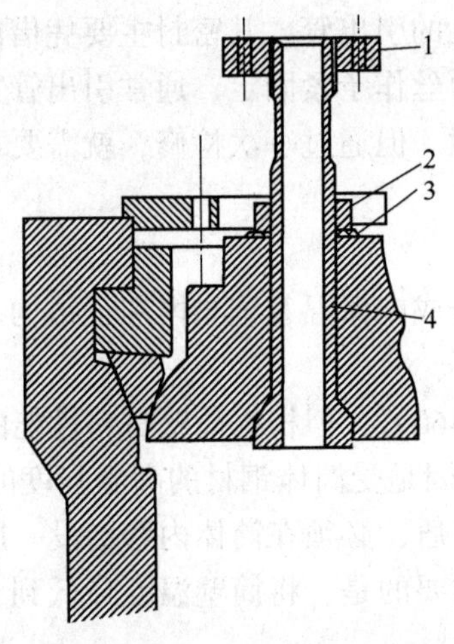

图 4-2-4　锥面密封引出管

1—法兰；2—螺帽；3—垫圈；4—引出管

(d) 但球型面和锥面加工精度要求较高，但通常引出管极少会拆卸，所以能使用很长时间，无须修理接触面。

2. 透镜垫圈密封引出管(见图 4-2-5)

引出管的一端处焊接一段用 1Cr18Ni9Ti 不锈钢锻件加工而成的管端，其端部成透镜式。利用它作为密封件被挤压在法兰与高压筒端盖之间。亦可以将这引出管套在三通内，而三通与端盖间依然利用透镜垫圈密封。

这种结构的特点是，引出管可以拆卸而不致影响密封。但由于凭借法兰、螺栓的紧固，因而不但构件复杂，而且在端盖上占有较大的位置，不利于较多的开孔。

3. 平面密封引出管(见图 4-2-6)

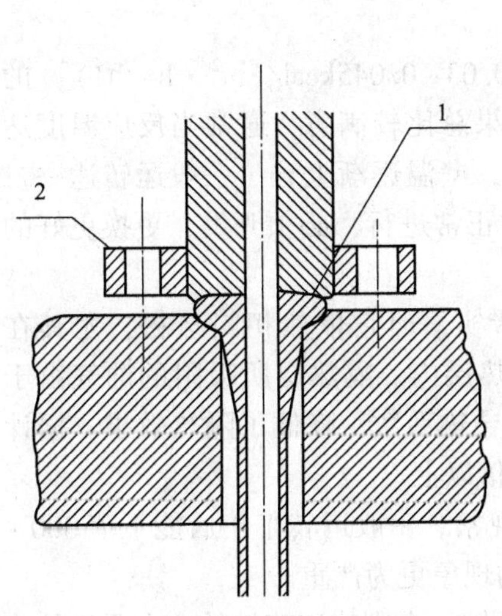

图 4-2-5　透镜垫圈密封引出管

1—引出管；2—法兰圈

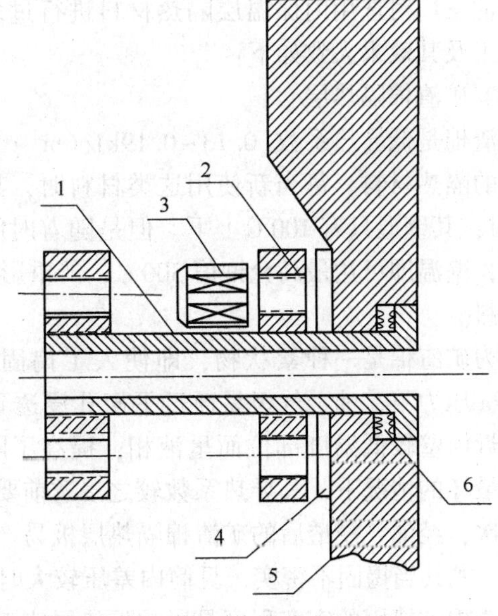

图 4-2-6　平面密封引出管

1—引出管；2—法兰圈；3—顶丝；4—垫圈；5—筒体；6—锯齿垫圈

这类结构适用于筒体上开孔的引出管。其密封主要凭借筒内流体压力对锯齿垫圈的自紧作用。安装时，利用法兰圈及顶丝作予紧固定。通常引出管并不拆卸，因而锯齿垫圈能维持长时间应用，密封效果一直满意。但通过一次检修，就需要重新更换垫圈，因它的锯齿已被压变形。

（四）加氢反应器内部结构

加氢反应器内部结构主要分成内保温系统与内芯子结构（即催化剂支托系统）两大部分。分述如下：

加氢反应温度一般为380~460℃，但根据筒壁材料性能的要求，冷壁反应器设计最高壁温应限制在300℃以下。主要原因是受筒体钢材的高温强度的限制，和材料受氢侵蚀具有敏感的影响。为了克服这样一个矛盾，必须在筒体内壁增设一层隔热层，这样，不仅可保持系统内部热量不致大量损失；更重要的是，将筒壁温度降低到300℃以下，并且亦能满足反应操作温度的要求。

1. 隔热衬里

石油三厂采用的内部保温均属于填充式。填充式又可分为活保温与死保温两种。活保温是用双层镍铬不锈钢板制成相距50~70mm空间的套筒，套筒间填满矿渣棉并捣实。下端有法兰，用16mm或19mm（5/8in或3/4in）柱头螺栓固定在底盖上，上面用一个带保温层的伞形上盖，用螺栓固定在上盖上。活保温结构复杂，予制困难，耗料较多，占空间大。由于套筒与筒体间空隙充满氢气与油气，故保温效果较差，容易走短路，套筒也易于变形。一旦套筒变形，就很难从筒体内吊出套筒。因此这种方法早已被淘汰。

目前采用的均为死保温。首先预制好镍铬不锈钢内筒一节一节的进行安装，每安装一节，随即填入保温材料并捣实，直至全部制作完毕，然后经养生，烘干后即可投入使用。这种结构比较简单，预制方便、施工省事、比活保温可节约合金钢板约一半，占高压筒内空间小，只要精心捣固和养生、烘干，就不致出现高压筒壁局部过热现象。

石油三厂对选用内保温层隔热材料进行过多次探索性试验，这些保温材料的配比、制备、施工及其效果大致如下：

（1）矿渣棉隔热层

矿渣棉是低导热系数{0.13~0.19kJ/（m^2·h·℃）[0.03~0.045kcal/（m^2·h·℃）]}的极优良的隔热材料。每当新使用这类材料时，其隔热效果总比较满意，通常当反应温度达450℃时，其壁温只有100℃上下。但是随着时间的延长，壁温逐渐上升。一般运转达一二年以后，壁温即可达最高允许值300℃，严重影响生产的正常进行，必须开发、更换更好的隔热材料。

因为矿渣棉是一种絮状物，即使人工捣固得较为严实，但它依然相当疏松，尤其在20.0MPa压力下，油、气极易通过平衡孔浸透到整个隔热层内。隔热层所吸附的油气由于受到靠近筒壁较低温度部位而呈液相，提高了隔热层的导热系数，降低了隔热效果。据计算，在最坏的情况下，其导热系数较之浸透前要增大10倍以上。

其次，经油气浸透后的矿渣棉隔热层极易产生塌落现象。一般运转半年后能下落300~400mm，尤其当捣固不密实，且筒内差压较大时，塌落的现象更为严重。

矿渣棉被捣固的密实程度是影响隔热层施工质量的关键。个别特殊疏松的地方不仅是造成壁温局部超高的原因，而且常常因此而产生短路，对生产操作带来不利影响。

在多年的使用中，矿渣棉隔热层的内衬筒曾多次发生被抽瘪的事故。这主要是由于内衬筒上的平衡孔(用以平衡衬筒内外间的压力)很容易被催化剂的粉末或结焦堵塞，致使内衬筒内外产生了压差，在紧急泄压时导致内衬筒被抽瘪，严重影响内芯的拆卸。为了解决这样问题，在内衬筒上多开平衡孔。平衡孔过多又容易造成油气流在隔热层内走短路。

(2) 混凝土隔热层

为了寻求在高温高压及氢气、油气介质下最合宜的内保温材料，使反应器筒壁温度达到小于250℃的隔热要求，石油三厂曾进行过一系列有关保温材料的探索性试验。所选用的四种隔热材料如下：

① 耐热耐磨龟甲网双层衬里。保温材料分内外两层，分别填充在筒内壁与钢制龟甲网之间。内壁上焊有无数钉刺以增加隔热材料与筒壁间的附着力，使材料能被牢固地结合在筒壁上而不致脱落。龟甲网系钢板制成，钢板被冲去一个个龟甲形的孔眼，它起着既保护保温层作用又起耐磨层的作用。

其材料的配比如下：

内层即隔热层(74mm厚)：矾土水泥：蛭石：陶粒=1：4：2.5(体积比)

外层即耐热耐磨层(26mm)：矾土水泥：耐火砖料：矾土熟料=1：0.5：3(体积比)

② 单层隔热衬里：隔热材料充填在筒内壁与内衬筒之间，待隔热材料被烘干之后，将内衬筒除去。其材料配方如下：火山灰水泥：耐火砖粉：轻质砖粉：硅藻土砖沙=1：1：1.5：1.5(质量比)水灰比=2.36(质量)

(a) 单层火山混凝土隔热层的使用情况

a. 1965年9月3日，在某套第三反应器上使用，至1966年7月4日发现隔热层上部因流体冲刷而被破坏，面积约$(400×600)mm^2$，且向下有1500mm长的裂缝。后将上部冲坏处加200mm长的衬筒换蛭石保温，未经烘就使用，直至1969年5月才发现壁温有超高现象，继续用到1969年6月停气全部打掉重换。

b. 根据大庆炼油厂经验，重整反应器使用已经经过四个周期考验，壁温一直在80℃以下，没发生裂缝和任何破坏，效果良好。

③ 单层蛭石混凝土衬里。隔热材料充填在筒内壁与内衬筒之间，内衬筒主要起支撑、保护作用。其配方如下：矾土水泥：陶粒：蛭石=1：1：3.5(体积比)，水灰比=1.2(质量比)。

蛭石混凝土隔热层在使用中的经验教训。1965年9月3日曾于某反应筒开始使用蛭石混凝土隔热层，筒内的反应器温度经200d的运行，由最初的380℃至后来的407℃，筒壁上部温度由80℃升至90℃，下部温度由100℃升至110℃，隔热效果十分满意。但至1966年3月4日，发现筒壁温度突然以40℃/h的温度迅速上升，仅5h，上部壁温已达290℃，且有继续上升的趋势，而筒内反应温度与下部壁温依然平稳无变化，最后只得被迫停产进行检查。检查结果是：

a. 发现衬筒上半部所有环向对接焊缝都发生裂开，最长的裂缝有达850mm，筒节与筒节间错缝最宽的达30mm，而下半部并未发现开裂。分析裂开的原因，主要是衬筒金属与隔热材料混凝土的热膨胀相差悬殊，致使最薄弱环节的焊缝处发生裂开现象。

b. 上部所有逸气孔处的混凝土均有较严重的脱落现象。下部逸气孔处的混凝土虽然也发生脱落，但并不严重。分析原因主要是由于混凝土捣固时，混凝土从逸气孔处漏浆，致使其附近的混凝土因疏松而脱落。

c. 其中有两处环向混凝土脱落最为严重，正是上部壁温点所在的位置。

d. 发现混凝土和反应筒之间仍然生成了一层性状与硫化铁相似的腐蚀产物。

通过检查，上部混凝土已有严重的局部破坏，下部则依旧比较密实，因而决定将上部的混凝土全部打掉重新捣制。其修理的方法是：

在旧混凝土接缝处打成阶梯形。这样既能增加气体的渗透阻力而起缓冲作用，不致使气体透过混凝土直达筒壁，同时更能增加黏结面积。黏结剂是用水玻璃作溶剂，再加入 10% 硅氟酸钠和配好的粉料(矾土水泥：耐火砖粉 = 2：3 体积比)，配成稀溶液。然后将这配好的黏结剂刷在已被软水润湿好的混凝土梯形截面上，随即又开始填料捣固，施工方法同前。

为了避免衬筒的逸气孔开得太大，影响捣固过程中灰浆流出而使混凝土的比例失调，在逸气孔附近的混凝土形成疏松状态。特意将逸气孔改小，同时在混凝土进行捣固时，先将逸气孔用火山灰水泥拌合水玻璃进行堵死，待烘干过程后再把孔打开。

由于内衬筒的材质多为不锈钢板制造，膨胀系数较大，在反应温度下，15m 左右高的反应器约可伸长 100mm 左右。而隔热层的膨胀系数很小，造成不锈钢内衬筒纵向和轴向膨胀时，隔热层因内衬筒的拉动和挤压而遭到破坏。为了防止衬筒焊缝由于膨胀应力而产生裂缝，在衬筒的结构上亦作了适当改进。即在每隔一、二节筒节的原有环向对焊改为增设一段膨胀环，它与上下邻近两筒节作点焊的搭接预留的可移动总长度与热胀伸长的长度相近。在捣固混凝土以前，先用石棉绳缠在这膨胀环外侧。这种经改进后的结构在以后的使用中，不仅不再发生焊缝开裂的现象，并且在一旦需要对隔热材料进行彻底更新或修补时，吊卸整个衬筒要比改进前的结构容易得多。

④ 单层石棉水泥衬里。矿渣水泥：石棉：水 = 53：22：25(质量比)其中矿渣水泥中含矿渣 68%。

同时，还利用上述 4 种材料分别在反应筒内进行过对比性的试验，初步得出的结果见表 4-2-5。

表 4-2-5　使用情况对比结果

内保温结构形式	保温厚/mm	面积/m²	效　果/℃		
			催化剂温度	壁温	温差
混凝土上轻质砖砂蛭石	100	6	333	96	237
龟甲网陶粒混凝土	100	6	333	106	227
单层石棉水泥	80	5.94	373	210	163
单层火山灰水泥	80	7.24	373	115	258

从表 4-2-5 及一系列试验结果表明：

(a) 双层龟甲网衬里的隔热效果较好，耐磨性亦好，但施工麻烦，尤其龟甲网的制作格外麻烦，成本昂贵，并且筒内壁受热焊接钉刺，对高压筒体遭受损害(一般高压容器是不允许在筒体上施焊的)，同时拆换新隔热层时亦较不方便，因而没有继续推广使用。

(b) 火山灰水泥隔热层的隔热性与耐磨性均良好，并能省去内衬筒，但经试验证明在 500℃时有裂缝出现，因此还不能认为是一种较理想的材料。同时其中火山灰水泥原料较缺，因此亦未被推广使用。

(c) 石棉水泥的隔热效果较差，且长纤维的石棉供应比较困难，价格昂贵，因而亦未被推广使用。

(d) 蛭石混凝土衬里的材料供应方便，施工简易，修补亦不困难，并且隔热效果尚称满意，所以比较广泛使用。

石油三厂的使用经验证明：一般隔热衬里正常可将壁温控制记载120℃左右，一旦超出这个温度，并且会在短时间内迅速上升，就表明隔热衬里已经失效了。

a. 蛭石混凝土衬里的施工程序：搅拌捣固→喷雾养护→烘干。

首先将厚6mm的钢板(不锈钢)卷焊成1m长一节的若干节筒节，(其总长度随内保温长度而决定)。所有钢板在未卷焊以前均按200mm间距进行开孔。以便于烘干时混凝土内的水分能充分逸出，故称之为逸气孔，并且它还起着压力平衡的作用。

施工前先按前面所提到的配方比例将所有干料混合均匀，然后取其中少量的混合物按水灰比加水搅拌，力求捣固多少，搅拌多少。以防加水过早而影响质量，其捣固顺序是：先稳装一节衬筒，然后向衬筒四周充填已搅拌均匀的加水混合料(湿料)，边加料边捣固，每次加料不超过100mm，以防捣不实，并且要求加料均匀，捣固均匀，避免局部未捣实。通常常见的捣固缺陷有狗洞、蜂窝和麻面等。当加料捣固至只剩100mm时，即稳装第二节衬筒，先用点焊固定已找正的衬筒位置，而后进行环形对焊，焊接时，不但要保证质量而且要求抓紧时间，以防混凝土表面凝结，最好在捣下次混凝土前，加一定的湿润水，然后又继续加料捣固，以此类推，直至整个衬筒都施工完毕。

全部施工完10h后，开始喷雾养护，每隔30min用喷壶浇水一次，共进行24h，然后自然养护24h。

接着进行烘干，烘干的方法最好采用电加热，它能使隔热层受热比较均匀，并容易控制其升温速度。石油三厂采用的方法如下：

首先利用特制的蒸汽盘管烘干，以5℃/h的升温速度升值105℃，恒温24h，随后采用燃料烘干(如图4-2-7)，开始以20℃/h升至200℃恒温24h；再以20℃/h升至400℃，恒温24h。最后以20℃/h的降温速度降至100℃，再自然降温，降至常温。各种原材料物理化学变化性能见表4-2-6。

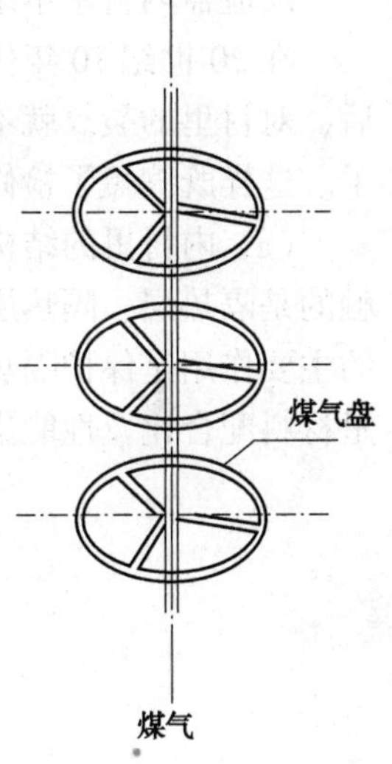

图4-2-7　煤气加热

b. 用煤气加热存在以下缺点：

① 煤气压力不稳定，升温速度亦不稳，也很难控制平稳。

② 距煤气盘距离远近不一，因而受热不均，易造成隔热层的局部过热甚至裂纹。

③ 由于反应筒的下端只有一个截面不大的引出口。引出三四根煤气管后，影响了足够的空气流通入，因而经常发生灭火现象。

表4-2-6　各种原材料物理化学变化性能一览表

材料名称	松散混合容重/(kg/m³)	含水量/%	混水时间/h	吸水率/%	化学成分/%				
					Fe_2O_3	SiO_2	Al_2O_3	CaO	MgO
火山灰硅酸盐水泥	960				8.48	38.55	12.10	36	2.91
轻质砖砂	607	0.6	24	41.50	4.49	54.53	36.94	1.51	1.14
耐火砖粉	1020				3.99	56.43	36.54	0.98	0.62
硅藻土砖砂	650	2.8	26	126	6.39	67.88	17.84	1.19	1.18
矾土水泥	1070	—	—	—	1.3	4.58	57.01	33.09	0.50
矾土熟料	1480	1	24	17.5	1	50.9	48.15	—	0.18

续表

材料名称	松散混合容重/(kg/m³)	含水量/%	混水时间/h	吸水率/%	化学成分/%				
					Fe_2O_3	SiO_2	Al_2O_3	CaO	MgO
蛭石	137	—	—	—	18.76	37.45	18.99	1.4	11.50
陶粒	630	2.63	24	57.3	10.18	63.91	20.45	0.49	1.612
石棉	—	—	—	—	6.06	20.25	1.32	1.76	40.42

④ 点煤气时，由于无法置换，常发生小爆炸，较不安全。

⑤ 小结

反应器内衬基本结构与损坏原因分析

在20世纪70年代初中期，每次检修只要发现衬里出现裂纹就进行修理。进入80年代后，对衬里的裂纹就不进行扩大的处理了，个别较大的裂纹填入一些高硅铝隔热材料就可以了。这样既缩短了检修周期，也没有减弱内衬里的隔热效果。

（a）内衬里的结构形式如图4-2-8所示。内衬里的结构是由两部分组成的，与筒壁接触的是隔热层、隔热层的外面是耐磨层。隔热层的作用是阻止高温热量传递到筒壁。耐磨层的主要作用是保护隔热层，它具有耐温、耐冲刷和耐油气渗透性能，还具有一定的强度。衬里材料配合比及性能指标见表4-2-7。

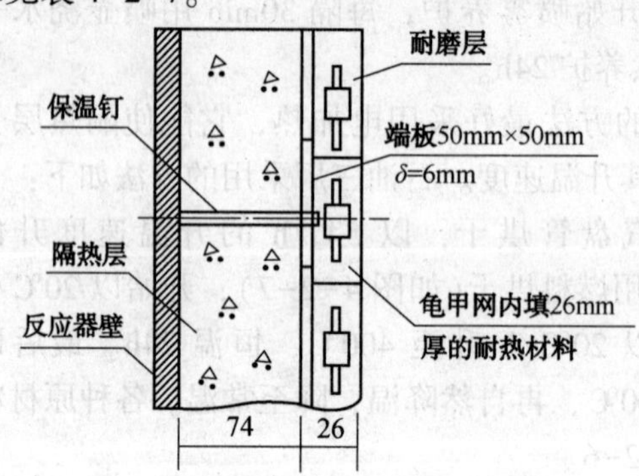

图4-2-8　内衬里的结构形式

表4-2-7　衬里材料配合比及性能指标

项　　目	隔热层		耐磨层	
			龟甲网	
材料混合比(体积比)	矾土水泥	1	矾土水泥	1
	陶粒	1	耐火砖粉	0.5
	蛭石	3.5	矾土燃料	3
	水/灰	1.2~1.3	水/灰	0.65~0.7
性能指标	105℃	500℃	105℃	500℃
容重/(kg/m³)	900~1020	850~950	2000~2120	1900~2023
冷压强度/MPa	3.53~3.92	2.75~3.53	45.11~49.03	35.30~39.23
500℃的残余线收缩率	0.23		0.133	
耐热性能	20MPa，350℃有氢气存在时，外壁温度能在110℃以下			

（b）内衬里的损坏形式

a. 裂纹。反应器耐磨层上都有大小不等的纵向裂纹十几条，宽度为 1~3mm，检修时打开耐磨层，发现隔热层的裂纹更多。但隔热层与耐磨层的裂纹没有联系。反应器中环向裂纹很少，只偶尔在反应器底部发生。

纵向裂纹就像衬里的膨胀缝，对壁温的影响不大。正常情况下是不会发生超温现象的。

b. 衬里常在塔盘（即催化剂支撑板）支耳处开裂。当塔盘脱落时就能将衬里撕裂，这种损伤比较严重，出现这种情况后壁温就要超高。如石油三厂 400kt/a 加氢裂化装置反 101 内部塔盘，构件是靠 8 根 ϕ108mm 白钢管支承的。正常生产时因温度变化而伸缩，由于塔盘移动与隔热衬里产生磨擦，因而导致隔热衬里多次损坏。仅 1986~1987 年两年就修补衬里 4 次，严重影响了生产。1988 年在塔盘处的隔热衬里加了 6mm 的白钢板，较好地解决了塔盘与衬里直接磨损的问题。

c. 衬里局部产生空洞。当催化剂床层某一截面阻力增大后，就将在这一横截面对应的衬里部位产生空洞，空洞直径多在 200~300mm。出现这种情况后反应器壁将出现超温现象。

（c）内保温损坏的原因

a. 耐热衬里有一个天生的弱点，就是质地疏松。正常情况下，高温油气同时从混凝土间和催化剂层中自上而下流动。由于混凝土层的阻力远大于催化剂层的阻力，通过其间的油气量极少，由这少量油气带给筒壁的热量加上热传导的热量与筒壁散到大气中的热量在 150℃以下达到平衡。一旦衬里损坏或催化剂层积垢都会使衬里层相对阻力降下降，通过的油气量增多，筒壁的热平衡温度也随之上升。当然催化剂层阻力增大的原因是多方面的，但主要是过滤器的容积有限，仍有相当一部分垢物被带入催化剂层，尤其是在催化剂周期内停工再开工，炉管腐蚀物受温度、压力冲击大量脱落进入反应器，渗入催化剂间隙。还有，催化剂碎颗粒堵塞出口管也会使出口处壁温上升乃至超温。

施工质量不佳，保温材料充填不匀，振捣不实，出现气孔，跑浆造成狗洞、蜂窝等缺陷，或配料不匀，造成局部强度低，引起开裂。此情况一般都会缩短内保温层寿命，甚至导致损坏。

b. 催化剂粉碎或原料油过滤不好，杂质过多，堵塞床层催化剂颗粒间隙通道，使流体出现边壁效应或短路流过，冲刷和损坏内保温，引起壁温超高，并出现催化剂结焦。见图 4-2-9。石油三厂加工的焦化柴油，因为没有氮气保护措施且过滤效果差，使第一反应器上部结盖严重，导致衬里破坏。反应器床层超温使催化剂严重结焦也是导致衬里破坏的原因之一。

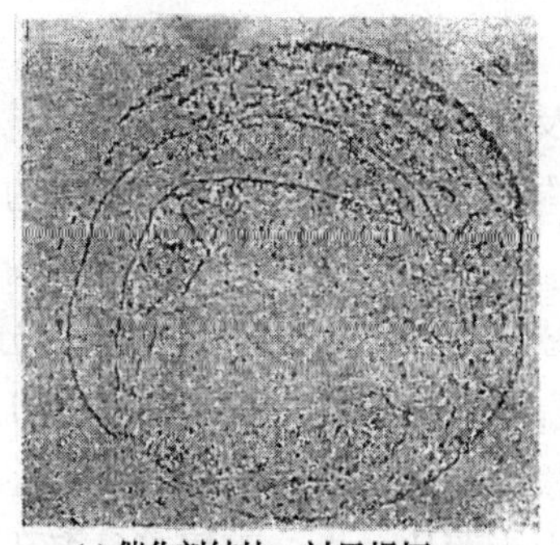

(a) 催化剂结块，衬里损坏

(b) 清除的催化剂硬块

图 4-2-9　催化剂结焦

c. 操作条件变化的影响。在正常生产中温度、压力、流量及原料品种的变化固然对隔热衬里的损坏有一定影响，但反应器局部压力降大是造成衬里损坏的主要原因。

装置开工过程中温度和压力的升降速度过快，人为的造成开停过程中温度、压力、循环氢量波动，瞬间内改变了反应器内部压力和介质的平衡，使床层中催化剂受到冲击，致使物流穿过质地疏松的隔热衬里，将大量热量传递给筒壁而造成超温。

催化剂床层的某一横截面的阻力增大，或者在高度较小的一段催化剂床层间阻力增大，这时介质将进入对应的一段衬筒的缺陷处：当过了这一段时，介质又会从衬筒进入到催化剂床层中，这就使介质在某段衬里内的流速加快。通过衬筒缺陷处的介质流速达到一定后，就将冲碎该处的隔热衬里，直到形成一定面积，导致反应器器壁的温度将严重超温。

操作参数如温度多次波动，引起内保温反复，冷热冲击，尤其紧急泄压，吹冷氢使壁温剧降，引起内保温开裂。压力和流量的波动，则促进了开裂。

(d) 壁温超高的原因与防止措施

a. 壁温超高的原因。在正常情况下，衬里裂纹中通过的高温介质只有极少一部分，它所带的热量很少，对反应器的壁温影响很小。当催化剂床层的阻力增大后，通过衬里裂纹处的介质流量增加，这时壁温就会上升。如果催化剂床层的某一个横截面阻力增大，或者在高度较小的一段催化剂床层间阻力增大，这时介质进入对应的一段衬里的缺陷处；当过了这一段时，介质又会从衬里进入到催化剂床层中，这就使介质在某段衬里内的流速加快。通过衬里缺陷处的介质流速达到一定后，就将冲碎衬里的混凝土等隔热材料，直到形成一定面积的空洞时为止，这时，空洞外反应器的壁温将严重超高。

b. 防止反应器的壁温超高的措施。主要的措施，就是防止催化剂床层的阻力降增加。

a) 装填催化剂前检查催化剂强度是否符合要求，并且催化剂装填前要过筛。

b) 要用专用工具把催化剂装入反应器，保证催化剂不粉碎，装填均匀。

c) 严格工艺纪律，保证平稳操作，防止压力、温度突升、突降，并保持一定的氢油比。

d) 停工期间保护好催化剂，防止受潮和氧化。

e) 防止杂物进入反应器，这就要求对原料进行保护，防止油品接触空气氧化结焦。反应器前的工艺管线、设备要采取防腐措施，防止将腐蚀物带入反应器中，并对原料进行严格的过滤。

f) 反应器上部要有除垢设施，采用网式除垢篮。另外，在催化剂床层顶部覆盖一层瓷环式瓷球，既可以分散物料，又可以容纳一定数量的垢物，并能保护催化剂床层。

2. 反应器内部结构

反应器内部结构主要由冷氢管、热偶保护管以及支承催化剂并对反应流体进行适当分配的分配盘等所组成的整体结构。几十年来，这种结构形式有过多次改变。但总的来说，可分为花盘式与锥形斜塔盘式两种。

1968 年以前，石油三厂基本上采用的都属于花盘式内芯子，它是由几组分配层构成。最初，1964 年以前，每组分配层又由三块花盘组成，上层是多孔板，中层是切向孔的分配板，下层是径向孔的分配板。一根热偶保护管与几根冷氢管都穿过它们而安设在各组分配层下端。1964~1965 年将各组分配层的三块分配板减少为两块，上、下层都是多孔花板，冷氢管安设在这两块花板之间。1965 年以后又减少为一块多孔花板。这些改动的目的都是为了在不影响分配的前提下，用减少分配板数的措施以增大反应筒内有效容积，减少压降，简化内芯结构并有利于内芯的装卸。但这种结构的最大缺点是卸催化剂工作比较落后，只有吊起芯子才能将催化剂慢慢卸出，有时芯子吊断了则必须由人进入反应筒内将催化剂一筐一筐的从筒上部掏出，非常笨重，并有碍工人身体健康，同时也耗费大量的人工与检修时间。

1971 年以后，为了适应半液相加氢工艺的需求，内芯结构由原来的平花板改为锥形斜塔盘形式。如图 4-2-10 所示，上部装有开孔率为 30%的溢流管式强制分配板，中间每隔 3m 左右，装有一块对流体起再分配作用的锥形斜塔盘，冷氢分布管装在锥形塔盘的下端，底部装有夹角 40~50℃的锥形底。

装催化剂时，首先把催化剂装入储槽里，用储槽和帆布袋子直接把催化剂装入预先装好芯子的反应器内，周期末期，卸催化剂采用将锥形底上事先点焊的带孔盖板用千斤顶顶开的方法，分配板与各斜塔盘上的全部催化剂就能从下部引出管直接放出。这就大大改善了卸催化剂的劳动强度与劳动条件，并缩短了这项工作的时间，但这种结构的缺点是，有时流体容易直接从中央催化剂通道通过而影响流体的分配。

3. *石油三厂加氢冷壁反应器隔热衬里使用情况*

石油三厂原有 5 套加氢裂化装置，反应器共有 16 台，除 1 台是热壁反应器外，其余皆为冷壁反应器。多年来冷壁加氢反应器为石油三厂加氢工艺的发展和提高经济效益作出了很大贡献。但隔热衬里经常损坏，每年都要修理几台次，严重影响了安全生产。

(1) 反应器隔热衬里使用情况

① 衬里形式。石油三厂加氢反应器隔热衬里的施工有两种方法：

(a) 在反应器内沿圆周支 4~6 块(视反应器内径而定)钢模板，模板高 1.0~1.5m，模板之间纵缝和环缝全部用防水胶带贴好。然后，在反应器内壁与模板间放入按一定比例混合好的保温材料振捣而成。施工后将模板拆除。

(b) 用厚 6mm 白钢板卷制成 1m 一节的衬筒代替模板，施工后不拆除。现用反应器隔热衬里大部分采用这种方法施工，此种施工方法有以下弊病：

a. 混凝土施工质量无法检查。

b. 衬里烘干、养生不易进行，水分不易散发。

c. 浪费材料，以 ϕ1000mm×15000mm 反应器为例，做一台需用白钢 1.7t，价值 2.5 万元。

d. 在反应器中进行衬筒的拆除与焊接，操作条件苛刻。

e. 衬筒不能重复利用(见表 4-2-8)。

② 保温材料的物性

(a) 矾土水泥的物理性能见表 4-2-9。

(b) 珍珠岩的物理性能见表 4-2-10。

(c) 材料的化学成分见表 4-2-11。

(d) 材料粒度配比见表 4-2-12。

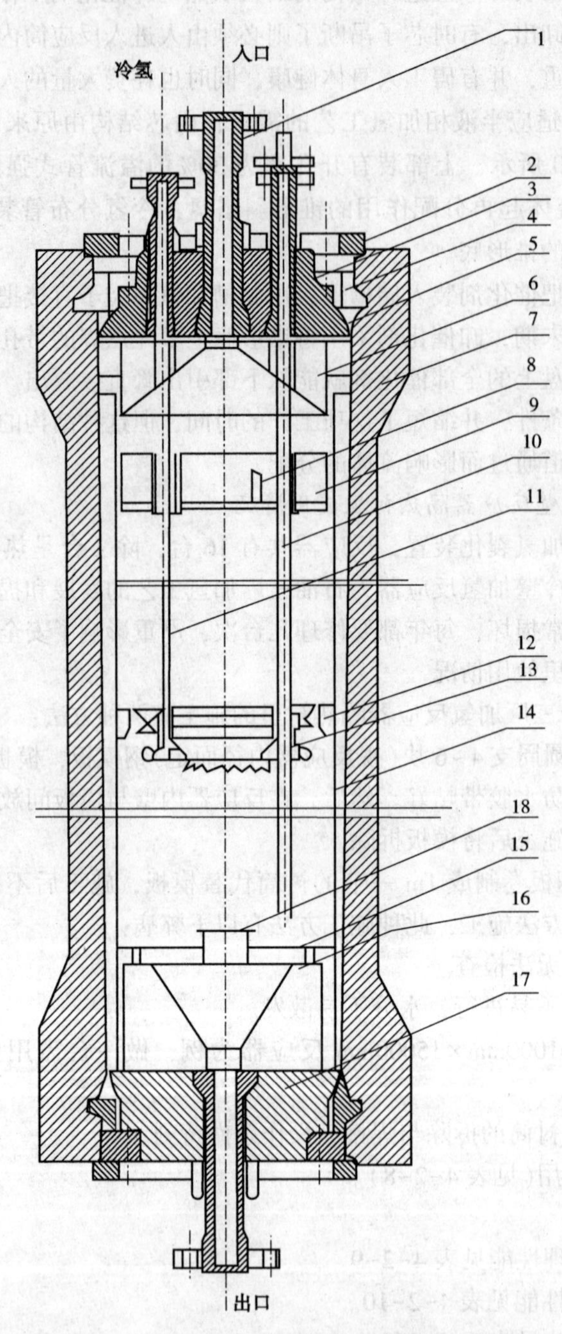

图 4-2-10　反应器内芯结构

1—引出管；2—法兰；3—上盖；4—四合环；5—密封圈；6—上保温盖；7—筒体；
8—溢流管；9—溢流管式分配管；10—热电偶保护管；11—冷氢管；12—支撑架；
13—锥形斜塔盘；14—内保温；15—锥形底；16—下保温盖；17—底盖；18—盖板

表 4-2-8　抚顺石化公司石油三厂冷壁加氢反应器隔热衬里使用情况①

反应器名称	简号	年份																				
		1970	1971	1972	1973	1974	1975	1976	1977	1978	1979	1980	1981	1982	1983	1984	1985	1986	1987	1988	1989	1990
一套一反	6		4 修				9 修			3,7 修	8 修 12 换					7 换				6 换		
一套二反	7			9 换						3 修	8 换						6 修					
一套三反	36/47		9 开	9 修	9 换								8,9 换	换 47②	9,10 换	7 换	11 换		6 换			
二套一反	2	9 换							6 换 11 修			4 修		4 换			6,8 换	6 换				
二套二反	1	9 换				12 修			5 换					4 换						6 换		
二套三反	39						8 开		5 换	4 修 10 换												
二套四反	48						8 开			10 换						9 换			6 换			6,8 换
三套一反	47/49						4 换			1 换 6 修		9 开 49③	9 换	7 换							5 换	
三套二反	38			2 换	9 换	3 开			9 换	修	8 换			6 换		9 修						
三套三反	37		9 开	5,8 换					返	6 修	8 开			9 修			9 修					
四套一反	4											9 换							6 换			
四套二反	36										10 开							6 开④	6 换			
四套三反	50												8 开									
大套一反	101															8 开			8, 10 修	6 修	5 换	
大套二反	102															8 开	10 修	7,9 修	6 修	6 修	10 换	

① 表中“×修”表示“×月修理”,“×换”表示“×月更换”,“×,×修”表示“×月和×月修理”,“×换×修”表示“×月更换×月修理”,“×开”表示“×月开始使用”等;

② 换为 47 号筩;

③ 9 月开始使用 49 号筩;

④ 6 月将 36 号筒代替 9 号筒。

表 4-2-9 矾土水泥的物理性能

粒度/%(4000目/cm^2)	体积安全性	稠度/%	初凝时间/h	终凝时间/h	抗拉强度/MPa		抗压强度/MPa	
					1d	3d	1d	3d
11.4	合格	25.25	4.43	6.43	3.76	4.10	78.0	87

表 4-2-10 珍珠岩的物理性能

颗粒尺寸/mm	松散容重/(kg/m^3)	孔隙率/%		颗粒强度/MPa		吸水率/%	耐火度/℃
		总孔隙率	湿孔率	烧成后	破碎后		
5~10	360~380	68.4	5.8	—	2.25	16.2	1240~1270

表 4-2-11 材料的化学成分 %

料	烧碱	SiO_2	Al_2O_3	Fe_2O_3	CaO	MgO	K_2O	Na_2O	TiO_2
水泥	0.89	8.33	54.33	1.70	30.84	0.7	0.6	0.08	2.6
珍珠岩	0.46	71.5	12.27	0.85	0.49	0.11	2.65	2.65	0.10
轻质砖砂	0.14	35.26	58.65	1.70	0.37	0.25	1.00	0.10	2.30

表 4-2-12 材料粒度配比

名　称	粒度/mm	比例/%	名　称	粒度/mm	比例/%
珍珠岩	5~10	40		0.3~1.2	20
	1.2~5	40	轻质砖砂	<0.3	自然级配

③ 隔热衬里更换情况见表 4-2-8。

④ 隔热衬里损坏的原因。

(a) 施工质量的影响。施工用所有的矾土水泥、骨料及骨料级配满足不了要求就会使隔热衬里强度降低。在施工中一定要严格掌握矾土水泥的初终凝时间，支模与振捣衔接好，一气呵成。实践证明，振捣不均匀和漏振是施工质量的关键。

(b) 操作条件变化的影响。

(c) 反应器内构件设计不合理。

(2) 衬里的修复与混凝土的养生烘干

① 衬里的修复。对内径小于 1000mm 的反应器，上部衬里坏时，进行局部修理；下部衬里坏时，全部打掉重新制作隔热衬里。对内径大于 1000mm 的反应器采用坏哪修哪的局部修理方法。具体施工方法如下：

(a) 放出反应器内催化剂，确保器内通风良好。搭好施工架检查隔热衬里损坏情况，然后确定破除界线。

(b) 首先用镐在破除线上开好上、下破除沟槽。然后用风镐破坏。严禁碰坏保温钉、钢带和筒壁。

(c) 新旧保温层接缝面成 45°。模板选用树脂三合板。每次支模高度 300~500mm。模板之间搭接长度大于 100mm，支模前用净水冲洗接缝面不准残留粉渣及污物。然后在接缝处均匀涂上水玻璃胶泥。

(d) 混凝土施工要求两个人操作。振捣力求均匀密实，防止过振、漏振和接缝跑浆。要求振捣棒垂直快插入，慢拔出，振捣点间距 150~200mm。

(e) 衬里修补完 8h 后拆模。然后检查施工质量。

② 衬里的养生与烘干

(a) 养生。拆模后每隔 30min 成雾状向衬里面浇水一次，带走反应热，使环境温度保护 20℃以下，连续进行 24h。然后自然养生 48h。

(b) 烘干。对内径小于 1000mm 的反应器，采用“蒸汽炉”加热，105℃恒温 24h 脱出衬里表面水。因石油三厂蒸汽压力低，实际温度只达 90℃。对直径大于 1000mm 的反应器，采用电热带加热方式脱出衬里表面水，以 5℃/h 的升温速度将温度升至 105℃，恒温 24h。

320℃恒温脱水过程随系统开工一起进行，达到此温度时，按烘干要求进行升温与恒温。烘干结束后才能进行开工操作。

(3) 内保温及筒壁局部超温

① 内保温。加氢装置中冷壁设备不论是反应器还是换热器都存在内保温层损坏问题，往往使生产被动，损失很大。损坏原因如下：

(a) 内保温层施工质量不佳，保温材料填塞不严，振捣不密实，出现气孔，跑浆造成蜂窝缺陷，或配料不均，造成局部强度低，引起开裂。甚至导致内保温层损坏。

(b) 催化剂粉碎或原料油过滤不好，杂质过多，堵塞床层催化剂颗粒间隙通道，或催化剂结焦，使流体出现边壁效应或短路，冲刷和损坏内保温，引起壁温超高。

(c) 操作参数如温度多次波动，引起对内保温层反复冷热冲击，尤其紧急泄压或吹冷氢使壁温骤降，引起内保温层开裂。压力和流量的波动则促进了开裂。

三者以第 B 种原因居多。石油三厂对此种损坏多采用局部修补办法；而大庆则视内保温层检查结果确定处理方法。有时，将催化剂卸出筛除粉剂和杂质后，再装回，效果良好。当内保温层损坏严重时才修复。

② 筒壁局部超温。石油三厂加氢反应器因内保温层损坏，引起筒壁局部超温现象较频繁。为保证生产，常常在超温(允许温度为 300℃)情况下操作，温度曾达到 330℃、350℃，最高达 370℃，大庆也曾达到 350℃。这有否危险？大庆首先探讨了这个问题，同哈锅一起对 201 反应器进行了有限元应力分析，在建立力学模型划分单元的基础上，用 Adin-T 程序计算了各节点温度，又用 Sap-5 程序计算了应力场各节点的应力状态。结论如下：“除局部高温区应力偏高外，其余部分均不高。就是高温区偏高应力也低于 ASME 规定的许用应力值，因而应力状态是安全的。”(350℃条件下)特别是给出的计算条件较苛刻，所得应力值偏大，故安全裕度较大。考虑到即使内保温层损坏造成的超温时间也较短，介质通过量也少，不致产生严重的腐蚀和材料脆化条件，因此计算可用。此计算结果同大庆石油学院 1980 年对该反应器电测应力值曲线十分相近，故认为计算是可信的。

由此可知：

a. 筒壁超温达 350℃时，应力状态是安全的。

b. 对于超温达 370℃或 380℃时，又将如何？可由安全应力状态反推理论安全使用温度，再综合考虑其他影响因素如腐蚀、脆化等来最后选定实用安全使用温度，并在不断地实践中反复验证。当然也可由此验证设计规定的冷壁反应器筒壁允许使用温度的合理性。

c. 对于其他因素如氢、H_2S 的腐蚀问题，以及铬钼钢的回火脆性等问题都同时存在时，应用于 350℃或以上时，是否安全？从目前现有资料和经验上看，还回答不了这个问题。因此目前还需要采用内保温层保护筒壁，以免或减轻上述其他因素带来的影响。但从目前的内保温层设计上看，可保证壁温不超过设计规定的 300℃，保温层被设计为 80~100mm 厚，使实际正常壁温均保持在 120~150℃左右。这距规定的 300℃还有很大余地，因此建议减薄内保温层厚度，使正常壁温达到200℃或略高。这是因为：

a）现行冷壁加氢设备用钢都具有较好的抗氢性能，按照纳尔逊曲线在200℃或略高的温度下，都不会出现氢腐蚀，且有内保温层隔离介质，受 H_2S 腐蚀的可能和程度较小。

一般条件下，钢的一次回火脆性出现在250~400℃范围。显然，在200℃或略高一些时，不会出现一次回火脆性，当然更不会出现高温（二次）回火脆化了。

前已证明350℃下应力状态都安全，所以200℃或略高一些时，更是没有问题了。

b）石油三厂近50年及大庆近30年的实践证明：在内保温层破裂，筒壁超温达300~350℃范围内运行达数月之久，经理化检验，材质并未出现问题，显然在200℃或略高一些时，材质也不会出现问题。

c）减薄现行冷壁反应器内保温层以提高筒壁温度达200℃或略高一些时，提高了容器的利用率，增加催化剂的装入量，不仅是"物尽其用"，而且可以减少内保温施工费用，缩短施工周期，同样具有经济意义。

（4）小结

多年实践证明，用矾土水泥作胶结剂，以大颗粒珍珠岩和轻质砖砂为骨料的保温衬里，由于高温时，体积收缩及各种工艺条件的变化，衬里裂纹是不可避免的，从而导致器壁局部超温和氢渗透。

冷壁加氢反应器存在以下问题：

① 隔热衬里使反应器有效容积大幅度减小。例如 ϕ1000mm×15000mm 加氢反应器，衬里所占有效容积30%，也就是说生产率下降了30%。

② 隔热衬里施工周期长。从衬里的破除，容器内壁打砂、支模、振捣和养生烘干大约需15d时间，非生产时间过长。

③反应器内壁堆焊了奥氏体不锈钢，有效地防止了氢、硫化氢对钢材的腐蚀。然而冷壁加氢反应器由于隔热衬里的损坏及保温材料的孔隙较大，氢与硫化氢的渗透很严重，每年检修均发现筒壁有硫化亚铁生成，说明有一定的腐蚀存在，使反应器内径逐年扩大。

④ 热壁反应器采用外保温，保温层表面温度只有40℃左右。冷壁反应器的壁温正常生产时均在90~140℃左右。热损失很大。

⑤ 反应器床层压力降过大，致使物流穿过质地疏松的混凝土，将大量热量传递给器壁而造成超温。内衬里出现损坏和裂纹等缺陷，造成介质走短路引起超温。

⑥ 衬里质量受材料、配比、施工、养护、烘干和管理等一系列因素的影响，但由于衬里施工麻烦，劳动强度大，环境恶劣，专业化施工队伍少。由于衬里施工时往往为赶进度而忽视质量。另外支耳和开口多，给衬里施工造成更大困难。

⑦ 内构件结构落后。由冷壁反应器大都在20世纪60年代和70年代制造，限于当时技术水平，其内构件结构较落后，已不适应现代加氢技术要求。迫切要求对老式冷壁反应器内构件进行新技术改造，发挥在役冷壁反应器潜在效益，保证装置"安、稳、长、满、优"生产。

（五）对冷壁反应器的看法

冷壁反应器是过去历史条件下科学技术发展水平不高的产物，满足了当时炼油工业的需要。目前看来，冷壁反应器确实存在不少问题，受到热壁反应器的有力挑战，冷壁反应器能否适应新的技术要求，要视其自身的完善、发展与适应能力。

在役的加氢反应器大多为冷壁结构，并承担着生产重任，尽管它还存在这样那样的不足，但多属发展中的问题。何况有些现在用的冷壁反应器使用的还比较好(如大庆石化总厂)。

冷壁结构的不足，是“先天性”的(如内衬里质地疏松，床层压力降增大引起衬里破坏等)，如因存在这些不足而予以淘汰，显然不可取。因为，不仅财力上成问题，生产上也将受到大的影响，应立足于现实，适当进行资金投入，对内构件，衬里结构和材质加强研究，在现有基础上逐渐加以完善。如果确因反应器寿命已到更换期，那么，是改用热壁的或仍用冷壁结构怎样选择应由企业根据自身条件决定。

随着科学技术的进步，20 世纪 70 年代初国外加氢裂化反应器逐步由冷壁结构向热壁结构发展。我国在 70 年代以前基本上仍使用冷壁反应器，到了 80 年代初，热壁结构反应器才发展起来。国家投入了大量的人力物力进行重点攻关，虽已相继成功地设计和制造出 220t，370t，560t 重的热壁反应器多台，但在役的冷壁反应器还为数较多，其中有些使用的较好，也有些因内隔热层损坏而造成反应器壁超温，产生局部过热，导致非计划停工。

按中石化总公司发展部要求，从 1991 年 3 月中旬开始，对国内在役冷壁反应器使用情况进行调查。调查了北京、大庆、抚顺、南京和上海五个地区的科研院所、炼油厂等 14 个单位，并函调了个别单位。

调查中，除实地了解加氢车间外，还与各厂机动(设备)处、科技处等部门座谈。通过月余时间的调查，基本上摸清了国内加氢装置中反应器的使用情况和存在问题。现仅将关于石油三厂冷壁反应器情况摘录如下(表 4-2-13)。

加氢裂化装置冷壁反应器因内衬里破坏严重，器壁超温频繁，从而造成非计划停工，严重影响了正常生产，抚顺石油三厂尤为突出。

加氢精制装置冷壁反应器由于操作条件较缓和，内件较简单，侧壁开口少，操作平稳，反应器壁超温问题反应不严重。下面叙述抚顺石油三厂的加氢装置反应器使用情况。

该厂有 5 套加氢装置共 16 台反应器。除大套有一台热壁式反应器外，其余 15 台反应器均属冷壁，大都是 30 年代的老设备。从 1970 年至 1990 年的 20 年间，15 台冷壁反应器内衬里修补 28 次，全部更换 44 次。平均每年修补或更换衬里 3. 8 次。修补、更换内衬里情况见表 4-2-13。

以 400kt/a 加氢裂化装置为例简叙如下：

精制反应器(反 101)为双层热套式，内筒材质为 20CrMo9，厚 85mm；外筒材质为 18MnMoNb，厚 75mm。两筒体卷焊后热套配合。该反应器于 1984 年 5 月做内衬里，材料为陶粒加矾土水泥。用烟气烘干至 120℃，恒温 48 小时。1984 年 8 月投产到 1985 年期间，顶部曾出现壁温超高(280℃以上)，从 1984 年到 1989 年 10 月的 5 年中，共超温 7 次，仅 1986 年到 1987 年中就超温 4 次。从反 101 操作中超温频繁和内衬里损坏情况看，超温现象不完全是衬里施工质量问题所致，而与内构件结构关系很大。该反应器高 24m，有三层新塔盘，由 4 根 18-8 钢立柱支撑，操作温度达 450℃，因 18-8 钢立柱线膨胀量很大，床层反应温度不均，造成三层塔盘变形。另外由于反应器衬里施工后直径椭圆度很大，所以开工后由内构件引起的衬里破坏比较多。有的衬里被内构件划成沟槽，有的脱落，有的被冷氢吹成孔洞。内构件设计不合理是该反应器器壁超温的主要因素之一。每次检修仅对衬里进行局部修补，内构件不变，所以再开工后不久就又有超温现象出现。

表 4-2-13　加氢装置冷壁反应器的操作及结构等参数

炼油厂	装置名称及处理质量/(Mt/a)	反应器名称及规格(内径×高×厚)/mm	建设年份	设计/操作条件			内构件结构形式	床层数	催化剂量/m^3	主体材质	金属总重/kg	隔热衬里		备注
				压力/MPa	温度/℃	介质						材料	厚度/mm	
抚顺石化公司	石油三厂加氢裂化400kt/a(大套)	第一反应器 φ2100×24785×160 双层热套	1976	21	450	蜡油、氢 H_2S	扩散器分配盘、格栅、冷氢盘	3	60	内筒为20Cr-Mo9，外筒为18MnMoNb	198000	陶粒蛭石	100 单层	7年中超温7次
		第二反应器 φ1800×25766×150	1983	21	450	蜡油、氢 H_2S	扩散器分配盘、隔栅	3	45	$2\frac{1}{4}$Cr-1Mo	160000	陶粒蛭石	100	7年中超温3次
	石油三厂加氢裂化120kt/a(一、二套)	第一反应器 φ950×15750×190	1937	20	<450	蜡油、氢 H_2S	有隔栅	3	6	35CrNi2MoA	84000	珍珠岩	80	有18-8钢衬筒
		第二反应器 φ950×15250×190	1937	20	<450	蜡油、氢 H_2S	有隔栅	3	5	35CrNi2MoA	83000	珍珠岩	70	有18-8钢衬筒
		第三、四反应器 φ1000×15000×90	1975	20	<450	蜡油、氢 H_2S	有隔栅	3	6	$2\frac{1}{4}$Cr-1Mo	43000	珍珠岩	80	有18-8钢衬筒

1989 年 10 月，将反 101 内衬里全部打掉，除重新衬里外，又对内构件进行了改造。将原有 3 层塔盘拆除 2 层，保留的 1 层塔盘上的泡帽也全部拆掉。新衬里和原衬里在材料、结构、厚度及烘干方法上完全一样，改造后，装置操作正常，没有再出现超温。由此可见，器壁超温与衬里施工质量，内构件设计，以及床层压力降都有直接关系。

裂化反应器按热壁设计冷壁使用，属锻焊结构。内衬为 100mm 厚大颗粒膨胀珍珠岩，设有 3 层塔盘，侧壁有多支热电偶和冷氢开口。大套经 4 年运转后，于 1987 年 6 月发现在距离顶部 3.5m 处的器壁超温。超温在支耳处，衬里损坏，筒体上有多处裂纹，遂进行局部修补。

1988 年 6 月下部也出现器壁超温，进行了局部修补。1989 年 10 月，整个反应器变色漆全部变白。该反应器共运行了 37 年，7 年中有三次器壁超温，从 1987 年后年年超温，随着开停工频繁和开工周期延长，反 101 内衬里首先从支耳和接管等衬里薄弱环节处开始超温。然后向外扩展。局部修补后，在新旧衬里结合处很快又出现器壁超温。最后导致全部器壁超温，停工后将衬里全部打掉重做。

石油三厂从 1989 年 10 月对反应器 101 进行了一系列改造，重新衬里，同时装置又增加了一台热壁反应器。通过这次改造使整个大套装置运转正常，操作平稳，直到调查时为止，未产生超温。

防止反应器的壁温超温的主要措施就是防止催化剂床层的压力降增加：

① 装填前检查催化剂强度是否符合要求，并且催化剂装填前要过筛。

② 要用专用工具把催化剂装入反应器，保证催化剂装填均匀不粉碎。

③ 严格工艺纪律，保证平稳操作，防止压力、温度突升、突降，并保证一定的氢油比。

④ 停工期间保护好催化剂，防止受潮和氧化。

⑤ 防止杂物进入反应器，要求对原料进行保护，防止油品接触空气氧化生成胶质物。反应器前的工艺管线、设备要采取防腐措施，防止腐蚀物带入反应器中，并对原料油进行严格的过滤。

⑥ 反应器上部要有除垢设施，采用网式除垢篮。另外，在催化剂床层顶部覆盖一层瓷球或瓷环，既可以分散物料，又可以容纳一定数量的垢物，并能保护催化剂床层。

（六）国产单层钢板卷焊、首台国产套箍式高温高压加氢反应器在石油三厂的应用

由于日伪遗留的加氢反应器超期服役，并存在严重缺陷和损伤，为保障安全生产，反应器需逐渐更新。随着经济建设的飞速发展，我国冶金、制造行业有了长足的进步，各种结构的高压容器广泛的应用。容器结构有单层卷焊式、层板包扎式、热套式等。

单层卷焊式，这种形式的筒体是由钢板在卷板机上卷成圆筒，然后焊接纵缝成为筒节，最后通过焊接环缝，将筒节与筒节、筒节与筒体顶部、底部或封头组装而成。这种筒体制造工艺比较简单，工序少，生产效率高，可节省大量金属。但需要大型卷板机和热处理设备，且要求有严格的焊接工艺。

1. 36号反应器

编号为36号的反应器是1970年由兰州石油化工机器厂制造，材质为20CrMo9，规格为ϕ1000mm×90mm×15000mm的高温高压临氢反应器在石油三厂加氢装置上应用，编号为36号。虽然其他行业也采用了高温或高压容器，使用高温高压临氢容器单板卷焊的反应器，在石油三厂是首次采用。国内同类加氢反应器重要指标比较见表4-2-14。

表4-2-14　国内同类加氢反应器重要指标比较

炼油厂	规格					操作条件		处理量/（kt/a）
	直径/mm	高度/mm	壁厚/mm	重量/t	材　质	温度/℃	压力/MPa	
抚顺石油三厂	2100	25090	内85 外75	220	20CrMo9+18MnMoNb	450	20.0	40.0
东方红炼油厂	1400	12480	56		14MnMoV	400	8.0	8
	1400	17830	56			351	8.0	15
大庆炼油厂	1600	18000	80	84.2	苏48TC-2-40	340	15.0	15
	1800	30000	96	163.5	20CrMn9	450	15.0	40

值得一提的是，石油三厂为了实现炼油、化工设备的大型化，根据技术改造的需要，1976年与兰州石油化工机器厂、兰州石油机械研究所合作，用一年左右的时间，完成了一台大型套箍式加氢反应器的试制。1976年3月6日至11日，由一机部重型局委托甘肃省机械局主持了鉴定，这台容器符合设计要求、质量合格，交付石油三厂使用（ϕ2100mm加氢反应器外壳筒图见图4-2-11）。

这台容器是当时我国直径最大（内径2.1m），使用压力最高（20.0MPa），重量最大（220t），处理量最大（400kt/a）的加氢精制反应器（见附表4-2-8）和石油三厂原用的内径1m加氢反应器相比，一台可以顶六七台。这台加氢反应器若采用单层卷焊结构，需要用厚度120mm以上的钢板，在钢材来源和卷板能力上当时都不能解决。若用双层套合环缝全断面焊缝方案，虽可解决上述两个问题，但环缝焊接工作量很大，设备中的温差应力大，而且因内筒20CrMo9钢板和外筒18MnMoNb钢板的宽度不一致，要使内筒节长度一致，要浪费不少钢板。通过认真研究、反复讨论，决定采用套箍式双层结构(见图 4-2-11)。

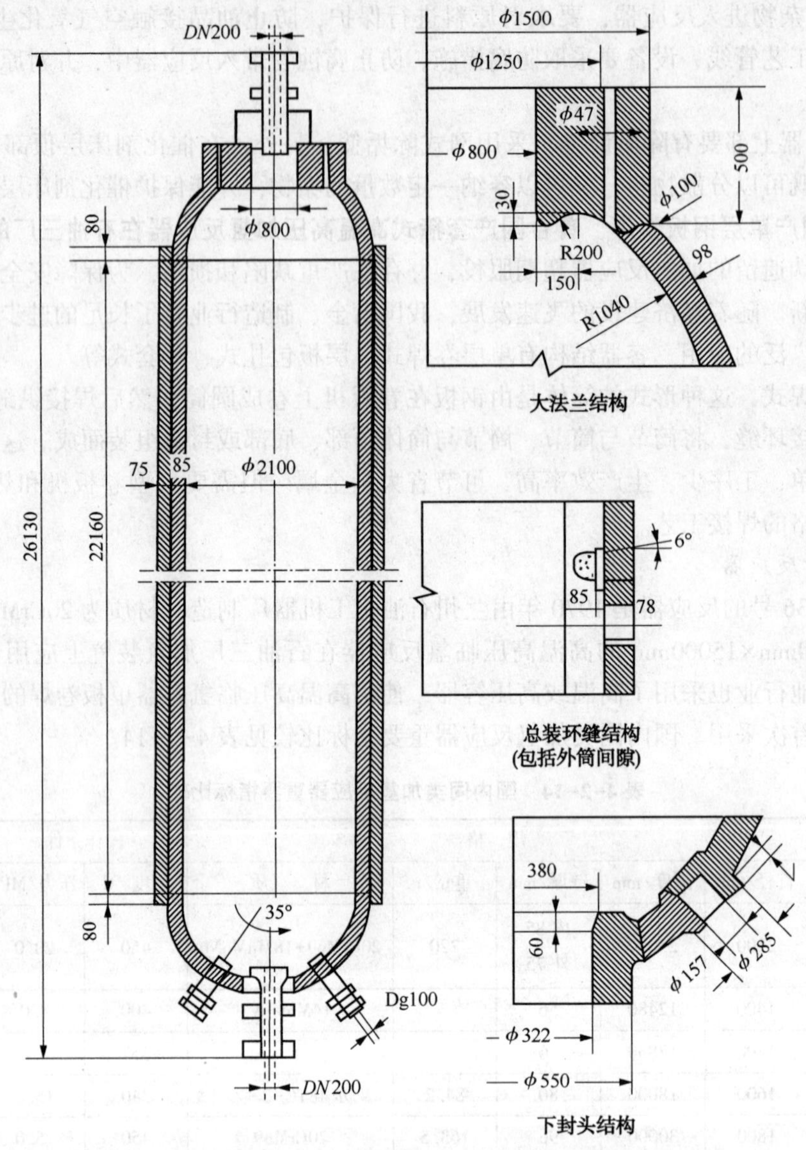

图 4-2-11　φ2100 加氢反应器外壳简图

2. 套箍式双层结构优点：

① 不因操作温度变化而产生较大的温差应力，因此，不存在介面剪应力对全焊式环缝的不利作用。

② 缝只焊内筒，焊接工作量节省了一半以上，没有异种钢的焊接问题，简化焊接工，且环缝深度小，容易保证质量；

③ 内外筒节长度不需一致，可充分利用钢板的实际尺寸。因此，虽然总壁厚比单层壁厚大 14%，但可以节约 100t 左右的进口抗氢钢板，和双层套合环缝全断面焊接方案相比，钢材消耗少了。

由于套箍式高压容器的制造在我国还是第一次，在试制以前进行了 φ144mm 和 φ500mm 模拟容器试验。在试制过程中，焊缝一次合格率达到 99.09%。

3. 直径2.1m套箍式加氢反应器

① 设计条件：设计压力：21.0MPa；器壁设计温度：300℃；

工作介质：油、氢、硫化氢；腐蚀裕度：5mm；

总容积：$80m^3$(有效容积$50m^3$)；

设备内壳内径2.1m；设备重量：220t

② 20CrMo9、18MnMoNb化学成分和机械性能件表4-2-15。

表4-2-15 机械性能(正火加回火状态)

钢号	σ_s/(kg/mm^2)	σ_b/(kg/mm^2)	δ_s/%	α_K/(kg/mm^2)冷弯	σ_s(300℃)/(kg/mm^2)
20CrMo9	≥45	65~85	≥15	≥4	≥35
18MnMoNb	≥50	≥65	≥16	≥7	180°α=30不裂

化学成分/%

钢号	20CrMo9	18MnMoNb
C	0.16~0.24	0.17~0.23
Mn	0.3~0.5	1.35~1.65
Si	0.15~0.35	0.17~0.37
Mo	0.25~0.35	0.45~0.65
Cr	2.1~2.4	
Ni	<0.8	
Nb		0.025~0.05
S	≤0.035	≤0.04
P	≤0.03	≤0.04

③ 结构简介

(a) 筒体部分采用双层套箍式结构。即内筒用焊接联成整体，承受全部轴向载荷。外筒以一节节环箍形式套合在内筒上，与内筒共同承受环向载荷。外筒间环缝不加联接，留有尽量小的间隙。内筒分为两大段施工，然后进行外筒套合及消除应力退火，两大段总装环缝分内外层全断面焊接，内层和外层用A3垫板隔开。

(b) 外壳两端为球形封头，它只跟内筒焊接。大口外圆按内筒外径加工出一段圆柱面，以便外筒套过环缝。

(c) 所有开口分别设在平顶盖、封头和大法兰上，筒体上不开设任何管口，每节外筒上有四个M10测温孔及若干个放气孔。上封头直径800mm开口用大型锻件加强，冷氢管和热电偶孔8个，开设在大型锻件上。下封头中央直径322mm开孔用锻件加强，两侧直径252mm孔用堆焊金属加强。

(d) 直径800mm开口用双锥密封，接管与外壳的联接用侧锥孔的自紧密封，管口密封用透镜垫。

这台反应器的试制经验，虽然为我国大型高压容器的制造开辟了一条新途径，但对套箍式结构的环沟宽度还应进一步试验研究。后因改革开放，引进了国外热壁加氢反应器。故此台套箍式反应器在石油三厂已成为空前绝后的产物，至今仍在服役。

④ 优点。实践证明，ϕ2.1m高压加氢双层套箍式反应器，结构是可靠的。它具有以下优点：

(a) 采用双层箍式结构，可以解决超厚钢板的供应和成型问题。它便于利用多种材质和规格的板材，可以节省昂贵的抗氢钢板，也不需要有重型卷板设备。

(b) 简化制造工艺，节省焊接工作量，它比绕带和层板包扎容器的制造工艺都要简单，同时套箍结构避免了异种钢的焊接，由于外筒的环沟不焊，几乎节省了一半的焊接工作量，因此既简化了工艺，又保证了焊缝的质量。

(c) 由于套箍结构的特点，内外筒可以微小滑移，适用于像加氢反应器那样局部热循环频繁的操作条件，减少热应力，避免了环缝全断面焊接结构轴向拘束而产生的剪切应力。

(d) 双层套箍结构有良好的抗脆裂性能，可以确保高压容器的安全操作。

(e) 套箍结构的制造工艺不复杂，除了需要进行卧套外，其他工艺均与单层卷板高压容器的制造相同。

由于压力温度波动引起内外层错动发出金属声响，这虽是正常现象，但是用声发射监听技术的应用变得复杂，必须研究该结构的摩擦声谱，以排除干扰。

石油三厂在役设备更新时，1971~1981 年相继投用了兰州石油化工机器厂制造的多台单板焊接加氢反应器，其材质为 20CrMo9 及美国钢种 $2\frac{1}{4}$Cr-Mo。(4 台 20CrMo9，4 台 $2\frac{1}{4}$Cr-Mo)

这部分容器焊道普遍存在一些缺陷，虽然分批进行了返修，但仍有 6 台容器的焊道存在不同程度的缺陷，有的缺陷严重超标，如 36 号筒环焊缝有 11 处缺陷(38 号 8 处、47 号 3 处、48 号 1 处、50 号 1 处)均严重超标。下面以 38 号为例，叙述其缺陷的性质及其形成原因。

4. 38 号加氢反应器

(1) 石油三厂加氢车间 4 台 20CrMo9 加氢反应器(编号为 36 号、37 号、38 号、39 号)，1976 年 6 月进厂。这几台设备在进厂检查及以后的检验中均发现有不同程度的缺陷存在(有的缺陷已超越了国家标准的规定)，其中以 38 号反应器的缺陷最严重。为消除隐患避免事故发生，决定对 38 号反应器的缺陷进行检验和返修，同时开展缺陷分析。

① 38 号反应器状况，该反应器规格为 ϕ1000mm×90mm×15260mm，共有焊缝 24 道。纵焊缝为电渣焊，环焊缝为手工封底自动焊。材料的机械性能、化学成分见表 4-2-16。

表 4-2-16 20CrMo9 材料性能

化学成分(规定)/%							
C	Si	Mn	S	P	Cr	Mo	Ni
0.16~0.24	0.15~0.35	0.30~0.50	<0.035	<0.035	2.1~2.4	0.25~0.35	<0.80

机械性能（规定）

资料来源	热处理状态	σ_s/(kgf/mm²)	σ_b/(kgf/mm²)	δ/%	Ψ/%	α_K/(kgf/mm²)	*HB*
DIN	910~940℃ 油或空冷 600~680℃空冷	≥45	65~80	≥15	—	横向≥4	—
工厂	930~960℃空冷 650℃回火 8 小时	53~57	65~69	18~20	67~69	>10	>190

续表

机械性能（规定）							
资料来源	热处理状态	σ_s/(kgf/mm²)	σ_b/(kgf/mm²)	δ/%	Ψ/%	α_K/(kgf/mm²)	*HB*
(制造厂)	930~960℃水淬 650℃回火8小时	59.1	71.8	16.7	59.0	>10	210~230

高温屈服点及蠕变强度(规定)

试验温度/℃	20	300	350	400	450	500
屈服点及蠕变强度/(kgf/mm²)	45	35	32	22	17	10

1972年3月，38号反应器安装在石油三厂加氢三套作第二反应器，其内壁衬有80mm厚保温材料。该反应器操作压力为20.0MPa，操作温度450~460℃，介质为油、氢气和少量的H_2S(H_2S含量一般在0.02%~0.04%，硫化时硫化氢高达1.0%~1.5%)。正常情况下，外壁温度保持在110~140℃。反应器至1978年4月停止使用，共运行了6年，累计达53266小时。

根据"钢制压力容器对接焊缝超声波探伤"的有关规定，90mm厚的焊缝内允许存在的缺陷长度不能大于21mm。1971年该反应器进厂后，曾进行100%超声波探伤检查，共查出缺陷25处，其具体分布见表4-2-17。从此表可见，超过国家标准规定的缺陷有10处，其中第一道和第七道环焊缝的缺陷最多、最严重。此后几年，对环焊缝缺陷进行定期检查发现，有的缺陷在逐年长大。如：原来第一道环焊缝中的多处小缺陷已发展到150mm×(60~70)mm(缺陷长度×埋藏深度)；而第七道环焊缝中的多处小缺陷则已发展到290mm×(55~75)mm。缺陷的发展引起了极大关注。为弄清这类缺陷的性质及形成原因，割下缺陷最严重的环焊缝进行了解剖。

表4-2-17 1971年检查时缺陷的分布状况

焊缝	缺陷数量 超标数/总数	缺陷分布	
		内壁	外壁
第一道环焊缝	3/7	1/2	2/5
第二道环焊缝	1/1	1/1	
第五道环焊缝	1/1		1/1
第七道环焊缝	3/10	0	3/7
第九道环焊缝	2		2
第十道环焊缝	2/4		2/4
缺陷合计	10/25	2/6	8/19

38号反应器严重缺陷部位进行返修的主要工作是：铲除第一道环焊缝的缺陷，打磨后进行补焊，将缺陷最严重的第七道环焊缝全部割下(沿焊缝中心线两侧各200mm割下一筒节)，再将反应器两筒节对焊起来，对割下的筒节进行缺陷分析和实验研究。

② 38号反应器的缺陷分析和实验。第一阶段的主要工作是缺陷分析，确定缺陷的性质并找出缺陷产生的原因；第二阶段的主要工作是对38号反应器以及同类的其他反应器进行断裂力学安全评定。

(a) 常规性能检验

对割下的第七道环缝各部(母材和焊缝、内壁和外壁)进行了常规理化性能检验、金相检验、冷弯试验等，其结果见表4-2-18~表4-2-20。检验中发现，第七道环缝两侧母材的冲击韧性显著不同：一侧 α_K 值正常，另一侧显著偏低(约为0.9~2.6kgf·m/cm²)且低于设计要求(>4kgf/cm²)。其他检查结果均属正常。母材显微组织为索氏体+铁素体，正常。

表4-2-18　第七道环缝各部位化学成分　%

取样部位	C	S	P	Si	Mn	Cr	Mo	Ni	Cu	Sn
低冲击值筒节	0.21	0.017	0.019	0.24	0.54	2.23	0.33	0.083	0.11	<0.01
高冲击值筒节	0.22	0.017	0.013	0.27	0.60	2.46	0.31	0.3	0.03	<0.01
自动焊肉1	0.06	0.014	0.023	0.39	0.64	2.83	0.95			
自动焊肉2	0.072	0.015	0.022	0.36	0.66	2.83	0.95			
自动焊肉3	0.11	0.015	0.02	0.37	0.66	2.88	0.91			
手工焊肉4	0.075	0.011	0.024	0.30	0.96	2.72	0.99			

表4-2-19　第七道环缝两侧母材机械性能

试样部位	σ_s/(kgf/cm²)	σ_b/(kgf/cm²)	δ_5	ψ	α_K/(kgf/cm²)
高冲击值	65	76.5	17.5	64.5	10.3，9.0，10.9
	68.5	82	19.5	60	10.4，11.1，8.5
筒　节	67	78	21	67.5	9.1，9.6，9.4
平均值	66.8	78.8	19.3	64	9.8
低冲击值	63.5	76	18.5	60.5	1.1，2.6
筒　节	64.5	76.5	17.5	63	1.3，1.2，0.9
平均值	64	76.2	18	61.7	1.4

表4-2-20　第七道环缝冷弯试验结果

编号	尺寸/mm	α	d	备注
1	22×34×300	180°	3α	侧弯：熔合线裂2mm
2	26×18×300	180°	3α	正弯：好
3	26×18×300	180°	3α	正弯：好

(b)缺陷探伤。为彻底查明第七道环缝的缺陷状态，以便准确进行解剖分析，对其作了详细全面的无损探伤检查(将缺陷检查结果绘成缺陷图谱)共查出缺陷111个。其中线性缺陷33个(718mm)，非线性缺陷78个，最长的缺陷约为340mm。

(c)缺陷分析。为了检查不同部位的缺陷形貌，采用多种机械方法对第七道焊缝中典型的20多个缺陷进行了解剖。取样部位遍布该环缝的4/5圈。

首先，对断口进行宏观分析：在100t拉力机拉断的断口上发现一条长20mm，宽约0.5mm的白亮条纹；在压断的焊缝断口上发现有很多夹渣、孔洞、气孔以及白点等缺陷；在拉伸试样的断口上发现有白点；在侧弯试样的断口上发现夹渣等。

38号反应器第七道焊缝原探伤查出最长的一条缺陷，石油三厂逐年检查认为已扩展至290mm长(制造厂检查为340mm长)。解剖发现，该缺陷是一条形夹渣，连续贯穿长达340mm左右，缺陷截面是扇形，半径约为3mm，分布在熔合线附近，靠近自动焊根部。

为进一步确定夹渣、未焊透、气孔、白点等缺陷的性质，用扫描电镜从低倍(20×)到高倍(5000×)以上进行连续观察。观察结果如下：

a. 未焊透。在低倍下就可以观察到未焊透的长条孔洞，孔洞两侧类似枝晶结构，这是典型的热裂纹断口形貌。同时观察到，沿孔壁分布大量的黑色夹渣，X射线粉末成相结果表明，其主要成分为 FeO、Al_2O_3、MgO、SiO_2 等氧化物的混合物。

b. 焊接气孔。在冲击断口上观察到，向下凹陷的圆形或椭圆形气孔主要沿熔合线分布，气孔壁显示为光滑的自由面，没有断裂特征。这表明这些气孔是在钢水凝固时形成的(不产生在断裂过程)。气孔壁常见夹杂、微气孔和疏松痕迹。这些可能是气孔形式的核心(熔池中气体吸附以及钢水凝固时，逸出的气体很容易在这些核心处集聚而形成气孔)。

c. 焊接白点。在拉伸断裂的熔合线断口上，可观察到凸起凹陷的圆形白斑。经高倍观察，在白点断口上总可以找到夹渣和显微气孔。这与焊接气孔不同之处在于，白点是在拉伸变形过程中形成的。这是由于焊接时，填充材料中的水(如结晶水、化合水、吸附水以及蒸汽等)进入电弧之后，分解产生的氢被熔池吸收，而上述那些夹杂、疏松等起着“陷阱”的作用，拉伸时的位错运动则“拖着”周围的氢气向核心集聚。这就是白点形成的原因。

(d) 含氢量分析。为查明介质对反应器各部位的渗透以及氢损伤情况，在解剖试块上测定了筒体各部位的氢含量。由于废筒节经高温切割，且又放置一年多，可能会有一部分氢气已逸出。为了检查钢中是否存在室温扩散氢，从解剖试块上取了母材和环缝的样品进行测定，结果表明，未见有氢气逸出。这表明经长期放置后，钢中的可扩散氢已基本上平衡。

高温定氢采用热导法自动快速定氢仪。其钢样分别在母材、纵焊缝及环焊缝上沿筒体厚度方向分内壁、中部、外壁选取。定氢结果表明：焊缝的氢含量高于母材，平均约高 1mL/100g。母材的氢含量比较均匀，焊缝的氢含量波动较大。这是由于焊缝缺陷中含有氢气(白点)所致。可以认为，内外壁的氢含量无甚差别，焊缝中的氢不是使用过程中渗入的介质氢，而是焊接过程工艺不当带来的。

(e) 缺陷断口的腐蚀产物分析。对筒体母材内壁附近的金相分析发现，铁素体增多，有明显的脱碳现象，筒体外壁的组织情况类似。由此可以认为，母材脱碳是轧制等加工过程形成的，并非氢腐蚀所致。对分布在熔合线上的一个孔洞缺陷所做的能谱分析表明，其主要元素为 Fe、Cr、Mn 等，与焊丝成分相近。而对焊缝内的一大块夹渣所作的能谱分析表明，其主要成分则表明焊剂相同。上述分析结果说明，焊缝中的缺陷均属于焊接缺陷。

③ 焊缝缺陷性质及成因

(a) 38 号反应器第七道环缝中存在的大量缺陷，基本上属于夹渣、未焊透、气孔、白点等焊接缺陷。绝大部分分布在自动焊与手工焊的交界处，且多分布于熔合线附近。这些缺陷的形成原因主要是焊接工艺不当。从焊缝剖面可以发现，焊接坡口角度过小，无法确保焊根处的质量。此外，焊丝校直不够，除污不净，烘干不够等也是产生焊接缺陷的原因。

(b) 第七道焊缝中最长的一条缺陷(石油三厂检查 290mm 夹渣，实测 340mm 长的那条)，经解剖观察其焊缝横剖面，发现该处有明显返修的痕迹。说明生产制造时已检查出此缺陷，但当时返修不彻底、不认真。

④ 环缝两侧母材 α_K 值不同的原因分析

检查发现，第七道环缝两侧母材的 α_K 值显著不同，其中一侧 α_K 值很低。为查找 α_K 值低的原因而进行的主要试验有：将焊缝两侧筒节(母材)分别补充进行不同温度的回火处理，以及正火+不同温度回火处理，之后进行性能检验。检验结果如下：①原 α_K 值高的筒节，无论经过哪种处理，其机械性能变化都不大。②原 α_K 值低的筒节，补充进行不同温度回火处理的情况是：低于 620℃ 回火时性能变化不大；超过 620℃ 回火时筒节的强度下降，但韧性改善；在 650~670℃ 回火可获得良好的综合机械性能。③原 α_K 值低的筒节，经正火+不同温度回火处理的情况是：凡经650℃以上回火，α_K 值达到要求；而在620℃以下回火则 α_K 值很低，在600℃左右回火 α_K 值最低(仅0.8 kgf · m/ cm^2 左右)，与筒节原 α_K 值接近。这说明 α_K 值低的筒节，出制造厂时的热处理状态相当于正火+600℃回火。④经各种热处理后的显微组织均为索氏体+铁素体，只不过碳化物的弥散度及形态略有差别。

按热处理工艺与制造工序的要求，38号筒应进行两次正火(卷板时一次，电渣焊后校圆一次)高温(670℃)回火，最后整体退火(660^{+15}_{-10} ℃)。综上所述试验结果可以做出如下分析：α_K 值低的筒节制造时在校圆正火后漏掉了高温回火工序，或者高温回火温度没有超过620℃，这是其韧性低的原因。将其再次经过670℃回火处理，可重新获得良好的综合机械性能。

38号反应器在返修中经过两次整体退火处理(660^{+15}_{-10}℃)，α_K 值低的问题已不复存在了。

⑤ 小结

(a) 38号反应器焊缝中的缺陷均属焊接缺陷，没有扩展的裂纹。

(b) 38号反应器原第七道环缝一侧母材 α_K 值低的原因是制造时热处理(回火或退火)温度没有超过620℃。反应器返修完毕重新经过了 660^{+15}_{-10} ℃退火处理，使 α_K 值上升到正常值，从而解决了38号反应器母材冲击韧性低的问题。

(c) 38号反应器曾经经过近六年约5万多小时的使用，实验证明没有产生氢损伤。

5. 套箍式加氢反应器的有限元应力分析

冷壁反应器保温层脱落的原因，用有限元法对其稳态温度场和应力进行计算，分析，提出了解决这一问题的议建。

1984年石油三厂曾发生几起保温层脱落致使反应器局部过热现象。为了设备的安全运行，选400kt/a加氢裂化装置中的套箍式加氢反应器，用有限元法对其稳态温度场和应力进行了计算，叙述如下：

(1) 加氢反应器筒体结构的特点

① 设计条件。设计压力21.0MPa；操作压力19.6MPa；设计壁温≤300℃；操作时内部构件温度450℃；操作介质：油、氢和少量 H_2S；保温材料为大颗粒膨胀珍珠岩，厚度为100mm。

② 筒体结构。反应器采用双层套箍式壳体经改造后制成。所谓套箍式即内筒用焊接连成整体，承受全部轴向载荷，外筒是一节节环箍式套筒，利用热套的办法使一节节套箍套在内筒上，共同承受环向载荷。外筒环缝不焊，其间隙控制在6mm范围之内。内筒用20CrMo9抗氢钢卷焊，外筒环用18MnMoNb普低钢卷焊，套合面需经机械加工。

板结构容器套合，一般都用大过盈量加消除应力处理，即并未利用热套所产生的残余应力来提高容器的强度，使热套容器相当于单层厚壁筒。因为对最佳过盈量要求太严(本设备经计算最佳过盈量为0.34mm时，一般加工精度难以保证，该设备实际套合过盈量为4mm±1mm。筒体两端为半球形封头，容器所有开孔分别设在头盖上，筒体不开孔。上封头 ϕ800mm孔用双锥密封，反应器结构见图4-2-12所示。

(2) 反应器壳体温度及应力场计算

受力模型及设计参数选择。本设备系轴对称结构，用8节点等参元程序进行计算，其受力模型见图4-2-13。

几点假设为：ⓐ设筒体为同一材质忽略套合预应力的影响；ⓑ固紧螺栓载荷在螺栓节圆

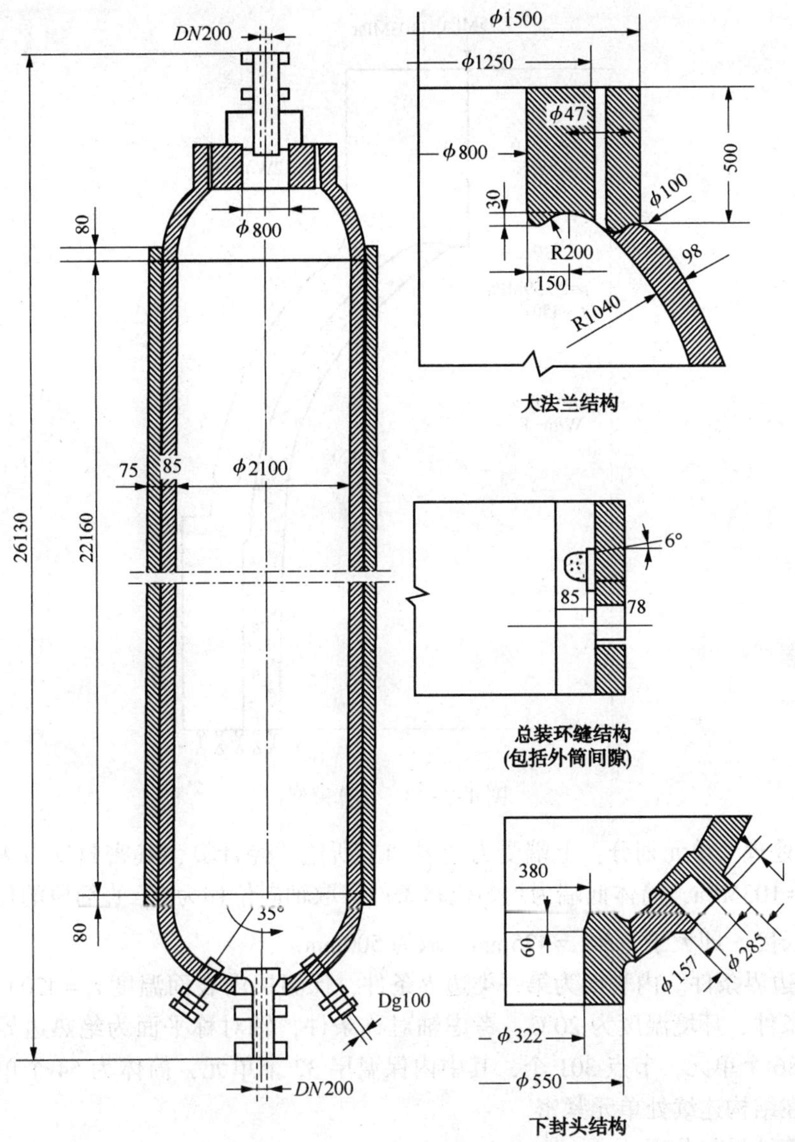

图 4-2-12 反应器结构图

上的均匀分布；ⓒ双锥密封反力垂直作用于法兰边缘，为线载荷；ⓓ设顶封头为不开孔结构。

① 特征参数的选择

(a) 物性参数。筒体材料弹性模量 $E^{200℃}=0.197\times10^6$MPa；

筒体材料线膨胀系数 $\alpha_{20℃}^{200℃}=12.25\times10^{-6}$cm/(cm·℃)；泊桑比 $\mu=0.3$；

内保温层材料弹性模量 $E^{400℃}=0.0152\times10^6$MPa

内保温层材料线膨胀系数 $\alpha_{20℃}^{400℃}=6.2\times10^{-6}$cm/(cm·℃)；泊桑比 $\mu=0.17$。

(b) 热特性参数。内流体对保温层和器壁的放热胀系数 α 分别为 162.8W/(m^2·K)和 325.6W/m^2·K；壳体和保温材料的导热系数 λ 分别为 34.88 和 0.29W/m^2·K；保温层内壁温度 $t_1=420℃$；外壁对空气的对流放热系数 $\alpha=10+6\sqrt{\omega}$，而风速 ω 为 5m/s。

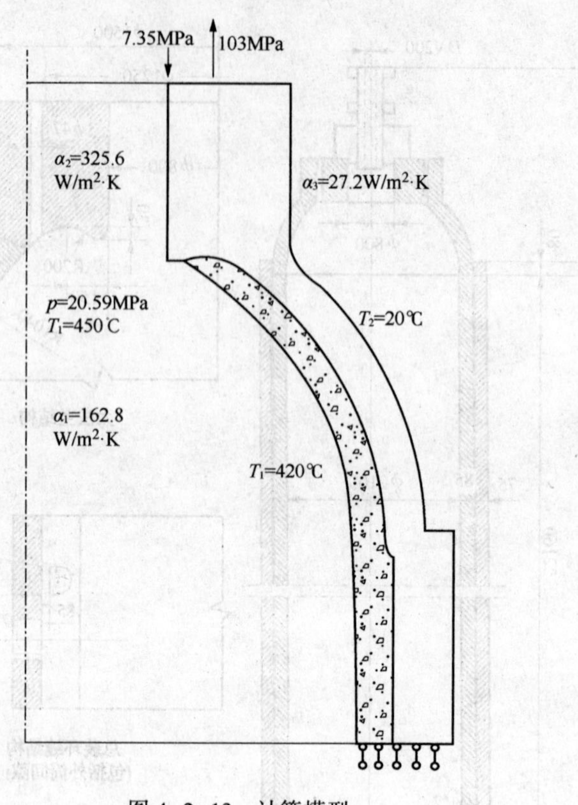

图 4-2-13　计算模型

② 边界处理及单元划分：上端受力边界如上所述。经计算，其密封反力 $F=7.35$MPa，螺栓载荷 $W=103$MPa，筒体低端为均匀位移条件，取轴向位移为 0；直筒段的长度取大于边界效应影响长度，即大于 $\sqrt{RS}=425$mm，取为 500mm。

③ 温度边界条件。内表面为第一类边界条件，保温层内表面温度 $t_1=420$℃；外表面为第二类边界条件，环境温度为 20℃，考虑轴对称条件，轴对称平面为绝热边界。本计算模型共划分为 86 个单元，节点 301 个，其中内保温层 32 个单元，筒体为 54 个单元。为提高计算精度，在结构连续处单元紧密。

（3）计算结果与分析

① 温度场的计算结果分析。整个壳体温度分布见图 4-2-14。无内保温部分径向温差在 120℃左右，轴向温度梯度较小，最高温度在法兰低缘端点，即 408.46℃，由于是内热式，在内壁面产生较大压应力，但对结构强度影响不大。

球形封头与直管段，由于有内保温，壁面温度较低，径向温度较小。轴向温度由 388.93℃逐渐下降到 58.47℃（内壁面），轴向温度梯度为 4℃/cm，温度陡降面在法兰与球形封头交界处。

图 4-2-15 所示为直筒段沿壁厚及保温层厚度的温度分布规律。保温层径向温差 361.2℃，温度梯度 36℃/cm；筒体径向温度差为 4℃，梯度为 0.25℃/cm；图 4-2-16 所示为球形封头及保温层径向温度分布曲线，保温层内外壁温差 240℃，梯度 24.6℃/cm；封头壁面温度差 7.2℃，梯度 0.76℃/cm。可见保温层的隔热效果很明显，但轴向和径向温差大，温度应力大，应注意保温层的强度及保温层与筒壁的连接强度。在法兰与封头连接处，温差大，不可忽视。

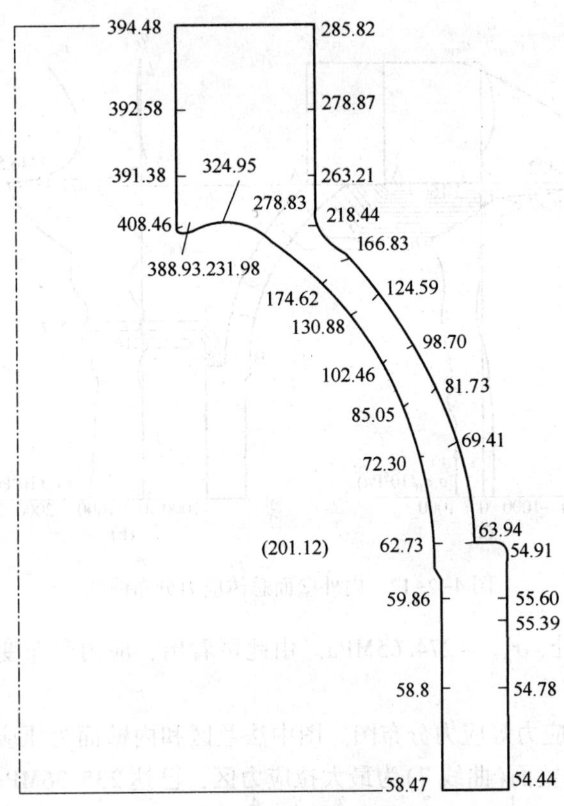

图 4-2-14　稳定温度场分布图

注：图中单位为摄氏度

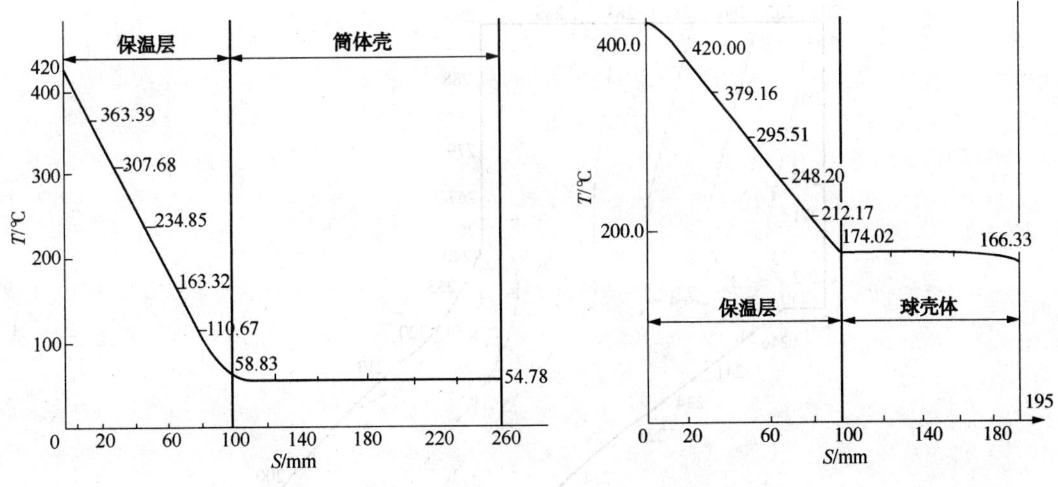

图 4-2-15　筒体沿壁厚温度分布曲线　　图 4-2-16　球形封头沿壁厚的温度分布曲线

② 应力场计算结果分析：在温度和压力载荷共同作用下，应力分布特点如图 4-2-17 所示。

图 4-2-17(a)为内壁面应力分布。在 A-A 和 B-B 截面处的环向应力变化突然，这是因结构不连续和温差大所造成的。由于是内热式，A-A 面处为环向压应力 $\sigma_{\theta}=-242.2$MPa，温度应力影响大。图 4-2-17(b)为外壁面应力分布，无论是 $\sigma_{\gamma外}$ 或 $\sigma_{\theta外}$ 均为拉应力，最大

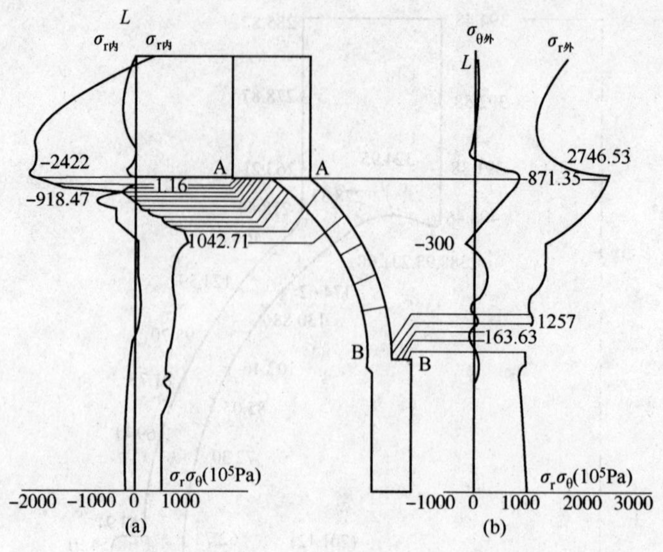

图 4-2-17 内外壁面总体应力分布曲线

应力发生在 A-A 截面处，$\sigma_{\theta外}$ =274.65MPa。由此可看出，应力分布变化大的区域在法兰及法兰与封头连接区。

图 4-2-18 为环向应力等应力分布图。图中法兰区和内壁面为压应力区(曲线 1)，到曲线 4 为零应力区，到外壁面(曲线 7)为最大拉应力区，已达 235.36MPa。由内壁向外壁的应

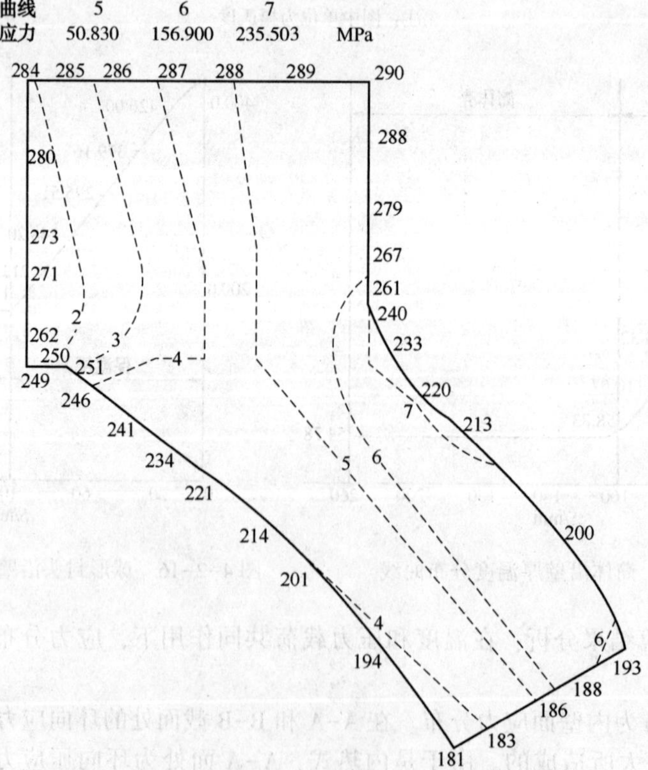

图 4-2-18 环向应力等应力分布曲线

力梯度越来越大，曲线 6 到曲线 7 的应力梯度为 78.5MPa，最后汇集到 220 点附近，此处应力最大，$\sigma_{max}=\sigma_{\theta外}=274.6$MPa。

③ 强度校核。A-A 截面为危险截面。由于压力载荷，温度载荷及结构不连续引起的局部应力，其节点 220 的应力强度

$S=\sigma_{max}-\sigma_{min}=274.6-87.14=187.46$ MPa $<3[\sigma]=470.7$MPa。而内壁面 249 点。

线	1	2	3	4
应力	-215.700	-147.100	-68.640	0.000
线	5	6	7	
应力	50.830	156.900	235.350	MPa

结构突变，又是有无保温层的交界点，温度最高，其应力强度为：

$$S=\sigma_{max}-\sigma_{min}=[-1.16-(-242.2)]=243.4\text{MPa}<3[\sigma]$$

（4）小结

① 上述危险截面是合格的，且有较大的安全裕度。式中[σ]为筒体材料许用应力，[σ]=157MPa。

② 保温层脱落是国内冷壁加氢反应器普遍存在的问题，至今没有很好的解决办法。但由于热壁反应器的出现，该问题自然就解决了。对现有冷壁反应器来说，根据上述计算和分析，应当使保温材料的热膨胀系数尽量接近钢材的线膨胀系数。因温差较大，在保温层中也产生了较大温度应力，即保温层材料不仅着眼于耐压强度，而且还要注意抗拉强度，例如在保温层中加入加强筋或设计成耐磨双层结构。

③ 应着手对冷壁加氢反应器(包括套箍式的)在高温下(大于 300℃)的氢腐蚀疲劳及热疲劳方法的讨论，为热壁反应器的工业应用创造条件。

④ 由于套箍而使结构突变，但其引起的边缘应力较小，可不必考虑。

6. ϕ2100mm 套箍式反应器在高壁温下强度校核

（1）核算原因

400kt/a 加氢装置加氢精制反应器于 1985 年 9 月 4 日发生局部壁温超高现象，位置在第 4 节外筒与第五节外筒的接缝处。壁温温度 294℃，最高曾达 305℃. 为保证生产任务及设备的安全运行，决定该反应器壁温仍控制在 300℃以内连续生产运行。为确保该反应器的安全运行，特进行此次核算以取得科学依据。

（2）计算数据

反应器内径　　$D_n=2100$mm

内筒厚度　　$s_1=85$mm

外筒厚度　　$s_2=75$mm

设计压力　　$p=21.0$MPa

设计壁温　　$T\leqslant300$℃

腐蚀裕度　　$C=5$mm

弹性模量　　$E=2.1\times10^6$kg/cm^2

材质

　内筒：　　20CrMo9

　外筒：　　18MnMoNb

材质性能见表 4-2-21。

表 4-2-21 材质性能

材 质	20CrMo9	18MnMoNb	材 质	20CrMo9	18MnMoNb
σ_b	65	65	$\sigma_s^{300℃}$	35	38
σ_s	45	50	$\sigma_s^{350℃}$	32	37
$\sigma_b^{300℃}$	58	58	$\sigma_s^{400℃}$	22	36

（3）计算公式

① 轴向应力

$$\sigma_z = \frac{p}{k^2 - 1}$$

② 介面压力

$$q = \frac{(k_2^2 - 1)(2 - \mu)}{2(k_1^2 k_2^2 - 1)}p$$

③ 环向压力

$$\sigma_f = \frac{p(k^2 + 1)}{k^2 - 1} - \frac{q \times 2k^2}{k^2 - 1}$$

④ 安全系数

$$n_b = \frac{\sigma_b}{\sigma}\varphi \geqslant 3$$

$$n_s = \frac{\sigma_s}{\sigma}\varphi \geqslant 1.6$$

式中 p——介质压力；

k——筒体内外径比；

k_1——内筒内外径比；

k_2——外筒内外径比；

μ——泊桑比，取 $\mu = 0.3$；

ψ——焊接系数，$\psi = 0.95$。

（4）强度核算。此次核算按 8 种情况进行：

操作压力：p 取 18.0MPa 和 17.0MPa；壁温：T 取 350℃和 400℃。

① 内筒轴向应力校核

（a）$p = 18.0$MPa

$$\sigma_z = \frac{p}{k^2 - 1} \qquad k_1 = \frac{D_W}{D_N} = \frac{2270}{2100} = 1.081 \qquad k_1^2 = 1.168$$

$$\therefore \qquad \sigma_z = \frac{180}{1.168^2 - 1} = 1071\text{kg/ cm}^2$$

实际安全系数：

$$T_B = 350℃ \text{ 时} \qquad n_s = \frac{3200}{1071} \times 0.95 = 2.84 > 1.6\left(n_s = \frac{\sigma_s^{350}}{\sigma_z} \times \psi\right)$$

$$T_B = 400℃ \text{ 时} \qquad n_s = \frac{2200}{1071} \times 0.95 = 1.95 > 1.6\left(n_s = \frac{\sigma_s^{400}}{\sigma_z} \times \psi\right)$$

∴ 安全可靠

(b) $p = 17.0\text{MPa}$

$$\sigma_z = \frac{170}{1.168^2 - 1} = 1012\text{kg/cm}^2$$

实际安全系数：

$T_B = 350$℃ 时 $\qquad n_s = \frac{3200}{1012} < 0.95 = 3.0$

$T_B = 400$℃ 时 $\qquad n_s = \frac{2200}{1012} < 0.95 = 2.07$

均大于1.6，故安全。

② 内外筒的环向应力

(a) 介面压力：

$$q = \frac{(k_2^2 - 1)(2 - \mu)}{2(k_1^2 k_2^2 - 1)} p$$

$p = 180\text{kg/cm}^2 \qquad k_2 = \frac{2420}{2270} = 1.066 \qquad k_2^2 = 1.1365$

$q = \frac{(k_2^2 - 1)(2 - \mu)}{2(k_1^2 k_2^2 - 1)} p \qquad q_1 = \frac{(1.1365 - 1)(2 - 0.3)}{2(1.168 \times 1.135 - 1)} \times 180 = 63.78\text{kg/cm}^2$

$p = 170\text{kg/cm}^2 \qquad q_2 = \frac{(1.1365 - 1)(2 - 0.3)}{2(1.168 \times 1.1365 - 1)} \times 170 = 60.24\text{kg/cm}^2$

(b) 内筒环向应力(不计残余热套应力)

a) $p = 180\text{kg/cm}^2$ 时

$$\sigma_{1t} = p_i \frac{k_1^2 + 1}{k_1^2 - 1} - q_1 \frac{2k_1^2}{k_1 - 1}$$

$$= \frac{180(1.168 + 1)}{1.168 - 1} - \frac{63.78 \times 2 \times 1.168}{1.168 - 1} = 2322.86 - 886.85$$

$$= 1436kg/\text{cm}^2$$

实际安全系数：

$T_B = 350$℃ 时 $\qquad n_s = \frac{3200}{1436} \times 0.95 = 2.12 > 1.6$

$T_B = 400$℃ 时 $\qquad n_s = \frac{2200}{1436} \times 0.95 = 1.46 < 1.6$

b) $p = 170\text{kg/cm}^2$

$$\sigma_{1t} = p_i \frac{k_1^2 + 1}{k_1^2 - 1} - q_1 \frac{2k_1^2}{k_1 - 1}$$

$$= \frac{170(1.168 + 1)}{1.168 - 1} - \frac{60.24 \times 2 \times 1.168}{1.168 - 1}$$

$$= 2193.81 - 837.62 = 1356\text{kg/cm}^2$$

实际安全系数：

$T_B = 350$℃时 $\qquad n_s = \frac{3200}{1356} \times 0.95 = 2.23 > 1.6$

$T_B = 400℃$时 $$n_s = \frac{2200}{1356} \times 0.95 = 1.53 < 1.6$$

∴ 350℃时安全，400℃时不安全。

（c）外筒环向应力

a）$p = 18.0\text{MPa}$

$$\sigma_{2t} = q_1 \frac{k_2^2 + 1}{k_2^2 - 1} = \frac{63.78(1.1365 + 1)}{1.1365 - 1} = 998.3\text{kg/cm}^2$$

考虑热套残余应力，取 $\sigma_{残} = 500\text{kg/cm}^2$

b）$\sigma_{2t} = 998 + 500 = 1478\text{kg/cm}^2$

实际安全系数：

$T_B = 350℃$时 $$n_s = \frac{3700}{1498} \times 0.95 = 2.35 > 1.6$$

$T_B = 400℃$时 $$n_s = \frac{3600}{1498} \times 0.95 = 2.28 < 1.6$$

∴ 安全

c）$p = 170\text{kg/cm}^2$

$$\sigma_{2t} = q_2 \frac{k_2^2 + 1}{k_2^2 - 1} = \frac{60.24(1.1365 + 1)}{1.1365 - 1} = 943\text{kg/ cm}^2$$

考虑热套残余应力，取 $\sigma_{残} = 500\text{kg/cm}^2$

$\sigma_{2t} = 943 + 500 = 1443\text{kg/ cm}^2$

实际安全系数：

$T_B = 350℃$时 $$n_s = \frac{3700}{1443} \times 0.95 = 2.44 > 1.6$$

$T_B = 400℃$时 $$n_s = \frac{3600}{1443} \times 0.95 = 2.37 > 1.6$$

∴ 安全

（d）外筒轴向应力

$$\sigma_{2z} = \frac{p}{k^2 - 1} \quad 式中：p = 18.0\text{MPa} \quad k = \frac{2420}{2100} = 1.152$$

$$\therefore \sigma_{2z} = \frac{180}{1.328 - 1} = 549\text{kg/cm}^2$$

实际安全系数：

$T_B = 350℃$时 $$n_s = \frac{3700}{549} \times 0.95 = 6.4 > 1.6$$

$T_B = 400℃$时 $$n_s = \frac{3600}{549} \times 0.95 = 6.23 > 1.6$$

∴ 安全

（5）小结

从以上核算可以看出，当壁温在350℃时，无论操作压力为18.0MPa还是17.0MPa均是安全的。但是当壁温在400℃左右时情况就不同了。无论压力是17.0MPa还是18.0MPa，内筒状况均属不安全状态。而且此温度正是回火脆性的温度范围(371℃)。因此绝对不允许在此温度范围内使用。但当筒体外壁温度达350℃时，筒体内壁温度将在370~380℃之间仍是危险区域。因此，反应器的壁温控制范围应在320~330℃之间绝不可以超过330℃，这样才能保证反应器在局部壁温超高的情况下安全运行。

7. 冷壁反应器存在的问题

(1) 冷壁反应器器壁超温

冷壁反应器器壁超温是个普遍的问题，其原因有：

① 反应器床层压力降过大，致使物流穿过质地疏松的混凝土，将大量热量传递给器壁而造成超温。

② 内衬里出现损坏和裂纹等缺陷，造成介质短路引起超温。

③ 内构件设计太复杂、支耳和开口太多。支耳除直接向器壁传热而容易出现热点外，也给衬里施工带来困难，造成反应器器壁超温。

④ 反应器器壁外涂变色漆，变色漆所能经受的温度不能太低，一般涂能耐280~290℃温度的变色漆。

(2) 衬里质量差

衬里质量受材料配比、施工、养护、烘干和管理等一系列因素的影响，但由于衬里施工麻烦，劳动强度大、环境恶劣，专业化施工队伍少；往往各厂自己施工，施工时往往为赶进度而忽视质量。另外支耳和开口多，给衬里施工造成更大困难。

(3) 内构件结构落后

由于冷壁反应器大都在20世纪60年代和70年代制造，限于当时技术水平，其内构件结构较落后，已不适应当代加氢技术要求，迫切要求对老式冷壁反应器构件进行新技术改造，发挥冷壁反应器潜在效益，保证装置“安、稳、长、满、优”生产。

二、热壁加氢反应器

热壁加氢反应器的器壁直接与介质接触，器壁温度与操作温度(420℃左右)基本一致。所以称为热壁反应器。虽然热壁加氢反应器的制造难度较大，一次性投资较高，但它可以保证长周期安全运行，目前已在国际上普遍采用。随着我国冶金工业的发展。尤其是在上个世纪80年代中国第一重型机械厂给抚顺石油三厂制造我国第一台热壁加氢反应器。通过消化吸收国外技术和国内自行研制开发，我国制造热壁加氢反应器的技术日臻成熟，国产化率逐年提高。

1. 热壁反应器的优点

热壁反应器与冷壁反应器相比，有如下优点：

① 器壁相对不易产生过热现象，从而提高使用的安全性。

② 在相同外形尺寸下，其有效容器利用率(系反应器中催化剂装入体积与发生反应器实际容积之比)增加(热壁可达80%~90%，而冷壁只有50%~65%)，提高了生产能力。

③ 施工周期短，生产维护较方便。

2. 我国自行研制首台锻焊结构热壁加氢反应器在石油三厂的应用

为了提高加氢反应器的安全性和使用效率，根据从日本引进热壁加氢反应器的技术信息，结合厂内设备更新换代需要，石油三厂提出采用热壁结构反应器的要求；洛阳石化工程公司(洛阳设计院)在承担茂名炼厂和南京炼厂加氢裂化装置引进工程技术工作中，有开发这整套新技术的愿望；第一重型机械厂具有优良的装备，正处在从军用向民用转产的过程中，也有承担研制热壁反应器的积极性需要。同时冶金部钢铁研究总院和合肥通用机械所这两个对压力容器的材料、制造有丰富科研经验的单位，也有同样地愿望。五方面的积极性结合起来，组成了“热壁加氢反应器联合攻关组”。后在中国石油化工总公司的组织和大力支持下，联合攻关组在短短的一年多的时间里，通过“实验室”试验，工业性扩大研制和筒体组合件(外径 1650mm，长约 2m，壁厚与实际产品相当，钢锭重 28t)工业型试验取得了三万多个数据，突破了主要技术难关。在此基础上，1986 年开始试制。该反应器的规格与主要参数为：内径：1800mm；壁厚：150mm；长度：22000mm（切线至切线）；设计压力：20. 6MPa；设计温度：450℃；介质为油、油气、氢气+0. 1%(体积分数)硫化氢；壳体材料：$2\frac{1}{4}$Cr-Mo、堆焊 TP347 或 TP309+TP347；总重：220t。

反应器的几何形状如图 4-2-19 所示。

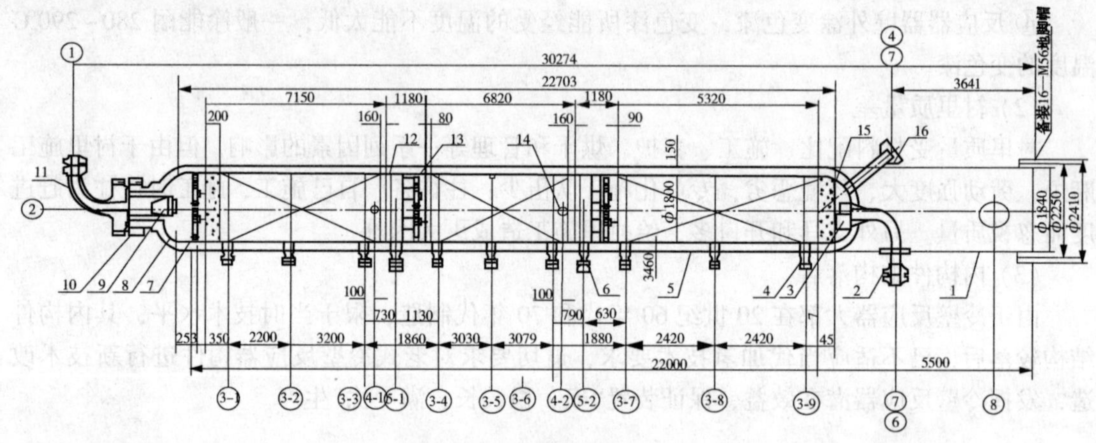

图 4-2-19　研制反应器简图

1—裙座；2—底部弯管；3—出口收集器；4—热电偶；5—筒体；6—冷氢管；7—顶部分配盘；8—上封头；9—入口扩散器；10—入孔接管法兰；11—顶部弯管；12—格栅；13—冷氢喷射盘；14—催化剂卸料口；15—下封头；16—催化剂卸料口

攻关组本着精心研究、精心设计、精心制造的指导思想，经过共同努力、顽强攻关，终于在 1989 年 3 月 26 日制造出我国自行研究、自行设计、利用国产材料自行制造的第一台锻焊结构热壁加氢反应器，结束了长期依靠进口的局面，填补了我国一项技术空白。

(1) 首台锻焊结构热壁加氢反应器国产化技术状况

① 对主要技术关键的攻关。在开发锻焊结构热壁加氢反应器技术中，意识到既要解决大型筒节锻造技术，更重要的还要从工程应用上解决在使用中可能出现冷壁反应器并不突出或不曾出现的特殊问题和损伤现象，因为热壁加氢反应器直接在高温高压和含有 H_2、H_2S 的苛刻环境中使用。这些条件可能会使反应器产生诸如氢腐蚀、氢脆、H_2S 的高温腐蚀(有氢共存)、Cr-Mo 钢的回火脆性，连多硫酸的应力腐蚀开裂和奥氏体不锈钢堆焊层的剥离等问题。处理和解决好这些问题，在很大程度上主要取决于制造反应器的材料(包括金属)。既要满足规范规定的力学性能又要具有优越的抗环境脆性性能；要控制好实际产品上的应力分布与水平以及掌握对结构设计的技巧。为此，开展了主要研制内容包括设计技术、制造技术满足规范规定的力学性能，又要具有优越的抗环境脆性性能，要控制好产品上的应力分布

(含主体材料、焊接材料和产品制造技术)、安全使用等方面的攻关。具体主要对以下难题进行工作。

(a) 采用"以应力分析为基础的设计方法"提高设计的准确性和使用可靠性。在国内外反应器上曾发生过的各种脆性破坏中，应力水平是个重要的影响因素。所以了解反应器各主要部位的应力分布情况，并控制其大小，对保证反应器的安全使用是很重要的。为此开发或移植编制了包含稳态、瞬态、加温度场和不加温度场的二维等参单元和三维等参单元多项应力分析程序，在国内炼油设备设计史上头一次采用了"以应力分析为基础的设计方法"。对反应器中可能出现高应力的顶部、底部、催化剂格栅支持圈处和冷氢入口处等部位按内压和内压与温差联合作用或内压作用进行详细的应力分析计算及应力评定。所有应力评价断面上的一次应力及所有评价点上的一次应力加二次应力都满足 ASME Sec，Ⅷ div. 2 的条件。

(b) 设计合理的结构，改善结构的应力分布。国外在发展此项技术的过程中，曾有因结构设计的不完善或不合理而给各种损失提供了有利条件的例子。为此有针对性地对金属环八角垫的法兰密封槽拐角处作了改进，加大拐角半径(见图 4-2-20)，并通过设计和制造的公差控制，保证八角垫与密封槽两侧均匀接触或确保外侧面接触，力戒仅内侧面接触。另外，对承受催化剂的格栅支撑圈也设计成与母材连成一体的整圈凸台结构(见图 4-2-21)；把支承裙座设计成整体锻环结构，使与下部裙座成为对接连接，既改善了应力分布，又便于进行无损伤检查(见图 4-2-22)。

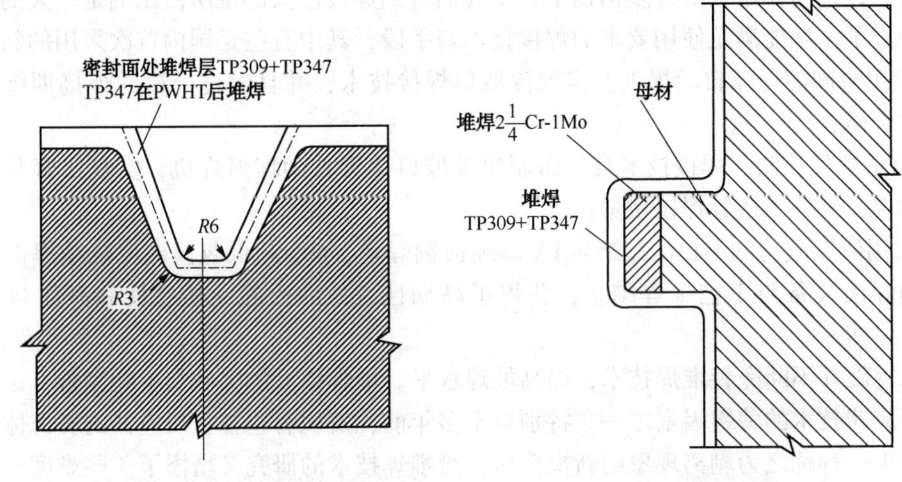

图 4-2-20　改进后的八角垫法兰密封槽　　　图 4-2-21　改进后的支持圈结构

(c) 获取高品质锻件的研制技术。为防止反应器在使用中发生各种脆性破坏的可能性，特别注意处理和解决好与材料有关的冶金学问题：

a. 精选炉料，严格控制原材料中易引起的 $2\frac{1}{4}$Cr-Mo 钢回火脆化的 As、Sn、Sb 等有害杂质元素含量，为生产纯洁的母材创造条件；

b. 利用粗炼、精炼期的不同渣系特点，强化脱 P 和脱 S，以降低钢材的冷热脆裂倾向；

c. 采用真空碳脱氧(VCD)的冶炼方法进行脱氧和脱氮，使氧、氮、氢的含量极低(如 H^+含量小于 1μg/g)；

d. 采用加热镦粗-拔长-下料-加热-镦粗-冲孔-扩孔等多次控温加热和控温锻造，严格控制总锻比和纵横向锻比值的特殊技术，获得了组织细化、致密和各向异性小的细晶粒(晶

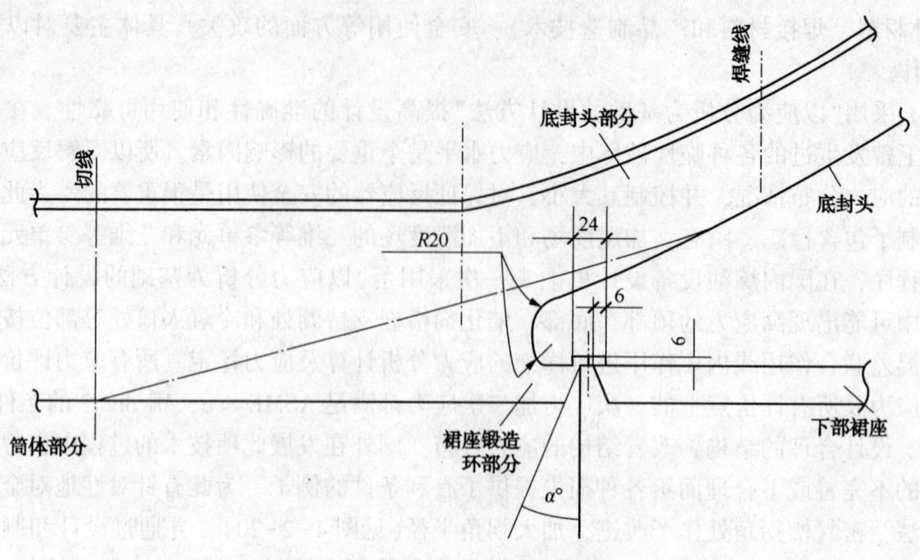

图 4-2-22　改进后的支承裙座结构

粒度一般为 6~7 级)的高品质锻件。

(d) 开发或采用多种满足使用要求的先进焊接技术。焊接质量对保证产品的安全使用是至关重要的，因为在过去的许多损伤中，使我们看到焊接接头部位所占比例是较大的。因此采用或开发了多项能满足使用要求的焊接技术与手段，其中有些是国内首次采用的新工艺：

a. 应用窄间隙埋弧自动焊工艺实现深坡口焊接技术，并且经过严格的焊接训练使焊缝质量一次合格；

b. 应用现代控制与焊接技术自行研制出深坡口接管自动埋弧焊机，实现接管与壳体连接的自动焊，保证了接管焊接质量；

c. 采用研制成功的 H13Cr2.25Mo1A 高纯镀铜焊丝、603 超低氢高碱度烧结焊剂等焊材与确定的焊接装备与工艺施焊结果，获得了高韧性、低回火脆化敏感性和高质量的焊缝金属。

(e) 突破并不断完善堆焊技术，提高堆焊水平。堆焊技术的突破与不断完善，是开发热壁加氢反应器技术的关键因素之一。特别是十多年前，发现有些在役反应器的奥氏体不锈钢堆焊层产生一种称之为剥离现象的新损伤后，给堆焊技术的研究又增添了一些难度。为此进行了不少的试验与攻关工作：

a. 开展了堆焊难度更大的单层带极堆焊工艺的研究，并针对有人认为浅熔深单层堆焊不利于提高抗剥离能力的见解，采取了某些改进措施，首次在国内研制的反应器中实现了单层 Tp347 堆焊技术；

b. 针对接管结构形状和尺寸大小不相同，且小口径内壁堆焊又较难的实现，下功夫研制成功了小管内孔自动焊机，根据不同管径，可进行 TIG 焊(钨极氩弧焊)、MIG 焊(熔化极 CO_2 气体保护焊)等自动堆焊工艺，并取得成功；研制适合性能要求的配套国产系列堆焊材料，如单层堆焊的焊带，双层堆焊的 2 种焊带及焊丝，手工堆焊的 2 种焊丝等等，并通过开展 Nb 含量对堆焊层冷弯脆性影响的试验研究，确定了合适的含量范围，提高了堆焊层的抗剥离能力。

(f) 探索最佳热处理工艺，使产品获得良好的综合性能。为适应反应器的操作条件，要求材料(包括焊缝金属)既要达到规定的力学性能，又要具有高的抗环境脆裂能力。可是要同时提高这两方面的性能，在制定热处理工艺时往往是相互矛盾的。例如在进行性能热处理时，选定较低的奥氏体化温度对减小回火脆性敏感性有利，但太低将会使力学性能(特别是屈服强度)受到很大影响。又如在选择奥氏体化的冷却速度时，由于冷却速度不同，将会形成不同的显微组织，也会对上述两种性能产生不同影响。所以经过探索与研究后，奥氏体化温度定为900~920℃，随后水冷再经640~660℃回火并确定采用其他的热处理工艺后，使产品的母材、焊缝和接头最终都获得了所有希望的综合性能。

② 反应器的技术状况。本研制反应器是以20世纪80年代初从日本引进的同类反应器的实际水平做为攻关奋斗目标的高起点，同时又特别注意跟踪世界此项技术进展的动向，在可能的条件下、不断充实、改进与完善其研制内容与工作。所以这台反应器全面达到设计要求，制造技术是先进的。这从设计中的要求及实际的分析结构和制造中大量试验与检验数据以及为了保证安全使用所开展的母材、焊缝金属和堆焊层性能的多项目、多状态的验证性试验结果都可得到证明。主要表现在：

(a) 依照“以应力分析为基础的设计方法”进行设计，既加深设计深度，了解和控制了应力水平，又对制造提出了与常规设计不同的试验、检验项目。如对主焊缝的超声波探伤就要100%地在不同制造阶段进行三次。

为了了解反应器各主要部位的应力分布情况，并控制其应力大小，采用以“应力分析做为基础”的设计方法，依据ASME第Ⅷ篇第二分篇要求进行。采用这种设计方法，在国内炼油设备的设计史上还是头一次，它需要有较复杂的大型电子计算机程序。洛阳设计院开发和移植了多项应力分析程序，全部采用有限单元法，对反应器中可能出现高应力的四个关键部位(顶部结构部分、底部结构部分、塔盘支持圈与筒体连接处及侧壁冷氢开口与筒体的连接处)，按内压和内压与温差联合作用进行详细的应力分析计算及应力评定，并且所有应力评价断面上的一次膜应力及所有评价点上的一次加二次应力都满足ASME第Ⅷ篇第二分篇的条件。为慎重可靠起见，还将应力分析与评定结果委托清华大学工程力学系进行最终审核。经审核结果，认为分析与评定结果是可行的。1989年初清华大学又采用国际著名的ADINA和ADINAT非线性有限元静动力分析通过程序，对此反应器最关键的一个部位进行复算，得出如下结论：“我们的复算和洛阳院采用了不同的有限元程序，而计算结果无论在应力分布规律或数值都相符。而且与日本提供的同类设备的计算结果相比也是合理的。……所以设计是合理的，设备是安全的。”

采用合理的设计结构，以改善各部位结构的应力分布，减小塑性应变振幅。反应器结构设计的水平，对安全性有很大关系。因此，在研制反应器的结构设计中，对筒体与封头的连接、裙座的支承等都设计成应力分布较均匀且又方便在制造时中无损探伤检查的结构。并且还针对过去国外反应器使用中易出现脆性开裂的主密封、内部支承环等部位做了若干改进。另外，内构件选择了国外较先进的带有泡帽式的喷射型气—液分配装置等—整套内构件，加以数据分析、归纳、寻找出规律性、确定其计算方法，结果设计出的内构件应用到该反应器中收到好的效果。

(b) 由于采用先进的冶炼方法与有效措施，母材的纯洁度高，如筒体的有害杂质元素Sn、Sb、As的平均含量仅分别为0.0056%、0.0010%、0.0049%(引进反应器R101分别为0.0125%、0.0027%和0.014%)提高了抗回火脆性。

在满足采用规范要求的同时，特别注意提高本材料的内质特性(即纯洁性、致密性、均质性)，保证主焊缝、接管焊缝的焊接质量，提高堆焊工艺技术以及相应所需要的热处理工艺。

由于反应器的操作条件比较苛刻。因此，对其材料化学成分和性能等地要求是相当严格的。表4-2-22、表4-2-23是该反应器母材的化学成分与力学性能和抗回火脆性能要求指标。

表4-2-22　$2\frac{1}{4}$Cr-1Mo化学成分(%)及回火脆性系数要求值

	C	Si	Mn	P	S	Cr	Mo	Ni
熔炼分析	≤0.15	≤0.10	0.30~0.60	≤0.015	≤0.015	2.0~2.50	0.19~1.10	≤0.18
产品分析	≤0.17	≤0.10	0.30~0.60	≤0.015	≤0.015	2.0~2.50	0.19~1.10	≤0.18
	Cu*	Sb*	Sn*	As*	[H]*	J	X	
熔炼分析	≤0.16	≤0.003	≤0.015	0.016	<2μg/g			
产品分析	≤0.16	≤0.003	≤0.015	≤0.016	<2μg/g	≤200	≤25μg/g	

注：带*者仅供参考。

$$J=(Si+Mn)(P+Sn)\times10^4(\%)$$

$$X=(10P+5Sb+4Sn+As)\times10^2(\mu g/g)$$

表4-2-23　$2\frac{1}{4}$Cr-1Mo性能要求值

项　目	要求值	项　目	要求值
σ_b/MPa(kgf/mm^2)	520~686(53~70)	Ψ/%	≥40
$\sigma_{0.2}$/MPa(kgf/mm^2)	≥314(≥32)	A_k(2mm开口+10℃)/J	三个平均值≥61
σ_s^{450}/MPa(kgf/mm^2)	≥231(≤23.6)		一个最低值≥50
δ_5/%	≥19	经阶梯式冷却后的性能指标	≤+38℃

韧性指标为：　　　　　vTr54+1.5ΔvTr54。

式中　vTr54——阶梯冷却处理前相应于54J吸收功的转变温度,℃；

ΔvTr54——阶梯冷处理前后相应于54J吸收功的转变温度的变化量,℃。

为满足此要求，采取了如下措施：

对炼钢用的生铁和废钢的选择，按要求进行检验，严格控制原材料中易引起铬-钼钢回火脆化Sn、Sb、As等有害杂质元素的含量，为生产纯净的母材创造条件。结果在总共9个筒节中，其成品分析的S、P含量均在0.01%以下，Sn、Sb、As的含量远低于参数要求值，如Sn参数要求含量≤0.015%，而实际只有0.006%左右。

根据制造厂当时的装备能力，结合实际采取了碱性平炉或碱性电炉粗炼工艺，并采取在熔化期形成高碱度低氧化铁熔渣进行脱硫，然后重新造高碱度高氧化铁渣来除磷等措施，而后又应用先进的精炼技术，在精炼炉中设法控制炉渣，以防磷的回升。在精炼初期、吹氩搅拌，调整炉渣和化学成分，待满足要求后采用真空碳脱氧法进行真空浇注，从而得到了$2\frac{1}{4}$Cr-Mo钢锭。这样生产的钢锭，内部纯洁、成分均匀、夹杂物和氢气含量都很少，提高了钢材的韧性。例如产品分析的脆性夹渣物和塑性夹杂物平均仅在1.3~1.4级之间(要求值≤2.5级)，二者之和的平均值约为2.6级(要求值≤4.5级)，氢气含量均压在1μg/g以下。

在主要的筒节锻件上，采用加热—镦粗—拔长—下料—加热—镦粗—冲孔—扩孔等多次控温加热、控温锻造的特殊技术，以便有效地锻合钢锭中固有的疏松区域，提高锻件中的致密性和获得各向异性最小的细晶粒锻件。例如，以探伤起始灵敏度为 ϕ_2 对产品锻件进行超声波探伤检查，结果均未发现大于 ϕ_2 的缺陷，说明材质十分致密。

（c）主焊缝的韧性高，抗回火脆性好。采用先进焊接装备，探索多种焊接工艺，保证了焊接质量。该台反应器上由于结构复杂，需要采用各种焊接工艺，其中有些是国内首次采用的新工艺。需要采用的焊接材料、按牌号、论规格就多达 20 多种，而且还有首次采用的自行研制成功地 H08Cr2、25MoA 高纯镀铜焊丝和 603 超低氢高碱度烧结焊剂等国产焊材，难度相当大。

在制造中所采用的新材料、新焊接工艺都进行严格的焊接工艺评定，其评定项目用试样就达 600 块之多。对使用的试板做到与产品同化学成分，同冶炼、锻造、热处理状态，而后按规定进行取样，检查和性能试验直到全部要求项目符合设计要求为止，为产品焊接提供可靠的依据。

筒体环焊缝采用从瑞典引进的 ESAB 公司生产的 HNG 窄间隙埋弧自动焊机进行窄间隙埋弧自动焊，其工艺性能和脱渣性能都很好，在焊接过程中又注意控制预热温度，并根据坡口宽度的变化对规范参数在工艺评定范围内作适当调整，以获取与坡口侧面熔合良好的焊道，所以使焊缝质量和性能比见证件阶段的成果又有较大幅度的提高。

应用现代控制与焊接技术，自行研制了一台深坡口接管自动埋弧焊机，实现接管与壳体连接的自动焊。接管与壳体连接部位的焊缝，原来是采用自行研制成功地热 407 焊条进行手工焊的，后因焊条在批量生产中质量不稳定，在焊后的检查中发现有不合格情况。因此，研制出了深坡口接管自动焊机，大大提高了焊接效率，提高了焊接质量。

（d）堆焊层的化学成分和铁素体含量等符合设计要求，特别是开展 Nb 含量对冷脆影响的试验研究后控制其最佳 Nb 含量值，使单层堆焊层的抗剥离发生能力略好于国外有关公司的双层堆焊层。

在该台反应器上，对筒节大面积的堆焊仍采用单层 TP347 带极堆焊，但不追求浅熔深（见证件攻关时实际熔深约 6%左右，规定值<10%），相反，设法适当加大点熔深。为了获得单层带极堆焊生产中的稳定质量，研制了带极堆焊的自动移距装置，改进了带极堆焊的磁场控制，严格控制焊接工艺参数，取得了单层堆焊的成功，各项指标均符合设计要求。

反应器有结构不同，内径不同的接管，小直径接管内孔堆焊工艺要比大直径筒壁筒体内壁堆焊复杂得多。为了突破此堆焊技术，并为确保堆焊质量并兼顾到生产效率，在接管堆焊中，根据不同的堆焊对象，采用等离子弧自动堆焊（如用于热电偶管）、窄带极自动堆焊（如用于上部入口管），药芯焊丝 CO_2 气体保护堆焊（如用于下部卸料管）、手工电弧堆焊（如用于弯管、法兰密封面、对接坡口焊缝的内侧堆焊）等多种堆焊工艺。在这些堆焊中，由于结构原因，均采用 TP309+TP347 的双层堆焊结构。

对于顶部入口大法兰密封面的 TP309+TP347 堆焊，针对过去国外曾多次在此部位出现过氢脆裂纹的情况，采用堆完 TP309 后进行最终焊后热处理，然后再堆焊 TP347，并不再施行最终焊后热处理，以提高 TP347 的韧性，从而提高其抗裂能力。对于焊接操作更为困难的弯管内壁堆焊，由于有一合适的设计尺寸及将它固定在复位机上，设法实现其匀速的堆焊，也取得了好的效果。

（e）在水压试验中进行的应力测定结果与有限元计算值接近，且应力集中系数低于 ASME Ⅷ-2 的推荐值，说明结构设计合理，配合进行的声发射监测，未发现活动性声源和声发射特性基本一致，说明材质纯洁、均匀。

由于有一套严格的质量特征，质量检验措施，在最终阶段的水压试验时，做到了一次试压成功。为了掌握水压试验中实际应力的分布情况，在产品进行水压试验的同时进行应力应变测定和声发射监测。应力实测结果表明：实测应力值均小于理论计算值和有限元计算值。容器外壁无很大的应力集中，其应力集中系数均低于 ASME 第Ⅷ-2 的推荐值。外壁各点应力在整个水压试验过程中，一直保持线性变化。当水压试验压力达到规定的 29.7MPa(303 kg/cm^2)时，筒体圆周周长伸长了 3~3.5mm，卸压后完全恢复到原来的尺寸，说明材料完全处于弹性变形的范围内。在水压试验过程的声发射监测中，也没有发现活动性声源。

(f) 利用与产品同状态的试料，对母材、焊缝、堆焊层进行回火脆+氢脆、断裂韧性与安全性评价，以及临氢剥离试验等多项目、多试验状态的试验后(如长期等温脆化的时间长达 10000h)，均获得很好结果。如脆性转变温度较低，回火脆+氢脆叠加现象不明显，阶冷脆化对断裂韧性的不利影响不大，经 CVDA 安全分析表明安全性令人满意。

该反应器在进行性能热处理时，选定奥氏体化温度为 900~920℃，并制造了大的水槽，使工件进行快速冷却，避免出现初析铁素体。奥氏体化后的回火温度，采用在最终焊后热处理温度的条件(在 640~660℃)下进行，以免去制造过程中所需要的多次中间热处理影响钢的强度降低。最终焊后热处理温度为 690℃±14℃，并在筒体内外附设几十支热电偶，以测量和严格控制所需要温度，最终使产品的母材和焊缝及接头都获得了所希望的综合性能。

具体的技术性能数据及与日本制钢所 1987 年提出最新技术要求和上个世纪 80 年代初引进反应器水平对比情况，详见表 4-2-24 和表 4-2-25。

表 4-2-24　研制反应器与日本制钢所最新技术要求及 20 世纪 80 年代初引进反应器水平对比

项　目		日本制钢所最新技术要求	研制反应器	茂名石化公司引进反应器
设计基准		① ASME Sec. Ⅷ. div. 2 ② 按规范做应力评价	① ASME Sec. Ⅷ. div. 2 ② 对可能出现高应力区进行应力分析评价	① ASME Sec. Ⅷ. div. 2 ② 对可能出现高应力区进行应力分析评价
筒节化学元素含量/%	C		0.125~0.15	0.14~0.15
	Mn		0.47~0.60	0.45~0.52
	S		0.007~0.018	0.007~0.014
	Cr		2.28~2.47	2.23~2.48
	Mo		0.94~1.07	0.90~0.93
筒节力学性能	σ_b/MPa		520~627	547~625
	σ_s/MPa		390~495	407~477
	δ_5/%		25.0~30.5	27.3~31.4
	Ψ/%		75.5~81.5	76.2~82.7
	(A_k+10℃)/J		220~291	242~294
母材回火脆性控制		① 低 Si 钢(0.10%max) ② $J=(Si+Mn)(P+Sn)\times 10^4\leqslant 130$ ③ 真空碳脱氧工艺	① 规定 Si≤0.10%，筒节的平均含量 0.065% ② 规定 $J\leqslant 200$，在筒节中 $J_{max}=98.3$，$J_{平均}=71$ ③ 采用真空碳脱氧工艺	① 规定 Si≤0.10%，筒节的平均含量 0.015% ② 规定 $J\leqslant 200$，在筒节中 $J_{max}=117.6$，$J_{平均}=109.9$ ③ 采用真空碳脱氧工艺
主焊缝力学性能(试报)			σ_b，MPa　637 $\sigma_{0.2}$ 514.5~519.4 σ_s ^450℃^ 426.3 δ_5 (%)26.0~26.5 φ(%)73.5 三个试样平均值 228.5	σ_b，MPa527.2~606.6 $\sigma_{0.2}$ 414.5~497.8 σ_s ^450℃^ 318.5~416.5 δ_5 (%)22.5~26.8 φ(%)70.9~72.9

续表

项　目		日本制钢所最新技术要求	研制反应器	茂名石化公司引进反应器
焊缝金属回火脆性控制		用阶梯冷却法进行焊丝筛选试验，要求 $\overline{Y_3}$ = vTr54 + 3ΔvTr54 = 38℃(max) 令 $\overline{Y_{1.5}}$ = vTr54+1.5Δv Tr54	① 要求控制 $\overline{X}$ = (10P+5Sb+4Sn+As) × 10^{-2} ≤25μg/g ② 规定阶冷脆化处理后 $\overline{Y_{1.5}}$ ≤ 38℃，实际为 -47.5℃，若按 $\overline{Y_3}$ 换算的话则为-25℃	① 要求 $\overline{X}$ ≤25μg/g ② 规定阶冷脆化处理后 $\overline{Y_3}$ ≤38℃，实际为-11.5℃
母材和焊缝金属的低温韧性		-30℃时冲击功 54J(平均值)，47J(最小值)	对-30℃冲击功无要求，但产品试板焊缝金属的冲击功≥160J	对-30℃冲击功未提出要求
不锈钢堆焊		① 采用带极堆焊工艺 ② 铬含量最大为 20% ③ 铁素体量 = 3% ~ 10%(由谢沸勒图算得，目标值为 7%max)	① 采用 TP 347 单层带极堆焊工艺(难度大) ② 铬满足 20%max 要求 ③ 铁素体量符合 3%~10%的要求 ④ 抗临氢剥离性能与日本焊材双层堆焊的相当或略好，详见表 4-2-35	① 采用 TP 347 单层浅熔深带极堆焊工艺 ② 铬满足最大为 20% 的要求 ③ 铁素体含量控制在 3% ~10%
关键部位的设计	内件	① 在最终焊后热处理后焊内件 ② 控制堆焊层的化学成分 ③ 采用轻型的内件，并使焊缝表面圆滑	① 关键内件部位在最终焊后热处理后焊接 ② 堆焊层化学成分按要求控制 ③ 内件强度计算方法与国外相同	① 关键部位的内件在最终焊后热处理后焊接 ② 控制堆焊层的化学成分
	密封槽	① 金属环密封要使密封槽拐角处有较大的半径 ② 使用缠绕垫片，金属环密封的密封槽在最终热处理后堆焊 TP 347	① 采用金属八角型垫片，密封槽拐角半径加大 ② 上下大法兰的密封槽在最终焊后热处理后堆焊 TP 347	① 采用金属八角型垫片，密封槽拐角半径比标准型大 ② 上下法兰的密封槽在最终焊后热处理后堆焊 TP 347

表 4-2-25　各种堆焊层剥离能力的比较

试　样①	氢分压/MPa			备　注
	7.84	11.66	15.68	
单层	A②	A	B③	加氢条件： 试验温度 450℃ 保持时间 48h 冷却速度 200℃/h
国产焊材双层	A	A	A	
日本焊材双层	A	B	B	

① 单层为研制反应器用的 TP 347 单层带极堆焊；国产焊材双层为用国产 TP 309+TP 347 焊材进行的双层带极堆焊；日本焊材双层为用日本 TP 309+TP 347 焊材采用大电流快速度进行双层带极堆焊；②无剥离；③轻微剥离。

所以，此台研制的首台国产化锻焊结构热壁加氢反应器得到鉴定委员会和国家“七五”科技攻关验收组的较高评价。鉴定委员会认为：“设计方法先进可靠、制造工艺先进可行，锻件、研制焊材的性能优良及整个反应器质量优良。在技术上达到国外 80 年代中期的同类产品先进水平。

③ 该热壁反应器在工业装置中的运行考核情况。热壁反应器运至现场后，经过紧张的安装于 1989 年 5 月 28 日正式在抚顺石油三厂加氢裂化装置上做裂化反应器投入使用考核，并正常地运转至 1990 年 5 月 20 日装置计划停工检修，累计运行 358d，计 8592h。在此运转周期内，装置共加工处理原料油 327t，703t，其中最大处理量 45t/h，最小处理量 33 t/h. 操作压力 18MPa，操作温度 420℃，各密封部位和各种连接部位均未发现泄漏和异常现象。催化剂床层截面温差，根据此运转周期内生产操作记录的数据看，最大值超过 20℃，最小值为 0℃，一般在 10℃左右，而且随着运转的进行，床层截面温差有逐渐变小的趋势(到本运转后期，一般为 5~6℃)，说明这是由于催化剂装填不够均匀造成的现象。在装置试运的过程中，反应器中催化剂逐渐下沉密实，使床层截面温差得到一定的改善。据此，也说明根据消化吸收的国外技术所设计出的内件是成功、分配较均匀。

在此运转周期内，装置曾因各种原因进行过三次紧急泄压(放空)。第一次和第二次分别发生投运后不久的 1989 年 7 月 1 日和 7 月 2 日，系因原料油变化(变轻)造成的。当时的床层温度超过厂内内控的 430℃，而操作人员又由于刚使用热壁反应器，经验不足，并采用了 2. 1 MPa/min 和 0. 7 MPa/min 的紧急泄压放空措施。从启动放空至温度恢复正常开始补压恢复生产、时间分别持续 75 分钟和 155 分钟。床层温度最高曾达 467~471℃. 第三次紧急泄压(放空)发生在 1990 年 2 月 18 日，因全厂瞬时停电，使反应器床层温度急剧升至 458℃，并有了继续上升之势。所以便采取了 2. 1 MPa/min 放空。

发生的几次紧急泄压(放空)和设备超温，对该反应器来说也是一个考验，当时经检查未发现有泄漏或异常的情况，在每次补压恢复生产后，反应器都处于正常状态。

1990 年 5 月 20 日装置计划停工后，根据本攻关项目实施计划的要求，对反应器进行了现场运行考核，一年后的开罐检查(全部卸出催化剂)。其检查部位是综合考虑易发生各种脆裂的部位及制造过程的质量情况等因素确定的。包括主焊缝、接管焊缝和堆焊部位等。具体的检查部位和检查方法详见图 4-2-23 和表 4-2-26。检查工作是在抚顺市劳动局派员监督下，由联合攻关单位的三名Ⅰ级探伤员、一名Ⅲ类压力容器检验员为主负责进行的。经外观检查结果，未发现异常情况；磁粉探伤检查和渗透探伤检查结果，未发现任何表面缺陷；超声波探伤检查结果，受检焊缝与出厂状态一致，堆焊层未发现剥离现象，仅第Ⅴ号筒节上发现 5 处大于 ϕ4mm 当量的缺陷，经三名Ⅰ级探伤员共同“会诊”确认是制造阶段遗留下来的夹渣缺陷。

表 4-2-26 研制反应器开罐检查部位与检查方法

检查方法 / 检查部位	VT	UT	MT	PT
S-1C	√	√	√	
S-2C	√	√	√	
S-3C	√	√	√	
S-5C	√	√	√	
Sk-1C	√	√	√	
N5-1C	√	√	√	
N3-2C	√	√	√	
N3-4C	√	√	√	
第Ⅷ号筒节	√	√		

续表

检查方法 / 检查部位	VT	UT	MT	PT
第Ⅵ号筒节(局部)	√	√		
第Ⅴ号筒节(局部)	√	√		√
第Ⅵ号筒节内凸台上表面	√			√
顶部法兰密封槽	√			√

注：VT—外观检查；MT—磁粉探伤检查；UT—超声波探伤检查；PT—渗透探伤检查。

通过这次的检查结果也说明该反应器的质量是好的。

(a) 开罐检查的原则。为了对热壁加氢反应器的全面技术鉴定，于1990年5月在石油三厂装置停气检修期间，由攻关单位联合组织技术力量对热壁加氢反应器进行开罐检查。主要是评价经过一年工业运转热壁加氢反应器的质量情况。由于受装置停气检修时间的限制，决定开罐检查的内容和部位按以下原则确定：

a. 选择有代表性的主焊缝，返修过和有不超标记录缺陷的焊缝进行抽查。

b. 选择有代表性的堆焊层，有不超标记录的堆焊层，操作过程中易发生问题部位(如冷氢盘下部的堆焊层，支撑凸台等)的堆焊层进行抽查。

c. 选择应力集中区。如顶部、底部、裙座与筒体的连接处焊缝，侧壁开孔接管处的焊缝。

d. 上部大法兰的主密封槽等等。

(b) 开罐检查的结果如下：

a. 受检的主焊缝(占焊缝总数的42%)经磁粉探伤检查未发现任何表层缺陷。经超声波探伤检查，与出厂状态一致。

b. 受检部位的堆焊层，经渗透探伤检查未发现任何表面缺陷。

c. 受检部位的堆焊层经超声波探伤检查，未发现剥离现象。在第Ⅴ筒节的检查中发现了5处大于ϕ4mm当量的缺陷，经探伤员共同研究后认定为是出厂原始缺陷。

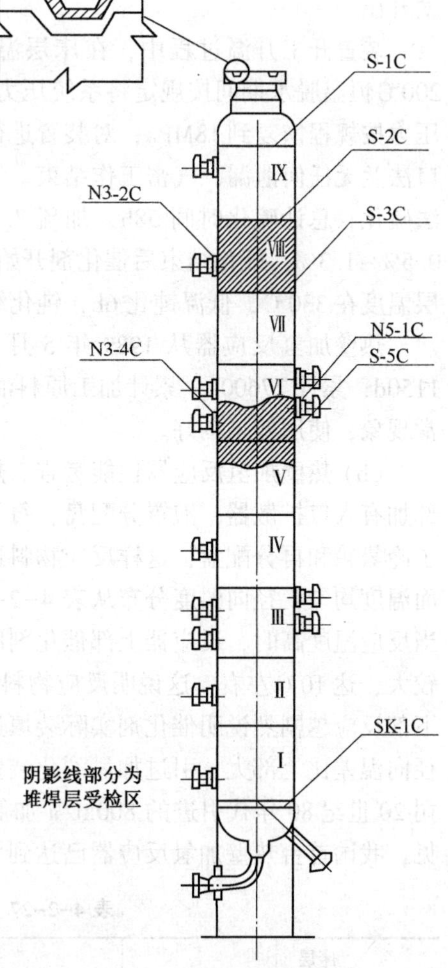

图4-2-23　反应器开罐检查部位

通过热壁加氢反应器在整个制造阶段的质量检查结果以及一年工业运行考核后的开罐检查的各种监测和检查结果，都说明该台反应器的结构设计和制造质量是优良的，满足了生产工艺上的要求，能够保证该台热壁加氢反应器的安全可靠运行，解决了冷壁加氢反应器因内部隔热衬里失效而造成的非计划停产，从而减少了因停工而带来的直接和间接经济损失。

④ 热壁加氢反应器的工业化投用。首台加氢反应器于1987年3月26日在富拉尔基第

一重型机械厂一次水压试验合格，并于同年 5 月初运抵石油三厂，5 月 28 日在 400kt/a 加氢裂化装置上正式投入使用。

(a) 加氢热壁反应器的使用情况。加氢热壁反应器并入系统后与装置同步开汽，在开工过程中根据热壁反应器制造母材 $2\frac{1}{4}$Cr-1Mo 的使用要求，制定了严格的开工方案，规定热壁反应器内床层最低点温度<135℃时，系统压力不得>5MPa，反应器的升温速度控制在<25℃/h，因此在气密同时必须边升压、边升温。

当系统压力升到 3 MPa 时，启动循环氢压缩机开始系统循环升压，同时加热炉点火，开始以<25℃/h 的速度升温。当热壁反应器内最低温度超过 135℃以后，系统按正常升压速度升压。

装置开工升温过程中，在床层温度达到 120℃和 200℃时，分别进行恒温脱水(4h)，200℃恒温脱水期间按规定将系统压力泄到 2MPa 对装置进行高温旋紧，高温旋紧后，系统压力按规程恢复到 18MPa，对装置进行全面检查，经检查热壁反应器的各密封部位和工艺对口法兰无任何泄漏，气密工作结束。气密合格后，开始进行催化剂预硫化，本次开工采用干法硫化，总计硫化时间 58h，加硫 7.45t，硫化期间硫化氢浓度最高达 1.9%，一般控制在 0.5%~1.3%，硫化结束后催化剂开始钝化，钝化方法采取进原料油低温钝化方法，控制床层温度在 330℃，低温钝化 6h，钝化结束后，提温找条件进入正常生产。

热壁加氢反应器从 1989 年 5 月 28 日投入工业装置使用到 1993 年 12 月已连续运转 1150d，累计 27600h，累计加工原料油 1.1457Mt，在生产期间内，热壁反应器未发生任何异常现象，使用效果良好。

(b) 热壁加氢反应器性能考查。热壁反应器内部构件设计采用了先进的技术，反应器顶部加有入口扩散器，泡罩分配盘，每个床层之间为了控制反应温度和进行气、液分配，设置了冷氢箱和再分配盘，这样反应物料进入反应器经过多次分配后分布均匀，使催化剂床层截面温度均匀，径向温度分布从表 4-2-27 中可以看出，当反应温度比较低时，径向温差小，当反应温度高时，反应器上部催化剂床层径向温差变化不大，而下部八、九层径向温差变化较大，达 10℃左右，这说明反应物料在床层中分配是均匀的，当反应温度升高时，反应器下部反应越剧烈说明催化剂实际装填过程中装填密度不够均匀，所以反应器下部催化剂床层径向温差比上部大。引进加氢裂化装置反应器的径向温度差控制指标 1~2℃，但茂名石化公司 20 世纪 80 年代引进的 800kt/a 加氢裂化反应器的径向温度实际也在 10℃左右，由此可见，我国首台热壁加氢反应器已达到 80 年代国际先进水平。

表 4-2-27　热壁反应器径向床层温度情况

日期 \ 床层 (温度/℃)		一			三			五			六			八			九		
1989	8.25	383	385	373	389	390	380	393	393	389	394	395	389	399	397	403	394	402	411
1989	10.27	388	389	387	394	396	388	398	397	392	392	399	389	406	403	409	404	406	409
1990	4.20	390	394	391	394	398	388	394	400	396	403	404	393	406	404	409	403	406	405
1990	8.20	394	388	389	401	402	390	397	403	387	401	402	388	404	411	415	402	404	405
1990	10.23	390	389	391	392	404	395	395	398	389	402	403	403	405	415	418	404	422	411

续表

温度/℃ 床层 日期		一			三			五			六			八			九		
1991	4.24	394	394	393	397	401	396	398	401	395	403	403	400	411	420	418	410	417	413
1991	6.26	391	391	389	392	410	395	393	395	389	401	402	399	399	415	413	400	416	410
1991	9.26	390	390	390	392	407	402	398	400	399	404	402	402	412	422	424	410	424	424
1991	12.28	394	394	393	394	401	400	400	401	395	406	398	401	413	420	422	412	422	422
1992	3.24	388	389	389	389	399	390	393	396	387	405	399	390	403	408	408	399	409	409
1992	8.25	386	386	386	385	395	387	399	396	396	400	393	389	401	406	408	408	408	407
1992	12.19	371	370	370	371	377	369	371	380	372	386	379	374	380	382	381	376	382	381

热壁反应器在这几年生产过程中，由于客观原因和操作不稳造成多次紧急泄压(放空)，具体情况见表4-2-28。

表4-2-28 非正常运行事故情况

项目 次数	第一次	第二次	第三次	第四次	第五次
时间	1989年7月	1989年7月	1990年2月	1991年7月	1992年3月
事故原因	由于原料油变化较大，造成床层温度突然升高	由于开工加油提温速度过快造成超温	电源停电，造成短时间停油、停新氢，引起超温	离心式循环氢压缩机自动停车	加热炉结焦烧红紧急停油，停新氢
采取措施	温度升到430℃时停新氢，升到445℃时停原料油，同时开2.1MPa(21bar)放空紧急泄压	温度升到430℃时停新氢。438℃时停油开0.7MPa(7bar)放空紧急泄压	开0.7MPa(7bar)紧急放空泄压	开0.7MPa(7bar)放空紧急泄压	开0.7MPa(7bar)放空紧急泄压
最高点温度	八层温度 467℃	九层温度 600℃	九层温度 481℃	九层温度 541℃	九层温度 458℃

加氢热壁反应器投用以后，发生五次超温事故，都在较短时间内迅速恢复生产。由于对热壁反应器使用经验不足，特别是操作员没有严格的热壁加氢反应器温度控制指标的意识，缺乏经验，造成刚开工时就发生超温事故。

(c)热壁反应器的应用评价。热壁加氢反应器自投用以来，运转近四年时间，通过运转考查，其各项指标基本达到了设计要求，虽然经过几次生产事故，但都未出现任何异常现象，并且具备在较短时间内恢复生产的性能。热壁加氢反应器的使用性能完全可以满足生产需要，解决了冷壁反应器在工艺条件大幅度波动时，内衬里容易损坏失效，造成反应器壁温超过控制指标(<300℃)，迫使装置停工检修。采用热壁反应器，从根本上解决了因内衬失效而造成装置停工检修的问题。但是为了防止热壁反应器内壁被介质腐蚀，在反应器内壁上堆焊一层不锈钢衬里，而不锈钢堆焊层有可能会产生剥离，因此在正常生产时应平稳操作。1990年5月，石油三厂与抚顺石油学院一起对热壁反应器进行了开罐检查，对堆焊层进行了超声波探伤及着色渗透检查，未发现有剥离现象产生。

由于热壁反应器内部构件采用比较先进的技术，其床层径向温差为10℃左右，这说明了反应器内物料分配比较均匀，若改善催化剂装填的方法和条件，可以使装填质量进一步提高，增加催化剂床层的均匀度，径向温差还会缩小。由此可见通过几年来的生产实际考查，首台国产热壁加氢反应器的使用性能完全可以满足生产要求，各项指标考核均达到设计标准。

⑤ 小结

锻焊结构热壁加氢反应器技术的开发成功，填补了我国一项技术空白，将我国高压加氢设备的设计水平和制造水平推向一个新的高度。结束了过去加氢热壁反应器必须依靠进口的局面。并可节省大量的外汇。

就该台反应器研制成功本身所带来的效益也是显著的：

(a) 与相同几何尺寸的冷壁反应器相比，该台反应器的有效容积利用率可增加23%，也就是说处理能力大约可提高23%，由此运行一年(按年开工率8000h计)可增加产值1400万元。

(b) 由于可避免冷壁结构的内隔热衬里损坏引起器壁超温，降量生产或停工修补造成的损失，据石油三厂多年来的经验计算每年影响本厂经济效益640万元，即可增加经济效益640万元/年(详见石油三厂财务处出据的40×10^4t/a年加氢裂化装置应用热壁反应器经济效益认证书)。

(c) 本反应器采用应力分析做基础的设计方法，采用了较高的设计抗拉应力强度值，带来了设备的轻量化。比按常规设计方法设计结果，就重量而言，该反应器节省金属50t，按当时订购价3.0万元/t，已节省了150万元。随着装置、设备的大型化，此一先进的设计方法更显示出很大的效益。同时，也为大型设备的运输、安装创造了可行、方便的条件。

总之，锻焊结构热壁加氢反应器的研制成功，标志着我国压力容器的设计，制造水平提高到了一个新的高度。但为适应原料变重后的裂化要求，以及针对工程应用中遇到的一些损伤现象(如堆焊层的氢致剥离)等仍需开展许多新材料，新技术开发和试验工作，如怎样进一步提高抗堆焊层氢致剥离发生和扩展能力，提高焊接材料、堆焊材料外观质量、尺寸公差和保持成分稳定，以及为适应更高的温度和压力操作条件需要开发比$2\frac{1}{4}$Cr-1Mo抗氢环境特性更好地加氢设备新钢种等一些新技术进行深入研究与探索，以不断完善和提高热壁加氢反应器技术。

三、热壁加氢反应器的技术

加氢反应器是加氢装置的核心设备。其操作条件相当苛刻。技术难度大，制造技术要求高，造价昂贵。所以人们对它无论在设计上还是使用上都给予极大的重视与关注。加氢反应器的设计、制造成功，在某种意义上说是体现一个国家总体技术水平的重要标志之一。

1. 设备要求

对于这样重要、使用条件又很苛刻的设备，应该至少要满足以下几点要求：

① 应满足工艺过程各种运作方案的需要

② 使用可靠性高

具体应体现在：

(a) 满足力学强度要求；

(b) 具有可靠的密封性能；

(c) 有较好的环境强度适应性。

③ 应便于维护和检修，所需时间短。

④ 投资费用较低。

2. 加氢反应器技术发展梗概

随着加氢工艺技术的广泛应用，加氢工艺设备特别是反应器技术相应得到很快的发展与显著的进步。主要表现：

(1) 安全使用性能越来越高。这也是整个技术发展过程所围绕的核心问题。

① 设计方法的更新。由“常规设计”即“规则设计” → 以“应力分析为基础的设计”，即“分析设计”

② 设计结构的改进

本体结构：单层→多层→更高级的单层；

使用状态：冷壁结构→热壁结构；

细部结构的改进。

③ 材料制造技术的进步，质量明显提高。体现在冶炼技术、热处理技术、分析技术等等方面。最终反映在材料的内在质量(纯洁性、致密性、均质性)非常优越。

④ 制造技术与装备水平的进步与提高。如制造技巧与经验以及包括制造工艺、焊接(含堆焊)、热处理、无损检测等领域的技术与装备水平都有很大进步与提高

(2) 为了获得较佳的经济效益，装置日趋大型化带来了加氢反应器的大型化，表 4-2-29 概况了几十年来热壁加氢反应器技术演变与发展的历史过程。

表 4-2-29　热壁加氢反应器技术演变内容概括

阶　段	起止时间	技术特征	技术进步内涵与存在问题
第一个历史时期	1972 年以前	开发初期	设计：由常规设计→分析设计。设计对材料只提出满足力学性能抗氢腐蚀和硫化氢腐蚀的要求；材料：采用 SAW 工艺(末期开发出浅熔深的工艺)；使用中曾出现过 Cr-Mo 钢的回火脆化现象和不锈钢的氢损伤问题
第二个历史时期	1973~1980 年	改进期	设计：分析设计应用较普遍。设计对材料已提出控制回火脆化的要求(如控制 J 系数和 X 系数)。结构设计已有所改进，一是尽量减小应力集中，二是方便在役检测；材料：冶炼由电炉(+保温炉)→电炉+炉外精炼技术(如真空碳脱氧工艺及其他新的冶炼工艺的应用)可以冶炼出低 Si 或低 P，甚至超低 P 的钢；焊接：由常规的焊接→窄间隙焊接。堆焊：由较普遍采用的浅熔深堆焊→改进的单层或双层(带极)堆焊。而且在有关部位采取了 PWHT 焊前热处理后才堆焊 Tp. 347 的方法：制造：可制造出大型反应器的整体封头，锻造筒体的缩口技术开发。这一时期的反应器，回火脆化问题已基本得到解决。但在此阶段末发现了堆焊层氢致剥离现象

续表

阶　段	起止时间	技术特征	技术进步内涵与存在问题
第三个历史时期	1981~1987 年	成熟期	综合应用针对使用中出现的各种损伤所开展的多项研究成果，在反应器的细部结构(如保温结构)上又有进一步改进，材料的纯净度进一步提高，*J*-系数和 *X* 系数的控制不断趋严；焊接方面。由于焊接设备、焊接材料和焊接结构的改进，焊缝质量大有提高。堆焊技术由于采用了高焊速、大电流的堆焊工艺，提高了堆焊层金属的韧性。其结果各种损伤发生极少。但由于有更加高温高压加氢工艺的出现，存在着现用的反应器材料难以适应的问题
第四个历史时期	1988 年~至今	更新期	以开发新的 Cr-Mo 钢，并很快得到推广应用将加氢反应器技术推进到一个新的阶段

3. 加氢反应器本体结构特征

(1) 单层结构

① 钢板卷焊结构。

② 锻焊结构。

(2) 多层结构

① 绕带式。

② 热套式。

(3) 其他。

结构形式的选择取决于设备操作条件与规格、制造厂加工装备与能力、制造周期、经济合理性和用户需要与经验等诸因素。见表 4-2-30。

单层结构中的钢板卷焊结构和锻焊结构的选择，主要取决于制造厂的加工能力、经验与条件以及经济上的合理性和用户的需要。在选用锻焊结构时，一般有如下优点：

(a) 锻件的内在质量(纯洁性、致密性、均质性)好；

(b) 焊缝少，特别是没有纵焊缝，从而提高了反应器耐轴向应力的可靠性；

(c) 制造装配易保证，制造周期短；

(d) 可设计和制造成对于防止某些脆性损伤很有好处的结构；

(e) 使用过程中对焊缝检查维护的工作量少，无损检测容易；

但锻造结构的材料利用率比板焊结构低，当壁厚较薄时，其制造费用相对较高。一般，厚度大于 180mm 或更大时采用较合适，壁厚越厚，锻造结构的经济性更显优越。

4. 加氢反应器内件形式及作用

反应器内件设计性能的优劣将与催化剂性能一道体现出所采用加氢工艺的先进性。

对于气液并流下流式加氢反应器的内件，通常都设有入口扩散器 、气液分配器、积垢篮、冷氢箱、热电偶和出口收集器等。其各主要构件的作用、典型结构及其应注意要点见表 4-2-31 及相应的附图。

表 4-2-30　加氢反应器不同本体结构的特征对比

项　目		锻焊结构	板焊结构	多层结构
结构断面适用范围	条件	可用于高温高压场合。其最高使用温度取决于所用材料的性能（如抗氢腐蚀性能等）。一般宜用于厚度大于约180mm的场合	可用于高温高压场合。其最高使用温度取决于所用的材料的性能（如抗氢腐蚀性能等）	可用于高压，但温度不宜太高。因为它存在结构上不连续性的缺点，会造成较大的热应力和因缺口效应而使疲劳强度下降等。所以对于温度大于350℃和温度、压力有急剧波动的场合，选用应谨慎
	最大厚度/mm	约500	约300	总厚约600，一般内筒厚约20，层板厚为4~8
材料选用		1. 须选择能满足力学性能和抗环境脆裂（如氢腐蚀）性能的材料 2. 为防止 H_2S 腐蚀要在内表面堆焊不锈钢堆焊层	1. 须选择能满足力学性能和抗环境脆裂（如氢腐蚀）性能的材料 2. 为防止 H_2S 腐蚀要在内表面堆焊不锈钢堆焊层	1. 内筒选用能抗氢腐蚀和 H_2S 腐蚀的材料（如不锈钢） 2. 层板可采用高强钢，以利设备轻量化
材料内在质量（致密性、纯净性、均质性）		筒节锻坯由于需经镦粗、拔长、镦粗、冲孔的锻造加工过程。可冲掉中心部位的偏析与夹杂，使筒节材料的内质特性得到改善，从而提高反应器的抗氢损伤能力	在合适厚度的范围内，采用合适的冶炼工艺方法钢板也能获得与锻件相近的特性。材料利用率相对较高	由于钢板较薄，其内在质量较容易保证。材料利用率相对较高
设计时的应力分析		可采用有限元法等方法进行	可采用有限元法等方法进行	对层间和焊缝部位的应力状况，需要根据实验来分析
焊缝		仅有环焊缝，对提高反应器耐周向应力的可靠性有利。而且焊缝少	有纵、环焊缝，焊缝多。焊接工作量大	有纵、环焊缝，焊缝多。但焊缝系薄（或较薄）板焊接，其质量较易保证
射线或超声检测		易	易	难
声发射检测		易	较易	较易
焊后热处理		必需	必需	一般不进行
破坏行为		超过临界裂纹后迅速扩展	超过临界裂纹后迅速扩展	缓慢地、阶段地扩展

表 4-2-31　主要内件的作用、典型结构及注意要点

内件名称	设置目的及有关说明	典型结构形式	注意要点
入口扩散器（或称预分配器）	防止高速流体直接冲击液体分配盘，影响分配效果，从而起到预分配的作用。 对于图示的（b）型，还可起到积存进料中的一些锈垢的作用	见附图1（a）、（b）	（a）型：（ⅰ）进料方向应垂直与入口扩散器上的两条开孔；（ⅱ）两层水平挡板上的开孔应对中；（ⅲ）水平挡板上的开孔应垂直于板面 （b）型：根据液体及沉积物量确定长槽孔的大小、数量和位置

续表

内件名称	设置目的及有关说明	典型结构形式	注意要点
气液分配盘	使进入反应器的物料均匀分散，与催化剂颗粒有效地接触，充分发挥催化剂的作用。 目前国内外所用的分配器按其作用机理大致可分为溢流型和(抽吸)喷射型两类或二者机理兼有的综合型	见附图 2(a)、(b)	①应保证分配盘上不漏液，可采用有关填料填密。安装后充水 100mm 高，在 5 分钟液位降低小于 25mm 为合格 ②控制安装水平度。对于喷射型，包括制造公差和梁在荷载作用下的挠度在内可按±5～±6mm 控制，对于溢流型，要求还应稍严 ③分配盘的设计荷载，应包括通过分配盘的压力降 ΔP、盘上的液量及分配盘自重(按最大的操作温度考虑)。此外，还要考虑到检修的工况，其支承件至少同时满足常温下承受90～120kg 集中荷载的要求
积垢篮	积垢篮置于催化床层的顶部，系由各种规格不锈钢金属丝网与骨架构成的篮框。它为反应器进入物料提供更多的流通面积，使催化剂床层可聚集更多的锈垢和沉积物而不致引起床层压降过分地增加(现已不太采用)	见附图 3	①积垢篮在装入反应器内时，其篮内应是空的。在装填催化剂时一定要注意这一点 ②积垢篮按三角形排列，安装时用链条将其连在一起，并拴到上面的分配器支撑梁上，其拴紧链条要有足够的长度裕量以适应催化剂床层的下沉(按下沉 5%考虑)
冷氢箱	用以控制加氢放热反应引起的催化剂床层温升，图示的冷氢箱结构由冷氢管、冷氢盘、再分配盘组成，可使来自上面床层的反应物料和起冷却作用的冷氢充分混合，而又将具有均匀温度的气液混合物再均匀分配到下部的催化剂床层上	见附图 4	①冷氢管内设置的隔档板应使从两个开孔中喷出的氢气量是相当的； ②为发挥冷氢的作用效果，冷氢盘和冷氢箱部分应用填料填密，以保证不漏液，可按气液分配盘的试漏标准验收； ③冷氢盘和喷射盘的安装水平度，包括制造公差、荷载作用下的挠度等在内，可按±6mm 控制。再分配盘的要求与气液分配盘同
热电偶	为监视加氢放热反应引起床层温度升高及床层截面温度分布状况等而对操作温度进行管理。热电偶的安装有从筒体上径向插入和从反应器顶封头上垂直方向插入。径向水平插入的有横跨整个截面的和仅插入一定长度的两种情况。以往床层测温基本采用铠装热电偶。近年多在采用铠装热电偶的同时，还采用了一种称为柔性热电偶(flexible thermocouples)的结构，它可在一个热电偶开口接管上设置高密度的测点，并具有快速反应时间(4～8s)和对床层温度漂移能迅速反应等特性，可对床层截面温度进行许多点测量，因而可对工艺过程进行有效的控制。另外为了监控反应器器壁金属的温度情况，也往往在反应器外表面的筒体圆周上或封头和开口接管的相关部位设置一定数量的表面热电偶	见附图 5(a)、(b)、(c)	①对径向水平插入的热电偶套管要注意由于操作过程催化剂下沉和检修卸出催化剂时可能引起被压弯的问题 ②径向水平插入一定长度的热电偶，其套管与反应器筒体在现场焊接的焊缝曾有发生裂纹的实例，因此在设计时对于确定的设置位置应尽可能为现场施焊创造较为方便的条件，同时施焊操作也要更加细心 ③顶部垂直插入的热电偶套管，当长度较长时，要适当设置导向结构，以利操作受热时伸长不受阻碍

续表

内件名称	设置目的及有关说明	典型结构形式	注意要点
出口收集器	用于支撑下部的催化剂床层，以减轻床层的压降和改善反应物料的分配	见附图 6	出口收集器与下封头的下沿或与其连接的定心环圆周上应设数个缺口，以便停工时排液用

配合表 4-2-31 附图 1~附图 6。

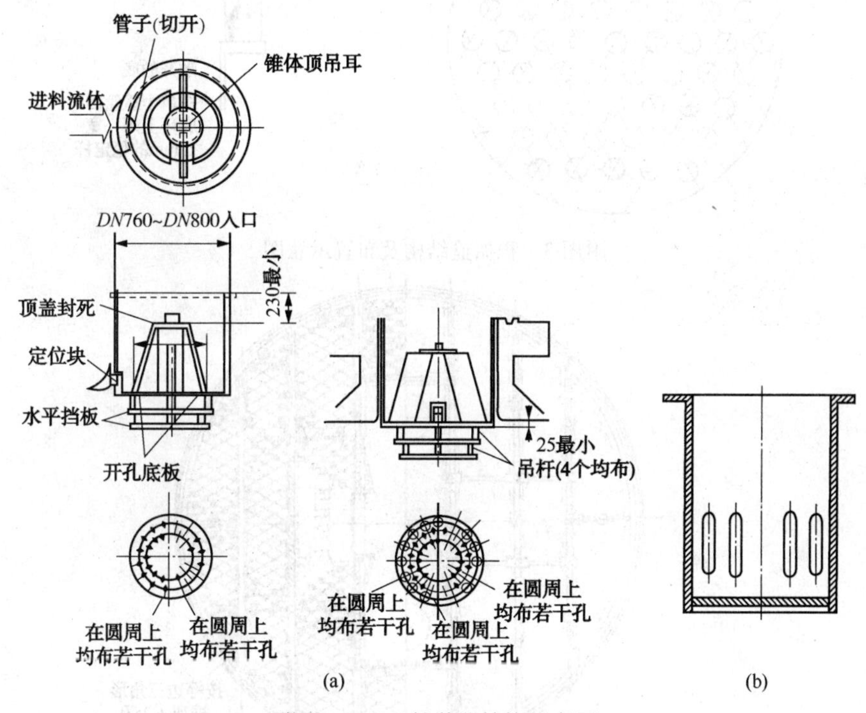

附图 1　入口扩散器结构示意图

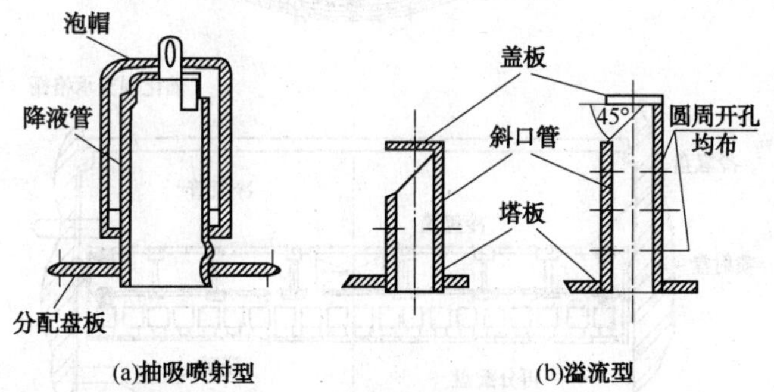

附图 2　气液分配盘

① 径向水平插入(横跨整个截面)；

② 径向水平插入一定长度；

③ 顶部垂直插入。在反应器内件设置中最关键的一点是要使反应进料(气液相)与催化剂颗粒(固相)有效地接触，在催化剂床层内不发生流体偏流现象。

从设备设计角度说，有两点是特别值得注意的：

a. 内件要具有高效和稳定操作的性能；

b. 最大限度的利用反应器容积。

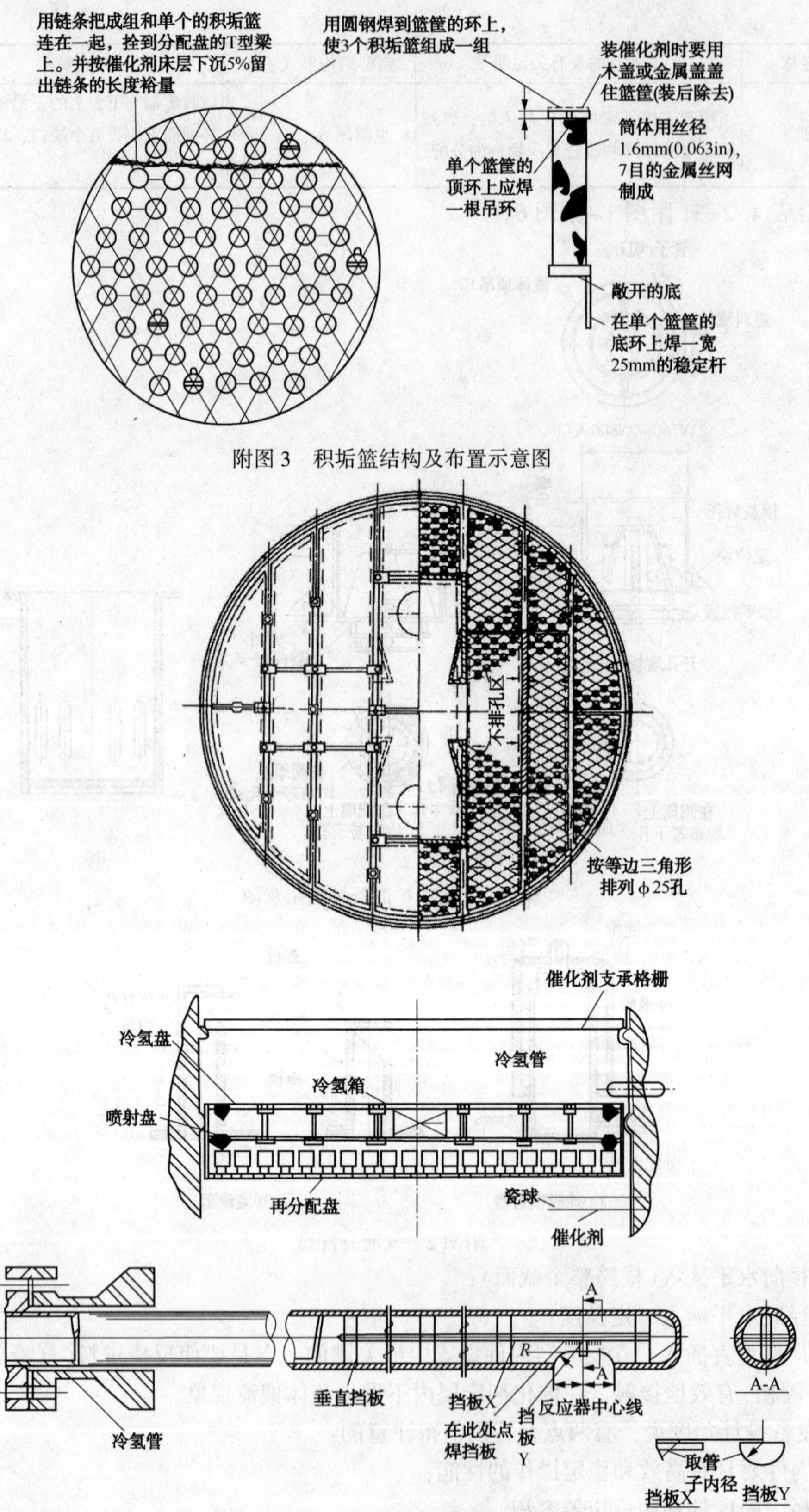

附图 3　积垢篮结构及布置示意图

附图 4　冷氢箱结构示意图

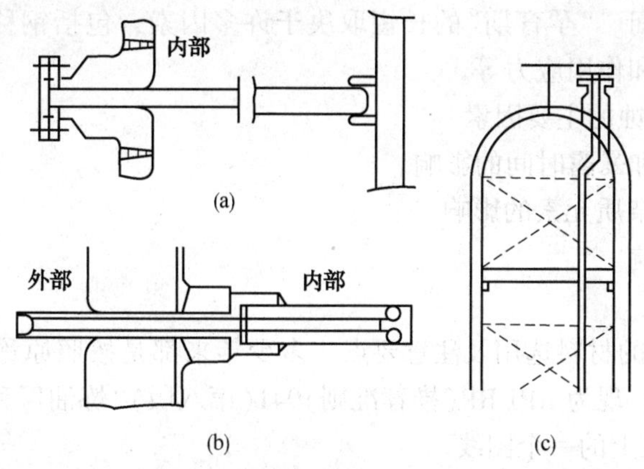

附图 5　热电偶管的安装方式

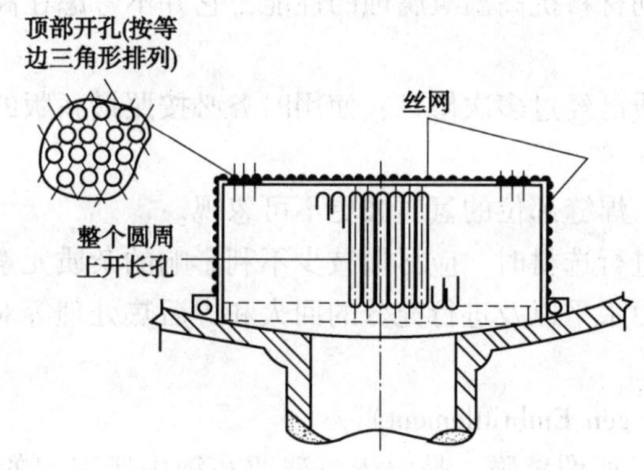

附图 6　出口收集器示意图

5. 加氢反应器主要损伤形式与材料选择

加氢装置由于操作条件的特殊性，所以反应器有可能发生一些特殊的损伤现象。为防止这些破坏性的损伤发生，不仅要有正确的设计与选材，而且与正确的制造工艺和正确的操作维护关系极大。下面详细介绍其形式及对策。热壁加氢反应器可能发生的主要损伤形式有高温氢腐蚀、氢脆、高温硫化氢腐蚀、铬-钼钢的回火脆性、连多硫酸应力腐蚀开裂、奥氏体不锈钢堆焊层的氢致剥离。

(1) 高温氢腐蚀(HA-hydrogen Attack)

① 高温氢腐蚀形式。有两种：表面脱碳和内部脱碳与开裂。

表面脱碳不产生裂纹，表面脱碳的影响一般很轻，其钢材的强度和硬度局部有所下降而延性提高。

内部脱碳是由于氢扩散侵入到钢中发生反应生成甲烷，即 $Fe_3C+2H_2 \longrightarrow CH_4+3Fe$。甲烷聚集于晶界空穴和夹杂物附近，形成很高的局部应力，使钢材产生龟裂、裂纹或鼓泡，并使钢材强度和韧性显著下降。由于这种损伤是发生化学反应的结果，所以它具有不可逆的性质，也称永久脆化现象。其实际的进展是甲烷气泡在晶界形核，成长及气泡串通产生晶间微裂纹，最终这些微裂纹能够连通而形成断裂通道。

这里要引出一个“孕育期”(或称潜伏期)的概念。就是对于处在形成甲烷气泡，但成长速度缓慢且没有串通的阶段，钢材的力学性能不发生明显改变的这段时间称为“孕育期”。“孕育期”的概念对于工程上的应用是非常重要的。它可被用来确定设备和管道所采用的钢材的大致安全使用时间。“孕育期”的长短取决于许多因素，包括钢种、氢压、温度、冷作程度、杂质元素含量和作用应力等。

② 影响高温氢腐蚀的主要因素

(a) 温度、压力和暴露时间的影响。

(b) 合金元素和杂质元素的影响。

(c) 热处理的影响。

(d) 应力的影响。

③ 抗高温氢腐蚀的材料选用及注意要点。多少年来都是按照原称为“纳尔逊(Nelson)”曲线来选择抗氢材料。现为 API RP(推荐准则)941(第八版)“炼油厂和石油化工厂用高温高压临氢作业用钢”标准上的一个图线。

在应用这个图线进行选材时，还应该注意以下几点：

(a) 本图线只涉及到材料抗高温氢腐蚀的性能，它并不考虑在高温时其他重要因素引起的损伤。

(b) 由于纳尔逊曲线已经过多次修订，使用时务必按照最新版的曲线选用，才能保证使用的可靠性。

(c) 在实际应用中，焊缝部位的氢腐蚀更不可忽视。

(d) 在依据此图线进行选材时，应尽量减少不利影响的杂质元素含量，注意控制非金属夹杂物的含量和作用应力水平以及进行充分的回火和焊后热处理等对提高钢材抗高温氢腐蚀都是有好处的。

(2) 氢脆(HE-Hydrogen Embrittlement)

① 氢脆现象的特征。所谓氢脆，是由于氢残留在钢中所引起的脆化现象。产生了氢脆的钢材，其延伸率和断面收缩率显著下降。氢脆是可逆的，也称作一次脆化现象。氢脆发生的温度一般在 150℃以下。所以，实际装置中氢脆损伤往往都是发生在装置停工过程的低温阶段。

② 防止产生氢脆的有关要点

(a) 氢脆的敏感性一般是随钢材强度的提高而增加。

(b) 钢的显微组织对氢脆也有影响。

(c) 钢材的氢脆化程度与钢中的氢含量密切相关(可以认为，在可能发生氢脆的温度下，会存在着不引起亚临界裂纹扩展的氢浓度，称之为安全氢浓度。它与钢材的强度水平、裂纹尖端的拉应力大小及裂纹的几何尺寸有关)。

对于操作在高温高压氢环境下的加氢反应器，在操作状态下，器壁中会吸收一定量的氢。在停工的过程中，若冷却速度太快，使吸藏的氢来不及扩散出来，造成过饱和氢残留在器壁内，就有可能引起亚临界裂纹扩展，对设备的安全使用带来威胁。

为避免氢脆发生，应注意以下要点：

a. 钢材强度不要超过设计规定值。且要注意降低焊接热影响区的硬度($2\frac{1}{4}$Cr-Mo 钢应控制≤220HB)

b. 通过无损检测消除宏观缺陷。

c. 消除残余应力使负荷应力降低。

在加氢反应器等临氢设备中还存在不锈钢氢脆损伤的现象(有的还兼有 σ 相脆化)，其部位多发生在反应器催化剂支持圈的角焊缝上以及法兰梯型槽密封面的槽底拐角处。防止此类损伤的发生，主要应从结构设计上、制造过程中和生产操作方面采取如下措施：

a. 尽量减少应变幅度，降低热应力和避免应力集中。

b. 尽量保持 Tp. 347 堆焊金属或焊接金属有较高的延性。

c. 装置停工时尽量使钢中吸藏的氢释放出去。

d. 尽量避免非计划的紧急停工。

(3) 高温硫化氢+氢腐蚀(H_2+H_2S 腐蚀)。加氢装置中的高温硫化氢腐蚀是指 H_2S 在氢气流中对设备和管道的腐蚀。硫化氢和氢共存条件下，比硫化氢单独存在时对钢材产生的腐蚀还要更为剧烈和严重。其腐蚀速度一般随着温度的升高而增加。

影响高温硫化氢腐蚀的主要因素是温度和 H_2S 浓度。一般来说，温度是影响腐蚀速率的主要因素。不过，在较低的 H_2S 浓度下，浓度比温度更显突出。H_2S 浓度与腐蚀程度的关系大致如下：

H_2S 浓度/%(体积分数)	腐蚀速度
0.01~0.1	急剧的增加
0.1~1.0	增加的程度稍为减慢
1.0~10.0	提高的程度很小

硫化氢和氢共存条件下的材料选择，一是按经验数据，二是按照柯珀(Couper)曲线估算。

另外，作为抗高温硫化氢腐蚀的有效措施之一可采用渗铝钢。但要注意的是，不同的渗铝工艺，其抗腐蚀的性能是大不一样的。(最好采用高温扩散渗透法)。

(4) 连多硫酸应力腐蚀开裂　详见本书“关于加氢设备材料常见的损伤与对策。”

(5) 钼-铬钢的回火脆性损伤(TE)

① $2\frac{1}{4}$Cr-1Mo 钢的回火脆性现象及其特征。$2\frac{1}{4}$Cr-1Mo 钢的回火脆性是钢材长时间地保持在大约 343~593℃或者从这温度范围缓慢地冷却时，由于冶金的变化，使材料的断裂韧性引起劣化损伤的现象。

它产生的原因是由于钢中的杂质元素和某些合金元素向原奥氏体晶界偏析，使晶界凝集力下降所致。回火脆性对于抗拉强度和延伸率来说，几乎没有反映，主要是在进行冲击性能试验时才能观测到很大的变化。材料一旦发生回火脆性，就使延脆性转变温度向高温侧迁移，如图 4-2-24 所示。

② 影响回火脆性的主要因素。影响回火脆性的主要因素很多，如化学成分、制造时热处理条件、加工时的热状态、强度大小、塑性变形，碳化物的形态，使用时所保持的温度等等。而且有些因素相互间还有关连，情况较为复杂。

(a) 化学成分的影响。化学成分中的杂质元素(如 P、Sn、As、Sb)和某些合金元素(如 Si、Mn 等)对回火脆性影响很大。

在工程应用上通常采用两个与元素有关的经验式来描述回火脆性的大小。

J 系数，$J=(Si+Mn)\cdot(P+Sn)\times10^4$ (%)

X 系数，也称 Bruscato 系数，即

$X=(10P+5Sb+4Sn+As)\times10^{-2}$ (μg/g)

J 系数中化学成分按重量百分比计；

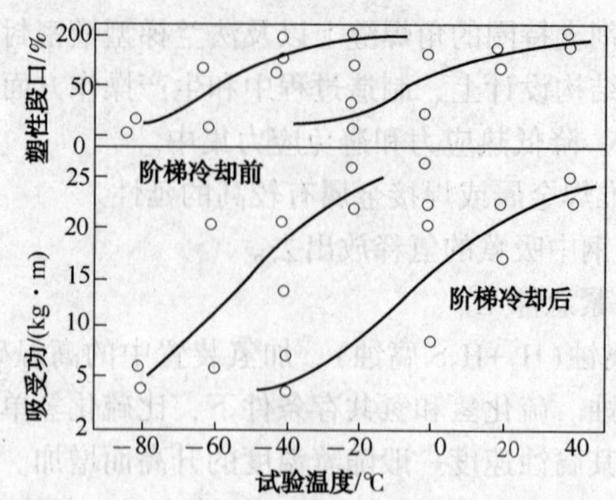

图 4-2-24　回火脆化引起夏比冲击转变温度的迁移(经阶梯冷处理)(2.25Cr-1Mo 钢)

X 系数中化学成分按 μg/g 计。

(b) 热处理工艺的影响。热处理工艺，主要是奥氏体化温度及其奥氏体化后的冷却速度对回火脆性敏感性有很大的影响。

③ 回火脆化度的评价

(a) 等温时效(Isothermal aging)处理，也即等温脆化处理。

(b) 阶梯冷却或步冷法(Step Cooling)处理，它在工程上被广泛地采用。

所谓阶梯冷却法就是将试验材料的试样置于回火脆化温度范围内阶梯式地进行保温与冷却(一般是采用 5 个阶梯)，使它发生回火脆化的方法。

作为脆化度的定量表示，通常是通过采用 2mm V 型缺口夏比试验获得的韧-脆性转变温度 vTrs 的变化量 ΔvTrs 或是以 54J 夏比冲击吸收功的转变温度 vTr54 的变化量 ΔvTr54 来表示。ΔvTr54 或 ΔvTrs 越大，说明回火脆性度就越大。而且通常按下式来评定钢材(或焊缝)的回火脆化倾向。

$$\text{vTr54} + \alpha\,\Delta\text{vTr54} \leqslant X\text{℃}$$

式中　vTr54——脆化处理前 V 型缺口夏比冲击功为 54J 时的对应温度，℃；

ΔvTr54——按阶梯冷却工艺进行脆化处理后与处理前的 V 型缺口夏比冲击功为 54J 时对应温度的增量，℃；

α——系数，原来为 1.5，由于要求越来越严，逐步增大到 2.5 或 3.0；

X——规定满足的温度值，最早为 38℃，现已变为低于 38℃，如 10℃或 0℃等。

④ 防止 $2\frac{1}{4}$ Cr-1Mo 钢设备发生回火脆性破坏的若干措施。加氢装置所选用的铬-钼钢，以 $2\frac{1}{4}$ Cr-1Mo 钢为多，而它又是几种铬-钼钢中回火脆性敏感较大的钢种，下面以它作为代表提出防止产生回火脆性的一些措施。

(a) 尽量减少钢中能增加脆性敏感性的元素。

(b) 满足对母材的(P+Sn)的控制要求。

(c) 满足对母材的 *J* 系数和对焊缝的 *X* 系数的要求，以及对二者的回火脆性敏感性评定要求。

(d) 制造中要选择合适的热处理工艺。

(e) 采用热态型的开停工方案。

(f) 采用合适的开停工升降温速度。

(6) 奥氏体不锈钢堆焊层的氢致剥离

① 堆焊层氢致剥离现象的特征。从宏观上看，剥离的路径是沿着堆焊层和母材的界面扩展的，在不锈钢堆焊层与母材之间呈剥离状态，故称剥离现象，从微观上看，剥离裂纹发生的典型状态有沿着熔合线上所形成的碳化铬析出区和沿着长大的奥氏体晶界扩展的两大类。

剥离现象产生的主要原因：

(a) 由于制作加氢反应器本体材料的 Cr-Mo 钢和堆焊层用的奥氏体不锈钢具有不同的氢溶解度和扩散速度，使堆焊层过渡区的堆焊层侧出现了很高的氢浓度；

(b) 由于母材和堆焊层材料的线膨胀系数差别较大，在界面上存在着相当可观的残余应力；

(c) 由于制造中进行焊后热处理，在境界层上可能会形成沿融合层生长的粗大结晶。

② 影响堆焊层氢致剥离的主要因素。除金属材料本身的因素外，环境条件和制造工艺都将对堆焊层氢致剥离产生影响。

环境条件：操作温度、氢分压、冷却速度、反复加热冷却的循环次数。

制造工艺：主要的焊接方法、焊接条件和焊后热处理的影响。

③ 防止堆焊层氢致剥离的对策

(a) 降低界面上的氢浓度。

(b) 减轻残余应力。

(c) 设法使堆焊层熔合线附近的组织具有较低的氢脆敏感性。

(d) 严格遵守操作规程，尽量避免非计划的紧急停车。

(e) 在正常停工时应采取能使氢尽可能从器壁内释放出去的停工条件。

(7) 我国加氢反应器国产化取得丰硕成果

从 1984 年通过联合攻关，石油三厂国产 2. 25Cr1Mo 钢锻焊结构热壁加氢反应器见证件通过鉴定，继而开展国内首台锻焊结构热壁加氢反应器研制，1989 年，首台由我国自行设计、研究并用国产材料制作的锻焊结构热壁加氢反应器在石油三厂加氢装置顺利运行。该反应器重达 220t，内径 1800mm，筒体壁厚 150mm，壳体材料 2. 25Cr1Mo+TP. 347 最小有效堆焊层厚度 3mm，长度 22000mm，设计压力 20. 16MPa，设计温度 450℃，从 1989 年 5 月投用至今 2013 年运行正常。经多次在役外观检测与无损检验，无异常现象。1990 年以后又相继完成了 400t、560t、1000t 级的 2. 25Cr1Mo 钢锻焊结构热壁反应器的设计制造任务。国产化热壁反应器在神华直接液化项目的反应器单个反应器的重量已超过 2000t。

国产加钒钢的研制成功，为近 10 年来国内炼油，煤制油加氢技术的大发展做出了贡献，极大地满足了国内石化工程建设对加氢反应器的需要。

近年来随着国内制造企业大型卷板机等装备完善，板焊式热壁加氢反应器的应用范围进一步扩大。板焊结构热壁加氢反应器的推广应用，又促进了加氢 Cr-Mo 钢厚钢板的国产化。使加氢反应器设备技术得到了全面发展。

总之，从 20 世纪 80 年代初开始，国内石油石化、冶金和机械等部门的一些科研、设计、制造和生产单位在原石油工业部和后来的中国石化总公司的组织领导下，组成了热壁加氢反应器联合攻关组，在消化吸收国外引进技术跟踪国外技术发展，加氢反应器取得了一系列里程碑式的进步，技术得到了全民的发展，主要体现在：

① 加氢设备用钢基本实现了国产化；

② 大型化全面进步

③ 掌握了工厂和现场大型加氢反应器制造成套技术

④ 掌握了满足各种炼油工艺要求的加氢反应器的工程设计应用技术。

(8) 面临的问题

近年来随着我国经济发展，对石油产品的需求越来越大，石油资源的劣质化越来越严重，石油资源获得越来越难，同时为满足环保要求，对成品油的品质要求越来越高。这些因素推动了能充分吃干榨尽，能够提供优质环保油的各类加氢工艺技术的广泛应用，推动了作为加氢装置核心的设备技术发展，极大地促进了我国设计、材料机械制造等领域的技术进步。但是在世界各国努力防止全球气候变暖。国家对企业提高明确的节能减排要求的形势下，围绕提高企业的经济，炼油加氢技术的发展体现了大型化、多样化的特点。此外企业要求装置的加长运转周期，对设备可靠性提出了越来越严格的要求，加氢反应器制造也面临需要解决的新课题。

① 需待完善使用压力容器新标准的加氢设备材料基础性能数据。缺乏国产材料的性能数据的支撑，加氢反应器设计盲目采用标准的应力值做设计是不合适的，因此对于操作条件苛刻、技术难度大、质量要求高。提高大的加氢反应器用国产 2.25 Cr1Mo 及 3 Cr1Mo - 0.25V 钢材料应尽快完善相关基础性能数据，以利在工程设计中采用新标准的应力，降低工程投资。

② 厚度越大型筒节其锻造及设备制造技术有待进一步完善。

③ 尽早开展加氢反应器服役后的材料性能研究。从 20 世纪 80 年代初我国引进的 2.25 Cr1Mo 钢热壁加氢反应器投用至今已近 30 年，从首台国产的 2.25 Cr1Mo 钢热壁加氢反应器在石油三厂应用至今也有 23 年，对于大型石油化工核心设备，一般的初期设计寿命也就 30 年。即我国目前在用的加氢反应器将陆续进入初期设计寿命，根据国产质量技术监督检验总局颁布的 TSG-R0004-2009 固定式压力容器安全监察规程的要求，越过初期设计寿命的容器，如继续使用。需要有资格的炼油设备检验机构进行检验，必要时还需进行使用评价。使用评价是根据断裂力学为基础，结合材料的实际性能主要是断裂韧性在大结构物中的应力，以及缺陷的大小进行的。当进行于使用评价时，首先要知道材料的实际性质，而加氢设备用钢如 2.25 Cr1Mo，2.25 Cr1Mo -0.25V 及 3 Cr1Mo -0.25V 钢的断裂韧性，是随着在高温高压临氢环境中通常受到回火脆化、氢脆化、非正常超温及服役中的使用，压力温度没动情况等引起的疲劳影响。这些因数都极大地影响着实际材料的性能，且有些因数还是互相促进的。这些材料包括母材锻件、钢板、钢筋、焊缝金属，及热影响区。加氢设备，特别是加氢反应器是装置的核心设备，其造价高，一台设备动辄几千万，甚至上亿，很难轻易废弃。但是应用环境苛刻，高温高压，一旦出事故对工厂和社会的影响难以化量，因此加氢反应器的延寿工作必须积极稳妥地进行。考虑到相关的试验研究内容多及多个单位，试验要求高、难度大，需做大量的详细试验方案规划和试验组织工作，需要尽早对加氢设备服役后的材料性能开展研究，为即将到来的设备延寿做好技术准备，同时搞好这项研究，也有利于确定加氢装置开展对自身管道如何使用作进一步的研究。

(9) 小结

虽然我国热壁加氢反应器技术的开发比国外一些国家较晚，但在国家有关主管部门的领导下，组织了研究、设计、制造和使用单位联合攻关，充分发挥各自优势，利用较短时间取得显著的成绩，还具有可与世界先进技术相比拟和竞争的水平与实力。今后只要坚持科学发展观，积极支持技术创新，认真落实国家和提高实现重大技术装备国产化战略任务和决策，并对上述的提高建议给予足够的重视，我国加氢反应器技术一定会取得更大的成就，为整个加氢技术的发展和企业经济效益的提高做出更大的贡献。

6. *加氢反应器使用中的保护与在役检验*

(1) 加氢反应器使用中的保护。为防止加氢反应器可能发生的各种脆性损伤，在使用、开停工或停工卸剂进行在役检验时，采取以下几点措施是很有效果的。

① 对于采用回火脆性敏感性较强的钢材(如2 1/4Cr-Mo钢)制造的反应器，在初次开工运行后的重新开停工时，应采用热态型的开停工方案。

② 在停工过程中宜有一段300~350℃的保持时间，让操作时所吸藏的氢尽可能地散逸出器壁外，以最大限度地减少器壁中的残留氢含量。

③ 开停工时必须严格执行操作手册的要求。为防止形成较大的热应力，推荐开工和停工时的升温和降温速度分别不要超过25~30℃/h和25℃/h.

④ 要尽量避免非计划性的开停工。这对保护反应器和减轻其堆焊层的氢致剥离都是有效的。

⑤ 当反应器安装或停工检验而打开顶部人孔时，一定要设置合适的防护措施，防止雨水飘入器内。

⑥ 采取有关措施以防止器内有奥氏体不锈钢部位可能产生连多硫酸应力腐蚀开裂。

(2) 热壁加氢反应器的在役检验。热壁加氢反应器由于可能发生的损伤形式较多，而且内表面又有不锈钢堆焊层，其在役检验工作较为复杂。与其他设备的检验是有所不同的。

① 在役检验的目的。检查在使用条件下新产生和发展的缺陷(主要是裂纹)并进行可靠性评价。

② 在役检验内容，范围和数量的确定。

(a) 除国家法规对在役设备规划的必检项目外，应以检查有无氢腐蚀，氢致裂纹，堆焊层的氢致剥离裂纹和回火脆化程度(装有试块时)等为主要内容。

(b) 检验的数量和范围一般可跟据以下几方面进行综合考虑后确定：(ⅰ)，使用中通常容易出现裂纹的部位。(ⅱ)容易产生堆焊层氢致剥离裂纹或发生几率较大的部位，(ⅲ)根据过去的操作历史，包括温度，压力及其超温、超压和开停工(含发生异常情况的非正常停工)次数等情况，(ⅳ)根据过去的检验记录，如所记录的缺陷情况，返修部位等。

总的来说，检验的重点应该是法兰密封面，高应力和应力集中区，主焊缝、堆焊层及其层下缺陷和主螺栓。

③ 在役检验的主要实施手段。在役检验主要采用无损检测的方法手段，包括采用目视检查(VT)、磁粉检测(MT)、渗透检测(PT)和超声检测(UT)。尤其超声检测是一种有效的检测手段。有条件是可采用tofd(Time-of-Flight Diffraction)检测技术，它比一般的超声检测，具有裂纹检出的概率高，检出裂纹的定位准确性高和检出裂纹大小的定量准确性高等优点。

④ 主要检验部位与适用方法。反应器在役检验的典型部位与适用方法(以锻焊反应器为例)见表4-2-32。

加氢反应器的实际情况比较复杂，存在缺陷，并发展成为危害性缺陷的可能性不容忽视。设计者不考虑缺陷的存在，只有一个以强度为基础的安全系数，制造者也不可能完全防止缺陷的发生，因而发现缺陷后若全部进行修补，在经济上固然可以不计，而在安全上有时往往由于焊接修补不当，反而在补修处或附近区域产生残余应力，威胁容器设备的安全。因此采用断裂力学分析评估，提出缺陷允许尺寸，在安全可靠的基础上，对缺陷保留、容许存在是必要的。易发生缺陷部位及采用的检查方法见表 4-2-32(与图 4-2-25)配合。

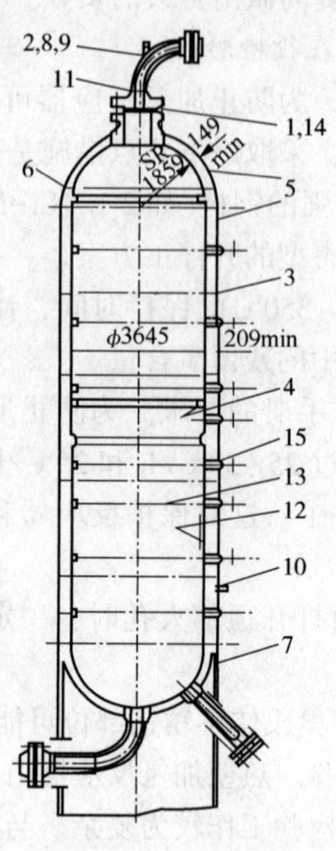

图 4-2-25 检查部位

表 4-2-32 易发生缺陷部位及采用的检查方法一览表(与图 4-2-25 配合)

检查部位及形式		编号	主要缺陷	检查方法									
部位	形式			从外壁					从内壁				
				UT	MT	PT	RT	VT	UT	MT	PT	RT	VT
垫片或垫圈的凹槽	环形沟槽	1	线（面）状缺陷	√		√		√					
管架、人孔等安装焊缝	加强板(筋)、管架加强板	2	线(面)状缺陷或立体缺陷		√			√					
筒体主焊缝	对接焊	3	线(面)状缺陷或立体缺陷	√	√				√		√		
催化剂床层支撑圈安装焊缝处	筒体和角堆焊接和筒体完全熔透结构	4	线(面)状缺陷或立体缺陷	√							√		√
筒体母材或锻钢件上下封头	卷板焊接或锻焊结构	5	线(面)状缺陷或立体缺陷	√					√		√		√

续表

检查部位及形式		编号	主要缺陷	检查方法									
				从外壁					从内壁				
部位	形式			UT	MT	PT	RT	VT	UT	MT	PT	RT	VT
封头与筒体安装对接焊缝	对接焊	6	线(面)状缺陷或立体缺陷	√	√			√					
塔裙(外缘)安装焊缝处	对接焊缝	7	线(面)状缺陷		√			√					
升降柄(吊耳)安装焊缝	筒体和吊耳间焊缝	8	线(面)状缺陷		√			√					
外部安装件(平台支架)安装焊缝	角焊缝	9	线(面)状缺陷		√			√					
内构件安装焊缝	角焊缝	10	线(面)状缺陷			√		√					
接管对接环焊缝	对接焊 对接焊内部	11	线(面)状缺陷 立体状缺陷	√	√		√						
筒体内壁堆焊层	堆焊层	12	线(面)状缺陷	√					√		√		√
热电偶管	外部受压部位	13	线(面)状缺陷			√	√	√					
高压螺栓	容器上下盖链接及接管链接	14	裂纹缺陷(面状)		√								
管座角焊缝	角焊缝处	15	线(面)状缺陷	√	√			√					
主螺栓④			裂纹		√								

注：(1) 为判断某些部位的损伤或材质劣化状况，还可进行硬度、不锈钢堆焊层铁素体含量或金相显微组织的测定或检验。

(2) UT 可从法兰(法兰接管)的内表面或顶面进行。

(3) 当需要检测高温氢腐蚀时，亦可采用 UT 方法。

(4) 亦可采用 UT 方法。

⑤ 检出缺陷的处理。加氢反应器在使用中可能发生损坏，可用下面的曲线示意，即，当这两条线相交一起时，就会发生损伤。

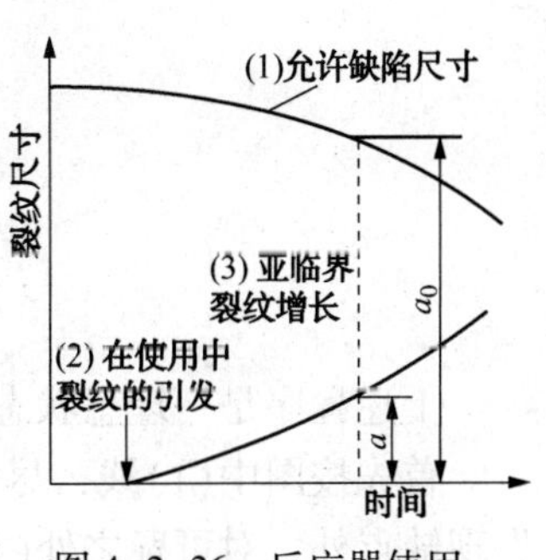

图 4-2-26 反应器使用寿命示意图

图 4-4-26 中的线(1)表示反应器在其操作条件下所允许的缺陷大小，在操作使用过程中，材料由于发生像回火脆性、氢脆等等的损伤，所以这条线是逐渐下降的。下面一条线的始点(2)，表示反应器在使用中由于各种原因(如氢腐蚀、氢脆、应力腐蚀开裂、低频疲劳等)产生了裂纹，并且由于各种机制可以使亚临界裂纹增长，即反应器在使用中它内部存在的缺陷就逐渐

增大，所以线(3)是上升的。当这两条线相交在一起时，反应器就会发生损坏。因此，要对无损检验的结果用线弹性断裂力学进行评价，以此来估计反应器的安全性，即至少要保持如前所介绍的安全系数 K_{IC}/K_I 为 1.4 倍，否则就需要进行修理或更换。(K_I 应力强度因子；K_{IC} 断裂韧性值)

一旦发生严重缺陷可能导致停止使用反应器，就应该对缺陷进行处理。缺陷处理方式：

① 缺陷的修理

② 对缺陷区内进行“合于使用”评价

(a) 应参照 GB/T 19624《在用含缺陷压力容器安全评定》标准的要求。

(b) 为开展安全评定，应做好以下基础工作：

a. 对评定对象的状况进行调查(历史，工况，环境等)；

b. 缺陷检测；

c. 缺陷成因分析；

d. 失效模式判断；

e. 材料检验(性能、损伤与退化)；

f. 应力分析；

g. 必要的试验与计算。

③ 评定程序　对于缺陷的评估，其程序示意如图 4-2-27。

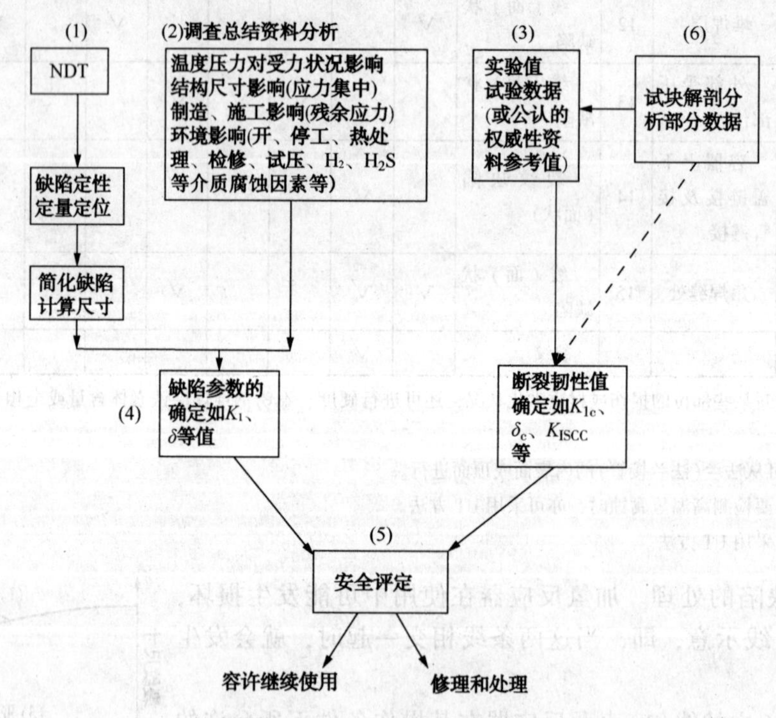

图 4-2-27　缺陷的评估程序

上述程序是一理想状态的设想，但若在设计时就考虑到的话，是不难做到。

首先按图中(1)线，尽全力搞好反应器的无损检测，除充分孕育 VT、PT、UT 检测技术发现缺点外，对可疑之处(包括母体、焊缝、接管、凸台及 PT 发现裂纹、缺陷各处)还可辅以 UT 测厚、硬度值、金相组织复膜、铁素体含量等项目的抽查，用先进的测试仪器，测定应力集中部位的残余应力分布，更为妥当。在检测中强度 VT、PT、MT 对表面的检查，大量采用 UT 法从内外壁抽查，对检查出的超标缺陷，进行定性、定量、定位的精查，参照 CVDA-84 缺陷评定规定，简化与计算出缺陷尺寸。

按图(2)线对反应器的历史资料进行充分调查、总结、分析。要充分了解、熟悉反应器制造、生产投用后的技术状况，受外部施加的应力、压力、温度变化的影响，结构尺寸及应力集中情况，残余应力分布，开、停工、热处理、维修、试压以及介质如氢、硫化氢、酸度、浓度变化等。通过(1)、(2)线对反应器的检查与了解，可以求得缺陷几何计算尺寸，缺陷部位的应力和应变，确定(4)缺陷参数值如 K_I、δ_c 等值。

按(3)线确定反应器缺陷部位材料的试验值或实验值，可来源于制造时同炉试板、试件见证件，也可选用国家或 部门的标准数据，最好将母材或筒体的模拟试块装入反应器中随生产运行，停气检修取出试块进行实测。以此得出的断裂韧性值如 K_{IC}、δ_c 等值，将更为可靠。

7. 热壁高压加氢反应器的使用及应注意的事项

高压加氢在炼油工业中已有 80 多年历史，开始时使用碳素钢反应器造成严重事故，后改用铬钼系列合金钢并在反应器内部衬保温砖，控制高压筒壁温，才避免了高压筒破裂所引起严重恶性事故。

但使用带内保温反应器的弱点是内保温经常损坏，影响生产与安全。为此近年发展 $2\frac{1}{4}$ Cr-1Mo 钢和双层堆焊不锈钢的热壁反应器后，解决了上述问题，但通过热壁反应器的使用，近年来也出现了新的问题，2008 年 4 月 23 日陕西西安日报报道“中温煤焦油轻质化项目在榆林神木县试产成功”，该报道中称“具有完全自主知识产权和技术专利的 500kt/a 年中温煤焦油 轻质化项目近日在某工业园区试产成功，开创了煤化工产业发展新领域。

装置开工首先是开加氢精制，开了 20d 以后，接着又开加氢裂化，加氢裂化开了 8d 发生裂化反应器下封头与高压筒的立板焊道撕开，最大裂口近 200mm，当时造成反应器内件瓷球、催化剂均自反应器内喷出，氢气喷出引起大火，火焰喷出约 100m，幸未伤人，事故出了以后过了数月请合肥通用机械研究所压力容器检验站去检查，事故的破口已冲蚀磨光，下封头除破口以外还鼓了一个大包。通用所到现场检查了大筒制造时的每张钢板检查记录，未发现问题，焊道的 X 光底片及超声波检查亦未发现问题，该所的结论为是筒内反应器严重超温造成超过钢材屈伏点造成焊道撕开事故。

通过了这次事故，在工艺上也作了一些探讨，首先对高芳烃含量的原材料在加氢时必须慎重考虑反应热，科研单位进行加氢试验均是采用恒温反应器所以无法测出反应热，而在设计时一定要注意反应热的不同而采用不同的氢油比，东德 Espenhaim 褐煤低温煤焦油加氢反应热为 1.13MJ/kg(270kcal/kg)，Lauchhammer 褐煤高温煤焦油加氢反应热为 1.46MJ/kg(350kcal/kg)，抚顺页岩油加氢反应热为 836kJ/kg(200kcal/kg)，抚顺页岩气体汽油加氢为 523kJ/kg(125kcal/kg)，例如加工天然石油时氢油比最大不会超过 2000：1，而加工煤焦油时三厂工业实践就达到 6800：1，东德 Zeitz 加氢厂加工低温煤焦油焦油也达到 5400：1，所以在加工煤焦油时在设计上绝不能套炼制天然石油经验。另外一项值得注意的问题就是冷壁反应器内部有保温，在操作失控催化剂超温到 600~700℃ 由于热的传导要有一定时间，反应器的壁温也不能很快到达那么高温度，但是用了热壁反应器，催化剂床层温度立即迅速传给反应器的筒壁，很快超过钢材的屈伏点，而造成事故。为此在操作中更要严格遵守操作规程，绝不能舍不得紧急泄压(放空)而损坏反应器。这一点对曾运转过冷壁反应器的人员一定不能凭老经验来指导生产，如果装置有一定的生产裕量，在原料中再掺入一些已经加过氢的油料进行循环也不是不可以考虑的一个办法。

(1) 操作中加氢反应器的使用压力限制和升温速度限制。加氢装置反应器所用材质多为 $2\frac{1}{4}$Cr-1Mo，由于铬钼钢长时间在370~575℃下操作，材质会发生变化。因此，这种钢材在温度低于121℃时存在脆性断裂的可能性。故一般建议：温度在121℃以下时，$2\frac{1}{4}$Cr-1Mo和3Cr1Mo钢设备内的压力限制在产生的应力不超过材料屈服强度的20%的压力范围内，但考虑到反应器内的温度与反应器外壁温度的差异，有的装置将此温度改为135℃。此外，对有明显高的残余应力或机械负荷应力的地方，可谨慎地进行密切监视和进行更严格的检查。为了确保安全，一般要求当温度在135℃以下时，压力不能超过总压力的$\frac{1}{4}$。要求反应器开工操作时，要先升温后升压，在停工操作中，要先降压后降温。对于机械设计方面的考虑，冷却速度不应超过25℃/h，在压力降到总压力的$\frac{1}{4}$以前不得将反应器温度降到135℃以下，这些措施对设备应力、堆焊层剥离倾向及防止因回火脆性引起的破坏都有好处，为了防止停工期间不锈钢堆焊层和不锈钢工艺管线内壁接触到潮湿空气，与金属表面的硫化铁形成连多硫酸，造成不锈钢的连多硫酸、应力腐蚀开裂，规定了设备和管道的氮气保护措施或用碱中和清洗措施。

为了避免产生高的温差应力，应严格控制任何两个表面热电偶之间的温度差。如两表面热电偶之间距离小于$2.5(R\times T)^{\frac{1}{2}}$，其最大温差不宜大于28℃。其中：$R$为反应器半径；$T$为反应器壁厚。一般可通过控制进料的升温速率和进料温度来满足上述条件，见表4-2-33。

表4-2-33　反应器升温速度限制条件

项　目	反应器器壁最低温度(由表面热电偶测出)	
	<50℃(经过一个周期后为93℃)	>50℃(经过一个周期后为93℃)
进料升温速率	<32℃/h	<52℃/h
进料温度或床层温度(由反应器内热电偶测出)	<相邻近的表面热电偶温度+167℃且<反应器出口温度+111℃	<相临近的表面热电偶温度+167℃且<反应器出口温度+111℃

注：此表仅表示理论上的最大升温速率限制，实际操作时尽量降低升温速率。尤其当反应器器壁温度小于150℃时，升降温速度尽可能控制在<25℃/h，防止反应器本体和某些关键构件形成不均匀的温度分布而引起较大热应力，损伤设备。

(2) 确保加氢反应器使用安全措施。加氢反应器是加氢装置的核心设备，在高温、高压和临氢下操作。对于它的安全性，除了选择优质的钢材和严格制造质量外，合理的操作也是重要的方面。

① 加氢反应器升降压限制和脱氢处理

(a) $2\frac{1}{4}$Cr-1Mo钢制反应器在开、停工过程中的升降压限制。众所周知，$2\frac{1}{4}$Cr-1Mo钢长期暴露在700~1050℉(371~565℃)范围内会出现回火脆化现象。其特征是材料的冲击韧性明显地降低，而强度无明显的变化。材料在临氢介质中的断裂韧性相应地降低。一般焊缝金属的脆化程度要比母材大。冲击韧性降低一般以 40ft · lb 转变温度的升高值来衡量。根据资料报道，20 世纪 60 年代末和 70 年代初生产的 $2\frac{1}{4}$Cr-1Mo 钢制造的反应器操作若干年之后，其 40ft · lb 转变温度上升了 56～112℃（100～200℉）为了防止反应器在低温下出现脆性破坏，国外很多公司早在上个世纪 70 年代就提出了开、停过程中升降压限制。1973 年美国某公司就规定了加氢裂化反应器在停工过程中承受全压时允许的最低筒壁温度。如表 4-2-34所示。

表 4-2-34　筒壁温度

筒体壁温/℃（℉）	操作时间/a	承受全压允许的最低温度/℃（℉）
371～399 （700～750）	0 2 10	52(125) 66(150) 93(200)
399～427 （750～800）	0 1 2 4 10	52(125) 93(200) 121(250) 149(300) 177(350)
427～454 （800～850）	0 0.5 1 2 3	52(125) 93(200) 121(250) 149(300) 177(350)

从表 4-2-34 可以看出，对於筒壁温度超过 800℉（427℃）的加氢裂化反应器，操作 4 年之后，在开、停工过程中承受全压时，其筒壁温度不得低于 350℉（177℃）。有关回火脆化的步冷处理与长期恒温脆化处理就不是相等的结果。而是考虑了一些特殊的情况，也就是说留有一定的安全裕度。同时，美国该公司规定了升、降温速度不得超过 50℉/h（28℃/h）。

美国另一公司在 70 年代的一个加氢裂化装置基础设计中指出，如果设备筒体中应力水平不超过屈服强度的 20%，发生脆性破坏的可能性是很小的。因此他们规定在开、停工过程中，当筒壁温度等于或低于 121℃时，承受的压力在筒壁中引起的应力不得大于屈服强度的 20%，其加热和冷却速度也不得超过 28℃/h。

为了满足上述这一要求，在制定开、停工方案时，就必须采取一些措施，限制其升压、降压速度。当然，这就会给开、停工带来很多具体困难。最明显的是开、停工时间要拖长。所以在操作人员未充分了解到这样做对反应器安全操作的意义之前，这种限压的开、停工方案要被接受和实施是很困难的。

石油三厂加氢装置采用了 $2\frac{1}{4}$Cr-Mo 钢制热壁加氢反应器，在开、停工方案中，提出了如下要求。

a. 当反应器开始升压时，在操作温度（热电偶指示温度）升到 135℃以前，操作压力不得超过 30kgf/cm^2。同理，当反应器降压时，操作压力降低到 30kgf/cm^2 以前，其操作温度必须维持在 135℃以上。这个措施的目的是保证设备壳壁在 121℃以下所承受的拉应力不超过材料屈服极限的20%。

b. 升温或降温速度不得大于56℃/h。这对保证反应器的安全操作和延长其寿命有帮助。

② 脱氢处理。为什么要进行脱氢处理？人们很早就知道氢能降低钢材的机械性能。氢损伤钢材可能出现两种基本不同的形式。第一种形式是“氢腐蚀”，即在高温下钢中的碳和氢进行化学反应生成甲烷，致使钢材出现脱碳和内部裂纹。另一种形式是“氢脆”，其特点是氢扩散到钢中后，在149℃(300℉)以下钢材的延展性降低而缺口敏感性增加。纳尔逊曲线确定了各种操作温度和氢分压下碳钢和Cr-Mo钢的使用界限，并得到了广泛的应用。美国某公司建议$2\frac{1}{4}$Cr-1Mo钢加氢反应器操作温度的上限是440℃(825℉)。对于钢材的第二种损伤形式“氢脆”，人们了解得较晚，经验也较少。20世纪70年代，美国某公司就进行了一系列的实验室试验，以确定防止加氢裂化反应器在停工过程中出现氢诱导裂纹扩展的准则。在操作过程中反应器壳壁吸收了相当多的氢，其数值与壳体温度和氢分压有关。在典型的加氢反应器操作温度440℃(825℉)下，反应器壳壁所吸收的氢可溶解在钢中，而且似乎是无害的。然而，在停工冷却过程中，氢在钢中的溶解度急剧地降低了(在环境温度下，基本上为0)，除非冷却速度慢得足以允许所吸收的氢通过内外表面从壳壁中扩散出去，否则将出现过饱和状态。当反应器壳壁冷却至300℉(149℃)以下时，大量的过饱和氢倾向于扩散到局部应变处，如缺陷处和裂纹前端，这样就可能引起亚临界裂纹扩展，在300℉(149℃)以下，不引起裂纹扩展的、反应器壳壁允许的过饱和氢最大浓度被定义为安全氢浓度。现已得知，钢材的安全氢浓度随着钢材强度水平、作用在裂纹上的拉伸应力以及潜在裂纹尺寸的增加而降低。如果一台加氢裂化反应器在一个操作周期之末、开始停工时的初始氢浓度C_R超过了安全氢浓度C_s，那么在反应器的停工程序中就要采用专门的措施将过饱和的氢气从壳壁中尽可能多的排出去，以使反应器壳壁在冷到149℃(300℉)以下时，所包含的氢浓度低于安全氢浓度C_s值。这个专门的措施就称为脱氢处理。

脱氢处理工艺可以是从操作温度冷却到260~427℃(500~800℉)范围内，等温地保持一段时间，也可以是在一段时间内，以缓慢的速度连续冷却。据介绍，后者的脱氢效果不好，需要的时间长，是不经济的，所以推荐等温脱氢处理工艺。

(b) 脱氢工艺对热壁反应器安全运行的保障作用

a. 概述。2¼Cr-1Mo钢制的热壁加氢反应器在加氢工艺中已有三十多年的使用历史。不断积累的使用经验和对退役反应器的解剖分析结果表明，这类反应器在高温高压的临氢环境中长期使用后所面临的主要问题是材质劣化，主要表现为以下几个方面：

a)反应器器壁母材及对接焊缝的回火脆化。

b)反应器器壁母材及对焊缝的氢脆及氢致裂纹扩展。

c)不锈钢堆焊金属的开裂及裂纹扩展。

d)不锈钢堆焊层与器壁的氢致剥离。

除回火脆化外，上述问题的出现均与器壁中的扩散氢有关。热壁加氢反应器在投入使用后，氢就会渗透进入器壁。反应器停工时，器壁中溶解氢的一部分在器壁表面，而大部分则滞留在器壁中。当反应器器壁温度下降到一定水平后，滞留在器壁中的氢浓度就会超过其材质在相应温度下的固溶极限。这种现象的出现就可能会造成材质的氢损伤。因此，深入探讨氢对反应器材质劣化的影响作用，对于提高热壁加氢反应器使用安全性是十分重要的。

b. 稳态运行时器壁内部的氢分布情况。金属处于气相环境中，氢就会以原子形式进入金属内部。氢原子的进入量与金属的组织情况，环境温度，环境氢分压等因素密切相关。氢在金属中的饱和溶解度可以用 Sievert 定律来加以描述：

$$S = K_0 \times \sqrt{p_{H_2}} \times e^{-\Delta E/T}$$

式中 S——氢在金属中的饱和氢浓度；

p_{H_2}——环境中的氢分压；

T——环境温度；

K_0 和 ΔE——由金属的类型决定。对于确定的材料，由 Sievert 定律就可以计算氢在一定环境条件下在该材料中所有的饱和溶解度。表 4-2-35 所示即为 309/347 堆焊不锈钢和 $2\frac{1}{4}$Cr-1Mo 钢在不同温度和氢分压下的饱和氢浓度。

表 4-2-35 不同环境温度和压力下的饱和氢浓度

环境温度/℃	环境氢分压/MPa	饱和氢浓度/(μg/g)	
		$2\frac{1}{4}$Cr-1Mo 钢	309/347 堆焊不锈钢
25	0.096	7.006×10^{-4}	0.9176
25	14.4	8.581×10^{-3}	11.24
200	0.096	0.0411	2.01
200	14.4	0.504	24.5
400	0.096	0.3229	2.980
400	14.4	3.954	36.50

加氢反应器器壁中的扩散浓度，不仅与反应器的操作温度和氢分压有关，还与氢在反应器中的扩散行为有关。氢在金属中的扩散行为可以通过扩散方程来加以描述：

$$\frac{\delta_c}{\delta_t} = \nabla(DS \cdot \nabla\frac{C}{S})$$

式中 D——扩散系数；

S——饱和溶解度；

C——扩散浓度；

t——时间变量。

其中 $S=S(X, T, p_{H_2})$，$D=D(x, T)$。这里的 x 是反映材料不同的扩散系数的变化状况。T 为环境温度，p_{H_2} 为氢分压。在均一材料中，材料的扩散系数则主要由环境温度 T 所决定。

热壁加氢反应器处于稳定运行时，氢由器壁内表面向外的扩散过程也相对稳定。此时，器壁中氢浓度分布如图 4-2-28 所示。根据加氢反应器稳态运行时的操作温度和氢分压，以及相应反应器的结构尺寸，即可求出反应器筒体与封头器壁中的氢分布状况，表 4-2-36 所示的为不同的稳态运行条件下加氢反应器器壁中的氢分布状况。

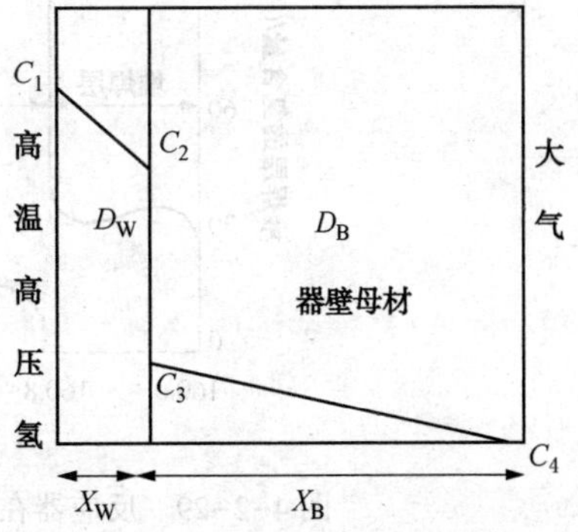

图 4-2-28 反应器长期稳定运行时器壁中的扩散氢浓度分布

D_W—不锈钢堆焊层；C_1—高温高压下氢在不锈钢堆焊层的饱和溶解度，μg/g；C_2—堆焊层熔合面堆焊层侧的氢浓度，μg/g；C_3—堆焊层熔合面母材侧的氢浓度，μg/g；C_4—常温常压下氢在母材中的饱和溶解度，μg/g。

表 4-2-36　稳定运行时反应器器壁中的扩散氢浓度分布状况

名　　称	工况一		工况二		工况三	
	400℃	15MPa	400℃	55MPa	300℃	15MPa
	筒体	封头	筒体	封头	筒体	封头
母材厚度/mm	230	120	230	120	230	120
堆焊层厚度/mm	3	3	3	3	3	3
C_1/(μg/g)	36.50	36.50	21.07	21.07	31.00	31.00
C_2/(μg/g)	31.51	28.09	18.38	16.53	26.97	24.16
C_3/(μg/g)	3.414	3.043	1.991	1.791	1.470	1.317
C_4/(μg/g)	0.3228	0.3228	0.2338	0.3228	0.1479	0.1379

从表 4-2-36 中可见，在稳定操作过程中，加氢反应器器壁内表面的扩散氢浓度主要由反应器的操作温度和氢分压决定的，其中氢分压的影响作用更为显著。

c. 停工过程中器壁内部氢分布的变化状况。在热壁加氢反应器的停工过程中，随着器壁温度和器内氢分压的不断下降，使得氢在钢材中饱和溶解度也下降，从而使器壁中的扩散处于过饱和状态。这促使了器壁中的氢向外扩散。由于在相同温度和氢分压下，氢在奥氏体组织中的饱和溶解度大于铁素体组织，因此，器壁母体中的氢在向反应器器壁外表面扩散的同时，也会向内壁的不锈钢堆焊层中扩散；而不锈钢堆焊层中的氢则只能通过反应器的内表面向外扩散。

为了定量分析反应器停工过程中的氢扩散行为，本文根据扩散方程编制了相应的有限元计算程序。图 4-2-29 所示为对一反应器在停工前后器壁中氢分布状况的分析结果。图中所指的反应器停工状态是指反应器壁温刚降到环境温度时的状态。而在此之后，反应器器壁中的氢浓度分布仍然会继续变化。图 4-2-30 所示的即为停工后堆焊层和母材中的扩散氢浓度峰值随时间的变化状况。

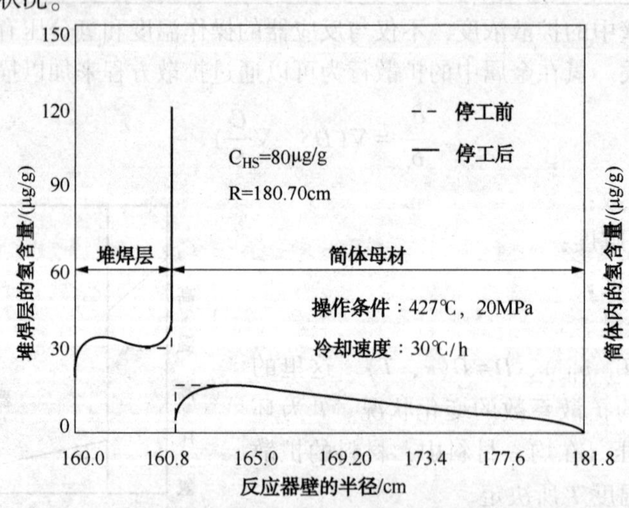

图 4-2-29　反应器在停工前后反应器壁中扩散氢浓度的分布状况

由图 4-2-29 可见，反应器停工后，器壁中母材两侧以及堆焊层内表面的氢浓度明显下降；而在堆焊层与母材熔合面的堆焊层侧，氢浓度反而升高。在堆焊层和器壁母材的内部，氢分布状况则变化很小。这是因为，在反应器的正常停工过程中，由于氢在钢中的扩散系数随着环境温度的降低而迅速降低。因此，在较短的时间里，只有靠近器壁内外表面的部分氢能够扩散到器壁以外去。而在堆焊层与母材熔合面附近，由于化学势的作用，一部分原先在母材中的扩散氢穿过熔合面扩散到了堆焊层之中，从而在堆焊层一侧形成了高浓度的扩散氢积聚。由于温度较低时，氢在母材中的扩散系数大大高于堆焊层，因此，停工以后母材中的氢浓度还会继续下降，而从母材

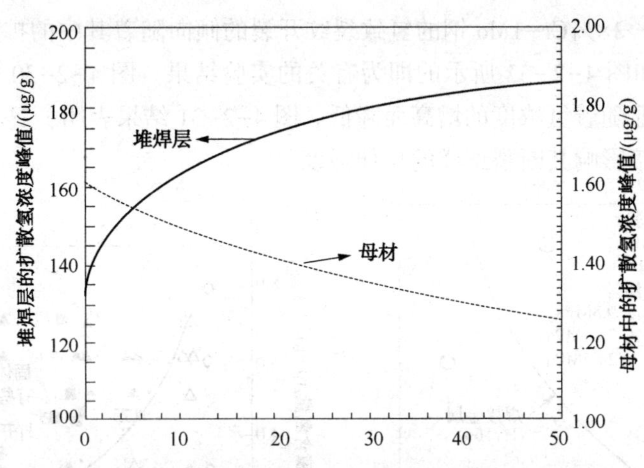

图 4-2-30　停工后反应器器壁中扩散氢浓度降低值的变化状况

侧扩散而来的氢则使得堆焊层一侧的氢浓度在一定的时间内继续增加。

研究结果表明，影响反应器停工后器壁中扩散氢分布状况的因素包括以下几个方面：

① 反应器的结构尺寸，主要是指不锈钢堆焊层的厚度和器壁母材的厚度。这类因素不仅影响反应器稳定操作时的氢分布状况，而且也影响停工过程中反应器器壁内部的氢扩散行为。一般地，在其他因素相同的前提下，器壁的母材厚度越厚，停工以后器壁中的残留氢浓度也就越高。

② 反应器正常操作工况，主要指反应器稳态操作时的操作温度和氢分压。

③ 反应器停工过程中的温度和氢分压的变化历程。其中最主要的是反应器在停工过程中的温度变化历程，主要包括降温速度以及整个停工过程的长短等。这类因素是停工以后反应器器壁在残留氢浓度的主要因素。一般地，在其他影响因素相同的前提下，降温速度越快，停工过程越短，停工以后器壁中的残留氢浓度就越高。

④ 反应器停工以后的器壁温度以及反应器在室温环境中的停留时间。这类影响因素主要与反应器在开工之前器壁中的残留氢浓度有关。一般地，母材中的残留氢浓度在停工期间会随着停工时间的增长而缓慢降低，其降低速度与环境温度有关。环境温度越高，其降低的速度也就越快。然而，由于母材中的一部分扩散氢在化学势的作用下穿过堆焊层与母材熔合面向堆焊层扩散，而室温环境中氢在不锈钢堆焊层中的扩散能力极小，因此，停工时间越长，熔合面堆焊层侧的异常氢积聚程度也就越严重。

d. 器壁中的扩散氢浓度对加氢反应器安全运行的影响作用。由于在反应器器壁温度下降的同时，氢在钢中的饱和溶解度也迅速下降，因此，当反应器的器壁温度接近室温时，器壁中的扩散氢必然处在饱和状态。从表 4-2-35 中可知，2-1/4Cr-1Mo 钢在 25℃大气压环境中的饱和溶解度为 7.006×10^{-4} μg/g。若停工后反应器器壁母材中残留氢浓度为 1.5μg/g，则这一浓度是氢在母材中饱和溶解度的 2141 倍。此时，若这些氢是以气体分子氢的形式存在于母材中，则由 Sievert 定律可知，氢气团的压力将达到 4.39×10^{5}MPa。如此高的压力，必然会在钢材内部形成氢鼓泡。事实上，这些过饱和的扩散氢一般是以原子或氢化物的形式存在于材料中，主要集中在一些位错，缺陷及其他形式的氢陷阱等位置附近，从而给材料造成一定程度的损伤。这类损伤作用在宏观上表现为材料的延性丧失或氢脆。然而，过饱和扩散氢的存在有可能在钢材内部发生氢鼓泡或微裂纹等缺陷。而在经历了反复的开停工过程以后，这些微观缺陷就可能逐渐扩展而逐渐发生氢致裂纹扩展。

研究结果表明，2×¼Cr-1Mo 钢的氢致裂纹开裂的倾向随着其中的扩散氢浓度的增加而增加。图 4-2-31 和图 4-2-32 所示的即为有关的实验结果。图 4-2-30 中，焊缝组织的抗氢致开裂的性能明显随着氢浓度的增高而降低。图 4-2-31 结果表明，2¼Cr-1Mo 钢中的扩散氢浓度水平也直接影响其断裂试样的拉伸强度。

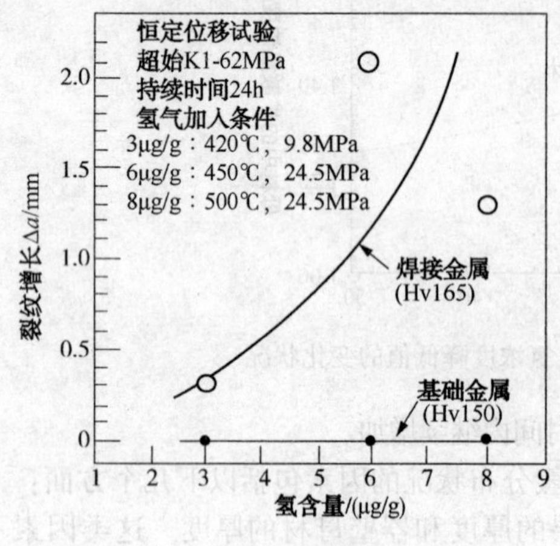

图 4-2-31　母材的氢致裂纹扩散性能与氢浓度的关系

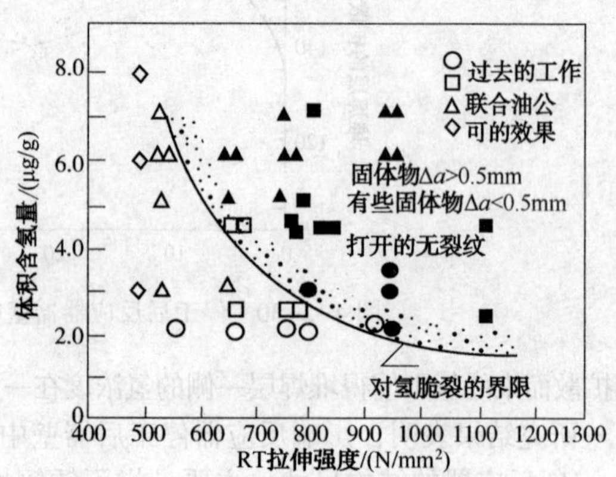

图 4-2-32　断裂试样的拉伸强度与其中扩散氢浓度的关系

对于 2¼Cr-1Mo 钢，氢脆和氢致开裂的行为主要发生在 150℃以下的温度范围之中，因此，在反应器的停工过程中，当反应器器壁降低到 150℃以下时，其器壁母材就会由于氢脆而处于脆化状态。在外来载荷因素的作用下，某些部位就可能发生氢致开裂或氢致裂纹扩展。在反应器的开工过程中控制系统最低升压温度，就是为了避免反应器在较低的温度环境中，在较大的载荷作用下发生脆性破坏。因此，反应器停工过程中器壁内部的扩散氢浓度水平对反应器的使用安全性有很大的影响。

在靠近熔合面的堆焊层中出现扩散氢异常积聚，是致使不锈钢堆焊层与反应器器壁母材发生剥离的主要原因。研究结果表明，不锈钢堆焊层剥离的产生与熔合面附近的扩散氢浓度分布水平密切相关。对于同一类堆焊层结构，存在着一个导致堆焊层剥离的“开裂氢浓度”，只要堆焊层熔合面附近的扩散氢浓度超过“开裂氢浓度”，堆焊层就会发生剥离。

e. 脱氢工艺对热壁加氢反应器安全运行的保障作用。上述结果表明，降低停工过程中反应器器壁内部的扩散氢浓度，可以降低加氢反应器发生氢致破坏的可能性。然而，在影响反应器停工后器壁中扩散氢分布的各种因素中，较为容易改变的因素只有停工过程中的降温降压历程。因此，在停工过程中增加必要的脱氢过程，应当是一个较为可行的提高加氢反应器使用安全性的途径。

对于器壁反应器母材，停工过程中的降温降压过程对器壁中氢浓度的影响作用十分显著。图 4-2-33 所示的为反应器在经历了不同的停工工艺过程后，器壁中的扩散氢浓度峰值随时间的变化关系。图中各工况均假设反应器正常操作条件为 400℃，15. 0MPa（氢分压）；停工后的环境温度为 25℃。其他的停工参数如表 4-2-37 所示。

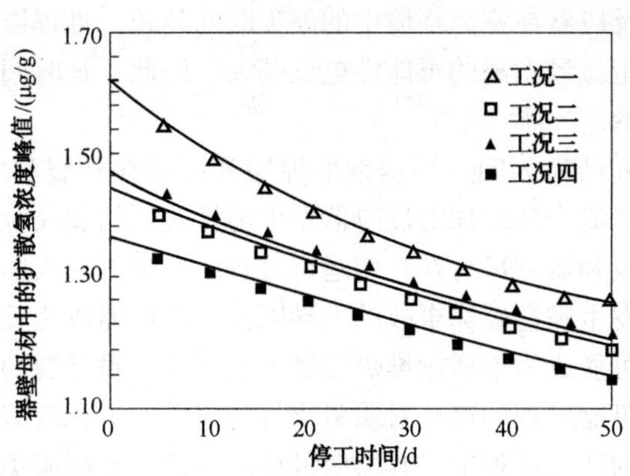

图 4-2-33　停工过程对器壁母材中扩散氢浓度峰

表 4-2-37　不同的停工反应过程对反应器停工器壁中氢浓度峰值的影响

名称	降温速度/(℃/h)	脱氢参数			氢浓度峰值/(mg/L)	脱氢率/%
		温度/℃	氢分压/MPa	时间/h		
工况一	25	—	—	—	1.613	—
工况二	15	—	—	—	1.467	9.05
工况三	25	250	3.5	24	1.447	10.29
工况四	25	250	3.5	48	1.364	15.62

对于堆焊层，脱氢工艺同样可以明显地降低停工后堆焊层熔合面上的氢积聚状况。表 4-2-38 和表 4-2-39 分别显示了不同的降温速度和脱氢过程对堆焊层熔合面附近扩散氢的异常积聚程度的影响作用。通过比较可以发现，在相同的停工周期中，采用在一定温度下保温一段时间的脱氢方法所能取得的脱氢效果，比依靠降低降温速度的方法更有效。

表 4-2-38　停工时降温速率对堆焊层熔合面处扩散氢浓度的影响

降温速率/(℃/h)	停工若干天后熔合面上的扩散氢浓度/(μg/g)			
	0	1d	5d	10d
30	121	140	164	174
20	114	133	157	167
10	109	124	144	155

表 4-2-39　停工过程中的脱氢对堆焊层熔合面处扩散氢浓度的影响

脱氢时间/h	停工若干天后熔合面上的扩散氢浓度/(μg/g)			
	0	1d	5d	10d
0	114	133	157	167
12	106	125	148	156
24	101	120	142	152
48	92	115	136	145

从上述结果可见，反应器在室温环境中的停工时间越长，堆焊层融合面附近的扩散浓度也就越高，即堆焊层发生氢致剥离的可能性也就越大。因此，长时间的停工对防止加氢反应器堆焊层的剥离是不利的。

f. 小结。目前的研究结果表明，不锈钢堆焊层金属脆性开裂和堆焊层与母材间的氢致剥离所产生的微裂纹可能成为热壁加氢反应器发生脆性破坏的裂纹源；在加氢反应器停工过程中滞留在器壁过饱和氢和器壁母材在长期运行过程中发生的回火脆化所造成的材质脆化则是促成热壁加氢反应器发生脆性破坏事故的主导因素；既可能成为反应器器壁母材发生氢致裂纹开裂的推动力，也可能成为不锈钢堆焊层发生剥离或氢脆开裂的动力。

热壁加氢反应器中可能出现的这些材质劣化行为主要发生在反应器的服役期间。

在热壁加氢反应器的运行过程中，其器壁母材的脆化是不可避免的；氢脆和堆焊层剥离都是发生在停工过程的低温阶段。而奥氏体不锈钢堆焊层有脆性开裂、堆焊层与母材间的剥离行为以及反应器器壁母材的氢致开裂行为等则与其中的氢浓度水平密切相关。因此，采取脱氢工艺控制反应器器壁中氢浓度水平应当是防止和控制上述失效行为的有效途径。

根据上述的研究结果，在原有的加氢反应器的操作规程中增加了相应的脱氢工艺。由于在装置的运行过程中严格执行操作规程，避免床层飞温和急冷事故的发生，因此，国产的热壁加氢反应器在经过 20 年的运行之后，经过全面的检验，既没有在反应器的器壁母材中发现再生型的缺陷，也没有发现堆焊层的剥离和表面裂纹的存在。

四、确保加氢反应器使用安全措施

铬钼钢的高温回火脆化、内壁堆焊层的氢致剥离、高温氢损伤是铬钼钢反应器使用中存在的主要问题，这些问题造成了加氢反应器使用的严重安全隐患。加氢反应器多以回火脆性较大的 2¼Cr-1Mo 钢作母材，

1. 使用中出现的主要问题及预防措施

(1) 回火脆化

铬钼钢在 385~575℃的温度范围内长期使用出现回火脆化，其表现形式为材质韧性下降。回火脆化是可逆的。脆化程度用“脆化度”表示，用脆性转变温度（V Trs）的变量（ΔV Trs）或用 54J 吸收能转变温度（V Tr54）的变量（ΔV Tr54）表示。产生的原因是由于钢中杂质的元素和某些合金的元素向原奥氏体晶界偏析，使晶界凝聚力下降。日本一台加氢脱硫反应器，其材质为 $2\frac{1}{4}$Cr-Mo 钢，投用三年后，由于严重回火脆化而报废。

为降低回火脆化倾向，一般采取如下措施。

① 通常用系数 J 来控制母材成分。

② 开工操作时先升温后升压，停工操作是先降压后降温。20 世纪 70 年代曾先将温度升高到 93℃，以后再升压（1981 年 10 月 14 日日本制钢所资料）近年来因 J 和 X 的系数的变化，最低升压温度还能适当降低。目前 ΔV Tr54+1. 5ΔV Tr54≤38℃中系数 1. 5 已经提高至 2. 5 或 3. 0，38℃已降到 10℃或 0℃了。

③ 适当控制应力水平和开停工时的升降温速度。

④ 制造中选择合适热处理工艺。现在国内加氢反应器材料的韧性有很大改善，如茂名石化分公司用的加氢反应器，其筒节的系数 J 平均为 109. 9%，而中国石油抚顺分公司石油三厂用的反应器其筒节的系数 J 平均为 71. 0%，只要严格控制某一温度下压力不超过限制

值，脆化就可避免(指当时的水平而言)。

(2) 器壁堆焊层的氢致剥离

剥落裂纹有两种类型，即沿炭化物沉淀区的马氏体组织和沿长大的奥氏体粗晶界扩展的裂纹，这两种裂纹都具晶间性。防止堆焊层剥离采取以下对策：

① 改进母材的化学成分。降低 C、P 和 S 等元素的含量，添加 Nb、V 等元素。

② 采用中间隔离层。用 C-Cr-Mo-Nb 或 347 型焊条进行堆焊，形成中间隔离层，再堆焊奥氏体不锈钢复层。

③ 采用高速带极堆焊法。高速带极堆焊法防止剥离有效果。

④ 进行高频电流二次加热。在 705℃，25.5h 的焊后热处理后，用高频电流加热到 900℃。

⑤ 进行低温脱氢。在停工后达到 200℃时，保温 5h。

(3) 高温氢损伤

① 氢腐蚀。实验证明：温度为 482~510℃时，钢的性能开始劣化。由于氢的作用，吸附在材料表面的分子氢、离子氢与表面碳元素进行化学反应，使表面或内部脱碳产生晶间裂纹，造成强度和韧性下降。

氢腐蚀是不可逆的化学过程，其危害比氢脆严重。如抚顺石化分公司石油三厂原 5 号反应器使用时间在 10 年以上，其筒壁挖孔取样分析结果为：内壁残余氢的质量浓度为 3.33g/L，外壁为 0；冲击韧性值内壁为 2.88kg · m/cm^2，外壁为 6.02 kg · m/cm^2；内壁在弯曲角达 27.5 °时脆断，外壁在弯曲角达 100 °时才开始开裂。

防止产生高温氢腐蚀最有效的方法是，严格按照最新推出的 Nelson 曲线，根据操作温度和氢分压来选材，使所选材料在安全范围内应用。

除了正确选材外，还要采用合适的制造工艺，同时应用时应留有余地(如温度留 28℃，压力留 0.35MPa 的余地)。

② 氢脆。氢脆指氢进入金属后，引起宏观韧性降低或产生滞后断裂的现象。氢与金属交互作用的性质不同，引起氢脆的机制不同。材料内部氢与金属的作用是可逆的，可通过时效处理和真空加热清除。日本制钢公司“The Japan Steel Works Ltd.”在对停工七个月后氢质量分数仍有 29μg/g 的堆焊层取样进行弯曲试验时，只弯曲到 19°~75 °就开裂；而对条件完全相同、只进行脱氢处理、氢质量分数在 1.2μg/g 的试样进行弯曲试验时，弯曲角达到 180°时试样还没有开裂。反应器易发生氢致裂纹处是主法兰梯形密封槽底部的拐角处和内件支持圈的角焊缝。如日本鹿岛炼油厂两台加氢脱硫反应器的顶部人孔法兰，仅使用 20000h 就发现梯形槽中产生几处裂纹；抚顺石化分公司石油三厂原 3 号、5 号、9 号和 10 号加氢反应器都相继发生氢致裂纹。

为防止氢脆采取的措施有：

(a) 限制钢材的强度。

(b) 对钢材进行正火或正火+回火处理。

(c) 焊接或冷成型后进行消除应力热处理。要求焊缝金属(焊条)低氢、超低氢。

(d) 尽量降低结构中的残余应力和应力集中水平。

(e) 在带极堆焊的支持圈角焊缝、八角垫密封槽底拐角处，加大过度圆角，同时减少堆焊金属热处理过程的次数。

(f) 停工时冷却速度不宜太快(高于 350℃这一温度段应维持一段时间)。

③ 高温 H_2+H_2S 腐蚀。H_2S 的腐蚀性比原料油中硫的腐蚀性要大，特别是有 H_2 存在的环境下，在高于 204℃时 H_2S 腐蚀更为剧烈。高温时 H_2+H_2S 引起的腐蚀是均匀腐蚀，设计时可按 Couper 曲线估计腐蚀速率。在 315~480℃时，温度成为影响硫化氢腐蚀的主要因素。抚顺石化分公司石油三厂原 3 号加氢反应器(材质为 35CrNiMo)，上部内壁曾发现七条腐蚀沟，最深达 17.2mm。对这七条腐蚀沟用不锈钢焊肉进行了填补、打磨、平整，但使用三年后检验发现焊肉轻微突起，腐蚀明显，周围母材腐蚀深达 15mm，并有小裂纹出现。

需要特别指出的是，为了保护反应器，应该使用硫化态催化剂，而不是采用氧化态催化剂在反应器内硫化；催化剂寿命终了，应全部卸出送催化剂厂再生；应在反应器内放置一定数量的模拟监测试块，每周期取出一块进行解剖分析。

加氢反应器产生损伤的主要因素如上所述，但也有其他如设计、制造、施工等先天因素，这些因素的影响通常交错叠加。

2. 加氢反应器重要部位不得有超标缺陷

检测的目的主要是检查出在使用条件下产生的和发展的缺陷，并复查过去已检测的记录缺陷，评估推断其继续运行至下一周期的安全可靠性，以确定反应器是否可继续使用，是否需要处理。下面介绍在役反应器检测时发现的缺陷，为反应器的制造提供借鉴。

① 主体环焊缝的氢致裂纹。

② 奥氏体不锈钢堆焊层下的夹渣。

③ 接管与筒体(封头)的焊接接头裂纹。

④ 内部支持圈堆焊产生的焊接裂纹。

保证反应器的安全使用，对在役反应器的维护和加强检验也是主要一环。近年来制造或准备制造的反应器都是按照新型反应器的技术进行设计和制造的，对于裂纹引发的倾向性很小，亚临界裂纹增长的速率也很慢。这些都预先为安全使用创造了有利条件，只要严格执行操作规程，并且加强使用中的维护和检验，就可以最终实现反应器的安全运行。

石油三厂加氢精制反应器，2001 年由第一重型机械集团公司制造。主体材质：筒体为 3Cr1Mo-$\frac{1}{4}$V，封头材质：3Cr1Mo-$\frac{1}{4}$V，内衬 E309L+E347。

热壁反应器规格：内径 ϕ3600mm，壁厚：封头厚 80mm，筒体厚：135^{+3}_{+2}mm，长(高) 26923mm，容积 195m^3，总重：347131kg。

设计压力：11.55MPa。设计温度 430℃，最高工作压力：11.0MPa，工作介质：H_2、H_2S 等。结构形式：锻焊。耐压试验压力：17.06 MPa。

此台热壁加氢反应器用于石油三厂 120kt/a 中压加氢装置，为省篇幅不作详细介绍。

五、冷壁反应器

(一) 冷壁反应器存在的问题

① 冷壁反应器器壁超温。冷壁反应器器壁超温是个普遍的问题，其原因有：

(a) 反应器床层差压过大，致使物流穿过质地疏松的混凝土，将大量热量传递给器壁而造成超温。

(b) 内衬里出现损坏和裂纹等缺陷，造成介质短路引起超温。

(c) 内构件设计太复杂、支耳和开口太多。支耳除直接向器壁传热而容易出现热点外，也给衬里施工带来困难，造成反应器器壁超温。

（d）反应器器壁外涂变色漆，变色漆所能经受的温度不能太低，一般涂能耐 280~290℃温度的变色漆。

② 衬里质量差。

③ 内构件结构落后。

④ 整体锻造式、单层卷板焊接式冷壁反应器存在的具体问题。

（二）整体锻造式冷壁反应器

整体锻造式反应器大都是伪满时期遗留下来的，其材质为 $35CrNi_2MoA$（日本钢号为 $SNCM_1$，其化学成分与机械性能见表 4-2-2），所有的反应器尺寸，直径 1080~1330mm，高度 7900~15750mm（见表 4-2-3）。

这种筒体制造工艺较为复杂，需要有庞大的冶炼、锻造和热处理设备，且需要有大型机械加工能力。由于它的金属切削量大，因而制造这种筒体要损耗大量金属，但它的结构强度大，使用起来比较安全可靠。

由于历史的原因，从新中国成立到 20 世纪 80 年代初期，石油三厂在用的主要设备大部分仍然是日伪时期遗留下来的。这些设备已使用近 60 年，运行已超过 30 万小时，对这些老旧的反应器主要缺陷和隐患是：

① 制造工艺落后。日伪时期遗留的三类压力容器，因当年冶炼、锻造工艺技术落后，产品质量低劣。经对这部分容器进行理化检验发现容器材料中存在夹层，非金属夹杂等超标缺陷。如 2 号筒存在夹层，并存在密集区，其缺陷当量在 $\phi6$ 以上的就有 17 处，超出了 JB 755—85《压力容器锻件技术条件》规定。（不允许有 $\phi6$ 当量以上的单个缺陷和在重要区域内不允许存在密集区和 $\phi4$ 当量的单个缺陷的要求）。再如，通过对 9 号筒取样检验发现材料中存在平行筒体轴向束状非金属夹杂物。经对 5 号筒试样检验发现在断口晶介面上存在大量的非金属夹杂物。

② 反应器结构落后，腐蚀严重。

③ 材料性能劣化。日伪遗留的三类容器，经长期苛刻的工况条件下运行，筒体材料机械性能下降。理化检验表明，材料冲击值、断面收缩率和延伸率等机械性能均有明显的下降。如对 9 号筒取样检验，发现由筒外壁到内壁的冲击值 α_k 由 6.86kg·m/cm^2 下降到 2.7kg·m/cm^2；断面收缩率 ψ 由 56.44% 下降到 52%；延伸率由 18.8% 下降到 14%。1991 年经劳动部锅炉压力容器检测研究中心对 5 号筒材料试样检测，材料拉伸性能和冲击值都低于 JISG4103、SNCM431 标准数值；材料断口为脆性断口。

上述检测结果表明，日伪遗留的三类容器材料有关机械性能不符合压力容器锻件用钢技术标准 JB755—85 和 JB4726—94 的要求。

④ 设备陈旧．超期运行。产生危险性裂纹。1980 年、1984 年和 1985 年经对容器内壁进行解剖检验，发现容器在运行过程中有 3~12mm 微裂纹出现（12 号筒 7 处，15 号筒 1 处）均已打磨掉。1968 年 10 月，5 号筒（当时的二套二反）在生产过程中出现筒盖泄漏严重，被迫停产，经检查筒体上部（无保温层处）有 6 条大的裂纹，最长的一条长度为 750mm，深度为 220mm（此处壁厚为 300mm）。由于发现及时，措施果断，才幸免了一起重大灾难性事故的发生。值得注意的是这类设备缺陷是用目前超探方法很难检测出来的，这次如不是解剖检验，还是很难认定该设备有如此严重的问题。由此，令人担忧的是在役的同类设备是否还有类似情况也是无法认定。基于这一原因，抚顺市劳动局锅炉压力容器监察处，已提出对石油三厂日伪遗留三类容器设备不再办理使用证书。

例证 1　在役压力容器损伤与破坏的主要方式是裂纹

石油三厂原加氢装置自 1951 年投产至今发生的重大设备事故中，有$\frac{7}{10}$是以裂纹方式引起爆炸或失火。多年的设备检验也发现，除腐蚀、泄漏、结构等极少数问题外，几乎都是由裂纹方式引起破坏和损伤的。如反应器中原加氢装置 9 号筒出现 11 条裂纹、10 号筒出现 5 条裂纹、3 号筒出现 18 条裂纹、5 号筒出现 6 条大裂纹。至于每年不完全检验反应器等发现并打磨掉的裂纹平均 1~3 条，而附属管道发现裂纹差不多每年都有。而制造性缺陷不通过裂纹方式损坏的却没有见到。

下面以 5 号反应器为例来分析裂纹的产生原因：

5 号反应器出现的 6 条大裂纹缝全部在反应器上部，均自密封面开始向下延伸，沿轴向分布：1 号裂纹最长为 750mm，最深处在上部为 220mm(该处壁厚 295mm)，1 号、2 号裂纹间距(指周长，下同)约 600mm，其余 5 道裂纹间距均在 300mm 左右，分布比较均匀，长度 380~480mm，6 道裂纹均未将反应器壁穿透，裂纹宽度均不超过 1mm。经过磁粉探伤检查，又发现表面裂纹 30 多条，用裂纹测探仪测得最深为 2.5~3.0mm 左右，这些裂纹都分布在 1 号、6 号、5 号裂纹区内，裂纹方向在密封面处为沿圆周方向，其余地方的裂纹大都延轴方向。原因分析如下：

① 5 号反应器材料为 $35CrNi_2Mo$ 。日本钢号为 SNCM1，整体锻造后加工的。检验结果表明，该材质在室温下的强度仍基本保持原来日本钢厂所报数据水平。但长期暴露在高温高压氢气中的无保温衬里段的材质的塑性(δ, ψ)比有保温衬里段材质的塑性低，断裂韧性的测定结果即如此，说明长期接触氢介质的反应器内壁出现了一定程度的脆化。见表 4-2-40。

表 4-2-40　δ，ψ 值

试样部位	取向	$\sigma_{0.2}$/(kgf/mm²)	σ_b/(kgf/mm²)	δ_5/%	ψ/%
无衬层段	横向	64.9	83.0	17.2	49.6
		64.9	78.8	4.0	3.6
		64.7	83.2	16.6	48.1
		63.7	80.1	17.3	46.0
有衬层段	横向	66.2	84.4	20.0	52.2
		66.2	83.5	17.5	53.4

② 5 号反应器材质在室温~500℃的范围内，350℃时的断裂韧性 K_{IC} 值最低，为 250kgf/mm$^{\frac{3}{2}}$，此温度值接近 5 号反应器壁的工作温度，尤其是裂纹区，因此这个使用温度对此材质是不利的。见表 4-2-41。

表 4-2-41　KIC 值

式样部位	温度/℃	J_i/(kgf/mm)	K_{IC}/(kgf/mm$^{\frac{3}{2}}$)
无衬层段	室温	8.35	439
	350	2.73~3.28	238~261
	400	6.2	354
	500	6.2	338
有衬层段	室温	8.9	453
	400	6.1	351

③ 在三种气体介质条件下试验表明，H_2 和 H_2S 混合气体(相当于反应条件)条件下的 K_{ISCC} 值最低，纯氢条件下最高，纯 H_2S 条件下裂纹扩展速率最低(见表 4-2-42)。

表 4-2-42 KISCC 值

气体介质	$K_{ISCC}/(kgf/mm^{\frac{3}{2}})$					
	无衬段试样		有衬段试样		无衬段试样	有衬段试样
	$K_{I0}-\Delta a$ 曲线结果	$K_{Iend}-\Delta a$ 曲线结果	$K_{I0}-\Delta a$ 曲线结果	$K_{Iend}-\Delta a$ 曲线结果	$K_{I0}-\Delta a$ 曲线结果	$K_{Iend}-\Delta a$ 曲线结果
反应筒气体	122	130	154	143	127	129
工业纯 H_2 气体(400℃, 18.0MPaH_2 纯度 97%)	149.3	148	243	247	205	206.5
实验室纯 H_2S 气体(浓度 62.54%，400℃)	—	—	128.3	129	172	172.7

高温高压的氢腐蚀是导致材质产生晶间微隙裂纹的主导因素，H_2S 的影响是辅助因素，硫的存在促使了钢对原子氢和离子氢的化学吸附，从而加速了氢腐蚀的过程。

发生这类氢腐蚀时，同时有脱碳现象发生。氢腐蚀的孕育期长短，主要取决于温度和氢气压力，温度越高或氢分压越高，孕育期就越短。据此纳尔逊绘制了有名的 Nelson 曲线，在曲线的下方条件下使用不会发生氢腐蚀。5 号反应器的使用条件，温度经常在 Nelson 曲线上方，尤其超温时，具有产生氢腐蚀的条件，影响金属对氢腐蚀的敏感性，当然还有许多其他因素，这里不加论述。

发生氢腐蚀时，晶界上有小气孔，且明显变宽或出现微裂纹，断口应是沿晶界开裂。在对 5 号反应器的微裂纹断口分析中发现，大部分都是沿晶界断口。又根据金相对裂纹的观测发现，二次裂纹较少，这就进一步说明造成 5 号反应器裂纹的主导因素是氢腐蚀。通过对 5 号反应器内表面和裂纹表面的扫描观察，发现了大量的硫化铁腐蚀物，说明有硫元素存在。因此，有硫化氢气氛存在，也存在 H_2S 应力腐蚀作用，但它是 5 号反应器裂纹的辅助因素之一。

④ 金相和断口检查表明，5 号反应器第一号大裂纹起始部位系在内壁变径处的密封面上(其他五条裂纹的起点也与一号裂纹相似)。裂纹的扩展留下了七处痕迹。裂纹的前期扩展以沿晶型为主，后期扩展以穿晶型为主，说明裂纹扩展前后期的机理是不同的。

通过对 5 号反应器在异常状态下(超温，打冷氢激冷，紧急降压等)的热应力分析(表 4-2-43)可见，因超温和激冷造成的温差应力是相当大的。有人计算，温度每升降 100℃，温差应力差不多相当 5 号反应器材质允许应力的 30%。

表 4-2-43 热应力分析

内外壁温差 ΔT/℃	K(外、内径比)	温差应力 a/MPa
600~340	1.68	55.2
	1.60	54.3
650~300	1.68	74.3
	1.60	73.1

从 5 号反应的使用历史来看，这样大的温差应力还是存在的。该反应器从 1939 年开始使用，1945 年停用。1953 年又恢复使用，到 1959 年一直做第二电热筒，其作用就是把经第

一电热筒加热的氢气在 20MPa 压力下由 210℃再升至 430℃。在此期间筒内壁上有 40mm 厚的矿渣棉隔热材料。5 号筒外壁温度解放前控制在 370℃，解放初(1955 年)仍控制在<370℃，1963 年改为小于 300℃ 。实际在做电热筒时，外壁温度经常在 320℃左右。1959 年到 1968 年 10 月发现裂纹时止，一直做加氢反应器，使用条件为 20MPa 压力(氢分压 13.0~15.0MPa)，390~470℃，H_2S 为 0.02%~0.04%，短时达 1.5%(体积分数)，外壁温度<300℃(有内保温衬里：材质为矿渣棉或蛭石混凝土等)。5 号反应器整个使用时间为 10 万小时。操作规程规定紧急放空温度为 450~480℃，实际操作温度升温时>600℃，有时反应器出口管线变红。

据回忆，解放后曾超温 7~8 次，发现裂纹前有过一次严重超温。由于超温并用氢气激冷，所形成的很大温差压力，就使 5 号反应器经长期氢腐蚀而有微裂纹(在晶界上)的内壁上，逐渐连通形成了大裂纹，经过几次扩展(从裂纹表面上可以清晰的观察几次扩展的裂痕)，达到被发现时的情况。

内外壁不同的温差条件下的 K_i 值如表 4-2-44。

表 4-2-44　内外壁不同温差条件下的 K_i 值

内外壁温差 ΔT/℃	30	40	50	60	70	80	90	100
第一号裂纹 深 56mm 长 384mm 处	130	152	175	199	222	244	268	291
深 140mm 长 564mm	202	238	274	310	345	381	417	—
深 157mm 长 569mm	214	253	291	329	367	405	—	—

从表中可见，在 56mm 深处，当出现 80℃温差时，裂纹前沿的 K_i 值便达到了 5 号反应器材质 350℃的 K_i 值。对于深度 140mm 和 157mm 的裂纹前沿，只要内外壁温差达到 40℃，它们的值就达到了 5 号反应 350℃时材质的 K_i 值。

因此，每次超温后激冷一次，裂纹就产生一次突进性的扩展。当裂纹前沿的 K_i 值低于材质 350℃(或当时温度下)K_i 值时，裂纹便会停止扩展。可见，裂纹的每次扩展中，由于 K_i 值皆高于材质 K_i 值，以及每次超温激冷所造成的应力强度因子变化幅度，皆相当于一个促使裂纹疲劳扩展的 ΔK_i 值。因此在裂纹的每一次突进性扩展中，应力腐蚀扩展和疲劳扩展都做了各自的部分“贡献”。

⑤ 伍德自紧结构式反应器，在安装反应器盖时，常需要给一个预紧力，这也是造成裂纹扩展的不可忽视的外力。

(a) 5 号反应器试验研究采用了近代先进的测试分析技术，进行了整体解剖、断口，力道性能，断裂韧性等大量实验分析工作，测高了 5 号反应器在三种介质条件下的 KISCC 值和裂化平均扩展速率值，得出了 5 号反应器内壁表面产生晶界裂纹的原因是氢腐蚀，裂纹扩展的主导因素是多次超温和急冷的热冲击。

(b) 用有限元素对 5 号反应器进行了常温、工作温度(包括工作压力)和吹冷工况下的稳态温度场的应力分析，并用三维光弹法对 5 号反应器在常温工况下的应力分析进行了试验，从而对裂纹的扩展提高了理论依据对厚壁容器内表及单裂纹、均布裂纹以及非均布裂纹的应力强度进行了研究，提高了均布高裂纹应力强度因子近似计算式和非均布裂纹应力强度因子的估算方法。

如该反应器不发生超温等异常情况，裂纹不迅速扩展。

在反应器的这个部位发生裂纹，除5号反应器外，其他反应器也有。如9号反应器在这个部位产生11条裂纹，最长105mm，最深21mm。在其他反应器上、下盖及筒体上也产生过0.2~170mm的裂纹和氢鼓泡。由于裂纹对密封面威胁不大，都采取将裂纹打磨掉，降压使用。唯有5号筒无法修复，只得报废。为了能在安全的前提下继续使用这些加氢反应器，借5号筒失效的躯体进行解剖实验研究，并以此判断同期反应器继续使用的可能性及安全分析和寿命估价，详见中石化出版社2009年1月出版的“无损检测及其应用”一书(1027~1037页)

例证2　石油三厂加氢装置设备的氢腐蚀和H_2S的腐蚀

(1) 氢的侵蚀

由于氢渗入到金属内部而造成的金属性能恶化称为氢损伤，也叫氢破坏。氢损伤是一个总称，包括四种破坏形态：氢脆、氢鼓泡、脱碳、氢腐蚀。

氢在加氢工艺中，是一种主要的反应介质，其氢分压约在17MPa上下，尤其当超过350℃的较高温度时，氢对钢材有激烈的腐蚀作用。它开始呈原子状态渗入金属表面，而后扩散入钢的晶体内与铁形成间隙式固溶体。遂使钢的性能显著地表现为氢脆，尤其是断面收缩率随着氢在钢中含量的增加而急剧降低。但它可利用加热的方法使这脆性消除而复原。因此氢脆过程是可逆的。然而氢对钢的侵蚀影响并不止于此。当温度或氢分压升高到一定程度时(这种温度或氢分压，对各种不同的钢材却有它们各自不同的起始点)，钢材内部的分子氢或原子氢开始与固溶体中的碳，化合成甲烷。$Fe_3C+2H_2 \longrightarrow CH_4+3Fe$而引起钢的表面脱碳，甚至进而为钢内晶粒边界的脱碳。该反应随温度或压力的增加而更加剧。这些甲烷与过饱和的分子氢，在较低温度下难以重新分解和扩散到固溶体中去，而被封闭在孔隙内。这样地继续聚集致使孔隙内的总压力不断增高，最终由于聚集的氢压力过大，而足以克服金属结构本身的内应力时，就引起金属局部屈服或鼓泡与裂纹的产生。开始时裂纹很微小，但到后期，无数裂纹相连，引起钢的强度，延性和韧性下降与劣化，同时发生晶间断裂。而上述的孔隙往往正是钢内的原始缺陷。如气孔、夹杂、夹层、以及焊缝表面裂纹等所在地。

高温氢腐蚀是在高温高压条件下，分子氢发生部分分解而变成原子氢或离子氢，并通过金属晶格或晶界向钢内扩散，扩散侵入钢中的氢与不稳定的碳化物发生化学反应，生成甲烷气泡(它包含甲烷的成核和过程和成长)，即$Fe_3C+2H_2 \longrightarrow CH_4+3Fe$，并在晶体空穴和非金属夹杂部分聚集，而甲烷在钢中的扩散能力很小，聚集在晶界原有的微观孔隙(或亚微观孔隙)内，形成局部高压，造成应力集中，使晶界变宽，并发展成为裂纹。开始时裂纹很微小，但到后期，无数裂纹相连，引起钢的强度，延性和韧性下降与劣化，同时发生晶间断裂。由于这种脆化现象是发生化学变化反应的结果，所以它具有不可逆的性质，也称永久脆化现象。

产生氢腐蚀有一个起始温度和一个起始氢分压。低于起始温度，氢腐蚀反应速度较慢，碳钢的这一起始温度大约在220℃左右。低于起始氢分压，则不管温度多高，只发牛表面脱碳而不发生氢腐蚀。碳钢的起始氢分压约1.4MPa(大约$14kgf/cm^2$)。

在高温高压氢气中操作的设备所发生的高温氢腐蚀有两种形式：一是表面脱碳；二是内部脱碳。钢的脱碳是由于钢中的渗碳体在高温下与气体介质作用产生分解的结果：$Fe_3C+O_2 \longrightarrow 3Fe+CO_2$　$Fe_3C+H_2O \longrightarrow 3Fe+CO+H_2$　$Fe_3+2H_2 \longrightarrow 3Fe+CH_4$反应结果导致表面层的渗碳体减少，使钢的表面硬度和疲劳强度降低。

表面脱碳不产生裂纹，在这点上与钢材暴露在空气，氧气或二氧化碳等一些气体中所产生的脱碳相似，表面脱碳的影响一般很轻，其钢材的强度和硬度局部有所下降而延性提高。

内部脱碳是由于氢扩散侵入到钢中发生反应生成了甲烷，而甲烷又不能扩散出钢外，就聚集于晶界空穴和夹杂物附近，形成了很高的局部应力，使钢产生龟裂，裂纹或鼓泡，其力学性能发生显著的劣化。

同一种钢材在不同条件下，氢腐蚀的时间长短是不同的。造成氢腐蚀的因素有：

① 操作温度、氢的分压和接触时间。温度越高或者压力越大发生高温腐蚀的起始时间就越早。氢分压 8.0MPa 是个分界线，低于此值影响比较缓和，高于此值影响比较明显；操作温度 200℃为分界线，高于此温度钢材氢腐蚀程度随介质温度的升高而逐渐加重。氢在钢中的浓度可以用下面公式来表示：

$$C=134.9p^{\frac{1}{2}}\exp(-3280/T)$$

式中 C——氢浓度，μg/g；

p——氢分压，MPa；

T——温度，K。

从式中可以看出，温度对钢材中氢浓度的影响比系统氢分压更明显。

② 钢材中含金属元素的添加情况。在钢中添加不能形成稳定碳化物的元素(如镍，铜等)对改善钢的抗氢腐蚀性能毫无作用；而在钢中添加能形成很稳定碳化物的元素(如铬、钼、钛、钨、钒等)就可使碳的活性降低，从而提高钢材抗高温氢腐蚀的能力。关于杂质元素的影响，在针对 $2\frac{1}{4}$Cr-1Mo 钢的研究中已发现，锡、锑会增加甲烷气泡的密度，且锡还会使气泡直径增大，从而对钢材的抗氢腐蚀性能产生不利的影响。因为甲烷“气泡”的形成，“气泡”的密度，大小和生成速率，都将对钢材的抗氢腐蚀性产生不利影响。

③ 加工过程。钢的抗氢腐蚀性能与钢的显微组织也有密切关系。回火过程对钢的氢腐蚀性能也有影响。对于淬火状态，只需经很短时间加热就出现了氢腐蚀。但是一施行回火，且回火温度越高，由于可形成稳定的碳化物，抗氢腐蚀性能就得到改善。另外，对于在环境下使用的铬-钼钢设备，施行了焊后热处理同样具有可提高抗氢腐蚀能力的效果。曾有实验证明，$2\frac{1}{4}$Cr-1Mo 钢焊缝若不进行焊后热处理的话，则发生氢腐蚀的温度将比纳尔逊曲线表示的温度低于 100℃以上。

④ 钢材受的应力。在高温氢气中蠕变强度会下降，特别是由于二次应力(如热应力或由冷加工所引起的应力)的存在会加速高温氢腐蚀。当没有变形时，钢材具有较长的“孕育期”；随着冷变形量的增大，“孕育期”逐渐缩短，当变形量达到 39%时，则无论在任何试验温度下都无“孕育期”，只要暴露到此条件的氢气中，裂纹立刻就发生。因此，对于临氢压力容器的受压元件，应重视采用热处理消除残余应力。

⑤ 不锈钢复合层和堆焊层的影响，由于氢在奥氏体不锈钢以及铁素体的钢中的溶解度和扩散系数不同，因此完整冶金结构的奥氏体不锈钢复合层和堆焊层能降低作用在母材中的氢分压。

在高温高压氢的作用下，钢材的破坏往往不是突然发生的，而要经历一个过程，在这个过程中，钢材的机械性能并无明显变化，这一过程就称为潜伏期或称孕育期。潜伏期的长短与钢材的类型和暴露的条件有关。条件苛刻，潜伏期就短，甚至几小时就破坏。在温度压力比较低的条件下，潜伏期就可能长些。知道钢材的氢腐蚀潜伏期后，对掌握设备的安全运转时间有很重要的意义。

氢致裂纹也称氢诱导裂纹。这是由于反应器在高温高压的氢气中操作时，氢会扩散侵入到钢中，当反应器在停工冷却过程中，由于冷却速度太快，氢来不及从钢中向外释放，钢内就会吸藏了一定量的氢，严重的拉伸延性损失会导致裂纹引发。

在操作中，当装置停工时，宜采用能使氢能较彻底地释放出去的停工方案。例如，停工时的冷却速度不能过大，并在较高温度下(大于350℃)保持一段较长时间。

所谓氢脆，就是由于氢残留在钢中所引起的脆化现象。产生了氢脆的钢材，其延伸率和断面收缩率显著下降。这是由于侵入钢中的原子氢，使结晶的原子结合力变弱，或者作为分子状在晶界或夹杂物周边上析出的结果。但是，在一定条件下，若能使氢较彻底地释放出来，钢材的力学性能仍可得到恢复。这一特征与前面介绍的氢腐蚀截然不同，所以氢脆是可逆的，也称作一次脆化现象。对于操作在高温高压氢环境下的设备，在操作状态下，器壁中会吸收一定量的氢。在停工的过程中，冷却速度太快，使残留的氢来不及扩散出来，造成过饱和氢残留在器壁内，就可能在温度低于150℃时引起亚临界裂纹扩展，对设备的安全使用带来威胁。

在石油三厂的历史中，曾发生或发现过几起比较严重的氢对反应筒腐蚀影响的实例：

1953年，某反应器的一根引出管，其操作条件是20MPa和440℃。由于当时对高温高压设备的管理制度尚不健全，检验手段不完备，管理上有所疏漏，致使将碳素钢材质配件误用在如此高温、高压的氢分压下运行，经几个月后发生了突发的爆破事故，造成大量油气从装置中向外逸出，而酿成严重的火灾，直接威胁着工人的生命安全和国家财产。事后经检查发现这根管线已脱碳龟裂。

此外，于1962年与1964年分别对加氢装置9号、10号反应器进行挖孔取样分析实验(因当时受检测仪器的限制)。从表4-2-45可以看出，由于反应器的壁温比换热器的要高许多，因此它有较显著的氢渗透现象，并且从反应器内外壁含氢量悬殊这点亦明显表明其氢脆的特性。

表4-2-45　高压筒筒体挖孔取样分析结果

筒别	采样时间	于筒身采样部位	延伸率 δ_s/%	断面收缩 ψ/%	冲击值 α_k/(kgf/cm^2)	含氢量/(mg/100mL)	弯曲试验
10号(二套四反)	1962年8月	内壁	10.8	45.23	2.6	3.22	弯曲角达27.5°时脆裂
10号(二套四反)	1962年8月	外壁	14.8	53.93	4.5	0.88	弯曲角达90°未见裂纹
9号(二套一反)	1964年8月	内壁	14	51	2.88	1.22	弯曲角未达90°就见裂纹
9号(二套一反)	1964年8月	外壁	18.8	56.44	6.02	0.11	弯曲角达90°未见裂纹

并且，当时在两个反应筒的内表面，都发现有严重的缺陷，产生这些缺陷的因素很多，其中氢的影响具有密切的关系。尤其在10号筒下盖上发现不少鼓泡，在筒体上亦有一个鼓泡，其面积达250mm^2，最高鼓出部分达4mm，鼓泡深根部分已被破坏而形成空洞。经显微镜检查，鼓泡附近金属有无数带有小尾巴形毛发裂缝的显微孔洞(如图4-2-34)，而这些毛发裂缝都呈现在同一个方向，它们的连接将成为晶间裂缝的起源，而其显微组织依然为索氏体，并未发生变化。

氢鼓泡是氢原子进入到金属的空隙、夹层处，并在其中复合成分子氢，结果产生很高压力而使夹层处鼓出来，如图 4-2-35 所示。

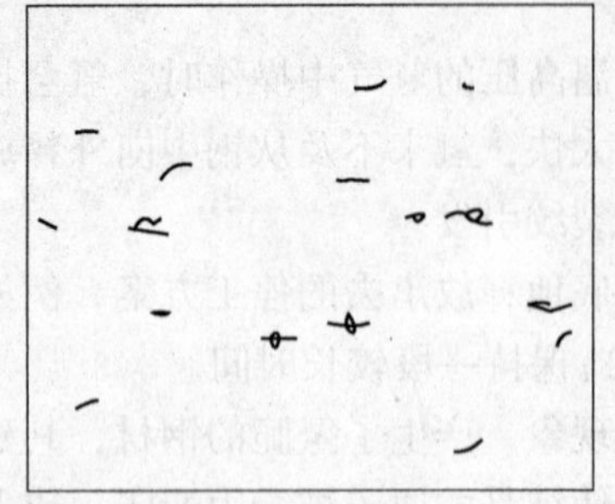

图 4-2-34　鼓泡附近之裂缝

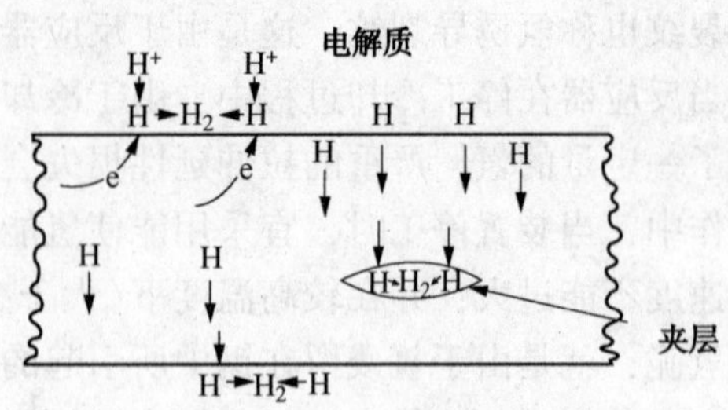

图 9-2-35　产生氢鼓泡的示意图

生产实践证明，在高温，高压下的氢侵蚀，不仅表现在对碳钢的脱碳与龟裂，低合金钢的氢脆，鼓泡或晶体间裂缝等方面。即使对于像 1Cr18Ni9 的奥氏体不锈钢亦有程度不同的影响。某年进行大检修时，由于拆卸某反应器内的热偶保护管时就发生了脆断，断面平整极少塑性变形。经检查发现奥氏体晶体上有大量的碳化物沉淀，它可能引起贫铬区的产生，致使这个区域降低了有效的抗氢能力。

石油三厂通过生产实践，对于氢对高压容器的侵蚀影响有如下一些初步认识：

(a) 钢中含碳量越高；或筒壁温度越高；或氢分压越高；都能促使氢的侵蚀加剧。

(b) 仅从抗氢的观点出发，钢中含有形成稳定碳化物的元素，如：钨、铬、钒、钛、锰等都是十分有利的。但是由于他们的加入，会引起程度不同的塑性降低，增加冶炼，热处理，焊接以及其他工艺方面的困难。

(c) 当前世界各国所采用的石油加氢高温高压容器用钢，极大多数是铬钼系统钢种。其中尤以 $2\frac{1}{4}$Cr-1Mo 钢种为主，石油三厂曾用 20CrM9 钢(解放后，日伪时期遗留的均为 35CrNi2Mo)。但鉴于我国铬的资源还比较贫乏，因而有关部门正在寻求其他抗氢元素构成的新钢种系统。

(d) 钢中所含夹杂、偏析、气孔等缺陷的程度，晶粒的大小及其分布均匀程度，钢的受力均匀程度等等，都对氢的侵蚀有一些影响。

(e) 氢一般在 200℃以上开始渗透，而在 200℃以下产生氢脆。这与氢在钢中的溶解度有密切关系。氢在高温和低温下的溶解度相差很大。事实上像石油三厂 17.0MPa 氢分压，壁温 300℃上下的条件，使氢很快的渗透入钢中而达到饱和，一般只需要十几天。

(f) 氢的扩散与金属厚度有关，与氢的浓度有关，厚度越大，浓度越高，氢的扩散速度越大。钢内的含氢量达 2~5mL/100g 时，影响机械性能下降最为严重。

(g) 氢脆在材料试验上，主要表现于断面收缩、延伸率及弯曲等的下降趋势。冲击值并不说明氢脆的特性。因为它在试验时受材料载荷变化速度较快，来不及反映出材料的氢脆，只有缓慢的载荷而引起的塑形改变，才能明显表现出来。

氢脆是由于氢进入到金属内部，在位错和微小间隙处集聚而达到过饱和状态，使位错不能运动阻止滑移的进行，使金属表现出脆性。

(h) 氢脆在一般情况下，不产生金相组织的变化，因而从温度上很难以说明。

(i) 就现有的生产条件而言，对于防止反应器发生氢脆的措施，除改进筒体金属材料外，通常有如下途径：

(a) 采用多层或绕带式容器，以避免氢继续向外层扩散。

(b) 筒内壁采用爆炸焊接式套衬里，或者于筒外壁开设适当的排气孔，以避免氢继续向外壁层扩散。

(c) 于筒内壁加设隔热材料层或以通冷氢于反应空间与容器内壁之间，以降低壁温。

(d) 在不得已的情况下，紧急泄压(放空)是一种必要的安全措施。但过于急速的降压对筒体极为不利，因此严格控制泄压速度或采取适当的分段泄压措施，对维护筒体能起一定的作用。

防止氢蚀的措施有：ⓐ采用内保温、降低筒壁温度；ⓑ采用耐氢蚀的合金钢做反应器筒体；ⓒ采用抗氢腐蚀衬里(如 Cr13、1Cr18Ni9Ti 等)；ⓓ采用多层式结构，可在壁上开排气孔及采用特殊的集气层，将内筒渗过来的氢集中起来排走；ⓔ采用催化剂内衬筒式反应器，让新氢走环形空间，使筒壁降温；ⓕ在实际应用中，对一台设备来说，焊缝部位的氢腐蚀更不可忽视。因为通常焊接接头的抗氢腐蚀性能不如母材，特别是在热影响区的粗晶区附近更显薄弱应引起重视。

防止氢脆的对策：应从结构上、制造过程中和生产操作采用如下措施：ⓐ尽量减少应变幅度，这对于改善使用寿命很有帮助。采取降低热应力和避免应力集中等措施都是有效的。ⓑ应尽量保持堆焊金属，或焊接金属有较高的延性。ⓒ装置停工时降温速度不应过快，且停工过程中应有使钢中吸收的氢能尽量释放出去的工艺过程(分阶段恒温脱氢，一般脱氢温度在 260~427℃之间)，以减少器壁中的残留氢含量，另外，尽量避免非计划的紧急停工防止紧急泄压，也是非常重要的。因为此状况下器壁中的残留氢浓度会很高。

正确选用与合理使用钢材是其中主要措施之一。为了提高钢在氢中的抗蚀能力，往往需要在钢中加入某些合金元素。图 4-2-36 表明 Ti、V、Nb、Mo、W、Cr 等元素对钢的抗蚀性。这是由于它们能形成比较稳定的、特殊的碳化物，以抵抗氢的破坏作用。铬钼钢系统是当前国际石油高压加氢工业中应用得最为广泛的抗氢钢。钼在钢中的抗氢能力比铬大 4 倍。

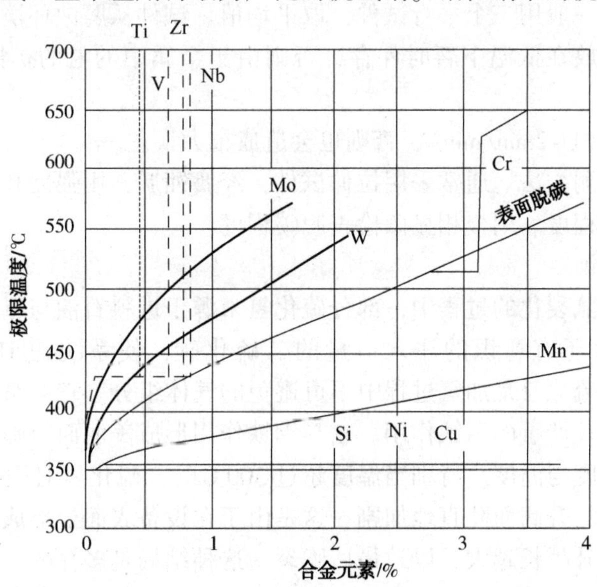

图 4-2-36　各种合金元素对碳含量为 0.1%的钢经受 29MPa(290atm)的氢气侵蚀 100h 的最高温度的影响

根据每条曲线上标注的钢种，就可以查到不产生氢腐蚀(或者腐蚀很小)的温度范围和起始氢分压。在每条曲线上面对应的温度和氢分压都是产生腐蚀的操作条件；偏离曲线越高，氢腐蚀越严重。(为避免重复 Nelson 曲线详见本书图 4-4-13)

多少年来对于操作在高温高压氢环境下的设备材料选用，都是按原称为“纳尔逊(Nelson)曲线”来选择的。该曲线最初是在 1949 年由 G. A. 纳尔逊收集到的使用经验数据绘制而成，并由 API(美国石油学会)提出。1967 年前版权属 G. A. 纳尔逊。其后版权由 G. A. 纳尔逊转让给 API，并由 API 于 1970 年作为 API 出版物 941(第一版)公开发行。

从 1949 年至今，根据实验室的许多试验数据和实际生产中所发生的一些按当时的纳尔逊曲线认为安全区的材料在氢环境使用后发生氢腐蚀破坏的事例，相继对曲线进行过 7 次修订，现最新版本为 API RP(推荐准则)941(第八版)“炼油厂和石油化工厂用高温高压临氢作业用钢”。API　941 一直是最有用的抗高温氢腐蚀材料的一个指导性文件。

应该注意的是 API　941 仅仅只涉及到材料的高温氢腐蚀，它并不考虑在高温时的其他主要因素引起的损伤，比如系统中还存在着像硫化氢等其他腐蚀介质的情况，可能发生回火脆性等损伤以及可能发生与高温氢腐蚀发生叠加的作用的损伤等。

高温高压氢环境中的材料选用及注意问题，请参阅《石油化工设备无损检测及其应用》一书第 706~709 页(中国石化出版社，2009 年，金国干主编)。

氢损伤的检测方法有两种：

一是氢脆的检测方法。通常采用拉伸试件，经氢腐蚀环境(如硫化氢水溶液)充氢后，用塑性指标的变化来评定材料的腐蚀程度。计算公式：

$$F=\frac{\psi_0-\psi}{\psi_0}\times 100\%$$

式中　F——氢脆系数，表示材料抗氢脆性能；

ψ_0——未充氢试件的断面收缩率；

ψ——充氢试件的断面收缩率。也可用条状试件(100mm×5mm×2mm)在充氢和未充氢时，以反复弯折至断的弯折次数来计算氢脆系数。计算公式与上述相似。

氢脆系数的测定一般用三个平行试件，取平均值。试件从腐蚀环境中取出后立即进行测定；若做不到，则应放在低温下暂时保存，否则由于金属中的氢的扩散逸出，将造成很大误差。

拉伸速度要缓慢(1~2mm/min)，否则也会造成很大误差。

二是氢腐蚀的检测方法。通常采用拉伸试件，经腐蚀后，用强度和塑性指标的降低来评定材料氢腐蚀的严重程度。用金相显微检查脱碳程度。

(2) 硫化氢的腐蚀

在加氢精制与加氢裂化的过程中，部分硫化氢来源于进料石油与氢气的反应。为了保持催化剂的活性，通常还有意识的注入适量的二硫化碳，使系统的 H_2S 含量经常保持在 0.03%~0.1%。因此硫化氢是加氢过程中不可避免的气体组分。它对系统设备，尤其对高温高压的反应器起着比较严重的腐蚀作用。它与钢铁作用形成美丽而松脆的硫化铁。该作用主要取决于硫化氢的浓度与温度。特别当温度超过 300℃时，硫化氢对钢的腐蚀速度开始显著加速，以后随着温度的升高而陡直地加剧。这是由于在设备表面上形成较大比容的硫化铁结构颗粒，随温度的上升越长越大，以致最后脆裂。这种结局是多孔的，它只部分保护着钢的表面。

① 硫化氢的腐蚀过程。硫化氢是加氢裂化过程中不可避免的气体组分，因为除原料中带来的硫化物经加氢后生成 H_2S 外，在预硫化时，也需要加 DMDS。这部分硫，一部分与催化剂作用，多余部分则生成 H_2S。为了保持催化剂的活性，也要求循环气中保持一定的 H_2S 浓度。因此，硫化氢腐蚀是一个不容忽视的问题，硫化氢在系统中与铁作用生成硫化铁，其反应式如下：$Fe+H_2S =\!=\!= FeS+H_2$

这是一种具有脆性，易剥落，不起保护作用的锈点，对反应器、换热器及高压管线危害极大。影响硫化氢腐蚀速度的因素主要有温度和 H_2S 浓度，当硫化氢在 200~250℃以下，对钢铁不产生腐蚀或腐蚀甚微，当温度大于 260℃时，腐蚀加快，随着温度的升高而陡直地加剧，尤其是在 315~480℃之间时，每增加 55℃，腐蚀率增加 2 倍。H_2S 浓度越大，分压越高，腐蚀越厉害。在硫化氢体积浓度超过 1%时腐蚀率达到最大。

另外还有水，酸性化合物等影响硫化氢的腐蚀，如 HCl 存在时 $FeS+2HCl \longrightarrow FeCl_2+H_2S$ 等，其中以水的影响尤为严重。国家质量监督局 1999 年颁发的《压力容器安全技术监察规定》中对湿硫化氢应力腐蚀环境如下定义：ⓐ温度≤(60+2p)℃，p 为压力，MPa(表压)；ⓑ硫化氢分压≥0.00035MPa，即相当于在常温水中的溶解度≥10mg/L；ⓒ介质中含有液相水或处于水的露点以下；ⓓpH<9 或有氰化物(HCN)存在。湿硫化氢的腐蚀主要是由于电化学腐蚀和反应产生的氢原子扩散至钢中引起的。

湿硫化氢引起的钢材损伤的形式有：ⓐ均匀腐蚀。由电化学腐蚀引起的表面腐蚀，使设备壳壁均匀减薄。ⓑ氢鼓泡(HB)。腐蚀过程中析出的氢原子渗入钢中，在某些关键部位形成氢分子并聚集，引起界面开裂(不需要外加应力)，形成鼓泡，其分布平行于钢板表面。ⓒ氢致开裂(HIC)。在钢内部发生氢鼓泡区域，当氢的压力继续增高时，小的鼓泡裂纹趋向于相互连接，形成有阶梯状特征的氢致开裂。钢中 MnS 夹杂物的带状分布增加 HIC 的敏感性。HIC 的发生不需要外加应力。ⓓ应力导向氢致开裂(SoHIC)。应力导向氢致开裂是由应力引导下，在杂物与缺陷处因氢聚集而形成的成排的小裂纹沿垂直于应力方向发展，即向压力容器与管道的壁厚方向发展。SoHIC 带发生在焊接接头的热影响区及高应力集中区，应力集中经常是裂纹状缺陷或应力腐蚀裂纹引起的。ⓔ硫化物应力腐蚀开裂。硫化氢腐蚀产生的氢原子渗透到钢的内部，溶解于晶格中，导致脆化，在外加拉应力或残余应力作用下形成开裂。硫化物应力腐蚀开裂通常发生在焊缝热影响区的高硬度区。

长期以来，石油三厂对一系列高压容器，通过内径测量记录对应的方法得出它们的平均腐蚀率在 0.35~0.5mm/a，最严重的达 1.5mm/a，它们极大部分是一均匀性腐蚀，而腐蚀比较严重的皆分布在无筒壁保温区域内，它们有明显可见的腐蚀斑痕，有的已形成 ϕ2~3mm 的腐蚀坑。

硫化氢对容器的腐蚀，不仅促使壁厚逐渐减薄，例如减薄的最大的 1 号、9 号筒已达 13mm 左右，并且硫化铁腐蚀结垢，还可能堵塞催化剂的表面而影响催化剂活性。严重时还能造成系统的差压，给生产操作带来很大麻烦。

高强度钢制作的压力容器，在潮湿的 H_2S 气体、H_2S 水溶液，还原性酸中，以及在酸洗和焊接过程中，也都会产生氢脆和氢鼓泡破坏。因此，对压力容器用钢，应尽量消除钢中的各种缺陷，以提高氢脆、氢鼓泡的抵抗力。

② 硫化氢的腐蚀危害设备及管线。通过历年来的检查，曾发现如下几个反应器典型的严重腐蚀裂缝：

9 号筒：该筒自 1941 年投产至 1964 年，使用时间为 143 个月。1964 年 8 月于自紧式盖上下落位置最低凹进面的内壁处，沿圆周（周长 900π = 2826mm）内共发现长短不一的 11 条裂缝，最长达 105mm，经砂轮打磨实测最深的达 2mm。裂纹的方向沿筒身的轴向。

10 号筒：1962 年发现盖上接触面严重腐蚀，最深达 19.2mm。1964 年 8 月于自紧式上盖下落最低位置凹进面的下方 100mm 距离的内壁处，发现有面积达 $250mm^2$ 环向发展的鼓泡一个，其最高鼓出部分达 4mm，同时发现下盖内侧引出管口周围有长短不一的 5 条裂缝，分别自三个堵孔处旧焊接区附近，向引出管内延伸，其最长裂缝延筒盖内侧面达 170mm，而延向引出管的扩展部分达 105mm，深度难以实测。

3 号筒：1962 年发现筒体上部分接触面处有 7 处腐蚀沟，对筒内径的两个垂直方向进行了测量：ϕ_A = 967.2mm，ϕ_B = 967.02mm，最大腐蚀深度为 17.2mm。曾以不锈钢电焊填补腐蚀深坑并研磨，以后由于不锈钢焊肉腐蚀较小，而其他地区随时继续腐蚀，因而焊肉处显得突出，每次检修时必须对准密封圈，否则影响接触不好，容易漏气。

1965 年于该焊肉周围用磁粉探伤发现有 16 道小裂纹。同年，又对整个筒体进行了超声波测厚，上层腐蚀深度已达 15mm 左右。总趋势是筒盖附近无内保温处腐蚀较严重，下半部分较好，下半部腐蚀量为 ϕ1~2mm，但有个别较严重麻坑约为 ϕ6~8mm。

5 号筒：筒上部内壁无内衬处有大量腐蚀产物，经检查为硫化铁腐蚀量相当于 0.3mm/a，筒体上部的内径每年约扩大 1mm，68 年 10 月因漏气漏油无法运转，检修时发现沿筒口有肉眼可见大裂缝 6 条，其中 5 条长约 400mm（深度未测出），最长的一条为 700mm，深达 220mm（该处壁厚为 300mm），但其宽度不超过 1mm。裂缝的纵深度与宽度大几个数量级，裂缝两侧几乎闭合，呈现出典型的应力腐蚀裂缝特征。此外，在筒体上部内壁无内保温处，有明显可见的腐蚀斑痕，多数是直径 2~3mm 的腐蚀坑。

由于 5 号筒出现的问题特别严重，曾邀请有关部门对它进行了一系列比较细致而深入的分析检查，其主要结果大致如下：

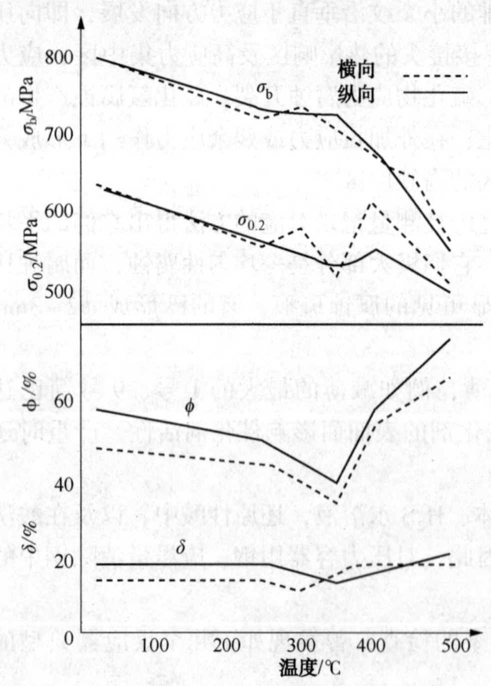

图 4-2-37　无衬层段纵横向不同温度的力学性能

(a) 5 号筒力学性能及断裂韧性测试分析

a. 从大量实验结果看出无论纵向，横向和有、无隔热衬里部位的室温极限强度 σ_b，延伸率 δ 仍保持原来的数值 $\sigma_b > 70kgf/cm^2$，$\delta > 16\%$ 的水平，从无衬层的纵、横向比较强度和延塑性，无论室温或高温无大差别，随温度变化规律一致。屈服强度 $\sigma_{0.2}$ 在 350℃ 时最低，延伸和面缩在 300~350℃ 时最低，见图 4-2-37，从无隔热衬里和有隔热衬里段对比看 300~350℃ 时延塑性最低是一致的，有衬层段的 $\sigma_{0.2}$ 和 σ_b 在室温 255℃ 时比无衬层段的稍高 $2kgf/cm^2$，到高温时趋平。

b. 由冲击试验结果看出，随温度变化的冲击功基本是铁素体钢的规律，有明显的上下平台，脆性转变温度都高于室温，有隔热衬里段的纵、横向都到 100℃ 时进入上平台，此时的塑性断口达 90%~100%，而无隔热衬里段则在 200℃ 才进入上平台，有隔热衬里段的纵、横向冲击功差别值较大，而无隔热衬里段的差值较小，400℃时趋于同水平，而在450℃时都有一低值，见图4-2-38，在整个实验温度范围内纵向的偏高。

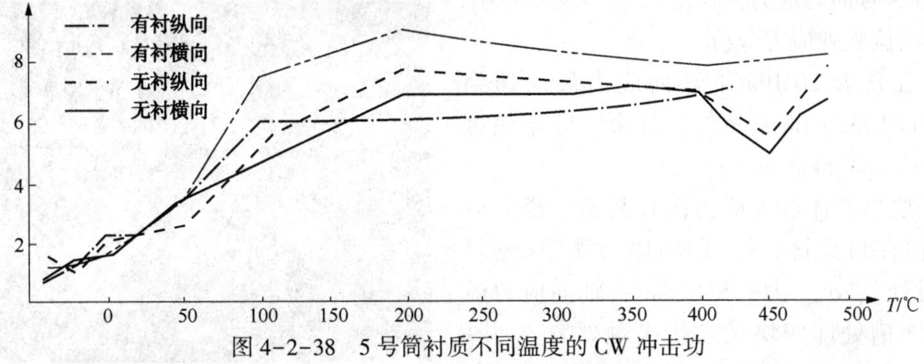

图4-2-38　5号筒衬质不同温度的CW冲击功

(b) 断裂韧性测试

用三点弯曲法测试350~450℃条件下的K_{IC}，以便对断裂原因和安全评定工作提供分析数据，所得结果列入表4-2-46和表4-2-47。

表4-2-46　不同部位和不同温度的断裂韧性值

试样号	试样部位	试验温度/℃	线回归系数			J_1/(kgf/mm)	用J_1换算的K_{IC}/(kgf/$m^{3/2}$)	用J_1换算的δ_c/mm
			α	β	γ			
1号1~6	无衬层	室温	6.72	33.8	0.997	6.30 (81.9)	0.39	0.086
8~14		400	5.72	68.3	0.617	6.2 (60.8)	55.4	0.067
8~17		450	7.60	25.1	0.585	7.7 (77.5)	388	0.091
1号15~19		500	5.40	18.18	0.837	6.2 (60.8)	338	0.081
1号1~6	有衬层	室温	7.94	24.44	0.925	8.9 (87.3)	453	0.089
3号3~8		200	5.83	26.15	0.949	4.9 (48.1)	326	0.055
取2或1		400	6.05	8.35	0.807	6.1 (59.8)	351	0.071

表4-2-47　无隔热衬里部位350℃的横向K_{IC}值

试样号	B	P_Q	P_{max}	P_Q/P_{max}	K_{IC}/(kgf/$mm^{3/2}$) (MPa$\sqrt{m}$)	用J_1换算的K_{IC}/(kgf/mm)	用J_1换算的δ_c/mm
2号　13	20	2330	2670	1.14	261 (78.6)	3.28	0.038
14	20	2380	2645	1.11	258 (77.7)	3.20	0.037
15	20	2160	2820	1.31	238 (71.7)	2.73	0.032

试验结果表明 250~500℃的 K_{1C} 都比常温低，在 350℃又出现了非常明显的脆性区，扫描电镜断口观察起裂区有塑性变形，很快就解理断裂扩展，见图 4-2-39。

(c) 5 号筒的应力分析结果

a. 三位光弹应力分析

a) 在常温 20MPa 下环向应力最高达到 136MN/m²(1333.6kgf/cm²)，其余一般不超过 80MN/m²(784.5kgf/cm²)。

b) 整个筒体最大应力区在封头，径向应力最大值在封头斜面处〔即筒体与涨圈(密封垫)接触处〕，σ_{rmax} 为-98MN/m²，轴向应力最大值在凹槽处即四块瓦互相接触处 σ_{zmax} 为+28MN/m²，环向应力最大值亦在凹槽处 $\sigma_{\theta max}$ 为 136MN/m²。

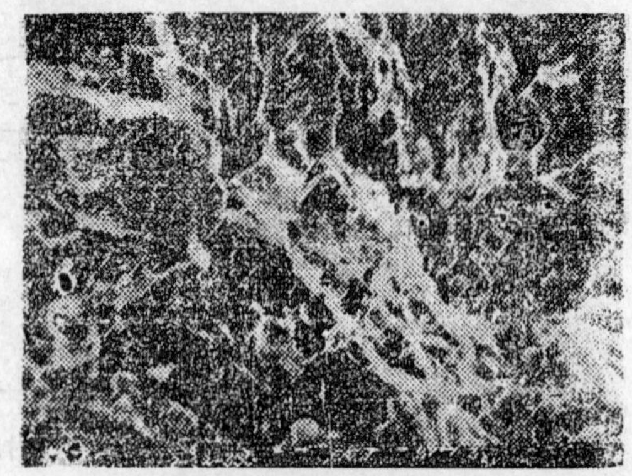

图 4-2-39　筒无衬层段试验的三点弯曲试断口

c) 筒体应力分布在离开封头区不远处即趋于均匀筒体内侧应力大于筒体外侧应力。

d) 封头区应力复杂，尤以凹槽区应力变化幅度大，在相距很近的两点(大约 2mm 左右)应力值可由最大拉应力变到最大压应力。

(d) 热应力分析

a) 用稳态温度场的有限元法计算在工作温度状态下的应力值，筒内最大值的密封圈与筒体接触面，属三相受压状态，按第三强度理论计算最大应力值 200MN/m²(按内外壁温差 100℃算)。

b) 用有限元法计算，在超温和打冷氢情况下，无内保温处的应力 σ_θ 高达 1103MN/m²。

(e) 5 号筒裂纹原因的宏观分析

裂纹原因的宏观分析是在 1 号裂纹 4 号裂纹上进行的。4 号裂纹虽然断口表面有薄厚不均的锈层覆盖，但断口形貌及纹理清晰，靠近筒体内表面的断口凹凸不平，比较粗糙，有清晰的人字纹花样，指向中间的断裂源部位。从断裂源深度方向有明显的放射状花样，根据放射花样的纹理和走向判断，整个断口是经三次扩展而成大裂纹。裂源位置于尺寸发生变化的凸台圆角处。为了证实对 4 号裂纹宏观分析的结果，将 1 号裂纹打开断口进行宏观分析，其结果与 4 号裂纹结果相同。4 号裂纹宏观形态见图 4-2-40。

图 4-2-40　4 号裂纹宏观形态图

(f) 5 号筒裂纹原因的微观分析

5 号筒裂纹的微观分析是利用扫描电子显微镜进行的。其中包括在 1 号 4 号大裂纹断口上的不同部位取样做高倍观察，对 7 号、8 号小裂纹取样做微观分析，对模拟条件试样断口及几种断裂力学测试试样断口进行微观分析。

a）大裂纹不同部位断口的扫描电镜分析。4 号裂纹断裂源处的断口及靠近筒体内表面的断口都是以沿晶断裂为主的断裂形貌见图 4-2-41～图 4-2-43，而裂纹前沿部位的断口形貌是以解理断裂为主，见图 4-2-44～图 4-2-46。

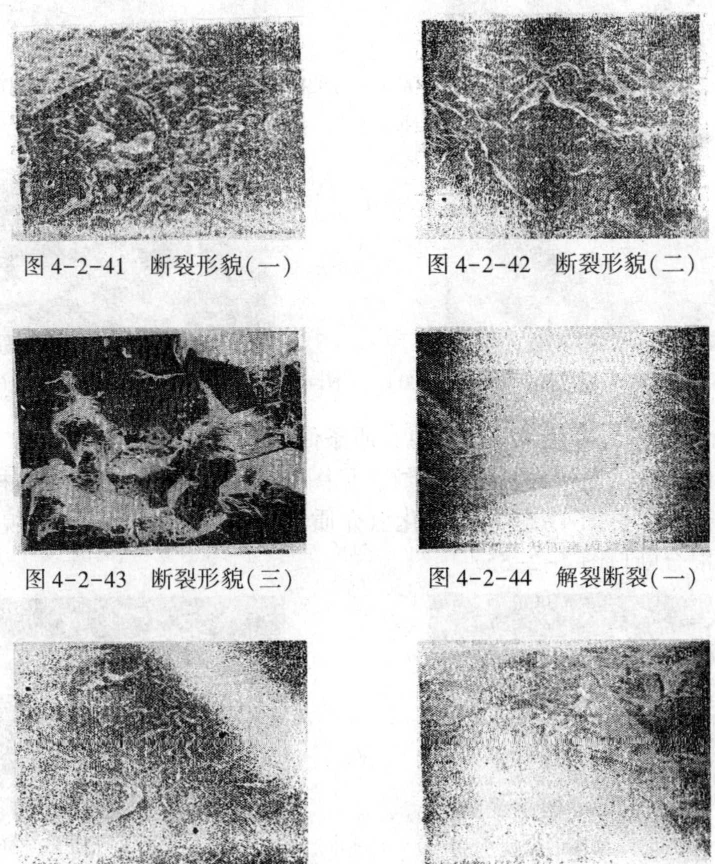

图 4-2-41　断裂形貌(一)　　图 4-2-42　断裂形貌(二)

图 4-2-43　断裂形貌(三)　　图 4-2-44　解裂断裂(一)

图 4-2-45　解裂断裂(二)　　图 4-2-46　解裂断裂(三)

1 号裂纹断裂源处也是沿晶断裂为主，见图 4-2-47，而裂纹前沿的断口是以解理断口为主，见图 4-2-48。

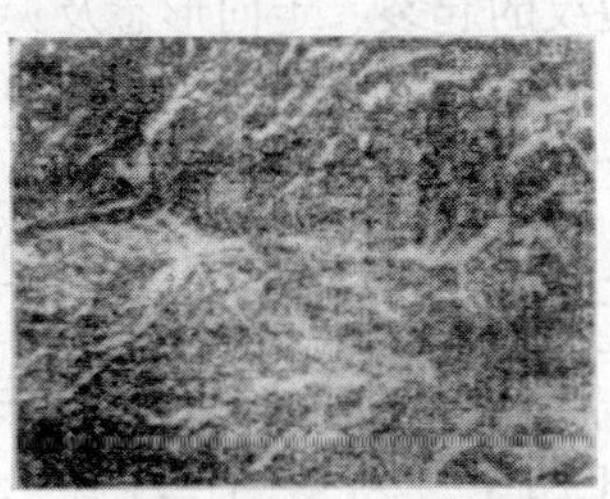

图 4-2-47　1 号裂纹 02-6 试样断口形貌(×2000)

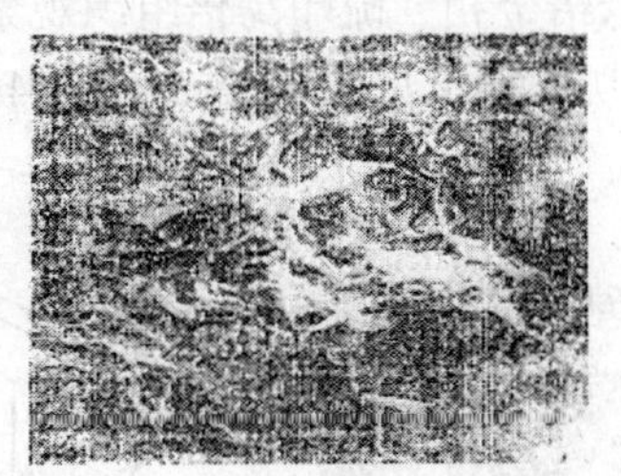

图 4-2-48　1 号裂纹 02-6 试样断口形貌(×500)

b）小裂纹的扫描电镜分析。选取了 7 号、8 号小裂纹做微观分析。7 号裂纹长 45mm，8 号裂纹长 33mm，其扫描结果都是典型的沿晶断裂特征。图 4-2-49～图 4-2-52。

图 4-2-49　7 号小裂纹断口形貌(×500)

图 4-2-50　7 号小裂纹断口形貌(×1000)

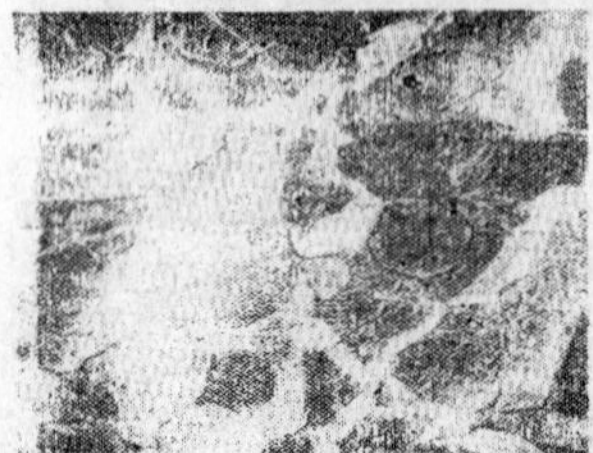

图 4-2-51　8 号小裂纹断口形貌(×500)

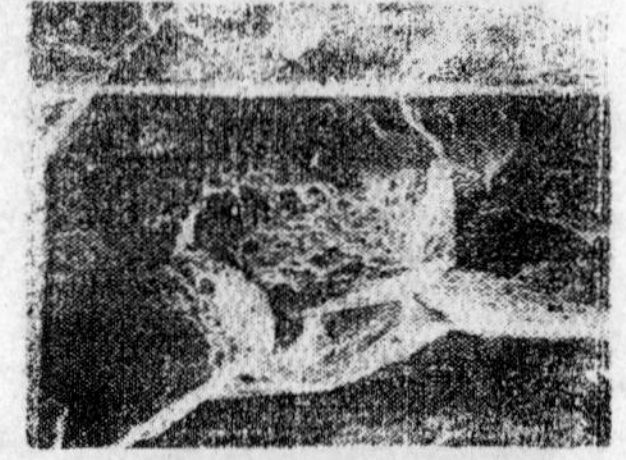

图 4-2-52　8 号小裂纹断口形貌(×1000)

c）反应筒介质、纯氢介质及纯硫化氢介质条件模拟实验试样的断口

反应筒介质中试样的断口都是沿晶裂纹，见图 4-2-53；纯氢介质中试样的断口的微观形貌也都是沿晶开裂，见图 4-2-54；硫化氢介质中的试样断口的微观形貌有的是沿晶裂，也有沿晶解理的混合断口图 4-2-55。

图 4-2-53　反应筒介质 1-10 号试样断口形貌(×500)

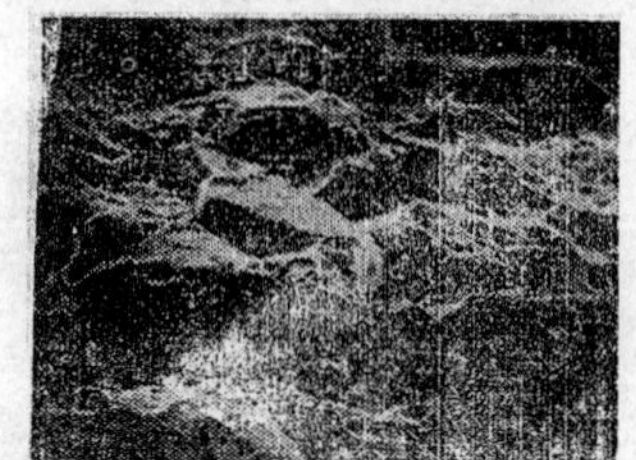

图 4-2-54　纯 H_2 介质 8-7 样断口形貌(×500)

(g) 5 号筒内壁裂纹金相分析

金相组织检查，主要要查明 5 号筒在 350~450℃ 气氛中服役 10 万小时后的组织损伤情况，为此做了低倍金相、硫印高倍组织观察、微裂纹的起裂、走向形态及夹杂物分布。

a）试样的切取部位见图 4-2-56~图 4-2-58。

图 4-2-55　H_2S 介质 1-6 试样断口形貌(×1000)

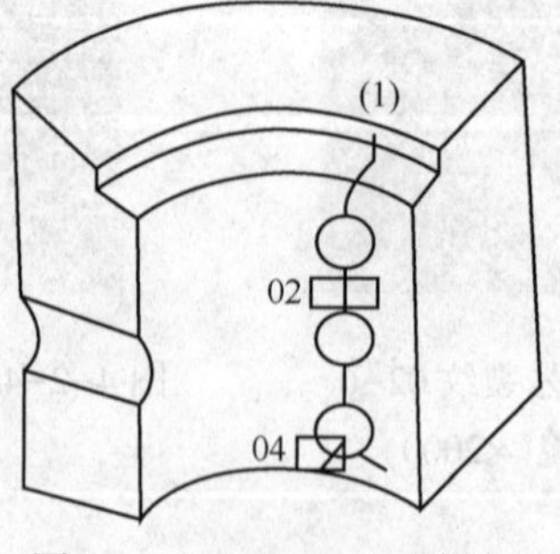

图 4-2-56　02、04 取样部位示意

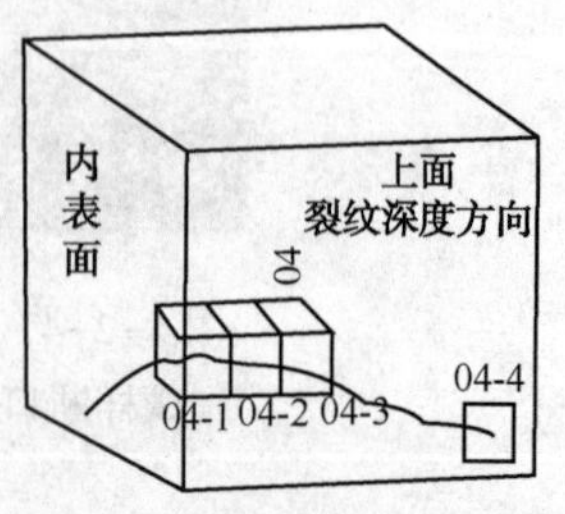

图 4-2-57　04 图小试样取样部位示意

图 4-2-58　04 纹展开图像

b）低倍检验，试样取至 1 号裂纹 04 试块上，硫印发现有较多的硫化物，腐蚀后发现有较多的硫化物，并发现有较粗大的树枝组织和与硫印相对应的硫化物显示，见图 4-2-59，说明 5 号筒制造时的锻压比不足，致使保留了明显的铸态树枝状组织，见图 4-2-60。

图 4-2-59　人块试样硫印

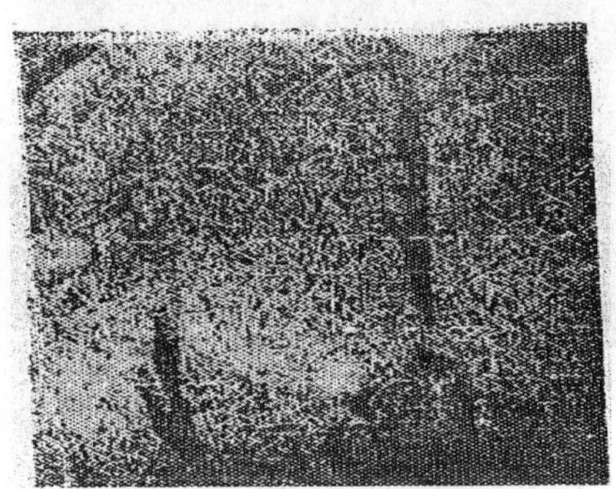

图 4-2-60　低倍树枝状组织

c）高倍观察。取带有表面裂纹的 04-1、04-4 试样为索氏体组织，但也有部分铁素体组织，并有沿晶脱碳现象及微孔洞。且晶粒大小不均匀，存在有较粗大晶粒，见图 4-2-61～图 4-2-66。从所观察的组织开看，原始热处理淬火温度偏低，残留有一定量的铁素体组织。

d）微裂纹观察，重点观察了 04-1～04-4，裂纹试样表明裂纹是沿晶的，裂纹中夹有微孔，有些微孔尚未连接见图 4-2-67，裂纹的特点是沿晶，不分叉。

图 4-2-61　04-1 显微组织为索氏体，铁素及微孔近内表面(×100)

图 4-2-62　04-1 显微组织，同图 4(侧面)(×100)

图 4-2-63　04-1 显微组织同图 5 局部扩大(×500)

图 4-2-64　04-4 显微组织(×100)

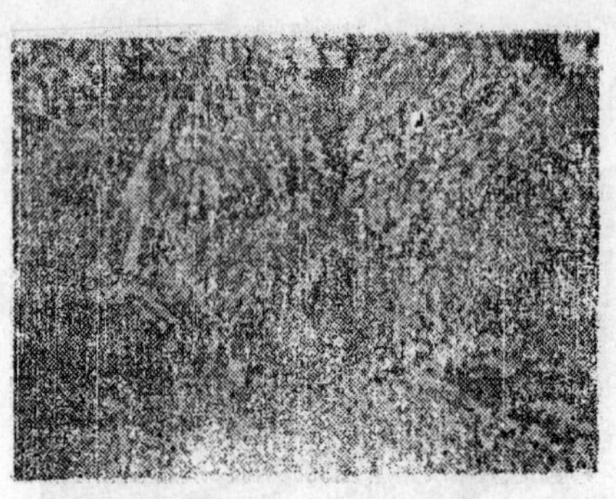

图 4-2-65　04-4 显微组织沿奥氏体晶界脱碳及微孔(×500)

图 4-2-66　04-4　02 内表面组织，沿奥氏体晶界脱碳及微孔(×100)

e）夹杂物观察。　夹杂物量大而集中，大部为硫化物夹杂，由于锻比不足，夹杂物中又以未变形的硫化物居多，也有少量氧化物夹杂见图 4-2-68～图 4-2-70。

图 4-2-67　04-1 内表面裂纹及组织(×120)

图 4-2-68　04-1 硫夹杂(×100)

(h) 5 号筒试块在 H_2、H_2S 介质中的模拟实验及现场挂片实验

a）实验目的。测定在实验工作条件下 5 号筒材料的性能及 KISCCda/dt，并找出 H_2、纯 H_2S 的条件介质对 5 号筒材料的影响，以对分析提供依据。

b）纯 H_2　$H_2$95%；压力 18.5MPa；温度 400℃；暴露时间 2074h。

c）纯 H_2S。H_2S 40%～60%；常压；温度 400℃；暴露时间 1702h。

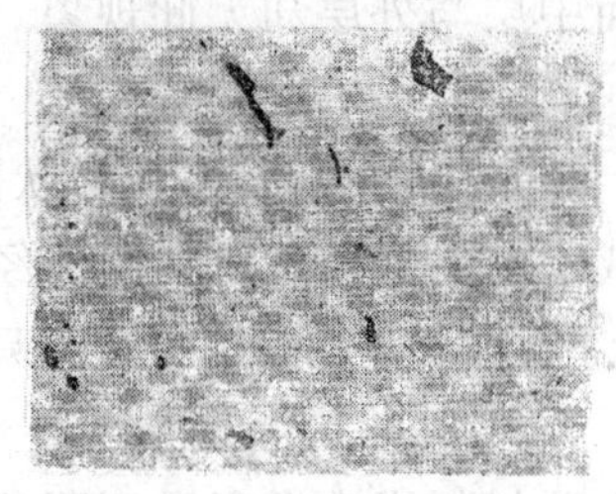

图 4-2-69　04-4 硫化物及其他夹杂物(×100)

图 4-2-70　04-4 硫化物夹杂(×100)

d) 现场。分别在加氢车间的三个反应器内放置，压力 20MPa；温度 410℃；时间最长 4320h。

(i) 试验结论

a) 5 号筒的材质及室温下的强度仍基本保持原来日本对 SNCMI 钢所报数据的水平；但是长期暴露在高温高压氢气中的无衬层段的材料塑性较比有隔热衬里段为低，断裂韧性 K_{IC} 和 K_{ISCC} 的测定结果与上相类似。说明长期接触氢介质的内壁，出现了一定程度的脆化。

b) 5 号筒材料在室温至 500℃试验范围内，以 350℃时的断裂韧性 KIC 值最低，平均在 $250kgf/mm^{3/2}$，而 5 号筒无衬层段的使用温度也是长期在 350℃左右下使用，因而给此段产生裂纹提供了一个有利条件。

c) 在 H_2、H_2S 及现场条件下，三种介质试验结果中表明，在纯 H_2 条件下的 KISCC 值最高，在纯 H_2S 介质中裂纹扩展数率最低(比在 H_2 条件下低 3~5 倍)，而在 H_2、H_2S 的混合条件下 KISCC 最低，因而说明高温高压下的氢腐蚀是导致材质产生晶间微隙裂纹的主导因素，硫化氢的影响是辅助因素。

d) 检查表明，硫元素大量地布满了全部观察视场，表面和裂纹的扫描也发现了大量硫化物，硫元素的存在促进了 H_2 的化学吸附和渗透，加速了氢腐蚀和破坏作用。

e) 金相和断口检验结果表明，第 1 号裂纹的起源部位是变径处，裂纹的扩展留下了七条痕迹，裂纹的前期形成及扩展以沿晶型为主，后期以穿晶为主，说明了裂纹扩展前后的扩展机制是不同的。热应力的粗略估算和 350℃下的 K_{IC} 的分析，可大体判定裂纹扩展的前期阶段主要是应力作用下的氢腐蚀扩展，后期主要是热应力下的宏观疲劳脆性扩展。

f) 5 号反应器材质成分结构，室温力学测定结果。断裂韧性测定结果及 K_{ISCC} 值详见本章相关内容，5 号筒不发生超温，在正常的工作温度下筒内壁沿有限深度表层分布的微隙裂纹场处在压应力作用下，它是不会造成微裂纹迅速扩展的，据所测得现场条件下，K_{ISCC} 值表明如不发生严重超温 5 号筒是可以继续使用的。

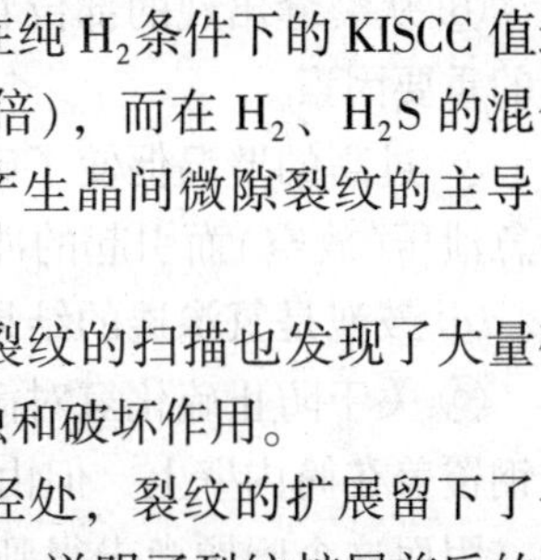

ⓐ 最大裂缝宏观断裂面如图 4-2-71 所示，基本上有四个方向的断裂纹理。这说明裂缝起源丁内壁，且裂缝的最终形成大致经过四次突发性的起动，而不是短时间内一次完成。

ⓑ 在人裂缝上有很多微型裂纹。微裂纹多数为硫化铁“条状物”。这种淡黄色硫化铁呈无规则的大片聚集，经 4%硝酸酒精腐蚀后依然存在。这说明不是筒体材料中原有的夹杂物，而是腐蚀产物。

图 4-2-71　旧断裂面上的鱼目状圆球(×10000)

ⓒ 低倍检查发现，内壁试片上出现很多网状微裂纹。而中层与外层却无此现象。这说明内壁表层已受到一定程度的损坏。

ⓓ 将带有裂纹的试片沿裂纹拉断，经电子显微镜检查，旧断裂面上有很多鱼目状圆球，直径≤1.5m。而新断裂面上鱼目状圆球逐渐减少，塑性区域增多。这种鱼目状圆球经电子衍射确定不是物体，是空洞，很可能是氢作用后留下的痕迹，值得注意的是这种现象只在裂缝附近有，而其他处却没有。

ⓔ 经一系列氢含量及其性能影响的分析试验说明，反应器材料尚未发现受到明显的氢腐蚀，然而十分有趣的是将材料经硫化氢饱和水溶液侵蚀 48h，随后置于室温空气下三昼夜，测定氢含量为 6.0 毫升/100 克，塑性值降至零，而氢脆系数 100%冲击式样口的电子显微镜观察结果呈现典型的"冰糖状氢脆断口"。

上述几个反应器的使用情况几乎全部相仿。他们都是日伪遗留下来的整体锻造式高压容器，其材质均系 $35CrNi_2Mo$，他们又几乎都曾一度做过电热筒用。其最高壁温为 370℃，而所有这些严重缺陷全都发生在筒体上部无内保温的内壁处或上盖下落的凸缘附近，裂缝的走向极大多数都是纵向裂缝。

产生这些裂缝的原因很多，且十分复杂。虽然尚无统一的看法，但总起来说，大致如下：

ⓐ 裂缝是从反应筒的内壁引起，逐渐分段向外壁扩展。最初的显微裂缝是由硫化氢应力腐蚀而产生。

ⓑ 从裂缝出现的部位看，与腐蚀介质直接接触以及应力比较集中的区域范围是形成裂缝的重要因素。

ⓒ 过高的壁温促使了硫化氢的硫化作用加剧，而脆性往往发生于较低的温度，尤其为紧急泄压(放空)而引起的冲击载荷或由于冷氢向系统的突然激烈冷却而引起的温度应力等。

ⓓ 鼓泡是氢渗透的结果。而在裂缝的形成过程中，氢起到了帮凶作用。

ⓔ 关于防止硫化氢对筒体腐蚀的措施，石油三厂虽曾利用金属喷镀的方法，将铝或不锈钢覆盖在筒内壁上，但由于镀层结合不佳，容易成片剥落而告失败，以后没有继续进行试验。因而这个问题尚未得到彻底解决。

从表 4-2-48 可以看出铬在钢中的含量对硫的抗蚀能力起着重要作用。但对于高压容器来说，单凭增加抗硫的合金元素，对新制设备不很经济，对旧有设备亦不现实。因此，通常只能借助于抗蚀材料的覆盖层，例如筒内壁增设：复合钢板、衬不锈钢板、喷镀不锈钢或铝、不锈钢的堆焊或内保温层等。

表 4-2-48 加氢脱硫装置中钢材试片腐蚀率的相对比较

材 料	相对腐蚀率(与 18Cr，8Ni 不锈钢比较)
低碳钢	88
0.5Mo 钢	72
1.25Cr，0.5Mo 钢	66
2.25Cr，1Mo 钢	66
5Cr，0.5Mo 钢	62
7Cr，0.5Mo 钢	40
9Cr，1Mo 钢	40
12Cr	10
18Cr，8Ni 钢	1

② 硫化物应力腐蚀破裂

在硫化氢(H_2S)腐蚀引起的破坏中，应力腐蚀破裂占很大比例，造成的破坏也最大。在炼油和化工装置中出现油气管、套管、阀门、压力容器等硫化物应力腐蚀破裂(以下称SSCC)事故调查中，发现SSCC具有了许多特点。

(a) 在比预想低得多的载荷下断裂。

(b) 一般材料经短暂暴露后出现破坏，以一周到三个月的情况下为多。但也有例外，例如合金钢的气体钢瓶发生SSCC所经历的时间从开始充气后的24h~5年。

(c) SSCC的发生一般很难预测，事故往往是突发性的。

(d) 材料呈脆断状态，断口平整。

(e) 低碳钢和普通低合金钢断口上明显地覆盖着硫化物腐蚀产物，而不锈钢表面及断口往往无明显腐蚀迹象。腐蚀产物极少。

(f) 破裂源通常位于薄弱部位，这些部位包括应力集中点、机械伤痕(如刻痕、打标记处、铲痕、打硬度痕迹等)、蚀孔、蚀坑、焊接热影响区、焊缝缺陷、冷加工、淬硬组织等。

(g) 裂纹粗，无分枝或少分枝，多为穿晶型，也有晶间型或混合型。

(h) 对材料的强度和硬度依赖性很强，高强度、高硬度的材料对SSCC十分敏感。

(i) 未回火马氏体组织对SSCC特别敏感。

第三节　石油三厂原加氢装置设备状况分析与采取的应对措施

一、原加氢装置设备状况与分析

由于历史的原因，从新中国成立到20世纪80年代初期，在计划经济体制下，石油三厂一直是我国加氢炼油工艺科研试验生产工厂，在进行科研生产的同时，虽然在技术改造、完善工艺、扩大生产能力、提高产品质量等方面做了大量工作，但就加氢装置的主体而言，在用的设备大部分仍然是日伪时期遗留下来的。这些设备已使用60余年(到现在有60年，但到停用那些设备时没有60年)，在20MPa的压力，400~450℃的高温、临氢状态下累计运行已超过30万小时，氢腐蚀和硫化氢腐蚀十分严重，装置泄漏现象时有发生，设备安全隐患严重，装置生产维修任务和难度越来越大。

(一) 加氢装置压力容器的主要特点

石油三厂的加氢装置是我国解放后从日伪遗留下来的废墟中恢复起来的，是我国20世纪60年以前唯一的加氢装置。大部分设备都是日伪留下来的，并已经过多年不断地更新改造，至今已有60多年的历史。有多台主要压力容器设备如：反应器、换热器等。

① 压力容器材质：35CrNi2Mo、20CrMo9、$2\frac{1}{4}$Cr-1Mo三种。

② 压力容器结构：为整体锻造、单板卷焊、锻焊和热套4种，冷壁反应器的隔热衬里有珍珠岩、蛭石、陶粒加蛭石混凝土等，并部分有1 Cr18Ni9Ti钢板$\delta = 4 \sim 6$mm的内衬筒。

③ 压力容器密封结构有双锥密封、伍德式自紧式密封和少量平垫密封。

④ 使用压力 20MPa 左右，使用温度最高达 450℃。

⑤ 压力容器所属高温高压管道：三厂用 1Cr18Ni9Ti 无缝管，管道连接方式用螺纹法兰连接，管道法兰密封用透镜垫。管道弯头三厂用方形弯头或弯管。

⑥ 加热炉结构。早期使用纯对流管式加热炉，新建的装置使用了辐射式加热炉，现在都使用辐射式加热炉。

⑦ 换热器管束(芯子)。三厂沿用浮头式，热效率低，只在新建装置上使用 U 型管式换热器。

⑧ 连接螺栓。三厂与大庆仍沿用粗径，少数量，较落后。茂名石化主要压力容器的连接螺栓采用细径、多数量，充分利用其弹性。

(二) 几个重要问题

1. 内保温及筒壁局部超温

(1) 内保温

加氢裂化装置中冷壁设备不论是反应器还是热交换器都存在内保温层损坏问题，往往使生产被动，损失很大。详见本书“加氢冷壁反应器隔热衬里使用情况”。

(2) 筒壁局部超温

详见本书“加氢冷壁反应器内保温及筒壁局部超温”。

2. 腐蚀

详见本书相关章节。

(1) 氢腐蚀

① 1953 年 5 月三厂加氢一套半液相第三反应器下半部引出管破裂爆炸着火，事后检查，该管已脱碳龟裂，材质误用碳钢，属氢腐蚀破坏。

② 1962 年 8 月 10 号反应器内壁发现氢鼓包，筒壁上有一大氢鼓包，其面积 250mm ^{2}，高约 4mm，根部已被破坏而形成孔洞。经显微镜检查鼓包附近金属有无数带小尾巴状毛发裂纹的显微空洞，而且呈同向排列，其显微组织为索氏体，无变化。

③ 石油三厂某年检查反应器，材质 18-8 热偶保护管因拆卸而脆断，断口平整，极少塑性变形。检查发现氢的存在促使奥氏体局部发生 γ-ε-α 马氏体型组织转变，降低了钢的抗裂能力，并沿晶界出现大量碳化物(碳化铬)，出现贫铬区使沿晶开裂。大庆反应器内 18-8 材质内构件也出现过龟裂破坏现象。

④ 石油三厂 1962~1968 年分别在 4 台反应器上发现大小深浅不同的裂纹多条，大多位于筒体上部无内保温层处以及自紧式密封接触面处，其中以 5 号筒最为严重，6 条裂纹中，最长达 700mm，最深达 220mm 无法再用。经有关单位解剖和破坏机理研究，初步结论为：氢腐蚀使微裂纹出现，并且多次在超温放空时吹入冷氢，使壁温骤冷出现温差应力，致使微裂纹发生迅速扩展，连成大裂纹。

(2) H_2S 腐蚀

抗氢钢在 H_2S 控制含量很低时腐蚀并不严重，但仍存在腐蚀问题，相对地说 H_2S 的化学腐蚀比其造成的氢损伤更为明显。

① 石油三厂 3 号反应器(35CrNi2Mo 材质)上部内壁曾发现 7 条腐蚀沟，最深达 17.2mm。对该处曾以不锈钢焊肉填补并打磨平整，继续使用三年后检验发现焊肉腐蚀明显轻微而突起，其周围母材继续腐蚀深达 15mm 并有小裂纹出现。

② 石油三厂 5 号反应器在出现大裂纹同时发现裂纹所在处积有大量硫化铁产物，腐蚀速率相当于 0. 3～0. 8mm/a。筒上部无保温层处直径因 H_2S 腐蚀每年增大近 1mm。

(3) 其他腐蚀

(a) 1983 年 2 月石油三厂加氢一套纯对流式加热炉管新氢加热段(Cr5Mo 材质)，第一组在焊缝熔合线处发生泄氢着火。经检查在焊缝附近外表面有明显腐蚀产物二价硫酸根离子和三价铁离子。壁厚由 10mm 减至 2mm。内壁未见腐蚀，经强度换算，烟气露点测算，金相检验等手段初步判为烟气露点腐蚀。这是一个比较少见的新问题。

(b) 奥氏体不锈钢的氯脆。1987 年 2 月石油三厂加氢二套空冷入口不锈钢(Cr18Ni9Ti)弯管的直管部份开裂泄油。裂纹沿轴向长 3. 5cm 横截面为鸡爪形开裂，主要为穿晶裂纹，解理面上有疲劳条纹，显微硬度无异常，沿裂纹有很多氯根存在，含量达 1. 6%(质量)，X 射线应力测定，虽已松弛但仍有不均匀内应力。鉴于ⓐ含氯根量高而集中；ⓑ温度为氯脆易发生区 50～200℃附近；ⓒ水煤气制氢含少量氧和重整氢含微量 Cl；ⓓ裂纹处受力，在 16. 0 -18. 0MPa 压力下操作；ⓔ解理面有疲劳条纹。初步认为是氯脆开裂。

(三) 检验与安全评定

在役压力容器设备同制造的新压力容器设备相比，有其特殊的一面，不容忽略。

1. 裂纹

(1) 在役压力容器设备损伤与破坏的主要方式是裂纹

石油三厂自 1951 年投产至今发生重大设备事故中，有 7/10 是以裂纹方式引起爆炸或失火。多年的设备检验也发现，除腐蚀，泄漏，结构等极少数问题外，几乎都是裂纹方式引起破坏或损伤的。如反应器中，9 号筒出现 11 条裂纹，10 号筒出现 5 条裂纹，3 号筒出现 16 条裂纹，5 号筒出现 6 条大裂纹。至于每年不完全检验反应器等发现并打磨掉的裂纹平均 1～3 条，而附属管道发现裂纹差不多每年都有。而制造性缺陷不通过裂纹方式损坏的确没有检测到。主要的裂纹种类有腐蚀疲劳裂纹、应力腐蚀裂纹，温差应力裂纹、延迟裂纹等。

(2) 有裂纹的压力容器设备不一定都得损坏或不能继续使用

从国内很多压力容器设备如合成氨塔、焦化塔、再生塔、球罐等不少是带着裂纹使用的，甚至还有新设备就带着裂纹使用的，至今，有的运转 20 余年仍在使用，尤其是 20 世纪 70 年代断裂力学成功的被引入工业应用以后，使不少企业对有裂纹的压力容器继续长期正常使用，甚至全寿命使用。这些生产实践和理论使人们逐渐形成了“有裂纹的压力容器设备不一定都得损坏，都不能使用”的观点。这个观点应该引伸到加氢压力容器设备上去加以验证。三厂 5 号反应器的裂纹深达 220mm，为该处壁厚的 2/3 以上，开裂到密封接触面上出现泄漏氢气，但仍未失稳，说明是可以进行验证的，但必须谨慎可靠，有科学依据。

2. 无损检验

① 应以检验裂纹为重点选择最佳无损检验方法。不推荐用 X 射线探伤(RT)来检验裂纹缺陷。石油三厂 1983～1986 年三年间用 X 射线探伤方法对加氢裂化设备和管道进行检验，共 30 台设备和 1614 根 2867 米管道的焊缝，竟未发现一条裂纹缺陷。这是因为 X 射线检验对裂纹的灵敏度低，不易发现裂隙很小的裂纹。日本通产相 1981 年 6 月制订的“特殊反应器精密检查指南”中采用了 VT、UT、PT、MT 和光谱五种检验方法，没有采用 RT 法，也说明了这一点。

对在役压力容器设备的裂纹检验，可根据具体情况选择 VT、UT、PT、或 MT。UT 法是检验材质内部裂纹唯一灵敏度较高的方法。准确度也比 RT 法高得多。对已发展到表面的裂纹，除 VT 宏观检查外还应采用 PT、MT 法。这种方法工具简单、费用低、检出率和可靠性都很高，检验人员易培训。

② 必须强调检验人员的技术素质和实践经验。这是因为不仅需要准确地掌握探伤方法，而且还要研究新的探伤方法和仪器设备，以解决难检问题。

③ 对材质变化亦应进行检验，以辅佐判断裂纹的危险性。

3. 评定与规范

① 裂纹的评定。目前研究裂纹前期的损伤力学尚在理论阶段，而研究裂纹产生后期的断裂力学则由于生产实践中压力容器设备大量裂纹产生和存在以及裂纹引起的事故而得到了广泛的应用和发展，成为目前评定裂纹的比较成熟的手段，确使很多带有裂纹的压力容器设备长期安全运行。

石油三厂对加氢装置的 5 号反应器的裂纹，38 号反应器制造性缺陷进行了断裂力学评定。(详见无损检测及其应用一书)。进行这样评定的目的是要求从裂纹角度对这些使用多年和正在使用的高温高压压力容器设备(材质为 35CrNi2Mo、20CrMo9、$2\frac{1}{4}$Cr-1Mo)鉴定其今后的使用寿命、缺陷容量和安全性。

② 断裂力学的应用和发展，证实了“监规”和“JB741-80”等标准中的不少压力容器超标缺陷，在在役压力容器设备实践中不致引起破坏而可以继续使用，甚至全寿命使用。

“监规”和“JB741-80”等标准，其不完全使用的根本原因是其来源于制造而不是来源于使用。而使用压力容器设备中，情况十分复杂，条件千变万化，与制造相比，产生的缺陷不同，原因不同，条件不同，处理方法不同，后果也不相同。例如制造中出现的气孔、夹渣、蜂窝疏松等体积型缺陷，以及夹层、焊缝咬边、未熔合、未焊透、弧坑等制造缺陷，一般不会在使用中产生或长大，最大的可能是对裂纹和腐蚀产生影响。而使用中产生的腐蚀、脆化、蠕变、辐射损伤、温差应力损坏、疲劳损伤、应力集中、温度冲击、金相相变、石墨化等缺陷和问题，又远不是“监规”和“JB741-80”等标准所能包括的，因此，“监规”和“JB741-80”等标准，虽用于制造无可非议，但对于在役压力容器设备它确是不能完全适用。

③ 水压试验。石油三厂主要加氢压力容器设备，投用 38 年，仅有 45%进行过一次水压试验；大庆炼厂的主要加氢裂化压力容器设备投用 22 年来仅有 71%的设备进行一次水压试验。据美国资料介绍，一般在制造时水压试验一次，使用后不推荐水压试验，原因是只能扩大裂纹或产生裂纹，缩减使用寿命，并无其他益处，况且水压试验往往代替不了实际工况。有不少虽经过水压试验，在实际使用中仍然出现问题。而在水压试验时少数不出问题的，不是违反规定，就是压力容器设备有严重的裂纹破坏性缺陷。因此应着重的是检验，把危险性缺陷找出来，如欲进行吻合实际工况的耐压试验，最直接代表实际工况和节约的试验就是直接开汽投产。一般情况下只要没有危险性缺陷，遵守试验规定，一般不会出什么问题。这种试验本身就否定了一般情况下的水压试验。因此，对在役压力容器设备除非属于检验性的试验如声发射试验以外，不宜作水压试验，应不作或延长周期作水压试验。

(四) 加氢设备存在的问题

石油三厂原加氢装置在用的压力容器有 26 台三类容器，其中日伪时期遗留的 13 台(反应器 5 台、换热器 7 台、高压分离器 1 台)，占在用总台数的 50%，有兰州石油化工机器厂 1971-1981 年制造的反应器 8 台，其中有 6 台存在缺陷，占总数的 23%。在 26 台三类容器中存在缺陷和隐患的容器有 19 台，占 73%(见表 4-3-1)。其中主要缺陷和隐患是：

1. 设备陈旧、超期运行

加氢老套装置现有日伪时期遗留的 13 台三类压力容器是上个世纪 30 年代制造的。1938 年投入使用，累计运行时间均在 30 万小时(指到 1996 年止)以上，最长的达 353893 小时(详见表 3)。目前我国对三类压力容器设计使用寿命要求不超过 20 万小时，这些容器已超期服役 10 万小时以上，设备已经老化，更新高压反应器(指日伪遗留的)势在必行(现在已经更换了)。

2. 制造工艺落后，设备质量低劣

日伪时期遗留的三类容器系 20 世纪 30 年代产品，因当年冶炼、锻造工艺技术落后，产品质量低下，经多次理化检验，容器材料中存在分布不同深度的夹层，非金属夹杂等超标缺陷。如 2 号反应器存在夹层，并存在密集区，其缺陷当量在 $\phi 6$ 以上的就有 17 处(详见 2 号筒检验报告)，缺陷已超出了 JB 755—82《压力容器锻件技术条件》规定，即不允许有 $\phi 6$ 当量的单个缺陷，在重要区域内不允许存在密集区和 $\phi 4$ 当量的单个缺陷的要求。再如，通过对 9 号筒取样检验发现，材料中存在平行筒体轴向束状非金属夹杂物，详见《关于石油三厂第二套高压加氢装置第一、第四反应器检查鉴定报告》。经对 5 号反应器试验检验，发现在断口晶界面上存在大量的非金属夹杂物(详见 5 号反应器检验报告)。

3. 设备结构不合理，腐蚀严重

日伪时期遗留的三类压力容器为伍德自紧式密封结构，这种结构的严重缺点是筒脖部位(筒盖升落段)不能采取防止超温的保温措施，此段筒体裸露在高温高压(温度 400~450℃、压力 20MPa)临氢状态下运行，致使筒脖部位氢腐蚀、硫化氢腐蚀严重。这种结构不符合冷壁容器运行条件，而且筒体密封面长期被腐蚀，无法保证密封。经多次检验发现筒内壁尤其是筒脖和密封面有白色和亮灰色腐蚀产物(FeS)呈片状剥落，由于腐蚀严重，筒内径扩大年平均为 0.5mm 以上，详见《高压加氢设备(反应器)受 H_2、H_2S 腐蚀状况》；筒体密封面不严密，致使装置开停汽或生产条件波动时大盖泄漏严重。为了解决这个问题，曾制作了加工密封面专用设备，现场加工密封面，更换不同规格的密封圈 22 台次，每次在安装密封圈时，按打的钢印标记进行定位安装，即使如此精心也不能从根本上解决泄漏难题，运行几个周期仍旧又泄漏。据统计 1990 年以来发生筒盖泄漏着火 19 台次(1991 年 2 月 18 日二套二热交大盖着火，被迫停产检查)。为防止筒盖泄漏着火，开停汽和正常生产中，只能采取蒸汽掩护，加强监视，增加巡检次数等措施维持生产。

4. 材料性能劣化

日伪遗留的三类容器，经长期苛刻的工况条件下运行，筒体材料机械性能下降。经对 9 号反应器取样检验表明(筒外壁到内壁的冲击值 α_k 由 6.86 kgm/cm^{2}下降到 2.7 kgm/cm^2；断面收缩率 ψ 由 56.44%下降到 52%；延伸率 δ 由 18.8%下降到 14%)：材料冲击值由外壁向内壁逐渐递减，表明材质发生了脆性现象；材料断面收缩率和延伸率都明显下降。

1962 年与 1964 年分别对 9 号、10 号两台高压反应器的筒体挖孔取样分析试验，从表 4-3-1可以看出，由于反应器的壁温比换热器的要高得多，因此有较显著的氢渗透现象，并且从反应器筒内外壁含氢量悬殊亦表明其氢脆的特性。

1991 年经国家劳动部锅炉压力容器检测研究中心，对 5 号反应器材料检验检测，结果表明，拉伸性能低于 JSG4103、SNCM431 标准；材料断口呈脆性断口，材料的冲击值低于 JSG4103、SNCM431 标准。上述检测结果表明，材料有关机械性能不符合压力容器锻件用钢标准 JB755-85 和 JB4726-49 的要求。(详见劳动部检测中心检验报告)。

经对高压容器内壁进行磁粉探伤，还发现容器内壁在运行过程中有 3~12mm 微裂纹出现(12 号筒 7 处，15 号筒 1 处)，均已打磨掉(详见 1980 年、1984 年和 1985 年检验报告)。

5. 高压容器在生产过程中，曾发生重大灾难性未遂事故

1968 年 10 月，5 号反应器(当时的二套二反)在生产过程中出现筒盖严重泄漏被迫停产。经检查发现筒体上部(无保温层处)有 6 条大的裂纹，最长的一条为 750mm，深度为 220mm(此处壁厚为 300mm)。由于发现及时，措施果断，幸免了一起重大灾难性事故的发生。值得说明的是，这类设备缺陷在目前用超声波探伤方法很难检测出来，此次如果不是解剖检测，还很难认定该设备有如此严重问题。可见，现正在使用的同类设备是否有类似情况仍然无法认定。

石油三厂在设备更新时，于 1971~1981 年期间，投用了兰州石油化工机械厂制造的 8 台单板焊接的加氢反应器，这部分容器焊道普遍存在缺陷，虽曾分批进行过返修，但仍有 6 台(38 号 8 处，47 号 3 处，48 号 1 处，50 号 1 处)焊道还存在不同程度的缺陷，有的缺陷严重超标，如 36 号筒环焊缝有 11 处缺陷超标。尤为严重的第二道环缝：缺陷长度为 70mm、缺陷深度为 65~85mm(距外表及深度)。缺陷当量 $\phi1\times6+15$dB；第七道环缝的缺陷长度为 90mm，缺陷深度为 65~85mm(距外表及深度)，缺陷当量为 $\phi1\times6+15$dB 缺陷的性质为条状带来的未溶合缺陷(见表 4-3-1)。

表 4-3-1 石油三厂有缺陷的反应器汇总表 单位：加氢车间

序号	设备名称	设备号	规格/mm	材质	制造日期	检验日期	存在问题	国家标准	现状	制造厂家	运转时间	备注
1	四套二反	36 号	ϕ1000×90×1500	20CrMo9	1970 年	1993 年 6 月 14 日	经超声波探伤发现 11 处超标缺陷	JB1152-81	生产	兰石	162464	
2	三套二反	38 号	ϕ1000×90×1500	20CrMo9	1971 年	1993 年 6 月 12 日	经超声波探伤发现 8 处超标缺陷	JB1152-81	生产	兰石	175076	
3	四套三反	50 号	ϕ1180×90×15770	20CrMo9	1981 年	1992 年 6 月 16 日	经超声波探伤发现 1 处超标缺陷	JB1152-81	生产	兰石	112473	
4	一套三反	47 号	ϕ1180×90×15460	20CrMo9	1973 年	1992 年 6 月 16 日	经超声波探伤发现 3 处超标缺陷	JB1152-81	生产	兰石	123580	
5	二套四反	2 号	ϕ1270×135×10520	35CrNi2MoA	1937 年	1992 年 6 月 16 日	经超声波探伤发现 1 处超标缺陷	JB1152-81	生产	日伪	141904	
6	三套一反	49 号	ϕ1180×90×15390	$2\frac{1}{4}$Cr1Mo	1980 年	1992 年 6 月 12 日	经超声波探伤发现 3 处超标缺陷	JB1152-81	生产	兰石	116752	

综上所述，三厂加氢老套装置高压容器等主要设备存在严重的缺陷，威胁安全生产和人

身生命安全的潜在隐患。多年来，尽管在强化管理上采取了很多措施，维持了安全生产，但这些措施不能从根本上消除事故隐患。相反随着时间推移，威胁性将会更大。5 号反应器在 1968 年出现问题，解剖后查出了严重缺陷超标，而同类在用的反应器到 1995 年又运行了 27 年，发生事故的危险性是非常可能的。

（五）在役压力容器缓慢失效模式分析

1. 缓慢失效与老化评定的意义

在役压力容器缓慢失效及老化评定是石油化工企业增效益、保安全的一项非常重要而且急待解决的课题。长期以来，为了保证压力容器在生产中安全运行，人们从设计、制造、安装、使用、检验、维修以及报废等各个环节进行质量控制，并及时发现与处理各种缺陷，以防患于未然。然而，由于介质、温度、压力以及环境等不同条件组成了压力容器复杂的生产工况，使压力容器在其服役期间内会产生各种类型的缓慢失效和老化损伤。例如，在较高应力下工作的容器其材质局部强度下降，严重时产生裂纹；温度、压力的周期性变化会造成材质的疲劳损伤，甚至造成疲劳裂纹；接缝处产生的焊接应力使工作条件恶化；当容器长期在高温下工作时，会发生形状及结构的缓慢变形，严重时导致失稳破坏；内部物料及外部环境介质与金属器壁相互作用，引起材质腐蚀，严重时腐蚀穿孔，造成泄漏。诸如此类的问题，在压力容器投用的初期，不易暴露出来，而在设备使用若干时间后，有时是在正常使用情况下，由于各种缓慢失效和老化损伤的综合作用，使压力容器突然破坏，造成生产事故。造成这种压力容器在运行中突然破坏的原因往往是：

① 生产运行操作失误；

② 容器设计，制造不当，存在先天性缺陷；

③ 受压元件的缓慢失效和老化损伤。

通常，压力容器的设计寿命为 10~15 年，有的为 20 年。许多在役压力容器超过设计寿命之后，很难发现有明显失效破坏的特征。这样就提出了一个问题：随着时间推移，达到设计使用寿命之后，设备应否报废？若继续使用，安全可靠性如何，其剩余寿命还有多少，用什么来判断？归根结底，就是寻求在役压力容器的缓慢失效模式和老化损伤程度。

研究缓慢失效，就是研究压力容器在长期使用过程中其受压元件的机械性能、金相组织、化学成分以及机构形状发生的缓慢变化、材质正常损伤和缓慢变化规律以及原有使用性能逐渐低的程度和改变原因，从而判断在役压力容器的剩余使用寿命和安全评定提供技术依据。

2. 压力容器几种主要缓慢失效模式

影响压力容器缓慢失效的主要因素是使用温度、工作压力、介质以及环境条件等。这些因素的交互作用和不同形式的组合，使压力容器随着时间的推移，渐渐产生老化损伤，造成缓慢失效。在长时间服役下，压力容器的缓慢失效主要表现在材质韧性的降低（脆化），局部的组织及表层化学成分改变，材质出现内部微裂纹、表面裂纹和整体结构的变形，以及腐蚀减薄和穿孔等。

近年来，国外在日益重视并开展对在役设备进行状态监测和故障诊断的同时，开展了对压力容器劣化损伤和剩余寿命安全评定的研究，对在役压力容器的断裂韧性、疲劳裂纹的产生与扩展，以及高温蠕变损伤等方面进行了研究探讨。国内也开始了这方面的研究工作。在役压力容器的老化损伤和缓慢失效，是在设备最终破坏前的一个相当长时间内形成的，不同的损伤及缓慢失效，决定了压力容器设备的最终失效形式。

(1) 脆性缓慢失效

脆性断裂是强度较高的压力容器用钢失效的主要形式，由于脆性断裂往往发生在其破坏应力明显低于屈服极限和预先没有明显变形的情况下，所以它是一种最危险的，会造成灾难性事故的破坏形式，它的特点是裂纹能在短时间内以非常快的速度扩展，其扩展速度有时可达 1500m/s。脆性断裂的发生需要同时具备三个条件：

① 一个局部高应力场；

② 材料具有脆性倾向或在低于延性转变温度(NDT)下，达到脆性转变温度时，材料会由延性破坏转变成脆性破坏；

③ 存在脆性的触发源或裂源(裂纹)。

由于压力容器在制造过程中产生缺陷或裂纹是难以避免的，即使在设计中考虑了足够的安全裕度，材料在长期使用过程中，在某些因素的作用下(例如疲劳和高温蠕变)，也会产生脆性断裂，就是说在长期使用过程中，原始缺陷或裂纹由亚临界尺寸缓慢扩展至临界尺寸，或萌生许多微裂纹，这一过程实际上是一种缓慢失效过程。

材料断裂韧性的降低和微裂纹的产生及其扩展是这一缓慢失效过程的主要表现，图 4-3-1 所示的是压力容器用钢 $2\frac{1}{4}$Cr-1Mo 在使用 7 年后其断裂韧性的变化情况，其临界转变温度向高温区有较大移动，表明了材料的脆性现象，这一结果将导致材料产生裂纹扩展和断裂的临界裂纹尺寸的减小，从而增加了材料发生脆断的可能性。该实验结果表明，材料此时虽未达到失效破坏，但已产生了老化损伤，出现了缓慢失效过程，此过程继续发展，经一定时间，材料就会产生断裂失效破坏。

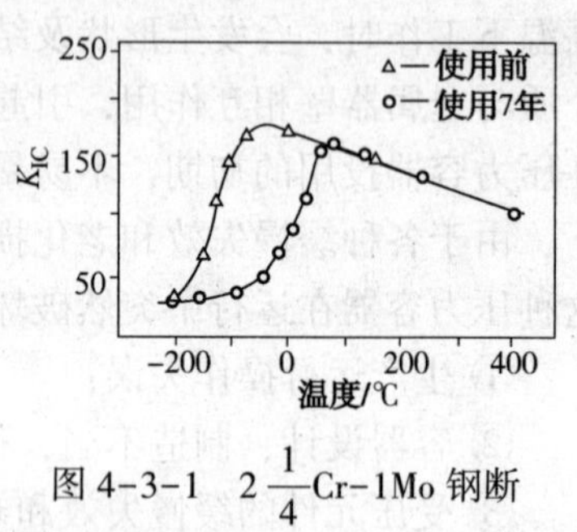

图 4-3-1 $2\frac{1}{4}$Cr-1Mo 钢断裂韧性的变化

(2) 疲劳缓慢失效

许多在役压力容器承受着交变工作载荷，例如延迟焦化装置的焦炭塔。经常充装液态烃介质的贮罐等。据统计，从 20 世纪 60 年代以来，有 40%的压力容器是由于疲劳破坏失效的。由此可见交变工作载荷造成的疲劳缓慢失效是不容忽视的。

疲劳失效过程起源于疲劳裂纹的产生与扩展，通过应力幅的交变，在结构局部产生塑性累积或塑性循环，导致出现小的微观裂纹。对于大多数压力容器来说，工作载荷的循环频率越小，属于 $N=10^4$ 次以下的低周循环，其工作年限较长而循环次数较少。在这种载荷交变造成的缓慢失效过程中，疲劳裂纹通过其形成和扩展来逐渐使材料受到损伤。在分析压力容器的实际缓慢失效过程时，应考虑其服役期间是否有应力幅的变化，来估计其缓慢损失程度和剩余使用寿命。

(3) 高温蠕变缓慢失效

长期在较高温度下工作的压力容器，由于同时受到应力和高温的作用，材料会发生金属蠕变，造成的后果是压力容器局部或整体结构发生不可逆的改变。

对于高温下工作的压力容器来说，蠕变是造成材料老化损伤缓慢失效的主要因素，可通过对金属组织的微观检验来确定其损伤程度，可通过蠕变速率的测定来判断其剩余寿命。

(4) 腐蚀缓慢失效

压力容器在长期的使用过程中，由于介质的作用，会不同程度地表现出腐蚀损伤，造成材料的腐蚀破坏。腐蚀通常分为均匀腐蚀和局部腐蚀两大类，前者只造成压力容器壁厚的减薄，是缓慢失效过程中一个重要因素。后者包括点腐蚀、晶间腐蚀、应力腐蚀及腐蚀疲劳等。局部腐蚀不仅影响压力容器的壁厚，而且降低材料的机械性能，因此局部腐蚀与低应力脆断和疲劳破坏一起构成了压力容器失效破坏的三个最危险的方式。局部腐蚀中最主要的表现行为是应力腐蚀和电化学腐蚀。

应力腐蚀的危险性在于，它使压力容器构件内部的裂纹在其应力强度因子 $K_1<K_{IC}$ 时，裂纹也会缓慢扩展，随着时间推移使裂纹尺寸缓慢达到临界裂纹尺寸而导致构件断裂失效。

(5) 综合叠加作用下的缓慢失效

由于压力容器工作条件的多样性，因而在服役过程中往往很少出现单一模式的缓慢失效，而是各种因素的综合作用。压力容器的失效就是多种缓慢失效模式叠加的结果。

压力容器的各种失效模式，在一定条件下相互关联，相辅相成，有主有次，综合作用于设备上，造成压力容器的老化损伤，缩短设备的使用寿命。因此，对于压力容器在腐蚀过程中的 缓慢失效和老化损伤，要进行综合性的分析，要进行安全评定。

3. 压力容器缓慢失效过程的几个主要表现

(1) 压力容器材质的脆化

压力容器在设计选材时，在满足一定强度条件下，还要考虑应具有足够的韧性。在长期服役过程中，材料性能缓慢降低、恶化，其主要一个表现就是韧性的降低。例如图 4-3-1 中所示的 $2\frac{1}{4}$Cr-1Mo 钢的脆化。再如 Cr5Mo 钢在 480~510℃下工作压力为 33kgf/cm^2 的汽油和循环氢介质中运行 14 年，其脆性转变温度也提高了约 20℃左右，见图 4-3-2。

这种韧性降低的原因主要是由于长期服役下金相组织内某些元素的扩散和聚集造成的。例如钢中碳化物在晶界处的析出和聚集，或外界向金属内的渗碳，会提高金属含碳量，使钢的缺口韧性降低。

(2) 材料屈强比的影响

由于压力容器要求有一定的强度和一定韧性，因此，在压力容器设计中往往要考虑屈强比(σ_s/σ_b)这一因素，而对于某些特定条件下工作的压力容器来说，屈强比也将影响其缓慢失效过程。根据 Svensson 导出的压力容器的爆破压力公式：$p_{外坡}=\frac{0.25}{n+2.27}\left(\frac{e}{n}\right)^n\sigma_b\ln K$……可知，材料的应变硬化指数 n(与屈强比有关)愈大、爆破压力 p 就愈大，这是由于在爆破压力(也可视为断裂压力)达到之前，容器壁厚有较大的减薄变形并伴随着容器直径增大的缘故。因此，对于压力容器来说，屈强比小，表明材料韧性好，能在局部应力较大的情况下，通过屈服来降低应力水平，减小断裂应力。σ_s/σ_b 小的材料，其使用中会减缓缓慢失效的过程，增加其对疲劳和蠕变失效的抗力。

图 4-3-3 为中低强度碳钢的应变硬化指数与屈强比之间的关系，定性地反映了屈强比对应变硬化指数的影响，反映了韧性对压力容器断裂失效的影响。

(3) 焊缝的缓慢失效

由于焊接和安装上的原因，压力容器焊缝金属及热影响区的缓慢失效相对于母材来说是复杂的，由于焊缝和母材在金相组织、化学成分与热处理状态的差异，焊接后往往会产生残余应力，使其工作状态下的应力水平提高。此外，焊接过程是一个局部金属再冶炼的过程，在熔合线附近会形成粗晶组织，降低材料的韧性，某些金属组织在长期使用过程中会发生相变。例如某 CrMo 钢材料的焊接热影响区有焊后的马氏体组织，在长期高温下工作 14 年后转变为回火屈氏体，熔合线附近出现增碳层，增加了材质的脆性，加速了脆性缓慢失效过程。此外，由于焊缝在焊接制造过程中的质量问题，往往会残留有各种类型的微观缺陷，这些缺陷会在缓慢失效过程中成为裂纹扩展源，由于它们的存在实际上使裂纹产生的孕育阶段消失，加剧了材质的缓慢失效进程。

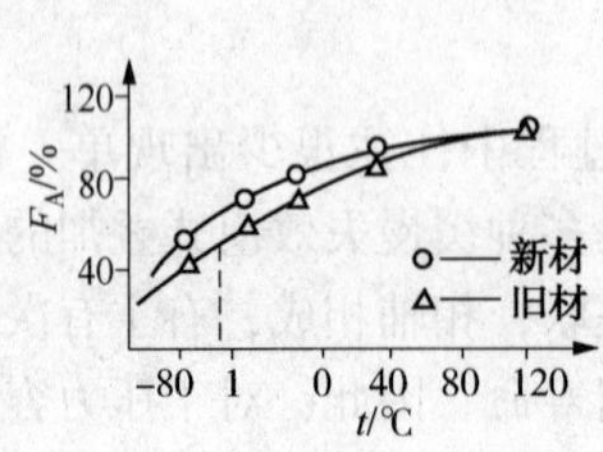

图 4-3-2　使用 14 年的 Cr5Mo 钢断裂韧性的变化

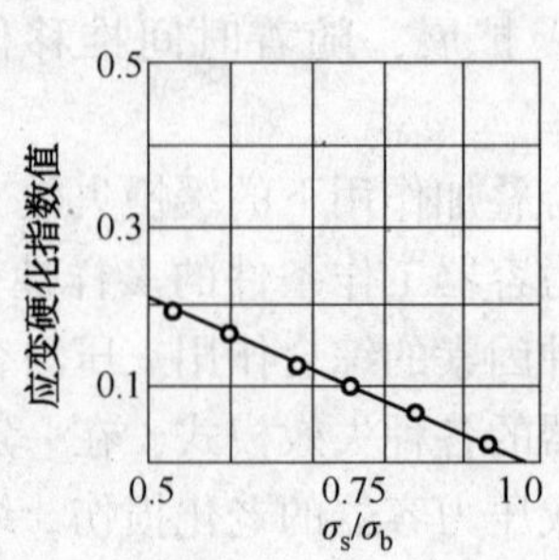

图 4-3-3　中低抗拉强度碳钢应变硬化指数与屈强比的变化

焊缝处易产生各类失效过程的另一原因是由于其存在较大焊接应力，这些应力来自焊接工艺、组装、错口等制造因素，通过焊后的回火处理也不能完全消除。应力的存在使焊缝处产生应力集中，出现应力腐蚀和疲劳裂纹等缺陷。

压力容器的缓慢失效分析中，对焊缝的部位应重点检查，在制造、安装过程中应保证质量，在长期服役过程中定期检查焊缝的裂纹，组织和性能的变化时非常重要。

(4) 设计安全裕量对缓慢失效的影响

为确保压力容器使用中的安全可靠性，现行的设计规范中，安全系数的取值偏大，在设计阶段即赋予了容器较大的安全裕度，使压力容器在相当长的使用期限中是安全的。在无意外情况下，往往在使用达到设计年限时亦无明显失效破坏的表征。但是在压力容器服役期间，短时的超温超压和其他以外损伤以及环境，介质的腐蚀作用等，加剧了缓慢失效，这实际上是缓慢消耗安全裕度。当容器壁厚减薄到一定限度，或局部损伤严重，即达到材料强度所能允许的最小限度时，可认为安全裕度已被“吃尽”。此时，压力容器材料在工作状态下的缓慢失效和安全性即已达到极限。

(5) 压力容器缓慢失效速率的影响因素及其特征表现

影响压力容器材质缓慢失效速率的因素很多，大致可分为三类：

① 材质性能的缓慢失效；

② 腐蚀作用下的缓慢失效；

③ 各类宏观、微观损伤造成的缓慢失效。表 4-3-2 是生产实际中各类因素对缓慢失效的影响及其特征表现。

4. *在役压力容器缓慢失效和老化损伤检验评定的要求*

在役压力容器缓慢失效和老化损伤状态的检验应注意下述几个方面：

(1) 容器技术状况

① 设备原始技术状况。包括设计、制造、安装、检验等过程的技术资料，投用后的使

用管理及故障和维修方面的情况。要求齐全、准确、真实可靠。

② 设备运行状态。有工艺介质、内压、操作温度、使用时间及环境等构成的工况，以及投用以来技术改造，历史演变情况，是否存在其他不合理操作因素。

表 4-3-2　缓慢失效的影响因素及其特征

分　类	特　征	影响因素及表现
材质性能的缓慢失效	材料微观组织发生变化 机械性能(主要是韧性)变化通过却贝冲击值和硬度体现	①氢脆；②氢蚀；③回火脆性；④碳化物析出；⑤析出 σ 相；⑥渗碳；⑦脱碳；⑧475℃脆性；⑨加工硬化；⑩加工软化；⑪氢致裂纹；⑫硫偏析；⑬非金属夹杂；⑭残余应力；⑮高温硫化；⑯蠕变脆性；⑰相变
腐蚀形成的缓慢失效	腐蚀使材料表面及壁厚发生变化，表面层性能劣化，强度下降	①减薄；②点蚀穿孔；③表面麻点；④晶间腐蚀；⑤晶界腐蚀；⑥氧化；⑦低温腐蚀；⑧硫化氢蚀；⑨电化学腐蚀
材料表面及内部损伤造成的缓慢失效	主要是力学特性影响下的宏观、微观损伤，伴有形状和结构方面的物理变化	①疲劳；②应力腐蚀疲劳；③氢致裂纹；④腐蚀疲劳；⑤高温蠕变；⑥热疲劳；⑦蠕变疲劳；⑧局部过热变形；⑨磨损；⑩高温低周疲劳；⑪热机械疲劳

(2) 材质检验

① 查明材质型号，厚度是否符合现行设计规范。

② 材质选择不合理者，应进行强度校核或监护使用。

③ 对材质进行机械性能、金相组织和化学成分方面的检验，判断其缓慢失效程度。

(3) 结构检查

不合理的结构往往造成局部应力集中和弯曲应力，并影响焊接质量，它是压力容器破坏的重要因素，因此进行结构检查，特别是对低温、高温、剧毒介质，承受交变载荷和频繁间歇操作的压力容器是极为重要的，应重点检查：

① 各种角焊连接结构；

② 单面焊接结构；

③ 方形或方形孔结构；

④ 搭接结构；

⑤ 其他可能产生高应力集中和复杂应力状态的结构等。

判断结构是否合理的依据是：

① 是否符合有关的设计规范和标准；

② 应力状态和应力水平(可进行应力分析和实测)；

③ 能否保证焊接质量；

④ 使用中能否因结构原因产生裂纹、变形。对不合理的结构，应进行必要的处理。

(4) 腐蚀检查

① 腐蚀是压力容器缓慢失效和老化损伤的一个主要形式，应对腐蚀情况做详细检查和测量。

② 允许存在点蚀应是：ⓐ点蚀坑深度不超过壁厚(不含腐蚀裕量)的 1/5；ⓑ点蚀总面

积应占腐蚀总面积的13%以下。ⓒ在直径200mm范围内，任一直径方向上点蚀长度之和不大于40mm。

③ 对于均匀和非均匀面腐蚀，应按最大壁厚(扣除安全裕量)校核强度。

④ 在腐蚀性较强的介质下工作的容器，应测定其腐蚀速率，判断能否安全使用一个检验周期。

腐蚀检验不合格，则压力容器不能继续使用。

(5) 表面缺陷检验

① 采用宏观检验或借助无损检测方法，检测表面是否存在裂纹、腐蚀、变形、凹陷、鼓包、剥落、过烧、机械损伤和焊接缺陷等，不合规定者应进行处理。

② 对表面裂纹应采用无损检测方法严格检查，并结合设备的具体情况分析裂纹成因和发展趋势。

③ 对变形、凹陷、鼓包、剥落等缺陷，应分析其成因，校核其强度，应能满足安全要求。

④ 焊缝处的表面缺陷，应重点检查和处理。

(6) 焊缝检验

由于制造上的原因，焊缝处易于存在制造缺陷和产生高应力集中，应采用X射线、超声波、声发射等探伤方法，检查焊缝内部缺陷的大小、数量、形式等，根据具体情况进行处理，进行严格的老化损伤程度的评定。

(7) 强度校核

强度校核是判定压力容器能否满足设计要求，而继续使用的一个理论依据。下述情况应进行强度校核。

① 无强度设计资料或强度设计参数(材料、温度、压力几何尺寸等)与实际工况不符者;

② 腐蚀量已超过设计腐蚀裕度或因局部修理后实测厚度小于强度计算所需厚度者;

③ 受压元件材质不明或有过熔迹象者;

④ 有严重变形、错边或结构棱角者;

⑤ 对强度或强度设计有疑问者，等等。

通过上述各方面的检验，使我们能对某一在役压力容器使用若干年后的基本状况有较具体的估计，对压力容器在某一特定工况下的缓慢失效和老化损伤程度有直接的技术数据，从而可为压力容器的失效分析和剩余寿命的评定打下基础。

5. 在役压力容器缓慢失效分析及安全评定方法和实例

由于压力容器工作状态十分复杂，缓慢失效的模式在不同的工况条件下是不同的，有时是一种失效模式占主导，有时是多种失效模式的综合叠加作用，因而对压力容器在长时间服役后其缓慢失效和老化损伤程度的评价，也很难用单一的技术检验指标来评价，而是运行工况、材质性能和金相组织的变化以及环境因素等多方面情况的综合。

在此基础上，确定该压力容器在某一具体工况下的主要失效形式，从而能对其继续使用的安全性和剩余寿命做出较为实际的、有科学依据的评价。

前面已讨论过在役压力容器的几种主要的缓慢失效模式和老化损伤在材质性能、金相组织等方面的表现，归结起来，可用下面的方框图来描述在役压力容器的缓慢失效分析和老化损伤程度的检验以及综合失效分析和安全评定方法。

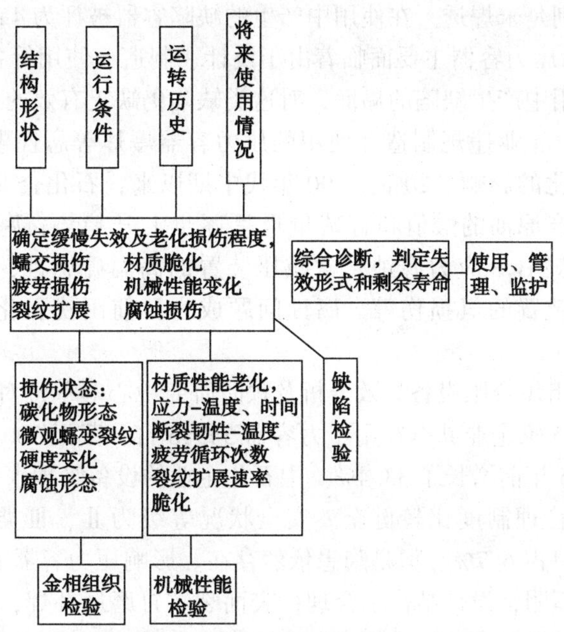

对于在役压力容器，尤其是使用20余年的压力容器，对其缓慢失效和老化损伤程度进行检验和评价，这在压力容器的使用和管理上是十分必要的。恰当、准确的评估出剩余寿命是当前极待解决的主要课题。如果提前停用报废，将造成浪费，拖期停用将严重威胁安全生产，甚至酿成大祸。研究讨论在役压力容器的老化损伤和缓慢失效有着非常重要的意义。

(六) 压力容器失效分析与石油三厂加氢装置容器失效实例

压力容器是现在工业不可缺少的重要设备，在炼油、化工等企业压力容器占生产设备的80%。装置大型化带来了单体设备的大型化与高强钢的应用，某些设备必须在现场进行制作安装，这就使制作质量的控制难度加大，同时高强度钢的应用增加了产生裂纹的敏感性，给压力容器的使用带来不安全隐患。压力容器一旦发生事故，往往引起爆炸、火灾、中毒和环境污染等，造成灾难性的恶果，使人民生命财产受到重大损失。由于历史原因，我国在20世纪60~70年代制造的压力容器缺乏质量控制，形成严重的先天不足，有的存在着大量的超标缺陷，有的结构不合理，有的用材不当。20世纪80年代初期是压力容器爆炸事故的高峰期。据1987年的不完全统计，我国在此前的10年间发生的压力容器爆炸事故2254起，停产事故23起，因事故丧生1200人，直接经济损失(4~5)亿元，间接经济损失(80~100)亿元，压力容器年均爆炸事故率是世界发达国家的10倍以上。这些悲剧一次次告诫人们，质量和可靠性是压力容器的生命，必须严格管理和控制。

20世纪80年代前投用的压力容器，其主要问题是结构及焊缝中存在着原始先天性制造缺陷。经过20多年的治理整顿，其危害性缺陷受到控制，总体处于稳定状态。而超期服役的容器安全性将是一个十分重要的课题。在早期建设的工厂中，有相当数量的压力容器已超过设计寿命而超期服役。它们本来就先天不足带病运行，再加上长期处于超期服役状态，其安全性就更加值得关注。

20世纪90年代以前的压力容器，资料不全和材质不明的占48.29%，设计和制造遗留的先天缺陷(包括结构不合理、错边量及棱角超标、焊缝存在超标缺陷)占30.41%，使用中产生的缺陷占12.96%，而20世纪90年代后，腐蚀引起的问题明显增多，在设计制造中遗留下来的缺陷(即1985年以前投用容器被评为4级的主要原因)接近70%。制造缺陷主要是焊缝的埋藏缺陷，特别是未焊透。在使用中产生的缺陷容器被评为 4 级的约为 10%。

20 世纪 90 年代后压力容器主要面临着由于设计、制造、使用等各个环节对介质腐蚀危害估计不足而导致使用中产生缺陷的局面，对这类缺陷仍缺乏有效的控制，总体处于不安全状态。但近年来，私营企业违规制造和使用的压力容器爆炸等恶性事故呈上升趋势。受市场导向及资源品质劣化的影响。20 世纪 90 年代中期以来，石化企业逐步加大了炼制中东高硫原油的比例，国产原油的酸值和含硫量也呈逐步上升趋势，腐蚀引起的各种事故直线上升。如近年来的湿 H_2S 应力腐蚀，常减压装置的高温硫腐蚀，各种工艺装置的环烷酸腐蚀，氢脆，临氢装置的氢损伤等。腐蚀问题成为目前困扰石化企业生产装置安全运行的首要问题。

1995 年，中石化组织合肥设备失效分析及预防研究中心等单位对 35 家企业压力容器进行了安全状况调查，35 家企业共有在用压力容器 54346 台，截至 2001 年一季度，抽样调查的压力容器总台数比 5 年前增长了 33. 4%。中石化企业的设备管理水平普遍较高，设备管理技术人员素质较高，管理制度比较健全。安全状况等级为Ⅱ、Ⅲ类容器，1980 年以前占 54. 8%，1991 年以后只占 6. 7%，但是隐患依然存在。影响压力容器安全状况等级的主要原因有资料不全，材质不明，设计结构不合理，表面裂纹打磨后补焊，机械损伤打磨后补焊。因腐蚀补焊，错边量及棱角度超标，焊缝存在埋藏缺陷。

1990~1995 年，35 个企业发生设备失效，经过修复目前仍在使用的容器共有 125 台，失效的主要形式是：埋藏缺陷 10 台、应力腐蚀 29 台、其他腐蚀 45 台、泄漏 26 台；结构不合理、疲劳和衬里损坏变形鼓包共 11 台；接管断裂、选材不当、内部机械损伤和严重超温各 1 台。容器失效的主要原因是腐蚀和应力腐蚀，由此引起的失效占 70%以上。

1990 年以来，35 个企业的Ⅱ、Ⅲ类压力容器共报废 247 台。其中：用材不当或不明，且在使用中产生严重缺陷的 25 台；高温下材质劣化的 19 台；结构不合理，且在使用中产生严重缺陷的 23 台；裂纹疲劳扩展破坏 23 台；冲刷或腐蚀导致壁厚减薄且不能满足强度要求的 40 台；应力腐蚀产生严重缺陷的 67 台；点腐蚀的 19 台；其他腐蚀 25 台。

由此看出，容器失效的原因是多种多样的，由于用材不当或结构不合理等原因，使容器在使用中产生严重缺陷和变形的有 48 台，占 19. 4%，由于各种腐蚀引起减薄、穿孔及材质劣化的 157 台，占 63. 6%。因此在使用中因腐蚀产生严重缺陷及材质劣化，是近年来引起容器报废的主要原因。

提高压力容器的安全性、防止重大特大事故的发生，不仅关系到企业的生存和发展，而且还关系到社会的稳定和人民群众的安居乐业。通过失效分析可以汲取教训，确保压力容器长期、稳定、满负荷运转。1981 年，吉林液化气球罐大爆炸后，在劳动部的号召下，全国范围内开展了压力容器的清理、整顿、治理工作、一方面制定完善了以质量控制为目的的法规标准规范，建立质量监督体系。另一方面开展了以断裂力学为基础的缺陷安全评估活动，按“合乎使用”的准则，分析在用压力容器的安全性。上述两方面的工作，使压力容器爆炸事故率下降到 20 世纪 90 年代的 90 起/年。兴平 LGP 球罐因泄露引起大火灾导致罐区大爆炸事故后，经过调查确认其原因是人孔石棉密封垫失效，因此，原劳动部修改了相应的 LPG 球罐人孔密封标准，禁止了石棉密封垫的使用，并修改了其密封型式。2002 年国家质量检验检疫总局又进行了全国在用压力容器普查工作，为全国在用压力容器建立了统一的标准化档案，使在用压力容器的管理走上正规化和信息化的道路。在现代化企业中失效分析已成为日常工作中的一项重要 内容，其社会效益巨大，间接经济效益显著。

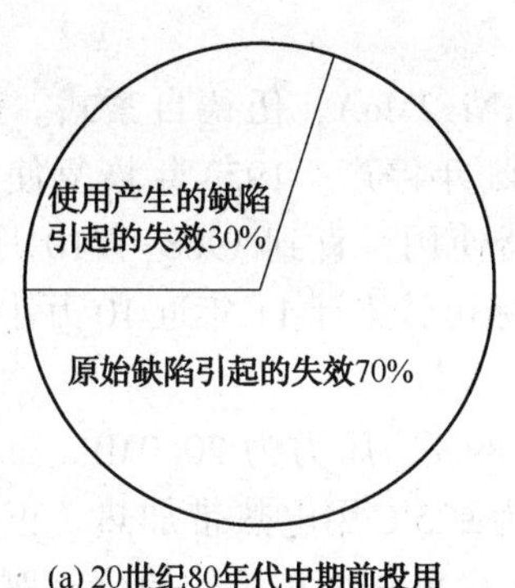

(a) 20世纪80年代中期前投用

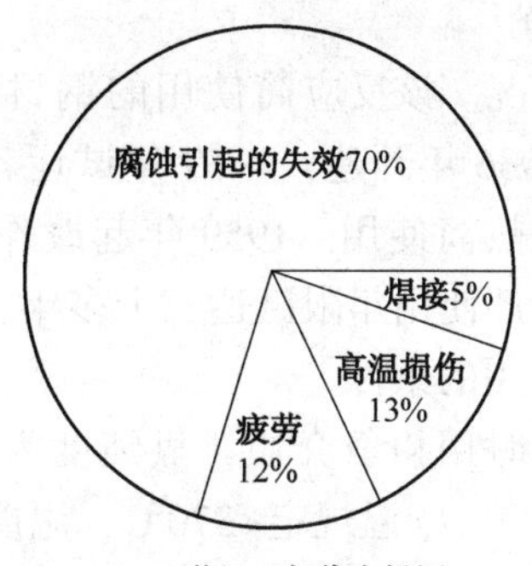

(b) 20世纪90年代末投用

压力容器发生事故，一般都要进行失效分析，即必须查明压力容器为什么破坏？关键问题在哪里？这样做的目的，不仅使处理事故时能获得一些必要的数据、资料，而且还可以得到宝贵的经验，为今后工艺流程和工艺参数的改进，设备的规划、设计、选材、加工、检验、质量控制及设备的合理使用提供依据，防止事故重复发生。同时失效分析也是制订技术规范、法律仲裁等的重要依据之一。

1. 对压力容器的失效准则认识

为了保证压力容器的安全运行，石油三厂加氢车间对压力容器的失效及其机理的研究越来越普遍和深入。

所谓压力容器的失效，是指在设计所规定的时间和使用条件下，按照所应用的失效准则，丧失了该容器所应承担的效能。因此，压力容器的失效，并无统一的失效标准，而是随着所应用的失效准则不同而变化的。例如，按弹性失效准则已判为失效的容器，若按塑性失效准则判断，则不仅没有失效，而且还有相当的强度储备。按规定，失效的容器就不能继续使用，但它不一定(往往没有)破坏或断裂。决不能以爆炸破坏来代替失效。爆破失效只是压力容器失效形式的一种，也是危害程度最大要予以避免的一种。正是由于锅炉压力容器事故(尤其是爆破)的发生和对它提出的越来越高的要求，促进了对压力容器失效理论的研究和新的设计规范的出现。

压力容器的失效准则，实际上是一种设计规则。即设计者将容器应力限制在一定水平上，或者说将容器保证必要的壁厚(随所使用的材料不同而变化)，从而保证该容器能够在准则要求的限度内安全运行。它包括失效观点和限制条件两部分内容。而设计准则又可分为“按规则(规范)设计”的设计准则和“按分析设计”的设计准则。前者在决定容器壁厚等各参数时，仅要求最大薄膜应力小于所规定的许用应力，并采用最大主应力理论作为强度准则。后者则要求对容器各部分做详细的应力分析，可采用复杂的分析方法(如有限元法)，应用最大剪应力理论作为强度准则，并引入“应力强度”的概念，按部件重要程度和工况的不同，分别规定应力强度的限制数值。

压力容器的强度失效(设计)准则可分为弹性失效准则、塑性失效准则、弹塑性失效准则、爆破失效准则、疲劳失效准则、断裂失效准则、腐蚀失效准则和蠕变失效准则。

2. 压力容器失效实例与分析

以石油三厂5号加氢反应器出现大裂纹的分析为例来说明。

石油三厂的加氢二套高压气相加氢设备，其中的第二反应筒与1968年10月发生漏气、漏油以致无法继续运转。经检修时发现该筒的上部无内衬部分已产生几条大裂纹。为此，石油三厂与沈阳金属研究所共同探索产生裂纹的原因。

① 现场调查

(a) 历史概况。该反应筒使用的钢材为35CrNi12MoA、伍德自紧式。整体锻造加工而成。该装置于1936年开建，1939年试运转，1945年停产。1953年恢复使用直到1955年。这以前一直作电热筒使用。1959年起改作反应器使用，直到1968年10月发生故障为止。该反应筒虽然投产使用年限已达三十多年，但实际运转累计11年近10万小时。

(b) 前后使用的条件

作为电热筒时用粗氢介质，氢纯度为88%~89%，压力为20.0MPa。入口温度340℃，出口温度为400℃，壁温规定<370℃，温度波动为±25℃用电热带加热。正常使用温度不超过340℃，该筒作电热筒期间发生筒内壁有严重的白色和亮灰色的硫化氢腐蚀剥落层，但未发现过裂纹。作为反应器使用时，介质氢20.0 MPa；氢分压18.0MPa，加工页岩油或大庆焦化柴油用硫化钼催化剂及气相介质中还有的少量H_2S、CH_4、CO_2、CO水蒸汽等。H_2S的含量一般不超过0.3%，开工时，有时可达1%。该反应筒的壁温在300℃至320℃，介质温度约为450~460℃。当超温时，介质温度可达600℃以上。筒上部无隔热衬里处有大量H_2S的腐蚀产物—硫化铁。由于腐蚀剥落这里的内径每年扩大约1mm。据现场工人回忆，该反应筒曾在1968年7月初换催化剂时清扫过，并未发现有裂纹。在7月至10月间，曾因多次严重超温(管线已发红，600℃测温记录仪的指针已超过满刻度)。采取紧急泄压(放空)措施。“放空”后用冷氢吹扫两次，共约四小时。

② 检验结果与应力分析

(a) 宏观检查。在反应筒体上部无隔热衬里处有肉眼可见的大裂纹6条，都沿轴向扩展，最长的一条约750mm，其余五条长约400mm。裂纹的宽度不超过1mm。最长的那条后来用65mm内径的空心钻沿经向取样，找到它的深度竟达220mm，其他五条裂纹未测量。这6条裂纹却偏向一侧分布，有3条相距较近，这可能与在一侧打冷氢有关。仅有在无隔热衬里部分的内壁表面有明显的腐蚀坑，多数直径为2~3mm。

(b) 裂纹断口的观察。用65mm内径的空心钻从最长的那条裂纹取下部分裂纹试样，用螺栓拉开裂纹断口(图4-3-4)，图中左边断口上的黑圆点是螺栓孔。断口上有各种颜色不同的区域。如箭头所示。每个区域都有方向大体一致的断裂纹纹理，从纹理的人字形走向和断口腐蚀色译内壁深外壁方向浅来看，都说明裂纹是从内壁开始的。同时也说明这个裂纹是分4个阶段扩展起来，这可能和超温较严重的次数有关。

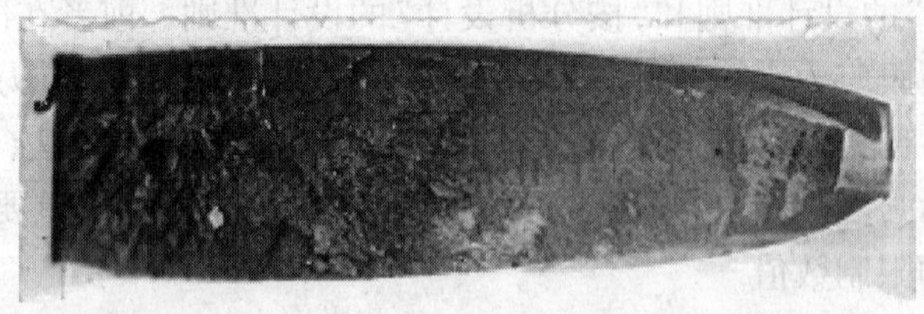

图4-3-4　裂纹宏观断口(1∶3)

(c) 金相检验。a. 在无明显裂纹筒体的内壁经常规低倍酸蚀检验，出现很多较细裂纹，(图4-3-5)深度约1.5mm左右，经打磨后它们的纵截面看(图4-3-6)断续裂纹是优先沿晶界扩展的。如图4-3-5和图4-3-6所示。这表明内壁受普遍腐蚀的情况。

图 4-3-5　内壁细裂纹

图 4-3-6　内壁纵截面全相(×400)

b. 大裂纹还有很多分支的微裂纹，如图 4-3-7 裂纹的走向主要是沿晶界的，微裂纹中充满硫化物，经电子探针分析，这些硫化物都是硫化铁。

c. 沿主裂纹的附近，往往可以观察到许多非原材料固有的硫化物(如图 4-3-8、图 4-3-9)这种形态的大硫化物，只能在主裂纹附近看到，表明它们是在裂纹形成过程中产生的。这种硫化物经电子探针分析也是硫化铁。硫化铁中的黑点含 Cr、Mo 较高，Cr 高出 39%，Mo 高出 2.8 倍。主要是含 Cr 的 MoS_2。

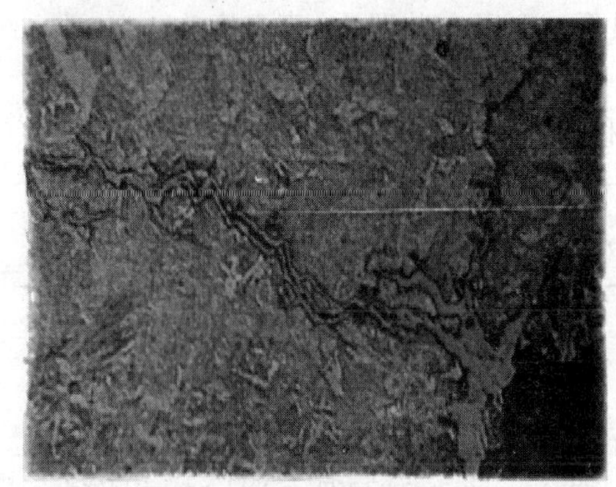

图 4-3-7　主裂纹的分枝微裂纹(×400)

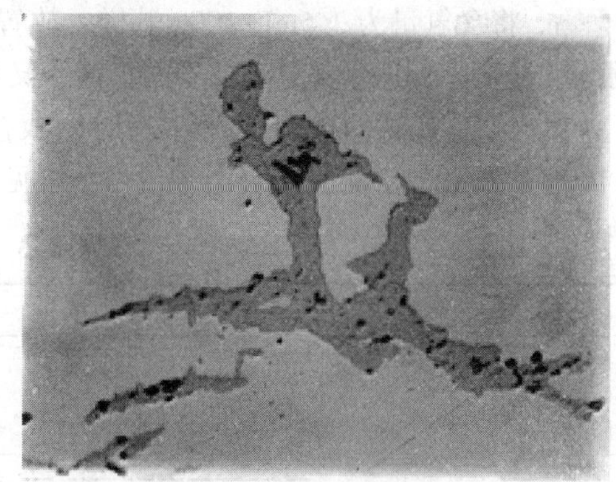

图 4-3-8　主裂纹附近的硫化铁(×400)

d. 反应筒的金相组织属索氏体。由于长期使用内外壁的材质组织虽有差别，但仍旧属索氏体。

(d) 裂纹断口的透射电镜观察。在裂纹断口上和新拉伸的断口上，都观察到具有明显“河流状”和“舌状”花样的穿晶特征。当然裂纹断口的这些花样由于受腐蚀影响就不如新拉伸断口清晰。在裂纹断口上还观察到很多带腐蚀物的腐蚀坑，直径约 1.5μm。在新拉伸断口上观察到“圆坑平坦块”，它在距裂纹附近取样的塑坑区出现的较多。经电子衍射分析，前者的

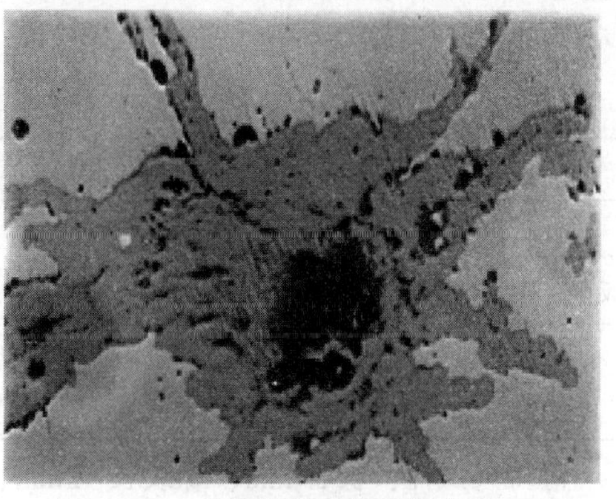

图 4-3-9　主裂纹附近的硫化铁(×400)

腐蚀产物因太厚打不透不能分析；后者这种圆坑没有东西，可能是氢鼓泡留下的痕迹。

(e) 含氢量的测定与加氢试验

a. 反应筒材料原始含氢量分析(真空热抽取法)。结果见表4-3-3。

表4-3-3 反应筒材料的原始含氢量

筒体部位	内 层	中 层	外 层
氢含量/(mL/100g)	0.6 0.8	0.5 0.6	0.7 0.8

b. 在不同温度、压力下加氢后试样的含氢量(取中层试样)，结果见表4-3-4。

表4-3-4 不同条件加氢后的氢含量

加氢条件	450℃，总压20.0MPa，氢分压18.0MPa			460℃，8MPa，3000h
	100h	200h		
氢含量/(mL/100g)	2.5 2.3(空冷) 2.8	2.4 (空冷) 2.5	2.5 (水冷) 2.9	3.5 (空冷)

注：因设备问题300h以上试验未能进行。

c. 将含氢量为3.5mL/100g试样，放置于室温下，在真空装置中(真空度为1×10^{-4}mm汞柱)，放置24h后未测出有氢的扩散，又放置15天后逸出的氢量不超过0.02mL/100g。

d. 取反应筒的内、中、外三层做成静持久和慢弯曲的试样，经550℃、20.0 MPa、1100h加氢后与未加氢作对比测量，结果见表4-3-5和表4-3-6。

表4-3-5 静持久对比结果

试样条件	内 壁	中 层	外 层
500℃，20.0MPa，1100h 反应筒原始材料	立即断裂 238h未断	立即断裂 385h未断	立即断裂 238h未断
备注	①常温试验。$\sigma_b=119\text{kg/mm}^2$(2330kg)；$p=0.75\sigma_b=1750$kg；②以200h无裂纹为合格；③加氢试样均为粗晶脆断		

表4-3-6 慢弯曲对比结果

试样条件	内 壁	中 层	外 层
500℃，20.0MPa，1100h	64°断裂	95°断裂	79°断裂
反应筒原始材料	1092°断裂	1075°断裂	1094°断裂
备注	常温试验，弯曲速率为0.6°/s。反复弯曲，每弯曲一次为90°，以弯曲两次无断裂为合格		

静持久试样：长34mm、螺纹长13mm、螺纹$M_{12}\times175$mm，Ⅲ级精度，倒角1×45°，直径7mm，缺口直径5mm±0.05mm，缺口60°±1°、P0.5mm±0.02mm，光洁度7，直径的偏摆

不大于 0.03mm。

慢弯曲试片：长 200mm、宽 13mm、厚 1.5mm，取 $R=5$(为厚度的 3 倍)，光洁度 1。

上述加氢试样的金相观察，组织有脱碳现象，晶粒、晶界粗化并有沿晶裂纹，如图 4-3-10 和图 4-3-11 所示。

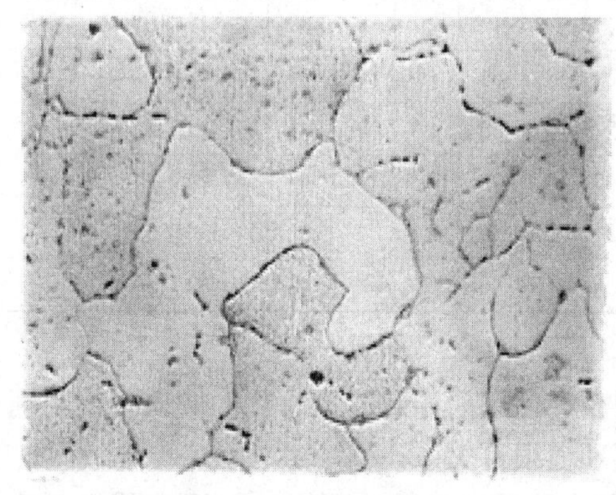
图 4-3-10　加氢后组织脱碳

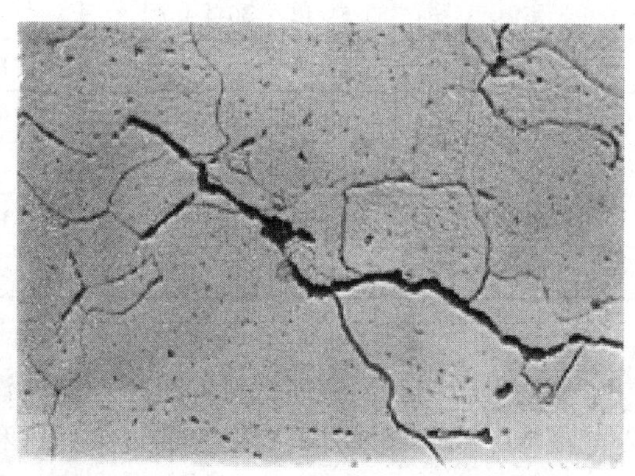
图 4-3-11　加氢后显微裂纹

氢分析的结果说明，反应筒材料还没有受到明显的氢腐蚀。因为氢腐蚀后产生不可逆的破坏作用。氢含量将明显增加(高)，(根据在工作中的了解，对反应筒材料的氢含量临界值可提高的参考数值为 5mL/100g)。而这种存在于金属内部缺陷中的氢在室温和常压下是很难逸出的。

从加氢试验结果可以看出，与其他有关钢种比较，在一定条件下，反应筒材料的抗氢性能仍然很好。特别是慢弯曲试验的结果，说明反应筒并不是由于氢腐蚀而造成的损坏。加氢试验的结果证明，反应筒材料必须在 500℃以下使用。同时也说明，此反应筒在过去使用中尚未超过 550℃，1100h。(不排除短时间内可能超过 600℃)。

除氢腐蚀外，对于氢脆，应该说，反应筒运转过程中的具体情况比反应筒材料氢脆性能的研究更有实际意义。因为高温时钢具有高塑性。氢有很大的扩散速度(逸出)。大型厚壁容器形成局部富氢的可能性是很小的。另外，氢脆敏感性的反应一般都在短时间内就可以出现(反应筒是连续作业，不存在氢脆孕育期)由此反应筒已使用十余年之久并未破裂。在进行高倍断口检查时没有发现“氢脆性断口”的特徵。从裂缝尖端和裂纹内部已产生深度的硫化物腐蚀情况来看，也说明这个问题。如果不把硫化氢腐蚀过程中产生的脆性与氢脆混为一谈的话，可以说：氢脆不是反应筒使用过程中形成裂缝的原因。当然，此项工作还有待进一步深入探讨。

e. 将反应筒材料经硫化氢饱和水溶液侵蚀 48h，取出后在室温下已放置三昼夜，测得的氢含量为 6.0mL/100g，无塑性，断口复型为解理断口。氢脆系数 100%，冲击试样断口的电子显微镜观查结果呈现典型的“冰糖状氢脆断口”。表明在 H_2S 饱和溶液中渗氢的速度要比 450℃，20.0 MPa 压力加氢快 8 倍。

f. 反应筒材料的室温和高温机械性能。将 300mm 长(筒壁厚度)直径 190mm 的圆柱体胚样分成等厚度的 13 层，把第一、第二层当作内壁，第七层和第十三层分别当作反应筒的中壁和外壁，作室温和不同温度的机械性能，结果如表 4-3-7。

表 4-3-7　反应筒内、中、外壁材料不同温度的机械性能

层数 / 性能 / 温度/℃	第一层				第二层				第七层				第十三层				
	σ_b	δ	ψ	α_k	σ_b	$\sigma_{0.2}$	δ	ψ	σ_b	$\sigma_{0.2}$	δ	ψ	σ_b	$\sigma_{0.2}$	δ	ψ	α_k
室温	83.5	12	36	4.7									80		18	50	6.8
16					84	62	16.4	52	81	61	19	55	80	60	18.5	42	
300					73.4	52	13	35	71	53	14	40	71	53	15.4	43	
400					65	51	16.5	55.5	64	49.5	19.5	61	63	49	17.3	54.5	
500					55	46	18.4	72	52	45	16.5	73	52	44.4	15.5	73.7	
550					46	43	18	79.5	45.5	40	20.6	80	43	39	17.7	79.4	

注：三个试样的平均值，其中 1 个试样 $\delta=3.5$，$\psi=3.5\%$。

从结果说明：反应筒材料的机械性能并没有因长期使用而导致材质恶化的倾向。但个别内壁试样，或局部地方确有变脆的现象，这和使用环境很有关系。

g. 反应筒的应力分析。反应筒产生的 6 条大裂纹是否由于设计不周，并没有预料到改作反应筒后的"超温"情况？为此，根据设计压力容器通用的计算公式，作了以下粗略地应力分析估算。

圆周切应力：$\sigma_T=P_o(1+\kappa^2)/(\kappa^2-1)$

径向应力：$\sigma_p=P_o(1-\kappa^2)/(\kappa^2-1)$

轴向应力：$\sigma_z=P_o/(\kappa^2-1)$

式中 P_o＝内压力(公斤/厘米^2)，安全系数：k＝外径/内径。

当温度<400℃或者>400℃时，应按下列两个公式计算：

<400℃时，当量应力 $\sigma_{\mathfrak{Z}}=1.73P_o\cdot\kappa^2/(\kappa^2-1)$

>400℃时，当量应力$(\sigma_{\mathfrak{Z}})P_o/(1.115\ln\kappa)$

在反应筒无隔热衬里部分，不同部位的外径 R 和内径 r 不同，分别为 $R=1600$mm、1400mm、1330mm、$r=980$mm、950mm。共 4 个值，即 $\kappa_1=\frac{1600}{950}=1.68$；$\kappa_2=\frac{1600}{980}=1.63$；$\kappa_3=\frac{1400}{950}=1.47$；$\kappa_4=\frac{1330}{950}=1.40$。按上述 5 个公式，计算结果见表 4-3-8。

表 4-3-8　计 算 结 果

项目	κ^2	$\ln\kappa$	σ_T/(kg/cm^2)	σ_p/(")	σ_Z/(")	<400℃ ($\sigma_{\mathfrak{Z}}$)/(")	>400℃ ($\sigma_{\mathfrak{Z}}$)/(")
$\kappa_1=1.68$	2.822	0.5188	407	−194	106	521	335
$\kappa_2=1.63$	2.657	0.4886	424	−194	116	535	356
$\kappa_3=1.47$	2.161	0.3853	513	−194	159	611	452
$\kappa_4=1.40$	1.960	0.3365	508	−194	202	686	517

从表 4-3-8 列出的计算结果可以看出，在 19.4MPa 压力下，反应筒内壁所承受的应力最大不超过 7kgf/mm^2。根据国外资料 1.25Cr0.5Mo 钢最高的容许使用温度为 565℃；480℃的容许应力为 9.15kgf/mm^2，649℃的容许应力为 0.84kgf/mm^2。因此，如果反应筒的温度并不是较长时间保持在 480℃，裂缝的产生似乎不会是由于过负荷引起的。反之，由于"超温"

内壁有较长时间处于560℃以上就有破损的可能性了，尤其内壁在已遭受腐蚀的情况下，破坏的可能性就大了。

③ 小结。根据以上调查、观测、试验对比和应力分析，有以下几点认识：

(a) 从高温高压、抗氢对比试验看，结果表明原设计选用35CrNi2MoA 钢整体锻制的反应筒，有较好的抗氢腐蚀性能，残余氢不高。从材质看，夹杂级别合格，裂纹也不沿着夹杂扩展。不同温度的机械性质，虽经多年使用亦未恶化变质。这些都说明选材无误。

(b) 通过对筒体设计尺寸的粗略估算，在20.0MPa 压力、450℃以下使用始终都是安全的。但是，由于"超温"情况，使反应筒有较长时间处于20.0MPa 压力、560℃以上，尤其有 H_2S 的腐蚀情况下，引起损坏的可能性就增大。这一点也可以根据裂纹的宏观断口的特征来说明。断口上有四个颜色很明显不同的区域。每区有各自的人字形或放射形断裂纹理，说明断裂过程重大的有4次，而且每次的裂纹扩展都较快。这可能与1968年7~10月有几次严重的"超温"，打冷氢有关。"超温"降低抗张强度，500℃以上降低更快。(500℃降低32%，550℃降低47%，600℃降低68%)。打冷氢使内壁表面急剧冷却，使表面和反应筒壁内部产生很陡的温度梯度。界面厚度增大温度陡度也随之增大。由于热陡度造成的应力又促进裂纹的产生。应该指出这些都是外因，而不是内因。

(c) 根据裂纹的观测，反应筒的裂纹有以下特点：ⓐ裂纹的张开度小，开口宽度比裂纹长度小两个数量级；ⓑ裂纹上有很多分叉，即二次裂纹三次裂纹；ⓒ裂纹走向大部分是沿晶的；ⓓ裂纹根部的腐蚀产物比裂纹尖部多；ⓔ断口上有人字形成放射形的断裂纹理，断口相当粗糙。这些都符合应力腐蚀断口的特徵。从反应筒的工作环境来看：ⓐ有特定的腐蚀介质——H_2S；ⓑ20.0MPa 压力就给筒壁周向以恒定的拉应力。这两条也是应力腐蚀开裂不可缺少的条件。因此，仅从断口分析的角度看，以上7条都充分满足低合金钢硫化氢应力腐蚀开裂的条件。这也和前人对化工设备损坏的统计与类似损坏的分析是一致的。

(d) 还有一点应给以说明。大家知道水溶液 H_2S 的应力腐蚀作用比气态 H_2S 的应力腐蚀作用大得多。介质中的水蒸气在什么条件才能变成水。根据物理学手册的数据，20.0MPa 压力的水饱和蒸汽温度为364℃，低于这个温度饱和水蒸气就会凝结为水。H_2S 水溶液的应力腐蚀作用对很多种钢或其他合金都是十分敏感的。前面的 H_2S 溶液侵泡试验也证明反应筒材料受 H_2S 水溶液的加氢作用是很大的。根据筒壁的平衡温度分布，内壁到外壁的降温陡度先大后小，即在距内壁较近的范围内，温度就在364℃以下，就有成水的条件。如果内壁的工作温度按规定保持在370℃±25℃，那么随时都有蒸汽凝聚成水的条件，这样就会加快硫化氢的应力腐蚀开裂。

总之，造成反应筒大裂纹的主要内因是 H_2S 和周向拉应力；次要内因是氢。主要外因是几次严重"超温"，次要外因是打冷氢。

以上是1969年做的工作。原第二套二反加氢反应器已被生产一线拆除后，继续对反应筒进行了研究。故在1989年做了"失效分析和安全评定"详见中国石化出版社出版的《石油化工设备无损检测及其应用》一书1026~1037页。

3. 压力容器缺陷及失效形式

压力容器的失效形式多种多样，按容器的失效时间可分为：容器加工工艺过程的失效和容器服役过程的失效，按失效形式可分为韧性失效、断裂失效和腐蚀失效，断裂失效又可分为韧性断裂失效和脆性断裂失效，按破坏形式可分为爆炸失效和非爆炸失效。根据爆炸形式可分为物理爆炸和化学爆炸。按1949年后全国化工企业统计，在爆炸事故中，物理爆炸和化学爆炸约占 50%。物理爆炸是指由于操作介质的物理状态发生变化和压力、温度发生突变而引发的爆炸现象，设备超压或超温、腐蚀减薄导致的爆炸通常是韧性破坏，爆炸碎片减少。而因应力腐蚀、疲劳、腐蚀疲劳、晶间腐蚀等低应力条件下破坏造成的爆炸通常是脆性破坏，爆炸碎片较多。化学爆炸是指操作介质因发生剧烈化学反应而产生温度、高压导致的容器爆裂。爆裂后的容器一般碎片较多，断口有脆性断裂特征。容器断裂后，由于可燃介质与空气混合，可能造成介质的二次空间爆炸，危及其他设备的安全。

压力容器最危险的失效形式是爆炸破坏和严重腐蚀失效，而压力容器最危险的部位是焊接接头及近缝区。

(1) 焊接缺陷

① 外观缺陷。指用目视或表面检测可以发现的表面缺陷常见的有成形不良、咬边、错边、焊瘤、表面气孔和表面裂纹、弧坑、缩孔。烧穿、凹陷及焊接变形，单面焊的根部未焊透也位于焊缝表面。这些表面缺陷减小了母材和焊缝的有效截面积，降低了结构的承载能力，同时还会造成应力集中，发展为裂纹源，弧坑常带有弧坑裂纹和弧坑缩孔。

② 埋藏缺陷。埋藏缺陷是指在焊缝内部的缺陷。常见的有气孔、夹渣、埋藏裂纹、未熔合(包括层间未熔合)、未焊透等，其中裂纹和未熔合、未焊透最危险。

(a) 裂纹。裂纹有多种分类方法，按裂纹尺寸大小，可分为宏观裂纹、微观裂纹和显微裂纹(晶间裂纹和晶内裂纹)。按裂纹延长方向，可分为纵向裂纹、横向裂纹和辐射状裂纹等。按裂纹发生部位，可分为焊缝裂纹、热影响区裂纹、熔合区裂纹。焊趾裂纹、焊道下裂纹、弧坑裂纹等。按发生机理可分为热裂纹(结晶裂纹)、冷裂纹(延迟裂纹)、再热裂纹、层状撕裂。

层状撕裂实质上也属冷裂纹，主要是由于钢材中夹杂的硫化物(MnS)、硅酸盐类、Al_2O_3 等在焊接应力或外拘束应力的作用下，金属沿轧制方向开裂。

(b) 未焊透。指母材金属未熔化，焊缝金属未进入接头根部的现象，这就减少了焊缝的有效截面积，引起应力集中。使接头强度下降、严重降低焊缝的疲劳强度，并可能成为裂纹源，是造成焊缝破坏的重要因素。

(c) 未熔合。未熔合指焊缝金属与母材金属，或焊缝金属之间未熔化结合在一起的缺陷是一种面积型缺陷。按其所在部位，未熔合可分为坡口未熔合、层间未熔合、根部未熔合 3 种，坡口未熔合和根部未熔合减少了焊缝的有效截面积，引起应力集中，其危害性仅次于裂纹。

③ 组织和成分缺陷。组织和成分缺陷是指焊接接头化学成分和金相组织不合格。它严重影响了焊接接头的力学性能和抗腐蚀性能。

(a) 成分和组织不合格。因焊材与母材匹配不当，或由于焊接过程中元素烧损等原因造成焊缝化学成分不合格。或因焊接工艺和热处理工艺不当，造成焊接接头及近缝区组织结构不合格或组织成分偏析，使焊接接头的力学性能和耐蚀性能下降。

(b) 过热和过烧。因焊接工艺不当，导致过热组织或过烧组织。过热可通过热处理来消除，而过烧是不可逆转的缺陷。

(c) 白点。是在高应力或交变应力作用下，由于焊接氢扩散、聚集而在焊缝中产生的。通过显微镜，在焊缝金属的拉断面上可以观察到鱼目状的白斑，即白点，危害极大。

(2) 板材中缺陷

① 非金属夹杂。钢中的金属与 O、S、N、Si、P 等相互作用，形成不具有金属及其合金

性质的化合物，如 Al_2O_3、SiO_2、MnS、FeS 复合硅酸盐等，这些物质机械地混杂在钢中，称为非金属夹杂物。这些夹杂物在钢内是非正常组织，破坏了金属基体的连续性、降低了金属强度、韧性和塑性、抗疲劳和抗应力腐蚀能力，可能造成锻造和冷热加工开裂、淬火裂纹、焊缝层状撕裂等。对材料性能的影响程度除与夹杂物的种类有关外，还与其大小、形状、数量及分布密切相关。

② 化学成分不合格。除主要合金元素外，微量元素也是衡量材料化学成分是否满足要求的重要依据，这也是导致失效的常见原因之一。

③ 组织结构。压力容器用钢对金属的组织、晶粒度都有一定的要求，因为这直接影响到材料的力学性能、组织和化学稳定性。而材料的轧制工艺、热处理状态和合金成分决定了其组织结构。

④ 成分和组织偏析。由于在冷却过程中钢锭的内外冷却速度不同，造成杂质在钢芯和顶部偏聚，某些组织优先析出。因此，轧制的钢板化学成分和金相组织存在不均匀现象，特别是厚钢板芯部的杂质含量通常较其他区域高。这一现象往往是造成低合金钢在湿 H_2S 环境中，钢板芯部产生密集 HIC 的主要原因。

⑤ 裂纹。材料内部夹杂物在轧制过程中可能造成夹杂物周围的母材开裂。某些杂质也可能导致材料在热处理过程中产生再热裂纹。钢板中的裂纹严重削弱了材料的强度，在使用中极有可能发生失稳扩张。

⑥ 氢脆。当钢中的扩散氢质量浓度超过 3×10^{-6}，钢内存在较大内应力时(相变应力)，可使钢锭或锻轧的钢材形成裂纹也成为发纹、白点(鱼眼)，导致钢材的韧性下降。

⑦ 表面缺陷。指材料表面的机械损伤、折叠和腐蚀缺陷，它们往往成为某些失效的裂纹源。

⑧ 成型加工缺陷。成型加工缺陷有冷成型缺陷和热成型缺陷。冷成型缺陷主要有塑性变形不均匀、减薄量不当、奥氏体不锈钢还可能产生形变诱导马氏体组织。热成型缺陷主要是褶皱。

⑨ 热处理缺陷。热处理缺陷主要有氧化和脱碳、淬火裂纹、过程和过烧、回火脆。

(3) 锻件中缺陷

锻件是压力容器中重要受压元件，较常见的失效形式是开裂或强度不足。

① 缩孔和缩管。铸锭时，因冒口切除不当、铸模设计不良以及铸造条件不良所产生的缩孔没有被锻合而遗留下来的缺陷。

② 非金属夹杂物。在熔炼及铸锭时，混进硫化物和氧化物等非金属夹杂物所造成的缺陷。

③ 夹砂。在铸锭时，熔渣和耐火材料等夹渣物留在锻件中形成的缺陷。

④ 龟裂。由于原材料成分不当，原材料表面情况不好、加热温度和加热时间不当而产生的锻钢件表面上出现的较浅的龟状表面缺陷。

⑤ 锻造裂纹。锻造裂纹种类较多，常见的有如下几种：

(a) 由缩孔残余或二次缩孔在锻造时扩大而形成的裂纹。

(b) 由皮下气泡引起的裂纹。

(c) 柱状晶粗大引起的裂纹。

(d) 轴芯晶间裂纹引起的锻造裂纹。

(e) 锻造变形不当引起的裂纹。

(f) 非金属夹杂物引起的裂纹。

(g) 锻造加热不当引起的裂纹。

(h) 终锻温度过低引起的裂纹。

⑥ 晶粒粗大和晶粒不均。晶粒粗大是由于锻件始锻和终锻温度过高、变形量不足造成的组织晶粒粗大。晶粒不均是由于变形不均使晶粒破碎不一、局部加工硬化等原因造成的工件内晶粒大小不均的现象，对耐热钢及高温合金的性能影响较大。

⑦ 白点。当钢中含氢量较高时，在锻造过程中的残余应力，热加工后的相变应力和热应力等作用下，氢产生的聚集造成材料内部局部脆化，在断口上呈银白色的圆或椭圆形斑点。

⑧ 褶皱。由于金属在变形过程中，已氧化的表层金属汇合折叠形成，往往成为疲劳源。

4. 压力容器的失效形式及其原因

(1) 韧性断裂

① 韧性断裂时指容器在应力作用下，器壁应力达到材料的强度极限而发生断裂的破坏形式，其特征如下：

(a) 断裂容器发生明显塑性变形。

(b) 断口呈暗灰色纤维状，且与主应力方向成45°角。

(c) 容器一般无碎片或碎片很少。

(d) 容器实际爆破压力接近计算爆破压力。

② 导致韧性断裂的主要原因有如下几种：

(a) 超压、超温。

(b) 因设计、制造或腐蚀造成壁厚不足。

(c) 容器内部发生化学爆炸。

(2) 脆性断裂

脆性断裂是指容器在器壁应力远远低于材料的强度极限，甚至低于强度极限下发生的破坏形式，因为是在较低的应力状态下发生的，故称为低应力破坏或低应力脆断。

①脆性断裂的特征如下：

(a) 容器破坏时几乎无明显的塑性变形。

(b) 断口呈金属光泽的结晶状、断口齐平。与主应力方向垂直。裂纹起始于缺陷处或几何形状突变处。

(c) 容器常断裂成较多碎片块。

(d) 器壁的应力远远低于材料的强度极限。

(e) 在低温的情况下容易发生。

(f) 断裂现象与脆性材料的断裂相似。

脆性断裂包括开裂和裂纹扩展两个阶段，开裂一般发生在材料韧性低的缺陷处，裂纹扩展是指裂纹尖端处的材料应力超过材料的强度极限时，裂纹以极高的速度扩展导致容器发生脆性断裂。

② 导致脆性破坏的原因有如下几种：

(a) 低温导致材料韧性下降。

(b) 材料本身存在如非金属夹杂、裂纹等缺陷、焊缝存在未焊透、夹杂、错边、成分和组织偏析等缺陷。

(c) 热处理、焊接工艺失控。

(d) 材料中 S、P 含量过高、应力腐蚀、晶间腐蚀等局部腐蚀。

按断裂力学观点，在残余应力较大时，裂纹附近的应力强度大于材料的断裂韧性时，也将导致容器的脆性断裂。因此，容器在制造过程中，如冷加工、组装，尤其是焊接时应尽量减少残余应力，进行消除残余应力的热处理，检测过程中应有足够的灵敏度，以发现和消除裂纹缺陷，防止先天不足。容器投产后，要加强定期检验工作，及时发现裂纹，防止裂纹扩展后的脆性断裂。

沿晶脆性断裂是耐热钢和耐热合金失效的一种主要形式，通常晶界的键结合力高于晶内，但高温时因热处理不当或在环境条件下造成杂质在晶界偏析或沿晶析出脆性相，或因高温使晶界弱化，材料发生等强度破坏，其表现为沿晶和穿晶混合型断裂。当温度再上升到一定程度后，由于晶界的强度大大下降，发生完全的沿晶断裂，这种断裂一般也是脆性断裂。按断口表面形态，沿晶脆性断裂可分为两类：一类是沿晶分离，断口反映了晶界的外形，呈岩石状断口；另一类是沿晶韧窝断口，在断口表面上有大量细小的韧窝，说明断裂过程中沿晶界发生了一定的塑性变形。

(3) 疲劳断裂

疲劳断裂是指容器在反复交变载荷的作用下出现的金属疲劳破坏。一类是通常所说的疲劳，是在应力较低、交变频率较高的情况下发生的；另一类是低周疲劳，是在应力较高(一般接近或高于材料的屈服极限)而应力交变频率低的情况下发生的。在腐蚀性环境中，由于介质的作用，可大大加速裂纹的扩展速率，形成腐蚀疲劳断裂。

① 疲劳断裂的特征如下：

(a) 容器无明显的塑性变形。

(b) 断裂断口，宏观可见裂纹扩展区和瞬断区两个区域。

(c) 裂纹形成、扩展较慢，一般出现一个裂口，容器因开裂泄漏失效。

(d) 裂纹通常出现在局部应力很高的部位。

(e) 宏观断口较平整，呈瓷状或贝壳状，有疲劳弧线、疲劳台阶、疲劳源等，微观上裂纹一般没有分支且裂纹尖端较钝，微观断口则有疲劳条纹等，根据断口特征可以准确地把应力腐蚀与疲劳腐蚀区别开。

金属材料的疲劳断裂过程可分为裂纹形核和裂纹扩展两个阶段，形核过程是由于金属在交变应力作用下，金属表面产生晶粒滑移带，形成局部高应力区，在滑移带平行滑移面之间形成的空洞棱角处和晶界处形成断裂裂纹核心。裂纹扩展可分为疲劳扩展区和瞬断区，疲劳扩展区是交变应力继续作用，由于材料晶粒位相不同和晶界等对裂纹扩展的阻碍作用，裂纹由沿最大切应力方向扩展转变为沿与主应力垂直方向扩展。瞬断区是裂纹扩展到一定程度后，由于材料的受力截面减小，当材料应力达到其强度极限时发生快速韧性断裂的区域。

② 导致疲劳断裂的主要原因有以下几方面：

(a) 循环交变载荷，如大幅度的温度或压力周期波动。

(b) 由于结构或安装缺陷造成的局部应力集中，或由于振动产生局部应力。

(c) 材料强度升高、疲劳断裂敏感性增加。

(4) 腐蚀断裂

腐蚀是导致压力容器发生断裂的重要因素之一，腐蚀断裂是指由于容器金属材料受到腐蚀介质作用而产生泄漏或开裂的破坏形式，其主要形式有均匀腐蚀、缝隙腐蚀、点蚀、晶间腐蚀、应力腐蚀和腐蚀疲劳、氢损伤、高温灾难性氧化和热腐蚀等。导致腐蚀断裂的原因如下：

① 设计结构不合理，局部应力集中。

② 选材不当。

③ 制造工艺失控，特别是焊接工艺和热处理失控，残余应力水平较高。

④ 操作不当、超温、介质浓缩等，

⑤ 随意改变设备的操作条件、介质。

⑥ 未考虑介质中的微量杂质对材料耐蚀性能的影响。

⑦ 防腐蚀措施失控。

综上所述，环境的腐蚀性和材料的抗蚀性、设备的结构形式和力学因素是导致腐蚀断裂的主要原因。

(5) 蠕变

在高温下工作的压力容器受热应力作用，器壁发生缓慢、连续的塑性变形，严重时导致蠕变断裂，蠕变特征如下：

① 只发生在高温设备上。

② 某些材料长期在高温作用下发生金相组织变化，如晶粒长大、再结晶、碳化物和氮化物以及合金组织的沉淀，钢的石墨化等。

③ 因材料的高温持久强度下降，其断裂时的应力低于材料正常操作温度下的强度极限，原因有如下几种：

(a) 结构不合理，使容器的部分区域产生过热。

(b) 操作不正常，维护不当，致使容器局部过热等。

二、加氢装置安全生产对策

1. 用现代科学技术改造老旧设备，搞好隐患的治理

一个老装置要确保安全生产、提高效益、改变面貌、加速发展、迎接技术革命的挑战，就必须把科技和艰苦奋斗放在突出的位置上。从基本国情出发，有两大特点必须重视；一方面，我国还是发展中国家，不可能靠花钱买个现代化的加氢装置；另一方面，又有多年来以大量投资形成的加氢装置应该更好地发挥作用。经过几十年的发展虽然初步形成了门类齐全的加氢装置体系，虽然已经拥有各种设备 1200 多台，但老旧设备占总数的三分之二，这远不可能适应新产品开发和发展的需要。如果采取弃旧换新来形成新的生产能力，靠大量投资贷款来增强实力，不仅石油三厂难以承受，而且周期太长。这条路既行不通又不可取。

在这种严峻事实面前，我们选择了走内涵挖潜扩大再生产的道路。口号是“领时代自力更生先锋，掘全体创业内涵，扬职工务实正气，求先进企业宏愿的实现”。一是对设备折旧重新认识；二是对安全系数存在的问题进行正确分析和选用。

(1) 对设备折旧的新认识

通常认为设备的成本价值以折旧的形式全部或大部转移到产品中后，设备就可以报废了。这是不切合实际的。从理论上讲，固定资产成本价值与使用价值应该是相同的，但实际上两者之间又不是完全一致的。这种现象集中表现在实物形态在形式上不变，而价值形态则是多次地向产品转移。成本价值全部转移完毕，实物形态仍然能够发挥作用，这就是折旧年限与使用年限的分离，也是正确看待老设备的一个重要基点。再从实践看来，一方面尽管我

国的固定资产折旧率普遍低，设备使用年限较长，但与我国目前的国情国力、经济特征和科技水平还是适应的；另一方面，长期以来采用综合拆旧的办法不一定符合各种固定资产的实际损耗状况。对加氢设备而言，往往只是局部有问题，如能采用先进技术进行局部处理，使其恢复甚至超过原有价值和功能，大大提高其使用价值，用当代先进技术是完全可以做到的。

这种进行的设备折旧理论和办法本身是不够准确和不够完善的。任何一台机器设备，不仅有其成本价值，而且有其使用价值。一台设备从投入使用起其成本价值随不断折旧而逐渐减少，直到成本价值接近或达到“0”，其使用价值也随使用时间的延长不断降低。但是，使用价值可以反映同代科技成果和发展水平，这是不同于成本价值的特定属性。使用价值的降低与成本价值的减少，是沿着不同的曲线运动的。有的设备，当其成本价值折旧完尽时，其使用价值还未完结。如果根据生产工艺需要，再投入少量的成本价值，运用当代科技成果进行改造，有可能使其达到当代先进科技水平，其使用价值能大幅度增长，有的甚至可超过原有的使用价值。此时完全可以对设备重新估价，并按设备的估价继续提取折旧(在考核固定资产占用水平时，允许该设备的价值不计入固定资产净值)，所提资金全部用作更新改造和奖励基金，从而激发利用和改造废旧设备的积极性。

(2) 安全系数的问题及处理

安全系数是一种带有经验性的系数，它反映了包括设计分析，材料试验，制造安装和运行控制等水平不同的质量保证参数，它表征了压力容器安全储备，是压力容器安全裕度的一种量度(GB 150-897—1989)。但是，由于各方面的原因，使得安全系数在实际应用中存在一些不能忽略的问题。

安全系数是由当前人们对压力容器研究的理论水平与压力容器的实际状况的差异、压力容器理论要求与实际管理水平的差异或考虑到压力容器的重要性，为了使压力容器保留有适当的安全裕度从而保证其安全运行，由人们根据一定的理论分析，试验验证和长期的生产实践知识来确定的一种系数。因此，安全系数是一种带有经验性的系数，它反映了包括设计分析、材料试验、制造安装和运行控制等水平不同的质量保证参数，它表征了压力容器的安全储备，是压力容器安全裕度的一种量度(GB 150-897—1989)。但是，由于各方面的原因，加氢车间通过多年的实践，对安全系数在实际应用中认为有一些不能忽略的问题。

2. 存在问题

(1) 确定安全系数的方法可能是不尽合理的

例如采用部分系数法时就存在这种情况，该法的缺点是各个系数互相相乘起来，使彼此的影响重叠相乘，导致安全系数太大。因此，其结果一般只适宜作为确定安全系数的参考。实际上，在确定那些新技术领域的安全系数时，该方法仍常被使用。

另外，由于测试各种材料的性能是一项花费极大的工程，尤其是材料的高温或低温性能的测试时相当困难的，涉及到较高的技术并且性能数据要求庞大，使得安全系数的确在一定程度上受到经济的制约。

(2) 认识安全系数存在的问题

早在 1981 年国内就有学者在有关专著中论及了 25 个安全系数的概念。据统计，目前安全系数可按不同的侧重点分为 20 个类别，共 78 个不同的概念，如此繁杂的概念一定程度上造成了对其认识的困难。

(3) 理解安全系数存在的问题

压力容器理论中有各种各样的系数，如许用应力系数、应力增强系数、应力集中系数、焊缝系数、及椭圆封头的椭圆系数等。广义上说。这些系数都是为了修正某些理论公式的误差，从而保证压力容器的安全运行而采用的。它们从各个不同的角度以不同的公式，共同围绕设备安全运行这个最终目的而起作用。因此，如果对安全系数与它们之间的关系及区别没能理解透彻，也会产生对安全系数的误解。

(4) 设计应用时采用较高的安全系数不一定能保证设备更安全的运行

安全系数与可靠性的数值大小，二者之间并不相当。在传统的设计方法中，由于无法估计压力容器失效的可能性大小，有时为了保证其安全性，片面地认为加大安全系数即可，这种方法不一定能达到安全的目的，甚至是有害的。安全系数反映了不确定性，实际上成为盲目系数。

特别是在设计选材时，由于实际构件往往带有某些缺陷，对此根据强度条件和根据断裂判据这两方面进行选材往往是不一致的。片面追求高的强度储备，常使构件容易发生断裂，而适当降低强度安全系数，却往往可以换取抗断裂安全裕度的较大提高，同样的缺陷尺寸对高韧性材料来说可能是非安全的，甚至可以忽略不计，而对低韧性材料来说，则可能早已导致断裂。

(5) 制造不一定能完全实现设计要求的安全系数

通过设计可以正确确定容器的固有可靠性，而从设计图纸转化为实际产品，则会使实际可靠性水平低于固有可靠性水平。

① 产品试验时只满足单一方面安全系数的容器会出现危险。由于弹性失效准则受 $\sigma_a-\sqrt{3}p>0$ 的限制，超高压力容器的设计压力受到制约，主要表现在强度的提高受到塑性和韧性要求的制约，故超高压力容器采用塑性失效准则或爆破失效准则来设计。但是，若设计中只规定爆破压力或全屈服压力，对初始屈服压力不作要求，则在径比增加到一定值时，容器内壁在设计压力下也会达到屈服状态，这是容器的初始屈服安全系数随着径比的增加而逐渐减小的结果。显然是十分危险的。针对超高压容器常用的材料的机械性能值 σ_s/σ_s^t 的最大值情况，按超高压容器液压试验压力式计算的试验压力有可能超过设计压力的 44%，这更是不允许的。

② 设备实际运行过程中安全系数可能会是个随机变量或是一个单调变小的变量。

设计和制造实现的安全系数变小必定会使得容器变为不安全。例如，通过自增强理论设计制造的高压容器在运行中由于内壁残余应力松弛而使得其安全系数慢慢减小，对自身的安全系数造成危害。

3. 处理对策

(1) 端正对安全系数的认识

① 认为安全系数是一个常数的概念是不恰当的，安全系数不但有许多种类之分，而且其具体的值有一个合适的区间范围，设计时取之过高或过低都会导致容器投资成本的浪费或运行的不安全。

② 安全系数虽然是影响容器安全性和经济性的直接因素，它却不是容器安全性的决定性因素，也不是表征压力容器安全性的直接系数。引起容器失效的主要原因不是安全系数，而是断裂、疲劳及应力腐蚀等。

③ 同理，安全系数也不是决定容器安全性的唯一因素，即使采用了合适的安全系数，容器运行中的热应力、局部应力和循环载荷等因素也影响容器的强度。安全系数只是保证容

器安全的压力容器理论中相当多的各种因素中的一个，并且各系数或因数之间没有必然的相互联系。

④ 从各种具体的工作条件考虑，对某一种材料规定一个统一的安全系数和许多应力值是不恰当的，应区别对待加以考虑。

⑤ 从一台容器的整体结构中各零部件的功能作用及受力分析来说，对同一台容器的全部设计规定一个统一的安全系数也是不够科学的。

(2) 正确选用安全系数

从技术角度分析，安全系数是一个可靠性与先进性相统一的系数。计算的正确与否，材料的质量和容器制造质量的好坏。设备载荷的稳定性及安全装置的精确度与允许误差，还有设计对象在生产中的重要地位和危险性都是影响安全系数大小的主要因素。总的技术发展趋势是使安全系数变得越来越小。由此，设计取用方法上要考虑因素，有时仅考虑一个安全系数是不够的。

由上述"设计应用时采用较高的安全系数不一定能保证设备更安全地运行"分析可知，按质量控制标准仅以缺陷尺寸的大小判断容器的安全性显然是不合理的。从综合的观点看，容器设计对应先保证断裂韧性，其次才考虑强度安全，这样才能获得强度与韧性的最佳配合。整个设计思想应转变为'破损安全设计'。

一般地，具体的取值就按国家标准规定的有关数值选取，同时可参照类似设计的先进经验更有针对性地选取。

(3) 发展新的理论使保证安全的系数更加科学

目前，各国的各种技术规范对压力容器安全系数的选取虽然没有十分成熟的技术基础，但对此考虑的主要因素是相同的，结果各国对安全系数的取值规律不尽相同，有些同样材质的安全系数取值甚至相差较大。这主要是各国对安仝系数的认识上的差别及对安全系数存在问题，问题处理方法不同造成的。关于安全系数不能反映容器可靠度的问题，国外一些机构已进行研究，并取得成效。

4. *石油三厂具体作法(安全系数和许用应力)*

(1) 材料的基本许用应力取下列数值的最小值

$$[\sigma]g=\sigma_b/n_b$$

$$[\sigma]g=\sigma_b^t/n_b$$

$$[\sigma]g=\sigma_s/n_s$$

$$[\sigma]g=\sigma_s^t/n_s$$

式中 $[\sigma]g$——材料的基本许用应力，kg/cm^2；σ_s，σ_b——在常温下材料的屈服限和强度限，kg/cm^2；σ_s^t，σ_b^t——在设计温度下材料的屈服限和强度限，kg/cm^2；n_s，n_b——安全系数，取值如下：钢材(不包括奥氏体不锈钢)：$n_b=2.6$，$n_s=1.6$；奥氏体不锈钢：$n_b=2.6$，$n_s=1.5$(对常温下的屈服限)或1.3(对于设计温度下的屈服限)。

当碳钢和低合金钢的设计温度超过420℃，合金钢的设计温度超过450℃，奥氏体不锈钢的设计温度超过550℃时必须进行持久限或蠕变限验算，取以下两者的较小值为基本许用应力$[\sigma]g$，$[\sigma]g=\sigma_d^t/n_d$或$[\sigma]g=\sigma_n^t/n_n$式中 σ_d^t，σ_n^t——在设计温度下材料的持久限和蠕变限，kg/cm^2；n_d，n_n——安全系数，取值如下：钢材(不包括奥氏体不锈钢)；$n_d=1.6$(σ_d^t取最平均值时)或1.25(σ_d^t取最低值时)；奥氏体不锈钢：$n_d=1.5$(σ_d^t取最平均值时)或

1.25(σ_d^t 取最低值时)。所有各种钢材，$n_n=1.0$。

(2) 各种受压元件许用应力

按下式确定：$[\sigma]=Y[\sigma]g$ 式中 $[\sigma]$——各种受压元件的许用应力，kg/cm^2，Y——元件系数(查表 4-3-9)。

表 4-3-9 元件系数 Y

受压元件名称	Y
筒体(单层、多层、锻造、绕带、绕板)，球壳及冲压球形封头	1.0
扁平钢带筒体	0.9
筒体顶部底部(环形锻件)	0.9
底封头(碗型锻件)	0.8
顶盖及底盖(饼形锻件)	0.7

(3) 螺栓的许用应力$[\sigma]$

根据螺栓直径的大小确定(表 4-3-10)。

表 4-3-10 螺栓的许用应力$[\sigma]$

螺 栓 直 径	$[\sigma]$[取下列数值的较小(值)]
>M48	$\sigma_s/2.5$ 或 $\sigma_s^t/2.5$
M24~M48	$\sigma_s/3.0$ 或 $\sigma_s^t/3.0$
<M24	$\sigma_s/3.5$ 或 $\sigma_s^t/3.5$

(4) 认真细致的搞好隐患的整改

由于历史的原因，加氢装置的主要设备氢腐蚀和硫化氢腐蚀十分严重，装置泄漏现象时有发生，老旧设备隐患逐年增加，维修任务和维修难度越来越大。

直到“九五”期间才完成了加氢装置隐患治理二期工程。

充分利旧，搞好设备缺陷修理。

例：伍德式加氢反应器密封的修理(仅作为当时利旧的例子，现在这种反应器已被淘汰)。

1992 年石油三厂新建了一套白油加氢装置，为了节省投资，其中一台反应器利用日伪遗留下来的伍德式密封反应器。由于年久失修，筒体密封面损坏多处，最为严重的是在密封面上有一处 20×40×50 的气割伤口，严重影响了反应器的正常使用，所以报废闲置了多年。通过核查认为，该反应器除密封面处需要特殊处理外，其余部分无碍于使用。

伍德式密封的修理：图 4-3-12 伍德式密封结构是高压加氢反应器使用的一种高压自紧式密封装置，它的密封机理是靠密封圈 1，壳体锥面 2，浮动顶盖 3 的凸型面接触来实现的，借预紧螺栓 5 达到预紧作用。当工作时，介质压力通过浮动顶盖传递到密封圈 1 上，因而产生自紧作用。四合环 4 是可拆卸的，由四部分组成并用螺栓 6 联结，四合环 4 和密封圈 1 间做成斜面，这样可越拉越紧。密封圈 1 三面做成斜形，它给自紧作用建立了先决条件。

此次利旧的加氢反应器密封面损坏情况见图 4-3-13。除前面介绍一处气割伤口外，还有几处程度不同的 5×5×1.5、3×5×1.5 等不均匀点蚀部位，这些缺陷都将影响反应器的密封性能。

经周密的研究，采用两个修复方案：

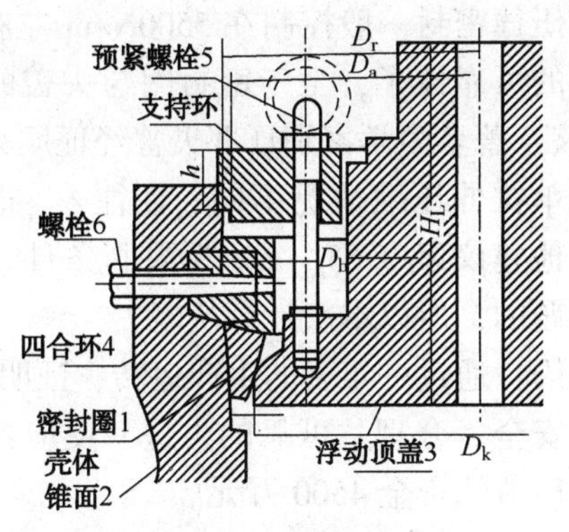

图 4-3-12　伍德密封结构

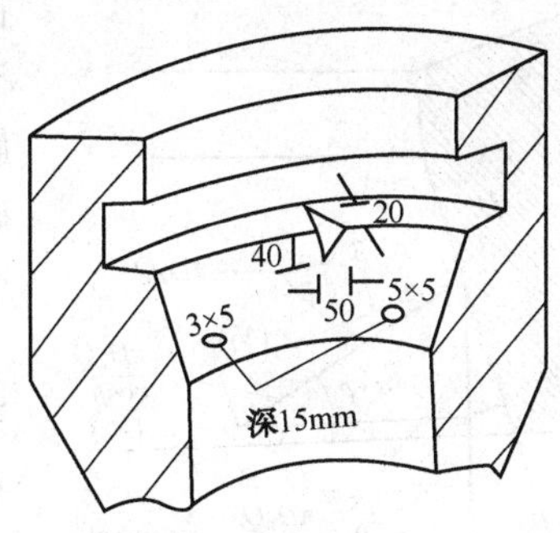

图 4-3-13　筒体端部

(a) 补焊方法。因为筒体材料为35CrNi2Mo，这是日本炮筒用钢，焊接性能非常差，要想用焊补方法来修复，必须做焊接工艺评定。经过几个月的工作，焊接工艺评定报告结果是补焊处的化学成分与母材不同，抗氢腐蚀欠佳，冷弯不合格，其他各项还可以。因此补焊方案失败。

(b) 机加工修复方法。这样大面积的损伤，如果用机加工的方法车削，那么密封圈的截面就得变大、变粗。这样就失去了密封圈靠弹性变形实现密封的机理。最后决定利用密封圈弹性变形的机理，将密封面车削 1.5mm，保持密封圈截面尺寸不变，即柔性不变，靠四合环拉紧螺栓，使 A、B 两点首先接触密封面产生挠性弯曲，然后靠操作压力将浮动顶盖顶起，再使密封圈产生相反弯曲变形，使密封圈左面的两个齿的任何一个(如 C 点)与壳体锥面成线接触达到密封目的，见图 4-3-14。但是整个密封圆周缺陷是千疮百孔，就利用密封圈变形的机理，适当调整了密封圈的两个点的位置，通过多次模拟实验。将接触线的位置控制在无缺陷的地方，以达到不泄漏的目的。这样处理的结果是：一次水压试验合格(水压 22MPa)。密封是合格了，但密封圈是否发生塑性变形，这又提出了一个新的问题，所以必须进行密封的可靠性计算。

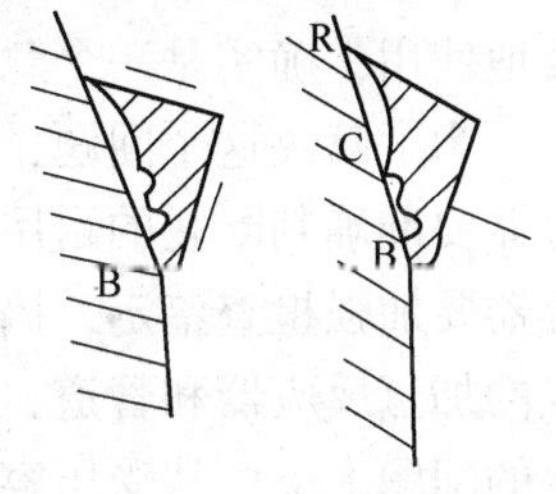

图 4-3-14　机加工修复方法

首先分析了密封圈的受力情况(见表 4-3-15)，假设预紧螺栓保证头盖和密封圈间密封性的最低密封压力为：每一毫米接触长度 Q 牛顿，考虑到摩擦力的作用，预紧螺栓预紧荷载为：$P=\pi D_k \cdot \dfrac{\sin(\alpha+\rho)}{\cos\rho}\times\theta$

式中　D_K——头盖与密封圈接触直径，这里 $D_K=856$m；α——密封锥角，$\alpha=30°$；ρ——摩擦角，取 $\rho=8°30'$。θ——保证头盖和密封圈间的最低单位长度密封力，取 $\theta=300$N/mm。

故 $P=3.14\times856\times300\times\dfrac{\sin(30°+8°30')}{\cos8°30'}=50740.8$N

预紧时，密封圈的侧压力 N_2：$N_2=P\dfrac{\cos\rho}{\text{tg}(\alpha+\rho)}=50750.8\times\dfrac{\cos8°30'}{\text{tg}(30°+8°30')}=637057.6$

操作时，$N_1=\dfrac{P\cdot D_k\cos\rho}{4\sin(\alpha+\rho)}=16\times856\cos8°30'/4\times\sin(30°+8°30')=5439.8$N/mm

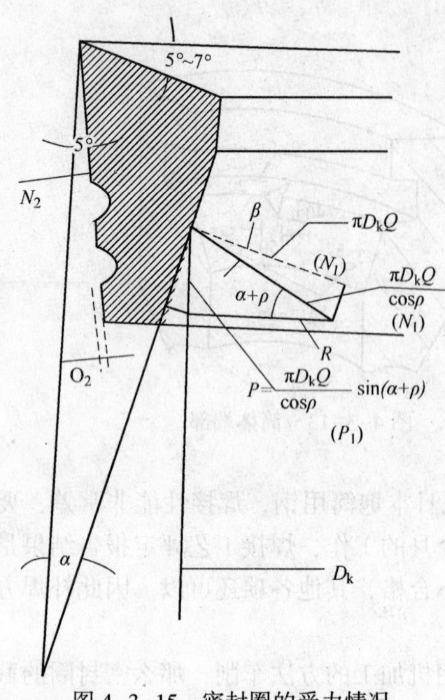

图 4-3-15　密封圈的受力情况

对伍德密封一般控制在 5500N/m 左右，就能保证密封的可靠性了，至于密封圈与头盖的接触应力 δ_{max} 校核，著名力学家别辽耶夫曾经证明说：表面接触和简单拉伸压缩情况不同，往往 δ_{max} 很大也不致破坏，他建议以 $0.6\delta_{max}<\delta_s$ 为限制条件。一般是不会有问题的，所以本次计算从略。

结语：通过一年多的生产运转，证明上述分析，计算是安全、合理、可靠的。这一反应器的利旧为石油三厂节约资金 4500 万元。

5. 从受压容器及管道破坏事故谈石油三厂加氢高压设备的技术管理

石油三厂的受压容器及管道，在制造、安装、使用、检修至再使用，再检修直至报废的整个循环过程中，普遍存在着不同程度，不同类型的缺陷。这些缺陷有的可能引发事故，有的在较长时间内无问题，有的则还在成长发展，向危险区过渡。若不细致分析，及时处理这些缺陷，则可能引发事故，造成生命财产的损失。然而若一律简单地“判废”，则势必造成资金浪费。因此，如何保证受压容器和管道在安全可靠的基础上，经济合理、有效地使用，确实是一个急待解决的问题。

为了解决这个问题，对石油三厂来说，首先就是要加强对受压容器和管道的管理。对新容器要准确判断它的耐用程度；对容器要及时发现它存在的缺陷并予以处理，对超役的受压容器要加强检查鉴定，搞好维护检修以延长寿命。尤其是对具有易燃、易爆、腐蚀、有毒特点的加氢反应器和管道，无论是从安全观点，还是从经济效益观点来看，这都是一个至关重要的问题。下面从受压容器及管道事故情况，谈高压设备的技术管理。

(1) 受压容器和管道破坏事例

① 国内受压容器和配管事故情况。在兰州机械研究所的压力容器和管道缺陷评定和检测技术的调查报告中，列举了 74 件事例，分类如表 5 所示。从 74 个事例(90 台次)来看，抚顺石油三厂有 10 台次之多，其中灾难性事故 10 次，石油三厂占两次，见表 4-3-11。

表 4-3-11　国内化肥、炼油企业容器及管道缺陷及损伤事故情况

序号	事故原因	台次	其中石油三厂次数	其中灾难性事故	百分率%
1	裂纹、焊接裂纹	35	2	3	38.7
	长期使用中疲劳裂纹	15		3	16.7
2	腐蚀(包括脱碳氢脆)	22	2		24.5
93	焊接缺陷	6	3		6.7
4	错用材质	2	2	2	2.2
5	管壁局部减薄	10	1	2	11.2
	总计	90	10	10	100

② 典型事例。为了进一步分析说明，将国内外压力容器及高、中压管道破坏的典型事例 25 件，现将石油三厂案例摘录见表 4-3-12。

表 4-3-12　受压容器及高压管件破坏典型事例(其中石油三厂部分摘录如下)

序号	名称	国名	年月	容器、管件规格/mm	使用钢材性能	发生事故时期	事故压力/MPa	事故温度/℃	事故概况	发生事故的原因
8	加氢反应筒	中国(石油三厂)	1975 年	ϕ1000×15200 壁厚 90 20CrNiMoA		超声波探伤时	20.0		四台容器在安装检查时，均在焊缝处发现超标准焊缝缺陷，目前三台仍分别带有超标缺陷	长期使用中停开次数频繁，氢腐蚀(长期局部过高温度)高压力和温度，应力等因素也有影响
9	加氢反应筒	中国(石油三厂)	1969 年	ϕ950×壁厚 190 35CrNiMoA			20.0		共 16 条裂纹，最长达 13mm，深约 3mm，下盖内侧引出管周围五条裂纹，分别从三个堵孔处旧焊接区附近向引出管方向延伸	由于密封面曾因腐蚀而影响密封，而于 1962 年用不锈钢焊条补焊后热处理，产生裂纹，10 号筒为应力集中引起的裂纹
12	加氢反应筒	中国(石油三厂)	1968 年 10 月	ϕ950×7900 壁厚 190		密封泄漏检查、运行或停气中及检修时发现	20.0		6 条用眼可见的轴向大裂纹最长达 750mm，其余 5 条长 400mm，及其他许多约 10~20mm 的小裂纹，法兰部分裂纹深度已扩展达 220mm，其断口为脆性断口，有硫化铁的腐蚀产物。已运行 10 万小时以上	是由于长期使用中的 H_2S 应力腐蚀或疲劳腐蚀而致，由于无原始制造资料，故对制造时的情况不明
17	加氢反应器	中国(石油三厂)	1953 年 5 月 13 日	出口管	碳钢	运行中	20.0	440℃	运行中爆炸着火死 1 人	材质选错，因氢气腐蚀脱碳，龟裂而爆炸着火
18	氢气循环机入口管	中国(石油三厂)	1975 年 9 月 24 日	U 型弯管 Cr-Mo 钢管	5CrMo	运行中	20.0	常温	弯管破裂，大量氢气冲入室内造成二次空间爆炸，致死 8 人，受伤 7 人，厂房毁坏	安装时错把 CrMo 管当做碳钢管，热弯后未经过回火处理。韧性差，硬度高达 HB=410(直管部分大于 250，管子在使用时受 H_2S 应力腐蚀，经过 20 多年达到脆性破坏临界尺寸)此管还存在原始制造缺陷—重皮
23	加热炉出口管	中国(石油三厂)	1941 年		碳钢	运行中	20.0	730	破裂着火爆炸，死亡 7 人(日人 1，中国人 6)	误用材质 应为 5CrMo 钢管
24	加热炉出口管	中国(石油三厂)	1942 年	ϕ30/54 管子		运行中	20.0	345	破裂着火爆炸	腐蚀材质脆化
25	反应器连接管	中国(石油三厂)	1940 年			运行中带压旋紧	20.0		在高压下旋紧时，着火爆炸，死 3 人(中国人 2 人)	高压下旋紧，估计是丝扣脱扣引起

(2) 受压容器和管道事故分析

从表4-3-12的典型事例可以看出，多数破坏事故直接或间接与脆性断裂有关。材料的强度，随着温度的降低而增加，但其韧性下降。在无延性转变(N. D. T)以上，断裂韧性增长，这种变化同时取决于材料的性质和热处理。事实上，低温脆性破坏是不少的，虽然我们已从实验开始研究方面测得转变温度，使设备处于该转变温度以上工作，遗憾的是，对同一材料各种试验方法所得的转变温度不同。由此可知，虽然温度对材料缺口或缺陷的延性有着重要的影响，但都不是唯一因素。缺口、裂纹及其端部小面积材料的状态是决定一个构件是否呈脆性状态破坏的重要因素，常见的许多脆性破坏均始于缺口或裂纹的端部。这样在其端部就产生一个高的局部集中应力和应变。裂纹越长其值越大，当局部应力增加很快达到钢材的屈服强度时，就会产生变形而横截面缩小，而临近裂纹面的材料将阻止裂纹端部的小体积变形，因此产生二次应力，它就提高了屈服应力，降低延性，故在某种条件下产生了脆性破坏。表4-3-12中典型第8、第9、第10是石油三厂加氢反应器。第18是石油三厂1975年“9. 24”事故，根据断口检查分析，也属于缺口效应而引起的脆性破坏。

一般结构钢制成的厚板和厚截面设备更容易产生脆裂纹破坏。从国外调查资料看到，壁厚越大，韧性值越低，因此，厚壁筒较薄壁筒更易产生脆裂。结构钢一旦开始脆性断裂，就很容易发生快速扩展的现象。小体积金属材料若发生断裂，在裂纹的前端立即受到一个很突然的高应力与高压应变，使情况部位恶化，使裂纹扩展速度增加，这样就可能使容器在短时间内发生整个脆性破坏。甚至造成灾难性的事故。这就是为什么多层筒比单层筒要安全可靠的原因。

不同钢材有着不同的显微组织，即使是同一钢材，不同热处理状态，其显微组织亦不相同，而同种金属组织又有各种不同的转变温度，不同的断裂韧性值，例如轧制状态比正火状态的转变温度较高或者说断裂韧性值较低。

有人研究过不同热处理状态对裂纹扩张速率的影响，结果发现，随着马氏体回火温度的提高，裂纹扩张速率便显著降低。

脆性断裂的产生与扩展还需要一定的能量。此能量可以来自外加负荷如温度、压力、振动等，也可能由于内部结构的残余应力，或者是两者联合的作用。例如焊接和火焰切割过程，加氢装置中催化剂层温度急升和紧急放空过程，水压试验过程等。当缺口或断裂纹已经处于脆性状态时，残余应力与外加应力相加，结果在低的应力水平下即会产生脆性断裂，甚至有些情况下完全没有外加应力，仅仅由于残余应力的作用也会产生脆性破裂。

焊接的影响是多方面的，焊接不仅产生残余应力，而且往往产生一定大小、长度及状态的各种缺陷和裂纹。研究结果说明，多道焊较单道焊断裂韧性值要高。Cr-Mo钢焊接金属及热影响区的断裂韧性都比母材差。焊接应变时效或热应变脆化会使断裂韧性降低，特别是在有裂纹存在时更加显著。这一系列问题对高、中压力容器及管道的焊接过程以及一系列过程中的检查鉴定工作提出了更高的进一步要求。

受压容器及管道产生脆性断裂的主要因素涉及到选材、设计、制造及使用的各个阶段以及各个过程，如焊接、冷加工、组装、热处理、水压试验及产生使用等过程；如果处理不当，都可以引起脆裂。产生脆裂的原因往往不是单一的，而是各种因素错综复杂地交织在一起。

其次，就典型事例来看，脆裂以外的诸因素，有些是先天的因素。我们知道，由于设计强度计算错误而产生受压容器和管道的破坏事故是很少的。但是，由于结构设计不好，对于热应力、集中应力、疲劳腐蚀及应力腐蚀、以及使用条件预计不周，以及错误使用材质等原因而造成的破坏事故则是屡见不鲜的。

属于设计结构不好的如：日本某厂合成氨塔内筒由于设计的法兰内外侧温度差引起的应力使筒内径膨胀鼓起以致发生破坏；西德一台立式高压筒，其封头有一个裙式支座采用单面焊接，由此产生了较高的焊接应力，在受压时，容器产生环向变形，但其横截面的扩大又受到支座的阻碍，使筒体周围的环焊缝产生附加弯曲应力，由此，水压试验时出现裂纹；日本川崎一台换热器，由于转角处曲率半径太小，引起升压，实验室发生破坏。

属于热应力、应力集中的如表 4-3-12(表 4-3-12 系中国机械工程学会压力容器分会主办，机械电子工业部通用机械研究所编辑出版“压力容器”1987 年 7 月第 4 卷第 4 期“容器和管道”事故分析中)中事故第 9 项；

属于腐蚀、应力腐蚀以及疲劳，见表 4-3-12 中事故第 12、21、22 项；

属于错用材质的如表 4-3-12 中事故例第 17、18 项；

属于操作使用条件估计不足的如日本一台高压贮气罐，压力 10MPa，使用中由于压缩机润滑油气化形成易爆气体混合物而发生爆炸。这种事故在欧美也经常发生。

总之，许多受压容器和管件的破坏事故都是直接和间接地与材料有关。由于腐蚀疲劳和蠕变而引起的破坏也常常是因为所用的材料不足以抵抗这些因素作用的结果。由于焊接、制造以及热处理过程中所产生的破坏因素，也可能是由于所用材料不合适或者所采用的制造工艺过程不妥当所致。然而，使用有缺陷的材料或错用材质更会直接造成事故，见表 4-3-12 第 17、18 等。

此外，近年来由于受压容器大型化，厚壁容器逐渐增多了；低合金强度钢广泛使用；石油化工受压容器需用量大幅度增长；在受压容器及高、中压管道上焊接技术的大量应用，都使问题更加复杂而多样化了。

(3) 防止受压容器和管道发生事故的对策

受压容器及管道的破坏事故不断发生，是有客观原因的。但是，尽量预防事故的发生，缩小或避免事故的影响，或者消灭一切灾难性的事故，这种认识无疑也是正确的。抚顺石化公司受压容器及高、中压管道的用量大、面广(在役压力容器 3020 台，其Ⅰ类 1744 台、Ⅱ类 976 台、Ⅲ类 300 台；工业管道 1451.4 公里，8746 条，其中Ⅰ、Ⅱ、Ⅲ类管道 2147 条，247.26 公里，均属于易燃、有毒介质管道)，设备使用时间长，有一部分甚至是伪满时期遗留下来的，使用年限达 50 年以上，而且使用条件也比较复杂。以石油三厂为例，它的设备安装，平面布置紧密，操作工人密度大。加氢车间、压缩车间两个主要厂房 6405m^2 内就有 273 人以上。自使用了焊接卷板单层容器以后，增加焊缝 132 条，焊道 300 余米，产生裂纹缺陷的可能性增长了。另外高压加氢容器及管道受含硫油、氢、硫化氢、氨等化学介质的腐蚀，尤其是高压氢蚀。加之高压加氢从常压常温到高压(20MPa)、高温(450℃以上,)操作条件变化大，加氢介质又易燃易爆，一旦发生爆炸，往往引起火灾。因此，认真制定压力容器及管道事故对策，从各方面讲都是意义重大，尤其是从消灭灾难性事故上讲，更为迫切。

① 开展与裂纹作斗争是当前受压容器、管道技术管理工作的重点。从产生裂纹原因来看，有疲劳裂纹、腐蚀和应力腐蚀、焊接区的延迟裂纹等。抚顺石化公司这些年受压容器及管道发生裂纹也都属于以上三方面的原因。如石油三厂已使用 50 多年的 5 号、9 号、10 号筒(450~460℃；20MPa 工况下)在上部无内衬保温的内壁上，已有六条环向裂纹，最长达 670mm，其余 5 条均在 400mm 左右。用常规低倍酸蚀检验，还发现内壁上有一些深约 1mm

的细裂纹。在筒壁发现裂纹已扩展到220mm的程度(此处反应器壁厚为300mm)，断口是脆性断口，断口的显微分析表明沿主裂纹还有许多硫化氢的腐蚀产物—硫化铁，分支裂纹中也充满了硫化铁。这主要是长期使用中，硫化氢应力腐蚀造成。又如石油三厂3号筒，母材用 $25CrNi_2MoA$ 钢锻造而成，其上密封面曾于1962年用18-8型不锈钢焊条补焊，后经检查，在补焊热影响区发现16条裂纹，最长已达130mm深约30mm。在20CrMo9 4台(ϕ1000mm ×15000mm采用钢板卷焊)受压力容器，均在焊缝处发现超过标准的缺陷或夹杂。由此可见，对于受压容器的安全使用，威胁最大的普遍存在的问题就是裂纹问题。因此，与裂纹作"斗争"是当前容器及管道管理中的主要措施。

所谓与之"斗争"，主要意味着以下几点：

第一，对"先天"性缺陷如选材、制造、施工、安装等过程中带来的裂纹和缺陷，必须通过无损探伤、完整地、无遗漏地、准确及时地发现，一一登记，有的须立即更换，有的可限期处理(定期复查)。

第二，通过定期的设备检查鉴定(主要是无损探伤)，及时发现经使用后所产生的各种延性或脆性裂纹，及时处理，如磨光、加强、更换或返修等。

第三，对某些容器和管道上有疑义的裂纹，主要是运行中的受压容器的裂纹或缺陷要进行必要的监视，应进一步研究与采用行之有效的声发射监视技术，有根据地预测防爆裂事故发生。

第四，对受压容器的薄弱环节进行连续检测，采用高温探头超声波探测法，对运行中的受压容器已知未超标缺陷进行定时探测，及时监视裂纹与缺陷的扩展情况，并进行报警或处理。

第五，开展断裂力学的试验研究。确定某些受压容器及管道的断裂韧性与临界裂纹尺寸值，预测其扩展速率，估算使用寿命。

第六，吸收消化国内外先进技术与经验，运用我国国家标准与规范，博采众长，不完全套用制造标准，参照行之有效的规范，结合生产实践来进行检验，提高技术水平。鉴于我国目前尚无加氢系统在役压力容器及管道检查的有关标准与规定，而且加氢装置的主要设备反应器壁厚多达200mm以上(超出我国标准120mm以上)并有堆焊层，为保证检查工作顺利地进行且能最大限度发现缺陷，我们运用现行的国家标准、参照美国、德国和日本等先进工业国家的检验标准进行检验。例如以无损检测中的超声波探伤标准为例，针对在役压力容器与管线发生的缺陷是以线性缺陷(或裂纹)为主要危险性缺陷的特点而确定以UT为主。对从日本进口的设备我们参照日挥公司(JGC)提供的资料，结合具体情况，我们用的是国产仪器，国家标准与方法。如反应器主焊缝UT探伤我们们采用2.5MHz，K_1斜探头按 $\phi1\times6-6dB$，短横孔当量探伤灵敏度，用CSK-ⅢA型试块检查，比照日挥公司推荐的ASME用2.25MHz，K_1斜探头按 $\phi8\times38$ 长横孔参考反射体当量灵敏度检测进行了试验对比与理论计算，结果表明，我们采用的灵敏度合乎要求。与日挥日本专家在1984年检验反应器的结果也是相符合的。又如对从西德进口的设备，检测方法、标准完全按西德AD规范HP5/3C级，采用与制造检测相同型号仪器(西德的)和相类似的检测条件及方法，也便于通过检测结果与出厂检测记录对比，有助于确定检出缺陷是原始缺陷还是设备在运行后的新生缺陷，或者是原有缺陷是否有扩展。这种把制造检测标准移植到在用容器上来的办法，我们认为是可行的。

第七，加氢反应器长期在高压、高温下运行，受氢、硫化氢等介质的作用，尤其是高温下氢腐蚀作用，有可能使筒体、部件材质脆化或产生氢致裂纹。反应器筒体为2.25Cr1Mo

材质，长期在375～525℃下运行，还可能发生高温回火脆化现象。长期运行，其断裂韧性也将随时间而降低。筒体内部衬有不锈钢堆焊层，由于压力、强度及氢集聚的影响，也可能会产生剥离及层下裂纹缺陷。为了保证设备安、稳、满、优运行，除定期进行无损检测外，在反应器内部放置一定数量的模拟监测试块，在每一检验周期(与催化剂寿命同步)取出一块进行解剖分析，用破坏检验分析与无损检验对比，以便提高检验结果的准确性；同时，积累一定数量的材质在环境介质影响下运行若干小时的物理化学分析数据、声学性能、断裂韧性等数据，为今后的安全评价、寿命的安全评定、寿命评估创造条件。通过长期的监测、分析、试验，也必将提高我们检验安全评定的技术水平。

以上几项工作，抚顺石化公司石油三厂有的已经进行，有的正在进行，有的刚刚开始。要想做好以上几点，必须有一套严密而科学的管理方法、验收、投产、使用、检验、试验都要有一系列的研究手段与工具，还要建立与健全技术责任制及较长期性的培训制度，并取得国内科学研究部门的密切协作与配合。

② 发展无损探伤是加强压力容器及管道技术管理的主要措施。无损探伤主要包括超声波探伤、X(或γ)射线探伤、磁粉探伤、渗透检测及声发射、红外热像等技术。无损探伤技术在抚顺石化公司石油三厂已得到广泛应用，而且取得了显著的效果。在防止事故、保证安全方面起到了一定的作用。

但是由于某些原因，各种无损探伤对检查各种缺陷，如裂纹、未焊透、夹渣等都不能正确地无遗漏的发现，即对缺陷的定性、定量、定位并不能完全地真实反映，存在一定的误差。

在国外高压设备中确实存在无损探伤漏检的情况，根据某化机所调查，我国无损探伤中也存在漏检，由于检验困难不检或延期检验、检测不准而误判。某厂加压变换饱和热水塔，壁厚由12mm腐蚀减薄到3mm以下，在使用中爆破。某厂水洗塔气体入口弯管，测厚时选择测点不当，结果误测，将壁厚已减到2.5mm的不合格状态，误判为没有减薄，造成爆破。

在无损探伤方面，还存在一个判断标准与依据的问题。某化机所调查的22个厂使用情况，大部分的合成塔(也包括抚顺石化公司的高压容器)，水冷器、氨冷器、高压压缩机的五、六段水冷却器、中压设备如水洗塔及管道等，都存在着或发生过程度不同的缺陷，而这些容器及管道都已经使用多年，没有破坏的有些还在继续使用中。由此说明，某些压力容器和管道存在着裂纹或缺陷，并不见得立即会引起破坏，只有当裂纹和缺陷尺寸扩展到一定程度，达到某个临界值以后，才会引起破坏。如果，我们能够做到定性、定量地掌握缺陷的发展规律，就能保证安全使用，又不过早更换。

1960年前后，抚顺石化公司所属石油一、二、三厂，曾对一些有不合格的设备采取了“待处理”、“限期处理”、“监督使用”等判断方法，但却增加了管理上的困难，有时在安全上也承担了一定程度的风险，因此，如何正确评定缺陷尺寸，对企业的安全生产和经济性管理十分重要。研究结果表明，缺陷尺寸大小，特别是缺陷长度是影响强度的重要因素，也是评价缺陷的一个主要依据，因此，现行的日本、美国、英国的标准都是用缺陷长度为验收标准的判断根据。然而，抚顺石化公司的无损探伤者，对缺陷尺寸(尤其是缺陷在容器壁厚方向上的自身高度和深度)的判断方法，仍须不断地研究和提高。

声发射无损探伤是对在载荷作用下的物体进行探伤的一种新方法，它能使被检查的对象(缺陷和裂纹)能动地参加到检验过程中去，故称为动态无损探伤。这种方法不但能了解缺陷的目前状态，而且能够了解缺陷的形成过程和实际使用条件下发展和增大的趋势。因此，它能对在实际操作或运转过程中的容器、管道进行连续的远距离监视。

总之，各种无损探伤方法，虽然对受压容器及管道的检验，起着重要作用，但也存在一定问题。对抚顺石油化工公司石油三厂来说，不仅在检验质量上还须要进一步提高，就是在检验的广度和深度上，也要不断研究、探索。例如，定量地确定缺陷尺寸；检验某些特殊结构或部位(如焊接三通、小管内表面、焊缝根部、弯管受腐蚀部位等)的缺陷。此外，对检测技术的应用如声发射技术、红外技术、涡流探伤方法等，都还待进一步学习和提高。要准确地判断缺陷性质及其成因，就必须深入研究缺陷的形成和发展的各种影响因素及其互相关系。这样，就需要多方面的专业知识的配合，掌握一些新的分析检验仪器，这一切都要求我们进一步发展和提高无损探伤技术水平。

③ 关于断裂力学的研究。断裂力学的试验研究工作，在我国已有许多高等院校、研究所和制造单位进行探讨。根据各方面文献所载，从断裂力学的观点来看，允许受压容器及管道中存在小于临界尺寸的缺陷。通过试验方法，根据不同材质的断裂韧性值，估算出缺陷容许的裂纹临界尺寸，估算出其扩展速率 da/dN，似乎是对受压容器防止脆性断裂的问题已有解决的办法了，事实上并非如此。

从国外有关方面情况来看，防止脆性破坏的首要问题是选择适宜的结构材料，使用具有足够而恰当的抗脆性断裂韧性值，其中心问题是实验方法及评定指标问题，各国都很重视而且做了大量的工作。但到目前为止，尚不能说防止脆性断裂的材料韧性指标问题已彻底解决。线性断裂力学(L. E. F. M)已被广泛地应用于高强度钢、钛及铝合金。但是对低、中强度钢都由于它们在脆性断裂时伴有局部性变形而使得 L. E. F. M 的应用受到限制。目前，我国开展了 COD 法的研究，作为材料的评定方法是很有前途的。

一般情况是：用试验方法测出断裂韧性值，再应用断裂力学的方法计算出容许的临界缺陷尺寸，如果该值与无损探伤发现的缺陷尺寸相比为大，再根据压力容器使用条件，进行疲劳、应力腐蚀及其他有关扩展速率计算，若符合使用寿命的要求，则认为可以安全使用。

对抚顺石化公司石油三厂加氢反应器来说，从设计情况看，选材、强度核算、安全系数都很大，似乎没有问题。但从断裂力学的观点看，无论伪满留下来的 35CrNi 2MoA 钢的反应器，还是兰石制作的 20CrMo 9或 2. 25Cr1Mo 钢的反应筒，都已发现一些一定长度的裂纹缺陷。缺陷情况严重的已报废；有的则采用局部打磨后继续使用；有的经过一次、两次返修，送回兰石厂重新焊接及热处理后使用。花如此大的力气，用如此多的资金来采取“返修”、“拆除”与“报废”措施，究竟是否合适时？尚待进一步推敲。对正在运行中的加氢反应器，则须进一步检验。

为此，对石油三厂三种材质的反应筒开展了断裂力学的研究，对他们进行了解剖试验：

(a) 对三种材质(35CrNi2MoA、20CrMo9、2. 25Cr1Mo)的高压容器，就母材、焊缝金属及热影响区各个部位进行试验，找出最可能发生脆断部位的断裂韧性值 K_{IC} 或临界值 COD 值。算出允许的最大缺陷尺寸，再对照无损探伤的结果，判定构件的安全性。

(b) 根据具有裂缝的试样的疲劳试验，从实验数据归纳出裂缝的发展速率(da/dN)，从而估算出裂缝深度发展到整个壁厚时容器破裂所需循环次数，由此得出容器使用寿命。

(c) 通过模拟人造裂缝容器爆破试验，以检验实验室所测定的 COD 值能否用作判断容器脆裂的可靠依据，并研究与探索 COD 与 K_{IC} 之间的换算关系。

(d) 探索全公司各种腐蚀介质、高温对前三者的影响，并通过试验加以说明。

即使这样，仍不可掉以轻心，还必须加强对压力容器的监测，防止由于运行中操作上不平衡，负荷的变化而引起裂纹缺陷的扩张与发展。因此，在以上断裂力学中的第三项模拟实验中，还要进行声发射监控研究，然后逐步应用于高压容器的有效监控。再如应用电子计算机技术，串联一套自动化应急泄压(放空)应急放空措施，当裂纹扩展到即将发生断裂的危险地步时，自动把压力放掉，这样才能说对安全生产有了相当可靠地保证。

（4）小结

一些重大压力容器事故大部分属于焊接缺陷，管道事故也不例外。其次是设计不合理。如果把从事压力容器的科研、设计、制造、材料、使用和监察的部门作为一个大系统考虑，则这个系统的最终目标是最大限度地降低压力容器的失效率。围绕这个目标，是一个庞大的系统工程，它需要开展个部门的横向联系、协同工作。这个系统工程的初步模式如下图所示，以期展开降低压力容器失效率(见图 4-3-16)。

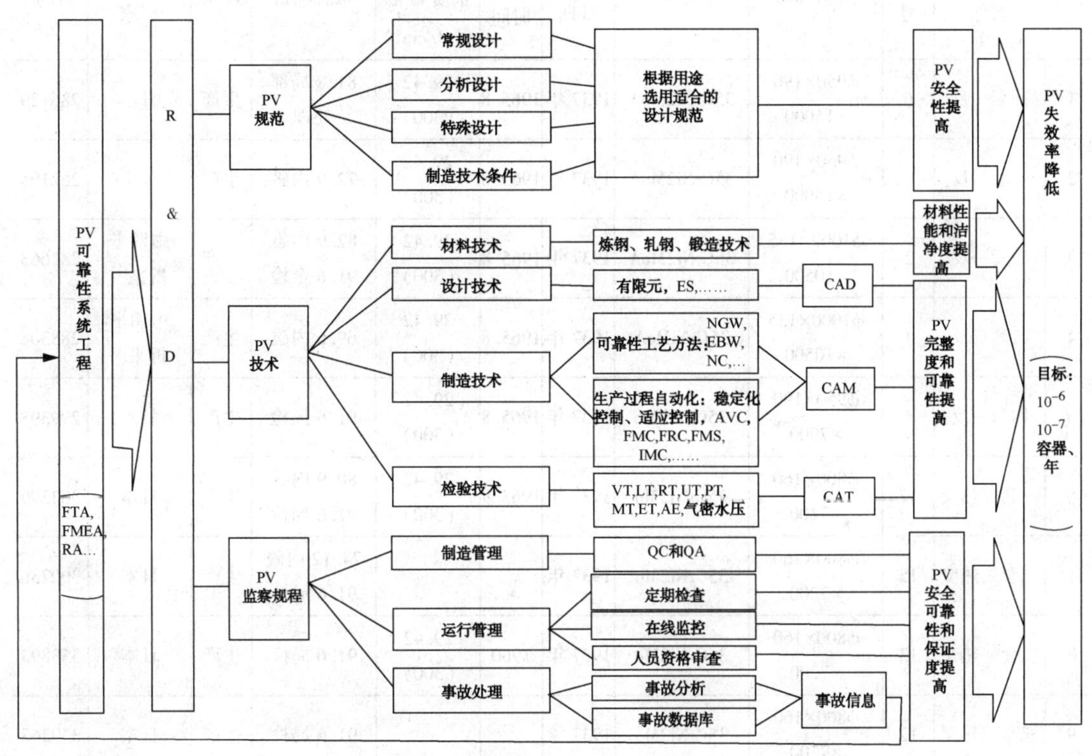

图 4-3-16　降低压力容器失效率的系统工程

代号说明：FTA 故障树分析；FRC 机器人柔性组焊中心；FMEA 失效模型和影响分析；FMC 柔性制造系统；RA 危险性分析；IMC 柔性制造中心；ES 专家系统；CAD 计算机辅助设计；NGW 窄间隙焊；CAM 计算机辅助制造；EBW 电子束焊；CAT 计算机辅助检验；AVC 弧压控制；VT 目视检验；LT 泄露检验；FMC 柔性制造单元；UT 超声检测；RT 射线检测；PT 着色检测；MT 磁粉检测；ET 涡流检测；AET 声发射检测。

6. 搞好加氢装置隐患评估和在用压力容器缺陷安全评定

石油三厂加氢装置的安全是一个大系统。为了识别、控制、预防、改造这个系统中的人、机、物，消除环境的危险性，就必须对它有充分的认识，并揭示出危险性的存在及其发生的可能性。下面将石油三厂加氢装置如何搞好隐患评估，积极应用安全评定，维护设备安全运行的论述如下：

抚顺石化公司石油三厂加氢装置隐患评估报告

(1) 对事故或危险事件发生的可能性分数(L)的评估。

通过评估认为，老套装置的危险情况基本符合评估办法表1中L值为7的情况，即：事故或危险情况发生可能性为非常可能。实际情况不符合安全管理标准或规定，甚至超出管理标准幅度较大。据统计同行业在1~2年内曾经发生过类似事故。

评估依据："整体锻造、单层卷板焊接式冷壁反应器的具体问题"中已有相同的内容，此处可以从略。详见超期服役高压容器汇总表4-3-13。

表4-3-13 超期服役高压容器汇总 单位：加氢车间

序号	设备名称	设备号	规格/mm	材质	制造日期	水压试验		检查项目	现状	制造厂家	运转时间/h
						时间	水质 kPa/(kgf/cm²)				
1	一套一反	6	ϕ950×190×15000	35CrNi2MoA	1937年	1965.8	29.42(300)	81.8局部处理	生产	日本	286129
2	一套二反	7	ϕ950×190×15000	35CrNi2MoA	1937年	1965.8	29.42(300)	72.9内磁	生产	日本	262195
3	二套一反	2	ϕ1000×135×10500	35CrNi2MoA	1937年	1965.8	29.42(300)	82.9内磁 91.6全检	生产	由四平拆来①	282663
4	二套二反	1	ϕ1000×135×10500	35CrNiMoA	1937年	1965.8	29.42(300)	69.6内磁	生产	由四平拆来①	288308
5	四套一反	4	ϕ950×190×7900	35CrNi2Mo	1937年	1965.8	29.42(300)	91.6局检	生产	日本	279398
6	一套二热交	17	ϕ800×160×7200	35CrNi2Mo	1937年	1963.9	29.42(300)	80.9内磁 91.6局检	生产	日本	303599
7	二套二热交	15	ϕ800×160×7200	35CrNi2Mo	1937年			74.12内磁 91.6局检	生产	日本	300736
8	三套一热交	13	ϕ800×160×7200	35CrNi2Mo	1937年	1960	29.42(300)	91.6局检	生产	日本	353893
9	三套二热交	12	ϕ800×160×7200	35CrNi2Mo	1937年			91.6局检	生产	日本	339263
10	三套三热交	19	ϕ800×160×7200	35CrNi2Mo	1937年			91.6局检	生产	日本	339263
11	四套一热交	14	ϕ800×160×7200	35CrNi2Mo	1937年	1962.8	29.42(300)	62.8局检 91.6局检	生产	日本	299857
12	四套二热交	16	ϕ800×160×7200	35CrNi2Mo	1937年			62.8局检 91.6局检	生产	日本	313024
13	三套高分	32	ϕ1000×75×6000	AI	1960年	1965.2		62.10局部处理	生产	捷克	222375
14	四套高分	18	ϕ800×160×7200	35CrNi2Mo	1937年			76.3内磁	生产	日本	295759

①：由四平拆来的，故不知何厂制造。

① 设备陈旧超期运行。

② 设备质量低劣。

③ 设备落后，腐蚀严重。

④ 设备长期运行存在严重②①问题。

1971~1981年期间，石油三厂在设备更新时，投用了兰州石油化工机械厂制造的8台单板焊接加氢反应器。这部分容器焊道普遍存在缺陷，虽曾分批进行过返修，但现在仍有6台容器的焊道存在不同的程度的缺陷，有的缺陷严重超标，如36号筒环焊缝有11处缺陷(38号8处、47号3处、48号1处、50号1处)均严重超标。

综上所述，加氢老套装置的三类容器，存在的严重缺陷，是威胁安全生产和人身安全的潜在隐患。5号筒在1968年出现了问题，而在用的这部分容器到现在又运行了27年了，发生事故的危险性是非常可能的。

(2) 积极应用安全评定

压力容器缺陷安全评定的方法如下。

① 合乎使用原则。对于锅炉、压力容器、压力管道以及其他焊接结构，在焊缝处容易产生焊接缺陷的问题，许多国家以断裂力学为基础制定了不同的缺陷评定标准、规范或技术指导文件。由无损检测发现的焊接缺陷，经规范中的偏安全的断裂力学容限分析之后，如果确认不致发生破坏，且还有足够的安全裕度，则这些缺陷就被认为是安全的、可接受的。这种保留的不符合设计或用以控制质量的制造规范要求的缺陷，且投入后既不致引起危险，又能保持容器完整性的缺陷处理原则，称为合乎使用原则。20世纪60年代以来，有些国家出现了质量控制标准与合乎使用标准并存的局面。即设计、制造及使用部门仍以质量控制标准要求新建造的焊接结构的质量，对焊接质量进行控制，而对早就投入使用的大量的在役设备，如果经在役检查发现缺陷后，则按合乎使用原则对缺陷进行评价。特殊情况下，对于无法避免、无法修复的缺陷而又具有重大经济价值的新建造的焊接设备，经设计、制造使用单位的协商后，也可按合乎使用的标准来评价。

以“合乎使用”为原则的标准的出现并不意味着允许制造质量下降。并且根据合乎使用原则，会使一些带有无关紧要的小缺陷的焊接结构不需要报废，甚至不需要返修，从而带来巨大的经济效益。美国阿拉斯加管线的安全评定案例，即可证明基于“合乎使用”原则的缺陷安全评定方法的可靠性及安全评定所带来的巨大的经济效益。

在阿拉斯加原油管道部分完工的情况下，对环焊缝进行了X-RT检测。结果表明，在3000条被检测的焊缝中，共有4000处缺陷超过质量控制标准。全部返修费用高达5200万美元，为返修跨河的一条焊缝需要修建一条沉箱水坝，仅此一项就花费了250万美元，而实际返修时间仅使用了3.5min。阿拉斯加管线公司请求美国焊接研究院帮助，采用COD设计曲线对发现的缺陷进行安全评定，在进行大量的材料试验及详尽的载荷应力分析的基础上，得到了全部缺陷均不需要返修的结论。美国政府接受了这一结果，对于其他3条跨河管线均没进行返修，节约了数百万美元。

其实不必要的返修不仅在经济上造成了巨大浪费，甚至会给安全带来严重的隐患。这是因为在高拘束度条件下进行返修，往往会引发更为严重的裂纹缺陷取代原来的危害性较小的夹渣，这样更易造成事故。

20世纪80年代，我国对压力容器进行安全普查，检查了一大批球罐，除极少数合格外，绝大多数都存在超标缺陷，有的甚至造成全厂停产。化工压力容器的调查表明，在役设备容器有 1/3 以上存在超标缺陷，凡有超标的压力容器都停止使用，将严重影响生产。随着我国的 CVOA-1984《压力容器评定规范》出台，解放了一大批在役含缺陷压力容器。事实证明“合乎使用”原则及缺陷安全评定技术应用于在役压力容器，压力管线可带来的巨大的社会安全效益和经济效益。

② 安全监察法规对安全评定的基本要求。工程断裂分析需考虑的因素十分复杂，很多因素目前尚未被人们充分理解，某些问题往往不是用断裂力学公式计算就能解决的，很多时候还必须附有大量的研究和实验工作。因此，对缺陷的具体评定工作也必须十分严谨，并非对断裂力学理论与计算方法有了一定了解之后，任何人都可以对含有缺陷压力容器进行安全评定。因为评定工作还涉及到复杂的无损检测，以及对检测结果的可靠性的充分了解，涉及到因载荷或其他原因造成的各种应力、应变的定量分析计算，以及材料基本力学性能，特别是断裂韧性或裂纹疲劳扩展速率数据的测试与选取，还涉及对焊接过程因素的充分了解与估计，以及热处理情况，环境因素的充分考虑等。因此缺陷评定工作必须严谨从事。

我国《压力容器安全技术监察规程》(1999 版) 第 139 条对在役缺陷压力容器的安全评定工作作了如下规定：大型关键性压力容器，经定期检验，发现大量难于修复的超标缺陷。使用单位因生产急需，确需通过缺陷安全评定来判断能否监控使用到下一个检查周期或设备更新时，应按以下程序和要求办理。

(a) 压力容器使用单位向国家安全监察机构提出书面申请，事先应经使用单位主管部门和所在地的省级安全监察机构同意。申请时应说明原因，同时应递交该设备的检查报告。

(b) 在用压力容器缺陷安全评定采用国家安全监察机构逐项批准的方式。压力容器使用单位应与经国家安全监察机构批准的具有相应检验资格的单位签订在用压力容器缺陷安全评定合同。

(c) 承担在使用压力容器缺陷安全评定的单位，必须根据缺陷的性质，缺陷产生的原因，以及缺陷的发展预测绘给出明确的评定结论，说明对安全使用的影响。包括：使用条件，监控使用措施，和使用期限，使用期限不应超过一个检验周期。

(d) 承担在用压力容器缺陷安全评定的单位必须对缺陷的检验结果、缺陷评定结论和压力容器的继续使用的安全性能负责，并承担相应的责任。评定的报告和结论，必须经评定单位技术负责人审查和法人代表的批准，报送在用压力容器的使用单位，同时报送使用单位的主管部门和国家省市安全监察机构。

(e) 使用单位持评定报告和结论，提出监控使用措施和限定使用条件，按规定到所在地安全监察机构办理监控使用手续。

③ 压力容器安全评定中的基础工作

(a) 缺陷检测。应根据安全评定要求对被评定对象的材质和结论以及可能存在的各种缺陷等因素，合理选择有效的检测方法进行全面的检测，并确保缺陷检测结果准确可靠。对无法进行无损检测的部位存在缺陷的可能性应有足够的考虑，安全评定人员和无损检测人员应根据经验和具体情况做出保守的估计。

(b) 应力分析。应力分析应考虑各种可能的载荷并采用成熟，可靠的方法，根据具体失效模式的安全评定时需要和评定方法，计算评定中所需要的应力。

(c) 材料性能的检测和获得。材料性能数据的检测和获得应按有关标准进行。用充分考虑到材料性能数据的分散性并按偏保守的原则确定所需要的材料性能数值。

(d) 准备评定用数据，进行安全评定前应准备如下数据。a. 容器数据。包括容器几何尺寸，如直径，壁厚，接管补强及几何不连接部位的详细尺寸等；材料力学性能数据，如弹性模量、泊松比、屈服强度、抗拉强度、断裂韧性等，有必要时还要准备材料疲劳裂纹扩展速率及材料断裂阻力曲线数据；工作条件，如容器服役年限、内部介质、工作温度、腐蚀估计量等。

a. 载荷数据。包括工况类型，如常规工况、开停车、水压试验工况等；载压的大小及其组合，如内压、自重惯性力、支撑力等。

b. 缺陷数据。包括缺陷性质 如面型缺陷的裂纹、未融合、未焊透或体积性缺陷的气孔，夹渣等；缺陷的方向如轴向、环向、斜向等；缺陷大小如：实测缺陷的长度、宽度、及自身高度，对于埋藏缺陷还应准备缺陷埋藏深度的数据。

④ 评定计算并给出结论。根据具体情况确定评定计算所采用的标准或规范，应优先选择我国的 CVDA-1984 规范。按规范条款进行安全评定计算，通过考察计算结果是否安全以及计算结果表明容器的安全裕度，对含缺陷压力容器的安全等级，继续使用条件及使用周期等给出结论意见。

(3) 正确进行加氢压力容器的安全评定

① 如何对待安全评定。由无损检测发现的焊接缺陷，经规范中的偏安全的断裂力学容器分析后，如确认不致发生断裂破坏，且还有足够安全裕度，则这些缺陷就被认为是安全的，可接受的。这种保留的不符合设计或用以控制质量的制造规范要求的缺陷，且投入使用后既不至引起危险，又能保持容器完整性的缺陷处理原则，称为“合乎使用”原则。根据“合乎使用”原则，会使一些带有无关紧要的小缺陷的焊接结构不需要报废，甚至不需要返修。事实证明“合乎使用”原则及安全评定技术应用于在用压力容器、压力管道可带来巨大的社会效益和经济效益。

工程断裂分析需要考虑的因素十分复杂，很多因素目前尚未为人们充分了解，某些问题往往不是采用断裂力学公式计算就能解决的，很多时候还必须辅以大量的试验工作。因为评定过程还涉及到复杂的无损检测以及对检测结果可靠性的充分了解，涉及到因载荷或其他原因造成的各种应力应变的定量分析计算，以及材料基本力学性能，特别是断裂韧性或裂纹疲劳扩展速率数据的检测与选取，还涉及对焊接过程因素的充分了解与评估，以及热处理情况，环境因素的充分考虑等。

(a) 在压力容器有如下特殊情况之一者，可以采用《压力容器缺陷评定规范》或其他方法进行安全评定。

a. 生产上不允许立即或较长时间停车检查；

b. 常规的方法或经验难于确认缺陷的危害程度或难于对安全工作作出结论；

c. 产生缺陷的几率很高，危险性缺陷可能在下一次检验之前重复发生，但检验周期不能缩短；

d. 有一定的科学价值。

(b) 使用单位需要采用安全评定处理压力容器的缺陷时，应提出书面申请，说明原因，并经该单位所在省级劳动部门锅炉压力容器安全技术监察机构的同意。

(c) 从事在用压力容器安全评定工作的单位和人员，必须具备一定的水平和条件，并得主管部门和企业所在省级劳动部门锅炉压力容器安全技术监察机构审查同意之后，报劳动部锅炉压力容器安全技术监察局批准、注册。

(d) 负责安全评定的单位必须对缺陷的检验结果，安全评定结论和压力容器的安全性负责。无损检测工作一般应有负责评定的单位进行，并必须经过具有Ⅰ级资格的无损检测人员审核。最终的评定报告和结论(处理意见)，须经安全评定单位的技术负责人审查批准，并报主管部门和企业所在省级劳动部门锅炉压力容器安全技术监察机构备案。

(e)我国压力容器缺陷安全评定规范和技术进展。1984年我国颁布了CVDA-1984《压力容器缺陷评定规范》，为当时开展的全国压力容器安全普查，检查登记工作提供了强有力的技术支撑，解决了一大批含超标缺陷压力容器继续服役的问题。即使是时隔30多年的今天，CVDA-1984仍在压力容器安全监察与管理领域发挥着主要的作用。然而CVDA-1984规范中起主要作用的COD与K因子理论，为与断裂力学的发展趋势相适应，提高安全评定计算精度，进一步发掘含安全缺陷结构的承载能力。我国目前正在发展一部基于J积分理论以失效评定技术为主要分析手段的国家标准-《在用含缺陷压力容器安全评定》。

制定该标准时原劳动部锅炉压力容器检测研究中心联合华东理工大学、北京航空航天大学、清华大学、合肥通用机械研究所、大连理工大学、全国压力容器标准化技术委员会等单位，通过“八五”国家重点科技攻关研究，吸收了“九五”国家科技攻关的部分成果，经过12年的撰写修改后完成的，这是一部具有自主知识产权的大型国家标准。它的颁布发行，将进一步推动我国在用安全缺陷压力容器安全评定技术和方法的发展和提高，并使之在国际同类标准中占有一席之地。

该标准的弹塑性断裂失效评定采用三级评定的技术路线，分别是一级平面缺陷的简化评定(简称简化评定)、二级平面缺陷的常规评定(简称常规评定)和、三级平面缺陷的分析评定(简称分析评定)。平面缺陷的简化评定安全继承我国CVDA-1984的精华，比美国的BSIPD6439-91的筛选评定方法更为先进和保守。平面缺陷的常规评定方法采用R6的通用失效评定图技术及选取了符合我国国情的安全系数。平面缺陷的评定分析方法是直接以J积分为断裂参量，这是最严格的弹塑性断裂力学科学方法，分析评定方法是精细的、严格的，能精确地评定含缺陷容器的起裂，有限量撕裂，撕裂失稳的全过程安全评定方法。

该标准在给出裂纹型(面型)缺陷安全评定方法的同时，还给出了基于弹塑性极限分析的压力容器体积型缺陷安全评定方法。体积型缺陷(如凹坑缺陷)是压力容器常见缺陷，可能由腐蚀或机械损伤产生，也可能由于打磨表面或近表面缺陷后形成。与国内外现有标准，规程相比，该标准允许凹坑尺寸有所放宽，可以“解放”相当一部分凹坑缺陷。不仅能使大部分凹坑免于焊补，而且避免了因焊补促使新裂纹产生的危险，有重大的现实意义。

a. 该标准共包括正文6章

ⓐ 范围　规定了本标准的适用范围和不适用范围。

ⓑ 引用标准　列出了本标准所引用的国家和行业标准。

ⓒ 名词术语和符号　列出了本标准规定的主要名词术语和符号。

ⓓ 总论　规定了使用本标准进行缺陷安全评定的基本要求、失效模式判别、评定方法选择，所需要基本资料和数据、评定的基础工作、评定资质与职责、评定结论与报告。

ⓔ 断裂与塑性失效评定　规定了对平面缺陷的断裂或塑性失效和对体积缺陷的塑性失效的评定和步骤。

ⓕ 疲劳评定　对可能发生疲劳破坏的平面缺陷和体积缺陷分别规定了不同的疲劳评定方法和步骤。

b. 标准附录4个

ⓐ 附录A　缺陷间干涉效应系数。

ⓑ 附录 B　材料性能数据测定和选取。

ⓒ 附录 C　载荷比 Lr 计算。

ⓓ 附录 D　应力强度因子 Kr 计算。

c. 提示附录 4 个

ⓐ 附录 E　应力腐蚀和高温环境对安全评定的影响，给出了考虑应力腐蚀和高温蠕变环境对安全评定的影响对应遵守的一般性原则。

ⓑ 附录 F　平面缺陷分析，给出了具有 ROR 关系材料及具有较好屈服平台材料制成的容器的内表面环向裂纹、整圈环向裂纹、轴向内裂纹及超长轴向裂纹，当裂纹起裂后，裂纹发生延性稳定扩展至裂纹失稳临界尺寸过程中，构件所能承受的许用载荷计算及对结构进行安全性评价的技术和方法。

ⓒ 附录 G　压力管道面型缺陷评定给出了在承受内压、拉压、弯矩为主的组合载荷作用下，压力管道直管的缺陷的安全评定技术和方法。

ⓓ 附录 H　压力管道体积缺陷塑性失效评定，给出了承受内压、弯矩为主的组合载荷作用下，压力管道直管段体积缺陷塑性失效的评定技术和方法。

（4）石油三厂压力容器缺陷安全评定的应用

① 压力容器缺陷评定中的有关问题

缺陷的规则化。自然存在的缺陷不可能是规则的，而断裂力学方法中只有对穿透裂纹、表面裂纹及深埋裂纹三种形式的裂纹可以进行计算。因此在断裂评定中也就应该将各种缺陷简化为上述三种裂纹，这就是规则化处理。

一般对平面缺陷作一外接矩形，该外接矩形的二维尺寸即可作为规则化处理的基础。

若为穿透缺陷，则外接矩形的长度即为规则化穿透裂纹的长度，见图 4-3-17。

对于表面裂纹，若外接矩形的长度为 L，高度为 H，则一般可简化为 $2C=L$，$a=H$ 的半椭圆表面裂纹，见图 4-3-18(a)。但是，表面缺陷的深度 H 大于长度 L 的一半时($H \geqslant L/2$)，则将其表面缺陷简化为 $a=H$，长为 $2C=2H=2a$ 的半圆表面裂纹，见图 4-3-18(b)。如果表面缺陷的深度 H 等于或大于壁厚的 0.7 倍，即 $H \geqslant 0.7t$ 时则应简化穿透裂纹，其长度 $2C=L+H$，见图 4-3-18(c)。

对于埋藏裂纹，一般来说以外接矩形可以简化为内部椭圆状平面裂纹，如图 4-3-19(a)所示。但是必须考虑埋藏裂纹边缘与两个自由表面的距离 P_1 及 P_2，如果 P_1 或 P_2 小到一定程度时便可作为表面裂纹甚至作为穿透裂纹处理，具体规定见图 4-3-19(c)及(d)，不再一一阐述。

另外，若 $H \geqslant L$，在脆断评定时可简化为 $2C=H$，$2a=H$ 圆形埋藏平面裂纹，见图 4-3-19(b)。

对于多个缺陷的缺陷群，如果缺陷间的距离小于一定程度，则这些缺陷需复合成一个大的裂纹。具体规定可参见 CVDA 规范的第 2，4 款。

② 缺陷评定中的应力与应变计算

(a) 应力的计算。缺陷评定中必须要计算缺陷所在部位，当缺陷不存在时的应力及应变值。应予考虑的应力或应变值应包括由外载荷引起的应力应变，由结构的几何不连续与局部几何不连续(例如焊缝的局部增高、错边、角变形等)所引起的应力以及由于结构在焊接时所形成的焊接残余应力应变等。对于外载荷引起的应力可用一般应力分析法计算。对于由焊缝增高、错边、角变形引起的局部应力增量、CVDA 规范采用应力集中系数(K_t)法计算，也可以按 CVDA 附录中所建议的方法计算。对于这两部分应力，可以迭加起来，它们沿壁厚一般不是均匀分布的，可用近似的方法将它们分解为沿壁厚均匀分布的拉伸膜应力 σ_1 和沿壁厚成线性分布的面外弯曲，应力分量应力 σ_b 两个部分。而弯曲应力在用于计算应力强度因子 K_I 或张开位移 δ 值，又要考虑到裂纹尖端并不处于最大弯曲应力所在的表面，因而采用拉应力的当量值 σ_2 来代替 σ_b。σ_2 按下式计算：

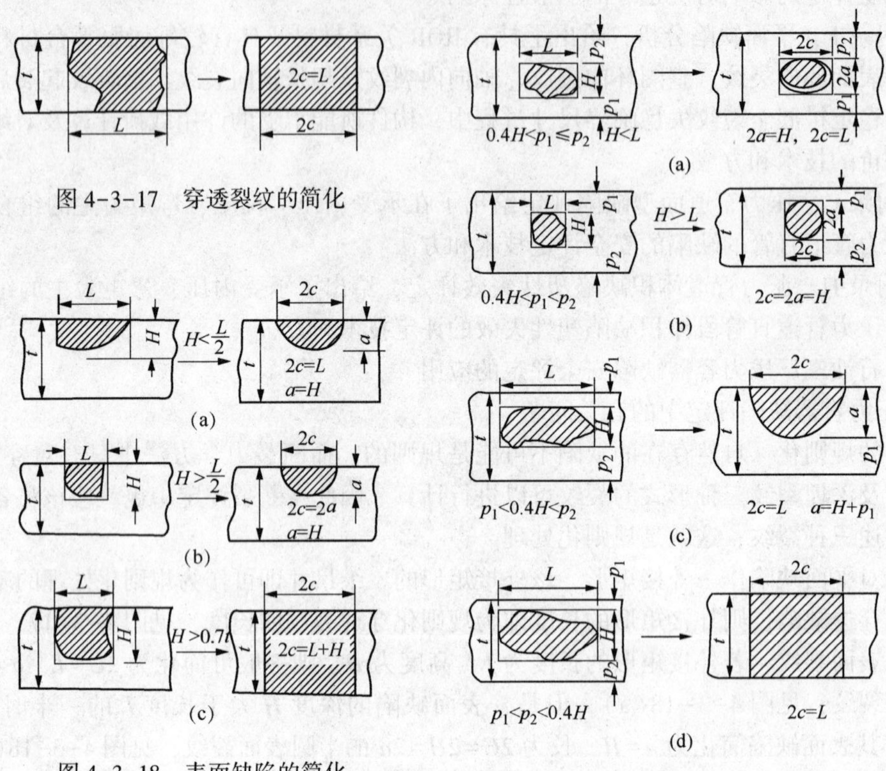

图 4-3-17 穿透裂纹的简化

图 4-3-18 表面缺陷的简化

图 4-3-19 埋藏平面缺陷的简化处理

$\sigma_2 = a_b\sigma_b$ 系数 a_b 根据裂纹这种类来取。埋藏裂纹 $a_b = 0.25$，穿透裂纹 $a_b = 0.5$，表面裂纹拉伸侧取 $a_b = 0.75$，压缩侧取 0。

焊接残余应力是焊接容器中必须考虑的一种应力，对于焊态容器，即未经热处理的容器可取残余应力 $\sigma_r = \sigma_s$。在计算裂纹的应力强度因子 K_I 和裂纹端部张开位移 δ 时，残余应力也按拉应力的当量值 σ_3 来代替 σ_r，σ_3 为：$\sigma_3 = a_r\sigma_r$

a_r 系数按表 4-3-14 选取。

表 4-3-14 a_r 的值① （°）

裂纹种类	与熔合线平行的裂纹	与熔合线垂直的裂纹	填角焊缝裂纹
穿透裂纹	0	0.6	0.6
埋藏裂纹	0	0.6	0.6
表面裂纹	0.2~0.6①	0.6	0.6

① 对球罐和补焊部位取 0.6。

对于焊后热处理过的容器，残余应力有时也不一定为零，这要根据实际情况作出适当的估计。

(b) 应力与应变的换算。由 σ_1、σ_2、σ_3 联合作用的总的当量拉应力值为 $\sigma=\sigma_1+\sigma_2+\sigma_3$ 与此总应力相对应的总应变 e 为：$e=e_1+e_2+e_3$，利用线弹性关系，e 的各个分量可按下法计算：$e_1=\frac{\sigma_1}{E}$，$e_2=\frac{\sigma_2}{E}$，$e_3=\frac{\sigma_3}{E}$。但当 $(\sigma_1+\sigma_2)>\sigma_3$ 时，则需按弹塑性方法换算成应变，按有限元方法，也可用实验应力分析法来确定评定部位的实际应变量。

(c) 膨胀效应。以上所述的应力强度因子法或 COD 法用于容器的缺陷评定中，还必须考虑平板与壳体的差别。因为回转壳体除受到由压力引起的膜应力作用外，当裂纹较大时壳体还会在内压作用下发生局部膨胀。一经膨胀，裂纹就会受到额外的附加弯曲应力，在计算时采用将内压引起的膜应力乘上一个膨胀效应系数 M 的方法，即以 $M\sigma$ 代替 σ 进行计算，该膨胀效应系数 M 按弹性薄壳的推导，Foeias 建议采用：

圆筒形容器轴向裂纹：$M=\left(1+1.16\frac{C^2}{RT}\right)^{1/2}$

圆筒形容器环向裂纹：$M=\left(1+1.93\frac{C^2}{RT}\right)^{1/2}$

球形容器：$M=\left(1-1.93\frac{C}{RT}\right)^{1/2}$

以上各式中的 C 均为按穿透裂纹(包括按穿透裂纹计算的未穿透裂纹)的半长，R 为壳体的回转半径(中径)，T 为壁厚。

(5) 石油三厂压力容器缺陷安全评定的具体应用

(a) 概述。从时间上说，那些 20 世纪六七十年代制造的在役低质量容器终将退役。80 年代及其以后制造的容器虽然质量有了很大的提高，但并不意味着完全杜绝了缺陷的存在。那些非 100%探伤而可能留下超标缺陷的容器，以及因漏检，使用中因疲劳，腐蚀和蠕变等原因产生了新缺陷的容器，仍然存在着对安全构成威胁的隐患。由于分析设计的采用和推广，设计裕量减小，材料强度级别提高，这也意味着容器在使用中有产生裂纹的可能性，故不能掉以轻心。缺陷评定技术仍是未来极有应用前景的实用技术。我国的 CVDA 规范，随着用材质量以及设计制造和管理水平的提高，可能逐步暴露出它的保守性和单一性，为此必须对其发展予以充分重视。

压力容器安全评定的现代方法。

压力容器正在向大型化，复杂化、高参数、严工况的方向发展，在役压力容器的安全日益引起人们的关注，断裂力学的出现和发展为带缺陷压力容器及管道的安全评定提供了有力的手段。世界各国纷纷开展压力容器缺陷评定技术研究，提出了一些工程评定方法或规范，并不断地修改完善。

由于实际工程构件的断裂力学评定所依据的基本事件具有不确定性，而这种不确定性可分为随机性和模糊性。随机性可以用概率统计的方法来研究，因而出现了概率断裂力学。模糊性是由事物的变化的中介过渡造成的，用模糊数学方法来研究。最近几年，由于人工智能技术的发展及其向工程领域的迅速渗透给压力容器及管道的完整性评定也带来了新的活力，一些断裂评定专家系统正在建立或已面世。著名的英国 CEGB R6 规程在 20 世纪 90 年代已评定软件商品化。

随着科学技术和经济的发展，特别是核电站的兴建，对各种压力容器及管道的带缺陷结构完整性评定的要求也越来越高。因此，开展高新技术在压力容器及管道缺陷评定中的应用研究，对于推动结构断裂评定这一技术的发展和完善具有重大的理论和实际意义。

a. 压力容器安全评定规程的发展。由线弹性断裂力学发展到今天的弹塑性断裂力学已日臻完善，尽管 COD 理论有许多发展，但 J 积分理论显示出最有发展前途，已成为当代断裂力学的主流，美国电力研究院(EPRI)完成的一系列研究已使 J 积分理论走向工程化，并已成熟地用于焊接结构中缺陷的安全评定。英国中央电力局(CEGB)在 1976 年提出了 R6 方法。随后 CEGB 借鉴 EPRI 的 J 积分失效评定曲线，在 1986 年发展了第 3 次修订版。新 R6 法不仅可用于判断裂纹是否会起裂，而且与 EPRI 法一样，可用于分析裂纹稳定扩展至失稳扩展的全过程，并提供了不同程度简化的工程方法。

1984 年我国发布了“压力容器缺陷评定规范(CVDA—1984)”，它采用 COD 设计曲线法，反映了当时国内外的技术水平。实践证明，CVDA 是一个安全的工程方法，取得了巨大的经济效益和社会效益。为了赶上国际先进水平，近几年国内也开展了以 J 积分为基础的国产钢种的缺陷评定方法研究，并取得了初步的成果。

b. 安全评定的现代方法。断裂力学的研究历来是以确定性事件为前提的，然而工程结构存在大量的不确定性。例如，由于探伤技术的局限性和操作者技术水平不同，使无损检测的结果并不是十分明确；由于在结构上无法取样作材料试验而使得材料的基本性能也不明确；构件所受的载荷、温度和其他操作运行条件也都存在不同程度的不确定性。缺陷结构的应力状态由于理论分析时的各种假定与计算过程中的各种简化而使分析结果也变得不明确。为了能正确处理这样一些不确定的问题，各国科技工作者都做了大量的工作。下面简单介绍概率断裂力学等新的方法在压力容器安全评定中的一些情况。

概率断裂力学和可靠性分析。可靠工程学在压力容器和管道技术中的应力，自 20 世纪 70 年代已引起了广泛的重视，主要是由于核电站核电和海上采油事业的发展的需要。

日本早在 1975 年即在钢结构协会成立“安全可靠性研究组”，1978 年无损检测委员会进行了“设备使用中定期检查有效性”研究，1983 年 JWES 断裂力学缺陷评定规范中已列入可靠性方法的评定。英国在 20 世纪 80 年代初就颁布了可靠性标准。我国于 20 世纪 80 年代初开始对压力容器可靠性工程进行研究，在球罐、高温高压换热器、贮罐等装置中取得了一定进展，获得显著的经济和社会效益；开展了带焊接缺陷结构研究的完整性研究，并将模糊理论引入压力容器可靠性评定中。由于核容器的安全性一直都是大家很关注的问题，在核容器的可靠性分析及核容器、核管道的结构完整性评定中采用概率断裂力学方法进行大量研究，取得了大量成果。

(b) 具体应用。压力容器，尤其是在役压力容器，都带有不同程度的缺陷。使用时证明并非所有缺陷都会导致容器失效。缺陷评定就是要评定缺陷的危险性，消除危险缺陷，提高设备的可靠性，获得尽可能高的经济效益。

缺陷评定工作时一项包含对失效分析对象(容器)、载体(母材和焊缝)、环境(失效条件)、检验(手段)和金相失效分析(缺陷评定核心)等技术工作和管理工作的可靠性工程。因此，经评定仅消除其不能满足生产工艺要求，有可能导致结构失效的“有害缺陷”，比之消除"超标缺陷"可减少维修量，有的缺陷甚至可不做处理。某些可焊性较差的容器还可避免越修越坏的状况。尤其是价值较高球罐，反应器等大型容器，减少修理量、缩短修理量、缩短检修期，避免过早报废，经济效益是不言而喻的。

《压力容器缺陷评定规范》的性质。压力容器的两个根本问题是安全性与经济性。以断裂力学为基础，以"合于使用"为原则建立起来的《压力容器缺陷评定规范》，可以对含"超标"缺陷的在用压力容器进行分析评定，在保证安全的前提下，提高其使用经济价值。

国家劳动总局1981年5月颁布的《压力容器安全价差规程》、第78节指出，压力容器若存在难以消除的严重裂纹，而又具有使用经济价值，企业应组织有关高等院校、科研单位的工程技术人员研究鉴定，并经断裂力学分析和计算，确认有足够的安全可靠性，方可继续使用。压力容器缺陷存在缺陷是绝对的，而不存在缺陷是相对的。如果简单地不允许裂纹或裂纹缺陷存在，有时不但会造成不必要的返修，甚至有可能将合于使用的容器判为废品。这里强调指出，无害缺陷如果返修不适当，可能会变得更为有害。

《压力容器缺陷评定规范(CVDA—1984)》(以下简称CVDA规范)是由机械部通用机械研究所、化工部化工机械研究院共同负责，二十多个高等院校、科研单位参加，经过大量的理论分析和试验研究共同研究编制的。一九八四年底由压力容器学会、化工机械与自动化学会公布了CVDA规范。

CVDA规范的主要内容，就是由无损检测方法查出缺陷类型、方向、位置和几何尺寸，并对缺陷进行适当的简化处理，计算缺陷存在区的应力或应变，由实验确定材料断裂韧性数据，从而建立缺陷评定准则。CVDA规范对脆断和疲劳给出了详细评定，同时对泄露、塑性失稳、应力腐蚀、腐蚀疲劳、蠕变与蠕变疲劳也给出了处理原则。

CVDA规范的核心就是应用断裂力学的已有成果，对压力容器中存在的缺陷给出评定准则，指出多小的缺陷是允许存在的；多大的缺陷就可能发生断裂；从允许存在的小缺陷扩展到引起断裂的大缺陷需要多长时间。从而把有害缺陷与无害缺陷区分开来，达到安全与经济的统一。

CVDA规范的适用范围：CVDA规范以断裂力学为基础，以"合于使用"为原则，对带缺陷的钢制压力容器进行安全评定。在用压力容器，由无损检测方法查出的缺陷，首先要用质量控制标准评定。如果刚好达到或小于质量控制标准所规定的验收水平，则该容器仍可使用，而不必按CVDA规范作进一步评定。如果缺陷超过质量控制标准而又难以消除，则可用CVDA规范进行评定，以确定该容器是继续使用还是返修、降压操作或是在一定使用期内监督使用以至于报废。

CVDA规范的评定对象是按常规"钢制压力容器的设计规定"进行设计制造的容器，对那些不按设计规定设计制造的容器，原则上不包括在评定对象之内。受压管道等其他焊接结构若具备了CVDA规范所规定的有关参数时，亦可用CVDA规范所给的方法进行评定。

由于压力容器用钢绝大多数是中低强度钢，因此CVDA规范规定，所评定材料的屈服极限σ_s应小于500N/mm^2(约为50kgf/cm^2)；大型压力容器一般壁厚都大于10mm，而且厚度过小也不能测得有效断裂韧性值，以CVDA规范规定所评定容器的壁厚s应大于10mm。

缺陷评定如图 4-3-20 所示。

ⓐ 根据无损检测或其他方法确定缺陷尺寸并进行适当简化；

ⓑ 确定缺陷部位的应力或应变；

ⓒ 确定缺陷部位有关材料性能数据；

ⓓ 计算应力强度因子或最大允许缺陷尺寸；

ⓔ 如果脆断评定缺陷是可以接受的，而容器又承受交变载荷，则需要进行疲劳评定；

ⓕ 对于除脆断和疲劳破坏以外的其他失效形式，则应按 CVDA 第 7 章进行处理。

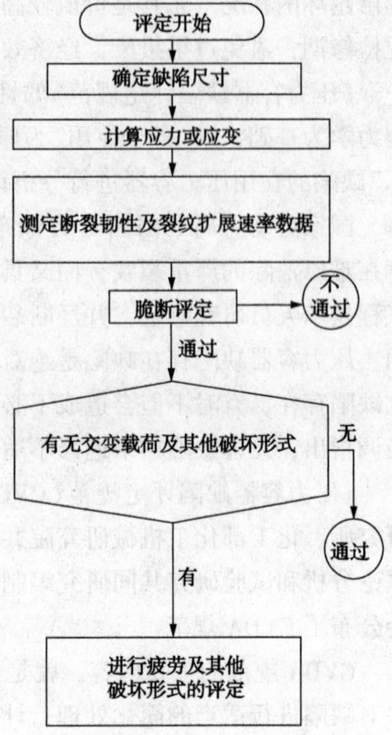

图 4-3-20　缺陷评定

(c) CVDA 规范中平面缺陷的简化原则。CVDA 规范中平面缺陷作为裂纹对待，将收到偏安全的效果。根据缺陷在壁厚中深度的相对位置可分为——表面缺陷、埋藏缺陷和穿透缺陷，其外形一般都是不规定的。为了用断裂力学方法统一处理，需要对复杂形状的缺陷进行规整和简化。处理原则是：作平行和垂直于自由表面的线段相交成缺陷的外接矩形，然后作该外接矩形的内切椭圆或半椭圆，从而将缺陷简化成为下列三种规定裂纹，如图 4-3-21 所示。

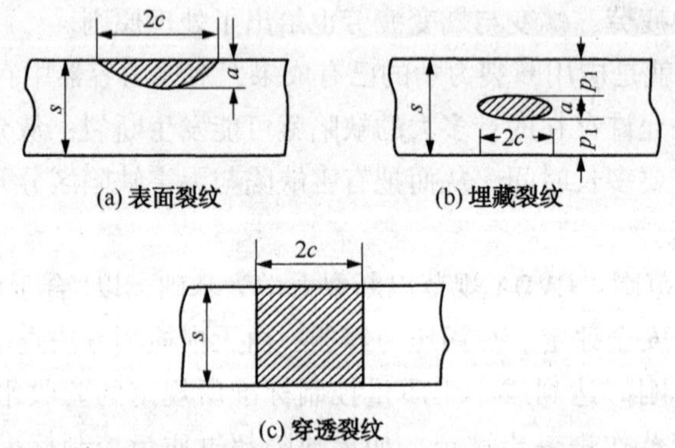

图 4-3-21　裂纹简图(外加应力与纸面垂直)

这里强调指出，在缺陷处理中，必须注意以下几点：

ⓐ 缺陷几何形状的修正。在脆断评定中，(半)椭圆表面缺陷应力强度因子的计算，是以椭圆半长轴在自由表面上为前提进行的，而且 CVDA 规范中所采纳的应力强度因子公式是最大深度处的应力强度因子，即应力强度因子最大值。实际缺陷如果(半)椭圆长轴不在自由表面上，则要人为的造成简化后半椭圆表面裂纹长轴在自由表面上发生这一事件。

对于疲劳评定，由于采用了日本 WES-2805 三种表面缺陷形态的划分，所以只需作缺陷外接矩形的内切半椭圆即可，不必对表面缺陷进行形状修正。

ⓑ 缺陷重分类。当缺陷深度超过 0.7s 时，则需要进行缺陷重分类，例如：表面缺陷应

简化为穿透裂纹，这是考虑到在这种情况下，裂纹端部处的韧带比裂纹长度中心处韧带所承受的应力或应变更为严重。这就需要考虑韧带启裂后"突然穿透"失效的可能性。

(d) 多个缺陷的处理原则。当存在两个以上裂纹时，应考虑两相邻裂纹的相互影响。一个裂纹，由于受邻近裂纹的影响，比裂纹单独存在时受力状态更为苛刻。这种裂纹相互影响的严重程度，取决于裂纹的邻近程度，裂纹形状，受力状态等。其中以裂纹邻近程度影响最大。CVDA 规范采取的原则是：分析同一受力状态下两相邻裂纹的应力强度因子 K_I 值，若比裂纹单独存在时增大 20%，则复合成一个连续的大裂纹。复合是由作二裂纹外接矩形的内切椭圆得到。复合后的裂纹不再进行相互影响处理。

为了工程方便，CVDA 规范以将该法归纳简化为裂纹相邻距离之间的比较。若两裂纹之间的距离小于规定值 d(或 d_1、d_2)，则复合为一个连续的大裂纹，否则仍以单个裂纹对待。

对于非穿透裂纹，既要得到安全的结果，又要回避繁复的计算，可根据等 K 换算的方法，既非穿透裂纹的应力强度因子的最大值与穿透裂纹应力强度因子相等的关系，把非穿透裂纹(axc)拆算成当量的穿透裂纹($\bar{a}$)，从而得到等效裂纹尺寸 $\bar{a}$ 这样一个单参数，使计算得到简化。

a. 穿透裂纹。长 $2c$ 的穿透裂纹 $\bar{a}=c$。

b. 表面裂纹。对于表面裂纹考虑均匀受热情况下的等 K 换算：

无限宽板中心穿透裂纹的应力强度因子$(K_I)_C$表达式为$(K_I)_C=\sigma\sqrt{\pi a}$

有限厚板表面裂纹，CVDA 规范采用 1979 年 Schmitt-Kein 导出的一个简单地应力强度因子表达式，即表面裂纹最大深度处的应力强度因子(K_I)smax

$(K_I)\mathrm{smax}=\dfrac{F}{\psi}\sigma\sqrt{\pi a}$　由$(K_I)_C=(K_I)\mathrm{smax}$ 化简后得

$\bar{a}=\left(\dfrac{F}{\psi}\right)^2$式中，$\psi$ 为第二类椭圆积分

$$\psi=\int_0^{\pi/2}\left[\left(\frac{a}{c}\right)^2\cos^2\theta+\sin^2\theta\right]^{1/2}\approx\left[1+1.464\left(\frac{a}{c}\right)^{1.65}\right]^{1/2}$$

$$F=1.10+5.2\times(0.5)^{5\frac{a}{c}}\times\left(\frac{a}{t}\right)^{\left(1.8+\frac{a}{c}\right)}\quad(a/c>0)$$

$$F=1.12-0.23\frac{a}{s}+10.55\left(\frac{a}{s}\right)^2-21.71\left(\frac{a}{s}\right)^3+30.38\left(\frac{a}{s}\right)^4\quad(a/c>0)$$

c. 埋藏裂纹。长 $2c$、变 $2a$ 的埋藏裂纹，等 K 换算的结果是：$\bar{a}=a\left(\dfrac{\Omega}{\psi}\right)^2$ 式中，ψ 为第二类椭圆积分。$\Omega=1+b\left(\dfrac{a}{p_1+a}\right)^K$　$b=\left[0.42+0.23\left(\dfrac{a}{c}\right)^{0.8}\right]^{-1.0}$　$K=3.3+\left[1.1+50\left(\dfrac{a}{c}\right)\right]^{-1.0}+1.95\left(\dfrac{a}{c}\right)^{1.5}$

应力应变式缺陷评定的基本参量。评定所采用的应力应变，是指缺陷所在区域、假象缺陷不存在时的应力应变值。应力应变的确定，对于简单结构通常采用弹塑性理论、板壳理论等一般应力分析方法确定，对于复杂结构，则需借助于试验应力分析法或弹塑性有限元计算方法确定。对于容器制造过程中由于焊缝形状不规则(如焊缝增高量、错边、角变形等)造

成几何不连续而产生的应力集中，CVDA 规范采用应力集中系数的描述方法，以弥补常规应力分析的不足。

CVDA 规范中对残余应力如下所述：

残余应力的确定是一个较为复杂的问题。对于焊态容器，取残余应力 $\sigma_r=\sigma_s$；对于经焊后热处理的容器，残余应力一般不为零，应对实际值做出估计，最好能进行实测。

在计算裂纹的应力强度因子 K_I 和裂纹张开位移 δ 时，残余应力 σ_r 应以当量拉应力 σ_3 表示。

$$\sigma_3=\alpha_r\sigma_r$$

a_r 的值见表 4-3-14。

CVDA 规范中关于残余应力的取值，是参照日本 WES-2805 给出的。英国 PD-6493 采用了过于保守的处理方法：对焊态容器，取残余应力为 σ_0，而且认为其当量热应力也是 σ_s。试验结果表明，平行于焊缝的残余应力比垂直于焊缝的残余应力大。垂直于焊缝的残余应力是很小的。WES-2805 不予考虑，但对于表面裂纹，特别是浅长表面裂纹，垂直于焊缝的残余应力的影响仍不可忽略，数值上按 $\sigma_r=\frac{1}{3}\sigma_s$ 考虑。

对于外载荷作用下有无残余力作用的两种情况，同时作 $\frac{\delta}{\pi e_y a}\sim\frac{e}{e_s}$ 的关系曲线，如图 4-3-22 所示。在 $\frac{e}{e_s}\geqslant 1$ 的范围内，发现在同一 $\frac{\delta}{\pi e_s a}$ 时，二者相差 $0.6\frac{e}{e_s}$，这表明，在 $\sigma_r=\sigma_s$ 的残余应力作用下，残余应力对裂纹张开位移的贡献，相当于 $0.6\sigma_s$ 的拉应力作用。所以 WES-2805 规定，对于焊态结构中峰值为 σ_s 的残余应力，器当量拉应力为 $0.6\sigma_s$。为简便起见，在 $\frac{e}{e_s}<1$ 的范围内，也按同样的方法考虑残余应力的影响，其结果是偏安全的。尽管如此，这里的计算方法已比 IIW 及 PD-6493 把残余应力进行简单化叠加前进了一大步。

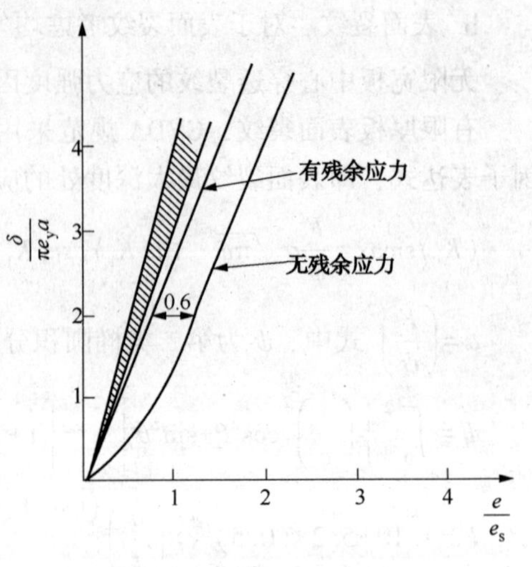

图 4-3-22 $\frac{\delta}{\pi e_y a}\sim\frac{e}{e_s}$关系曲线

(e) CVDA 规范中脆断评定的两个方法

a. 应用强度因子法

ⓐ 使用范围。当等效拉伸总应力 σ 小于材料屈服强度 σ_s 时，可用应力强度因子法进行缺陷计算，即 $\sigma<\sigma_s$。

ⓑ 应力强度因子计算式。缺陷简化和应力计算以后，根据具体情况选择计算下列三种类型裂纹的应力强度因子：$K_I=\sigma\sqrt{\pi c}$（穿透裂纹）；$K_I=\frac{\Omega}{\psi}\sigma\sqrt{\pi a}$（埋藏裂纹）；$K_I=\frac{F}{\psi}\sigma\sqrt{\pi a}$（表面裂纹）

ⓒ 鼓胀效应。对于容器上的穿透裂纹(包括按穿透裂纹计算的未穿透裂纹)，如果裂纹长度较大时，应考虑鼓胀效应，由上式确定的 K_{I} 值还应乘以 M，M 按下式计算：

对于圆筒形容器环向裂纹：$M=\left(1+0.32\dfrac{c^2}{RS}\right)^{1/2}$

对于圆筒形容器轴向裂纹：$M=\left(1+1.16\dfrac{c^2}{RS}\right)^{1/2}$

对于球形容器：$M=\left(1+1.93\dfrac{c^2}{RS}\right)^{1/2}$

式中　c 为穿透裂纹半长度；R 为容器半径；S 为容器的壁厚。

ⓓ 评定：如果 $K_{\mathrm{I}}<0.6K_{\mathrm{IC}}$　则所评定缺陷是可以接受的。

b. COD 法。确定了等效裂纹尺寸 $\bar{a}$ 和等效拉伸总应变 e 后，下面计算允许裂纹尺寸 $\bar{a}_{\mathrm{m}}$：

$$\bar{a}_{\mathrm{m}}=\frac{\delta cr}{2\pi e_{\mathrm{s}}\left(\dfrac{e}{e_{\mathrm{s}}}\right)^2}\quad \frac{e}{e_{\mathrm{s}}}\leqslant 1;\quad \bar{a}_{\mathrm{m}}=\frac{\delta cr}{\pi(e+e_{\mathrm{s}})}\quad \frac{e}{e_{\mathrm{s}}}>1$$

当容器的鼓胀效应不可忽略时，对于穿透裂纹所求得的 $\bar{a}_{\mathrm{m}}$ 值还应除以 M^2。

如果 $a<\bar{a}_{\mathrm{m}}$ 则所评定的缺陷是可以接受的。

COD 判据是 CVDA 规范的核心，以上两式描述的曲线称之为 CVDA 曲线，如图 4-3-23 所示。

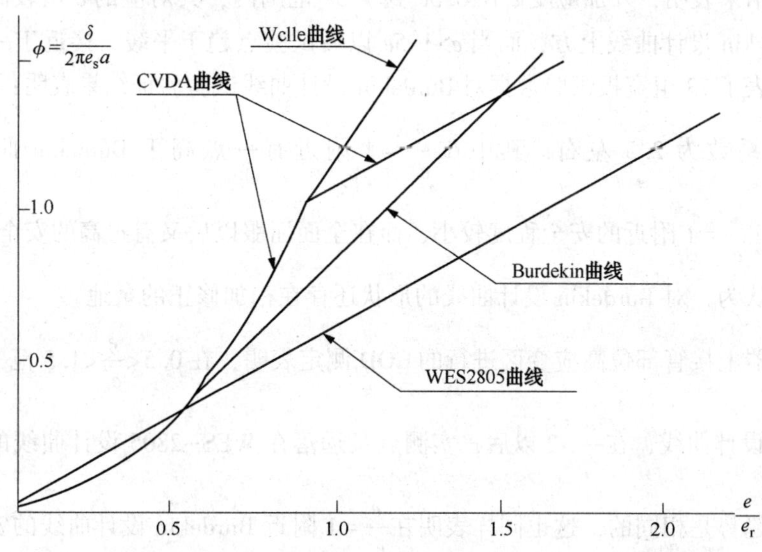

图 4-3-23　CVDA 设计曲线与其他设计曲线的比较

1974 年国际焊接学会第 X 委员会提出一个裂纹验收标准草案，并于 1979 年重申该办法有效，称为 IIW。该标准推荐的 COD 设计曲线——Burdekin 曲线已被许多国家所接受(如 WEE/37 和 BSIPD-6493)，并得到了广泛的工程应用。对于压力容器几何不连续部位高应变区的缺陷评定来说，是一个可行的有效办法。

WES-2805 在分析了 Burdekin 设计 以后，发现 Burdekin 曲线过于保守，因此把$\dfrac{e}{e_{\mathrm{r}}}>1$ 以

后的直线斜率降低一半，即由原来的$\frac{d\phi}{d(e/e_r)}=1$降低到$\frac{d\phi}{d(e/e_r)}=0.557$，如图 4-3-23 所示。并且认为这样修改以后，对于实际结构的计算来说，裂纹尺寸还有 4~10 倍的安全系数。

Burdekin 设计曲线是以宽板试验为依据显示的，而实际结构几何不连续部位拘束区的形状与宽板不一样，应变梯度也有很大差异，即使是理想塑性材料，对于拘束屈服区来说，进入屈服以后其应变也是有限的。因为它被广大的弹性区所包围。在同一应变水平下，宽板上的裂纹张开位移要比容器上的大。其原因也就是因为容器比宽板的拘束度大。因此，用宽板试验结果来评定实际上被广大弹性区所包围的局部高应变区的工程结构(如压力容器接管处)是偏保守的。

其次，在工程评定中，CVDA 规范规定以裂纹张开位移 COD 的启裂值δ_1或工程条件启裂值$\delta_{0.05}$作为评定的临界值。无论是宽板试验还是容器试验都表明，就我国目前所采用的压力容器用钢来说，从启裂到破坏还有很大一段距离，带缺陷的小容器爆破试验表明：启裂压力仅是爆破压力的 1/3 左右。因此，CVDA 规范把启裂 COD($\delta_{0.05}$)规定为临界值，从材料性能的角度来讲，已包含了约为 3 倍的安全系数。

综上所述，我们不能完全凭宽板试验结果来制定 COD 设计曲线，因为这样做有时会得出过于保守的结果。但是宽板试验结果所描述的外加应变 e 与裂纹张开位移 δ 的变化趋势，过去一直是制定 COD 设计曲线的依据，因此，CVDA 规范也采用了 COD 设计曲线的形式。国内宽板试验结果表明，外加应变 e 在 $0.5e_s$到 $1.5e_s$范围内，其对应的 δ 值较高，有个别点甚至落到 Burdekin 设计曲线上方，而当 $e>1.5e_s$以后试验点趋于平缓，接近于一斜率较低的直线。国外发表了 73 组宽板试验数据对 Burdekin 设计曲线试验验证结果表明；对裂纹尺寸，其平均的安全系数为 2.5 左右，其中在$\frac{e}{e_s}=1$附近有一点高于 Burdekin 曲线，这说明 Burdekin 曲线在$\frac{e}{e_s}=1$附近的安全程度较小，而在全面屈服以后又有过高的安全程度。因此，国内一些学者认为，对 Burdekin 设计曲线的形状还存在稍加修正的余地。

在实物容器上接管部位高应变区进行的 COD 测定表明，在$0.5<\frac{e}{e_s}<1.5$范围内，实测点靠近 Burdekin 设计曲线，在$\frac{e}{e_s}>2$以后，实测点又远落在 WES-2805 设计曲线的下方，与宽板试验结果的趋势是相同的，这也同样表明在$\frac{e}{e_s}=1$附近 Burdekin 设计曲线的安全裕度要比$\frac{e}{e_s}>2$时小。WES-2805 的编制者在分析了 Burdekin 设计曲线的保守性以后，对 Burdekin 曲线进行了修改，降低了全面屈服以后设计曲线的斜率，但同时也降低了$\frac{e}{e_s}=1$附近的安全裕度。

规范编制但在全面分析了国内外试验数据以后，适当地提高了 Burdekin 设计曲线在$0.5<\frac{e}{e_s}<1.5$范围内的安全裕度，而降低了$\frac{e}{e_s}>1.5$以后全面屈服的安全裕度使各段安全裕度大体相当，得到了 CVDA 设计曲线，其表达式如下：$\phi \equiv \frac{\delta}{2\pi a e_s} = \left(\frac{e}{e_s}\right)^2$；$\frac{e}{e_s} \leqslant 1$

$$\phi \equiv \frac{\delta}{2\pi a e_s} = \frac{1}{2}\left(\frac{e}{e_s}+1\right);\ \frac{e}{e_s}>1$$

(f) CVDA 规范中疲劳评定的基本公式。已发表的疲劳裂纹扩展速率计算式比较多，但多数比较繁杂。Paris 公式是一个较为简单地计算疲劳裂纹扩展速率的表达式，计算方便，也说明主要问题，工程应用时比较适宜的。CVDA 规范采取了 Paris 公式，其形式如下：$\frac{\mathrm{d}a}{\mathrm{d}n} = A(\Delta K)^n (\Delta K_{th} < \Delta K < \Delta K_T)$ 其中 A、n 为材料常数，其值由第五章规定的原则确定。

对于低碳钢和碳锰钢，疲劳裂纹扩展速率的下门槛值取 $\Delta K_{th} = 19(1-0.76R)$

对于其他材料，下门槛值取 $\Delta K_{th} = 23(1-0.85R)$　$R>0.1$；$\Delta K_{th} = 19$　$R \leqslant 0.1$

式中 $R = \frac{\sigma \min}{\sigma \max}$

上门槛值 ΔK_T 一般不易确定，CVDA 规范规定上门槛值近似取 $0.4K_{Ie}$。如果实测数据表明 ΔK 超过 $0.4K_{Ie}$ 仍满足 Paris 公式，则 Paris 公式 $\frac{\mathrm{d}a}{\mathrm{d}n} = A(\Delta K)^n$ 仍然可用。

CVDA 规范以 Paris 公式为基础，建立起来的疲劳评定方法属于半理论，半经验性的。在线弹性与小范围屈服条件下，无论是理论上还是实验上都能很好的成立。但对于像压力容器接管部位那样的大范围屈服情况，以 ΔK 作为控制疲劳裂纹扩展的参量并不如以 $\Delta\delta$ 或 ΔJ 为参量的表达式合理。但由于后者形式复杂，且在计算上没有 ΔK 解决的完善，试验数据不多，目前尚未达到工程上应用的程度。 些学者认为，利用 Paris 公式近似描述压力容器接管拐角处的疲劳裂纹扩展规律，对于工程应用来说是可行的，不过这里的 ΔK 已超出了应力强度因子变化幅的含义，只能把它当做一个物理量来看待。

下面介绍如何选用材料性能数据。

按 CVDA 规范进行缺陷评定时，所需的材料性能数据主要包括：屈服强度 σ_s、抗拉强度 σ_b、断裂韧性 $\delta_{cr}(\delta_{0.05})$ 或 K_{IC}、裂纹扩展速率 $\frac{\mathrm{d}a}{\mathrm{d}N}$ 以及应力腐蚀开裂界限应力强度因子 K_{ISCC} 等。

评定时应优先采用实测数据，只有在无法进行实测的情况下，才允许采用代用的参考数据。这里说明一点，对疲劳裂纹扩张速率，如果实测数据低于 CVDA 规范推荐的 $\frac{\mathrm{d}a}{\mathrm{d}N}$ 值，则建议采用较高者。

目前，对于在用压力容器，特别是运用多年的在用压力容器，要取得实测所需的试样往往是困难的，甚至是不可能的。所以 CVDA 规范规定；在无法取样的情况下，经评定各方协商同意，可选取代用的参考数据。需要指出的是，代用数据的选取是一项非常慎重的工作，有关人员必须充分了解材料冶金与工艺状态，几何因素及实验条件对测试结果的影响，同时还需要有相当的实践经验，最好能进行可靠性分析，使所选用数据能保证评定结果偏于安全。

（g）缺陷评定对无损检测的特殊要求。缺陷评定的三要素是缺陷尺寸、应力水平和材料抵抗断裂的能力，应力水平、断裂韧性是通过计算和试验测试确定的，而缺陷则需借助于无损检测手段获得。缺陷评定时缺陷的要求是定性、定量、定位即要知道缺陷的性质、尺寸(尤其是缺陷在容器壁厚方向上的自身高度和深度)、形状和方法等。由于缺陷不同，处理方法也不同；对不同位置的表面缺陷、埋藏缺陷和穿透缺陷的计算公式和参数选取不一样，其共为缺陷和不共为缺陷群的处理也不一样，因此，由无损检测确定的缺陷数据(主要指缺陷离探伤表面深度、自身高度和相互间距离)如稍有出入，则对评定结果是会造成较大偏差，缺陷的定性、定量、定位是准确性和可靠性对缺陷安全性评定有着重要意义。它一方面是在制造过程中即使发现超过标准的缺陷，以确保压力容器的产品质量；另一方面是在使用过程中或者检修时，检测是否有原来存在的缺陷或新生的缺陷在使用过程中发展成危机压力容器安全使用的严重缺陷。

a. 在缺陷评定中，对缺陷进行定性检测。《CVDA 规范》根据不同类型的缺陷，包括裂纹、未熔合、未焊透、咬边和叠层等；另一类是非表面缺陷(即体积状缺陷)，一般包括气孔、夹渣等。面状缺陷危险性大，“合于使用”规范要求无损检测能定性区分各种缺陷，至少也要区分出是否为面状缺陷。

对于面状缺陷，仅使用 X 射线照相法常常会引起漏检。特别是当裂纹面与 X 射线束不平行时，更是这样。如对 V 型或 X 型焊缝坡时熔合裂纹，其所在平面与焊缝熔合线平行，面与 X 射线束成一定角度，因此在射线底片上得不到反映。因此，以缺陷安全性评定的角度来看，X 射线检测容易发现的缺陷往往是危害程度较小的体积状缺陷，而对危害程度较大的裂纹，未熔合、未焊透等面状缺陷都容易发生漏检。

超声波检测对面状缺陷的灵敏度较高，检出率较大，但并非没有漏检。除了某些技术上的原因外，还取决于检测人员的技术水平和责任心。如有人常用常规方法对一条分布有大量斜纹(~45°)的焊缝作超声检测合格后，其他人作复验时，将探头边旋转边前后移动扫查，结果发现了十几条 45°斜裂纹，因此为避免这类缺陷的漏检，必须采用将探头偏转 15°~40°的斜扫查，以保证将这类缺陷检测出来。

在当焊缝局部区域同时存在各种类型的严重缺陷时，使用 X 射线照相并辅之以超声波判断，可以取得满意的结果。如某球罐环缝检测时就是在超声波检测的基础上，通过正、斜两张 X 光底片辅助判断，来确定一段焊缝的缺陷性质的。因此，现场检测时需要利用这多种检测方法的各自特点，来解决实际问题。

b. 在缺陷评定中，对缺陷进行定量检测。

ⓐ“合乎使用”规范要求对缺陷进行定量检测。“合乎使用”规范要求对缺陷进行定量检测，特别是对埋藏缺陷要求能较准确地检测出缺陷的自身高度。对表面缺陷则要求较准确地检测出缺陷的深度。这两个尺寸是缺陷安全评定的关键尺寸。

以埋藏缺陷为例：等效缺陷尺寸 $\bar{a}$ 为：$\bar{a}=a\left(\frac{\Omega}{\psi}\right)^2$ 与埋藏缺陷的情况类似，裂纹深度 a 是决定因素。而一般情况下，长度居于次要位置。

用 X 射线底片黑度对比法来确定缺陷高度是测量缺陷高度的方法之一。但由于某些情况下它对裂纹等面状缺陷易产生漏检，同时黑度对比法不能确定出缺陷的埋藏深度，加之这种方法精度很差，因此，在缺陷安全评定中一般不采用这种方法，而主要采用超声波法来确定缺陷的自身高度和深度。一般情况下，超声波检测不作定量测高，只给出缺陷的波幅位置和长度。对缺陷进行测高是安全评定的特殊要求。因此为了保证测高(测深)精度，必须事先进行进行实验室试验，获得必要的数据。通过大量的试险，可确保测高精度误差小于10%~20%。在现场对在用压力容器进行缺陷测高之前，需先在标准试块上校正仪器，针对不同材料、不同厚度制定出包括仪器、探头及灵敏度选择的操作方案，然后再进行现场检测。例如：对不同板厚及不同位置的缺陷应采用不同的测高方法。当容器壁厚较薄时，可采用 6dB 法进行测高。当然，为提高测量精度，对重点界限值缺陷采用聚焦探头法，端点衍射法、对表面裂纹采用表面波法及用裂纹测深仪进行互校都是有效措施。

采用超声波对缺陷进行测高和测深时，只要使用方法适当，效果是很好的，且操作简便，便于在工程现场使用。

ⓑ 缺陷的定量。缺陷的定量对超声波探伤来说，是一个复杂的问题，影响因素很多。如缺陷的深度，缺陷的取向，缺陷中的介质对声波的反射、吸收和透过以及工件材质情况、形状声藕合、操作方式和仪器探头的性能等均影响探测结果。所以通常所确定的缺陷大小只是缺陷在声束方向上的有效面积，和实际缺陷有一定出入。

大于声束的缺陷一般用缺陷面积大小和缺陷的指示长度来表示。

小于声束的缺陷一般用“当量”表示。所谓当量直径或当量面积是指实际缺陷反射声压相当于人工缺陷(如平底孔、横孔和柱孔等)的某一直径或面积的反射声压。因此，实际缺陷只是相当于而不等于人工缺陷的大小，二者有较大的偏差。

c. 缺陷评定中，对缺陷进行定位测量。缺陷位置的确定。一般用标准试块对仪器进行校正(即标定时基线)，以荧光屏上的每一格代表深度(或水平距离或声程)。然后根据反射回波在荧光屏上的位置来确定缺陷位置(在工作中的深度、水平距离或声程)。

《CVDA 规范》要求较精确地确定缺陷相对于自由表面的距离以及缺陷相互间的距离。对于埋藏缺陷来说，如果缺陷端点到自由表面的距离 P_1 小于缺陷高度的 0.4 倍时，则需要将此埋藏缺陷划为表面缺陷对待；对于表面缺陷，如果剩余韧带小于壁厚的 0.3 倍时，则需将此表面缺陷作为穿透缺陷对待。《CVDA 规范》规定，如果两相邻缺陷之间的距离小于规定值时，需合并为一个连续的大缺陷；而非共面缺陷面间距离小于规定值时，需作为共面缺陷处理。所有这些，都需要无损检测对缺陷进行较为精确地定位测量。

(h) 缺陷评定存在的问题。缺陷评定中常出现表面和近表面缺陷的漏检问题。按 CVDA-84 的规定，对长 $2c$ 和深 a 的表面裂纹，评价缺陷危险程度的裂纹等效尺寸：$\bar{a}=a\left(\frac{F^2}{\psi}\right)$(式中：$\psi$ 为第二类椭圆积分，F 取决于缺陷尺寸的系数)。对长 $2c$、高 $2a$ 的埋藏裂纹，其等效尺寸 $\bar{a}=a\cdot\left(\frac{\Omega}{\psi}\right)^2$(式中 Ω 取决于缺陷尺寸的系数)。

Ω 取值范围在 1.01~1.13，而 F 的取值一般不小于 Ω。对同一条裂纹，表面裂纹的等效尺寸至少是深埋时的两倍。当缺陷到自由表面的最短距离 $P_1<0.4H$(H 为缺陷最大高度)时，则该缺陷简化为深度 $a=H+P_1$ 的表面缺陷。

实际焊缝超声波探伤时，由于焊缝表面反射波的干扰，往往容易漏检表面和近表面缺陷(见表 4-3-15)。

表 4-3-15　不同高度近表面缺陷的检测概率

缺陷高度/mm	6.35	12.7	25.4	50.8	76.2
平均检测概率	0.42	0.84	0.96	1	1

注：表中的检出概率：检出缺陷数/实际缺陷数。

(i) 缺陷的评定准则。因为等效尺寸 $\bar{a}$ 式中的 Ω、F、ψ 值的变化都不大于 $\psi=1\sim1.57$。等效裂纹尺寸 $\bar{a}$ 主要取决于缺陷沿壁厚方向的尺寸高度 a，而长度相对而言要小的多。

在大多数情况下，缺陷长度大的，其高度相应也大。但确实存在为数不少的长而浅、短而深的缺陷。从缺陷危害程度来看，短而深的缺陷同样存在着危险性。

a. 缺陷高度的测定。目前，超声波测量缺陷高度的方法很多，大体上可分为探头移动法，回波幅度法和测量传播时间法三种。各种方法都只适应一定的范围。探头移动法中的6dB 降落法是多数操作者熟悉的方法，当扫查声束垂直于缺陷时，测高结果有一定的价值。有经验的探伤人员用端部 20dB 降落法寻找缺陷高度方向的终点(端)，更能得到较满意的结果。因此，对于短而深的缺陷，或者当缺陷指示长度处于拒收界限时，先用 dB 降落法测定缺陷高度，然后进行综合评定，对提高探伤可靠性很有必要。

b. 缺陷的判断。CVDA-84 把缺陷分为平面型和非平面型缺陷。非平面型缺陷包括焊接气孔、夹渣等；平面型缺陷包括裂纹、未熔合、未焊透、咬边叠层等。平面型缺陷，特别是裂纹，其致危害程度比非平面型缺陷大得多，因此缺陷定性很重要。尤其是在役焊接工作，非平面型缺陷可以不返修，而裂纹类缺陷大多必须返修。

缺陷三定(定位、定量、定性)之间有密切的关系，特别是缺陷在焊缝横断面的位置对定性意义极大。操作者利用左右、前后、环绕、转动等扫查获得的信息，往往能帮助确定缺陷类型，满足缺陷定性要求。当缺陷性质难以判断时，必须辅以其他检查方法(如射线探伤)进行综合分析。如抚顺石化公司石油二厂 7 号球罐的 E 环缝，因未焊透和夹渣大量出现在焊道中部，该位置反射波很强烈，无法分辨，经 X 射线复核后，可由底片上将缺陷清楚分开。又如 5 号球罐内壁 E 环缝上存在大量腐蚀疲劳裂纹，由于取向和位置等原因，其反射波和根部回波混杂在一起分辨不清。后经内壁磁粉探伤，妥善地解决了这个问题。因此在役压力容器安全评定中的无损检测，应是几种检测方法的综合评定结果。

c. 测试精度。

ⓐ 超声聚焦探头端部回波法，对内部点状缺陷。自身高度小于 10mm 时，误差在 20%以下；自身高度为 10~20mm 时，误差在 15%以内；自身高度大于 20mm 时，误差在 10%以内。

ⓑ 超声普通探头 6dB 法，对内部面状缺陷：当自身高度小于 10mm 时，误差一般不超过 50%，当自身高度大于等于 10mm 时，误差不超过 40%。

ⓒ 测试一般应选择在距缺陷较近的面进行，并尽可能采用一次波和 K 值较小的探头。

6. 在役压力容器表面裂纹和内部面状缺陷的检测

(1) 在役压力容器表面裂纹的检测

① 磁粉检验。对容器的内、外表面焊缝和怀疑有裂纹的母材表面(如液、气界面、腐蚀严重部位或应力集中部位)进行 100%的磁粉检验，以抓住表面缺陷。

② 超声波确定表面裂纹的自身高度。对于表面裂纹，一般采用普通探头 6dB 法和聚焦探头端部回波法测定。由于一般探头始脉冲占宽比较大，缺陷回波分辨率不清楚，所以对深

度较小的表面裂纹，采用园晶片聚焦斜探头测定其自身高度。

③ 铲削、打磨验证。一般是打磨一层，磁粉检测一层，直至缺陷完全消除为止，然后圆滑过渡，并在缺陷位置利用游标卡尺测量凹坑深度，以作为裂纹自身高度的解剖验证数据。

④ 根据安全评定结果，确定返修与否。

⑤ 无论是否返修，水压后均在该处进行磁粉检验，保证不产生新的表面裂纹之源。

(2) 在役压力容器内部点状缺陷的检测

① X 射线底片初评和复验。首先对在役容器进行局部或全面的 X 射线透照，评片，并对面状缺陷部位和怀疑是面状缺陷的部位进行超声波重点扫描。

② 超声波扫查。采用普通斜探头按《在役压力容器安全评定超声波探伤细则》进行扫查，并将发现的较大缺陷的自身高度测试数据交安全评定人员进行断裂力学初评计算。

③ 超声波复核。对于危险缺陷，利用聚焦斜探头端部回波法进行校核，确定其准确自身高度尺寸，为安全评定人员提供返修依据。

④ 解剖验证。返修部位，根据测定尺寸，利用碳弧气刨一层层地刨下去，并结合磁粉检验，确定缺陷的起始点，然后继续气刨，在缺陷终点尺寸到达前停止，再利用砂轮一层层向下磨，直到磁粉检查没有缺陷为止，以此作为缺陷的终点，用游标卡尺量出缺陷起点至终点的距离，这就是缺陷自身高度的解剖验证尺寸。

⑤ 修补后检查和水压试验后检查。修补后采用超声波检查和磁粉检查，确定无问题后进行水压试验、水压试验后再进行磁粉检查。

7. 结语

① 利用聚焦斜探头端部回波法可以较准确地确定焊缝内面状缺陷的自身高度，误差最大不超过 15%。

② 普通探头 6dB 法的测定误差不超过 40%，大部分情况下都是正偏差。

③ 在役压力容器安全评定无损检测的主要项目为：

(a) 表面缺陷的处理。一般先采用磁粉、着色探伤将表面缺陷检测出来。然后采用超声波探伤法和直流电位法测定其深度。对于自身高度小于 5mm 的缺陷，采用球面晶片聚焦斜探头探测其自身高度，对自身高度大于等于 5mm 的缺陷应采用普通聚焦斜探头探测其自身高度。若精度要求不高，也可采用普通探头 6dB 法。在检测条件和仪器条件满足的情况下，对各类表面在缺陷均可采用直流电位法进行测试。

(b) 内部缺陷的处理。首先采用普通探头 6dB 法进行粗扫查测定其自身高度，并对所记录的大缺陷进行安全评定，然后对危险尺寸的缺陷进行复查，减少和不漏掉需返修的危险缺陷。

a. 点状缺陷的处理可以直接采用聚焦探头端部回波法进行测定。对其中尺寸小于 5mm 的点状缺陷，推荐采用球面晶片聚焦斜探头端部回波法。

b. 体积状缺陷的处理应进行 X 射线透视，同时结合其他方法进行综合定性判断。由于休积状缺陷的自身高度尺寸超声波测量误差较大，一般是正偏差，且对容器的危险性相对较小。此时应在考虑焊接工艺、材质、应力状态和测试误差的基础上进行决断。在保证安全使用的前提下尽量减少返修量。

综上所述，超声波测定缺陷自身高度是目前在役容器安全评定的关键所在，给压力容器的评定和安全使用提供可靠性依据。它作为判断断裂力学安全评定的重要组成部分，对在设容器的安全运行起着非常重要的作用。

8. *石油三厂加氢高压设备的安全评估实例*

(1) 冷壁加氢反应器失效分析及安全评定

石油三厂5号加氢反应器失效分析及安全评定详见“无损检测及其应用”一书(2009年1月，中国石化出版社出版)1026~1037页。为便于读者了解只作下面简介：

① 简要说明。5号加氢反应器是1936年整体锻造制成，其尺寸为：内径950mm，壁厚190mm，筒高7900mm，重量42吨，材质SNCM钢，采用伍德式自紧密封。操作压力为20.0MPa，操作温度为450℃，介质为氢、油及油汽、H_2S。该筒于1939年投产，1945年停用，从1953年至1959年作电热筒，1959年以后作加氢反应器使用，至1968年10月发现裂纹后停止使用，服役期100000h。

为了对5号反应器进行破坏因素分析和安全评定，并为同类在役的加氢反应设备提供安全使用依据，根据“抚顺石油三厂5号高压加氢反应器裂纹成因和安全评定研究项目协议书”及“5号加氢反应器失效解剖分析及安全评定”进行了以下工作：

(a) 测定5号筒材质的各种力学性能的变化和断裂韧性值。

(b) 设计和实施三种不同介质(工况介质、纯氢、硫化氢)的现场挂片试验及模拟试验方案和方法。

(c) 测定三种介质条件下的K_{ISCC}值。

(d) 对5号反应器的应力和强度因素进行试验和理论分析。

(e) 对5号反应器的裂纹成因和失效在试验研究基础上进行综合分析。

试验工作首先整理了有关反应器的原始资料，进行了整体解剖，各种试样加工及现场挂片实验及小型模拟试验，为整个实验工作奠定了良好的基础，提供了可靠地数据。

实验采用了近代先进的测试分析技术，进行了金相，断口力学性能，断裂韧性等方向及大量实验分析工作，并提出了WOL试样新的实验分析方法，测出了5号反应器在三种介质条件下的K_{ISCC}值和裂纹平均扩展速率值，掌握了大量的实验数据，得出了5号反应器内壁表面产生晶界裂纹的原因是腐蚀，裂纹扩展的主导因素是多次超温和急冷的热冲击。

用有限元方法对5号加氢反应器进行了常温，工作温度(包括工作压力)和吹冷氢工况下的稳态温度场的应力分析，并用三维光弹法对5号反应器在常温工况下的应力分析进行了验证，从而对裂纹的扩展提示了理论依据。同时对厚壁容器内表面单裂纹、均布多裂纹局部多裂纹，以及均布多裂纹的应力强度因子进行研究，提出了均布多裂纹应力强度因子近似计算式和非均布多裂纹应力强度因子的估算方法。

② 评定意见

(a) 提供的技术文件齐全，各项试验所采用的方法及步骤是科学的，数据是准确的，其工作量和难度很大。经核实已经完成了原订合同的各项内容。

(b) 在确定K_{ISCC}值试验过程中，改进了国内外常用的WOL试验分析方法，并提出了逐步逼近法。该方法获得了更为准确的试验数据，具有创新性。

(c) 利用光弹法，系统地研究了厚壁容器各种内表面裂纹的应力强度因子，是一种有效的方法，当时在国内处于领先地位。

(d) 试验结果表明，反应器内壁面产生晶界裂纹的原因是氢腐蚀；裂纹扩展的主导因素是多次超温和急冷的热冲击。如该反应器不发生超温等异常工作情况，裂纹不会迅速扩散，仍可继续使用。该结论对于石油三厂在役的几台同类反应器提供了安全使用依据。

(e) 该实验成果达到了国内先进水平。

(2) 石油三厂高压加氢冷壁反应器(热套反应器)筒体进行局部超温安全评估。石油三厂高压加氢冷壁反应器(热套反应器)筒体曾多次超过设计温度范围，为了分析操作时局部筒体的温差应力，进行了局部超温区温度场模拟识别，在此基础上对局部超温区进行有限的应力计算，从而进行了安全评估。叙述如下：

① 反应器基本尺寸与参数

内径×壁厚×高：2100mm×160mm×24800mm

工作压力：18.0MPa

介质：油及油气、氢气、H_2S、催化剂

反应温度：380~420℃

保温层厚度：100mm

保温层导热系数：0.47W/m^2·K(高压渗油情况下)

筒体材料：20CrMo9

材料导热系数：36 W/m^2·K

② 冷壁加氢反应器局部超温应力状态分析。高压加氢采用冷壁反应器，反应器内设置隔热衬里，以降低反应器筒体温度。有关规定外壁温度控制在280℃，最高不得超过300℃，但由于施工质量、工艺操作条件及运行周期等因素影响，常有反应器外壁局部超温现象发生。现在解剖与实测相结合的方法对局部超温场进行模拟识别，对超温的应力进行分析。

局部超温区温度场模拟识别

(a) 反应器筒体局部超温原因及特点。冷壁反应器隔热衬里采用大颗粒珍珠岩材料，由于施工技术条件所限，施工后隔热层产生大量横向及纵向大小不等的裂纹，因此，无法阻止高温、高压介质的渗透，加之隔热层材料与筒体材料的热膨胀系数不同，使得衬里与筒体贴合得不能非常严密，但这并不是造成反应器局部超温的主要原因。

实践中发现，筒体超温部位的衬里有两种现象：一种是出现冲刷孔洞；另一种是无明显损坏，只有表面裂纹，敲击可闻“空空”声。在两种超温现象中，反应器外壁变色漆都是先呈点、圆状，然后变成椭圆形向周向和轴向发展。周向为长轴，发展速度比轴向快的多。

经反复实践后认为，在正常情况下，介质通过催化剂层所受的阻力远比通过衬里缺陷部位所受阻力小，所以衬里依然起着正常隔热作用。但当介质通过某段催化剂层所受的阻力因故增大时，通过此段有缺陷衬里部位的油气将增多，并沿径向渗透。这些通过衬里介质的流量和流速不断增加，加速了衬里的损坏，进而使温度超过规定，同时筒壁变色漆急速变色。

(b) 冷壁反应器的物理测试与分析。为了对其温度场进行分析，必须知道保温层的导热系数和外表与大气直接换热的换热系数，这两个直接影响温度场计算的重要参数。通常只知道保温材料在浑浊干态下的导热系数，但对其在高压渗透状态下的实际导热系数是不知道的。对流换热是一个复杂的过程，我们采用反演识别的方法来处理。利用热流密度仪实测筒体外表面的热流密度和温度，经理论分析和数据处理，反演出内保温层的实际导热系数和外表面的对流换热系数。反演出的内保温层的实际导热系数为保温材料在常温干态下的导热系数近两倍，因此，内壁的实际温度要比按保温层材料的导热系数高。这一点值得特别注意。

(c) 冷壁反应器局部超温时温度场分析。温度场模拟识别概述：为对局部超温后筒体的应力状态进行分析，需要知道筒体局部超温后的温度分布情况，即要了解温度场。该温度场可以看成是由未超温时的轴对称稳态温度场与一部分由超温引起的三维稳态温度场叠加的结

果。筒体的反应温度是已知的，保温层的破损情况却无法知道，但外表面的温度分布情况可通过红外成像仪等技术测得。

大量的实测数据表明，局部超温区外表面温度分布多为一个具有超温中心的椭圆或几个具有超温中心的椭圆叠加。模拟识别的方法，实际上就是在大量实践经验的基础上，将局部超温区筒体表面假设为椭圆后解剖方法，通过椭圆长短轴之比的变化，可将超温区由椭圆变成圆或线。假设筒体表面为对流换热边界条件，椭圆中心有最高温度，长短轴的剖面为绝热边界条件。在超温区边缘温度与正常壁温相同，若出现多个最高温度中心可视为多个椭圆温度场的叠加。

在温度场的模拟识别过程中，根据实践给出的筒体表面温度分布形式，即一个具有待定的参数的椭圆，从而可得到由待定参数表示的筒体外表面的温度分布，利用最小二乘法，通过筒体外表面温度的计算值与实测值的误差最小来确定这些参数。参数确定后即可计算出筒体内任一点的温度，从而完成温度场的模拟识别。

(3) 分离器工程断裂力学分析

石油三厂原铜洗塔入口分离器是捷克制造的，材料为 A1 钢，整体锻造，双锥密封。该容器在制造后的检验中以及在使用的无损检测中发现在筒壁内含有大量点条状及最大为 ϕ12mm 当量的缺陷。缺陷平行于内外壁表面。在使用过程中，还发现筒内壁表面腐蚀。

为了解决容器安全使用的问题，针对这些缺陷做了工程断裂力学安全分析。

① 铜洗塔入口分离器工况。该容器是捷克 KSB 工厂 1960 年制造的。筒身材料为 A1 钢，规格为 ϕ800mm×60mm×4560mm(内直径×壁厚×筒身长)。

试验压力：42. 5MPa

设计压力：32. 5MPa

设计温度：50℃

实际使用压力：20. 0MPa

实际使用温度：60℃

介质：氢气、油及少量的水

筒体材料 Al 钢的化学成分和机械性能见表 4-3-16 和表 4-3-17。

表 4-3-16　化 学 成 分　　%

C	Mn	Si	P	S	Cu	Cr	V
0. 36	0. 93	0. 33	0. 019	0. 019	0. 11	0. 86	0. 21

表 4-3-17　机 械 性 能

σ_s/(kgf/mm^2)	σ_b/(kgf/mm^2)	δ_s/%	A_k/(kg·m/cm^2)	组织
35	≥60	16	4	珠光体+铁素体

② 检测情况

ⓐ 筒壁的探伤检查。容器制造后，对筒壁做了超声波探伤检查，发现条状，点状缺陷共 93 处，ϕ3 当量的缺陷分散存在，并在局部形成密集区。缺陷大部分分布在距外壁表面 20~40mm 处。最大缺陷的当量尺寸为 ϕ12mm 左右，这些缺陷都平行于内外壁表面，属于原始缺陷。这些缺陷在以后的多次超声波探伤检查中(1982~1985 年)没有变化，因而认为是制造性质的缺陷。几个典型的缺陷举例如下：

10(10×10)、20~50(10×10)、40(10×30)

20~40(70×80)、35(50×10)、15~30(180×80)

括号外的数字表示缺陷埋藏深度，mm(由内壁向外计)。

括号内的数字为缺陷的最大控制面积，mm^2(即缺陷密集区)。缺陷分布示意图如图 4-3-24 和图 4-3-25 所示。

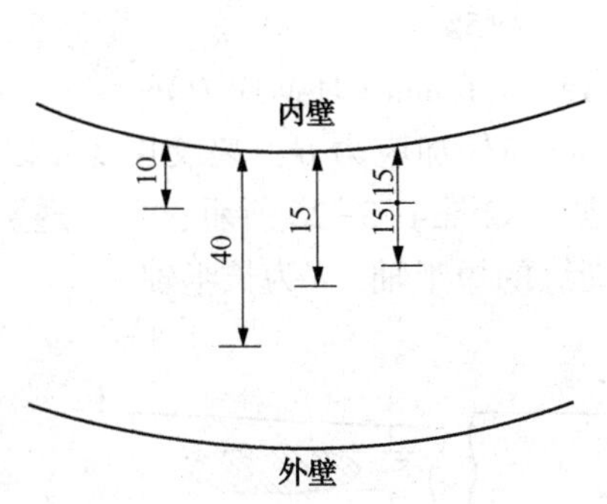

图 4-3-24　缺陷分布位置

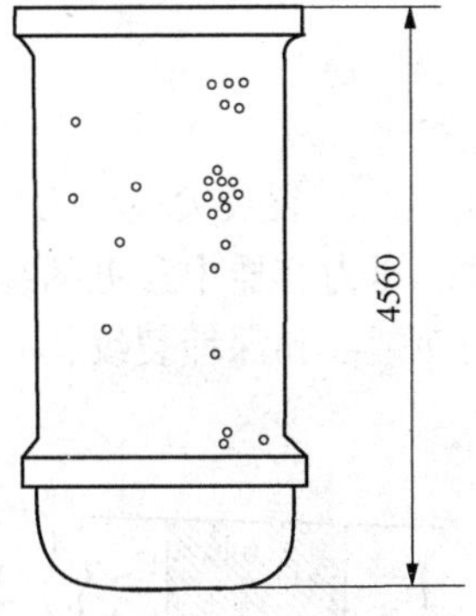

图 4-3-25　缺陷密集区

ⓑ 筒内壁表面检查

筒内壁喷砂后，经宏观检查发现，内壁表面布满腐蚀坑，腐蚀坑平均深 2~3mm，最深达 5mm，属于表面点腐蚀。没发现表面裂纹。

③ 筒壁的断裂安全分析。对于含有缺陷的压力容器，强度校核是不适用的。这是因为，在缺陷附近，由于应力集中的影响，存在一个高应力区。这使得容器在不大的工作压力下(甚至低于许用压力)，缺陷尖端有可能开裂扩展而导致容器破坏。这就是压力容器的低应力脆断，传统的强度理论无法解释这种现象。在这种情况下，控制缺陷开裂的因素是一个新的物理量——材料的断裂韧性 K_{IC}，其单位是 $kg/mm^{3/2}$。K_{IC} 是材料常数，可用试验方法测出。它与应力、缺陷尺寸和形状相关。

(a) 断裂韧性。对含缺陷的构件，当缺陷附近的应力场强度因子 $K_I<K_{IC}$ 时，缺陷时稳定的，不会失稳扩展。而 $K_I \geqslant K_{IC}$ 时，缺陷将发生失稳(突然)扩展，导致构件破坏。

对于接触腐蚀性介质的表面缺陷，应采用应力腐蚀断裂韧性 K_{ISCC}。这是因为，在应力腐蚀的条件下，$K_I<K_{ISCC}$ 时，缺陷时稳定的。而当 $K_I \geqslant K_{ISCC}$ 时，表面缺陷(裂纹)将发生缓慢扩展——亚临界扩展。经过一段时间，当裂纹扩展到一定尺寸时，即达到材料的 K_{IC} 时，就要发生失稳扩展。通常情况下，K_{ISCC} 比 K_{IC} 降低很多。因此，进行断裂分析的重要参数是要测出材料的 K_{IC} 和 K_{ISCC}。

该筒身材料是中低强度钢。

对于大量的中低强度钢的试验表明，其断裂韧性一般不小于 $500kg/mm^{3/2}$，对于整体锻造的压力容器，与该材料相近的材料实验表明，其断裂韧性不小于 $300kg/mm^{3/2}$，为了偏安全的考虑，取该钢的断裂韧性为：$K_{IC}=200kg/mm^{3/2}$。对于相近材料在饱和的 H_2S 水溶液中测得的应力腐蚀断裂韧性为 $K_{ISCC}=139kg/mm^{3/2}$，根据有关资料的介绍，这样的腐蚀条件比临氢状态下的其他条件要苛刻得多。现取 A1 钢在该环境下的 K_{ISCC} 为其值的一般，即：$K_{ISCC}=70kg/mm^{3/2}$

（b）应力分析。筒壁原始厚度 $S_o=60$mm，现内壁腐蚀坑的最大深度为 5mm，所以，筒壁的实际厚度最小为：$S=55$mm，由中径公式，可以计算出筒壁在目前使用状态下所受的应力：

$$\sigma=\frac{PD}{2S} \tag{4-3-1}$$

$$=\frac{2\times(800+55)}{2\times55}$$

$$=15.5\text{kgf/mm}^2(\text{环向应力})$$

（c）K_I 表达式。裂纹尖端应力场强度因子 K_I 与外加应力 σ，裂纹长度 a 以及和构件的几何尺寸有关。压力容器中常见的裂纹分为三类。如图 4-3-26 所示，对穿透裂纹，a 为半长度；对于表面裂纹和深埋裂纹，a 为椭圆形裂纹的短半轴，c 为长半轴。

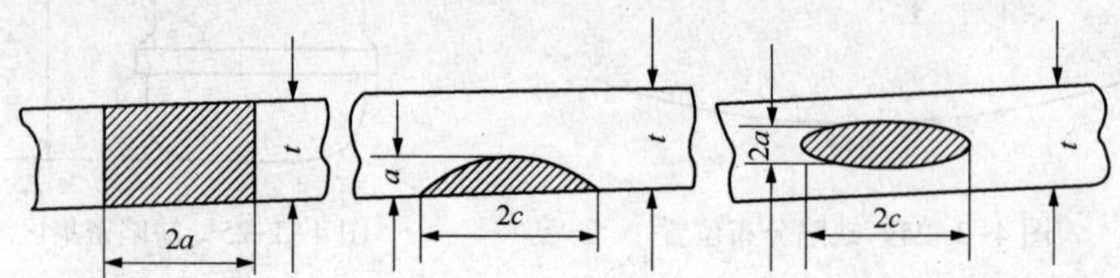

图 4-3-26　压力容器中的典型裂纹

对于圆筒形容器中的轴向穿透裂纹：

$$K_I=\sqrt{1+1.61a^2/(Rt)}\cdot\sigma\sqrt{\pi a} \tag{4-3-2}$$

式中　R——容器半径，mm；

t——容器壁厚，mm。

对于内表面裂纹：

$$K_I=\frac{F}{\Phi}\cdot(\sigma+p)\sqrt{\pi a} \tag{4-3-3}$$

式中　F——自由表面修正系数，取 $F=1.12$；

Φ——裂纹形状修正系数。

$$\Phi=\sqrt{1+1.464\,(a/c)^{1.65}}$$

对于筒壁内部的埋藏裂纹：

$$K_I=\frac{\sigma\sqrt{\pi a}}{\Phi} \tag{4-3-4}$$

（d）实际缺陷的简化处理。为便于工程上的应用和计算，需将实际缺陷简化成如图 4-3-27 所示的类型。

由超探知道，筒壁内的埋藏缺陷都是点状、条状及片状的缺陷，互不连接，且平行于内外壁表面。出于保守的考虑：现将缺陷密集区看做是一个大缺陷。并将密集区在壁厚方向上的分布看成为缺陷的深度。经检查知道，最大的一个缺陷密集区是 15~30（180×80）mm，作这样的处理以后，该缺陷密集区就成为一个长为 180mm，深为 30-15=15mm 的椭圆形轴向埋藏裂纹，即尺寸为 2a×2c=（15×180）mm，如图 4-3-27 所示。

在本分析中，仅对最大的缺陷进行评定，其他缺陷就不必考虑了。在分析中，将缺陷看作是裂纹。

(e) 临界裂纹尺寸 a_c

与 K_{IC} 相对应的裂纹尺寸就是临界裂纹尺寸，用 α_c 表示。临界裂纹尺寸是容器在操作压力下发生失稳爆破的最小裂纹尺寸。由式(1)可以求出轴向穿透裂纹的临界尺寸 $2a_c$，将有关参数代入式中。

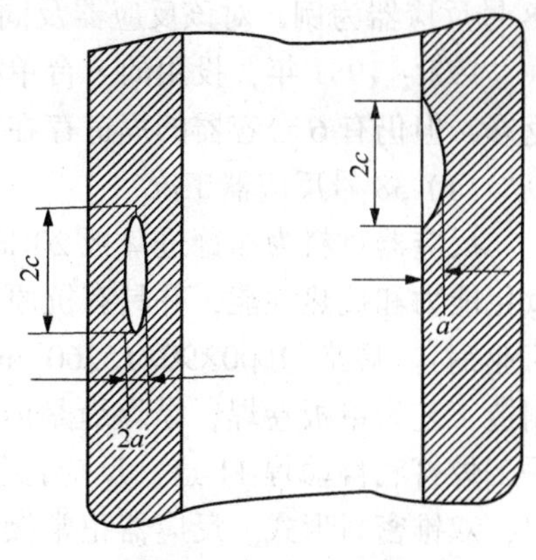

图 4-3-27　容器中的缺陷

解得：轴向穿透裂纹临界尺寸 $2\alpha_c$

$$200=\sqrt{1+1.61a_c^2/(460\times55)}\times15.5\sqrt{\pi a_c}$$

$$a_c=46\text{mm}\quad 2a_c=92\text{mm}$$

(f) 对实际埋藏缺陷的安全评定。筒壁中实际的最大埋藏缺陷是：

$$2a\times2c=15\text{mm}\times180\text{mm}$$

代入(3)式中，可以计算出该缺陷的 K_I 值：

$$K_I=\frac{15.5\sqrt{7.5\pi}}{\sqrt{1+1.464\,(7.5/90)^{1.65}}}$$

$$=74.3\text{kg/mm}^{3/2}$$

根据有关规定和建议，将裂纹尖端的 K 控制到：$K_I<0.6K_{IC}$ 或相对于 $n_K=K_{IC}/K_I=1.7$，则这样的裂纹才允许。

而该缺陷的 $n_K=K_{IC}/K_I=200/74.3=2.7$。显然，该缺陷是允许的安全的。

(g) 内表及裂纹的允许尺寸。检查中，没有发现容器内壁有表面裂纹。但考虑容器长期使用中有可能产生内壁表面裂纹。因此，分析仍给出内表面裂纹允许尺寸。

前文给出，该材料在使用条件下的应力腐蚀断裂韧性为：$K_{ISCC}=70\text{kg/mm}^{3/2}$ 代入式(2)中，可以计算出不产生应力腐蚀的裂纹尺寸：$a_{IH}=4\text{mm}$；$2c=40\text{mm}(a/c=0.2)$ 这就是说，小于该表面及裂纹($a_{1H}\times2c$)=(4×40)mm 的裂纹是不会产生应力腐蚀扩展的，是允许的。a_{1H}是轴向内表面裂纹深度，$2c$ 是长度。

(h) 检查时间的确定。根据该容器的使用情况和多年的检查结果，可确定检查周期如下：

a. 第一次开盖检查的时间确定在多年以后，重点检查的内容为：内壁腐蚀情况，表面裂纹以及测量腐蚀深度。

b. 根据第一次检查周期的结果，在确定下一次检查周期时间(延长或缩短)。

经过几次这样的检查和测量以后，就可以较准确地了解内壁腐蚀以及表面裂纹的情况。

④ 结语

通过对该容器的筒体检查和断裂安全分析；可做成如下结论：

(a) 由超声波探伤检查出的筒壁中的埋藏缺陷是属于制造性质的原始缺陷。分析认为，这些缺陷都是稳定的、安全的，是允许的。今后，可不做为重点的检查项目。

(b) 筒内壁表面缺陷是稳定的、安全的。文中给出的表面裂纹允许尺寸可做为检查和修理依据。

(c) 该容器可继续使用。

9. 20CrMo9 加氢反应器工程断裂力学安全分析

1971~1981 年期间，使用的兰州石油化工机械厂制造的 8 台单板焊接加氢反应器。以

38 号反应器为例，对该反应器及同材质的其他反应器进行断裂力学安全分析。

1971~1981 年，投用的 8 台单板焊接加氢反应器，焊道普遍存在缺陷，虽曾分批进行过返修，但仍有 6 台容器的焊道存在不同程度的缺陷。其中以 38 号反应器的缺陷最为严重。

(1) 38 号反应器工况

反应器材料为西德进口板 20CrMo9(是德国钢号的一种珠光体耐热钢，它具有良好的抗氧化能力和抗热性能，并具有抗原油中硫化物及高压氢的耐腐蚀作用，所以它是重要的石油工业钢)。规格(1000×90×15260)mm(内直径×壁厚×长度)。制造工艺为单板卷焊，纵焊缝是电渣焊共 13 道，环焊缝是手工焊打底自动焊 11 道。反应器筒内壁衬 80mm 厚的保温层，双锥密封形式。反应器正常操作压力为：20MPa；水压试验压力为：35MPa；反应器介质为：油、H_2 及少量的 H_2S，H_2S 含量一般为 0.02%~0.04%，硫化过程可变达 1.0%~1.5%；介质温度 450~460℃；外壁温度正常时：≤140℃；使用时间：约 53266h，反应器筒体结构如图 4-3-28 所示。

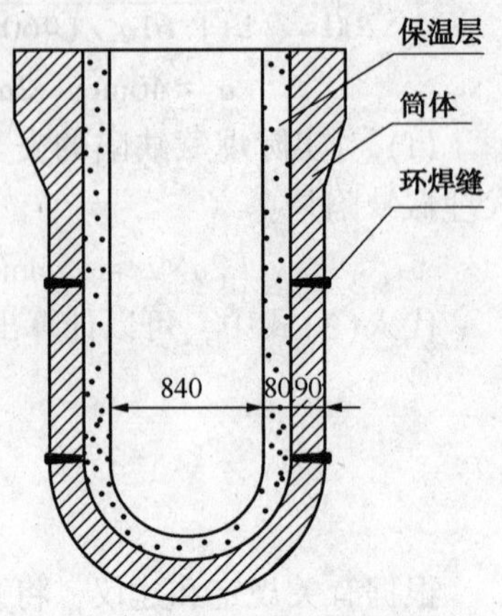

图 4-3-28　反应器筒体

(2) 缺陷情况

该反应器制造后，对焊缝做了超声波探伤检查，共查出埋藏缺陷 25 处，全部分布在环焊缝上，其中超过国家有关标准规定的缺陷 10 处，第一道和第七道环焊缝的缺陷最严重。较严重的缺陷列入表 4-3-18 中。

表 4-3-18　反应器缺陷分布

部　位	缺陷长度 X 距外壁深度/mm	方向	目前状态
第一道焊缝	150×(55~75)	环向	已修复
第二道焊缝	22×75		尚存
第五道焊缝	25×60		
第七道焊缝	290×(55~75)		已修复

对反应器中严重的缺陷进行了返修。返修的主要工作是：将第一道环焊缝的缺陷铲除后，重新补焊。将缺陷最严重的第七道环焊缝完全割掉，对割下的部分进行解剖，试验；再将筒体重新焊接起来使用。修复后的反应器焊缝质量较好。

(3) 缺陷的性质和成因

对割下的第七道环焊缝做了全面解剖，发现焊缝中的缺陷都是焊接性质的缺陷。如：夹渣、气孔、未焊透、焊接白点等。这些缺陷绝大部分分布在自动焊与手工焊接触的焊根及熔合线附近。位于距内表面 15~25mm 深度处。其中解剖发现的最长的一条缺陷(即第七道环焊缝最大的那条缺陷)长达 340mm，截面 ϕ3mm 左右，是沿熔合线分布的一条连续夹渣。其次是一条长达 310mm 的未焊透缺陷。

这些缺陷都是在焊接过程中形成的原始缺陷。在当时的生产状态下，由于管理混乱，不能严格执行有关的规范和焊接工艺，使得焊缝的质量得不到保证。如：焊缝坡口角度过小，焊缝除污不净，焊剂烘干不够以及热处理控制不严格等因素是形成这些缺陷的主要原因。

（4）理化检验

对割下的第七道环焊缝以及20CrMo9焊剂试板做了全面的理化性能检验。结果见表4-3-19和表4-3-20。（37号反应器筒体只割下一条环焊缝，其余均是38号反应器筒体割下的焊缝）

表4-3-19 化学成分 %

类别		C	Si	Mn	S	P	Cr	Mo	Ni
DIN规定		0.16~0.24	0.15~0.35	0.3~0.5	<0.035	<0.035	2.1~2.4	0.25~0.35	<0.80
焊接试板	母材	0.21	0.025	0.5	0.025	0.025	2.26	0.34	
	环焊缝	0.081	0.185	0.47	0.01	0.019	2.26	0.86	
	纵焊缝	0.18	0.23	0.74	0.021	0.027	2.65	0.69	0.38
37号	母材	0.22	0.23	0.46	0.019	0.02	2.13	0.35	0.12
	环焊缝	0.075	0.35	0.65	0.016	0.021	2.84	0.93	0.06

表4-3-20 机械性能

类别		σ_s/(kgf/mm^2)	σ_b/(kgf/mm^2)	δ_s/(kgf/mm^2)	ψ/%	a_k/(kg·m/cm^2)	HB
DIN规定		≥45	65~80	≥15	—	≥4	—
焊接试板	母材	47.1	65.7	19.2	59.8	—	—
	环焊缝	44.8	64.7	19.2	69.7	—	—
	纵焊缝	55.3	68.7	16.8	67.2	—	—
37号	母材	61.5	73.0	18.0	62.5	≥8.5	229
	环焊缝	65.8	75.5	—	—	4.3	—

筒体显微组织为：索氏体+铁素体（40%硝酸酒精侵蚀×100）。

（5）断裂韧性测试

对20CrMo9焊剂试板和割下的第七道环焊缝以及37号反应器割下的一条环焊缝进行了常温断裂韧性以及疲劳裂纹扩展速率da/dH的测试。

断裂韧性试验，采用标准的三点弯曲试样。取样方向分两种，如图4-3-29所示。

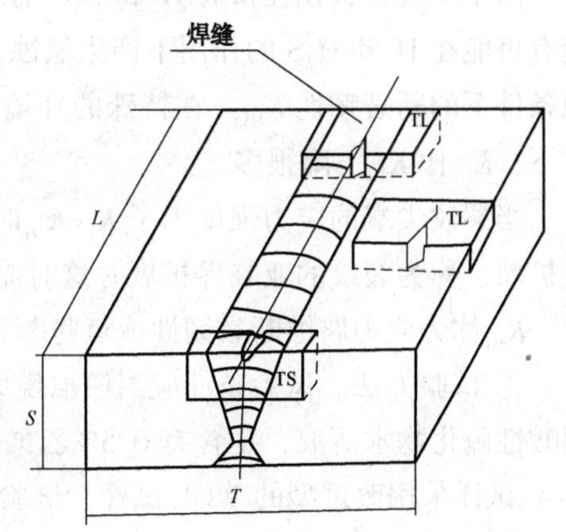

图4-3-29 取样方向示意图

注：TL方向是试样裂纹开口方向平行于轧制方向；TS方向试样裂纹开口方向沿厚度方向取样部位分母材、焊接、热影响区及沿厚度方向分为表、中、里三层。

对于疲劳裂纹扩展速率da/dH的测试采用两种方法：对试板的母材采用频率法，对焊缝采用柔度法。da/dH的表达式采用paris公式：da/dH=$c(\Delta K)^n$，式中的C和n是材料常数，由实验测试。为偏安全，各种数据取95.4%概率分散带的上限。主要数据列于表4-3-21中。

表 4-3-21　断裂韧性及裂纹扩展速率数据

状态	部位	方向	J_{IC}/ (Kgf/mm)	K_{IC}/ (Kgf/mm$^{3/2}$)	δ_c/ mm	$da/dH=c(\Delta K)^n$	
						n	c
焊接试板	母材	TL	11.7±1 11.6	519 519	—	2.421	6.311×10^{-10}
	纵焊缝	TS	7.5±6 5.9	416±47 369	0.063±0.03 0.033	2.897	1.329×10^{-10}
	环焊缝	IS	7.8±0.85 6.95	424±0.23 424	0.067±0.022 0.045	3.056	7.180×10^{-11}
37 号	环焊缝	TL	4.7±2 2.7	328±78 250	0.044±0.02 0.024	3.733	2.379×10^{-12}
	da/dH		总上限			3.11	3.598×10^{-11}

表中的 K_{IC}是由于 J_{IC}换算而得的。取各类数据的下限值作为断裂韧性的工程使用值。

从断裂韧性的测试结果可以看出：焊接试板的断裂韧性比使用过的 38 号和 37 号反应器焊缝的断裂韧性要高。试板母材的断裂韧性最高，而 37 号反应器环焊缝的断裂韧性最低。为了偏安全考虑，均采用各种断裂韧性的下限值作为 38 号反应器及 20CrMo9 材料的反应器工程断裂力学分析用的计算值。

对于纵焊缝：$K_{IC}=369\text{kgf/mm}^{3/2}$。对于环焊缝：$K_{IC}=250\text{kgf/mm}^{3/2}$。疲劳裂纹速率，取总扩展速率的上限：$da/dH=3.598\times10^{-11}(\Delta K)^{3.11}$mm/次

（6）应力腐蚀断裂韧性 K_{IH}

由于反应器长期在带有 H_2和 H_2S 的高温高压腐蚀性介质的条件下工作，因而母材和焊缝有可能在 H_2和 H_2S 的作用下产生氢蚀。氢脆等氢损伤。故需要测定筒体和焊缝在这种腐蚀条件下的断裂韧性 K_{IH}。在特殊的环境下，一定的材质其 K_{IH}值是一个材料常数。通常情况下，K_{IH}比 K_{IC}下降很多。

当裂纹尖端的应力强度因子 $K_I<K_{IH}$时，裂纹不会扩展。而当 $K_I\geqslant K_{IH}$时，裂纹将发生缓慢扩展，称为裂纹的亚临界扩展。这时需要测定裂纹产生亚临界扩展的速率 da/dt。

K_{IH}称为应力腐蚀断裂韧性或氢脆断裂韧性。

① 试验方法。试验条件应当模拟现场的使用工况。因而采用了实验室化学充氢的方法。用酸性硫化物水溶液，是含有 0.5%乙酸的饱和 H_2S 水溶液。H_2S 浓度为 2000μg/g，pH 值 3~4。试样采用改进型的 WOL 试样，试验周期为一个月。

② 试验材料。试验材料采用 20CrMo9 焊接试板，焊缝为纵缝电渣焊，电渣焊丝为 H104Cr3Mn MoA，焊剂 431，由于反应器在较高的温度下长期使用，因而有可能不同程度地感受高温回火脆性，回火脆表现为材料的韧性降低。因而对焊接试板进行了回火脆化前后两种情况下的测试。

回火脆化的处理方法采用逐步冷处理方法或称为阶梯冷却法，是一种在短时间内进行快速回火脆化的方法。主要的试验结果见表 4-3-22。

表 4-3-22 步冷回火脆化前后试验结果

类别	步冷脆化前	步冷脆化后
	K_{IH}(kgf/mm$^{3/2}$)	K_{IH}(kgf/mm$^{3/2}$)
母材	141	139±1
纵焊缝	135	123

结果表明，脆化后的数据比脆化前的数据低，因而在工程断裂力学分析中采用步冷后的试验结果。即母材：$K_{IH}=135\text{kgf/mm}^{3/2}$；焊缝：$K_{IH}=123\text{kgf/mm}^{3/2}$。

③ 试验结果分析。由实验室充氢所做出的试验结果与日本村上贺国的试验结果，以及雪弗龙公司强溶液的试验结果做了比较(见图 4-3-30)。

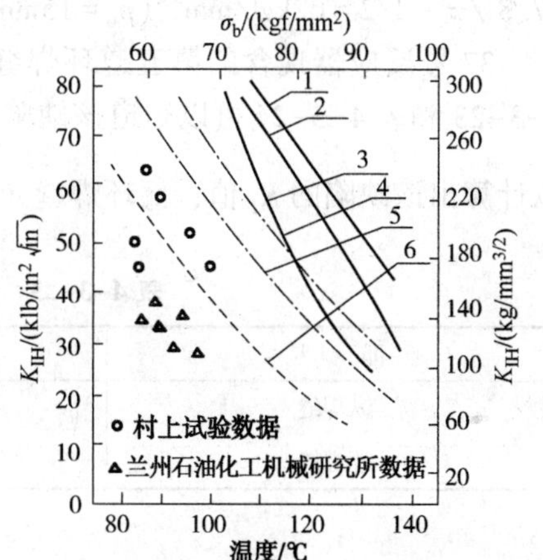

图 4-3-30 氢脆裂纹扩展试验

1—高压氢急冷试验；2—高压氢+硫化氢急冷试验；3—温度交变试验；4—弱溶液试验；5—逸氢试验；6—强溶液试验

结果表明兰石所做的酸性硫化物水溶液氢脆试验条件比其他几种模拟加氢反应器操作条件的试验要苛刻。其试验结果偏低。所以，相对说来，由本试验酸性硫化物水溶液得出的 20CrMo9 材料氢脆断裂韧性 K_{IH}值是比较保守的。从偏安全的观点出发，采用脆化后的 K_{IH}值作为工程分析计算值。

(7) 断裂安全分析

本实验中的数据除了取自 38 号反应器割下的第七道环焊缝以外，还取自 20CrMo9 焊缝试板以及同材料的 37 号反应器环缝，具有一定的代表性。因而本断裂力学安全分析的结论适用于材料为 20CrMo9 的同类反应器(36 号、37 号、38 号、39 号)。

该类型的加氢反应器的薄弱环节是在环焊缝，环焊缝中的埋藏类缺陷是较为普遍的现象。因而分析的重点是焊缝部位。

① 缺陷的简化模型。压力容器中的裂纹一般分为三种类型。如图 4-3-31 所示。

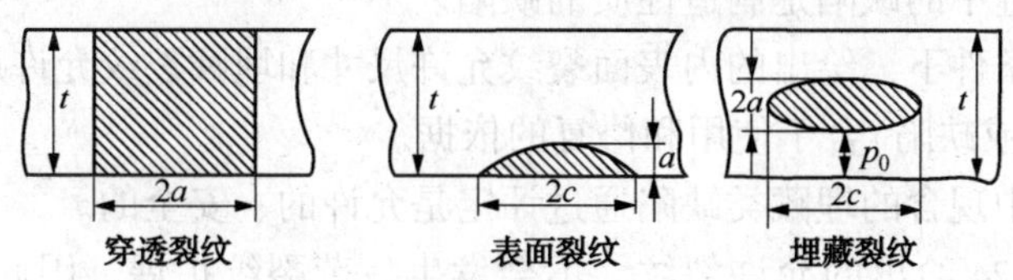

图 4-3-31 裂纹形状

对于穿透裂纹，长度为 $2a$；表面半椭圆裂纹，裂纹深为 a，裂纹长为 $2c$，表示为($a\times 2c$)；埋藏裂纹，裂纹深度为 $2a$，裂纹长度为 $2c$，距表面距离(即埋藏深度)为 p，表示为($2a\times 2c$)。为了便于工程上的运用，需要将容器中的裂纹(或缺陷)转化为图 4-3-31 类型。

在解剖中发现，最大的那条缺陷截面约 ϕ3mm(即缺陷的深度)，38 号反应器中含的最大缺陷在第五道环缝中，长为 25mm。假如截面为 ϕ3mm，按图 4-3-31 的处理，这条埋藏缺陷的尺寸为：$2a\times 2c=3\times 25$(mm)。

解剖中发现 37 号反应器中含的第五道环缝中，长为 68.5mm，缺陷截面约 ϕ3mm(即缺陷深度）加入缺陷截面为 ϕ3mm，按图 4－3－31 的处理，这条埋藏缺陷尺寸为 $2a\times2c$ $\times$68.5mm。

② 现含埋藏缺陷的安全评定。38 号反应器现含最大的一条缺陷时在环焊缝中的环向缺陷，尺寸为 $2a\times2c=3\times25$mm。由表 4-3-23 可以知道该缺陷显然是允许的。现在估算该缺陷的安全裕度；由公式可以计算该缺陷的 K_I 值：$K_I=[1174/1.12\cdot\sqrt{1+1.464(0.12)^{1.65}}]\cdot 27.8\sqrt{\pi\cdot3/2}=62\text{kgf/mm}^{3/2}(p_0=15\text{mm})$。

37 号反应器现含的第五道环焊缝中的环向缺陷，尺寸为 $2a\times2c=3\text{mm}\times68.5\text{mm}$。由表 4-3-23 和表 4-3-24 可以知道该缺陷显然是允许的。现在估计该缺陷安全裕度：由公式可以计算出该缺陷的 K_I 值，而环焊缝允许的 $[K_I]$ 是 123kgf/mm$^{3/2}$，其比值为：$n_K=\dfrac{123}{62}\approx2$

表 4-3-23　埋藏缺陷的允许尺寸（p>10mm）　mm

部　位	裂纹方向	$2a_0\times2c$
纵焊缝	轴向	15×150
环焊缝	环向	11×10

表 4-3-24　内表面轴向裂纹允许尺寸

部　位	a/c	$[a_{H_2}]\times2a$/mm
纵焊缝	0.2	2×20
母材	0.2	10×100

材料为 20CrMo9 的其他同类反应器中的埋藏缺陷尺寸都小于表 4-3-24 的允许尺寸，因而是安全的。

（8）结语

通过 20CrMo9 材料及反应器 38 号和 37 号的解剖，断裂力学试验及断裂力学安全分析，可得出如下结论：

① 反应器环焊缝中的缺陷是制造性质的缺陷。

② 在现有使用条件下，给出的内表面裂纹允许尺寸和埋藏裂纹允许尺寸（表 4-3-25）可做为反应器的裂纹（或缺陷）合于使用和修复的依据。

③ 反应器焊缝中现含的埋藏类缺陷通过评定是允许的、安全的。

④ 对于表 4-3-24 给出的允许裂纹，不会发生疲劳裂纹扩展。因此，可不必计算疲劳问题。

⑤ 分析结果适用于材质为 20CrMo9 的同类反应器。

详见《石油化工设备无损检测及其应用》一书第 774~777 页。

10. 高压异径管断裂分析

石油三厂加氢装置循环压缩机出口管线和油分离器之间的连接采用设计压力 32MPa，公称直径 65~50mm 的异径管。其中材质为 12SiMoVNb 的一根异径管在使用中突然断裂爆炸。为了保证高压管件的安全使用，下面分析了 12SiMoVNb 高压异径管断裂的原因。

（1）使用概况

该异径管是按 H3-67《高压管、管件及紧固件材料》选用 35 号钢制造的标准件。由于循环压缩机出口气体压力脉冲，该管系存在小振幅的高频振动，曾两次引起35号钢异径管疲劳泄漏。为了保证安全生产，加固了这段管线以消除振动，同时将材料改为12SiMoVNb，将异径管小端内孔直径53mm改为48mm，其余按H24—67标准由某设备厂制造，提供详细的施工及探伤资料。

12SiMoVNb是化工行业使用较广泛的高压中温抗氢钢，现用于高压环境，又有上述的一系列措施，其安全可靠应该有所提高。

（2）断裂分析

① 宏观分析和理化检查。断裂时的操作压力为27MPa，常温，管系无异常振动，工艺操作正常。异径管使用时间为9个月，安装时无强迫组装现象

异径管经正火、回火处理过的直径为127mm的圆钢制造，经理化分析符合H3—67标准后直接投料车制。精加工后经100%磁粉探伤合格。

断口位于异径管小端M80×3螺纹处并和相配合的螺纹法兰端面平齐。检查断口可见沿外螺纹根部有一面积约15mm×10mm的较平坦的区域，其余断口粗糙，并且明显可见撕裂棱线，部分呈八字形指向较平坦的方向。断口及附近无塑性变形及剪切唇。

宏观分析可判断这具有解剖特征的脆性断裂，外螺纹根部较平坦的区域是断裂源。异径管制造时和断裂后的化学成分与力学性能见表4-3-25。

表4-3-25　化学成分与力学性能

检查时间	化学成分/%								力学性能		
	C	Si	Mn	S	P	Mo	V	Nb	σb/MPa	δ_s/%	α_K/(J/cm^2)
制造时	0.13	0.76	0.89	0.024	0.014	0.91	0.49	0.078	559	28	179.5
断裂后	0.17	0.65		0.014		1.06	0.45	0.077	546	28	

② 受力分析。异径管在工作状态卜承受由高压引起的周向、径向和轴向应力，各点处于三向应力状态。用拉美公式或中径公式计算工作状态下异径管最高工作当量应力远远低于应力。但螺纹根部存在应力集中，特别是应力集中区域的微观缺陷还会加剧局部的微观三向应力状态和应力集中效应。

③ 金相分析。检查断口断裂源的金相组织 是铁素体及粒状贝氏体。铁素体特别粗大，晶粒度低于1级。在金属表面附近有些铁素体呈鱼骨状分布，见图4-3-32和图4-3-33。

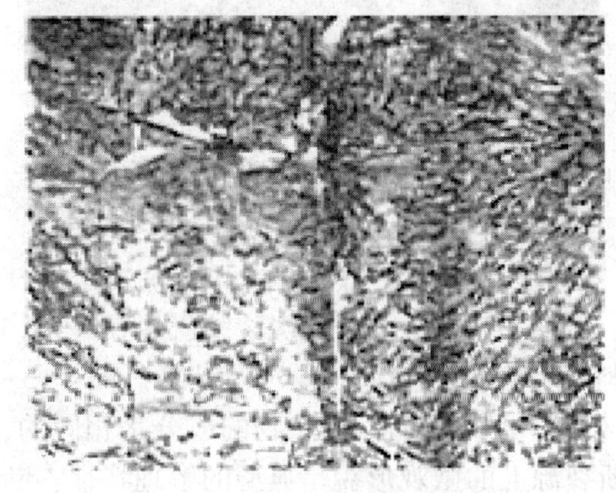

图4-3-32　断裂源金相组织50×

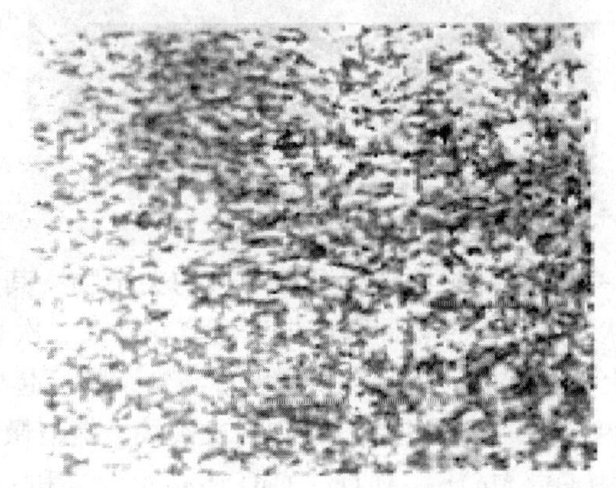

图4-3-33　金相组织中的粒状贝氏体500×

断裂源和异径管的非金属夹杂物为1~2级，沿异径管轴向即沿原材料轧制方向呈线性分布。

在断裂源的螺纹根部发现显微裂纹，沿贯穿于螺纹根部金属，表面的线状夹渣物开裂和扩展，见图4-3-34。

图4-3-34　断裂源上的夹杂和显微裂纹 100×

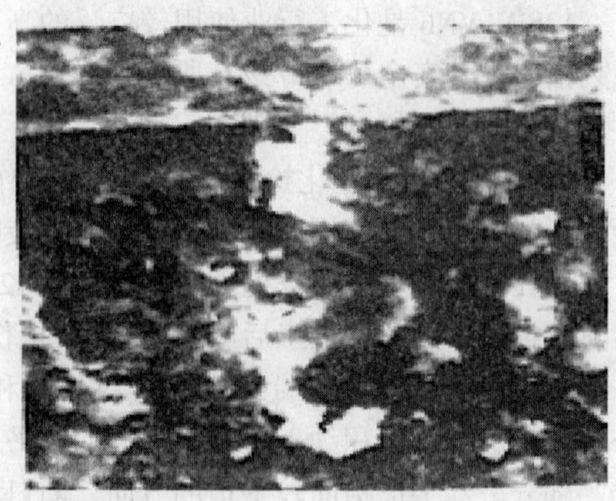

图4-3-35　断裂源上的微裂纹形貌 30×

经测定，断口附近的显微硬度为HV441，这离断口处的显微硬度为HV455。

④ 断口微观形貌分析。用扫描电镜观察断裂源，首先在螺纹根部可见微观裂纹，裂纹沿周向呈V型，深度很浅，位置与金相检查时发现的微裂纹一致，见图4-3-35。在微观裂纹附近是大量的河流花样，大部分河流花样起源于晶界和亚晶界，见图4-3-36。在螺纹根部附近的断裂源上还能见到大量的从某些点重新萌生的鱼骨状花样，见图4-3-37。

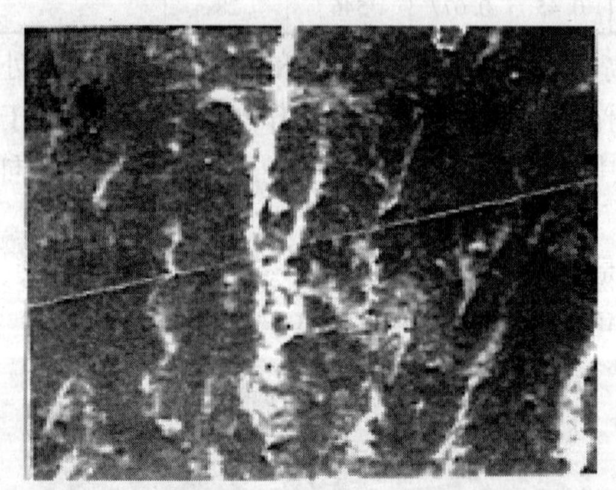

图4-3-36　微裂纹附近的河流花样 300×

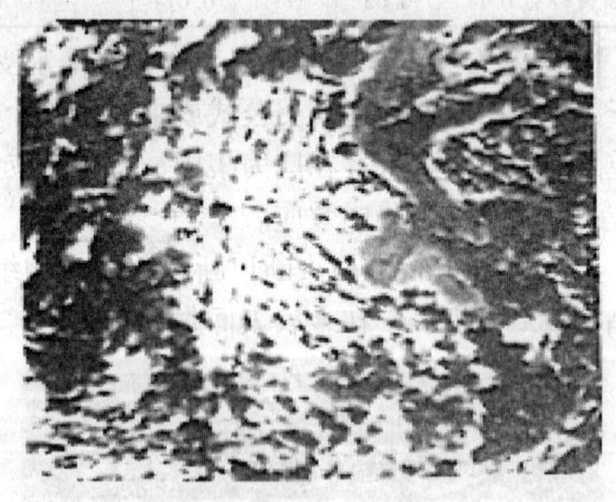

图4-3-37　从某点重新萌生的鱼骨状花样 419×

观察断裂源螺纹根部附近的夹杂物，其断面呈圆形，结合金相检查可知夹杂物呈圆柱状。这些夹杂物周围还出现河流花样及二次裂纹。图4-3-38所示是二次裂纹直接在夹杂物上萌生，成为夹杂物的尾巴，与夹杂物一起呈蝌蚪状，在夹杂物周围是河流花样。图4-3-39所示的夹杂物周围出现二次裂纹。能谱微区分析(EDAX)表明，夹杂物的成分是相同的，为(Fe、Mn)S、Al_2O_3、CaO还有元素V和Cu。断裂源上的微观形貌呈典型的解理特征，断裂在螺纹根部的微观裂纹附近以纯解理机制开始，微观裂纹从应力集中区域内的夹杂物上萌生。

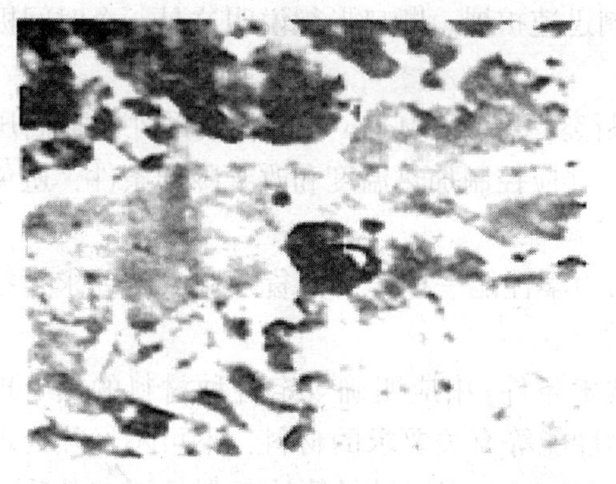
图 4-3-38　二次裂纹在夹杂物上萌生 1800×

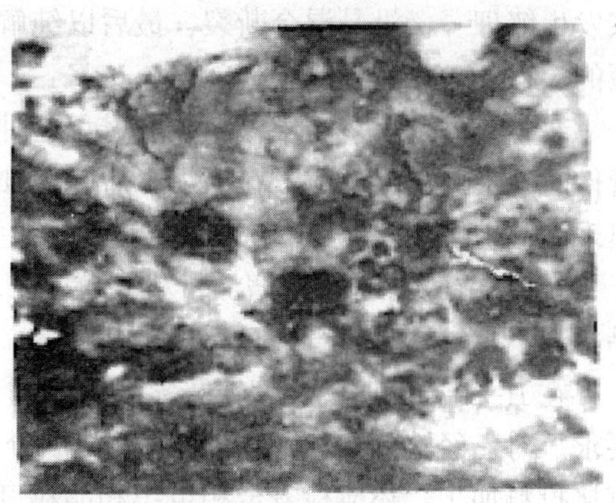
图 4-3-39　夹杂物周围的二次裂纹 1200×

在断裂源下部，内孔附近的局部断口上可见一个接一个的解理区，除这些之外还有明显的沿晶痕迹，见图 4-3-40。属解理-沿晶混合断裂。

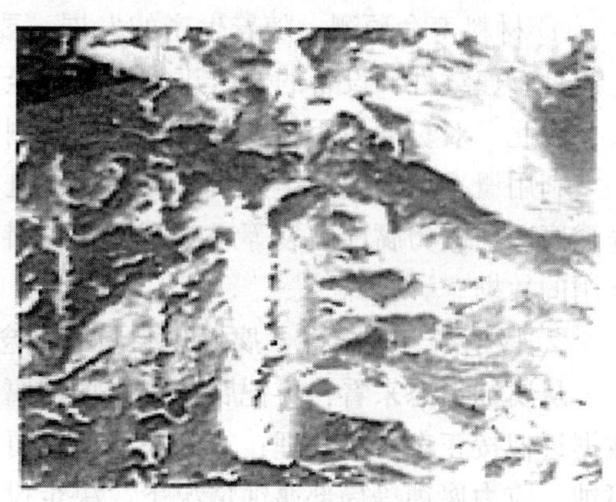
图 4-3-40　除解理区外的沿晶特征 180×

选择断裂源以外的扩展区观察断口外貌是大量的河流花样，还有舌状花样，见图 4-3-41，此外，还可以见沿变晶面的分离区，在分离区间的局部有从某点重新萌生的鱼骨状花样，见图 4-3-42。这些典型的解理形貌说明断裂以纯解理机制迅速扩展。

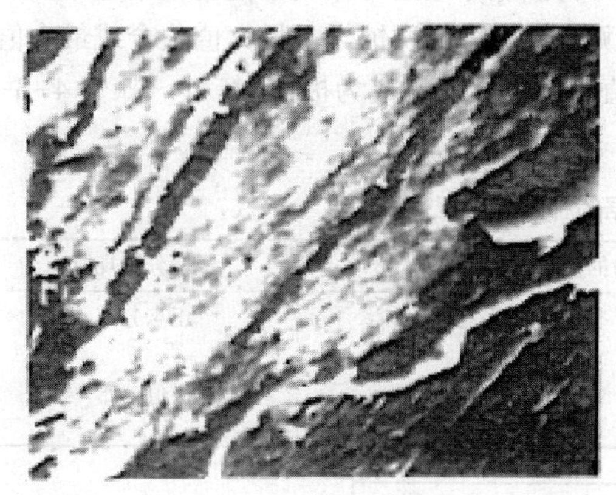
图 4-3-41　扩展区的河流花样和舌状花样 1200×

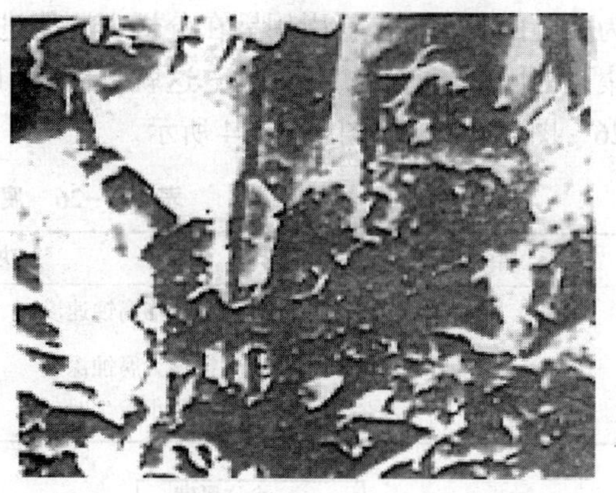
图 4-3-42　沿孪晶面分离和鱼骨状花样 600×

（3）结语

以上分析可见异径管因材料晶粒粗大，在三向应力和应力集中的条件下发生解理断裂。从螺纹根部非金属夹杂物上萌生并形成的微观裂纹时直接导致异径管发生脆性断裂的因素。

断裂在微观裂纹附近以纯解理机制开始，紧接着大部分区域继续发生解理断裂，局部区域发生解理——沿晶混合断裂，最后以纯解理机制迅速扩展。断口形貌说明这是一个时间极短的过程。

改善热处理工艺与细化晶粒能避免这种脆性断裂。用 12SiMoNb 圆钢料或锻件制造高压管件时的最终热处理应放在粗加工后和精加工前，并应控制加热温度和改善冷却条件，避免出现粗晶组织。

在 H3—67 标准中应增加材料晶粒度要求，与力学性能一样作为交货及验收的要求，粗晶材料不宜制造高压管件。

在 H—67《高压管、管件及紧固件通用设计技术条件》中应明确规定各种材料的热处理要求。对已经达到 H3—67 规定的化学成分、力学性能等有关要求的材料，不可不经热处理直接投料加工，还应检查金相组织和晶粒度。因 12SiMoNb 高压异径管的断裂已证实各项性能符合 H3—67 要求的粗晶材料在三向应力和应力集中条件下能够发生以解理机制为主的低应力定性断裂，不能保证安全运行。

① 材料寿命预测。随着生产的发展，要求设备性能尽可能使用到其极限值。石油化工生产具有连续性，设备的安全正常运行是至关重要，尤其因局部腐蚀造成突然破坏危险性极大。因此，对长期使用的设备材料寿命预测方法更为关注。

利用概率论，统计学方法对腐蚀现象进行评价，特别对存在着能引起突然破坏的点蚀、缝隙腐蚀、应力腐蚀破裂等局部腐蚀的材料寿命预测已应用到生产实践中，并且积累了许多有用的数据。

② 极值统计的概念。腐蚀现象具有概念性质，因此从概率论的观点来进行叙述。

从腐蚀形态来看，可把腐蚀分成均匀腐蚀和局部腐蚀两大类。在均匀腐蚀情况下，腐蚀数据近似按正态分布处理，求其平均值便可粗略的对材料寿命进行评估。但是在点蚀、缝隙腐蚀、应力腐蚀等局部腐蚀情况下，决定设备材料寿命的是腐蚀最深的地方或直至发生腐蚀的最短诱导时间，腐蚀最深是其最大值问题，有关直至发生腐蚀时间是其最小值问题。因而局部腐蚀能造成的最大腐蚀深度的概率分布或局部腐蚀能导致的寿命最小值的概率分布就成为问题的关键，不是引用旨在分析观测值进而预测将会发生的腐蚀学上最大值集合或最小值集合的问题，进行统计处理，这就是极值(最大值和最小值统计成为极值)统计。如表 4-3-26、图 4-3-43 和图 4-3-44 所示。

表 4-3-26　腐蚀数据的种类与处理

腐蚀形态	决定寿命的值		概率分布规律
均匀腐蚀	平均腐蚀速度	平均值	正态分布
局部腐蚀	最大腐蚀深度 最小发生时间	极值	极值分布

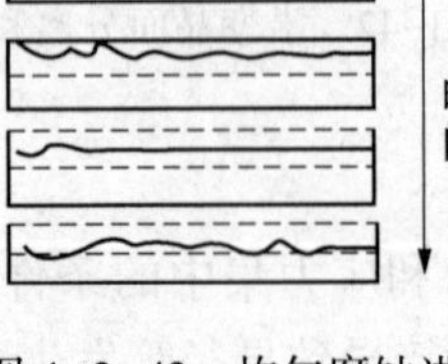

图 4-3-43　均匀腐蚀进展

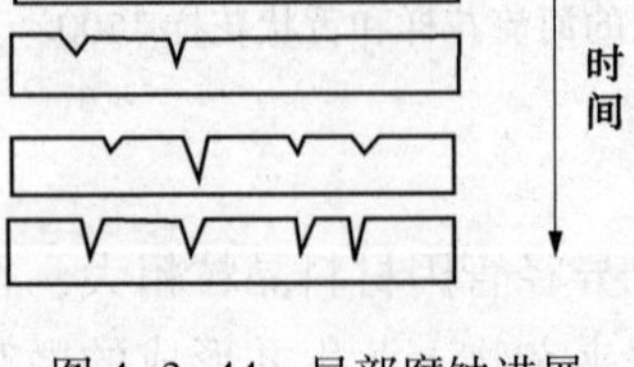

图 4-3-44　局部腐蚀进展

11. 压力容器的应力腐蚀破坏事例

(1) 氯离子引起的不锈钢容器的应力腐蚀

在用奥氏体不锈钢制造的压力容器中，如果有氯化物溶液存在也会产生应力腐蚀。这种应力腐蚀是由溶液中的氯离子引起的。不少采用海水作为冷却介质的不锈钢换热器设备，特别容易引起应力腐蚀。在用海水作冷却时必须经过处理以严格控制水中所含氯离子的 ppm 值。在采用地下水或其他水作为不锈钢换热器中的冷却水时也必须注意这一点。氯离子使不锈钢表面的纯水膜受到破坏，在拉伸应力作用下，钝化膜被破坏的区域就会受腐蚀而产生裂纹，成为腐蚀电池的阳极区，继续不断的电化学腐蚀最后导致金属的断裂。

有些文献指出，无论是高浓度的氯化物，或是高温高压水中含有微量的氯离子，都可能产生应力腐蚀，而且两者并无本质的差别。

在实际工作中，这种应力腐蚀往往是由于操作不正常或疏忽而引起的。有些设备并不是在正常操作条件下被腐蚀破坏，而是在停止运行后由氯化物的溶液冷凝、浓缩而产生应力腐蚀。国外报导过不锈钢设备在停车期间由于残留有 5%的氯化物冷凝液，因而产生应力腐蚀裂纹，造成设备漏气的例子。也有些压力容器因为用含氯离子较高的水作水压试验，结果放水后残留的液体被浓缩而产生应力腐蚀。

氯离子引起的奥氏体不锈钢的应力腐蚀，其裂纹通常都是穿晶型的，并且多数是分枝状裂纹。

这种应力腐蚀可以由外应力引起，也可以由 内应力引起，许多腐蚀破坏事例表明，多数腐蚀裂纹都是产生在焊缝附近。说明焊接残余应力是一个重要因素。

(2) 硫化氢引起的应力腐蚀

在煤和石油加氢反应器以及其他某些石油化工容器的工作介质中，常常含有一种有害的气体硫化氢，它的含量与所用原料有关，有的气相中的硫化氢含量可高达至 5%，甚至更多。温度较高的硫化氢会对钢制容器产生一般性腐蚀，在某些情况下也会产生应力腐蚀。

石油三厂有一台用 35CrNi2MoA 钢整体锻造的加氢反应器外筒，工作压力为 20MPa，工作介质为氢(占 65%~85%)、油及其他少量杂质，硫化氢含量一般不超过 0.3%，但有时可达 1%，工业介质温度为 450~480℃，但外筒衬有 100mm 的内保温层，筒体外壁温度一般都低于 300℃，从 1936 年建造投产以来，历次检修都发现在外筒内壁上部(直接与介质接触，无内衬部分)有一层银灰色的松散物的易剥落层，经分析证明是硫化氢的腐蚀产物(硫化铁的化合物)其平均腐蚀速率为 0.35~0.50mm/a，严重时可达 1.5mm/a，1968 年 10 月进行内部检查，发现外筒的无内衬内壁上有 6 条肉眼可见的纵向裂纹，最长达 750mm，其余 5 条长 400mm。常规低倍酸蚀检验还发现在无明显裂纹的内壁上有很多深约 1mm 的微裂纹。用空心钻在最长的裂纹处取样，可以看出裂纹已扩展到深达 220mm(该处法兰部分厚度 300mm，筒体其余部分厚 190mm)，属脆性断口，断口上有颜色明显不同的几个区域，靠内壁深，靠外壁浅，说明裂纹是由内向外分为阶段扩展的。断口的微观检查可以观察到沿主裂纹有大量的硫化氢的腐蚀产物，这些腐蚀产物在裂纹的根部多余尖部，主裂纹上还有许多分枝型微裂纹，主要沿金属的晶间分布，在微裂纹中也存在腐蚀产物。经分析，认为该反应器投用 30 多年来，已累计运行 100000h，其间经常超温(高时可达 600℃以上)，并由此而紧急泄压(放空)和导入冷氢，因而造成反应器温度和压力的波动，致使介质中的硫化氢对筒壁产生应力腐蚀或疲劳腐蚀而形成裂纹，并使裂纹得到发展。

硫化氢对钢的腐蚀作用，决定于它在钢的表面上所产生的化合物薄膜的性质，而这一层薄膜的性质又与钢种及薄膜生成的温度有关。

硫化氢在高铬镍合金钢(不锈钢)的表面上生成一层细密的薄膜，这层薄膜不但能防止金属继续受硫化氢的腐蚀，而且还能防止氢气的破坏。在碳钢的表面上，温度为200~500℃的硫化氢所生产的薄膜则是极易脱落的。硫化氢温度达300℃，在铬钼钢上也会生成细粒状的薄膜，但它很容器被刮落。当温度高于300℃时，所产生的薄膜则有大结晶的结构，且容器产生裂纹，温度愈高，薄膜的结构颗粒就愈大。

当硫化氢在钢的表面上生成的薄膜被破坏或生产裂纹时，在外应力或内应力的作用下，加上硫化氢的腐蚀作用，裂纹将逐步扩展，最后导致金属的断裂。

试验还表明，含量为1%~2%的硫化氢对钢的腐蚀与浓度成正比。

此外，硫化氢的存在还会影响氢在钢中的扩散作用，从而加速氢的腐蚀进程。

硫化氢的应力腐蚀不仅在高温下会发生，在普通温度下硫化氢对钢材的应力腐蚀问题也引起越来越多的关注。硫化氢的存在最容易存在於许多焊接裂纹，因拉应力与硫化氢介质作用就有可能引起应力腐蚀裂纹扩展。这方面必须引起充分重视，经若干时间运行之后应进行开罐检查。

(3) 石油三厂压力容器的检查鉴定和安全评估

① 控制危险性缺陷的重要性。压力容器普遍存在不同程度，不同类型的缺陷。这些缺陷威胁着压力容器的安全使用。如何保证压力容器在安全可靠的基础上，经济合理，有效的使用，这是一个亟待解决的现实问题。

随着石油化工技术的发展，还将采用大量的新工艺，新技术，新设备；新型的各类压力容器(包括金属管件)。如何用好管好使其寿命周期更长，价值更高，安全性更好，也是当务之急。如何判别新容器经久耐用？如何及时发现旧容器存在的缺陷与问题，及时消除与解决？如何对超役的压力容器加强检查鉴定，做好维护检修以延长其寿命，适时报废更新？从安全的观点来看，对具有易燃，易爆，腐蚀，有毒的特点的石油化工企业来说是一个重要的问题。

解决上述问题，主要依靠科学的压力容器技术管理，完善、可靠的规章制度，检查鉴定技术，检验检测手段，缺陷判定方法和标准，判废及更新的对策与实施，而这些正是化工企业技术管理中薄弱的一环。当容器未出现事故时，大量的容器不按期定检或由于检测技术手段不佳漏检，欠账很多，一旦发生事故后则人心惶惶，并随意提高容器分类等级或报废更新标准，造成浪费，总的来看，管理水平不高、不严是通病。

② 对低应力脆性破坏主要因素的认识。从国外资料来看，由于压力容器和管道的选材，结构不当，焊接制造，热处理等工艺过程处理不好，以及由于生产条件的影响，投产后其材质出现蠕变，疲劳、腐蚀，应力腐蚀，回火脆化等现象和和操作使用上等原因，往往产生缺陷。裂纹，然后发展导致发生破坏事故，这些事故多数属于低应力脆性破坏事故，其主要因素概述如下：

材料的强度，随温度的降低而增加，但其韧性下降；在无延性转变温度(D. N. T)以下，断裂韧性急剧下降，这种变化同时取决于材料的性质并和热处理有关，虽然已能从实验方法测得转变温度，使设备处于该转变温度以上工作，虽然温度对材料缺口或缺陷的延性有着重要的影响，但不是唯一因素。

缺口，裂纹及其端部小面积材料的状态也是决定压力容器是否呈脆性破坏的重要因素，常见的许多脆性破坏均始于缺口或裂纹的端部，这样在端部就产生一个高的局部集中应力和应变，裂纹越长其值越大，当局部应力增大很快达到钢材的屈服强度时，就会产生形变而使横截面缩小，而临近裂纹面的材料阻止裂纹端部的小体积变形，因此产生二次应力，就提高了屈服应力，降低延性，故在某种条件下就产生了脆性破坏。

一般结构钢制成的厚板和厚截面设备更容易产生脆性破坏，壁厚越大，韧性值越低，因此，从这点出发，厚壁较薄壁筒更易产生脆裂。不同的钢材有着不同的显微组织，即使是同一钢材，不同的热处理状态，其显微组织也不相同；而同种金相组织又有各种不同的转变温度和断裂韧性值。

脆性断裂的产生与扩展还需一定的能量，此能量可以是外加负荷，如温度，压力，振动等，也可能由于内部结构的残余应力，或者是两者联合作用，当缺口或裂纹已处于脆性状态时，残余应力与外加应力相加，结果在低的外加应力下即会产生脆性断裂，甚至有些情况下，完全没有外加应力，仅仅由于残余应力的作用也会产生脆性破坏。

焊接应变时效或热应变脆化会使断裂韧性降低，特别是在有裂纹存在时就更加显著。

由此可见，压力容器产生脆性断裂的主要因素涉及选材，设计，制造及使用的各个阶段以及各阶段的各个过程，产生脆裂的原因往往不是单一的。而是各种因素错综复杂的交织在一起。

许多受压容器和管件的破坏性事故都是直接和间接的与材料有关，由于腐蚀，疲劳和蠕变而引起的破坏，也常常是因为所用的材料不足以抵抗这些因素作用的结果，由于焊接，制造以及热处理过程中所产生的破坏因素也可能是由于所用的材料不合适或者所采用的制造工艺不妥所致，当然，使用有缺陷的材料或错用材质更会直接造成事故。

③ 对主要压力容器缺陷的检测及防止措施。石油三厂高、中压压力容器多，设备使用时间长，工艺操作条件也较苛刻。在三十多年使用过程中，曾发生过 10 多次的损伤及破坏事故。因此，加强受压容器及管道的检查鉴定、缺陷评定工作十分重要，也是十分迫切的。具体做法：

（a）采用无损探测方法，大量地对裂纹及其他缺陷进行鉴定。从国内外资料知道，压力容器及管道发生破坏事故之前都是首先产生裂纹。从产生裂纹原因来看，有疲劳腐蚀裂纹和应力腐蚀裂纹。焊接区的延迟裂纹等。

为了及时发现并掌握压力容器的使用状况，从 1955 年开始，石油三厂就采用无损探伤方法对压力容器及管道进行检测，从未停止过，许多缺陷就是通过检测发现的。检测使石油三厂获益匪浅，可以说，通过检测避免了许多事故。主要方法包括超声波探伤、射线探伤，磁力探伤以及渗透检查等技术。但是，由于某些原因，无损探伤对于检查各种缺陷，如裂纹，未焊透，气孔，夹渣等以及立体的或平面的缺陷，还有一定的局限性。

在无损探伤方面，还存在这一个判断标准与依据问题，另外还缺少对各种受压容器，管道及部件的具体报废标准，如何加强无损检测力量，提高检测准确度，经常地，定期地对压力容器进行检查鉴定，正确评定缺陷尺寸，这对企业的安全生产和经济可靠性是十分重要的。

超声波探伤和 X 光射线检查，在石油三厂已大量地广泛的用于压力容器及受压管道上，按监规 JB-741-31 来执行。这些标准重点是对制造厂容器的质量评定，严格要求是必然的，也是正确的，但对已使用过的，旧的压力容器及管道必须考虑实际情况，如实际使用的温度、压力，介质，缺陷所在位置，方向，应力水平和应力分布情况，作出合理的判断。石油化工总公司制定的压力容器及工业管道维修规程，就针对这种情况制定不同的标准，例如对在用的投产后检修补焊的压力容器，射线和超声波探伤合格标准按射线 JB-928-67 及 JB-1152-75 都放宽一级。

三类容器按射线二级，超声波一级标准，降为射线三级、超声波二级认为合格，这是合乎实际的，即使像裂纹这样的危害性缺陷，现在国内外已经用断裂力学方法进行质量评定。这就是具体缺陷，具体分析的范例。

(b) 关于腐蚀的问题。腐蚀损伤是使压力容器和管道失效的一个普遍因素，往往与压力容器的应力状态有关，联合作用。所使用的容器或运行中改变条件的容器，必须首先确定腐蚀速度，从而估计它在下次检查时所剩余的厚度，使用单位有责任收集关于相同或相类似运行条件的容器腐蚀数据，若不能收集到以上数据时，则必须通过测定大约 1000h 运行后的厚度以及相类似的测定，确定其腐蚀速度为止，当腐蚀速度控制着容器寿命时，其剩余寿命可按下式计算：剩余寿命(a)$=\dfrac{t_{实际}-t_{最小}}{腐蚀速度(mm/a)}$ $t_{实际}$——检查测定的实际厚度；$t_{最小}$——最小允许厚度(最小计算厚度，不包括腐蚀裕度)。

对加氢反应器等受压容器来说，广义的腐蚀现象表现为加氢腐蚀与氢脆两种，氢腐蚀是高温下钢中所溶解的氢与炭的化学反应，经一定时间高温作用之后，氢腐蚀或表现为表面脱碳可能导致钢材强度降低或内部产生甲烷裂纹，其结果又使钢材冷强度和塑性降低。氢脆则是钢中存在氢时，在接近环境温度下出现开裂。

(c) 铬钼钢制压力容器的回火脆性。在设计石油化工各类压力容器过程中，为满足抗蠕变，抗高温腐蚀，抗氧化等性能，往往选用铬钼类型钢。由于它们具有适宜的抗氢能力而合金含量又低，机械性能和特厚截面热处理性能好，因而近 20 年来引起注视，但是这种钢却是回火脆性敏感最强的钢。

Cr-Mo 钢所涉及的回火脆性是指高温回火脆性也有称为二次回火脆性这一种。即在 Cr-Mo 钢长时间保持在 325~575℃(也有人提出是在 371~593℃或 400~600℃等)，或者从这个温度范围缓慢地冷却时，其材料的韧性破坏就引起劣化的现象。它是回火脆性中最重要的一种脆性现象。回火脆性对于抗拉强度和延伸率来说，丝毫反应不出有多大的影响，主要是在进行冲击性能试验时有很大的影响。材料一旦发生回火脆性，就使其转变温度向高温侧迁移。

这一种回火脆性是可逆的，也就是说，将已经脆化了的钢再加热到 600℃以上，然后急冷，钢材就可以回复到原来的韧性。已经脆化的钢试样的却贝断面上存在着的晶间裂纹。当把该试样在加热和急冷时，裂纹就可以消失。

影响回火脆性的因素很多，如化学成分，制造时的热处理条件，加工时的热状态，强度大小，塑性变形，碳化物的形态，使用时所保持的温度等等。其主要因素是：化学成分的影响，钢材化学成分中的微量不纯元素(如 P、Sn、As、Sb)和合金元素(如 Si、Mn、Cr、Ni)对回火脆性影响很大。再就是：热处理条件的影响。在处理过程中，奥氏体化温度和从奥氏体化的冷却速度将对回火脆性敏感性产生很大的影响。从奥氏体化温度的冷却速度和屈服强度，抗拉强度之间的关系的实验结果可以看到，当冷却速度大约在 50℃/min 以上时，可以获得大致一样的强度和韧性；而低于这个冷却速度时，强度、韧性，特别是屈服强度却显著下降。通过对 $2\frac{1}{4}$Cr-Mo 钢的实验，整理出了钢的化学成分对该种回火脆性敏感性影响的各种经验公式，并且这些式子多数都称为脆化系数，用以表示钢材的回火脆性敏感性。通常用的式子有：J 系数=(Si+Mn)×(P+Sn)×10^4 和 Bruscoto 系数(X 系数)= 10P+5Sb+4Sn+As)×10^{-2}(μg/g)

从 J 系数和 Brascato 系数可知：作为降低脆化的对策，除了尽量降低钢中的不纯物元素含量外，还必须降低 Si 或 Mn 的含量，但是，Si 钢冶炼过程中是很主要的脱氧剂，所以如果将 Si 的最终残留量控制到极微量的话，则需要从脱氧方法本身去研究，目前，国内外开发了一种真空浇铸的过程中，利用发生炭的氧化反应的脱氧工艺，或称真空碳脱氧化，则可以将 Si 含量控制到 0.1%~0.2%。同时，钢材的纯洁度也格外得到提高，所以用于制造加氢反应器的 $2\frac{1}{4}$Cr-Mo 钢必须采用电炉冶炼，真空脱氧的钢材。

从抗回火脆性出发，目前工程上所需要的焊接材料，许多公司都是通过控制化学成分的同时，用阶梯冷却引起脆化的方法来筛选所需性能的焊接材料，作为筛选合格与否和设计上对焊接材料的控制指标，许多公司都采用雪费龙公司提出的控制值。即 VTr40+1.5ΔVTr40<100℉(=38℃)

由于反应器长时间的暴露在正好属于 $2\frac{1}{4}$Cr-Mo 钢发生回火脆性温度范围的操作温度中，这样，脆化就会进展，包括母材焊接金属在内。其转变温度都会有一定程度的提高。因此，在开停工时就要特别注意脆性破坏的问题，所以希望采用热启动的方案。即在开工时先升温后升压，在停工先降压后降温的方案。一般认为应力值不超过材料屈服强度的 20%，脆断的可能性很小，美国石油学会推荐当温度低于脆性转化温度(FATT)时，设备承受压力不能超过总压力的 20%，全世界许多地方都按 ASME 压力容器规定了控压方法，从这以后，加氢反应器还没有出现由于回火脆化而在操作中产生脆性断裂的现象。

从以上情况可以知道，对防止铬钼钢回火脆性的措施与方法，基本上已经掌握，对他的设计，冶炼，到制造使用的整个过程的各个阶段，都需要严格的加以控制，每一阶段的对各项控制指标，如化学成分，脆化系数，热处理温度，冷却速度，焊接材料工艺，直至使用中开停工的应力和温度指标的控制等等，却必须科学的检查鉴定，保证安全运行是完全可行的。

④ 检查鉴定与综合评定。20 世纪 60 年以来，石油三厂的压力容器的检查鉴定的含意，已不仅是对事故发生前后的检查鉴定，它已包含着从设计开始直至报废为止的整个过程中每个阶段的检查鉴定。对在用的压力容器及管道而言，重点是对各种裂纹，缺陷。实践证明，无论是非正常破坏或低应力脆性破坏，都是以主裂纹扩展为主而引起的断裂破坏。都是伴随着宏观裂纹扩展而引起的。但是有裂纹不一定就必须导致破坏，它总要大到一定尺寸，需要经过一段时间过程，有一定扩展规律，受材料性能的阻止，压力水平等的限制。为了科学的对存在着的裂纹，缺陷检查鉴定，安全评价和综合评定，探索裂纹尺寸和材料断裂时间的定量关系，速率关系，这就是新兴的断裂力学的产生和反应。

一般情况下，用实验方法测得的断裂韧性值，应用断裂力学的方法计算容许的临界缺陷尺寸，如果该值与无损检测的缺陷尺寸相比为大，再根据容器的使用条件，进行疲劳应力及其他有关扩展速率，模拟试验与计算，若符合要求，则认为可以安全使用。

⑤ 服役设备的诊断技术及其应用。在大型石油化工装置中，有许多服役中的工艺设备，操作条件苛刻。为了避免或减少这些设备的非计划检修和意外事故的发生，或为了合理确定检修周期等都需要对其进行正确的判断。近代诊断技术及其检测仪器，可以为我们在决断和

治理时提供定量或半定量的数据。除此之外，预测服役设备的寿命，延长设备的服役时间，也需要借助诊断技术提供的现场检修数据。如抚顺石油三厂的高压加氢反应器等，1937 年投产已运行超过 300000h，高温高压设备能长久运行，常温低压设备潜力会更大，若按一般 100000h 设计其寿命，浪费该有多大。但是，1979 年吉林球罐事故之后，部分人趋于更加谨慎，各企业所花费的维修更新费用悬殊甚大，这是由于诊断技术和诊断深度不同而出现的不同结果，可见努力开发和利用服役设备的诊断技术具有极大的现实意义。

（a）诊断方法。对服役中和制造中的设备来说，其诊断手段、步骤及对象是有很大不同的，评定质量标准也有区别，见表 4-3-27。

表 4-3-27　诊断对比

对比项目	服役设备	制造中设备
故障率	运转周期长，易暴露	试运短期，不易暴露
诊断参数	实际工况	假定或模拟工况
参数测试	较难（现场）真实	较易、亚真实（不易模拟）
时间要求	紧短	可以宽，长
故障或缺陷类型	磨损，振动，腐蚀，疲劳，过热和材料老化	尺寸精度，选料，焊接和热处理缺陷等
最终控制项目	振动，温度，裂纹，腐蚀，泄露，功能	尺寸精度，化学成分，机械性能，焊缝缺陷，功能
寿命要求	大于一个操作周期	一般要求 100000h
质量评定标准	可以按合乎使用要求评定	按制造质量控制要求评定

为了弄清服役设备的质量状态，一般应作如下诊断：

a. 设备健全性诊断：即设备在设计和制造过程中，由于受规范，制造和维修工艺的限制而致使某些局部应力超过了规定，选材和热处理不当，以及管理失误造成的材料和部件的错用等，这些质量问题往往比设备局部损伤危害更大，过去的实例很多，故必须做好服役前的检查诊断工作，一般只要一次检查就可以澄清了。

b. 设备损伤诊断：静设备在苛刻操作条件下长期运行后都会有不同程度的，腐蚀，疲劳和材料老化等问题。首先应估计损伤部位并用无损检测作定位，定量检测，弄清楚缺陷的性质和产生的原因，再分析其在额定操作条件下是否会发展以及发展速度如何等。

c. 监控数据诊断：应对腐蚀程度，表面局部超温等进行监控。检修时应对临氢设备氢腐蚀及材料老化等进行检查。

上述诊断可采用的检查方法有：对设备健全性可采用试漏，光谱，频谱和硬度检查，应力测定，敏化试验，铁素体含量测量，耐蚀测定，结构和目视检查等；对设备损伤可用目视，油渗，磁粉，超声，涡流、射线、声发射，断口，金相及抽样检查等，进行监控可采用厚度，电化学，应变，浸碳层，电阻，温度场和材料化学分析和机械性能检查等。

对服役中的设备来说，腐蚀用目视，金相、超声测厚检查及介质分析。裂纹用目视，油渗，磁粉，超声，涡流和断口检查；材料老化用金相，电阻和机械性能检查；脆断用断口和机械性能检查；超温用变色漆（目视）红外线测定；错用材料用手提光谱仪。

（b）诊断对象

a. 腐蚀。工艺介质不同，各装置的腐蚀情况也有所不同。如临氢装置中的高温硫化氢，连多硫酸等引起的减薄应力腐蚀裂纹、鼓泡脱碳等；烃、环烷酸和炼厂常温硫化氢引起的腐蚀减薄和裂纹；除氢蚀外，其他腐蚀都会在腐蚀部位引起针孔、裂纹、凹坑、深沟、脱层、鼓泡、麻点和减薄等缺陷。用目视配放大镜即可把多数腐蚀部位找出来；通过油渗、磁粉、金相和取样等方法检测，可对其腐蚀程度、速率、性质和危害程度做出判断，还可以从设计(选材和结构)、制造焊接、变形和热处理和操作(介质、温度和流速)等方面分析其产生的原因。

b. 裂纹。由腐蚀、疲劳、失效和热损伤等引起的裂纹是普遍存在的，如球罐、塔器、反应器、换热器、机泵、炉管及工艺管道等几乎都有，故应明确主要诊断对象。我们面临的任务是找出其存在的部位，尺寸大小决定其评定方法问题。对可触及表面，可用目视磁粉和油渗等方法，对不可触及表面可用超声波和射线(校核时用)检查。其中超声波是最有效的方法。我国20世纪50年代中期开始使用，经多年实践证明，无论是进口设备还是国内生产的设备，其隐蔽裂纹几乎全部是用这种方法检查出来的。对检查出来的裂纹应对其分类(延迟裂纹，再热裂纹、焊接裂纹，疲劳裂纹。热损伤裂纹，应力腐蚀纹和氢腐蚀纹等)进行鉴别，并可根据实际裂纹尺寸反馈信息及声发射信号对其尺寸容量进行评估，用断裂力学进行评定。

用于维护的超声波检测有：

ⓐ疲劳裂纹的探测。有许多机械零件或构件材料在使用过程中会受到多次交变应力的作用。金属受到低于屈服点的应力作用，如只有几次，也不会发生什么变化，但经过这个应力几千次乃至几万次的反复作用就会产生小裂纹。由于应力的反复，裂纹又会成长。当裂纹大小达到一定的界限尺寸时，就会在一瞬间产生断裂。这一过程就是疲劳裂纹的发生、成长和断裂过程。

疲劳裂纹的发生部位，大多与零件或构件表面相垂直，并与主应力方向相垂直。要预防断裂事故，就要在疲劳裂纹没有发生的时候或者在成长过程中把它检出来。

疲劳裂纹大部分是发生在表面的，可以用渗透探测或磁粉探测出来。但是也有隐藏在零件内部的，在这种情况下，超声波探测就比较有效。

ⓑ 应力腐蚀裂纹的探测

a) 应力腐蚀裂纹的发生，在石油精炼装置，液化石油罐中，由于粗炼石油和液化石油气中含有硫化氢在容器内表面上分解，产生氢原子，侵入钢中，变成氢分子，会产生很大的压力，再加上原来作用于容器的内压，所引起的拉伸应力，就有可能产生裂纹。这就是应力腐蚀裂纹的一种——氢裂纹。

在奥氏体不锈钢制的化学反应容器，由于水中氯离子或氧原子的侵入，会在保护氧化膜上产生裂纹。然后由于局部电池作用和内压引起的拉伸应力，又会使裂纹增加。

b) 应力腐蚀裂纹的探测：应力腐蚀裂纹如图4-3-45所示。

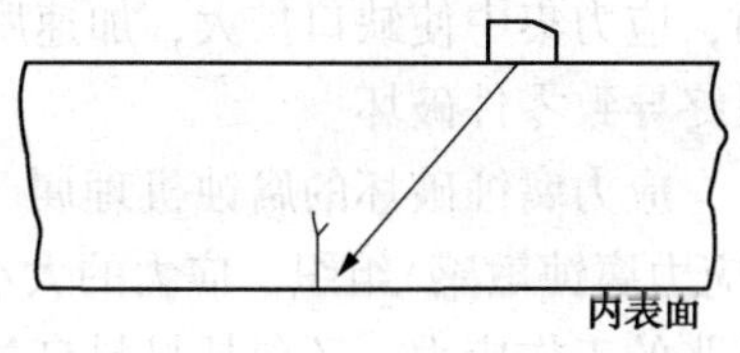

图4-3-45 应力腐蚀裂纹的探伤

裂纹大多是从内表面沿垂直方向产生和成长的。因此从外表面探测时，用折射角度45°的斜探头探测很方便。

注意：应力腐蚀裂纹大多发生在焊缝，热影响区和临时装配夹具除去的部位以及引弧处。而且在焊缝中往往是作为横向裂纹产生的，所以在这种情况下超声探测时要作交叉扫查(至少要作斜平行扫查)。

服役设备的正确诊断具有十分重大的现实意义，许多设计寿命到期的设备，经过正确诊断还可以使用多年，减少了浪费。但诊断技术是一门多学科的综合技术，不但决定于所采用的方法和设备本身的质量，而且与操作人员的素质关系很大。不同的操作人员往往得出不同的结论，在当前要求在役容器长周期运行的情况下，加强对诊断操作人员的培训非常重要。

(4) 零部件在使用过程中产生的缺陷及断裂力学与损失容限。

① 疲劳损坏。零部件在使用过程中是处于变应力作用下的，即在不同形式的交变负荷下工作，往往会在远低于强度极限，甚至屈服极限的应力作用下，经过一段时间的工作(重复交变负荷达到一定次数)后即发生损坏，并且在损坏前往往没有明显的预兆。这种损坏称为机械疲劳损坏，它往往导致很大的损失。

引起疲劳损坏的原因是多方面的，主要有金属材料本身的化学成分，冶金质量，组织状态等内因(材料的疲劳极限)和使用状态为外因(包括受力大小与形式，工作温度、周围介质、零部件表面状态、交变负荷循环次数等)两个方面。

疲劳损坏首先从材料表面或内部的薄弱处(疲劳源)开始产生显微疲劳裂纹(初始阶段)，然后随交变负荷循环而逐渐扩展(生长阶段)，直到零件的有效截面缩小至不能承受工作应力时将发生脆性断裂损坏，往往表现为瞬间断裂(破坏阶段)。

产生疲劳源(显微疲劳裂纹)，又称策源中心的部位，可以是零件表面的微小缺陷或加工痕迹(如较深的加工刀痕)，也可以是材料内部的冶金缺陷，或者是零件几何形状不良(截面急剧变化的尖角处、拐角处等)，在工作应力作用下(包括如零件热处理不良存在的残余应力)，在这些地方形成应力集中，而首先产生显微疲劳裂纹，然后扩展到断裂为止。

② 腐蚀损坏。金属材料受外部介质(空气、海水、雨水、各种酸、碱、盐类等)的化学作用，或电化学作用，使材料发生腐蚀，零件有效截面减小(如厚度减小)，不能承受工作应力时即发生断裂损坏。或者由于金属材料的显微组织中发生沿晶界进行的腐蚀(晶间腐蚀)，使晶粒间结合力因腐蚀而受到破坏，导致材料强度与塑性大大降低，无法承受工作应力而发生断裂。

腐蚀损坏与金属材料的化学成分，显微组织，表层状态，应力状态(即抗蚀性)和周围腐蚀性介质的活性等有关。

③ 应力腐蚀损坏。这是金属材料在腐蚀和应力共同作用下产生的破坏现象，在没有腐蚀作用时，金属材料只有在应力超过材料的强度极限时才会发生破坏，但在腐蚀与应力共同作用的情况下，会加速材料的破坏，从而能在低于材料强度极限的应力作用下即发生这种破坏。它的相互影响作用在于：一方面，腐蚀使材料的晶间结合力受到损坏，使零件有效截面减小和形成凹坑缺口造成应力集中，将降低零件的强度并增加了相对的真实应力，另一方面，应力集中使缺口扩大，加速腐蚀的进展，使表面腐蚀缺口向深处发展，如此的交互作用最终导致零件破坏。

应力腐蚀破坏的腐蚀机理属于电化学腐蚀，其影响因素主要有材料的化学成分和显微(应力腐蚀敏感)组织，应力的大小与状态决定性影响因素(包括外加应力，即主要指拉伸或扩张的工作应力，还包括材料自身存在的残余应力)以及腐蚀介质的活性(即腐蚀介质的影响，如腐蚀产物也能造成应力作用，象氢原子的侵入能造成很大的内应力，产生氢脆)。这也就是所谓应力腐蚀的三要素：应力腐蚀敏感性(材料)，作用应力和腐蚀介质(外加环境条件)。

④ 应力腐蚀疲劳破坏。应力腐蚀疲劳破坏也是在腐蚀和应力共同作用引起的破坏现象，它与应力腐蚀破坏的不同之处，是这种应力为交变或脉冲的拉伸扩张应力。

应力腐蚀疲劳破坏的发展过程是首先在金属材料表面产生腐蚀坑，起到缺口作用造成应力集中，成为疲劳裂纹的策源中心，并进一步在变应力作用下不断扩展(其间腐蚀作用也在不断进行)，最终导致疲劳断裂。

值得一提的是，上述 4 种断裂损坏的共同特点是断裂的走向一般与主应力方向大致垂直。

⑤ 断裂力学与损伤容限。断裂力学是研究带有缺陷(裂纹)的材料与结构抵抗裂纹扩展的能力(强度)以及裂纹在各种承载条件下扩展规律的新学科，它在安全设计，合理选材，指导改进工艺，提高产品质量，制定科学的检验操作，正确评价材料结构的可靠性和防止事故发生都具有重大的应用价值。

我们知道，固体材料中的非均匀性和非连续性(即存在缺陷)是绝对的，而它的纯一性是相对的。断裂力学的两个重要内容，就是研究材料中裂纹尖端的局部区域内应力和变形的情况，以及材料抗脆断性能和裂纹之间的定量关系，它通过对裂纹亚临界扩展阶段的研究设计裂纹从初始长度(此外工件将发生断裂)发展到临界长度的寿命，确定带缺陷工件的承载能力。

裂纹的扩展只敏感于裂纹附近的材料特性和裂纹尖端的几何形状。

以断裂力学理论基础发展起来的损伤容限设计概念，即是承认结构和材料在初始状态时就可能带有冶金和制造缺陷，并在使用过程中会因环境，过载等而产生裂纹这一事实，认为对结构的设计应能容忍裂纹的存在，但在给定的检修期内其扩展不应导致结构的损坏。也就是说，要求在损伤被检测修复之前，结构仍具有抵抗损伤的能力——仍具有一定的剩余强度水平。损伤容限设计概念从材料结构的耐久性，可靠性与维护性出发，考虑了已损伤和未损伤材料的静强度，刚度和疲劳性能，以及蠕变，持久性能和热稳定性等等。

损伤容限设计概念的三个要素：

(a) 剩余强度分析。用以确定在保证结构部件承载能力不低于规范要求的前提下所允许的最大损伤，即临界裂纹尺寸 a_c 的大小。

(b) 裂纹扩展分析。分析带裂纹体在使用载荷与环境下，裂纹从初始长度扩展到临界尺寸的时间，用以确定检修周期，保证在裂纹及结构部件安全使用之前有足够的机会把裂纹检测出来和加以修复。

(c) 损伤检测。使用无损检测手段，探查出裂纹并予以修复，使结构部件恢复其极限承载能力。这将要求无损检测人员在大量积累试验数据的基础上，确定各种无损检测方法检测不同裂纹或类似型纹缺陷的尺寸的可靠程度(可检出几率)。

通常是把具有 95%可靠性的可探测最小裂纹尺寸作为初裂纹即在设计时假定材料中已存在具有这一尺寸的初始裂纹尺寸，然后根据选用材料的 K_{IC} 和在初始设计(对未损伤材料静强度和疲劳强度的设计)中初步确定的设计应力和零件形状尺寸，计算出临界裂纹尺寸，最后根据材料的 $\Delta K\text{-}da/dN$ 特性以及预计在使用寿命内不同疲劳载荷的循环次数，估算出初始裂纹尺寸扩展到临界裂纹尺寸的时间，即估算寿命。

如果估算寿命超过设计预定的使用寿命或检验周期，则初步设计方案是符合损伤容限设计要求的，反之，则必须进一步提高无损检测的能力(包括采用更先进的检测设备和方法)，以保证现实更小缺陷的可靠性，并在此基础上修改无损检测标准，或对设计选材进行更改。

与损伤容限设计紧密结合是耐久性设计，这是指材料结构抵御诸如疲劳损伤，意外损伤及环境恶化等的能力，并且为维护这种能力的费用必须在经济上是可以接受的。耐久性设计的目的是为了保证材料结构的经济寿命大于设计寿命，以及在设计寿命内不会出现影响使用问题。这里所说的经济寿命，是指：一旦出现大范围损伤，并且对这些损伤的修复是不经济的，但若不修复则引起材料结构的功能受损影响使用这一情况产生的寿命。耐久性设计与损伤容限设计的结合，将从经济性和安全性两个方面提高材料结构的设计水平，但也将对强度，结构，材料，制造以及检测各方面和他们之间的合作程度提出了更高的要求

第四节　石油三厂加氢装置的设备管理

一、高压设备的管理

高压设备是整个加氢系统中的关键设备，它不仅在设备庞大，占有大量金属，且投资较大，更主要的还在于它是在高温高压下运行，所有流体都是易燃、易爆的气体，腐蚀性的气体或液体。这就增加了加氢设备在维护检修上的复杂性和难度。

加氢装置由于操作条件特殊性，常引起一些特殊的损伤现象。下面仅就这些特殊的损伤现象给予论述。在高温高压区域中以反应器为代表，在低温高压部分以高压空冷器作为对象。

在加氢过程中，因为反应器等设备处于高温高压氢气中，氢损伤就是一个很大的问题。高温高压硫化氢与氢共存使腐蚀也很严重。正因为如此，为抗高温硫化氢的腐蚀，通常也在反应器等设备内表面堆焊不锈钢(以奥氏体不锈钢居多)覆盖层和选用不锈钢材料作内件。这样又有可能出现不锈钢的氢脆。奥氏体不锈钢的硫化物应力腐蚀开裂及堆焊层氢致剥离现象等损伤。另外还有Cr-Mo钢的回火脆性也曾是举世瞩目的问题。在高温空冷器上，由于物流中存在氨和硫化氢等腐蚀介质，可能引起传热管穿孔损伤等都是必须加以慎重考虑的。

掌握这些损伤的特征和影响因素，并正确地进行设备选材及对其某些选用材料的冶金学问题做充分考虑是保证设备安全使用至关重要的一环。据国内外的资料报道，由于强度造成高压设备的破坏例子是极少的，可是由于腐蚀和材料选用不当所引起的损伤例子是较多的。所以，特别是对于使用在高温高压氢介质中的热壁加氢反应器等设备来说，腐蚀和材料冶金学问题显得更为突出。因此，要求用于制造这类设备的材料要具有令人满意的综合性能。具体来说至少应满足：①作为描述材料内质特性的致密性、纯洁性和均匀性性能要优越，这对于厚(或大断面)钢材尤为重要；②要满足设计规范要求的化学成分，室温和高温力学性能的要求；③要具有能够在苛刻环境下长期使用的抗环境脆化性能。

1. 高压设备的材质

高压设备由于承受易燃易爆的气体在高温高压下运行，因而对这些设备的材质不仅要求经久耐用，而且力求确保在生产过程中不发生泄漏与破坏，否则不但会影响生产的正常运行，更严重的将引起火灾或爆炸，甚至威胁人身安全等灾难性后果，并且也由于设备容积大，重量大、造价高而不能轻易更换。所以对这些材质，无论从设计、制造、安装使用维护修理等方面都较一般结构材料要求更严格。

(1) 高压加氢用钢材选用几个方面

随着科学技术的发展，石油化学工业设备已使用或可选用的材料越来越多。面对我国加入WTO的新形势，大量国外金属材料和设备进入我国。如何正确选材，高压加氢用钢性能选择，根据使用条件，大致有以下几个方面：

① 有足够的强度，以抵抗在相应的操作温度与压力下所产生的应力。在一般不太高的温度下，为了尽量减少设备的重量，通常要求使用有足够韧性的高强度钢。

② 在高温，即超过 400℃的壁温条件下，应采用有足够抗蠕变性能的耐热钢。

③ 在相应的操作温度与压力下，有良好的抗氢性能。

④ 对介质中 H_2S 气体有足够的耐蚀能力。

⑤ 有良好的工艺性能，例如切削、锻造、热弯、热处理，尤其是可焊性能。

⑥ 价廉物美。结合国内的资源情况尽量少消耗由外汇换来的合金元素。

(a) 合金元素对钢的强度影响。碳在钢内的含量是必不可少的，通常加氢工业用钢的碳含量一般限制在 0.3%以下，一般常用的碳素结构钢，例如 20、25 低碳钢，加工方便，价格低廉。但随着温度的升高，其强度有所下降。当温度超过 250℃，其下降趋势格外显著，而塑性却逐渐增强。因此，综合以上原因，20 号、25 号低碳钢按三厂规定只允许在 200℃以下应用。

为了弥补上述的不足，通常在钢内加入一些少量的合金元素，以提高钢的强度，如图 4-4-1 所示。合金元素按其对提高铁素体硬度作用的效果，可以顺次排列如下：铬、钨、钒、钼、镍、锰、硅、磷。这是由于合金元素固溶在 α-铁中，而合金元素的原子与铁原子的尺寸和结构有所不同，从而使晶格内产生应力，这种应力使晶格常数发生了改变。当铁原子和合金元素原子的大小相差越大时，其晶格常数的改变程度也越大，则对铁素体强化的影响亦越大。

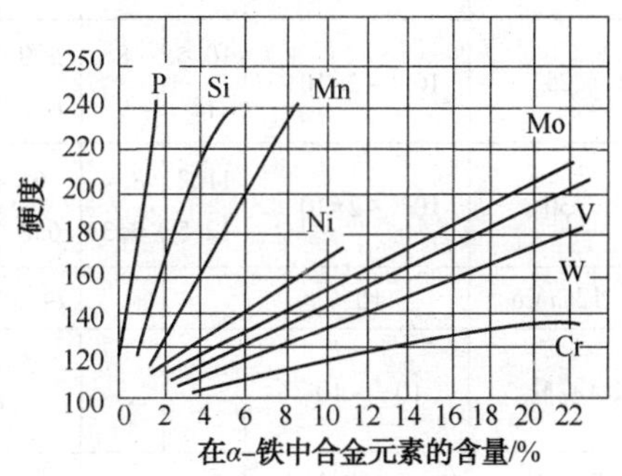

图 4-4-1　合金元素对铁素体强化的影响

(b) 钢的高温蠕变。虽然钢中加入某些合金元素，能显著提高它在高温下的短期试验强度极限。但对于某些合金钢，却经不起长时间高温载荷的考验。一般来讲，金属材料在弹性变形范围内的应力与应变成正比例关系。然而，当它到达甚至超过特定温度(这种特定温度随各种金属材料而各不相同)时，即使施加在材料上的负荷不太大，(仅大于该温度下的屈服极限)，甚至恒定不变，亦会引起形变，温度越高或载荷越大。时间越长，则其变形量越大，这种变形通常称为蠕变、因此，蠕变是在高温与固定载荷和相互作用下进行，且载荷去除后并不消失的应变，这就可以认为蠕变是一种塑性(残余)应变。这种塑性应变引起金属的强化。为了要使金属发生进一步的塑性应变，按理来说，就必须对材料施加比前一次应变所需的载荷还要大一些。但是情况并不是这样，材料正处在特定温度以上，亦即使超过了该金属的再结晶温度，则已被强化了的金属就在再结晶的作用下而被软化。如此强化与软化不断地交织地进行着，而构成了金属蠕变的基本过程。因此当选用在高温下(碳钢在 350℃以上、合金钢在 400℃以上)使用的金属材料，就不得不同时考虑到它的蠕变特征。对于选用者而言，总希望金属的蠕变速度越缓慢越好。只有这样，才能保证设备的安全与材料的使用寿命。在高压设备的设计中，通常采用不低于 10^{-7} mm/mm · h 平均蠕变速度的标准。引起这个速度的相应的应力值，就是这个材料在该温度下的蠕变极限。

影响蠕变极限的因素很多。在材料的选择上，钢中的合金元素含量起着主要的决定作用。通常能积极提高钢在高温下的蠕变抗力的合金元素有：铬、钨、钼、钒、钛等。这是由于它们在钢中很容易与碳形成高度弥散分布的复杂碳化物微粒的缘故。这些微粒，即使在较高温度下聚合长大也极缓慢。而且又由于它们的加入，也不同程度地提高了再结晶温度。从而增加了钢的热强化能力与蠕变抗力。石油三厂在高压加氢设备上的最高壁温在 500℃ 以下。采用的耐热钢绝大多数是铬钼系统的合金钢或奥氏体不锈钢。它们的蠕变极限参考表 4-4-1。

表 4-4-1 常用钢材的蠕变极限

钢种	蠕变速度/(mm/mmh)	在下列温度℃下的蠕变极限/(kg/mm²)													
		400	425	450	480	500	520	540	550	560	580	600	650	700	750
10	10^{-7}	8	6.25	4.6	3.15	2.5									
20	$10^{-7} \sim 2\times10^{-7}$	9.8 10.8	7.5 8.35	5.6 6.3	3.8 4.4	3.0 3.5									
25	$10^{-7} \sim 2\times10^{-7}$	10.5 12	8 9	5.9 6.7	3.9 4.5	3.0 3.5									
30	$10^{-7} \sim 2\times10^{-7}$	11.2 12.5	8.4 9.3	6 6.8	3.9 4.9	3.0 3.5									
12CrMo	10^{-7}			14.5	10.8	8.4	6.1	3.3							
Cr_5Mo	$10^{-6} \sim 10^{-7}$				13.5 11.2	9.6 8.1	7.8 6.3		5.9 4.2		4 3.2	3.2 1.8	1.9 0.9		
30CrMo	10^{-7}		14	11		7			2.5						
$25Cr_2MoV$	10^{-7}			14.5 15.5		8			3.1						
1Cr18Ni9Ti	$10^{-7} \sim 2\times10^{-7}$					11 11.2		8.1 9.1	7.5 8.4	6.9 7.3	5.75 6.6	4.8 5.5	3 2.5	1.6	0.8

(c) 氢的侵蚀，详见本书“确保加氢反应器使用安全措施”。

由此可见，防止氢对设备的侵蚀是何等重要。正确选用与合理使用钢材是其中主要措施之一。为了提高钢在氢中的抗蚀能力，往往需要在钢中加入某些合金元素，如 Ti、V、Nb、Mo、W、Cr 等对钢的抗蚀性。由于它们具有形成比较稳定的、特殊的抗氢钢。

硫化氢的腐蚀，在加氢精制与加氢裂化的过程中，部分硫化氢来源于原料。为了保持催化剂的活性，通常还有意识的注入适量的二硫化碳，使系统的 H_2S 含量经常保持在 0.03%～0.1%。因此，硫化氢是加氢过程中不可避免的气体组分。它对系统设备，尤其对高温高压的反应器起着比较严重的腐蚀作用。

硫化氢对容器的严重腐蚀，不仅壁厚逐渐减薄，例如减薄最大的 1 号、9 号反应器已达 13mm 左右，并且硫化铁腐蚀结垢，还可能堵塞催化剂的表面空隙而影响催化剂活性。严重时还能造成系统的差压，给生产操作带来很大麻烦。如 5 号加氢反应器的严重裂纹。见图 4-4-2～图 4-4-5。

1968 年 10 月发现后，即委托沈阳金属研究所对裂纹及成因进行分析，期间多次请教了包括著名专家李薰教授在内的许多专家和国内知名的研究所。如冶金部北京钢铁研究总院、大庆石油学院等单位继续做工作，直到 1987 年 7 月，历时近 20 年，经过大量的工作，才得出一个比较可信的结论，中国石化总公司为此召开了专门的技术评定会予以确认。

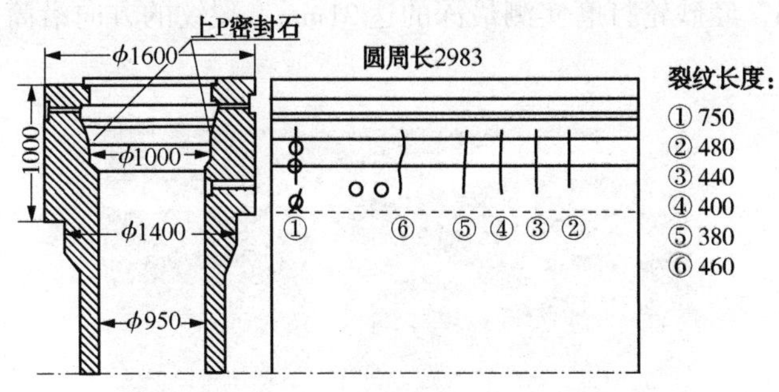

图 4-4-2　五号筒大裂纹分布(单位：mm)

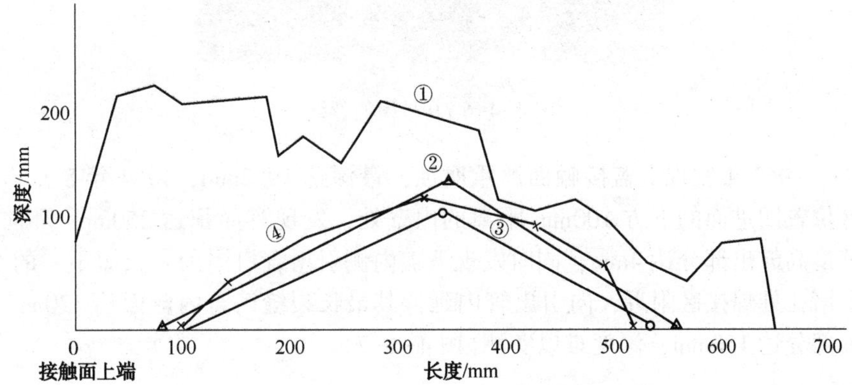

图 4-4-3　五号筒裂纹深度曲线

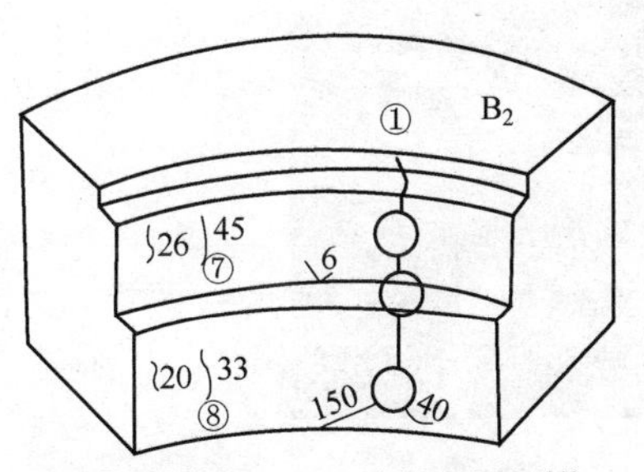

图 4-4-4　B_1块裂纹分布

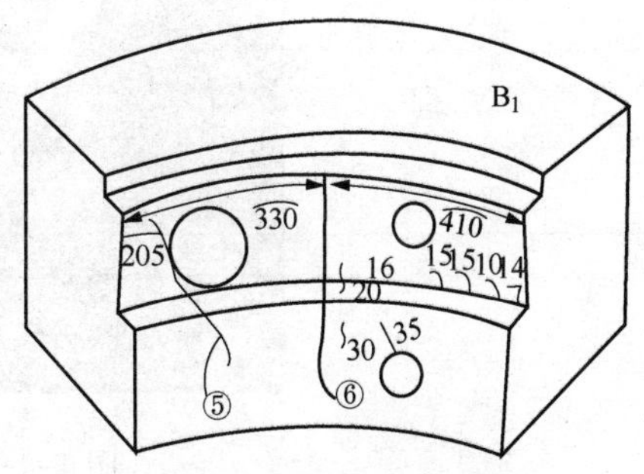

图 4-4-5　B_3块裂纹分布

长期以来，石油三厂对一系列高压容器，通过内径测量记录对照的方法得出它们的平均腐蚀率在 0.35~0.5mm/a，最严重的达 1.5mm/a，它们绝大部分是均匀性腐蚀，而腐蚀较严重的皆分布在无内壁保温区域内，有明显可见的腐蚀斑痕，有的已形成 ϕ2~3mm 的腐蚀坑。

通过历年来的检查，曾发现如下几个反应筒典型的严重腐蚀裂缝：

9 号筒：该筒自 1941 年投产至 1964 年，使用时间为 143 个月。1964 年 8 月自紧式上盖下落位置最低凹进面的内壁处，沿圆周(周长 900π=2826mm)内共发现长短不一的 11 条裂缝，最长的达 105mm，经砂轮打磨实测最深的达 21mm。裂纹的方向沿筒身的轴向，如图 4-4-6 所示。

图 4-4-6　9 号筒的裂缝

10 号筒：1962 年发现上盖接触面严重腐蚀，最深达 19.2mm，1964 年 8 月于自紧式上盖下落最低位置凹进面的下方 100mm 距离的内壁处，发现有面积达 250mm^2 环向发展的鼓包一个。其最高鼓出部分达 4mm，同时发现下盖内侧引出管口周围有长短不一的 5 条裂缝，分别自三个堵孔处焊接区附近，向引出管内延伸其最长裂缝筒盖内侧面达 170mm 而延向引出管的扩展部分达 150mm，深度难以实测(图 4-4-7)。

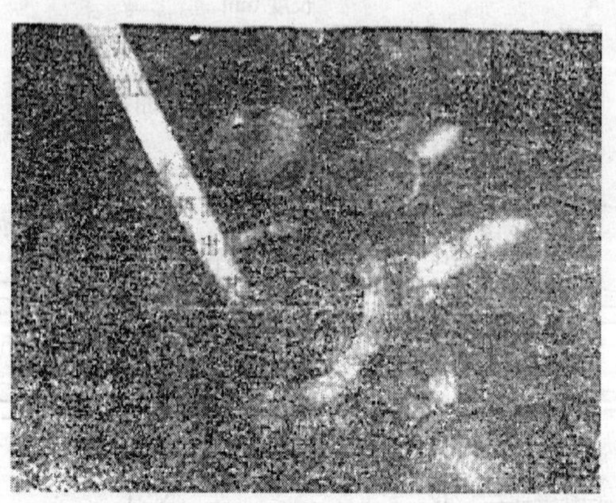

图 4-4-7　10 号筒的裂纹

3 号筒：1962 年发现筒体上部接触面有 7 处腐蚀沟，对筒内径的两个垂直方向进行了测量：$\phi_A=967.2$mm，$\phi_B=967.02$mm，最大腐蚀深度为 17.2mm。曾以不锈钢电焊填补腐蚀深坑并研磨，以后由于不锈钢焊肉腐蚀较小，而其他地区随着时间继续腐蚀，因而焊肉处显得突出，每次检修时必须对准涨圈，否则影响接触不好容易漏气。1965 年于该焊肉周围用磁力探伤发现有 16 道小裂纹。同年，又对整个大筒进行了超声波测厚，估计上层腐蚀深度已达 15mm 左右。总趋势是筒盖附近无内保温处腐蚀较严重，下半部较好，下半部腐蚀量为 $\phi1\sim2$mm，但有个别叫严重麻坑约为 $\phi6\sim8$mm。

5 号筒：筒上部内壁无内衬处有大量腐蚀产物，经查验为硫化铁，腐蚀量相当于

0.3mm/a，筒体上部内径每年约扩大1mm，1968年10月因漏气漏油无法运转，检修时发现沿筒口有肉眼可见大裂缝6条，其中5条长约400mm(深度未测出)，最长一条为750mm，深达220mm(该处壁厚为300mm)，但其宽度不超过1mm。裂缝的纵深比宽度大几个数量级，裂缝两次几乎闭合，呈现出典型的应力腐蚀裂缝特征。此外，在筒上部内壁无内保温处，有明显可见的腐蚀斑痕，多数直径2~3mm的腐蚀坑。

这种氢腐蚀主要是渗入钢的氢原子与金属中的碳发生作用生成甲烷：$Fe_3C+2H_2 \rightarrow 3Fe+CH_4$，或$C+4H \rightarrow CH_4$它聚集在晶间处微空隙内或在夹杂物等缺陷处，形成气泡，造成局部高压和应力集中，这些气泡逐渐增多变大并互相连接时，就在晶间处形成微裂纹。发生这类氢腐蚀时，同时又有脱碳现象发生。氢腐蚀的孕育期长短，主要取决于温度和氢气压力，温度越高，或氢分压越高，孕育期就越短。在Nelson曲线的下方条件下使用不会发生氢腐蚀。5号反应器的使用条件，温度经常在Nelson曲线上方，尤其超温时，具有产生氢腐蚀的条件。影响金属对氢腐蚀的敏感性，当然还有许多其他因素，这里就不加论述。发生氢腐蚀时，晶界上有小气孔，且明显变宽或出现微裂纹，断口应是沿晶界开裂。在对5号反应器的微裂纹断口分析中发现，大部分都是沿晶界断口。又根据金相对裂纹的观察发现，二次裂纹较少，这就进一步说明了造成5号反应器裂纹的主导因素是氢腐蚀。通过对5号反应器内表面和裂纹表面的扫描观察，发现了大量的硫化铁腐蚀物，说明有硫元素存在。因此，有硫化氢气氛存在，也存在H_2S应力腐蚀作用，但它是5号反应器裂纹的辅助因素之一。

(2) 石油三厂使用的几种钢

加氢装置与连接管件用钢列于表4-4-2中。

表4-4-2　加氢装置与连接管件用钢

钢种	热处理	σ_b/(kgf/mm²)	σ_s/(kgf/mm²)	δ/%	ψ/%	α_k/(kgm/cm²)	H_B	用途
$SNCM_1$		>85	>70	>20	>55	>10	248~302	日伪反应筒与换热器外筒
A_1		61/65	37/39	>20	43/51	≥6		捷克制低温筒
16CrMo9.3	920/970空，650/730回	66/65	≥35	16/18		≥6		兰州石油化工机器厂制反应筒
20CrMo9	910/940空，600/680回	65/80	≥45	≥15		≥4		兰州石油化工机器厂制反应筒
11416.1		43/48	28/32	43/50		24/30	7/12	捷克制绕带式筒内筒
CrV		66/72	53/57	23/25				捷克制绕带式筒绕带
20	900℃正火	≥40	≥24	≥25	≥55	≥5	≤156	垫圈
25	880℃正火	≥43	≥26	≥22	≥50	≥5	≤170	管线
30	870℃正火	≥48	≥28	≥20	≥50	≥4	≤179	法兰、螺栓、螺帽
30CrMo	880℃油，560℃回	≥95	≥75	≥11	≥45	≥8	≤229	法兰、螺栓、螺帽
$25Cr_2MoV$	850℃油，630℃回	≥100	≥90	≥14	≥45	≥8	≤229	法兰、螺栓
$12Cr_3Mo$	850℃空，650℃回	≥70	≥50	≥18	≥40	≥6	≤207	管线
$18Cr_3MoWV$	920/940℃空，680/730℃回	70/85	≥45	≥14	≥73	≥6	200/240	加热炉管弯头
$20Cr_3MoWV$	1020/1050℃空，690/730℃回	80/95	≥50	≥14	≥50	≥6	240/280	加热炉管弯头
1Cr18Ni9Ti	1000/1100℃水	≥54	≥22	≥40	≥60	≥6	≤170	管线

二、相关的几类钢种

18-8型不锈钢是石油三厂应用得比较广泛的一种奥氏体不锈钢。这种钢的塑性非常好，有利于机械加工，亦有利于高温、高压下的应用。它在高温下，具有良好的抗蠕变性能，对氢与硫化氢等腐蚀性气体也具有十分满意的抵抗能力。由于它是无磁性的钢，因而通常总利用天然磁铁以明显辨别他与一般有磁性的珠光体、铁素体钢的区分。它尚有良好的可焊性，一般经焊接后可以不需要热处理，所以用它作为高压装置上的构件感到格外方便。然而18-8型奥氏体单相组织的不锈钢在高温高压的长期使用下或由于机械加工，尤其经焊接的缘故而引起碳化铬在奥氏体晶粒边缘析出，则使这个边缘的铬含量相对降低成为贫铬区（<12%）。在这区域就降低或失去了原料具有的化学特性，其中包括抗硫及抗氢能力的显著下降。生产实践曾出现过用18-8型不锈钢管作为20.0MPa压力下加氢反应器内的热偶保护管，经长时期的使用变得很脆，断面很少收缩，断口非常平整。为此对这种类型的不锈钢管经焊接或使用了一阶段后，总要进行金相组织检查，一旦发现有大量碳化物析出时，必须对它进行热处理，使碳化铬重新固溶于奥氏体内。

近年来，由于受热处理设备和运输条件的限制，现场热处理技术得到了广泛应用。历次检测结果表明，设备焊后在现场进行热处理可获得与炉内热处理同样的效果。由于电加热现场热处理具有应用范围广和操作方便等优点，该项技术会越来越多地被采用。石油三厂部分高温、高压管线采用 N_{10}及 N_8 钢种，螺栓、法兰采用25Cr2MoV就是其中一例。又如临氢铬钼钢材质的焊接：

1. 异种钢焊接后运行开裂着火，关键在于焊接材料的选择及焊后热处理工艺

现在重点谈Cr5Mo与18-8异种钢焊接不应采用18-8型焊条焊接的问题。

为什么过去大多数情况下，沿用18-8焊条焊接Cr5Mo钢：因为Cr5Mo钢的焊接性能比较差，如果采用珠光体耐热焊条施焊，比较容易产生裂缝，特别是焊后如不加以消除应力的热处理，更易引起冷裂纹，而过去石油三厂又没有合适的管件焊缝热处理设备，所以只好用18-8型焊条进行焊接。由于18-8钢的塑性较好，不易引起裂纹，所以就形成了一种习惯，凡Cr5Mo管件都用18-8型焊条焊接，但实践证明，在临氢系统中如此使用，是有问题的。

日本三菱重工在1975年作过焊接模拟实验，得出如下结论：

抗氢合金钢施焊后如未充分消除应力热处理，则其抗氢性能大大下降，下降幅度可达100℃以上。什么原因？实际上是焊接冶金过程所造成的，焊后快速冷却产生淬火组织，而这些不稳定的组织在操作温度条件下相当于进行长期的低温回火，必然析出大量渗碳体，提供产生甲烷的充裕条件。

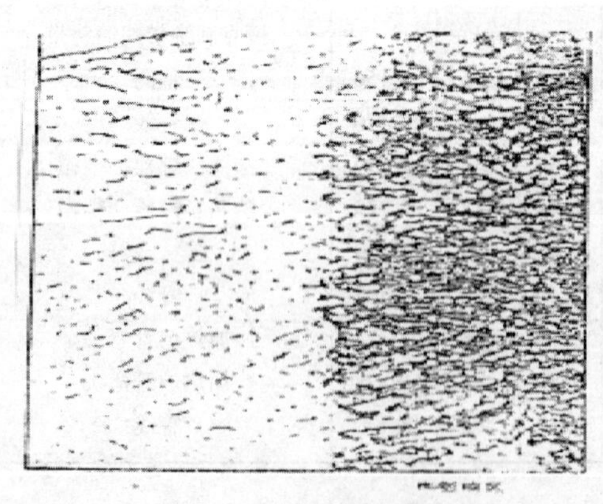

图4-4-8　显微组织400×

对Cr5Mo采用奥302焊条焊接的试件作了金相分析，焊接接头各个区域的组织如图4-4-8所示，焊缝组织为奥氏体加铁素体，硬度为HV221。熔合线出现马氏体组织，硬度高达HV644。热影响区组织为马氏体加索氏体。母材组织为铁素体加碳化物。淬火组织在通常情况下就很易产生裂纹，如不经热处理，在临氢条件下，不断分解析出易受氢腐蚀的渗碳体，使焊接接头抗氢性能大大下降，是理所当然的。如果采用退火消除热应力，不稳定组织在退火过程中可充分分解而形成弥散的、细小的碳化物，沉淀于铁素体基体上，不存在渗碳

体，也就避免了甲烷的生成，保证了焊接接头具有母材相等的抗氢性能。

从热处理条件要求来看，Cr5Mo 钢热处理要求加热到 725~750℃恒温，2.5~3℃/min 缓冷至 300℃，然后在空气中冷却。但用 18-8 焊条焊接时不允许在上述条件热处理的，因为 18-8 型钢是纯奥氏体钢，为了得到稳定的，均匀的奥氏体，要进行固熔化处理，即在 1000~1100℃下快速冷却。此外，18-8 钢在 149~871℃的温度区间很易在晶间析出碳化铬。从而造成 γ 固熔体贫铬，即所谓产生贫铬区，而在一定条件下，产生晶间腐蚀。由此可见 Cr5Mo 用 18-8 型焊条焊接，不能进行退火处理。由于这种接头不能进行热处理，使得接头中存在着马氏体等淬火组织，一方面降低了接头的韧性；另一方面降低了接头的抗氢腐蚀能力，这就是焊缝开裂的原因。

2. 采用热 507 焊接 Cr5Mo 临氢管线

1984 年开始，临氢系统的全部 Cr5Mo 钢管焊接，皆采用热 507 焊条进行，并进行了焊后热处理。采取的热处理设备是日本 JE-IX 有限公司的 JEXR 电阻加热器其加热元件是镍铬丝加热带。此加热带可用镍铬电阻丝自绕，套以烧结氧化铝钢五圈作为绝缘。焊前预热和焊后热处理皆采用了这种设备。焊前预热温度不低于 350℃，不高于 400℃。焊接过程的层间温度也保证不低于此温度范围。焊后热处理温度为 750~780℃，恒温 2h，升温速度不大于 200℃/h。冷却速度也不大于 200℃/h，350℃后自然冷却。

为保证焊接质量，还采取了带极氩弧焊打底。机械切削法加工坡口或氧乙炔火焰加工后，砂轮机打磨，彻底清除氧化皮和表面淬硬层。热 507 焊条使用前进行 400℃×2h 的烘干，烘干后放入温度为 150℃的保温筒内保温，并于 4h 内使用完毕，否则应进行二次烘干。

凡采用热 507 焊条施焊的临氢管线，均未发生问题。

3. 几点意见

为确保 Cr-Mo 系钢材能够进行合理的热处理，保证消除淬火组织并保证钢材的原抗氧性能，必须采用相应的耐热珠光体焊条进行施焊。

在临氢系统中，石油三厂规定禁止再使用 18-8 型焊条焊接 Cr-Mo 系钢管线，在非临氢系统中，如操作温度超过 400℃也不应再采用 18-8 型焊条焊接。由于热处理设备的不断完善，管件后热处理也已有充分条件，逐步改变过去延续下来的不合理的焊接工艺是完全必要和可能的。

(1) 合金钢焊缝焊后必须经过充分的消除应力热处理

就压力容器规范，标准或工程设计规定而言，厚壁的碳钼钢，铬钼钢等合金钢设备焊后必须进行热处理，但符合下列情况，焊后允许不进行消除应力热处理：

① 钢板厚度或钢管尺寸较小时：如 JISB 8243—1981、ASME 锅炉及压力容器规范第Ⅷ篇第一分篇规定，0.5Mo 钢厚度≤16mm 者，2.25Cr1Mo 钢钢管公称外径≤102mm 且壁厚≤12.5mm 者，可不进行焊后热处理；

② 采用含碳量低于 0.05%的低碳合金焊条施焊且壁厚≤19mm 的 0.5Mo 钢炉管以及壁厚≤12.7mm 且外径≤114.3mm 的 2.25Cr1Mo 钢炉管。如日本神户制钢所生产的 CMB105 低碳 2.25Cr1Mo 钢焊条就是专门用来满足这方面要求的焊条；

③ 用奥氏体铬镍不锈钢焊条或镍基焊条施焊者。

但是，上述规定对临氢设备来讲都不能作为免除焊后热处理的依据。上述规定仅仅是从一般受压设备焊接接头应具有良好的韧性和延性，应降低焊接残余应力的角度出发，提出了允许免除焊后热处理的例外情况，但并未考虑到对氢腐蚀带来的影响。从前述焊接热模拟试样的氢腐蚀试验以及热交换器管板焊缝发生氢腐蚀裂缝的事例可见，即使钢材规格小、壁厚薄(如换热器的列管尺寸仅为 ϕ20mm，壁厚≤3mm)。采用焊接输入热量小的氩弧焊工艺，都不能改善焊缝区域在焊态的抗氢性能。至于采用含碳量低的焊接材料，只能改善施焊工艺条件，降低预热温度并使接头在焊态的塑性有所提高，但对提高焊接接头近缝区在焊态的抗氢性能并不能奏效。采用奥氏体不锈钢焊条或镍基焊条焊接铬钼钢以求免除焊后热处理是炼油、化工设备设计时经常采用的工艺措施，在一般管道、加热炉施工过程中尤为常用，但用于临氢设备看来是有问题的。对于合金钢制的临氢设备，上述三种允许免除焊后热处理的规定都不能适用。为了保证焊接接头具有与母材相当的抗氢性能，任何焊接接头焊后都必须进行充分的消除应力热处理。热处理的问题一般应与母材回火温度相同或稍低 10~20℃，而且尽可能以设备在炉内进行整体热处理为好。局部热处理往往由于保温不良，散热以及温度控制不严等原因，不能达到预期的效果。

本文所述的许多氢腐蚀事例就是由于局部热处理效果不良而引起的。所以，应将 Nelson 曲线图中碳钼钢、铬钼钢的曲线理解为：使用于经过焊接，但焊后进行充分的消除应力热处理的相应钢材。至于对焊后未能进行充分消除应力热处理的材料，0.5Mo 钢的抗氢性能下降为低碳钢相同，2.25Cr1Mo 钢的临界温度亦将下降 100℃，甚至更多。

在 1982 年 3 月进行的第一次中日化工装置材料技术交流会期间，将上述观点与日方交换意见，获得了一致的看法。即 ASME 或 JIS 压力容器规范中对碳钼钢或铬钼钢焊后允许免除热处理的规定只是用于一般压力容器而不适用临氢设备，合金钢制的临氢设备不论任何厚度，焊后都必须进行消除应力热处理。这一点不仅对加氢反应器之类的厚壁容器，而且对换热器、接管、附件、炉管、管线的焊接来讲都是至关紧要的。事实上，提前发生氢腐蚀的事故已表明这些焊缝往往容易忽视，正是抗氢腐蚀中的薄弱环节。

(2) 合金钢临氢设备焊后必须进行消除应力热处理

① 焊接对材料抗氢性能的影响。高温高压下氢对铁素体钢的腐蚀早为人们所熟知。一般，炼油化工设备设计都按 Nelson 曲线选用材料，该曲线是根据以往多年高温高压、临氢设备破坏事故，成功的使用经验、挂片试验和实验数据综合绘制而成的。1977 年以前的 Nelson 曲线图，对焊态和非焊态的碳素钢分别列出了二条曲线，而对其他碳钼钢和铬钼钢未作是否焊接的区别。1977 年修订后的 API941-77(化工炼油机械 1981 年第 6 期“炼油厂和石油化工厂高温压下使用的抗氢钢”)，取消了非焊态的碳素钢曲线，并对碳钼钢曲线做了较大调整。因此，在新版的 Nelson 曲线中，每一公称合金成分的钢种仅有一条曲线，这条曲线当然代表了由该合金成分钢材焊制的设备在高温高压氢介质中长期安全使用的界限。但是，国内外在 Nelson 曲线的安全侧还时有发生氢腐蚀的报道，这种提前发生氢腐蚀的事故具有下列特征：

(a) 破裂大多选择性地发生在焊缝熔合区、焊缝金属或焊接热影响区；

(b) 发生明显的晶界裂缝，但不一定伴随着脱碳；

(c) 这种提前氢腐蚀的事故多半发生在碳钼钢、铬钼钢等合金钢焊制的设备上，还没有低碳钢设备提前氢腐蚀的事例；

(d) 焊后往往未经消除应力热处理或者热处理的温度过低。

大家不禁要问：决定材料抗氢性能，除了其合金成分外，是否还有其他因素：焊接冶金过程和焊接热循环对材料抗氢性能的劣化究竟起着怎样的作用？

② 焊接热模拟试样的氢腐蚀试验。抚顺石油三厂早于 1975 年左右，就开展了焊接热模

拟试样的氢腐蚀试验，以探索焊接过程对抗氢性能的影响。试验材料有低碳钢、0.5Mo 钢、2.25Cr1Mo 钢三种，试验条件如表 4-4-3 所示，从 Nelson 曲线可知道，2.25Cr1Mo 钢的试验条件处于安全侧；0.5Mo 钢处于新版 Nelson 曲线的旁侧，亦即至少在 10000h 内，不会发生氢腐蚀；低碳钢的试验条件却处于不安全侧，在 400~1000h 内可能(但并非一定)发生氢腐蚀。试样的热处理和模拟状态如表 4-4-4 所示。

表 4-4-3　试验材料化学成分和氢腐蚀试验条件

材料	化学成分/%							氢分压/(kg/cm²)	温度/℃	试验时间/h	100kg/cm²氢分压下 Nelson 曲线的临界温度/℃
	C	Mn	Si	P	S	Cr	Mo				
低碳钢	0.19	0.70	0.24	0.020	0.018	0.01	-	100	290	1000	250
0.5M$_0$钢	0.23	0.66	0.27	0.015	0.015	-	0.48	100	350	400	343(371)①
$2\frac{1}{4}$Cr1M$_0$钢	0.09	0.49	0.24	0.014	0.012	2.41	0.94	100	430	400	510
									440	1000	

① 旧版 Nelson 曲线中 0.5M o钢在 100kgf/cm² 氢分压下的临界温度为 371℃。

表 4-4-4　试样热处理条件和模拟状态

材　料	试样焊接热模拟及热处理条件	所模拟的状态
低碳钢	供应状态钢板	母材原始条件
	焊态	焊后不热处理
	焊态+625℃1h 热处理	焊后消除应力热处理
0.5Mo 钢	供应状态钢板(正火+回火)	母材原始条件
	1000℃×10min 油淬冷却	母材淬火状态
	1260~1350℃加热 4s，冷却速度 30~80℃/s	模拟焊缝熔合区受热条件(焊后不处理)
	1000℃加热 4s，冷却速度 30℃/s	模拟焊接正火区受热条件(焊后不热处理)
	1260℃加热 4S，冷速 30℃/s+650℃4h 空冷	焊后消除应力热处理
$2\frac{1}{4}$Cr1Mo 钢	供应状态钢板(正火+回火)	母材原始条件
	1000℃×10min 油淬冷却	母材淬火状态
	925℃×2h 水淬+625℃×2h 空冷	母材调质状态
	1260℃加热 4s，冷速 30℃/s	模拟焊缝熔合区受热条件(焊后不热处理)
	同上+440℃，4h 同上+490℃，4h，空冷 同上+350℃，2h	焊后低温热处理条件
	同上+590℃，4h 空冷	焊后 590℃热处理条件
	同上+690℃，4h 空冷	焊后 690℃热处理条件
	同上+700℃加热 4s，冷速 30℃/s	模拟多层焊时，前道焊缝受后道焊缝再加热条件
	同上+900℃加热 4s，冷速 30℃/s	
	同上+1100℃加热 4s，冷速 30℃/s	

表中，1260℃或更高温度下加热 4s，并以 30~80℃/s 快速冷却为模拟手工焊时熔合区和过热区材料的受热条件；1100~700℃加热 4s，并以 80℃/s 快速冷却为模拟焊接正火区及

其附近区域的受热条件。

试验经表 4-4-4 所示的热处理后，分别按表 4-4-3 条件进行氢腐蚀试验，试验后对试样进行机械性能、金相、含碳量和含氢量分析，并与同时在大气中进行同样温度加热的试样进行对比，试验结果为：

(a) 低碳钢(氢分压 10.0MPa，温度 290℃，1000h)

母材、焊态、焊后热处理的试样，氢腐蚀试验后均未见氢腐蚀迹象。

(b) 0.5Mo 钢(氢分压，10.0MPa，温度 350℃，400h)

a. 相当于焊后不热处理的熔合区条件者，试验后强度和塑性(σ_b、σ_s)明显下降，含碳量降低(脱碳)，有晶界裂缝和晶界脱碳，已明显受到氢腐蚀。

b. 相当于母材、淬火状态，接头正火区和焊后热处理条件者，无氢腐蚀迹象。

(c) 2.25Cr1Mo 钢(氢分压 10.0MPa，温度 430、440℃，时间分别为 400、1000h)。

a. 相当于焊后不热处理的熔合区域焊后 490℃以下低温热处理者，氢腐蚀试验后强度、塑性、韧性明显下降，发生晶界裂缝，但无脱碳现象。因此，已明显受到氢腐蚀；

b. 焊后 590℃热处理可减轻氢腐蚀，但未完全消除，而焊后 690℃回火则可完全消除氢腐蚀；

c. 多层焊时，再加热温度在 700℃以下或 1260℃以上者仍有氢腐蚀。再加热温度在 900~1100℃范围内者则能较大地减轻氢腐蚀；

d. 母材、调质状态、淬火状态均未见氢腐蚀迹象。

通过上述氢腐蚀试验可见，合金钢焊缝熔合区和过热区在焊接过程中所经受的热循环是造成合金钢焊接接头抗氢性能下降的主要原因。抗氢合金钢施焊后如未经充分的消除应力热处理，则其抗氢性能大大下降，下降幅度可达 100℃甚至更多。焊后进行充分的消除应力热处理，可恢复其抗氢性能。而低碳钢对焊接热循环的敏感性大大低于合金钢。

③ 合金碳化物与材料耐氢腐蚀的关系。石油三厂进行的试验虽然说明了焊接的重要影响，但未能深入一步探讨其原因。

众所周知，氢腐蚀的本质是甲烷化的过程。碳钼钢或铬钼钢之所以能提高钢材抗氢性能是由于元素铬、钼有固定的碳的作用。除了铬、钼以外，加入其他碳化物稳定元素如钨、钒、钛也有同样的效果。因此，焊接热循环对抗氢性能的影响也必然会反应在焊接对碳化物种类、数量、分布及其稳定性的影响上。

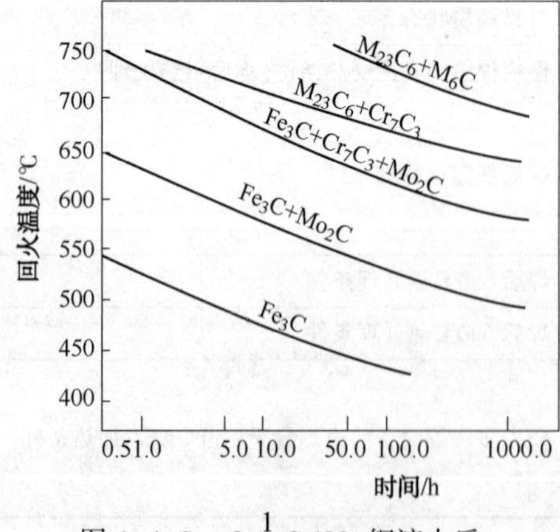

图 4-4-9 $2\frac{1}{4}$Cr1Mo 钢淬火后，不同回火温度对碳化物的影响

Baker (R. G. Baker, J. Iron Steel Inst, Vol. 1959. 9. 357)也曾对 2.25Cr1Mo 钢中碳化物的行态进行过研究。图 4-4-9 所示即为 2.25Cr1Mo 钢淬火后，经不同回火热处理时碳化物种类变化。由图可见，淬火后经低温回火也将析出大量的渗碳体(Fe_3C)。只有当回火温度达 700℃以上时，Fe_3C 才完全消失，生成稳定性很高的 $M_{23}C_6$ 和 Cr_7C_3 型合金碳化物。由于 Fe_3C 型碳化物四周的碳浓度大，碳的迁移速度和晶界区的碳浓度高，所以易于发生氢腐蚀，而高温回火生成的 $M_{23}C_6$ 型合金碳化物是最稳定，因此氢腐蚀难以发生。

通过 2.25Cr1Mo 钢碳化物形态的分析和氢腐

蚀试验，都说明合金钢的抗氢腐蚀性能不但与合金元素含量的多少有关，而且与这些合金元素在钢中以何种形式存在，能不能形成合金碳化物把碳有效固定下来有关。施焊时，由于焊接热量的作用，近缝区将达到很高的温度(1360~1100℃)，使母材中合金碳化物溶解，由于焊后冷却速度很快，形成了稳定的淬硬组织—马氏体或贝茵体，而合金碳化物却来不及重新析出。这些不稳定组织在氢腐蚀过程中(相当于400℃左右长期低温回火)不断分解析出了易受氢蚀的渗碳体，这就是合金钢焊接接头在焊态抗氢性能大大下降的主要原因。Nelson 曲线是按照钢中合金元素含量而不是按照钢中碳化物的形态整理的，因此它只能代表在正常热处理条件下钢的抗氢性能。当钢中碳化物形态在焊接或其他热处理条件下发生大幅度变化时，氢腐蚀的临界条件必将随之发生大幅度的变化。对低碳钢而言，碳化物随焊接或热处理的变化小，所以氢腐蚀的临界条件，与焊接或热处理的关联性就小。而合金钢的变化幅度则远远大于低碳钢，如 2.25Cr1Mo 钢在焊后不经热处理或热处理制度不完善，其抗氢性能仅与 0.5Mo 钢的边界线相当，亦即降低了抗氢使用温度 100℃以上。如果 0.5Mo 钢在焊后不经热处理，其抗氢性能就接近于低碳钢(氢对氨合成塔出口热交换器的腐蚀，日本住友化学株式会社，大氮肥 1980(1))。只有当焊后高温回火，2.25Cr1Mo 钢和 0.5 钢焊接接头的抗氢性能才可恢复到母材的水平。

目前，石油三厂加氢车间采用含钛的 1Cr18Ni9Ti 不锈钢。这是因为钛和碳的亲和力比铬强。在钢中加入一定量的钛元素，能避免碳化铬的沉淀和贫铬区的产生。然而由于钛的存在，他的组织除奥氏体外，尚有少量铁素体的出现。当温度达 850℃左右时，极容易在铁素体的基体上形成性质很脆的中间相—西格玛组织(FeCr)。对于这样一种特性，我们一直比较注意，特别是一旦装置由于操作或者其他原因而发生大量泄漏造成火灾时，这些不锈钢管就有可能遭受意外的加热。为此，通常在事故平息后，总要对它逐一检查其金相组织及硬度。倘发现有西格玛相的出现或硬度值的显著提高，就采取热处理的方法，使西格玛相重新溶解。虽然镍铬不锈钢在应用上是那样的方便。但是镍、铬是重要的战略物资，并且因为我国资源中尚未充分发掘出来，因而尚需要消耗大量的外汇，从这一点出发，曾对镍、铬不锈钢的应用范围进行过多次改进，尽可能用其他有效的低合金结构钢以取代镍铬不锈钢。而十分有兴趣的是那些容易在钢中形成复杂碳化物的其他合金元素，如钼、钨、钒、钛等既是抗氢钢，也是耐热钢所必需，而且又是我国资源极为丰富的金属元素。因此，近年来我国钢铁工作者正在努力利用这些元素建立一套适合我国资源情况的抗氢与耐热等合金系统。石油三厂部分高温、高压管线采用 N_{10}及 N_8钢种螺栓、法兰采用 $25Cr_2MoV$ 就是其中一例。

N_{10}与 N_8原系德国的合金钢种，它们是适用于高温高压工业的抗氢钢，可是它们的自脆性很强，所以对热处理及焊接等工艺都带来一定的困难。特别对前者的要求较后者更须严格控制，这是由于 N_{10}中多量的碳化钒难于固溶的缘故。

(3) 合理选材

在高温高压下长期工作的钢材选用

① 选择高温材料的原则

(a) 机械性能。选择高温材料首先要考虑材料的机械性能，也就是要考虑在使用温度下材料的强度。由于材料的高温强度是温度和时间的函数，短时高温强度便不能正确反映出材料在高温下的强度性能，因此必须采用高温长期强度，即以恒定温度下经 100000h 导致断裂时的应力来衡量的持久温度强度，或以恒定温度下经十万小时产生 1%蠕变变形(每小时引起 1×10^{-5}蠕变率)时的应力来衡量的蠕变强度。为保证高温高压容器的长期工作，应选用长期强度较高的钢材。

(b) 在高温长期承载下钢材的塑性。在持久断裂时的塑性指标—延伸率是评定长期工作条件下材料适用性的重要指标之一，此指标的大小标志着在一定工作条件下的变形能力，以及应力重分配的能力。由于目前还不能确定在蠕变条件下钢材所需的最小塑性，因此只能作一些近似估计。通常规定消除脆断的可能性和保证具有充分促使应力重分配的能力应保证钢材断裂时的塑性为许用塑性值的2~3倍。一般当应力比较均匀时可用塑性较差的材料，而当考虑热震、疲劳和具有较大的应力集中时，应采用塑性较好的材料。

(c) 由于长期加热而产生的组织不稳定性和性能的变化。钢材在长期高温作用下将产生如下组织变化：ⓐ珠光体的球状化及碳化物相的积聚。ⓑ由于渗碳体的分解造成的石墨化。ⓒ新相的形成。ⓓ奥氏体钢的晶界贫铬。ⓔ合金元素在固熔体及碳化物相之间的重分配。ⓕ热脆和回火脆性倾向。ⓖ时效。

组织的稳定性遭到上述各种不同形式的破坏会改变钢材的机械性能，通常是机械强度的降低，例如珠光体的球化会使短时强度、蠕变强度和持久强度降低，石墨化会引起强度和塑性的下降。σ相的生成使钢材脆化，时效会引起塑性的降低等。

但是，实际上要保证钢材具有充分的组织稳定性是不可能的，无论是珠光体钢或奥氏体钢，都将随温度的不同以或大或小的程度影响着钢材在高温下的各种组织变化。因此，在选择 高温用材时必须充分考虑保证所用的钢材在整个使用期间具有足够的稳定性，使在整个使用期间由于组织变化的影响而使钢的强度减弱为最小，以免破坏钢的结构。

(d) 物理性能。ⓐ钢材的热稳定性及耐腐蚀性：热稳定性是指长期工作条件下钢对某种介质的抗氧化能力。在不断氧化的条件下，将不断减少有效承载厚度而造成工作应力的提高，导致容器提前失效，因此必须选用热稳定性高的钢材。另外，由于钢材通常与有腐蚀性介质相接触，特别是由于高温高压的作用导致腐蚀速度的加剧，因此必须选用具有高度耐腐蚀的钢材，特别是所选的钢材必须具有高的抗晶间腐蚀的能力，以免在工作条件下造成最危险的脆性破坏。ⓑ导热系数和热膨胀系数；由于高温用钢具有数量较多的合金元素，因而将使导热系数，热膨胀系数等物理性能发生改变。例如，由于合金含量的增加使导热系数降低，而奥氏体高合金钢比碳钢和低合金钢具有更大的热膨胀系数等。因此必须根据不同的工作条件选取具有合适的导热系数和热膨胀系数的钢材，例如用作加热和冷却用的设备的钢材必须具有高的导热系数，而热膨胀系数的选取则决定于零件的用途和其他零件的连接条件以及受热的均匀性等。

(e) 抗松弛性。为了保证紧固件在长期高温作用下能可靠的工作，所用零部件的材料必须具有高的抗松弛性能，另外为避免连接零件的螺纹部分产生脆断，所选的抗松弛钢必须同时具有高的 耐热性和塑性，同时在蠕变条件下具有微弱的缺口敏感性。

(f) 工艺性。在选择钢材时，除必须考虑上述各项因素外，还必须考虑钢材的各种工艺特性，例如：可焊性、可锻性。可铸性及机械加工性能，以便用最经济合适的制造方法制造所需的零件。

② 选材中应着重进行的工作如下：

正确选材，是压力容器结构优化的关键和安全运行的根本保证。因选材不当，材料本身缺陷或对材料的不当处理引发的事故很多，如选材不当可能导致设备在低应力下因材料的韧性下降而发生爆裂或因腐蚀而发生断裂。

(a) 全面分析容器的使用介质，以及杂质的种类和含量。

(b) 全面分析设备的操作工艺参数，设备的结构特点。

(c) 掌握材料工艺性能和经济性。

(d) 在 GB150 等国家标准和其他有效的行业标准、国外标准中尽可能地选用成熟的、有类似使用经验的材料，并按相关标准选用适宜的焊接材料和焊接工艺、热处理工艺。制造前对材料进行化学成分、力学性能、金相组织等复验。对新材料的选用要格外慎重。

(e) 过分强调材料的抗腐蚀性能和设备寿命也是不妥当的，应从腐蚀经济学的角度对选材和腐蚀控制方法进行分析，按经济合理性进行选材。过长的设备寿命将妨碍技术进步。

(f) 严格管理材料，防止误用。

(g) 设备维修、改造使用材料代用时要慎重。

我国冶金部制定的冶金科技发展指南(2000~2005 年)明确低合金钢、合金钢的发展方向。具体推广和研究的目标是：低合金钢、合金钢材料和技术推广、高硫、高氯离子原油精炼用经济耐热钢。16Mn 系列(桥梁、容器、锅炉等用)钢成分、工艺、组织、性能优化。稀土在钢中微合金化机理以及提高强度钢的抗氢脆延迟断裂机理。低合金、合金钢前沿材料和技术有：新一代超级钢铁材料，包括性能提高一倍，寿命提高数倍的高强高韧钢。超级不锈钢、超级耐热钢；低合金钢、合金钢材表面非晶化实用技术；低合金钢、合金钢材料设计、断裂、腐蚀和磨损寿命预测和失效分析专家系统。

③ 在硫化氢应力腐蚀方面，为提高钢的抗湿 H_2S 性能，法国压力容器标准 CODAP-90 在附录 MA3 中推荐：

(a) 减少夹杂物，限制钢中硫含量，使其≤0.002%。

(b) 限制钢中的含氧量，使其≤0.002%。

(c) 限制钢中的磷含量，尽量使其≤0.008%。

(d) 限制钢中的镍含量。

(e) 在满足钢板的力学性能条件下，应尽可能降低钢的碳含量。16MnR 其 Mn 含量高，对硫化物更敏感。国内通常将其应用于 H_2S 浓度限制在 50×10^{-6} 单位以下。12CrMoR、15 CrMoR、1.25 Cr1Mo 等材料有很好的耐氢腐蚀能力和一定的抗硫作用，但对湿 H_2S 腐蚀，仍不够理想。

一般奥氏体不锈钢不耐湿 H_2S 和氯离子的应力腐蚀。20R、Q235、20 号钢等，在湿 H_2S 环境中的腐蚀速率比低合金钢材料更大。

三、加氢装置设备材料常见的损伤形式与对策

关于加氢装置设备材料常见的损伤形式与对策，可参阅韩崇仁主编的“加氢裂化工艺与工程”一书中第十一章第三节 725 ~744 页，这里不再重复。

下面结合石油三厂加氢装置的实例叙述如下：

在役反应器可能发生的损伤和防护

在役加氢反应器处在高温高压氢气的环境下，按照 API 941-83 Nelson 曲线，筒体选用 2.25Cr1Mo. 又因物流中含有 H_2S，为了抗高温 H_2S 的腐蚀，内表面堆焊 TP309+TP347。这类反应器在高温高压临氢及硫化氢的苛刻环境下长期运行，会发生母材及焊缝的回火脆化、氢脆、器壁堆焊层的开裂、氢剥离等损伤问题，停工检修期间也会有可能发生连多硫酸应力腐蚀开裂(PSCC)。

操作运行过程是否平稳直接影响到设备的寿命和安全，为了深入了解国产化反应器的性

能，正确使用、科学维护，抚顺石油三厂在认真执行加氢裂化操作手册要求的基础上，还将国产化反应器的试块进行测试研究。从而更有针对性的维护国产化反应器的运行，有效地减缓和避免了在役反应器可能发生的损伤。分别进行介绍。

（一）高温氢腐蚀

1. 高温氢腐蚀的实例

① 1953 年 5 月石油三厂原加氢反应器下部引出管破裂爆炸着火。事后检查，该管已脱碳龟裂，属于材质误用碳钢腐蚀破坏。

② 1962 年 8 月石油三厂原 10 号加氢反应器内壁发现氢鼓泡，其面积 $250mm^2$，高约 4mm，根部被破坏形成孔洞。经显微镜检查，鼓包附近金属有无数带小尾巴状毛发裂纹的显微空洞。

③ 石油三厂原加氢装置检查反应器时，材质 18-8 热偶保护管因拆卸而脆断，断口平整，极少塑性变形。检查发现氢的存在促使奥氏体局部发生 $\gamma-\varepsilon-\alpha$ 马氏体型组织转化，降低了钢的抗裂能力，沿晶界出现大量碳化物(碳化铬)，出现贫铬区使沿晶界开裂。大庆反应器内 18-8 材质构件也出现过龟裂破坏现象。

④ 石油三厂原加氢车间 1962~1964 年对两台高压筒进行检查，结果如下，由于反应器的筒壁比换热器的要厚得多，因此它有显著的氢渗透现象，并且反应筒内外壁含氢量悬殊的特点。(由于扩展缘故，操作条件下在器壁厚度上有氢含量的梯度)

2. 高温氢蚀的特征

高温氢蚀是在高温高压条件下扩散侵入钢中的氢与不稳定的碳化物发生化学反应，生成甲烷气泡(它包含甲烷的成核过程和成长)，即 $Fe_3C+2H_2 \rightarrow CH_4+3Fe$，并在晶间空穴和非金属夹杂部位聚集，引起钢的强度、延性和韧性下降与劣化，同时发生晶间断裂。这种脆化现象是化学反应的结果，具有不可逆的性质，也称永久脆化现象。

高温氢腐蚀有两种形式：一是表面脱碳；二是内部脱碳。表面脱碳不产生裂纹，与钢材暴露在空气、氧气或二氧化碳等一些气体中所产生的脱碳相似。表面脱碳的影响一般很轻，其钢材的强度和硬度局部有所下降而延性提高。内部脱碳是由于氢扩散侵入钢中反应生成甲烷，而甲烷又不能从钢中扩散出，就聚集于晶界空穴和夹杂物附近，形成了很高的局部应力。使钢产生龟裂、裂纹或鼓包，其力学性能发生显著的劣化。

氢对钢的损伤要经过一段时间。在此段时间内，材料力学性能没有明显的变化；经过此段时间后，钢材强度、延性和韧性都遭到严重的损伤。在发生氢腐蚀之前的此段时间称为“孕育期”(或称潜伏期)。“孕育期”概念对工程上的应用是非常重要的，它可以用来确定设备所采用钢材的大致安全使用时间。“孕育期”的长短取决于许多因素，包括钢种、制作程度、杂质元素含量、作用应力、氢压和温度等。

3. 影响高温氢腐蚀的主要因素

(1) 温度、压力和暴露时间的影响

温度和压力对氢腐蚀的影响很大，温度越高或者压力越大发生高温腐蚀的起始时间就越早。例如 Naumann 曾用含量为 0.11%的碳素钢在 29.42MPa 氢压下，以各种温度加热 100h 观察其力学性能的变化。直到 350℃时，还未发现有变化，但一到 400℃，力学性能就变化了，氢的影响显著地表现出来。另外，在 400℃下，改变其压力等级，加热 100h，发现随着压力的增大，力学性能就容易劣化，特别是抗冲击受到影响更严重。当氢压增加到 9.81MPa 以上时，各种力学性能都下降，明显地受到了氢腐蚀。

(2) 合金元素和杂质元素的影响

从氢腐蚀的机理可知，金属碳化物的分解是很重要的原因。它对整个氢腐蚀现象的发生起着支配作用。已有试验证明，在钢中添加不能形成稳定碳化物的元素(如镍、铜等)对改善钢的抗氢腐蚀性能毫无作用；而在钢中凡是添加能形成稳定碳化物的元素(如铬、钼、钒、钨等)就可使碳的活性降低，从而提高钢材抗高温氢腐蚀的能力。在合金元素对抗氢腐蚀性能的影响元素中，试验还证明，元素的复合添加和各自添加的效果不同。例如铬、钼的复合添加比两个元素单独添加时可使抗氢腐蚀性能进一步提高。在加氢高压设备中广泛地使用着铬、钼钢系列，其原因之一也在于此。

关于杂质元素的影响，在针对 $2\frac{1}{4}$Cr-1Mo 钢的研究中已发现，锡、锑会增加甲烷气泡的密度，且锡还会使气泡直径增大，从而对钢材的抗氢腐蚀性能产生不利影响。因此甲烷“气泡”的形成，其关键还不在于“气泡”的产生，而是在于“气泡”的密度、大小和生成速率。

(3) 热处理的影响

钢的抗氢腐蚀性能，与钢的显微组织也有密切的关系。图 4-4-10 是将 1.5%Cr-0.5%Mo 钢经淬火+回火(组织为回火马氏体)和正火+回火(组织为铁素体+回火贝氏体)不同热处理状态的材料在 25MPa 氢压、550℃温度下，加热观察其力学性能的变化，看到了具有不同的抗氢腐蚀能力。还有，回火对钢的氢腐蚀性能也有影响。图 4-4-11 是淬火的 $2\frac{1}{4}$Cr-1Mo 钢在各种温度下回火并在氢气中加热后的抗拉和断面收缩的变化情况。从图中可见，对于淬火状态，只需经很短时间加热就出现了氢腐蚀。但是一施行回火，且回火温度越高，由于可形成稳定的碳化物，抗氢腐蚀性能就得到改善。另外，对于在氢环境下使用的铬-钼钢设备，施行了焊后热处理同样具有可提高抗氢腐蚀能力的效果。曾有试验证明，$2\frac{1}{4}$Cr-1Mo 钢焊缝若不进行焊后热处理的话，则发生氢腐蚀的温度将比纳尔逊(Nelson)曲线表示的温度低 100℃以上。

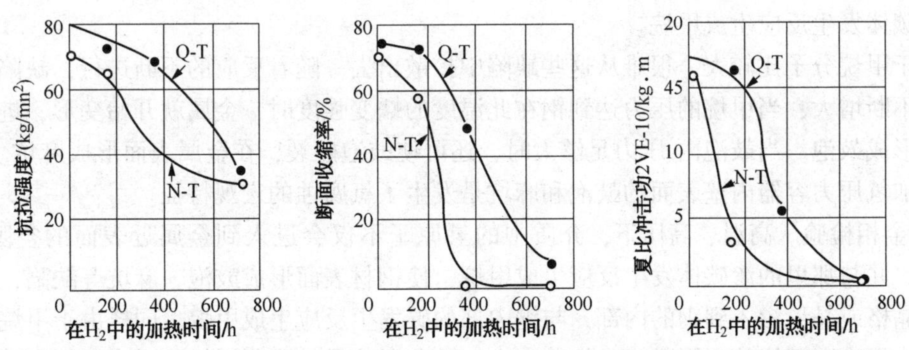

图 4-4-10 淬火+回火及正火+回火的 1.5Cr-0.5Mo 钢经氢腐蚀后的力学性能变化

(图中 N-T 为正火+回火；Q-T 为淬火+回火)

(氢压：25MPa，加氢温度：550℃)

(4) 应力的影响

在氢腐蚀中，应力的存在肯定会产生不利的影响。已有一些试验证明，在高温氢气中蠕变强度会下降。特别是由于二次应力(如热应力或冷加工引起的应力)的存在会加速高温氢腐蚀。例如对 SAE1020 钢给予各种冷变形量并在特定条件下试验发现：当没有变形时，钢材具有 较长的“孕育期”；随着冷变形的增加，“孕育期”逐渐缩短，当变形量达到 39%时，

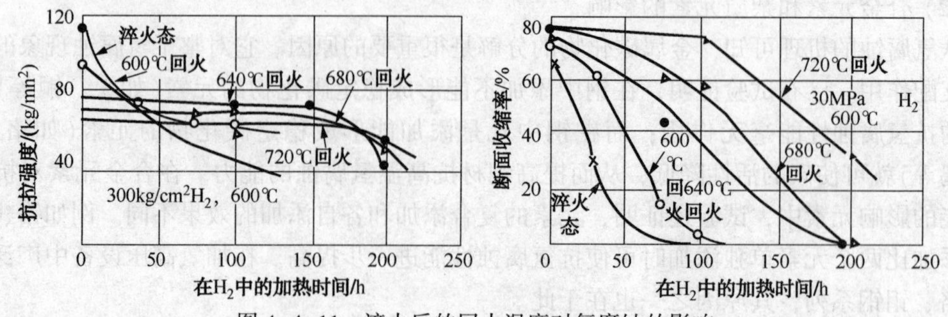

图 4-4-11　淬火后的回火温度对氢腐蚀的影响

（材料：$2\frac{1}{4}$Cr-1Mo）

则无论在任何试验温度下都无“孕育期”，只要暴露到此条件的氢气中，裂纹立刻就发生。

4. 氢腐蚀的检验

氢腐蚀的检测方法通常采用拉伸试件，经腐蚀后，用强度和塑性指标的降低来评定材料腐蚀的严重程度。用金相显微镜检查脱碳程度。

（1）原始资料审查

有关原始资料的审查内容，《在用压力容器检验规程》第 10 条中规定了七个方面，即设计资料、制造资料、现场组装资料、运行资料、历次检验报告、修理改造记录及使用登记状况等。

为了防止氢腐蚀的发生，现在许多外国公司对操作条件在碳钢曲线以上范围新建或更新的压力容器已不再选用 0.5Mo 钢。因此，1977 年以前设计的材质为 0.5Mo 钢的加氢在用压力容器必须引起我们格外注意，这些加氢压力容器易产生氢腐蚀。

（2）现场检验

① 宏观检验。宏观检验包括外部检验。结构和几何尺寸检验、表面缺陷和腐蚀检验。高温、高压下，介质中的氢原子可以进入金属近表面的空隙、夹杂、夹层处，并在此处与钢中的渗碳体发生反应生成甲烷。

由于甲烷分子比较大，很难从这些缺陷中扩散出去。随着反应的不断进行，缺陷处甲烷的压力不断增大，当甲烷的压力达到钢在此温度的蠕变强度时，金属就开始变形，进而在钢材表面形成鼓泡。当鼓泡内 压力足够大时，还可使鼓泡破裂，在金属表面形成麻坑。因此，可以说加氢压力容器内壁表面的鼓泡和麻坑是发生了氢腐蚀的宏观特征。

② 金相检验。高温、高压下，介质中的氢原子不仅会进入到金属近表面的空隙夹层、夹杂中，并与那里的渗碳体发生反应生成甲烷，使钢材表面形成鼓泡、麻坑等缺陷，而且还会通过晶格或晶界渗入到钢的内部，与钢内部的碳发生反应生成甲烷。同样由于甲烷在钢中扩散能力很小，不能从金属晶格中扩散出去。随着甲烷量的不断增加，形成局部高压，进而形成裂纹。由于金属晶界原子排列不规则，渗入钢中的氢原子存在于晶界引起的畸变能小，所以渗入到钢中的氢原子一般多沿晶界分布，这就造成了氢腐蚀裂纹多有沿晶呈网状分布的特征。另外，由于形成甲烷消耗了大量的碳，致使裂纹附近的组织严重脱碳即发生内部脱碳。因此，可以说加氢压力容器的内部是容器发生了氢腐蚀的典型微观特征。

③ 测厚检验。从金相检验中可知，金属一旦发生氢腐蚀，其晶界就会遭到破坏，晶粒间就会存在间隙，就会迫使超生波的传播路线发生改变，声程加大，测厚出现“增厚”现象。对加氢压力容器来讲，测厚的目的不仅在于要找出容器的最小壁厚，还需要通过测厚来判断

该容器是否存在氢腐蚀。“增厚”则是加氢压力容器发生了氢腐蚀的又一重要的宏观特征。

检查容器是否 存在“增厚”要注意二点：第一，对首检压力容器一定要弄清容器各部位投入之前的确切厚度；第二，测厚点要固定，只有每次测厚都在同一点上进行，才能真实反应“增厚”的确切情况。

④ 硬度检验。加氢压力容器介质中的氢也会与钢材表面中的碳发生反应生成甲烷。此时所生产的甲烷会很快离开钢材表面，不会使钢材发生鼓泡和裂纹，但会引起钢材表面脱碳。另外，由于温度的作用，钢中的珠光体会发生球化。表面脱碳和珠光体球化都会引起钢材的强度和硬度下降。由于钢材的强度和硬度存在 $\sigma_b = 3.55HB$ 的关系，所以通过硬度的测试来间接地检测钢材表面由于脱碳和珠光体球化所引起的强度下降的情况，从而为容器的强度校核提供了依据。

需要强调的是，这种通过测定硬度来换算强度的作法只能对珠光体球化和脱碳引起的强度下降做出评估。对于上述产生的鼓泡、“增厚”、内部脱碳的裂纹在用压力容器来讲，不能简单地用测硬度的方法来评估力学性能的下降。因为氢腐蚀造成的微裂纹所引起的强度下降，比珠光体球化和脱碳所引起的强度下降要厉害得多，并且这种微裂纹引起的强度、韧性和塑性的下降，硬度是无法反映出来的。

⑤ 无损检测检验。综上所述，由于温度和氢的影响，加氢压力容器内壁金属容易产生表面脱碳、内部脱碳、鼓泡、珠光体球化等缺陷。这些却缺陷最终都有可能导致裂纹的产生。因此，对于这类在用压力容器应加大无损检测比例，特别对 0. 5Mo 材料的用压力容器内部应进行 100%UT 及 100%MT 检查。

(3) 安全等级的判定

对于发生了氢腐蚀的在用压力容器，《在用压力容器检验规程》中规定其安全状况等级，根据氢腐蚀的程度可定为 4 级或 5 级。由于这类压力容器是装置中的主要设备，同时因为制造周期长，如果立即报废，会引起装置的长期停工，经济损失很大。发生了氢腐蚀的加氢压力容器如果满足以下条件，其安全状况等级应定为 4 级，进行监控使用一段时间，在不影响装置开工的情况上，为新容器的制造争取时间。

① 容器的实际工作参数可以降至容器材质的 Nelson 曲线以下的 28℃范围。

② 容器还未发现存在宏观裂纹。

③ 经金相检查，氢腐蚀微观裂纹不是太连续(或大面积)。

④ 容器有较多的壁厚裕度，腐蚀微观裂纹的深度在壁厚裕度范围内，并有切实可行的监控措施。

5. 高温高压氢环境中的材料选用及注意问题

多年来对操作在高温高压环境下的设备材料选用，都是按照原称为“纳尔逊”曲线来选择的。该曲线最初是在 1949 年由 G. A 纳尔逊收集观察到的使用经验数据绘制而成，并且有 API(美国石油学会)提出。1967 年前版权属 G. A 纳尔逊；其后再版权由 G. A 纳尔逊转给 API，并由 API 于 1970 年作为 API 出版物 941(第一版)公开发行。从 1949 年至今，根据实验的许多实验数据和实际生产中所发生的一些按当时的纳尔逊曲线认为安全的材料在氢环境使用后发生氢腐蚀破坏的事例，相继对曲线进行了多次修订，现最新版本为 API 2008 版氢腐 蚀曲线“炼油厂和石油化工厂用高温高压临氢作业用钢”。图 4-4-12 是本推荐准则中所列的临氢作业用钢防止脱碳和开裂的操作极限。API 941 一直是最有用的抗氢腐蚀选材的一个指导性文件。

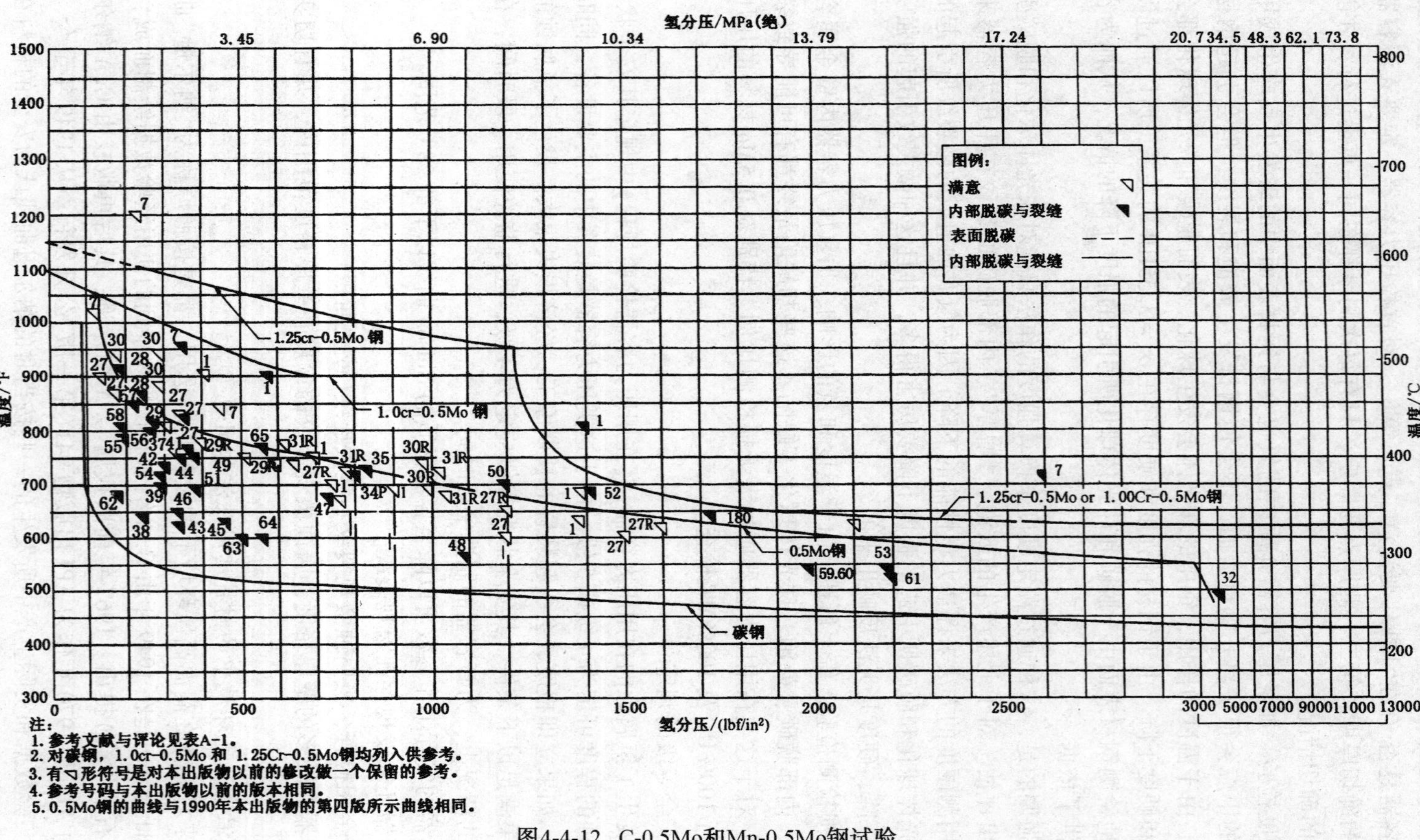

注:
1. 参考文献与评论见表A-1。
2. 对碳钢，1.0cr-0.5Mo 和 1.25Cr-0.5Mo钢均列入供参考。
3. 有◁形符号是对本出版物以前的修改做一个保留的参考。
4. 参考号码与本出版物以前的版本相同。
5. 0.5Mo钢的曲线与1990年本出版物的第四版所示曲线相同。

图4-4-12 C-0.5Mo和Mn-0.5Mo钢试验

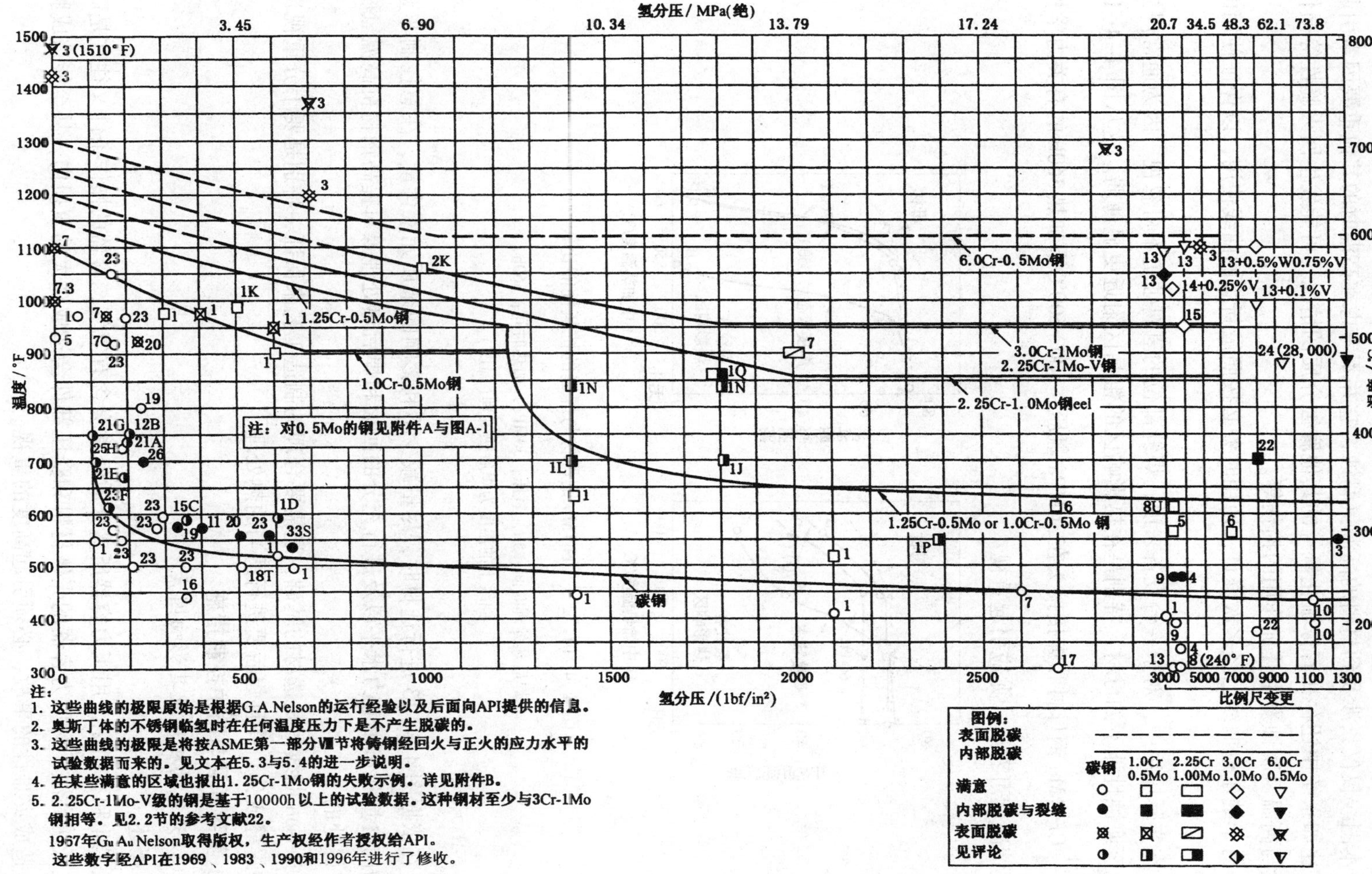

注：

1. 这些曲线的极限原始是根据G.A.Nelson的运行经验以及后面向API提供的信息。
2. 奥斯丁体的不锈钢临氢时在任何温度压力下是不产生脱碳的。
3. 这些曲线的极限是将按ASME第一部分Ⅷ节将铸钢经回火与正火的应力水平的试验数据而来的。见文本在5.3与5.4的进一步说明。
4. 在某些满意的区域也报出1.25Cr-1Mo钢的失败示例。详见附件B。
5. 2.25Cr-1Mo-V级的钢是基于10000h以上的试验数据。这种钢材至少与3Cr-1Mo钢相等。见2.2节的参考文献22。

1957年G. A. Nelson取得版权，生产权经作者授权给API。

这些数字经API在1969、1983、1990和1996年进行了修改。

图4-4-13 临氢作业用钢防止脱碳和开裂的操作极限

(API 941第八版，2008年)

在应用图 4-4-13 进行选材时，还应注意以下几点：

(1) 本图线仅仅只涉及到材料的高温氢腐蚀，它并不考虑在高温时的其他重要因素引起的损伤，比如系统中还存在着像硫化氢等的其他腐蚀介质的情况，可能发生回火脆性等损伤以及可能与高温氢腐蚀发生叠加作用的损伤等。

(2) 由于纳尔逊曲线已经多次修订，使用时务必按照最新版的曲线使用，以保证使用的可靠性。

(3) 在实际应用中，对于一台设备来说，焊缝部位的氢腐蚀更不可忽视。因为通常焊接接头的抗氢腐蚀性能不如母材，特别是在热影响区的粗晶区附近更显薄弱。这从图 4-4-14 所示的 $2\frac{1}{4}$Cr-1Mo 钢母材和焊接接头在 30MPa 氢压、500~600℃下加热 360h 的有关力学性能的变化情况就可看出，尤应引起重视。

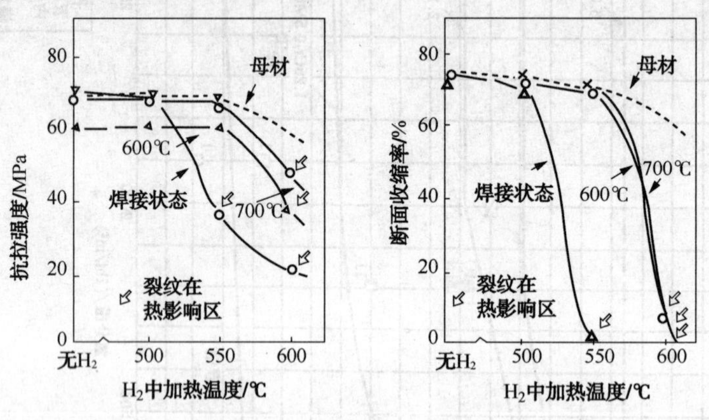

图 4-4-14　$2\frac{1}{4}$Cr-1Mo 钢母材与焊缝的抗氢性能比较

(焊后热处理时间：5h，氢压：30MPa，加热时间：360h)

曲线上的温度为焊后热处理(温度)

(4) 在依据图 4-4-13 进行选材时，尽量减少不利影响的杂质元素含量，注意控制非金属夹杂物的含量和作用应力水平以及进行充分的回火和焊后热处理等对提高钢材抗高温氢腐蚀都是有好处的。

(5) Nelson 曲线只是选材的基础，还需要合理的制造工艺来保证，特别是要十分重视选择合适的焊缝成分，并且焊后要进行适当的热处理。

(二) 氢致开裂与防护控制措施

1. 氢致开裂的机理及其影响因素

(1) 概述

化工工业和石油化工用压力容器所盛介质经常会含有氢气，容器的操作条件又往往是高温高压或低压高温，对压力容器的壳体材料和受压部件会造成极大的氢损伤，甚至能造成脆性断裂、造成灾难性的事故，必须引起高度的重视。

金属的氢损伤过去又统称为氢脆。按氢的来源不同，可将氢脆分成内部氢脆和环境氢脆两种：氢在压力容器使用以前就存在于金属材料内部，是由于在金属材料冶炼、热加工、热处理、酸洗、电镀等过程中吸收了氢，在应力与氢的交互作用下所产生的一种脆性，叫做环境氢脆。环境中含有的氢气或金属受环境电化学腐蚀时阴极反应所析出的氢都可能产生金属的氢脆。下面主要论述含有氢气的环境所造成的氢脆。

环境中的氢受到金属表面的物理吸附、化学吸附，氢分子分解成原子或离子，然后溶入金属中并向内部扩散，与金属进行交互作用。氢与金属的交互作用可以分为物理作用和化学作用两类。氢溶解于金属中形成固溶体，氢原子在金属的缺陷中形成氢分子，这些是物理作用；氢与金属生产氢化物，氢与金属中的第二相作用生产气体产物，这些是化学作用。由于氢在金属中的存在状态不同，金属与氢交互作用的性质不同，引起氢损伤的机理及防止控制途径也就不同。对于钛、锆、铌等与氢有较大亲和力的金属来说，极易产生氢化物导致脆性，而对于铁而言，却不会产生这种现象。氢和钢的化学作用主要是氢与钢中碳化物等第二相反应生成甲烷等气体。因此，一般把氢对钢的物理作用所引起的损伤叫做钢的氢脆，而把氢与钢的化学作用引起的损伤叫做氢腐蚀。内装有氢气或化学反应中可产生氢气的介质的压力容器基本上都采用钢材，因而下面主要讨论钢的氢腐蚀或氢脆。氢腐蚀又往往比氢脆对钢的危害更大。

钢中的氢含量没有超过氢在钢中的溶解度，即氢在钢中呈固溶状态，这时钢在慢速变形中会呈现脆性。氢的溶入不会使钢的组织发生明显改变。此钢如在常温空气中长期静置，或在空气或真空中短期加热，氢会逸出，钢的力学性能可以基本恢复，脆性会消除，这种脆性叫做可逆脆性。这种氢脆的敏感性与变形速度关系较大，变形速度小时氢脆敏感性大，变形速度越大则氢脆敏感性越小。当变形速度大于某一临界值以后，则氢脆完全消失。溶有氢的钢，在低于屈服强度的低应力作用下，经过一段孕育期后，钢内会形成裂纹，在应力持续作用下会进行亚临界裂纹的慢速扩展，最后产生脆断。这里存在一个临界应力值，当低于此临界应力时，加载时间再长也不致发生断裂。可逆氢脆只在一定温度范围内变形时才会出现，出现氢脆的温度区间大小取决于变形速度及合金的化学成分。如钢在慢速变形时在-120～200℃温度区间内可出现氢脆，而在-30～30℃的温度区间中脆性显露得更加明显。图4-4-15为变形速度和温度对可逆氢脆的断面收缩率影响。

对可逆氢脆的机理有不同的解释。一种是吸附理论，认为当氢扩散到钢内的缺陷中被吸附在缺陷表面时，降低了钢的表面能，当有一定外力作用时，为了与外力平衡，缺陷得到扩大。图4-4-16为铁吸附氢后表面能的下降。另一种是位错理论，认为位错对柯垂尔气团起了“钉扎作用”，使其不能自由运动，引起钢材的局部硬化。在工程中要对已经溶入大量氢的钢构件(包括压力容器)进行变形、焊接等维修时，常先采用高温真空脱氢的方法恢复钢材的塑性。例如，维修不锈钢内件就是如此。

在高温下氢在钢中的溶解度较大，温度下降时溶解度也下降，这是溶入钢中的氢会以分子状氢在钢的缺陷中析出，形成高压氢气泡，如果高压氢气泡尚未使缺陷扩展，此时仍属可逆氢脆，如果高压氢气泡已使缺陷扩展产生了裂纹，这种氢脆就是不可逆的了。

(2) 氢腐蚀

① 氢腐蚀的特点。氢原子或氢离子扩散进入钢中后，会在晶界附近以及夹杂物与基本相的交界面处的微隙中结合成氢分子，并部分地与微隙壁上的碳或碳化物反应生成甲烷。

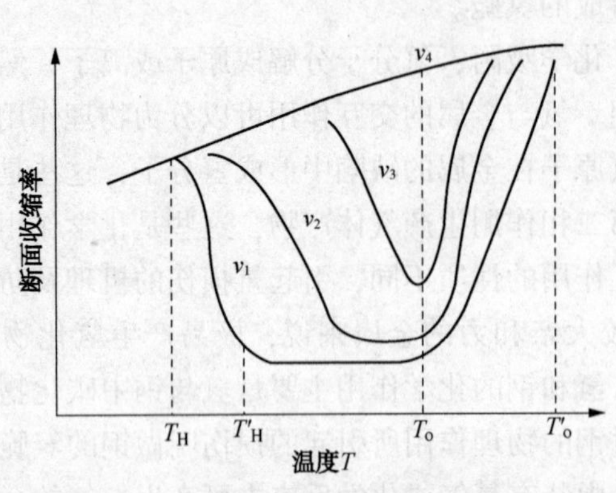

图 4-4-15 变形速度和温度对可逆氢脆的断面收缩率的影响
($v_1<v_2<v_3<v_4$)

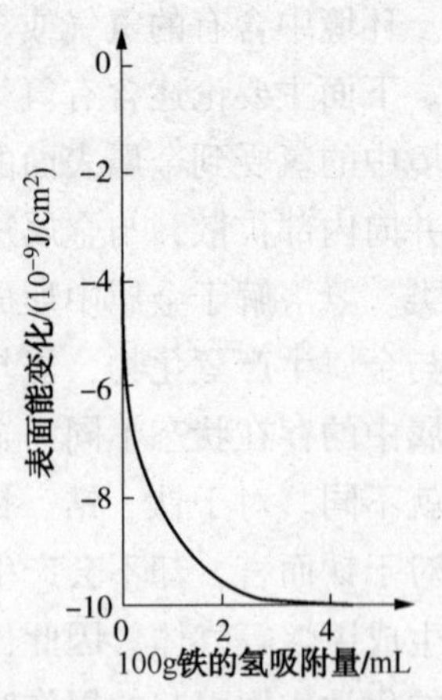

图 4-4-16 铁吸附氢后表面能的下降

氢分子与渗碳体反应 $2H_2+Fe_3C \longrightarrow 3Fe+CH_4$

氢分子与游离碳反应 $2H_2+C \longrightarrow CH_4$

氢原子与游离碳反应 $4H+C \longrightarrow CH_4$

反应单方向地向生成甲烷的方向进行。在微隙中生成的氢分子和甲烷体积较大，不能溶入钢中或向外扩散，实际上被封闭在微隙中。由于氢原子或离子在微隙中很快形成氢分子和甲烷分子，氢原子或离子在微隙中的浓度或分压始终很低，这将使固溶在钢中的氢原子或离子继续不断地向微隙中扩散形成氢分子和甲烷分子，而这种形成氢分子的反应直到钢中的氢不再超过溶解度时为止。形成甲烷的反应往往要使钢中可能参加反应的碳和碳化物消耗殆尽才会终止。微隙中聚集了许多氢分子和甲烷分子，就会产生高达数千兆帕的局部高压，使微隙壁承受很大应力。当这一应力克服晶格间微隙的表面张力后，就形成了甲烷空穴—裂源。甲烷空穴一般为多面体，多在碳化物、夹杂物、亚晶界或位错堆积等高能量界面上成核和长大。如果这些微隙靠近钢材表面将会形成表面鼓泡，而在钢材内部的更多的微隙则会发展成为裂纹，严重降低钢的力学性能。氢对钢的这种损伤叫做氢腐蚀。钢的氢腐蚀是一个不可逆的化学过程，其危害比钢的氢脆严重。

当与钢接触的气体介质的氢分压较高(对碳素钢而言氢分压大于 1.4MPa)，介质的温度高于 220℃(对于碳素钢而言)而又不是太高的时候，氢原子或离子进入微隙并与隙壁上的碳或碳化物反应成为甲烷，隙壁的碳含量即相应下降，造成钢材的脱碳，这种现象叫内部脱碳。当介质中的氢分压较低(对碳素钢而言氢分压低于 1.4MPa)，而介质的温度又较高(如超过 560℃)时，由于氢渗入钢内的速度较慢，而钢中碳的扩散速度较快，碳与氢生产甲烷的反应只在钢材表面进行，生成的甲烷可随时逸去，这时钢材的脱碳叫表面脱碳。表面脱碳可降低脱碳层的含碳量，因而降低钢材的强度，提高钢材的塑性。当气体介质含有水蒸气时会加速表面脱碳的进程。工程上有时利用这种表面脱碳的方法来降低碳素钢中的含碳量，提高钢的塑性和韧性，也提高了钢的抗氢腐蚀能力。在介质中氢分压较高而温度又不太高时，有可能在没有显著表面脱碳的情况下产生内部脱碳和氢腐蚀。

对于低碳结构钢来说，碳以自由碳的形式存在的量是较少的，而主要是以碳化物的形式存在。

在上述过程中，碳原子在晶格内的扩散以及氢由表面向晶格扩散，在高温高压氢介质的条件下，这些不可能是限制性步骤。决定氢腐蚀的限制性步骤是 Fe_3C 的分解以及形成 CH_4 气泡后铁原子由气泡向外扩散的速度。

钢在开始接触高温高压氢时，总有一段时间不产生力学性能明显的变化，不产生氢腐蚀，而是要到一定时间以后才产生明显的脆性(见图 4-4-17)。

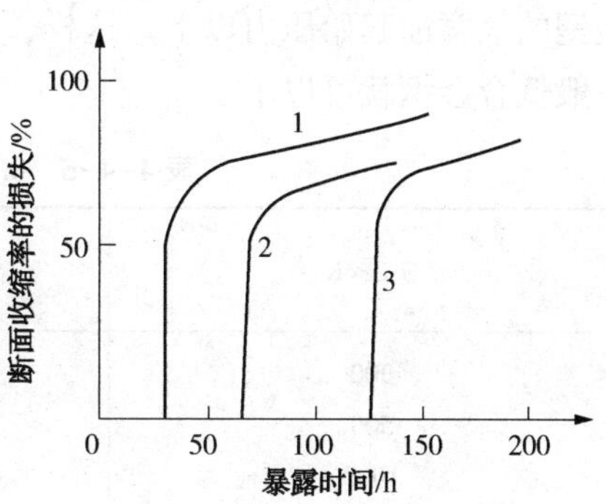

图 4-4-17　碳钢在 5.05MPa 的氢中暴露时间和温度对塑性的影响

1—537.8℃；2—482.2℃；3—426.7℃

从对材料性能的影响来看，氢腐蚀可以分为三个阶段：孕育期、快速腐蚀期和腐蚀终止期。从钢材接触氢介质起到钢材的力学性能产生了明显恶化的时期成为孕育期。介质中的氢分子被钢表面吸附，离解成原子，渗入钢中，在钢中扩散，进入钢中聚集于晶格之间的亚微观缺陷处，甲烷压力逐渐增大，克服了晶格间的表面张力后在晶格之间形成甲烷空穴，使裂纹成核，附近的碳不断向反应处迁移补充使反应连续进行，裂纹核长大(甲烷空穴长大)并聚集而形成小的气泡链，形成微裂纹，这整个过程都属孕育期。孕育期的长短决定了钢材的使用寿命，孕育期就是安全期。提高钢材抗腐蚀能力的问题实质上就是延长孕育期的问题。孕育期后由于甲烷反应的持续进行，甲烷空穴中的压力不断提高，甲烷空穴(或微裂纹)逐渐长大，各高压气泡间的联结部位被撕裂，形成大的气泡链(大裂纹)，裂纹迅速发展，钢材的性能急剧下降，这就是快速腐蚀期。一般来说，孕育期要比快速腐蚀期长得多。如果钢材一直置于氢介质中，甲烷反应将耗尽或趋于耗尽钢中固溶体中的碳和碳化物中的碳，甲烷反应不再进行，裂纹也不再因为氢腐蚀的原因而继续发展，钢材性能成为一个稳定值，就进入了腐蚀终止期，这时氢腐蚀过程就只有两个阶段，不出现破坏强的快速腐蚀期。

② 氢腐蚀的影响因素

(a) 环境温度和压力的影响。分子态的氢体积较大，不能进入钢中。只有分解成原子态或离子态的氢才能进入钢中。

$$H_2 \longrightarrow 2H - 435kJ$$

钢所接触的氢介质一般都是分子态的氢。分子态的氢分解为原子态的氢的平衡常数(离解度)受温度影响很大，温度越高离解的氢原子浓度就越高，见表 4-4-5，溶入钢中的氢原子就越多。一般认为，在氢分压不太高时，在 200℃以下氢分子分解为氢原子的作用实际上可以忽略不计。在 0.1MPa 的氢分压下，渗碳体受氢破坏的最低温度限为 310~320℃。但在氢分压很高时就不在此范围了。有人试验在 200MPa 和 900MPa 的氢气中，钢在常温下也会产生氢腐蚀。温度越高，氢在铁中的溶解度也越高(见图 4-4-18 和图 4-4-19)。氢、碳在钢中的扩散速度也越高，见表 4-4-6，就越容易产生氢腐蚀，孕育期越短。氢的压力越高，离解的氢原子的压力也就越高，溶入钢中的氢也就越多(见图 4-4-19)。由于生成甲烷的反应使体积缩小，因此提高氢分压，有助于生成甲烷的反应，缩短氢腐蚀孕育期。对于一定的钢材，在一定的氢分压下存在一个氢腐蚀起始温度 τ_o，在此温度以下不产生氢腐蚀。另外，不论在什么温度下还存在一个氢腐蚀起始压力，在此压力以下产生的甲烷压力也很低，不足以引起钢材产生裂纹和鼓包，钢材也不会产生氢腐蚀。碳素钢的氢腐蚀起始温度 τ_o 与氢分压的关系列于表 4-4-7。碳素钢的锻轧件的氢腐蚀起始压力为 1.4MPa，铸焊组织和热作件为 0.7MPa。在-186℃以下，不论氢的压力有多高，都不能产生氢腐蚀。在化工工艺和设备设计中都首先尽量把氢气的温度降到碳钢的氢腐蚀起始温度以下，或者把氢气的氢分压降到碳钢的氢腐蚀起始压力以下。这样，设备(含压力容器)就可以不采用抗氢钢而采用碳钢或一般低合金钢就可以了。

表 4-4-5　0.1MPa 的氢在不同温度下的离解度

温度/K	溶解度 $K=\dfrac{(\text{氢原子压力})^2}{\text{总氢压力}}$	氢原子浓度/%
300	$(1.2\pm4.7)\times10^{-71}$	$(1.8\pm6.6)\times10^{-34}$
500	$(7.6\pm1.2)\times10^{-41}$	$(4.4\pm6.7)\times10^{-19}$
1000	$(6.4\pm3.8)\times10^{-18}$	$(1.3\pm0.8)\times10^{-7}$
1500	$(3.6\pm1.3)\times10^{-10}$	$(9.5\pm3.4)\times10^{-4}$
2000	$(2.9\pm0.7)\times10^{-6}$	$(2.9\pm0.7)\times10^{-6}$
2500	—	1.31
3000	—	8.34
3500	—	29.6
—		63.9

表 4-4-6　氢、碳、氮在钢种的扩散系数

温度/℃	扩散系数/(cm^3/s)		
	氢	碳	氮
20	1.5×10^{-5}	2.0×10^{-17}	8.8×10^{-17}
100	4.4×10^{-5}	3.3×10^{-14}	8.3×10^{-14}
300	1.7×10^{-4}	4.3×10^{-10}	5.5×10^{-10}
500	3.3×10^{-4}	4.1×10^{-8}	3.6×10^{-8}
700	4.9×10^{-4}	6.1×10^{-7}	4.4×10^{-7}
900	6.3×10^{-4}	3.6×10^{-6}	2.3×10^{-6}
950(α)	6.7×10^{-4}	5.1×10^{-6}	3.1×10^{-6}
950(γ)	1.8×10^{-4}	1.3×10^{-7}	6.5×10^{-8}

表 4-4-7　碳钢氢腐蚀起始温度与氢分压的关系

氢分压/MPa	3.0~10.0	10.0~20.0	20.0~30.0	30.0~40.0	40.0~60.0	60.0~80.0
氢腐蚀起始温度/℃	280~300	240~270	220~300	210~220	200~210	190~200

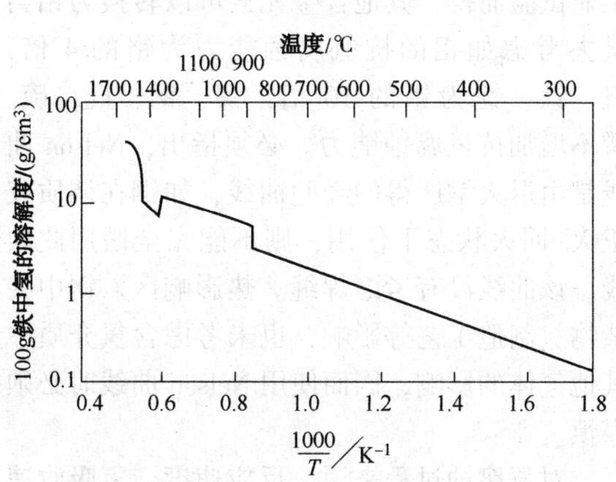

图 4-4-18 0.1MPa 压力下氢在铁中的溶解度

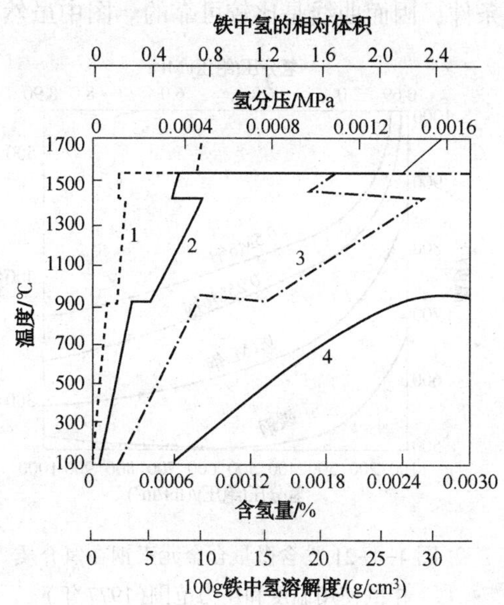

图 4-4-19 氢在铁中的溶解度

1—0.01MPa；2—0.1MPa；3—1.0MPa；4—10MPa

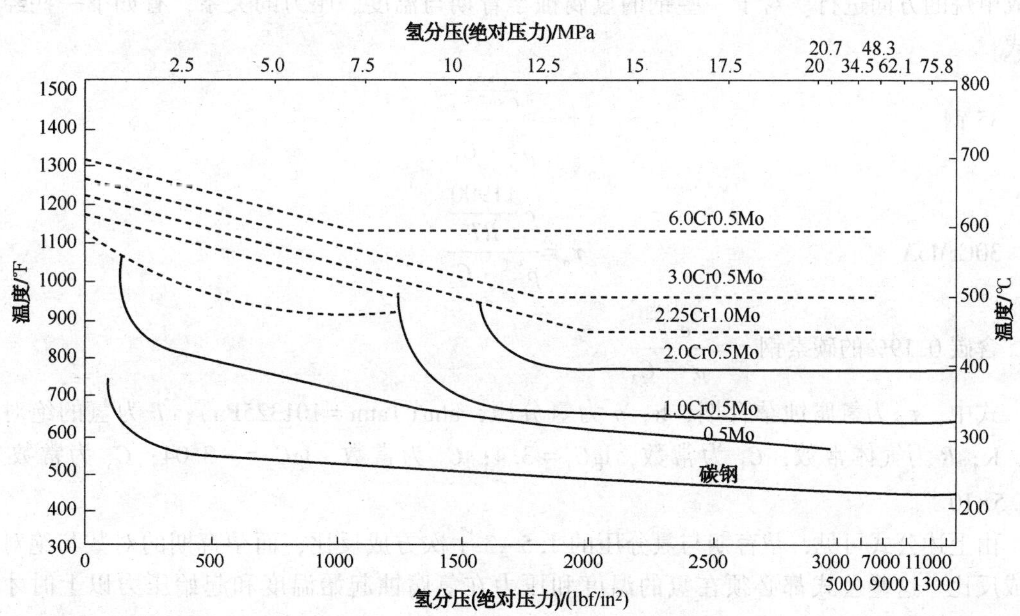

图 4-4-20 氢介质中各种钢的操作极限

虚线为表面脱碳，实线为氢腐蚀；奥氏体不锈钢在所有温度、压力下均满意

图 4-4-20 和图 4-4-21 是 1977 年美国石油学会发表的版木，适用于石油炼制和石油化工车间氢气与含氢气体的加工、贮存、装卸及其他运输等方面，也可用于加氢车间、合成氨、合成甲醇、食用油和高级醇生产等方面。目前在设计中确定钢材在氢介质中的使用温度和压力范围时一般均以 Nslson 曲线作为依据。图 4-4-20 给出了碳钢、碳钼钢、铬钼钢的使用极限。经过一年以上时间的试验和现场运转而不产生氢腐蚀的结果才被此图引用作为安全

条件，因而曲线是比较可靠的。图中虽然没有列入奥氏体不锈钢，但认为奥氏体不锈钢在所有的温度和压力下都可满意地使用。图 4-4-21 中给出了含少量钼的钢的使用极限，此图依据工业试验而得，其他合金元素可以转换为钼当量去考虑如钼的抗氢腐蚀能力为铬的 4 倍，钒、钛、铌为钼的 10 倍，镍、铜、硅、硫、磷不增加抗氢腐蚀能力。必须指出，Nelson 曲线是由退火钢所得的经验曲线，如钢在调质或正火-回火状态下使用，则不能完全搬用此曲线。该曲线没有考虑焊缝。热影响区。钢中夹杂物、制造工艺等影响，也未考虑含氢介质中其他气体的影响，因而使用 Nelson 曲线时必须谨慎。

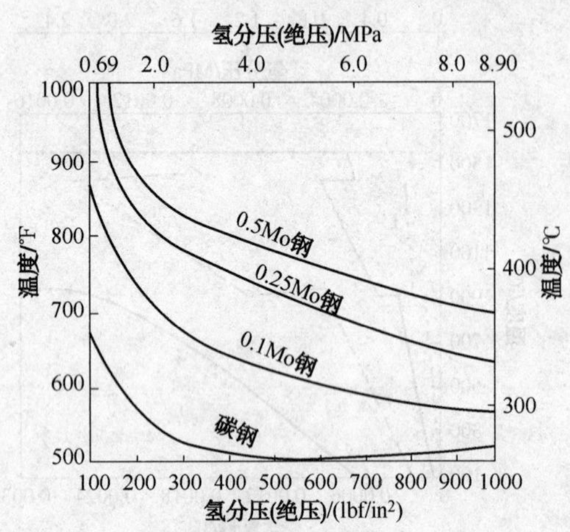

图 4-4-21　含微量合金元素钢在氢介质中的使用温度和压力范围(1977 年)
铬的钼当量为 0.25；钒、钛、铌的钼当量为 10；硅、锡、铜、磷、硫的钼当量为 0

对氢腐蚀过程来说，反应速度、氢吸收速度、碳扩散速度、裂纹扩展速度与温度的关系都符合阿累尼乌斯公式。由于生成甲烷的反应使体积减小，因而提高氢的压力会促使反应向形成甲烷的方向进行。对于一些钢的氢腐蚀孕育期与温度、压力的关系，有如下一些经验公式

35 钢
$$\tau_o = \frac{e^{\frac{113330}{RT}}}{p^{\frac{3}{2}} \cdot C_1}$$

30CrMoA
$$\tau_o = \frac{e^{\frac{11900}{RT}}}{p^{3.1} \cdot C_2}$$

含碳 0.19%的碳素钢 $\tau_o = \dfrac{e^{\frac{14600}{RT}}}{p^3 \cdot C_3}$

式中，τ_o 为氢腐蚀孕育期，h；p 为氢分压，atm(1atm = 101325Pa)；T 为氢的绝对温度，K；R 为气体常数；C_1 为常数，$\lg C_1 = 3.4$；C_2 为常数，$\lg C_2 = -3.04$；C_3 为常数 $C_3 = 2.5\times10^{-10}$。

由上述公式可见，孕育期与氢分压的 1.5~3.1 次方成反比，而孕育期的对数与绝对温度成反比。这些公式都必须在氢的温度和压力在氢腐蚀起始温度和起始压力以上时才能应用。

以上温度和压力的影响只适用于气相含氢介质，当钢与含大量氢离子的电解质接触时，则不在此例。

(b) 钢中碳含量的影响。氢腐蚀的产生主要是氢与钢中碳的作用，因而钢中含碳量越高就越容易产生氢腐蚀，表现为氢腐蚀孕育期缩短．氢腐蚀的最终程度，也就是钢的力学性能，因氢腐蚀而恶化所达到的最终程度取决于钢中的总含碳量。在氢与碳生产甲烷的反应耗尽或接近耗尽了钢中的全部碳后，氢腐蚀的过程便不再进行，钢的性能不再因氢腐蚀作用而继续恶化，钢材便进入氢腐蚀的终止期．因此钢中含碳量越低，所能产生的氢腐蚀破坏程度

就越小。图4-4-22为不同含量的钢在500℃的氢中放置100h后，抗拉强度随氢气压力的变化。

有试验数据表明，含碳0.05%的低碳钢比含碳0.25%的碳钢的氢腐蚀孕育期要长4倍。

（c）钢中其他合金元素的影响。钢中加入某些合金元素后能提高钢的抗氢腐蚀性能，某些合金元素也能提高钢的抗氢脆性能。这些合金元素主要起以下几种作用。

ⓐ 决定氢腐蚀孕育期长短的限制性步骤之一是钢中碳化物的分解，钢中加入了碳化物形成元素后能在钢中形成合金碳化物，他们比碳化铁具有较高的稳定性，不易被氢所分解，即能起固定碳的作用。这些元素有钛、铌、钒、锆、铬、钼、锰、钨等。

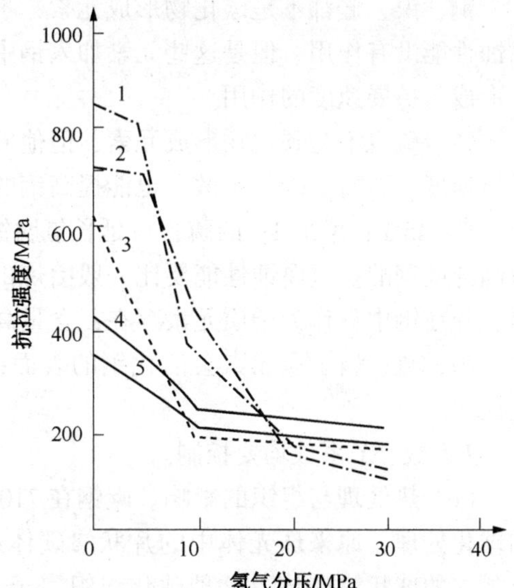

图4-4-22　不同含碳量的钢在不同压力的500℃氢中放置100h后抗拉强度的变化

1—0.9%C；2—0.7%C；3—0.6%C；4—0.5%C；5—0.2%C

ⓑ 减小钢晶粒的界面能，降低裂纹的成核速率，磷、硫具有这种作用。

ⓒ 合金元素固溶于钢的基体中或形成弥散的合金碳化物，提高了钢的高温强度。这就减缓了氢腐蚀或氢脆中裂纹形成或扩展的速度。这些元素有钛、铌、锆、钒、铬、钼、钨、锰、硅、镍、铜等。

ⓓ 某些合金元素可在钢表面生产致密的保护膜，对氢进入钢中起阻碍作用，因而提高了抗氢腐蚀和抗氢脆的性能，这些元素如铬、铝、钼。

ⓔ 某些合金元素能降低碳在钢中的扩散速度或降低氢在钢中的扩散速速，以减缓氢腐蚀和氢脆的过程。这些元素有铬、钼、钨、铌等。这些合金元素的加入量与钢中碳的质量比分别应为：Cr/C=30；V/C=5.7；Ti/C=4；Nb/C=8；Zr/C=7.6。

铬是提高钢抗氢腐蚀性能最常用的合金元素。铬在钢中可形成许多不同类型的碳化物，他们对氢有不同程度的稳定作用，按对氢的稳定性从小到大的顺序如下：$Fe_3C \rightarrow (Cr, Fe)_3C \rightarrow (Cr, Fe)_3C + (Cr, Fe)_7C_3 \rightarrow (Cr, Fe)_7C_3 \rightarrow (Cr, Fe)_7C_3 + (Cr, Fe)_{23}C_6 \rightarrow (Cr, Fe)_{23}C_6 \rightarrow Cr_{23}C_6$

钢中的含铬量越高，一般在碳化物中的含铬量也越高，碳化物对氢的稳定性也就越高。

钼也是抗氢钢常用的合金元素。钼在钢中形成与铬相似的稳定碳化物。钼的晶界偏析倾向铬、镍、锰更强，晶界浓度为容积浓度的2.33倍，因而可以更为有效地提高抗氢腐蚀性能。钼在晶界的偏析降低了晶界能，使裂纹不易形成。铬和钼都强烈地减小铁素体中碳的扩散系数，有助于保持碳化物质点对蠕变的抵抗性。可将钢内各元素的抗氢腐蚀能力用钼当量来表示：钼的钼当量为1；铬的钼当量为0.25；钒、钛、铌的钼当量为10；硅、镍、铜、磷、硫的钼当量为0。这只能在钢中合金元素含量较低时才能采用这样的当量换算。

钨在钢中的抗氢作用与钼相似。

钒、钛、铌是强碳化物形成元素，可与碳形成“间隙相”型的稳定性很高的碳化物V_4C_3、TiC和NbC，大大提高钢的抗氢腐蚀能力。

铜、镍、硅都不是碳化物形成元素，不能起到固定碳的作用，从这个角度讲他们对抗氢腐蚀性能没有作用。但是这些元素加入钢中可以强化基体，提高钢的高温强度，起到减小裂纹形成与扩展速度的作用。

磷、硫也不是碳化物形成元素，但他们在晶界偏析，降低了晶界面能，从而减缓了裂纹成核速度，阻碍了碳的扩散，也能提高钢的抗氢腐蚀性能。每增加 1%的硫，可延长氢腐蚀孕育期 145%；增加 1%的磷，可延长氢腐蚀孕育期 220%。同样成分的钢，采用真空冶炼所得高纯度钢的抗氢腐蚀性能要比一般冶炼的工业用钢低，这主要是硫、磷的作用。实际上，磷、硫在钢中只作为杂质元素存在；含量高了会影响其他性能，现实意义不大。也有研究成果认为，硫、磷杂质元素会活化钢的表面，使氢原子容易进入钢中，会降低钢材对氢的稳定性。

J 系数、*X* 系数均要控制。

(d) 热处理与组织的影响。碳钢在 710℃进行较长时间的球化处理，原来珠光体中的片状渗碳体形成了稀少的大块孤立的球状渗碳体，这种球化组织属于一种热力学平衡结构，其表面积小，界面能低，对氢的附着力小。这种球状渗碳体较难使甲烷气泡 密度达到产生裂纹的临界值，因而必然会延长氢腐蚀的孕育期。图 4-4-23 为含碳 0.19%的钢，在 710℃ 球化处理不同时间，然后在 4.97MPa、483℃的氢中试验，发现球化处理越充分，氢腐蚀孕育期就越长。有研究者的试验得出这样的结果硅锰系高强度钢正火加回火的组织要比轧后状态的氢腐蚀起始温度高 50℃。

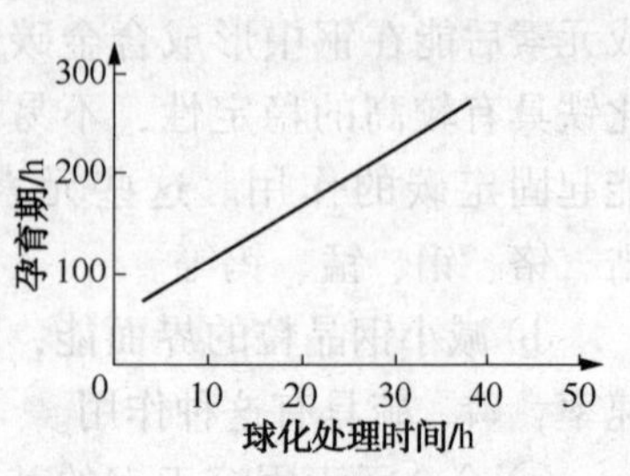

图 4-4-23 球化处理时间对孕育期的影响

淬硬组织会降低钢的抗氢腐蚀性能。碳在马氏体、贝氏体中的过饱和溶解程度都较大，稳定性低，具有析出活性碳原子的趋势，这种碳很容易与氢反应，因此应当尽量避免淬硬组织。当焊接接头中出现淬硬组织时，应尽量进行高温回火处理，使钢在使用前其淬硬组织已分解，使碳存在于稳定的合金碳化物中被固定住，并降低钢的界面能，这样可以大大提高钢的抗氢腐蚀性能。

冷加工变形会使钢中产生组织的不均性，并产生残余应力，提高了晶界的扩散能力，从而加剧了氢腐蚀。适当的热处理可以清除残余应力，恢复组织的均匀性，提供钢的抗氢腐蚀性能。图 4-4-24 为 SAE1020 钢经 5%、39%的变形后在 371.1℃、426.7℃和 537.8℃温度 6.39MPa 的氢中放置时间对密度的影响。密度变化反映着氢腐蚀的程度。在较低的 371.1℃温度下，冷加工的影响更为显著，这是因为在较高温度下钢产生了恢复和再结晶，部分地削弱了冷加工的影响，冷加工易使裂纹成核的位置排成一行，裂纹一旦形成后便较易得到扩展。

甲烷气泡的成核必须依赖于钢中的夹杂物。用铝脱氧的钢会在晶界上形成很细小的夹杂物，这就为甲烷气泡的成核创造了条件，容易使甲烷气泡达到临界密度，缩短了氢腐蚀的孕育期。因此抗氢钢不宜采用铝脱氧，用于抗氢的微碳纯铁要求铝合金须低于 0.06%。

面心立方晶格的奥氏体的晶格常数为 3.68×10^{-10}m，在中心有 1.01×10^{-10}m 的孔隙，氢原子半径为 0.46×10^{-10}m，很容易自由进入奥氏体组织、奥氏体钢中氢的溶解度要比体心立方晶格的铁素体大得多，18-8 奥氏体不锈钢比碳钢大 4 倍，比 1Cr13 大 6 倍。氢在奥氏体中的扩散系数为 $5.4\times10^{-10}cm^2/s$、在铁素体中为 $1.6\times10^{-5}cm^2/s$，因此奥氏体钢要比铁素体

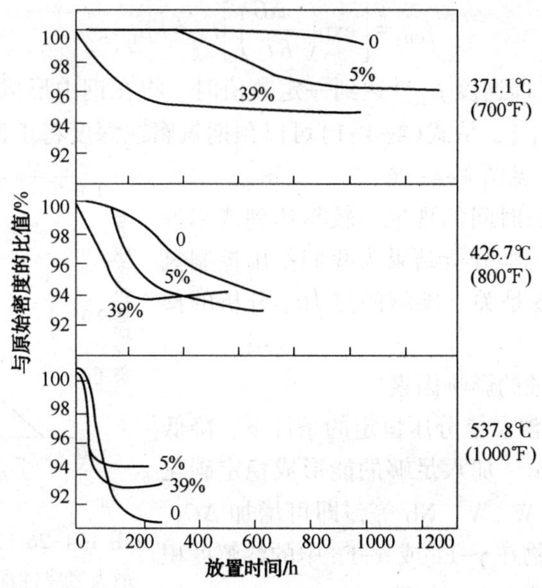

图 4-4-24　冷加工变形后在氢中放置时间对 SAE1020 钢密度的影响

钢抗氢脆与氢腐蚀性能为好。

一般来说，铸造组织比锻轧组织抗氢性能差。焊接接头比母材抗氢性能差，热作件与冷作件比原材料抗氢性能差。

(e) 其他因数的影响。氢气纯度对环境氢脆和氢腐蚀的影响极大。图 4-4-25 为氢中含氧对 H-11 钢的延迟裂纹扩展的影响。H-11 钢的延迟断裂在干燥的纯氢中，裂纹扩展很快，但在氢中加入 0.6%的氧后，即有效地抑制了裂纹的扩展。这是由于加入氧后，氧原子在裂纹尖端优先吸附，生成了具有保护性的膜，从而阻碍了氢原子向金属内部扩散。因而在可能条件下，使氢中含有适量氧即可部分抑制氢对钢的作用。氢中的水分则是渗氢作用的催化剂。

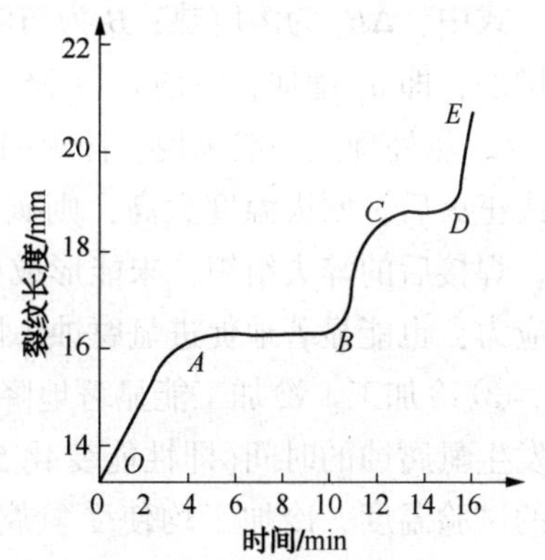

图 4-4-25　氢中含氧对 H-11 钢 ($\sigma_{0.2}$ = 1519MPa) 的延迟裂纹扩展的影响

OA—纯氢；*AB*—氢中含 0.8%的氧；*BC*—纯氢；*CD*—氢中含 0.6%的氧；*DE*—纯氢

2. 高温高压氢腐蚀的机理与防护控制

(1) 高温高压氢腐蚀的机理

自 1908 年出现了 Haber 合成氨工艺，便在工业上引入了高温高压氢气的腐蚀条件。碳钢制的压力容器只用了 80h，便出现了裂纹。1911 年用铬钢代替碳钢，才使氨合成塔的高温高压氢腐蚀问题得到了解决。

随着石油化学工业的发展，石油加氢、煤的液化与气化都出现了大量的高温高压氢腐蚀损坏事故，因此氢腐蚀问题不容忽视。

早在 1937 年，Numann 就提出钢的氢腐蚀是由于氢与碳反应生成甲烷。从碳钢氢腐蚀的热力学分析结果可以得到在衡温时

$$f_{CH_4}=\left[\exp\left(\frac{-\Delta G}{RT}\right)\right]f_{H_2}^2=Kf_{H_2}^2 \tag{4-4-1}$$

当甲烷的有效压力(即逸度 f_{CH_4})达到一定数值时，将在钢中形成裂纹，由于氢压(p_{H_2})近似地等于氢的逸度(f_{CH_4})，从式(4-4-1)可以预期氢腐蚀深度将正比于氢分压的平方。试验结果证实了这种推论(见图 4-4-26)。

氢腐蚀是一种高温长时间的现象。较易达到或趋近热力学平衡。因此，热力学分析结果为我们指出控制氢腐蚀的途径。图 4-4-26 是关于碳钢的热力学分析的预期结果。

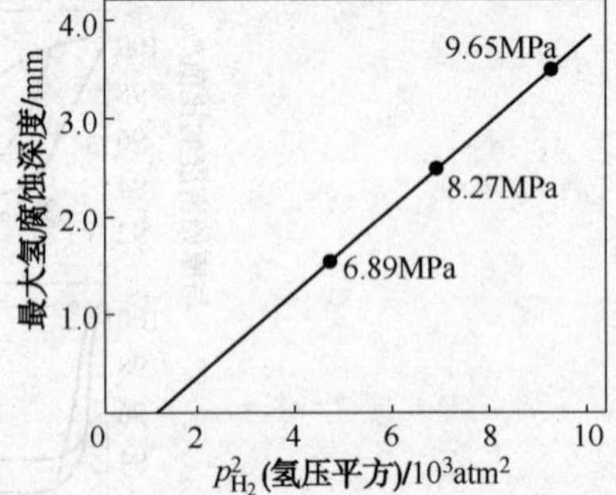

图 4-4-26　Ferrovac1020 钢 580℃的最大氢腐蚀深度与氢分压之间的关系

(2) 高温高压氢腐蚀的影响因素

① 钢的成分。在恒温及氢分压恒定的条件下，降低 f_{CH_4}的途径就是 ΔG_d 及 a_v。加入足够的能形成稳定碳化物的元素，如 Cr、Mo、W、V、Nb 等，即可增加 ΔG_d，又可增加 a_v。由于碳化物在 γ-Fe 或 α-Fe 中的溶解度积(K_S)是随温度而变的，以 V_4C_3 为例

$$V_4C_3 \longrightarrow 4[V]+3[C]$$

$$K_S=[a_v]^4\cdot[a_c]^3 \tag{4-4-2}$$

$$\lg K_S=-\frac{\Delta H_s}{4.575T}+B \tag{4-4-3}$$

式中，ΔH_s 为溶解热；B 为与溶解熵有关的常数；恒温 σ 时 K_S 为一常数，则钢中的碳量增加，即 a_c 增加，将使 a_v 下降，从而增加氢腐蚀趋势。

② 热处理。一般来说，淬火+回火钢中碳化物的稳定性明显地高于正火+回火的；而淬火或正火后，回火温度愈高，则碳化物愈趋于球化的稳定化合物，从而抗氢腐蚀的能力愈强。焊接后的淬火组织，未能形成稳定的碳化物，因而易于发生氢腐蚀；此外，焊接引起的内应力，也能显著地促进氢腐蚀。因此，焊后必须热处理，并选用尽可能高的回火温度。

③ 冷加工。冷加工能显著地降低钢的抗氢腐蚀能力。例如，图 4-4-27 表明：SAE1020 钢发生氢腐蚀的时间(即性能变化 50%的时间)，在氢分压下，随温度的增加而减短；在所有的试验温度，冷加工均使受氢腐蚀的时间缩短。图 4-4-28 表明：当试验温度相同是，SAE1020 钢发生氢腐蚀的时间随着氢分压的增加而缩短；在所有的氢分压下，冷加工均使氢腐蚀的时间缩短。

退火试样的裂纹在晶界成球状，而冷加工试样的裂纹在晶界呈透镜状，因而对性能的影响较大。

④ 应力。应力与高压氢的复合作用，可以影响钢的持久强度，也可以影响氢腐蚀的进行。例如，图 4-4-29 表明：在氢气中进行持久试验时，面缩率随断裂时间而减小。图 4-4-30 指出，在 538℃、6.2MPa 氢气中暴露不同时间对钢持久强度的影响，因钢而异。SAE1020 碳钢下降最多；0.5Mo 钢次之；1Cr-0.5Mo 钢又次之；而 2.25Cr-1Mo 钢则没有变化。这表明氢腐蚀愈严重的钢种，则其持久强度的下降也愈多。对于淬火+回火的 2.25Cr-1Mo 钢的试验结果表明，无氢腐蚀发生时，固溶的氢可增加钢的持久强度：454℃，$10^3\sim10^4$h 可使持久强度增加 20%~25%；510℃，$10^3\sim10^4$h 可使持久强度增加 14%~20%。

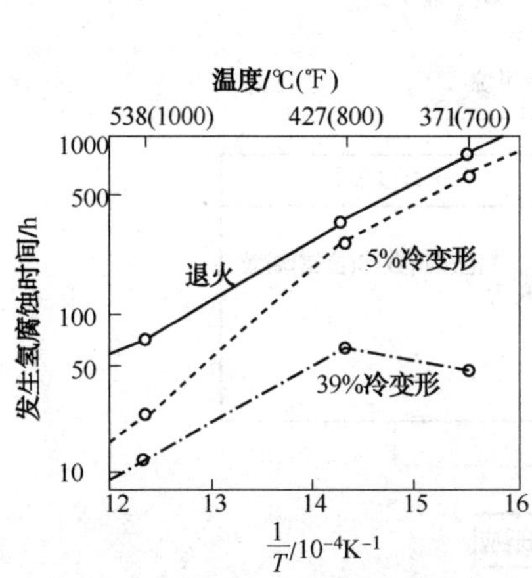

图 4-4-27　SAE1020 钢发生氢腐蚀的时间与试验温度之间的关系

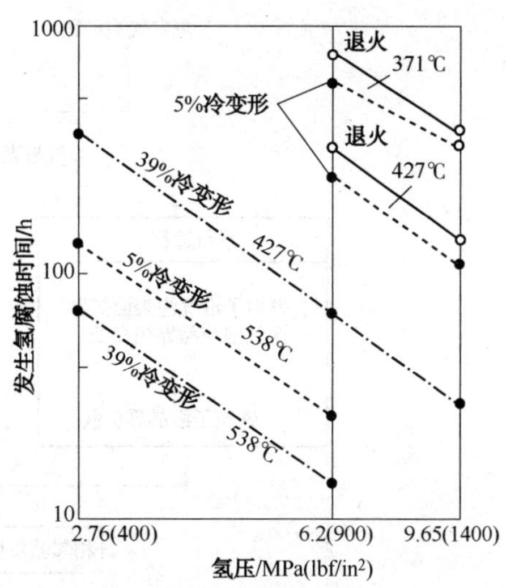

图 4-4-28　SAE1020 钢发生氢腐蚀的时间与氢分压之间的关系

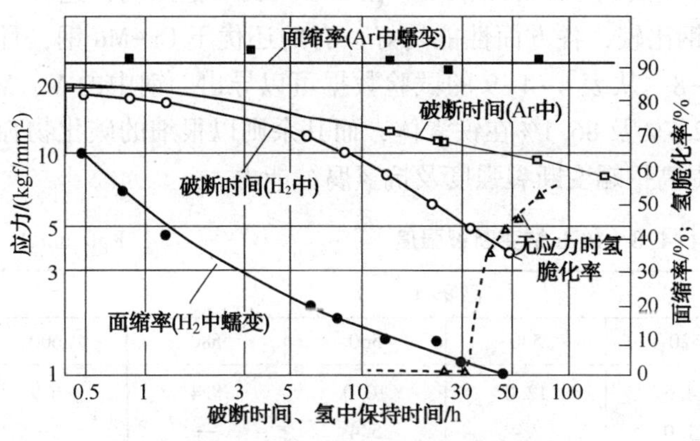

图 4-4-29　应力对 0.4%C 钢氢腐蚀的影响

($1kgf/mm^2 = 9.807MPa$)

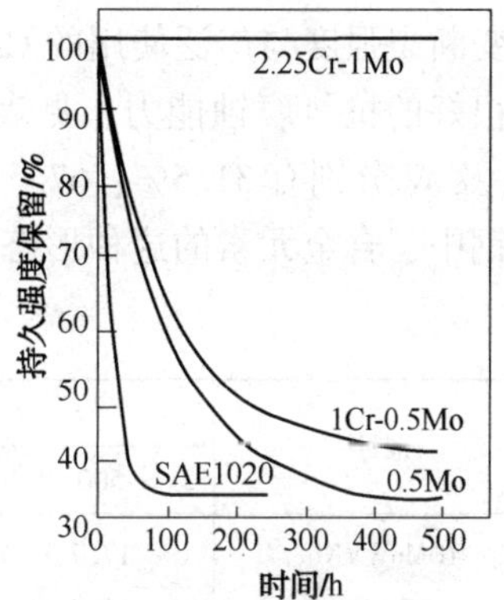

图 4-4-30　在 538℃，6.2MPa 氢中暴露时间对钢持久强度的影响

氢腐蚀过程可归结为图 4-4-31 的过程。

(3) 高温高压氢腐蚀的防护及抑制措施

在经济核算的前提下，抑制和防护高温高压氢腐蚀的措施可以分为四类：合理选材，特别是钢材；衬里或覆层；降低容器壁的温度；加强管理。

① 合理选材——Nelson 曲线。理论分析、试验研究及使用经验表明，氢腐蚀的严重性是随温度和氢分压的增加而增加的；在碳钢中加入能形成稳定碳化物的合金元素，可以提高钢材的抗氢腐蚀能力。从工程上选材考虑，需要知道各类钢材能够长期安全使用的温度和氢分压的上限。

1949 年，美国的 Nelson 在总结生产实践经验及实验研究结果的基础上，在温度及氢气压力的坐标系内，绘制了碳钢及低合金结构钢的安全使用界限曲线，这些曲线叫做 Nelson 曲线，低于这些曲线的区域是安全的。需要注意，Nelson 曲线只是选材的基础，还需要合适的制造工艺来保证，特别是，要十分重视选择合适的焊缝成分，并且焊后要进行适当的热处理。由于 W、Mo、Nb、Zr、V、Ti 较 Cr 有更强的抗氢腐蚀能力，发展无铬的抗氢腐蚀钢施

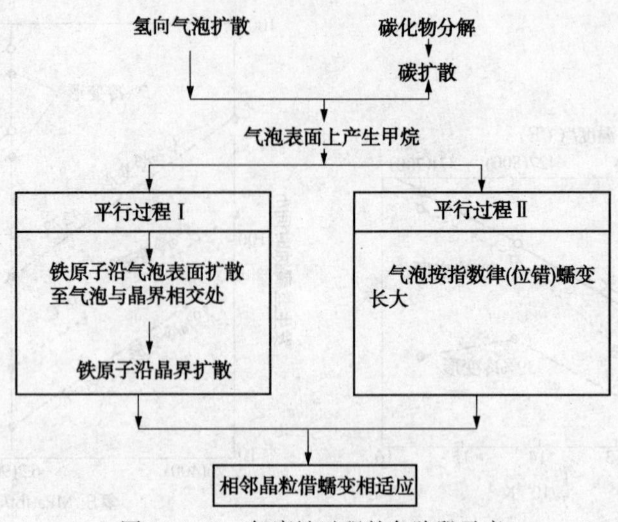

图 4-4-31 氢腐蚀过程的各阶段示意

很有必要的。

作为示例，可以列举上钢一厂所发展的10-MoWVNb。在500~600℃范围内，这种钢的蠕变断裂强度与广泛使用的Cr-Mo钢比较，各方面性能均好，有的还优于Cr-Mo钢，且具有很好的抗氢腐蚀能力，见表4-4-8。从表4-4-9的试验数据可以导出，钢中的V、Mo、Nb及W分别有31.5%、67.5%、92.7%及86.1%在铁素体，而其余则以很细的碳化物弥散在钢中，合金元素的这种形态都可提高钢蠕变断裂强度及抗氢腐蚀能力。

表 4-4-8 10^5h 蠕变断裂强度 (Kgf/mm^2)

钢号	温度/℃					
	500	520	540	560	580	600
10MoWVNb	17.7	14.5	12.0	10.0	8.4	6.9
15CrMo	15.4	11.0	7.4	5.4	—	—
2.25CrMo	14.5	11.8	9.4	7.2	5.4	4.1
12CrlMo	—	16.0	12.6	10.0	8.0	—
Cr5Mo	12.0	9.0	6.8	5.2	4.4	3.5

表 4-4-9 碳化物及铁素体中元素分布 %

元素	C	V	Nb	Mo	W	合计
钢	0.11	0.41	0.08	0.85	0.53	1.98
V_4C_3	0.053	0.281	—	0.051	0.065	0.45
NbC	0.005	—	0.026	0.010	0.009	0.05
碳化物	0.058	0.281	0.026	0.061	0.074	0.50
铁素体	0.025	0.129	0.054	0.789	0.456	1.48

注：100g钢，正火后于740℃回火2h。

② 其他措施

当使用温度更高(例如超过600℃)及氢分压更高时，则需要使用18-8型奥氏体不锈钢或其他非铁合金来制造整体结构。这种措施显然是昂贵的，但生产需要也不能不用，如尿素合成塔、氨合成塔所用的尿素级不锈钢(如316L)。除此之外，还有一些其他的抑制措施。

(a) 衬里及覆层。这些措施都是阻止抗氢腐蚀能力低的材料与高温高压氢气直接接触，而衬里及覆层则是抗氢腐蚀能力强的材料，如合金结构钢、不锈钢、非铁合金、陶瓷材料等。

合金结构钢及不锈钢的衬里并不能防止氢扩散进入基体，但可以降低氢的渗透率。在合金结构钢衬里与碳壳体焊在一起的接触面处，例如带状焊和间断点焊处，氢进入碳钢的量不足以引起氢腐蚀。分层或多层容器易于适应这一技术，即内壁为合金结构钢，其外的各层为碳钢。

采用堆焊或覆层的工艺，可以获得抗氢腐蚀的保护层。例如，温度相同时，表面氧化的Fe-Cr-Al合金比清洁表面的稳态渗透率小3个数量级，但当氧化膜被氢还原后，渗透率又回升到与清洁表面相近的数值。

(b) 设计。从设计上设法降低容器壁的温度，可从三个方面考虑：第一，把容器壁作为传热面，这不仅可降温，还可以利用回收热量；第二，采用内部隔热，从而降低容器壁温度，例如内衬采用可熔铸的耐火材料；第三，从设计及工艺上，防止局部过热。

(c) 管理。加强管理，才能保证正确技术措施的执行。举例说明如下：第一，避免误用钢种，采用现场快速分析仪，可以"确证鉴定材料"，采用便携式光谱仪进行现场检查也是方便的，发现问题，立即纠正；第二，严格执行工艺，例如，焊后必须进行适当的热处理，应尽量避免冷加工等；第三，避免过热及温度波动，容器长期过热并超过该钢种Nelson曲线，则易发生爆破事故，因此，应依据规范，严格操作；温度波动也是有害的，在高温时所溶解较多氢，在随后冷却时析出加聚集，使金属易于开裂。

3. 低压高温氢腐蚀的机理与防护控制措施

(1) 低压高温氢腐蚀的机理

低压高温的氢腐蚀与高温氧化相似：后者是高温氧气与金属化合成氧化物，腐蚀产物一般仍留在金属的表面；前者是高温氢气与钢中的固溶碳([C])化合成气态甲烷

$$2H_2(气)+[C]\longrightarrow CH_4(气) \tag{4-4-4}$$

平衡常数为

$$K=\frac{\int_{CH_4}}{a_c \cdot \int_{H_2}^{2}} \tag{4-4-5}$$

尽管K值很低，但流动的H_2继续将CH_4带走，故反应式(4-4-4)继续向右进行。因此，高温氢腐蚀与高温氧化都是高温气体腐蚀，后者消耗了金属；前者使钢中的碳量降低—脱碳。由于钢中的碳量对钢的强度有着重要的影响，因而脱碳将使钢的强度降低，是氢引起的一种性能退化现象。

通过式(4-4-4)，反应向生成CH_4方向进行，钢表面的碳量下降，浓度梯度驱使碳从钢的内部扩散至表面；这种扩散使碳化物周围的基体内碳与合金元素的溶解度积低于平衡值，因而碳化物溶解；碳再从钢的内部扩散至表面；碳化物再溶解；再扩散……。

氢腐蚀开裂与脱碳是同时进行的，都是通过形成甲烷而进行的。氢分压高时，由于氢气在固态金属中的溶解度正比于氢分压的平方根，则表面金属中的高浓度氢扩散进入内部，与境界或相界上的碳化物反应生成CH_4，若CH_4的压力大于钢的持久强度，钢则开裂。对于同一钢种来说，仅在高压时出现开裂，而在低压时则只有脱碳，氢分压愈低，则脱碳所需的温度愈高。在700℃以下，脱碳效果很不显著。

钢中的合金元素对脱碳深度有影响，一些与碳能形成稳定碳化物的元素如铬等可以提高钢的抗脱碳能力。图 4-4-32 表示温度对低压高温氢脱碳深度的影响。图 4-4-33 表示在 680℃ 氢处理时脱碳深度随时间的变化。表 4-4-10 及图 4-4-34 表示氢气中含水量对脱碳的影响。

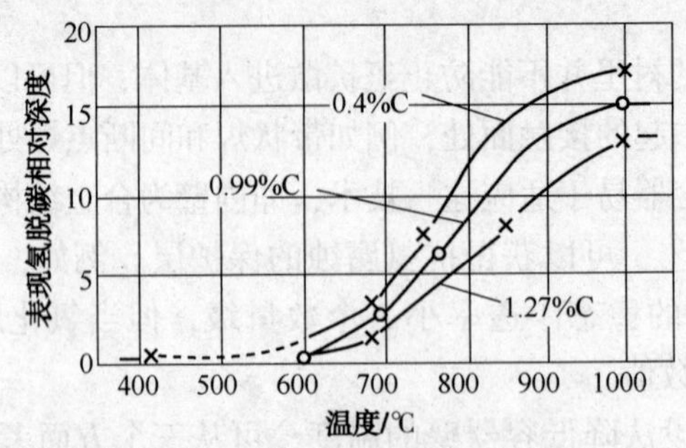

图 4-4-32　温度对三种碳钢

表观低压高温氢脱碳深度的影响

加热时间均为 12h（纵坐标用目镜标度尺标度格数表示）

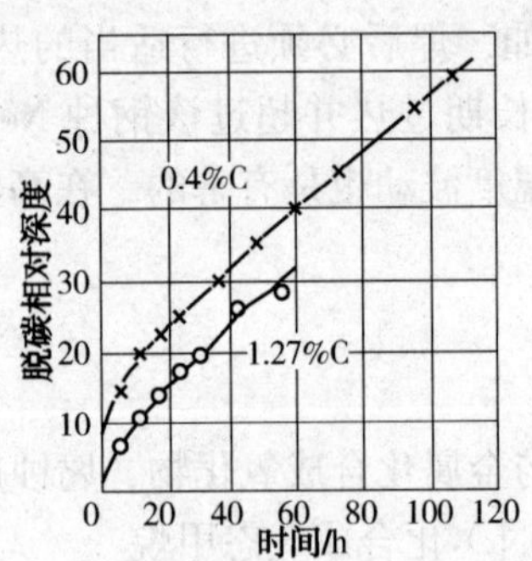

图 4-4-33　在 680℃ 氢处理时脱碳

深度随时间的变化

纵坐标为目镜标度尺格数

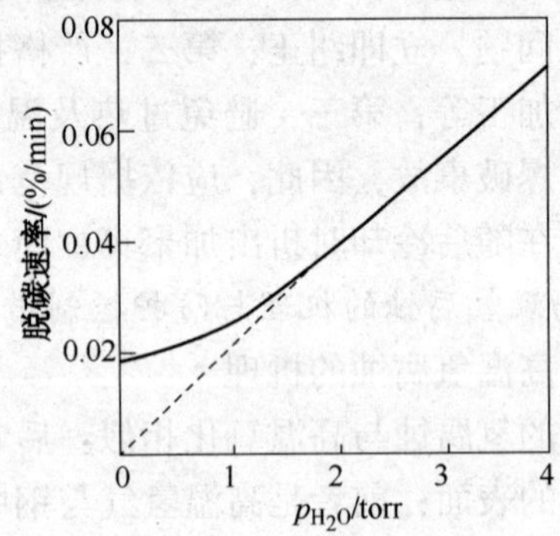

图 4-4-34　氢中 H_2O 含量对 0.56mm

Fe-C 合金薄带在 1150℃ 的脱碳速率的影响

注：1torr = 133.322Pa

表 4-4-10　在含不同含水量的氢中消除屈服点和应变时效现象所需时间

H_2O（体积分数，其余为 H_2）/%	消除应变时效所需时间/h	消除屈服点所需时间/h
瓶 H_2 ①	20	140
4.7	2.5	3.0
7.5	2.0	2.5
21.0	1.5	2.0
29.1	1.5	1.5

① H_2O 量小于 0.001%。

钢中所含磷和硫可以显著减缓脱碳过程。

钢的脱碳速率在原子氢中比在分子氢中显著加快。

（2）防护抑制措施

为了防止和抑制钢在低压高温氢中的脱碳，除采用钢在高温高压氢腐蚀的防护和抑制措施外，还应特别注意控制操作温度不能超标，操作压力不要超压，尽量减少在氢中所含的水汽量等。

4. 氢鼓泡及白点的机理为防护抑制措施

氢鼓泡及白点都是由于氢气的逸出所导致材料的损伤，特别是结构钢的损伤。它们之间的共性是所形成的氢分压大于材料的断裂强度，因而形成含有氢气的裂纹；它们之间的区别在于氢的来源不同，白点的氢是内氢，是材料及部件生产及制造过程已引入的氢，而氢鼓泡的氢是环境氢，是材料及部件使用过程中从环境继续引入的氢。

氢鼓泡的机理及防护抑制措施如下：

(1) 机理

压力容器的壳体材料及受压部件在含硫化氢的水溶液中产生应力腐蚀破裂时，曾将所产生的氢致开裂现象分为氢致鼓泡(HIB，或简称为氢鼓泡)及氢致开裂(HIC)两大类。前者没有外加应力，而后者有外加应力；它们都是氢引起的，前者因氢而裂，但整个试样或部件未断，而后者则是外加应力协助氢的作用，使试样或部件既裂且断，是氢致开裂型的应力腐蚀破裂。

(2) 防止和抑制白点的措施

因为氢是锻件产生白点的必要条件，所以从冶炼和热处理两方面防止和抑制白点是最重要的了。

① 冶炼。防止白点的形成，应该从炼钢开始，例如使用干料、保证适当的沸腾期及精炼期等，尽量降低钢水中的氢含量。20 世纪 50 年代以来，许多国家对于重要的大锻件采用了钢水真空技术，可使氢含量降低到 3μg/g 以下，结果如表 4-4-11 所示。降低钢中氢含量，可有效地缩短排氢热处理的时间。

表 4-4-11　各种真空处理所引起钢中氢含量的变化

除气方法	钢中氢含量/(μg/g)	
	处理前	处理后
真空铸锭	3.4	1.2
	3.3	1.0
流滴脱气法	6.5	3.0
出钢脱气法	2.4~4.2	0.7~1.1
	1.8~3.5	0.5~0.7
氩气脱气法	4.2	1.3~1.7
循环脱气法	6.5	4.0
真空吸上脱气法	3~5	1~2

② 热处理。热处理可使钢中的氢排出，这种排出是氢的扩散，因而如图 4-4-35 所示，在 400℃以上，保温的温度愈高，则不形成白点所需的保温时间愈长。白点通常在 150~200℃以下的温度形成，这是由于马氏体相变的相变应力协助了白点的形成，因而在 M_s 以上的温度(例如 300~200℃)保持较短的时间，由于避免随后的马氏体转变，也可避免白点的形成。

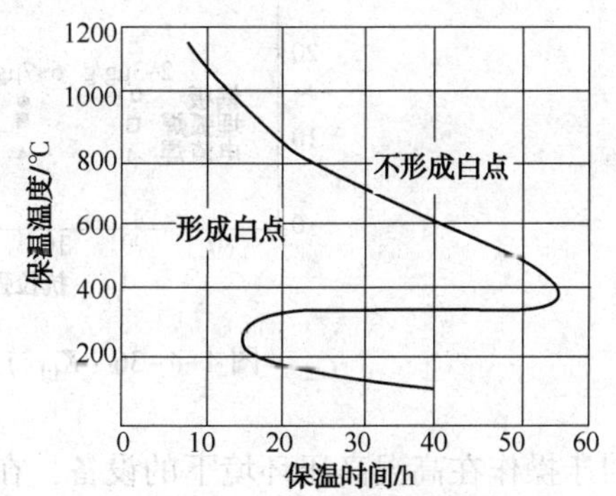

图 4-4-35　25XHM 钢保温处理与白点形成的关系 90mm 直径

（三）氢脆

1. 氢脆现象的特征

氢脆是氢残留在钢中时所表现出来的脆化现象，其延伸率和断面收缩率显著下降。但在一定条件下，若能使氢较彻底地释放出去，钢材的力学性能仍可得到恢复，所以大多数氢脆是可逆的。在高温、高压、临氢环境中使用的反应器，其母材会吸收大量的氢，在反应器操作条件下，器壁母材中所能达到的最大氢溶解度为3~4μg/g。当停工时，若冷却速度太快，吸藏的氢来不及逸散出去，致使过饱和氢残留在器壁内，就可能产生氢脆，发生氢脆的温度一般在149℃以下，在室温附近发生氢脆的敏感性最大。

停工期间应当控制器壁中的残余氢水平，防止氢致诱导作用引起脆性破坏事故发生。更应当注意氢脆和回火脆的交互作用对反应器的安全使用产生影响。因此，要求在传统开停工过程中增加24~48h的250℃恒温解氢工艺，确保反应器器壁在冷到149℃以下时，所包含的氢浓度低于安全氢浓度 C_s 值。恒温解氢的主要目的是为了减缓堆焊层的氢剥离，降低堆焊层与母材熔合线上的氢浓度，使之在停工后不会超过堆焊层的开裂氢浓度，但随着时间和研究的深入，发现解氢还有更深层次的意义，即降低氢脆的可能性。

氢脆的敏感性一般是随钢材的强度的提高而增加，钢的显微组织对氢脆也有影响。钢材氢脆化的程度还与钢中的氢含量密切相关。强度越高，只要吸收少量氢，就可引起很严重的脆化。这从图4-4-36所示的氢致裂纹扩展的临界应力强度因子 K_{IH} 与钢材的抗拉强度及钢中氢含量的关系曲线就可看得清楚，它表明随着钢中氢浓度的增加，其临界应力强度因子 K_{IH} 会下降。

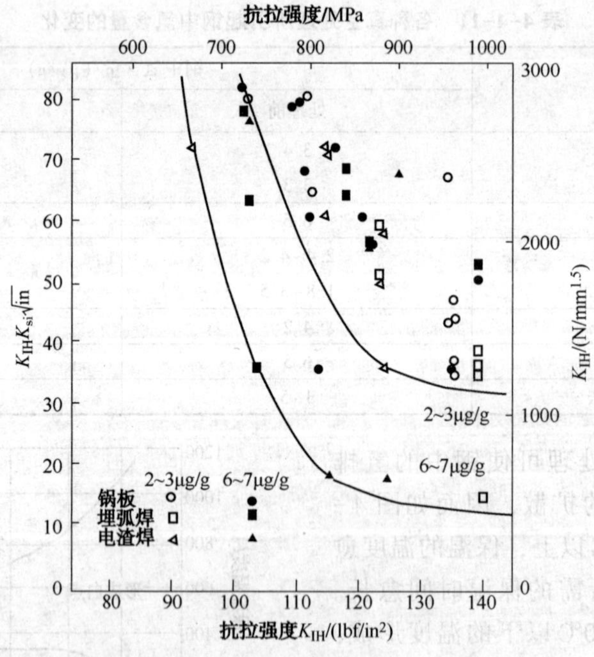

图4-4-36 K_{IH} 与抗拉强度和氢含量的关系

对于操作在高温高压环境下的设备，在操作状态下，器壁中会吸收一定量的氢。在停工的过程中，若冷却速度太快，使吸藏的氢来不及扩散出来，造成过饱和氢残留在器壁内，就可能在温度低于150℃时引起亚临界裂纹扩展，对设备的安全使用带来威胁。

2. 加氢设备中的氢脆损伤

在高温高压临氢设备中，特别是内表面堆焊有奥氏体不锈钢焊层的加氢反应器，曾发生过一些氢脆损伤的实例。其部位多发生在反应器与支持圈角焊缝上以及堆焊奥氏体不锈钢的梯形槽法兰密封面的槽底拐角处。图 4-4-37 所示是在反应器上所发生的典型的氢脆裂纹情况。这些裂纹经试验分析认为是下列因素作用的结果：

(a) 此类反应器从正常操作状态下停工时，在器壁的母材(如 2¼Cr-1Mo)中一般吸收有 2~5μg/g 的氢，而在 TP.347 不锈钢堆焊层或焊接金属中吸藏约 30~50μg/g 的氢而使材料发生氢脆；

(b) TP.347 堆焊或焊接金属中因含有一定的 δ-铁素体，在制造中的最终焊后热处理过程有一部分 δ-铁素体转变成脆性 σ 相；

(c) 由于铬-钼钢母材与奥氏体不锈钢堆焊或焊接金属之间的线膨胀系数差别较大而形成较大的热应力，或这些部位存在一些尖角或过度半径偏小等造成较大的应力集中。如图 4-4-37(a)的损伤例，是一反应器仅经历了约 3 年的使用时间，母材就发生了严重的回火脆化。已有许多实验证明，像回火脆化敏感性较强的 2¼Cr-1Mo 钢，有可能存在着回火脆化和氢脆的叠加效应。由于回火脆化使夏比断口转变温度 VT_{rs} 上升，氢致裂纹的晶间断口率也随之增加氢致裂纹临界应力强度因子 K_{IH} 相应就下降，如图 4-4-38 所示。由图可见，随着回火脆化量的增加，K_{IH} 可降到很低的值(约 $1000N/mm^{1.5}$)。所以此损伤实例就是因为氢致裂纹扩展引起了亚临界扩展而进入母材。

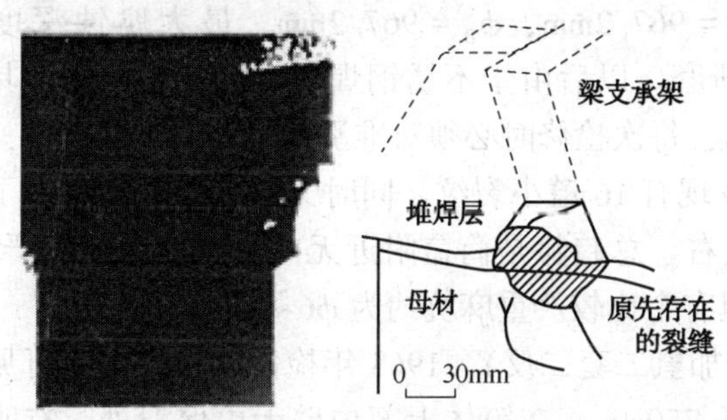

(a) 反应器内部支撑横梁托架处的裂纹

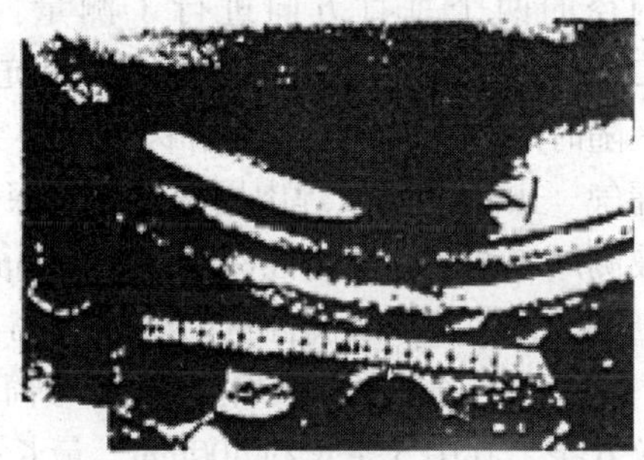
(b) 法兰密封槽处的裂纹

图 4-4-37 氢脆裂纹实例

3. 氢脆的检测方法与氢致裂纹实例

氢脆的检测方法，通常采用拉伸试样，经腐蚀环境(如硫化氢水溶液)充氢后，用塑性指标的变化来评定材料的腐蚀脆化程度，计算公式为：

$$F=(\psi_0-\psi)/\psi_0\times100\%$$

式中 F——氢脆系数，表示材料抗氢脆性能；

ψ_0——未充氢试件的断面收缩率；

ψ——充氢试件的断面收缩率。

也可用条状试件(100mm×5mm×2mm)在充氢和未充氢时，以反复弯折至断的弯折次数在计算氢脆系数。计算公式与上述类同。氢脆系数的测定，一般用三个平行试验，取平均值。试样从腐蚀环境中取出后应立即进行测定。若做不到，则应放在低温下暂时保存，否则由于金属中的氢的扩散逸出，将造成很大误差。拉伸速度更缓慢(1~2mm/min)，否则也会造成很大误差。

氢致裂纹例证：

① 石油三厂原加氢裂化装置 9 号筒。该筒自1941 年至 1964 年，使用时间为 143 个月。1964 年 8 月自紧式上盖下落位置最低凹的内壁处，沿圆周（周长 900π = 2826mm）内共发现长短不一的 11 条裂缝，最长的达 105mm，经砂轮打磨实测最深的达 21mm。裂纹的方向沿筒身的轴向。

② 石油三厂原加氢装置 10 号筒。1962 年发现上盖接触面严重腐蚀，最深达 19.2mm。1964 年 8 月自紧式上盖下落最低位置凹进面的下方 100mm 距离的内壁处，发现有面积达 250mm² 环向发展的鼓泡一个，其中最高鼓出部分达 4mm，同时发现下盖内侧引出管口周围长短不一的 5 条裂缝，分布自三个堵孔处属焊接区附近，向引出管内延伸，其最长裂缝延筒盖内侧面达 170mm，而延向引出管的扩展部分达 105mm，深度难以实测。

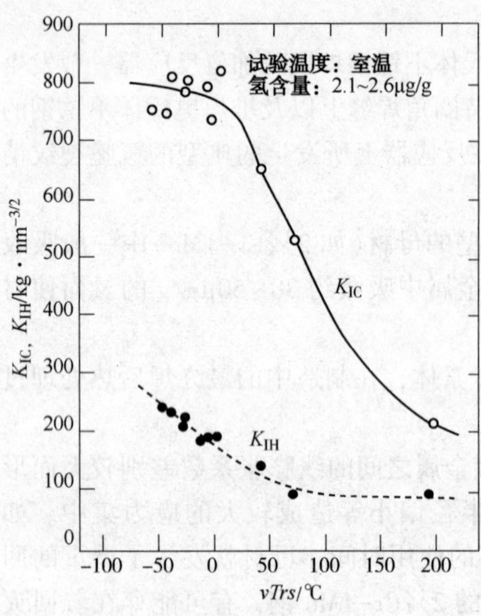

图 4-4-38　2¼Cr-1Mo 钢的 K_{IC}、K_{IH} 与 vTrs 的关系

③ 石油三厂原加氢裂化装置 3 号筒。1962 年发现筒体上部接触面处有 7 处腐蚀沟，对筒内径的两个垂直方向进行了测量：$\phi_A = 967.2$mm，$\phi_B = 967.2$mm，最大腐蚀深度为 17.2mm，曾用不锈钢电焊填补腐蚀深坑并研磨。以后由于不锈钢焊肉腐蚀较小，而且其他地区随时间继续腐蚀，因而焊肉处显得突出，每次检修时必须对准涨圈，否则接触不好，容易漏气。1965 年与该焊肉周围用磁力探伤发现有 16 道小裂纹。同时又对整个大筒进行了超声波测厚，估计上层腐蚀深度已达 15mm 左右。总趋势是筒盖附近无内保温处腐蚀较严重，下半部较好，下半部腐蚀量为 $\phi 1 \sim 2$mm，但有个比较严重麻坑约为 $\phi 6 \sim 8$mm。

④ 石油三厂原加氢裂化装置 5 号筒（老加氢二套二反）。1968 年检修时发现肉眼可见大裂纹 6 条，其中 5 条长约 400mm，最长一条 750mm。在筒体上部内壁无内保温处，有明显可见的腐蚀斑痕，多数是直径 2~3mm 的腐蚀坑。现将裂纹形貌简介如下：

（a）最大裂缝宏观断裂面，有四个方向的断裂纹理。

（b）在大裂缝上有很多微裂纹，微裂纹多数为硫化铁“条状物”。

（c）低倍检验发现，内部试片上出现很多网状微裂纹。

（d）将带有裂纹的试片沿裂纹拉断，经电子显微镜检查，旧断裂面上有很多鱼目状圆珠，直径≤1.5μm。

（e）石油三厂原加氢车间据每年不完全检验反应器等发现，并打磨掉的裂纹平均 1~3 条，而附属管道发现裂纹差不多每年都有。

（四）防止氢脆的若干对策

从上述一些氢脆损伤例的原因分析中可以归纳出，要防止此类损伤发生，主要应从结构设计上、制造过程中和生产操作方面采取如下措施：

① 尽量减少应变幅度，这对于改善使用寿命很有帮助。采取降低热应力和避免应力集中等措施都是有效的。

② 尽量保持 Tp. 347 堆焊金属或焊接金属有较高的延性。为此，一是要控制 Tp. 347 中

δ-铁素体含量，焊态时最大值以10%为宜(为防止焊接中产生热裂纹，下限可控制不低于3%)，以避免含量过多时在焊后最终热处理过程转变成较多的σ相而产生脆性(见图4-4-39)；二是对于前述那些易发生氢脆的部位，应尽量省略Tp.347堆焊金属或焊接金属的焊后最终热处理，以提高其延性。因为不锈钢焊接金属的脆性与奥氏体基体中的δ-铁素体含量和σ相的存在密切相关。δ-铁素体量越多，经焊后热处理后形成的σ相的比例越大，其材料延性越差，这时再吸收氢的话，焊接金属的延性将进一步降低。这从图4-4-39中就可清楚看到这一点。

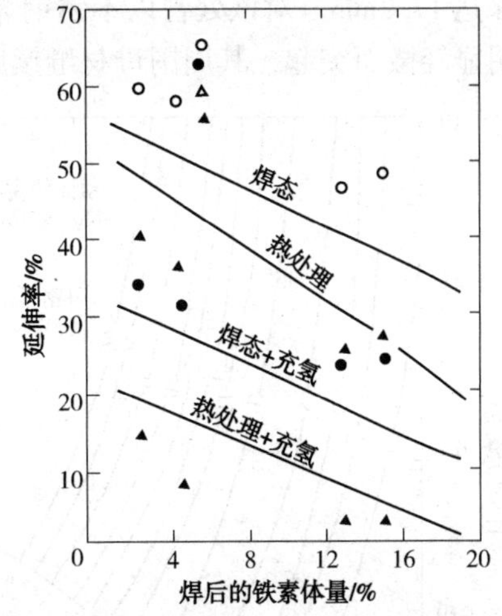

图4-4-39　铁素体量、充氢和焊后热处理对Tp.347焊接金属延伸率的影响

③装置停工时冷却速度不应过快，且停工过程中应有使钢中的吸藏的氢能尽量释放出去的工艺过程，以减少器壁中的残留氢含量。另外，尽量避免非计划的紧急停工(紧急放空)也是非常重要的。因为此状态下器壁中的残留氢浓度会很高。

氢脆几乎包括所有的氢致材料退化及氢致开裂现象：可逆的内氢脆；环境氢脆；氢反应脆化。

(五) 高温硫化氢的腐蚀

1. 概述

在加氢装置中，一般都会有硫化氢腐蚀介质存在。对于以碳钢或铬钢制的设备，在操作温度高于204℃，其腐蚀速度将随着温度的升高而增加。特别是当H_2S和氢共同存在的条件下，它比硫化氢单独存在时的腐蚀还要更为剧烈和严重。氢在这种腐蚀过程中起着催化剂的作用，加速了腐蚀的进展。对于在硫化氢和氢共存条件下的材料选择，一是参考相似条件的经验数据来预计材料的腐蚀率后确定；而是无经验数据依据是，可根据柯珀(Couper)曲线来估算材料的腐蚀率。图4-4-40和图4-4-41是碳钢和18-8不锈钢在H_2S+H_2介质中的腐蚀曲线(亦称柯珀曲线)。据验证按此曲线估算出来的腐蚀率与工业装置的经验比较接近。对于不同铬含量(0%~9%)的铬钢的腐蚀率，先按给定的硫化氢浓度和温度从图4-4-40上求出碳钢的腐蚀率，然后再乘以如表4-4-12所列的相关铬含量的系数F_{Cr}加以修正后的值即可。

表4-4-12　与铬含量有关的系数

铬含量/%	0	1	2	3	4	5	6	7	8	9
F_{Cr}	1.000	0.957	0.916	0.877	0.840	0.804	0.769	0.736	0.704	0.675

图4-4-40中的数据，其介质为石脑油。当介质为瓦斯油时，还应乘以1.896的系数。

若材料为12%Cr钢，其腐蚀率可利用图4-4-41的数据在乘以6.026的系数。

2. H_2S腐蚀例证

抗氢钢在H_2S含量很低时腐蚀并不严重，但仍存在腐蚀问题。H_2S的化学腐蚀比氢损伤更为明显。

① 石油三厂原加氢裂化装置3号反应器(35CrNi2Mo材质)上部内部曾发现7条腐蚀沟，

最深达 17.2mm。对该处曾以不锈钢焊肉填补并打磨平整，继续使用三年后检验发现焊肉腐蚀明显轻微而突起，其周围母材继续腐蚀深达 15mm，并有小裂纹出现。

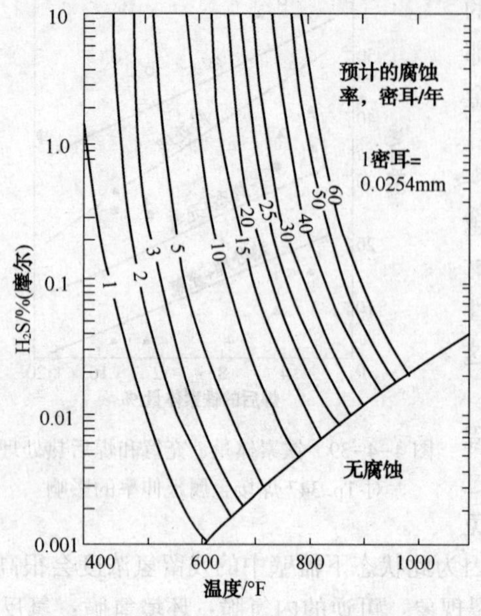

图 4-4-40　碳钢在 H_2S+H_2 中的等腐蚀曲线

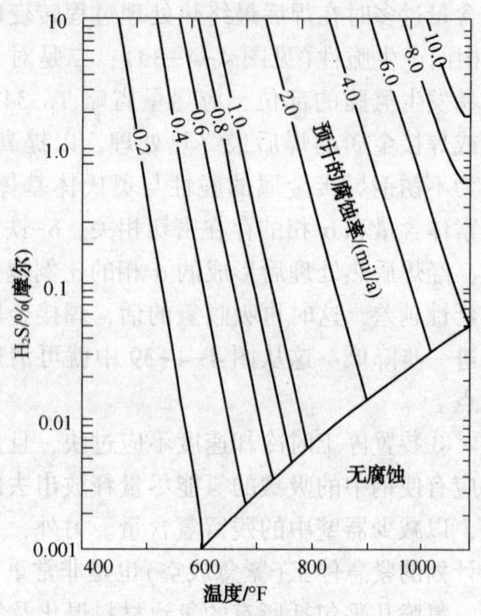

图 4-4-41　18-8 钢在含 H_2S+H_2 介质中的等腐蚀曲线

② 石油三厂加氢裂化装置 5 号反应器在出现大裂纹同时，发现裂纹所在处积有大量硫化铁产物，腐蚀速率相当于 0.3~0.8mm/a，筒上部无内保温层处直径因 H_2S 腐蚀每年增大近 1mm。

加氢反应过程中，产生的硫化氢加剧了对钢材的腐蚀作用。腐蚀程度主要取决于硫化氢浓度和操作温度。硫化氢温度越高，腐蚀越厉害。干的硫化氢气体在 200~480℃时，则成为硫化氢腐蚀的主要因素。表列出了氢气流中各种状态下硫化氢对钢材的腐蚀速率。从表中可见，当硫化氢分压在 3.34~3.43kPa，操作温度大于 316℃时，单选用一般的铬钼钢是不能满足使用要求的。因此，国内近期实际制造的加氢精制装置中的热壁反应器和反应馏出物的换热器，当其操作温度大于 300℃时，都采用在铬钼钢基体内壁堆焊上超低碳奥氏体不锈钢防护层的方法，以抵抗高温氢和硫化氢的联合腐蚀，以及在停工过程中产生的连多硫酸的腐蚀。见表 4-4-13。

表 4-4-13　氢气流中各种状态下硫化氢对钢材的腐蚀速率

温度/℃	硫化氢分压/kPa	腐蚀速率/(mm/a)		
		0~5%Cr	12%Cr	18Cr-8Ni
316	3.43	0.254	0.025	0.025
316	6.87	0.482	0.075	0.025
316	68.7	0.508	0.10	0.025
316	343	0.584	0.15	0.050
427	3.43	0.888	0.225	0.050
427	6.87	1.776	0.331	0.150
427	68.7	2.030	0.432	0.200

续表

温度/℃	硫化氢分压/kPa	腐蚀速率/(mm/a)		
		0~5%Cr	12%Cr	18Cr-8Ni
427	343	2.030	0.457	0.225
538	3.43	1.168	0.508	0.200
538	6.87	2.79	0.635	0.330
538	68.7	3.30	0.711	0.381
538	343	3.43	0.762	0.432

3. H_2 和 H_2S 引起应力腐蚀开裂

① 硫化物应力腐蚀破裂，裂纹呈穿晶型应力腐蚀裂纹，裂纹由焊缝延伸至母材，该系统的腐蚀破裂主要是由 H_2 和 H_2S 引起的。

② 系统中腐蚀产生的氢渗入金属材料的内部晶格，将带进很大的附加应力，促进奥氏体(γ)相变为马氏体(α)相，从而导致应力腐蚀破裂。

③ 为防止奥氏体不锈钢产生应力腐蚀破裂，焊缝结构的18-8不锈钢，要进行整体消除应力热处理，处理后的硬度HB应不大于200。

④ 根据 H_2 和 H_2S 的操作条件，合理地选用铬钼钢和不锈钢，譬如，可选用含Ni25%~30%的Cr20Ni32型耐蚀合金和00 Cr18Ni5Mo3Si2双相不锈钢。

⑤ 为防止奥氏体不锈钢连多硫酸的应力腐蚀开裂，在停工时，立即碱洗中和酸性物质。

4. 硫化物应力腐蚀破裂

在 H_2S 腐蚀引起的破坏中，应力腐蚀破裂占很大比例，造成的破坏也是最大。石油三厂加工的原料油中S是不高的，也无HCN的存在，因此，我们只讨论碳钢、CrMo钢对 H_2 和 H_2S 同时存在带来的影响。装置中也出现过套管、阀门、压力容器等硫化物应力腐蚀破裂(以下称SSCC)。

(1) 机理

对硫化物应力腐蚀破裂多数人认为低碳钢和普通低合金钢的SSCC属于氢脆。但是也有人认为是阳极溶解型的应力腐蚀破裂。还有人认为是这两者联合作用的机理。

① 氢脆机理。硫化氢腐蚀在pH值较低的情况下阴极区产生大量的氢，这个反应速度按下列两个过程控制：$H^+ \rightarrow H$；$H \rightarrow \frac{1}{2}H_2$。由于 H_2S 的存在及腐蚀产物 Fe_9S_8 的生成，都使后一个过程受抑制，金属表面的大量氢原子难于复合成氢分子，不能从表面移去，而是渗入金属内部。金属由于渗氢而出现塑性下降的现象称之为氢脆。氢脆并不一定引起破裂，可逆型氢脆在脱离腐蚀介质后于150~200℃下加热24h，可放出氢而使金属恢复塑性。当硫化氢使金属产生破裂时就成为不可逆的了。

② 阳极溶解型应力腐蚀破裂机理。最近有试验结果说明硫化物应力腐蚀破裂属阳极溶解型的应力腐蚀破裂。将受应力的3.5%Ni低合金钢在 H_2S 水溶液中阴极极化，破裂停止。发现HB=135这样韧性好的钢对SSCC敏感，这一硬度值远远低于通常认为属氢脆引起的应力腐蚀破裂的HB=235(HRC=22)的临界值。

③ 氢脆与阳极溶解型应力腐蚀破裂联合作用。实验结果表明，高强度钢在 H_2S 水溶液中随阴极化增大，出现破裂所需的时间减少；但随着阳极极化增大，出现破裂所需的时间也减少，而此时钢吸收的氢量只有0.1mol/100g钢，说明破裂不仅要考虑氢脆机理，还应考虑

阳极溶解型应力腐蚀破裂机理，而氢脆在破裂中是起主导作用的。

（2）硫化物应力腐蚀开裂的控制措施

① 控制环境因素。脱水是防止 SSCC 的一种有效方法。对油气田现场而言，经脱水干燥的 H_2S 可视为无腐蚀性，因此，经脱水使含 H_2S 天然气露点低于系统的运行温度，就不会导致 SSCC。

脱硫是防止 SSCC 广泛应用的有效方法。脱除油气中的 H_2S，使其含量低于 SY/T0599 和 NACE MR-01-75 两标准规定的发生 SSCC 的临界 H_2S 分压值。

② S-H_2S-RCOOH 系统腐蚀控制措施及材料选用

（a）环烷酸腐蚀的防护措施主要是选用耐蚀钢材。而碳钢 Cr5Mo、Cr9Mo 及 0Cr13 不耐环烷酸高温腐蚀。此种腐蚀部位需选用 00Cr17Ni12Mo2(316L)钢、且 Mo 含量大于 2.3%. 在无冲蚀的情况下，亦可选用固溶退火的 1Cr18Ni9Ti。

（b）设备、管道及炉管弯头内壁焊缝应磨平。焊缝的错边、咬肉应减小。以保护内壁光滑，防止预生涡流而加剧腐蚀。

（c）应当加大炉出口转油线管径，降低流速。

③ 高温 H_2-H_2S 的腐蚀控制措施与材料选用。高温 H_2-H_2S 腐蚀环境，主要以材料防腐为主。

（a）根据压力容器的实际温度及硫化氢浓度(体积分数或摩尔分数)。从腐蚀图中查取容器的腐蚀率。当腐蚀率超过 0.2mm/a 时应选取更好的材料，或选用不锈钢复合板，或采用堆焊不锈钢结构(基本按抗氢钢选用铬钼钢)。

（b）不锈钢复合钢板的覆层可根据设计条件选用 0Cr13，0Cr18Ni11Ti 或 00Cr17Ni14Mo2 等低碳不锈钢板，复层厚度最少为 3mm。复合钢板的剪切强度≥196N/mm²。

（c）不锈钢堆焊层宜选用双层，双层堆焊的过渡层为 00Cr25Ni13(E309L)，表层为 00Cr20Ni10Nb(E347NbL)

（d）操作温度≤250℃，在 H_2+H_2S 介质中选用碳钢可满足操作的要求。

（六）连多硫酸引起的应力腐蚀开裂

反应器停工时高温硫化氢环境下生产的硫化铁遇到空气中的氧和水分发生反应，生成连多硫酸($H_2S_xO_6$，$x=3\sim6$)。在拉应力和连多硫酸的共同作用下，对于奥氏体不锈钢有可能会发生晶间型的应力腐蚀开裂。有关研究表明防止连多硫酸应力腐蚀开裂(PSCC)的对策措施见图 4-4-42。

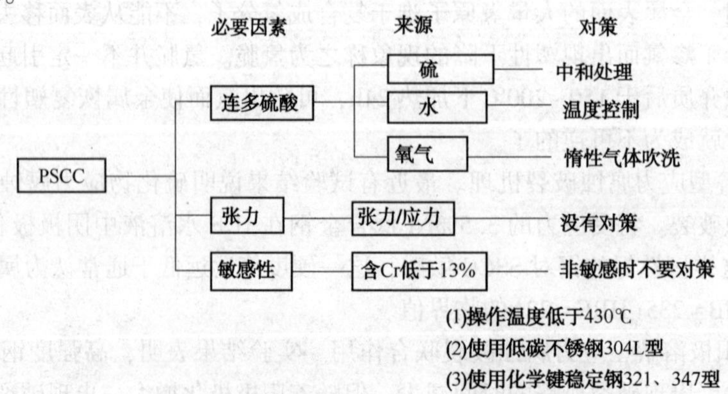

图 4-4-42 连多硫酸应力开裂的对策措施

由于国产化反应器内壁堆焊了不易形成贫铬区的稳定型不锈钢347，而且操作温度通常低于430℃，连多硫酸应力腐蚀龟裂(PSCC)的敏威性不强。为了更好地维护保养国产化反应器，操作规程要求；装置停工检修时，必须及时对检修的设备、管线、内件等不锈钢部位进行中和清洗或 H_2 封存。确保设备的本质安全。

连多硫酸对奥氏体不锈钢引起的应力腐蚀如下：

连多硫酸($H_2S_xO_6$)对奥氏体不锈钢产生的应力腐蚀主要发生在加氢精制、加氢裂化及催化重整得设备上。这些设备是面临 H_2+H_2S 或 H_2 介质的压力容器及受压部件，如反应器、加热炉管、换热器管、管道及设备衬里材料和内部构件。

连多硫酸应力腐蚀破裂时在停工和检修期间发生的。正常操作期间不会发生。奥氏体不锈钢特别是经过焊接或者在430~815℃区域附近“敏化”过的材料最易发生。

(1) 机理

产生连多硫酸应力腐蚀破裂，往往与奥氏体不锈钢的晶间腐蚀密切相关。这种腐蚀首先是引起连多硫酸晶间腐蚀，接着引起连多硫酸应力腐蚀破裂。在形貌上，连多硫酸的应力腐蚀破裂往往是晶间型的。

奥氏体不锈钢在运行中，与介质中的 H_2S 作用，在表面生成 FeS。

当停工检修时系统温度降低，打开设备，设备表面与大气中的氧和水分接触而生成连多硫酸，即

$$FeS+H_2O+O_2 \longrightarrow H_2S_xO_6(x=3,4,5)$$

其反应方程式分步为

$$3FeS+5O_2 \longrightarrow 3Fe_2O_3\cdot FeO+3SO_2$$

$$SO_2+H_2O \longrightarrow H_2SO_3$$

$$H_2SO_3+0.5O_2 \longrightarrow H_2SO_4$$

$$H_2SO_4+FeS \longrightarrow FeSO_4+H_2S$$

$$H_2SO_3+H_2S \longrightarrow mH_2S_xO_6$$

所生成的连多硫酸($H_2S_xO_6$)可能性最大的是 $H_2S_4O_6$，即 $x=4$，其最终反应方程为

$$8FeS+11O_2+2H_2O \longrightarrow 4Fe_2O_3+2H_2S_4O_6$$

(2) 影响因素

① pH 值。产生连多硫酸应力腐蚀破裂的介质环境必须达到一定酸度才可能发生。对 Cr18-Ni8 型不锈钢来说，环境的 pH 值必须≤5 时，方可能发生。所以要严格控制环境的 pH 值。

② 材料的影响

(a) 具有合格含碳量(最高0.08%)的材料，若焊接制造或操作均在430~815℃敏感范围内时，通常会发生连多硫酸引起的奥氏体不锈钢应力腐蚀破裂。

(b) 低碳(≤0.03%)钢和稳定化材料，由于长期暴露在敏感温度范围中也可能变为敏感材料。存在焦炭(C)的情况下，敏感过程更迅速。

(c) 不管是否清焦、加热炉炉管对连多硫酸的应力腐蚀破裂都是敏感的。

(3) 控制措施

① 取干燥氮气吹扫和封闭工艺设备，使其与氧(空气)隔绝的方法来预防。

② 采用碱液清洗设备表面，中和各处可能生成的连多硫酸。推荐的碱洗液是2%的碳酸钠。清洗液中的氯化物的浓度应限制在150μg/g。也可加入质量分数为0.5%的硝酸钠以防

奥氏体不锈钢由氯化物引起的应力腐蚀破裂。应注意如果硝酸钠过量也会引起碳钢的应力腐蚀破裂。

③ 应选用带稳定性元素的 18-8 不锈钢如 1Cr18Ni9Nb 为宜，此种钢的表面堆焊层抗连多硫酸腐蚀性能好。日本研制了改进型 347AP 不锈钢，其主要特点是降低碳含量，由原 347 型的 C 含量≤0.02%降到 0.01%。同时提高了 Nb 的含量，由原 347 型的 Nb 含量≥10×C 含量提高到 Nb 含量≥15×C 含量。为弥补碳的降低引起合金强度下降，又增加了氮(≤0.10%)。

(4) 结语

① 石化行业中的加氢装置采用了大量的奥氏体钢制造的设备，最易引起连多硫酸应力腐蚀开裂。这种腐蚀破坏会给设备造成严重的损坏。

② 连多硫酸应力腐蚀开裂与奥氏体钢的化学成分有关。一般同一系列牌号的奥氏体钢，碳含量越低越有利于抵抗应力腐蚀开裂。

③ 一般馏分油加氢处理装置操作温度都低于奥氏体钢的敏化温度(400~850℃)。预防奥氏体不锈钢应力腐蚀开裂应该根据材料含碳量的高低分别考虑。采用常规含碳量奥氏体钢材料(最高 0.08%)的装置，由于设备材质在焊接制造时已被敏化，装置停工后，如设备暴露在大气中，焊缝位置最易造成腐蚀开裂。

④ 采用低碳(最高 0.03%)和稳定化(如含 Ti 和 Nb)奥氏体钢材料的加氢装置，一般长期在敏化温度(400~850℃)范围内操作的部分设备，材质才可能变得敏化。

⑤ 装置停工后，可以采用科学仪器或实验对设备材料进行分析，判断材料是否已经敏化，然后决定是否采取预防连多硫酸应力腐蚀开裂的措施。这样可以缩短装置检修时间和节约操作成本。

(七) 铬钼钢的回火脆性

回火脆性即把 Cr-Mo 钢长时间保持在 325~575℃(也有人提出在 371~593℃，350~575℃或 400~600℃)时，或者从这个温度范围缓慢地冷却所引起的材料劣化现象，其主要表现是一定温度下的韧性下降和脆性转变温度的升高。产生的原因是钢中的微量杂质元素和合金元素向原奥氏体晶界偏析，降低了晶界凝聚力。呈现出晶界破坏的形态。回火脆性对抗拉强度和延伸率没有多大影响，主要是在进行冲击性能试验时，可观测到转变温度向高温侧迁移。

影响回火脆性的因素很多，如化学成分、热处理工艺、制作加工时的热状态、强度大小、塑性变形、碳化物的形态、使用时的操作温度等。

对试块进行测试考察，采用步冷处理和高温高压充氢手段来改变材料的脆性状况，从而得到原态 SGO、回火脆化 SGT、原态充氢 SGOH、回火脆化后充氢(SGTH)四种状态的试样。对 SGO 和 SGT 两种状态的材料测出的转变曲线面图 4-4-43 可以得出：SGO 试样 $VTr54=-125.2$℃SGT 试样 $VTr54=-116.5$℃，$\Delta VTr54=8.7$℃。由此得到回火脆化指标 $VTr54+2.5\Delta VTr54=-103.5$℃，远小于标准 38℃。测试结果表明：国产化反应器母材具有良好的抑制回火脆化能力和较小的回火脆化敏感性。对 SGOH 和 SGTH 两种状态的材料测出转变曲线见图 4-4-44。可以得出：SGOH 试样 $VTr54=-111.8$℃。SGTH 试样 $VTr54=-102.6$℃，$\Delta VTr54=9.2$，回火脆性指标 $VTr54+2.5\Delta VTr54=-88.8$℃。

测试结构表明：

回火脆化处理将造成脆性转变温度升高、高温高压充氢也会造成脆性转变温度升高，充氢和步冷处理脆化作用，即氢脆和回火脆性是线形叠加的关系。

尽管国产化反应器具有良好的抗回火脆化性能。但我们还是严格检查热态型开停工要求，禁止过热和急冷，控制升降温速度小于 25℃/h，温度小于 135℃时，压力不大于 3.5MPa。

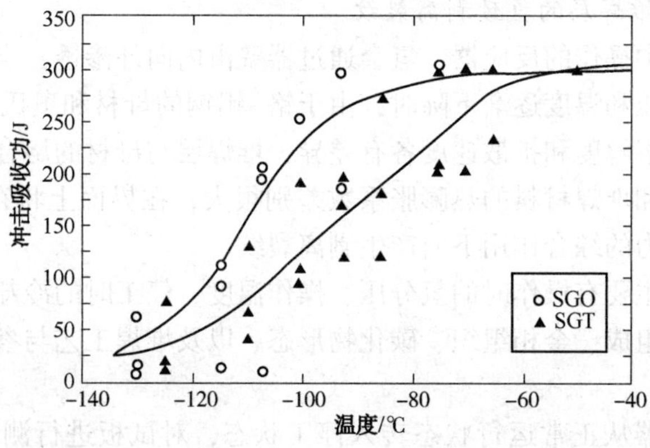

图 4-4-43　SGO 和 SGT 材料的 Charpy V 试样的冲击吸收功与温度的关系曲线

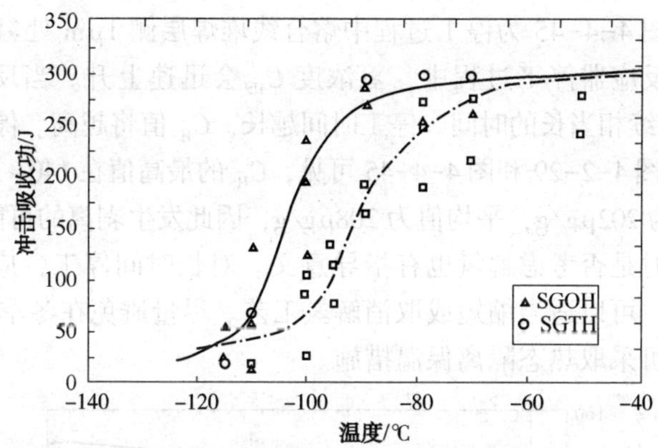

图 4-4-44　SGOH 和 SGTH 材料的 Charpy V 试样的冲击吸收功与温度的关系曲线

（八）奥氏体不锈钢堆焊层的氢致剥离

1. 奥氏体不锈钢堆焊层的表面开裂

奥氏体不锈钢堆焊层中可能存在的σ相以及在操作过程中吸氢造成 347 堆焊层金属的延性下降，在热应力，局部应力集中或焊接残余应力的作用下，堆焊层的表面裂纹得以萌生和扩展。热壁加氢反应器服役过程中所出现的不锈钢堆焊层表面裂纹通常具有以下特征：

① 表面裂纹的数量以环向裂纹为多，而平行于反应器轴线方向的表面裂纹较少。其中有许多裂纹时出现在那些可能存在三向应力的内件支撑凸台的表面。

② 裂纹是由堆焊层金属的表面向反应器内部发展。对于采用 309+347 的双层堆焊结构，部分会穿透表面的 347 堆焊层，终于与 309 与 347 的交界面上，极少穿透 309 堆焊层。

③ 裂纹是沿着堆焊金属中奥氏体晶粒间的铁素体与σ相所组成的网络扩展。由于国产热壁加氢反应器采用应力分析设计，采用 309+347 双层堆焊结构，并经过稳定化处理，堆焊层的铁素体含量严格控制在 4%~10%。因此，反应器的设计和制造有效的控制减少了堆焊层表面裂纹的形成。对于在役的热壁反应器，通过降低堆焊金属中的氢含量避免反应器处

在低温状态时受到较高水平的应力作用，可以降低堆焊金属产生表面裂纹的可能性。实践证明：热态型开工程序和250℃恒温解氢工艺对避免和减缓堆焊层表面裂纹的形成和扩展有一定的影响作用。

2. 奥氏体不锈钢堆焊层的氢致剥离裂纹

在高温高压介质中操作的反应器，氢会通过器壁由内向外渗透，当反应器从正常运转状态下转入停工，氢分压和温度逐渐下降时，由于铬-钼钢的母材和奥氏体不锈钢堆焊层在操作状态和室温时的氢溶解度和扩散速度各有差异，堆焊层与母材的熔合线上会出现异常的氢积聚，同时又因母材和堆焊材料的热膨胀系数差别很大，在界面上将存在较大的残余应力。在大量的积聚氢和应力的综合作用下而产生剥离裂纹。

影响剥离的因素主要有操作时的氢分压、操作温度、停工时的冷却速度、反复开停工的循环次数等。钢材的组成、金相组织、碳化物形态、以及堆焊工艺与参数，对堆焊层的抗剥离能力也有影响。

模拟国产化反应器从正常运行状态转入停工状态，对试板进行测试。给出停工前和以30℃/h 冷却到室温后反应器筒体中的氢分布状况，如图4-2-29可见，反应器正常运行过程中，器壁中的氢浓度是由里向外逐渐降低的。停工以后，堆焊层熔合线上会有一个较高水平的氢浓度峰值出现。图4-4-45为停工过程中熔合线堆焊层侧1μm 处氢浓度 C_{HS} 值随时间的变化曲线。可见，在反应器停工过程中，氢浓度 C_{HS} 会迅速上升。当反应器冷却到室温后，氢浓度 C_{HS} 的上升还将续相当长的时间。停工时间越长，C_{HS} 值将越高。停工期间的环境温度越低，C_{HS} 值也越高。从图4-2-29和图4-4-45可见，C_{HS} 的最高值在140~150μg/g，而测试结果表明：最小开裂浓度为202μg/g，平均值为208μg/g，因此发生剥离的可能性很小。

这一结果对停工时是否考虑解氢也有指导意义。对长时间停工，应尽量增加解氢工艺，而对于短时间的停工，可以适当缩短或取消解氢工艺。尽量避免在冬季停工检修，对反应系统不修的停工过程，可采取热态隔离保温措施。

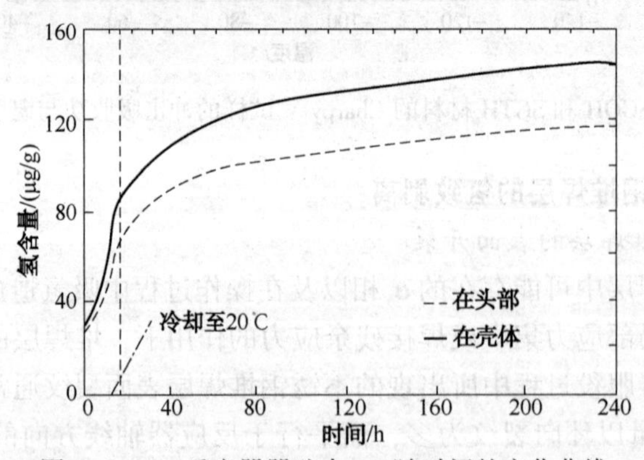

图4-4-45 反应器器壁中 C_{HS} 随时间的变化曲线

3. 结语

依上所述，可以将引起堆焊层剥离的基本因素归结为：

① 界面上存在很高的氢浓度；

② 有相当大的残余应力存在；

③ 与堆焊金属的性质有关。因此，凡是采取能够降低界面上的氢浓度，减轻残余应力和使熔合线附近的堆焊金属具有较低氢脆敏感性的措施对于防止堆焊层的剥离都是有效的。

比如对于以前采用较多的 2.25Cr-Mo 钢堆焊 Tp.309+Tp.347 的设备，近年来在制造中认为采用大电流高焊速的堆焊条件较好。因为它与采用一般的堆焊方法在熔合线附近所形成的堆焊金属的显微组织与结构，形成的残余应力及其对氢的有关性质等都不同。对于焊后热处理条件，也宜在满足反应器其他各种性能要求的前提下，尽量优化焊后热处理参数，使在熔合线附近和奥氏体晶界上析出较少的碳化铬。在操作中应严格遵守操作规程，尽量避免非计划的紧急停车。以及在正常停工时要采取使氢可能释放出去的停工条件，以减少残留氢量。

近来，有学者认为，具有奥氏体/马氏体两相显微组织的堆焊层焊层焊缝金属比通常带有百分之几铁素体的奥氏体组织具有更高的抗剥离性能。此外，在常用的几种堆焊材料的抗剥离性能方面还存在不一致的看法。因而，对堆焊层焊缝金属的显微组织对剥离的影响尚需进一步的讨论。

(九) H_2S-NH_3-H_2O 型腐蚀

1. H_2S-NH_3-H_2O 型腐蚀特征

加氢装置进料中，由于常含有硫和氮，经加氢之后，在其反应流出物中就变成了 H_2S 和 NH_3 腐蚀介质，且相互将发生反应生成硫氢化胺，即 $H_2S+NH_3 \rightarrow NH_4HS$ 的升华温度约为 120℃，因而此流出物在高压空冷器内被冷却过程中，常在空冷管子和下游管道中发生固体的 NH_4HS 盐的沉积、结垢。由于 NH_4HS 能溶于水，一般空冷器的上游注水以冲洗，这就形成了值得注意的 H_2S-NH_3-H_2O 型腐蚀。此腐蚀的温度范围在 38~204℃之间，正好是此类空冷器的通常使用温度区间。这种腐蚀多半是局部的，一般多发生在高流速或湍流区及死角的部位(如管束入口转弯等部位)。

2. 影响 H_2S-NH_3-H_2O 型腐蚀的主要因素

美国腐蚀工程师协会(NACE)在 1975 年曾对几套加氢裂化和加氢脱硫等装置的反应流出物空冷器在使用中的腐蚀情况进行详细调查后认为，影响此形式腐蚀的主要因素有：

① 氨和硫化氢的浓度，浓度越大，腐蚀越严重；

② 管内流体的流速，流速越高，腐蚀趋剧烈；当然流速过低，会使胺盐沉积，导致管子的局部腐蚀；

③ 某些介质存在的影响，如氰化物的存在，对腐蚀将产生强烈影响，氧的存在(主要是随着注入的水而进入)也会加速腐蚀等等。

3. 在各种影响因素条件下的腐蚀状况

表 4-4-14 是国外一些此类高压空冷器在上述各主要影响因素条件下的腐蚀情况。

表 4-4-14 不同条件下的空冷器腐蚀状况

实例	入口温度/℃	出口温度/℃	总进料中腐蚀介质组成						管内流速/(m/s)	管子材料	管子使用寿命
			NH_3/%(摩尔)	H_2S/%(摩尔)	K_P	氯化物/(μg/g)	氰化物	氧			
1	177~204	38~60	0.2	1.8	0.36	6	无	无	4.6	碳钢	已用 13 年，估计还可用很长时间
2	154	49	0.108	7.38	0.80	—	有	有	6.4	碳钢	仅用一个月 U 型弯管处发生冲腐蚀破坏

续表

实例	入口温度/℃	出口温度/℃	总进料中腐蚀介质组成						管内流速/(m/s)	管子材料	管子使用寿命
			NH_3/%(摩尔)	H_2S/%(摩尔)	K_P	氯化物/(μg/g)	氯化物	氧			
3	135~157	46	0.46	0.94	0.44	3	有	无	6.4	碳钢	使用5年
4	133	49	0.0243	3.53	0.086	—	—	—	11.2~15.2	碳钢	仅用1.5~2年U型管处发生冲腐蚀破坏
5	143	43	0.3	6.0	1.8	—	无	无	6.1~9.1	碳钢	仅用一年
										Incoloy 800	至调查时已用3年还可长期使用

4. 高压空冷器腐蚀的控制与防护

高压空冷器的腐蚀是一个很复杂的现象，非由某个或几个参数所能确定的，有时要同时采取多种措施才能控制与防止。一般来说，除了在第二节的第三部分(高压空冷器)中所提到的一些措施外，对于选用碳钢材质时，控制好以下使用条件是至关重要的：

① 总进料中的 NH_3 的摩尔分数与 H_2S 的摩尔分数的乘积(称 Kp)系数必须小于0.5；

② 管内流体的流速控制在4.6~6.1m/s；

③ 尽力减少如氰化物、氧等其他能促进腐蚀的介质(组成)的含量。

如果上述条件满足不了时，就应采用更高档的合金材料。

(十) 加氢设备主要损伤实例分析

1. 加氢反应器母材和焊缝在 H_2 和 H_2S 的长期作用下产生氢损伤和实例

抚顺石油三厂原加氢反应器，有4台材质为20CrMo9(德国)，三厂编号分布是36号，37号、38号、39号，这4台反应器由兰州石油机械厂1971年制造。反应器在制造后的检查以及在使用过程中的检查，均在焊缝部位发现有不同程度的缺陷，有些缺陷甚至超过国家有关标准(JB1152-73标准或JB1152-81标准)规定。这些缺陷的存在对安全造成一定的威胁。为消除隐患，保证安全生产，于是对37号反应器主要缺陷进行返修。同时对该反应器割下的一道环缝及20CrMo9焊接试样(板)做了全面的理化检验(兰州石油化工机械研究所《37号加氢反应器母材、焊缝断裂韧性》1984.6)和断裂分析，将结构介绍如下。

(1) 37号反应器工况

反应器材料为西德进口钢板20CrMo9，规格 $\phi1000\times90\times15260$(内直径×壁厚×长度)。制造工艺为单板卷焊。纵焊缝是电渣焊共13道，环焊缝是手工焊打底自动焊共11道。反应器筒体内壁衬有80mm厚的保温层，双锥密封形式。

反应器正常操作压力为：200kgf/cm^2。

反应器内介质为：油、H_2 及少量的 H_2S、H_2S 含量一般为0.02%~0.04%，硫化过程可高达：1.0%~0.5%。

介质温度：450~460℃；使用时间：约53266h。反应器筒体结构如图4-4-46所示。

(2) 缺陷的性质和成因

对反应器中严重的缺陷进行返修。返修的主要工作室：将第一道、第二道的环焊缝铲除后，重新补焊。将缺陷最严重的第五道环焊缝完全割掉，对割下的部分进行解剖、试验；再将筒体重新焊接起来使用。修复后的反应器焊缝质量很好。

对割下的第五道环焊缝做了全面解剖，发现焊缝中的缺陷都是焊接性质的缺陷，如：夹渣、气孔、未焊透、焊接白点等。这些缺陷绝大部分分布在自动焊与手工焊接触的焊根及熔合线附近。解剖发现原缺陷长度为90mm(从反应器外壁探测)，深度在65~85mm之间，现在从内壁探测，缺陷长度为两条42mm和72mm，间隔20mm，缺陷距内表面深度为24mm、27mm、28mm，缺陷的当量在Ⅲ区(判废线以上)，缺陷当量为$\phi1\times6+16$dB(表面声程损失补偿5dB)。超声探头在焊缝两侧扫查时，一侧缺陷信号较大，另一侧缺陷信号较小，说明缺陷在焊缝中有一斜角，缺陷位置两侧扫查时，缺陷位置在U形坡口的根部。属于夹渣型的未熔合。

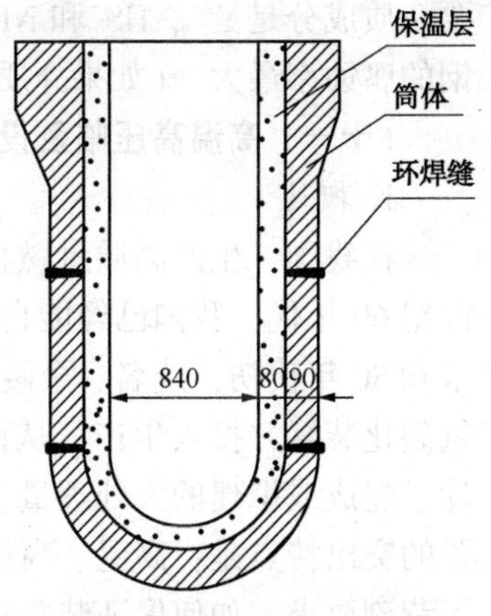

图4-4-46 反应器筒体

这些缺陷都是在焊接过程中形成的原始缺陷，在制造中不能严格执行有规范和焊接工艺，使焊接的质量得不到保证。如：焊缝坡口角度过小、焊丝除污不净、焊剂烘干不够以及热处理控制不严等因素所形成。

（3）理化检验

对割下的37号反应器的一道环焊缝以及20CrMo9焊接试板全面的理化性能检验，详见前面表4-3-20和表4-3-21。

（4）小结

通过对20CrMo9材料及反应器37号的解剖及断裂分析，可得出如下结论：

① 加氢反应器环焊缝中的缺陷是制造性质的缺陷。

② 在现有使用条件下，给出的表面裂纹允许尺寸和埋藏裂纹允许尺寸可作为反应器的裂纹(或缺陷)合于使用和修复的依据。

③ 反应器焊缝中现含的埋藏类缺陷通过分析是允许的、安全的。

④ 分析结构适用于材质为20CrMo9的同类加氢反应器。

2. 加氢裂化装置出现的若干设备腐蚀事例

三起高压、临氢管道的严重腐蚀事例

① 1990年10月1日，南侧第一台的高压空冷器出口管线上的排空线在开工前期气密到3.0MPa压力爆破了。从破裂的部位可观察到最薄壁厚仅0.2mm左右，该管线的材质为ASTMA106GrB(含C≤0.3%，Mn0.29%~1.0%，Si≤0.10%)，管径为ϕ27.2mm，原始壁厚为5.5mm。

② 1990年10月5日，高压分离器D102的界位控制仪引压管弯头在装置开工前期气密到约10MPa压力时出现泄漏。从割下的管件可以看到，在弯头的内弯侧，有一明显的腐蚀沟槽，沟槽内的最薄处壁厚仅2.5mm左右。该引压管的材质为ASTMA106GrB原始壁厚为8.7mm，管径为ϕ60.5mm。

③ 1991年大检修，对高压分离器D102底部酸性水抽出线进行测厚时发现，原始壁厚7.1mm，外径为ϕ48.6mm的抽出线在弯头处减薄到3.7mm。该管线材质为ASTMA106GrB。

这三起管线的腐蚀事例，都发生反应系统的低温高压酸性水部位。正常生产时的操作压力约17MPa，操作温度约50℃，造成腐蚀的介质相似。对D102酸性水进行了化验分析，主要介质成分是S^{2-}、HS^-和NH^+，酸性水的 pH 值为 0.9。(pH 值 7.0 为中性)，酸性水对碳钢的腐蚀率最大。(如果介质进行电化分析 pH 值为 9.0 就是碱性了)。

(十一) 高温高压临氢设备、管道的材质选用

1. 概述

在我国，生产高质量燃料油和乙烯裂解原料等产品的加氢装置近年来得到迅猛发展。20 世纪 60 年代，我国已经能自主建设小处理量、使用冷壁反应器的加氢裂化装置。到 70 年代末和 80 年代初，茂名、金陵、金山、扬子相继引进了 4 套大处理量、使用热壁反应器的加氢裂化装置并投入生产，从而促进了我国的加氢裂化技术的新发展。目前，由我国自行设计、建成或拟建的大处理量、使用热壁反应器的加氢裂化装置已有 10 套之多。加氢裂化装置的突出特点是：高温、高压，同时又是临氢的环境中操作，从而给运行的设备和管道提出了苛刻要求。如何保证装置正常、安全生产是人们要考虑的首要问题。因此，合理地选用管道材质，对装置的安全性与经济性是十分重要的。

2. 高温高压临氢设备、管道失效的形式

钢材在高温、高压、临氢的情况下失效的形式很多，影响的因素也很复杂。下面着重叙述几种常见的，也是主要的失效形式：

① 氢脆。

② 氢腐蚀和表面脱碳。

③ 高压、高温 H_2+H_2S 腐蚀。ⓐH_2S 浓度；ⓑ环境温度；ⓒ材质；ⓓ时间；ⓔ压力。

④ 高温硫腐蚀。ⓐ硫化物含量；ⓑ温度；ⓒ流动状态。

⑤ 其他失效形式。ⓐ铬钼钢的回火脆性；ⓑ铬镍奥氏体不锈钢的晶间腐蚀。

3. 材料选用依据和原则

管材在高温、高压和临氢时的各种失效形式的产生都是有条件的，而且不同的材料其条件是不相同的。为了实现生产装置长周期安全生产，必须保证在操作条件下材料的失效不会发生，同时又要考虑选材的经济性。因此，下面针对不同的失效形式来讨论其选材原则。

(1) 氢脆、氢腐蚀和表面脱碳

目前，国际上通常用由美国石油学会提出的 Nelson 曲线来确定钢材在高温、高压、临氢环境中的使用条件。该曲线给出了一些钢材不发生氢腐蚀和表面脱碳的温度和氢分压条件。在设计选材时，可根据操作条件，依据 Nelson 曲线选用合适的材料(见中华人民共和国行业保证 SH 3059—94《石油化工企业管道设计器材选用通则》第 5.1 节，1994.7.14)。

(2) 高温 S、H_2+H_2S 腐蚀

高温 S、H_2+H_2S 腐蚀为均匀腐蚀，因此在工程设计中，一般是控制其腐蚀率，许多设计规范中都给出了年腐蚀率的限制。腐蚀率太高，管子仅能维护短周期运行，因而需频繁地更换管子，不经济。若单靠升高材料等级以求得一个很低的腐蚀率，也不经济。因此设计时要综合考虑。在满足材料不失效的前提下尽可能选用低等级的材料。

美国人 Couper 和 Goman 提出的 Couper 曲线给出了不同材质在不同温度和 H_2S 浓度下的年腐蚀率。

说明：① 对(0~9)%铬钢，按图 4-4-47 查出 mil/a(密耳/年)后，乘以表 4-4-15 中的修正系数。若用轻柴油则应乘以 1.896。

② 高铬钢：对 18-8 钢可查左图；对含 Cr12%，按左图查出值再乘以 6.026。

③ 从本图查出 mil/a 后，再乘以 0.0254，则单位转化为 mm/a。

表 4-4-15 修正系数

铬含量/%	0	1	2	3	4	5	6	7	8	9
修正系数	1.00	0.957	0.916	0.877	0.841	0.804	0.769	0.736	0.704	0.675

不同温度下含硫油对各种钢材的腐蚀速率，应根据实验数据得出，参照图 4-4-47 可查出不同温度下含硫油对各种钢的腐蚀速率。

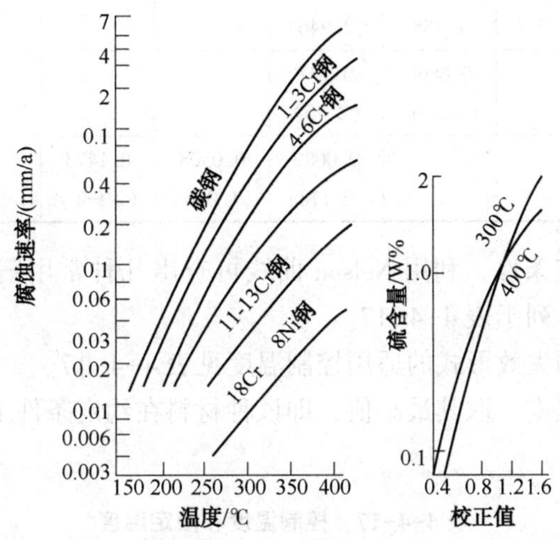

图 4-4-47 不同温度下含硫油对各种钢的腐蚀速率

工程设计中常籍此作为设计选材时计算腐蚀率的依据。

(3) 铬钼钢的回火脆性

对于加氢裂化装置来说，由于其投资密集，危险性又大，且铬钼钢又是用在重要部位，故应避开铬钼钢发生回火脆性的温度区。

(4) 铬镍奥氏体不锈钢的晶间腐蚀

在工程上，应力求避免晶间腐蚀的出现。若必须在晶间腐蚀敏感的区间内使用时，应遵守下列原则：

① 采用低碳奥氏体不锈钢或含钛等稳定化元素的不锈钢。

② 采用的奥氏体不锈钢必须经过固溶化处理和稳定化处理。

① 几条约定和说明

(a) 氢分压按 8.5MPa(缓和加氢裂化)和 18.5MPa(高压加氢裂化)两种情况考虑。

(b) 介质中的硫化氢气体浓度取。ⓐ奥氏体不锈钢为 1%；ⓑ铬钼钢和碳钢为 0.6%。

(c) 管子的设计寿命为 20 年。

(d) 管子的腐蚀余量取。ⓐ铬钼钢为 3mm；碳钢，含硫化氢腐蚀时取 3mm，不含碳化氢腐蚀时取 1mm；ⓑ奥氏体不锈钢，取 1mm。

(e) 由于 Nelson 曲线多是在实验室中得到的数据，而且受管子的制造条件、热处理状态、施工焊接等随机因素的影响，因此各种钢材在曲线上得到的使用温度减去 20~40℃后的温度，才能作为该种材料的使用温度。

② 几种常用材料在约定条件下的适用温度

(a) 根据上面的约定条件，利用 Couper 曲线可算出几种常用材料不同温度下的硫化氢腐蚀速率，根据腐蚀速率和上述约定条件可以推算出其控制温度，见表 4-4-16。

表 4-4-16 使用控制温度推算

材料	腐蚀率/[mm/a(腐蚀量/mm)]						允许腐蚀余量/mm	使用寿命/a	控制温度/℃
	204℃	238℃	246℃	293℃	427℃	538℃			
碳钢 C-Mo	0.0254 (0.5)	0.0508 (1.016)	0.0762 (1.524)	0.154 (3.08)			1 3	20	230 290
1Cr 钢		0.0486 (0.972)	0.0729 (1.458)	0.147 (2.946)			3	20	300
2Cr 钢			0.0668 (1.336)	0.137 (2.75)			3	20	300
奥氏体 不锈钢				0.0089 (0.178)	0.0508 (1.016)	0.1473 (2.946)	1 3	20	420 540

(b) 根据上面的约定条件，利用 Nelson 曲线可查出几种常用钢材不发生表面脱碳和内部脱碳的使用控制温度，列于表 4-4-17。

(c) 其他可能发生的失效形式的适用控制温度见表 4-4-17。

(d) 比较各种控制温度，取其最小值，即该种材料在约定条件下的使用限定温度，见表 4-4-17。

表 4-4-17 控制温度和限定温度

项 目	表面脱碳控制温度/℃		内部脱碳控制温度/℃		高温 H_2+H_2S 腐蚀控制温度/℃	其他失效形式的控制温度/℃	使用限定温度/℃		备 注
氢分压/MPa	8.5	18.5	8.5	18.5			8.5	18.5	
碳钢	>220	>200	220	200	290		220	200	
C-Mo	>315	>280	315	280	290		290	260	
1¼Cr-1/2Mo 1Cr-1/2Mo	>400	>288	288	300	300	371~593	300	280	回火脆性温度
2Cr-1/2Mo 2¼Cr-1Mo	472	418	380	310	310	371~593	310	310	回火脆性温度
奥氏不锈钢	不发生	不发生	不发生	不发生	540	540~900	520	520	σ 相析出

4. 国内几套加氢裂化装置反应部分的材料情况

茂名石化公司和金陵石化公司炼油厂的加氢裂化装置是由日本 JGC 公司设计的，其反应操作压力为 17.59MPa，操作温度与引例中的相近。其他浓度低于引例中给出的值。它的各种材质的使用控制温度见表 4-4-18。

表 4-4-18 茂名和金陵石化公司加氢裂化装置材质适用控制温度

材 料	适用压力/MPa	适用温度/℃	适用介质	腐蚀余量/mm	备 注
碳钢	≤21.5	≤145	氢、油品(气)、硫化氢	1.0	DN≤350
碳钢	≤17.8	≤205	氢、油品(气)、硫化氢	1.0	DN≥400
碳钢	≤20.2	≤215	油品	1.0	
C-1/2Mo	≤21	≤265	氢、油品(气)、硫化氢	1.0	DN≤350
C-1/2Mo	≤18.5	≤250	氢、油品(气)、硫化氢	1.0	DN≥400

续表

材　料	适用压力/MPa	适用温度/℃	适用介质	腐蚀余量/mm	备　注
1¼Cr-1/2Mo	≤18.4	≤340	油品	3.0	
2¼Cr-1Mo	≤19.9	≤365	油品	3.0	
奥氏体不锈钢	≤19.9	≤440	氢、油品(气)、硫化氢	1.0	*DN*≤300
奥氏体不锈钢	≤19.4	≤429	氢、油品(气)、硫化氢	1.0	*DN*≥350

上海石化和扬子石化公司的加氢装置是由德国 LURGI 公司设计的，其操作压力为 19.0MPa，各种材质的使用控制温度见表 4-4-19。

表 4-4-19　上海和扬子石化公司加氢裂化装置材质使用控制温度

材料	适用压力/MPa	适用温度/℃	适用介质	腐蚀余量/mm	备注
碳钢	<15.8	<210	含氢烃、烃类	3.2	
碳钢	<18.6	<150	含氢烃、烃类	3.2	
碳钢	<22.1	<120	烃类	3.2	
C-1/2Mo	<18.4	<245	含氢烃	3.2	
1¼Cr-1/2Mo	≤3.8	≤530	含氢烃	3.2	无高压、中压的等级
奥氏体不锈钢	<18.4	<443	含氢烃、烃类		

由此可见，其各材质的适用控制度与引例中的较接近，而且符合前述的选材原子。这些装置经过几年的运行，证明其选材时可靠的。

5. 结语

选择合适的材料，限定管子的受力值是保证管子可靠性的重要环节。除此之外，管子的可靠性还受其他许多因素的影响。诸如装置运行的不稳定性，材料生产的质量，热处理状态，施工中的焊接质量，冷加工等。因此，设计时，要充分考虑可能出现的不利因素，制定对策，以实现装置的正常生产。

加氢裂化装置设备推荐用材见表 4-4-20。

表 4-4-20　加氢装置主要设备推荐用材

设备名称	设备部位	选　材	备　注
热壁加氢反应器	筒体(母材)	3.0Cr-1Mo-0.25V 2.5Cr-1Mo-0.25V 2.25Cr-1Mo 25Cr-0.5Mo	根据操作条件与介质按 Nelson 曲线选材
	复层	堆焊层 TP309L+TP347 堆焊层 TP309L+TP316L	
	内件	0Cr18Ni9Ti	
脱硫化氢汽提塔	壳体 塔盘	碳钢 +0Cr13Al(0Cr13) 0Cr13	

续表

设备名称	设备部位	选　材	备　注
脱乙烷塔	壳体	碳钢 +0Cr13Al(0Cr13) 碳钢	无脱硫化氢汽提塔时用材
	塔盘、内件	碳钢 0Cr13	无脱硫化氢汽提塔时用材
脱丁烷塔	壳体 塔盘、内件	碳钢 碳钢	
液化气脱硫抽提塔	壳体 塔盘、内件	碳钢 碳钢	
脱丙烷塔 脱丙烷汽提塔	壳体 塔盘、内件	碳钢 碳钢	
脱异丁烷塔	壳体 塔盘、内件	碳钢 碳钢	
溶剂再生塔	壳体	碳钢 碳钢+00Cr17Ni14Mo2 碳钢+00Cr18Ni9	有工艺防腐或加缓蚀剂时
	塔盘、内件	0Cr13	
干气脱硫吸收塔	壳体 塔盘、内件	碳钢 碳钢	
循环氢脱硫塔	壳体	抗 HIC 钢	
	塔盘、内件	碳钢 0Cr18Ni10Ti	
热高压分离塔		同反应器材料	
冷高压分离器	筒体 内件 金属丝网	抗 HIC 钢 0Cr18Ni10Ti 0Cr18Ni10Ti	
反应流出物/原料油、氢气或流出物换热器	壳体　管程、壳程	2. 25Cr-1Mo 1. 25Cr-0. 5Mo 1. 0Cr-0. 5Mo 低合金钢(仅壳程)	根据操作条件与介质按 Nelson 曲线选材
	壳体　复层	复合板 0Cr18Ni10Ti 堆焊层 TP309L+TP347	
	管子	0Cr18Ni10Ti	
热高分气原料油，氢气或流出物换热器	壳体　管程、壳程	2. 25Cr-1Mo 1. 25Cr-0. 5Mo 1. 0Cr-0. 5Mo 低合金钢(仅壳程)	根据操作条件与介质按 Nelson 曲线选材
	壳体　复层	复合板 0Cr18Ni10Ti 堆焊层 TP309L+TP347	
	管子	0Cr18Ni10Ti	

续表

设备名称	设备部位	选　材	备　注
热低分气/冷低液换热器	壳体　管程 壳体　壳程 管子	碳钢+0Cr18Ni10Ti 碳钢 0Cr18Ni10Ti	介质：热低分气 介质：冷低分气
反应物流出物空冷器	管箱 管子	抗 HIC 钢 碳钢	管端入口处衬 00Cr17Ni14Mo2 或 Ti 管(长度≥600mm)
脱硫化氢汽提塔顶空冷器	管箱 管子	抗 HIC 钢 碳钢	
再生塔顶空冷器	管箱 管子	抗 HIC 钢 碳钢 00Cr17Ni14Mo2	有工艺防腐或加缓蚀剂时

四、加氢设备用新 Cr-Mo 钢材的开发与石油三厂加氢装置对抗氢钢的应用

(一) 概况

加氢裂化和加氢脱硫装置中所用的反应器等高温高压设备，过去大多都是采用 2¼Cr-Mo 钢制造。此类设备在高温高压氢苛刻环境下的长期运转中曾发生过如前述的氢腐蚀、氢脆、回火脆性以及堆焊层剥离等各种材料损伤问题。尽管一些问题在加氢技术发展过程中经过大量研究，从工程应用上已得到解决，适当的损伤(如堆焊层剥离)方法，仍在研究之中。因此，由于重质或超重质油裂化和煤液化等新工艺的出现会使加氢试板的使用条件更趋高温高压化。为了提高经济性，装置都向大型化发展，随之而带来的设备大型化，若仍采用原来的 Cr-Mo 钢，将会使设备壁厚很厚，而给制造、运输带来困难。因为这些材料在 450℃以上其设计应力强度或许用应力是受蠕变断裂强度控制的。在超过 450℃的高温区，其值急剧下降。因此也希望材料能有更高的强度，尤其是高温蠕变强度。在这种背景下，从 20 世纪 80 年代开始，美国和日本几乎是同时开展了高温高压加氢反应器用新 Cr-Mo 钢材的开发，并取得成功，已在工业装置的设备上采用，这是加氢反应器等设备技术的又一进步，它将加氢反应器推进了一个新时代。

(二) 新 Cr-Mo 钢材的开发

为了满足前面所说的需要，加氢反应器等设备用新材料的开发是以下面几点作为开发目标：

① 提高钢材的设计应力强度值(包括室温的抗拉强度及要有较高的蠕变断裂强度)，以适应大型化的需要；

② 更好的对环境强度的适应性(包括提高现有钢材的抗氢腐蚀、氢脆、回火脆性、堆焊层剥离的能力及更优的韧性)，以满足更趋高温高压加氢环境的使用条件；

③ 好的加工工艺性能(包括更好的淬透性和好的可焊性等)；

④ 低的成本。

为了达到上述目标，主要通过两种途径来进行：一是通过改变原钢号的热处理条件，如所开发的增强型 2¼Cr-1Mo 钢，就是把标准规定的原 2¼Cr-Mo 钢的回火温度由 675℃降低

到620℃(化学成分不变)，从而使抗拉强度 σ_b 由原来的515MPa提高到760MPa；二是在原钢号的基础上添加某些合金元素来达到所需要的要求，如所开发的改进型3Cr-1Mo钢(例如3Cr-1Mo-¼V-Ti-B钢和3Cr-1Mo-¼V-Cb-Ca钢)和改进型2¼Cr-1Mo钢(如2¼Cr-1Mo-¼V钢和2¼Cr-1Mo-V-Cb-Ca钢)就是以原有的化学成分为基础，添加0.2%~0.3%的V等元素来达到高强度化，并且考虑到高温强度或淬透性及可焊性等性能，而在规定的范围内添加了Cu、Ni、Nb、Ti、B、Ca及稀土金属(REM)元素等

这些新开发的材料，先后都被美国的ASME或ASTM、日本的JIS、英国的BS5500、德国的VdTüV等一些国家标准所认可或纳入其中。有的材料已经应用于制作工业装置的加氢反应器，特别是Enh。2¼Cr-1Mo钢和3Cr-1Mo-¼V-Ti-B钢和3Cr-1Mo-V-Cb-Ca钢已应用不少。日本制钢所1993年为荷兰一炼油厂制造的(1994年投用)一台1450t加氢反应器就是用3Cr-1Mo-¼V-Ti-B材料制造的。3Cr-1Mo-¼V-Cb-Ca钢开发稍晚，1993年才得到ASME认可，并开始制造反应器，也有近千吨的应用实例。改进型3Cr-1Mo钢等虽然添加某些合金元素，钢材单重价格要比常规钢稍贵，但由于它的强度比常规2¼Cr-1Mo钢高，可使设备轻量化，其结构按同样设计条件(温度、压力、内径、高度)制造出的设备其所需费用基本上是相当的。然而，改进型3Cr-1Mo等钢材的抗环境强度性能却比常规钢优越得多，使得使用安全性更加可靠。

(三) 新Cr-Mo钢材的优点

3Cr-1Mo-¼V-Ti-B钢研制成功后，之所以能很快地推广开来，主要是由于它的开发具有很明确的针对性，即为了解决或完善加氢反应器等设备原采用的2¼Cr-1Mo钢在使用中存在的问题以及为了适应加氢工业发展的需要。具体地讲，从1984年~1993年相继开发两大类4种新Cr-Mo钢，有：2¼Cr-1Mo钢；2¼Cr-1Mo-¼V钢。改进型Cr-Mo钢有：3Cr-1Mo-¼V-Ti-B钢；3Cr-1Mo-¼V-Cb-Ca钢。

(四) 石油三厂对抗氢钢的应用实例

以3Cr-1Mo-1/4V钢制加氢反应器为例

为了减少进口并实现国产化，1998年国内开发出3Cr-1Mo-¼V新型抗氢钢后，第一重型机械厂用此材料为抚顺石化公司石油三厂 120×10^4t/a催化柴油中压加氢精制(改质)装置制造两台反应器，反应器的设计参数如下：

加氢精制反应器设计参数：设计压力11.55MPa；设计温度430℃；介质为油气、H_2、H_2S，其中 H_2S 体积含量为0.1%；氢分压8MPa；反应器内径3600mm；切线长度17030mm。

加氢裂化反应器设计参数：设计压力11.03MPa；设计温度440℃；介质为油气、H_2、H_2S，其中 H_2S 体积含量为0.1%；氢分压8MPa；反应器内径3600mm；切线长度14680mm。

(1) 两台反应器选材的依据

根据反应器的实际温度和氢分压，按照API抗氢曲线(临氢作业钢防止脱碳和微裂的操作极限)，反应器壳体基层可选用2¼Cr-1Mo或3Cr-1Mo-¼V钢，综合考虑结果，这两台反应器的基层材料选用3Cr-1Mo-¼V钢。内表面堆焊层，厚度为3mm的E309L和厚度为3.5mm的E347。选3Cr-1Mo-¼V钢的依据如下：

① 有较高的设计应力强度。ASMEⅧ-2查得3Cr-1Mo-¼V锻钢在440℃，430℃下的设计应力强度分别为165MPa、167MPa，而相应的2¼Cr-1Mo锻钢的设计应力强度为152.8MPa、154.6MPa，二者相比，前者比后者应力强度高8%左右。通过对比计算，选用3Cr-1Mo-¼V钢，两台反应器壳体重量可以减少约50t，既节省材料，又方便运输和吊装。

3Cr-1Mo-¼V 钢之所以有较高的应力强度，一是从冶炼和锻造工艺技术上保证了钢材的高纯洁、高致密、高均匀性，二是通过“锻后热处理”、“性能热处理”这两道关键工序，得到的是充分的贝氏体组织。

对于钢材的组织来讲若杂质少、致密性强、金相组织均匀，就能获得较高的强度和韧性，而下贝氏体组织本身就具有优良的综合机械性能，它能将较高的强度和塑性与韧性很好地配合。下贝氏体的亚结构高密度位错以及细小碳化物在贝氏体铁素体内沉淀析出，是保证下贝氏体具有优良综合机械性能的主要原因。弥散分布的细小碳化钒粒子也可提高钢的高温强度。

另外，与 2¼Cr-1Mo 钢相比，3Cr-1Mo-¼V 钢中 Si 和 Cr 的含量有所不同，前者 Si≤0.20%、Cr=2.0%~2.5%，后者 Si≤0.10%、Cr=2.75%~3.25%。一般情况下，降低 Si 的含量可以提高钢的高温韧性，相反增加 Cr 的含量可以提高钢的高温强度，这也是 3Cr-1Mo-¼V 钢具有较高强度的一个原因。

② 高温氢腐蚀能力强。与 2¼Cr-1Mo 钢相比，3Cr-1Mo-¼V 钢具有较强的抗高温氢腐蚀能力，这主要归功于元素 V 的作用。上面和前面提高钒与碳在钢中能够形成碳化物 V_3C_4，当钒含量低时，钢中同时共存的基本上是纯的碳化铁（Fe_3C）以及碳化钒（V_3C_4），钢中有两种碳化物共存时，其抗氢蚀能力取决于最不稳定的碳化物，即纯碳化铁。钒在碳化铁中有一定的溶解度，如果适量的增加钒的含量可以稳定钢中的碳，这是因为在高温环境下钒能优先和碳结合生成稳定的碳化物。一般认为含钒钢比不含钒钢的抗氢稳定能提高 50℃。

另外，这两台反应器都属于高温高压操作工况，从氢腐蚀角度分析，可能产生的是高温氢腐蚀。所谓氢腐蚀，就是在高温高压下 H 与钢内部的 C 发生反应生成甲烷（CH_4），造成甲烷鼓泡，它与氢鼓泡一样，也往往沿钢中层状组织或链状夹杂物发生，开裂的机制类似晶界开裂。而碳化钒除了起到稳定碳的作用外，还能把氢固定住，组织氢离子在金属内部窜动，起到一个陷阱作用，这样就消除了产生甲烷的条件，提高了 3Cr-1Mo-¼V 钢抗高温氢腐蚀能力。

③ 回火脆化抗氢剥离性好。3Cr-1Mo-¼V 钢除了设计应力强度高、抗氢蚀能力强以外，还有很多其他的优点，如抗回火脆化能力强，不易出现奥氏体不锈钢堆焊层剥离现象。有关部门的调查结果表明，国内目前在用的 2¼Cr-1Mo 钢制加氢反应器，运行 4 年后，无堆焊层的壳体内表明有微观裂纹产生，带堆焊层的壳体内侧出现堆焊层与基体剥离现象。从国外的检查结果来看，2¼Cr-1Mo 钢在 450℃以下有的设备出现了回火脆化，而 3Cr-1Mo-¼V 钢制加氢反应器至今还没有裂纹和堆焊层剥离现象发生。

（2）3Cr-1Mo-¼V 钢的化学成分和力学性能

3Cr-1Mo-¼V 钢的化学成分如表 4-4-21 所示。

表 4-4-21　3Cr-1Mo-¼V 钢的化学成分　　%

元素	C	Si	Mn	P	S	Cr	Mo	Ni
熔炼分析	0.10~0.15	≤0.10	0.30~0.60	≤0.010	≤0.010	2.75~3.25	0.90~1.10	≤0.010
产品分析	0.09~0.17	≤0.10	0.27~0.63	≤0.010	≤0.010	2.65~3.35	0.89~1.13	0.10

元素	Cu	Sb	Sn	As	V	Ti	B
熔炼分析	≤0.10	≤0.10	≤0.10	≤0.10	0.20~0.30	0.015~0.035	0.001~0.003
产品分析	≤0.10	≤0.10	≤0.10	≤0.10	0.18~0.33	0.010~0.040	0.001~0.003

3Cr-1Mo-¼V 钢的力学性能如表 4-4-22 所示。

表 4-4-22　3Cr-1Mo-¼V 钢的力学性能

σ_b(室温)/MPa	$\sigma_{0.2}$(室温)/MPa	δ(室温)/%	Ψ(室温)/%	A_{KV}(-18℃)/J		σ_b(450℃)/MPa
				三个试样平均值	允许一个试样	
585-760	≥415	≥18	≥45	≥54	≥47	≥450

表 4-4-23　2¼Cr-1Mo 和 3Cr-1Mo-¼V 计算结果

材质	精制反应器(R-101)			裂化反应器(R-102)		
	应力强度/MPa	壁厚/mm	质量/t	应力强度/MPa	壁厚/mm	质量/t
2¼Cr-1Mo	154.6	146	358	152.8	141	316
3Cr-1Mo-¼V	167	135	332	165	135	292
质量差			26			24

注：两台反应器共计节省材料 50t。

3Cr-1Mo-¼V 钢回火脆性控制指标：

① 回火脆性敏感系数 $J=(Si+Mn)\cdot(P+Sn)\times10^4\leqslant100$，式中元素以分数含量代入 $X=(10P+5Sb+4Sn+As)\times10^{-2}\leqslant15\times10^{-6}(15\mu g/g)$，式中元素以 $10^{-6}(\mu g/g)$ 含量代入。

② 回火脆化倾向评定试验结果 $vTr54+3\Delta vTr54\leqslant0$。

(3) 主要技术要求

① 本次设计在材料的技术要求上，加严了有害元素含量的控制指标，如 Si 的含量(产品分析)由原来要求的≤0.12%改为≤0.10%，P 的含量也由原来的≤0.012%改为≤0.010%。

② 制造方面的要求。与 2¼Cr-1Mo 钢相比，3Cr-1Mo-¼V 增加了元素 V，加大了材料冶炼上的难度。还由于碳化钒的原因，本钢材的硬度有所提高，也增加了锻造难度，而且在焊接时电流、电压的波动范围要求较窄。另外，为了保证产品的化学成分 Si≤0.10%、P≤0.010%，制造单位在冶炼材料时提高了熔炼分析的企业内部控制指标，具体为 Si≤0.05%，P≤0.005%。

③ 检验方面的要求。在焊接之后(或中间消除应力热处理之后)，关于 3Cr-1Mo-¼V 钢基本焊缝的化学成分分析，原实际只要求检验 Cr、Mo、Mn、Ni、Cu、V、Si+Mn 等元素。本次设计为了保证产品质量，要求按 3Cr-1Mo-¼V 钢化学成分(前表)表中的控制指标对所有的元素进行检验。

总之，这两台加氢反应器在设计上是先进可行、安全可靠的，在总体技术要求方面等同或略严于国外同类反应器的技术要求。

(五) 石化设备材料损伤及其评估技术

下面阐述设备损伤评价技术及国内外发展概况，并针对我国国情及石化的特点提出石化设备材料损伤及其评价方法。

1. 概述

石化设备安全可靠性问题是影响设备长周期运行的“瓶颈”问题，在国内石化行业中，20 世纪 70 年代以前建厂的企业占石化行业的大部分，因此在今后一段时间内，石化行业中的大部分企业的主要设备及部分部件将进入设计寿命的末期。如何开发保证设备安全连接运行、避免设备或整个工厂过早退役的寿命评价技术已成为国内石化行业普遍关心的问题。同时，也是刻不容缓必须解决的问题。这一问题在发达国家(如欧、美、日等)更为突出。为此，近年来工业发达国家投入了大量的人力物力，对设备材料进行损伤研究、正确估价设备的剩余寿命，用高新技术挖掘设备潜力，尽可能延长设备的使用寿命。

设备的寿命可分为设计寿命和可用寿命。设计寿命是按一定计算方法并给予保证的安全裕度而得到的；而可用寿命是在服役条件下可能用到的寿命。延长寿命措施的目的就是为了保证工厂能运行到可用寿命的终结，避免按照传统设计的寿命终结的观点使部件或整个工厂过早地退役。寿命评价技术可用于许多情况的分析：如制定设计规范和标准，建立合适的设备检修间隔，制定合理的维修计划以及操作规程等。因此，寿命的评价技术所带来的经济效益是相当可观的。我国的科技工作者在加氢反应器、换热器的寿命评价技术方面作了大量的工作，取得了可喜的成绩。同时，由于制造与设计方面高新技术的应用于开发与应用，石化企业生产装置由原来的"一年一修"改为"三年二修"或"二年一修"或者更长。许多工业发达国家由于对寿命技术的普遍采用，其石油化工厂生产装置的检修间隔也从一年一修延长到二年至三年一大修。

2. 损伤研究及其评价技术

对损伤及寿命评价技术研究，从目前国内、国际发展水平来看，是从两个方面进行的，即微观评价技术和宏观评价技术。随着科学技术的发展，作为评价损伤及寿命的微观方法及宏观方法将会最终形成有机的结合。

微观评价是基于损伤力学观点而产生的，损伤力学认为材料总是存在缺陷的，且缺陷是连续分布的，一旦材料受载则必然受到损伤，损伤是由于微孔洞和微裂纹形成的。设备及材料中分布的微缺陷和微裂纹不仅导致宏观裂纹的萌生和最后断裂，还会引起持续的材料性能劣化(材料损伤)，导致设备承载能力的降低而发生破坏。材料的损伤可通过强度、刚度、稳定性和剩余寿命等的降低来测量。对损伤问题的研究自 Kachanov(1958 年)和 Robtnor(1969 年)的早期工作以来，宏观损伤的概念有了显著的发展，为在宏观连续介质层次上考察材料及结构的各种损伤过程建立了一种有效的手段。损伤问题是能力耗散问题，Huly(1979 年)、Chabochc(1981 年)、Lematc(1981 年)、Kragcimovic(1984 年)根据热力学原理，建立起了研究损伤问题的不可逆热力学一般框架体系，从而使对损伤问题的研究得到了进一步发展。对材料损伤的研究是建立在材料的本构关系理论及裂纹扩展理论基础上，建立损伤的定义，找出一个可以描述损伤演变的变量，而损伤变量应是物质某种不可逆变化的一种定量表示，作为热力学内变量的损伤变量，它不能象弹性或塑性那样可以直接测量，一般需要经中间量的确定。研究影响损伤的因素从一般力学定义上讲是希望能够描述材料的损伤过程与应力、应变行为的耦合作用，更确切地说是建立损伤一化方程。对设备及材料进行损伤研究主要方面有：高周疲劳损伤、低周疲劳损伤、蠕变损伤、蠕变与疲劳交互作用损伤、腐蚀疲劳损伤、应力疲劳损伤等。影响设备及材料损伤的因素主要包括温度、应变、环境等。目前，研究材料损伤的方法主要有通过比较材料损伤前后力学性能的变化、微观组织的变化及微孔洞、微裂纹生产的数量进行分析，将建立的损伤一化方程及损伤检查、试验得出的结构相结合形成损伤及寿命的微观评价技术。

宏观评价方法及宏观力学方法是以应力、应变分析为基础，通过试验研究提出发展模拟、理论及经验公式。这种方法依赖于宏观力学现象。宏观评价方法是由设备或材料中存在的宏观缺陷(裂纹)这一现象出发，研究在各种情况(如疲劳、蠕变、疲劳与蠕变交互作用、应力腐蚀、腐蚀疲劳等)下裂纹的扩展规律、扩展寿命及延长裂纹扩展寿命的措施。目前宏观评价主要从以下几方面进行研究：

① 对微小裂纹传播规律的研究；由于设备及材料破坏范围裂纹萌生和裂纹扩展两个阶段，在很多情况下裂纹萌生寿命占了整个寿命的大部分。同时由于微裂纹尖端处的应力、应变场与宏观裂纹明显不同，浅弹性断裂力学不再使用，因此对微观裂纹的研究具有重要的意义。对微观裂纹研究是从多方面进行的，如关键微裂纹的微观组织、裂纹条件和环境条件给出微裂纹的定义。其传播规律与结构尺寸、开闭口行为等的关系，对破坏机理的研究以及研究表面微裂纹扩展行为的统计特征，将微裂纹行为概念化、模型化并进行数值分析等等。

② 弹塑性断裂力学应用于宏观方法：由于目前所用材料大多都具有较好的韧性，当设备及材料中一旦产生裂纹，裂纹尖端的应力场将使线弹性断裂力学分析得出的应力场有很大的不同，此时必须采用弹塑性断裂力学对裂纹扩展及寿命进行预测。在线弹性宏观评鉴方法中采用的主要有应力强度因子及裂纹扩展能量释放率。在弹塑性分析中采用的主要有裂纹尖端张开位移 COD 及 J 积分方法，除此之外，还有采用不净应力、循环应变幅及应变能密度等作为表征裂纹扩展寿命的方法。

③ 蠕变、疲劳交互作用的研究：这一问题随着现代核工业、应力工程、石油化工的高速发展日益受到重视。对大多数金属材料而言，室温下蠕变变形通常很小，而高温下则必须考虑。同时，材料的机械性能随着温度的升高而有显著的变化，设备及材料的应力也因温度与实践的影响而重新分配。因此，研究高温下的疲劳时，特别是高温低周疲劳，是必须同时考虑疲劳与蠕变二者的相互作用和影响。这方面的研究主要包括对蠕变成分的合理划分，疲劳、蠕变交互作用下裂纹的扩展规律，剩余寿命的计算，蠕变破坏机理，疲劳损伤、蠕变损伤计算及叠加等。

④ 材料本构关系的研究：对材料本构关系的研究，就疲劳问题而言是建立能反应材料循环特性的动态弹塑性解析方法模型，石油化工设备及材料载荷的应力状态多为复杂应力状态。而复杂应力状态下设备及材料的破坏机理与一维应力状态有很大不同。因此，对复杂应力状态下设备及材料的研究更具有工程意义。近年来，国际上发表的疲劳裂纹扩展规律的研究中，使用最多的控制参量就是采用 J 积分应变幅 ΔJ，因为至今 J 积分是研究塑性问题最为有效的手段，它有取代裂纹张开位移 COD 作为裂纹尖端应力。应变场强度表征参量的趋势。J 积分理论基础牢固，定义明确，但计算上困难较大，这就要求人们建立起能够表征材料循环特性的动态弹塑性模型，为 ΔJ 积分的应用及其他方法的建立奠定基础。

⑤ 对应力腐蚀及腐蚀疲劳的研究：随着科学技术的发展，石化行业朝着高温、高压方向发展，同时，由于深加工技术的发展介质的腐蚀性愈加严重，因此研究腐蚀介质环境下的破坏问题更为重要。在腐蚀介质中材料的破坏过程与政策情况下截然不同，关于腐蚀介质作用下的破坏研究主要包括腐蚀疲劳、应力腐蚀、氢脆等方面。宏观评价是采用宏观力学方法建立起能够反映材料加载关系模型及给出裂纹扩展规律和疲劳寿命的表达式，根据实验、计算对实际设备及材料进行寿命预测。

3. *评价技术在石化行业的应用*

围绕损伤及剩余寿命问题，即寿命评价技术。近年来，西方国家投入了大量的人力物力进行研究，对设备寿命进行预测，并采用高新技术挖掘设备潜力，延长设备使用寿命。日本为解决延长寿命评价问题组织了几十所大学及科研单位进行联合研究，并取得了一定的成果。在欧洲，为寿命评价技术投入了大量的人力物力，开发出了一些产品，如超声显微镜、智能型高分辨X光仪、瞬态红外热像仪、智能型超声波探伤仪、新型温度测量仪等。在寿命评价技术方面，欧美包括日本竞争十分激烈，同时又互相合作，并取得了一定的基础理论研究成果。这些成果使企业普遍受益，如美国电力研究所(院)研制的计算机软件包可以根据实际的工况按照锅炉的温度和应力历史，准确地计算出蠕变损伤。我国石化行业中的大部分企业将在今后一段时间内逐渐进入设计寿命期，出现设备寿命问题是必然的。但是这些设备仍然具有富足的寿命，或经过延寿措施后仍可继续运行。因此，正确推断设备的可用寿命及对设备采用延寿措施将使我国工程界面对的一项重要任务。目前我国一些科学基金研究项目多偏于理论研究，工程资助项目多偏于产品开发，而设备寿命评价技术是介于研究和工厂产品开发研究的中间层次的研究。因此，对这类项目的研究该加以重视。

石油化工容器及设备，如加氢反应器、换热器、加热炉炉管等，在操作承载过程中，其设备及材料都会产生各种类型的损伤，有的以疲劳损伤为主，有的以蠕变损伤为主，有的是二者的交互作用等。但无论那种类型损伤，他们大多数都处于复杂的应力状态。如容器在操作过程中，由于频繁地间断操作和开停工都造成了压力和各种载荷的变化，即造成了容器和构件的疲劳。除受三向应力的容器外，对于受二向应力的容器，在其结构、载荷、材料不连续处(如筒体接管处)都会产生应力集中，从而产生比较大的变形，操作过程中，容器的压力和温度波动时，就会在应力集中部位产生较其他部位大得多的响应，使应力集中部位产生较大的应力和应变波动。从而形成了疲劳破坏的裂纹源，而该裂纹源又大多处于三维应力状态。因此，对石油化工容器及设备进行损伤评价首先应解决两方面的问题：第一，要使产生的三维应力状态与工程实际情况相符合。即要能形成不均匀的三维应力场。第二，要建立能反应材料加载历史的解析方法模型。目前我国对石化设备及材料建立损伤评价方法的研究已经起步，并已取得了初步成果，如对石化材料轴对称三维应力状态下的疲劳蠕变成分的划分、疲劳与蠕变的相互作用、疲劳寿命预测及裂纹扩展规律研究中已取得了裂纹扩展规律。裂纹萌生寿命及裂纹扩展不依赖于应力状态，只与某一参量有关的结果。这一结果不仅具有重要的理论价值，同时具有重大的工程实际意义。可将实验室研究直接应用于工程实际。同时目前正在开展关于其他因素如温度、应变速率等对疲劳寿命。裂纹扩展规律影响的研究。在设备及构件安全性评价研究方面近年来也获得重大的进展，在安全评价技术方面，进行了对接焊缝区巨型缺陷弹塑性断裂分析与安全评定研究；体积型缺陷极限载荷及安全性分析和安全评定技术研究；接管高应变区缺陷评估研究；整体综合安全评估和安全状况等级评定研究等。在缺陷检测技术方面，进行了提高危害性缺陷超声波检测可靠性研究，接管角焊缝自动超声检测研究与设备研制；危险性缺陷声发射检测和监测评估技术研究与设备研制等。

根据我国的过去及已取得的成果，应针对石化设备进一步开展基础理论及应用技术研究，建立起适合各种情况下材料损伤与寿命预测的评估方法。研制、开发关键性的智能型检测设备，在评价技术方面将上述方法与普及的计算技术相结合，形成适合我国国情及石化行业特点的损伤及寿命预测计算机评价技术。在微观评价方面，应建立起微观损伤模型，建立损伤演化方程，将材料损伤后金相组织、微孔洞、微裂纹、晶粒变形、硬度、弹性损伤等现场观测及实验结果，结合计算机图像技术对材料微观损伤进行评价。宏观损伤评价技术方面，在建立损伤模型的基础上根据检测、试验结构采用计算机技术建立起评价设备及材料损伤的计算机评价技术。

因此，根据我国的国情及石化行业特点，对石化设备进行损伤及安全评价较为有效的方法是将已经取得的基础研究及应用研究成果与现代检测、监测技术相结合，建立起设备及材料损伤及寿命预测的计算机评价技术。使该项技术真正有效地加以应用，成为石化设备损伤及寿命评价及保证设备安全连续生产的有效工具。

五、高压管道与管件及其管理

石油三厂高压加氢管道的钢种有：20 号钢、12Cr5Mo 钢及 18－8 型钢。管内介质有：氢、油、油+氢等。加氢用的纯对流式加热炉是由钢管对接焊构成，所以从焊接的角度出发，归属于加氢管道的电弧焊接范畴之内。

高压管道与管件的管理是一项十分细致的工作。这是由于这些管道与管件在整个加氢装置中所占的面广，数量多，品种复杂，并且都承受着高温或高压与腐蚀介质。即使对于一根管线，一对法兰，甚至一个螺栓，无论在材质的选用或供应商，或在加工与安装上，或在日常维护上，都不能有任何疏忽，否则都会影响安全生产，甚至酿成大祸。。例如 1956 年，在使用苏联进口的高压不锈钢管时，在不到一个月的时间里，就发生了五次裂缝漏气．1956 年某套加氢装置加热炉入口三通，再次裂缝冒烟。

其他如腐蚀、磨损、焊口裂缝、误用材质等都可能会遇到。因此，加强这方面的管理，对它们有较严格的要求非常必要。

1. 管道与管件的钢种使用范围及尺寸规格

高压管道及其部件主要包括高压管、法兰、螺栓、螺帽、垫圈及弯头、三通等。根据它们的工作温度范围，石油三厂选用钢材的使用范围规定如表 4-4-24 所示。

表 4-4-24　钢材使用范围(压力：20.0MPa)

高压管件名称	各级温度范围内管件使用材料		
	<250℃	251~400℃	401~510℃
螺纹法兰	30	30CrMoA	25Cr2MoVA
透镜垫圈	20	12Cr5MoA	1Cr18Ni9Ti
双头螺栓	30	30CrMoA	25Cr2MoVA
螺母	30	30	30CrMoA
管线	25	12Cr5MoA 或 N_8	N_{10}或 1Cr8Ni9Ti
异径管	25	12Cr5MoA 或 N_8	N_{10}或 1Cr8Ni9Ti
弯头	25	12Cr5MoA 或 N_8	N_{10}或 1Cr8Ni9Ti
三通	25	12Cr5MoA 或 N_8	N_{10}或 1Cr8Ni9Ti

解放初期，所用高压管，尤其是合金钢管绝大部分靠国外进口。品种繁多，法兰。螺栓等部件的规格亦相应地杂乱，同时存在着公制与英制的螺纹规格，这样就给配件加工、安装、保管和管理等方面都带来很多麻烦。到目前为止，尚在使用的高压管有如下品种，见图 4-4-48 及表 4-4-25。

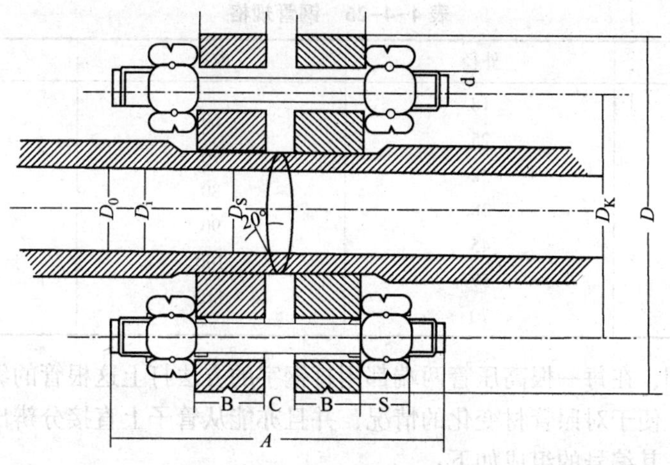

图 4-4-48　高压管

表 4-4-25　高压管螺纹法兰联接尺寸

管子				主要尺寸								
D_i	D_o	D_o/D_i	D_s×牙/in	D	D_K	A	b	S	C(约)	d	螺丝孔数 n	双头螺栓孔直径 ϕ
12	24	2	G5/8″(22.912×14)	105	70	110	20	19	9	M16	4	18
15	22	1.47	G1/2″(20.956×14)	105	70	110	20	19	9	M16	4	18
15	25	1.67	G5/8″(22.912×14)	105	70	110	20	19	9	M16	4	18
20	30	1.50	ϕ29×14 牙/吋	130	90	130	25	22	9	M20	4	22
20	42	2.10	$G_1$1/4″(41.912×11)	130	90	130	25	22	13	M20	4	22
25	39	1.56	$G_1$1/8″(37.898×11)	135	95	130	25	22	10	M20	4	22
25	42	1.68	$G_1$1/4″(41.912×11)	135	95	130	25	22	10	M20	4	22
25	48	1.92	$G_1$1/2″(47.805×11)	135	95	130	25	22	13	M20	4	22
30	44.5	1.48	$G_1$3/8″(44.325×11)	150	110	148	30	25	10	M22	6	25
30	54	1.80	$G_1$3/4″(53.748×11)	150	110	148	30	25	14	M22	6	25
35	60	1.71	G2″(59.616×11)	165	120	152	35	25	14	M22	6	25
40	57	1.42	ϕ56×11 牙/in	165	120	152	35	25	11	M22	6	25
40	60	1.50	G2″(59.616×11)	165	120	152	35	25	11	M22	6	25
40	66	1.65	G2¼″(59.616×11)	165	120	152	35	25	15	M22	6	25
46	60	1.30	G2″(59.616×11)	200	145	178	40	30	11	M27	6	30
50	70	1.40	φ69×11 牙/in	205	150	192	45	32	14	M30	6	32
50	76	1.52	G2½″(75.187×11)	205	150	192	45	32	14	M30	6	32
60	76	1.27	G2½″(75.187×11)	225	170	200	50	32	14	M30	8	32
60	90	1.50	G3″(87.887×11)	225	170	200	50	32	16	M30	8	32
60	94	1.57	G3¼″(93.984×11)	225	170	200	50	32	17	M30	8	32
70	108	1.54	$G3_{4/3}$″(106.684×11)	250	190	242	60	36	19	M33	8	35
74	96	1.30	G3¼″(93.984×11)	250	190	242	60	36	16	M33	8	35
80	120	1.50	ϕ118×8 牙/in	270	205	255	65	38	20	M36	8	38
109	152	1.40	φ150×6 牙/in	310	240	318	90	42	25	M39	8	42

为了简化钢管尺寸的规格，并符合国家标准化规定，建议新购的统一规格如表 4-4-26 所示。

表 4-4-26　钢管规格

内径	外径	内径	外径
10	18	60	83
15	25	70	102
20	32	80	114
25	38	90	127
30	45	100	140
40	57	110	152
50	70		

为了加强管理，在每一根高压管两端都用打钢字的方法打上这根管的编号。这有利于记载它的历史资料，便于对照管材变化的情况，并且亦能从管子上直接分辨出它的钢种，以避免发生误用材质，其编号的组成如下：

每一块法兰侧面上亦做上编号，其组成如下：

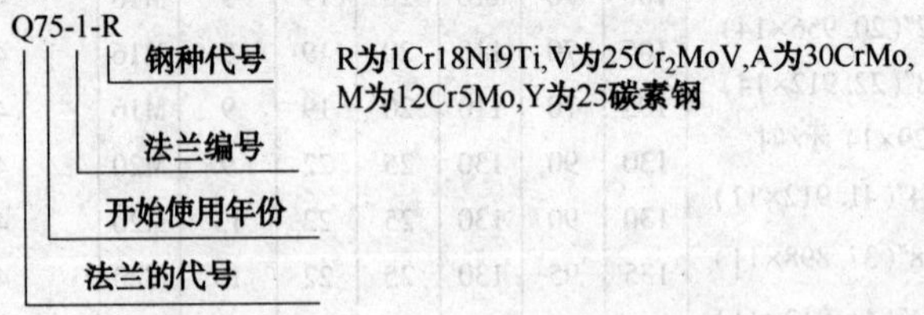

法兰除上述编号外，还在制造外线的圆周侧面上有使用与低、中、高温的三种区别，如图 4-4-49 所示。

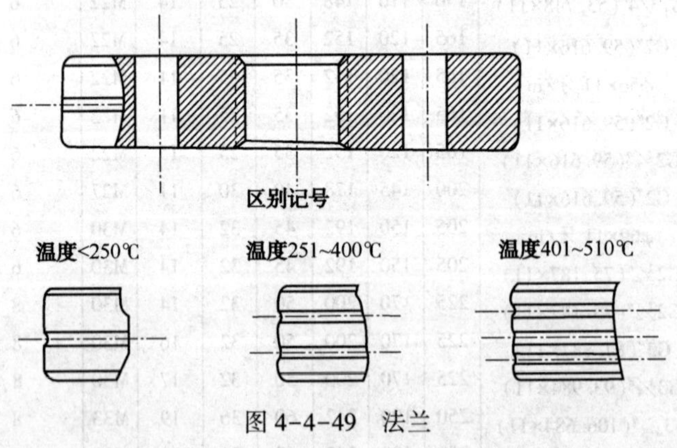

图 4-4-49　法兰

高压双头螺栓与法兰亦在制造外形的两端，区分为低、中、高温三种。如图 4-4-50 所示。

高压螺帽亦在制造的外形上区分为低、中、高温三种。如图 4-4-51 所示。

透镜垫圈亦在制造外形的圆周侧面上区分为低、中、高温三种。如图 4-4-52 所示。

高压三通、异径管及直角弯头的尺寸分别见表 4-4-27～表 4-4-29。

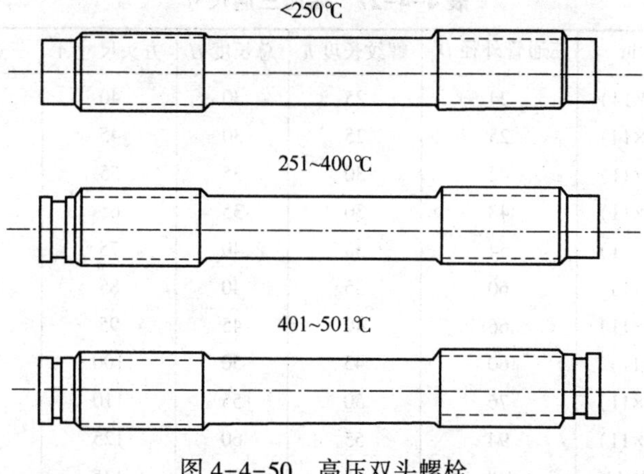

图 4-4-50　高压双头螺栓

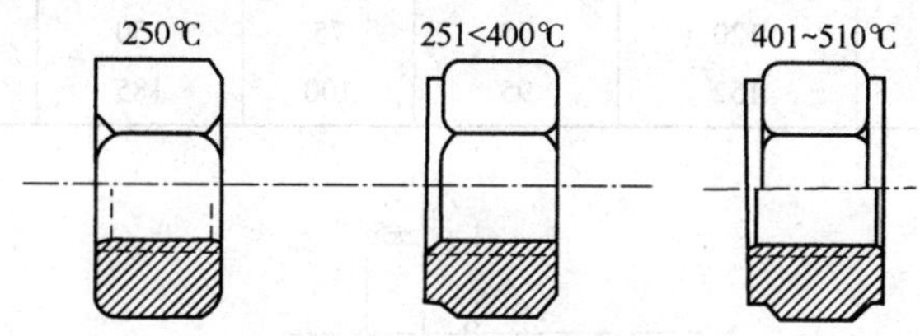

图 4-4-51　高压螺帽

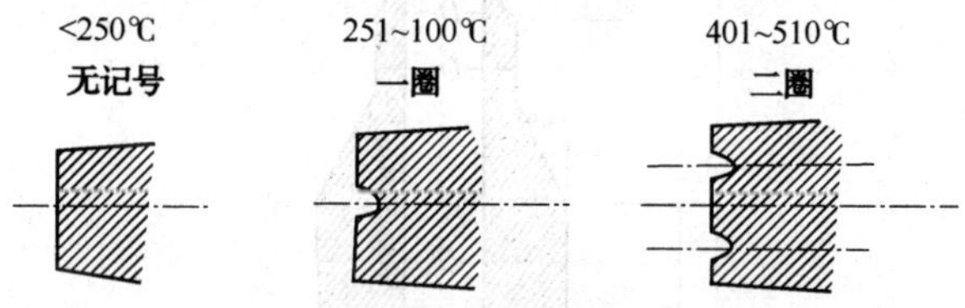

图 4-4-52　透镜垫圈

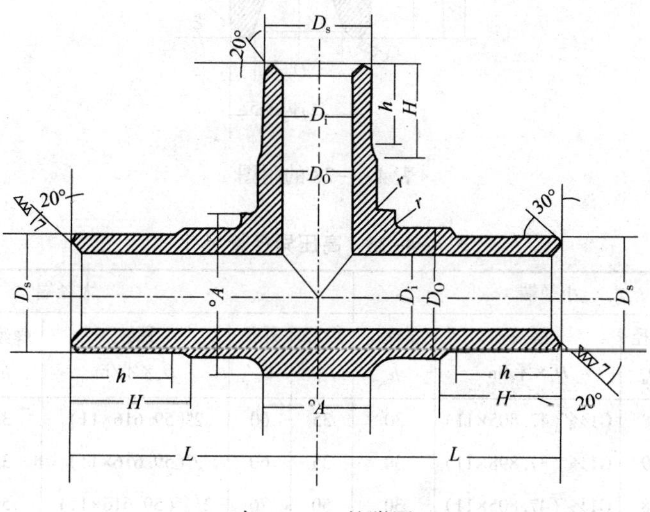

表 4-4-27 的附图

表 4-4-27　高压三通尺寸　　mm

公称直径	螺纹 D_s×牙/in	三通管外径 D_o	螺纹长度 h	总长度 H	方头尺寸 A	三通高度 L	圆角 r
12	G5/8″(22.912×14)	24	25	30	40	100	5
15	G5/8″(22.912×14)	25	25	30	45	100	5
20	G1¼″(41.912×11)	42	30	35	55	120	5
25	G1½″(47.805×11)	48	30	35	65	130	5
30	G1¾″(53.748×11)	54	35	40	75	140	8
35	G2″(59.616×11)	60	35	40	85	150	8
40	G2¼″(65.712×11)	66	40	45	95	160	8
46	G2″(59.616×11)	60	45	50	100	175	10
50	G2½″(75.187×11)	76	50	55	110	190	10
60	G3¼″(93.984×11)	94	55	60	125	215	10
70	G3¾″(106.684×11)	108	65	70	135	250	10
74	G3¼″(93.884×11)	96	65	70	140	250	10
80	ϕ118×8	120	70	75	150	270	10
109	ϕ150×6	152	95	100	185	300	10

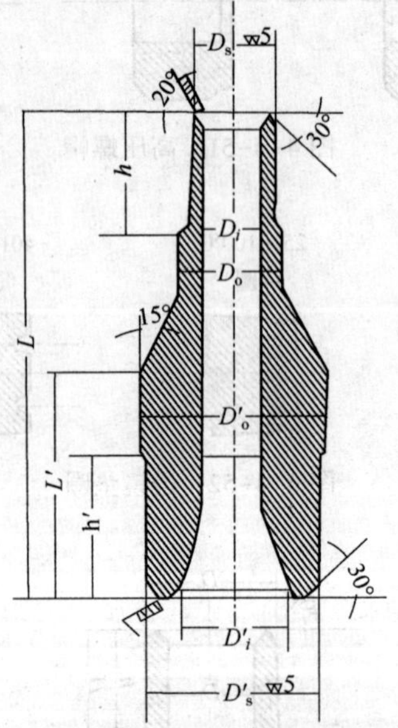

表 4-4-28 的附图

表 4-4-28　高压异径管尺寸

名　称	小径端				大径端					
	内径 D_i	外径 D_o	螺纹 D_s×牙/in	螺纹长 h	内径 D_i'	外径 D_o'	螺纹 D_s×牙/in	螺纹长 h'	大径长 L'	总长度 L
25/35A 型	25	48	G1½″(47.805×11)	30	35	60	2″(59.616×11)	35	70	145
25/35B 型	25	39	G1⅛″(37.898×11)	30	35	60	2″(59.616×11)	35	70	170
25/50A 型	25	48	G1½″(47.805×11)	30	50	76	2½″(59.616×11)	50	80	185
25/50B 型	25	39	G1⅛″(37.898×11)	30	50	76	2½″(59.616×11)	50	80	200

续表

名　称	小径端				大径端					
	内径 D_i	外径 D_o	螺纹 D_s×牙/in	螺纹长 h	内径 D_i'	外径 D_o'	螺纹 D_s×牙/in	螺纹长 h'	大径长 L'	总长度 L
30/40 型	30	54	G1¾″(53.748×11)	35	40	66	2¼″(65.712×11)	40	70	185
50/70A 型	50	76	G2½″(75.187×11)	50	70	108	3¾″(106.684×11)	65	105	240
50/70B 型	50	76	G2½″(75.187×11)	50	70	108	3¾″(106.684×11)	65	105	270
54/60A 型	54	76	G2½″(75.187×11)	50	60	94	3¼″(93.984×11)	55	90	235
54/60B 型	54	76	G2½″(75.187×11)	50	60	90	3″(87.887×11)	55	90	260
60/70 型	60	94	G3¼″(93.984×11)	55	70	108	3¾″(106.684×11)	65	105	250
60/109A 型	60	94	G3¼″(93.984×11)	55	109	152	150×6 扣/in	95	125	300
60/109B 型	60	94	G3¼″(93.984×11)	55	109	152	150×6 扣/in	95	125	340
70/109A 型	70	108	G3¾″(106.684×11)	65	109	152	150×6 扣/in	95	125	310
70/109B 型	70	108	G3¾″(106.684×11)	65	109	152	150×6 扣/in	95	125	350
70/80 型	70	108	G3¾″(106.684×11)	65	80	120	118×8 扣/in	70	130	310
60/80 型	60	90	G3″(87.887×11)	55	80	120	118×8 扣/in	70	100	300
50/60 型	50	99	G2½″(75.187×11)	50	60	90	3″(87.887×11)	55	90	260
40/60 型	40	60	G2″(59.616×11)	35	60	90	3″(87.887×11)	55	90	220
40/50 型	40	60	G2″(59.616×11)	40	50	76	2½″(75.187×11)	50	80	240
30/50 型	30	65	G1¾″(53.748×11)	35	50	76	2½″(75.187×11)	50	75	220
28/40 型	28	48	G1½″(47.805×11)	30	40	60	2″(59.616×11)	35	70	175
20/40 型	20	42	G1¼″(41.912×11)	30	40	60	2″(59.616×11)	35	70	175
15/25 型	15	27	G1¾″(26.442×11)	30	25	45	1⅜″(44.325×11)	35	50	180
20/30 型	20	42	G1¼″(41.912×11)	30	30	54	1¾″(53.748×11)	35	70	200

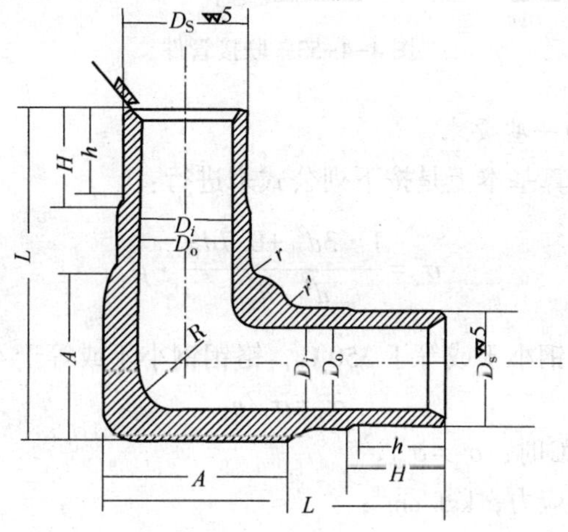

表 4-4-29 的附图

表 4-4-29　高压直角弯头尺寸　mm

名　称	内径 D_i	外径 D_o	螺纹 D_s×牙/in	H	螺纹长度 h	方头尺寸 A	高度 L
12/25 高压直角弯头	12	24	G5/8″(22.912×14)	30	25	40	100
12/25 高压直角弯头	15	25	G5/8″(22.912×14)	30	25	45	100
20/42 高压直角弯头	20	42	G1¼″(41.912×11)	35	30	55	120
25/48 高压直角弯头	25	48	G1½″(47.805×11)	35	30	65	130
30/54 高压直角弯头	30	54	G1¾″(53.748×11)	40	35	75	140
35/60 高压直角弯头	35	60	G2″(59.616×11)	40	35	85	150
40/66 高压直角弯头	40	66	G2¼″(65.712×11)	45	40	95	160
46/60 高压直角弯头	46	60	G2″(59.616×11)	50	45	100	175
50/76 高压直角弯头	50	76	G2½″(75.187×11)	55	50	110	190
60/94 高压直角弯头	60	94	G3¼″(93.984×11)	60	55	125	215
70/108 高压直角弯头	70	108	G3¾″(106.684×11)	70	65	135	250
74/96 高压直角弯头	74	96	G3¼″(93.984×11)	70	65	140	250
80/120 高压直角弯头	80	120	ϕ118×8 牙/in	75	70	150	270
109/152 高压直角弯头	109	152	ϕ150×6 牙/in	100	95	185	300

弯头、三通与四通等联接管件，与管子一样亦与管端打上各自的编号，其编号的组成如下：

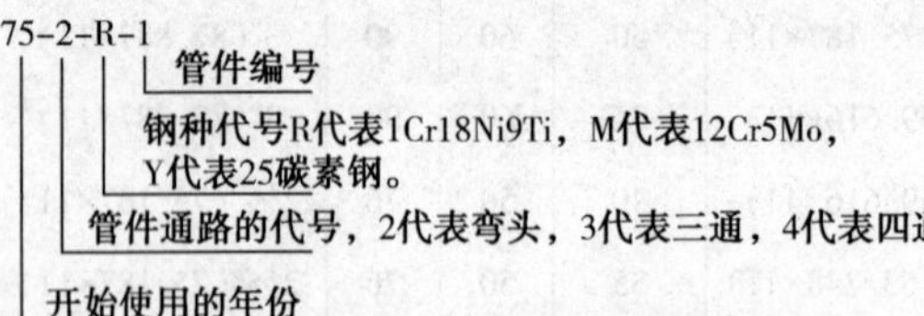

同时它们亦于管端在制造的外形上有低、中、高温的三种区分，如图 4-4-53 所示。

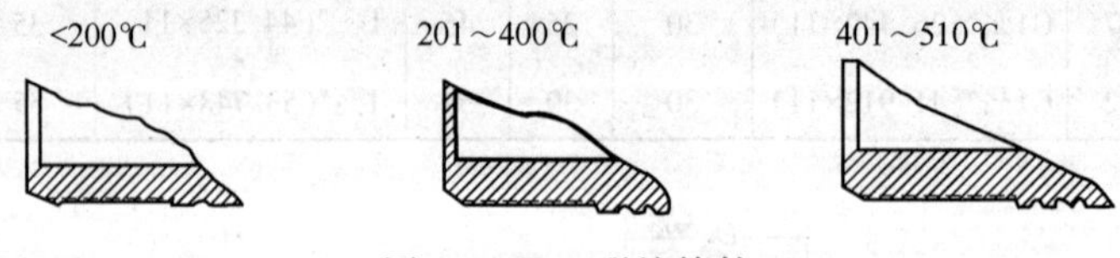

图 4-4-53　联接管件

2. 对高压管及管件的一些要求

高压管的管壁强度计算基本上是按下列公式来进行：

$$\sigma_z = \frac{1 \cdot 3d_{外}^2 + 0.7d_{内}^2}{d_{外}^2 - d_{内}^2} \cdot p$$

（1）当管壁温度，碳钢小于或等于 350℃，铬钼钢小于或等于 400℃时

$$\sigma_z = \sigma_t / n$$

（2）合金钢大于 400℃时，$\sigma_z = \sigma_{蠕变}$

式中　σ_z——管壁的许用应力，kgf/cm^2；

$d_{外}$——管子外径，mm；

$d_{内}$——管子内径，mm；

p——管内操作压力，kgf/cm^2；

σ_t——管壁温度在t℃时的钢材屈服点，kgf/cm^2；

S——管壁厚度，mm；

n——安全系数；

$\sigma_{蠕变}$——在管壁温度下的蠕变极限(蠕变速度按10^7mm/mm·h)。

根据屈服点来确定的安全系数，可按表4-4-30进行计算，其数值随管内径的增大而降低，这是由于管子内径较大时比较容易检查管子金属质量的缘故。

表4-4-30 公称内径与安全系数

公称内径$d_{内}$/mm	6~20	25~60	70~200
安全系数$n_{内}$	3.2~3.5	2.5~3.2	2.3~2.5

表4-4-30所列安全系数，已将因加工管螺纹而削弱管子强度的因素和由于管子技术条件的公差而影响管子强度的因素考虑在内。

高压管一般使用冷拔或热轧厚壁无缝钢管制成，用锻制螺纹法兰和螺栓联接。密封用锯齿形垫圈或透镜形垫圈，由于透镜形垫圈所需拧紧力较小，又可多次使用，现多用透镜形垫圈。

而异径管、弯头、三通、四通、阀等管件，一般都是整体锻制而成。三通、四通也可焊制。弯头多采用高压管热弯。焊制要考虑是等径还是变为异径的。(还是整体锻制的更安全。)

弯曲高压管时，弯曲部分的曲率半径不小于管子外径的五倍。弯曲在加热情况下进行，但钢管公称直径在30mm以下的20号碳钢可以冷弯。热弯管子时是用不带杂质并经仔细干燥的细粒河沙填实。弯曲时不允许用加水冷却的方法来固定已弯曲的部分。对弯管和三通要考虑弯后外壁弯管部分，外壁变弯的情况，尤其对三通加氢有固体物存在的情况，所以德国IG标准弯头采用园钢偏心打眼再弯制以对付磨损。

尤其是对自淬性较强的12Cr5M。合金钢管经热弯后应作热处理，以消除局部的组织应力与热应力。

对于公称直径大于45mm的高压弯管，都要求进行弯曲部分的测厚检查，其变薄处的壁厚不应低于安全的范围。

至于高压管的焊接，只有经过全面检查允许使用的管子，才可进行焊接。原来在设备安装使用的，并在设备卡片上登记在案认可的旧管子，也可以进行焊接。

高压管原则上不许直角焊，除非主管直径远大于支管直径，并使用在低温范围内的才许可焊接，关于焊接工作方面，焊接应在周围温度大于－5℃时进行，同时焊接的地方应不受风吹和雨雪侵袭。焊接高压管一般都是由技术熟练的焊工来进行。焊完后的每个焊口附近都打有代表该焊工的钢字代号，以资识别。

关于所有焊接完的焊接接头，主要做以下一些质量检查。

① 在焊缝的表面或母材热影响区域内的裂缝检查(用放大四倍的放大镜检查)。

② 焊缝与母材交接区内有无大的焊瘤或缺陷咬边(深度大于0.5mm)检查。

③ 焊缝表面气孔或夹渣检查。

④ 所有焊缝接头都着重进行X射线透视，以三分标准评定其合格程度。凡是未焊透厚度大于壁厚0.1%者为不合格，不合格者必须更换或重焊。

至于焊接接头的物理性能、化学成分、工艺性能以及金相检验一般都不进行，除非更换新牌号的焊条时，才做较系统的全面检验。

有关高压管道的装配方面，通常高温高压管不用伸缩(膨胀)节，而用弯管作热伸长的自动补偿，因此高温设备间联络管线不希望完全用直管，弯管部分也不宜用管架固定，只需做成托架支承其重量。对于装配膨胀系数较大，管线较长的奥氏体不锈钢管时，更格外注意配管总长度不宜过长，而允许适当短一些，预留出用以弥补高温时的伸长。

压力计等仪表管线可用碳钢管或紫铜管，但距高温设备2~3m内，应按高温区材质规定使用合金钢管。使用铜管的，在系统硫化时，必须关闭切断伐，防止硫化氢对铜的腐蚀。内外径比应在1.7以上。仪表管线用特制活接头联接，并采用紫铜管或黄铜垫圈密封，在使用合金钢管区域内，必须用软钢垫密封，不得误用紫铜或黄铜。

在拧紧高压容器或管线法兰上的螺栓时，最主要的是在同一法兰上应以对称方法逐个渐次给力，直到全面均匀拧紧为止，避免在任何时候出现有个别螺帽过紧而其他过松的现象发生。否则容易使垫圈偏位而产生渗漏。如果不按这种对称而均匀给力的方式，或用过长的扳手或过大的紧力(如铁锤打)使之拧紧亦应按规定严格执行，务必不能超过螺栓的预紧力。(更不允许法兰两面紧贴，法兰两片应平行，其间隙均不得小于5mm)。有时即使偶然地被拧紧甚至暂时没有发生内部流体的漏泄，但由于这些螺栓却因已被过紧的力量而拉伸的过长，可能因产生残余变形、螺纹倾斜、甚至丝扣根部受伤等等缺陷的发生。同时亦严重影响着法兰受力的不均匀性，使它增加了不应有的弯曲应力。这些现象对于高压部件是十分有害的。因此，通常对最大的拧紧力有一个适当的规定。三厂历来在紧高压容器上的主螺栓时，是以牵引扳手的电动机电流来加以控制。至于管线法兰上的螺栓，由于缺乏握力扳手或风动扳手工具而作如下的临时措施规定“扳手的长度不得超过螺栓直径的20倍”。在这个基础上，允许一个人力拧紧而不允许任何锤击的冲击负荷。这样既能保证不发生残余变形，并且亦足以使法兰均匀受力拧紧。为了慎重起见，必要时还应对螺杆长度的测量作有历史性的抽查。

停气时，往往会遇到拆卸螺帽十分困难，有的甚至无法卸下，不得已只能采取破坏的方法将其截断。造成这种情况的原因很多。例如：螺栓制作时螺母与螺杆的螺纹加工精确不好，有的甚至还带有毛刺，为了保证螺栓安装与拆卸容易、方便，安装前，在丝扣部分涂上含有石墨粉和机械油，起高温下润滑作用。同时螺帽与螺杆的材质不宜相同。即使材质相同，其硬度值亦不宜相等。否则也是造成不好拆卸的原因之一。

由一起错用材质造成爆炸伤人，所吸取的教训。

1953年5月13日凌晨，加氢一套半反超温致下出口引出管发红，即发生爆炸，经查，该引出管为日伪时期用于高温分离筒上的旧品，根据记录当时使用温度为393℃，因此，1950年石油三厂修复时，即认为其材质是铬钼钢。1951年5月24日取样分析，含Cr、含Mo便认为是铬钼钢。于是将此筒改为一套半反，其使用温度为360℃左右。1953年又将此反应器改为半反，使用温度在400℃以上，考虑到铬钼钢引出管在此温度条件下使用不安全，于是加氢车间制定计划准备更换，毛坯刚到，5月13日即发生爆炸。

爆炸后将碎片送抚顺钢厂分析，C为0.21%、Mn为0.35%、Si为0.16%、S为0.01%、Cr为0.49%，无钼。故此管不是铬钼钢，而是碳钢管，碳钢管在这样临氢、高温条件下长期使用，造成脱碳破裂，引起爆炸。因此，这次爆炸是误将碳钢材料的钢管当成铬钼钢材质的钢管长期使用在中温区(250~400℃)造成的。

这起爆炸事故告诉我们，加氢用钢一定要严格按温度、压力要求选用，不能低材高用。同时初安装时要严格检查，正常使用中要按规定定期检查。

这次事故后，引起了石油三厂对加氢设备和高压管道的重视，并且参考南京永利宁厂的经验制定了石油三厂自己的《高压管道管理规程》从此，石油三厂高压加氢设备管理制度严格的建立健全起来，并一直保持。

六、加氢管道的选材

加氢管道是在高温高压及氢气介质中操作的，必须仔细考虑氢腐蚀与硫化氢腐蚀问题。抗氢及硫化氢腐蚀的材料主要是Cr-Mo合金钢和Cr-Ni不锈钢；承受强度的主要是普通低合金结构钢，如14MnMoV、18MnMoNb、16Mn、15MnV等。近几年国内又试制了几种抗氢新钢种，以节约我国稀缺的Cr、Ni资源，如10MoWV-Nb(革106)、14MoWVTi、$12Cr_2MoAlV$(上102)等，和试制热套容器及层板包扎容器，以供加氢反应器用。

加氢装置的管线材料需要根据其操作条件来定，大于350℃的高温管线最好采用1Cr18Ni9Ti不锈钢管，设计使用寿命为10年；200~350℃间的中温高压管线一般宜采用铬钼钢，如Cr5Mo、15Mo、15CrMo等；小于200℃的管线，则可用优质碳钢。

几种常用钢材的成分与性能见表4-4-31。

18-8型不锈钢是石油三厂应用比较广泛的奥氏体不锈钢，简介如下：

1. 18-8型铬镍奥氏体不锈钢焊接的工艺要点

① 选用合适的焊条

(a) 对于耐腐蚀要求不高的焊件，可选用一般的低碳18-8型不锈钢焊条，如奥102、奥107等。

(b) 对于耐晶间腐蚀性能要求较高的焊件，一般要选用含有稳定剂铌的18-8型焊条，如奥132、奥137等(它往往是与含有稳定剂钛的不锈钢材配合使用的)。

(c) 要是考虑用在腐蚀危险温度(450~850℃)，并在强腐蚀介质下工作的焊件，则应用抗晶间腐蚀性能较好的超低碳的18-8焊条，如奥002、奥012等。

② 选用尽可能小的焊接线能量，要采用较快的焊速，焊接电流一般比焊低碳钢时要小20%，且不作摆动焊。需要多道焊时要严格控制层间温度(不得大于60℃)，以尽量减少过热。

③ 焊前坡口要清理干净，坡口两侧各100mm范围内要涂上白粉，以防止飞溅沾污。

④ 要填满弧坑。不得随意在钢板上打弧。

⑤ 与介质接触的焊缝，要最后进行焊接，以防重复加热。

⑥ 加速焊缝的冷却，一般可采取空冷。特殊要求时，可采用钢垫，通水或通压缩空气等强制冷却。

⑦ 18-8型钢焊后一般不须热处理。为提高接头的坑晶间腐蚀能力，必要时可采用加热至850℃，保温4h的稳定化退火处理：或加热到1050~1150℃，保温1h后水冷的固溶处理。

2. 珠光体耐热钢焊接时应考虑的主要问题

① 珠光体耐热钢属于低合金钢，焊接时，如果冷却速度较大，则易形成硬组织。合金含量越高，其硬倾向越大，如有较大的拘束应力存在时，会导致裂纹的产生，因此预热和缓冷，减慢冷却速度是防止裂纹产生的重要措施。

② 要使焊缝的化学成分，应最大限度接近被焊接钢材的成分，以保证高温运行条件下，焊接接头内的合金元素会发生扩散，特别是在熔合时的碳发生迁移，使接头的持久强度和塑性降低，影响结构长期可靠的工作。

表 4-4-31 加氢装置常用几种钢材的成分与性能

钢号	化学成分/%							状态	屈服限 σ_s/ kgf/mm²	强度限 σ_b/ kgf/mm²	延伸率 δ/ %	冲击值 α_k/ kg · m/cm²
	碳 C	硅 Si	锰 Mn	铬 Cr	钼 Mo	镍 Ni	其他					
15CrMo	0. 12~0. 18	0. 17~0. 37	0. 40~0. 70	0. 80~1. 10	0. 40~0. 55			—	>26	>45	>21	>6
Cr5Mo	≤0. 15	≤0. 5	≤0. 6	4~6	0. 5~0. 6			—	>20	>40	>22	>12
2¼Cr-1Mo	≤0. 15	≤0. 5	0. 27~0. 63	2~2. 5	0. 9~1. 1			正火+回火	>31	>53	>18	>10
20CrMo9	0. 16~0. 24	0. 2~0. 4	0. 3~0. 5	2. 2~2. 5	0. 254~0. 35	0. 5~0. 8		正火+回火	>52	>66	>19	>12
24CrMo10	0. 2~0. 28	0. 15~0. 35	0. 5~0. 8	2. 3~2. 6	0. 2~0. 3	<0. 8		淬火+回火	>45	65~80	>15	—
10MoWVNb	0. 06~0. 12	0. 5~0. 8	0. 5~0. 8	—	0. 6~0. 9		W0. 5~0. 8 V0. 3~0. 5 Nb0. 06~0. 12	正火+回火	>32	>45	>17	>6
14MoWVTi	0. 08~0. 14	0. 17~0. 37	0. 4~0. 7	—	0. 8~1. 10		W0. 8~1. 1 V0. 1~0. 2 Ti0. 1~0. 2	正火+回火	>45	>60	>20	>6

3. 奥氏体钢与珠光体钢焊接时存在的问题主要

（1）熔合区存在一个脆性交接层

焊接时，在奥氏体焊缝金属与珠光体母材金属之间存在一个狭窄的低塑性带—熔合区脆性交接层，其化学成分和组织不同于焊缝金属，它的存在严重降低了接头的抗冲击韧性。

（2）熔合区的碳扩散

焊接接头在焊后热处理或高温条件下工作时，其熔合区附近要发生碳的扩散现象，结果在碳化物形成元素含量低的珠光体钢一侧产生脱碳层而软化，而在相邻的奥氏体钢焊缝一侧，则产生增碳层，以形成碳化铬析出而硬化。

（3）熔合区的热应力

奥氏体钢热膨胀系数比珠光体钢大30%~50%，这类异种钢接头在焊后冷却，热处理、生产运行中将产生较大的热应力。这是异种钢接头破坏的主要原因之一。采用线膨胀系数与珠光体钢接近的焊条或采用过度层，可减少热应力。

18-8型不锈钢是石油三厂应用比较广泛的一种奥氏体不锈钢。这种钢的塑性非常好，有利于机械加工，亦有利于变温、变压下的应用。他在变温下，具有良好的抗变性能，对氢与硫化氢等腐蚀性能气体也具有十分满意的抵抗能力，并且他有良好的可焊性，一般经焊接后可以不需要热处理，所以用它作为变压装置上的构件感到格外方便。

然而18-8型奥氏体单项组织的不锈钢在变温变压的长期使用下或由于机械加工，尤其经焊接的缘故而引起碳化铬在奥氏体晶粒边缘焊，则使这个边缘的铬含量相对降低成为贫铬区(<12%)。在这个区域就降低或失去了原来具有的化学特性，其中包括抗硫及抗氢能力的显著下降。生产实践曾出现过18-8型不锈钢管作为2.07MPa(200atm)下加氢反应器的热保护管，经长期的使用有大量碳化物抗击，变得很脆而断裂的事故。

临氢铬钢的焊接，Cr5Mo钢用18-8型焊条焊接所存在的问题。因为Cr5Mo的焊接性能比较差，如果采用珠光体耐热焊条施焊，比较容易产生裂缝，特别是焊后如不加以消除应力的热处理，更会引起裂纹，而过去又没有合适的管件焊缝处理设备，所以只能采用18-8型焊条进行焊接。但实践证明，在临氢系统中如此使用，即Cr5Mo钢采用18-8型焊条焊接是有问题的，因为焊后快速冷却产生的组织，而这些不稳定的组织在操作温度条件下相当于进行长期的低温回火，必然使大量碳提供产生甲烷的充裕条件。

石油三厂加氢装置与连接管件用钢见表4-4-32。

随着市场对高质量轻质油品的需求不断增长，又因原油品质的裂化，特别是高硫原油的深度加工，加氢裂化装置的优势更趋明显。但其工艺条件为400℃的高温、压力达20.0MPa、临氢，对工艺管线的要求相当苛刻，特别是高压临氢管线的腐蚀更应引起重视。目前，从设计、研究、生产各环节普遍视为现有的高压临氢系统管线材质的选用是较为经典的。但在运行的加氢裂化装置中因腐蚀在高压临氢管线上也出现了一些问题。这些问题的出现在普遍炼制高硫油的今天更应引起我们的深思。

七、高压管道的使用与管理

石油三厂老加氢装置共有五套，工艺管道15418m，其中应重点管理的Ⅰ类管道有9104m，Ⅱ类管道有617m，Ⅲ类管道有456m，仅这三类管道就占管道总长度的60%。各类管道分布情况如表4-4-33所示。

表 4-4-32 石油三厂反应器钢材的化学成分

钢种	化学成分/%											用途
	C	Mn	Si	P	S	Cu	Ni	Cr	Mo	V	其他	
SMCM1	0.27/0.35	0.60/0.90	0.15/0.35	<0.030	<0.030	<0.035	1.60/2.00	0.60/1.00	0.15/0.30			日伪反应筒与换热器外筒
A1	0.33/0.39	0.66/0.76	0.15/0.35	<0.035	<0.035		0.30/0.40	1.03/1.69	0.11/0.13	0.18/0.2		捷克制低温筒
1.64Mo9.3	0.12/0.20	0.30/0.50	0.20/0.40	<0.035	<0.035			2.20/2.50	0.30/0.40			兰石机械厂制反应筒
20CrMo9	0.106/0.24	0.30/0.50	0.20/0.40	<0.035	<0.035		0.50/0.80	2.20/2.50	0.25/0.35			兰石机械厂制反应筒
11416.1	0.15/0.20	0.47/0.56	0.20/0.23	0.021/0.040	0.026/0.029		0.02/0.03	0.07/0.09				捷克制绕带式筒内筒
CrV	0.16/0.18	0.93/1.00	0.25/0.27	0.017/0.020	0.015/0.019			0.85		0.14		捷克制绕带式筒绕带
20	0.15/0.25	0.35/0.60	0.17/0.37	≤0.045	≤0.045		≤0.3	≤0.3				垫圈
25	0.20/0.30	0.50/0.80	0.17/0.37	≤0.045	≤0.045		≤0.3	≤0.3				管线
30	0.25/0.35	0.50/0.80	0.17/0.37	≤0.045	≤0.045		≤0.3	≤0.3				法兰、螺栓、螺帽
35CrMo	0.25/0.33	0.40/0.70	0.17/0.37	≤0.035	≤0.030		≤0.40	0.8/1.10	0.15/0.25			法兰、螺栓、螺帽
25CrMoV	0.22/0.29	0.40/0.70	0.17/0.37	≤0.035	≤0.030		≤0.40	1.50/1.80	0.25/0.35	0.15/0.30		法兰、螺栓
12Cr5Mo	≤0.15	0.6	≤0.5	≤0.030	≤0.030		≤0.50	4.0/6.0	0.4/0.6			管线
18CrMoWV	0.15/0.20	0.30/0.40	≤0.40	≤0.030	≤0.030			2.5/3.0	0.40/0.60	0.05/0.15	W0.4/0.6	加热炉弯头
20CrMoWV	0.19/0.24	0.30/0.40	≤0.40	≤0.030	≤0.030			2.5/3.0	0.35/0.45	0.70/0.85	W0.35/0.45	加热炉弯头
1Cr18Ni9Ti	≤0.12	≤2.0	≤0.8	≤0.035	≤0.030		8.0/11.0	17/19			Ti5x(C-0.02)/0.8	管线

表 4-4-33　各类管道分布

装置	Ⅰ	Ⅱ	Ⅲ	Ⅳ	Ⅴ	合计/m
第一套	1323.8	96.7	95.8	787	243	2546.3
第二套	1325.1	73.2	95.5	788	243	2524.3
第三套	1377.1	100.1	106.9	787	243	2614.1
第四套	1510.6	138.8	94.9	787	243	2774.3
第五套	3567.5	208.4	66	873	243	4957.9
合计	9104.1	617.2	459.1	4022	1215	15417.4

1. 高压工艺管道的使用和管理

加氢装置的工艺管道大部分属于高压高温的临氢管道，必须对其使用进行严格管理。

高压工艺管道的使用及管理，从材料进厂后就开始逐阶段进行。

① 新管道入厂后必须有材料合格证，没有合格证的一律不能入库。

② 对于新安装的管道，必须在预制安装前进行100%的超声波探伤检查，有缺陷不合格的管道一律不准使用。对于材质不清或有疑问的要做光谱分析。最后还要进行硬度检查。经过所有检验完全合格的管道才允许进行预制和安装使用。

③ 对于使用中的管道，检查利用装置每年检修的机会，分期分批地进行全面检验。对重点部位(高温高压、易腐蚀、震动大)重点检查。这样做虽然工作量较大，但对于保证装置的安全生产，及时发现和掌握在运行中发生和发展的缺陷是完全必要的。由于及时发现缺陷，并对有缺陷的管道及时进行更换，所以确保了装置的安全生产，避免了事故的发生。表4-4-34为1978~1988年工艺管道检查缺陷及更换明细实例表。

表 4-4-34　工艺管道检查缺陷及更换明细

年　　份	发现缺陷数	更换管道根数	更换管道长度/m
1978	15	15	23.61
1979	5	6	5.27
1980	7	16	104.67
1981	4	15	44.92
1982	20	21	42.14
1983	12	24	56.63
1984	6	6	21.29
1985	25	30	58.59
1986	7	7	23.95
1987	7	7	12.8
1988	34	12	30.1
合计	132	179	423.97

检查中虽未发现缺陷，但使用年限超过20年表面锈蚀严重且硬度值偏高的管线也进行更换。这样做也是为了保证装置的安全运行。

④ 对所有在用的高压工艺管道(包括管件)全部建立了档案，在石化总公司颁布工业管道技术管理制度前，就已经对所有高压、工艺管道建立了技术档案；制度公布以后，又重新对所有管道进行了普查，并且按照石化总公司的要求格式重新建立了管道档案，建档率达到100%。真正做到管道的图纸(轴侧图)，档案和实物三相符。

对高压、工艺管道的管理工作做得如此严格细致，是因为有过惨痛的血的教训。1975年9月24日发生了一起弯管爆炸死亡事故。该管线在原档案中记载为碳钢材质，而且一直按碳钢管理。事故后分析证实，该管线材质为Cr5Mo。因此在预制大煨弯后，既没有进行热处理，在正常管理时也没有检测过硬度。因此在弯管处硬度值HB为341。管道长期在循环氢及硫化氢的作用下发生氢脆，致使原始缺陷(发现该管内存在重皮与褶皱)发展成为裂纹，进而引起管线破裂，

2. 开展在用工艺管道检查、检测、监测和研究

在吸取了9.24事故的教训以后，对所有在用管线重新进行了检验。不仅坚持在用管道的维护检验和严格管理，而且在装置中设置了监视站，开始了对使用中的管道运行状态分析和研究工作。特别是对使用10年以上的管道，进行了专门检验和分析，以便掌握管道在使用中的状态变化。进一步掌握了管道在使用过程中机械性能的变化，为评估工艺管道的使用寿命提供了科学的依据，保证了安全生产，节约了原材料和资金。

例如，石油三厂对已使用130000h以上的一段1Cr18Ni9Ti高压管道进行了全面检验分析。宏观检查无异常，又进行了金相组织检查，只有$\delta_{0.2}$超出正常情况40%~50%，断面收缩率有所降低。这说明它在一定程度上已经老化，但没有蠕变现象出现，仍有一定的延性储备。因此该管道仍可继续使用3年，这样就避免了管道更新的浪费，并且对其使用寿命心中有数。

高压工艺管道工作从静态管理发展到动态监测，从日常管理发展到专业研究。这仅仅是管理工作中的一个新起点。对管道的管理工作也要像对设备管理一样，从设计、选用、安装、使用到维护、检修、报废和更新进行全过程的管理和研究，把管理水平再提高一步。

3. 加强临氢管道维护使用和管理的措施

由于加氢装置的特点为易燃易爆、高温高压，装置中的管道大部分又属临氢管道，因此必须对管道的维护使用及管理提出严格要求，采取相应措施。

① 对于新领用的管道、管件及紧固件，其材质不清或有疑问的，要联系作光谱分析和进行着色、硬度等项目检查，经检验合格方可使用。

② 新管道安装前必须具有制造厂提供的质量合格证书，并要符合设计要求。对于没有合格证或不符合设计要求的管道、管件及紧固件一律不准使用。

③ 对于新安装的临氢管道，预制安装前必须100%超声波检测，不合格的管道一律不准使用。对于焊口不符技术要求者，一律返工处理，直到所有检验项目完全合格后才允许用于预制和安装。

④ 对在役的临氢管道，坚持利用装置检修的机会，对所有的临氢管道分期分批提出计划进行全面检验。虽然这样工作量大，但为了保证装置的安全生产，及时发现和掌握在役临氢管道运行中缺陷的发生和发展，是完全必要的。通过多年来的检查可以看出，在役临氢管道每次检修都会发现一些缺陷。由于发现及时，更换了缺陷管道，确保了装置达标、超标和管道安全运行，避免了事故发生。对于在于临氢管道管件和紧固件，除了更换检查中发现的

缺陷外，对于检查中未发现的缺陷，但其外部表面锈蚀严重，出现裂痕，硬度值偏高的管道都进行更换。

⑤ 加强对管道、管件及紧固件的使用管理。坚持每天对装置管道、管件及紧固件作2~3次外观检查(遇特殊情况除外)。对于管道泄漏、紧固件松动、管道变形、支架损坏和管道振动超标等，均及时采取相应措施处理，以确保装置长期、连续安全运转。

⑥ 对长期停用的管道，当需要恢复使用时，一律进行吹扫，关键部位重点检查，必要时全面检查，合格后方可投用。

⑦ 对于有保温层的临氢管道，为了进行理化检验，将每条管道定点测厚部位及重要焊缝部位的保温做成可拆式保温段，检查时将其拆下，检测后立即恢复，既节省了保温材料，又达到了及时了解管道运行的状况。

⑧ 对于在役的工艺管道，均建立技术档案，特别是易燃易爆高温高压的临氢管道，有详尽的档案资料。对所有在役临氢管道，按中石化总公司颁布《工业管道技术管理制度》严格检查，建档案达到了100%，做到临氢管道的图纸、技术档案和实物三相符。

⑨ 检查在役管道的维护检验和严格管理，同时按照规程要求，在装置中设置了监视管，对在役管道的状况分析和研究。特别是对使用8年以上的管道，还进行了专门的检验分析。每次装置大检修时，对易燃易爆、高温高压，关键部位的管道，均逐项列出，画出示意图，由检测人员对其进行现场实测。如对加氢装置中已使用120000h一段CrMo管，对其进行宏观和疲劳试验等全面检验。根据试验结果分析，认为该管道室温力学性能基本正常，只有$\delta_{0.2}$超出正常值35%~45%，且断面收缩率有所下降，证明该段管有一定老化，尚未出现蠕变现象，有一定延性储备。由此认定，该管道仍可再用4年。经上述检验、分析、认定、免除了管道更新，节约了原材料和资金，同时进一步掌握了临氢管道力学性能的变化及其运行规律，为装置管道安全运行奠定了基础。

⑩ 加强技术培训，开展岗位练兵，提高岗位人员的应变能力和技术水平。

八、高压临氢管道的检测与保护

高压临氢管道均为一类管线，加强对管道的检测是确保安全运行的必要手段，一般采用PT/UT射线及目查相结合的办法，但以下几点在检测中必须引起重视：

① 目查主要检查管线的外部防腐和保温情况，严格使用对管线有腐蚀性的油漆和保温材料，杜绝保温材料在潮湿环境下对管线造成化学和电位腐蚀。

② 管线检测可以遵循在相同工艺条件下操作的相关反应器或压力容器的推荐准则。

③ 检测的重点是高压高温管线、埋地或穿墙管线、腐蚀严重部位、焊道、弯头、接管、阀门、以及有缝管线的焊缝，同时对常闭阀门的前后，由于高压差，高温差的存在易造成的附加应力腐蚀的部位应加强检查。

④ 一般高压管线本身重量较大，该部分管线的支撑显得更为重要，支撑部位的检查也是经常被忽视的。

⑤ 对已用多年的管线取样进行解剖分析，了解其使用寿命也是很好的办法。对存在缺陷的管线进行修补(主要是焊缝)应特别注意，应严格按有关规定执行，一般焊前坡口加工应进行硬度测试HB≤170，管线进行预热250~300℃，焊后应严格进行热处理，具体热处理工艺如表4-4-35。

表 4-4-35　管线焊后热处理工艺

材质	热处理类型	厚度 t/mm	主要工艺		
			工艺曲线	加热温度	保温时间
碳钢	消除应力退火处理	$19.0<t\leq 25.0$			>1h
		$25.0<t\leq 50.0$			>2h
		$t\leq 19.0$ 指定			>1h
C+1/2Mo 碳钢	焊后回火处理	$t\leq 25.0$		600~650℃	>2h
		$t>25.0$			>3h
1Cr-1/2Mo 低合金钢		$t\leq 25.0$		650~700℃	>2h
		$t>25.0$			>3h
1¼Cr-1/2Mo		$t\leq 25.0$		700~750℃	>2h
		$t>25.0$			>3h
2¼Cr-1Mo 低合金钢		$t\leq 25.0$		700~750℃	>2h
		$t>25.0$			>3h
奥氏体不锈钢	稳定化退火处理	$t\leq 25.0$			>1h
		$t>25.0$			>2h

注：表中升降温速度均控制在 200℃/h。

当然对于不同材质的管线施工规范还有所不同，对碳钢管以修复三次为限，低合金钢和不锈钢以两次为限。在允许的修复次数内不能修复的，必须割开原焊缝，加入短管，短管长度不小于 200mm，在这里特别指出的是，已使用过的高温高压临氢管线焊前的脱氢处理，据国外最新资料显示，在这方面还严格提出了钢材氢含量的要求，规定钢材内部含氢<3μg/g，方可动焊。为此高温高压临氢管线的动焊更应有周密的计划安排。

九、石油三厂对 Cr5Mo 高温临氢管道剩余寿命的分析

石油三厂加氢和重整系统工艺管道多采用 Cr5Mo 钢管，其设计寿命一般为 100000h，石油三厂这类管道服役时间已接近或超过 100000h。这些管道有人主张换下，用不锈钢管保证生产安全；有人主张继续使用，监护生产运行，众说纷纭。这类管线还能继续服役多久，即寿命的估算，是关系到保证生产安全的主要问题。为节省篇幅，对此采取试样的过程，试验分析等请参阅《石油化工设备无损检测及其应用》一书第 900~990 页。下面将结果叙述如下：

经分析，认为影响及控制高温临氢管线使用寿命的主要原因及采取相应检验方法对策如表 4-4-36 所示。通过对已运行了进 150000h 高温临氢管线的调查及典型部位初步解剖分析，可以看出 Cr5Mo 耐热钢具有良好的抗氧化、抗氢蚀及耐冲蚀能力。就材料本身来讲，只要热处理状态、焊接工艺合适，一般在该系统使用 150000h 是安全的，并有足够的热安定性。很多破坏实例说明材料必须在消除内应力和组织稳定时才能在该曲线的安全限下使用，否则会导致过早失效。

表 4-4-36

因　素	正常范围、参数	相应检测手段	对　策
材料组织状态	珠光体+少量马氏体 HB<250	(1) 金相分析 (2) 硬度试验	520<*HB*<350 回火处理 *HB*>350
焊接接头可靠性	焊缝符合要求内部不允许裂纹，未熔合、超标未焊、夹杂、气孔	(1)焊缝 X 光透视 (2)焊缝超声探伤	修复或更换
管壁减薄量	用 $S=\frac{P\cdot S}{200\phi}\times(\sigma)+C_{校}$ （三厂 $S\nless 6.2$mm）	超声测厚仪检测	$S\leqslant 6.2$mm 予以更换或修复

有针对性地高温临氢管线进行全面理化检测及修复。经过对 500℃部分 194 个焊口。96 个弯头，260~360℃部分 138 焊口，148 个弯头修复后进行理化检测，结果如表 4-4-37 所示。

表 4-4-37

温度段	焊缝合格率 （GB 3323—82、Ⅰ级）	硬度合格率	壁厚合格率	金相分析
500℃	91.3%	100%平均：*HB*200	100%平均：7.0	正常
260~360℃	93%	96%平均：*HB*240	100%平均：7.6	正常

检测结果表明，该系统管线焊缝情况良好，仅有少量焊口因夹杂或气孔超标不合格，极个别焊口局部熔合不良，但均为原始焊接缺陷。而这些缺陷经 150000h 运行考验一般无扩展现象。硬度检验中发现少量低温段部位（260~360℃）弯头硬度超标，个别有大于 *HB*370 以上。但高温段（500℃）部位硬度正常。应加强对低温段部位弯头大小 *R* 的监测，采取较为简便的硬度测试法防止突发事故。厚度测试表明高温段管线氧化及冲刷要比低温段严重一些，因此必须加强对该部位的厚度监测工作。

通过理化检验，除个别弯头及焊口进行更换及修复，该系统 500m 高温管线运行多年基本正常，未发生破裂。

焊接接头是管线的薄弱环节，从石油三厂使用的情况，360℃温度段焊接部位损害较少，而 500℃温度段焊缝部位易出现问题，从三厂焊接工艺看出焊缝处金属成分是不均匀的，其熔合线部位易出现未熔合等缺陷，因而在 500℃温度段尽量采用与母材成分相近的珠光体型焊条。但热处理条件较差，对 360℃温度段以下也可选择工艺试验合格的奥氏体焊条施焊。一般管线经 150000h 运行就须严格检验，尤其是焊缝、弯管及管线上保温不良的裸露部分，并对 200~350℃部分则应引起极大地重视。运行 150000h 后就应该考虑逐年更新，若要继续使用，就应选取多个不同部位进行解剖分析，对整个管道进行无损检测，在有充分可靠数据情况下，才能决定延长使用年限。

十、加氢装置的设备管理

（一）高压设备的检查鉴定

1. 高压设备的检查鉴定

为了维护高压设备正常运行以避免材质逐渐变化而遭受突如其来的爆破事故，有必要对高压设备做定期或有计划的检查与鉴定。通常有如下一些检查与鉴定：

① 对于新安装的任何高压容器作全面的检查、主要包括：

(a) 对筒体内外壁的肉眼检查，检查有无明显的腐蚀、裂缝或重皮等缺陷。

(b) 对筒体进行等距离(一般为 1m)的内径与壁厚测量。

(c) 在筒体、筒盖上取样进行钢材的化学成分分析。

(d) 选一、二处作筒体金属的金相组织检验。

(e) 在筒体内壁测定硬度值。

(f) 对整个筒体筒盖进行超声波探伤检查，尤其对于焊接筒的纵横焊缝作重点探伤。检查金属内部有无裂缝，大量夹杂等缺陷。

(g) 于筒内壁进行磁粉探伤，检查内部表面层有无裂缝，重皮的存在。

(h) 对整个筒体进行水压试验，必要时，伴随着形变的测定。(新设备可进行水压试验，在役设备很难进行)

以上检查内容大多作为筒体材质的原始情况的记录，以便于今后在使用过程中作为材质变化比较的依据。

② 对于正在使用的旧高压容器的检查内容基本与新安装的一致，但它们各自相隔的检查期限视筒体已使用的年限与筒体存在的缺陷性质和程度而有所差异。

此外，对于个别一些发现有严重缺陷的旧筒筒体，为了进一步考察筒体钢材性能的变化情况，亦曾采取了在筒壁的典型位置用空心刀挖取圆心棒试样的方法，在特殊的情况下允许分层切片(自筒内壁至外壁)进行一系列实验。例如 9 号筒，其试验结构见表 4-4-38。

表 4-4-38　9 号筒试验结果

编号	抗拉强度/(kgf/mm^2)	切面收缩/%	延伸率 δ_5/%	冲击值/(kg·m/cm^2)	开始弯裂角度	硬度 HB	氢含量/(mL/100g)	金相检查索氏体	束状夹杂
1	84.1	52	14	2.73	32.5 90.5	241	0.70	正常	4 处
2	24.09(原数据有误)	51	17.6	1.82	62.5 75	241	1.22	正常	3
3	83.07	52	16	4.93	50 85	241	—	正常	
4	83.07	4.28	6.4	2.04	52.5 85	235	0.76	正常	3
5	83.3	53.9	16	4.73	90 27.5	253	0.94	正常	2
6	82.05	53.93	16	4.83	90 90	241	1.01	正常	1
7	82.56	5.6	6.4	5.45	90 50	241	0.75	正常	1
8	81.54	42.35	16	4.35	92.5 90	238	0.76	正常	2
9	83.58	51.1	18.9	5.25	77.5 90	254	0.51	正常	
10	82.05	51.05	18	5.86	90 80	241	0.43	正常	

续表

编号	抗拉强度/（kgf/mm^2）	切面收缩/%	延伸率 δ_5/%	冲击值/（$kg \cdot m/cm^2$）	开始弯裂角度	硬度 *HB*	氢含量/（mL/100g）	金相检查索氏体	束状夹杂
11	81.54	45.8	16	5.65	90 82.5	243	0.38	正常	
12	82.56	51.05	16	4.58	90 67	235	—	正常	
13	82.2	42.5	16	5.06	82.5 90	235	0.38	正常	
14	82	51	17.2	5.2	92 90	250	0.12	正常	
15	82.4	53	17.7	7.0	90.5 102	238	0.11	正常	
16	82.56	56.44	18.8	6.85	90 105	237	0.13	正常	

注：编号表示最靠近筒内壁的第一层顺着编号逐层引向筒壁外层。

从表 4-4-38 的检查结果说明了以下几点

① 冲击值由外壁到内壁逐渐降低，第 13 至 16 层平均为 $6.02kg \cdot m/cm^2$，9 至 12 层为 $5.33kg \cdot m/cm^2$，5 至 8 层为 $4.84kg \cdot m/cm^2$，1 至 4 层为 $2.88kg \cdot m/cm^2$。弯曲试验角度由内壁到外逐渐增大。4 层和 7 层试片的断面收缩率和延伸率都显著地下降，1 层、2 层和 4 层的冲击值在 $4kg \cdot m/cm^2$ 以下，1 层和 5 层弯曲试片发生脆裂。这都说明了靠近筒内壁和局部点的钢材性能的脆性现象。这与 62 年的检查 10 号筒挖空心棒试验结果冲击值由外到内显著下降，从 $4.5kg \cdot m/cm^2$ 到 $2.6kg \cdot m/cm^2$ 等的结果是一致的。

② 试片经热酸洗检查，发现 16 条平行于筒体轴向的束状非金属夹杂物(也可能是夹灰)，其中 5 条出现在冲击值，抗拉强度低，弯曲角度小的断口上，一条出现在筒体内壁裂纹的断面上，这不是偶然的。

③ 在筒的挖孔处从内到外，筒壁上部凸起面上，以及逐层试片的酸洗检查和每层试片的金相组织检查，表面了筒壁除了已发现的 11 条表面裂缝外，(已在前章中提到)金属内部甚至靠近裂缝的地区都未发现任何裂纹、显微孔洞和显微裂纹。

从以上三点可以看到，9 号筒壁由内到外，金属材质发生了脆性现象(但金属组织还未起变化)。这与九号筒内壁在高温高压下受氢的侵蚀，有直接的关系。至于裂纹产生的主因则是：

(a) 由于筒体在制造过程中的条状夹杂物，造成了金属结构中的薄弱区域，使之应力集中，并在高温高压下氢向这些薄弱区扩散，使之变脆。

(b) 加之筒内温度，压力在运行中的变化或在不正常运行时，可能的急升，急降、以及内外壁温差形成的应力等，促进了裂纹的产生与发展。

(c) 对于所有锻制的高压管件，主要着重于原材料的化学成分检验与合金钢锻制件热处理后的机械性能检验，如，硬度。金相及拉伸试验等。对于管件成品，尤其对每一件法兰，弯头，三通、四通等都进行超声波探伤，认为都合乎要求时，方可以使用。

(d) 对于新供应的高压管线，除在同一批的同类钢管上抽查其化学成分与机械性能外，着重对每一根钢管作超声波探伤检查，对钢管的每一个焊口进行 X 射线的探伤。

(e) 对于正在使用的旧管线，亦按计划分批于每年一度的大检修期间进行探伤与测厚检查，特别对于比较有怀疑的高压管，检查的间隔期就比较接近。例如：

曾发现一根不锈钢管($\phi 76\times 8$)在运行时发生漏气，经超声波探伤检查，发现这批苏联进口的不锈钢管都有大量杂乱反射波信号，经切断并进行酸洗观察，发现内外壁上都存在着沿管壁轴向的无数毛发裂纹，有的裂纹已被扩展到内壁相通而引起漏气，如图 4-4-54 所示。

又如，一根冷氢管(原壁厚 19mm)经测厚仪探测只 8mm，经剖开并酸洗检查发现管壁上存在较大面积的夹层，如图 4-4-55 所示。

图 4-4-54　内外相通裂纹图

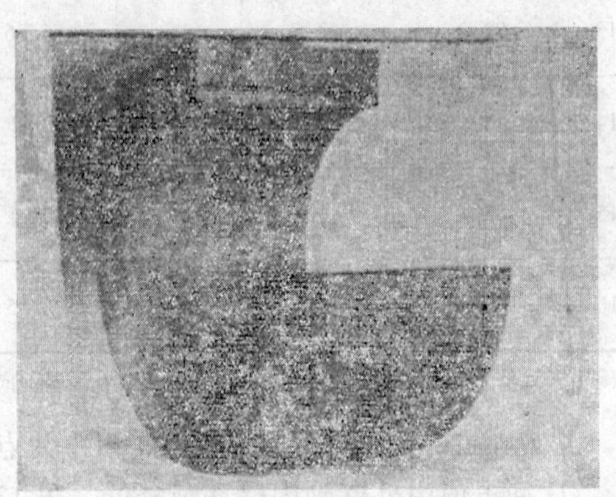

图 4-4-55　直管中有夹层

又如，用测厚仪在不少弯管的管壁处探测，发现有已被磨损或腐蚀后减薄的现象。见图 4-4-56。

图 4-4-56　弯管经磨腐后壁厚不均

(f) 为了重点考察高压管道在长期使用中的变化情况，特意选择流程中处于温度、腐蚀、负荷等最不利条件的区域，设有代表性的高压管道为“监视管”。它是长度在 2m 以上的短直管。在每套装置中，于 400℃以上 200～400℃及 200℃以下的区域内，各设有一根，每次大修期间对它们进行较全面的检查，其检查内容包括：

ⓐ 用光学管伸入“监视管”内检查内壁表面的腐蚀分布情况；

ⓑ 超声波探伤；

ⓒ 用测厚仪进行测厚；

ⓓ 检查法兰接头的螺纹；

ⓔ 测定管壁表面若经镏点的硬度；

ⓕ 从不同硬度显著差异的地方，查金属的宏观组织和显微组织；

ⓖ 每隔5年进行一次水压试验；

这些检查结构都记录在设备卡片上，作为历史性的参考与比较。

(g) 高压加氢装置往往由于某处漏气或反应温度急升等原因而引起着火时，可能有部分管线或管件被烧热或烧红而造成其材质的变质，在这种特殊情况下，有必要对部分过火区域的管道和管件作细致的材质检验，尤其对于合金钢材应格外注意。首先以硬度测定作初步的观察，如发现有显著增高时，就进行金相与机械性能试验，对于奥氏体不锈钢，主要着重与防止有西格马相的出现或大量碳化物的沉淀，对于铬钼合金钢，主要着重与检查其原有的细珠光体或索氏体组织发生显著的相变或晶粒增大或过烧现象，以决定是否需重新热处理。此外，还检查各丝扣部分是否已严重变形，否则亦应采取措施，重新车丝或更换新管。

例如，某年通过一次检修，在高压设备超过350℃的管线部分，发现137对法兰中有70对，600多公尺管线中有95m不合标准，应予以更换或经重新调质处理。因此，加强设备检查鉴定的管理是确保高压设备安全生产的基本措施之一。

所有高压设备的失效分析都要通过试验和检测手段来完成，其目的是为失效机理分析提供证据和为失效预防提供依据。

2. 石油三厂对高压设备分析试验和检测技术

(1) 无损检测技术

高压设备使用过程中产生的缺陷主要有裂纹、变形、腐蚀、材质劣化等，这些缺陷绝大多数都可用表面检测、射线检测、超声检测、硬度检测、光谱分析、金相检验、应力测定、声发射检测、耐压试验以及其他检验方法检验出来。无损检测最主要的用途是探测缺陷，压力容器无损检测标准是JB 4730。该标准规定了适用于压力容器原材料、零部件、焊缝检测和缺陷等级评定的射线检测、超声检测、磁粉检测、涡流检测5种无损检测方法。

由于各种检测方法本身有局限性，不能适用于所有工件和所有缺陷。因此，必须根据被检物的材质和几何特点，预计缺陷可能有的种类、形状、部位和方向选择合适的检测方法，尽可能同时采用上述几种方法，以便取得更多的信息。此外，还应利用有关材料、焊接、加工工艺、产品结构的知识，综合起来进行判断，保证检测结果可靠、准确。

无损检测技术因限于篇幅，这里不多论述，请参阅《石油化工无损检测及其应用》(中国石化出版社2001年1月)一书。下面叙述现场理化检验和实验室分析检测技术。

(2) 现场理化检验

① 现场金相检验；

② 金属材料成分分析；

③ 表面硬度检测；

④ 材料中扩散氢测试；

⑤ 奥氏体不锈钢堆焊层铁素体含量测定。

(3) 实验室分析检测技术；

① 宏观检验；

② 金相检验技术；

(a) 金属组织鉴别；

(b) 金属晶粒度测定；

(c) 非金属夹杂物评定；

(d) 金属表面脱碳层和增碳层测定；

(e) 石墨化和球化检验；

(f) 母材中的铁素体测定；

(g) 腐蚀和裂纹特征的确定；

③ 电子显微技术；

④ 硬度测定；

⑤ 金属化学成分分析；

⑥ 介质、沉积物和腐蚀产物成分分析；

⑦ 材料力学性质测试。

(a) 室温拉伸试验；

(b) 高温短时拉伸试验；

(c) 冲击试验；

(d) 弯曲试验；

(e) 金属管扩口试验；

(f) 金属管压扁试验；

(g) 焊接接头的力学性能试验；

(h) 腐蚀试验。

3. 在役加氢反应器的检验

(1) 加氢反应器在使用条件下新产生和发展的缺陷

加氢反应器在使用过程中存在着三个主要问题必须引起注意，那就是反应器母材铬钼钢的高温回火脆化(也称二次回火脆性)；热壁反应器内壁堆焊层的剥离；以及高温氢损伤(腐蚀与脆化)。因此在役加氢反应器新产生和发展的缺陷，也必然与上述三者密切相关。

关于回火脆性问题，在设计过程中为了满足抗蠕变、抗高温氢蚀、抗氧化等性能，往往选用铬钼钢类。尤其是加氢精制、加氢裂化、渣油加氢脱硫等高温反应器；常常采用低铬钼钢。所谓回火脆性即是长时间保持在325~575℃(也有人提出是在371~593℃或400~600℃)或者从这个温度范围缓慢地冷却时，其材料的韧性下降而引起的劣化现象。一般来说，它对材料的抗拉强度和延伸率而言，反映不出有多大影响，主要是冲击性能有较大的变化。材料一旦发生回火脆性，就使其无延性转变温度向高温侧迁移(见图4-4-57)。由于反应器长时间在上述温度范围内运行，并在开停工时缓慢升温与冷却，这样，脆化就可能进展(包括母材和焊接金属在内)。这种回火脆性是可逆的，也就是说，将已经脆化了的钢再加热到600℃以上，然后急冷，钢材就可以恢复到原来的韧性。试验证明已经脆化了的钢试样，断面上存在着晶间裂纹的确可见。当把该试样再加热和急冷时，这些晶间裂纹可以消失。但在生产使用过程中是不易做到的。

图4-4-57 温度与冲击断裂功关系

近十几年以来，国内外对低铬钼钢产生回火脆性的问题进行了系列的，大量的研究，已经证明影响回火脆性的各种因素。例如通过对2¼Cr-1Mo钢的试验研究，得出对钢中的化学成分(包含有关的微量元素Mn、Si、P、Sn、Sb和As等)与回火脆性敏感性相关的各种经验公式，有控制J系数≤(Si+Mn)(P+Sn) $\times 10^4$ 和Brascato系数≤(10P+5Sb+4Sn+As) $\times 10^{-2}$

(μg/g)，焊接材料用阶梯冷却法筛选出所需性能材料，以 $VTr54+1.5\Delta VTr54<100F(38℃)$ 为控制标准，以保证合金钢化学成分的纯洁性，防止回火脆性的发生。其他如制造时的热处理条件，加工时的热状态、焊接工艺、强度大小、变形程度、碳化物形态、使用所保持的温度、开停工升降温度等。对它的从设计、冶炼、制造到使用的整个过程的各个阶段，都有充分的了解，掌握了控制的措施与方法，但这是指理想状况。

20 世纪 70 年代末期，日本的一台反应器，材料为 2¼Cr-1Mo 投入使用只三年零六个月的时间，由于严重回火脆性而使整个反应器报废。这台反应器制造时 VTr_s(无延性转变温度)的周向值为-38℃，纵向值为-46℃，而使用三年半后变为：周向 53℃，纵向 40℃，转变温度提高了约 100℃，另外，从 J_{IC} 测定值换标得到的 K_{IC} 值(10℃时)使用前为 $732kg \cdot mm^{-\frac{3}{2}}$ 使用后下降为 $330kg \cdot mm^{-\frac{3}{2}}$。这完全可以证明，经过运转一段时间后，母材发生了回火脆化现象。

其次，关于热壁加氢反应器的堆焊层剥离问题。剥离本身并不可怕，只是怕由于剥离而导致产生裂纹和层下裂纹。根据日本渡边十郎等人的研究报告，剥离的原因在于：

① 氢气的影响。由于氢在扩散中聚集在过渡区(堆焊层与母材交界处)高达 250μg/g 左右，致使金属脆化，降低结合力而产生剥离撕裂；

② 熔合层(即过渡区)上存在着残余应力的影响；

③ 施焊后热处理及不锈钢堆焊层化学成分变化的影响，母材中的碳向堆焊层扩散，堆焊层含铬向母材表面扩散，靠近母材界面出现马氏体(见图 4-4-58)；

④ 生产中反复加氢、冷却的影响，使熔合区硬化，最后剥离。由此可见，反应器在使用中产生剥离现象是必然的。产生层下裂纹向母材方面延伸也是可能的。

再就是氢损伤问题。氢在高温高压下，对钢材有激烈的侵蚀作用。当其以原子状态渗入金属表面，而后扩散入钢的晶格内与铁形成间隙或固溶体，遂使钢的性能表现为氢脆，即钢的塑性将随着氢在钢中含量的增加而急剧降低。但它可以利用加热脱氢方法使脆性消除而复原，因此是可逆的。可是当温度或氢分压升到一定程度时(这一温度或氢分压对各种不同的钢材却有其各自不同的起始点)，钢材内部的分子氢开始与固溶体中的碳化合成甲烷($Fe_3C+2H_2 \longrightarrow CH_4+3Fe$)，引起钢表面脱碳进而为钢内晶粒边界的脱碳。这种反应随温度或压力的增高而更加急剧。这样甲烷和过饱和氢分子被封闭在孔隙内。这样地聚集，使孔隙内的总压力不断增高，最终引起局部屈服或鼓包与裂纹的产生。孔隙往往正是钢内原始缺陷，如气孔、夹杂、夹层以及焊缝表面裂纹等所在处。多年来，生产实践充分说明了氢对钢材侵蚀的严重性。石油三厂 9 号加氢反应器实际使用年限 10 年以上，筒壁挖孔取样的分析情况：筒内壁残余氢含量为 3.33mg/mL，外壁为 0，内壁冲击韧性值 $2.88kg \cdot m/cm^2$，外壁为 $0.02kg \cdot m/cm^2$。内壁弯曲试验，弯曲角度 27.5°时脆断，外壁达 100°才开始见裂。可见防止氢的侵蚀何等重要。美国 API 的专利，著名纳尔逊曲线，实际上也是对碳钢、铬钼系列的抗氢性能和操作压力，温度关系的一个说明。

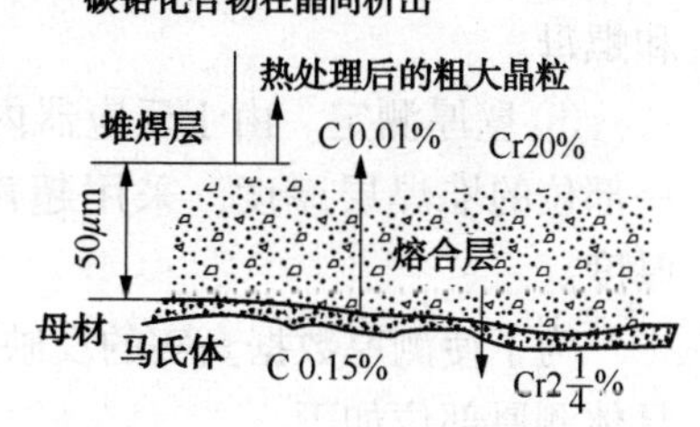

图 4-4-58　施焊后热处理

加氢反应器产生缺陷的主要因素如上述，但也有其他因素，诸如设计，施工等先天因素，往往都不是单个因素起作用，通常都互相交错而叠加。

（2）无损检验

① 应以检验裂纹为重点选择最佳无损检验方法，不推荐用 X 射线探伤来检验裂纹缺陷。石油三厂 1983~1986 年三年间用 X 射线探伤方法对加氢设备和管道进行 检查，共 30 台设备和 1614 根 2867m 管道的焊缝，竟未发现一条裂纹缺陷。这是因为 X 射线检验对裂纹的灵敏度低，不易发现裂隙很小的裂纹。

抚顺石油三厂原加氢装置 5 号反应器的裂纹深达 220mm，为该处壁厚的 2/3 以上，开裂到密封接触面上出现泄漏，但仍未失稳，说明是可进行验证的，但需谨慎可靠。

② 对于在役压力容器设备的裂纹检验，可根据具体情况选择 VT、UT、PT 或 MT。UT 法是检验材质内部裂纹唯一灵敏度较高的方法，准确度也比 RT 法高得多。对已发展到表面的裂纹，除 VT 宏观检查率和可靠性都很高，检验人员易培养。

③ 加氢反应器无损检测的实例

(a) 石油三厂在用 3Cr-1Mo-1/4V 加氢精制反应器的检测技术。2006 年石油三厂对使用新型 3Cr-1Mo1/4V 材料加氢反应器进行检验。

ⓐ 检验方法。根据“在用压力容器检验规程”和反应器的具体情况，进行了内外部表面检查。

a. 外表面检验主要包括：高温防腐漆损坏情况；反应器本体、开口部位、焊接接头等处咬边、裂纹、过热、变形、泄漏等；外表面腐蚀、机械损伤、封头表面凹凸量、纵向皱折；裙座的损坏、基础下沉、倾斜、开裂和紧固螺栓的完好情况。

b. 内表面检验。内表面检验内容有：腐蚀与机械损伤；测定其深度、直径、长度及其分布，并标图记录；堆焊层的龟裂、脱落、局部凹陷、相邻焊带间隙及孔洞、焊瘤等缺陷；对高应变区和应力集中部位，如凸台支撑圈、法兰密封槽、冷氢入口、吊耳、热电偶套管处焊缝及其附近用肉眼或 5~10 倍放大镜检查是否有表面裂纹。

c. 结构检查。筒底与封头的连接、封头型式；人孔、接管和上下引出管；支座式支撑；裙座及与反应器本体的连接；凸台；法兰及紧固件。

d. 几何尺寸测量。焊缝对口错边量、棱角度；焊缝余高、角焊缝高度与焊脚尺寸。

e. 其他重点检查部位。反应器本体 A、B、C 类焊接接头；筒体与裙座对接的环向接头；上、下弯管环向对接接头，筒体内壁支撑凸台；筒体内壁堆焊层(含人孔、锥形头盖内表面堆焊层)；人孔配对的法兰梯形密封槽及八角垫型；热电偶套管及托架；筒体内壁热电偶凸台圆柱面及根部；连接构件所有角焊缝(如外壁测温台、上弯管处吊耳、内壁支撑凸台；热电偶套管及托架等)；热电偶套管插入人孔及其附近区域；所有补焊部位；高压螺栓和螺母。

ⓑ 壁厚测定。由于反应器内部有堆焊层，测定反应器筒体和接管壁厚时应同时测量同一部位的堆焊层厚度，采用超声波测厚仪及超声波探伤仪，分别测定基材厚度和堆焊层厚度。

为了使测厚数据真实的反映出反应器的壁厚状况，尽可能使测点平均分布于被检表面，具体测厚部位如下：

a. 上、下封头；选择上、中、下三个部位，在 0°、90°、180°、270°四个方位测定，每个封头测 12 点；

b. 筒节、距环焊缝 200mm 位置，在 0°、90°、180°、270°四个方位测定，每个筒节 8 点；

c. 接管；在同一截面的 0°、90°、180°、270°四个方位测 4 点；

d. 上下弯管；沿弯管外围和内圆中间位置各测 3 点，每个弯管测 6 点；

e. 卸剂管；选择是三个位置，在 0°、90°、180°、270°四个方位测定共测 12 点；

f. 有缺陷的部位及腐蚀严重的部位测 3~4 点。

ⓒ 磁粉检测(MT)反应器的磁粉检测主要针对反应器外壁 A、B 类焊缝、下封头与裙座连接焊缝．上下弯管对接环焊缝和其他与反应器本体连接的焊缝的表面和近表面缺陷，根据相应标准制定了检验工艺，检验时采用便携式磁探机，对发现的缺陷及时合理地处理。

ⓓ 渗透检测(PT)渗透检测主要针对反应器内壁堆焊层和其他不锈钢材质部位如法兰、密封圈等部位的表面缺陷。

为防止高温 H_2S 腐蚀，反应器内部全部堆焊不锈钢堆焊层。由于加氢反应器恶劣的内部工况，堆焊层极易发生表面损伤，主要有表面裂纹、起皮和清理内部结焦及卸剂引起的机械损伤。这些损伤虽然微小，但如果不及时处理，后果会非常严重，所以反应器内部堆焊层全面的表面检查时十分重要和必要的。

重点检查的部位有：上、下封头内壁堆焊层、人孔和接管法兰密封面及金属密封垫、热电偶套管、热偶托架与堆焊层角焊缝、反应器凸台堆焊层面及堆焊层与构件连接焊缝、补焊部位、人孔和锥形头盖内壁堆焊层，所有出入管口、过渡段以及凸台、冷氢段，可检部位测温台。

受检部位表面的油污、结焦以及影响缺陷显示的其他杂物应全部清除干净进行检测；对大面积的受检部位，采用水洗型着色探伤方法；对局部的受检部位，采用容积去除型着色检测方法；灵敏度要求和操作方法依相应标准。

ⓔ 超声波检测(UT)

a. 加氢反应器壁厚大(一般在 120~300mm)，检验工期短，多工种交叉作业，难以进行现场 RT 检测，所以 UT 检测是一种可行的内部缺陷检验手段，通常也是反应器检验中工作量最大的一个环节。由于 UT 检测对缺陷的判定很大程度上信赖于检验人员的经验，加之反应器这类容器壁厚大，现场检验条件苛刻。可能存在的缺陷类型多，对检验人员的素质和经验提出了更高的要求。

超声检测内容包括焊缝的检测，凸台检测和堆焊层检测。焊缝、凸台和主螺栓超声检测部位有；反应器本体 A、B 类焊缝；反应器下封头与裙座连接焊缝；反应器上、下弯管对接环焊缝；反应器开口接管对接焊缝；所有反应器凸台；高压、主螺栓抽检 20%。

堆焊层缺陷，堆焊层剥离及层下裂纹超声检测部位有：反应器上、下封头；反应器凸台上下；反应器冷氢管周围；反应器 A、B 类焊缝上下的堆焊层。

b. 采用的仪器和试块。采用 USD10、CTS22、CTS26 超声检测仪，试块有：CSK-ⅠA、SCK-ⅢA、CSK-ⅣA 及堆焊层超声检测专用试块和其他反应器配套的专用试块。加氢反应器由于壁厚，带有堆焊层等特殊性，在出厂时一般配有超声专用试块应妥善保管。

c. 根据国内相应标准，并参考 ASME 和制造过程中其他相关标准，制定了检测工艺，确定了检测灵敏度和缺陷评定标准。

a）A、B 类焊缝、弯管对接环焊缝 UT。选用一种直探头，两种不同 K 值的斜探头，探测程序是：先用直探头对焊缝及焊缝两侧(斜探头将要扫查经过的部位)，母材部分进行 100%检查，然后采用两种斜探头，沿平行和垂直于焊缝方向进行多方向扫查。探测灵敏度：直探头检查时，将无缺陷处二次低波调节为荧光屏满幅的 100%，凡缺陷信号超过荧光屏满幅20%的部位，应在器壁表面做出标记，并予以记录。采用斜探头检查时，探头灵敏度符合标准要求。当沿焊缝方向探测横向缺陷时，应将各线灵敏度均提高一定的分贝值。对所有反射波幅超过定量线的缺陷，均应确定其位置(缺陷位置以获得缺陷最大反射波的位置来表示)最大反射波幅所在区域和缺陷长度。

缺陷评定：超声检测出的超标缺陷应记录位置，长度和缺陷自身高度，并对缺陷性质提出判别意见。超过评定线的信号应注意其是否具有裂纹等危害缺陷特征，如有怀疑时应采用改变探头角度、增加探测方向、观察动态波型。结合结构工艺特征做出判定，如对波型不能准确判断时应辅以其他检验作综合判定。对于重要的缺陷，如反射波幅位于Ⅲ区的缺陷，反射波幅位于Ⅱ区的缺陷其缺陷指示长度大于30mm的以及检测人员判定为裂纹等危害性的缺陷，应做好记录，并进行精探和结论。

b) 下封头与裙座连接焊缝UT

采用两种不同*K*值的斜探头，沿平行和垂直于焊缝方向做多个方向的扫查，探头灵敏度应符合标准要求，对所有反射波较高、指示长度较长或有裂纹迹象的缺陷均应做好记录。

缺陷评定：超声检测出的超标缺陷应记录位置、长度、自身高度及反射波幅，并对缺陷性质提出判别意见。特别注意其是否有裂纹等危害缺陷特征，如有怀疑时应采用改变探头角度、增加探测面、观察动态波型，结合结构工艺特征做出判定，如对波型不能准确判断时应辅以其他检验作综合判定。

c) 凸台UT。采用一种直探头，两种不同*K*值的斜探头。先用直探头从反应器外壁扫查，检查有无大于、等于$\phi10$当量缺陷，并确定支撑圈凸台的位置，在反应器外壁做出标记。然后分别将用两种斜探头沿平行凸台和垂直方向做多个方向扫查探测，重点检查凸台拐角部位。对发现大于等于$\phi3$～10dB当量的缺陷均应做好记录，对线性缺陷要测定缺陷的指示长度。

缺陷评定：超过$\phi3$～10dB信号应注意其是否具有裂纹特征，如有怀疑对应从反应器内壁相应部位增加双晶探头检查，如对波型不能准确判断时应辅以PT检验作综合判定。

d) 堆焊层缺陷UT。采用直探头、窄脉冲直探头、双晶直探头进行探测。从反应器外壁检测时，采用直探头；从反应器内壁检测时，采用双晶直探头。首先从外壁进行初扫查，对发现较大缺陷或缺陷密集区从外壁进行精探，做好记录，并从反应器内壁采用双晶探头复查，判定缺陷的类型、大小及位置。对发现大于、等于$\phi4$当量的缺陷均应做记录；对较大缺陷或密集性缺陷应做好精探记录。

e) 堆焊层界UT。采用直探头、双晶直探头进行探测。从反应器外壁检测时，采用单直探头，从反应器内壁检测时，采用双晶直探头。探测程序是，首先从外壁进行初扫查，对发现的较大缺陷或缺陷密集区从外壁进行精探，做好记录，并从反应器内壁采用双晶直探头复查，判定缺陷的类型、大小及位置。对发现大于、等于$\phi10$当量的缺陷均应做记录；对较大缺陷或密集性缺陷应做好精探记录。

f) 堆焊层层下UT。从反应器外壁检测时选用横波斜探头和纵波斜探头和纵波斜探头，从反应器内壁检测时选用双晶斜探头。从反应器外壁分别采用横波斜探头。纵波斜探头沿带极堆焊方向和垂直方向做多个方向扫查探测，对于大于记录线的回波信号，要求从内壁采用双晶斜探头进行复查，确定缺陷的类型和大小。无论从外壁探测，还是从内壁复查，均以$\phi3$～10dB当量作为起始探伤灵敏度，并要求在对比度试块上调整探测灵敏度。

缺陷记录：超过$\phi3$～10dB当量的信号注意其是否有裂纹等危害性缺陷的特征，如有怀疑时应采用改变探头角度及观察动、静态波形，并结合内壁检测结果做综合判定，力争搞清缺陷的性质、大小、方向、做好记录。

g）高压螺栓 UT。采用两种直探头，试块选用同型尺寸螺栓螺丝根部切割深度为 1mm 人工槽对比试块。从螺栓的两个单面分别进行探测。将对比试件上深 1mm 人工槽回波高度调整到仪器荧光屏满幅 80%，以此作为起始探测灵敏度。对等于、大于试件人工槽当量的缺陷均要做好记录。对记录缺陷部位进行 VT 检查，必要时可以辅以磁粉探伤复查，确认缺陷性质和大小，以便做出正确结论。

d. 化学成分分析和 J、X 系数分析测定。对于筒体母材、封头母材、封头与筒体连接的焊缝各选一处进行化学成分分析和有害微量元素分析，确定 J、X 系数。选择取样部位时，尽可能选取有代表性部位。

e. 硬度测定。采用便携式里氏硬度计对反应器主要焊缝及两侧热影响区和母材的硬度进行测定。检测部位有：可检部位 A、B 类焊缝和下封头与裙座连接焊缝、上下弯管焊缝金属及两侧的热影响区。母材，每条焊缝测 5 点。每个筒体、封头的内堆焊层在 0°、90°、180°、270°四个方位，分布测定 2~3 条焊带(不同宽度的焊带均应有测点)。内壁堆焊层有表面裂纹的部位、补焊部位、腐蚀严重部位和超标缺陷部位及其附近区域。法兰密封面槽底在 0°、90°、180°、270°四个方位测定，每个法兰密封槽测 4 点。八角垫非密封面硬度每隔 90°测一点，每个八角垫测 4 点。高压主螺栓及螺母每个端部各测一点。其他检验员经 VT 检查，认为需要测定的部位。

f. 堆焊层铁素体含量测定。采用便携式铁素体仪对内壁焊层进行普查和重点部位的抽查，每个筒节、封头和人孔、锥形头盖的堆焊层在四个方位测定 2~3 条焊带(不同宽度的焊带均应有测点)。另外内壁堆焊层有衬焊的部位以及过渡段手工堆焊部位、内壁堆焊层有缺陷的部位、内壁堆焊层表面出现裂纹的部位进行重点检查。

g. 金相检验。封头与筒体连接的外壁焊缝、筒体与裙座连接的外壁焊缝，上下弯管对接环焊缝的焊缝金属，热影响区和近缝区母材分布进行金相及硬度检验。对检查出的裂纹部位、内壁堆焊层过渡段部位、衬焊部位、硬度和内壁堆焊层铁素体含量出现异常部位以及检验员认为有必要检查的部分分别进行金相及硬度检验。

(3) 结语

① 在用 3Cr-1Mo¼V 加氢反应器实行定期检验，采用各种宏观的、无损的检验技术方法，重点检查主焊缝。接管焊缝、法兰密封槽、支撑圈凸台，热电偶套管与筒体连接处，堆焊层等高应力和应力集中部位，对保证设备的安全运行是切实可行的。

② 由于 3Cr-1Mo¼V 材料较 2¼Cr-1Mo 钢可焊性略差，因此对 3Cr-1Mo¼V 新材料加氢反应器相对 2¼Cr-1Mo 的加氢反应器而言，更应加强主焊缝、接管焊缝及裙座与筒体连接焊缝的无损检测，特别是超声检测。

③ 加氢反应器长期在高压、高温下运行、受氢、硫化氢等介质作用，尤其是高温下氢腐蚀作用，有可能使筒体部件材质脆化或产生氢致裂纹。筒体内部焊有不锈钢堆焊层，由于受压力、开停工、氢聚集等影响，也可能会产生剥离及裂纹缺陷。所以，对 3Cr-1Mo¼V 加氢反应器使用中新生缺陷机理和特点的注意，积累更多的数据和经验，使在用临氢高压设备的检验、评定和管理水平更进一步。

（二）检验与安全评估

在加氢反应器的制造过程中，线型缺陷，特别是裂纹是不允许存在的，一旦发现，必须消除。焊补严重时，报废返工。对生产过程中产生的缺陷，则必须慎重对待。自从断裂力学问世以来，对各类缺陷有了新的评估方法。无损检测技术的发展，对缺陷的定性、定量、定位，有了比较可靠的依据，为缺陷的探测、发现缺陷。评定缺陷创造了良好的条件。

但是，加氢反应器的实际情况比较复杂，存在缺陷，并发展成为危险性缺陷的可能性不容忽视。设计者不考虑缺陷的存在，只有一个以强度为基础的安全系数，制造者也不可能完全防止缺陷的发生，因而发现缺陷后若全部进行修补，在经济上固然可以不计，而在安全上有时往往由于焊接修补不当，反而在修补处或附近区域产生残余应力，威胁容器设备的安全。因此采用断裂力学分析评估，提出缺陷允许尺寸，在安全可靠的基础上，对缺陷保留、容许存在是必要的。

对于缺陷的评估，详见本书“检出缺陷的处理”。

有了缺陷实际尺寸与允许尺寸，二者对比，即可作出科学判断。

图 4-4-59 所示的是安全性评价的方块流程图例。

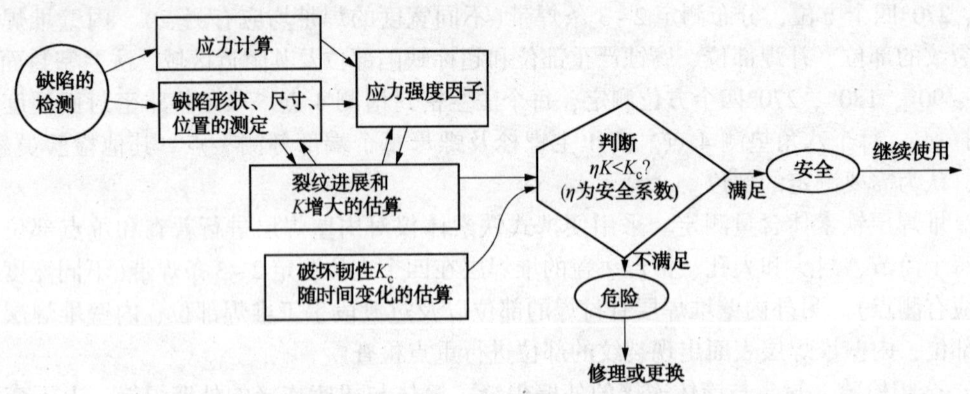

图 4-4-59　安全评价的方块流程图例(缺陷 有害度的判断)

加氢反应器的在役检测、检验和安全评定是保证装置安全运转的重要措施。根据反应器的过去经历，操作运行状态和完好程度，充分运用各种无损检测方法进行定期地、对易发生缺陷部位、重点部位的检查，为安全评定提供可靠的依据，这是完全必要的。但是，无损检测的可靠性取决于运用方法得当，技术素质优良与否。无损检测的数据还必须用相当的，相同的模拟试块，通过破坏解剖试验分析进行验证，方能十分可靠。安全评定的涵义，只能评估到一个检验周期的安全性。对于剩余寿命的评估，还需要更多的技术资料和基础数据，因此，还必须进行氢损伤。等温回火脆化、环境影响下断裂韧性、亚临界裂纹扩展以及各种因素叠加效应等一系列试验，并将所取得的数据应用到安全评定及寿命预测之中。

石油三厂多年来，在役压力容器和管道的检查鉴定含意，已不仅是事故发生前后的检查鉴定，它已包含着从设计开始直至报废为止的整个过程中每个阶段的检查鉴定。对在用的压力容器及管道而言，重点是对裂纹缺陷。实践证明，无论是非正常破坏或低应力脆性破坏，都是以主裂纹扩展为主而引起的断裂破坏。都是伴随着宏观裂纹扩展而引起的。但是裂纹不一定就必须导致破坏，它是要大到一定尺寸，需要经过一段时间过程，有一定扩展规律，受材料性能的阻止，压力水平等的限制。为了科学地对存在着的裂纹、缺陷检查鉴定、安全评价和综合评定，探索裂纹尺寸和材料断裂时间的定量关系、速率关系，这正是新兴断裂力学的产生和反应。

当腐蚀速度控制着容器寿命时，其剩余寿命可按下式计算：

$$剩余寿命(年)=\frac{t_{实际}-t_{最小}}{腐蚀速度(mm/a)}$$

式中 $t_{实际}$——检查测定的实际厚度；

$t_{最小}$——最小允许厚度(最小计算厚度、不包括腐蚀裕度)。

对加氢反应器和受压容器来说，广义的腐蚀现象表现为氢腐蚀与氢脆两种，氢腐蚀是高温下钢中所溶解的氢与碳的化学反应，经过一定时间高温作用之后，氢腐蚀表现为表面脱碳，可能导致钢材强度降低或内部产生甲烷裂纹，其结构又使钢材冷强度和塑性降低。氢脆则是钢中存在氢时，在接近环境温度下出现的开裂。

(三) 安全评定实例

例 1　加氢反应器的修复及质量评定

1. 概述

石油三厂的一台加氢反应器(反 201 冷壁)是兰州石油化工机械厂于 1974 年制造的，这台设备到货后，一直没有使用，也未进行质量检查。直到 1983 年，为了润滑油加氢的需要，准备使用之前进行了超探及表面着色检查，在筒体内表面的环缝处发现有纵向裂纹及弧坑裂纹。在纵缝热影响区上有纵向裂纹，焊缝有咬边、错边等，其中尤以内表面及环缝上的裂纹较严重。

鉴于这种情况，为确保使用的安全，必须消除缺陷予以修复，才能投入使用。为此，我们有关工程技术人员共同对这台反应器的主要缺陷的性质进行综合分析，并考虑到反应器运行的安全性和修复工作的经济性，在通过抗裂试验和焊接工艺评定试验之后。确定缺陷修复方案，在现场进行返修(以前是返回兰州石油化工机械厂修)并取得了成功，保证了润滑油加氢反应器安全地投入使用。

2. 反应器的检查分析与质量评定

(1) 概况

① 设计参数及制造情况。基础数据见表 4-4-39。

表 4-4-39　基础数据

反应器编号	容积/mm	材料	板厚/mm	设计压力/[MPa(kg/cm^2)]	操作压力/[MPa(kg/cm^2)]
反-201	ϕ2000×26764	20CrMo9	65	5.40(55)	4.90(50)
反应器编号	设计温度/℃	操作温度/℃	制造日期	消除应力热处理	使用日期
反-201	350	330	1974 年	已进行	未使用

制造厂在反应器出厂时，仅有一份产品合格说明书上，没有制造时的详细工艺记载。根据说明书所述，筒体纵焊缝用电渣焊，焊丝 10 Cr3MnMoA，焊剂 431 经正火+回火处理。环缝采用埋弧自动焊及手工电弧焊，焊丝 12Cr3MnMoA，焊剂 250，焊条热 407，焊后随焊退火。

② 检查情况

(a) 材质及表面缺陷情况：反应器除上封头为 A3870 号钢材(相当于 2 Cr1Mo)外，其余材质皆为20Cr1Mo9，成分符合西德标准的规定。焊缝热影响及基本金属的硬度未发现异常。母材表面有腐蚀及凹坑，焊缝有错边，咬边，但不十分严重。对反应器的焊缝进行了全探伤少量部位因条件所限未经探伤检查，发现有八处表面裂纹缺陷。

（b）典型缺陷：主要是表面裂纹，可分为三种：一是表面环缝上的纵裂纹一条；二是下封头的外表面纵缝上的热影响区纵裂纹两条；三是内表面环缝上弧坑热裂纹五处。裂纹缺陷经实际测量的具体情况见表4-4-40。

表4-4-40　裂纹缺陷

裂纹位置	缺陷			性质
	长/mm	宽/mm	深/mm	
24号环缝	5	龟裂	0.3	弧坑热裂纹
25号环缝	3	网状	1.2	弧坑热裂纹
25号环缝	7	网状	0.2	弧坑热裂纹
31号环缝	5	网状	1	弧坑热裂纹
32号环缝	3	~0.4	2.5	弧坑热裂纹
33号环缝	85	~0.26	6.5	焊缝纵向热裂纹
35号环缝	17	0.13	3.5	热影响区纵向裂纹
36号环缝	22	0.16~0.39	4.7	热影响区纵向裂纹

其次，在2号环缝上有一条断续总长85m/m、最大当量$\phi 1+6dB$的非裂纹缺陷。

（2）断口及金相分析

① 断口。为了确定缺陷的性质和成因，根据探伤结果，在33号焊缝上取下纵裂试样，对断口进行了初步分析。

观察裂纹断口原始表面，为一层较厚的氧化腐蚀产物所复盖，能谱及波谱分析表明，是铁的氧化物锈层，未发现其他腐蚀产物存在，见图4-4-60。断口经清洗后的宏观形貌见图4-4-61。图4-4-61中Ⅰ-Ⅰ线以上为原始开裂表面，Ⅰ-Ⅰ线以下为人工撕裂部分。原始裂纹表面上C区为沿圆柱状奥氏体晶界开裂，D区为表层焊缝剩余部分，沿晶断裂的特征已不典型。在撕裂区内有两条纵向的条带，亦为沿原奥氏体晶界断裂，其余部位为韧性撕裂部分。C区、D区和撕裂部分的放大形貌见图4-4-62~图4-4-64。

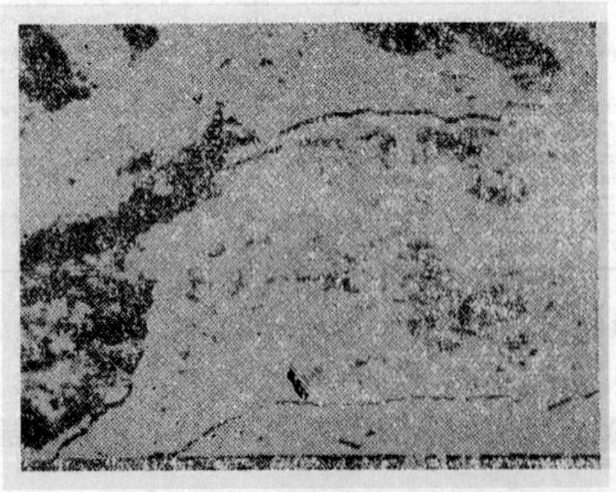

图4-4-60　反应器焊缝裂纹表面形貌640×

图4-4-61　焊缝裂纹断口的表面宏观形貌3.5×

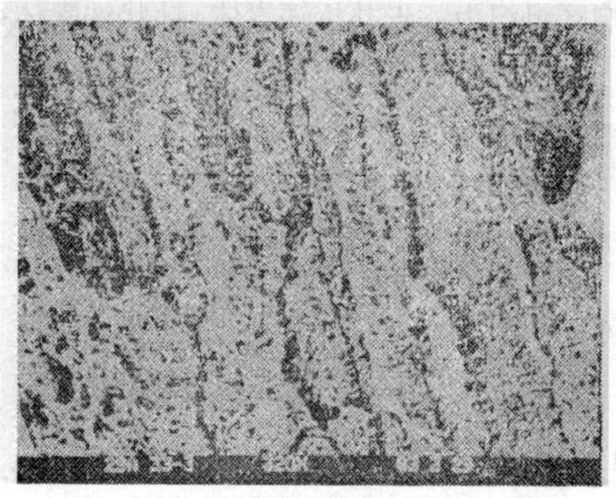

图 4-4-62　图 4-4-61C 区放大形貌

图 4-4-63　图 4-4-61D 区放大形貌

图 4-4-64　图 4-4-61 撕裂部分放大形貌 40×

扫描电镜观察分析结果表明，原始开裂表面上的沿原柱状奥氏体晶界部分(C 区)是凝固裂纹，它是焊缝在凝固过程中，在液固相并存的温度区间内，由于结晶偏析，并在焊接热应力作用下，沿晶界发生的裂纹。

② 金相

(a) 缺陷部位。取样部位为 33 号环缝，裂纹全貌见图 4-4-65，长为 85mm，二端有气孔，为便于观察，取了四个载面。Ⅰ-Ⅰ载面(见图 4-4-66)裂纹由气孔向内部扩展，长约 10mm；Ⅱ-Ⅱ载面(见图 4-4-67)，裂纹沿焊缝柱状晶发展，终止在另一道焊缝的柱状晶。

图 4-4-65　裂纹全貌

裂纹上部为焊缝柱状晶，金相组织为针状铁素体+少量贝氏体(见图 4-4-68)，图 4-4-69 为热影响区组织。裂纹末端也终止在柱状晶，从图 4-4-70 看，裂纹沿柱晶发展。图 4-4-71 为热影响区(揭膜)。

(b) 正常部位。近上封头 2¼Cr1Mo 处热影响区组织为：先共析铁素体+针状铁素体+索氏体，见图 4-4-69，硬度值为 155HB。

图 4-4-66　Ⅰ-Ⅰ截面

图 4-4-67　Ⅱ-Ⅱ截面

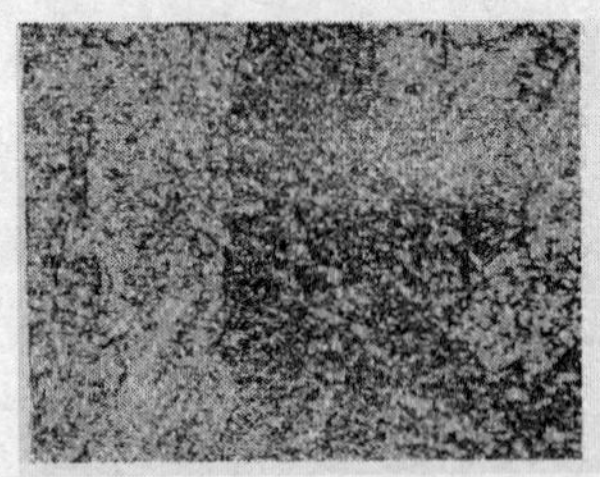

图 4-4-68　裂纹 200×

其硬度分布(HV5)，最小值为 218，最大值为 242，因经整体退火处理，其硬度值较均匀，裂纹周围的硬度值为 188~234。

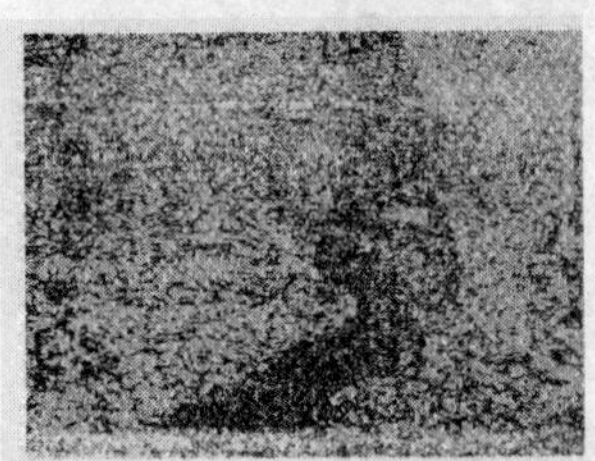

图 4-4-69　热影响区组织 200×

图 4-4-70　母材(揭膜)100×

图 4-4-71　热影响区(揭膜)100×

表 4-4-41　反应器各部位硬度值 HB

部　位	自动焊(环缝)		电渣焊(纵缝)		母　材
	焊缝	热影响区	焊缝	热影响区	
硬度值(HB)	149~227 181	130~223 165	149~191 167	116~191 162	139~169 153
金相	针状铁素体 + 少量贝氏体	针状铁素体 + 碳化物 + 少量贝氏体			铁素体+索氏体，晶粒度为8级

注：硬度数据来自现场测定：$\frac{\text{最小值-最大值}}{\text{平均值}}$。

根据取样的金相观察说明，焊接中裂纹沿晶产生，并扩展到另一焊缝。裂纹的产生与发展大多与封底焊位置有关，而焊接缺陷(如气孔和弧坑裂纹)也是促使裂纹产生和发展的因素之一。从缺陷的硬度值测定来看，未发现淬硬而产生的高值，且分布较均匀。可初步认为缺陷的产生与焊接工艺控制不严有关。

(3) 反应器质量评定

① 筒体错边量，椭圆度和厚度的测定。根据目测选择 7 处环缝进行错边量测定，实测结果，在筒体的东南方向的 30 号和 31 号环缝上，错边量分别为 6.5mm 和 7mm，已打磨。此外，29 号环缝是筒体和下封头的连接处，两者壁厚应相差 5mm，根据实测结果，仅西南

方向有一错边量为 7. 2mm 的地方，也已打磨。

对于纵缝的错边量，检查中已全部打磨。

本筒体实测椭圆度的最大周长允差，31 号环缝的 2000mm+9. 5mm，因此，筒体的椭圆度合乎要求。

采用超声波筒体测厚，共计 15 个部位，其所测结果减去坑深、厚度为 58. 8~62. 7mm；减去坑深，厚度为 51. 4mm 及 56. 8mm。所测最小厚度大于筒体需要的最小厚度 10mm 以上。

② 焊接质量。该反应器是尚未使用的产品，从裂纹断口观察发现，断口表面存在着严重的锈蚀，说明裂纹缺陷的产生是早已存在的。从表 4-4-41 中所列的裂纹缺陷来看，基本上均属于热裂纹，大多存在于内壁环缝的手工焊封底焊缝上，亦存在于外壁的纵缝上，八处裂纹缺陷有六处是产品制造中经过返修的，其中有三处甚至是经过两次返修的，因此，可认为该产品的焊接质量是较差的。例如有五处弧坑裂纹未予打磨清除；有两处在焊缝收弧处有气孔未予打磨消除；有两处在纵缝热影响区上产生纵向裂纹，其始终端均产生在焊缝宽度方向均匀的凹入区，具有再热裂纹的特征；也有个别裂纹产生在表层的下面，未予检出及清除等等。此外，焊缝的咬边深度大于 0. 5mm 处也较普遍。以上多类情况，都需要打磨或补焊修复。

（4）反应器修复方案的制定

① 修复方案制定的基本依据。20CrMo9 钢是西德钢号的一种珠光体耐热钢，他具有良好的抗氧化能力和抗热性能，并具有抗原油中硫化物及高压氢的耐蚀作用，所以它是重要的工业用钢。珠光体耐热钢的可焊性与低碳调质高强钢相似，主要问题是容易产生冷裂纹；对于含碳偏高的钢，也可能产生热裂纹。因此在焊接工艺上，取决于焊前的热处理状态，焊接材料的选择、焊前预热和焊后热处理方式等。由于这类钢种一般焊后要经高温回火处理，所以，还要考虑避免再热裂纹的产生。

② 焊接材料的选择。要使焊缝的化学成分与母材相近，以保证耐热、耐蚀等使用性能的要求，因此。本钢种选用含 Cr 约 2. 5%、Mo 约 1. 0%的热 407 低氢焊条。

③ 焊前预热温度。为了防止冷裂纹产生，要选择焊前预热温度，它应既能保证质量，又不致过于恶化劳动条件。根据与 20CrMo9 钢相似成分的 2¼Cr1Mo 钢的生产经验，壁厚≥19mm 时，所需的最低预热温度为 150~300℃。

预热温度还可根据钢种的化学成分碳当量来估计。按当量公式：

$$C_{eq}=C+\frac{Mn}{6}+\frac{Si}{24}+\frac{Ni}{40}+\frac{Cr}{5}+\frac{Mo}{4}+\frac{V}{14}$$

将本筒体的具体成分代入上式，计算得

C_{eq}=0. 79（按钢院分析结果）或 0. 88（按钢院分析结果）参照有关资料，需预热温度250~300℃。

也可根据下列经验公式求预热温度，即

$$T(℃)=C_{eq}\times360=\left(C+\frac{Mn}{6}+\frac{Si}{24}+\frac{Ni}{40}+\frac{Cr}{5}+\frac{Mo}{4}+\frac{V}{14}\right)\times360$$

计算得预热温度分别为 286℃和 317℃。

此外，尚可根据焊件冷裂纹敏感指数（P_{cm}）来估计预热温度。

$$T(℃)=1440PW-392$$

$$PW=P_{cm}+\frac{H}{60}+\frac{RF}{40000}$$

$$P_{cm}=C+\frac{Si}{30}+\frac{Mn}{20}+\frac{Cu}{20}+\frac{Cn}{20}+\frac{Ni}{60}+\frac{Mo}{15}+\frac{V}{10}+5B$$

式中 P_{cm}——钢材的冷裂纹敏感性指数；

H——焊件扩散氢含量，mL/100g；

RF——焊接接头拘束度，kg/mm^2；

取 $H=5mL/100g$ $RF=2100kg/mm^2$。

计算的 $PW=0.52$ 则 $T=357℃$

综合以上三种计算方法，选用预热温度300℃。多层焊的层间温度控制与预热温度相同。

④ 焊接线能量。焊接线能量对接头的性能影响很大，为保持热影响区的强度和韧性，需采用较小的焊接线能量进行焊接，为了保证质量，一般需要在实验的基础上确定出最大允许的焊接线能量，由于客观情况不能大量进行实验，因此，结合实际情况，选用常用的焊接线能量为13~26kJ/cm。

⑤ 后热温度的选择。由氢诱导的冷裂纹(延迟裂纹)与氢的扩散和聚焦有关，在厚板多层焊中，易产生裂纹，采用后热，使扩散氢充分从焊缝中扩散，对防止延迟裂纹有明显效果。后热还可降低焊接接头总的应力水平，有利于防止再热裂纹的产生。为了选择后热温度采用Y形坡口拘束抗裂试验法是试验再热裂纹的敏感性方法。试板厚30mm，坡口分Y形和V形两种，在预热温度300℃，试验后热温度300℃、350℃、400℃和450℃，保温两小时后空冷进行回火处理(640℃，3h)详见表4-4-42。比较了表面和断面的裂纹率后，选出最小裂纹率的后热温度为450℃，其表面裂纹率均为0，断面裂纹率为0和0.6%(V形坡口)；1.6%和4.2%(Y形坡口)。如果提高预热温度到350℃，降低后热温度到350℃，则断面裂纹率升高到8.7%和90.%(Y形坡口)。

表4-4-42 试验结果

编号	坡口型号	预热温度/℃	后热温度/℃ ×时间/h	回火温度/℃ ×时间/h	表面裂纹率/%	断面裂纹率/%
A×1	Y	300	300×2，空冷	640×3	0	19.2
A×2	Y	300	300×2，空冷	640×3	0	17.5
A×3	Y	300	300×2，空冷	640×3	0	10.3
AZ1	V	300	300×2，空冷	640×3	0	6.6
B×1	Y	300	350×2，空冷	640×3	0	16.9
BZ1	V	300	350×2，空冷	640×3	0	15.1
BZ2	V	300	350×2，空冷	640×3	0	7.0
BZ3	V	300	350×2，空冷	640×3	0	7.7
C×1	Y	300	400×2，空冷	640×3	0	4.9
C×2	Y	300	400×2，空冷	640×3	0	6.3
CZ1	V	300	400×2，空冷	640×3	0	2.6
CZ2	V	300	400×2，空冷	640×3	0	2.1
D×1	Y	300	450×2，空冷	640×3	0	1.6
D×2	Y	300	450×2，空冷	640×3	0	4.2

续表

编号	坡口型号	预热温度/℃	后热温度/℃ ×时间/h	回火温度/℃ ×时间/h	表面裂纹率/%	断面裂纹率/%
DZ1	V	300	450×2，空冷	640×3	0	0.6
DZ2	V	300	450×2，空冷	640×3	0	0
E×1	Y	350	350×2，空冷	640×3	0	8.7
E×2	Y	350	350×2，空冷	640×3	0	9.0

注：(1)母材经调质处理，板厚30mm。(2)Y型试验母材，V型试验焊缝。(3)回火按修复方案规定的加热-冷却曲线进行。

⑥ 焊后热处理的选择。对于厚壁容器，为了软化焊接过程中硬化了的焊接接头，消除应力，防止裂纹，焊后需进行高温回火，其回火温度不能超过容器钢原调质时的回火温度(640℃)和整体退火温度(660～670℃)，以免降低钢的强度，故选用焊后热处理温度为640℃±10℃。

⑦ 焊接工艺评定。由于筒体修复的施焊单位首次焊接20 CrMo9钢种，因此施焊前需要进行焊接工艺评定，通过试验，制定符合要求的补焊工艺。在事先作了焊接接头抗裂纹性试验所确定的焊接工艺的规定下，进行相应的焊接工艺评定，即选定的预热温度和层间温度为300℃，后热温度为450℃保温2h，然后按修复方案中规定的加热—冷却曲线进行焊后热处理后进行评定，具体定内容按JB 741—80的附录二进行。焊接线能量选用13～26kJ/cm。

评定所得的焊接接头力学性能，结果见表4-4-43。

表4-4-43　焊接接头力学性能

项目	σ_b/(kg/mm²)	a_k/(kg/cm²)			冷弯角/(°)($D=3\delta$)		
		焊缝	熔合线	热影响区	面湾	背湾	侧湾
焊接	79.8	18.8 20.7	13.8 12.7	10.9 14.3	≥50	≥50	≥50
接头	80.3	24.7 25.3	14.0　13.1 14.2　13.8	11.6 12.1	无裂	无裂	无裂

注：母材经调质处理，板厚30mm。

由表4-4-43所列数据可见，焊接接头力学性能均能满足母材技术要求的规定，则可以认为，通过试验所制定的焊接工艺是符合要求的。因此，可以采用所选定的焊接工艺进行补焊焊接。

(5) 反应器修复的实施与质量

在进行了大量的试验和分析工作后，于1983年6月我们开始了反应器的修复工作。修复工作主要包括两个方面，一是对7处表面缺陷的处理，二是对裂纹的补焊。

① 对下列表面缺陷，在不影响设备强度所需的壁厚情况下，均加以仔细打磨，使其过度平滑。

(a) 各种表面裂纹

(b) 带尖角的咬边深度>0.5mm者

(c) 马脚的严重损伤处(马脚系指各种角焊连接结构)

(d) 焊道之间的严重焊沟

② 补焊的实施

(a) 对33号环缝进行补焊时，筒体外壁相应部位采用电红外线加热器预热，加热温度为300℃±20℃，保温30分钟后开始焊接。焊条采用低氢型"热407"，规格ϕ3.2mm及ϕ4.0mm，直流焊机，焊条接正极。补焊完毕后立即按规定加热，进行后热处理。后热温度450℃，2h，空冷，后热需在停焊后5min之内进行。

(b) 补焊部位经补焊后，及时进行了热处理，48h后对补焊部位的焊缝及热影响区和母材进行了硬度测定、金相检查、着色和超声波探伤。

检查结果表明，焊缝部位的硬度值与母材相当，金相组织正常，焊缝及热影响区均无任何形式的裂纹缺陷，补焊部位质量合格。

(6) 结语

石油三厂润滑油加氢反应器经修复后，于1984年8月28日投产至同年12月26日，累计运转2372h，操作压力为45kgf/cm^2，床层温度为280℃，外壁温度平均为94℃，运行一直正常。

通过这项工作，使我们取得了一些现场返修的经验，打破了对加氢反应器这样重要设备焊缝裂纹必须送回原制造厂进行返修的做法。

通过实践证明，要搞好缺陷的现场返修必须做好以下几个方面的工作；

① 对设备制造质量要有全面的了解；

② 对设备所存在的缺陷性质一定要查清楚；

③ 有一个切实可行的，经过验证的缺陷修复方案；

④ 由具备焊工资格的、有经验的焊工来进行焊接施工；

⑤ 有一台能自动调温的电红外线加热器，以便进行局部焊缝的加热，保温剂热处理。

例2　润滑油加氢反应器的安全性能评价

1. 概述

石油三厂加氢车间在用润滑油加氢反应器(反-1)是1975年由兰州石油化工机械厂造，1988年投入使用。检验时发现在容器内壁，从下封头向上数第四条环缝上有一椭圆形凹坑，该凹坑是以往检出裂纹经打磨处理之后形成的。凹坑长为80mm，宽为25mm，深为0.9mm。这种缺陷按照《在用压力容器检验规程》的规定是应该进行返修的，但现场返修工艺复杂，且生产急需，因此，对该容器利用CVDA-1984"压力容器缺陷评定规范"进行缺陷评定、安全性能综合分析。

2. 反应器的自然状况

反应器的自然状况如下：

规格：ϕ1400mm×95mm×17830mm；

结构形式：单板卷焊；

设计压力：10MPa；

设计温度：450℃；

实际工作压力：3MPa；

降压使用实际工作温度：300℃；

介质：润滑油、H_2、H_2S；

主体材料(封头、筒体)：A387D，调质处理；

盖板材料：20CrMo9，调质处理；

内壁：珍珠岩衬里；

最大氢分压：2.5MPa；

纵缝焊接方法：电渣焊；

焊丝：H10Cr3MnMoA；

焊剂：431；

环缝焊接方法：自动焊；

焊丝：10CrMo910；

焊剂 250。

其他：短时再生条件下温度较高，但小于 400℃；压力为 1.2MPa，但无 H_2存在。

3. 材质化学成分分析与性能测试

(1)反应器主体材质的化学成分

反应器材质的化学成分分析及标准成分对比见表 4-4-44。由表 4-4-44 可见，该反应器筒体、封头材质的化学成分基本符合标准的要求。

表 4-4-44 材质化学成分对比分析 %

试　样	第 7 筒节	第 1 筒节	封　头	标准值
C	0.12	0.14	0.16	≤0.15
Si	0.36	0.26	0.27	0.13~0.32
Mn	0.57	0.53	0.53	0.27~0.63
P	0.013	0.013	0.016	≤0.035
S	0.015	0.019	0.032	≤0.035
Ni	0.14	0.14	0.29	
Cr	2.39	2.01	2.16	2.0~2.5
Mo	0.98	0.91	0.91	0.85~1.15
As，Sb，Sn	≤0.001			

(2)主体材质的力学性能与断裂韧性

未能取样实测，取已公布的 A387D 有关性能最低值为材料性能。该反应器的操作温度为 300℃，A387D 在 300℃的力学性能分别为：

抗拉强度 σ_b：515MPa；屈服点 σ_s：310MPa；许用应力$[\sigma]_t$：144MPa；弹性模量 E：1.93×10^5MPa。

本位结合经验值取反应器的断裂韧性 δ_c：0.055mm。

(3)主体材质硬度测定及金相分析

① 硬度测定。仅将 1 号筒节内外壁的硬度测定结果列于下表，硬度测量点部位如图 4-4-72 所示。由表 4-4-45 可知，硬度测量结果无异常，符合要求。

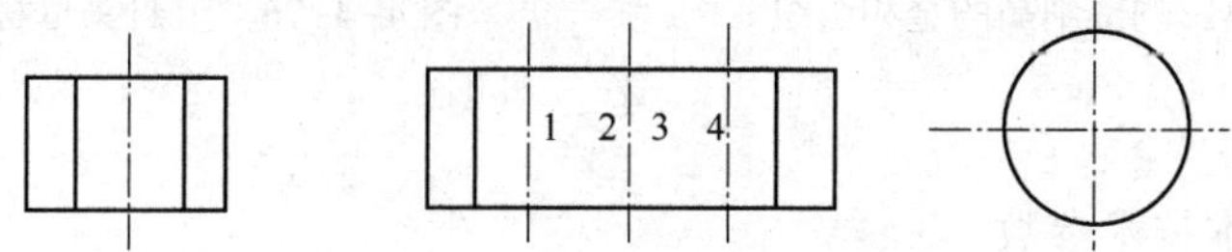

图 4-4-72　硬度测量点部位图

注：测点居中，距中心线及测点间距均为 100mm

表 4-4-45　硬度测定结果(HB)

测点位置	1	2	3	4
外　壁	427	421	410	410
	426	409	423	416
内　壁	406	403	411	412
	406	408	409	415

注：表中数据均为平均值。

② 金相分析。采取了现场观察复膜拍照的方法，检验了上封头和第一筒节之间环焊缝上的焊缝金属，热影响区和母材的金相组织，未见异常组织。其中焊缝金属的金相组织为回火贝氏体沿粗大枝晶位向分布，如图 4-4-73 所示。

焊缝金属粗晶区的金相组织为粗大贝氏体，如图 4-4-74 所示。

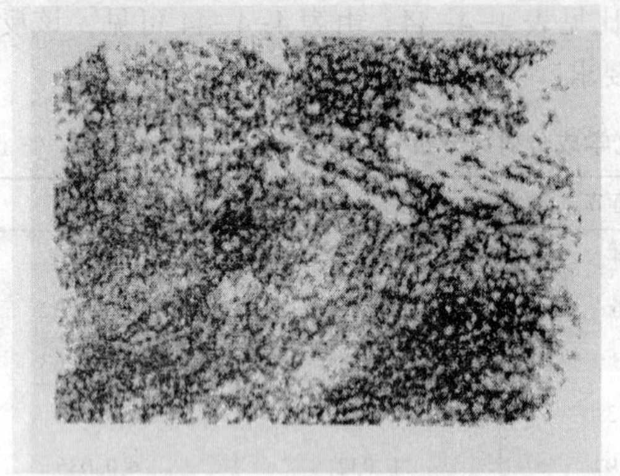

图 4-4-73　焊缝金属的金相组织

图 4-4-74　焊缝金属粗晶区的金相组织

热影响区细晶区的金相组织为细小贝氏体+少量块状铁素体，如图 4-4-75 所示。

上封头母材的金相组织为块状铁素体+珠光体+少量贝氏体，如图 4-4-76 所示。

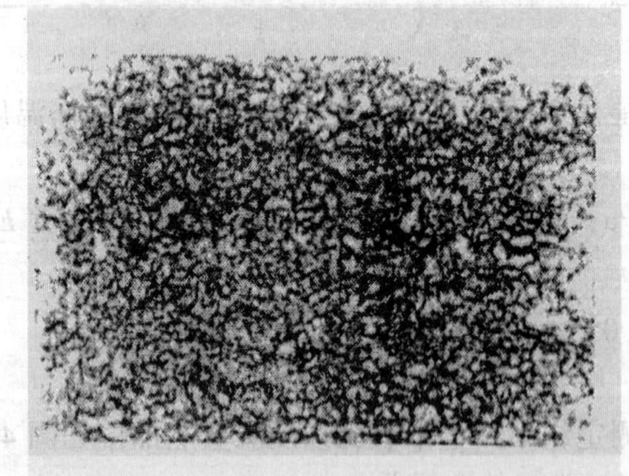

图 4-4-75　热影响区细晶的金相组织

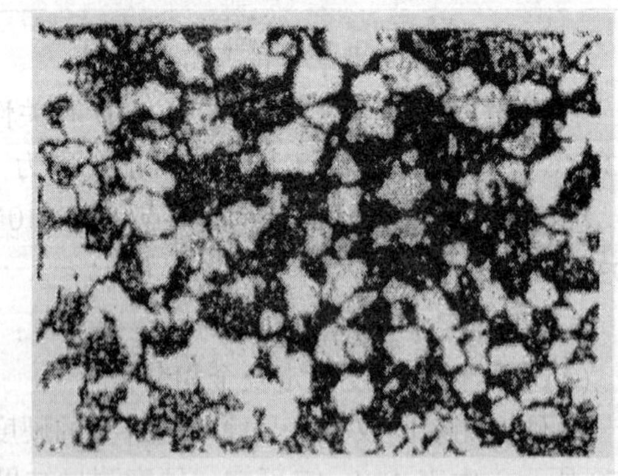

图 4-4-76　上封头母材的金相组织

4. 缺陷评定

(1) 反应器基本技术参数

材料常温屈服点 σ_s：310MPa；操作温度下材料的许用应力 $[\sigma]_t$：144MPa；操作温度 T：300℃；反应器直径 D_i：1400mm；筒体实测最小壁厚 $t_{min筒}$：90.8mm；封头实测最小壁

厚 $t_{min封}$：88.5mm；角变形与错边量最大组合($w+h$)：3mm；焊接接头系数 ϕ：1.0；腐蚀裕量 C_2：0mm。

(2) 壁厚校核分析

按 GB150—1998 计算筒体、封头的厚度，筒体计算厚度 $t_{筒}$ 为：

$$t_{筒}=\frac{pD_i}{2[\sigma]_t\varphi-p}=\frac{10\times1400}{2\times144\times1.0-10}=50.4\text{mm}$$

式中 p——设计压力，10MPa；

D_i——筒体内径，1400mm；

φ——焊接接头系数，$\varphi=1.0$；

$[\sigma]_t$——许用应力，144MPa。

按筒体实测的最小壁厚 $t_{min筒}$ 计算器壁厚裕量为：

$$t_{min筒}-t_{筒}=90.8-50.4=40.4\text{mm}$$

封头计算厚度 $t_{封}$ 为：

$$t_{封}=\frac{PD_i}{2[\sigma]_t\varphi-0.5p}=\frac{10\times1400}{2\times144\times1.0-0.5\times10}=49.5\text{mm}$$

按封头实测的最小壁厚 $t_{min封}$ 计算其壁厚裕量为：$t_{min封}-t_{封}=88.5-49.5=39\text{mm}$。由此可见，该反应器有一定的壁厚裕量。

(3) 等效裂纹尺寸

反应器缺陷按 CVDA—1984 规范规则化以后，可简化为表面裂纹，裂纹长 $2c$ 为 80mm，宽为 25mm，深 a 为 9.0mm，如图 4-4-77 所示，先将表面裂纹换算成等效裂纹 $\bar{a}$：

$$\bar{a}=a(F/\Psi)^2$$

式中 $\bar{a}$——等效裂纹，mm；

Ψ——第二类椭圆积分，查 CVDA—1984 中表 1"Ψ 的数值"，因 $a/c=9/40=0.225$，查 $\Psi=1.0614$；

F——与表面裂纹短半轴与长半轴之比 a/c 及裂纹深与壁厚之比 a/t 有关的中间变量。

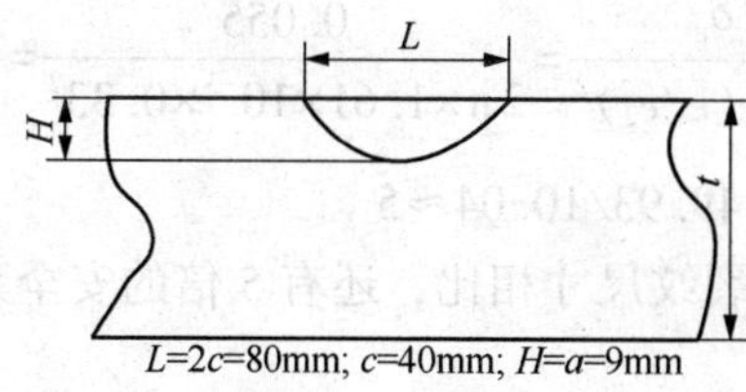

图 4-4-77 缺陷示意图

$$F=1.10+5.2\times0.5^{\frac{5a}{c}}\left(\frac{a}{t}\right)^{\frac{a}{c}+1.8}=1.10+5.2\times0.5^{5\times0.225}\left(\frac{9}{95}\right)^{0.225+1.8}=1.120$$

式中 t——筒体名义厚度，$t=95$mm。

因此，等效裂纹尺寸为：$\bar{a}=a(F/\Psi)^2=9\times(1.120/1.0614)^2=10.04\text{mm}$

(4) 应力计算

① 设计应力

$$\sigma_1=\frac{pD_i}{4t}=\frac{10\times1400}{4\times95}=36.8\text{MPa}$$

② 残余应力。

该容器已进行了整体退火，故取残余应力为：

$$\sigma_r=0.2\sigma_s=0.2\times310=62\text{MPa}$$

③ 由棱角度和错边量引起的集中应力。由实测得最大错边量 $h_{max}=3$mm，棱角度 $w=0$，带入应力集中系数 K_t 的计算公式，得：

$$K_t=1+\frac{3(w+h)}{t}=1+\frac{3\times3}{95}=1.09$$

故集中应力 σ_F 为：

$$\sigma_F=(K_t-1)\sigma_1=(1.09-1)\times36.8=3.3\text{MPa}$$

④ 总应力

$\sigma_{总}$ 为：

$$\sigma_{总}=\sigma_1+\sigma_r+\sigma_F=36.8+62+3.3=102.1\text{MPa}$$

(5) 允许裂纹尺寸的计算

现按 COD 法计算总应变量 e 为：

$$e=\frac{\sigma_{总}}{E}=\frac{102.1}{1.93\times10^5}=5.30\times10^{-4}$$

材料的屈服应变 e_s 为：

$$e_s=\frac{\sigma_s}{E}=\frac{310}{1.93\times10^5}=1.61\times10^{-3}$$

式中　E——弹性模量，MPa。

因为：$$\frac{e}{e_s}=\frac{5.3\times10^{-4}}{1.61\times10^{-3}}=0.33<1$$

所以，用下列公式计算允许裂纹 $\bar{a}_m$ 为：

$$\bar{a}_m=\frac{\delta_c}{2\pi e_s\ (e/e_s)^2}=\frac{0.055}{2\pi\times1.61\times10^{-3}\times0.33^2}=49.9\text{mm}$$

安全系数 n 为：$n=\bar{a}_m/a=49.93/10.04\approx5$

允许裂纹尺寸与实际最大裂纹尺寸相比，还有 5 倍的安全系数。因此，所评定的椭圆形表面缺陷是允许的。

(6) 其他失效方式分析

由于该反应器为连续物料工况，因此，构成疲劳载荷的条件不充分，暂不进行缺陷的疲劳评定。

(7) 结语

该评定分析是在应力数据选取以及缺陷简化处理等偏保守的基础上进行的，故评定结果有充分的安全裕度，该反应器的缺陷尺寸是允许的，可以正常运行。

通过对该台润滑油加氢反应器安全性能的综合分析，认识到 CVDA—1984 规范在压力容器检验中，通过对含超标缺陷的在用压力容器的分析评定，可以更准确地判断残缺的危险程度，得出更为合理的检验结论。

（四）高温设备的维护和修理

1. 概述

石油三厂原加氢装置长期使用旧设备，设备的役龄过长（我国平均役龄在20年以上，美国为14.5年，德国11年，日本9.6年）。但我们的理念一直没有改变，“要管好，用好，修好，经营好设备”，行动落实在可靠性和维修性，提高设备寿命周期。风风雨雨走过了六十年，我们一直坚持正确使用，精心维护，科学检修，适时改造和更新，使设备处于良好技术状态，不断降低设备寿命周期费用，不断提高设备综合效率。

2. 热壁加氢反应器运行后检测要点及超标缺陷的修复措施

（1）主要受压部件

① 筒体纵缝及封头拼板缝。该焊缝采用双面埋弧自动焊完成，由于板厚为110mm，双面埋弧自动焊时是多层焊，焊接热输入量大，容易造成焊缝区韧性低。实验结果表明，焊态焊接区氢的浓度分布为：扩散氢含量在离焊缝表面10mm左右的位置最高。在制造中，虽然采取了去氢措施，但残存的氢或多或少仍留在焊缝金属中，尤其是去氢措施执行不当时更是如此 。因此，产生延迟裂纹的可能性是存在的。又由于该反应器结构刚性大，即使焊接过程中采取了一些工艺措施，焊后的残余应力仍处于较高水平，故设备运行后停车检修期间，应对筒体纵缝、封头拼板缝进行以发现延迟裂纹为目的的检测（UT、MT、PT）抽查，对查出的超标缺陷要分析判断产生的原因，在此基础上制定合理的修复工艺方案。在编制修复方案时，就2.25Cr1Mo钢而言，除合适的焊材外，以下3点应予以强调：一是焊前预热温度应控制在250~350℃的范围内，结合检修的特点，因手工焊接热输入量低，大结构小局部返修时热量散失快，故预热（层间）温度宜接近上限值。二是后热（去氢）处理，这是防止焊接冷裂纹的重要措施，延迟裂纹主要与氢的扩散聚集有关，在后热温度下氢的扩散速度要比室温时高得多，见图4-4-78后热温度达到150℃左右，氢的扩散速度明显增加，通常后热温度为300℃时，对一般低合金钢来说，钢内的氢扩散几乎能全部逸出，当然后热温度达到后，保持一定的时间是同等重要的。所以在考虑后热温度时应把保温时间也考虑进去以取得更好的效果。三是焊后消除应力热处理时的回火参数要合理，对2.25Cr1Mo钢而言，焊后热处理温度一般在650~750℃范围。如参数过低，将达不到使用焊接接头软化，塑性和韧性得到恢复的目的。如参数过高，韧性将恶化，这是因为铁素体析出之故，故要控制好焊后热处理的温度。

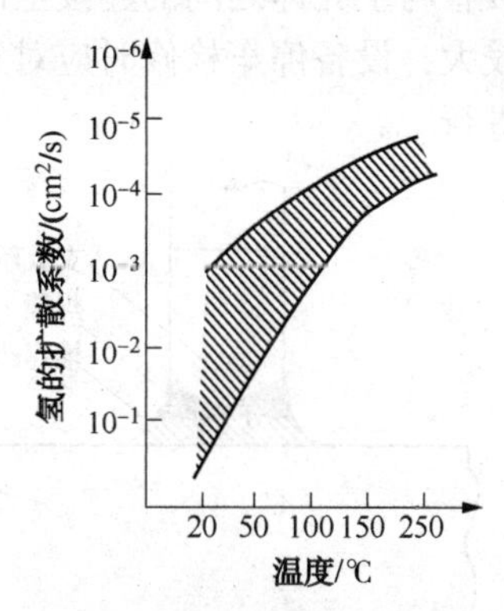

图4-4-78　后热温度下氢扩散速度

返修方案如下：

（a）焊前准备

ⓐ 先用超声波探伤法确定内部缺陷的准确位置；

ⓑ 用砂轮打磨至显露出全部缺陷，这时应减少磨削量，边磨边观察缺陷形貌，并轻磨至缺陷完全消失为止；

ⓒ 按补焊要求修复成合适的坡口；

ⓓ 清洁待补焊表面；

（b）预热250~350℃，电阻丝加热或火焰加热，预热区为返修部位及边缘100mm范围。

(c) 焊接

ⓐ 焊接材料。热 407、ϕ3. 2mm、ϕ4. 0mm;

ⓑ 焊接电源。直流正极性:

ⓒ 焊接电流。130~150A，ϕ3. 2mm；150-170A，ϕ4. 0mm;

ⓓ 层间温度。250~350℃

ⓔ 后热温度。300℃，保温 30min;

ⓕ 消除应力热处理。650~700℃，恒温 1h，缓冷至室温。

(d) 验收。着色+磁粉+超声波，按下列标准验收合格：UT JB1152-81I 级；MT JB3965-85；PT 附录六;

② 上、下段总装环缝。其检查要点和超标缺陷的返修措施与①相同。

③ 筒节间及筒节与封头的环缝。该焊缝全部采用窄间隙埋弧自动焊，这种焊接方法的热输入量比传统的埋弧自动焊要少，因而焊缝组织性能及变形都能得到较好的控制。但是窄间隙焊接方法一般用于较大厚度，坡口宽度小，可见度差，丝壁间隙要严格控制恒值，电信、电压、焊接速度三者要很好匹配。这些工艺参数在实际生产中是不容易保证的。窄间隙焊接常见的焊接缺陷为坡口侧壁未熔合、坡口侧壁咬边、夹渣、气孔、焊道中心收缩裂纹等。对 2. 25Cr1Mo 钢，还容易产生焊后热处理再热裂纹及氢致裂纹。因此设备停车检修时，应做以检测坡口侧壁未熔合及延迟裂纹为目的的检测抽查，对查出的超标缺陷处理办法与①相同。

④ 接管与主壳体之间的焊接。反应器筒体和下封头上有规格大小不等的接管 15 个，这些接管与主壳体之间的连接全部采用手工焊的方法完成，采取对接环形镶块式焊缝，焊接难度较大，设备停车检修时应对这些接管焊缝作检测抽检，对检查出的超标缺陷处理办法参照①进行。

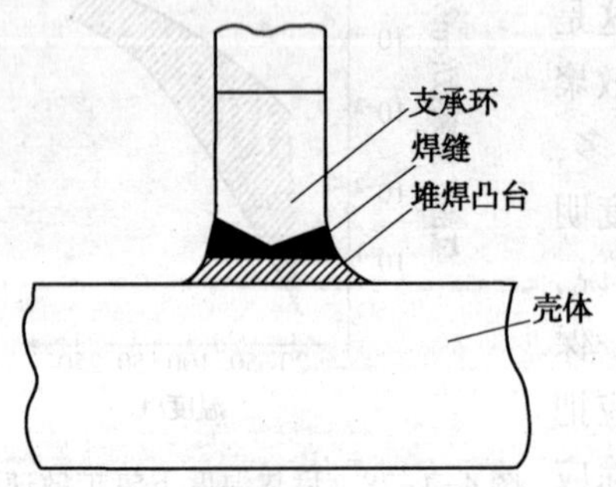

图 4-4-79　堆焊凸台及接头坡口示意图

⑤ 筒体内壁支持圈的焊缝。本反应器筒体内壁上有 3 层塔盘支持圈，与筒体间的焊接是制造中的关键之一。先在筒体内壁用 Cr-Mo 钢堆焊出一个凸台，在凸台上加工出坡口，与支持圈之间形成对接接头形式而进行焊接，如图 4-4-79 所示。这种似 T 形又有别于 T 形的焊接接头。由于受位置限制，不仅焊接时不方便，给探伤也带来困难(易造成漏检)。像这种结果如焊接工艺不当，会造成壳体母材层状撕裂和母材热影响区裂纹等危害性缺陷。设备停车检查时应作为一个重点，对支持圈焊缝、堆焊凸台区域，母材区域进行检查抽查，对查出的超标缺陷进行修复时应严格遵守焊接工艺，以保证质量。

(2) 不锈钢堆焊层

① 筒体和封头内壁不锈钢堆焊层。筒体和封头内壁不锈钢堆焊层均采用带板堆焊而成，由于筒体及封头表面工作面大，操作较方便，容易保证质量和检验。本设备在堆焊时发现的缺陷以夹渣为多，外观缺陷则以表面不平度超标为多，尤其是焊道之间形成的沟槽难于消除。还有一个重要指标就是堆焊复层铁素体含量测定值应控制在 3%~10%的范围内，故设备停车检修时，应重点作如下检查(复层):

(a) 堆焊复层表面有无龟裂现象;

(b) 堆焊复层铁素体含量;

(c) 堆焊层结合面情况等。对检查出的超标缺陷的性质。数量及分布情况应作出详细记录以备分析备查，缺陷修复方法应根据实际情况而定。

② 接管堆焊层。接管不锈钢堆焊层使用了自动焊(TIG)堆焊及手工氩弧焊方法，由于受管径尺寸限制，个别又有弯曲部分，给操作及检测都带来困难，质量难保证，缺陷也难于检出。本设备中有较大长度、较小直径的接管内壁堆焊层因受结构限制没有进行检测，法兰内孔堆焊层也未进行检测，故这些部位不锈钢堆焊层的质量状况不明，加之这些部位工况复杂，设备运行中出问题的可能性较大，因此停车检修时应作为薄弱环节进行重点检查，检查抽检时如何完善检测手段是个关键，有待今后试验摸索出一个较为完善的检测手段。

③ 不锈钢堆焊复层铁素体含量控制。不锈钢堆焊复层铁素体含量多少为合适？根据日本焊接学会 JSW 的研究，当铁素体含量小于 3%时，不仅焊接时容易产生裂纹，而且在使用过程中也容易产生剥离；当铁素体含量超过 10%时，则可能引起堆焊层的脆化，其原因是在最终热处理时有可能发生 δ→σ 相的转变，同时母材中的碳可能通过熔合线向不锈钢堆焊层迁移，形成马氏体区而引起脆化。

在焊态，一般情况下整个堆焊复层显微组织为奥氏体+铁素体，铁素体含量一般<15%。焊后经敏化处理后，表面的显微组织为奥氏体+铁素体(<10%)及少量碳化物，高温形成的δ铁素体数量取决于铬、镍当量和凝固后的冷却速度。铬当量控制在 20%左右，镍当量控制在 11%~13%之间，焊后经敏化堆焊复层不会出现 σ 相和马氏体组织，所以应合理选用焊接材料，正确制定焊接工艺，严格执行工艺规程，确保堆焊复层铬、镍当量控制在 20%、11%左右，这样经敏化后的不锈钢堆焊层不致引起脆化，也具有相当的抗腐蚀能力，其冲击韧性能维持在略低于焊态的水平。因此，堆不锈钢堆焊层(复层)进行修复时，应采取综合措施，把铁素体含量这一重要指标控制在 3%~10%范围内。

(3) 热壁加氢反应器隐患简介

热壁加氢反应器在高温高压下直接受氢和硫化氢的侵蚀、氢腐蚀、氢脆、回火脆加氢脆、高温硫化氢腐蚀以及堆焊层的剥离和连多硫酸的应力腐蚀开裂都有可能造成设备破坏。

隐患分析与对策：为保证反应器安全运行采取的对策是：

① 对主体材料提出防脆化要求：第一，在化学成分上控制了 C、P、S、Sb、Sn、As 的含量以满足热壁加氢反应器的要求，第二严格控制抗回火脆性指标，即 $J<150\%$；$X<20\mu g/g$。

② 采用奥氏体不锈钢堆焊层。为防止高温硫化氢的腐蚀，采用双层堆焊，过渡层为 TP309L，表层为 TP347L。

③ 采用合理的设计结构，改善各部分力分布并满足工艺要求，如梯形槽八角垫、格栅和分配盘的支承等处都做了改进。

④ 在生产过程中严格遵守操作规程，升降温速度控制在 20%℃/h 以内，保证反应器运行的平稳，避免了反应器过热和急冷。在每次停工中增加了 250℃，24~48h 恒温脱氢过程，对堆焊层的氢致剥离和铬钼钢的氢致开裂都大有好处。

⑤ 操作中对反应器的使用限定，反应器升温速度限制。加氢装置反应器所用材质多为 2. 25Cr1Mo，由于铬钼钢长时间在 370~575℃下操作，材质会发生脆化。因此，这种钢材在温度低于 121℃时存在脆性断裂的可能性。故一般建议：温度在 121℃以下时，2. 25Cr1Mo 和 3Cr1Mo 钢设备内的压力限制在产生应力不超过材料屈服强度的 20%的压力范围，但考虑到反应器内的温度与反应器外壁温度的差异，有的装置将此温度改为 135℃。此外，对有明显高的残余应力或机械负荷应力的地方，可谨慎地进行密切监视和进行更严格的检查。为了确保安全，一般要求当温度在 135℃以下时，压力不能超过总压的 0. 25。要求反应器开工操作时，要求先升温后升压，在停工操作中，要求先降压后降温。对于机械设计方面的考虑，

冷却速度不应超过25℃/h，在压力降到总压力的0.25以前不得将反应器温度降到135℃以下。这些措施对设备应力、堆焊层剥离倾向及防止因回火脆性引起的破坏都有好处，为了防止停工期间反应器不锈钢堆焊层和不锈钢工艺管线内壁接触到潮湿空气，与金属表面的硫化铁形成连多硫酸，造成不锈钢的连多硫酸应力腐蚀开裂，规定了设备和管道的氮气保护措施或用碱中和清洗措施。

为了避免产生高的温差应力，应严格控制任何两个表面热电偶之间的温度差。如两表面热电偶之间距离小于$2.5(R\times T)^{1/2}$，其最大温差不宜大于28℃，式中：R——反应器半径；T——反应器壁厚。一般可通过控制进料的升温速率和进料温度来满足上述条件。

国产热壁加氢反应器经全面检验，安全等级定为一级，可在设计条件下继续使用，检查周期6年。

设备管理必须实行全过程管理，从制造及试运开始，必须严格把关，精心调试，及时解决暴露出的设备隐患，为平稳生产和设备管理打好基础。

3. *石油三厂高压、加氢换热器维修中应用内孔焊*

1977年10月15日，石油三厂加氢三套检修，在第三换热器管束试压时发现管束靠管板箱处有多处漏点。但反复检查也找不到漏点的位置。于是便对管板箱上的焊道(高压加氢热器的管束与管板箱链接方法的为焊接)进行着色探伤检查，还没有找到漏点。开始怀疑在管板箱内的管子是否有裂纹。经查，有很多根管子在管头处出现裂纹。带着这一问题，进行研讨：结论是：用内孔焊结代替传统的端面焊结构是提高换热器管子与管板焊接接头抗应力腐蚀和缝隙腐蚀稳定性的根本途径。这种焊接接头具有可靠性高、无缝隙、接头易于检查、装配容易、制造周期短等特点。

(1) 概述

管子与管板的焊接时整个换热器制造过程中的关键工序，随着换热器的大型化，其焊接工作量日益增大，如何提高管子与管板焊接接头(以下简称管板接头)的强度、密封性、耐蚀性是当前换热器行业中广泛谈论的问题。

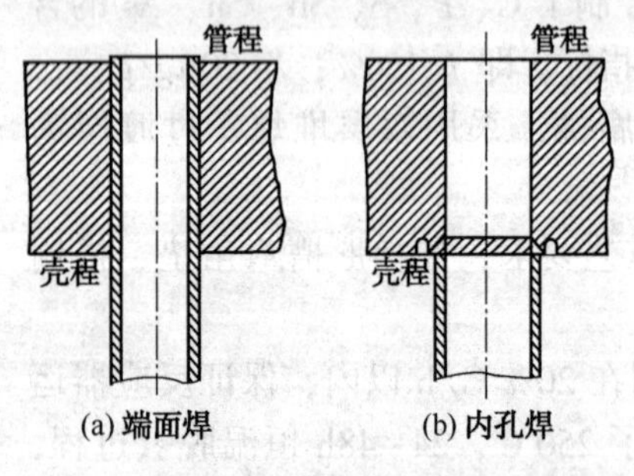

图4-4-80 管板接头结构

管板接头有两种结构：端面焊与内孔焊，如图4-4-80所示。

端面焊有加工容易、装配方便、生产效率高、链接可靠、泄漏少的优点，在换热器中应用很广泛，但存在以下问题：

① 管子穿过整个管板，在管子与管板之间不可避免地存在缝隙，由于腐蚀介质(如氯离子)在缝隙中富集，连接处常因应力腐蚀而破裂。由此造成的经济损失相当可观。

② 在高温和温度波动的情况下，端面焊在应用初期可能很严密，但在受到温度循环负荷后，往往容易在焊缝根部产生疲劳裂纹，并逐渐扩大，最后导致焊缝失效。

③ 无法用射线探伤、超声波探伤等来检验焊缝内部质量。有一种金属的结构——内孔焊，见图4-4-80(b)，可避免端面焊的上述缺点，大大提高管板接头抗应力腐蚀的能力。

(2) 国内外内孔焊概况

① 国外概况。国外在20世纪60年代末开始研究内孔焊，并于70年代开始应用于该设备上。

1994 年，大庆石油总厂 60kt/a 苯乙烯装置设计中，有一台外方(BADGER ENGINEERS INC)供货的换热器 TT-202，其设计参数如下：设计压力：壳程 0.28MPa，管程 0.17MPa；设计温度壳程 621℃，管程 649℃；操作介质：壳程 乙苯、甲苯等，管程 苯乙烯、乙苯等。材料与规格：壳体 SA240TP304H 内直径 ϕ1540mm。换热管 SA213 TP304H ϕ38.1mm×1.65mm，752 根。管板 SA336 FTP304H δ=73mm。

该换热器管板接头选用内孔焊。这种接头的特点是焊缝为对接焊缝，从根本上消除了缝隙，它没有引起焊根裂纹的接触表面(管子与管孔的接触面)，容易保证接头清洁，所以不易产生裂纹或气孔。此外，这种接头还可以获得最大的连接强度，特别从疲劳强度观点考虑，无疑是最好的；还可以消除切口效应，减少热冲击；接头可靠强度、设备使用寿命长，还可以进行无损探伤(国外已研制成功一种高分辨×射线系统专用于内孔焊缝的检验设备。对于这样的换热器，管板接头选用内孔焊时最佳选择。

② 国内概况。我国在 20 世纪 70 年代中期就进行了内孔焊的试验研究工作。1978 年，大连 523 厂在核反应堆系统换热器上应用了内孔焊(只在换热器管束一端的管板上采用了内孔焊)。同一时期，上海锅炉厂也在电站设备的一台 U 型管换热器上应用了内孔焊(管子两端都焊在同一管板上)。

按一端内孔焊，一端端面焊的方法制造的两台大型不锈钢换热器，投入核反应堆系统运行三年后检查发现，采用内孔焊的一端负荷较重，但无一泄漏；端面焊的一端，尽管负荷较轻，却出现了几处泄漏。两者相比，充分显示了内孔焊的优越性[郭晶等．大型不锈钢管束双端内孔焊[J]．化工炼油机械，1984，(2)]。

1982 年，大连 523 厂在国内首次制造出双管板全内孔焊换热器，从而把这项技术的国内水平又向前进一步。

③ 类型。内孔焊大致分为两类：全对接式和准对接式，详见表 4-4-46。全对接式优点很多，但由于装配较难只在美国比较盛行。准对接式受力情况不如全对接式，但由于装配较易，在西欧和日本很盛行。上海锅炉厂在制造 5 万千瓦和 12.5 万千瓦电站加热器时，亦选用准对接式。

表 4-4-46　内孔焊类型

	全对接式		准对接式	
管板接头	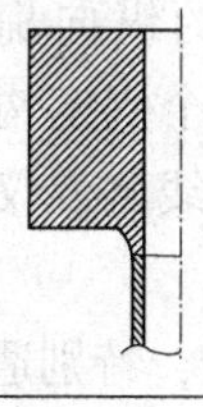	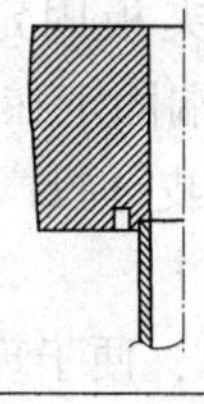	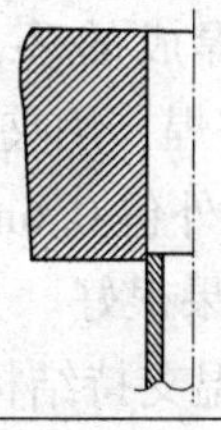	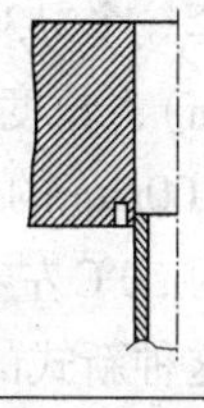
采用单位	(美)橡树岭实验所	(美) BADGER ENGINEERS INC	(英)Robert Jen Kins (英)Buckley & Taylor (日)日立制作所	(中)上海锅炉厂
特点	(1) 焊接 接头可靠性高 (2) 无缝隙 (3) 接头易于检查 (4) 焊缝受力好 (5) 制造周期长	(1) 焊接接头可靠性高 (2) 无缝隙 (3) 接头易于检查 (4) 焊缝受力好 (5) 制造周期长	(1) 焊接接头可靠性高 (2) 无缝隙 (3) 接头易于检查 (4) 制造周期长	(1) 焊接容易，可靠性高 (2) 无缝隙 (3) 接头易于检查 (4) 装配容易，制造周期短

④ 控制工艺参数。内孔焊时一项自动化程度较高的钨极惰性气体保护焊(TIG)技术，如图 4-4-81 所示。焊接时将自制的内孔焊枪(焊枪能满足定位、转动、导电、绝缘、通气、水冷等要求)伸到管板孔内，电弧是在很深的管板孔内燃烧，无法直接观察，焊接结果完全取决于预先调定的工艺参数。所以控制工艺参数对保证焊接质量就显得特别重要。为此要通过试验测定出每个工艺参数的最佳值极限范围，并在生产中采取一定技术措施，把工艺参数尽量控制在最佳值范围内，至少不能超出极限范围。

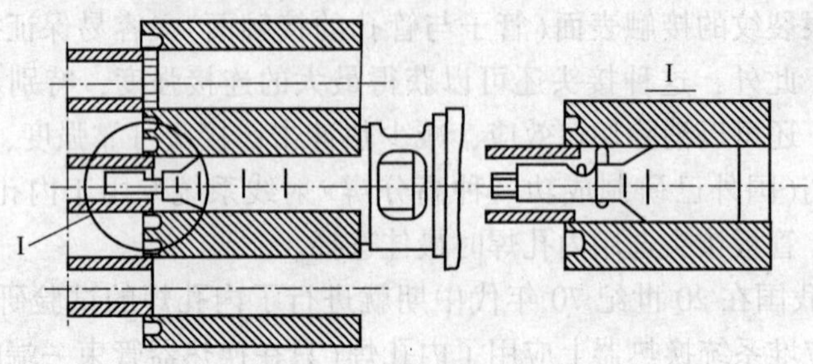

图 4-4-81　内孔焊接示意图

影响焊接质量的工艺参数比较多，分几何参数和焊接参数两大类。几何参数即管板孔及管端几何尺寸、管子、管板及电弧三者相对位置。它们是靠加工精度、焊接工具调整精度及装配精度来保证的。焊接参数包括氩气流量、背面保护氩气流量、提前供气时间、延迟关断时间、焊接电流、电弧电压、焊接速度及焊缝重叠面等其中焊接电流和焊接速度对焊接质量影响最大。

(3) 结语

管板接头用内孔焊代替传统的端面焊时换热器结构的一项重大改革。目前我国已掌握了这项技术，并在核设备、电子设备上应用。尽管内孔焊还存在某些不足，但随着科学技术的高速发展将使其不断完善。

(五) 热壁加氢反应器用鼠笼式外保温支持结构效果好

1989 年 5 月，石油三厂投入运行我国自己设计和制造的第一台锻焊结构热壁加氢反应器，规格为 ϕ1800mm×22000mm×150mm(内径×切线长×厚度)，筒体材料为 2¼Cr-1Mo。反应器的外保温支持结构采用了一种新式的鼠笼式吊挂结构。即在反应器上部油气入口法兰接管处套一个 ϕ30mm 圆钢焊成的环，在环上用夹板固定 8 根均布的纵向扁钢带(65mm×1.5mm)，长度方向可以搭焊，用夹板将钢带下端固定在裙座上的 8 个固定钩上。保温材料用厚 100mm 的岩棉毡，毡外包 0.6mm 的镀锌铁皮。投产后用了红外线测温仪测得铁皮外面温度为 50℃左右，保温效果很好。

这种新式的鼠笼式保温支持结构，结构简单，便于现场制作安装，特别适用于热壁反应器，它避免了传统保温支持结构需要和筒体焊接所带来的一系列麻烦问题。

(六) 规范设备档案资料，夯实设备管理基础

设备档案资料室设备基础工作中的一项重要内容，包括设备技术档案和设备综合管理资料两大部分。设备档案资料的完整性、连续性、准确性是设备管理水平的一种反映。按照科学分类有三种类型，一是反映设备原始固有特征的资料，称静态资料，如设备安装施工图纸，产品说明书、合格证、出厂厂家、编号、时间等；二是反应设备投用后运动特征的资料，称动态资料，如设备的运行记录、检测、改造、修理记录等，是反应设备运行和变化情况特征的资料；三是设备综合管理资料，包括计划文件、制度标准、统计报表、概况总结和各专业技术规程、管理手册，从宏观上反映设备管理工作的状况和水平。按《设备管理条例》和中国石化总公司的要求，对设备档案资料实行分级管理，机动处重点抓好主要设备、关键机组、Ⅲ类压力容器和Ⅰ、Ⅱ、Ⅲ类工业管道技术档案及重大"双革"、技措和科研成果，设备前期管理资料的收编、整理、鉴定和归档工作。车间按设备分类分布建立工艺设备、转动设备、电气、仪表、计量及水、汽、气、风系统报总公司考核设备的技术档案。管理资料方面，重点做好设备运行、故障、检修及设备润滑强制保养等方面的原始凭证记录，并要及时整理、归档和上报。建立完善档案资料是一种长时间的知识积累和技术积累。多年来，加氢车间十分重视做好设备管理基础工作，一是领导带头，身体力行，不少从事设备工作的领导，高级工程师和车间主任带头亲自动手做基础工作；二是结合设备运行、检修和各种设备管理活动，组织对基础资料的检查考评、交流、评选优秀资料，有力地推动了基础资料的收编、整理、归档及提供利用服务工作，不断提高其标准、规范化水平。

总之，设备管理的任务就是要保证为企业的生产提供最优状态的技术装备，对设备的寿命周期进行管理，充分发挥设备的效能，达到提高企业生产率的总目的。通过多年的实践，对设备管理的认识如下：

① 石油三厂加氢设备多数是高温、高压、易燃和易爆。且价格昂贵，在整个连续生产过程中对设备依赖程度高，一旦发生故障造成停产，损失巨大。因此，实现现代化管理尤为重要。传统的设备管理方式已不适应生产的发展，必须全面推行设备综合管理，才能更好适应现代化大生产。

② 要推行设备综合管理，必须改变只管维修，不研究设备的全过程和寿命周期费用的旧观念，树立以提高经济效益为中心，追求设备寿命周期费用经济性和设备综合效率的新的观念。加强设备管理及维修人员的培训，以适应设备现代化管理的需要。

③ 根据石油三厂的特点及具体情况，逐步建立综合管理体制，改变设备管理部门的职能，改变单纯设备后期管理为一生管理，或着重建立横向有机联系的对设备一生进行综合管理的机构，改变纵向各专业业务部门互相脱节的局面。目前，设备动力部门首先应参与设备的规划和造型工作，把好设备选型关。

④ 合理使用设备的大修理基金、折旧基金和生产发展基金，在充分发挥设备效能的同时，加强设备的更新改造，减缓设备新度系数的下降，提高加氢装置技术装备素质，不断增强后劲和竞争能力。

⑤ 加强诊断技术，开展对设备的状态监测，对加氢装置的重点设备进行重点管理，通过科学的方法进行监测、全面地、准确地把握住设备的技术状态，以便早期预防和追踪，进行针对性的维修及年度检修，避免故障停机损失，减少不必要的过剩修理，降低修理费用，缩短检修工期，确保加氢装置"安、稳、长、满、优"运行。

第五章 加氢安全

"安全生产，文明生产"是党和政府一贯的方针，也是石化企业必须遵循的一条准则。鉴于石油化工企业生产工艺复杂，生产过程连续性强，且原料和产品易燃易爆，含有毒有害物质多等特点，对安全提出了更高、更严的要求。因此，加强石油化工企业的现代化安全技术管理，提高石油化工职工队伍的安全技术素质，是搞好石化系统安全生产的重要课题。

抚顺石油三厂是我国拥有加氢手段和技术最早的工厂，共有五套加氢装置。从事加氢专业的，特别是在现场工作的工人和管理人员，因为在临氢，又是高温、高压环境里工作，经常处于危险之中。因此责任就更大，要求就更高，怎样把危险的工作干得更保险。也是处于这种考虑，把本章的标题定位"加氢与安全"，意在突出"安全"上。安全的涵义既包含如何预知危险，更包括如何消除危险，进而要从技术和工程上不仅预知潜在的危险，更能采取有效的措施研究并消除更重大的危险。

石油三厂加氢车间，在加氢工艺、设备、技术等方面有许多重大的变革，它所遇到的和发生过的许多事情很有借鉴和研究价值。成功与教训都是宝贵的财富。实践使他们确信：必须坚持"安全第一、预防为主、全员动手、综合治理"的安全生产方针；必须坚持"全员、全过程、全方位、全天候"的安全监督管理原则；必须坚持"以人为本，教育先行"的理念。如果说石油三厂走过风风雨雨六十余年，今天仍能感到欣慰，那就是因为几代加氢人把"常抓不倦，常抓不懈，安全第一，安全至上"的思想深深植根于每个人的心中，落实在行动上。这也是加氢工作者最大、最重要的经验。

随着技术的飞速进步，现在看过去的加氢装置已经落后了。但是其本质还是相同的。正是在这些老旧的设备上，锻炼出了一代又一代的加氢人，这就是这些老旧设备的历史贡献。今天这些设备虽然已经进入历史博物馆了，他们的历史功绩不能磨灭。为了让安全生产的警钟长鸣，为了让历史的记载成为今日的镜子，这里，从建国伊始至今六十余年里石油三厂所发生的各类事故中选择了55例典型事故案例，并逐例评析，作为一种宝贵的财富，供有关人员借鉴。

第一节 概 述

发生设备事故的原因是很多的，也很复杂。它可能是制度不健全、管理不当、操作错误、检修不良、材质变质以及缺乏安全教育或缺乏适当的安全设施等。石油三厂加氢系统曾经发生过许多事故，较典型的举例如下：

① 日伪时期，由于高压管法兰垫片检修质量不良，致使法兰漏气。在高压下进行螺栓施紧时，因而产生火花引起油、氢及空气等混合气的爆炸与着火。当场死亡3人。

② 日伪时期，加氢加热炉管在气密试验时，曾发现炉管有少许破裂、泄漏现象，但未采取措施。投入运行后裂缝扩大，管内流体大量进入炉内而产生正压，炉内气体达爆炸极限范围时，即引起炉体爆炸。爆炸前有黑色浓烟从炉中喷出。

③ 日伪时期，由于操作不当，致使高压流体窜入低压系统，造成中压分离器压力超高

而发生爆炸，中压分离器器盖飞出几百米以外。

④ 日伪时期，加氢加热炉炉管在运行中受管内流体侵蚀，由于材质不良，只经 7700h 的运行，遂引起出口管破裂造成炉体爆炸。

⑤ 某加热炉由于火嘴系伪满时期遗留下来的，其结构落后，燃烧气与第一空气的线速度均过低，加之对流室传热片阻力较大，致使燃烧气与空气的混合不良，导致加热炉对流室发生瓦斯爆炸。

⑥ 某套第三反应器，其出口温度为 400℃，按规定其引出管材质应使用抗氢合金钢。但该引出管原系高压分离筒的引出管，后来改用做半液相反应器引出管，再后来又改用做第三反应器引出管，使用温度提高到 400℃，但改用时，对钢管材质未进行认真的定性分析，而将碳素钢误认为铬钼钢使用，因而经较长时间的高温高压氢气的运行，产生脱碳现象而龟裂，致使该管发生爆炸起火，造成人身伤亡事故。

⑦ 加氢某套原料油及新氢加热炉在点火前，虽然对炉内气体进行置换分析而无爆炸气体存在，但当打开燃气总阀，然后又打开炉前燃烧气入炉阀后，立即进行点火时，却发生了炉体爆炸。经事后检查，原因是燃烧气入炉阀的闸板衬铜受气体中硫化氢腐蚀，而产生 0.5mm 厚的铜锈，致使闸板不能插进底座，因此虽当该阀处于关闭状态，实际是漏气的。因此，打开总阀后，燃料气已经是大量漏入炉内，致使点火时发生爆炸。

⑧ 某套高压分离器入口管系 Cr5Mo 材质。1957 年检修安装时经热弯后，未进行热处理。虽在安装前经检查无裂纹，但由于未经热处理，其材质脆化，抗冲击性能太低，因而在应力集中处产生脆裂，而导致突然裂开冒气。

⑨ 1200 马力新氢压缩机由于曲轴油孔处应力集中，长期运行产生疲劳裂纹，以后逐渐扩大，最后发生突然断裂，主轴瓦上盖崩出，机座被撞裂。

⑩ 在某套反应器卸催化剂时，有两组检修工人进行着卸半液相反应器内活性炭催化剂工作，其中一组在反应器上部拆卸上盖，另一组在反应器底部拆卸反应器出口管。正当卸催化剂时，突然发生爆炸着火，造成人身伤亡事故。其主要原因是：加氢车间有几套装置同时生产，这套装置检修，其他各套尚在正常运行，虽然这套装置分段加油管线上的阀门已经关闭，但由于阀门内漏，又未采取严格的隔绝措施，使部分轻油漏入这个反应器内。加上反应器上下同时拆卸，空气流通，造成催化剂接触氧化，致使油气着火爆炸。

⑪ 错开阀门，分离器憋炸。

1959 年 2 月 16 日 10 时，加氢车间一名新工人到加氢车间在开蒸饭箱阀门时，却错误地将同在一处的高压阀门打开，使高压气窜入低压油水分离器内，将分离器憋爆，造成着火停产。

⑫ 设备堵塞，憋压爆炸。

1961 年 4 月 21 日，加氢车间试生产新产品—38 号添加剂。连续几次试运中，导致蒸馏釜下部已逐渐结焦堵塞釜底出口，致使减压蒸馏釜内油蒸汽不能顺工艺管道导出，釜内压力逐渐增大，致使超压爆炸着火。爆炸后，釜内可燃气体又窜入操作室，使操作室内又一次爆炸起火，当即烧死工人 1 名，烧伤 4 名。

从上述这些事故可以看出，稍有不慎就可能发生破坏性很大的事故，严重威胁职工生命和国家财产的安全。因此，安全生产对石油化工企业来说是多么的重要；必须高度重视，警钟长鸣。对于工作在加氢现场的工作人员，安全是极端重要的头等大事。长期的工作实践使他们养成了一种非常好的作风与习惯，这就是：严谨、仔细、务实。严谨就是做任何事情都一丝不苟；仔细就是做任何事情都必须细致入微；务实就是做任何事情都必须脚踏实地。对于加氢工作者来说，不能有半点马虎，不能心存丝毫的侥幸，不能有任何的特殊。必须生活在严格的制度中，工作在周密的规范下，行动在严谨的纪律里。一句话，搞加氢的人就没有你的个人自由！如此来说，搞加氢就像上战场一样，就像坐在火山口上一样。不错！搞加氢的就应当用这样的标准和规范来要求，否则就不合格。

没有安全就没有生产，就没有经济效益，就谈不上振兴发展。

第二节　典型事故案例剖析

本节将系统地、重点地介绍石油三厂加氢系统曾经发生的 55 例典型事故案例，供读者借鉴。为了便于查阅，按事故的性质进行了分类，这些事故案例严格的忠于史实。并做了较为详尽分析，不失为做好加氢安全生产的参考资料。

一、超温放空

1. 加油过快造成超温放空

1968 年 7 月 9 日加氢二套(用 3581 催化剂搞加氢精制)新开工，一反 350℃时开始进粗轻油(焦化柴油：裂化柴油 = 2∶1)。因为该工艺是属加氢车间很熟练的老工艺，操作人员没有特别在意。一般加氢装置每次加空速 0.15~0.2h^{-1} 的原料油，间隔时间在半小时以上，即所进原料油从反应系统经过，反应温度平稳之后，再加下一次原料油。这次加油一是反应不敏感，即温升不多，操作人员误认为，原料油已经在反应系统中全部反应完毕。因此间隔时间不到 15min 又连续加油两次(同量)，三次加油使空速达到 0.6h^{-1} 左右后，发现一反温度开始上升，并且上升很快，几分钟之内达到 500℃，并且还在上升。同时发现一反出口至二反的管线发红，当即停油停新氢并紧急泄压(放空)降压。

(1) 原因分析

连续几次加油间隔时间较短，造成集中反应(因为主要是加氢精制)，反应放热过大，温度上升过快，造成超温。

(2) 经验教训

① 加油温度一定要选择准确，不可过高过低，要根据原料油性状确定加油温度。

② 两次加油间隔时间，以上一次加的油反应结束，系统温度已经平衡为准。间隔时间过短，可能造成反应热集中，反应温度叠加，造成超温。

③ 要掌握不同原料油在不同反应条件下的反应热大小，并根据反应热的大小确定每一次加油量的多少和提温的幅度。

④ 装置开工，冷氢一定要灵活好用，当发现温度有异常时，一定要准确及时地使用冷氢，冷氢使用得好，可以把升高的温度控制住，使用不好反而会将温度“吹升”或“赶走”，即不仅温度降不下来，反而使温度上升的更快、更高。

2. 紧急停工后再开工时加油造成超温放空

1969 年 10 月 14 日，加氢三套(用 3581 催化剂 - WS_2)，对页岩粗柴油和大庆焦化柴油的混合油进行加氢精制(有少量裂化 15%左右)生产汽、灯油。当天因为锅炉车间停电造成全厂停汽、加氢三套也停油降压。锅炉恢复送气以后，加氢三套逐渐升压升温加油，3∶27 左右，刚加 0.15 空速的原料油之后，系统温度开始上升，很快窜到二反，最高温度达到

470℃，在紧急泄压(放空)的同时，三反入口法兰泄漏着火。

(1) 原因分析

① 在紧急停工后再加油时，系统温度较高，按操作规程规定处理页岩粗柴油和大庆焦化柴油的加油温度为320~340℃，当时加油温度350℃。因为正常操作温度在440℃以上，操作人员认为350℃不会有问题。

② 正常开工未进油前，整个系统的反应温度是前高后低，其温差为30~50℃，这次停汽再开工时整个系统温度一样高，前后没有温差，等于提高了加油温度，即减少了加油后的温升幅度。

③ 系统内还有残存油，一加油马上在反应系统内见到反应和温升，而新开工装置从加油到进反应器一般需要半小时。此次加油后反应温度马上上升，而且温度已经急升，使操作人员措手不及，思想没等反应过来，温度已经超高了。

④ 原料油中有页岩柴油，因为页岩柴油中烯烃和N含量较高，反应热大(比蜡油加氢裂化大一倍，即200×10^4kcal/kg)，因此初加油温升较大。

⑤ 装置紧急停工，又紧急开工，使系统各部位急冷急热，导致一些螺栓松动，造成泄漏、着火。

(2) 经验教训

① 紧急停工后再开工，一定要严格按操作规定办，不可急于求成，不能凭经验操作。初加油温度一定要在全面观察整个反应系统的温度状况后确定，与初开工条件不同(由负温差变成正温差或无温差)时，要采取相应对策，如先把温度调整下来，使之出现负温差或适当降低温度等，不能单凭经验。

② 对不同反应热的原料油要熟练把握，反应热不同，加油温度条件也应有所区别。一般预留的温升幅度一定要大于正常操作的升温幅度，还可以用生成油相对密度来掌握需要的反应温度。

③ 系统已存油时的开工与初开工初加油不同。一是反应器见油快，二是进反应器的油量要多于所加油量。因为对炉前混氢工艺来说，循环氢有很强的携带作用。因此，一般来说，再开工加油后的温升都高于初开工加油，这是需要注意的。

④ 加油和提温一般不能同时进行，这样会产生温升叠加，使温升超出预料，并无法调整下来，容易造成超温。

⑤ 装置在热状态下紧急停工后，因为急冷急热，高温部位螺栓容易松动，最好应当旋紧一下，否则很容易造成泄漏、着火。

3. 七次超温紧急泄压(放空)

石油三厂在1971年8月以前，一直用3581(纯WS_2)加工页岩轻质油、柴油和焦化热裂化汽、柴油、生产汽、煤(灯)、柴油，属加氢精制兼有浅度裂化。1971年8月以后，开始用大庆蜡油搞加氢裂化，并试图用加氢法生产润滑油。石油三厂自称“润滑油转向”。这期间因为没有定型的催化剂可用，只能由石油三厂自己研制开发的催化剂，这些催化剂的初始反应温度都较高，加上加工大庆蜡油经验不足，从1972年1月9日~8月17日加氢一、二套连续发生七次超温紧急泄压(放空)，石油三厂自称为“七次放空”。其情况如下

(1) 第一次放空

1972年1月9日白班，加氢一套操作员接班后，生产一切正常。10:30发现二反三层(单线表)温度突然上升4℃，操作员当即采取降低炉出口温度，并开二反七层冷氢等措施，

观察二反七层温度变化。但二反三层温度继续直线上升，继续开大二反七层冷氢，压低加热炉出口温度，二反四层由450℃降至438℃，但二反三层温度继续上升到470℃，根据操作规程规定，紧急停油、停新氢。11:07二反二层、三层、五层、七层温度却达到刻度极限值(600℃量程)，出口管线变红，紧急泄压(放空)。

(2) 第二次放空

1972年1月18日白班，加氢一套操作员接班以后，发现生成油质量不合格，便将加热炉出口温度提高5℃，提温后很长时间未见系统温度有所变化。13:25才发现二反四层温度上升2℃，班长到岗位后发现温度又升高了3℃，这时打开二反三层冷氢，并同时停掉一反冷氢。此时，二反五层的温度由444℃降至439℃。但二反四层温度始终不降低，反而很快上升到460℃。这时被迫停油、停新氢，13:51紧急泄压(放空)。

(3) 第三次放空

1972年4月22日白班，加氢二套操作员接班后因为生成油转化率不高，决定把温度提高5℃，将加热炉出口温度由393℃分两次提高到398℃，9:00发现三反入口温度上升6℃。当时，操作员认为仪表不准，当即找仪表工校验，仪表工校验认为准确无误后，发现三反入口温度由420℃升至430℃，并且三反一层温度也开始上升，很快三反各层温度都上升了，几分钟即超过600℃，9:40开始紧急泄压(放空)。

(4) 第四次放空

1972年4月25日早6:00，加氢二套操作员发现高分液面上升，新氢来量增多。同时，发现二反六层温度上升，当即开二反四层冷氢进行控制，但三反温度开始上升，大约只有2min的时间，温度即超过600℃，立即停油、停新氢，6:35开始紧急泄压(放空)。

(5) 第五次放空

1972年7月2日，加氢二套硫化结束后正在换油时，一反、二反入口温度为420℃，三反为423℃，因为循环氢压缩机送气量减少，0:30开始换车，换后从流量上看多送氢5000m^3/h左右，并对新氢流量和减压液面均造成影响，0:50又因倒气，再换回原循环氢压缩机运转。1:20加油(空速0.1h^{-1}左右)，炉出口温度虽然降2℃(404℃)，但加油后温度开始波动，一反由420℃升温到424℃，二反三层由415℃升温至425℃，二反六层也由417℃升温到433℃，三反三层由411℃升温到425℃，三反六层由418℃升温到427℃，用冷氢调整，逐渐平稳。2:15将二反四层、三反六层冷氢逐渐减少，2:25将三反六层冷氢停止。这时一、二、三反最高温度为399℃、420℃、417℃。2:30发现三反六层温度有上升的趋势。3:05三反已由420℃上升到432℃，这时三反一层温度开始上升，采取开大三反四层冷氢，降低加热炉出口温度等措施仍不见效果，二反六层很快升到500℃，三反四层温度也开始上升，并很快超过600℃，3:15停油、停新氢，紧急泄压(放空)。

(6) 第六次放空

1972年8月14日夜班，加氢一套操作员接班后，生产一切正常。23:15循压机岗位报告说循压机电机电流升高，操作员再看床层温度时(加氢岗位操作员15min一记录)发现三反二层和三反三层温度都已经超过了600℃，经过校验仪表准确无误(有单点表和多点表)，并发现三反出口管线发红，23:25停油、停新氢，紧急泄压(放空)。

(7) 第七次放空

1972年8月17日加氢二套操作员根据车间生产指示要求，于18:15和21:05，分别加相当于空速0.1h^{-1}的蜡油，加油后炉出口未提温，系统温度也无大变化，但减压阀开大，高分和中分液面上升，21:45 炉出口温度提高 1℃，22:05，三反六层升高 1℃，为了控制温度上升趋势，开三反六层冷氢，同时温度有所下降。22:15 记录时发现第二换热器高温测入口温度表指示已超过 600℃，并发现三反出口管发红，当即停新氢、停油，紧急泄压(放空)。

(8) 原因分析

这七次放空是石油三厂加氢工艺、催化剂、原料油和产品方案完全改变后发生的。综合分析原因如下：

① 加氢工艺改变。当时加氢一套前半部装精制催化剂 3713($WO_3-MoO_3-Ni-Si-Al$)，后部装裂化催化剂 3714($WO_3-MoO_3-Ni-F-B_2O_3-Si-Al$)；加氢二套前部装 3713 催化剂，后部装 3715 裂化催化剂($WO_3-MoO_3-Ni-F-B_2O_3-Al_2O_3$)。由过去加氢精制生产汽、煤、柴油改为用加氢精制和加氢裂化生产优质润滑油(变压器油和机械油)和汽、煤、柴油。原料油由焦化、裂化汽、柴油变为大庆常三至减二蜡油，加氢工艺也由气相加氢变成半液相加氢(气化率在 40%左右)。这样 H_2油的混合、物料的分配等与气相加氢时完全不同，而工艺改变后，反应器内部分配结构仍延用气相加氢时的结构(几层平花板式结构，见图 5-2-1)，没有做相应的改变。

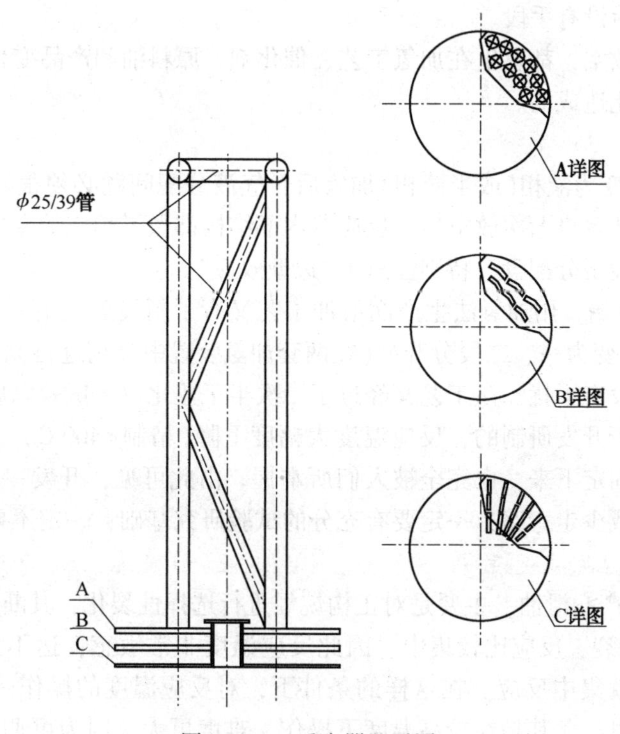

图 5-2-1　反应器芯子图

② 催化剂都是石油三厂自己开发研制的，只在实验室内微型或小型装置上试运转过，没有进行半工业试验，就一下子推到大工业装置上使用。而且精制和裂化催化剂，不是分别装填在不同反应器内，而是前半部装精制，后半部装裂化，有时一个反应器内装两种催化剂。因此，其操作条件无法控制，裂化段需要什么条件，精制段只能与其一样。本来 3713 精制催化剂只需 390℃就可以了，而 3714、3715 裂化催化剂需要 420~440℃。从空速来看，三个催化剂都要求在 $1.0h^{-1}$空速下操作，实际混合计算 $1.0h^{-1}$，但按精制和裂化催化剂分别

计算空速都超过了 1.0h^{-1}，这就势必要通过升温来补偿。这七次放空，反应温度都是很高的，正常操作温度都在 440℃以上，调整余地很小，一有波动，很容易超温。另外，由于反应温度很高，生成的气体也比较多，而且多为 C_3和 C_4。因此，循环氢中很容易“带油”，这对平稳操作影响也是很坏的。

③ 催化剂都是压片的，强度一般。使用中发现有粉碎并结块的现象，这就严重的影响了物料的分配效果。加氢一套经过三次放空后检查催化剂时发现，三反中心有 ϕ380mm×5000mm 的大块，外表比较硬，里边全是催化剂粉末。

④ 液相及半液相反应属扩散控制。因此，物料分配好坏，对原料油与 H_2接触影响很大，分配不好，接触不好，油膜很厚，就阻碍油和 H_2在催化剂酸性中心的扩散和反扩散、吸收和脱附，因此，也就影响反应的彻底进行。

⑤ 操作工人对这种边试验边生产的情况也很不适应，加上连续多次放空，心情紧张，遇到紧急情况时，所采取的措施也有不当的。如温度不稳时反复切换循环氢压缩机以及冷氢使用不够巧妙等。

⑥ 设备也有一些问题。如加氢二套检修时发现，温度点与冷氢点位置不对应，与图纸数据不符，主要是因为热电偶保护管在检修时切短后，没有及时加长，致使二反四层以上没有冷氢，温度上升后没有手段。

总之，这七次放空，都发生在加氢工艺、催化剂、原料油和产品变化之后，因此，主要原因是这些条件变化造成的。

(9) 经验教训

① 由气相加氢变为液相(或半液相)加氢后，气液分配问题必须很好解决。针对这一问题，石油三厂加氢装置自七次放空后，反应器内部结构都做了相应的变更：即设计并安装了锥形塔盘，入口安装了分配盘，特别注意了“边壁效应”。

② 从 1973 年开始，用加氢法生产润滑油工艺又有了新发展，由一、二段混合型(在一套加氢装置中进行)变为一、二段分开型(在两套加氢装置中分别进行)，操作条件可按各自要求进行，相互间没有干扰。该工艺又经过了二次半工业化放大试验以后，才推向工业化生产。因为催化剂是新开发研制的，反应温度大幅度下降(精制<400℃，裂化<420℃)。从此后两段法工艺基本固定下来，也完全被人们所掌握。由此可见，开发一个新工艺并不容易，要获得成功，不走或少走弯路，一定要有充分的试验研究基础，一定不要急于求成，这个教训很深刻。

③ 用加氢法生产润滑油，主要是对正构烷烃进行选择性裂化，其断裂机理是“羰离子机理”，一般为三碳断裂，反应比较集中。因此反应温度非常敏感，达不到反应条件不反应，一旦达到反应条件就集中反应。在这样的条件下，对反应温度的操作一定要十分精确和认真，高或低都不可以。尤其是在较高温度下操作，难度更大。因为可调整的温度范围很小，超温的可能性就很大，一定要十分谨慎小心。

④ 冷氢和热电偶的管理一定要很严格，对应的位置一定要准确无误。冷氢一定要好用，并且要经常试验，掌握好冷氢使用效果。

⑤ 一项新工艺在工业应用前，一定要对技术人员和操作工人进行认真严格的培训，使其熟悉并掌握技术要领和操作要点。

4. 换水洗氢造成超温放空

1970 年 12 月 7 日 19:55，加氢一套(用 3581 催化剂处理焦化柴油)在由铜洗氢换水洗氢时，先发现二反二层温度上升，同时，降低炉出口温度，但一反温度上升到400℃，开冷氢压了回来，但二反温度仍然上升很快，开大二反入口冷氢，二反温度仍然上升到480℃，二反四层温度很快达到600℃，二反出口管线发红，当即紧急泄压(放空)。

(1) 原因分析

石油三厂是用"石井"式水煤气发生炉用焦炭(或无烟煤)制氢的，精制是用水吸收CO_2，用铜氨液吸收CO。一旦铜洗工段出现故障，短时间可以用水洗氢。但水洗氢CO含量为3.0%，远比铜洗氢(CO小于0.5%)高。因此，切换水洗氢时，因为CO反应放热，常常使反应温度上升，这次放空就是因为换水洗氢时处理不当造成的。

(2) 经验教训

① 切换含CO较高的氢气时，一定要事先把炉出口温度逐渐降下来一些(根据反应热或操作经验)，并且把时机选好，降晚了、降少了造成反应热叠加使反应温度上升，降早了、降多了使系统温度过低，造成波动。

② 即使事先把炉出口温度降了一些，由于CO含量的高低不同，降低的幅度不可能恰到好处。因此，要巧妙的用好冷氢，冷氢使用不当，也会把温度吹升起来。

③ 一定要加强岗位间的联系，使氢气切换操作平稳准确的进行，并且要与加氢岗位协调统一。

5. 加氢三套连续超温

1974年10月6日~10月27日加氢三套连续五次超温，一次放空着火、一次停油停新氢、三次停新氢。其中10月6日，6:37分，因四反超温，造成四反出口管线法兰脱落泄漏着火，并引发第二换热器和二反着火。

(1) 原因分析

① 当时三套正用3731催化剂(MoO_3-Ni-β分子筛)生产润滑油(二段)。用加氢法生产润滑油，主要机理是通过催化剂的选择性加氢裂化，将原料油中的润滑油非理想组分(直链烷烃-蜡)裂解成汽油、柴油、液态烃，或选择性异构化，把润滑油理想组分保留下来。这一反应机理就决定其反应比较集中，反应的范围比较小。达不到条件就不反应，一旦达到条件，反应就很集中、很激烈。一旦温度上升，就会升得很快很猛，不好掌握和控制。在未认识这一规律之前，温度上升一点并不引起重视。因此，很容易超温。但是如果掌握了其反应相对集中的特征和规律，只要发现有温升的苗头，就及时采取措施，温度也很容易被控制住。其中，停新氢、降压力这一措施比较敏感。这就更验证了反应比较集中的判断。

② 液相反应物料分配好坏，不仅影响生成油的质量，也影响反应深度和温度的平稳性。

(2) 经验教训

① 用加氢法生产润滑油是个比较特殊的加氢工艺，其机理和特征必须不断探索和熟练掌握。掌握了就可以驾驭它，不掌握就要吃苦头。

② 液相反应的物料分配一定要均匀。除了采用强制机械分配方法外，催化剂的强度一定要足够高，耐油性要好，不能粉碎、结块。催化剂的装填一定要均匀，不能忽紧忽松。否则，对物料的分配也是有影响的，反应温度也不易控制。

③ 岗位操作要很严谨，不能边加油、边提温，加油或提温后一定要在整个系统完全平衡后，再提温或加油。有两次超温就是认为反应温度低(最高400℃)而边加油边提温。一旦超温要果断的采取措施，早停新氢，有时不需要放空。否则，一旦超过460℃，一般情况下不可收拾。

④ 设备安装要可靠，冷氢要灵活好用。有一次超温是因为冷氢不好用，在穿过反应器上盖时(三厂加氢车间冷氢都是从反应器上盖进入的——指冷壁反应器)就漏掉了(与反应器上盖之间的密封不好)，达不到指定的位置，束手无策，眼看温度上升，没有控制手段。

⑤ 不能凭老经验。一些老操作工不服气，还用加氢精制和加氢裂化的老办法操作临氢降凝。升几度不着急，认为是可以控制的，结果不是那么一回事，达到反应点后，温度就急升，压不下来，只好紧急泄压(放空)。

6. 硫化过程中单点温度升高

1973 年 5 月 10 日，加氢三套 3722 催化剂(WO_3-MoO_3-Ni-F-B_2O_3-Al_2O_3)，在硫化过程中，当进入 380℃恒温硫化时，发现三反三层温度缓慢上升，并且使用冷氢无效果，温度一直达到 600℃，但整个反应系统其他各点不变，生成油相对密度不变。经检测，仪表指示无误，后被确定为单点温度升高。这种情况在加氢正常生产中曾经发生过。

(1) 原因分析

后来卸催化剂时(1973 年 8 月)发现，三反催化剂结块，大都是催化剂粉末形成的。

① 石油三厂加氢车间，过去一直采用湿法硫化对催化剂进行硫化。该法为用低 N 油(一般用加氢煤油馏分 200~320℃)携带一定比例的 CS_2，CS_2与氢气反应生成 H_2S，H_2S 使催化剂中的金属氧化物变成硫化物。硫化过程中要求循环氢中 H_2S 的含量在 1.0%±0.2%，最高也不能超过 1.5%，硫化终点温度过去为 390℃，恒温 4h，以后改为 300℃，恒温 3h(因催化剂不同了)。这里需要注意的是，在 250℃之前 H_2S 浓度不要低于 0.5%，否则金属的氧化物会还原成金属态，再变成硫化态就难了。一般来说，硫化过程中消耗的 CS_2要高于催化剂理论耗硫量的 3~4 倍，这样硫化才比较充分。这种硫化法与干法硫化不同，干法硫化进 CS_2时只放出吸收热，床层温升很小。湿法硫化因为有硫化油，当温度提高或催化剂出现活性时，就有裂解和加氢反应进行，就有反应热放出，就会形成较大的温升。

② 3722 催化剂强度不好，尤其是浸油前。在催化剂装填时就发现催化剂粉末较多，容易破碎。催化剂装完后，虽然逐个反应器用压缩风吹扫(与反应物流向相同)，吹出了一些粉末，但仍不能彻底解决问题。在开工升压、升温过程中还会有破碎的，并且逐个反应器后部携带。因此，三反(最后一个)粉末较多。当硫化达到 390℃恒温时，硫化油在催化剂粉末的结块内发生反应，而此处因为透气性能不好，反应热带不出来，因此愈演愈烈，形成单点高温。后来停掉 CS_2，适当降低温度(高于硫化油经馏点温度)进行循环，才逐渐把单点温度降下来。

(2) 经验教训

① 如果能采用干法硫化最好用干法硫化为好。非要采用湿法硫化时，一定要控制硫化终点温度，可以用测量硫化油相对密度来掌握。当相对密度减轻许多(由 0.82 左右降到 0.78 左右)时，说明硫化温度高了，要适当降低，反之亦然。

② 催化剂强度一定要足够好，尤其是不能有粉末，装填时不能粉碎。

③ 一旦出现单点高温，就要设法将其消除掉，最好将催化剂放出检查，否则就留有一个隐患。因为当单点高温扩散出去以后，就会造成反应系统超温。而且有单点高温说明催化剂床层已经存在问题，不消除掉，就无法充分发挥催化剂的有效作用，最后可能导致整个催化剂寿命缩短，影响生产。

7. 变换气送加氢引起超温

1976 年 11 月 14 日因限电，三厂决定停加氢一套，当时一套装了 3713 催化剂(WO_3-

MoO_3-NiO-Si-Al)加工大庆减二、减三蜡油。3:00左右，当油量减到还剩5.8m^3/h时，因制氢车间发生故障，通知加氢车间要换用水洗氢。换氢后不久即发现一反温度上升，当即采取打冷氢措施，仍不见效，5:48停新氢，温度还升，并到了二、三反，5:50停油，5:52紧急泄压(放空)，反应床层最高温度到552℃。

(1) 原因分析

① 经检查，换水洗氢后，发现前车间水洗塔压力上升，原因是水泵不送水，实际是将变换气送入了加氢系统。6:30从加氢一套新氢取样处，取样分析，结果是H_2: 65.2%，CO：1.5%，CO_2：27.7%，O_2：0.2%，其余为N_2。查得$CO + 3H_2 \rightarrow H_2O + CH_4 + 2.04GJ$(0.489Gcal)，$CO_2 + 4H_2 \rightarrow 2H_2O + CH_4 + 1.63GJ$(0.39Gcal)，$O_2 + 2H_3 \rightarrow 2H_2O + 2.507GJ$(0.598GJ)。按以上述反应热和气体组成计算，足以引起反应床层超温，因此使反应温度由正常的418℃跃升至552℃。

② 冷氢使用技巧不当，应当“截”温度，而不能“赶”温度。因为操作员采用了“赶”温度的办法使用冷氢，其结果不仅没有把温度控制在一反内，反而很快把温度赶到二、三反，以至无法控制。

(2) 经验教训

① 氢气质量发生变化时，一定要预先知道，以便采取相应措施处理。把变换气送到加氢系统是根本不允许的，就是CO、O_2含量高了也是不允许的，石油三厂控制CO<0.5%，O_2<0.2%。

② 冷氢的使用很有技巧。一般讲一是要“截”，不要“赶”；二是用量要适当，因为用量过大，使前部的循环氢量减少，流速减慢，又会出现新的问题。

③ 因加氢的反应热主要来自于加氢反应，因此一旦发生温度急升时，停新氢和降压最有效，也比较安全。

8. 反应床层单点高温的形成

1977年10月2日加氢一套检修后，一反装3705催化剂(WO_3-MoO_3-NiO-Y-Al_2O_3)，二、三反装3652催化剂，硫化结束后，就发现一反四层单点温度升高，最高达750℃，经校验仪表指示准确无误，无论怎么用冷氢也不变化。后用氢气空运转3天，此点温度才逐渐降至610℃，但降温速度很慢，提温后，此点温度仍然很高，后被迫停气卸催化剂检查处理。

(1) 原因分析

3705催化剂是石油三厂自己研制的，为焦化柴油加氢裂化生产汽油的催化剂。后因该催化剂金属含量较高，在改用加氢法生产润滑油工艺时，曾用3705催化剂加氢精制，为降凝段提供原料。该催化剂形状为压片，强度一般，遇油后有部分粉碎，催化剂粉积累在一起形成硬块，并容易结焦。结块处空隙率较小，透气性不好，反应热不容易扩散出来被带走。因此，很容易形成“热点”。催化剂放出后发现有结块的，经过筛分，证明确实有较多催化剂粉末。

(2) 经验教训

① 催化剂强度一定要足够好，尤其遇油后，强度要好(一般来说，催化剂浸油后强度提高)。

② 催化剂装填前要过筛，绝不允许把粉碎了的催化剂装入反应器内。

③ 装催化剂时不能从高处(一般不超过1m)将催化剂倒入反应器内，以防催化剂粉碎。

也不要用外力撞击催化剂，将催化剂打碎。

④ 方便的话，可用 N_2 或空气自上而下将装好的催化剂吹一下，以便把粉末和灰尘吹掉。

⑤ 新催化剂第一次升温、降温时，一定要按操作规程和开工指示要求进行，防止升降温，升降压过快，造成催化剂破碎。

9. 原料油换罐造成超温

1977 年 10 月 17 日 8：00 加氢三套用 3762 催化剂(WO_3-Ni-F-SnO_2-Al_2O_3)对大庆常三减二线油进行加氢裂化，该催化剂裂解活性较好，已经运转一年了，生成油相对密度仍然较轻，经常在 0.72(d_4^{20})左右。因为温度比较活，换罐前操作人员将炉出口温度压低 5℃，一反降 2℃，但二反升 4℃，三反温度升 10℃。因为反应温度总水平不高，又要切换原料油罐，岗位认为无大问题，10：00 切换油罐。换罐后发现温度上升，10：55 温度升到 440℃时停新氢、停油，11：00 二反四层升至 558℃，二、三反温度普遍高于 500℃，紧急泄压(放空)降压。

(1) 原因分析

① 当时加氢三套加工原料油相对密度为 0.8560，馏程为 290~485℃(5%~90%)，凝固点 41℃，碱性氮 172.6μg/g，换罐后的原料油相对密度为 0.8199，馏程为 260~436℃(5%~90%)，凝固点 36℃，碱性氮 136μg/g。很明显所切换的原料油较轻，反应温度至少应当压低 10℃左右，实际是仍维持原反应条件未变。

② 反应温度不平稳，尤其是有上升趋势时不能换油。加氢操作中，比较忌讳的是提温和加油同时进行，这次超温恰恰犯了大忌。

③ 换油前反应温度比较高，生成油相对密度比较轻。在这个条件下，反应温度已经比较活了，应该适当压低些，将生成油相对密度调到 0.76 以上后，再提温比较安全。因此这个换油条件本身就是不安全的。

(2) 经验教训

① 换油条件一定要认真把握。当反应温度高出正常操作水平(当生成油相对密度<0.76 时即认为反应温度超出正常水平)时，反应温度正在波动中，尤其正在上升时，不能换油，必须把反应温度调整到正常水平并且稳定之后才能换油。

② 换油条件的确定取决于换油前后两种原料油的轻重。如果所换原料油比较轻，反应温度要适当压低(主要是凭操作经验)，如果所换原料油比较重，可不提温，换后根据需要决定提温或降温，也可少量提温(先提需要温度的一半)，但一定要等温度全部稳定之后再换油。

③ 换油操作属比较大的操作变动，一般情况下应当保持加氢原料油的相对稳定，不要波动太大。确因需要变化较大时(如需要处理一些杂油等)，一定要经过认真分析，详细研究并制定周密的措施之后再进行，不能马虎从事。

10. 紧急停电采取不同措施结果不同

1978 年 6 月 17 日 13：46，石油三厂变电所接地崩烧造成全厂停电，加氢一、二、三套装置同时紧急停汽，但处理方法不同，其结果不同。

加氢一套(装 3652 催化剂)紧急停汽(油、循环氢压缩机等都停)后，一反温度上升，很快达到 490℃，为了加大流速开大减压，大送“分离”(气体减压)。操作人员认为应当抓紧开循环氢压缩机(很快就送上电了)。因此，在一反六层、七层温度都上升的情况下，启动循环氢压缩机送气，当时压力只有10MPa，但一反很快超过600℃达到680℃，被迫停机放空，二、三反都升到500℃左右。

加氢二套(装3652催化剂)紧急停汽后很快一反五层温度达到530℃，一反七层达到545℃，加大系统流速(开大减压、大送“分离”——气体减压)后，待床层温度有下降趋势时，再启动循环氢压缩机并根据床层温度趋势分次加大送气量，结果系统温度反而逐步降下来了，没有造成加氢一套那种紧张被动的局面。

加氢三套(用了3762催化剂)紧急停汽后，一、二反只升到430℃，三反上升到450℃，即闷在反应器内，然后对加氢系统加压，逐步加大系统流速，待床层温度普遍下降后，逐步启动循环氢压缩机分次送气，也未再超温。

(1) 原因分析

① 加氢反应为放热反应，紧急停汽。尤其是停循环氢压缩机时，因为反应正在进行，反应热带不出来，必然造成床层温度上升。但不同催化剂的反应热不同，上升的幅度也不同(3652催化剂反应热稍大于3762催化剂反应热)。

② 当反应床层温度已经上升到较高的水平后，再开循环氢压缩机送气时就要比较讲究，一下子加大流速，会把反应热吹到后部(或下个反应器)造成新的上升，分步的、有控制的(不使反应器床层温度再上升)送气，可把反应热带走，把床层温度逐步降下来。

(2) 经验教训

① 加氢装置紧急停汽(尤其是停循环氢压缩机)时，可先适当用两个减压阀对系统减压以加大系统流速，仔细观察温度上升趋势，达到紧急放空条件，就放空处理，不可硬挺。

② 启动循环氢压缩机送氢气或送 N_2，都要待床层温度开始下降后，才能分次逐步加大，不可一下子送入，一下子送入不仅不会降低反应温度，反而会把后部温度吹升起来，更危险。

③ 遇到紧急停汽时不可太急躁，要认真观察，全面分析，然后再采取得当措施，盲目动作，结果适得其反。从这三套装置情况看，一、二套用同一种催化剂产生两种不同后果，说明处理方法如果得当，有些险情是可避免的，至少可以减轻。这对加氢安全非常重要。

11. 不同催化剂紧急停汽时温升不同

1979年11月4日，因为锅炉车间液态烃罐脱水跑出液态烃并着火，造成三套加氢装置同时紧急停汽、紧急停油、停新氢、停循环氢压缩机(因电缆被烧)。但发现三套加氢装置因所用催化剂不同，紧急停汽时反应床层的温升也不同；加氢一套用3762催化剂，紧急停气后，反应床层最高升到460℃(正常操作430℃)，其中二反六层460℃，三反七层450℃。把压力降至3.0MPa时，温度都降到430℃以下，未采取紧急放空措施。加氢三套也使用3762催化剂紧急停气后二反六层447℃，三反四层由421℃上升到431℃，也未采用紧急放空措施。而加氢二套用3652催化剂，紧急停气后一反三层由447℃上升至607℃，一反六层由442℃上升到562℃。压力降到3.0MPa，系统进 N_2，温度又升，一反三层由607℃上升到643℃，一反六层由562℃上升至607℃，开循环氢压缩机，一反各层继续上升。为防止把温度带到后面，又把压力降至1.0MPa，一反各层均升到500℃以上。

(1) 原因分析

① 催化剂的加氢活性和裂解活性及其匹配不同。3762催化剂的 $SiO_2-Al_2O_3$ 载体中含有7%的氟和2%的β分子筛，3652催化剂的载体只有 $SiO_2-Al_2O_3$，因此3762催化剂的裂解活性，远远高于3652催化剂。3762催化剂加工大庆常三到减三线蜡油(320～540℃)，其<

320℃馏分转化率大于70%，其中汽油达25%以上，而3652催化剂只能加工大庆常三减二线蜡油(320~480℃)，其<320℃馏分转化率在50%以下，其中汽油不到15%。加氢活性取决于金属含量和与酸性的配比关系。3762催化剂总金属含量(氧化物)33.5%左右，3652催化剂金属含量也在30%左右，比3762催化剂略少，但由于3652催化剂的裂解活性远远小于3762催化剂酸性，而裂解活性是吸热反应，加氢反应是放热反应，因此，3652催化剂的反应热比3362催化剂高。所以当紧急停汽时，使用3652催化剂的装置就容易超温，而且温度升的很高，最高达800℃(在反应器内，未出反应器)。

② 与反应条件有关。当时3652催化剂反应温度就比较高，已达到440℃以上，而3762催化剂当时最高反应温度为430℃，较高的温度基础也是造成超温的原因。

③ 与反应机理有关。据考察，因为3762催化剂含β分子筛，其裂解反应对压力(主要是氢分压)的敏感性很强。对3762催化剂来说，一旦发生超温，只要停掉新氢，氢分压适当降低，马上可以终止升温，即好像有个反应“等当温度”，低于这一温度反应活性很弱。而3652催化剂没有这个特点。

④ 紧急停汽后的处理方法也有影响。使用3652催化剂的加氢二套，停气后在一反温度已经升得很高的情况下，又强行启动循环氢压缩机，一下子把温度吹了起来，然后被迫又停了下来，把大量热量闷在了反应器里，形成连锁反应。

(2) 经验教训

① 一定要掌握催化剂的裂解活性和加氢活性及其匹配关系及反应热大小。

② 掌握催化剂的反应机理和使用性能，并根据机理和性能制定相应的应对措施。

③ 所采取的应对措施要得当。主要目的是：ⓐ一定要设法把反应热带出来并分散掉；ⓑ一定不能助长反应热的增加；ⓒ一定不能把高温扩散到反应器之间的管线上；ⓓ达到紧急放空条件时，要果断采取放空措施。

12. 并联炉管分配不均匀造成超温

1980年3月22日4时35分，加氢四套在1.0h^{-1}空速下(用加氢法生产润滑油)正常生产中，突然炉出口温度上升46℃(有人听到炉内有冲击声)，当即采取开大冷氢等措施，但是一反上升62℃，二反上升68℃，三反上升56℃，生成油相对密度由0.782下降到0.7608，高分液面急升，减不出去，系统压力降增大，造成循环氢压缩机带油。虽然正常反应温度不高，为了防止事态扩大，紧急停油、停新氢，把压力降至9.0MPa后再重新逐渐恢复生产。

(1) 原因分析

加氢四套当时正用3792催化剂(WO_3-MoO_3-Ni-Zn-ZSM-8)临氢降凝生产润滑油。这是一套工业试验装置，为了给其配套，使用一台闲置的，但负荷较大的加热炉，该炉为两组炉管并联式结构。加氢四套催化剂容量比较小，只相当其他装置的一半，而加热炉比较大，又是两组并联，因此原料油在炉管内流速较慢，又大部分是液相，时间一长，就会造成偏流，即只走一组，另一组逐渐装满原料油基本不流动或缓慢流动。当系统遇到波动时，如压力的升降、流速的变化(生成油或气体减压开大或关小等)，就可能把另一组炉管中的存油带出(由不流动到流动)，而这些油已在炉中较长时间受热，一下子带出造成炉出口温度大幅度上升，造成反应温度上升。

(2) 经验教训

① 任何一套加氢装置即使是试验装置，其设备的匹配也应当通过计算后确定，不能随

意代用。石油三厂加氢车间的加热炉大都是两组并联式结构，原因：一是过去一直搞气相加氢，没遇到过分配不均匀问题；二是生产装置流速选择合适(气液混相，流速应当在 10m/s 左右)没发生过两组炉管分配不均匀的问题。加氢四套选用这台加热炉是凭经验。这次问题发生后，改为串联流程。

② 如果系统压力降允许，加热炉最好不用并联式结构，如果用，最好采用强制分配措施，至少要达到几何对称，同时要用温度和压力等测试手段进行测试和观察。发现异常，立即采取相应措施。加装温度测试热电偶后(仍为并联)，于 3 月 28 日发现两路炉管由 273℃ 和 275℃ 逐渐拉开，1 号管降至 238℃，2 号管升至 276℃，温差达 38℃，后采取加大循环氢量办法，才使 1 号管逐渐恢复到 274℃。

③ 当时反应温度比较低(300℃左右)，如果反应温度较高，炉出口一下子上升到 46℃，是非常危险的。

二、异常现象

13. 压力管线破裂造成高温倒流

1967 年 1 月 26 日，往加氢三套送高压水的出口管线憋压，造成压力管线破裂，高温部分倒流。当即关闭入系统阀，避免了一场恶性事故的发生。

(1) 原因分析

经检查，出口阀与单向阀都无问题。后分析认为，当时天气很冷，加氢三套检修后刚刚开工，高压水泵系统在室外部分由于有少量存水而结冰，造成出口憋压，因为结冰不太严重，当压力将冰块冲开时，压力管线也因超压而破裂。该高压水在三套第一换热器入口处注入，压力管线破裂后，高温流体倒流，因为破裂的压力管线在总阀内侧，并且管线很细，当即将总出口阀关死，即防止了大量的高温流体倒流，避免了一场事故的发生。

(2) 经验教训

① 容易结冰或凝固的物料系统停用时一定要排空(加氢车间有排空系统)，并要认真操作，彻底排空，防止结冰或凝固。水多还容易把管线和阀门冻裂。

② 设备和管道长时间不用或新开工时，要注意检查，尤其是冬季，要证明畅通，单向阀和阀门好用后才能送物料。

③ 开车后要注意观察压力升降情况，发现上升要及时采取措施，不允许超过控制压力，更不应造成管线破裂。

④ 一旦出现故障，尤其是管线破裂时，要迅速采取紧急措施，不能造成高温倒流，也不能造成氢气外漏，这都是非常危险的。

⑤ 高压设施一定要加强检查和管理，高压水系统和高压油系统虽然不直接临氢，但与氢气系统相连，尽管使用温度较低，但与高温系统相通。因此，其使用和管理要像临氢高温设备一样，不能放松，不能轻视。

14. 因催化剂粉碎压降增大被迫停修

1971 年 2 月 14 日加氢一套在正常运转中系统压力降逐渐增大，虽然原料油加工量减少了近一半，反应温度又提高 10 多度，仍不见效果，决定卸催化剂检查。

(1) 原因分析

经测定，压力降主要在一、二反。当时加氢一套使用 3705 催化剂(WO_3-MoO_3-NiO-Re-Y-分子筛 Al_2O_3)加工大庆焦化柴油和热裂化柴油的混合油，生产灯油。该催化剂是石油三厂自己研制的，其裂解活性要比3581、3652高出许多。该催化剂为$\phi 9\times 6$压片，强度一般。该催化剂1970年8月投入使用，未发现异常。但1971年1月2日曾发生过超温，超过600℃(仪表量程为600℃)，此后循环氢压缩机换车后即发现压力降上升，并发现有单点温度上升和下降非常缓慢等现象。分析认为是催化剂结块或结焦了。拆开反应器之后发现一反上部催化剂下沉4.7m高(一反整个床层高13m)，上部有硬盖，催化剂放出后，发现一、二反都有严重结块，而且块很硬，好像是烧结在一起似的。打碎硬块，里边大部分是催化剂粉末。这说明一是催化剂强度较差，从拆检的换热器中发现了催化剂粉末；二是超温烧结的。因为以Al_2O_3为载体的催化剂，其耐热性和热稳定性均不如Si-Al为载体的，在大于600℃的温度下，载体被烧结了。

(2) 经验教训

① 一定要防止超温。尤其是很高且无法控制的超温(即使是紧急放空了，温度也超过600℃了的超温)，特别是对以Al_2O_3为载体的催化剂，在高温下即使不结块，其性能也改变了，因为高温煅烧后，其结构改变了。

② 使用一种新催化剂，一定要把试验和半工业试验搞好，搞全，把问题估计得比较充分，以防止在工业化时遇到许多新的课题。

③ 催化剂的强度一定要足够高。尤其是耐油强度，温差强度要好。

④ 反应器上部应当安装分配器和污垢沉积筐，或装一些强度好、裂解活性低加氢活性高的旧催化剂，以解决结盖问题。对含Fe高的原料，要装脱Fe催化剂。

15. 加热炉循环烟机电机振动超值

1974年3月20日，加氢一套加热炉循环烟机500kW电机振动超值，而且电流波动很大。这种现象在加氢车间大电机上多次发生，一般认为是轴承间隙过大造成的。但有时连续换瓦，甚至更换过钨金的牌号，仍不能彻底解决问题，成了困扰加氢车间正常生产的一个难题。

(1) 原因分析

大电机振动，原因很多，有机械振动，即由于转子不平衡、偏重，轴瓦间隙过大，使电机产生振动。也有电振动，即由于三相电不平衡，或由于线圈接线不好，致使磁场不均衡，使电机产生振动。怎样判断电机振动是机械振动还是电振动？专家凭多年的实践经验告诉我们：把手摸在电机振动较大的地方，只要把电机瞬间停一下电，此时因为转速仍与正常运转相同，停电后如果还振动是机械振动，停电后因为电磁场没有了，如果不再震动了，那就是电振动。

(2) 经验教训

① 加氢用大电机是关键设备，一定要维护好，并且要有丰富的实践经验，发现问题能够及时排除，这样不仅有利于正常生产，更有利于安全。

② 出了问题，原因一定分析清楚，不能盲目检修，否则既浪费时间，又造成经济损失。

③ 分析问题要实事求是，以理服人，不能站在各自的立场上，各执一词(如钳工说是电工的问题，电工说是钳工的毛病等等)，这样不利于问题的真正彻底解决。

16. 高压串低压

1974年4月9日8：00，加氢五套(试验装置)在开工过程中(已升压、升温，准备硫化时)，造成中分超压(规定<3.0MPa，已达到4.0MPa)，当时采取措施，将压力放掉，未造成损失。

(1) 原因分析

加氢五套为试验装置，开工时没与下道工序蒸馏车间联系好。加氢五套就升压升温了，而进入蒸馏系统阀还未开，加氢五套减压阀又未关严，压力串到中分系统，将压力憋起。中分系统安全阀也因长期不用而不好用，压力上升后未起作用。

(2) 经验教训

① 加氢装置一旦升压，后部系统(包括排废气系统和生成油系统)就应当畅通，因为系统压力高，又是氢气，一旦内漏，很容易造成后部低压系统超压。

② 试验装置不仅应当与生产装置同一标准化管理，而且应当更严格才是，以为是试验，不加强联系，一样要出事故。

③ 中低压系统因为与高压系统直接连接，因此必须保证其安全阀或压控系统灵活好用，并且要经常检查、检修和校正。

④ 高压串低压是非常危险的，必须引起足够的重视，要绝对防止高压系统串进低压系统，造成超压，甚至酿成大祸。

17. 因阀头故障造成停产

1974 年 7 月 12 日 2:30，加氢三套在正常生产中，突然循环氢压缩机差压增大，出口压力上升，电机电流升高，循环氢流量减小到零。换车后又恢复正常。此现象先后出现三次，后停汽检查。1974 年 9 月，加氢二套检修后再开工，发现减压手动阀从后阀座法兰处往外漏油气，也被迫停气检查。

(1) 原因分析

① 加氢三套造成循环氢压缩机不送气原因应当是出口阀阀头脱落，但是将阀门关闭后再开，这一现象又消失了，但有时还出现。经检查发现，是阀头内的两半螺丝脱扣了，即将阀关紧时，阀头就没掉下来，经气流一段时间冲击后(此阀入口在侧面，出口在下面)，脱扣的阀头又可以掉下来，因此才出现上面的现象，并反复几次。

② 减压阀从阀座后法兰处往外漏油气，经检查是因为阀座有裂纹所致。此阀座是 2Cr13 材质的(因为阀座要求有足够的硬度和抗磨性能)，使用前需要淬火处理，在这批 2Cr13 阀座中发现有几个有裂纹(贯穿性裂纹)。

(2) 经验教训

① 阀门检修和安装一定要保证质量。石油三厂加氢车间所用高压阀门均为本厂自己设计和制造的，其结构比较合理，都是后解体的(即阀头、阀杆都是从阀后部装入和拆除的)，不可能出现阀头阀杆从阀内崩出来的问题(后部有法兰连接，前部有台阶卡住)，因此比较安全。但是结构比较复杂，检修和拆装时比较讲技术。加氢三套循环氢压缩机出口阀的问题，是连接阀头与阀杆的“两半螺丝”(一个空心螺丝加工完毕后，沿轴线一分为二切两半，这样便于装在阀杆的槽内，然后再拧上阀头，并用销片锁死)避免脱扣，如果加工不精、或安装不好，轻者松动，重者阀头脱落。

② 阀门的安装，一般应当正向安装，即气流顶着阀头安装。加氢三套循环氢压缩机出口阀，因为位置的关系，是反向安装的(即从侧面入，从底部出)，这样气流经常冲动阀头，时间长了阀头有可能被冲掉。平时使用中，如果阀头安装得太松，关阀时往往不易对正，有时阀门关不严。这次出现问题后，加氢关键部位的阀门全部改为正向安装。

③ 阀座、阀头、阀杆淬火一定要严格按工艺要求进行，淬火后要 100%进行无损探伤检查，不允许有任何缺陷。

④ 加氢用高压阀门(包括小阀)都要按《高压管道规程》要求严格管理，其检修和检测同高压管道和高压设备一样。

18. 检修时阀未关严，串油着火

1969 年 6 月 19 日，石油三厂加氢车间三套装置停汽检修。停汽后，当系统温度降到 100℃左右时，分配两名工人开始拆卸“半反”底部丝堵，准备掏反应筒内催化剂。当丝堵卸下后，因催化剂结焦不往下漏，就用铁棍往里捅，将结焦捅开，发现从反应筒里往外淌油，便用油桶在下边接油。这时，高压室底部已充满大量的粗汽油和油气。此时，上边指挥吊车抽反应筒芯子。随着抽芯子，大量空气就开始进入反应筒内，使催化剂遇到空气而迅速氧化自燃。随着芯子的抽出，火星从反应筒底部掉下与油和油气接触，立即发生“轰”的一声巨响燃烧起来。大火冲出几丈高，将下边接油的两名工人烧伤，经抢救无效死亡 1 人。

(1) 原因分析

停汽后，高压油泵往三套去的总阀没关严，使原料油串入“半反”内，卸开底部丝堵时流出，被筒内掉下发生自燃的催化剂引着，造成火灾。

指挥不力，负责工程总指挥的段长，明知底部放出大量粗汽油，本应及时通知上部抽芯子停工，待处理后再干。由于指挥者没通知，上部继续工作，结果造成这次重大火灾伤亡事故。

(2) 经验教训

检修反应筒时，必须用盲板堵住与反应筒有关的油气管线。负责检修指挥者，必须要加强联系，互相沟通情况，遇到新的情况时，要统一研究，定出安全措施后方可施工。

19. 设备吹扫不净，动火作业着火伤人

1979 年 8 月 26 日，石油三厂加氢车间一套装置的检修任务基本结束。27 日晚用氮试密，准备开气生产。可是在检修计划中准备更换的加热炉出口方铁弯头，直至 26 日才运到车间，经车间决定准备 28 日大检修验收后，再动手更换。在更换前，车间领导既没有认真研究采取任何安全措施，也没有按三级用火手续办理，车间和工段就准备自行动工。28 日上午，工段安排焊工等 5 人施工。当切割螺丝时，上边用吊车吊着方铁。当剩下二三个螺丝时，吊车一动，从管内喷出灯油遇明火后着火，将焊工和周围的工人烧伤 4 人，经抢救无效，在 9 月 16 日死亡 1 人。其余 2 人重伤，1 人轻伤。

原因分析

26 日检修后，用氮气试密时，将系统内灯油吹到加热炉的出口 U 型管内，由于 U 型管具有一定位差和遇到气焊高温产生有一定压力，当吊车活动，弯头移位时，煤油喷出将人烧伤。这是事故的直接原因。车间领导没有认真执行三级用火制和事前不研究，不采取措施，是发生事故的主要原因。

20. 原料油带水压力突升造成高温倒流

1975 年 3 月 26 日 14:10，加氢二套系统压力突然上升，并发现新氢管线外部冒烟，证明有高温倒流。当即关闭新氢入系统阀，避免了一场恶性事故的发生。

(1) 原因分析

原料油带水并且带进反应器之后，因为水汽化吸热，造成反应床层温度下降，但系统压力上升。由于加氢车间各套共用一个新氢供给系统，当加氢二套系统压力上升，加氢一、三套压力不变时，则氢气就不进加氢二套，而且加氢二套系统的油和氢气还会由此新氢管线往回倒。因为新氢直接进加热炉，倒回的是热氢，热氢直接进碳钢管内是很危险的。本来新氢入炉前有单向阀(止逆阀)，应当起阻止倒流作用，因单向阀内有杂物垫住，未起止逆作用。

(2) 经验教训

① 加氢原料油绝对不允许带水，操作员一定要严格把握，不仅要注意经常脱水，而且量罐时不仅要量油尺，还要量水尺，不能马虎。

② 要保证止逆阀灵活好用，加氢车间过去用的都是国家定型的盘式止逆阀，这种阀的密封面很容易被杂物(铁锈、粉尘等)垫住而失灵。后来加氢车间自己设计并制造了球形单向阀，这种双球式结构的止逆法效果比较好，更安全好用。

③ 绝对不允许高温倒流，高温流体倒流到低温材质处，当超过其使用条件时，因强度下降会破裂爆炸，那是非常危险的。因此，一旦发生有高温倒流的可能性，应当迅速采取紧急措施，直至降压、停气。

④ 供氢系统最好是“一对一”进行，防止互相串通，即使系统超压了，新氢系统压力也会随之上升，保证氢气不中断，不发生倒流(但压力不能超过规定压力)。

21. 冷氢因单向阀内漏灌蜡堵塞

1977 年 1 月 3 日，正值隆冬季节，天很冷。早晨加氢一、三套操作员按操作规程规定试冷氢(为了保证所有不用的冷氢全部畅通，每班接班后都要试冷氢)，但所有未用冷氢一个不通，全部堵塞。

(1) 原因分析

当时加氢一、三套都在用 3762 催化剂($WO_3-Ni-F-SnO_2-SiO_2-Al_2O_3$)对大庆常三至减三线蜡油进行加氢裂化生产汽、煤、柴油。该催化剂裂解性能较高，但异构化性能一般。因此，其加氢生成油中重馏分的凝点较高。在装置出现波动时(尤其是压力波动)，冷氢单向阀(球型)瞬间很容易起落，因此将生成油倒灌到冷氢系统内，时间一长轻馏分挥发跑掉，重馏分因凝固点高而凝结，加上当时天气正寒(抚顺地区一年最冷在一月份，元旦前后都在-30℃以下)，造成管线凝结堵塞，而系统压力降又不大，凝结之后靠这仅有的压力降顶不通。

(2) 经验教训

① 为了防止含蜡油倒灌，冷氢管外应当加蒸汽保温伴热。

② 单向阀应当定期检修或更换，保证不内漏。

③ 正常生产中，冷氢应当保持一定用量，但不能过大，过大了再用冷氢时效果就不好了。这样就可以防止倒流或倒灌，不常用的冷氢也要经常试验，使其保持畅通。冬季更要注意。

④ 保持装置平稳运行。尤其是压力要控制平稳，装置的波动尤其是压力的大起大落，容易出现异常。因此，当装置波动后再开工时，要注意把冷氢试好，使其好用。

22. 对超温失活的催化剂进行补硫活化

1978 年 2 月 16 日，加氢三套二、三反经 1 月 19 日超温之后，活性明显下降，空速已减小到 $0.5h^{-1}$，但反应最高点温度仍高达 450℃，生成油转化率仍然较低。为了能够坚持到大检修时更换催化剂(加氢三套当时使用 3762 催化剂，这批催化剂已使用一年半了)，经研究决定进行补硫活化。分两种办法进行：一是将原料油停掉，换低 N 油重新进行硫化，从 200℃开始用低 N 油带 CS_2，H_2S 控制在 1%(体)左右，缓慢升温(<10℃/h)，一直达到 360℃并恒温 3h，然后逐步切换原料油。二是正常生产中周期性补硫，即当 H_2S% 低于 0.025%时，补加 CS_2，使 H_2S 保持在 0.03%~0.04%(体)左右。采取上述措施后，收到了一

定的效果。

(1) 原因分析

① 我们所用的加氢催化剂的加氢组分为金属的氧化态，均需要变成硫化态(反应机理要求)后才有较好的加氢活性。因此，正常生产中，加氢系统需要保持一定的 H_2S 分压(搞加氢精制时为 0.06%~0.1%，改为加氢裂化后 0.03%~0.1%，现在改为 0.02%~0.1%)。当时加氢三套 H_2S 经常在 0.03%以下，有时在 0.02%左右。重新硫化后对恢复其活性肯定有益。超温前一反 427℃，二反 435℃，三反 430℃；超温后二反 440℃，三反 445℃；加硫后，一反 430℃，二反 435℃，三反 432℃(加油量相同)，部分恢复了活性。

② 用低 N 油重新硫化等于用轻油对催化剂进行一次冲洗，而低 N 油在冲洗条件下全部汽化，这样反应器内流速增大，对洗涤催化剂(包括载体孔内部)更有益处，这种冲洗对恢复活性也起到了一定作用。

③ 重新硫化再开工后，保持了一定的 H_2S 分压，过去低于 0.02%时也不补硫，现在要求 H_2S 保持在 0.03%以上，经常在 0.04%左右，这对保持催化剂的活性水平也有益处。但是这种正常补硫只起到部分恢复催化剂活性的作用，而不能全部恢复催化剂的活性，此后的两次补硫数据证明了这一点。

④ 重新硫化时，因为催化剂已经是硫化态，虽然因 H_2S 分压降低，可能有部分硫的流失，但总补硫量还是很少的。只相当初次硫化用量的 15%(体)左右，说明催化剂失硫并不严重。那么为什么催化剂的活性影响较大？推测认为可能是硫化物的结构形态不同所致。

(2) 经验教训

① 对加氢催化剂来说，其机理要求金属组元应为硫化态。因此，初次硫化一定要认真搞好。硫化好坏不在于加入硫量的多少，而在于被催化剂吸收的硫有多少。即理论耗硫应当充分满足。因此做好硫化时硫的平衡非常重要。由此可以预知理论耗硫是否得到满足。为此，硫化过程有关硫平衡的原始数据一定要取准取足。

② 正常生产中 H_2S 分压应当掌握好，并按规定要求进行控制，但石油三厂加氢实践证明，即使加工大庆油(属低硫油)，不补硫其 H_2S 也可保持在 0.02%以上，经常可以在 0.03%左右。即不补硫仍可满足催化剂需要，使催化剂保持足够好的活性。

③ 因外因如超温等使催化剂活性衰减，只要催化剂载体的结构不发生变化，用重新硫化的办法可以使活性得到部分恢复，但不能全部恢复。

④ 加氢系统的 H_2S 分压不是越高越好，高了对设备腐蚀非常有害，只要能满足催化剂活性的需要，适当低一些为好。这样既保证催化剂的需要，又有利于加氢设备的安全。

23. 循环氢量减少造成生成油质量不合格

1978 年 4 月 24 日 4:30，加氢三套一反(3762 催化剂加氢裂化)七层温度突然由 425℃跃升到 457℃，用冷氢将高点温度压下来，但平均温度也下降了，致使生成油相对密度增加大(裂化性能差了)，减 10%原料油，放最高点温度到 460℃(指示温度)，调整原料油比例[重蜡油(减三)换成轻蜡油(常三减二)，仍无效果，一反五层 439℃，一反六层 449℃，一反七层 457℃，一反温差高达 30℃，系统平均温度由 442℃反而下降到 430℃。

(1) 原因分析

经检查分析发现，系统压力降减少(由 1.4MPa 减少到 1.0MPa)，循环氢流量指示变化不大(后来校表证明是假象)，因此认定是循环氢压缩机倒气(内循环)造成的。检查后发现，循环氢压缩机少送 4000Nm³/h 左右，即减少 1/4 左右。拆检发现两个出口气门阀片，一个裂成三块，一个有裂纹。换车后反应条件马上发生变化，一反入口温度不变，一反六层由449℃下降到435℃，一反七层由457℃下降到436℃，一反温差由30℃减少到10℃，二反、三反普遍上升2~3℃，生成油相对密度下降，转化率提高，质量合格。

循环氢量减少后有几个后果：一是反应热带不出去，造成温差增大，使平均温度下降，催化剂作用发挥不好；二是致使反应床层物料分配不佳，可能存在沟流现象，使部分原料不反应或很少反应，即离开了反应器，也使反应深度下降。

(2) 经验教训

① 循环氢压缩机倒气要及时发现并处理。虽然流量表指示变化不大，但从反应温度的变化上，从系统压力降减小上，从单点温度突升上，都可以断定是循环氢压缩机送气减少了。

② 仪表指示要准确好用，并且要定期校验，发现异常要随时检查和维修。

③ 往复式循环氢压缩机气门阀片因其质量(包括材质和热处理等问题)和杂物垫住造成倒气是循环氢压缩机的主要故障之一。因此，阀片的制造要严格要求，并严格检查。另外，因其受较大和频率较高的冲击力，也很容易损坏。因此，操作岗位和维修人员要注意检查，管理人员也应当做为检查和管理的重点。

24. 异物留在管线内压降增大停气

1979年6月23日19:00，加氢四套在搞试验之前进行装置热运，装置进低氮油(灯油)后不久，就发现系统压力降急剧上升，由0.6MPa先上升到1。9MPa，25日16:20，上升至4.5MPa，紧急开旁路。后又逐渐将旁路关小，到达剩余1/2扣时，循环氢出口温度达到130℃，被迫停油检查。

(1) 原因分析

停油后经现场查找，发现压力降主要在反应器出口至换热器之间。拆检发现，在反应器出口至换热器高温入口的管线中，堵满石英砂、蛭石砼和铁的锈蚀物。这些东西主要来自该反应器施工内保温时的残留物。检查发现，在反应器下部的锥体处有许多死角，很容易残存一些固体物。反应器在施工内保温时，要先打砂(用石英砂)除锈，然后再施工蛭石砼，这些东西都会落在锥体的死角处，施工后如果清扫不干净，就会存留在里面，开工后被氢气和油气流冲到管线里并堵在结构复杂的换热器高温入口处。

(2) 经验教训

① 反应器内部施工后，一定要把里面的所有东西都清理干净，尤其是像保温材料这些东西等。

② 反应器装催化剂前要先把出口管线封闭好，一定不能把瓷球、催化剂等东西漏到管线里。

③ 可能产生局部压力降的地方，其设计一定要经过详细计算，防止局部压力降过大。

25. 循环氢中NH_3含量高抑制了催化剂活性

1979年12月23日，加氢二、三套在正常生产中均出现反应器后部(三反下部)温度逐渐下降，由430℃下降到412℃，尽管加热炉出口温度不断提高(有时甚至提高10℃左右)，反应器后部温度仍升不起来，同时，生成油相对密度逐渐增大，以致不发生裂解，说明催化剂裂解活性下降。

(1) 原因分析

经检测分析、计算得知，因为系统NH_3含量高，占据了催化剂载体上的酸性中心(NH_3

为碱性)，从而抑制了催化剂的裂解活性。由于裂解深度下降，相应的加氢反应也减少，放热减少，因此反应器后部温度下降，生成油相对密度增大(由正常时的 0.76~0.77 上升到了 0.8 以上)。测得循环氢中 NH_3 含量正常生产时为 20~50μg/g，出现上述情况时，NH_3 含量高达 448μg/g。当时加氢三套使用 3762 催化剂对大庆常三、减三线蜡油进行加氢裂化，原料油总氮 400μg/g，生成油总氮 30μg/g，加工量为 14.5t/h，加高压水 0.6t/h，每小时可生成 $NH_3$6.5kg，按当时条件下 NH_3 的溶解度计算，约有 48h NH_3 即剩出，很快系统内 NH_3 的含量就会达到 448μg/g。

系统内 NH_3 含量上升(一般超过 100μg/g 后)，即对催化剂裂解性能有明显的抑制作用。但这种抑制作用是可逆的，当高压水加入量足了以后，可把生成的 NH_3 溶解掉，催化剂的裂解活性还可恢复原状。

(2) 经验教训

加氢系统高压软水加入量与所加工的原料油的总 N 含量有关。大庆减压馏分油总 N 在 300μg/g 左右，高压水加入量应为原料油重量的 4%左右，当总 N 超过 350μg/g 之后，高压水就要增加到 5%以上，仍维持 4%的加入量，就会造成 NH_3 集聚。虽然增加高压水加入量把 NH_3 洗掉后，其裂解活性仍可以恢复。但是 NH_3 含量升高时间不宜过长。

引进加氢裂化催化剂硫化之后，有个无水液 NH_3 钝化过程。其目的是解决含分子筛催化剂初期裂解活性过高并改善其选择性。无水液 NH_3 钝化办法是：硫化结束后，将反应温度调整到 150℃逐步进碱性氮低于 100μg/g 的低氮油(经馏点小于 320℃)，在 8h 之内把油量增加到设计的 50%(体)，同时开始注 $NH_3$200L/h，2h 后加高压水(为进料的 6%左右)，然后缓慢升温，在高压水中见 NH_3 之前，R101 入口不超过 230℃，R102 入口不超过 205℃。这段时间不超过 24h，当高压水含 NH_3 达 1.5%(质量)时，将 NH_3 注入量减少到 75L/h，一直按设计进料达 50%为止，此间注 NH_3 不得低于 40L/h。从计算得知 50%进料中有 125L/h NH_3 生成。然后调整反应深度直至达到预计的转化率为止，算得每吨催化剂(HC-16)吸收 NH_3 12.77L，与技术谈判时推荐数据相符。石油三厂加氢车间在使用 3762 催化剂(含 β 分子筛)之前，未发生过 NH_3 抑制现象。用 3762 催化剂之初发现，催化剂硫化后初期活性(指裂解活性)过强，经常超温，以至于无法维持正常生产。当时还未考虑到 NH_3 化的问题，但车间在实践中自己创造出一种办法，即用所加工原料油进行低温钝化。即：硫化结束后，在一定温度下，按 2∶1(硫化油∶原料油)逐步切换原料油，当空速达到 $0.75h^{-1}$ 时，床层最高温度 342℃时生成油相对密度在 0.7 左右，但很快(几小时后)生成油相对密度上升，随后采用缓慢升温的办法，即如果生成油相对密度太轻，就停止升温，进行恒温，直到达到正常生产的条件，这个时间大约需要 24h 左右。这样做一方面系统总 NH_3 量可达 120kg 左右，即催化剂吸收 NH_3 为 6kg/t 左右，可抑制其初期活性，提高选择性。另一方面带油钝化，催化剂载体表面可能有一定程度积炭，也起到一定抑制初期活性，提高选择性的作用。后来石油三厂钝化油改用焦化柴油，该油馏程为 205~345℃，总 N1000μg/g 左右。硫化结束后逐步切换为焦化柴油，空速达到 $0.5 \sim 0.8h^{-1}$，根据生成油相对密度(不小于 0.72)逐步提温，并且在 230℃和 350℃左右两次恒温(主要看钝化生成油相对密度变化)，恒温时间为 4~8h。用焦化柴油钝化时不加高压水。经计算，催化剂吸收 NH_3 也在 6kg/t 左右。石油三厂加氢车间在实践中自己总结出的这套办法其机理与联合油的无水液 NH_3 钝化法相同，其效果也是很好的，实践证明是可行的。说明石油三厂加氢工作者是有技术能力与水平的，不管遇到什么问题都会通过自己的经验与智慧得到解决，尽管途径和方法有所不同，但是基本原理是相同的。

需要指出的是，带油钝化时间不要过长，以防止因为积碳过多而过分损伤催化剂活性。按石油三厂上述的办法做，没有损伤催化剂活性。

26. 高温氢吹扫造成生焦

1982年2月初，加氢一套用3762催化剂(WO_3-Ni-SnO_2-F-SiO_2-Al_2O_3)处理焦化柴油(加氢裂化生产石脑油和航煤)，运转一段时间后发现一反温差越来越小，说明其活性下降。为恢复其活性，研究认为，采用高温热氢吹扫的办法，即希望通过高温氢解，把反应过程中生成的缩合物(主要含碳)，变成碳氢化合物。2月份搞过一次高温氢吹扫，因为时间太短，效果不明显。

3月3日18:50停油后系统温度为351℃，随后一边升温一边加大循环氢氢量(由一台循压机加大到二台)，分6次使循环氢量由13500加大到26500Nm^3/h。4月1日2:00，一反最高温度达到450℃，二反达到436℃，三反达到424℃。从循环氢组成分析中发现C_1~C_4含量明显上升；CH_4由2.91%上升到6.36%，C_2H_6由0.17上升到2.33%，C_3H_8由0.15%上升到2.96%，iC_4H_{10}由0.07%上升到0.43%，nC_4H_{10}由0.09%上升到0.52%，说明有氢解反应发生。这次高温氢吹扫时间共24h。但从高温氢吹扫后的反应温度和轻油转化率看效果不甚明显，说明催化剂裂解活性的恢复不太理想。后来在装置检修时，发现在第三换热器浮头处和管束间有石油焦(很亮、很硬)生成，这是过去在加氢装置上从未见过的，说明在氢解反应的同时，伴有进一步缩合生焦反应的发生。

(1) 原因分析

① 碳的氢解反应是吸热反应，且反应需要较高的温度和一定的压力。我们试想通过在现有的加氢条件下(20MPa气压、460℃)完成这一反应。试验表明，虽有一部分氢解，但仍然是残余油分子先裂解后再加氢，而不是碳的氢解。同时，伴有缩合和焦化。一反催化剂表面比较光滑而明亮，活性有所下降(高温吹扫后再开工，一反温度差由50℃下降到30℃即可证明)。第三换热器管束间和浮头处有很硬的石油焦，也可证明有缩合和焦化反应发生(此处无催化剂作用)。

② 氢解反应需要相应的催化剂予以催化，用加氢裂化催化剂很难完成这一反应。

(2) 经验教训

① 在没有弄清楚氢解反应的机理和反应条件的时候，就搞氢解，只是为了做一下试验。结果不仅作用不明显，而且条件苛刻，对设备也可能造成不良后果。

② 热氢吹扫对消除催化剂表面的油污有一定作用，但不能温度过高，时间过长，次数不可太多。因为在现有加氢条件下进行高温热氢吹扫，容易发生结焦，对催化剂活性反而不利。

三、设备故障

27. 误用钢材，管线爆炸

1953年5月13日凌晨，加氢一套一反温度略高(当时各反应器最高温度控制在半反一层<470℃，一反三层<440℃，二反四层<470℃)，操作人员用冷氢调整，温度平稳后，又将冷氢逐渐关死。1:00左右，半反温度又有所上升，岗位人员立即采取措施进行处理，约5min，发现半反温度还在上升，岗位人员正在联系采取措施时，高压室内爆炸着火，时间是1:35。在温度波动时，检查人员即到高压室(石油三厂老套装置高压容器均安装在专门设

置的 1m 厚的钢筋混凝土整体捣制的高压室内)内检查，当他发现半反(半液相反应器)下出口引出管发红，急忙往外走时，即发生爆炸，检查人员当场被炸伤并烧伤，后经抢救无效死亡。

爆炸的引出管为日伪时期用于高温分离筒上的旧管，根据记录当时使用温度为 393℃。因此，1950 年石油三厂修复时，即认为其材质是铬钼钢。1951 年 5 月 24 日取样分析含 Cr 含 Mo 便认为是铬钼钢。于是将此筒改为一套半反，其使用温度为 360℃左右，1953 年又将此反应器改为半反，使用温度在 400℃以上，考虑到铬钼钢引出管在此温度条件下使用不安全，于是车间制定计划准备更换，毛坯刚到，5 月 13 日即发生爆炸。

(1) 原因分析

爆炸后将碎片送抚顺钢厂分析，C 为 0.21%、Mn 为 0.35%、Si 为 0.16%、S 为 0.01%、Cr 为 0.49%，无钼。故此管不是铬钼钢，而是碳钢管，碳钢管在这样临氢、高温条件下长期使用，造成脱碳破裂，引起爆炸。因此，这次爆炸是将碳钢管当成铬钼钢材质的钢管长期使用在中温区(251~400℃)造成的。

(2) 事故教训

对现有设备进行一次全面普查，建立健全设备卡片，切实加强管理，防止误用钢材造成事故。

28. 5 号加氢反应器严重裂纹

1968 年 10 月上旬，老加氢二套二反(编号为 5 号反应器 ϕ950mm×1330mm×7900mm)在经过几次连续超温和检修更换催化剂后，再开工时，发现反应器上盖(伍德自紧式)泄漏严重，几次拆卸更换密封圈，重新安装，仍然没有效果。在最后一次拆装检查反应器密封面时，一位老工人发现了裂纹，当即决定甩掉该反应器，吊出高压室进行检查。从 1969 年开始，组织专门人员并委托沈阳金属研究所对裂纹及成因进行分析，期间多次请教了包括沈阳中科院金属所李薰教授在内的许多专家和国内知名研究所。到 1970 年 6 月得出初步结论，但因种种原因，检查研究手段还不齐全，得出结论也不是很肯定。高压加氢反应器发生裂纹关系重大，如果爆炸后果不堪设想。因此，想尽一切办法宁可花很大的代价，也要把原因分析清楚，为临氢压力容器特别是伪满遗留下来还正在使用的加氢高压容器的安全使用，找到根据。为此，石油三厂又请冶金部北京钢铁研究总院、大庆石油学院等单位继续做工作，直到 1987 年 7 月，历时近 20 年，经过大量的工作，才得出一个比较可信的结论，石化总公司为此专门召开了专门的技术评定会予以确认。

反应器裂纹的描述：5 号反应器出现的六条裂纹全部在反应器上部，均自密封面处开始向下部延伸，沿轴向分布：1 号裂纹最长为 750mm，最深处在上部为 220mm(该处壁厚为 295mm)，1 号、2 号裂纹间距(均指周长下同)约 600mm，其余五道裂纹间距均在 300mm 左右，分布比较均匀，长度 380~480mm。六道大裂纹均未将反应器壁穿透，裂纹宽度均不超过 1mm(见图 5-2-2)经过磁粉探伤检查，又发现表面裂纹 30 多个，用裂纹测深仪测得最深为 2.5~3.0mm。这些裂纹大都分布在 1 号、6 号、5 号裂纹区内，裂纹方向在密封面处为沿圆周方向，其余地方的裂纹大都是沿轴方向。

(1) 原因分析

① 5 号反应器是由日本吴海军工厂昭和 11 年(1936 年)制造的。材质为 $35CrNi_2Mo$，日本钢号为 SNCML，整体锻造后加工的。检验结果表明，该材质在室温下的强度仍基本保持原来日本钢厂所报数据水平，但长期暴露在高温、高压氢气中的无保温衬里段的材质的塑性

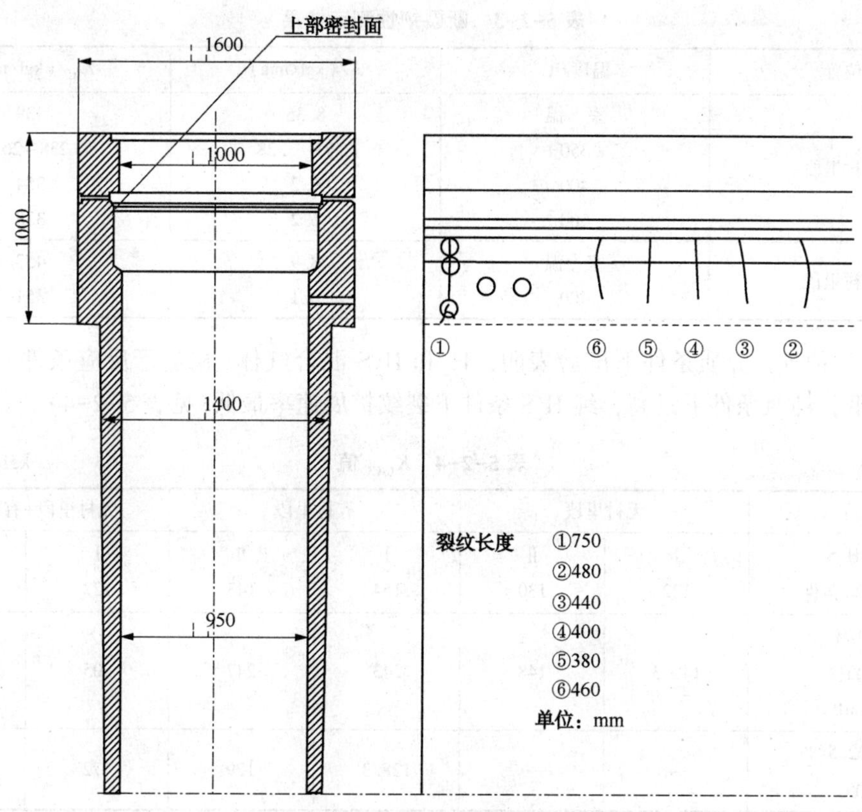

图 5-2-2　反应器裂纹

(δ、χ)比有保温衬里段材质的塑性为低，断裂韧性的测定结果即如此。说明长期接触氢介质的反应器内壁，出现了一定程度的脆化，见表 5-2-1 和表 5-2-2。

表 5-2-1　5 号反应器材质成分结果　　%(质量分数)

元素	C	Mn	Si	P	S	Cu	Ni	Cr	Mo	V	Pb
有衬里段	0.36	0.50	0.23	0.025	0.028	0.14	1.63	0.99	0.50	<0.05	0.0012
无衬里段	0.31	0.48	0.24	0.022	0.026	0.16	1.59	1.15	0.51	<0.03	0.0013

表 5-2-2　5 号反应器室温力学测定结果

位置	取向	$\delta_{0.2}$/(kgf/mm^2)	δ_b/(kgf/mm^2)	δ_5/%	χ/%
有衬里段	横向	64.9	83.0	17.2	49.6
		64.9	78.8	4.0	3.6
		64.7	83.2	16.6	48.1
		63.7	80.1	17.3	46.0
无衬里段	横向	66.2	84.4	20	52.2
		66.2	83.5	17.5	53.4

② 5 号反应器材质在室温～500℃的范围内，350℃时的断裂韧性 K_{IC} 值最低，平均为 250kgf/mm$^{3/2}$，此温度值接近 5 号反应器壁的工作温度，尤其是裂纹区。因此这个使用温度对此材质是不利的。见表 5-2-3。

表 5-2-3　断裂韧性测定结果

位置	温度/℃	J_i/(kgf/mm)	K_{IC}/(kgf/mm)
有衬里段	室　温	8.35	439
	350	2.73~3.28	238~261
	400	6.2	354
	500	6.2	338
无衬里段	室　温	8.9	453
	400	6.1	351

③ 在三种气体介质条件下试验表明，H_2和 H_2S 混合气体(相当于反应条件)条件下的 K_{ISCC}值最低，纯氢条件下最高，纯 H_2S 条件下裂纹扩展速率最低(见表 5-2-4)。

表 5-2-4　K_{ISCC}值　　　　$kgf/mm^{3/2}$

介质	无衬里段		有衬里段		无衬里段+有衬里段	
	Ⅰ	Ⅱ	Ⅰ	Ⅱ	Ⅰ	Ⅱ
H_2+H_2S 相当反应条件	122	130	154	143	127	129
$H_2$97% 400℃ 18.0MPa	149.3	148	243	247	205	206.5
H_2S　62.54% 400℃	—	—	128.3	129	172	172.7

注：Ⅰ为 KIo-△α 曲线结果；Ⅱ为 KIend-Δα 曲线结果。

高温高压下的氢腐蚀是导致材质产生晶间微隙裂纹的主导因素，H_2S 的影响是辅助因素。硫的存在促进了钢对原子氢和离子氢的化学吸附，从而加速了氢腐蚀的过程。

这种氢腐蚀主要是渗入钢的氢原子与金属发生作用生成甲烷：$Fe_3C+2H_2 \rightarrow 3Fe+CH_4$或 $C+4H \rightarrow CH_4$，它聚集在晶间处微空隙内或在夹杂物等缺陷处聚集，形成气泡，造成局部高压和应力集中，这些气泡逐渐增多，变大并互相连接时，就在晶间处形成微裂纹。发生这类氢腐蚀时，同时有脱碳现象发生。氢腐蚀的孕育期长短，主要取决于温度和氢气压力，温度越高，或氢分压越高，孕育期就越短。据此纳尔逊绘制了有名的 Nelson 曲线，在曲线的下方条件使用不会发生氢腐蚀。5 号反应器的使用条件，温度经常在 Nelson 曲线上方，尤其超温时，具有产生氢腐蚀的条件。影响金属对氢腐蚀的敏感性，当然还有许多其他因素，这里不加论述。发生氢腐蚀时，晶界上有小气孔，且明显变宽或出现微裂纹，断口应是沿晶界开裂。在对 5 号反应器的微裂纹断口分析中发现，大部分都是沿晶界断口。又根据金相对裂纹的观测发现，二次裂纹较少，这就进一步说明造成 5 号反应器裂纹的主导因素是氢腐蚀。通过对 5 号反应器内表面和裂纹表面的扫描观察，发现了大量硫化铁腐蚀物，说明有硫元素存在。因此，有硫化氢气氛存在，也存在 H_2S 应力腐蚀作用，但它是 5 号反应器裂纹的辅助因素之一。

④ 金相和断口检查表明，5 号反应器第一号大裂纹起始部位系在内壁变径处的密封面上(其他五条裂纹的起点也与 1 号裂纹相似)。裂纹的扩展留下了七处痕迹。裂纹的前期扩展以沿晶型为主，后期扩展以穿晶型为主，说明裂纹扩展后期的机理是不同的。通过对 5 号反应器在异常状态下(超温、打冷氢激冷，紧急降压等)的热应力分析(见表 5-2-5)可见，

因超温和激冷造成的温差应力是相当大的。有人计算，温度每升降100℃，相当增大温差应力21~24kg/mm²，差不多相当5号反应器材质许用应力的30%。

表 5-2-5　热应力分析

内外壁温差 ΔT/℃	K(外内径比)	T/δ_θ
600~340	1.68	55.2
	1.60	54.3
650~300	1.68	74.3
	1.60	73.1

从5号反应器的使用历史来看，这样大的温差应力还是存在的。该反应器从1939年开始使用，1945年停用。1953年又恢复使用，到1959年一直做第二电热筒，其作用就是把经第一电热筒加热的氢气在20MPa压力下由210℃再升至430℃。在此期间筒内壁上有40mm厚的矿渣棉隔热材料。5号筒外壁温度解放前控制在<370℃，解放初(1955年)仍控制在<370℃，1963年改为<300℃。实际做电热筒时，外壁温度经常在320℃左右。1959年到1968年10月发现裂纹时止，一直做加氢反应器，使用条件为20MPa压力(氢分压13.0~15.0MPa)，390~470℃，H_2S为0.02%~0.04%，短时达1.5%(体)，外壁温度<300℃(有内保温隔热衬里：材质为矿渣棉或蛭石混凝土等)。5号反应器整个使用时间约100000h，操作规程规定紧急放空温度为450~480℃，实际温度是：超温时仪表指示瞬间到头(>600℃)，有时反应器出口管线变红。据老工人回忆，解放后曾超温7~8次，发现裂纹前有过一次严重超温。

由于多次超温并用冷氢激冷，所以行程有很大温差压力，就使5号反应器经长期氢腐蚀而有微裂纹(在晶界上)的内壁上，逐渐连通形成了大裂纹，经过几次扩展(从裂纹表面上可以清晰的观察几次扩展的痕迹)，达到被发现时的情况。内外壁不同温差条件下的K_i值如表5-2-6所示。

表 5-2-6　内外壁不同温差条件下的 K_i 值

内外壁温差 ΔT/℃	30	40	50	60	70	80	90	100
第一号裂纹深56m/m　长384m/m处	130	152	175	199	222	244	268	291
深140m/m　长564m/m	202	238	274	310	345	381	417	—
深157m/m　长596m/m	214	253	291	329	367	405	—	—

从表5-2-6可见，在56mm深处，当出现80℃温差时，裂纹前沿的K_i值便达到了5号反应器材质350℃的K_i值。对于深度140mm和157mm的裂纹前沿，只要内外壁温差达到40℃，它们的K_i值就达到了5号反应器350℃时材质的K_{ic}值。因此，每次超温后激冷一次，裂纹就会产生一次突进性的扩展。当裂纹前沿的K_i值低于材质350℃(或当时温度下)K_{ic}值时，裂纹便会停止扩展。可见，在裂纹的每次扩展中，由于K_i值皆高于材质K_{ic}值，以及每次超温激冷所造成的应力强度因子变化幅度，皆相当于一个促使裂纹疲劳扩展的ΔK_i值，因此在裂纹的每次一突进性扩展中，应力腐蚀扩展和疲劳扩展都做了各自的部分“贡献”。

⑤ 伍德自紧结构式反应器，在安装反应器盖时，常常需要给一个预紧力，这也是造成裂纹扩展的不可忽视的外力。

(2) 经验教训

① 冷壁高压容器的使用温度一定要严格控制和管理，不允许超过使用温度。局部因为结构原因容易超温处(如石油三厂所用的伍德自紧式结构高压容器等)也必须采取得力措施予以控制。为了随时观测到整个容器的任何部位是否超温，常常在容器外壁涂上高温示温涂料(变色漆)。西安涂漆厂生产的310℃变色漆，250℃开始变色；大连油漆厂生产的260℃变色漆，220℃开始变色(均由天蓝色变成黄褐色)。

② 对加氢系统的反应条件要严格控制，不允许超温超压。一旦发现反应温度异常，要及时采取措施进行调整，使之恢复到操作规程规定的温度，如果继续超温并达到警戒线温度，就要果断使用"紧急放空"手段，这是最有效的安全措施。

③ 对反应器筒体和相关附件要按规定进行检查鉴定，尤其是进行无损探伤检查，准确及时地掌握反应器的使用动态。有问题要按其性质和危险程度进行处理。

④ 在检修后或正常使用中，发现异常，如泄漏等，要及时检查并处理，不可盲目使用。防止因严重问题而酿成大祸。

⑤ 如果严格按规定条件使用，反应器的安全问题是可以被掌握的。石油三厂伪满时期遗留下的高压容器，有近20台使用时间已超过了300000h，性能尚好。说明临氢高压并不可怕，关键在于认识它，掌握它，并科学、严格的管理它。

29. 在反应器内壁上补焊产生裂纹

1969年6月加氢三套半反(3号筒中ϕ950mm×1330mm×7900mm)上部密封面在用磁粉探伤时发现有16道的小裂纹(最长11mm，最深3.0mm)，分布在曾经补焊的焊肉旁边(此筒于1962年因上密封面腐蚀，曾用1Cr18Ni9Ti焊条补焊过。补焊条件是将母材用火焊烤热后，用电焊补焊)。

(1) 原因分析

该反应器为日本吴海军工厂1936年整体制造，材质为35CrNi2Mo(炮钢)，曾做过H_2电加热筒和加氢反应器，使用到1962年(约100000h)，发现上部密封面处被腐蚀。为了补救，经专家研究决定用1Cr18Ni9Ti材质焊条补焊。焊后用手工打磨，投用后果较好未发现泄漏，当时也未做仔细检查。7年后用磁粉探伤检查发现有16道小裂纹。分析认为，裂纹均发生在热影响区附近，是补焊造成的。反应器本体很厚，施焊处厚度为295mm，焊接应力无法消除，导致母材产生小裂纹。

(2) 经验教训

① 在反应器本体上一般是不允许施焊的，一定要焊接时，焊后必须用热处理的方法消除焊接应力。

② 发现反应器母材上有缺陷，如小裂纹等。应当尽量用打磨掉的办法处理，不用补焊办法处理。

③ 补焊当时，必须仔细检查，证明无问题后才能交付使用。高压容器应当定期检查：母材有无裂纹，支托架有无开裂，补焊层有无脱落，各种组织有无变化等。

30. 1Cr18Ni9Ti 螺帽裂纹(图5-2-3)

1970年9月在更换加氢三套240万大卡/时加热炉上部弯管紧固螺栓时，发现有些螺帽虽然材质是1Cr18Ni9Ti的，但有不少肉眼可见的裂纹(见图5-2-3)。其裂纹有的在丝扣处，有的在表面。1Cr18Ni9Ti材质，又不直接接触氢气，又不是在高温下(管内介质最高达430℃，管外在保温材料保护下，不会高于这个温度)工作，为什么会发生裂纹？引起了管

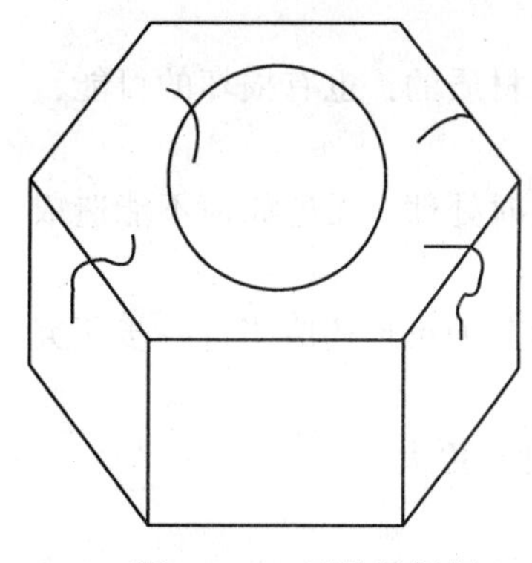

图 5-2-3　裂纹的螺帽

理人员的兴趣，并进行了分析研究。

(1) 原因分析

① 长期在较高温度下工作，又受较大的拉应力，在这种条件下工作的高压螺栓，一般都用大锤紧固，预紧力没有固定标准，直到打不动为止，因此预紧力很大。

② 材质热处理条件选择不当。经金相检测发现，晶粒粗大，相当于一级晶粒度。晶间不仅有碳化物析出(其金相为奥氏体+碳化物)，而且有严重晶间裂纹。查原检查报告得知，该批螺帽原始检查无缺陷和裂纹，经酸煮后均有裂纹出现，说明材料本身有缺陷。

(2) 经验教训

① 在加氢条件下，不是使用1Cr18Ni9Ti就一定安全无事了，此次在非临氢介质处，发现裂纹给我们敲了警钟。1Cr18Ni9Ti 材质一定要热处理好，使其金相组织真正符合1Cr18Ni9Ti 的金相要求，否则，虽然是 1Cr18Ni9Ti 材质，不一定起 1Cr18Ni9Ti 的作用。

② 长期高温、高压条件下工作的管件也要注意检查，不要有死角和漏洞。

③ 临氢的设备、管件要加强检查，严格管理。在加氢车间不直接临氢的设备和管件也要加强检查和管理。

④ 螺栓的预紧力要有标准，不是力越大越好。

31. 1Cr18Ni9Ti 钢材长期在高温临氢环境下工作发生脆断

一般人的概念是，1Cr18Ni9Ti 钢在临氢条件下，即使温度很高也是安全的，其实不然。在加氢车间，有不少管件长期在高温临氢环境下工作，也发生过多起脆断。1972 年 9 月 6 日 2：00，加氢三套在停气过程中，当温度 100℃，压力 3.0MPa 时，四反热电偶保护管(ϕ25mm×39mm，1Cr18Ni9Ti 材质)在反应器内断裂，拆出后发现断面为脆性断口，锋利似刀，没有断口收缩。1971～1973 年间还发现加氢二套反应器的内芯子(用 1Cr18Ni9Ti 材质的管和板制作的，只承受温度，不承受压力)立柱(ϕ25mm×39mm 管)，在停气吊装时也发生过脆性断裂，与 1972 年 9 月 6 日热电偶保护管断裂相似。还发现过反应器内保温衬筒(δ=6mm，1Cr18Ni9Ti 板制作的)长期使用一段时间吊出后，用铁锤一打就碎，断口也是很锋利的。

(1) 原因分析

① 在临氢环境中长期使用，经检验，发生上述1Cr18Ni9Ti材质脆断的管、板，使用时间都在 50000h 以上，而全部是用在反应器内，即腹背临氢。

② 正常使用温度很高，经常在 445～450℃，而且多次经受过超温。超温时，一般达到600℃左右，高时达到 800℃，超过了 1Cr18Ni9Ti 的安全使用温度。

至于其机理是氢脆还是氢腐蚀，因为没做理化检验，不好论述清楚，但至少可以认为是在临氢条件下经受长期高温作用造成的。在高温和长期临氢环境下，氢从金属的内外两侧(因为全泡在氢气氛中)向钢扩散，形成氢溶于钢的固溶体，使钢的塑性下降，尤其是断面收缩最为敏感。也可能是由氢原子或离子扩散进入钢中，与其中的碳化物反应生成甲烷，氢和甲烷积聚膨胀产生高压气泡形成微裂纹所致。

③ 这些遭破坏的部件，只根据使用位置和其外观即认为是 1Cr18Ni9Ti 材质，没有做成分分析，估计可能不是 1Cr18Ni9Ti 材质的，而是 18-8 材质的，不含钛。

(2) 经验教训

① 长期在临氢环境中工作的材质，即使是 Cr18Ni8 或更高材质的，也有损坏的可能，。要注意检查，如理化性能改变，并要即时更换。

② 超温造成的超高温是非常有害的。因此，一旦超温要及时处理，无论如何不能造成超高温。

③ 理论上，对 1Cr18Ni9Ti 钢在临氢条件下为什么会造成脆断的机理还应当进一步研究清楚。

④ 如果确实是 18-8 材质的，因为不含钛，遭破坏的可能性变更大。

32. 反应器上盖引出管焊道拉细裂口泄漏

1973 年 1 月 16 日以前，发现加氢二套一反(10 号反应器)上盖泄漏，后经仔细检查是冷氢引出口管泄漏，为此在高压下进行过数次旋紧(其结构为自紧式，可以在高压下旋紧)，但泄漏问题仍未解决。1 月 16 日检修时将该引出管卸了下来，发现原来该引出管是焊接的，在焊道处已形成细脖，并有一个高粱粒大小的裂口。看到这一情景，所有的人都捏了一把冷汗。

(1) 原因分析

① 该引出管为日伪时期所遗留，材质 1Cr18Ni9Ti，使用时间较长，焊肉上有缺陷(受当时焊接技术所限)。

② 因为经常泄漏而多次带压旋紧，该管为 ϕ40/60(mm)，旋紧用力过大，焊口有可能被拉伤。

(2) 经验教训

① 发现泄漏旋紧无效后，不能再盲目旋紧，预紧力要控制，不是越大越好。

② 使用时间较长且历史记载不清的高压管材，一定要经常检查并及时更换。

③ 自紧式结构往往给人们一种“安全感”，其实不然，它同样在高温、高压下工作，出问题的几率同其他管材一样。

33. 将碳钢翅片焊接在 1Cr18Ni9Ti 钢管上产生微裂纹

石油三厂加氢车间的加热炉过去都是管式纯对流加热炉，即靠循环烟机强制循环和靠在炉管外表面上焊接翅片增加换热面积，来提高换热效率。1974 年 12 月，加氢车间为加氢二套新建一台 280 万大卡/时加热炉，需要在 ϕ150 和 ϕ70 的钢管外部焊上若干翅片(即 δ= 6mm 的碳钢板)。因为天气渐冷，在室外作业低于 5℃不宜施焊。为了考检利弊，决定进行些试验：即在 5℃左右的温度条件下，在白钢管上焊翅片，然后再把翅片打掉，打磨光，用酸煮并检验。检验中意外发现在母材的热影响区处有很多微裂纹。为了验证是不是受现场温度的影响，又在室内(20℃左右)进行同样试验，结果酸煮后仍有很多微裂纹，不禁使人感到惊讶。

(1) 原因分析

将碳钢翅片与 1Cr18Ni9Ti 钢母管焊在一起，因为没有强度要求，只要连接紧密即可(这样对传热有利)，因此一般用碳钢焊条即可。这次试验时既用碳钢焊条，也用过 1Cr18Ni9Ti 焊条，但都有微裂纹产生。分析认为，主要是异种钢焊在一起特别是含 Cr 钢，熔解区边沿肯定是两种材质过渡区，即不是 1Cr18Ni9Ti，也不是碳钢，是含 Cr、Ni、Ti 的低合金钢。焊接又是小“铸造”，其机械性能比锻钢要差，其强度高、塑性低，加上焊接的残余应力对母材的过渡区产生很大的拉应力，经酸煮后即可出现微裂纹(不经酸煮则不出现微裂纹)。

（2）经验教训

① 异种钢焊接，有强度和密封性要求时，焊条及焊接条件一定要符合要求，一般焊条要选用高于或同于高材质的，有时还需要预热加温，焊后需要热处理等。环境条件要符合要求。

② 焊接之后和处理之后需要进行无损探伤检验，证明其合格。

③ 尽量避免异种钢焊接。在这一点上宁可“浪费”一点，也要保证安全。因为在石油三厂加氢车间，因异种钢焊接而引起事故的教训是不少的。

34. 低压法兰焊接后脆裂

1977 年 10 月，加氢车间减压系统改造，在低于法兰（带颈）与管的焊接中发现多处裂纹，而且很脆，受冲击力，即在焊道处断裂，并为脆性断口。

（1）原因分析

经检测，这批法兰含碳 0.49%，为高碳钢，含高碳大于 0.30%之后可焊性很差，不采取特殊措施，施焊后即产生裂纹、断裂。

（2）经验教训

① 一般用于制造法兰的钢材，均用普通碳钢，只要强度足够即可。碳含量也应当在 0.20%左右，但不做特殊要求。但用于加氢的钢材，即使用在低压部位，也应当用号钢，既对强度有要求，对含碳量也有要求，一般含碳在 0.20%左右，即 20 号钢为好。

② 对加氢来说，低压非临氢部位也要严格要求。要像管高压部位一样管好低压部位，材质一定要符合要求，焊接之后要进行无损检查。

③ 加氢配件的制造，要跟踪检查，从材质到各项物理性能，从设计到制造工艺，都要严格按规定进行，并要符合质量标准要求，有合格证。即使这样，使用前还要进行复查，以保证不出差错，保证使用安全。

35. 换热器管束与管板焊道裂纹

1977 年 10 月 15 日，加氢三套检修。在第三换热器管束试压时发现管束靠管板箱处有多处漏点，但反复检查也找不到漏点的位置。于是便对管板箱上的焊道（高压加氢换热器的管束与管板箱连接方法为焊接）进行着色探伤检查，还没找到漏点。人们开始怀疑在管板箱内的管子是否有裂纹。经检查，有很多根管子在管头处出现裂纹。

（1）原因分析

较薄壁的管子（壁厚 2～3mm）与较厚的管板箱（厚 200～340mm）焊在一起，较大的焊接应力将较薄壁的管子拉裂。

（2）经验教训

① 高压换热器管束的管板箱是比较厚的，一般在 200mm 左右，而管子虽然也是较厚壁管，但与箱板比，还是较薄的。一薄一厚，两者焊在一起很有讲究。如果将管头与管箱熔为一体，并且焊接深度较浅，不产生较大的焊接应力，管子不会裂开。如果把管头探出（见图 5-2-4），只把管壁与管箱焊在一起，焊接深度又较深，较大的焊接应力就很容易将管子拉裂。因此，高压管束在制造过程中，一是管头必须与管箱板一平，使管头与管板箱完全熔为一体；二是焊肉不要太深，尽可能减少焊接压力。

② 已经使用过的旧管束，如果有问题需要焊接，首先要用火焊将表面的油污烤干净，并把金属烤热，将渗进的 H_2 赶出来，否则施焊时容易产生气泡，影响焊接质量。

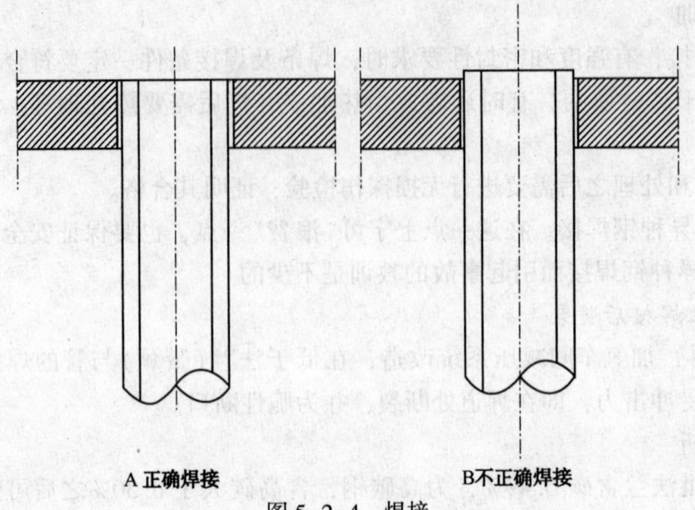

图 5-2-4　焊接

36. 循环氢压缩机入口管线破裂爆炸

1975 年 9 月 24 日 2：50 分，加氢一套 200HP(2 号)循环氢压缩机入口管 $\phi60/90$ 弯管外部裂开漏气(如图 5-2-5 所示)，在整个压缩机厂房(60m×15m×5m)内发生爆炸，厂房及其上部操作室被炸毁，西侧的配电室被冲击波冲倒，总面积 $2190m^2$，当场死亡 8 人，伤 10 人，其中重伤 4 人，直接损失 140 多万元。

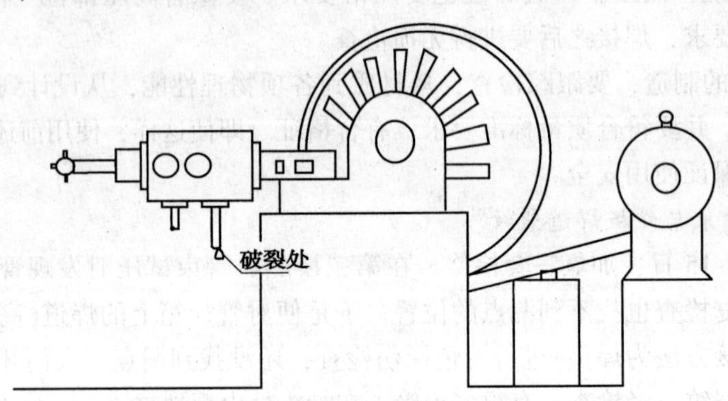

图 5-2-5　200HP(2 号)循环氢压缩机示意图

(1) 事故经过

加氢车间一年一度的装置大检修于 1975 年 9 月 20 日结束，加氢一套于 21 日 0 时开始升压、升温，对催化剂(3722 和 3713 催化剂)进行硫化[石油三厂对催化剂的硫化方式是用低 N 灯油馏分携带 1%~2%(体)的二硫化碳对催化剂进行硫化，终止温度 390℃，H_2S 控制在 1.0%±0.2%(体积分数)]，当硫化已经结束，准备切换原料油(大庆 340~550℃馏分)时，循环氢压缩机操作员发现 200HP(2 号)循环氢压缩机(往复式)前围带(密封)处漏气，减压岗位怀疑压缩机带油，副班长立即赶到现场，组织操作员准备换车，班长也随即赶到现场，他发现漏气严重后立即回到楼上(操作室)，准备采取紧急措施(放空降压)停工，还未来得及动作时，即发生了爆炸。

(2) 原因分析

经现场检查发现，2 号循环压缩机入口管靠地面的弯管外侧(见图 5-2-6)，有一个

285mm×90mm 的缺口(掉下的部分也找到)。18MPa 压力的氢气(纯度 90%以上，加氢一套整个系统可存氢气 8000m³)骤然冲出来，很快在压缩机房内达到爆炸极限，高压氢气激烈地冲击着地面，产生静电或火花，引起氢气爆炸并着火。在同一操作室和压缩机室的加氢二套、三套也受到了殃及。

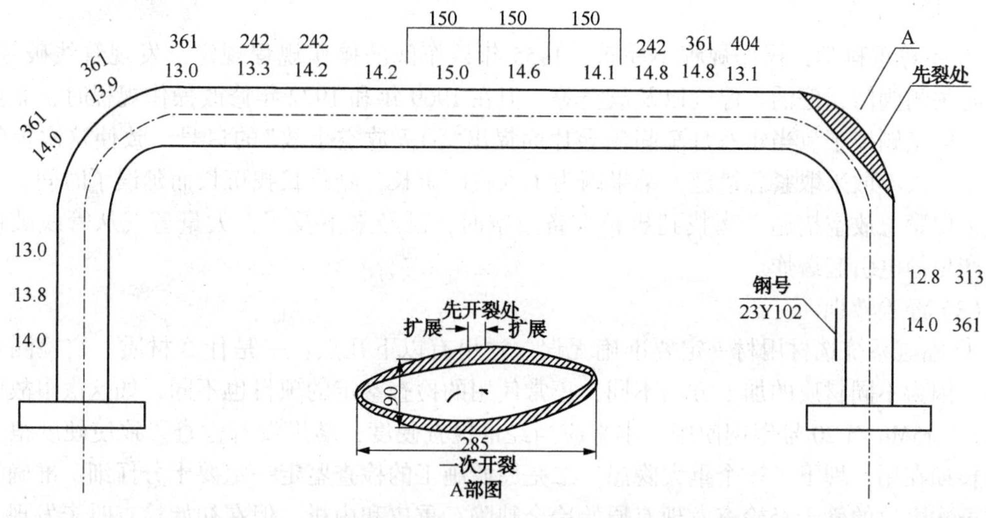

图 5-2-6 入口管线裂口及硬度、厚度图

事故后对破裂的管线进行了详细的解剖和分析。该管系 1959 年加氢一套改造时由沈安五处施工(当时沈阳安装五处称为 506 工地)，管子是从德国进口的。从加氢车间的工艺管道卡片和管子的钢字(23Y102，Y 代表碳钢)看，是碳钢管，并一直按碳钢(20 号)管理。事后经检测(光谱分析)该管材质为 Cr5Mo 钢，不是 20 号碳钢。按三厂管道规程规定，20 号钢的日常管理，主要是无损探伤和测厚，防止因腐蚀而减薄。从记录上看，除原始施工外，1963 年 9 月、1964 年 8 月、1969 年 9 月均进行过超声波探伤并无缺陷。1964 年 8 月、1964 年 12 月、1969 年 9 月、1974 年 8 月，均做过测厚，厚度在 13.0~13.6mm 之间(原始厚度 15mm 热煨弯后可能有适当减薄)，符合要求。而对 Cr5Mo 钢除了上述检测外，还必须检查硬度，但由于按 20 号钢管理，从未检测过硬度。事故后测得其布氏硬度(HB)很高，弯管处都在 360 以上，最高达 404(见图 5-2-6)。从金相分析看，弯管处为针状马氏体，从环形试验显微镜观察看既有冶金缺陷，即重皮和内析，并伴有硫化物和晶间腐蚀。由此可以断定，管线在施工时热煨弯后没有进行调质处理，消除应力，降低硬度。因此，结论是母材有原始缺陷，热加工后未经热处理，又在较高 H_2S 气氛下(正在硫化中)工作，这是造成弯管破裂的内在原因。由于施工当时检测手段比较落后(据老同志回忆，当时用火花法鉴定材质，也有用滴定法鉴定的)并且一批管材只抽检 5%，如发现有问题再抽检 10%，误将 Cr5Mo 钢当作 20#钢使用和管理，这是间接原因。

① 管理漏洞。这根破裂管的材质为 Cr5Mo 合金钢，但 17 年来，设备档案卡片中一直错误的记录为碳钢管，并按此管理，只测厚度，不测硬度。测厚工作又不认真，1964 年测量三个点，1969 年测两个点，1974 年就只测一个点，而且测量的数据前后有矛盾，也不分析研究。同时在制作这个弯管时，煨弯后没有进行热处理，因而内应力没有消除。事故后，对

该管材质检测，弯部硬度达404HB，这样大的弯管硬度，又经多年氢腐蚀，使先天的重皮这个薄弱环节在高压冲击下发生破裂。

② 检修漏项。2号循环氢压缩机入口管线已经使用了17年，腐蚀严重，应该更换，但没有列入检修计划，结果在检修后开工第三天，这根没有被更换的管线突然破裂，酿成爆炸事故。

③ 不尊重科学，操作规程不完善。1955年该车间的操作规程规定，发现管线破裂时，应及时关闭阀门，停油、停气以及放空等。但在1969年和1972年修改操作规程时，竟把这一正确规定删掉了。当年八月车间领导片面提出"消灭放空事故"的口号。致使这次氢气泄漏时，工人不敢采取紧急措施，结果因为工人找副班长，副班长找班长而延误了时间，没有及时采取紧急放空措施。当找到班长准备放空时，已经来不及了，大量氢气从管线破口喷出，产生静电引起爆炸。

(3) 经验教训

① 临氢系统选材用材一定要准确无误。这里有以下几点：一是什么材质一定检测判断准确。因为不同材质的加工方法不同，正常使用的检查鉴定的项目也不同，如这次事故中因为误把Cr5Mo当20号碳钢使用，本来应当经常检查硬度，结果没有检查。致使硬度很大的材料长期在用，埋下了一个重大隐患。二是原始施工的检查鉴定一定要十分仔细、准确。如发生这次事故的管子经检查发现有原始冶金缺陷；重皮和内析，但在初始检查时未发现，也是一个隐患。因为误把Cr5Mo当20号碳钢使用，因此，热煨弯后未进行热处理，致使管材弯部应力没有消除，而且弯部硬度很高。三是催化剂硫化过程循环氢中硫化氢含量高，是最危险的时期。据文献介绍，H_2S-H_2脆是临氢状态下发生裂纹和破裂的主要原因之一。而在用管子中还存在原始缺陷，这就为H_2S-H_2脆裂提供了条件。

② 对加氢系统来说，不管用什么材质，所有检查项目都应当定期、不定期地进行全面检查，仅按材质进行检查是不够的。这次发生事故的管线如果进行了硬度检查，可能会发现其硬度增高而被更换或设法消除其高硬度。结果因为未检查硬度而未发现其存在的问题。

③ 判断一定要准确，处理一定要果断。据在场同志回忆，当时发现2#循环氢压缩机前围带(密封)漏气，认为是压缩机带油造成的，正组织人员在减压系统查找原因，并准备换车。实际不是前围带漏，也不是带油，而是管子裂缝漏气，没有判断准确，直至完全断裂，酿成大祸。

④ 该弯管长期在潮湿环境下工作(该循压机比较落后，因为前围带有时发热，需要经常用"凉水浇头")，因而有较明显的表面腐蚀。此管还有部分埋在地下，也有表面腐蚀。因此埋地或长期在潮湿条件下工作的管线一定要注意经常检查。最好不要埋地和在潮湿条件下工作，水泥对钢材腐蚀比较严重。

⑤ 临氢材料的使用应当有个寿命标准。过去石油三厂曾经对使用100000h的Cr5Mo、20号和1Cr18Ni9Ti管材进行过全面评价，结论是未发生变化，可以继续使用。但毕竟不能无限期使用，那么究竟使用多长时间为好，既安全又不浪费，需要有一个科学的根据。

⑥ 石油三厂加氢车间的许多设备是日伪时期留下来的，操作室在循环氢压缩机场房上边，循环氢压缩机场房在地下室，整体为混凝土结构等，都是不合理的。场房设计一定要严格按防爆卸爆要求设计。

37. 止逆阀失灵高温倒流造成破裂着火

1984年10月4日8：37分，石油三厂400kt/a加氢裂化装置，经过一个多月试生产，全场大检修后再开工切换送氢气管线时，新氢加热炉(辐射式炉)东路管道止逆阀阀体破裂着火，造成装置停产。

(1) 事故经过

400kt/a 加氢裂化装置于 1984 年 8 月 18 日试车投产成功，9 月初全厂停气大检修。9 月 29 日开工，10 月 3 日达到 60%负荷。10 月 4 日 8：30 分，制氢车间要求将送氢气的 1 号管换到 2 号管。经岗位间联系好后，加氢车间先将本区内 2 号管上的阀门打开，然后制氢车间将本区内 2 号管总阀打开，随后将 1 号管总阀关闭。而加氢车间此时未将本区的 1 号管线阀门关闭，6~7min 后，即 8：37 分，东路止逆阀处连续发生两声爆炸，随后起火。操作人员当即采取紧急措施放空。经过 30min 将火扑灭。现场照明和仪表热电偶导线等部分被烧坏，未造成大的损失。

(2) 原因分析

发生事故当时有两声响声，经分析认为，第一声是止逆阀阀体破裂声，声脆而小。第二声是热氢气爆炸燃烧声，声大而闷。

止逆阀阀体碎成八块，现场找到残片五块。从断口表面看，阀体 14mm 厚处属于剪切断口，阀体 34mm 厚处属撕裂断口(见图 5-2-7)。从止逆阀紧固螺栓看，已变成灯笼型(见图 5-2-8)，为止逆阀破裂时冲击所致。由此可见，止逆阀破裂是受均匀力破坏的。均匀力破坏有两种可能，一是阀体内发生爆炸(即化学爆炸)；二是阀体受高温后，其内压力和温差应力的合力超过了阀体材质的屈服极限后造成阀体破裂。再进一步分析认为，没有发生化学爆炸的条件。当时新氢管线虽然正在切换，即使该管线没有彻底置换干净，假定有一些残存空气(含氧)。经查有关资料，空气中含 22%~25%的氢气时最易发生爆炸，但引燃温度高达 510℃，而当时炉出口温度为 387℃。最后经综合分析确认，止逆阀爆炸原因是由于高温流体倒流，使阀体超温破裂的。从操作记录看，新氢流量计在换管时突然回零又到最大并反复 4 次，说明新氢管线内压力瞬间低于系统压力。这种止逆阀(CH73H320 型)为沈阳高中压阀门厂定型产品，为圆盘式阀芯结构，垂直升降，有可能被卡住而失灵(加氢车间原来多用这种结构的止逆阀，因为发现其经常内漏，后来本厂自己重新设计为双球型止逆阀，解决了内漏问题，这次发生爆炸的止逆阀是外购的(这种类型的止逆阀三厂早已不用了)。高温倒流后，可使阀体瞬间达到了系统温度(380℃左右)。经分析，阀体含碳 0. 32%，即阀体材质是 35 号碳钢，金相为铁素体(略有魏氏体组织)，硬度为 156HB，材质和金相组织正常。35 号钢在 280℃时，其屈服极限为 3600kg/mm^2，经计算已完全承受不了在 380℃下的 20MPa 压力。

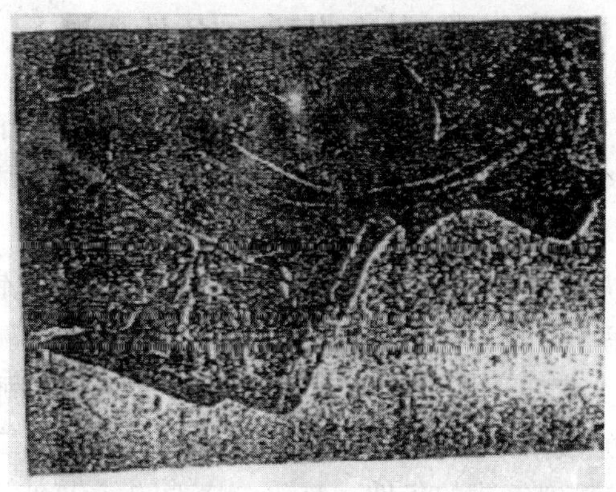

图 5-2-7　阀体过载断口形貌

图 5-2-8　止逆阀紧固螺栓变形状态

(3) 经验教训

① 止逆阀结构不尽合理，圆盘式阀芯容易被卡住，且密封面大，容易被铁锈或其他机械杂质垫住，造成内漏。在高低温衔接处，使用35号碳钢也不合适。事故后对止逆阀进行了改造，更换为本厂自己设计的双球形止逆阀，阀体和阀芯改为不锈钢，阀体并适当加厚。

② 换管操作必须平稳，应先将两条管线同时使用，阀门慢慢开启，待压力平衡后，再停掉另一根管线，不要造成管线的瞬间压力降低。同时换管前一定要把管线置换好，不留任何死角。

③ 加强岗位间的联系，协同动作。

四、爆炸着火

38. 卸催化剂时油气爆炸着火伤人

1969年6月19日14：30，加氢三套半反，在卸催化剂(3581纯 WS_2)时，发现从反应器里往外淌油，此时，高压室底部已充满大量的粗汽油和油气。氧化的催化剂(火星)油气接触，发生油气爆炸着火事故，将下边接油气的工人烧伤，经抢救无效死亡一人，重伤2人，轻伤8人。

(1) 事故经过

加氢三套按正常检修停气后，反应器床层温度降至100℃以下，置换合格，开始检修。该反应器容积为2.5m^3，流体流向为上进上出，催化剂装在由花板组成的反应器芯子上。卸催化剂时，只要把反应器下盖上的盲板打开，催化剂即可从下部漏出。当天卸催化剂时，两名老工人将反应器下盖上的盲板卸开后，不见催化剂漏出，经验判断认为催化剂结焦了。于是便找一根细铁管，从下部往里捅，在桶的同时发现不仅有少量催化剂漏出，还有轻质油流出。两人把情况报告工段长之后，并按段长要求，找桶接油。同时继续用铁管捅，以便催化剂尽快放出来。与此同时，在反应器上部工人正指挥吊车(为加氢装置专门设置的)吊反应器芯子，以便催化剂床层松动。随着反应器芯子的吊起，反应器下部高压室内发生爆炸，同时起火。正在反应器下部作业的两名工人身上同时着火(因为工作服被溅上了油)，一人从高压室下部(距地面3m)自己跑到地面上，被赶来营救的人扑灭了衣服上的火，并送往医院，因烧伤过重而死亡；另一人从5号高压室跑到4号高压室，并在地上自己扑灭了身上的火，受了重伤，在高压室工作的其他人员因为爆燃瞬间高温烧伤了所有露在外面的皮肤而受轻伤。火很快被扑灭(火势并不大)。

(2) 原因分析

这次爆燃着火，燃烧物是轻质油及其油气，火源是氧化自燃了催化剂。

① 高压油泵出口阀门未关严，往其他正常生产装置送的轻质油串漏到此套反应器内，而往该套装置送油阀后的放空阀又未打开(石油三厂有数套加氢装置，一台高压油泵可同时给几套送油)。

② 硫化态的催化剂遇空气后迅速氧化，很快可把催化剂自身烧红，以3581(纯硫化钨)催化剂为最严重。本来反应器打开上盖，又卸开下部的盲板，已有空气流动，为催化剂氧化创造了条件。一般情况下，因为无可燃物，很快把催化剂放出来，并同时加干冰(固体 CO_2)保护，至多有部分催化剂氧化冒烟，不会酿成事故。但这次一是有轻质油串入，二是反应器检修操作失误，使空气大量吸入，形成了强烈氧化的条件，氧化灼烧着的催化剂引爆了油气，引燃了轻质油。

(3) 经验教训

① 检修装置一定要切断一切油源、气源，使装置处于静止、隔离状态。

② 易氧化催化剂装卸时，一定要设法保护(常用干冰或N_2保护，但要防止人员窒息)，不使其氧化。

③ 一台设备一般不要两处同时进行检修，非同时检修不可时，一定要有可靠的安全措施，切不可各干各的。

④ 在检修过程中，凡是发现有异常情况(如有油、有气、氧化等)，一定要暂停检修，分析判断清楚异常情况的原因，并采取得力的措施后方可再干。

⑤ 在危险场合作业，一定要限制作业人数，与检修无关，或无关紧要的检修工作，既要限制人数，又要限制时间，以免造成无谓严重的群伤。

⑥ 检修着装很重要。这次死亡和重伤的人中，两人均穿连衣裤工作服，内有化纤，紧急时又脱不掉，因而使伤亡加重。

39. 动火无人看管引起了下水明沟着火

1974 年 3 月 15 日 9：20，加氢车间为了新建加热炉，在高压室东部的半地下室外(-3m)下水明沟上部用火焊枪切割旧管线，因看火人离开现场，引燃了下水沟里的污油。救火时又措施不当，把火赶进了高压室和循环氢压缩机室，并引燃了压缩机出口阀的填料箱，加氢一、二、三套装置被迫停产。

(1) 事故经过

加氢车间为了组建新加氢二套装置，拟将在高压室东侧的二台解放初建的小加热炉[5. 85GJ/h(1. 40Gkcal/h)]和[0. 836GJ/h(0. 20×Gkcal/h)各一台]拆除，建一台 280×10^4 kcal/h 新加热炉。3 月 15 日采取一些安全措施(断开动火管线，检查下水沟里的残油，盖上石棉布等)，派了看火人之后，开始动火切割废旧管线。不久因铁水和火花落到了污水沟的盖板上，引燃了盖板和地面上的残油。当时火势很小，作业人没有在意，看火人又脱离了岗位。当找来泡沫灭火器灭火时，火势渐大。报警、消防车到场后火势更大，两台消防车参加灭火，结果把火顺下水沟赶到 2 号、3 号高压室，并赶到了循环氢压缩机室(几个地方下水沟相连，门相通)，75HP(1 号)循环氢压缩机出口阀填料箱着火。当时，一、二、三套装置正在正常生产，大火烧到了加氢装置界区内，危险极大。一、二、三套被迫紧急停新氢、停油，放空降压。到 10：30 大火被全部扑灭。

(2) 原因分析

① 该污水沟与加氢装置同时建成，已使用多年(从 1938 年开始使用)，油污、油泥比较多。20 世纪 60 年代之前石油三厂加氢装置一直加工粗汽油、粗柴油，污水沟里渗含的油较多又都是轻质油。动火处恰在全车间污水集合处，又四周密闭，容易使油气集聚，极易着火。

② 动火焊切割管线，烧红的铁块、铁水落在油污上，引燃了油污、油泥及残存的油和油气。

③ 起火后，没有引起重视，初期扑救不及时，使火势扩大，消防车扑救时又不得法，使火场扩大，一直烧到高压室(反应区)和循环氢压缩机场房。

(3) 经验教训

① 在有污油、油泥和油气聚集地区动火，一定要采取切实可靠的安全措施；把污油清理干净，把油气驱散，盖好地沟盖板，铺好石棉布或用黄泥封死。

② 看火人绝对不能脱离现场，手边要有足够得力的消防灭火器材和灭火蒸汽。

③ 火焊切割下来的铁水和管头、火星最好用铁器接一下，不要直接落地，尤其不要直接落在油泥上和油气中。

④ 与生产装置和危险区相连接的下水沟和通道要隔断。

⑤ 火种和初期火灾一定要及时扑灭，不可疏忽大意。火灾的扑救要有可靠的作战方案，一定要控制住火势，使其不再蔓延、扩大。

40. 用错垫圈尺寸使法兰泄露着火

1977 年 8 月 5 日，加氢二套（装 3652 催化剂）经过改造后（又增加一台 ϕ1000mm/1270mm×10500mm 反应器），在开工硫化刚结束时，发现第二换热器反应生成物出口法兰泄漏，很快漏大并着火，紧急放空降压，并组织人进行旋紧。经旋紧发现每个螺栓都能紧一扣多。旋紧后又升压开工，发现此处还漏。遂决定停汽彻底检查。

（1）原因分析

拆开检查后发现，是密封垫圈用错了，本来管线为 ϕ70mm/102mm，密封垫圈却用 ϕ60mm/94mm 的。因为密封垫圈尺寸小了，密封线卡在管子的内沿上，起不到密封作用。而且越紧，越卡在管口上，造成泄漏，高温流体漏出遇空气后着火。

（2）经验教训

① 高压密封垫圈一定不要用错，材质不能错，尺寸也不能错。一般来说，高压透镜垫圈与管子是同规格、同材质的，因为其密封原理是靠接触线密封，因此小了和大了都不行。

② 一般情况下，用法兰连接靠透镜垫圈密封式结构，一旦发生泄漏，都不是螺栓预紧力不够，多是其他原因，如法兰脱扣（法兰与管子为丝扣连接的），管头未露出来（缩在法兰内）、、垫圈用错（材质和尺寸）等。因此不能轻易旋紧了之，应当拆开彻底检查，把原因找准，把隐患消除掉。

③ 在高温区发现有泄漏处就要果断处理。以防着火或爆炸。如遇有毒气体存在（如正硫化时，H_2S 浓度有时高达 1.2%以上），要迅速处理，而且人要撤离现场，以防中毒。

41. 超温造成法兰脱扣管线破裂着火

1978 年 6 月 30 日 6:54，加氢三套因为反应超温（由三反串到四反），致使四反出口管线法兰脱扣，管线断裂发生一场大火，部分管线和仪表补偿导线被烧毁。

（1）事故经过

6 : 30 岗位发现循环氢压缩机“倒气”，因压缩机送气量减少，致使三反温度开始上升，岗位人员随即开启两个冷氢，但是温度仍很快串入四反。6:37 紧急切换循压机，开大四反冷氢，温度仍然急升，6:54 紧急泄压（放空），同时四反出口管线变红，法兰脱扣，管线断裂，高温油气漏出着火。

（2）原因分析

① 循环氢压缩机“倒气”。循环氢总量减少是因为在循环氢压缩机出入口气门处垫有两块和一块小铁块所致。该套装置当时又正在用 3731 催化剂（β-分子筛）生产润滑油，反应温度很活，循环氢量减少后，反应热带不出来，床层温度很快升高，尤其反应后部。

② 正当反应温度升高时，又切换循环氢压缩机，从流量记录上看，有二台压缩机同时送气现象，短时的高流速又很快把升高的温度吹向四反。

③ 发现温度急升后，处理不果断，延误了时间，造成四反出口管线被烧红，不锈钢法兰丝扣脱落，巨大的压力将管线折断。

④ 断裂的管线（ϕ74mm/96mm）和法兰都是 1Cr18Ni9Ti 材质的，管线与法兰用管丝扣连

接，螺纹很小，白钢膨胀系数又大，遇高温后，先造成法兰脱扣，另一端被压力拉断。

⑤ 火还未被扑灭，即向系统内送氮气，又将系统内油气吹出，使火势加大，持续时间加长。

(3) 经验教训

① 用加氢法生产润滑油，主要机理是使直链烷断裂或异构化后再加氢，因为反应比较集中，耗氢量比较高，放热量也比较大。一般操作的现象是，未达到反应温度时，温度升的很"软"，一旦达到反应条件，温度"急升"，好像有个反应温度"等当点"。因此，搞这种加氢工艺一定要熟练的掌握其特征。

② 当反应温度超出正常温度范围之后，尽量不改变或少改变操作条件，如切换原料油泵、切换循环氢压缩机等，因为改变条件往往会带来相反的后果。

③ 石油三厂老加氢装置的高压管线和法兰均用管螺纹连接(11 牙/in)，因为丝扣很细，加工精度又不够高，因此使用一段时间以后有时出现法兰松动现象，尤其是高温区，特别要注意的是不要用白钢法兰，因为白钢膨胀系数大，容易脱扣，不是材质越高越好。

④ 采取措施要果断。紧急泄压(放空)是加氢装置的主要安全措施，一旦发生异常，该启动紧急泄压(放空)措施一定要果断及时启动，切不可犹豫贻慢，贻误战机。

⑤ 系统有泄漏或着火时，压力降低以后不要急于引 N_2，过早引 N_2会将系统内的残存油气吹出，反而使事故扩大。

42. 开工 N_2置换后又动火残存油气喷出着火伤人

1979 年 8 月 28 日 9：20，加氢一套按开工要求已 N_2置换合格，此时，按检修计划欲更换的加热炉出口弯头(方铁式 ϕ109)到货，工段决定趁装置还未开工决定更换。工段长带领几个人用火焊先切割完水平法兰八个螺栓后，又切割垂直法兰五个螺栓后，当吊车轻微活动一下，主管内残存的灯油汽化喷出，遇焊枪明火着火，烧伤在场工作的四人：其中一人(系安全带)身上着火后解下安全带从 15m 高的加热炉顶部从立梯下到地面，严重烧伤而死；另两人(一人系安全带，一人为火焊工)在炉顶倒下自身灭火，被烧成重伤(60%~62%)；另一人面部轻伤。

(1) 事故经过

8 月 27 日下午，加氢一套检修结束后，即按操作规程规定开始 N_2置换，准备开气生产。当时加氢二套先于一套进行 N_2置换，并从加氢二套送 N_2置换全厂瓦斯系统。一、二套 N_2压力平衡后，二套置换合格，一套又继续置换两小时。后因一套第二换热器上盖泄漏较大而停止置换，但已置换合格(O_2<1.0%，N_2：99.4%)。8 月 28 日 9：20 分，原检修计划决定更换的加热炉出口弯头到货，工段决定利用装置已置换合格又未开工之机，将此项检修计划完成，随后工段长又组织 3 人，由自己带队前往更换，未找安全员批准动火，火焊工即开始切割螺栓。为了防止沉重的高压弯头从高空中堕落下来，在还剩 3 个螺栓时(二对法兰共 16 套螺栓)，吊车略微将弯头抬起。此时火焊枪未熄灭，只见白色气雾从法兰缝隙中喷出，并随即发生爆燃、起火，将在场工作的四人全部烧伤。

(2) 原因分析

① 这次爆燃及着火的可燃物是装置停工时用于冲洗催化剂和系统内蜡油 的低氮油(石油三厂灯用油馏分)。事故后从加热炉出口立管内收集到残存油 54.5 公升，分析结果为初馏点 184℃，88%点 350℃。

② 石油三厂老套加氢装置的反应器、换热器和加热炉均为立式结构，换热器壳程又为下进上出。因此低温侧(壳体底部)经常有用于冲洗系统的残存轻油，这部分油很难置换干净，在流速较低时(N_2置换时系统内流速很低)，又容易存留在其他 U 型管和低凹处。加热炉炉管及出口管即为 U 型管。

③ 用火焊切割螺栓，烤热了管线，使管内残存的轻油汽化，火焊枪又为爆燃提供了明火。

(3) 经验教训

① 装置停气检修时，一定要多循环一些时间，以便把装置置换干净，尤其要把残存油置换干净。

② 立式换热器低温侧的存油一定要放出。加氢装置有这个手段，即靠加氢的压力通过原料油管线上的放空阀排空(在降压前完成)。但有时排放不认真，一发现有气体出来，即认为排放干净了，其实不然。应当反复几次，直到真正排放干净时为止。

③ 即使装置置换合格后，停放时间较长(一般规定，不超过 4h)再动火，一要重新置换，二是必须履行三级动火手续。在易于存油又不容易置换干净的地方(如 U 型管处等)，尤其要当心。

④ 高压螺栓一般不要用火焊切割，因为螺栓很大(M_{30})，切割时很容易将管线和法兰烤热。同时，这样做也造成很大的浪费。

⑤ 在高空作业遇到着火时，一旦有人被烧，应当就地卧倒，滚动灭火，绝对不允许在垂直方向上下走动。

43. 加氢含硫含氨污水罐爆炸

1981 年 4 月 13 日和 1982 年 7 月 9 日，加氢含硫(H_2S)含氨(NH_3)污水罐 3 号和 1 号($100m^3$)，在往碳酸氢铵(NH_4)HCO_3装置送水时发生两次爆炸，两次均将罐顶盖炸飞，分别飞出 60m 和 80m，并着小火，没有人员受伤。

(1) 原因分析

事故后经查(1982 年 7 月 9 日 21：50 那次)，16：00~20：30 罐位由 $31m^3$ 减少到 $17m^3$，此后又开始向该罐内送碳化母液(含 CO_2和 H_2)。此罐为敞口的拱顶罐。在实施这种操作时罐内呼吸进了空气(O_2)。罐内有残油(加氢污水携带的)约 $5m^3$。罐盖和罐壁上均有 FeS，并有燃烧的痕迹。量罐的油标用尼龙绳连接。由此判断，是油气和 H_2的混合气爆炸，空气来自罐的呼吸，火源来自 FeS 的自燃。

(2) 经验教训

① 加氢含硫含氨污水，不仅含硫含氨，而且有油，有气(H_2等)，也是有危险的。因此，一定要把加氢含硫含氨污水管理好，处理好。石油三厂过去采用生产(NH_4)HCO_3方法处理，现在采用单塔汽提办法处理，回收 NH_3，H_2S 制成硫磺。

② 加氢含硫含氨污水接收和储存罐应当用惰性气体保护，或用内浮顶罐，防止与空气直接接触。水应从液下入罐。

③ 污水应彻底除油，不允许把油带入水罐内。可燃气体也不要进入罐内。过去石油三厂生产碳酸氢铵(NH_4)HCO_3时有母液返回，现在改为单塔汽提后回收液氨，没有母液返回了。

④ 消除一切容易产生静电的条件，如尼龙绳等。

五、窒息中毒

44. CO_2窒息险些造成伤亡

1977年11月10日16：15，加氢二套一反在装旧催化剂(3652催化剂)过程中，为了防止催化剂氧化，一边装剂一边放入一些干冰(固体CO_2)。当装至2.8m(至上盖)处塔盘时，因为有一根绳子解不开(加氢一般绑这样的绳扣，是活扣——即不用人即可解开)，在场工作的一名工人认为只有2.8m深，没系安全带就跳了下去，绳子还未解开，只听他喊了两声就坐在催化剂上不动了。上边的人一急也未系安全带就下去救人，还未等把人救上来，自己也觉得呼吸困难。这时第三人头伸到反应器内，用手拉第二个人(此人还站着)，怎么也拉不上来，两人留在反应器内，车间得知后，立即组织人前去营救。这时一名工人头戴防毒面具，身系安全绳，下去很快用绳子绑住其中的一人，大家用力一拉，救人的人和被救的人一起出了反应器，时间是16：30。又一名工人为了抢时间，自己憋了一口气，大家用绳子拉住他，他下去用双手抱住另一个在反应器内的人，一声口令，把另外一个人也救了上来，时间是16：35。大约10min后，几个人呼吸正常，省人事，能说话。晚7：00左右一切恢复正常。

(1) 原因分析

① 装催化剂时，加干冰保护，在反应器内有CO_2放出，空气中氧含量降低，造成CO_2窒息。

② 下反应器应当系安全绳，这是制度规定，不系安全绳违反了安全规定。

(2) 经验教训

① 为防止催化剂氧化，需要在催化剂中加一些干冰或通入N_2。在这种环境中，一般不允许进入作业，非要进入时要带氧气呼吸器，而不是防毒面具(这次下去救人时戴了防毒面具——活性碳，其实并不起作用，只因时间短，人多，而未出现不良后果)。

② 进反应器内作业，首先要做好气体含O_2分析，有毒物时，要先将毒物置换合格。允许进入后，才能进入。进反应器作业的人一定要系好安全带，并有联系手段，如手电、电铃或喊话等，以便知道作业人员在反应器内有无问题。

③ 营救人员也不能马虎大意，也必须带好安全防护用具。抢救别人也要注意保护自己，做到万无一失。

④ 发生窒息的位置在离反应器只有2.8m处的位置上，虽然有CO_2，但还有氧存在。因此为营救提供了时间和条件，否则肯定会造成人身伤亡。

45. 拆反应器内内保温材料时熏人

1977年12月15日，加氢一套一反(ϕ1000mm/1150mm×15000mm)因为壁温超高，决定停下来更换内保温材料。在拆除作业时，当人到反应器中下部时，感到有异味熏人，有头晕恶心现象。先后共有4人出现上述现象。当即停止作业，进行检查。

(1) 原因分析

经厂卫生科现场检查，未查出有毒、有害物质，但作业人确实有感觉，为什么？分析认为，加氢三套当时用3762催化剂进行加氢裂化，其裂解深度较深，生成油较轻。生成气中C_3~C_4较多。从拆除现场看，反应器内保温材料[蛭石混凝土：矾土水泥：陶粒：蛭石=1：1：3.5(体积分数)]因为空隙率较大(有利于保温隔热)，吸油气较多。不破坏砼时，没有什么异味，当破坏砼时，浸透在砼中的油气便释放出来，其中还含有微量H_2S气体。加上正值冬季施工，作业温度较低，不利于砼中油气的尽快扩散。

（2）经验教训

① 反应器内保温砼经过一段时间使用后，其中必有油气浸进，也肯定有少量的硫化氢存在，因此，参加这项作业一定要有防护措施，同时要向反应器内强制通风。

② 对反应器保温材料而言，空隙率较大对保温隔热有利，但容易渗油气。因此，反应器内保温材料的选择要恰到好处；应当做到隔热性能好，又不易渗油，并有一定强度、耐热性能和抗裂性能。

③ 容器内进人作业，必须按规定置换好，并做好有毒有害气体分析和含氧分析。作业人要系好安全带，穿戴好防护用品，并设置联系手段（如安全灯或安全电铃等），一旦有异常发生，有办法让人尽快离开。

④ 熏了人不论轻重，都要认真检查、治疗，不要认为很轻而误事。

46. 反应器内氮气窒息、伤人

1986年9月12日18:00，加氢车间400kt/a加氢装置补修内保温层结束后，进行氮气置换，经过一段时间置换后，操作工与分析工一起到反应器上部去取样，不小心将取样胶管掉到反应器一层分盘上（距反应器上部1.5m深处），操作工不加思索地下去取管，下去即被窒息，在反应器外平台上工作的另外两个人，一人下去救人，也被窒息，另一个在上边（未下去）奋力将两个救出，因为时间较短，没有什么危险。听到有人呼救，一名老工人（班长）先将氮气停掉，并打开通风口，迅速跑到反应器顶部，责任感使他奋不顾身地下到反应器内救人，他从上层查到第二层去找人，还准备往下走时，倒在第二层塔盘上。其他同志迅速赶到，带上氧气呼吸器下去将老工人救出，因时间过长（55min），而窒息死亡。

（1）原因分析

氮气窒息死亡。

（2）经验教训

① 氮气可使人窒息死亡。绝不允许在这样的环境中作业。必须作业时，一定要有可靠的安全保证。

② 发现有人氮气窒息后，不可盲目下去救人，一定要保护好自己，首先应迅速切断氮气源，通入空气。

③ 有人作业的容器，一定要切断与外界的一切联系（包括油、气、氮等），并且要强制通风，或带好防护用具。

六、隔热衬里失效

47. 循环氢纯度下降导致反应器壁温升高

1977年4月7日，因新氢压缩机故障，造成加氢系统循环氢纯度下降，加氢三套由75%下降到60%，系统压降上升0.4MPa，因而导致加氢三套二反上部壁温升高，由150℃很快（一天内）上升到280℃，油量减到二分之一，仍降不下来，减到三分之一，还是继续升到297℃，被迫停工处理。

（1）原因分析

主要原因是由于系统压降增大造成的，压降增大的原因：

一是因为循环氢纯度下降，系统内循环氢相对分子质量增大，因而相对密度增大。据计算压力降与循环氢纯度呈上抛物线关系，即在循环氢纯度较高时，其变化对压降的影响并不敏感，当循环氢纯度迅速降低后(一般低于70%)，因循环氢相对分子质量成几倍上升，因此，对系统压降影响很大。

二是反应器内部有阻力。拆除后发现反应器上部有粉末状物，经分析为硫化铜和焦炭粉，因为石油三厂的氢气用铜氨液洗CO，有时少量的铜氨液随新氢带入反应器后被还原生成CuS粉末并堵在催化剂的空隙间，形成局部的压力降。

(2) 经验教训

① 加氢系统循环氢纯度一定不要太低，一般应控制在80%左右，不是越低越好。即使国外引进的加氢装置使用热壁筒，循环氢纯度降低后，致使循压机出力增大，不仅对压缩机本身不好，而且浪费能源。石油三厂过去用水煤气制氢，氢中含有较多的惰性气(氮气一般在5%左右)，长期循环不排，造成氮气堆积，循环氢浓度可下降到65%左右。用其他氢气，如轻油制氢，因为惰性气体含量很少，即使不排放，靠生成油的溶解气平衡，循环氢纯度仍可保持在80%以上。

② 反应器局部压降增大值得注意。如，因为铁锈沉积，处理含环烷酸铁类原料，处理易缩合原料(如焦柴、催柴等二烯烃含量高)，原料过滤不干净等，都容易在反应器上部形成"结垢"或"硬盖"。处理办法根据不同情况，可装入处理含环烷酸铁的催化剂(如石油三厂生产的3921、3922、3923脱铁催化剂和保护剂)；可设计固体物沉积器(其结构设计的目的是，既能使固体物沉积下来，又可使局部压降不增大)；也可以装些金属含量较高精制性能较好的旧催化剂，使容易缩合生焦的物质迅速加氢饱和。

③ 使用冷壁反应器时，在制作反应器内保温材料时，一定要选准工艺和结构，反应器上部的施工要特别注意，一般选择强度较高，渗透较差的材料为好。防止在使用过程中因热胀冷缩而损坏。

48. 反应器上部结焦造成壁温升高

1977年10月，加氢一套用3652乙催化剂加工焦化柴油，1978年2月21日初发现一反床层单点温度升高，为了消除这一单个高温点，经研究决定用加大循环氢量携带热量的办法处理。于是又加开一台循环氢压缩机，两台同时送气，循环量加大一倍。运转不久，不仅这一高点温度没降下来，反把一反上部壁温升了上去，由正常的100℃左右，很快上升到250℃，最高达到290℃(当时反应器壁温控制指标为<280℃)，为此决定停气处理。

(1) 原因分析

① 一反上部已结焦，并有一层硬盖。经分析，主要是碳，它是焦化柴油中的缩合物形成的。比较硬，透气性很差。

② 反应器上部的分配盘开孔率比较小，只有15%，原因是原设计分配板上的管子为ϕ20/25，实际制作时由于没有ϕ20mm/25mm管子，改用ϕ14mm/22mm管子代替，因而使开孔率由30%一下子降了一半，造成局部阻力增大。

③ 循环气体一下子增加了一倍，使反应器内线速度加大一倍，压降也随之增大(与速度平方成正比)。

(2) 经验教训

① 焦化柴油从其他厂用槽车运到石油三厂，未加任何保护，因此在遇空气(O_2)之后生成许多缩合物，极易生焦。同时，焦化柴油中还夹带着一些悬浮的焦粒，如过滤不严(石油三厂只用一级较小目的过滤网过滤)，也很容易使这些固体物沉积在反应器上部。将催化剂放出过筛后即解决了这一问题。

② 焦化柴油中含有较高的双烯烃，这些烯烃极易反应(缩合或加氢)，因此，反应器上部一般不直接装瓷环或瓷球，应当装一些加氢精制催化剂(如3722)或旧的加氢催化剂，或精制催化剂与瓷球混装，使这些容易反应的烯烃尽快加氢而不缩合。

③ 反应器上部的分配盘开孔率一定要足够大，不要形成局部压力降。分配盘既起分配作用，又可以供固体物沉积，而不使局部压力降增大。因此，分配盘的设计一定要很讲究。

④ 加大循环氢量一定要很慎重，要经过科学计算之后，才能实施。

⑤ 反应器上部壁温升高是由于床层上部结焦后又加大循环氢量使系统压降升高造成的。按上述措施处理后，又对上部内保温材料进行局部处理，并适当提高其强度，再投用之后，反应器壁温即恢复正常。

49. 冷壁反应器内保温材料损坏分析

2000年以前，石油三厂加氢车间所用高压容器除1984年制造一台热壁(试验)筒外，其余全部为冷壁筒。为保证其使用安全，对反应器壁温要加以控制(1963年改为<300℃以前为<370℃)，为此，如何制作并维护使用好冷壁筒的内保温材料，就成了加氢生产及安全的重要课题。

1965年以前，主要用矿渣棉做隔热材料，以$\delta=6$mm厚的1Cr18Ni9Ti衬筒做支撑，这期间加氢在气相条件下进行。此后，特别是加工大庆油以后，加氢反应呈半液相状态，因此对内保温材料要求更高。因为矿渣棉容易渗油而逐渐被隔热混凝土保温材料替代。隔热混凝土以轻质耐火砖砂、硅藻土砖砂、耐火粘土砖沙(以上几种开始时多用)，陶粒、蛭石为骨料，以矾土水泥、火山灰水泥、火山灰水泥为粘合剂(均为快干水泥)，按不同配比制成。用1Cr18Ni9Ti衬筒或龟甲网(因为太麻烦，后来不用)做支撑，混凝土厚度在80mm左右，经烘干后使用。加氢冷壁筒的内保温材料，由于其使用条件的变化，因此经常损坏，不仅使安全生产受到威胁，而且严重影响生产，也造成不少浪费。损坏的原因是多种多样的，但主要原因：一是反应器和保温材料的膨胀系数不同，在使用中隔热材料容易因内衬筒的挤压而出现龟裂，造成高温流体穿透。二是砼结构不够致密，渗油后使传热系数增大。三是反应条件变化，如超温、压力降增大、原料油太轻渗透力强等。

(1) 举例说明

① 1977年11月1日，加氢一套由于制氢车间故障，被迫送水洗氢(主要是CO高达3.0%)，此后不久一反上部壁温升高到259℃。原因是换水洗氢后造成系统温度压力波动所至。

② 1977年12月27日，加氢三套一反壁温升高被迫停气检修。拆除内保温材料发现，上部共4m高的内衬筒平衡孔(保持压力平衡，防止紧急降压时变形)过大，一般为ϕ6~8mm，实际有的达ϕ20mm，在砼表面上可以看到大面积流体短路现象，并且组织疏松，大量渗油，使传热系数增大。

③ 1978年2月21日，为恢复催化剂活性，对加氢一套进行高温氢吹扫，催化剂床层温度达450℃，之后恢复生产时发现一反上部壁温超高，拆反应器发现上部有硬盖，使局部压力降增大，将内壁保温材料损坏。

④ 1978年2月22日，加氢三套二反上部壁温开始上升，2月26日达到288℃，当时正处理硫化油，该油为灯油馏分，很轻，渗透性较强。此后又因为氢气不足，使加氢三套循环氢纯度降低到60%，系统压力降上升，壁温上升到297℃，停工处理。

⑤ 1978年5月7日，加氢二套三反壁温上升，以12℃/h的速度很快上升至290℃。原

因有二：一是切换循环压缩机频繁，9：00、9：30、9：35、10：55、14：20 五个多小时之内切换 5 次，造成很大波动；二是加减油频繁，在 5h 内，空速由 1.2 减到 $0.5h^{-1}$，并且反复2次。

⑥ 1978 年 7 月 2 日，一套一反壁温升高到 269℃，停工发现催化剂粉碎严重，并且有严重结块现象。原因是加氢一套处理过不合格油(较轻的加氢生成油)，全厂停电又超温到 810℃。1980 年 4 月 13 日，二套一反壁温上升到 256℃，放催化剂发现有严重结块。

⑦ 1979 年 5 月 30 日，加氢一套因制氢装置故障氢气供应剧减，使系统压力降到 13.0MPa 左右，此后不久就发现二反下部壁温升高，最高达 275℃。

(2) 经验教训

① 冷壁筒的内保温材料一定要认真选材，认真施工，它对生产和安全至关重要。

② 加氢装置的操作条件一定要注意平稳。温度、压力、压力降、循环氢纯度、机泵切换(平稳程度及次数)、原料油性状、催化剂强度等都要做到心中有数。

③ 为了全面掌握冷壁筒的使用温度变化，可在容器外壁涂上示温涂料(变色漆)。如果可能，最好选用热壁筒(但热壁筒的管理更严格)。

七、腐蚀结晶

50. 加工含氯油造成白钢管件穿孔

1967 年 1 月 22 日，加氢三套第一换热器管束穿孔泄漏。1 月 26 日，加氢三套第一换热器反应生成物出口在直角弯头处穿孔外漏。同日，还是加氢三套第一换热器在管板处多处泄漏，被迫停用。

(1) 原因分析

加氢三套在不到一周的时间内，接连三次发生第一换热器反应生成物侧腐蚀穿孔泄漏，引起了车间和厂里的高度重视。经查，当时加工的原料油中含 Cl^-(含量数据未记录下来)。Cl^-在氢气氛下产生 HCl，其对白钢的腐蚀在水蒸汽(加氢系统含水在 200μg/g 左右)气氛和较低温度下是非常严重的。因此腐蚀穿孔均发生在第一换热器反应生成物的较低温度侧。换热器管板是用棒料锻后组焊的，焊肉因为组织粗糙更易被 HCl 腐蚀。

(2) 经验教训

① Cl 对不锈钢的腐蚀较为严重，石油三厂过去使用的从日本进口 1Cr18Ni9Ti 钢管中，有几批到厂后发现光光的管子外表有许多小坑，有的深达 10mm。经检查是管子从日本到中国的船运时被溅上了海水(含 Cl)腐蚀造成的。因此，处理含 Cl 的原料时一定要先设法将 Cl 除掉。

② 焊肉和影响区腐蚀更重。

③ 发现泄漏要及时，果断处理，防止酿成更大事故。

51. 喷淋式水冷却器 1Cr18Ni9Ti 管焊口裂纹

1970 年 6 月 17 日，加氢三套喷淋式冷却器入口处 1Cr18Ni9Ti 管焊道发现三处裂纹，并向外喷溅，当即决定紧急停工检查处理。

(1) 原因分析

该冷却器为用 φ50mm/70mm 高压管制造的，管内走反应生成物和剩余氢气，入口温度为 200℃左右，出口温度<40℃。管外用石油三厂的工业循环水直接喷淋冷却．已漏的管子拆除后用火焊加热，发现在焊肉上有明显裂纹，经酸煮后发现，不仅在焊肉上，而且在热影

响区均有明显的裂纹．对石油三厂工业循环水进行分析发现含 Cl^- 为 1.16μg/g，因此产生裂纹的原因是 Cl 离子应力腐蚀。即 1Cr18Ni9Ti 中的 Ni 与 Cl^- 作用极易产生裂纹，焊肉和热影响区处又有焊接应力存在，更增加了腐蚀的速度。这些结论是沈阳金属研究所专家确认的。

（2）经验教训

① 使用 1Cr18Ni9Ti 材质，绝对不允许有 Cl^- 存在。系统内不允许，环境中与其接触的物料也不允许。

② 使用 1Cr18Ni9Ti 材质，不仅要注意温度范围，还要注意其接触的介质性质。

③ 一般 1Cr18Ni9Ti 材质焊接后，不需要经热处理消除应力，但其应力是存在的，在特定条件下，也会发生问题。

④ 加氢系统所接触的介质包括 H_2、原料油、软化水，工业循环水等，要注意检测有无 Cl 离子存在，如发现有 Cl^-，一定要设法尽快根除。

52. 冷却器 $(NH_4)HCO_3$ 结晶堵塞

1973 年 11 月 17 日和 12 月 17 日，加氢一套（当时作为加氢法生产润滑油的第一段加氢处理——有少量裂化）气相油（流程中热高分的气相部分）先后 4 次压力降上升（由 2.2MPa 上升到 3.7MPa），无法维持正常生产。

（1）原因分析

石油三厂为了实现用加氢法生产润滑油的目的，自己开发了一套技术，从 1973 年开始在加氢装置上工业放大。加氢一套做为第一段，用 3722（或 3705）催化剂对原料油进行加氢处理。一段加氢处理主要目的是精制，基本不改变原料油的凝固点，而原料油的凝固点比较高（一般在+50℃左右），因此如不在工艺流程上采取相应的措施，一方面油氢不好分离（温度高于含蜡油的凝固点，循环压缩机入口温度就太高了）；另一方面注水洗 NH_3 也因为油的乳化而无法进行。为此，石油三厂加氢装置特别设计了热高分流程，即在两个换热器之间增加一个热高压分离器，通过高压闪蒸，使轻馏分和氢气走原流程，重馏分（主要是含蜡精制油）再经换热、冷却后直接减压经中压分离出装置。由于一段加氢处理裂化较浅（一般只有 5%～15%），因此，气相油较少，同时温度较低（有时低于 100℃），在这样的温度下，有 $(NH_4)HCO_3$ 结晶析出，造成第一换热器和冷却器堵塞，形成较大的压力降。

（2）经验教训

① 有 $(NH_4)HCO_3$ 生成的地方温度不能太低，最好不低于 150℃。

② 根据生成 NH_3 量决定加注高压软水量，一般高压软水在冷却器入口处注入，如果需要也可以在第一换热器反应生成物入口处注入。

③ 在正常生产情况下，出现 $(NH_4)HCO_3$ 结晶堵塞，可用增加注入高压软水办法解决，也可以用切换低 N 油冲洗或提高温度的办法解决，但都不是治本的办法。

53. $(NH_4)HCO_3$ 在第一换热器浮头处结晶

1973 年 12 月 29 日连续几次发现加氢一套系统压力降增大并到无法继续生产的程度，经查找，压差在第一换热器的管程部位。经拆检发现，第一换热器浮头处有许多结晶物存在，并严重阻碍流体流动，形成较大压力降。

（1）原因分析

加氢一套当时正用 3705 催化剂（Y 分子筛－WO_3－MoO_3－Ni－Al_2O_3）对大庆蜡油（5%点 402℃～95%点 552℃）进行加氢精制，主要目的是加氢精制脱出硫、氮等非烃化合物，使稠环芳烃开环。因此，伴有一定的裂解（10%左右）。当时的加氢流程是在两个换热器中间使用一个热高分(即在200℃左右进行高压下的平衡蒸发，使轻质油与凝固点较高的含蜡油分开，保证循环氢中的NH_3能够洗掉)。气相油(热高分的气相部分)较少，这样气相油在第一换热器中流速减慢，停留时间增长，温度下降，使加氢反应生成的NH_3(经计算每小时有6.93kg NH_3生成)与氢气中CO_2(三厂为水煤气制氢，虽经处理，但还是有微量CO_2存在，据分析为50~100μg/g)。形成$(NH_4)HCO_3$并结晶沉积在换热器的浮头处(此处流速最低)。

(2) 经验教训

加氢生产有NH_3生成，并要设法排除。因此，在反应生成物入冷却器之前必须注入一定量的高压软化水，这是加氢工作者所熟知的。在石油三厂过去加工页岩油时，因为含N很高，生成NH_3较多，曾经发生过在第一换热器内有$(NH_4)HCO_3$生成的先例，因此石油三厂曾经有过在第一换热器反应生成物入口处注高压软水的经验。石油三厂改为大庆油加氢之后，因为N含量降低，这个顾虑逐渐被消除了。但石油三厂用加氢法生产润滑油之后，特别在使用热高分之后，情况出现了变化，造成了$(NH_4)HCO_3$结晶，今后在加氢装置遇到流程改变时，要考虑到可能出现的新问题。

注高压软水，这是加氢工艺的需要，不可随意改变，更不能停掉，其注入量要根据原料油含N情况和NH_3的生成量进行计算后确定。

54. 高压水腐蚀垫片造成泄漏

1975年5月26日13:10，加氢二套检查员发现高压水管线与冷却器入口联结的法兰泄漏，而且迅速扩大。13:45停油，紧急降压。拆检发现，ϕ25mm/39mm高压透镜垫内部严重腐蚀，因此造成泄漏。

(1) 原因分析

高压软水入冷却器处正是冷热交汇处，反应生成物入冷却器温度约160℃，由于热的传导作用，使法兰连接处温度为50~80℃，这个温度正是水中溶解氧腐蚀最强烈的温度。而石油三厂使用的高压水只是软水，而不是除氧水，此处使用的高压垫片又是20号碳钢材质的，因此，因水中的溶解氧腐蚀造成泄漏。

(2) 经验教训

① 加氢用的高压水为软化水，不是除氧水。根据锅炉水除氧的经验，在50~80℃的条件下，不除氧水对碳钢的腐蚀是很严重的。

② 在这个温度区间内使用不除氧水，与水直接接触的管件，不能使用碳钢，应当使用不锈钢。

③ 此处的温度要经常测量，此处的管线和管件要经常检查更换。

④ 此处漏出的都是氢气和油气，温度也比较高，容易爆炸着火。因此，一旦泄漏必须采取果断处理。这次因为发现的及时，才没有酿成大事故。

55. 炉管露点腐蚀泄漏

1983年2月6日20:25，加氢一套加热炉(纯对流式)，自动灭火后，在炉膛置换(憋正压)过程中，循环烟机叶轮前端板脱落，将机壳挤裂停机。

(1) 事故经过

当日18:40，操作员发现加热炉瓦斯自控阀(风开)风压下降，瓦斯流量下降，炉膛负压在0~15mmH_2O柱内波动(正常情况下为15mmH_2O柱且稳定)，燃烧室温度由700℃下降到600℃，而分配室温度则由485℃上升到540℃，对流室出口温度由250℃上升到370℃，并很快超过 600℃。当时操作员认为测温热电偶失灵，炉子各挡板位置变动，当即找仪表人员校验，班长和操作员到现场检查各挡板位置有无变动。19:30，又发现循环烟机电流由 47A 下降到 37A，又找电工检查，均未发现异常。操作人员即判断认为是由于烟道循环旁路(烟气正常流向是由对流室抽出，送进混合室，靠负压，将燃烧室的热量带入混合室。循环旁路是将少量循环烟气直接送进燃烧室的)所致，当即关小 1/4，但炉膛负压仍在波动。19:55，加热炉又自动灭火。厂值班调度主任赶到现场与岗位操作人员一起研究分析，并决定重新置换点火，在置换过程中，20:25 听见循环烟机入口处发出响声，烟机停车并损坏。

厂部人员赶到现场后，有关人员反映说是烟机发生爆炸，但并未发现着火。经过对炉体外表面的仔细观察，发现在第四对流室靠混合室上部铁皮的缝隙间有时隐时现的蓝色火苗，进一步将耳朵贴在炉体外边，可以听见炉体内有沙沙声，判定是炉管有漏处。22:15，决定马上紧急降压(放空)处理。

(2) 检查结果与原因分析

经过对炉管分组氮气试压，发现新氢加热炉段第一组炉管泄漏。该管在加热炉第四对流室的最后部。泄漏后，20MPa 压力的氢气随即在对流室出口燃烧，循环烟气温度上升，不再需要燃烧室提供热量，因此，瓦斯自动减少，直到加热炉自动灭火。因为温度大幅度上升，烟气重度下降，烟机负荷降低，电机电流下降，同时炉膛负压波动。由于循环烟气的温度很高(600℃以上)，已经超过了烟机叶轮材质的工作温度(要求<420℃)，造成叶轮前端板脱落在叶轮与机壳之间。将机壳磨出沟槽并挤裂，机轴微弯。分析认为：ⓐ有第二热源；ⓑ烟机外部已明显损伤，说明不是烟机本身原因停车；ⓒ烟囱无黑烟，证明漏处在氢气部位。

炉管吊出检查情况如下：

① 宏观检查。新氢第一组炉管入口光管处外部有 245mm 长的一段缩颈，最小为 ϕ52.5mm，原为 ϕ60mm，而内径无明显变化，仍为 ϕ40mm，断口(即 I 处)，管外径最小处为 ϕ43.5mm(原为 ϕ60mm)，焊肉处为 ϕ58.6mm。开断处占周长的 1/3。此处恰在焊口上(见图 5-2-9)。

② 微观检查。炉管母材为 Cr5Mo，西德进口。焊条为捷克 Pold-891。缩颈处和断裂处母材金相分析：组织正常，未见晶粒拉长或滑移线。焊道热影响区宽为 2.6~2.7mm，根部有 1.8mm 未焊透。

③ 试验结果。通过对炉管机械性能试验和应力分析，结论是：①炉管机械性能没有明显变化；②缩颈部位不是拉伸造成的。

④ 腐蚀物分析。经分析，在炉管外壁腐蚀产物中硫酸根离子(SO_4^2)76.68%，三价铁离子(Fe^{3+})22.5%，接近 $Fe_2(SO_4)_3$，其 pH 值为 1.5~2.0。说明炉管外壁为硫酸腐蚀，内壁无明显腐蚀。

综上检查分析，可以得出以下结论：

(a) 该管的几处腐蚀是由于露点腐蚀造成的。在正常情况下，此处烟气温度为 250℃左右，氢气进入温度为 30℃左右，随着氢气不断被加热，当管外壁温度迫近烟气露点温度时(根据燃料气含硫量，算得露点温度约 149℃)，烟气中的 SO_2、SO_3 对炉管形成露点腐蚀，这是外因。同样是该管，在入炉 1m 多和 14m 多两处光管部分都有缩颈，其他部位则没有明显腐蚀，说明在露点温度下都有腐蚀，而且腐蚀部位在移动(因为烟气温度在变化)。在两处缩颈处，焊道的腐蚀最严重。在 14m 以下部位，还有 4 处光管、3 个焊道都未发现上述腐蚀。在 14m 以上部位，凡有翅片的，管体也没有上述腐蚀，说明有翅片部位由于翅片尖端

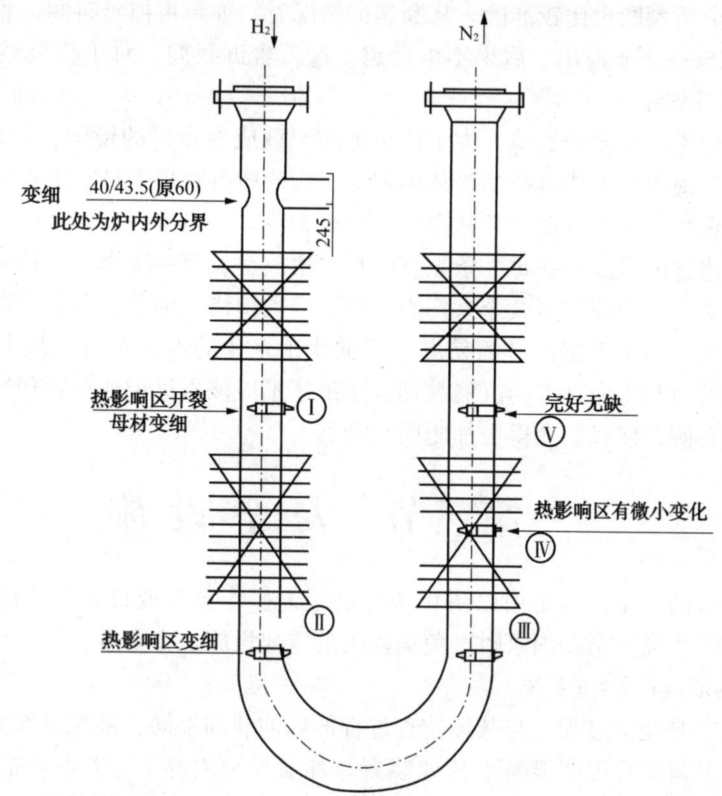

图 5-2-9 开裂炉管示意图

代替了管体的腐蚀。

(b) 由于异种材质焊接，热影响区不可避免的存在着过渡区和硬化带，又未经热处理消除残余应力。是造成非均匀腐蚀的内因。

(c) 炉管开裂不是超强度破坏，而是低应力下的脆性断裂。当腐蚀使焊道熔合线根部出现尖角时，造成应力集中，炉管在局部高应力和酸性硫化物作用下，发生应力腐蚀裂纹。随后裂纹的很快扩展，是管内压力超过了腐蚀后管材的强度造成的。

(3) 经验教训

① 对露点腐蚀应当引起重视，尤其对流动加热物质的露点腐蚀应当有更新的认识。在露点腐蚀区应当选用耐腐蚀钢材。为了吸取这一教训，在检修期间，对加氢车间其他三台加热炉的炉管进行了检查，因为是不锈钢材料，未发现类似腐蚀。

② 异种钢材焊接，热影响区及残余应力是腐蚀条件下产生破裂的内因。

③ 该炉建于 1957 年，到事故发生时已使用 200000h。在此之前的 1976 年(120000h)曾将该炉新氢炉管吊出进行过检查(宏观检查和金相等理化检查)，未发现异常，但检查的不是这次发生破裂的这组炉管，并且被检查处温度已高于露点温度。这次事故后又对其他炉管进行了抽查，可以说明，对于纯对流式高压加氢加热炉，除露点腐蚀外，尚未发现其他危及安全的腐蚀，炉管没有明显减薄，还是安全可靠的。

④ 这次炉管从出现泄漏到找到原因并把压力泄掉，前后共用 3.5h(共 215min)，时间比

较长，现场分析判断也比较准确。从断裂的情况看，如果再拖延时间，管子断开整个系统中 8000m^3 的氢气一下子漏出，后果不堪设想。这就告诉我们，对于临氢系统的事故处理必须迅速、坚决、果断。

为了安全生产的警钟长鸣，为了让历史的记载成为今日的镜子，希望这50余起典型事故案例能对广大石油工作者特别是从事加氢工作的所有管理人员、工程技术人员和岗位操作人员搞好安全生产有所帮助，开阔视野，引以为鉴。

曾经发生过的事故——每一条裂纹、每一次放空、每一次爆炸、每一次着火、每一次伤人……。多么令人心痛，多么令人伤心，多么令人惋惜。但是，几乎大部分事故都是由于麻痹大意造成的。对于工作在易燃易爆的石油化工企业的人，尤其是从事加氢工艺的工作者们，这些用鲜血与生命换来的沉痛教训，难道还不应该永远记住！希望这些沉痛的教训能够换来人们的警醒，使我们变得更加聪明与智慧。

第三节　安全设施

加氢装置的安全设施是用以防止和控制因为操作异常或设备故障引发的火灾、爆炸事故，保护工人生命安全和国家财产免遭损失的重要设施。主要有：

1. 紧急泄压(放空)系统

加氢工艺是化学过程，与其纯物理过程的炼油装饰不同，系统又在高温、高压、临氢条件下进行，其危险程度明显高于其他装置。加氢反应对压力(主要是指氢分压)反应敏感，一旦上升，只要把压力降下来，反应就会终止，温度也就很容易降下来。氢气是易燃易爆，且爆炸极限很宽的气体，一旦泄漏，很快就会发生爆炸。这些特点就对加氢装置提出了极为严格的要求：在正常运行时，由于某种原因致使系统温度突然超高，或由于设备或管道突然漏气，极易引起火灾、爆炸等事故，为了杜绝这些事故的发生，不让事态进一步恶化，必须采取紧急泄压(放空)措施，因此，加氢装置必须设置灵活有效的紧急泄压(放空)系统。

直到20世纪中期，石油三厂加氢装置的紧急泄压(放空)系统都是一根内直径50~60mm的高压放空管和两个高压阀，紧急泄压(放空)完全是人工手动操作。即使是手动操作，也不是瞬间就将系统内的压力全部放掉，而是根据当时具体情况，在不使事态继续恶化的前提下，适当掌握放空速度，以保证催化剂不粉碎、催化剂床层不被破坏、反应器内部结构不损坏(内芯结构与内保温衬筒发生严重变形)、换热器管板不泄漏。对于高压容器来说，紧急泄压(放空)使压力容器承受着一次非常严酷的冲击载荷和温度突变(急升急降)，对设备是很不利的，它容易促使材料的某些缺陷，例如，应力腐蚀所产生的微细裂纹进一步扩展。因此，对于这样的操作需要由经验丰富的熟练工人来进行。

20世纪中期以后，随着引进的加氢裂化装置的投入生产，先进的紧急泄压(放空)系统诞生，石油三厂的紧急泄压(放空)系统也随之进行升级换代。先进的紧急泄压(放空)系统有两种泄压方案：0.7MPa/min 和 2.1MPa/min。

(1) 0.7MPa/min

0.7MPa/min 泄压(放空)系统在循环氢压缩机故障时自动启用。也可由操作员在需要快速停车的情况下启用。当 0.7MPa/min 泄压(放空)系统启用时，下列动作会自动发生：反应器进料泵停车、反应加热炉停炉、新氢机停运、能量回收透平停运，如果有循环氢脱硫的话，贫胺泵也要停车。

注意：如果 0. 7MPa/min 泄压系统手动启用，循环氢压缩机将继续运转。

在 0. 7MPa/min 泄压开始后，观察所有的反应器温度，如果所有温度都下降或不变，就继续使用 0. 7MPa/min 泄压(放空)系统泄压。如果反应器温度继续上升，立即开始 2. 1MPa/min 泄压。

当由于循环氢压缩机故障而自动启用 0. 7MPa/min 泄压系统后，只有在已建立可靠的氢气循环且所有反应器温度都低于正常操作值至少 30℃，或系统压力降至 0. 7MPa 以下后，泄压阀才应该关闭(必须保证紧急放空阀灵活好用，能立即开启，不然会导致严重后果)。

当手动启用 0. 7MPa/min 泄压后，循环氢压缩机仍然运转，当所有反应器温度都低于正常操作值至少 30℃时，泄压阀才可关闭。

(2) 2. 1MPa/min

2. 1MPa/min 泄压系统由操纵台操作员启用。上面列出的所有针对 0. 7MPa/min 的响应都应发生。此时，循环压缩机也将自动停车。

一旦启用 2. 1MPa/min 泄压系统，装置在泄压至 0. 7MPa 以下才可关闭泄压阀。

过去，加氢装置的紧急泄压(放空)系统在泄压时，气体就地释放到大气中，现在已经该放到火炬系统，不仅更安全，也更环保了。

2. 仪表控制与安全保护系统

加氢装置的各种仪器仪表是加氢装置的眼睛，装置的所有指示与动态信息都是由他们提供的。石油三厂加氢装置的仪表控制系统经历了从最原始到最现代的全过程。20 世纪 60 年代中期以前，一直使用最原始的仪表进行操作与控制：温度用毫伏计指示、压力用弹簧式压力表指示、液面用玻璃液面计指示，全部是人工手动操作与控制。当年车间流行这样一段谚语："眼不离表，手不离扳手，脚不离地"，加氢操作工人操作的辛劳程度与难度可想而知。从 20 世纪 60 年代中期以后，随着技术的进步与发展，石油三厂加氢装置开始逐步使用二次仪表，但是自动控制单元很少，只有加热炉出口温度与燃料气流量串级调解、高压分离器液面控制等少数几个参数采用自动控制系统操作。到了 20 世纪 80 年代末，石油三厂加氢装置才使用计算机，但只是数据检测与记录，还没实现控制。直到 20 世纪 90 年代后，才实现 DCS 控制。如今，加氢装置的自动控制系统已经完全与国际接轨，需要自动串级调解的都实现了串级自动调节。既能够控制，还能够报警、记录与历史资料打印。不仅如此，还应用了安全仪表系统(SIS)、机组控制系统(CCS)，实现装置和重要设备的紧急停车和安全连锁保护。应用了可燃气体和毒气检测报警系统(F&G)，随时检测区域内可燃气体和毒气泄漏情况。现代仪表的广泛应用极大地提高了加氢装置的安全可靠度。

3. 安全阀

加氢装置的高压分离器和中压分离器分别设两个安全阀系统：一个是定压式，按规定压力由人工定压，每次泄压后都要重新定压，并且要定期检修与定压，保证灵敏、好用。还有一个自动压控系统，超过规定压力自动泄压。最近有在加氢反应器上部设自动压控系统的，目的是保证整个系统不超压。过去因为系统不仅有大量的氢气，还有油气，不敢在反应器上部设自动压控系统，现在因为泄出的气体全部进入火炬系统，在反应器上部设自动压控系统已无碍，反而提高了系统的安全程度。

4. 联系工具

加氢装置的联系工具很多，主要有：直通电话、电话、直通喊话筒、安全指示灯、电铃等。

（1）电话

岗位之间的联系多用电话，为了保证联系准确、顺畅、无干扰，岗位之间（包括非处同一车间但有经常联系的岗位）、与厂调度之间，设置直通电话，一摇铃，即可通话。也有拨号电话，用于不是很紧急的对外联系，如取样分析等。

（2）直通喊话筒

联系非常紧密的岗位之间设直通喊话筒，遇到紧急情况时，可以直接喊话联系。

（3）安全指示灯

危险区域一般是不允许人随便进入的，就是岗位人员必须进入时，也要有必要的保障。为此，加氢车间在危险区域设置安全指示灯（红色）。当指示灯亮时，表明该区域（高压室）内有人工作。人离开后，将灯熄灭。

（4）紧急电铃

为了适应加氢反应系统采取紧急措施的需要，在操作室的各套控制盘上都设有三个紧急电铃。其中之一直接通向新氢压缩机操作室，以通知紧急停供新氢之用。另一个直接通向高压泵房，以通知紧急停供原料油与高压水之用。第三个直接通向机械室，以通知紧急停循环氢压缩机之用。什么时候使用电铃，联系制度和操作规程中都有明确规定。为了确保电铃随时好用，按规定每天早晨进行一次试验，以防紧急使用时失效。这项设施是行之有效的。

（5）其他

现代化加氢装置已经全部采用安全仪表系统（SIS）、机组控制系统（CCS）和可燃气体和毒气检测报警系统（F&G），这些安全设施进一步提高了装置的安全性、可靠性。

5. 灭火设施

加氢装置需要设置必要的紧急灭火设施。主要有泡沫灭火器与泡沫车、干粉灭火器与车、消火蒸汽结头和胶皮管等。

（1）泡沫和干粉灭火器

根据装置需要，在设计时即提出设置泡沫和干粉灭火器的品种与数量，并按设计规定配备。对于汽油着火，应使用泡沫和干粉灭火器，也可以用蒸汽灭火，绝对不能用水。对电气设备只能用干粉灭火器灭火。

（2）消火蒸汽

由蒸汽泄漏（不大）的地方，常是用蒸汽掩护的办法防止着火。因此，在装置的主要部位，如反应器、换热器、加热炉等法兰连接处，都设有灭火蒸汽和胶皮管备用。

尤其是装置刚开气的时候，灭火蒸汽结头和胶皮管用途更大，一旦有油气泄露，很容易发生着火。及时采取蒸汽掩护措施，就可以防患于未然，特别对高压容器，在未达到指定的压力和温度时，有一些小的泄露是正常的事，用蒸汽掩护一下，待压力和温度达标后，泄漏就会减小直至停止。

6. 示温涂料（高温变色漆）

冷壁反应器的最大难题之一就是壁温经常因为内保温材料失效而超高，常常在短时间内就达到温度使用极限的300℃。而测量壁温的热电偶只有上、中、下几点，因此有时壁温已经超高而不能及时发现，这是很危险的。如第四章所述，筒体材质的强度无法承受如此的高温、受氢与硫化氢的腐蚀更加严重等。20世纪70年代以后，市场上出现了示温涂料，把它涂在高压容器（主要是反应器）的外壁，温度升高时，他能较灵敏地随温度的变化而改变颜色：由最初的蓝色逐渐变浅蓝，而后发黄，最后变为灰白色。这样可以比较准确地告诉我们反应器壁某部位温度已发生了变化，再配合表面温度计的进一步校对测量，就能更准确地指示出该区域壁温不正常的实际数据，有利于进一步追究其局部温升的原因。示温涂料有几种不同使用温度范围的产品，310℃示温涂料系天津油漆厂产品，其主要组成见表5-3-1。

表5-3-1 示湿涂料组成

组　成	规　格	含　量/kg	用　途
酞普蓝B	上海染色一厂	2.4	正常时色泽
钛白粉	R-820	2.4	稀释色泽
K-57液	55%	35.0	耐高温不裂
乙基纤维素溶液	14%	17.2	表面干燥用
甲苯	45%	43.0	
		100.0	

在高压容器壁上涂刷示温涂料的方法和要求与涂刷一般油漆相同。其漆膜厚度以30~60μ为适宜，过厚时不仅影响变色效果，而且漆膜容易破裂脱落，过薄时，在户外使用条件下的防腐性能会相对下降。

第四节　安全管理

加氢装置生产特点是：高温、高压、临氢，物料中含有浓度较高的硫化氢等有毒有害物质。因此，加氢生产岗位的安全管理、安全操作和紧急情况的处理对加氢装置的安、稳、长、满、优生产至关重要，对防止和避免爆炸、着火、中毒和人身伤亡事关重大。

加氢裂化装置主要易燃易爆物料安全理化特性见表5-4-1。

表5-4-1 加氢裂化装置主要易燃易爆物料安全理化特性

序号	物料名称	常温状态	闪点/℃	自燃点/℃	爆炸极限(体积分数)/%	火灾危险分类	性质
1	氢　气	气		510	4.1~74.2	甲	易爆
2	液态烃	液	<-66	475~510	1.5~11	甲A	易燃易爆
3	轻石脑油	液	<-22			甲B	易燃易爆
4	重石脑油	液	<28	510~590	1.4~7.6	甲	易燃易爆
5	喷气燃料	液	>30	500	1.4~7.5	乙	易爆
6	柴　油	液	45~120	350~380	1.5~4.5	丙A	易爆
7	尾　油	液	>120	300~330		丙B	易爆
8	原料油	液	>120			丙B	易爆
9	H_2S	气		290	4.3~45.5	甲	有毒
10	NH_3	液			15.5~27		有毒
11	DEA	液	138				
12	燃料气	气		675~750	3~13	甲	易燃易爆

加氢的安全管理实际上就是严格的制度管理。主要制度有安全生产制度、生产管理制度

(包括工艺卡片、操作规程、岗位责任制、交接班制、联系制度等)、设备管理制度等。

(1) 安全生产制度

安全生产制度是加氢安全生产的重要制度，它不仅能保证人身安全，也能保证工艺和设备安全。安全生产制对安全生产做出具体而详尽的规定：什么必须做，什么绝对不能做。异常现象的表现是什么？遇到异常现象和紧急情况如何处理等。

安全生产制度包括有关安全规程、安全规章制度、劳动保护制度等。

安全规章制度包括如工艺卡片、工艺纪律、工艺规程、安全活动等。

劳动保护是保护劳动者不受伤害的保护性措施，必须严格按规定执行。员工的工装要按实际需要配备。劳动保护包括衣服、帽子、手套、眼镜、专用鞋等。防毒(防毒面具、氧气呼吸器)、防热防雨用具等也要按生产岗位的需要进行配置。

(2) 生产管理制度

包括工艺卡片、操作规程、岗位责任制、交接班制、联系制度等。

① 工艺卡片。内容包括本装置(或岗位)的主要操作指标(温度、压力、流量等)、处理能力、产品产量、产品收率、质量指标、消耗指标、安全指标、环保指标等。工艺卡片由企业技术部门编制、审定、下达，在企业备案。

② 操作规程。是岗位操作指南，岗位的一切操作均须按操作规程规定执行。操作规程内容包括：工艺技术原理、工艺流程、设备性能、岗位操作法、异常现象与故障的判断与处理、安全要求、环境保护规定等。操作规程由车间负责编写，企业相关部门组织审查，报企业批准并备案。

③ 巡回检查制。需要按本装置和岗位的实际点位设置。

(a) 检查点位的选择原则是：关键设备、仪表和电器；操作条件苛刻的部位；危险性较大且易发生故障的地方(如有毒有害气体、冬季易冻部位等)。

(b) 检查的间隔时间，可根据需要设定，一般有1h检查一次的，有2h检查一次的，也有4h检查一次的。

(c) 在各个检查点位处均设有标记——巡回检查固定牌和流动牌等，固定牌与流动牌上标记的时间要相对应，表明检查是按时间和规定进行的。

(3) 设备管理制度

设备管理内容广泛，既包括设备的正常维护和保养，如设备润滑、定时巡检、故障判断与处理等。也包括设备的定期大、中、小修。还包括设备与管道初安装的施工管理(尤其是质量管理)和使用中的定期检查鉴定等。加氢工艺能否完满地实现工艺要求，设备状况的好坏起决定作用。因此，加氢设备的管理必须重视，不可有丝毫的忽视。设备管理方面的详细内容见第四章有关内容。

管理性质的规章制度的模式大多是通用的，只是不同装置的具体内容不同而已，只要把本装置和本岗位的具体内容按实际要求做出严格的规定，就形成了本装置和本岗位的具体规章制度。

这些规章制度都是强制性的，必须严格执行，不许有任何的偏离与自由。

工艺卡片打印(或书写)好并镶在镜框里，挂在操作室内。操作规程印刷好后人手一册。主要管理制度也要挂在操作室的墙上。巡回检查牌分别挂在各站点的位置上。

第五节　异常现象与紧急故障处理

安全是企业的大事。特别是加氢安全更事关重大。安全又掌握在每个操作人员和管理人员的手里，严格执行规章制度，精心操作、精心管理，就可以防患于未然，就可以化危险为安全。加氢并不可怕，掌握了、驾驭了，就可以从自然王国进入必然王国。为了给加氢人提供更多的借鉴实例，这里介绍一些故障的处理方法，希望大家时刻警惕和牢记。

1. 减少氢气泄漏避免爆炸着火

加氢装置是在高压、高温、氢气存在的条件下进行的，氢气分子最小，具有极强的渗透性，泄漏的可能性很大。氢气的爆炸范围很宽，在空气中的浓度在4.1%~74.2%之间，都有可能发生爆炸，因此，在操作中应特别注意防范氢气的泄露。在开汽时遇小的泄漏，要及时采取蒸汽掩护措施，一旦泄漏加大、加重，就要采取果断措施进行检修，阻止氢气泄漏扩大，防止爆炸和火灾的发生。

氢气本身虽然无毒性，但在氢气环境中，可以使人因窒息而失去知觉，直至死亡。

2. 防止催化剂床层“飞温”

加氢反应是强放热反应。在正常操作条件下，由于加氢反应所产生的反应热与反应物流(油气与氢气)从催化剂床层中带出的热量平衡，催化剂床层温度稳定。但在某些特殊情况下，带出的热量小于加氢反应产生的热量时，这种不平衡会导致催化剂床层温度升高；由于温度升高，又会引起反应加剧，催化剂床层温度会继续升高，这种链锁反应会引起催化剂床层温度“急升”，甚至出现“失控”，这种现象称为“飞温”。此时，有可能对催化剂、设备及人身等构成严重的威胁，甚至导致恶性事故的发生。因此，装置的管理人员和操作人员应事先对此类可能发生的事故隐患进行研究，认真制定有效的技术措施。

(1) “飞温”的原因

① 加热炉自动控制异常，导致出口温度超高；

② 原料量品种或性质突变；

③ 新氢含CO、CO_2突增；

④ 系统压降大，循环氢大量减少；

⑤ 急冷氢调节失灵；

⑥ 如果有循环油流程的话，循环油温度大幅变化或者循环油中断。

(2) 处理办法

① 反应器内任一点出现异常温升，及时调节反应加热炉出口温度及冷氢，降低反应器温度，使它回到正常状态。

② 如果反应器任何温度超过正常温度15℃，则要紧急降量，甚至切断进料，利用急冷氢尽快将各催化剂床层入口和床层温度冷至正常操作的温度以下。

③ 一般情况下，降温速度可慢些，标准的降温速度应为2℃/5min。如果必要，降温速度可快些。

④ 如果0.7MPa/min放空都控制不了温度的急升，或者反应温度超过正常值28℃或425℃，启动2.1MPa/min放空，按紧急泄压程序处理。

3. 预防硫化氢(H_2S)中毒

加氢装置在初开工时对催化剂进行预硫化或在加工含硫化物高的原料油时，系统均有

H_2S 气体生成。H_2S 是具有臭鸡蛋味(浓度较低时)的有毒气体，吸入 H_2S 会使人中毒，当人连续或间断地吸入含有 0.01%~0.06%(体积分数)H_2S 的空气或瓦斯气 1h 以上，可能引起慢性中毒；当 H_2S 的浓度在 0.015%~0.20%(体积分数)，将会引起人的嗅觉神经疲劳和麻痹，甚至危及生命。因此，平时应尽量缩短与 H_2S 的接触时间；在拆卸含有 H_2S 的管线、设备或进行检修时，均要佩戴有效的防毒面具，以保证安全。

装置生产区内存在硫化氢较多的地方有：高分酸性水各排凝、低分脱水口、回流罐酸性水排放口、酸性液态烃采样口、循环压缩机酸性油再生罐周围、循环氢采样口、污水汽提区等。

(1) H_2S 物理性质

硫化氢是一种无色有臭鸡蛋味的有刺激性又有窒息性的有毒性气体。分子式 H_2S，相对分子质量 34，相对密度 1.19，沸点-61.8℃，熔点-82.9℃，自燃点 260℃，易溶于水。H_2S 与空气混合物混合，爆炸范围是 4.3%~45.5%。

(2) 毒性原理

H_2S 对粘膜有强烈的刺激作用。这是因为硫化氢与湿润粘膜接触后分解形成硫化钠以及本身酸性所引起的。硫化氢主要经呼吸道进入人体，对机体的全身作用为硫化氢与机体的细胞色素氧化酶及这类酶中的二硫键作用后，影响细胞色素氧化过程，阻断细胞内呼吸，导致全身缺氧，由于中枢神经系统缺氧最敏感，因而首先受到损害。但硫化氢作用于血红蛋白，产生硫化血红蛋白而引起的化学窒息，被认为是主要的发病机理。

(3) H_2S 中毒表现

① 轻度中毒：患者感到眼灼热、刺痛、流泪、视觉模糊、有流涕、咽痒、胸闷、呼吸困难等，还有逐渐加重的头痛、头晕乏力等。

② 中度中毒：接触较高浓度(200~300mg/m^3)硫化氢，眼睛刺激症更强烈，如流泪、眼刺痛、视物更模糊。有中枢神经系统症状，可出现昏迷。常有中毒性肺炎和肺水肿发生。

③ 重度中毒：接触高浓度(700mg/m^3 以上)硫化氢，中毒表现以中枢神经系统症状为突出。立即出现神志模糊、昏迷、心悸、全身肌肉痉挛乱或强直、大小便失禁。昏迷或痉挛持续较久者会发生中毒性肺性、肺水肿和脑水肿。

(4) H_2S 浓度与人的症状

当 H_2S 在空气中的浓度达到 0.4mg/m^{3}时，即可明显闻到臭鸡蛋味；浓度低于 10mg/m^3 时，臭味与浓度成正比，浓度增加臭味愈感愈烈；当浓度超过 10mg/m^3 时，浓度继续升高臭味反而减弱；浓度大于 70mg/m^3 时，可使人发生嗅觉疲劳，不再嗅到气味。国家标准要求：硫化氢在空气中允许的最高浓度为 10mg/m^3。当硫化氢浓度大于 760mg/m^3 时就能致人死命。当硫化氢浓度大于 1000mg/m^3 时，人一吸入就可因呼吸麻痹而死亡(电击样死亡)。

(5) 接触硫化氢作业的安全规定

① 在含有硫化氢的油罐、粗汽油罐、轻质污油罐及含酸性气、瓦斯介质的设备上作业时，必须随身佩戴好使用的防毒救护器材。作业时应有两人同时到现场，并站在上风向，必须坚持一人作业、一人监护。在上述油罐及设备上更换阀门、垫片、拆装盲板、清扫阻火器、维修仪表及抢修、堵漏等施工作业必须办理《接触硫化氢施工作业许可证》。

② 凡进入含有硫化氢介质的设备、容器内作业时，必须按规定切断一切物料，彻底冲洗、吹扫、置换、加好盲板，经取样分析合格、落实好安全措施。办好《一级进入设备作业票》和《接触硫化氢施工作业许可证》。在有人监护的情况下进行作业。

(6) H_2S 中毒急救措施

① 救护者进入硫化氢气体泄漏区域抢救中毒人员必须佩戴空气呼吸器防毒面具；

② 迅速把中毒人员移到空气新鲜处的地方，对呼吸困难者应立即进行人工呼吸，同时向医院打急救电话，并报告调度，待医生赶到后，协助抢救；

③ 眼睛。使眼睛张开，用生理盐水或1%~3%的碳酸氢钠液冲洗患眼。

4. 避免生成羰基镍[$Ni(CO)_4$]和防止羰基镍中毒

在使用含有 Ni 的非贵金属加氢催化剂在装置开、停工的低温(50℃)条件下，如补充氢气中含有一定量的一氧化碳(CO)时，就会发生 $CO+Ni \rightarrow Ni(CO)_4$反应而在正常的高温(大于230℃)下操作时，就无 $Ni(CO)_4$的生成[$Ni(CO)_4 \rightarrow Ni+4CO$]。$Ni(CO)_4$是一种易挥发毒性极强的物质，空气中允许浓度只有 0.001μg/g，若暴露在其以上的浓度中，就会导致人头痛、头晕、四肢无力、出冷汗、恶心、呕吐、胸闷、咳嗽和呼吸困难等症状；如不及时离开此环境，在 12~36h 之内，会进一步出现强烈的胸腔疼痛、高烧、躯体僵直、失眠和忧心忡忡；严重时可能出现痉挛和其他中枢神经系统失调的症状；延误医治时间会导致肺炎和肺水肿、甚至死亡。

羰基镍 $Ni(CO)_4$是一种容易挥发的剧毒液体，它主要引起肺伤害，其次损害肝脏、是致癌物。羰基镍是催化剂中的镍与 CO 在低温下化合反应的产物。允许的羰基镍的最大平均浓度为 0.01μg/g，现场最大暴露浓度为 0.04μg/g。

羰基镍在空气中能氧化形成氧化膜并覆盖在镍催化剂表面，类似于目前的再生现象。起初出现的可能性较少，然而没有再生的催化剂决不可能通入空气。为了避免出现以上情况，在有含镍催化剂存在的容器内工作必须佩戴新鲜空气面罩。

在加氢装置形成羰基镍的根本原因是催化剂含有镍，并且存在于再生期间或再生催化剂操作时期，必须时刻关注保证操作步骤避免羰基镍的形成。已出版的资料显示羰基镍的平均浓度与温度、压力和一氧化碳浓度有关系、羰基镍在气体中的浓度随着温度的升高和一氧化碳浓度的降低而迅速降低。气体压力在 690kPa(7kgf/cm^2)，一氧化碳浓度为 0.5%(摩尔分数)，温度为 150℃，羰基镍的浓度最高为 0.04μg/g，当温度为 182℃，浓度降低到 0.001μg/g。

防止羰基镍生成的措施主要有：

① 催化剂再生期间当一个含有镍催化剂的反应器暴露于含氧的环境里，必须连续测量氧的浓度，直到碳完全燃烧尽，且必须将所有的一氧化碳和二氧化碳从系统中吹扫干净。

② 镍催化剂的再生应该保持在惰性气体中直到所有的催化剂冷却到 65℃以下，所有再生的催化剂应该冷却低于该温度并且在氮气的保护下卸剂。

③ 在氮气惰性气氛中卸出或处理催化剂，既可有效避免催化剂氧化自燃，也能防范羰基镍的生成。在卸催化剂作业区域近的人员须身着全套安全防护服和佩戴防毒面具。

④ 在清扫反应器时，操作人员必须佩戴氧呼吸器和安全防护服，有人监护才能作业。

⑤ 严格控制补充氢气(新鲜氢)中 CO 的含量，限制 $CO+CO_2$浓度在 50μg/g 以下，CO 的浓度最好在 10μg/g 以下，此时即使有 $Ni(CO)_4$生成，其浓度也不会达到允许浓度以上。

5. 避免加氢装置硫化亚铁自燃的危险

硫化亚铁是在储存、输送含硫石油过程中形成的。硫化铁与空气接触便会很快氧化，同时放出大量的热，由于热量增加，温度升高，氧化的速度随之加快，如此继续下去，它就会逐渐变成褐色，随后出现淡青色烟。当温度升至 600~700℃时，氧化的地方会燃烧起来，其热量足以使石油蒸汽起火。

对于加氢裂化装置，存在硫化亚铁的部位很多，其中量较大的部位有高低压分离器、分馏塔塔顶、填料塔、各塔顶回流罐及放空罐等。还有使用过的刚卸出的硫化态的催化剂，因含有硫化等金属硫化物，这些硫化物与空气接触极易被氧化而生成金属氧化物，同时放出大量热量，生成的氧化硫也污染环境。因此，使用过的催化剂卸出后应隔绝空气，密封保存。而对于存在硫化亚铁较多的部位，在停工时全部经过钝化处理，彻底清除硫化亚铁形成的安全隐患。

6. 避免加氢装置检修期间硫化亚铁自燃的危险

加工含硫原油在加工过程中，特别是脱硫、加氢工艺会形成大量的硫化氢。硫化氢会使铁制设备和管线内壁腐蚀，生成较多的硫化亚铁：$Fe+S \rightarrow FeS$

在石化装置检修时，如果塔、器未经充分冷却即打开盖，硫化亚铁与空气接触发生氧化，在常温下即可引起自燃放出大量热量，其反应如下：$FeS_2+O_2 \rightarrow Fe_3O_4+SO_2\uparrow$，$FeS+S \rightarrow FeS_2$

石化装置内普遍存在易燃物质，容器中可燃气处于较小空间，硫化亚铁自燃势必引起可燃气体的燃烧。燃烧能否继续，取决于局部空间中可燃气的浓度。如果可燃气与空气的混合物恰好处在爆炸范围之内，亦即在爆炸极限的条件下：$\beta=\alpha(1+Q/E)$式中，当$\beta \geqslant 1$时，释放热量越来越大，参与燃烧的气体分子越来越多，结果便形成爆炸。检修中应当对塔、器充分置换、吹扫、冷却后才打开器盖，如果原有结构通风不良，必须采取各种措施使含有可燃气部位充分通风，在取得氧气、可燃气等检测合格报告及进容器作业许可证后方可进入检修。如要切割、焊接动火，还必须按规定开火票，并设立监护人和配置灭火器材后方可实施动火作业。有时候上午拿到可燃气检验合格报告，在一天的动火作业中仍然不能高枕无忧、不能完全放心不会发生爆炸。因为早晨采样化验是合格的，但到中午、午后气温升高，器壁上堆积物空隙中所含可燃气释放并聚集在容器内，如达到了爆炸极限，一旦遇明火仍会爆炸，曾因此导致的爆炸事故造成重大伤亡，教训惨痛。为了保证安全作业，可在当天温度最高时再次采样分析。此外，塔器内硫化亚铁自燃，如果用水灭火，还会引起另一个间接危险—产生硫化氢，形成新的危险。其反应如下：

$$FeS_2+O_2 \longrightarrow Fe_3O_4+SO_2\uparrow$$

二氧化硫极易溶解于水形成亚硫酸：$SO_2+H_2O \longrightarrow H_2SO_3$

亚硫酸再与硫化亚铁反应生成硫化氢：$FeS+H_2SO_3 \longrightarrow FeSO_2+H_2S\uparrow$

硫化氢在空气中浓度达到70mg/m^3时，就使人出现流泪、流涕、眼刺痛、鼻咽灼热感，眼结膜充血等症状；达到200~300mg/ m^3时，就会引起中度中毒：头痛、头晕、全身乏力、呕吐，同时有喉痒、咳嗽、胸部压迫感、眼刺激症状加重。如果浓度再高，就会对生命安全造成威胁。

所以检修中遇到硫化亚铁自燃时，不能进入塔、器内施工，如已有人进入，必须立即撤出，不要用水灭火，应考虑选用二氧化碳、卤代烷灭火剂，采取有效的通风、降温措施等。

7. 露点腐蚀

烟气露点与防腐经常碰到但未能彻底解决的问题。为进一步提高加热炉和锅炉的热效率，欧美和日本已开发了各种耐烟气露点腐蚀的新设备、新材料、新工艺，并在工业装置上投用，而我们着手腐蚀机理等方面的研究，有些基本结论，如18-8类不锈钢耐烟气露点腐蚀的能力比普通碳钢还差等。

当烟气温度低于水蒸气的露点温度时，烟气中的水蒸气会冷凝下来，和烟气中的SO_2和SO_3一起对管子进行化学腐蚀和电化学腐蚀，这就是露点腐蚀。

① 化学腐蚀 $H_2SO_3+Fe \longrightarrow FeSO_4+H_2\uparrow$

$H_2SO_4+Fe \longrightarrow FeSO_3+H_2\uparrow$

② 电化学腐蚀 负极(Fe)：$Fe-2e \longrightarrow Fe^{2+}$(氧化)

正极(Fe_3C)：$2H^++2e \longrightarrow H_2\uparrow$(还原)

当SO_2和SO_3、H_20一起在管子表面冷凝时，就在金属表面形成许多微电池。其中电位低的铁是负极，在表面发生氧化反应，金属铁不断地被腐蚀，亚铁离子连续进入溶液中；电位高的碳化铁(Fe_3C)或焊渣杂质为正极，正极上进行还原反应，溶液中的氢离子得到电子而成为氢气。这种电化学腐蚀的速度比化学腐蚀快得多。表面越是不光滑(如焊缝)或杂质越多之处，电化学腐蚀就越严重。这些地方遭腐蚀后，新的表面暴露出来，更容易腐蚀，腐蚀坑越来越深，直至穿孔。露点腐蚀的防止方法有：

(a) 选用耐腐蚀的材料，如玻璃钢、玻璃等做空气预热器。

(b) 在空气预热器的管子表面进行防腐处理。

(c) 将部分空气预热器出口的热空气返回进口，以提高空气温度。

(d) 控制适宜的排烟温度。

(e) 烟道及对流部位加强保温措施。

为了防止烟气的露点腐蚀，在工艺设计中要求换热表面的温度应高于烟气的露点温度，以避免发生露点腐蚀。烟气的露点温度与烟气中水蒸气及SO_3的分压值有关，分压值大则烟气的露点温度就高，烟气露点温度可由专用图表查得。在实际操作中，应根据燃料中的硫含量、空气过热系数等具体情况确定烟气露点温度，作为指导生产的依据。

8. 加氢裂化装置除了具有一般装置的安全，还具有特殊安全防范设施

① 两套紧急泄压放空系统(2.1MPa/min，0.7MPa/min)；

② 联锁自保系统；

③ 固定式及便携式可燃气、硫化氢检测报警仪；

④ 火警报警系统；

⑤ 双套电源供电系统和UPS系统。双套电源供电系统可以大大提高供电装置用电负荷。循环氢压缩机、补充氢压缩机、原料油泵、高压空冷器、塔顶回流泵这类重要设备属一级负荷。而控制室某些仪表或检测报警器应属特别主要的负荷，要设置应急电源(UPS系统)。

⑥ 高温高压法兰安装低压蒸汽环形保护圈管，管上钻有1~2mm的小孔。一旦发生泄漏，可打开蒸汽，喷出的蒸汽成雾状覆盖泄漏处，既可隔绝空气，又可降低泄漏出气体的温度和稀释氢气的浓度。

加氢反应会放出大量热量，尤其是加氢裂化装置反应十分剧烈，一旦出现飞温事故，大量热量必须及时带出反应器。同时出现诸如泄露着火等威胁装置、人身安全事故时，也需要及时泄压处理。为此，加氢装置设计了紧急泄压系统。对于加氢处理装置，反应比较缓和，泄压控制阀只有1个，按0.7MPa/min设计。对于加氢裂化装置，反应十分剧烈，设有两个紧急泄压控制阀。早期的设计中，两个泄压阀分别为0.7MPa/min和2.1MPa/min两种泄压方式。即当循环氢压缩机故障停运时，联锁打开0.7MPa/min泄压阀，同时反应炉联锁停炉。若为炉后混氢，则高压进料泵、新氢机等联锁停运；若为炉前混氢，则为保持炉管内液体流动，循环氢压缩机突然停运后进料泵短时间内不停运，继续补充新氢，视情况卸负荷，

最后人工停机停泵。反应器温度超温严重时启动 2.1MPa/min。

近期设计中为减少紧急泄压对系统的冲击，该两个泄压措施改为采用 0.7MPa/min 和 1.4MPa/min 两种方式。其联锁泄压情况与前面所述一样，但需要实现 2.1MPa/min 泄压时，必须启动 0.7MPa/min 泄压系统之后才允许人工启动 1.4MPa/min 紧急泄压系统。此外，新氢压缩机、反应进料泵(及循环油泵)均处于停运状态，反应炉熄火。

0.7MPa/min、2.1MPa/min 都是工业装置泄压通常用的标准，是经验值，10MPa 压力以上联合油均选用这个标准，不随总压而变化。0.7MPa/min 是为了很快地将装置压力泄掉的安全保护设施，若采用 0.5MPa/min 或 1.0MPa/min 也不能说不行。

2.1MPa/min 是当反应床层发生严重超温时采用的保护设施，紧急泄压系统最快速度泄压，通常限制在泄压的第一分钟泄压约 2.0MPa/min。第一分钟泄压速度不能>2.1MPa/min，泄压速度过快，整个高压系统的压差突然增大，对设备特别是由于反应床层施加的压力很大。故对反应器内部结构支架等有损伤。还应指出在设计内部结构支架时，要把催化剂和固体沉积物的重量以及启动 2.1MPa/min 时对床层施加的压力一并计入。

9. *加氢裂化装置主要联锁系统*

(1) 加氢裂化装置的联锁系统

① 装置紧急停工及紧急泄压联锁系统，包括 0.7MPa/min 和 1.4MPa/min 紧急泄压系统；

② 循环氢压缩机安全联锁，一般包括：润滑油压力低、密封油高位油罐液位低、汽轮机轴位移过大、压缩机轴位移过大、汽轮机进汽侧振动过高、汽轮机排汽侧振动过高、压缩机进气侧振动过高、压缩机排气侧振动过高、压缩机超速、压缩机入口缓冲罐液位高高、压缩机入口切断阀(电动或气动)关闭、压缩机出口切断阀关闭等，均能导致循环氢压缩机停运；

③ 新氢压缩机停机联锁；

④ 高压反应进料泵停泵联锁；

⑤ 反应加热炉停炉联锁，包括：加热炉入口流量低低、加热炉出口原料温度高高、燃料气压力低、反应进料泵停运、循环氢压缩机停机、停仪表电等会导致联锁停炉；

⑥ 冷、热高分液位低低联锁；

⑦ 循环氢脱硫塔液位低低联锁；

⑧ 原料油流量低低联锁；

表 5-5-1 是加氢裂化装置主要联锁因果关系。

表 5-5-1　加氢裂化装置主要联锁因果表(以炉前混氢为例)

事故内容	反应进料泵	液力透平	反应炉	循氢机	新氢机	紧急泄压	高分液控阀	
							热高	冷高
火灾	停	停	停	保持	停	手启 700kPa	监视	监视
加氢处理反应器超温	停	停	停	最大	停	手启 700kPa	监视	监视
加氢裂化反应器超温	停	停	停	最大	停	手启 2.1MPa	监视	监视
紧急泄压			停			700kPa 启动	监视	监视
循氢机故障停运	停	保持或停	停	停	保持	700kPa 启动	监视	监视
新氢机故障停运	保持		停	最大	停		监视	监视

续表

事故内容	反应进料泵	液力透平	反应炉	循氢机	新氢机	紧急泄压	高分液控阀	
							热高	冷高
进料泵故障停运	停	停	停	最大	保持		监视	监视
反应炉			停					
热高分液位低低							关闭	
冷高分液位低低								关闭
循氢机入口罐液位高高	保持	保持或停	停	停	保持	7000kPa 启动	监视	监视
进料泵出口流量低低	停	停	停	最大	保持		监视	监视
停电	停	停	停	最大	停		手动	手动
停仪表风	停	停	停	最大	停		手动	手动

（2）加氢裂化的安全联锁系统检测部分应注意的事项

① 尽可能减少中间环节。在满足精度要求下，优先采用开关接点信号进入安全联锁系统的逻辑运算部分。选择压力、压差、或温度开关时，应使其给定值在测量范围分为三等份的中间的 1/3 范围，这样仪表有较好地灵敏度及寿命。

② 独立设置原则。重要的联锁信号，其检测部分应与监控分开，包括测量管道及一次阀。当然，逻辑运算更应与执行控制功能的部件分开。

③ 重要的了参数采用三取二表决式。有三个测量信号进入逻辑判断单元，最终输出与三个信号中两个一致的信号作为此参数的输出信号。这样既能满足操作稳定的要求，又能保证安全。

10. 加氢裂化装置生产的特点和危险特性

加氢裂化装置具有炼油企业之高温、高压、易燃易爆、高噪声且介质含 H_2S、工业粉尘、汽油等。特点：加氢裂化工艺属高温、高压。临氢工艺过程，技术要求高、操作难度大、危险因素多。物料介质中含有浓度较高的硫化氢等有毒有害物质，而硫化氢在潮湿、低温的环境下，容易产生湿硫化氢腐蚀，容器及管线设备容易被腐蚀穿孔，或者有管线爆裂、法兰垫片撕裂等情况，都可能发生硫化氢泄漏事故。因此，防爆防毒是车间安全工作的重点。

装置内高温高压法兰、分馏塔、塔底热油泵、高温高压循环油泵、产品泵，压缩机管线等部位容易着火。

加氢裂化装置主要易燃易爆物料安全理化特性见表 5-5-1。

高压高温设备着火后，救火应注意：

迅速查清发生泄漏着火的部位，一般来说高温高压设备泄漏着火的通常是高温氢气的泄漏着火，应立即报告有关部门同时立即启动紧急泄压系统，使压力迅速下降，以减少氢气的泄漏量。同时降温并切断原料油和新氢气进入系统。

消防车在现场就位，准备好干粉火火机和灭火器。一日氢气泄漏是减少，火势减弱，即可对火源处喷射灭火剂灭火。不能使用二氧化碳和高压水等具有冷却作用的灭火剂来扑救高温、高压、临氢设备、管道泄漏的火灾。因为高温部位的一些密封面可能会因不同材质在急剧降温时收缩程度不同引发更大的泄漏同时损坏临氢的钢材设备，使火情加重，甚至酿成灾难性后果。高压水在救火过程中仅限于用来保护其他冷态的设备，以减少火源产生的热辐射对它们的影响。

大量的高温氢气泄漏火灾事故的后果非常严重并且难以确定其发展方向。如果火灾持续扩大可能发生爆炸，应做好人员撤离工作。

氢气大量泄漏或火灾事故处理

① 迅速查清发生泄漏的部位，一般来说高压高温设备泄漏的通常是高温氢气和烃类混合物的泄漏并同时着火，应立即报告上级领导和消防部门同时立即启动紧急泄压系统(0.7MPa/min 或 2.1MPa/min 系统)，使压力迅速下降，以减少氢气的泄漏量。同时降温并切断原料油和新鲜氢气进入系统。

② 采取紧急泄压的同时，若是低温氢气泄漏没有引起着火，现场应考虑采取相应的保护措施防止氢气在局部积聚，如用蒸汽驱赶、掩护，防止进一步发生火灾事故。

③ 大量的高温氢气泄漏火灾事故的后果非常严重并且难以确定其发展方向。如果火灾持续扩大可能发生爆炸，应做好人员撤离工作。

④ 紧急泄压之后装置作紧急停工处理。

11. 加氢装置停蒸汽、停电(指动力电不含仪表电)、停循环水、停仪表风、新鲜进料中断、新氢中断、循环油中断处理

① 炼油厂一般使用的蒸汽分为 3.5MPa 中压蒸汽和 1.0MPa 低压蒸汽两种。有的厂还有 0.35MPa 低压蒸汽。

(a) 3.5MPa 中压蒸汽。一旦减少了中压蒸汽，会造成循环氢压缩停机，凡是利用中压蒸汽提供动力的透平驱动泵都会停机，可自动启动备用电机。如没有备用电机，确保启动备用的电动泵。凡是使用中压蒸汽的汽提塔汽提蒸汽都会减少，凡是使用中压蒸汽的再沸器加热的蒸汽都会减少。

(b) 1.0MPa 低压蒸汽。一旦减少了低压蒸汽，凡是使用低压蒸汽的汽提塔汽提蒸汽都会减少。汽提塔和产品分馏塔减少汽提蒸汽，就会生产出不合格的产品。如用分馏塔的蒸汽冷凝水去补充反应器的部分冲洗水，则必须调节另外的冲洗水源，以维持冲洗水的流量。凡是使用低压蒸汽的再沸器加热的蒸汽都会减少。压缩机蒸汽透平冷凝水系统的喷射器也会减汽，导致透平真空度的下降。这样，造成压缩机效率的下降，并必然会减少装置的进料量以便与可获得的循环氢相匹配。应尽一切可能来恢复减少的蒸汽确保装置能在很短时间内继续操作。凡是使用低压蒸汽作蒸汽伴热的，有关装置的蒸汽伴热就会减少。

这里的停蒸汽事故的蒸汽特指循环氢压缩机驱动用的蒸汽，一般是 3.5MPa 中压蒸汽，但也有用高压蒸汽。蒸汽系统故障是加氢裂化最严重的故障之一，因为循环氢压缩机会由于蒸汽透平的故障而停止运转，反应热无法通过循环氢气将其带出反应系统，催化剂床层立刻飞温并且无法控制。唯一停止反应的方法就是放出反应物，反应器进料可以通过停止进料泵除去，然而催化剂上仍然残留了足够的油品继续反应。因此在排出其他的反应物、氢的同时，必须快速降压。这可通过 0.7MPa/min 泄压系统进行，它在循环氢压缩机故障时自动启用。因此，操作人员必须十分清醒地认识到：对此事故的处理如果不妥当，将是十分危险的。

处理方法

(a) 循环压缩机停运后，0.7MPa/min 放空系统自起动，各联锁设备自动停运。此时密切关注床层温度变化。如反应器任一点温度超过正常温度 28℃或超过 425℃，立即启动 2.1MPa/min 泄压系统。以后处理步骤按紧急放空程序处理。

(b) 高分保持自控，密切注视高分液面，防止液位超高使循环氢压缩机系统进油或液位超低向低分窜压。

(c) 停中压蒸汽不意味这停 1.0MPa 蒸汽。停中压蒸汽时，1.0MPa 蒸汽如不停，分馏部分按新鲜进料中断方案处理。

② 如果出现整个装置停动力电后，除了与紧急发电机相连的设备(如果有)外，其他用电设备将全部停止。这种情况需要装置停车。

立刻受到影响的设备主要有：反应系统包括进料泵、新氢机、注水泵、高压空冷、分馏系统塔底泵、回流泵、产品泵和所有冷却风机、烟道鼓风机和引风机等。

循环氢压缩机和附属设备，以及凝汽式透平或背压式透平不会立刻受到电力故障的影响。压缩机应尽可能维持运行。如果反应器流出物不能充分冷却，因冷却水泵停机不能充分冷却附属设备或蒸汽冷凝负荷不够时，压缩机最终也必须停车。

DCS 控制系统和停车系统应与 UPS 电源相连。

处理办法：

(a) 反应器进料加热炉立即停运。留有少量长明灯。循环氢压缩机继续运转，用循环氢冷却反应器并带走催化剂上的油。

(b) 视催化剂床层温度上升情况，利用急冷氢阀尽快将各催化剂床层入口和床层温度冷却至开工进料前要求的温度。

(c) 如果新催化剂处理原料的时间少于 15d，或如果明确停车时间很长，将反应器冷却至 150℃并维持，直到装置准备开车。

(d) 高压空冷停运后，循环氢压缩机入口温度会急升，尽量使其低于压缩机入口极限指标；注意监视高分的液位及压力，防止液位超高使循环氢压缩机停运或液位超低向低分窜压。

(e) 密切监视调节反应器温度，如任何一反应器最高点温度超过正常的 15℃，手动启动 0.7MPa/min 放空系统。如果反应器温度超过正常 28℃或超过反应器设计温度，操作人员应启动 2.1MPa/min 泄压系统。

(f) 启动 0.7MPa/min 或 2.1MPa/min 放空系统后，按紧急降压程序处理。

(g) 如果装置是脱丁烷塔在前的流程，那么在停电时脱丁烷塔重沸泵会停运。随后产生的低流量将导致重沸加热炉停运。如果分馏塔进料加热炉的进料用泵输送，那么停电还会导致进料加热炉流量少，加热炉将会在低流量下停运。检查确保各分馏塔底重沸炉和分馏塔进料加热炉停运，留有少量长明灯。

(h) 分馏塔超压时，必须放压至火炬。

(i) 因停电油品可以留在各塔、容器内。用产品分馏塔、闪蒸罐和分馏各容器的液控阀维持各自的液面。必要时，打开旁路阀，以保证液面控制。

(j) 如果是全厂性停电，则要特别注意蒸汽、水、风的参数变化。

③ 冷却水系统的故障是加氢裂化最严重的故障之一。将导致分馏塔顶挥发线后冷器、新氢压机的级间冷却器、产品冷却器、机泵冷却器失去冷却的能力。最主要的是循环氢压缩机因润滑油系统无法冷却而被迫停机。处理方法按停中压蒸汽的处理方法和步骤处理。

处理办法：

(a) 联系紧急停运循环氢压缩机，0.7MPa/min 降压系统自启动，检查各联锁设备是否停运。

(b) 反应按停中压蒸汽的处理方法和步骤处理。

(c) 分馏开大空冷百叶窗，充分发挥空冷的作用，其余按停电的处理步骤进行。

④ 仪表风发生故障，是加氢裂化最严重的故障之一。仪表风压力不足所有调解阀都将处于安全位置。

因为仪表风系统的减少，0.7MPa/min 泄压控制阀将自动处于故障开的位置。2.1MPa/min 泄压控制阀将处于故障关的位置。控制室内手动启动 0.7MPa/min 联锁按钮，停止反应加热炉、新鲜原料、循环油和新氢供应，保持最大循环量快速将催化剂冷却至反应温度以下，减少了氢耗并使结焦最少。

如果仪表风减少影响到炼厂的公用系统，蒸汽将会在很短的时间内减少。蒸汽透平驱动的循环氢压缩机不能保证供给反应器部分的气体循环量。

如果有停用的风，尽可能将备用风或工艺风补入正常仪表风。如果备用风也故障，不要试图进行上面的操作。

注意：不要将氮气补入仪表风，因为接入控制室的管线会导致操作人员窒息。如果能确保氮气不会接入控制室，进而影响操作人员的正常呼吸，仪表风系统可以引入氮气。但是，在氢气隔断阀打开之前，须检查：氮气压力要大于仪表风压力，以免仪表风倒流至氮气系统。当仪表供风恢复，即关闭氮气线隔断阀，防止仪表风倒流入氮气系统。如果仪表风倒流入氮气系统，须用氮气吹扫、赶出空气。

处理方法：

(a) 停运进料泵、循环油泵、新氢机。

(b) 各炉熄火，保留长明灯。

(c) 尽可能维持循环氢压缩机的运转以冷却反应系统。

(d) 反应器进料流出物换热器走旁路，避免吸收反应器流出物的热量。必须小心，不要超过反应器产品冷凝器的最高温度，将风机调节至最大冷却效果。

(e) 如果仪表风全部停止，所有调节阀均处于关闭或全开状态，可以尝试改用调节阀上的手轮或旁路进行调节。

(f) 用副线阀调节，保证高分的正常液位。注意低分压力严防窜压。

(g) 要尽可能保证分馏塔的回流、必要时流量用副线控制，回流罐液位到低低限时停回流泵。

(h) 维持各塔正常液位，当反应方面没有油来，而各塔液位正常时，改单塔循环，各炉进料量用上游阀控制。

(i) 各塔各容器压力改排火炬线用控制阀上的手轮或副线阀控制，维持正常压力。

(j) 其余的处理方法和步骤均按停汽的处理措施进行。

⑤ 新鲜进料中断可能的原因：高压进料泵故障；原料油罐区、装置内或外原料油线故障；程序控制失灵。现象：ⓐ进料量大幅度下降，直至回零。ⓑ原料和反应产物换热器管程温度上升，精制反应器入口温度突升。ⓒ高分油位下降。

如果新鲜进料大幅减少或中止，进料的突然减少会发生两件事情导致裂化反应难于控制。首先，系统中氨的来源消失。由于向反应流出物中的注水仍然继续，循环氢中残余的氨会被冲洗走，而催化剂上也会有更多的氨被除去，因而提高了裂化催化剂的活性。其次，反应进料加热炉可能不会迅速减少热量来保持反应器入口温度稳定。入口温度升高，催化剂上残余了足够的油继续反应，并导致反应器温度进一步升高。

因此，应当遵循下面的程序：

（a）进料泵联锁停车应自动关闭加热炉的燃料，如果没有联锁就人工立即关闭加热炉的燃料。不管是反应进料泵停车还是原料供给中断，都要确认在冷氢的作用下快速将精制反应器和裂化反应器温度降至低于正常操作温度28℃。通常情况下用循环氢冷却反应器到开车进料前需要的温度。应该注意是优先冷却裂化反应器。

（b）如果有循环油流程的停止裂化反应器的循环油进料。

（c）高低分维持正常液位，低分尾气改放火炬，减少对脱硫系统的影响。

（d）如果裂化催化剂（新鲜或再生的催化剂）少于30天开工时间或停车时间长，不要重新开进料泵，应把系统压力、温度降低至新催化剂开工前的状态。特别要注意Cr-Mo钢回火脆化温度限制。维持氢气循环等待开工。

（e）如果裂化催化剂（新鲜或再生的催化剂）使用期已超过30天，进料泵能在5min内重新启动的，可恢复操作。重开循环油泵，把反应器温度逐渐提至正常状态。否则把温度降低至新催化剂开工前的状态，维持气循环待命。

（f）严密监测所有反应器和催化剂温度。如果温度超过正常温度15℃，立即启动0.7MPa/min紧急降压系统。

（g）如果反应器温度无法控制而上升超过正常温度28℃或达到425℃，则启动2.1MPa/min紧急降压系统。

（h）根据需要决定是否停新氢机。维持循环氢压缩机的正常运转。用循环氢冲洗管线、换热器和反应器。

（i）分馏炉子逐步降温至200～250℃，联系调度把产品改入不合格线，注意排走未转化油。

（j）保证分馏各塔回流，控制好顶温，当各回流罐无法保证正常液面时，停回流泵，保证各回流罐的液位等待开工。

（k）各塔顶回流罐瓦斯气改去火炬，脱硫干气、酸气改至火炬。平衡好各塔的正常液位，改单塔循环等待开工。

（l）侧线泵抽空即停泵，尽可能关小重沸器的热源。脱硫部分各塔维持压力，保证循环正常进行，等待开工。

（m）其余按正常停工处理。

⑥ 新氢中断时，由于新氢减少，反应系统压力会下降，应及时调整反应进料和反应温度，根据新氢减少的变化，将进料量调整到和供氢相平衡，维持低负荷操作。如果补充氢气大量减少，当氢耗大于补充氢能力时，压力会迅速下降。随着系统压力的减小，循环氢压缩机的能力将降低，反应温度的控制将变得更加困难，此时必须立即停止进料。具体处理方法如下：

（a）如果部分中断，降低裂化温度以降低转化率和氢耗，尽快恢复反应压力。在压力恢复正常后，根据可利用的氢量调节裂化反应温度以获得合适的转化率。

（b）如果补充氢完全中断，则必须停车。尽快降低反应温度并除去原料和循环油。在反应器进料除去后，按正常停车程序进行。尽量减少反应器部分的压力损失。

（c）如果补充氢气压缩机停机（例如电力骤降），但压缩机能立即重新启动，则装置不必停车。尽快降低温度和原料量，使氢耗最小。补充氢气压缩机重启并尽可能恢复系统压力。

(d) 如果在压缩机重启前高压分离器的压力降至正常压力的70%以下，装置必须停车，以避免造成催化剂的过度结焦和失活。

⑦ 对于循环油返回加氢裂化反应器入口的流程来讲，循环油中断对反应操作的影响非常大，处理不当可能会造成床层超温甚至飞温。循环油中断会出现：循环油流量表无指示、裂化反应器入口温度升高、循环油缓冲罐液面上升以及循环油泵停运灯屏开始报警。

循环油中断处理：

(a) 把加氢裂化反应器的温度降低到比正常低15℃；

(b) 若加氢裂化反应中任一点温度超过正常操作15℃，全开冷氢仍无好转，应启动0.7MPa/min放空，装置切断进料；

(c) 若反应器任一点温度超过正常状态28℃，则启动2.1MPa/min放空，装置紧急停工；

(d) 降低循环油液位，保持平稳。

当加氢裂化反应器的温度和氢气流量稳定，加氢裂化反应器温度低于正常15℃后，检查反应系统有无泄漏，无漏点方能恢复生产，按要求启动循环油泵恢复进料。同时，按要求调整反应器温度以达到要求的总转化率。

12. 加氢反应器紧急停运后检查情况的分析

为了安全运行，特选一例说明紧急处理事故的过程，仅供同行参考。

某炼油厂的加氢裂化反应器一直在运行。反应器主体材质是2.25Cr1Mo钢，347不锈钢堆焊层所组成，总厚度262mm。

1979年初，由于循环油泵着火，迫使反应器紧急停运。停运后对反应器进行全面检查，结果如下：超声波检查发现反应器某些部位有堆焊层剥离(包括第一筒节上)，总和表面积约12%；进行了全相分析。以判断材料是否因急冷条件而遭受损伤。还将阐述造成堆焊层剥离的可能原因，以及再使用后的性能。

停工过程

在大约20分钟内，反应器的压力从20MPa降到0.5MPa，温度约为420℃，这种状态保持了3h。打入205℃的冷却油，以保持泄漏的裂化产品的温度低于其着火温度。19h后，反应器底部的温度为235℃，压力为0.9MPa，进行脱气约150h，接着连续等速冷却45h，温度降到86℃，同时压力保持不变。然后，在循环油泵密封油冷却盘管处的损坏修复后，温度升到300℃，并保持72h，以使完成脱氢。因为泄漏出来的油和空气接触即着火，所以用消防水龙软带喷水直到温度降到86℃。再开工之前，必须考虑下列问题：

(1) 反应器是否会由于上述停运过程而遭受损伤？

(2) 是否可能确定潜在的原因？

(3) 若有损伤的话，是否允许安全操作？

针对这些问题，除进行了肉眼检查和液体渗透检查外，还使用可超声波检查。在分析检查结果的基础上，考虑了回火脆化效应、氢辅致开裂和断裂力学分析。

此次加氢装置着火造成的紧急停工，起源于反应器底部氢气和烃的大量泄漏。

停工过程中的温度曲线如图5-5-1所示。

(1) 超声波检查

制造厂在制造时，按照ASME规范第Ⅷ卷第二册1968年版的规定，进行了超声波检验，采用可含有平底孔直径为19mm(3/4in)参考试块，平底孔在母材上钻孔并钻到堆焊层和母

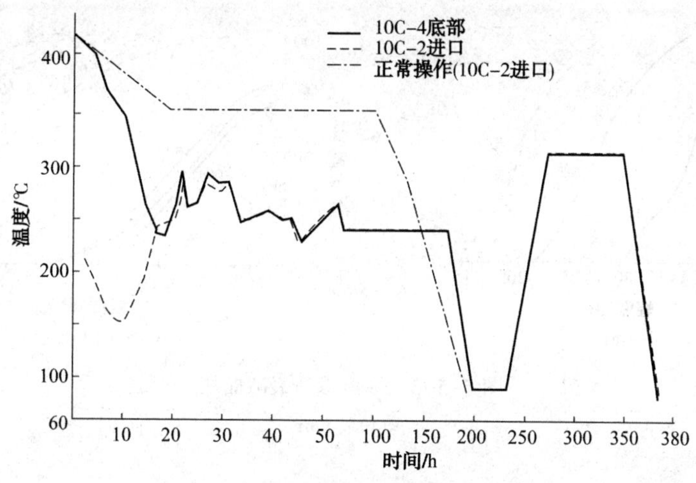

图 5-5-1　停工过程中的温度控制

材的界面处。为了这次检查制备了另一种考试块。最初，制造厂提供的试块具有几个 9.5mm(3/8in)直径的参考孔，而没有堆焊层(堆焊层是以后在车间堆焊的)。为了进一步核对缺陷位置，如图 5-5-2 所示，在校准上加工了若干个不同深度，直径为 1.6mm(1/6in)的孔和 2.4mm(2/32in)槽，以得到标准的衰减曲线(图 5-5-3 和图 5-5-4)和标准的反射波[图 5-5-5(a)]。为了检查堆焊层，从堆焊层到界面加工了一个直径为 19mm 的孔，以此观察了底反射，此底反射波与频率为 2.55MHz、直径为 25.4mm(1in)纵波转换器的扫描面积有关。

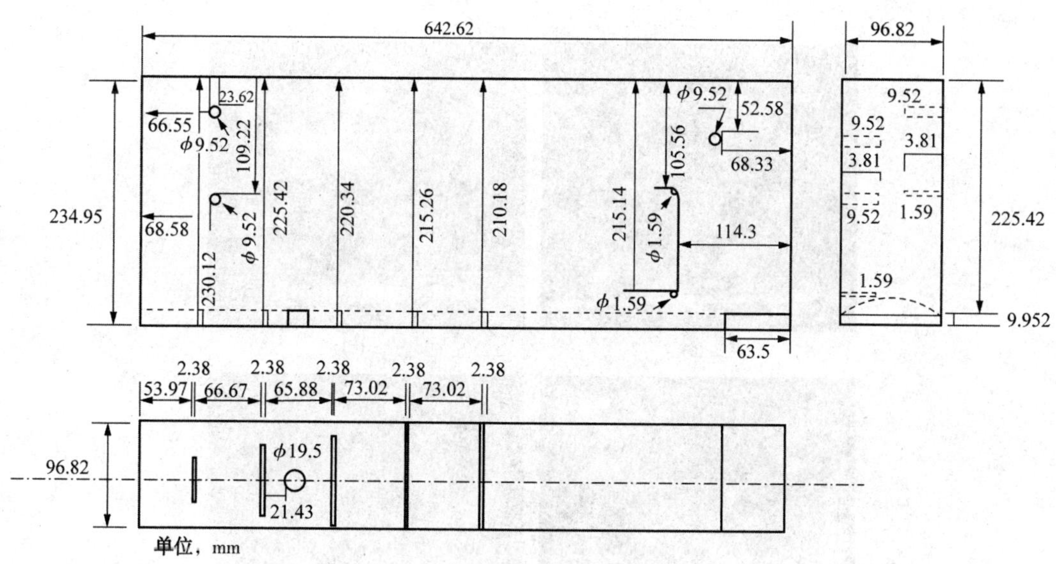

图 5-5-2　超声波检查校准块

① 现场检查。检查区域如图 5-5-6 所示。为了比较起见，选择了 5 个区域(A~E)，其中 C 和 D 水冷最快，这 5 个区域包括了底封头和接管处的焊缝。B 是中间临近区域，A 是反应器顶部区域，E 是参考区。主要用纵波探头在反应器外部(母材侧)进行检查。在某些区域用角探头作补充检查。

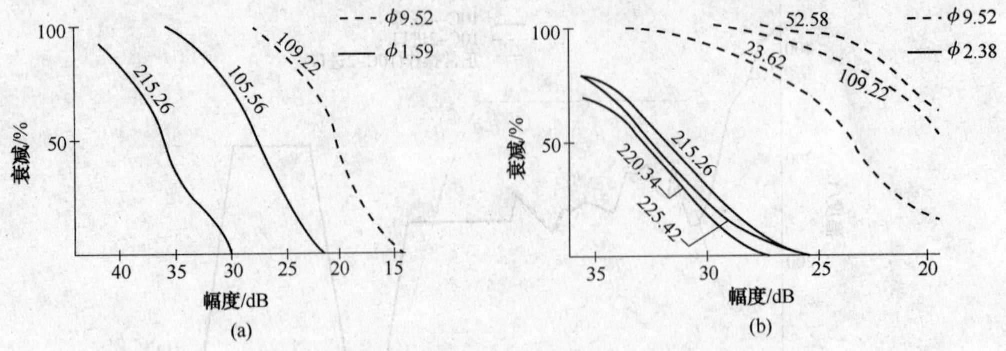

图 5-5-3　纵波参考衰减曲线

单位：mm

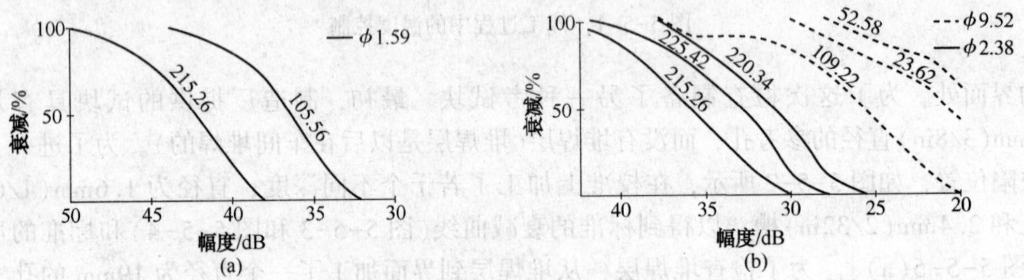

图 5-5-4　斜入波的参考衰减曲线

单位：mm

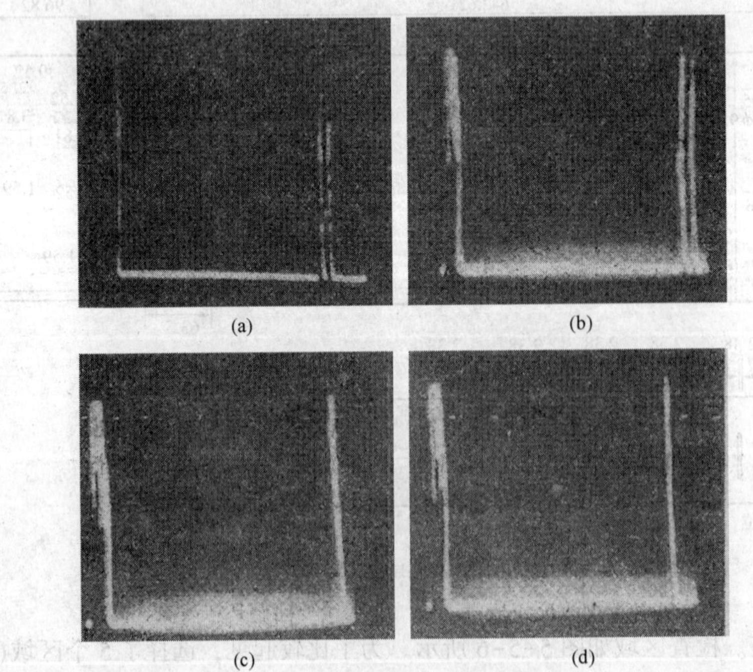

图 5-5-5　堆焊层剥离的反射信号

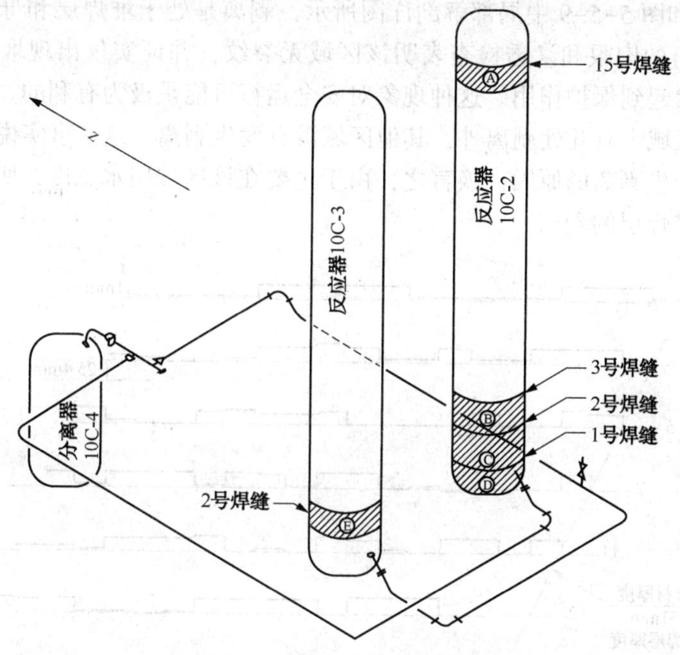

图 5-5-6　现场检查区域示意图

② 检查结果

(a) 器壁内没有可看作裂纹的明显缺陷。

(b) 在区域 c 内，若干部位出现了类似于参考块的缺陷信号[图 5-5-5(b)]。在同一图中，比较 c 和 d 的信号，很清楚，由于内壁底反射的消失，也就是底反射来自堆焊层—母材金属的界面，故它表示出堆焊层的剥离。

从这些结果可以得出结论，反应器遭受的主要损伤是在 C 区域堆焊层的局部剥离，面积约 12%，其分布见图 5-5-7。

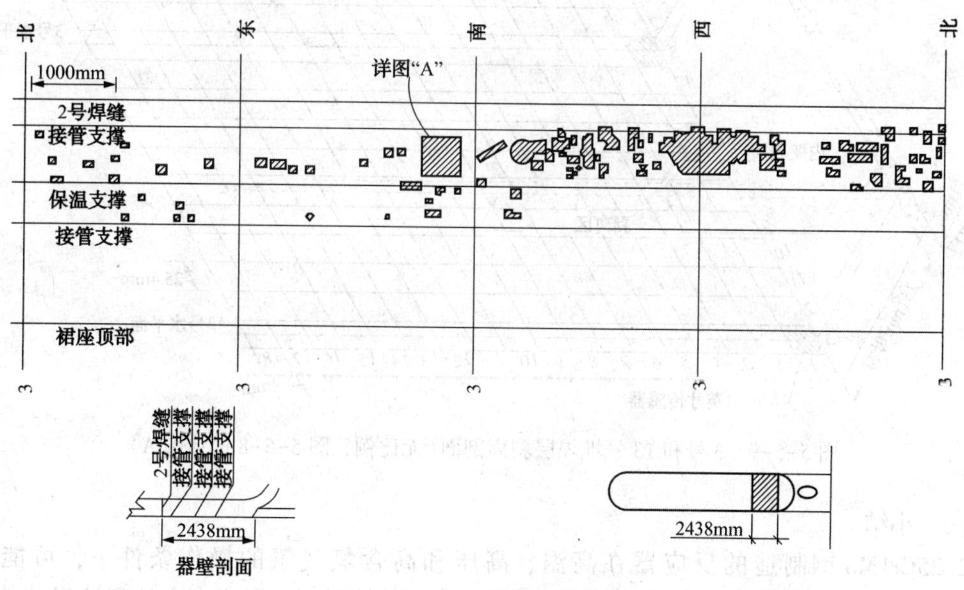

图 5-5-7　区域 C 堆焊层剥离的分布

如图 5-5-8 和图 5-5-9 中局部解剖详图所示，剥离是处于堆焊层和母材的界面上。以前内避(堆焊层侧)的肉眼和渗透检查表明该区域无裂纹，并证实仅出现堆焊层的剥离，而剥离的堆焊层仍然起到保护作用。这种现象对安全运行可能是极为有利的。此外，值得指出的是，除了在 e 区域中有几处剥离外，其他区域没有发生剥离。这一事实说明，用水龙软带进行喷水冷却是产生剥离的原因，换言之，由于主要在该区域用水急冷，所产生的双层金属应力可能导致了堆焊层的剥离。

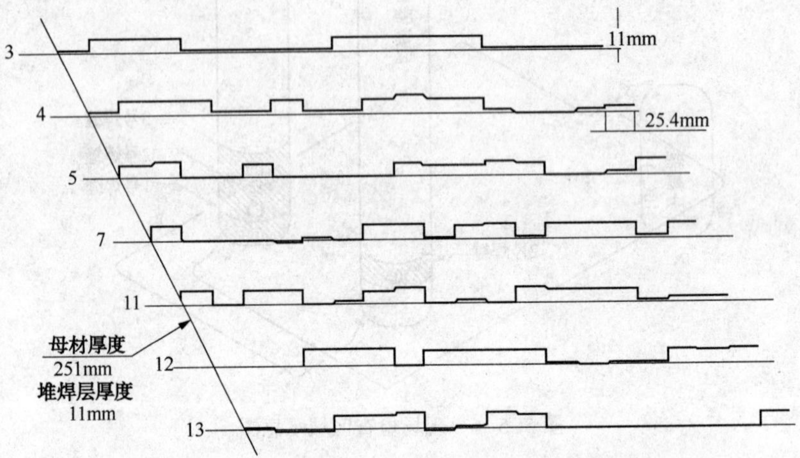

图 5-5-8　图 5-5-6 中详图“A”堆焊层剥离形状的描述

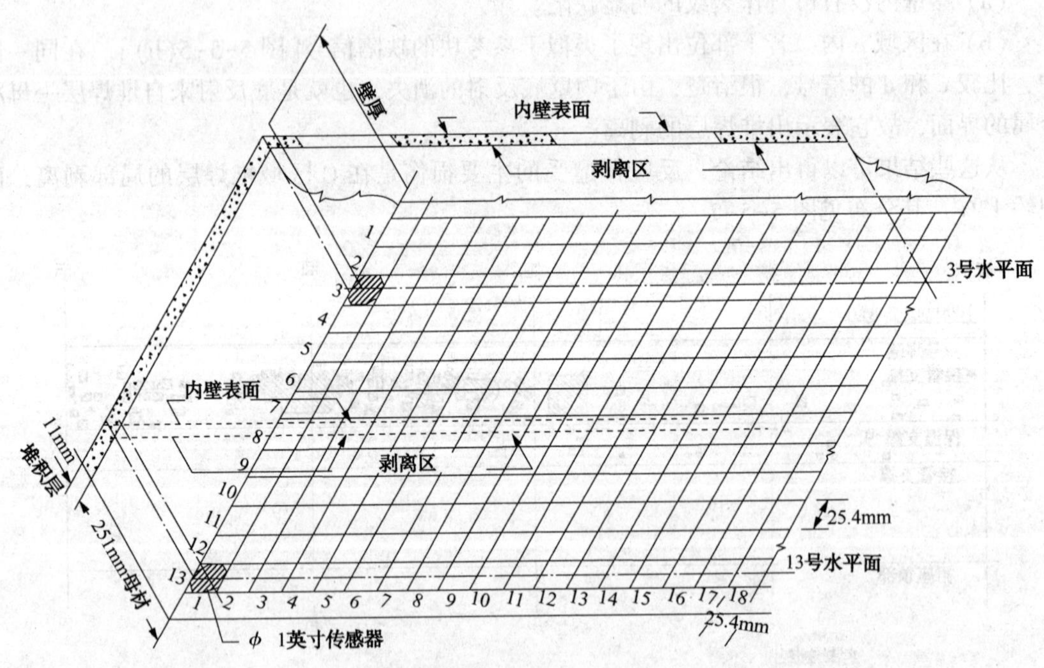

图 5-5-9　3 号和 13 号堆焊层剥离剖面(无比例，图 5-5-8 的详图 A)

(2) 小结

2.25Cr1Mo 钢制造的反应器在高温、高压和高含氢气氛的操作条件下，可能导致 2.25Cr1Mo 钢的回火脆化和由于充氢辅致开裂。在两种情况下，考虑真实的裂纹尺寸或潜在的、可称之为临界的裂纹尺寸是十分重要的。根据此次检查，尚未探测出类似裂纹的缺陷，但是由于堆层剥离而造成的环向缺陷是明显的。下面的安全分析是在假设存在裂纹的前提下进行的，还考虑了可能引起堆焊层剥离的原因。

(3) 回火脆性

现在普遍认为 2.25Cr1Mo 钢对回火脆性是敏感的。2.25Cr1Mo 钢在 400~480℃的温度范围暴露后，它的却贝 V 形口(CVN)冲击能转变温度可向上偏移高达 150℃；到 54J 的最大转变温度为 175℃。作为极端的例子，Sawada 等提出了 2.25Cr1Mo 钢的两种情况，即长期在 349~449℃范围内加氢裂化操作后钢材已回火脆化。在这些情况下经 30000h 和 60000h 之后，54J CVN 转变温度的增量分别为 90℃和 115℃。

尽管 10C-2 反应器在 32000h 使用后有一定程度的回火脆化，但在紧急停运后的检查中并未发现开裂。主要的原因在于当允许反应器在 175℃以下冷却之前，压力已降低到 0.5MPa，这符合 ASME 规范所规定的要求。随着压力的降低，容器受的应力会显著降低，因而即使在钢材的韧性由于回火脆化可能下降的情况下，也不会出现脆性断裂。Watanabe 等对于回火脆化的材料提出了一个断裂—安全分析方法，即遵循在最小温度以下降低压力的方法，这是有关加氢裂化反应器操作中通常实用的一种方法。值得提出的是，显微照片并不由于回火脆化而显示任何迹象的金相变化(见图 5-5-10)。

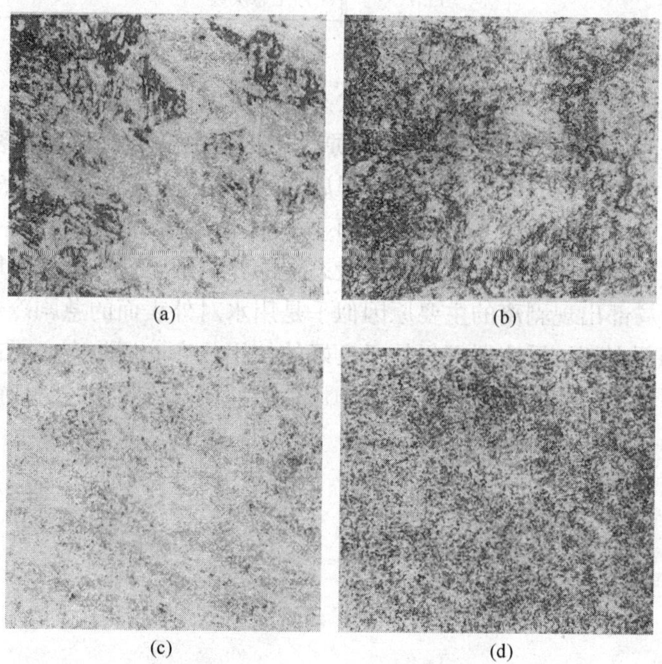

图 5-5-10　反应器 10C-2 事故后的金相照片

(4) 氢效应

在紧急停运中，主要担心的是当反应器急冷时氢的积聚将引起开裂的可能性。在正常情况下的反应器停运是缓慢冷却的，或有时降低压力条件下保持高温一定时间，以使操作时溶解在钢中的氢气逸出。在紧急停运期间，反应器约在 10 小时内降低 150℃，该时间对于反应器完全脱氢是不够的。如前所述，尽管经受了快速冷却，根据超声波检查的结果，发现在反应器中并未出现明显的开裂。

Kerr 研究了不同强度值的 2.25Cr1Mo 钢对氢开裂的敏感性。他们发现，抗拉强度低于 689MPa 的 2.25Cr1Mo 钢抗氢开裂性能好，而抗拉强度高于 827MPa(120ksi)的 2.25Cr1Mo 钢具有较高的氢开裂敏感性，由表可知 10C-2 反应器 2.25Cr1Mo 钢的抗拉强度为 641MPa，所以，即使在紧急停运后未发现裂纹，也是不足为奇的。这一发现证实在停运前，如果容器不存在较大的裂纹，抗拉强度小于 689MPa 的 2.25Cr1Mo 钢几乎不会发生氢开裂，这和 Kerr 等的发现是一致的。见表 5-5-2。

表 5-5-2　反应器 10C-2 的技术数据

项　　目	数　据	项　　目	数　据
壳体内径/mm	2905	7℃却贝 V 型缺口(CVN)	310
母材 2.25Cr1Mo 钢厚度/mm	251	操作条件	
堆焊层 309 和 347 厚度/mm	11	压力/MPa	20
力学性能—筒体 C		氢分压/MPa	15
层服应力/MPa	500	温度/℃	425
抗拉强度/MPa	641	统计	
延伸率标距 50.8mm/%	26.6	操作总时间/h	32376
断面收缩率/%	75.7	停工总次数	50

(5) 堆焊层剥离

尽管堆焊层出现了剥离，反应器的良好状态说明可以再次安全地运行。剥离的原因尚未加以讨论。Vinckier 和 Pense 评述了压力容器原件中内衬的开裂，这种开裂通常是在主要对开裂敏感的显微组织、严重的残余应力进行焊后热处理时，以及在 600~650℃之间进行热处理时产生的。因为实验室试验表明，奥氏体不锈钢覆层的 2.25Cr1Mo 钢，在正常情况下对开裂是不敏感的，因此需要研究在类似操作状态下的开裂敏感性。通过对堆焊层剥离的分布的观察，可以认为局部出现剥离的主要原因似乎是用水对外表面的急剧冷却造成的。

尽管堆焊层局部剥离，反应器壁仍处于良好的使用状态。但是有必要进一步研究在全部操作条件下堆焊层剥离的原因，并在进一步的运行循环期间连续监控其性能。